iOS 8 开发指南

（第2版）

管蕾 编著

人 民 邮 电 出 版 社
北 京

图书在版编目（ＣＩＰ）数据

iOS 8开发指南 / 管蕾编著. -- 2版. -- 北京 : 人民邮电出版社, 2015.7
ISBN 978-7-115-39331-9

Ⅰ. ①i… Ⅱ. ①管… Ⅲ. ①移动终端－应用程序－程序设计 Ⅳ. ①TN929.53

中国版本图书馆CIP数据核字(2015)第111574号

内 容 提 要

本书共 36 章，循序渐进地讲解了 iOS 8 应用开发的基本知识。本书从搭建开发环境讲起，依次讲解了 Objective-C 语言基础、Swift 语言基础、Cocoa Touch、Xcode Interface Builder 界面开发、使用 Xcode 编写 MVC 程序、文本框和文本视图、按钮和标签、滑块、步进和图像、使用开关控件和分段控件、Web 视图控件和可滚动视图控件、提醒和操作表、工具栏、日期选择器、表视图、活动指示器、进度条和检索条、UIView 详解、视图控制器、实现多场景和弹出框、iPad 弹出框和分割视图控制器、界面旋转、图形、图像、图层和动画、声音服务、多媒体应用、定位处理、HomeKit 智能家居应用开发、读写应用程序数据、触摸和手势识别、和硬件之间的操作、开发通用的项目程序、推服务和多线程、Touch ID 详解、游戏开发、HealthKit 健康应用开发、WatchKit 智能手表开发等高级知识。本书内容全面，几乎涵盖了 iOS 8 应用开发所需要的主要内容，全书内容言简意赅，讲解方法通俗易懂，特别适合于初学者学习。

本书适合 iOS 初学者、iOS 程序员、iPhone 开发人员、iPad 开发人员学习，也可以作为相关培训学校和大专院校相关专业的教学用书。

◆ 编　　著　管　蕾
责任编辑　张　涛
责任印制　张佳莹　焦志炜

◆ 人民邮电出版社出版发行　　北京市丰台区成寿寺路 11 号
邮编　100164　　电子邮件　315@ptpress.com.cn
网址　http://www.ptpress.com.cn
三河市海波印务有限公司印刷

◆ 开本：787×1092　1/16
印张：53.75
字数：1631 千字　　2015 年 7 月第 2 版
印数：7 501 – 10 500 册　　2015 年 7 月河北第 1 次印刷

定价：108.00 元（附光盘）

读者服务热线：(010) 81055410　印装质量热线：(010) 81055316
反盗版热线：(010) 81055315

前　　言

2014 年 6 月 3 日，苹果公司在 WWDC 2014 开发者大会上正式发布了全新的 iOS 8 操作系统。iOS 8 系统采用了一套全新的配色方案，整个界面呈现半透明果冻色，拨号、天气、日历、短信等几乎所有应用的交互界面都进行了重新设计，整体看来更为动感、时尚。为了帮助读者迅速掌握 iOS 8 应用开发的核心技术，笔者特意编写了本书。

第二版升级说明

本书第一版自从 2014 年 9 月上市以来，得到了广大 iOS 8 学习者的认可。由于 Xcode 6 的正式发布，以及 Swift 正式版的出现，为了及时适应技术的变化，笔者特意对本书进行了升级，本版和第一版相比，主要有如下突出变化。

（1）解决了第一版中 Xcode 6 Beat+Swift 1.0 程序无法在 Xcode 正式版运行的问题。

（2）添加了 HomeKit、HealthKit 和 WatchKit 这 3 个苹果公司力推的应用框架，这 3 种应用必将成为未来几年的最火热技术之一。

（3）在本书附带光盘中配备了书中所有实例的调试运行视频，以方便读者顺利进行开发与学习。

（4）附录部分提供了 90 个 iOS 开发常见问题疑难解答（见光盘），这些问题是初学者在学习过程中最容易遇到的。

本书特色

本书内容丰富，实例全面。我们的目标是通过一本图书，提供多本图书的价值。在内容的编写上，本书具有以下特色。

（1）Objective-C 和 Swift 实现

本书中的实例不仅使用 Objective-C 语言实现，而且使用了苹果公司推出的 Swift 语言。通过学习本书，读者可以掌握使用 Objective-C 语言和 Swift 语言开发 iOS 程序的方法。

（2）讲解苹果公司力推的新应用技术

本书内容新颖全面，既讲解了 iOS 常用开发知识，也讲解了发展起来的新技术，这些新技术是苹果公司所力推的。例如，HomeKit、HealthKit、WatchKit 和 Touch ID，这些内容是市面中同类书籍所没有的。

（3）结构合理

从读者的实际需要出发，科学安排知识结构，内容由浅入深，叙述清楚。全书详细地讲解了和 iOS 开发有关的知识点。

（4）易学易用

读者既可以按照本书编排的章节顺序进行学习，也可以根据自己的需求对某一章节进行有针对性的学习。书中提供的丰富实例可以帮助读者学以致用。

（5）实用性强

本书彻底摒弃枯燥的理论和简单的操作，注重实用性和可操作性，通过实例的实现过程，详细讲解了各个知识点的具体应用。

（6）内容全面

无论是搭建开发环境，还是控件接口，或是网络、多媒体和动画以及游戏应用开发，在本书中你都能找到解决问题的答案。

本书的内容安排

第一篇 必备技术篇

iOS 开发入门、Objective-C 语言基础、Swift 语言基础、Cocoa Touch 框架、Xcode Interface Builder 界面开发、使用 Xcode 编写 MVC 程序。

第二篇 核心技术篇

文本框和文本视图，按钮和标签，滑块、步进和图像，开关控件和分段控件，Web 视图控件、可滚动视图控件和翻页控件，提醒和操作表，工具栏、日期选择器，表视图（UITable），活动指示器、进度条和检索条，UIView 详解，视图控制器。

第三篇 技术进阶篇

实现多场景和弹出框，iPad 弹出框和分割视图控制器，界面旋转、大小和全屏处理，图形、图像、图层和动画，声音服务，多媒体应用，定位处理，HomeKit 智能家居应用开发，读写应用程序数据。

第四篇 技术提高篇

触摸和手势识别、和硬件之间的操作、地址簿、邮件和 Twitter、开发通用的项目程序、推服务和多线程、指纹识别技术——Touch ID 详解、游戏开发、HealthKit 健康应用开发、WatchKit 智能手表开发。

第五篇 综合实战篇

公交路线查询系统

附录中提供了 90 个 iOS 开发常见疑难解答（见光盘），光盘中配有所有书中实例的讲解视频，帮助读者尽快进入实战角色。

读者对象

初学 iOS 编程的自学者；
大中专院校的老师和学生；
毕业设计的学生；
iOS 编程爱好者；
相关培训机构的老师和学员；
从事 iOS 开发的程序员。

售后服务

为了更好地为读者服务，为大家提供一个完善的学习和交流平台，本书提供了读者交流与答疑 QQ 群（28316661），大家可以在里面学习交流。另外还提供了问题答疑和本书源程序的下载地址 www.toppr.net。欢迎广大读者提出宝贵的建议。

本书在编写过程中，得到了人民邮电出版社工作人员的大力支持，正是基于各位编辑的求实、耐心和效率，才使得本书在这么短的时间内出版。另外，也十分感谢我的家人，在我写作的时候给予的大力支持。由于作者水平有限，纰漏和不尽如人意之处在所难免，诚请读者提出意见或建议，以便修订并使之更臻完善，编辑联系邮箱为 zhangtao@ptpress.com.cn。

编 者

目　　录

第一篇　必备技术篇

第二篇 核心技术篇

第三篇 技术进阶篇

第四篇　技术提高篇

第五篇　综合实战篇

Part 1

第一篇

必备技术篇

本篇内容

第1章

iOS开发入门

iOS是一个强大的系统，被广泛地应用于苹果公司的系列产品iPhone、iPad和iTouch设备中。iOS通过这些移动设备展示了一个多点触摸界面，可始终在线、视频以及众多内置传感器的界面。本章将带领大家认识iOS系统，为读者进入本书后面知识的学习打下基础。

1.1 iOS 系统介绍

iOS是由苹果公司开发的手持设备操作系统。苹果公司最早于2007年1月9日的Mac World大会上公布这个系统，最初是设计给iPhone使用的，后来陆续套用到iPod touch、iPad以及Apple TV等苹果产品上。iOS与苹果的Mac OS X操作系统一样，本来这个系统名为iPhone OS，直到2010年6月7日WWDC大会上才宣布改名为iOS。

1.1.1 iOS 发展史

iOS最早于2007年1月9日的苹果Mac World展览会上公布，随后于同年的6月发布第一版iOS操作系统，当初的名称为“iPhone运行OS X”。

2007年10月17日，苹果公司发布了第一个本地化iPhone应用程序开发包（SDK）。

2008年3月6日，苹果发布了第一个测试版开发包，并且将“iPhone runs OS X”改名为“iPhone OS”。

2008年9月，苹果公司将iPod touch的系统也换成了“iPhone OS”。

2010年2月27日，苹果公司发布iPad，iPad同样搭载了“iPhone OS”。

2010年6月，苹果公司将“iPhone OS”改名为“iOS”，同时还获得了思科iOS的名称授权。

2010年第四季度，苹果公司的iOS占据了全球智能手机操作系统26%的市场份额。

2011年10月4日，苹果公司宣布iOS平台的应用程序已经突破50万个。

2012年2月，应用总量达到552 247个，其中游戏应用最多，达到95 324个，比重为17.26%。

2012年6月，苹果公司在WWDC 2012上推出了全新的iOS 6，提供了超过200 项新功能。

2013年6月10日，苹果公司在WWDC 2013上发布了iOS 7，几乎重绘了所有的系统APP，去掉了所有的仿实物化，整体设计风格转为扁平化设计。

2013年9月10日，苹果公司在2013秋季新品发布会上正式提供iOS 7下载更新。

2014年6月3日，苹果公司在WWDC 2014开发者大会上正式发布了全新的iOS 8操作系统。

1.1.2 全新的版本——iOS 8

北京时间2014年6月3日凌晨，苹果年度全球开发者大会 WWDC 2014 在美国加利福尼亚州旧金山莫斯考尼西中心（Moscone Center）拉开帷幕。本次大会上苹果正式公布了最新版iOS系统版本iOS 8。全新的iOS 8继续延续了iOS 7的风格，只是在原有风格的基础上做了一些局部和细节上的优化、改进和完善，更加令人愉悦。iOS 8系统最突出的新特性如下所示。

（1）短信界面可以发送语音

iOS 8很特别的一个新功能，短信界面除了可以发送文字和图片之外，还可以直接录制语音或者视频并直接发送给对方，这一功能和国内的交友软件——微信十分类似。

（2）输入法新功能：支持联想/可记忆学习

iOS 8内建的输入法增加了和SwiftKey类似的功能，这是一款在安卓手机中非常流行的输入方式。iOS 8的全新输入功能名为QuickType，最突出的特点就是为用户提供“预测性建议”，它会对用户的习惯进行学习，进而在其录入文字的时候为其提供建议，从而大幅提升文字输入速度。

（3）更加实用的通知系统

在iOS 8系统下，用户可以直接在通知中进行回复，包括短信、微博等在内的所有消息，即便是在锁屏界面也可以进行操作。另外，当双击Home按键开启任务栏界面后，会在上方显示一行最常用的联系人，用户可以直接在上面给其中某一个人发短信、打电话。

（4）正式挺进方兴未艾的健康和健身市场

在iOS 8系统中内置了Healthbook应用，这是一款在iOS 8系统中运行的应用程序，苹果将利用它挺进方兴未艾的健康和健身市场，这一直是可穿戴设备公司追逐多年的重要领域。苹果公司的Healthbook应用程序将对用户的身体信息进行跟踪统计，其中包括步数、体重、卡路里燃烧量、心率、血压，甚至人体的水分充足状况。

（5）其他新特性

- 消息推送新方式：用户可直接下拉通知栏回复消息。
- 多任务管理界面：在其上方新增最近联系人，并可直接进行发邮件、打电话等操作。
- 邮件：用户可直接在邮件界面快速调出日历，快速创建日程事项，此外，还可以在侧边栏通过手势快速处理邮件。
- 全局搜索更强大：用户可以在设备中实现搜索电影、新闻、音乐等。
- iMessage功能更强大：加入群聊功能，可以添加/删除联系人，并且新增了语音发送功能。
- iPad新增接听来电功能：用iPad也可以接听电话。
- 新增iCloud Drive云盘服务：实现在所有的Mac电脑和iOS设备，甚至Windows电脑之间共享文件。
- 企业服务方面：进一步增强易用性和安全性。
- 家庭共享（Family Sharing）：家庭成员间可共享日程、位置、图片和提醒事项等。另外，还可以通过该功能追踪家庭成员的具体位置。
- 照片新功能：新的Photo加入了更多的编辑功能，以及更智能的分类建议。此外，还加入iCloud（5GB免费空间），实现多设备之间共享。
- Siri进一步更新：可直接用“hey siri”唤醒。
- 支持中国农历显示，增强输入法和天气数据。

（6）针对开发者的新特性

- 支持第三方键盘。
- 自带网页翻译功能，如在线即时翻译功能。
- 指纹识别功能开放，使用第三方软件可以调用。
- Safari浏览器可直接添加新的插件。
- 可以把一个网页上的所有图片打包分享到Pinterest。
- 支持第三方输入法：将是否授权输入法的选择留给用户。
- Home Kit智能家居：可以利用iPhone对家居，如灯光等进行控制。
- 3D图像应用Metal：可以更充分利用CPU和GPU的性能。
- 引入全新基于C语言的编程语言Swift。
- 全新的Xcode。
- 相机和照片API也实现开放。

1.2 iOS开发之旅

要想成为一名iOS开发人员，首先需要拥有一台Intel Macintosh台式机或笔记本电脑，并运行苹果的操作系统，如Snow Leopard或Lion。硬盘至少有6GB的可用空间，开发系统的屏幕空间越大，就越容易营造高效的工作空间。Lion用户甚至可将Xcode切换到全屏模式，将分散注意力的元素都隐藏起来。对于广大开发者来说，还是建议购买一台Mac机器，因为这样的开发效率更高，避免一些因为不兼容所带来的调试错误。除此之外，还需要加入Apple开发人员计划。

其实无需任何花费即可加入Apple开发人员计划（Developer Program），然后下载iOS SDK（软件开发包）、编写iOS应用程序，并且在Apple iOS模拟器中运行它们。但是毕竟收费与免费之间还是存在一定的区别：免费会受到较多的限制。例如，要想获得iOS和SDK的beta版，必须是付费成员。要将编写的应用程序加载到iPhone中或通过App Store发布它们，也需支付会员费。本书的大多数应用程序都可在免费工具提供的模拟器中正常运行，因此，接下来如何做由你决定。

注意：如果不确定成为付费成员是否合适，建议读者先不要急于成为付费会员，而是先成为免费成员，在编写一些示例应用程序并在模拟器中运行它们后再升级为付费会员。显然，模拟器不能精确地模拟移动传感器输入和GPS数据等。

如果读者准备选择付费模式，付费的开发人员计划提供了两种等级：标准计划（99美元）和企业计划（299美元），前者适用于要通过App Store发布其应用程序的开发人员，而后者适用于开发的应用程序要在内部（而不是通过App Store）发布的大型公司（雇员超过500）。你很可能想选择标准计划。

注意：其实，无论是公司用户还是个人用户，都可选择标准计划（99美元）。在将应用程序发布到AppStore时，如果需要指出公司名，则在注册期间会给出标准的“个人”或“公司”计划选项。

无论是大型企业还是小型公司，无论是要成为免费成员还是付费成员，我们的iOS开发之旅都将从Apple网站开始。首先，访问Apple iOS开发中心（http://www.apple.com.cn/developer/ios/index.html），如图1-1所示。

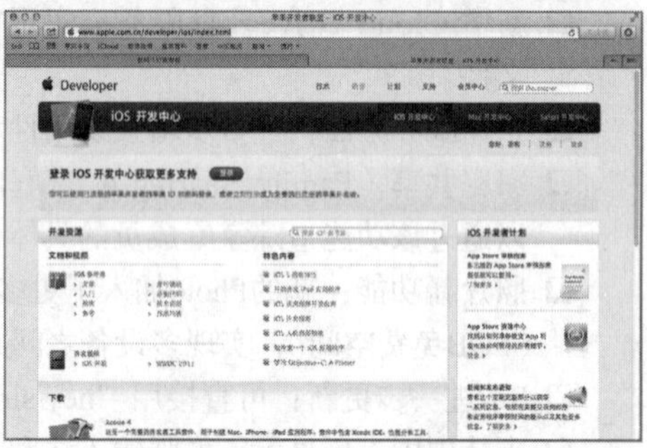

图1-1　Apple iOS的开发中心页面

如果通过使用iTunes、iCloud或其他Apple服务获得了Apple ID，可将该ID用作开发账户。如果目前还没有Apple ID，或者需要新注册一个专门用于开发的新ID，可通过注册的方法创建一个新Apple ID，注册界面如图1-2所示。

单击图1-2中的“Create Apple ID”按钮后可以创建一个新的 Apple ID账号，注册成功后输入登录信息登录，登录成功后的界面如图1-3所示。

图1-2　注册Apple ID的界面

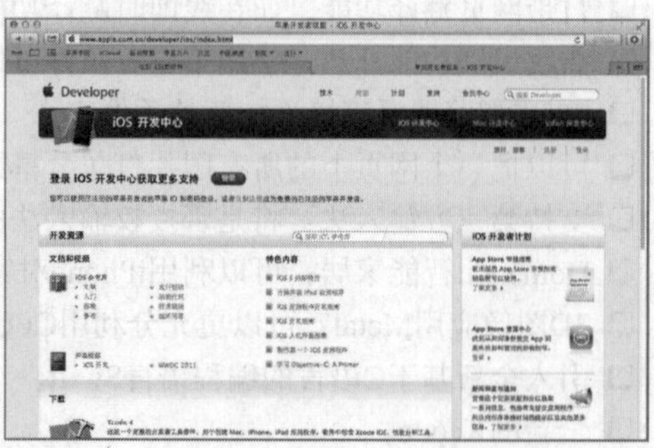

图1-3　使用Apple ID账号登录后的界面

在成功登录Apple ID后，可以决定是加入付费的开发人员计划还是继续使用免费资源。要加入付费的开发人员计划，请再次将浏览器指向iOS开发计划网页（http://developer.apple.com/programs/ios/），并单击“Enron New”链接加入。阅读说明性文字后，单击“Continue”按钮开始进入加入流程。

在系统提示时选择“I'm Registered as a Developer with Apple and Would Like to Enroll in a Paid Apple Developer Program”，再单击“Continue”按钮。注册工具会引导我们申请加入付费的开发人员计划，包括在个人和公司选项之间做出选择。

1.3 工欲善其事，必先利其器——搭建开发环境

学习iOS开发也离不开好的开发工具的帮助，如果使用的是Lion或更高版本，下载iOS开发工具将很容易，只需通过简单地单击操作即可。为此，在Dock中打开Apple Store，搜索Xcode并免费下载它，坐下来等待Mac下载大型安装程序（约3GB）。如果你使用的不是Lion，可以从iOS开发中心（http://developer.apple.com/ios）下载最新版本的iOS开发工具。

注意：如果是免费成员，登录iOS开发中心后，很可能只能看到一个安装程序，它可安装Xcode和iOS SDK（最新版本的开发工具）；如果你是付费成员，可看到指向其他SDK版本（5.1、6.0等）的链接。

1.3.1 Xcode 6 介绍

要开发iOS的应用程序，需要一台安装有Xcode工具的Mac OS X计算机。Xcode是苹果提供的开发工具集，提供了项目管理、代码编辑、创建执行程序、代码调试、代码库管理和性能调节等功能。这个工具集的核心就是Xcode程序，提供了基本的源代码开发环境。

Xcode是一款强大的专业开发工具，可以简单快速、并以我们熟悉的方式执行绝大多数常见的软件开发任务。相对于创建单一类型的应用程序所需要的能力而言，Xcode要强大得多，它设计目的是使我们可以创建任何想得到的软件产品类型，从Cocoa到Carbon应用程序，再到内核扩展及Spotlight导入器等各种开发任务，Xcode都能完成。Xcode独具特色的用户界面可以帮助我们以各种不同的方式漫游工具中的代码，并且可以访问工具箱下面的大量功能，包括GCC、javac、jikes和GDB，这些功能都是制作软件产品需要的。它是一个由专业人员设计、又由专业人员使用的工具。

由于能力出众，Xcode已经被Mac开发者社区广为采纳。而且随着苹果电脑向基于Intel的Macintosh迁移，转向Xcode变得比以往任何时候都更加重要。这是因为使用Xcode可以创建通用的二进制代码，这里所说的通用二进制代码是一种可以把PowerPC和Intel架构下的本地代码同时放到一个程序包执行的文件格式。事实上，对于还没有采用Xcode的开发人员，转向Xcode是将应用程序连编为通用二进制代码的第一个必要的步骤。

Xcode的官方地址是：https://developer.apple.com/xcode/downloads/，如图1-4所示。

截止到2014年6月，市面中最主流版本是Xcode 5，最新版本是Xcode 6 beta，其最突出的特点如下所示。

（1）Xcode 6增加了一个全新的iOS模拟器，允许开发者根据设备调整应用尺寸，除了“Resizable iPhone”和“Resizable iPad”之外，还包括iPhone 5/5S、iPad 2/Retina/Air等具体设备，如图1-5所示。

（2）完全支持Swift编程。Xcode 6为开发者引入了一种全新的设计和开发应用的方式，深度支持Swift编程，开发者不仅能使用100%的Swift代码来创建一款崭新的应用，还可以向已存在的应用添加Swift代码或框架，并在Swift或Objective-C中查看文档。例如“Jump to Definition”、“Open Quickly”等在Swift中均能很好地工作，甚至Objective-C的头定义在Swift语法中也能良好地呈现。

（3）实时的代码效果预览。现在，开发者在使用Interface Builder设计界面时，能够实时地预览代码效果。当程序运行时，自定义对象将在设计时展现。当开发者修改自定义视图代码时，Interface Builder

的设计画布则会自动更新，而无需任何的构建和运行操作。

此外，其所包含的API还支持向IB Inspector添加参数来快速修改视图，甚至开发者还可以预先填充示例数据视图来让界面更加准确。而支持UIKit大小类的iOS脚本则能够让开发者为所有iOS设备开发单一的通用脚本，不仅能为特定的设备尺寸或方向进行行为选择，还可以保持接口的一致性，且易于维护。

图1-4 Xcode的官方地址

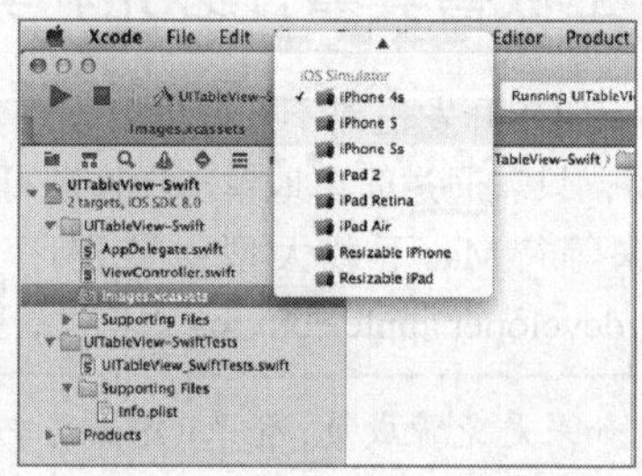

图1-5 全新的iOS模拟器

（4）新增View Debugging功能。Xcode 6实现了此前备受开发者期待的View Debuger。现在，调试应用UI就像按单击按钮那样简单，开发者可以轻而易举地看到为什么一个视图可能会被裁剪或隐藏，并在Inspector中检查和调试约束及其他参数。当然，Xcode还包含了其他新的调试工具，例如，调试Gauge来监控I/O用法、增强版的iCloud Gauge等，而Debug Navigator也将显示更有用的信息，包括栈框架记录和块队列等。

1.3.2 iOS SDK介绍

iOS SDK是苹果公司提供的iPhone开发工具包，包括了界面开发工具、集成开发工具、框架工具、编译器、分析工具、开发样本和一个模拟器。在iOS SDK中包含了Xcode IDE和iPhone模拟器等一系列其他工具。苹果官方发布的iOS SDK则将这部分底层API进行了包装，用户的程序只能和苹果提供的iOS SDK中定义的类进行对话，而这些类再和底层的API进行对话。

最明显的例子就是OpenGL ES，苹果官方发布的iOS SDK中的OpenGL ES实际是和底层API中CoreSurface这个框架进行对话，来实现渲染功能。

1. iOS SDK的优点和缺点

苹果官方iOS SDK的缺点如下所示。

- CoreSurface（硬件显示设备）、Celestial（硬件音频设备）以及其他几乎所有和硬件相关的处理无法实现。
- 无法开发后台运行的程序。
- 需要代码签名才能够在真机上调试。
- 只能在Leopard 10.5.2以上版本、Inter Mac机器上进行开发。

苹果官方iOS SDK的优点如下所示。

- 开发环境几乎和开发Mac软件一样，一样的XCode、Interface Builder、Instruments工具。
- 最新版本的iOS SDK可以使用Interface Builder制作界面。
- 环境搭建非常容易。
- 用代码签名可以避免恶意软件。

使用官方iOS SDK开发的软件需要经过苹果的认可才可发布到苹果的App Store上。用户可以通过App Store直接下载或通过iTunes下载软件并安装到iPhone中。

2. iOS程序框架

总体来说，iOS程序有两类框架：一类是游戏框架，另一类是非游戏框架，接下来将要介绍的是非游戏框架，即基于iPhone用户界面标准控件的程序框架。

典型的iOS程序包含一个窗口（Window）和几个视图控制器（UIViewController），每个UIViewController可以管理多个UIView（在iPhone里你看到的、感觉到的都是UIView，也可能是UITableView、UIWebView、UIImageView等）。这些UIView之间如何进行层次迭放、显示、隐藏、旋转、移动等都由UIViewController进行管理，而UIViewController之间的切换，通常情况是通过UINavigationController、UITabBarController或UISplitViewController进行切换。

（1）UINavigationController

UINavigationController是用于构建分层应用程序的主要工具，它维护了一个视图控制器栈，任何类型的视图控制器都可以放入。它在管理以及换入和换出多个内容视图方面，与标签控制器（UITabBarController）类似。两者间的主要不同在于UINavigationController是作为栈来实现，它更适合用于处理分层数据。另外，UINavigationController还有一个作用是用作顶部菜单。

当你的程序具有层次化的工作流时，就比较适合使用UINavigationController来管理UIViewController，即用户可以从上一层界面进入下一层界面，在下一层界面处理完以后又可以简单地返回到上一层界面，UINavigationController使用堆栈的方式来管理UIViewController。

（2）UITabBarController

当我们的应用程序需要分为几个相对比较独立的部分时，就比较适合使用UITabBarController来组织用户界面。如图1-6所示，屏幕下面被划分成了两个部分。

（3）UISplitViewController

UISplitViewController属于iPad特有的界面控件，适合用于主从界面的情况（Master view→Detail view），Detail view跟随Master view进行更新。如图1-7所示，屏幕左边（Master View）是主菜单，单击每个菜单则屏幕右边（Detail View）就进行刷新，屏幕右边的界面内容又可以通过UINavigationController进行组织，以便用户进入Detail View进行更多操作，用户界面以这样的方式进行组织，使得程序内容清晰，非常有条理，是组织用户界面导航很好的方式。

图1-6 UITabBarController的作用

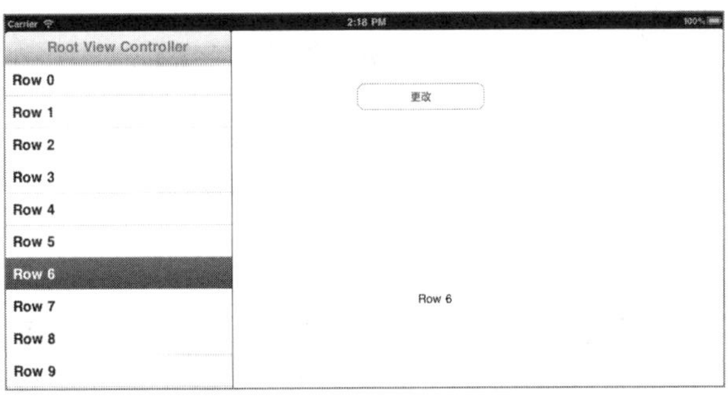

图1-7 UISplitViewController的作用

1.3.3 下载并安装Xcode 6

其实对于初学者来说，只需安装Xcode即可。通过使用Xcode，既能开发iPhone程序，也能开发iPad程序。并且Xcode还是完全免费的，通过它提供的模拟器可以在计算机上测试iOS程序。如果要发布iOS程序或在真实机器上测试iOS程序，就需要花99美元了。

1. 下载Xcode

（1）下载的前提是先注册成为一名开发人员，打开苹果开发主页面https://developer.apple.com/，如图1-8所示。

图1-8 苹果开发页面主页

（2）登录Xcode的下载页面https://developer.apple.com/xcode/downloads/，找到“Xcode 6.1”选项，如图1-9所示。

（3）如果是付费账户，可以直接在苹果官方网站中下载获得。如果不是付费会员用户，可以从网络中搜索热心网友们的共享信息，以此达到下载Xcode 6的目的。

注意：可以使用App Store来获取Xcode，这种方式的优点是完全自动，操作方便。

2．安装Xcode

（1）下载完成后单击打开下载的“.dmg”格式文件，然后双击Xcode文件开始安装，如图1-10所示。

图1-9 Xcode的下载页面

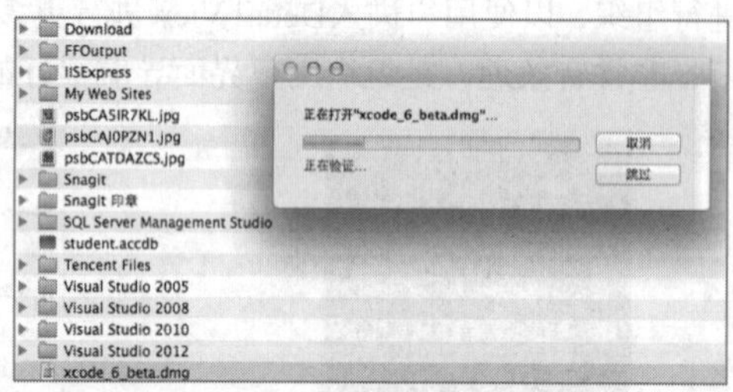

图1-10 打开下载的Xcode文件

（2）双击Xcode下载到的文件开始安装，在弹出的对话框中单击“Continue”按钮，如图1-11所示。

（3）在弹出的欢迎界面中单击“Agree”按钮，如图1-12所示。

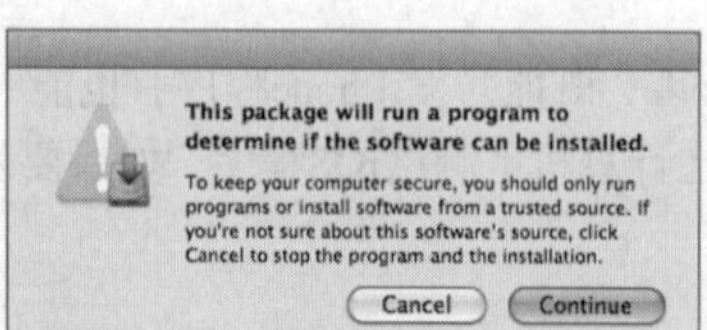

图1-11 单击“Continue”按钮

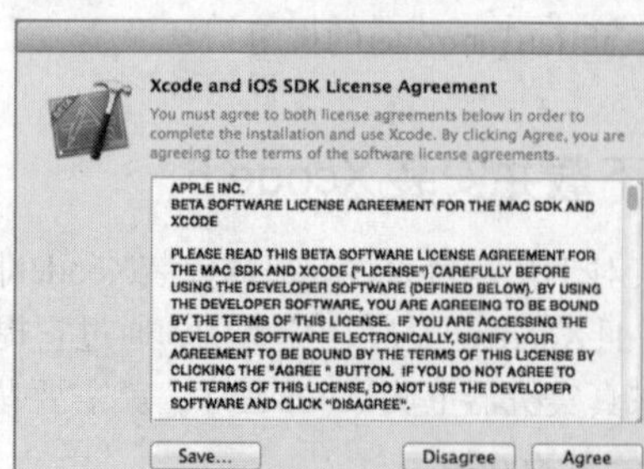

图1-12 单击“Agree”按钮

（4）在弹出的对话框中单击“Install”按钮，如图1-13所示。

（5）在弹出的对话框中输入用户名和密码，然后单击“好”按钮，如图1-14所示。

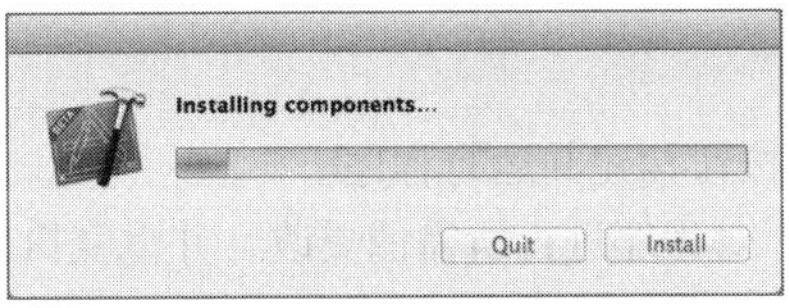

图1-13 单击“Install”按钮

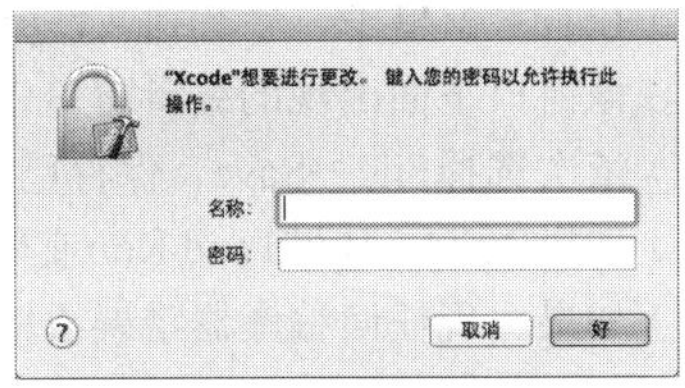

图1-14 单击“好”按钮

（6）在弹出的新对话框中显示安装进度，进度完成后的界面如图1-15所示。

（7）Xcode 6的默认启动界面如图1-16所示。

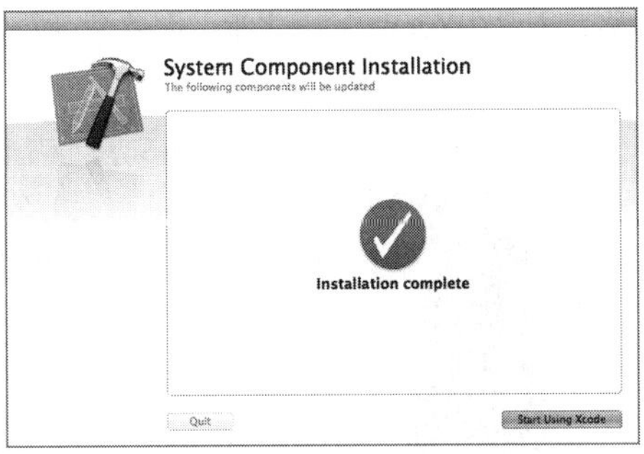

图1-15 完成安装

图1-16 启动Xcode 6后的初始界面

注意：

（1）考虑到许多初学者没有购买苹果机的预算，因此，也可以在Windows系统上采用虚拟机的方式安装OS X系统。

（2）无论读者是已经有一定Xcode经验的开发者，还是刚开始迁移的新用户，都需要对Xcode的用户界面及如何用Xcode组织软件工具有一些理解，这样才能真正高效地使用这个工具。这种理解可以加深读者对隐藏在Xcode背后的开发思想的认识，并帮助读者更好地使用Xcode。

（3）建议读者将Xcode安装在OS X的Mac机器上，也就是装有苹果系统的苹果机上。通常来说，在苹果机器的OS X系统中已经内置了Xcode，默认目录是“/Developer/Applications”。

（4）本书使用的Xcode 6.1版本，这已经是Xcode的正式版本，苹果公司会为开发者陆续推出后续新版本。读者可以用新版本调试本书的程序，完全不妨碍读者对本书的学习。

1.4 使用 Xcode 开发环境

经过本章第1.3节中的内容讲解之后，在接下来开始讲解使用Xcode开发环境的基本知识，为读者步入后面Objective-C知识的学习打下坚实的基础。

1.4.1 使用 Xcode 创建程序的基本步骤

使用Xcode创建程序的基本步骤如下。

（1）启动Xcode应用程序。

（2）如果开发新项目，依次选择File→New Project命令。

（3）为应用程序类型选择Command Line Utility、Foundation Tool，然后单击“Choose”按钮。

（4）选择项目名称，还可以选择在哪个目录中存储项目文件，然后单击“Save”按钮。

（5）在右上窗格中，会看到文件progl.m（或者是你为项目起的其他名称，后面是.m）。突出显示该文件。在该窗口下面出现的编辑窗口中输入你的程序。

（6）依次选择File→Save，保存已完成的更改。

（7）选择Build、Build and Run或单击“Build and Go”按钮构建并运行程序。

（8）如果出现任何编译器错误或输出内容不符合要求，对程序进行所需的更改，并重复执行步骤6和步骤7。

1.4.2 Xcode的基本功能

1．改变公司名称

通过Xcode编写代码，代码的头部会有类似于图1-17所示的内容。

在此需要将这部分内容改为公司的名称或者项目的名称，注意在Xcode 3.2.x之前，需要命令行设置变量。之后就可以通过Xcode的配置项进行操作了，操作步骤分别如图1-18和图1-19所示。

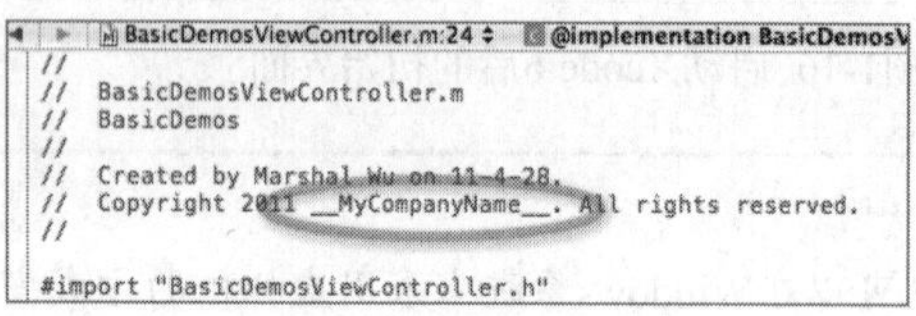

图1-17 头部内容

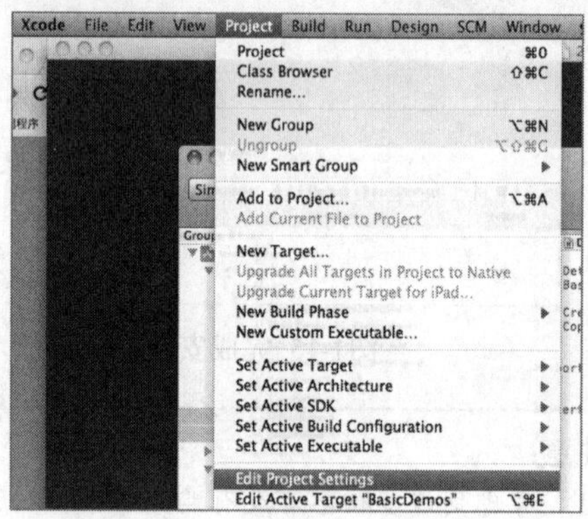

图1-18 选择“Edit Project Settings”选项

这样如果再创建文件，就会产生如图1-20所示的效果。

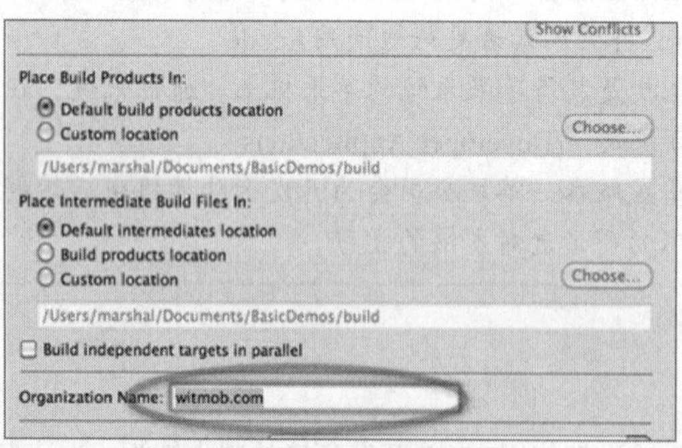

图1-19 设置显示的内容

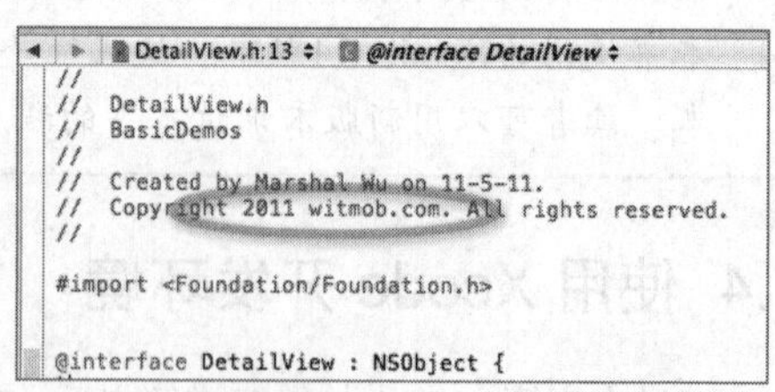

图1-20 新创建文件时自动生成的内容

2．通过搜索框缩小文件范围

当项目开发到一段时间后，源代码文件会越来越多。再从Groups & Files的界面去选择效率比较差。可以借助Xcode的浏览器窗口，如图1-21所示。

在图1-21的搜索框中可以输入关键字，这样浏览器窗口里只显示带关键字的文件了，比如只想看Book相关的类，如图1-22所示。

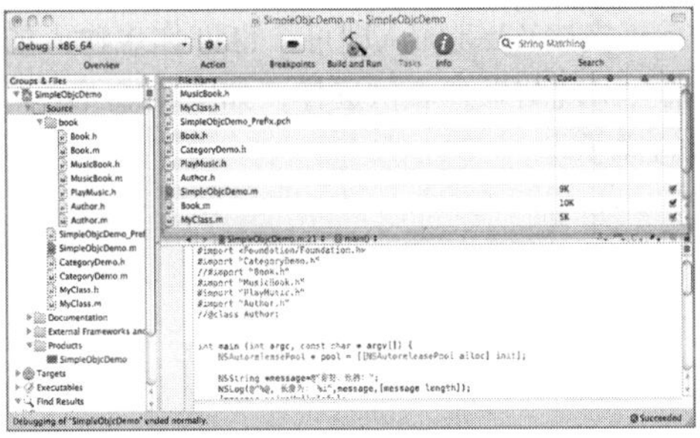

图1-21 Xcode的浏览器窗口

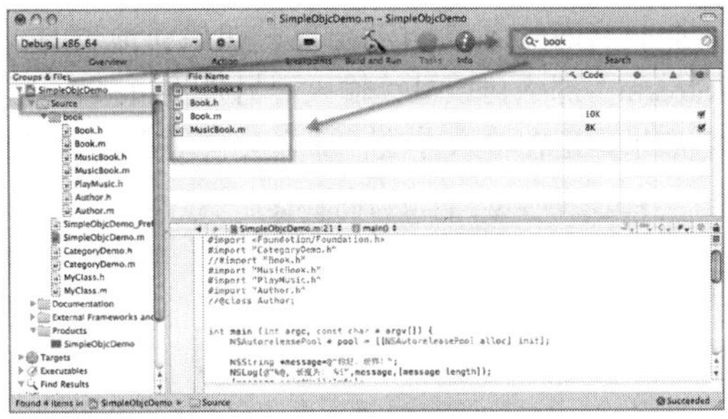

图1-22 输入关键字

3. 格式化代码

例如，在图1-23所示的界面中，有很多行都顶格了，此时需要进行格式化处理。

选中需要格式化的代码，然后在上下文菜单中进行查找，这是比较规矩的办法，如图1-24所示。

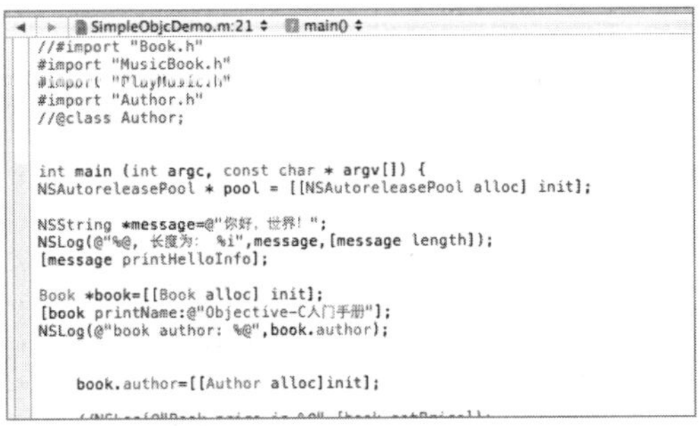

图1-23 多行都顶格

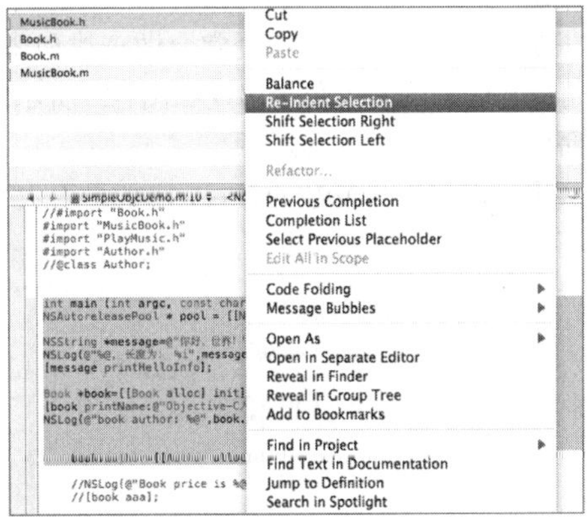

图1-24 在上下文菜单中进行查找

Xcode没有提供快捷键，当然自己可以设置。我比较喜欢用快捷键。我的做法是：Ctrl+A（全选文字）、Ctrl+X（剪切文字）、Ctrl+V（粘贴文字）。Xcode会对粘贴的文字格式化。

4. 缩进代码

有的时候代码需要缩进，有的时候又要做相反的操作。单行缩进和其他编辑器类似，只需使用Tab键即可。如果选中多行则需要使用快捷键，其中“Command+]”表示缩进、“Command+[”表示反向缩进。

5. 代码的自动完成

使用IDE工具的一大好处是，工具能够帮助我们自动完成比较冗长的类型名称。Xcode提供了这方面的功能。比如下面的的输出日志：

```
NSLog(@"book author: %@",book.author);
```

如果都自己输入会很麻烦，可以先输入ns，然后使用快捷键“Ctrl+.”，会自动出现如下代码：

```
NSLog(NSString * format)
```

然后填写参数即可。快捷键“Ctrl+.”的功能是自动给出第一个匹配ns关键字的函数或类型，而NSLog是第一个。如果继续使用“Ctrl+.”，则会出现比如NSString的形式。依此类推，会显示所有ns开头的类型或函数，并循环往复。或者，也可以用“Ctrl+,”快捷键，比如还是ns，那么会显示全部ns开头的类型、函数、常量等的列表。可以在这里选择。其实，Xcode也可以在你输入代码的过程中自动给出建议。比如要输入NSString。当输入到NSStr的时候：

```
NSString
```

此时后面的ing会自动出现，如果和预想的一样，只需直接按Tab键确认即可。也许你想输入的是NSStream，那么可以继续输入。另外也可按Esc键，这时就会出现结果列表供选择，如图1-25所示。

如果是正在输入方法，那么会自动完成如图1-26所示的样子。

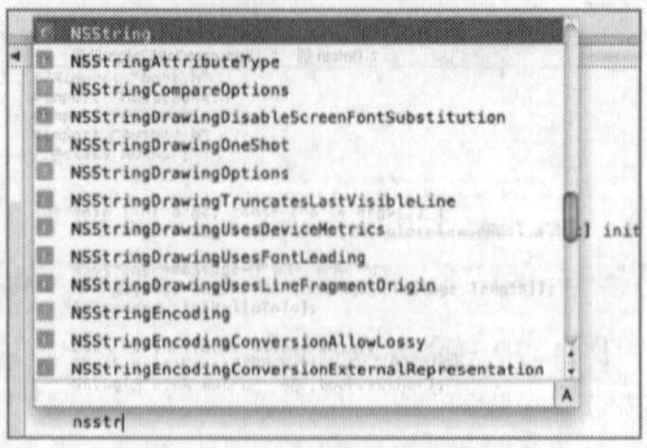

图1-25　出现结果列表

图1-26　自动完成的结果

我们可以使用Tab键确认方法中的内容，或者通过快捷键“Ctrl+/”在方法中的参数间来回切换。

6．文件内查找和替代

在编辑代码的过程中经常会做查找和替代的操作，如果只是查找则直接按“Command+F”快捷键即可，在代码的右上角会出现如图1-27所示的对话框。只需在里面输入关键字，不论大小写，代码中所有命中的文字都高亮显示。

也可以实现更复杂的查找，比如是否大小写敏感、是否使用正则表达式等。设置界面如图1-28所示。

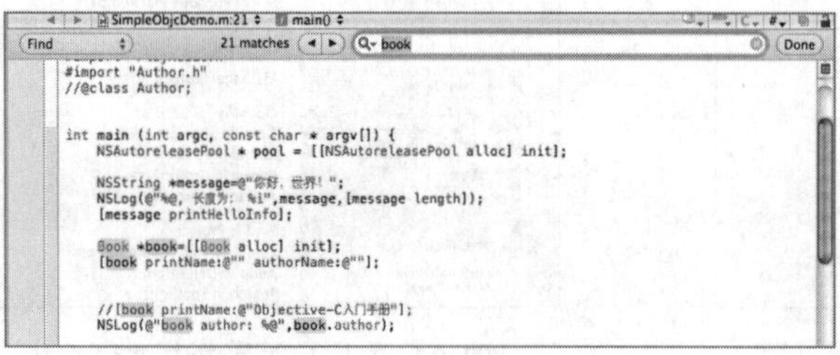

图1-27　查找界面

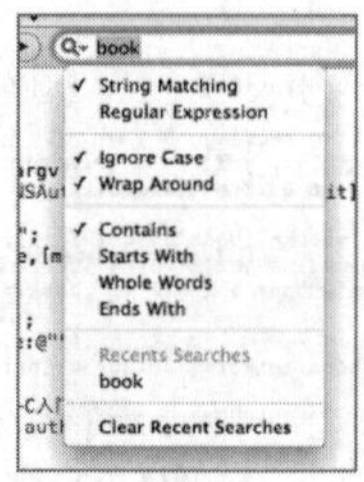

图1-28　复杂查找设置

通过图1-29所示的“Find & Replace”可以切换到替换界面。

图1-29　“Find & Replace”替换

例如图1-30所示的界面将查找设置为大小写敏感，然后替换为myBook。

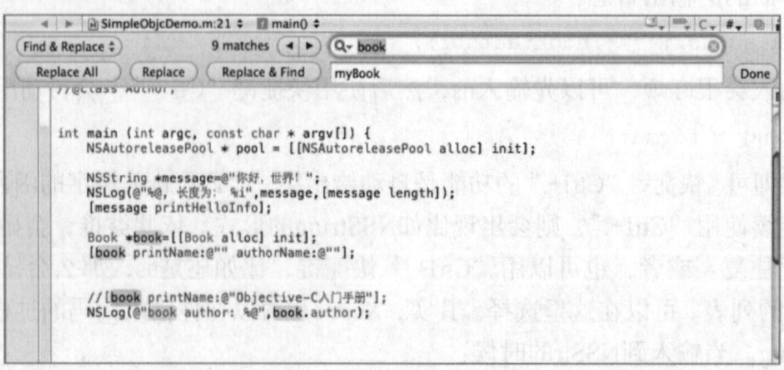

图1-30　替代为myBook

另外，也可以单击按钮进行全部替代，或查找一个替换一个等。如果需要在整个项目内查找和替换，则依次单击“Edit”→“Find”→“Find in Project…”命令，如图1-31所示。

还是以找关键字book为例，则实现界面如图1-32所示。

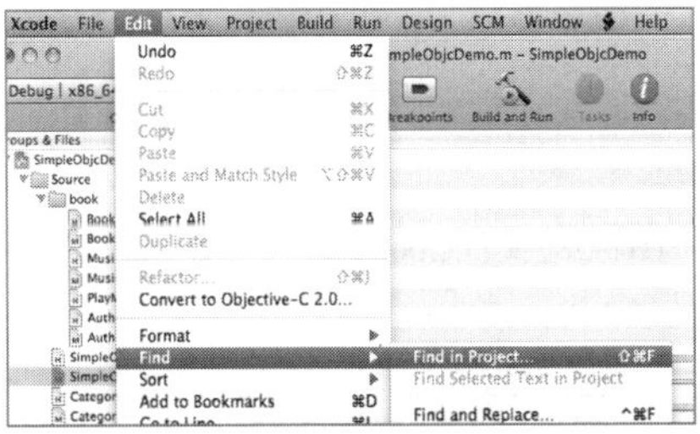

图1-31　“Find in Project…”命令

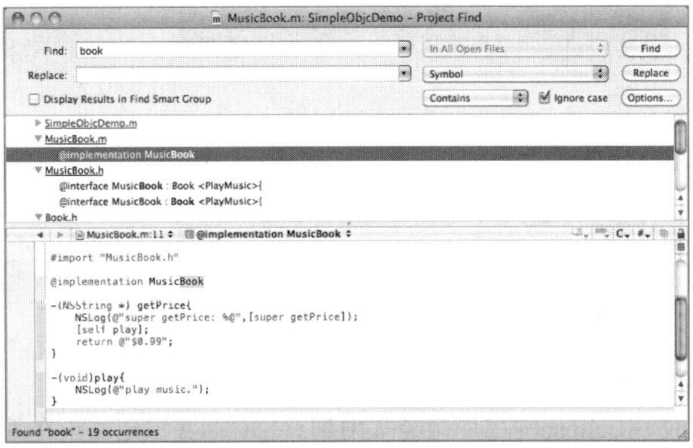

图1-32　在整个项目内查找“book”关键字

替换操作的过程也与之类似，在此不再进行详细讲解。

7．快速定位到代码行

如果想定位光标到选中文件的行上，可以使用快捷键“Command+L”来实现；也可以依次单击“Edit”→“Go to Line”命令实现，如图1-33所示。

在使用菜单或者快捷键时都会出现下面的对话框，输入行号和按回车键后就会来到该文件的指定行，如图1-34所示。

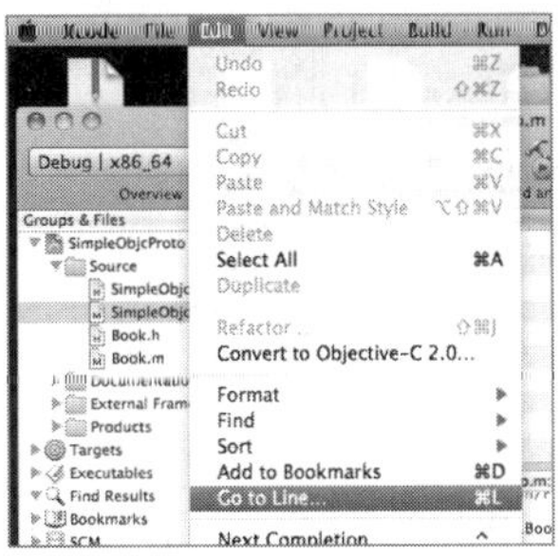

图1-33　“Go to Line”命令

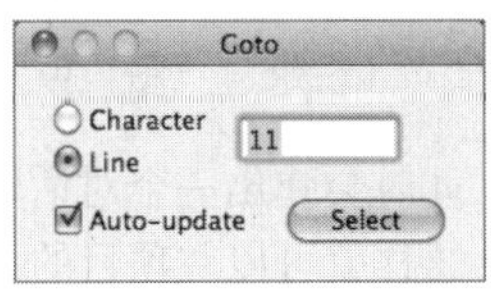

图1-34　输入行号

8．快速打开文件

有时候需要快速打开头文件，例如图1-35所示的界面。要想知道这里的文件Cocoa.h到底是什么内容，可以用鼠标光标选中文件Cocoa.h来实现。

依次单击“File”→“Open Quickly…”命令，如图1-36所示。

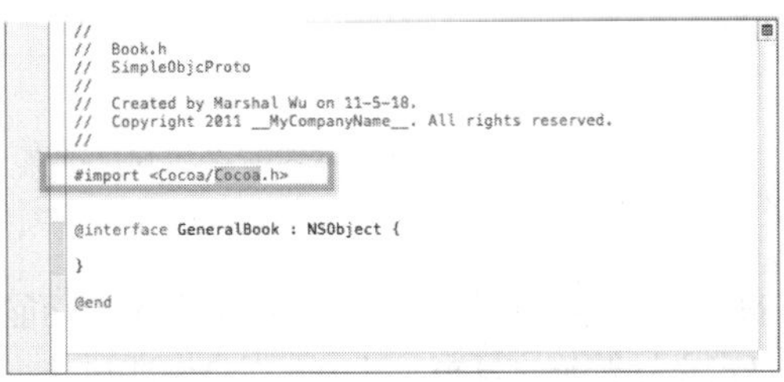

图1-35　一个头文件

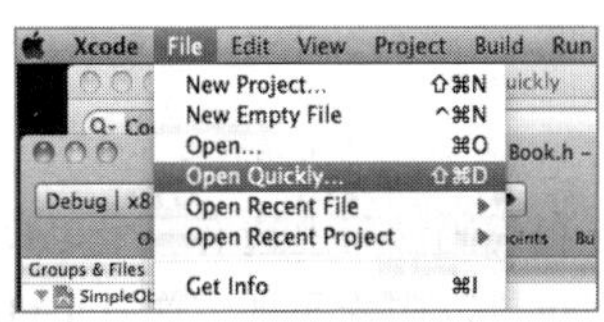

图1-36　“Open Quickly…”命令

会弹出如图1-37所示的对话框。

此时双击文件Cocoa.h的条目就可以看到如图1-38所示的界面。

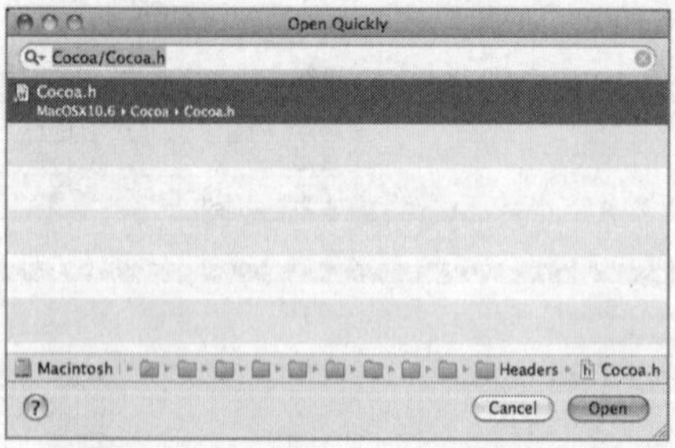

图1-37 “Open Quickly…”对话框

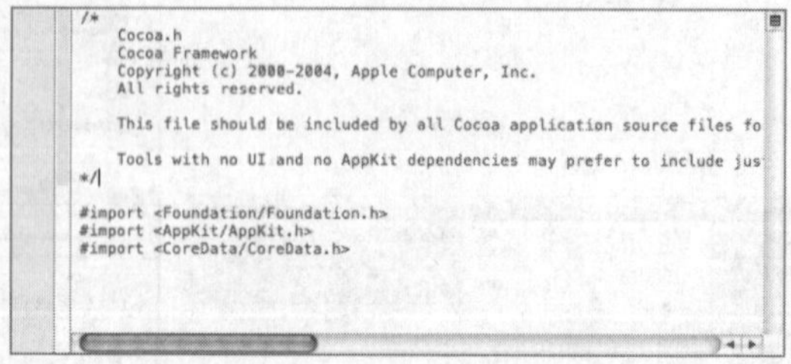

图1-38 文件Cocoa.h的内容

9．使用书签

使用Eclipse的用户会经常用到TODO标签，比如正在编写代码的时候需要做其他事情，或者提醒自己以后再实现的功能时，可以写一个TODO注释，这样可以在Eclipse的视图中找到，方便以后找到这个代码并修改。其实Xcode也有类似的功能，比如存在一段如图1-39所示的代码。

这段代码的方法printInfomation是空的，暂时不需要具体实现。但是需要记下来，便于以后能找到并补充。那么让光标定位在方法内部，然后单击鼠标右键，在弹出的菜单中选择“Add to Bookmarks”命令，如图1-40所示。

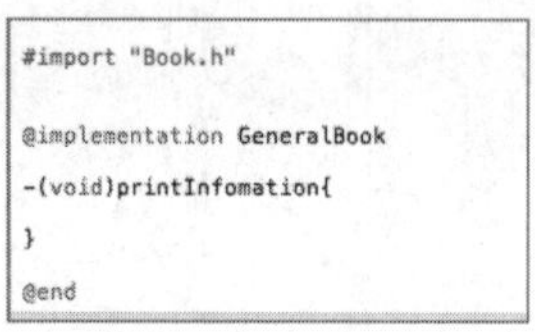

图1-39 一段代码

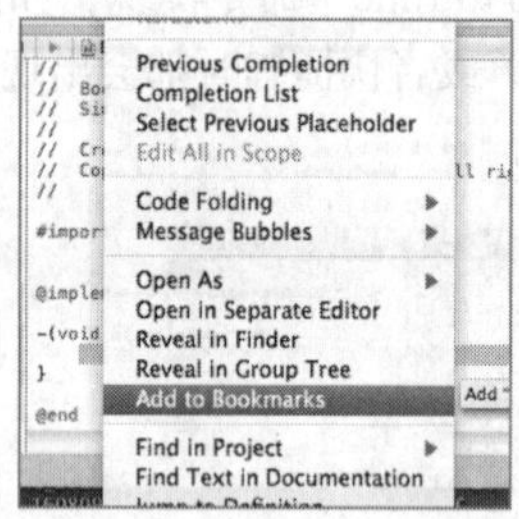

图1-40 选择“Add to Bookmarks”命令

此时会弹出一个对话框，可以在里面填写标签的内容，如图1-41所示。

这样就可以在项目的书签节点找到这个条目了，如图1-42所示。此时单击该条目，可以回到刚才添加书签时光标的位置。

图1-41 填写标签的内容

图1-42 在项目的书签节点找到这个条目

10．自定义导航条

在代码窗口上边有一个工具条，此工具条提供了很多方便的导航功能，例如图1-43所示的功能。也可以用来实现上面TODO的需求。这里有两种自定义导航条的写法，其中下面是标准写法：

```
#pragma mark
```

而下面是Xcode兼容的格式：

```
// TODO: xxx
// FIXME: xxx
```

完整的代码如图1-44所示。

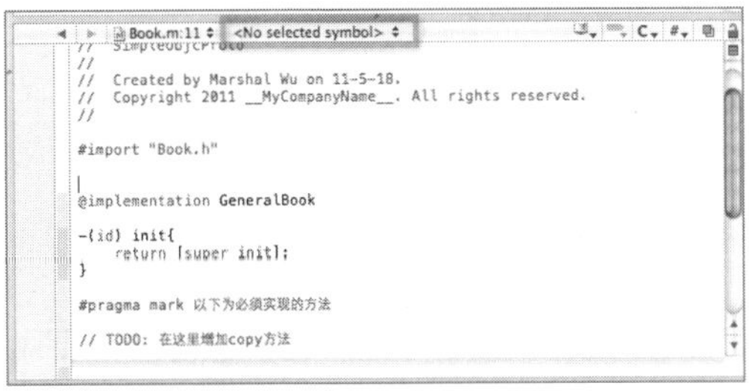

图1-43 一个导航条

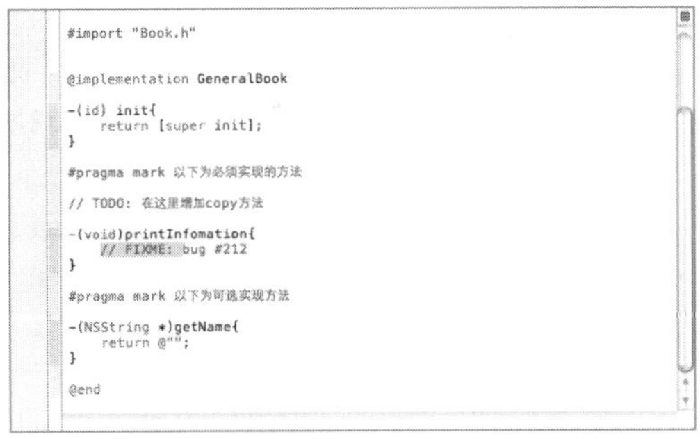

图1-44 完整的代码

此时会产生如图1-45所示的导航条效果。

11. 使用Xcode帮助

如果想快速查看官方API文档，可以在源代码中按“Option”键并双击该类型（函数、变量等），如图1-46所示的是NSString的API文档对话框。

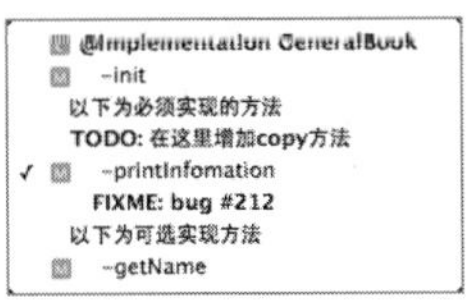

图1-45 产生的导航条效果

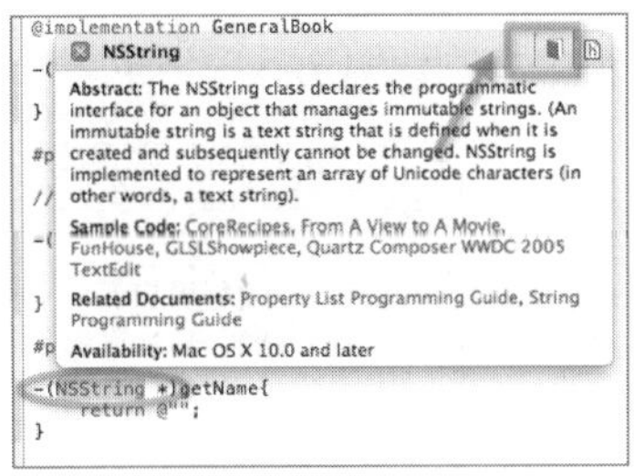

图1-46 NSString的API文档对话框

如果单击图1-46中标识的按钮，会弹出完整文档的窗口，如图1-47所示。

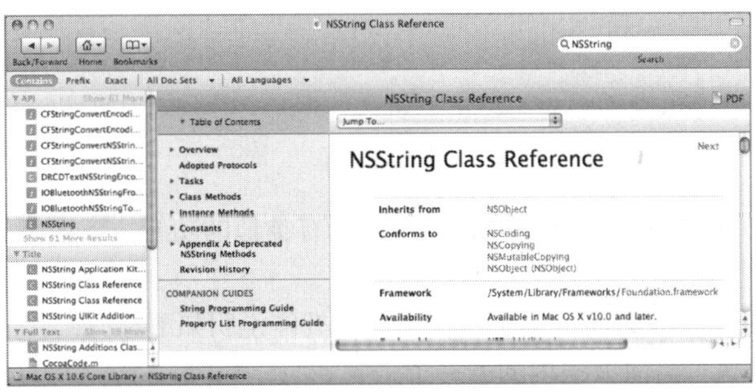

图1-47 完整文档的窗口

12. 调试代码

最简单的调试方法是通过NSLog打印出程序运行中的结果，然后根据这些结果判断程序运行的流程和结果值是否符合预期。对于简单的项目，通常使用这种方式就足够了。但是，如果开发的是商业项目，需要借助Xcode提供的专门调试工具。所有的编程工具的调试思路都是一样的。首先要在代码中设置断点，此时可以想象一下，程序的执行是顺序的，可能怀疑某个地方的代码出了问题（引发Bug），那么就在这段代码开始的地方，比如方法的第一行，或者循环的开始部分，设置一个断点。那么程序在调试时会在运行到断点时终止，接下来可以一行一行地执行代码，判断执行顺序是否是自己预期的，或者变量的值是否和自己想的一样。

设置断点的方法非常简单，比如想对红框表示的行设置断点，就单击该行左侧红圈位置，如图1-48所示。

单击后会出现断点标志，如图1-49所示。

然后运行代码，比如使用“Command+Enter”命令，这时将运行代码，并且停止在断点处，如图1-50所示。

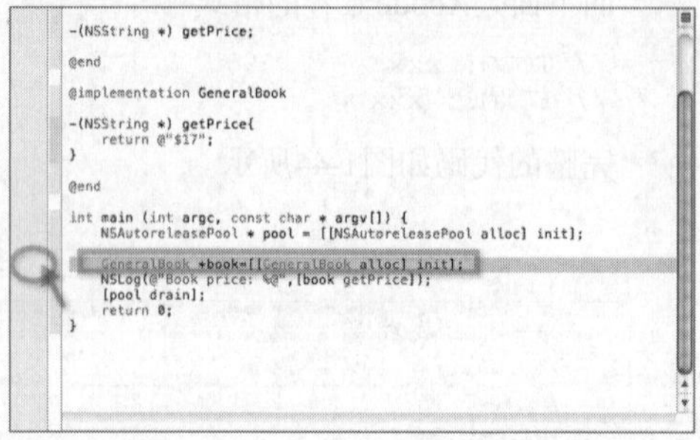

图1-48 单击该行左侧红圈位置

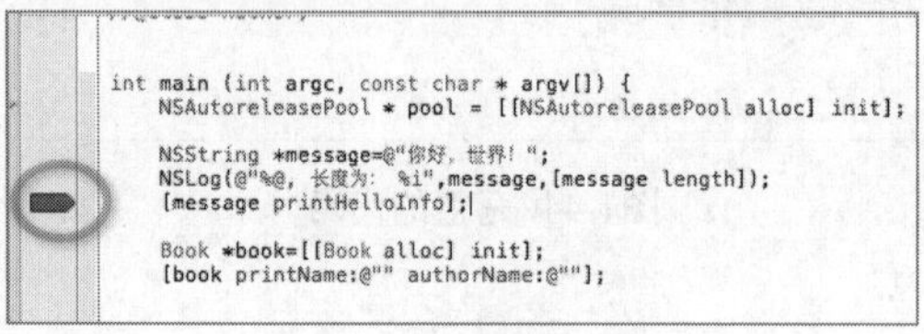

图1-49 出现断点标志

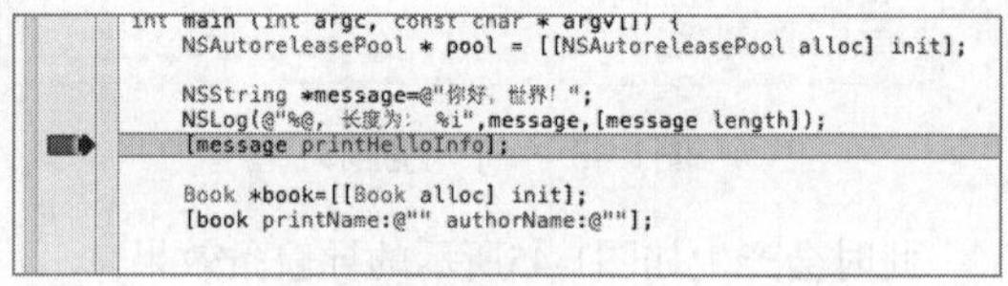

图1-50 停止在断点处

可以通过“Shift+Command+Y”命令调出调试对话框，如图1-51所示。

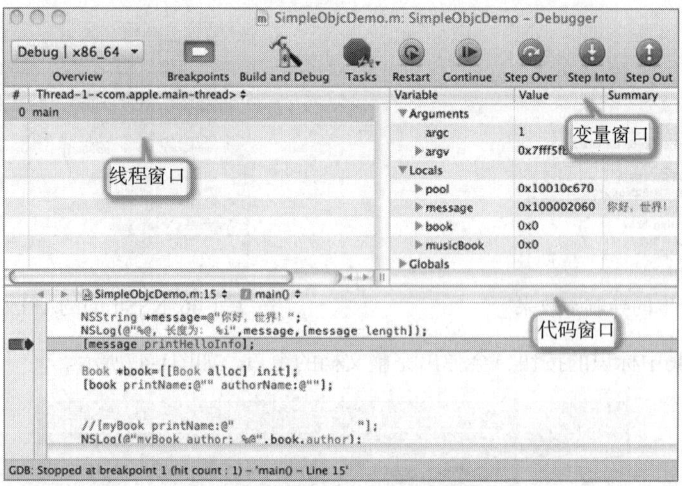

图1-51 调试对话框

这和其他语言IDE工具的界面大同小异，因为都具有类似的功能。下面是主要命令的具体说明。

- ❑ Continue：继续执行程序。
- ❑ step over、step into、step out：用于单步调试，具体说明如下。
  - step over：将执行当前方法内的下一个语句。
  - step into：如果当前语句是方法调用，将单步执行当前语句调用方法内部第一行。
  - step out：将跳出当前语句所在方法，到方法外的第一行。

通过调试工具，可以对应用做全面和细致的调试。

1.5 启动 iOS 8 模拟器

Xcode是一款功能全面的应用程序，通过此工具可以轻松输入、编译、调试并执行Objective-C程序。

如果想在Mac上快速开发iOS应用程序，则必须学会使用这个强大的工具的方法。在接下来将简单介绍使用Xcode编辑启动模拟器的基本方法。

（1）Xcode位于“Developer”文件夹内中的“Applications”子文件夹中，快捷图标如图1-52所示。

（2）启动Xcode 6后的初始界面如图1-53所示，在此可以设置创建新工程还是打开一个已存在的工程。

图1-52 Xcode图标

图1-53 启动一个新项目

（3）单击“Create a new Xcode project”后会出现如图1-54所示的窗口。

（4）在New Project窗口的左侧，显示了可供选择的模板类别，因为我们的重点是类别iOS Application，所以在此需要确保选择了它。而在右侧显示了当前类别中的模板以及当前选定模板的描述。就这里而言，请单击空应用程序“Empty Application”模块，再单击“Next”按钮，窗口界面效果如图1-55所示。

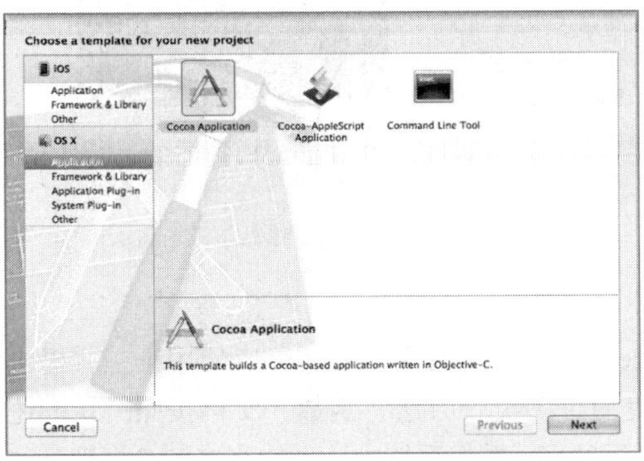

图1-54 启动一个新项目：选择应用程序类型

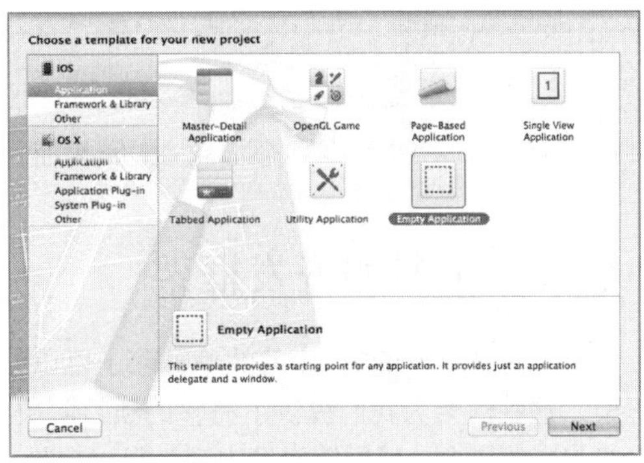

图1-55 单击模板“Empty Application（空应用程序）”

（5）选择模板并单击“Next”按钮后，在新界面中Xcode将要求您指定产品名称和公司标识符。产品名称就是应用程序的名称，而公司标识符创建应用程序的组织或个人的域名，但按相反的顺序排列。这两者组成了束标识符，它将您的应用程序与其他iOS应用程序区分开来，如图1-56所示。

例如，我们将创建一个名为“exSwift”的应用程序，设置域名是“apple”。如果没有域名，在开发时可以使用默认的标识符。

（6）单击“Next”按钮，Xcode将要求我们指定项目的存储位置。切换到硬盘中合适的文件夹，确保没有选择复选框Source Control，再单击“Create”按钮。Xcode将创建一个名称与项目名相同的文件夹，并将所有相关联的模板文件都放到该文件夹中，如图1-57所示。

（7）在Xcode中创建或打开项目后，将出现一个类似于iTunes的窗口，您将使用它来完成所有的工作，从编写代码到设计应用程序界面。如果这是您第一次接触Xcode，令人眼花缭乱的按钮、下拉列表和图标将让您感到不适。为让您对这些东西有大致认识，下面首先介绍该界面的主要功能区域，如图1-58所示。

（8）运行iOS模拟器的方法十分简单，只需单击左上角的按钮即可，运行效果如图1-59所示。

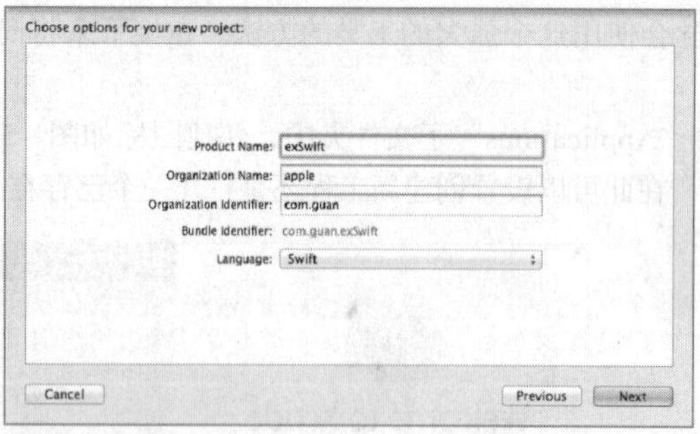

图1-56 Xcode文件列表窗口

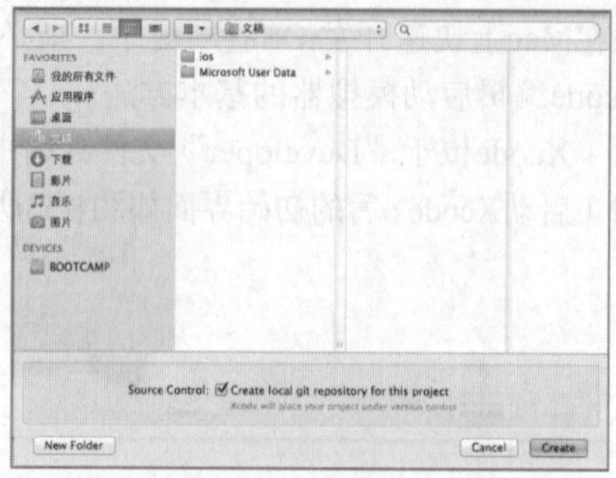

图1-57 选择保存位置

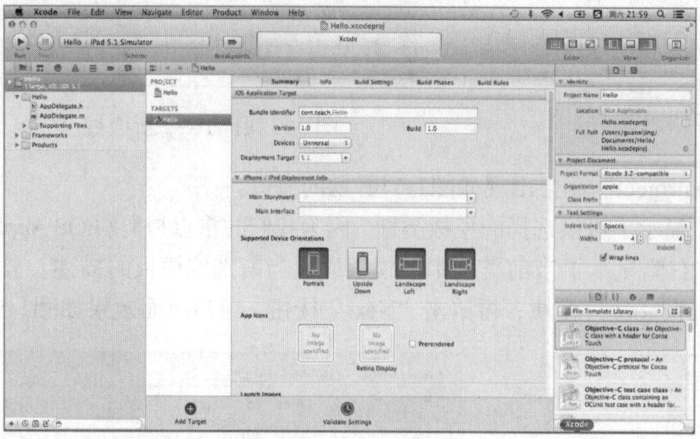

图1-58 Xcode界面

图1-59 iPhone模拟器的运行效果

1.6 iOS 的常用开发框架

为了提高开发iOS程序的效率，除了可以使用Xcode集成开发工具之外，还可以使用第三方提供的框架，这些框架为我们提供了完整的项目解决方案，是由许多类、方法、函数、文档按照一定的逻辑组织起来的集合，以便使研发程序变得更容易。在OSX下的Mac操作系统中，大约存在80个框架，这些框架可以用来开发应用程序，处理Mac的Address Book结构、刻制CD、播放DVD、使用QuickTime播放电影、播放歌曲等。

在iOS的众多框架中，其中有两个最为常用的框架：Foundation框架和Cocoa框架。

1.6.1 Foundation 框架简介

在OSX下的Mac操作系统中，为所有程序开发奠定基础的框架称为Foundation框架。该框架允许使用一些基本对象，例如数字和字符串，以及一些对象集合，如数组、字典和集合。其他功能包括处理日期和时间、自动化的内存管理、处理基础文件系统、存储（或归档）对象、处理几何数据结构（如点和长方形）。

Foundation头文件的存储目录是：

```
/System/Library/Frameworks/Foundation.framework/Headers
```

上述头文件实际上与其存储位置的其他目录相链接。请读者查看这个目录中存储在系统上的Foundation框架文档，熟悉它的内容和用法简介。Foundation框架文档存储在我们计算机系统中（位于/Develop/Documentation目录中）。另外，Apple网站上也提供了此说明文档。大多数文档为HTML格式的文件，可以通过浏览器查看。同时也提供了Acrobat pdf文件。这个文档中包含Foundation的所有类及其实现的所有方法和函数的描述。

如果正在使用Xcode开发程序，可以通过Xcode的Help菜单中的Documentation窗口轻松访问文档。通过这个窗口，可以轻松搜索和访问存储在计算机本机中或者在线的文档。如果正在Xcode中编辑文件并且想要快速访问某个特定头文件、方法或类的文档，可以通过高亮显示编辑器窗口中的文本并右键单击的方法来实现。在出现的菜单中，可以适当选择Find Selected Text in Documentation或者Find Selected Text in API Reference，Xcode将搜索文档库，并显示与查询相匹配的结果。

看一看它是如何工作的。类NSString是一个Foundation类，可以使用它来处理字符串。假设正在编辑某个使用该类的程序，并且想要获得更多关于这个类及其方法的信息，无论何时，当单词NSString出现在编辑窗口时，都可以将其高亮显示并右键单击。如果从出现的菜单中选择Find Selected Text in API Reference，会得到一个外观与图1-60类似的文档窗口。

如果向下滚动标有NSString Class Reference的面板，将发现（在其他内容中间）一个该类所支持的所有方法的列表。这是一个能够获得有关实现哪些方法等信息的便捷途径，包括它们如何工作以及它们的预期参数。

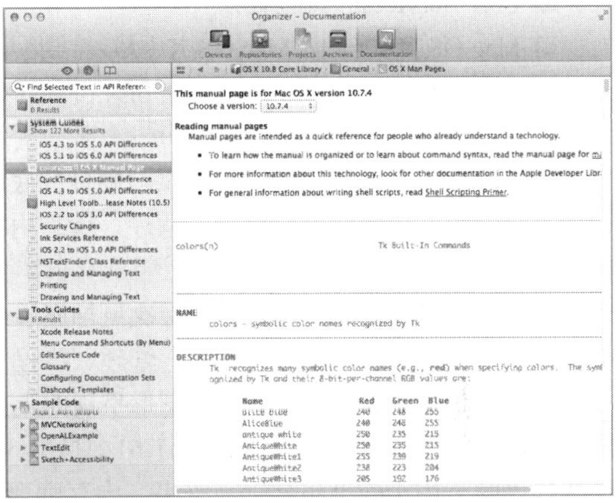

图1-60 NSString类的文档

读者可以在线访问developer.apple.com/referencelibrary，打开Foundation参考文档（通过Cocoa、Frameworks、Foundation Framework Reference链接），在这个站点中还能够发现一些介绍某些特定编程问题的文档，例如内存管理、字符串和文件管理。除非订阅的是某个特定文档集，否则在线文档要比存储在计算机硬盘中的文档从时间上讲更新一些，如图1-60所示。

在Foundation框架中包括了大量可供使用的类、方法和函数。在Mac OS X上，大约有125个可用的头文件。作为一种简便的形式，我们可以使用如下代码头文件：

```
#import <Foundation/Foundation.h>
```

因为Foundation.h文件实际上导入了其他所有Foundation头文件，所以不必担心是否导入了正确的头文件，Xcode会自动将这个头文件插入到程序中。虽然使用上述代码会显著地增加程序的编译时间，但是，通过使用预编译的头文件，可以避免这些额外的时间开销。预编译的头文件是经过编译器预先处理过的文件。在默认情况下，所有Xcode项目都会受益于预编译的头文件。在本章使用每个对象时都会用到这些特定的头文件，这会有助于我们熟悉每个头文件所包含的内容。

1.6.2 Cocoa框架简介

Application Kit框架包含广泛的类和方法，它们能够开发交互式图形应用程序，使得开发文本、菜单、工具栏、表、文档、剪贴板和窗口等应用变得十分简便。在Mac OS X操作系统中，术语Cocoa是指Foundation框架和Application kit框架。术语Cocoa Touch是指Foundation框架和UIKit框架。由此可见，Cocoa是一种支持应用程序、提供丰富用户体验的框架，它实际上由如下两个框架组成：

- ❑ Foundation框架；
- ❑ Application Kit（或AppKit）框架。

其中后者用于提供与窗口、按钮、列表等相关的类。在编程语言中，通常使用示意图来说明框架最顶层应用程序与底层硬件之间的层次，图1-61所示就是一个这样的图。

图1-61中各个层次的具体说明如下所示。

- User：用户。
- Application：应用程序。
- Cocoa（Foundation and AppKit Frameworks）：Cocoa（Foundation和AppKit框架）。
- Application Services：应用程序服务。
- Core Services：核心服务。
- Mac OS X kernel：Mac OS X内核。
- Computer Resources (memory, disk,display, etc.)：计算机资源（内存、磁盘、显示器等）。

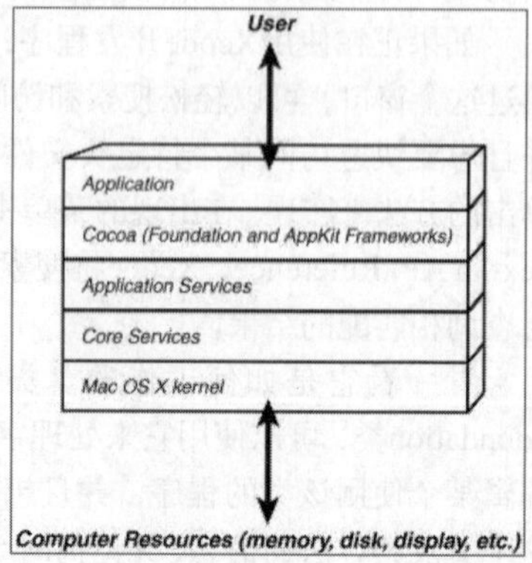

图1-61 应用程序层次结构

内核以设备驱动程序的形式提供与硬件的底层通信，它负责管理系统资源，包括调度要执行的程序、管理内存和电源，以及执行基本的I/O操作。

核心服务提供的支持比它上面层次更加底层或更加“核心”。例如，在Mac OS X中主要对集合、网络、调试、文件管理、文件夹、内存管理、线程、时间和电源的管理。

应用程序服务层包含对打印和图形呈现的支持，包括Quartz、OpenGL和Quicktime。由此可见，Cocoa层直接位于应用程序层之下。正如图1-61中指出的那样，Cocoa包括Foundation和AppKit框架。Foundation框架提供的类用于处理集合、字符串、内存管理、文件系统、存档等。通过AppKit框架中提供的类，可以管理视图、窗口、文档等用户界面。在很多情况下，Foundation框架为底层核心服务层（主要用过程化的C语言编写）中定义的数据结构定义了一种面向对象的映射。

Cocoa框架用于Mac OS X桌面与笔记本电脑的应用程序开发，而Cocoa Touch框架用于iPhone与iTouch的应用程序开发。Cocoa和Cocoa Touch都有Foundation框架。然而在Cocoa Touch下，UIKit代替了AppKit框架，以便为很多相同类型的对象提供支持，如窗口、视图、按钮、文本域等。另外，Cocoa Touch还提供使用加速器（它与GPS和WiFi信号一样都能跟踪位置）的类和触摸式界面，并且去掉了不需要的类，比如支持打印的类。

1.7 常用的第三方工具

在iOS开发应用中，为了提高开发效率，需要借助第三方开发工具。例如测试程序需要模拟器iPhone Simulator，设计界面需要Interface Builder。在本节的内容中，将简单介绍这两个工具的基本知识。

1.7.1 模拟器 iPhone Simulator

iPhone Simulator是iPhone SDK中的最常用工具之一，无需使用实际的iPhone/iPod Touch就可以测试应用程序。iPhone Simulator位于如下文件夹中：

```
/Developer/iPhone OS <version> /Platforms/iPhoneSimulator.platform/Developer/Applications/
```

通常不需要直接启动iPhone Simulator，它在Xcode运行（或是调试）应用程序时会自动启动。Xcode会自动将应用程序安装到iPhone Simulator上。iPhone Simulator是一个模拟器，并不是仿真器。模拟器会模仿实际设备的行为。iPhone Simulator会模仿实际的iPhone设备的真实行为。但模拟器本身使用Mac上的QuickTime等库进行渲染，以便效果与实际的iPhone保持一致。此外，在模拟器上测试的应用程序会编译为X86代码，这是模拟器所能理解的字节码。与之相反，仿真器会模仿真实设备的工作方式。在仿真器上测试的应用程序会编译为真实设备所用的实际的字节码。仿真器会把字节码转换为运行仿真器的宿主计算机所能执行的代码形式。

iPhone Simulator可以模拟不同版本的iPhone OS。如果需要支持旧版本的平台以及测试并调试特定版本的OS上的应用程序所报告的错误，该功能就很有用。

启动Xcode后选择左边的iPhone OS下面的Application，依次选择“View”→“based Application”，然后为项目命名，如图1-62所示。

在新创建的项目中不做任何操作，直接单击“Build and Run”按钮后即可在模拟器中运行程序，如图1-63所示。

图1-62 Xcode界面

图1-63 模拟器界面

1.7.2 Interface Builder

Interface Builder（IB）是Mac OS X平台下，用于设计和测试用户界面（GUI）的应用程序（非开源）。为了生成GUI，IB并不是必需的，实际上Mac OS X下所有的用户界面元素都可以使用代码直接生成，但是，IB能够使开发者简单快捷地开发出符合Mac OS X human-interface guidelines的GUI。通常只需要通过简单的拖曳（drag-n-drop）操作来构建GUI就可以了。

IB使用Nib文件储存GUI资源，同时适用于Cocoa和Carbon程序。在需要的时候，Nib文件可以被快速地载入内存。Interface Builder是一个可视化工具，用于设计iPhone应用程序的用户界面。可以在Interface Builder中将视图拖曳到窗口上，并将各种视图连接到插座变量和动作上，这样它们就能以编程的方式与代码交互。

Interface Builder的设计界面如图1-64所示。

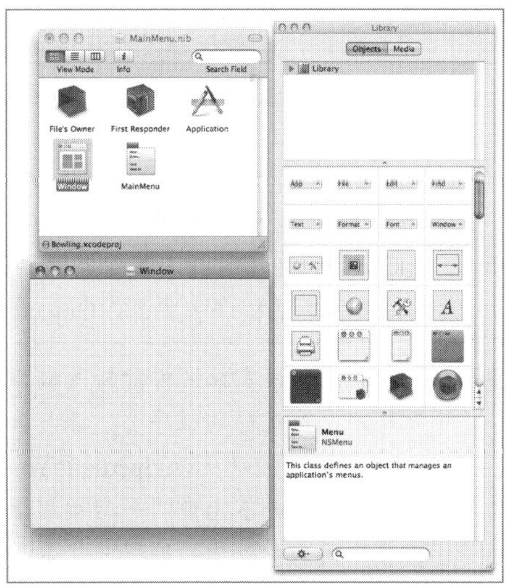

图1-64 Interface Builder界面

第2章 Objective-C语言基础

在最近几年，从众多编程语言中脱颖而出，这颗耀眼的新星就是本章的主角——Objective-C。在本章的内容中，将带领大家初步认识Objective-C语言，为读者进入本书后面知识的学习打下基础。

2.1 最耀眼的新星

在过去的两年中，Objective-C的占有率连续攀升，成为仅次于Java、C、C#和C++之后的一门编程语言。在本节将带领大家一起探寻Objective-C如此火爆的秘密。

2.1.1 看一份统计数据

开始之前，先看一下表2-1的统计数据。

表2-1 编程语言排行榜（截止到2014年5月）

2014年排名	2013年排名	语　言	2012年占有率（%）	和2011年相比（%）
1	1	C	17.631	–0.23
2	2	Java	17.348	–0.33
3	4	Objective-C	12.875	+3.28
4	3	C++	6.137	–3.58
5	5	C#	4.820	–1.33

TIOBE于2014年5月公布了2014年4月编程语言排行榜，如表2-1所示。和以前月份的统计数据相比，前三的位置有所变动，例如Objective-C取代了C++的第三名位置。作为2011年还在十名开外的Objective-C来说，在短时间内取得如此骄人的战绩是十分可贵的。这主要归功于iPhone和iPad的持续成功，这两种设备上的程序主要都由Objective-C实现。

提示：TIOBE编程语言社区排行榜是编程语言流行趋势的一个指标，每月更新。这份排行榜排名基于互联网上有经验的程序员、课程和第三方厂商的数量。排名使用著名的搜索引擎（如Google、MSN、雅虎）以及Wikipedia和YouTube进行计算。请注意这个排行榜只是反映某个编程语言的热门程度，并不能说明一门编程语言好不好，或者一门语言所编写的代码数量多少。这个排行榜可以用来考查你的编程技能是否与时俱进。

2.1.2 究竟何为 Objective-C

Objective-C是苹果Mac OS X系统上开发的首选语言。Mac OS X技术来源自NextStep的OpenStep操作系统，而OpenStep的软件架构都是用Objetive-C语言编写的。这样，Objective-C就理所当然地成为了Mac OS X上的最佳语言。

Objective-C诞生于1986年，Brad Cox在第一个纯面向对象语言Smalltalk的基础上写成了Objective-C语言。后来Brad Cox创立了StepStone公司，专门负责Objective-C语言的推广。

1988年，Steve Jobs的NextStep采用Objective-C作为开发语言。

1992年，在GNU GCC编译器中包含了对Objective-C的支持。在这以后相当长的时间内，Objective-C语言得到了很多程序员的认可，并且很多是编程界的高人，如Richard Stallman、Dennis Glating等。

Objective-C通常被写为ObjC、Objective C或Obj-C，是一门扩充了C语言的面向对象的编程语言。Objective-C语言推出后，主要被用在如下两个使用OpenStep标准的平台上面。

- Mac OS X。
- GNUstep。

除此之外，在NeXTSTEP和OpenStep中，Objective-C语言也是被作为基本语言来使用的。在GCC运作的系统中，可以实现Objective-C的编写和编译操作，因为，GCC包含Objective-C的编译器。

2.1.3 为什么选择 Objective-C

iOS选择Objective-C作为开发语言，有许多方面的原因，具体来说有以下4点。

1. 面向对象

Objective-C语言是一门面向对象的语言，功能十分强大。在Cocoa框架中的很多功能，只能通过面向对象的技术来呈现，所以，Objective-C一开始就是为了满足面向对象而设计的。

2. 融合性好

从严格意义讲，Objective-C语言是标准C语言的一个超集。当前使用的C程序无须重新开发就可以使用Cocoa软件框架，并且开发者可以在Objective-C中使用C的所有特性。

3. 简单易用

Objective-C是一种简洁的语言，它的语法简单，易于学习。但另一方面，因为易于混淆的术语以及抽象设计的重要性，对于初学者来说可能学习面向对象编程的过程比较漫长。要想学好Objective-C这种结构良好的语言，需要付出很多汗水和精力。

4. 动态机制支持

Objective-C和其他的基于标准C语言的面向对象语言相比，对动态的机制支持更为彻底。专业的编译器为运行环境保留了很多对象本身的数据信息，所以，在编译某些程序时，可以将选择推迟到运行时来决定。正是基于此特性，使得基于Objective-C的程序非常灵活和强大。例如，Objective-C的动态机制提供了如下两个比普通面向对象语言的优点。

- Objective-C语言支持开放式的动态绑定，这有助于交互式用户接口架构的简单化。例如，在Objective-C程序中发送消息时，不但无须考虑消息接收者的类，而且也无须考虑方法的名字。这样可以允许用户在运行时再做出决定，也给开发人员带来了极大的设计自由。
- Objective-C语言的动态机制成就了各种复杂的开发工具。运行环境提供了访问运行中程序数据的接口，所以，使得开发工具监控Objective-C程序成为可能。

2.2 Objective-C 的优点及缺点

Objective-C是一门非常“实际”的编程语言，它使用一个用C写成的很小的运行库，只会令应用程序的大小增加很小，这和大部分OO（面向对象）系统那样使用极大的VM（虚拟机）执行时间来取代了整个系统的运作相反。Objective-C写成的程序通常不会比其原始程序大很多。

Objective-C的最初版本并不支持垃圾回收。在当时这是人们争论的焦点之一，很多人考虑到Smalltalk回收会产生漫长的“死亡时间”，从而令整个系统失去功能。Objective-C为避免这个问题，所以不再拥有这个功能。虽然在某些第三方版本已加入这个功能（如GNUstep），但是，Apple在其Mac OS X中仍未引入这个功能。不过令人欣慰的是，在Apple发布的Xcode 4中开始支持自动释放，虽然不敢冒昧地说那是垃圾回收，因为毕竟两者机制不同。在Xcode 4中的自动释放，也就是ARC（Automatic

Reference Counting）机制，是不需要用户手动去Release（释放）一个对象，而是在编译期间，编译器会自动帮我们添加那些以前经常写的[NSObject release]。

还有另外一个问题，Objective-C不包括命名空间机制，取而代之的是程序设计师必须在其类别名称上加上前缀，这样会经常导致冲突。在2004年，在Cocoa编程环境中，所有Mac OS X类别和函式均有“NS”作为前缀，例如NSObject或NSButton来清楚分别它们属于Mac OS X核心；使用“NS”是由于这些类别的名称在NeXTSTEP开发时定下。

虽然Objective-C是C语言的母集，但它也不视C语言的基本型为第一级的对象。和C++不同，Objective-C不支援运算子多载（它不支持ad-hoc多型）。虽然与C++不同，但是和Java相同，Objective-C只允许对象继承一个类别（不设多重继承）。Categories和protocols不但可以提供很多多重继承的好处，而且没有很多缺点，例如，额外执行时间过重和二进制不兼容。

由于Objective-C使用动态运行时类型，而且所有的方法都是函数调用，有时甚至连系统调用“syscalls”也是如此，所以，很多常见的编译时性能优化方法都不能应用于Objective-C，例如，内联函数、常数传播、交互式优化、纯量取代与聚集等。这使得Objective-C性能劣于类似的对象抽象语言，例如C++。不过Objective-C拥护者认为，既然Objective-C运行时消耗较大，Objective-C本来就不应该应用于C++或Java常见的底层抽象。

2.3 一个简单的例子

在本节的内容中，将首先举一个简单的实例，编写一段Objective-C程序，这段简单程序能够在屏幕上显示短语“first Programming!”。整个代码十分简单，下面是完成这个任务的Objective-C程序：

```
//显示短语
#import <Foundation/Foundation.h>
int main (int argc, const char * argv[l)
{
 .NSAutoreleasePool ' pool =  [ [NSAutoreleasePool alloc]  init] ;
        NSLog  ( @ "first Programming!" ) ;
      [pool drain] ;
  return 0;
}
```

对于上述程序，可以使用Xcode编译并运行程序，或者使用GNU Objective-C编译器在Terminal窗口中编译并运行程序。Objective-C程序最常用的扩展名是“.m”，将上述程序保存为“prog1.m”，然后可以使用Xcode打开。

注意：在Objective-C中，小写字母和大写字母是有区别的。Objective-C并不关心从程序行的何处开始输入，程序行的任何位置都能输入语句。基于此，可以开发容易阅读的程序。

2.3.1 使用 Xcode 编辑代码

Xcode是一款功能全面的应用程序，通过此工具可以输入、编译、调试并执行Objective-C程序。如果想在Mac上快速开发Objective-C应用程序，则必须学会使用这个强大的工具的方法。在本章前面的章节中，已经介绍了安装并搭建Xcode工具的流程，接下来将简单介绍使用Xcode编辑Objective-C代码的基本方法。

图2-1 Xcode图标

（1）Xcode位于“Developer”文件夹内中的“Applications”子文件夹中，快捷图标如图2-1所示。

（2）启动Xcode，在File菜单下选择“New Project”，如图2-2所示。

（3）此时出现一个窗口，如图2-3所示。

（4）在New Project窗口的左侧，显示了可供选择的模板类别，因为我们的重点是类别iOS Application，所以在此需要确保选择了它。而在右侧显示了当前类别中的模板以及当前选定模板的描述。就这里而言，请单击模板“Empty Application（空应用程序）”，再单击“Next”按钮。窗口界面效果如图2-4所示。

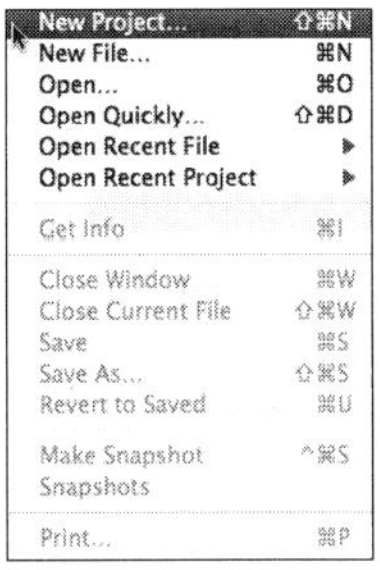

图2-2 启动一个新项目

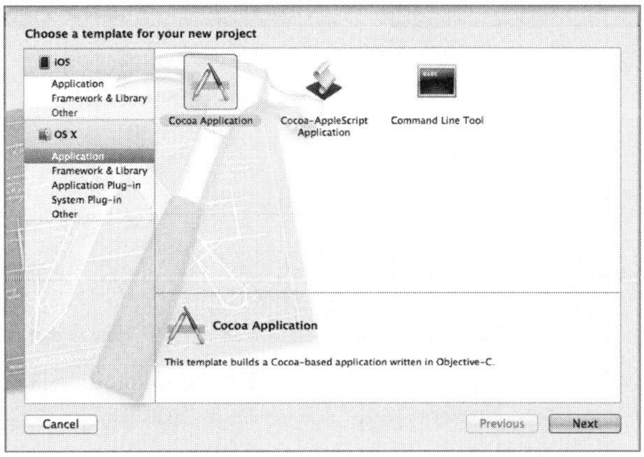

图2-3 启动一个新项目：选择应用程序类型

（5）单击“Choose”按钮打开一个新窗口，如图2-5所示。

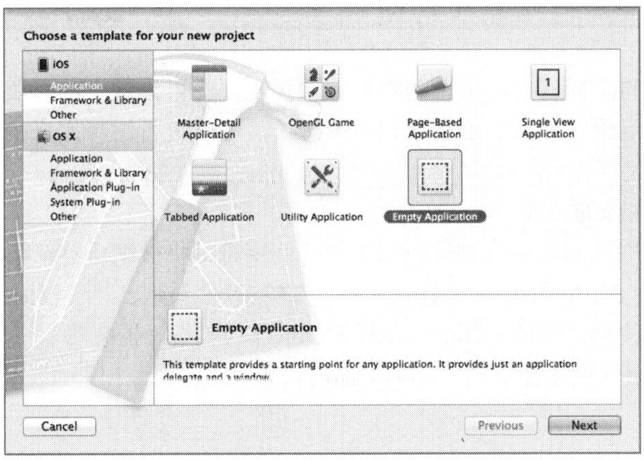

图2-4 单击模板“Empty Application（空应用程序）”

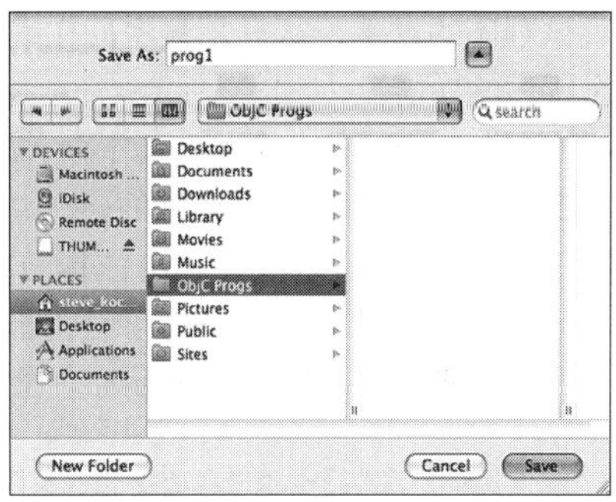

图2-5 Xcode文件列表窗口

（6）在此将前面的程序命名为prog1，保存在本地机器后，在Xcode中的编辑界面如图2-6所示。

（7）此时可以打开前面创建的第一段Objective-C代码。不要担心屏幕上文本显示的各种颜色。Xcode使用不同的颜色指示值、保留字等内容。

现在编译并运行第一个程序，但首先需要保存程序，方法是从File菜单中选择Save。如果在未保存文件的情况下尝试编译并运行程序，Xcode会询问是否需要保存。在Build菜单下，可以选择Build或Build and Run。我们选择后者，因为如果构建时不会出现任何错误，则会自动运行此程序。也可单击工具栏中出现的Build and Go图标。

Build and Go意味着“构建，然后执行上次最后完成的操作”，这可能是Run、Debug、Run with Shark或Instruments等。首次为项目使用此图标时，Build and Go意味着构建并运行程序，所以，此时使用这个操作没有问题。但是一定要知道“Build and Go”与“Build and Run”之间的区别。

如果程序中有错误，在此步骤期间会看到列出的错误消息。如果情况如此，可回到程序中解决错误问题，然后再次重复此过程。解决程序中的所有错误之后，会出现一个新窗口，其中显示prog1－Debugger Console。如果该窗口没有自动出现，可进入主菜单栏并从Run菜单中选择Console，这样就能显示了。

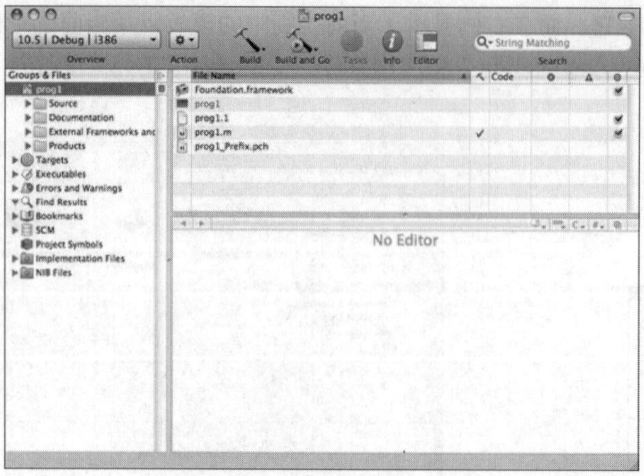

图2-6 Xcode prog1项目窗口

2.3.2 基本元素介绍

1. 注释

接下来开始分析文件first.m，看程序的第一行。

```
//显示短语
```

上述代码表示一段注释，在程序中使用的注释语句用于说明程序并增强程序的可读性。注释负责告诉该程序的读者，这只是程序员在编写特定程序和特定语句序列时的想法。一般首行注释用来描述整个程序的功能。

在Objective-C程序中，有如下两种插入注释的方式。

- 第一种：使用两个连续的斜杠“//”，在双斜杠后直到这行结尾的任何字符都将被编译器忽略。
- 第二种：使用“/*...*/”注释的形式，在中间不能插入任何空格。“/*”表示开始，“*/”表示结束，在两者之间的所有字符都被看作注释语句的一部分，从而被Objective-C编译器忽略。

当注释需要跨越很多程序行时，通常使用这种注释格式，例如下面的代码：

```
/*
这是注释，因为很长很长很长很长很长的，
所以得换行，
功能是显示一行文本。
如果不明白可以联系作者：
xxxx@yahoo.com
*/
```

在编写程序或者将其输入计算机上时，应该养成在程序中插入注释的习惯。使用注释有如下两个好处。

（1）当特殊的程序逻辑在您的大脑中出现时就说明程序，要比程序完成后再回来重新思考这个逻辑简单得多。

（2）通过在工作的早期阶段把注释插入程序中，可在调试阶段隔离程序逻辑错误。注释不仅可以帮助您（或者其他人）通读程序，而且还有助于指出逻辑错误的根源。

2. #import指令

我们继续分析程序，看接下来的代码：

```
#import <Foundation/Foundation.h>
```

#import指令的功能是，告诉编译器找到并处理名为Foundation.h的文件，这是一个系统文件，表示这个文件不是我们创建的。#import表示将该文件的信息导入或包含到程序中，这个功能像把此文件的

内容输入程序中。例如上述代码可以导入文件Foundation.h。

在Objective-C语言中，编译器指令以@符号开始，这个符号经常用在使用类和对象的情况。在表2-2中，对Objective-C语言中的指令进行了总结。

表2-2 编译器指令

指令	含义	例子
@"*chars*"	实现常量NSSTRING字符串对象（相邻的字符串已连接）	NSString *url = @"http://www.kochan-wood.com";
@class *c1, c2,...*	将*c1*、*c2*……声明为类	@class Point, Rectangle;
@defs (*class*)	为*class*返回一个结构变量的列表	struct Fract { @defs(Fraction); } *fractPtr; fractPtr = (struct Fract *) [[Fraction alloc] init];
@dynamic *names*	用于*names*的存取器方法，可动态提供	@dynamic drawRect;
@encode (*type*)	将字符串编码为*type*类型	@encode (int *)
@end	结束接口部分、实现部分或协议部分	@end
@implementation	开始一个实现部分	@implementation Fraction;
@interface	开始一个接口部分	@interface Fraction: Object <Copying>
@private	定义一个或多个实例变量的作用域	例如定义实例变量
@protected	定义一个或多个实例变量的作用域	
@public	定义一个或多个实例变量的作用域	
@property (*list*) names	为*names*声明*list*中的属性	property (retain, nonatomic) NSSTRING *name;
@protocol (*protocol*)	为指定*protocol*创建一个Protocol对象	@protocol (Copying)]){...} if ([myObj conformsTo: (protocol)
@protocol *name*	开始*name*的协议定义	@protocol Copying
@selector (*method*)	指定*method*的SEL（选择）对象	if ([myObj respondsTo: @selector (allocF)]) {...}
@synchronized (*object*)	通过单线程开始一个块的执行。*Object*已知是一个互斥（mutex）的旗语	
@synthesize *names*	为*names*生成存取器方法，如果未提供的话	@synthesize name, email;参见“实例变量”
@try	开始执行一个块，以捕捉异常	例如“异常处理”应用
@catch (*exception*)	开始执行一个块，以处理*exception*	
@finally	开始执行一个块，不管上面的@try块是否抛出异常都会执行	
@throw	抛出一个异常	

3. 主函数

接下来看如下剩余的代码：

```
int main (int argc, const char * argv[l)
{
     NSAutoreleasePool ' pool =  [ [NSAutoreleasePool alloc]  init] ;
          NSLog  ( @ "first Programming!" ) ;
```

```
        [pool drain] ;
    return 0;
        }
```

上述代码都被包含在函数main()中，此函数和C语言中的同名函数类似，是整个程序的入口函数。上述代码功能是指定程序的名称为main，这是一个特殊的名称，功能是准确地表示程序将要在何处开始执行。在main前面的保留关键字int用于指定main返回值的类型，此处用int表示该值为整型（在本书后面的章节中将更加详细地讨论类型问题）。

在上述main代码块中包含了多条语句。可以把程序的所有语句放入到一对花括号中，最简单的情形是：一条语句是一个以分号结束的表达式。系统将把位于花括号中间的所有程序语句看作main例程的组成部分。首先看如下第一条语句：

```
NSAutoreleasePool ' pool =  [ [NSAutoreleasePool alloc]  init] ;
```

上述语句为自动释放池在内存中保留了空间（会在本书后面的“内存管理”章节讨论这方面的内容）。作为模板的一部分，Xcode会将这行内容自动放入程序中。

接下来的一条语句用于指定要调用名为NSLog的例程，传递或传送给NSLog例程的参数或实参是如下字符串：

```
@ "first Programming!"
```

此处的符号@位于一对双引号的字符串前面，这被称为常量NSString对象。NSString例程是Objective-C库中的一个函数，它只能显示或记录其参数。但是，之前它会显示该例程的执行日期和时间、程序名以及其他在此不会介绍的数值。在本书后面的内容中，不会列出NSLog在输出前面插入的这些文本。

在Objective-C中，所有的程序语句必须使用分号“;”结束，这也是为什么分号在NSLog调用的结束圆括号之后立即出现的原因。在退出Objective-C程序之前，应该立即释放已分配的内存池和与程序相关联的对象，例如使用类似于下面的语句可以实现：

```
[pool drain];
```

注意：Xcode会在程序中自动插入此行内容。

在函数main中的最后一条语句是：

```
return 0;
```

上述语句的功能是终止main的运行，并且返回状态值0。在Objective-C程序中规定，0表示程序正常结束。任何非零值通常表示程序出现了一些问题，例如无法找到程序所需要的文件。

如果使用Xcode进行调试，会在Debug Console窗口中发现在NSLog输出的行后显示下面的提示：

```
The Debugger has exited with status 0
```

假如修改上面的程序，修改后能够同时显示文本“Objective-C OK”。要想实现这个功能，可以通过简单添加另一个对NSLog例程的调用的方法来实现，例如使用下面的代码实现：

```
#import <Foundation/Foundation.h>
   int main (int argc, const char * argv[l)
   {
   .     NSAutoreleasePool ' pool =  [ [NSAutoreleasePool alloc]  init] ;
             NSLog  ( @ "first Programming!" ) ;
             NSLog (@" Objective-C OK!");
          [pool drain] ;
       return 0;
          }
```

在编写上述代码时，必须使用分号结束每个Objective-C程序语句。执行后会输出：

```
first Programming!
Objective-C OK!
```

而在下面的代码中可以看到，无需为每行输出单独调用NSLog例程：

```
#import <Foundation/Foundation.h>
int main (int argc, const char *argv[])
{
   NSAutoreleasePool * pool = [[NSAutoreleasePool alloc] init];

   NSLog (@"look...\n..1\n...2\n....3");
   [pool drain];
   return 0;
}
```

在上述代码中，首先看看特殊的两字符序列。"\n"中的反斜杠和字母是一个整体，合起来表示换行符。换行符的功能是通知系统要准确完成其名称所暗示的转到一个新行的工作。任何要在换行符之后输出的字符随后将出现在显示器的下一行。其实换行符和HTML标记中的换行标记
相似。执行上述代码后会输出：

```
look...
..1
...2
....3
```

4．显示变量的值

在Objective-C程序中，通过NSLog不仅可以显示简单的短语，而且还能显示定义的变量值并计算结果。例如在下面的代码中，使用NSLog显示了数字"10+20"的结果：

```
#import <Foundation/Foundation.h>
int main (int argc, const char *argv[])
{
   NSAutoreleasePool * pool = [[NSAutoreleasePool alloc] init];
   int sum;

   sum = 10 + 20;

   NSLog (@"The sum of 10 and 20 is %i", sum);
   [pool drain];
   return 0;
}
```

对于上述代码的具体说明如下所示。

（1）函数main会自动释放池后面的第一条程序语句，将变量sum定义为整型。在Objective-C程序中，在使用所有程序变量前必须先定义它们。定义变量的目的是告诉Objective-C编译器程序将如何使用这些变量。编译器需要确保这些信息生成正确的指令，便于将值存储到变量中或者从变量中检索值。被定义成int类型的变量只能够存储整型值，例如3、4、–10和0都是整型值，也就是说没有小数位的值是整型值。而带有小数位的数字，例如2.34、2.456和27.0等被称为浮点数，它们都是实数。

（2）整型变量sum的功能是存储整数10和20的和。在编写上述代码时，故意在定义这个变量的下方预留了一个空行，这样做的目的是在视觉上区分例程的变量定义和程序语句（注意：这种做法是一个良好的风格，在很多时候，在程序中添加单个空白行可使程序的可读性更强）。

（3）代码"sum = 10 + 20;"表示数字10和数字20相加，并把结果存储（如赋值运算符，或者等号所示）到变量sum中。

（4）NSLog语句也调用了圆括号中的两个参数，这些参数用逗号隔开。NSLog语句的第一个参数是要显示的字符串。然而在显示字符串的同时，通常还希望要显示某些程序变量的值。在上述代码中，希望在显示字符之后还要显示变量sum的值：

```
The sum of 50 and 25 is
```

第一个参数中的百分号是一个特殊字符，它可以被函数NSLog识别。紧跟在百分号后的字符指定在这种情况下将要显示的值类型。在前一个程序中，字母i被NSLog例程识别，它表示将要显示的是一个整数。只要NSLog例程在字符串中发现字符"%i"，它都将自动显示例程第二个参数的值。因为sum是

NSLog的下一个参数，所以，它的值将在显示字符The sum of 10 and 20 is之后自动显示。

上述代码执行后会输出：

```
The sum of 10 and 20 is 30
```

2.4 数据类型和常量

其实在本章前面的第一段代码中已经接触过Objective-C的基本数据类型int，例如声明为int类型的变量只能用于保存整型值，也就是说没有小数位的值。其实除了int类型之外，在Objective-C中还有另外3种基本数据类型，分别是float、double和char，具体说明如下所示。

- float：用于存储浮点数（即包含小数位的值）。
- double：和float类型一样，但是前者的精度约是后者精度的两倍。
- char：可以存储单个字符，例如字母*a*，数字字符*100*，或者一个分号“;”。

在Objective-C程序中，任何数字、单个字符或者字符串通常被称为常量。例如，数字88表示一个常量整数值。字符串@“Programming in Objective-C”表示一个常量字符串对象。在Objective-C程序中，完全由常量值组成的表达式被称为常量表达式。例如下面的表达式就是一个常量表达式，因为此表达式的每一项都是常量值：

```
128 + 1 - 2
```

如果将i声明为整型变量，那么下面的表达式就不是一个常量表达式：

```
128 + 1 - i
```

在Objective-C中定义了多个简单（或基本）的数据类型，例如int表示整数类型，这就是一种简单的数据类型，而不是复杂的对象。

注意：虽然Objective-C是一门面向对象的语言，但是，简单数据类型并不是面向对象的。它们类似于其他大多数非面向对象语言（如C语言）的简单数据类型。在Objective-C中提供简单数据类型的原因是出于效率方面的考虑，另外，与Java语言不同，Objective-C的整数大小是根据执行环境的规定而变化。

2.4.1 int类型

在Objective-C程序中，整数常量由一个或多个数字的序列组成。序列前的负号表示该值是一个负数，例如值88、–10和100都是合法的整数常量。Objective-C规定，在数字中间不能插入空格，并且不能用逗号来表示大于999的值。所以数值“12,00”就是一个非法的整数常量，如果写成“1200”就是正确的。

在Objective-C中有两种特殊的格式，它们用一种非十进数（基数10）的基数来表示整数常量。如果整型值的第一位是0，那么这个整数将用八进制计数法来表示，就是说用基数8来表示。在这种情况下，该值的其余位必须是合法的8进制数字，因此，必须是0到7之间的数字。在Objective-C中以8进制表示的值50（等价于10进制的值40），表示方式为050。与此类似，八进制的常量0177表示十进制的值127（$1\times64+7\times8+7$）。通过在NSLog调用的格式字符串中使用格式符号%o，可以在终端上用八进制显示整型值。在这种情况下，使用八进制显示的值不带有前导0。而格式符号%#o将在八进制值的前面显示前导0。

如果整型常量以0和字母x（无论是小写字母还是大写字母）开头，那么这个值都将用十六进制（以16为基数）计数法来表示。紧跟在字母x后的是十六进制值的数字，它可以由0到9之间的数字和a到f（或A到F）之间的字母组成。字母表示的数字分别为10到15。假如要给名为RGBColor的整型常量指派十六进制的值FFEF0D，则可以使用如下代码实现：

```
RGBColor = 0xFFEF0D;
```

在上述代码中，符号“%x”用十六进制格式显示一个值，该值不带前导的0x，并用a到f之间的小写字符表示十六进制数字。要使用前导0x显示这个值，需要使用格式字符%#x的帮助，例如下面的代码：

```
NSlog("Color is %#x\n",RGBColor);
```

在上述代码中，通过“%X”或“%#X”中的大写字母X可以显示前导的x，然后用大写字母表示十六进制数字。无论是字符、整数还是浮点数字，每个值都有与其对应的值域。此值域与存储特定类型的值而分配的内存量有关。在大多数情况下，在Objective-C中没有规定这个量，因为它通常依赖于所运行的计算机，所以叫做设备或机器相关量。例如，一个整数不但可以在计算机上占用32位空间，而且也可以使用64位空间来存储。

另外，在任何编程语言中，都预留了一定数量的标识符，这些标识符是不能被定义变量和常量的。表2-3中列出了Objective-C程序中具有特殊含义的标识符。

表2-3　特殊的预定义标识符

标识符	含义
_cmd	在方法内自动定义的本地变量，它包含该方法的选择程序
__func__	在函数内或包含函数名或方法名的方法内自动定义的本地字符串变量
BOOL	Boolean值，通常以YES和NO的方式使用
Class	类对象类型
id	通用对象类型
IMP	指向返回id类型值的方法的指针
nil	空对象
Nil	空类对象
NO	定义为（BOOL）0
NSObject	定义在<Foundation/NSObject.h>中的根Foundation对象
Protocol	存储协议相关信息的类的名称
SEL	已编译的选择程序
self	在用于访问消息接收者的方法内自动定义的本地变量
super	消息接收者的父类
YES	定义为（BOOL）1

2.4.2 float 类型

在Objective-C程序中，float类型变量可以存储小数位的值。由此可见，通过查看是否包含小数点的方法可以区分出是否是一个浮点常量。在Objective-C程序中，不但可以省略小数点之前的数字，而且也可以省略之后的数字，但是不能将它们全部省略。例如3.、125.8及.0001等都是合法的浮点常量。要想显示浮点值，可用NSLog转换字符——%f。

另外，在Objective-C程序中也能使用科学计数法来表示浮点常量。例如“1.5e4”就是使用这种计数法来表示的浮点值，它表示值1.5×10^{-4}。位于字母e前的值称为尾数，而之后的值称为指数。指数前面可以放置正号或负号，指数表示将与尾数相乘的10的幂。因此，在常量2.85e-3中，2.85是尾数值，而–3是指数值。该常量表示值2.85×10^{-3}或0.00285。另外，在Objective-C程序中，不但可用大写字母书写用于分隔尾数和指数的字母e，而且也可以用小写字母来书写。

在Objective-C程序中，建议在NSLog格式字符串中指定格式字符%e。使用NSLog格式字符串%g 时，允许NSLog确定使用常用的浮点计数法还是使用科学计数法来显示浮点值。当该值小于–4或大于5时，采用%e（科学计数法）表示，否则采用%f（浮点计数法）。

十六进制的浮点常量包含前导的0x或0X，在后面紧跟一个或多个十进制或十六进制数字，然后紧接着是p或P，最后是可以带符号的二进制指数。例如，0x0.3p10表示的值为$3/16 \times 2^{10}$=192。

2.4.3 double 类型

在Objective-C程序中，类型double与类型float类似。Objective-C规定，当在float变量中所提供的值域不能满足要求时，需要使用double变量来实现需求。声明为double类型的变量可以存储的位数大概是float变量所存储的两倍多。在现实应用中，大多数计算机使用64位来表示double值。除非另有特殊说明，否则Objective-C编译器将全部浮点常量当作double值来对待。要想清楚地表示float常量，需要在数字的尾部添加字符f或F，例如：

```
12.4f
```

要想显示double的值，可以使用格式符号%f、%e或%g来辅助实现，它们与显示float值所用的格式符号是相同的。其实double类型和float类型可以被称为实型。在Objective-C语言中，实型数据分为实型常量和实型变量。

1．实型常量

实型常量也称为实数或者浮点数。在Objective-C语言中，它有两种形式：小数形式和指数形式。

- 小数形式：由数字0 ~ 9和小数点组成。例如，0.0、25.0、5.789、0.13、5.0、300.0、−267.8230 等均为合法的实数。注意，必须有小数点。在NSLog 上，使用%f 格式来输出小数形式的实数。
- 指数形式：由十进制数，加阶码标志“e”或“E”以及阶码（只能为整数，可以带符号）组成。其一般形式为：a E n（a为十进制数，n为十进制整数）。其值为 a×10n。在NSLog上，使用%e格式来输出指数形式的实数。例如下面是一些合法的实数：

```
2.1E5（等于2.1×105）
3.7E-2（等于3.7×10-2）
```

而下面是不合法的实数：

```
345（无小数点）
E7（阶码标志E 之前无数字）
-5（无阶码标志）
53.-E3（负号位置不对）
2.7E（无阶码）
```

Objective-C 允许浮点数使用后缀，后缀为“f”或“F”即表示该数为浮点数。如356f 和356F是等价的。

2．实型变量

（1）实型数据在内存中的存放形式

实型数据一般占4 个字节（32 位）内存空间，按指数形式存储。小数部分占的位（bit）数越多，数的有效数字越多，精度越高。指数部分占的位数越多，则能表示的数值范围越大。

（2）实型变量的分类

实型变量分为单精度（float型）、双精度（double型）和长双精度（long double型）3类。在大多数机器上，单精度型占4 个字节（32 位）内存空间，其数值范围为3.4E-38 ~ 3.4E+38，只能提供7 位有效数字。双精度型占8 个字节（64 位）内存空间，其数值范围为1.7E-308 ~ 1.7E+308，可提供16位有效数字。

2.4.4 char 类型

在Objective-C程序中，char类型变量的功能是存储单个字符，只要将字符放到一对单引号中就能得到字符常量。例如‘a’、‘;’和‘0’都是合法的字符常量。其中‘a’表示字母a，‘;’表示分号，‘0’表示字符0（并不等同于数字0）。

在Objective-C程序中，不能把字符常量和C风格的字符串混为一谈，字符常量是放在单引号中的单个字符，而字符串则是放在双引号中任意个数的字符。不但要求在前面有@字符，而且要求放在双引号中的字符串才是NSString字符串对象。

另外，字符常量'\n'（即换行符）是一个合法的字符常量，虽然这看似与前面提到的规则相矛盾。出现这种情况的原因是，反斜杠符号是Objective-C中的一个特殊符号，而其实并不把它看成一个字符。也就是说，Objective-C编译器仅仅将'\n'看作是单个字符，尽管它实际上由两个字符组成，而其他的特殊字符由反斜杠字符开头。要想了解在Objective-C中所有的特殊字符，读者可以参阅相关文档。

在NSLog调用中，可以使用格式字符%c来显示char变量的值。例如在下面的程序中，使用了基本的Objective-C数据类型：

```
#import <Foundation/Foundation.h>
int main (int argc, char *argv[])
{
    NSAutoreleasePool * pool = [[NSAutoreleasePool alloc] init];
    int     integerVar = 50;
    float   floatingVar = 331.79;
    double  doubleVar = 8.44e+11;
    char    charVar = 'W';
    NSLog (@"integerVar = %i", integerVar);
    NSLog (@"floatingVar = %f", floatingVar);
    NSLog (@"doubleVar = %e", doubleVar);
    NSLog (@"doubleVar = %g", doubleVar);
    NSLog (@"charVar = %c", charVar);
    [pool drain];
    return 0;
}
```

在上述代码中，第二行floatingVar的值是331.79，但实际显示为331.790009。这是因为，实际显示的值是由使用的特定计算机系统决定的。出现这种不准确值的原因是，计算机内部使用特殊的方式表示数字。当使用计算器处理数字时，很可能遇到相同的不准确性。如果用计算器计算1除以3，将得到结果.33333333，很可能结尾带有一些附加的3。这串3是计算器计算1/3的近似值。理论上，应该存在无限个3。然而该计算器只能保存这些位的数字，这就是计算机的不确定性。此处应用了相同类型的不确定性：在计算机内存中不能精确地表示一些浮点值。

执行上述代码后会输出：

```
integerVar = 50
floatingVar = 331.790009
doubleVar = 8.440000e+11
doubleVar = 8.44e+11
charVar = 'W'
```

另外，使用char也可以表示字符变量。字符变量类型定义的格式和书写规则都与整型变量相同，例如下面的代码：

```
char a,b;
```

每个字符变量被分配一个字节的内存空间，因此只能存放一个字符。字符值是以ASCII码的形式存放在变量的内存单元之中的。如x的十进制ASCII码是120，y的十进制ASCII码是121。下面的例子是把字符变量a、b分别赋予'x'和'y'：

```
a='x';
b='y';
```

实际上是在a、b两个内存单元内存放120和121的二进制代码。我们可以把字符值看成是整型值。Objective-C 语言允许对整型变量赋以字符值，也允许对字符变量赋以整型值。在输出时，允许把字符变量按整型量输出，也允许把整型量按字符量输出。整型量为多字节量，字符量为单字节量，当整型量按字符型量处理时，只有低8位字节参与处理。

2.4.5 字符常量

在Objective-C程序中，字符常量是用单引号括起来的一个字符，例如下面列出的都是合法字符常量：

```
'a'、'b'、'='、'+'、'?'
```

Objective-C中的字符常量有如下4个特点。

（1）字符常量只能用单引号括起来，不能用双引号或其他括号。

（2）字符常量只能是单个字符，不能是字符串，转义字符除外。

（3）字符可以是字符集中任意字符。但数字被定义为字符型之后就不能参与数值运算。如'5'和5是不同的。'5'是字符常量，不能参与运算。

（4）Objective-C中的字符串不是"abc"，而是@"abc"。

转义字符是一种特殊的字符常量。转义字符以反斜线“\”开头，后面紧跟一个或几个字符。转义字符具有特定的含义，不同于字符原有的意义，故称“转义”字符。例如，“\n”就是一个转义字符，表示“换行”。转义字符主要用来表示那些用一般字符不便于表示的控制代码。常用的转义字符及其含义如表2-4所示。

表2-4　常用的转义字符及其含义

转义字符	转义字符的意义	ASCII代码
\n	回车换行	10
\t	横向跳到下一制表位置	9
\b	退格	8
\r	回车	13
\f	走纸换页	12
\\	反斜线符"\"	92
\'	单引号符	39
\"	双引号符	34
\a	鸣铃	7
\ddd	1～3位八进制数所代表的字符	
\xhh	1～2位十六进制数所代表的字符	

在大多数情况下，Objective-C字符集中的任何一个字符都可以使用转义字符来表示。在表2-4中，ddd和hh分别为八进制和十六进制的ASCII代码，表中的\ddd和\xhh正是为此而提出的。例如\101表示字母A，\102表示字母B，\134表示反斜线，\XOA表示换行等：

```
#import <Foundation/Foundation.h>
int main(int argc, const char * argv[])
{
NSAutoreleasePool * pool = [[NSAutoreleasePool alloc] init];
char a=120;
char b=121;
NSLog(@"%c,%c",a,b);
NSLog(@"%i,%i",a,b);
[pool drain];
return 0;
}
```

在上述代码中，定义a、b为字符型，但在赋值语句中赋以整型值。从结果看，输出a和b值的形式取决于NSLog 函数格式串中的格式符。当格式符为“%c”时，对应输出的变量值为字符，当格式符为“%I”时，对应输出的变量值为整数。执行上述代码后输出：

```
x,y
120,121
```

2.4.6 id 类型

在Objective-C程序中，id是一般对象类型，id数据类型可以存储任何类型的对象。例如在下面的代码中，将number声明为了id类型的变量：

```
id number;
```

我们可以声明一个方法，使其具有id类型的返回值。例如在下面的代码中，声明了一个名为newOb的实例方法，它不但具有名为type的单个整型参数，而且还具有id类型的返回值。在此需要注意，对返回值和参数类型声明来说，id是默认的类型：

```
-(id) newOb: (int) type;
```

再例如在下面的代码中，声明了一个返回id类型值的类方法：

```
+allocInit;
```

id数据类型是本书经常使用的一种重要数据类型，是Objective-C中的一个十分重要的特性。在表2-5中列出了基本数据类型和限定词。

表2-5　Objective-C的基本数据类型

类　型	常量实例	NSlog字符
char	'a'，'\n'	%c
short int	—	%hi、%hx、%ho
unsigned short int	—	%hu、%hx、%ho
int	12、-97、0xFFE0、0177	%i、%x、%o
unsigned int	12u、100u、0XFFu	%u、%x、%o
long int	12L、-2001、0xffffL	%li、%lx、%lo
unsigned long int	12UL、100ul、0xffeeUL	%lu、%lx、%lo
long long int	0xe5e5e5e5LL、500ll	%lli、%llx、%llo
unsigned long long int	12ull、0xffeeULL	%llu、%llx、%llo
float	12.34f、3.1e-5f、0x1.5p10、0x1p-1	%f、%e、%g、%a
double	12.34、3.1e-5、0x.1p3	%f，%e，%g，%a
long double	12.431、3.1e-51	%Lf，%Le，%Lg
id	nil	%p

在Objective-C程序中，id 类型是一个独特的数据类型。在概念上和Java语言中的类Object相似，可以被转换为任何数据类型。也就是说，在id类型变量中可以存放任何数据类型的对象。在内部处理上，这种类型被定义为指向对象的指针，实际上是一个指向这种对象的实例变量的指针。例如下面定义了一个id类型的变量和返回一个id类型的方法：

```
id anObject;
- (id) new: (int) type;
```

id 和void *并非完全一样，下面是id在objc.h中的定义：

```
typedef struct objc_object {
class isa;
} *id;
```

由此可以看出，id是指向struct objc_object 的一个指针。也就是说，id 是一个指向任何一个继承了Object或NSObject类的对象。因为id 是一个指针，所以在使用id的时候不需要加星号，例如下面的代码：

```
id foo=renhe;
```

上述代码定义了一个renhe指针，这个指针指向NSObject 的任意一个子类。而 "id*foo= renhe;" 则定义了一个指针，这个指针指向另一个指针，被指向的这个指针指向NSObject的一个子类。

2.4.7 限定词

在Objective-C程序中的限定词有：long、long long、short、unsigned及signed。

1. long

如果直接把限定词long放在声明int之前，那么所声明的整型变量在某些计算机上具有扩展的值域。例如下面是一个上述情况的例子：

```
long int factorial;
```

通过上述代码，将变量fractorial声明为long的整型变量。这就像float和double变量一样，long变量的具体精度也是由具体的计算机系统决定。在许多系统上，int与long int具有相同的值域，而且任何一个都能存储32位宽（$2^{31}-1$，或2,147,483,647）的整型值。

在Objective-C程序中，long int类型的常量值可以通过在整型常量末尾添加字母L（大小写均可）来形成，此时在数字和L之间不允许有空格出现。根据此要求，可以声明为如下格式：

```
long int numberOfPoints = 138881100L;
```

通过上述代码，将变量numberOfPoints声明为long int类型，而且初值为138,881,100。

要想使用NSLog显示long int的值，需要使用字母l作为修饰符，并且将其放在整型格式符号i、o和x之前。这意味着格式符号%li用十进制格式显示long int的值，符号%lo用八进制格式显示值，而符号%lx则用十六进制格式显示值。

2. long long

例如在下面的代码中，使用了long long的整型数据类型。

```
long long int maxnum;
```

通过上述代码，将指定的变量声明为具有特定扩展精度的变量，通过此扩展精度，保证了变量至少具有64位的宽度。NSLog字符串不使用单个字母l，而使用两个l来显示long long的整数，例如“%lli”的形式。我们同样可以将long标识符放在double声明之前，例如下面的代码：

```
long double CN_NB_2012;
```

可以把long double常量写成其尾部带有字母l或L的浮点常量的形式，例如：

```
1.234e+5L
```

要想显示long double的值，需要使用修饰符L来帮助实现。例如通过%Lf用浮点计数法显示long double的值，通过%Le用科学计数法显示同样的值，使用%Lg告诉NSLog在%Lf和%Le之间任选一个使用。

3. short

如果把限定词short放在int声明之前，意思是告诉Objective-C编译器要声明的特定变量用来存储相当小的整数。使用short变量的主要好处是节约内存空间，当程序员需要大量内存，而可用的内存量又十分有限时，可以使用short变量来解决内存不足的问题。

在很多计算机设备上，short int所占用的内存空间是常规int变量的一半。在任何情况下，需要确保分配给short int的空间数量不少于16位。

在Objective-C程序中，没有其他方法可显式编写short int型常量。要想显示short int变量，可以将字母h放在任何普通的整型转换符号之前，例如%hi、%ho或%hx。也就是说，可以用任何整型转换符号来显示short int，原因是当它作为参数传递给NSLog例程时，可以转换成整数。

4. unsigned

在Objective-C程序中，unsigned是一种最终限定符，当整数变量只用来存储正数时可以使用最终限定符。例如通过下面的代码向编译器声明，变量counter只用于保存正值。使用限制符的整型变量可以专门存储正整数，也可以扩展整型变量的精度：

```
unsigned int counter;
```

将字母u（或U）放在常量之后，可以产生unsigned int常量，例如下面的代码：

```
0x00ffU
```

在编写整型常量时，可以组合使用字母u（或U）和l（或L），例如下面的代码可以告诉编译器将常量10000看作unsigned long：

```
10000UL
```

如果整型常量之后不带有字母u、U、l或L中的任何一个，而且因为太大，所以不适合用普通大小的int表示，那么编译器将把它看作是unsigned int值。如果太小则不适合用unsigned int来表示，那么此时编译器将把它看作long int。如果仍然不适合用long int表示，编译器会把它作为unsigned long int来处理。

在Objective-C程序中，当将变量声明为long int、short int或unsigned int类型时，可以省略关键字int，为此变量unsigned counter和如下声明格式等价：

```
unsigned counter;
```

同样也可以将变量char声明为unsigned。

5. signed

在Objective-C程序中，限定词signed能够明确地告诉编译器特定变量是有符号的。signed主要用在char声明之前。

2.4.8 总结基本数据类型

在Objective-C程序中，可以使用以下格式将变量声明为特定的数据类型：

```
type name = initial_value;
```

在表2-6中，总结了Objective-C中的基本数据类型。

表2-6　Objective-C中的基本数据类型

类　型	含　义
int	整数值，也就是不包含小数点的值，保证包含至少32位的精度
short int	精度减少的整数值；在一些及其上占用的内存是int的一半，保证至少包含16位的精度
long int	精度扩展的整数值，保证包含至少32位的精度
long long int	精度扩展的整数值，保证包含至少64位的精度
unsigned int	正整数值；能存储的最大整数值是int两倍，保证包含至少32位的精度
float	浮点值；就是，可以包含小数位的值，保证包含至少6位数字的精度
double	精度扩展的浮点值，保证包含至少10位数字的精度
Long double	具有附加扩展精度的浮点值，保证包含至少10位数字的精度
char	单个字符值，在某些系统上，在表达式中使用它时可以发生符号扩展
unsigned char	除了它能确保作为整型提升的结果不会发生符号扩展之外，与char相同
signed char	除了它能确保作为整型提升的结果会发生符号扩展之外，与char相同
_Bool	Boolean类型，它足够存储值0和1
float _Complex	复数
double _Complex	具有扩展精度的复数
long double _Complex	具有附加扩展精度的复数
void	无类型，用于确保在需要返回值时不使用那些不返回值的函数或方法，或者显式地抛弃表达式的结果，还可用于一般指针类型（void *）

2.5 字符串

在Objective-C程序中，字符串常量是由@和一对双引号括起的字符序列。例如，@"CHINA"、

@"program"、@"$12.5"等都是合法的字符串常量。它与C语言的区别是有无“@”。

字符串常量和字符常量是不同的量，主要有如下两点区别。

（1）字符常量由单引号括起来，字符串常量由双引号括起来。

（2）字符常量只能是单个字符，字符串常量则可以含一个或多个字符。

在Objective-C 语言中，字符串不是作为字符的数组被实现。在Objective-C 中的字符串类型是NSString，它不是一个简单数据类型，而是一个对象类型，这是与C++语言不同的。我们会在后面的章节中详细介绍NSString，例如下面是一个简单的NSString例子：

```
#import <Foundation/Foundation.h>
int main (int argc, const char * argv[]) {
NSAutoreleasePool * pool = [[NSAutoreleasePool alloc] init];
NSLog (@"Programming is fun!") ;
[pool drain];
return 0;
}
```

上述代码和本章的第一段Objective-C程序类似，运行后会输出：

```
Programming is fun!
```

2.6 算数表达式

在Objective-C语言中，在两个数相加时使用加号（+），在两个数相减时使用减号（-），在两个数相乘时使用乘号（*），在两个数相除时使用除号（/）。因为它们运算两个值或项，所以这些运算符称为二元算术运算符。

2.6.1 运算符的优先级

运算符的优先级是指运算符的运算顺序，例如，数学中的先乘除后加减就是一种运算顺序。算数优先级用于确定拥有多个运算符的表达式如何求值。在Objective-C中规定，优先级较高的运算符首先求值。如果表达式包含优先级相同的运算符，可以按照从左到右或从右到左的方向来求值，运算符决定了具体按哪个方向求值。上述描述就是通常所说的运算符结合性。

例如，下面的代码演示了减法、乘法和除法的运算优先级。在程序中执行的最后两个运算引入了一个运算符比另一个运算符有更高优先级的概念。事实上，Objective-C中的每一个运算符都有与之相关的优先级：

```
#import <Foundation/Foundation.h>
int main (int argc, char *argv[])
{
  NSAutoreleasePool * pool = [[NSAutoreleasePool alloc] init];

  int   a = 100;
  int   b = 2;
  int   c = 20;
  int   d = 4;
  int   result;

  result = a - b;    //subtraction
  NSLog (@"a - b = %i", result);

  result = b * c;    //multiplication
  NSLog (@"b * c = %i", result);

  result = a / c;    //division
  NSLog (@"a / c = %i", result);

  result = a + b * c;    //precedence
  NSLog (@"a + b * c = %i", result);
```

```
  NSLog (@"a * b + c * d = %i", a * b + c * d);

  [pool drain];
  return 0;
}
```

对于上述代码的具体说明如下所示。

（1）在声明整型变量a、b、c、d及result之后，程序将“a-b”的结果赋值给result，然后用恰当的NSLog调用来显示它的值。

（2）语句“result = b*c;”的功能是将b的值和c的值相乘并将其结果存储到result中。然后用NSLog调用来显示这个乘法的结果。

（3）开始除法运算。Objective-C中的除法运算符是“/”。执行100除以25得到结果4，可以用NSLog语句在a除以c之后立即显示。在某些计算机系统上，如果将一个数除以0将导致程序异常终止或出现异常，即使程序没有异常终止，执行这样的除法所得的结果也毫无意义。其实可以在执行除法运算之前检验除数是否为0。如果除数为0，可采用适当的操作来避免除法运算。

（4）表达式“a + b * c”不会产生结果2040（102 × 20）；相反，相应的NSLog语句显示的结果为140。这是因为Objective-C与其他大多数程序设计语言一样，对于表达式中多重运算或项的顺序有自己的规则。通常情况下，表达式的计算按从左到右的顺序执行。然而，为乘法和除法运算指定的优先级比加法和减法的优先级要高。因此，Objective-C将表达式“a + b * c”等价于“a + (b * c)”。如果采用基本的代数规则，那么该表达式的计算方式是相同的。如果要改变表达式中项的计算顺序，可使用圆括号。事实上，前面列出的表达式是合法的Objective-C表达式。这样，可以使用表达式“result = a + (b * c);”来替换上述代码中的表达式，也可以获得同样的结果。然而，如果用表达式“result = (a + b) * c;”来替换，则指派给result的值将是2040，因为要首先将a的值（100）和b的值（2）相加，然后再将结果与c的值（20）相乘。圆括号也可以嵌套，在这种情况下，表达式的计算要从最里面的一对圆括号依次向外进行。只要确保结束圆括号和开始圆括号数目相等即可。

（5）开始研究最后一条代码语句，当将NSLog指定的表达式作为参数时，无需将该表达式的结果先指派给一个变量，这种做法是完全合法的。表达式“a * b + c * d”可以根据上述规则使用“(a * b) + (c * d)”的格式，也就是使用“(100 * 2) + (20 * 4)”格式来计算，得出的结果280将传递给NSLog例程。

运行上述代码后会输出：

```
a - b = 98
b * c = 40
a / c = 5
a + b * c = 140
a * b + c * d = 280
```

2.6.2 整数运算和一元负号运算符

例如下面的代码演示了运算符的优先级，并且引入了整数运算的概念：

```
#import <Foundation/Foundation.h>
int main (int argc, char *argv[])
{
  NSAutoreleasePool * pool = [[NSAutoreleasePool alloc] init];
  int   a = 25;
  int   b = 2;
  int   result;
  float c = 25.0;
  float d = 2.0;

  NSLog (@"6 + a / 5 * b = %i", 6 + a / 5 * b);
  NSLog (@"a / b * b = %i", a / b * b);
  NSLog (@"c / d * d = %f", c / d * d);
```

```
  NSLog (@"-a = %i", -a);

  [pool drain];
  return 0;
}
```

对于上述代码的具体说明如下所示。

（1）第一个NSLog调用中的表达式巩固了运算符优先级的概念。该表达式的计算按以下顺序执行。

- 因为除法的优先级比加法高，所以先将a的值（25）除以5。该运算将给出中间结果4。
- 因为乘法的优先级也大于加法，所以随后中间结果（5）将乘以2（即b的值），并获得新的中间结果（10）。
- 最后计算6加10，并得出最终结果（16）。

（2）第二条NSLog语句会产生一个新误区，我们希望a除以b再乘以b的操作返回a（已经设置为25）。但是，此操作并不会产生这一结果，在显示器上输出显示的是24。其实该问题的实际情况是：这个表达式是采用整数运算来求值的。再看变量a和b的声明，它们都是用int类型声明的。当包含两个整数的表达式求值时，Objective-C系统都将使用整数运算来执行这个操作。在这种情况下，数字的所有小数部分将丢失。因此，计算a除以b，即25除以2时，得到的中间结果是12，而不是期望的12.5。这个中间结果乘以2就得到最终结果24，这样，就解释了出现"丢失"数字的情况。

（3）在倒数第2个NSLog语句中，如果用浮点值代替整数来执行同样的运算，就会获得期望的结果。决定到底使用float变量还是int变量的是基于变量的使用目的。如果无需使用任何小数位，可使用整型变量。这将使程序更加高效，也就是说，它可以在大多数计算机上更加快速地执行。另外，如果需要精确到小数位，很清楚应该选择什么。此时，惟一必须回答的问题是使用float还是double。对此问题的回答取决于使用数据所需的精度以及它们的量级。

（4）在最后一条NSLog语句中，使用一元负号运算符对变量a的值进行了求反处理。这个一元运算符是用于单个值的运算符，而二元运算符作用于两个值。负号实际上扮演了一个双重角色：作为二元运算符，它执行两个数相减的操作；作为一元运算符，它对一个值求反。

经过以上分析，最终运行上述代码后会输出：

```
6 + a / 5 * b = 16
a / b * b = 24
c / d * d = 25.000000
-a = -25
```

由此可见，与其他算术运算符相比，一元负号运算符具有更高的优先级，但一元正号运算符（+）除外，它和算术运算符的优先级相同。所以表达式"c = -a * b;"将执行-a乘以b。

在上述代码的前3条语句中，在int和a、b及result的声明中插入了额外的空格，这样做的目的是对齐每个变量的声明，这种书写语句的方法使程序更加容易阅读。另外，我们还需要养成这样一个习惯——每个运算符前后都有空格，这种做法不是必需的，仅是出于美观上的考虑。一般来说，在允许单个空格的任何位置都可以插入额外的空格。

2.6.3 模运算符

在Objective-C程序中，使用百分号（%）表示模运算符。为了了解模运算符的工作方式，请读者看下面代码：

```
#import <Foundation/Foundation.h>

int main (int argc, char *argv[])
{
  NSAutoreleasePool * pool = [[NSAutoreleasePool alloc] init];
  int a = 25, b = 5, c = 10, d = 7;

  NSLog (@"a %% b = %i", a % b);
```

```
    NSLog (@"a %% c = %i", a % c);
    NSLog (@"a %% d = %i", a % d);
    NSLog (@"a / d * d + a %% d = %i", a / d * d + a % d);
    [pool drain];
    return 0;
}
```

对于上述代码的具体说明如下所示。

（1）在main语句中定义并初始化了4个变量：a、b、c和d，这些工作都是在一条语句内完成的。NSLog使用百分号之后的字符来确定如何输出下一个参数。如果它后面紧跟另一个百分号，那么NSLog例程认为您其实想显示百分号，并在程序输出的适当位置插入一个百分号。

（2）模运算符%的功能是计算第一个值除以第二个值所得的余数，在上述第一个例子中，25除以5所得的余数显示为0。如果用25除以10，会得到余数5，输出中的第二行可以证实。执行25乘以7将得到余数4，它显示在输出的第三行。

（3）最后一条求值表达式语句。Objective-C使用整数运算来执行两个整数间的任何运算，所以两个整数相除所产生的任何余数将被完全丢弃。如果使用表达式a / b表示25除以7，将会得到中间结果3。如果将这个结果乘以d的值（即7），将会产生中间结果21。最后，加上a除以b的余数，该余数由表达式a % d来表示，会产生最终结果25。这个值与变量a的值相同并非巧合。一般来说，表达式“a / b * b + a % b”的值将始终与a的值相等，当然，这是在假定a和b都是整型值的条件下做出的。事实上，定义的模运算符%只用于处理整数。

在Objective-C程序中，模运算符的优先级与乘法和除法的优先级相同。由此而可以得出，表达式“table + value % TABLE_SIZE”等价于表达式“table + (value % TABLE_SIZE)”。

经过上述分析，运行上述代码后会输出：

```
a % b = 0
a % c = 5
a % d = 4
a / d * d + a % d = 25
```

2.6.4 整型值和浮点值的相互转换

要想使Objective-C程序实现更复杂的功能，必须掌握浮点值和整型值之间进行隐式转换的规则。例如下面的代码演示了数值数据类型间的一些简单转换：

```
#import <Foundation/Foundation.h>
int main (int argc, char *argv[])
{
  NSAutoreleasePool * pool = [[NSAutoreleasePool alloc] init];
  float  f1 = 123.125, f2;
  int    i1, i2 = -150;
  i1 = f1;   // floating 转换为integer
  NSLog (@"%f assigned to an int produces %i", f1, i1);
  f1 = i2;   // integer 转换为floating
  NSLog (@"%i assigned to a float produces %f", i2, f1);
  f1 = i2 / 100;    // 整除integer类型
  NSLog (@"%i divided by 100 produces %f", i2, f1);
  f2 = i2 / 100.0;    //整除float类型
  NSLog (@"%i divided by 100.0 produces %f", i2, f2);
  f2 = (float) i2 / 100;    //类型转换操作符
  NSLog (@"(float) %i divided by 100 produces %f", i2, f2);
  [pool drain];
  return 0;
}
```

对于上述代码的具体说明如下所示。

（1）因为在Objective-C中，只要将浮点值赋值给整型变量，数字的小数部分都会被删节。所以，在第一个程序中，当把f1的值赋予i1时会删除数字123.125，这意味着只有整数部分（即123）存储到了i1中。

（2）当产生把整型变量指派给浮点变量的操作时，不会引起数字值的任何改变，该值仅由系统转换并存储到浮点变量中。例如，上述代码的第二行验证了这一情况——i2的值（-150）进行了正确转换并储到float变量f1中。

执行上述代码后输出：

```
123.125000 assigned to an int produces 123
-150 assigned to a float produces -150.000000
-150 divided by 100 produces -1.000000
-150 divided by 100.0 produces -1.500000
(float) -150 divided by 100 produces -1.500000
```

2.6.5 类型转换运算符

在声明和定义方法时，将类型放入圆括号中可以声明返回值和参数的类型。在表达式中使用类型时，括号表示一个特殊的用途。例如在前面程序中的最后一个除法运算：

```
f2 = (float) i2 / 100;
```

在上述代码中引入了类型转换运算符。为了求表达式值，类型转换运算符将变量i2的值转换成float类型。该运算符永远不会影响变量i2的值；它是一元运算符，行为和其他一元运算符一样。因为表达式-a永远不会影响a的值，因此表达式（float）a也不会影响a的值。

类型转换运算符的优先级要高于所有的算术运算符，但是一元减号和一元加号运算符除外。如果需要可以经常使用圆括号进行限制，以任何想要的顺序来执行一些项。例如，下面的代码是使用类型转换运算符的另一个例子，表达式“(int) 29.55 + (int) 21.99”在Objective-C中等价于“29 + 21”。因为将浮点值转换成整数的后果就是舍弃其中的浮点值。表达式“(float) 6 / (float) 4”得到的结果为1.5，与表达式“(float) 6 / 4”的执行效果相同。

类型转换运算符通常用于将一般id类型的对象转换成特定类的对象，例如在下面的代码中，将id变量myNumber的值转换成一个Fraction对象。转换结果将指派给Fraction变量myFraction：

```
id   myNumber;
Fraction *myFraction;
  …
myFraction = (Fraction *) myNumber;
```

2.7 表达式

在Objective-C程序中，联合使用表达式和运算符可以构成功能强大的程序语句。在本节将详细讲解表达式的基本知识，为读者进入本书后面知识的学习打下坚实的基础。

2.7.1 常量表达式

在Objective-C程序中，常量表达式是指每一项都是常量值的表达式。其中在下列情况中必须使用常量表达式。

- ❑ 作为switch语句中case之后的值。
- ❑ 指定数组的大小。
- ❑ 为枚举标识符指派值。
- ❑ 在结构定义中，指定位域的大小。
- ❑ 为外部或静态变量指派初始值。
- ❑ 为全局变量指派初始值。
- ❑ 在#if预处理程序语句中，作为#if之后的表达式。

其中在上述前4种情况中，常量表达式必须由整数常量、字符常量、枚举常量和sizeof表达式组成。

在此只能使用以下运算符：算术运算符、按位运算符、关系运算符、条件表达式运算符和类型强制转换运算符。

在上述第5种和第6种情况中，除了上面提到的规则之外，还可以显式地或隐式地使用取地址运算符。然而，它只能应用于外部或静态变量或函数。因此，假设x是一个外部或静态变量，表达式“&x + 10”将是合法的常量表达式。此外，表达式“&a[10] – 5”在a是外部或静态数组时将是合法的常量表达式。最后，因为&a[0]等价于表达式a，所以“a + sizeof (char) * 100”也是一个合法的常量表达式。

在上述最后一种需要常量表达式（在#if之后）情况下，除了不能使用sizeof运算符、枚举常量和类型强制转换运算符以外，其余规则与前4种情况的规则相同。然而，它允许使用特殊的defined运算符。

2.7.2 条件运算符

Objective-C中的条件运算符也被称为条件表达式，其条件表达式由3个子表达式组成，其语法格式如下所示：

```
expression1 ? expression2 : expression3
```

对于上述格式有如下两点说明：

（1）当计算条件表达式时，先计算expression1的值，如果值为真则执行expression2，并且整个表达式的值就是expression2的值。不会执行expression3。

（2）如果expression1为假，则执行expression3，并且条件表达式的值是expression3的值。不会执行expression2。

在Objective-C程序中，条件表达式通常用作一条简单的if语句的一种缩写形式。例如下面的代码：

```
a = ( b > 0 ) ? c : d;
```

等价于下面的代码：

```
if ( b > 0 )
  a = c;
else
  a = d;
```

假设a、b、c为表达式，则表达式“a ? b : c”在a为非0时，值为b；否则为c。只有表达式b或c其中之一被求值。

表达式b和c必须具有相同的数据类型。如果它们的类型不同，但都是算术数据类型，就要对其执行常见的算术转换以使其类型相同。如果一个是指针，另一个为0，则后者将被看作是与前者具有相同类型的空指针。如果一个是指向void的指针，另一个是指向其他类型的指针，则后者将被转换成指向void的指针并作为结果类型。

2.7.3 sizeof 运算符

在Objective-C程序中，sizeof运算符能够获取某种类型变量的数据长度，例如，下面列出了sizeof 运算符在如下表达式中的作用：

```
sizeof(type)      //包含特定类型值所需的字节数
sizeof a          //保存a的求值结果所必需的字节数
```

在上述表达式中，如果type为char，则结果将被定义为1。如果a是（显式地或者通过初始化隐式地）维数确定的数组名称，而不是形参或未确定维数的数组名称，那么sizeof a会给出将元素存储到a中必需的位数。

如果a是一个类名，则sizeof (a)会给出保存a的实例所必需的数据结构大小。通过sizeof运算符产生的整数类型是size_t，它在标准头文件<stddef.h>中定义。

如果a是长度可变的数组，那么在运行时对表达式求值；否则在编译时求值，因此，它可以用在常量表达式中。

虽然不应该假设程序中数据类型的大小，但是有时候需要知道这些信息。在Objective-C程序中，可以使用库例程（如malloc）实现动态内存分配功能，或者对文件读出或写入数据时，可能需要这些信息。

在Objective-C语言中，提供了sizeof运算符来确定数据类型或对象的大小。sizeof运算符返回的是指定项的字节大小，sizeof运算符的参数可以是变量、数组名称、基本数据类型名称、对象、派生数据类型名称或表达式。例如，下面的代码给出了存储整型数据所需的字节数，在笔者机器上运行后的结果是4（或32位）：

```
sizeof (int)
```

假如将x声明为包含100个int数据的数组，则下面的表达式将给出存储在x中的100个整数所需要的存储空间：

```
sizeof (x)
```

假设myFract是一个Fraction对象，它包含两个int实例变量（分子和分母），那么下面的表达式在任何使用4字节表示指针的系统中都会产生值4：

```
sizeof (myFract)
```

其实这是sizeof对任何对象产生的值，因为这里询问的是指向对象数据的指针大小。要获得实际存储Fraction对象实例的数据结构大小，可以编写下面的代码语句实现。

```
sizeof (*myFract)
```

上述表达式在笔者机器上输出的结果为12，即分子和分母分别用4个字节，加上另外的4个字节存储继承来的isa成员。

而下面的表达式值将能够存储结构data_entry所需的空间总数：

```
sizeof (struct data_entry)
```

如果将data定义为包含struct data_entry元素的数组，则下面的表达式将给出包含在data（data必须是前面定义的，并且不是形参也不是外部引用的数组）中的元素个数：

```
sizeof (data) / sizeof (struct data_entry)
```

下面的表达式也会产生同样的结果：

```
sizeof (data) / sizeof (data[0])
```

在Objective-C程序中，建议读者尽可能地使用sizeof运算符，这样避免必须在程序中计算和硬编码数据大小。

2.7.4 关系运算符

关系运算符用于比较运算，包括大于（>）、小于（<）、等于（==）、大于等于（>=）、小于等于（<=）和不等于（!=）6种，而关系运算符的结果是BOOL 类型的数值。当运算符成立时，结果为YES（1）；当不成立时，结果为NO（0）。例如下面的代码演示了关系运算符的用法：

```
#import <Foundation/Foundation.h>
int main (int argc, const char * argv[]) {
NSAutoreleasePool * pool = [[NSAutoreleasePool alloc] init];
NSLog (@"%i",3>5) ;
NSLog (@"%i",3<5) ;
NSLog (@"%i",3!=5) ;
[pool drain];
return 0;
}
```

在上述代码中，根据程序中的判断得知，3>5 是不成立的，所以结果是0；3<5 是成立的，所以结果是1；3!=5的结果也同样成立，所以结果为1。运行上述代码后会输出：

```
0
1
1
```

2.7.5 强制类型转换运算符

使用强制类型转换的语法格式如下所示：

```
(类型说明符) (表达式)
```

功能是把表达式的运算结果强制转换成类型说明符所表示的类型。

例如：

```
(float)//a 把a 转换为实型
(int) (x+y)//把x+y 的结果转换为整型
```

例如下面的代码演示强制类型转换运算符的基本用法：

```
#import <Foundation/Foundation.h>
int main (int argc, const char * argv[])
{
NSAutoreleasePool * pool = [[NSAutoreleasePool alloc] init];
float f1=123.125,f2;
int i1,i2=-150;
i1=f1;
NSLog (@"%f 转换为整型为%i",f1,i1) ;
f1=i2;
NSLog (@"%i 转换为浮点型为%f",i2,f1) ;
f1=i2/100;
NSLog (@"%i 除以100 为 %f",i2,f1) ;
f2=i2/100.0;
NSLog (@"%i 除以100.0 为 %f",i2,f2) ;
f2= (float) i2/100;
NSLog (@"%i 除以100 转换为浮点型为%f",i2,f2) ;
[pool drain];
return 0;
}
```

执行上述代码后将输出：

```
123.125000 转换为整型为123
-150 转换为浮点形为-150.000000
-150 除以100 为 -1.000000
-150 除以100.0 为 -1.500000
-150 除以100 转换为浮点型为-1.500000
```

2.8 位运算符

在Objective-C语言中，通过位运算符可处理数字中的位处理。常用的位运算符如下所示。

- &：按位与。
- |：按位或。
- ^：按位异或。
- ~：一次求反。
- <<：向左移位。
- >>：向右移位。

在上述列出的所有运算符中，除了一次求反运算符（~）外都是二元运算符，因此需要两个运算数。位运算符可处理任何类型的整型值，但不能处理浮点值。在本节将详细讲解Objective-C中位运算符的基本知识，为读者进入本书后面知识的学习打好基础。

2.8.1 按位与运算符

当对两个值执行与运算时，会逐位比较两个值的二进制表示。当第一个值与第二个值的对应位都是1时，在结果的对应位上就会得到1，其他的组合在结果中都得到0。假如m1和m2表示两个运算数的对应位，那么下面就显示了在m1和m2所有可能值下对m1和m2执行与操作的结果。

```
m1        m2         m1 & m2
---------------------------
0         0          0
0         1          0
1         0          0
1         1          1
```

假如n1和n2都定义为short int，n1等于十六进制的15，n2等于十六进制的0c，那么下面的语句能够将值0x04指派给n3：

```
n3 = n1 & n2;
```

在将n1、n2和n3都表示为二进制后，可以更加清楚地看到此过程。假设所处理的short int大小为16位：

```
n1     0000 0000 0001 0101       0x15
n2     0000 0000 0000 1100     & 0x0c
-------------------------------------
n3     0000 0000 0000 0100       0x04
```

在Objective-C程序中，按位与运算的最常用功能是实现屏蔽运算。也就是说，此运算符可以将数据项的特定位设置为0。例如通过下面的代码，可以将n1与常量3按位与所得的值指派给n3。它的作用是将n3中的全部位（而非最右边的两位）设置为0，并保留n1中最左边的两位。

```
n3 = n1 & 3;
```

与Objective-C中使用的所有二元运算符相同,通过添加等号,二元位运算符可同样用作赋值运算符。所以语句“mm &= 15;”与语句“mm = mm & 15;”执行相同的功能，并且它还能将mm的全部位设置为0，最右边的4位除外。

2.8.2 按位或运算符

在Objective-C程序中，当对两个值执行按位或运算时，会逐位比较两个值的二进制表示。这时只要第一个值或者第二个值的相应位是1，那么结果的对应位就是1。按位或进行运算操作的过程如下所示。

```
m1        m2     m1 | m2
------------------------
0         0        0
0         1        1
1         0        1
1         1        1
```

此时假如n1是short int，等于十六进制的19，n2也是short int，等于十六进制的6a，那么对n1和n2执行按位或会得到十六进制的7b，具体运算过程如下所示。

```
n1    0000 0000 0001  1001          0x19
n2    0000 0000 0110  1010      |   0x6a
----------------------------------------
      0000 0000 0111  1011          0x7b
```

按位或操作通常就称为按位OR，用于将某个词的特定位设为1。例如下面的代码将n1最右边的3位设为1，而无论这些位操作前的状态是什么都是如此：

```
n1 = n1 | 07;
```

另外，也可以在语句中使用特殊的赋值运算符，例如下面的代码：

```
n1 |= 07;
```

2.8.3 按位异或运算符

在Objective-C程序中，按位异或运算符也被称为XOR运算符。使用此种运算时需要遵守以下两个规则。

（1）对于两个运算数的相应位，如果任何一个位是1，但不是两者全为1，那么结果的对应位将是1；否则是0。

例如下面演示了按位异或运算的过程。

```
b1        b2     b1 ^ b2
─────────────────────────
0         0          0
0         1          1
1         0          1
1         1          0
```

（2）如果n1和n2分别等于十六进制的5e和d6，那么n1与n2执行异或运算后的结果是十六进制值e8，例如下面的运算过程：

```
n1     0000 0000 0101  1110      0x5e
n2     0000 0000 1011  0110    ^ 0xd6
──────────────────────────────────────
       0000 0000 1110  1000      0xe8
```

2.8.4 一次求反运算符

在Objective-C程序中，一次求反运算符是一种一元运算符，功能是对运算数的位进行“翻转”处理。将运算数的每个是1的位翻转为0，而将每个是0的位翻转为1。此处提供真值表只是为了保持内容的完整性。例如下面演示了一次求反运算符的运算过程。

```
b1    ~b1
─────────
0      1
1      0
```

在此假设n1是short int，16位长，等于十六进制值a52f，那么对该值执行一次求反运算会得到十六进制值5ab0：

```
n1    1010  0101  0010  1111      0xa52f
~n1    0101  1010  1101  0000     0x5ab0
```

如果不知道运算中数值的准确位大小，那么一次求反运算符非常有用，使用它可让程序不会依赖于整数数据类型的特定大小。例如，要将类型为int的n1的最低位设为0，可将一个所有位都是1，但最右边的位是0的int值与n1进行与运算。所以，像下面这样的C语句在用32位表示整数的机器上可正常工作：

```
n1 &= 0xFFFFFFFE;
```

如果用“n1 &= ~1;”替换上面的代码，那么在任何机器上n1都会同正确的值进行与运算。这是因为这条语句会对1求反，然后在左侧会加入足够的1，以满足int的大小要求（在32位机器上，会在左侧的31个位上加入1）。

请读者看下面的代码，下面的代码演示了各种位运算符的具体作用：

```
#import <Foundation/Foundation.h>
int main (int argc, char *argv[])
{
   NSAutoreleasePool * pool = [[NSAutoreleasePool alloc] init];
   unsigned int w1 = 0xA0A0A0A0, w2 = 0xFFFF0000,
                w3 = 0x00007777;
   NSLog (@"%x %x %x", w1 & w2, w1 | w2, w1 ^ w2);
   NSLog (@"%x %x %x", ~w1, ~w2, ~w3);
   NSLog (@"%x %x %x", w1 ^ w1, w1 & ~w2, w1 | w2 | w3);
   NSLog (@"%x %x", w1 | w2 & w3, w1 | w2 & ~w3);
   NSLog (@"%x %x", ~(~w1 & ~w2), ~(~w1 | ~w2));
   [pool drain];
   return 0;
}
```

在上述代码的第四个NSLog调用中，需要注意“按位与运算符的优先级要高于按位或运算符”这一结论，因为，这会实际影响表达式的最终结果值。而第五个NSLog调用展示了DeMorgan的规则：~(~a & ~b)等于a | b，~(~a | ~b)等于a & b。

运行上述代码后会输出：

```
a0a00000 ffffa0a0 5f5fa0a0
5f5f5f5f ffff ffff8888
0 a0a0 fffff7f7
a0a0a0a0 ffffa0a0
ffffa0a0 a0a00000
```

2.8.5 向左移位运算符

在Objective-C语言中，当对值执行向左移位运算时，会将值中包含的位向左移动。与该操作关联的是该值要移动的位置（或位）数目。超出数据项的高位的位将丢失，而从低位移入的值总为0。所以如果n1等于3，那么表达式“n1 = n1 << 1;”可以表示成“n1 <<= 1;”，运算此表达式的结果就是3向左移一位，这样产生的6将赋值给n1。具体运算过程如下所示：

```
n1        ... 0000 0011     0x03
n1 << 1   ... 0000 0110     0x06
```

运算符<<左侧的运算数表示将要移动的值，而右侧的运算数表示该值所需移动的位数。如果将n1在向左移动一次，那么会得到十六进制值0c：

```
n1        ... 0000 0110     0x06
n1 << 1   ... 0000 1100      0x0c
```

2.8.6 向右移位运算符

同样的道理，向右移位运算符（>>）的功能是把值的位向右移动。从值的低位移出的位将丢失。把无符号的值向右移位总是左侧（就是高位）移入0。对于有符号值而言，左侧移入1还是0依赖于被移动数字的符号，还取决于该操作在计算机上的实现方式。如果符号位是0（表示该值是正的），不管哪种机器都将移入0。然而，如果符号位是1，那么在一些计算机上将移入1，而其他计算机上则移入0。前一类型的运算符通常称为算术右移，而后者通常称为逻辑右移。

在Objective-C语言中，当选择使用算术右移还是逻辑右移时，千万不要进行猜测。如果进行此类的假设，那么在一个系统上可正确进行有符号右移运算的程序，有可能在其他系统上运行失败。

如果n1是unsigned int，用32位表示它并且它等于十六进制的F777EE22，那么使用语句“n1 >>= 1;”将n1右移一位后，n1等于十六进制的7BBBF711，具体过程如下所示：

```
n1        1111 0111 0111 0111 1110 1110 0010 0010      0xF777EE22
n1 >>     1 0111 1011 1011 1011 1111 0111 0001 0001     0x7BBBF711
```

如果将n1声明为（有符号）的short int，在某些计算机上会得到相同的结果；而在其他计算机上，如果将该运算作为算术右移来执行，结果将会是FBBBF711。

如果试图用大于或等于该数据项的位数将值向左或向右移位，那么该Objective-C语言并不会产生规定的结果。因此，例如计算机用32位表示整数，那么把一个整数向左或向右移动32位或更多位时，并不会在计算机上产生规定的结果。还注意到，如果使用负数对值移位时，结果将同样是未定义的。

注意：在Objective-C语言中还有其他3种类型，分别是用于处理Boolean（即，0或1）值的_Bool；以及分别用于处理复数和抽象数字的_Complex和_Imaginary。

Objective-C程序员倾向于在程序中使用BOOL数据类型替代_Bool来处理Boolean值。这种“数据类型”本身实际上并不是真正的数据类型，它事实上只是char数据类型的别名。这是通过使用该语言的特殊关键字typedef实现的，而typedef将在第10章“变量和数据类型”中讲解。

2.8.7 总结 Objective-C 的运算符

在表2-7中，总结了Objective-C语言中的各种运算符。这些运算符按其优先级降序列出，组合在一起的运算符具有相同的优先级。

表2-7　Objective-C的运算符

运算符	描　述	结合性
()	函数调用	
[]	数组元素引用或者消息表达式	
->	指向结构成员引用的指针	从左到右
.	结构成员引用或方法调用	
-	一元负号	
+	一元正号	
++	加1	
--	减1	
!	逻辑非	从右到左
~	求反	
*	指针引用（间接）	
&	取地址	
sizeof	对象的大小	
(typc)	类型强制转换（转换）	
*	乘	从左到右
/	除	
%	取模	
+	加	从左到右
-	减	
<<	左移	从左到右
>>	右移	
<	小于	
<=	小于等于	从左到右
>	大于	
>=	大于等于	
==	相等性	从左到右
!=	不等性	
&	按位AND	从左到右
^	按位XOR	从左到右
|	按位OR	从左到右
&&	逻辑 AND	从左到右
||	逻辑OR	从左到右
?:	条件	从左到右
= *= /=	赋值运算符	从右到左
%= += -=		
&= ^= |=		
<<= >>=		
,	逗号运算符	从右到左

第 3 章

Swift语言基础

Swift是Apple公司在WWDC2014上发布的一门编程语言，用来编写OS X和iOS应用程序。苹果公司在设计Swift语言时，就有意将其和Objective-C共存。Objective-C是Apple操作系统在导入Swift前使用的编程语言。在本章中，我们将带领大家初步认识Swift这门新兴的开发语言，为读者进入本书后面知识的学习打下基础。

3.1 Swift 概述

Swift是一种为开发iOS和OS X应用程序而推出的全新编程语言，是建立在C语言和Objective-C语言基础之上的，并且没有C语言的兼容性限制。Swift采用安全模型的编程架构模式，并且使整个编程过程变得更容易、更灵活、更有趣。另外，Swift完全支持市面中的主流框架：Cocoa和Cocoa Touch框架，这为开发人员重新构建软件和提高开发效率带来了巨大的帮助。本节将带领大家一起探寻Swift的诞生历程。

3.1.1 Swift 的创造者

苹果Swift语言的创造者是苹果开发者工具部门总监Chris Lattner（1978年出生），Chris Lattner是LLVM 项目的主要发起人与作者之一，Clang 编译器的作者。Chris Lattner开发了 LLVM，一种用于优化编译器的基础框架，能将高级语言转换为机器语言。LLVM极大提高了高级语言的效率，Chris Lattner也因此获得了首届SIGPLAN奖。

2005年，Chris加入LLVM开发团队，正式成为苹果的一名员工。在苹果的 9 年间，他由一名架构师一路升职为苹果开发者工具部门总监。目前，Chris Lattner主要负责 Xcode项目，这也为Swift的开发提供了灵感。

Chris Lattner从2010年7月才开始开发Swift语言，当时它在苹果内部属于机密项目，只有很少人知道这一语言的存在。Chris Lattner个人博客上称，Swift 的底层架构大多是他自己开发完成的。2011 年，其他工程师开始参与项目开发，Swift 也逐渐获得苹果内部重视，直到2013年成为苹果主推的开发工具。

Swift 的开发结合了众多工程师的心血，包括语言专家、编译器优化专家等，苹果其他团队也为改进产品提供了很大帮助。同时Swift也借鉴了Objective-C、Rust、Ruby等其他语言的优点。

Swift语言的核心吸引力在于Xcode Playgrounds 功能和REPL，它们使开发过程具有更好交互性，也更容易上手。Playgrounds在很大程度上受到了Bret Victor的理念和其他互动系统的启发。同样，具有实时预览功能的 Swift 使编程变得简单，学习起来也更加容易，目前，已经引起了开发者的极大兴趣。这有助于苹果吸引更多的开发者，甚至将改变计算机科学的教学方式。图3-1是Chris Lattner在WWDC14大会上对Swift进行演示。

3.1.2 Swift 的优势

在WWDC14大会中，苹果公司推出的一款全新的开发语言Swift。在演示过程中，苹果展示了如何能让开发人员更快进行代码编写及显示结果的“Swift Playground”，在左侧输入代码的同时，可以在右侧实时显示结果。苹果公司表示Swift是基于Cocoa和Cocoa Touch而专门设计的。Swift不仅可以用于基本的应用程序编写，比如各种社交网络App，同时还可以使用更先进的“Metal”3D游戏图形优化工作。由于Swift可以与Objective-C兼容使用，因此，开发人员可以在开发过程中进行无缝切换。

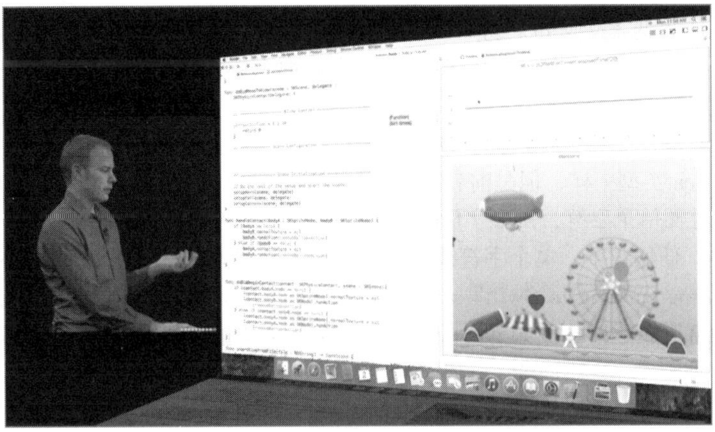

图3-1 Chris Lattner在WWDC14大会上对Swift进行演示

（1）易学

作为一项苹果独立发布的支持型开发语言，Swift语言的语法内容混合了Objective-C、JS和Python，其语法简单、使用方便、易学，大大降低了开发者入门的门槛。同时，Swift语言可以与Objective-C混合使用，对于用惯了高难度Objective-C语言的开发者来说，Swift语言更加易学。

（2）功能强大

Swift允许开发者通过更简洁的代码来实现更多的内容。在WWDC2014发布会上，苹果演示了如何只通过一行简单的代码，完成一个完整图片列表加载的过程。另外，Swift还可以让开发人员一边编写程序，一边预览自己的应用程序，从而快速测试应用在某些特殊情况下的反应。

（3）提升性能

对开发者来说Swift语言可以提升性能，同时降低开发难度，没有开发者不喜欢这样的编程语言。

（4）简洁、精良、高效

Swift是一种非常简洁的语言。与Python类似，不必编写大量代码即可实现强大的功能，并且也有利于提高应用开发速度。Swift可以更快捷有效地编译出高质量的应用程序。

（5）执行速度快

Swift的执行速度比Objective-C应用更快，这样会在游戏中看见更引人入胜的画面（需要苹果新的Metal界面的帮助），而其他应用也会有更好的响应性。与此同时，消费者不用购买新手机即可体验到这些效果。

（6）全面融合

苹果对全新的Swift语言的代码进行了大量简化，在更快、更安全、更好的交互、更现代的同时，开发者们可以在同一款软件中同时用Objective-C、Swift、C 3种语言，这样便实现了3类开发人员的完美融合。

（7）测试工作更加便捷

方便快捷地测试所编写应用将帮助开发者更快地开发出复杂应用。以往，对规模较大的应用来说，编译和测试过程极为冗繁。如果Swift能在这一方面带来较大的改进，那么应用开发者将可以更快地发布经过更彻底测试的应用。

当然，Swift还有一些不足之处。其中Swift最大的问题在于，要求使用者学习一门全新的语言。程序员通常喜欢掌握最新、最优秀的语言，但关于如何指导人们编写iPhone应用，目前已形成了完整的产业。在苹果发布Swift之后，所有一切都要被推翻重来。

3.2 数据类型和常量

Swift语言的基本数据类型是int，例如，声明为int类型的变量只能用于保存整型值，也就是说没有小数位的值。其实除了int类型之外，在Swift中还有另外3种基本数据类型，分别是float、double和char，具体说明如下所示。

- float：用于存储浮点数（即包含小数位的值）。
- double：和float类型一样，但是前者的精度约是后者精度的两倍。
- char：可以存储单个字符，例如字母a、数字字符100，或者一个分号“;”。

在Swift程序中，任何数字、单个字符或者字符串通常被称为常量。例如，数字88表示一个常量整数值。字符串@“Programming in Swift”表示一个常量字符串对象。在Swift程序中，完全由常量值组成的表达式被称为常量表达式。例如下面的表达式就是一个常量表达式，因为，此表达式的每一项都是常量值：

```
128 + 1 - 2
```

如果将i声明为整型变量，那么下面的表达式就不是一个常量表达式：

```
128 + 1 - i
```

在Swift中定义了多个简单（或基本）的数据类型，例如int表示整数类型，这就是一种简单的数据类型，而不是复杂的对象。

3.2.1 int 类型

在Swift程序中，整数常量由一个或多个数字的序列组成。序列前的负号表示该值是一个负数，例如值88、–10和100都是合法的整数常量。Swift规定，在数字中间不能插入空格，并且不能用逗号来表示大于999的值。所以，数值“12,00”就是一个非法的整数常量，如果写成“1200”就是正确的。

如果整型常量以0和字母x（无论是小写字母还是大写字母）开头，那么这个值都将用十六进制（以16为基数）计数法来表示。紧跟在字母x后的是十六进制值的数字，它可以由0到9之间的数字和a到f（或A到F）之间的字母组成。字母表示的数字分别为10到15。假如要给名为RGBColor的整型常量指派十六进制的值FFEF0D，则可以使用如下代码实现：

```
RGBColor = 0xFFEF0D;
```

在上述代码中，符号“%x”用十六进制格式显示一个值，该值不带前导的0x，并用a到f之间的小写字符表示十六进制数字。要使用前导0x显示这个值，需要使用格式字符%#x的帮助。

3.2.2 float 类型

在Swift程序中，float类型变量可以存储小数位的值。由此可见，通过查看是否包含小数点的方法可以区分出是否是一个浮点常量。在Swift程序中，不但可以省略小数点之前的数字，而且也可以省略之后的数字，但是不能将它们全部省略。

另外，在Swift程序中也能使用科学计数法来表示浮点常量。例如“1.5e4”就是使用这种计数法来表示的浮点值，它表示值1.5×10^{-4}。位于字母e前的值称为尾数，而之后的值称为指数。指数前面可以放置正号或负号，指数表示将与尾数相乘的10的幂。因此，在常量2.85e-3中，2.85是尾数值，而–3是指数值。该常量表示值2.85×10^{-3}，或0.00285。另外，在Swift程序中，不但可用大写字母书写用于分隔尾数和指数的字母e，而且也可以用小写字母来书写。

3.2.3 double 类型

在Swift程序中，类型double与类型float类似。Swift规定，当在float变量中所提供的值域不能满足要求时，需要使用double变量来实现需求。声明为double类型的变量可以存储的位数，大概是float变量所存储的两倍多。在现实应用中，大多数计算机使用64位来表示double值。除非另有特殊说明，否则，Swift编译器将全部浮点常量当作double值来对待。要想清楚地表示float常量，需要在数字的尾部添加字符f或F，例如：

```
12.4f
```

要想显示double的值，可以使用格式符号%f、%e或%g来辅助实现，它们与显示float值所用的格式符号是相同的。

3.2.4 char 类型

在Swift程序中，char类型变量的功能是存储单个字符，只要将字符放到一对单引号中就能得到字符常量。例如 ‘a’、‘;’ 和 ‘0’ 都是合法的字符常量。其中 ‘a’ 表示字母a，‘;’ 表示分号，‘0’ 表示字符0（并不等同于数字0）。

3.2.5 字符常量

在Swift程序中，字符常量是用单引号括起来的一个字符，例如下面列出的都是合法字符常量：

```
'a'
'b'
'='
'+'
'?'
```

Swift的字符常量具有以下3个特点。

（1）字符常量只能用单引号括起来，不能用双引号或其他括号。

（2）字符常量只能是单个字符，不能是字符串，转义字符除外。

（3）字符可以是字符集中任意字符。但数字被定义为字符型之后就不能参与数值运算。如'5'和5是不同的。"5" 是字符常量，不能参与运算。

3.3 变量和常量

Swift语言中的基本数据类型，按其取值可以分为常量和变量两种。在程序执行过程中，其值不发生改变的量称为常量，其值可变的量称为变量。两者可以和数据类型结合起来进行分类，例如，可以分为整型常量、整型变量、浮点常量、浮点变量、字符常量、字符变量、枚举常量、枚举变量。

3.3.1 常量详解

在执行程序的过程中，其值不发生改变的量称为常量。在Swift语言中，使用关键字 “let” 来定义常量，如下所示的演示代码：

```
let mm = 70
let name = guanxijing
let height = 170.0
```

在上述代码中定义了3个常量，常量名分别是 “mm”、“name” 和 “height”。

在Swift程序中，常量的值无需在编译时指定，但是至少要赋值一次。这表示可以使用常量来命名一个值，只需进行一次确定工作，就可以将这个常量用在多个地方。

如果初始化值没有提供足够的信息（或没有初始化值），可以在变量名后写类型，并且以冒号分隔。例如下面的演示代码：

```
let imlicitInteger = 50
let imlicitDouble = 50.0
let explicitDouble: Double = 50
```

在Swift程序中，常量值永远不会隐含转换到其他类型。如果需要转换一个值到另外不同的类型，需要事先明确构造一个所需类型的实例，例如下面的演示代码：

```
let label = "The width is "
let width = 94
let widthLabel = label + String(width)
```

在Swift程序中，可以使用简单的方法在字符串中以小括号来写一个值，或者用反斜线"\"放在小括号之前，例如下面的演示代码：

```
let apples = 3
let oranges = 5 //by gashero
let appleSummary = "I have \(apples) apples."
let fruitSummary = "I have \(apples + oranges) pieces of fruit."
```

3.3.2 变量详解

在Swift程序中，使用关键字"var"来定义变量，例如下面的演示代码：

```
var myVariable = 42
var name = "guan"
```

因为Swift程序中的变量和常量必须与赋值时拥有相同的类型，所以，无需严格定义变量的类型，只需提供一个值就可以创建常量或变量，并让编译器推断其类型。也就是说，Swift支持类型推导（Type Inference）功能，所以上面的代码不用指定类型。例如在上面例子中，编译器会推断myVariable是一个整数类型，因为其初始化值就是个整数。如果要为上述变量指定一个类型，则可以通过如下代码实现：

```
var myVariable : Double= 42
```

在Swift程序中，使用如下所示的形式进行字符串格式化：

```
\(item)
```

例如下面的演示代码：

```
let apples = 3
let oranges = 5
let appleSummary = "I have \(apples) apples."
let fruitSummary = "I have \(apples + oranges) pieces of fruit."
```

另外，在Swift程序中使用方括号"[]"创建一个数组和字典，接下来就可以通过方括号中的索引或键值来访问数组和字典中的元素，例如下面的演示代码：

```
var shoppingList = ["catfish", "water", "tulips", "blue paint"]
shoppingList[1] = "bottle of water"
var occupations = [ "Malcolm": "Captain", "Kaylee": "Mechanic", ]
occupations["Jayne"] = "Public Relations"
```

在Swift程序中，创建一个空的数组或字典的初始化格式如下所示：

```
let emptyArray = String[]()
let emptyDictionary = Dictionary<String, Float>()
```

如果无法推断数组或字典的类型信息，可以写为空的数组格式"[]"或空的字典格式"[:]"。

另外，为了简化代码的编写工作量，可以在同一行语句中声明多个常量或变量，在变量之间以逗号进行分隔，例如下面的演示代码：

```
var x = 0.0, y = 0.0, z = 0.0
```

3.4 字符串和字符

在Swift程序中，String是一个有序的字符集合，如“hello、world”、“albatross”。Swift字符串通过String类型来表示，也可以表示为Character类型值的集合。在Swift程序中，通过String和Character 类型提供了一个快速的、兼容Unicode的方式来处理代码中的文本信息。

在Swift程序中，创建和操作字符串的方法与在C中的操作方式相似，轻量并且易读。字符串连接操作只需要简单地通过“+”号将两个字符串相连即可。与Swift中其他值一样，能否更改字符串的值，取决于其被定义为常量还是变量。

尽管Swift的语法简易，但是，String类型是一种快速、现代化的字符串实现。每一个字符串都是由独立编码的 Unicode 字符组成，并提供了用于访问这些字符在不同的Unicode表示的支持。在Swift程序中，String 也可以用于在常量、变量、字面量和表达式中进行字符串插值，这将更加方便地实现展示、存储和打印字符串工作。

在Swift应用程序中，String 类型与 Foundation NSString 类进行了无缝桥接。如果开发者想利用 Cocoa 或 Cocoa Touch 中的 Foundation 框架实现功能，整个 NSString API 都可以调用创建的任意 String 类型的值，并且额外还可以在任意API 中使用本节介绍的 String 特性。另外，也可以在任意要求传入NSString实例作为参数的API中使用String类型的值进行替换。

3.4.1 字符串字面量

在Swift应用程序中，可以在编写的代码中包含一段预定义的字符串值作为字符串字面量。字符串字面量是由双引号包裹着的、具有固定顺序的文本字符集。Swift中的字符串字面量可以用于为常量和变量提供初始值，例如下面的演示代码：

```
let someString = "Some string literal value"
```

在上述代码中，变量someString通过字符串字面量进行初始化，所以，Swift可以推断出变量someString的类型为String。

在Swift应用程序中，字符串字面量可以包含以下特殊字符。

- 转移特殊字符 \0 (空字符)、\\(反斜线)、\t (水平制表符)、\n (换行符)、\r (回车符)、\" (双引号)、\' (单引号)。
- 单字节Unicode标量，写成\xnn，其中nn为两位十六进制数。
- 双字节Unicode标量，写成\unnnn，其中nnnn为4位十六进制数。
- 四字节Unicode标量，写成\Unnnnnnnn，其中nnnnnnnn为8位十六进制数。

例如在下面的代码中，演示了各种特殊字符的使用实例：

```
let wiseWords = "\"Imagination is more important than knowledge\" - Einstein"
// "Imagination is more important than knowledge" - Einstein
let dollarSign = "\x24"          // $,  Unicode scalar U+0024
let blackHeart = "\u2665"        // ♥,  Unicode scalar U+2665
let sparklingHeart = "\U0001F496"  //   , Unicode scalar U+1F496
```

在上述代码中，常量wiseWords包含了两个转移特殊字符（双括号），常量dollarSign、blackHeart 和sparklingHeart演示了3种不同格式的Unicode标量。

3.4.2 初始化空字符串

为了在Swift应用程序中构造一个很长的字符串，可以创建一个空字符串作为初始值，也可以将空的字符串字面量赋值给变量，也可以初始化一个新的 String实例，例如下面的演示代码：

```
var emptyString = ""               // empty string literal
var anotherEmptyString = String()  // initializer syntax
```

在上述代码中，因为这两个字符串都为空，所以两者等价。通过如下所示的演示代码，可以通过检查其 Boolean 类型的 isEmpty 属性来判断该字符串是否为空：

```
if emptyString.isEmpty {
    println("Nothing to see here")
}
// 打印输出 "Nothing to see here"
```

3.4.3 字符串可变性

在Swift应用程序中，可以通过将一个特定字符串分配给一个变量的方式来对其进行修改，或者分配给一个常量来保证其不会被修改，例如下面的演示代码：

```
var variableString = "Horse"
variableString += " and carriage"
// variableString 现在为 "Horse and carriage"
let constantString = "Highlander"
constantString += " and another Highlander"
```

上述代码会输出一个编译错误（compile-time error），提示我们常量不可以被修改。

其实在Objective-C和Cocoa中，可以通过选择两个不同的类（NSString和NSMutableString）来指定该字符串是否可以被修改。验证Swift程序中的字符串是否可以修改，是通过定义的是变量还是常量来决定的，这样实现了多种类型可变性操作的统一。

3.4.4 值类型字符串

在Swift应用程序中，String类型是一个值类型。如果创建了一个新的字符串，那么，当其进行常量、变量赋值操作或在函数/方法中传递时，会进行值复制。在任何情况下，都会对已有字符串值创建新副本，并对该新副本进行传递或赋值。值类型在 Structures and Enumerations Are Value Types 中进行了说明。

其 Cocoa 中的 NSString 不同，当在 Cocoa 中创建了一个NSString实例，并将其传递给一个函数/方法，或者赋值给一个变量，您永远都是传递或赋值同一个NSString实例的一个引用。除非特别要求其进行值复制，否则字符串不会进行赋值新副本操作。

Swift 默认字符串复制的方式保证了在函数/方法中传递的是字符串的值，其明确指出无论该值来自何处，都是它独自拥有的，可以放心传递的字符串本身的值而不会被更改。

在实际编译时，Swift编译器会优化字符串的使用，使实际的复制只发生在绝对必要的情况下，这意味着您始终可以将字符串作为值类型的同时获得极高的性能。

Swift程序的 String类型表示特定序列的字符值的集合，每一个字符值代表一个 Unicode字符，可以利用 “for-in” 循环来遍历字符串中的每一个字符，例如下面的演示代码：

```
for character in "Dog! " {
    println(character)
}
```

执行上述代码后会输出：

```
D
o
g
!
```

另外，通过标明一个 Character类型注解，并通过字符字面量进行赋值，可以建立一个独立的字符常量或变量，例如下面的演示代码：

```
let yenSign: Character = "¥"
```

3.4.5 计算字符数量

在Swift应用程序中通过调用全局函数countElements，并将字符串作为参数进行传递的方式可以获取该字符串的字符数量，例如下面的演示代码：

```
let unusualMenagerie = "Koala , Snail , Penguin , Dromedary "
println("unusualMenagerie has \(countElements(unusualMenagerie)) characters")
// prints "unusualMenagerie has 40 characters"
```

不同的 Unicode 字符以及相同 Unicode 字符的不同表示方式，因为可能需要不同数量的内存空间来存储，所以，Swift 中的字符在一个字符串中并不一定占用相同的内存空间。由此可见，字符串的长度不得不通过迭代字符串中每一个字符的长度来进行计算。如果正在处理一个长字符串，则需要注意函数countElements必须遍历字符串中的字符用以精准计算字符串的长度。

另外需要注意的是，通过 countElements返回的字符数量并不总是与包含相同字符的 NSString 的 length 属性相同。NSString 的属性length是基于利用 UTF-16 表示的十六位代码单元数字，而不是基于 Unicode 字符。为了解决这个问题，NSString 的属性length在被 Swift的 String 访问时会成为 utf16count。

3.4.6 连接字符串和字符

在Swift应用程序中，字符串和字符的值可以通过加法运算符“+”相加在一起，并创建一个新的字符串值，例如下面的演示代码：

```
let string1 = "hello"
let string2 = " there"
let character1: Character = "!"
let character2: Character = "?"
let stringPlusCharacter = string1 + character1         // 等于 "hello!"
let stringPlusString = string1 + string2               // 等于 "hello there"
let characterPlusString = character1 + string1         // 等于 "!hello"
let characterPlusCharacter = character1 + character2   // 等于 "!?"
```

另外，也可以通过加法赋值运算符“+=”将一个字符串或者字符添加到一个已经存在的字符串变量上，例如下面的演示代码：

```
var instruction = "look over"
instruction += string2
// instruction 现在等于 "look over there"

var welcome = "good morning"
welcome += character1
// welcome 现在等于 "good morning!"
```

注意：不能将一个字符串或者字符添加到一个已经存在的字符变量上，因为字符变量只能包含一个字符。

3.4.7 字符串插值

在Swift应用程序中，字符串插值是一种全新的构建字符串的方式，可以在其中包含常量、变量、字面量和表达式。其中插入的字符串字面量中的每一项，都会被包裹在以反斜线为前缀的圆括号中，例如下面的演示代码：

```
let multiplier = 3
let message = "\(multiplier) times 2.5 is \(Double(multiplier) * 2.5)"
// message is "3 times 2.5 is 7.5"
```

在上面的演示代码中，multiplier作为 \(multiplier) 被插入一个字符串字面量中。当创建字符串执行插值计算时此占位符会被替换为multiplier实际的值。multiplier的值也作为字符串中后面表达式的一部分。该表达式计算 Double(multiplier) * 2.5 的值并将结果 (7.5) 插入字符串中。在这个例子中，表达式写为 \(Double(multiplier) * 2.5) 并包含在字符串字面量中。

注意：插值字符串中写在括号中的表达式不能包含非转义双引号“"”和反斜杠“\”，并且不能包含回车或换行符。

3.4.8 比较字符串

在Swift应用程序中提供了3种方式来比较字符串的值，分别是字符串相等、前缀相等和后缀相等。

（1）字符串相等

如果两个字符串以同一顺序包含完全相同的字符，则认为两者字符串相等，例如下面的演示代码：

```
let quotation = "We're a lot alike, you and I."
let sameQuotation = "We're a lot alike, you and I."
if quotation == sameQuotation {
   println("These two strings are considered equal")
}
```

执行上述代码后会输出：

```
"These two strings are considered equal"
```

（2）前缀/后缀相等

通过调用字符串的hasPrefix/hasSuffix方法来检查字符串是否拥有特定前缀/后缀。两种方法均需要以字符串作为参数传入并传出Boolean值。两种方法均执行基本字符串和前缀/后缀字符串之间逐个字符的比较操作。例如，下面的演示代码以一个字符串数组表示莎士比亚话剧罗密欧与朱丽叶中前两场的场景位置：

```
let romeoAndJuliet = [
   "Act 1 Scene 1: Verona, A public place",
   "Act 1 Scene 2: Capulet's mansion",
   "Act 1 Scene 3: A room in Capulet's mansion",
   "Act 1 Scene 4: A street outside Capulet's mansion",
   "Act 1 Scene 5: The Great Hall in Capulet's mansion",
   "Act 2 Scene 1: Outside Capulet's mansion",
   "Act 2 Scene 2: Capulet's orchard",
   "Act 2 Scene 3: Outside Friar Lawrence's cell",
   "Act 2 Scene 4: A street in Verona",
   "Act 2 Scene 5: Capulet's mansion",
   "Act 2 Scene 6: Friar Lawrence's cell"
]
```

此时可以利用hasPrefix方法来计算话剧中第一幕的场景数，演示代码如下所示：

```
var act1SceneCount = 0
for scene in romeoAndJuliet {
   if scene.hasPrefix("Act 1 ") {
      ++act1SceneCount
   }
}
println("There are \(act1SceneCount) scenes in Act 1")
```

执行上述代码后会输出：

```
"There are 5 scenes in Act 1"
```

（3）大写和小写字符串

可以通过字符串的uppercaseString和lowercaseString属性来访问一个字符串的大写/小写版本，例如下面的演示代码：

```
let normal = "Could you help me, please?"
let shouty = normal.uppercaseString
// shouty 值为 "COULD YOU HELP ME, PLEASE?"
let whispered = normal.lowercaseString
// whispered 值为 "could you help me, please?"
```

3.4.9 Unicode

Unicode是文本编码和表示的国际标准，通过Unicode可以用标准格式表示来自任意语言几乎所有的字符，并能够对文本文件或网页这样的外部资源中的字符进行读写操作。

Swift语言中的字符串和字符类型是完全兼容Unicode 的，它支持如下所述的一系列不同的Unicode编码。

（1）Unicode的术语

Unicode 中每一个字符都可以被解释为一个或多个Unicode标量。字符的Unicode标量是一个惟一的21位数字（和名称），例如U+0061表示小写的拉丁字母A ("a")。

当Unicode字符串被写进文本文件或其他存储结构当中，这些Unicode 标量将会按照Unicode定义的集中格式之一进行编码。其包括UTF-8（以8位代码单元进行编码）和UTF-16（以16位代码单元进行编码）。

（2）Unicode 表示字符串

Swift 提供了几种不同的方式来访问字符串的Unicode表示。例如，可以利用for-in来对字符串进行遍历，从而以Unicode字符的方式访问每一个字符值。该过程在Working with Characters中进行了描述。

另外，能够以如下3种Unicode兼容的方式访问字符串的值。

- UTF-8代码单元集合（利用字符串的utf8属性进行访问）。
- UTF-16代码单元集合（利用字符串的utf16属性进行访问）。
- 21位的Unicode标量值集合（利用字符串的unicodeScalars属性进行访问）。

例如在下面的演示代码中，由D o g !和 “”（Unicode 标量为U+1F436）组成的字符串中的每一个字符代表着一种不同的表示：

```
let dogString = "Dog!"
```

（3）UTF-8

可以通过遍历字符串的 utf8 属性来访问它的UTF-8表示，其为 UTF8View 类型的属性，UTF8View 是无符号8位（UInt8）值的集合，每一个UIn8都是一个字符的UTF-8表示，例如下面的演示代码：

```
for codeUnit in dogString.utf8 {
   print("\(codeUnit) ")
}
print("\n")
```

执行上述代码后会输出：

```
68 111 103 33 240 159 144 182
```

在上述演示代码中，前4个10进制代码单元值（68, 111, 103, 33）代表了字符D o g和!，它们的UTF-8表示与ASCII表示相同。后4个代码单元值（240, 159, 144, 182）是狗脸表情的4位UTF-8表示。

（4）UTF-16

可以通过遍历字符串的utf16属性来访问它的UTF-16表示。其为UTF16View类型的属性，UTF16View是无符号16位（UInt16）值的集合，每一个UInt16都是一个字符的UTF-16表示，例如下面的演示代码：

```
for codeUnit in dogString.utf16 {
   print("\(codeUnit) ")
}
print("\n")
```

执行上述代码后会输出：

```
68 111 103 33 55357 56374
```

同样，前4个代码单元值（68, 111, 103, 33）代表了字符D o g和!，它们的UTF-16代码单元和 UTF-8完全相同。第五和第六个代码单元值（55357 and 56374）是狗脸表情字符的UTF-16表示。第一个值为U+D83D（十进制值为55357），第二个值为U+DC36（十进制值为56374）。

（5）Unicode标量（Scalars）

可以通过遍历字符串的unicodeScalars属性来访问它的Unicode标量表示。其为UnicodeScalarView类型的属性，UnicodeScalarView是UnicodeScalar的集合。UnicodeScalar是21位的Unicode代码点。每一个UnicodeScalar拥有一个值属性，可以返回对应的21位数值，用UInt32 来表示，例如下面的演示代码：

```
for scalar in dogString.unicodeScalars {
```

```
    print("\(scalar.value) ")
}
print("\n")
```

执行上述代码后会输出：

```
68 111 103 33 128054
```

同样，前4个代码单元值（68, 111, 103, 33）代表了字符D o g和!。第五位数值128054，是一个十六进制1F436的十进制表示。其等同于狗脸表情的Unicode标量U+1F436。

作为查询字符值属性的一种替代方法，每个UnicodeScalar值也可以用来构建一个新的字符串值，比如在字符串插值中使用下面的代码：

```
for scalar in dogString.unicodeScalars {
    println("\(scalar) ")
}
```

执行上述代码后会输出：

```
// D
// o
// g
// !
//
```

3.5 流程控制

在Swift程序中的语句是顺序执行的，除非由一个for、while、do-while、if、switch语句，或者是一个函数调用将流程导向到其他地方去做其他的事情。在Swift程序中，主要包含如下所示的流程控制语句的类型。

- 一条if语句能够根据一个表达式的真值来有条件地执行代码。
- for、while和do-while语句用于构建循环。在循环中，重复地执行相同的语句或一组语句，直到满足一个条件为止。
- switch语句根据一个整数表达式的算术值，来选择一组语句执行。
- 函数调用跳入函数体中的代码。当该函数返回时，程序从函数调用之后的位置开始执行。

上面列出的控制语句将在本书后面的内容中进行详细介绍，在本章将首先讲解循环语句的基本知识。循环语句是指可以重复执行的一系列代码，Swift程序中的循环语句主要由以下3种语句组成：

- for语句；
- while语句；
- do语句。

Swift的条件语句包含if和switch，循环语句包含for-in、for、while和do-while，循环/判断条件不需要括号，但循环/判断体（body）必需使用括号，例如下面的演示代码：

```
let individualScores = [75, 43, 103, 87, 12]
var teamScore = 0
for score in individualScores {
    if score > 50 {
        teamScore += 3
    } else {
        teamScore += 1
    }
}
```

在Swift程序中，结合if和let，可以方便地处理可控变量（nullable variable）。对于空值，需要在类型声明后添加“?”，这样以显式标明该类型可以为空，例如下面的演示代码：

```
var optionalString: String? = "Hello"
optionalString == nil
```

```
var optionalName: String? = "John Appleseed"
var gretting = "Hello!"
if let name = optionalName {
   gretting = "Hello, \(name)"
}
```

3.5.1 for 循环（1）

for循环可以根据设置，重复执行一个代码块多次。Swift中提供了两种for循环方式。

- for-in循环：对于数据范围、序列、集合等中的每一个元素，都执行一次；
- for-condition-increment：一直执行，直到一个特定的条件满足，每一次循环执行，都会增加一次计数。

for-in循环。

例如，下面的演示代码能够打印出5的倍数序列的前5项。

```
for index in 1...5 {
println("\(index) times 5 is \(index * 5)")
}
//下面是输出的执行效果
// 1 times 5 is 5
// 2 times 5 is 10
// 3 times 5 is 15
// 4 times 5 is 20
// 5 times 5 is 25
```

在上述代码中，迭代的项目是一个数字序列，从1到5的闭区间，通过使用（…）来表示序列。index被赋值为1，然后执行循环体中的代码。在这种情况下，循环只有一条语句，也就是打印5的index倍数。在这条语句执行完毕后，index的值被更新为序列中的下一个数值2，println函数再次被调用，一直循环直到这个序列的结尾。

如果不需要序列中的每一个值，可以使用“_”来忽略它，这样仅仅只是使用循环体本身，例如下面的演示代码：

```
let base = 3
let power = 10
var answer = 1
for _ in 1...power {
answer *= base
}
println("\(base) to the power of \(power) is \(answer)")
```

执行后输出：

```
"3 to the power of 10 is 59049"
```

通过上述代码计算了一个数的特定次方（在这个例子中是3的10次方）。连续的乘法从1（实际上是3的0次方）开始，依次累计乘以3，由于使用的是半闭区间，从0开始到9的左闭右开区间，所以是执行10次。在循环的时候不需要知道实际执行到第一次了，而是要保证执行了正确的次数，因此，这里不需要index的值。

在上面的例子中，index在每一次循环开始前都已经被赋值，因此，不需要在每次使用前对它进行定义。每次它都隐式地被定义，就像是使用了let关键词一样。注意index是一个常量。

在Swift程序中，for-in除了遍历数组也可以用来遍历字典：

```
let interestingNumbers = [
   "Prime": [2, 3, 5, 7, 11, 13],
   "Fibonacci": [1, 1, 2, 3, 5, 8],
   "Square": [1, 4, 9, 16, 25],
]
var largest = 0
for (kind, numbers) in interestingNumbers {
   for number in numbers {
```

```
        if number > largest {
            largest = number
        }
    }
}
largest
```

3.5.2 for循环（2）

Swift同样支持C语言样式的for循环，它也包括了一个条件语句和一个增量语句，具体格式如下所示：

```
for initialization; condition; increment {
statements
}
```

分号在这里用来分隔for循环的3个结构，和C语言一样，但是不需要用括号来包括它们。上述for循环的执行过程是。

（1）当进入循环的时候，初始化语句首先被执行，设定好循环需要的变量或常量。

（2）测试条件语句，看是否满足继续循环的条件，只有在条件语句是true的时候才会继续执行，如果是false则会停止循环。

（3）在所有的循环体语句执行完毕后，增量语句执行，可能是对计数器的增加或者是减少，或者是其他的一些语句。然后返回步骤（2）继续执行。

例如下面的演示代码：

```
for var index = 0; index < 3; ++index {
println("index is \(index)")
}
//执行后输出下面的结果
// index is 0
// index is 1
// index is 2
```

for循环方式还可以被描述为如下所示的形式：

```
initialization
while condition {
statements
increment
}
```

在初始化语句中被定义（如var index = 0）的常量和变量，只在for循环语句范围内有效。如果想要在循环执行之后继续使用，需要在循环开始之前就定义好，例如下面的演示代码：

```
var index: Int
for index = 0; index < 3; ++index {
println("index is \(index)")
}
//执行后输出下面的结果
// index is 0
// index is 1
// index is 2
println("The loop statements were executed \(index) times")
//执行后输出下面的结果
// prints "The loop statements were executed 3 times"
```

在此需要注意的是，在循环执行完毕之后index的值是3，而不是2。因为是在index增1之后，条件语句index < 3返回false，循环才终止，而这时，index已经为3了。

3.5.3 while 循环

while循环执行一系列代码块，直到某个条件为false为止。这种循环最常用于循环的次数不确定的情况。Swift提供了两种while循环方式。

- while循环：在每次循环开始前测试循环条件是否成立。

- do-while循环：在每次循环之后测试循环条件是否成立。

（1）while循环

while循环由一个条件语句开始，如果条件语句为true，一直执行，直到条件语句变为false，下面是一个while循环的一般形式：

```
while condition {
statements
}
```

（2）Do-while循环

在do-while循环中，循环体中的语句会先被执行一次，然后才开始检测循环条件是否满足，下面是do-while循环的一般形式：

```
do {
statements
} while condition
```

例如，下面的代码演示了while循环和do-while循环的用法：

```
var n = 2
while n < 100 {
   n = n * 2
}
n

var m = 2
do {
   m = m * 2
} while m < 100
m
```

3.6 条件语句

通常情况下都需要根据不同条件来执行不同语句。比如当错误发生的时候，执行一些错误信息的语句，告诉编程人员这个值是太大了还是太小了等。这里就需要用到条件语句。Swift语言提供了两种条件分支语句的方式，分别是if语句和switch语句。一般if语句比较常用，但是，只能检测少量的条件情况。switch语句用于大量的条件可能发生时的条件语句。

3.6.1 if 语句

在最基本的if语句中，条件语句只有一个，如果条件为true时，执行if语句块中的语句：

```
var temperatureInFahrenheit = 30
if temperatureInFahrenheit <= 32 {
println("It's very cold. Consider wearing a scarf.")
}
```

执行上述代码后输出：

```
It's very cold. Consider wearing a scarf.
```

上面这个例子检测温度是不是比32华氏度（32华氏度是水的冰点，和摄氏度不一样）低，如果低的话就会输出一行语句；如果不低，则不会输出。if语句块是用大括号包含的部分。

当条件语句有多种可能时，就会用到else语句，当if为false时，else语句开始执行：

```
temperatureInFahrenheit = 40
if temperatureInFahrenheit <= 32 {
println("It's very cold. Consider wearing a scarf.")
} else {
println("It's not that cold. Wear a t-shirt.")
}
```

执行上述代码后输出：

```
It's not that cold. Wear a t-shirt.
```

在这种情况下，两个分支的其中一个一定会被执行。同样也可以有多个分支，多次使用if和else，例如下面的演示代码：

```
temperatureInFahrenheit = 90
if temperatureInFahrenheit <= 32 {
println("It's very cold. Consider wearing a scarf.")
} else if temperatureInFahrenheit >= 86 {
println("It's really warm. Don't forget to wear sunscreen.")
} else {
println("It's not that cold. Wear a t-shirt.")
}
```

执行上述代码后会输出：

```
It's really warm. Don't forget to wear sunscreen.
```

在上述代码中出现了多个if出现，用来判断温度是太低还是太高，最后一个else表示的是温度不高不低的时候。

在Swift程序中可以省略掉else，例如下面的演示代码：

```
temperatureInFahrenheit = 72
if temperatureInFahrenheit <= 32 {
println("It's very cold. Consider wearing a scarf.")
} else if temperatureInFahrenheit >= 86 {
println("It's really warm. Don't forget to wear sunscreen.")
}
```

在上述代码中，温度不高不低的时候不会输入任何信息。

3.6.2 switch 语句

在Swift程序中，switch语句考察一个值的多种可能性，将它与多个case相比较，从而决定执行哪一个分支的代码。switch语句和if语句不同的是，它还可以提供多种情况同时匹配时，执行多个语句块。

switch语句的一般结构是：

```
switch some value to consider {
 case value 1:
  respond to value 1
 case value 2,
value 3:
 respond to value 2 or 3
default:
otherwise, do something else
}
```

每个switch语句包含有多个case语句块，除了直接比较值以外，Swift还提供了多种更加复杂的模式匹配的方式来选择语句执行的分支。在switch语句中，每一个case分支都会被匹配和检测到，如果需要有一种情况包括所有case没有提到的条件，那么可以使用default关键词。注意，default关键词必须在所有case的最后。

例如，在下面的演示代码中，使用switch语句来判断一个字符的类型：

```
let someCharacter: Character = "e"
switch someCharacter {
case "a", "e", "i", "o", "u":
println("\(someCharacter) is a vowel")
case "b", "c", "d", "f", "g", "h", "j", "k", "l", "m",
"n", "p", "q", "r", "s", "t", "v", "w", "x", "y", "z":
println("\(someCharacter) is a consonant")
default:
println("\(someCharacter) is not a vowel or a consonant")
}
```

执行上述代码后会输出：

```
e is a vowel
```

在上述代码中，首先看这个字符是不是元音字母，再检测是不是辅音字母。其他的情况都用default来匹配即可。

与C和Objective-C不同，Swift中的switch语句不会因为在case语句的结尾没有break就跳转到下一个case语句执行。switch语句只会执行匹配上的case里的语句，然后就会直接停止。这样可以让switch语句更加安全，因为很多时候编程人员都会忘记写break。

每一个case中都需要有可以执行的语句，例如下面的演示代码就是不正确的：

```
let anotherCharacter: Character = "a"
switch anotherCharacter {
 case "a":
 case "A":
  println("The letter A")
 default:
  println("Not the letter A")
}
```

与C语言不同，switch语句不会同时匹配a和A，它会直接报错。一个case中可以有多个条件，用逗号“,”分隔即可：

```
switch some value to consider {
 case value 1,
 value 2:
statements
}
```

switch语句的case中可以匹配一个数值范围。

3.7 函数

函数是执行特定任务的代码自包含块。给定一个函数名称标识，当执行其任务时就可以用这个标识来进行“调用”。Swift的统一的功能语法足够灵活来表达任何东西，无论是没有参数名称的、简单的C风格的函数表达式，还是需要为每个本地参数和外部参数设置复杂名称的Objective-C语言风格的函数。参数提供默认值，以简化函数调用，并通过设置输入输出参数，在函数执行完成时修改传递的变量。Swift中的每个函数都有一个类型，包括函数的参数类型和返回类型。您可以方便地使用此类型像任何其他类型一样，这使得它很容易将函数作为参数传递给其他函数，甚至从函数中返回函数类型。函数也可以写在其他函数中，用来封装一个嵌套函数用以范围内有用的功能。

3.7.1 函数的声明与调用

当定义一个函数时，可以为其定义一个或多个命名，定义类型值作为函数的输入（称为参数），当该函数完成时将传回输出定义的类型（称为作为它的返回类型）。

每一个函数都有一个函数名，用来描述了函数执行的任务。要使用一个函数的功能时，你通过使用它的名称进行“调用”，并通过它的输入值（称为参数）来匹配函数的参数类型。一个函数提供的参数必须始终以相同的顺序来作为函数参数列表。

例如在下面的演示代码中，被调用的函数greetingForPerson需要一个人的名字作为输入，并返回一句问候语给那个人：

```
func sayHello(personName: String) -> String {
let greeting = "Hello, " + personName + "!"
return greeting
}
```

所有这些信息都汇总到函数的定义中，并以func关键字为前缀。您指定的函数的返回类型是以箭头→（一个连字符后跟一个右尖括号）以及随后类型的名称作为返回的。该定义描述了函数的作用是什么，它期望接收什么，以及当它完成返回的结果是什么。该定义很容易使该函数可以让你在代码的其他地方以清晰、明确的方式来调用，例如下面的演示代码：

```
println(sayHello("Anna"))
// prints "Hello, Anna!"
println(sayHello("Brian"))
// prints "Hello, Brian!"
```

在上述代码中，通过括号内String类型参数值调用sayHello的函数，如sayHello（"Anna"）。由于该函数返回一个字符串值，sayHello的可以被包裹在一个println函数调用中来打印字符串，看看它的返回值。

在sayHello的函数体开始，定义了一个新的名为greeting的String常量，并将其设置加上personName个人姓名组成一句简单的问候消息。然后这个问候函数以关键字return来传回。只要问候函数被调用，函数执行完毕时就会返回问候语的当前值。可以通过不同的输入值多次调用sayHello的函数。上面的演示代码显示了，如果它以“Anna”为输入值，或以“Brian”为输入值会发生什么。函数的返回在每种情况下都是量身定制的问候。

为了简化这个函数的主体，结合消息创建和return语句用一行来表示，演示代码如下所示：

```
func sayHello(personName: String) -> String {
return "Hello again, " + personName + "!"
}
println(sayHello("Anna"))
```

执行上述代码后会输出：

```
Hello again, Anna!"
```

3.7.2 函数的参数和返回值

在Swift程序中，函数的参数和返回值是非常具有灵活性的。可以定义任何东西，无论是一个简单的仅有一个未命名的参数的函数，还是那种具有丰富的参数名称和不同的参数选项的复杂函数。

（1）多输入参数

函数可以有多个输入参数，把它们写到函数的括号内，并用逗号加以分隔。例如，下面的函数设置了一个开始和结束索引的一个半开区间，用来计算在范围内有多少元素包含：

```
func halfOpenRangeLength(start: Int, end: Int) -> Int {
return end - start
}
println(halfOpenRangeLength(1, 10))
```

执行上述代码后会输出：

```
9
```

（2）无参函数

函数并没有要求一定要定义的输入参数。例如下面就是一个没有输入参数的函数，任何时候调用时，它总是返回相同的字符串消息：

```
func sayHelloWorld() -> String {
return "hello, world"
}
println(sayHelloWorld())
```

执行上述代码后会输出：

```
hello, world
```

上述函数的定义在函数的名称后还需要括号，即使它不带任何参数。当函数被调用时函数名称也要跟着一对空括号。

（3）没有返回值的函数

函数也不需要定义一个返回类型，例如下面是一个版本的sayHello的函数，称为waveGoodbye，它会输出自己的字符串值而不是函数返回：

```
func sayGoodbye(personName: String) {
println("Goodbye, \(personName)!")
}
sayGoodbye("Dave")
```

执行上述代码后会输出：

```
Goodbye, Dave!
```

因为它并不需要返回一个值，该函数的定义不包括返回箭头和返回类型。

其实sayGoodbye功能确实还返回一个值，即使没有返回值定义。函数没有定义返回类型但返回了一个void返回类型的特殊值。它是一个值是空的元组，实际上零个元素的元组，可以写为( )。当一个函数调用时它的返回值可以忽略不计：

```
func printAndCount(stringToPrint: String) -> Int {
println(stringToPrint)
return countElements(stringToPrint)
}
func printWithoutCounting(stringToPrint: String) {
printAndCount(stringToPrint)
}
printAndCount("hello, world")
// 打印输出"hello, world" and returns a value of 12
printWithoutCounting("hello, world")
// 打印输出 "hello, world" but does not return a value
```

在上述演示代码中，第一个函数printAndCount打印了一个字符串，然后并以Int类型返回它的字符数。第二个函数printWithoutCounting调用的第一个函数，但忽略它的返回值。当第二个函数被调用时，字符串消息由第一个函数打印了回来，却没有使用其返回值。

注意：返回值可以忽略不计，但对一个函数来说，它的返回值即便不使用还是一定会返回的。在函数体底部返回时与定义的返回类型的函数不能相容时，如果试图这样做将导致一个编译时错误。

（4）多返回值函数

可以使用一个元组类型作为函数的返回类型返回一个有多个值组成的一个复合作为返回值。例如，下面的演示代码定义了一个名为count函数，用它计算字符串中基于标准的美式英语中设定使用的元音、辅音以及字符的数量：

```
func count(string: String) -> (vowels: Int, consonants: Int, others: Int) {
var vowels = 0, consonants = 0, others = 0
for character in string {
switch String(character).lowercaseString {
case "a", "e", "i", "o", "u":
++vowels
case "b", "c", "d", "f", "g", "h", "j", "k", "l", "m",
"n", "p", "q", "r", "s", "t", "v", "w", "x", "y", "z":
++consonants
default:
++others
}
}
return (vowels, consonants, others)
}
```

可以使用此计数函数来对任意字符串进行字符计数，并检索统计总数的元组3个指定int值：

```
let total = count("some arbitrary string!")
println("\(total.vowels) vowels and \(total.consonants) consonants")
// prints "6 vowels and 13 consonants"
```

在此需要注意的是，在这一点上元组的成员不需要被命名在该函数返回的元组中，因为它们的名字已经被指定为函数的返回类型的一部分。

3.7.3 函数参数名

在本节前面的演示代码中，都为所有函数的参数定义了参数名称：

```
func someFunction(parameterName: Int) {
// function body goes here, and can use parameterName
// to refer to the argument value for that parameter
}
```

然而，这些参数名仅能在函数本身的主体内使用，在调用函数时，不能使用。这些类型的参数名称被称为本地的参数，因为它们只适用于函数体中使用。

（1）外部参数名

有时当我们调用一个函数将每个参数进行命名是非常有用的，以表明你传递给函数的每个参数的目的。如果希望用户函数调用你的函数时提供参数名称，除了设置本地的参数名称，也要为每个参数定义外部参数名称。此时写一个外部参数名称在它所支持的本地参数名称之前，之间用一个空格来分隔，例如下面的演示代码：

```
func someFunction(externalParameterName localParameterName: Int) {
// function body goes here, and can use localParameterName
// to refer to the argument value for that parameter
}
```

如果为参数提供一个外部参数名称，调用该函数时外部名称必须始终被使用。作为一个例子，考虑下面的函数，它通过插入它们之间的第三个"joiner"字符串来连接两个字符串：

```
func join(s1: String, s2: String, joiner: String) -> String {
return s1 + joiner + s2
}
```

当调用这个函数，传递给函数的3个字符串的目的就不是很清楚了：

```
join("hello", "world", ", ")
// returns "hello, world"
```

为了使这些字符串值的目的更为清晰，为每个join函数参数定义外部参数名称：

```
func join(string s1: String, toString s2: String, withJoiner joiner: String)
-> String {
return s1 + joiner + s2
}
```

在上述版本的join函数中，第一个参数有一个外部名称string和一个本地名称s1；第二个参数有一个外部名称toString和一个本地名称s2；第三个参数有一个外部名称withJoiner和一个本地名称joiner。

现在可以使用这些外部参数名称清楚地调用该函数：

```
join(string: "hello", toString: "world", withJoiner: ", ")
// returns "hello, world"
```

由此可见，使用外部参数名称使join函数的第二个版本功能更富有表现力，用户习惯使用sentence-like的方式，同时还提供了一个可读的、意图明确的函数体。

（2）外部参数名称速记

如果想为一个函数参数提供一个外部参数名，然而本地参数名已经使用了一个合适的名称了，你不需要为该参数写相同的两次名称。取而代之的是，写一次名字，并用一个hash符号（#）作为名称的前缀。这告诉Swift使用该名称同时作为本地参数名称和外部参数名称。

下面的演示代码定义了一个名为containsCharacter的函数，定义了两个参数的外部参数名称，并通过放置一个散列标志在它们本地参数名称之前：

```
func containsCharacter(#string: String, #characterToFind: Character) -> Bool {
for character in string {
if character == characterToFind {
return true
```

```
}
}
return false
}
```

这个函数选择的参数名称清晰、函数体极具可读性，该函数被调用时没有歧义：

```
let containsAVee = containsCharacter(string: "aardvark", characterToFind: "v")
// containsAVee equals true, because "aardvark" contains a "v"
```

（3）参数的默认值

可以为任何参数设定默认值来作为函数定义的一部分。如果默认值已经定义，调用函数时就可以省略该参数的传值。

在使用时将使用默认值的参数放在函数的参数列表的末尾，这样确保了所有调用函数的非默认参数使用相同的顺序，并明确地表示在每种情况下相同的函数调用。例如，在下面的join函数中，为参数joiner设置了默认值：

```
func join(string s1: String, toString s2: String,
withJoiner joiner: String = " ") -> String {
return s1 + joiner + s2
}
```

如果在join函数被调用时提供给joiner一个字符串值,该字符串是用来连接两个字符串,就与以前一样：

```
join(string: "hello", toString: "world", withJoiner: "-")
// returns "hello-world"
```

但是，如果当函数被调用时提供了joiner的没有值，就会使用单个空格（" "）的默认值：

```
join(string: "hello", toString: "world")
// returns "hello world"
```

（4）有默认值的外部名称参数

在大多数情况下，为所有参数提供一个外部带有默认值的参数的名称是非常有用的。如果当函数被调用时提供的值是参数必须具有明确的目的。

为了使这个过程更容易，当你自己没有提供外部名称时，Swift自动为所有参数定义了默认的参数外部名称。自动外部名称与本地名称相同，就好像你在代码中的本地名称之前写了一个hash符号。

例如在下面的join函数中，它不为任何参数提供外部名称，但仍然提供了joiner参数的默认值：

```
func join(s1: String, s2: String, joiner: String = " ") -> String {
return s1 + joiner + s2
}
```

在这种情况下，Swift自动为一个具有默认值的参数提供了外部参数名称。调用函数时，为使得参数的目的明确，因此必须提供外部名称：

```
join("hello", "world", joiner: "-")
// returns "hello-world"
```

（5）可变参数

一个可变参数的参数接受零个或多个指定类型的值。当函数被调用时，你可以使用一个可变参数的参数来指定该参数可以传递不同数量的输入值。写可变参数的参数时，需要参数的类型名称后加上点字符（…）。

在传递一个可变参数的参数的值时，函数体中是以提供适当类型的数组的形式存在。例如，一个可变参数的名称为numbers和类型为Double…在函数体内就作为名为numbers，类型为Double[]的常量数组。

例如下面的代码演示了计算任意长度数字的算术平均值（也称为平均）的方法：

```
func arithmeticMean(numbers: Double...) -> Double {
var total: Double = 0
for number in numbers {
total += number
}
```

```
return total / Double(numbers.count)
}
arithmeticMean(1, 2, 3, 4, 5)
// returns 3.0, which is the arithmetic mean of these five numbers
arithmeticMean(3, 8, 19)
// returns 10.0, which is the arithmetic mean of these three numbers
```

（6）常量参数和变量参数

函数参数的默认值都是常量。试图改变一个函数参数的值会让这个函数体内部产生一个编译时错误。这意味着不能错误地改变参数的值。但是，有时函数有一个参数的值的变量副本是非常有用的。可以通过指定一个或多个参数作为变量参数，而不是避免在函数内部为自己定义一个新的变量。变量参数可以是变量而不是常量，并给函数中新修改的参数的值提供一个副本。

在参数名称前用关键字var定义变量参数：

```
func alignRight(var string: String, count: Int, pad: Character) -> String {
let amountToPad = count - countElements(string)
for _ in 1...amountToPad {
string = pad + string
}
return string
}
let originalString = "hello"
let paddedString = alignRight(originalString, 10, "-")
// paddedString is equal to "-----hello"
// originalString is still equal to "hello"
```

在上述演示代码中，定义了一个新函数叫做alignRight，它对准一个输入字符串，一个较长的输出字符串。在左侧的空间中填充规定的字符。在该示例中，字符串“hello”被转换为字符串“——hello”。上述alignRight函数把输入参数的字符串定义成了一个变量参数。这意味着字符串现在可以作为一个局部变量，用传入的字符串值初始化，并且可以在函数体中进行相应操作。函数首先找出有多少字符需要被添加到左边，让字符串以右对齐在整个字符串中。这个值存储在本地常量amountToPad中。该函数然后将填充字符的amountToPad个字符复制到现有的字符串的左边，并返回结果。整个过程使用字符串变量参数进行字符串操作。

（7）输入—输出参数

可变参数是指只能在函数本身内改变。如果你想有一个函数来修改参数的值，并且想让这些变化要坚持在函数调用结束后，你就可以定义输入—输出参数来代替。通过在其参数定义的开始添加inout关键字用来标明输入—输出参数。一个输入—输出参数都有一个传递给函数的值，由函数修改后，并从函数返回来替换原来的值。

3.8 实战演练——使用Xcode创建Swift程序

当苹果公司推出Swift编程语言时，建议使用Xcode 6来开发Swift程序。在本节的内容中，将详细讲解使用Xcode 6创建Swift程序的方法。

实例3-1	使用Xcode 6来开发Swift程序
源码与视频路径	光盘:\daima\3\exSwift

（1）打开Xcode 6，单击“Create a new Xcode Project”创建一个工程文件，如图3-2所示。

（2）在弹出的界面中，在左侧栏目中选择“Application”，在右侧选择“Command Line Tool”，然后单击“Next”按钮，如图3-3所示。

（3）在弹出的界面中设置各个选项值，在“Language”选项中设置编程语言为“Swift”，然后单击“Next”按钮，如图3-4所示。

（4）在弹出的界面中设置当前工程的保存路径，如图3-5所示。

图3-2 创建一个工程文件

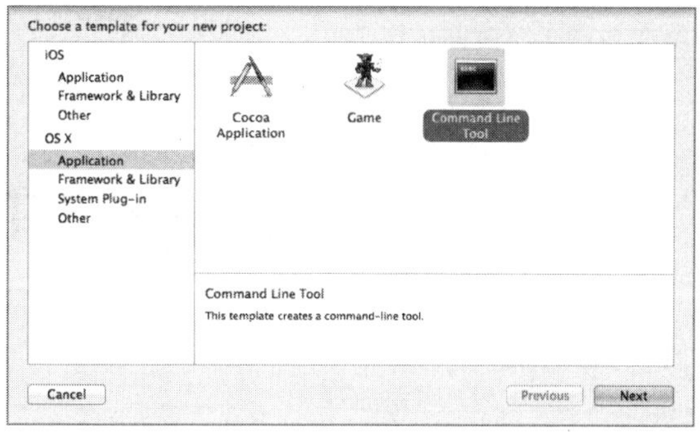

图3-3 创建一个“Command Line Tool”工程

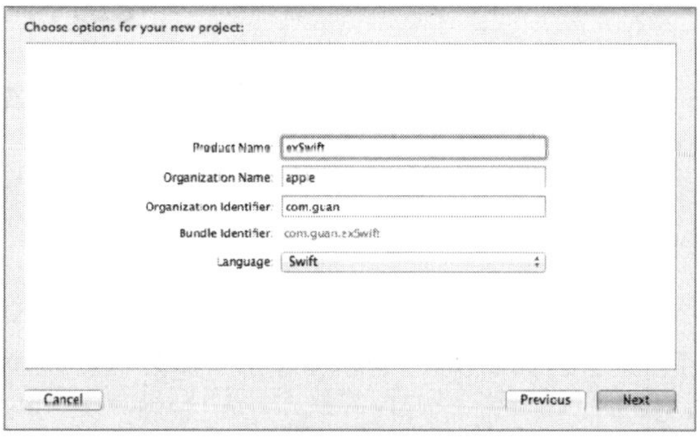

图3-4 设置编程语言为“Swift”

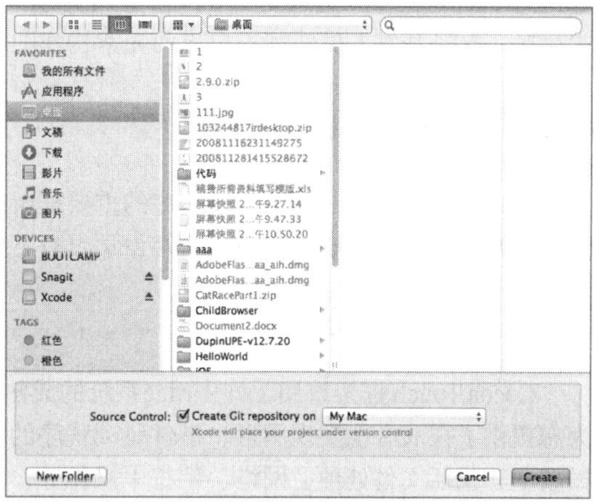

图3-5 设置保存路径

（5）单击“Create”按钮，将自动生成一个用Swift语言编写的iOS工程。在工程文件main.swift中会自动生成一个“Hello, World!”语句，如图3-6所示。

文件main.swift的代码是自动生成的，具体代码如下所示：

```
//
//  main.swift
//  exSwift
//
//  Created by admin on 14-6-7.
//  Copyright (c) 2014年 apple. All rights reserved.
//

import Foundation

println("Hello, World!")
```

单击图3-6左上角的▶按钮运行工程，会在Xcode 6下方的控制台中输出运行结果，如图3-7所示。

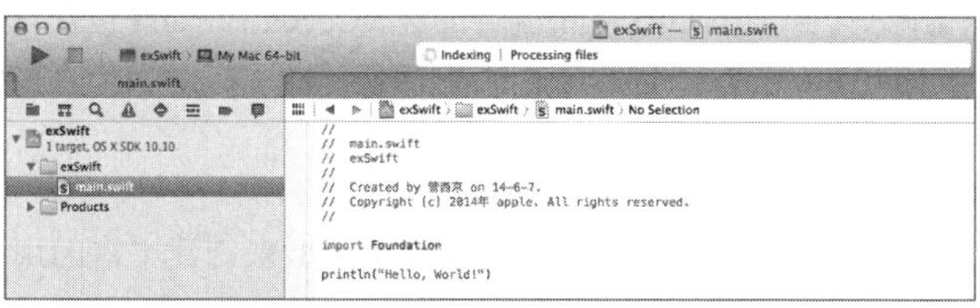

图3-6 自动生成的Swift代码

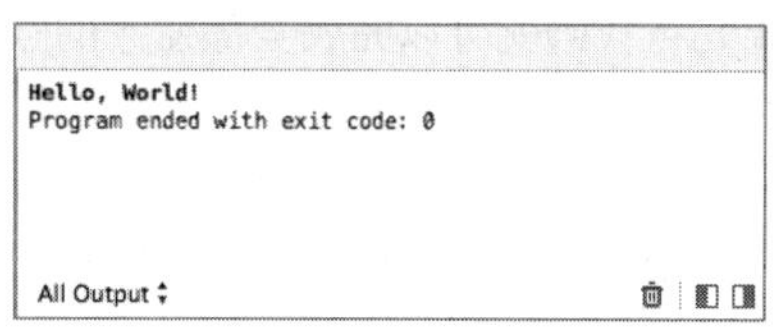

图3-7 输出执行结果

由此可见，通过使用Xcode 6可以节约Swift代码的编写工作量，提高了开发效率。

第4章 Cocoa Touch框架

Cocoa Touch是由苹果公司提供的专门用于程序开发的API，用于开发 iPhone、iPod和iPad上的软件。Cocoa Touch也是苹果公司针对iPhone应用程序快速开发提供的一个类库，这个库以一系列框架库的形式存在，支持开发人员使用用户界面元素构建图像化的、事件驱动的应用程序。

4.1 Cocoa Touch 基础

Cocoa Touch是一个开发iOS程序的重要框架之一，在本节的内容中，将简要介绍Cocoa Touch框架的基本知识，为读者进入本书后面知识学习打下基础。

4.1.1 Cocoa Touch 概述

Cocoa Touch 框架重用了许多Mac系统的成熟模式，但是它更多地专注于触摸的接口和优化。UIKit为您提供了在 iOS 上实现图形、事件驱动程序的基本工具，其建立在和 Mac OS X 中一样的 Foundation框架上，包括文件处理、网络、字符串操作等。

Cocoa Touch 具有和 iPhone 用户接口一致的特殊设计。有了 UIKit，可以使用 iOS 上的独特的图形接口控件、按钮，以及全屏视图的功能，还可以使用加速仪和多点触摸手势来控制您的应用。

Cocoa Touch框架的主要特点如下所示。

1．基于 Objective-C 语言实现

大部分 Cocoa Touch 的功能是用 Objective-C 实现的。Objective-C 是一种面向对象的语言，它编译运行的速度令人难以置信。更值得一提的是，采用了真正的动态运行时系统，从而增添了难能可贵的灵活性。由于 Objective-C 是 C 的超集，因而可以很容易地将C甚至C++代码添加到您的 Cocoa Touch程序中。

当您的应用程序运行时，Objective-C运行时系统按照执行逻辑对对象进行实例化，而且不仅仅是按照编译时的定义。例如，一个运行中的Objective-C应用程序能够加载一个界面（一个由Interface Builder创建的nib文件），将界面中的Cocoa对象连接至您的程序代码，然后，一旦UI中的某个按钮被按下，程序便能够执行对应的方法。上述过程无需重新编译。

其实除了UIKit外，Cocoa Touch包含了创建世界一流iOS应用程序需要的所有框架，从三维图形到专业音效，甚至提供设备访问API用以控制摄像头，或通过GPS获知当前位置。Cocoa Touch既包含只需要几行代码就可以完成全部任务的强大的Objective-C框架，也在需要时提供基础的C语言API来直接访问系统。

2．强大的Core Animation

通过Core Animation，您就可以通过一个基于组合独立图层的简单的编程模型来创建丰富的用户体验。

3．强大的Core Audio

Core Audio是播放、处理和录制音频的专业技术，能够轻松为您的应用程序添加强大的音频功能。

4. 强大的Core Data

提供了一个面向对象的数据管理解决方案，它易于使用和理解，甚至可处理任何应用或大或小的数据模型。

4.1.2 Cocoa Touch 中的框架

在Cocoa Touch中提供了如下几类常用的框架。

1. 音频和视频

Core Audio、OpenAL、Media Library、AV Foundation。

2. 数据管理

Core Data、SQLite。

3. 图形和动画

Core Animation、OpenGL ES、Quartz 2D。

4. 网络

Bonjour、WebKit、BSD Sockets。

5. 用户应用

Address Book、Core Location、Map Kit、Store Kit。

4.1.3 Cocoa Touch 的优势

和Andriod、HP WebOS等开发平台相比，使用Cocoa Touch的最大优点是更加成熟。尽管iOS还是一种相对年轻的Apple平台，但是，其Cocoa框架已经十分成熟。Cocoa脱胎于20世纪80年代中期使用的平台：NeXT Computer（一种NeXTSTEP）。在20世纪90年代初，NeXTSTEP发展成了跨平台的OpenStep。Apple于1996年收购了NeXT Computer，在随后的10年中，NeXTSTEP/OpenStep框架成为Macintosh开发的事实标准，并更名为Cocoa。其实我们在开发过程中会发现Cocoa仍然保留了其前身的痕迹：类名以NS开头。

注意：Cocoa和Cocoa Touch的区别

Cocoa是用于开发Mac OS X应用程序的框架。iOS虽然以Mac OS X的众多基本技术为基础，但并不完全相同。Cocoa Touch针对触摸界面进行了大量的定制，并受手持系统的约束。传统上需要占据大量屏幕空间的桌面应用程序组件被更简单的多视图组件取代，鼠标单击事件则被“轻按”和“松开”事件取代。

让开发者高兴的是：如果决定从iOS开发转向Mac开发，在这两种平台上将遵循很多相同的开发模式，不用从头开始学习。

4.2 iPhone 的技术层

Cocoa Touch 层由多个框架组成，它们为应用程序提供了核心功能。Applc以一系列层的方式来描述iOS实现的技术，其中每层都可以使用不同的技术框架组成。在iPhone的技术层中，Cocoa Touch层位于最上面。iPhone的技术层结构如图4-1所示。

图4-1 iPhone的技术层结构

在本节的内容中，将简单介绍iPhone各个技术层的基本知识。

4.2.1 Cocoa Touch 层

Cocoa Touch层是由多个框架组成的，它们为应用程序提供核心功能（包括iOS 4.x中的多任务和广告功能）。在这些框架中，UIKit是最常用的UI框架，能够实现各种绚丽的界面效果。Cocoa Touch层包含了构建iOS程序的关键framework。在此层定义了程序的基本结构，支持多任务、基于触摸的输入、push notification等关键技术，以及很多上层系统服务。

1. Cocoa Touch层的关键技术

（1）多任务

iOS SDK 4.0以及以后的SDK构建的程序中（且运行在iOS 4.0和以后版本的设备上），用户按“Home”按钮的时候程序不会结束，它们会移到后台运行。UIKit帮助实现的多任务支持让程序可以平滑切换到后台，或者切换回来。

为了节省电力，大多数程序进入后台后立即就会被系统暂停。暂停的程序还在内存中，但不执行任何代码。这样程序需要重新激活的时候可以快速恢复，同时不浪费任何电力。然而，在以下原因下，程序也可以在后台下运行。

- 程序可以申请有限的时间完成一些重要的任务。
- 程序可以声明支持某种特定的服务，需要周期的后台运行时间。
- 程序可以使用本地通知在指定的时间给用户发信息，不管程序是否在运行。
- 不管你的程序在后台是被暂停还是继续运行，支持多任务都不需要你做什么额外的事情。系统会在切换到后台或者切换回来的时候通知程序。在这个时刻，程序可以直接执行一些重要的任务，如保存用户数据等。

（2）打印

从iOS 4.2开始，UIKit开始引入了打印功能，允许程序把内容通过无线网路发送给附近的打印机。关于打印，大部分重体力劳动由UIKit承担。它管理打印接口，和你的程序协作渲染打印的内容，管理打印机里打印作业的计划和执行。

程序提交的打印作业会被传递给打印系统，它管理真正的打印流程。设备上所有程序的打印作业会被排成队列，先入先出地打印。用户可以从打印中心程序看到打印作业的状态。所有这些打印细节都由系统自动处理。

注意： 仅有支持多任务的设备才支持无线打印。你的程序可使用UIPrintInteractionController对象来检测设备是否支持无线打印。

（3）数据保护

从iOS 4.0起引入了数据保护功能，需要处理敏感用户数据的应用程序可以使用某些设备内建的加密功能（某些设备不支持）。当程序指定某文件受保护的时候，系统就会把这个文件用加密的格式保存起来。设备锁定的时候，你的程序和潜在入侵者都无法访问这些数据。然而，当设备由用户解锁后，会生成一个密钥让你的程序访问文件。

要想实现良好的数据保护，需要仔细考虑如何创建和管理需要保护的数据。应用程序必须在数据创建时确保数据安全，并适应设备上锁与否带来的文件可访问性的变化。

（4）苹果推通知服务

从iOS 3.0开始，苹果发布了苹果推通知服务，这一服务提供了一种机制，即使你的程序已经退出，仍旧可以发送一些新信息给用户。使用这种服务，可以在任何时候，推送文本通知给用户的设备，可以包含程序图标作为标识并发出提示声音。这些消息提示用户应该打开你的程序接收、查看相关的信息。

从设计的角度看，要让iOS程序可以发送推通知，需要两部分的工作。首先，程序必须请求通知的发送，且在送达的时候能够处理通知数据。然后，需要提供一个服务端流程去生成这些通知。这一流程发生在自己的服务器上，和苹果的推通知服务一起触发通知。

（5）本地通知

从iOS 4.0开始，苹果推出了本地通知，作为推通知机制的补充，应用程序使用这一方法可以在本地创建通知信息，而不用依赖一个外部的服务器。运行在后台的程序，可以在重要时间发生的时候利用本地通知提醒用户注意。例如，一个运行在后台的导航程序可以利用本地通知，提示用户该转弯了。程序还可以预定在未来的某个时刻发送本地通知，这种通知即使程序已经被终止也是可以被发送的。

本地通知的优势在于它独立于你的程序。一旦通知被预定，系统就会来管理它的发送。在消息发送的时候，甚至不需要应用程序还在运行。

（6）手势识别器

从iOS 3.2起，引入了手势识别器，可以把它附加到View上，然后用它们检测通用的手势，如划过或者捏合。附加手势识别器到View后，设置手势发生时执行什么操作。手势识别器会跟踪原始的触摸事件，使用系统预置的算法判断目前的手势。没有手势识别器，就必须自己做这些计算，很多都相当复杂。

UIKit包含了UIGestureRecognizer类，定义了所有手势识别器的标准行为。可以定义自己的定制手势识别器子类，或者是使用UIKit提供的手势识别器子类来处理如下的标准手势：

- 单击（任何次数）；
- 捏合缩放；
- 平移或者拖动；
- 划过（任何方向）；
- 旋转（手指分别向相反方向）；
- 长按；
- 文件共享支持。

文件共享功能是从iOS 3.2才开始引入的，利用它程序可以把用户的数据文件开发给iTunes 9.1以及以后版本。程序一旦声明支持文件共享，那么它的“/Documents@目录下的文件就会开放给用户。用户可以使用iTunes将文件放进去或者取出来。这一特性并不允许你的程序和同一设备里面的其他程序共享文件；那种行为需要用剪贴板或者文本交互控制对象（UIDocumentInteractionController）来实现。

要打开文件共享支持，需要做如下所示的工作。

- 在程序的Info.ppst文件内加入键UIFileSharingEnabled，值设置为YES。
- 把你要共享的文件放在程序的Documents目录内。
- 设备插入用户计算机时，iTunes在选定设备的程序页下面显示文件共享块。
- 用户可以在桌面上增加和删除文件。

由此可以看出，要想实现支持文件共享的程序，程序必须能够识别放到“Documents”目录中的文件，并且能够正确地处理它们。例如，程序应该用自己的界面显示新出现的文件，而不是把这些文件列在目录里，问用户该如何处理这些文件。

（7）点对点对战服务

从iOS 3.0起引入的Game Kit框架提供了基于蓝牙的点对点对战功能。可以使用点对点连接和附近的设备建立通信，是实现多人游戏时需要的特性。虽然这主要是用于游戏的，但是也可以用于其他类型的程序中。

（8）标准系统View Controller

Cocoa Touch层的很多框架提供了用来展现标准系统接口的View Controller。你应该尽量使用这些View Controller，以保持用户体验的一致性。任何时候你需要做如下操作的时候，都应该用对应框架提供的View Controller，具体说明如下所示。

- 显示和编辑联系人信息：使用Address Book UI框架提供的View Controller。
- 创建和编辑日历事件：使用Event Kit UI框架提供的View Controller。
- 编写email或者短消息：使用Message UI框架提供的View Controller。
- 打开或者预览文件的内容：使用UIKit框架里的UIDocumentInteractionController类。
- 拍摄一张照片，或者从用户的照片库里面选择一张照片：使用UIKit框架内的UIImagePickerController类。
- 拍摄一段视频：使用UIKit框架内的UIImagePickerController类。

（9）外部显示支持

从iOS 3.2开始，引入了外部显示支持，允许一些iOS设备可以通过支持的缆线连接到外部的显示器上。连接时，程序可以用对应的屏幕来显示内容。屏幕的信息，包括它支持的分辨率，都可以用UIKit框架提供的接口访问。也可以用这个框架来把程序的窗口连接到一个屏幕或另外一个屏幕。

2. Cocoa Touch层包含的框架

在Cocoa Touch层中，主要包含如下所示的框架。

（1）UIKit

UIKit提供了大量的功能。它负责启动和结束应用程序、控制界面和多点触摸事件，并让我们能够访问常见的数据视图（如网页以及Word和Excel文档等）。另外，UIKit还负责iOS内部的众多集成功能。访问多媒体库、照片库和加速计也是使用UIKit中的类和方法来实现的。

对于UIKitk框架来说，其强大的功能是通过自身的一系列的Class（类）来实现的，通过这些类实现建立和管理iPhone OS应用程序的用户界面接口、应用程序对象、事件控制、绘图模型、窗口、视图和用于控制触摸屏等接口功能。

iOS中的每个程序都在使用这个框架来实现如下所示的核心功能。

应用程序管理，用户界面管理，图形和窗口支持，多任务支持，支持对触摸的处理以及基于动作的事件，展现标准系统View和控件的对象，对文本和Web内容的支持，剪切、复制和粘贴的支持，用户界面动画支持，通过URL模式和系统内其他程序交互，支持苹果推通知，对残障人士的易用性支持，本地通知的预定和发送，创建PDF，支持使用行为，类似系统键盘的定制输入View，支持创建和系统键盘交互定制的Text View。

除了提供程序的基础代码支持，UIKit还包括了如下所示的设备支持特性。

加速度传感器数据、内建的摄像头（如果有的话）、用户的照片库、设备名和型号信息、电池状态信息、接近传感器信息、耳机线控信息。

（2）Map Kit

Map Kit框架让开发人员在任何应用程序中添加Google地图视图，这包括标注、定位和事件处理功能。在iOS设备中使用Map Kit框架的效果如图4-2所示。

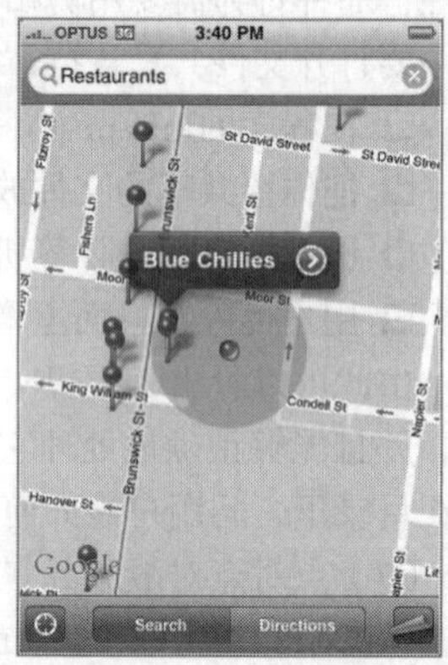

图4-2 使用 Map Kit框架的效果

从iOS 3.0开始，正式引入了Map Kit框架（MapKit.framework）提供了一个可以嵌入程序里的地图接口。基于该接口的行为，它提供了可缩放的地图View，可标记定制的信息。你可以把它嵌入在程序的View里面，编程设置地图的属性，保存当前显示的地图区域和用户的位置。你还可以定义定制标记，或者使用标准标记（大头针标记），突出地图上的区域，显示额外的信息。

从iOS 4.0开始，这个框架加入可拖动标记和定制覆盖对象的功能。可拖动标记使开发者可以移动一个已经被放置到地图上的标记。覆盖对象提供了创建比标记点更复杂的地图标记的能力。可以使用覆盖对象在地图上来放置信息，例如公交路线、选区图、停车区域、天气信息（如雷达数据）。

（3）Game Kit

Game Kit框架进一步提高了iOS应用程序的网络交互性。Game Kit提供了创建并使用对等网络的机制，这包括会话发现、仲裁和语音聊天。可将这些功能加入任何应用程序中，而不仅仅是游戏中。在当前市面中，有很多利用Game Kit框架实现的iOS游戏产品，图4-3就是其中之一。

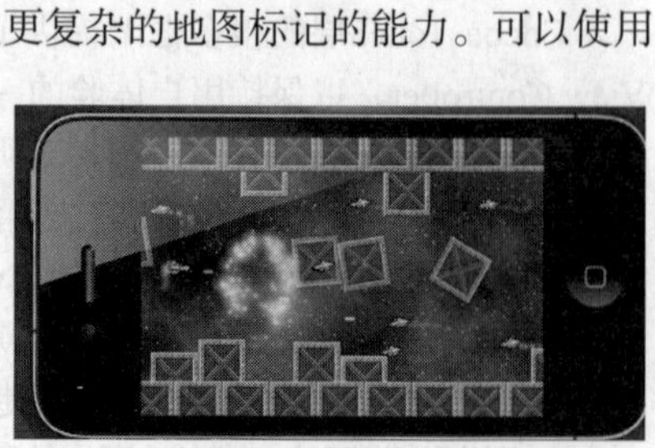
图4-3 用Game Kit框架实现的iOS游戏

从iOS 3.0版本开始，正式引入了Game Kit框架（GameKit.framework），支持在程序中进行点对点的网络通信。尤其是这个框架支持了点对点的连接和游戏内的语音通话功能。虽然这些功能主要是用于多人对战网络游戏，但是，也可以在非游戏程序中使用。这个框架提供的网络功能是构建在Bonjour之上几个简单的类实现的。这些类抽象了很多网络细节，让没有网络编程经验的开发者也可以轻松地在程序中加入网路功能。

（4）Message UI/Address Book UI/Event Kit UI

这些框架可以实现iOS应用程序之间的集成功能。框架Message UI、Address Book UI和Event Kit UI让我们可以在任何应用程序中访问电子邮件、联系人和日历事件。

（5）iAd

iAd框架是一个广告框架，通过此框架可以在应用程序中加入广告。iAd框架是一个交互式的广告组件，通过简单的拖放操作就可以将其加入到我们开发的软件产品中。在应用程序中，无需管理iAd交互，这些工作由软件自动完成。

从iOS 4.0版本开始，才正式引入了iAd框架（iAd.framework）支持程序中显示banner广告。广告由标准的View构成，可以把它们插入你的用户界面中，恰当的时候显示。View本身和苹果的广告服务通信，处理一切载入和展现广告内容以及响应单击等工作。

（6）Event Kit UI框架。

从iOS 4.0版本开始，正式引入了Event Kit UI框架（EventKitUI.framework），提供了用来显示和编辑事件的view controller。

4.2.2 多媒体层

当Apple设计计算设备时，已经考虑到了多媒体功能。iOS设备可创建复杂的图形、播放音频和视频，甚至可生成实时的三维图形。这些功能都是由多媒体层中的框架处理的。

1．AV Foundation

AV Foundation框架可用于播放和编辑复杂的音频和视频。该框架应用于实现高级功能，如电影录制、音轨管理和音频平移。

2．Core Audio

Core Audio框架提供了在iPhone中播放和录制音频的方法；它还包含了Toolbox框架和AudioUnit框架，其中前者可用于播放警报声或导致短暂振动，而后者可用于处理声音。

3．Core Image

使用Core Image框架，开发人员可在应用程序中添加高级图像和视频处理功能，而无需它们后面复杂的计算。例如，Core Image提供了人脸识别和图像过滤功能，可轻松地将这些功能加入任何应用程序中。

4．Core Graphics

通过使用Core Graphics框架，可在应用程序中添加2D绘画和合成功能。在本书的内容中，大部分情况下都将在应用程序中使用现有的界面类和图像，但可使用Core Graphics以编程方式操纵iPhone的视图。

5．Core Text

对iPhone屏幕上显示的文本进行精确定位和控制。应将Core Text用于移动文本处理应用程序和软件中，它们需要快速显示和操作显示高品质的样式化文本。

6．ImageI/O

Image I/O框架可用于导入和导出图像数据和图像元数据，这些数据可用iOS支持的任何文件格式存储。

7．Media Player

Media Player框架让开发人员能够使用典型的屏幕控件轻松地播放电影，可在应用程序中直接调用播放器。

8．OpenGL ES

OpenGL ES是深受欢迎的OpenGL框架的子集，适用于嵌入式系统（ES）。OpenGL ES可用于在应用程序中创建2D和3D动画。要使用OpenGL，除Objective-C知识外还需其他开发经验，但可为手持设备生成神奇的场景——类似于流行的游戏控制台。

9．Quartz Core

Quartz Core框架用于创建这样的动画，即它们将利用设备的硬件功能。这包括被称为Core Animation的功能集。

4.2.3 核心服务层

核心服务层用于访问较低级的操作系统服务，如文件存取、联网和众多常见的数据对象类型。您将通过Foundation框架经常使用核心服务。

1．Accounts

鉴于其始终在线的特征，iOS设备经常用于存储众多不同服务的账户信息。Accounts框架简化了存储账户信息以及对用户进行身份验证的过程。

2．Address Book

Address Book框架用于直接访问和操作地址簿。该框架用于在应用程序中更新和显示通信录。

3．CFNetwork

CFNetwork让您能够访问BSD套接字、HTTP和FTP协议请求以及Bonj our发现。

4．Core Data

Core Data框架可用于创建iOS应用程序的数据模型，它提供了一个基于SQLite的关系数据库模型，可用于将数据绑定到界面对象，从而避免使用代码进行复杂的数据操纵。

5．Core Foundation

Core Foundation提供的大部分功能与Foundation框架相同，但它是一个过程型C语言框架，因此，需要采用不同的开发方法，这些方法的效率比Objective-C面向对象模型低。除非绝对必要，否则应避免使用Core Foundation。

6．Foundation

Foundation框架提供了一个Objective-C封装器（wrapper），其中封装了Core Foundation的功能。操纵字符串、数组和字典等都是通过Foundation框架进行的，还有其他必需的应用程序功能也如此，如管理应用程序首选项、线程和本地化。

7．Event Kit

Event Kit框架用于访问存储在iOS设备中的日历信息，还让开发人员能够新创建事件，这包括闹钟。

8．Core Location

Core Location框架可用于从iPhone和iPad 3G的GPS（非3G设备支持基于WiFi的定位服务，但精度要低得多）获取经度和维度信息以及测量精度。

9．Core Motion

Core Motion框架管理iOS平台中大部分与运动相关的事件，如使用加速计和陀螺仪。

10．Quick Look

Quick Look框架在应用程序中实现文件浏览功能，即使应用程序不知道如何打开特定的文件类型。

11．Store Kit

Store Kit框架让开发人员能够在应用程序中创建购买事务，而无需退出程序。所有交互都是通过App Store进行的，因此，无需通过Store Kit方法请求或传输金融数据。

12. SystemConfiguration

System Configuration框架用于确定设备网络配置的当前状态：连接的是哪个网络？哪些设备可达？

4.2.4 核心 OS 层

核心OS层由最低级的iOS服务组成。这些功能包括线程、复杂的数学运算、硬件配件和加密。需要访问这些框架的情况很少。

1. Accelerate

Accelerate框架简化了计算和大数操作任务，这包括数字信号处理功能。

2. Extemal Accessory

ExtemalAccessory框架用于开发到配件的接口，这些配件是基座接口或蓝牙连接的。

3. Security

Security框架提供了执行加密（加密/解密数据）的函数，这包括与iOS密钥链交互用以添加、删除和修改密钥项。

4. System

System框架让开发人员能够访问不受限制的UNIX开发环境中的一些典型工具。

4.3 Cocoa Touch 中的框架

iOS 应用程序的基础 Cocoa Touch 框架重用了许多Mac系统的成熟模式，但是，它更多地专注于触摸的接口和优化。UIKit提供了在 iOS 上实现图形、事件驱动程序的基本工具，其建立在和 Mac OS X 中一样的 Foundation 框架上，包括文件处理、网络、字符串操作等。

Cocoa Touch 具有和 iPhone 用户接口一致的特殊设计。同时也拥有各色俱全的框架。除了 UIKit 外，Cocoa Touch 包含了创建世界一流 iOS 应用程序需要的所有框架，从三维图形到专业音效，甚至提供设备访问 API 以控制摄像头，或通过 GPS 获知当前位置。Cocoa Touch 既包含只需要几行代码就可以完成全部任务的强大的 Objective-C 框架，也在需要时提供基础的 C 语言 API 来直接访问系统。

在本节的内容中，将简单讲解 Cocoa Touch中的主要框架。

4.3.1 Core Animation（图形处理）框架

通过Core Animation可以通过一个基于组合独立图层的、简单的编程模型来创建丰富的用户体验。iOS提供了一系列的图形图像技术，这是建立动人的视觉体验的基础。对于一些简单的应用，可以使用Core Animation来建立具有动画效果的用户体验。动画是按定义好的关键步骤创建的，步骤描述了文字层、图像层和OpenGL ES图形是如何交互的。Core Animation在运行时按照预定义的步骤处理，平稳地将视觉元素从一步移至下一步，并自动填充动画中的过渡帧。

和iOS 中的许多场景切换功能一样，也可以使用Core Animation 来创建引人瞩目的效果，例如，在屏幕上平滑地移动用户接口元素，并加入渐入渐出的效果，所有这些功能仅需几行Core Animation代码即可完成。

通过使用带有硬件加速的OpenGL ES API技术，可利用iPhone和iPod Touch的强大的图形处理能力。OpenGL ES具有比其桌面版本更加简单的APL，但使用了相同的核心理念，包括可编程着色器和其他能够使您的3D程序或游戏脱颖而出的扩展。

1. Quartz 2D

Quartz 2D是iOS下强大的2D图形API。它提供了专业的2D图形功能，如贝赛尔曲线、变换和渐变等。使用Quartz 2D来定制接口元素可以为您的程序带来个性化外观。由于Quartz 2D是基于可移植文档格式（PDF）的图像模型，因此显示PDF文件也是小菜一碟。

2．独立的分辨率

iPhone 4 高像素密度 Retina 屏可让任意尺寸的文本和图像都显得平滑流畅。如果需要支持早期的iPhone，则可以使用 iOS SDK 中的独立分辨率，它可让应用程序运行于不同屏幕分辨率环境。您只需要对应用程序的图标、图形及代码稍作修改，便可确保它在各种 iOS 设备中都具极好的视觉效果，并在 iPhone 4 设备上达到最佳。

3．照片库

应用程序可以通过UIKit访问用户的照片库。例如，可以通过照片选取器界面浏览用户照片库，选取某张图片，然后再返回应用程序。能够控制是否允许用户对返回的图片进行拖动或编辑。另外，UIKit还提供相机接口。通过该接口，应用程序可直加载相机拍摄的照片。

4.3.2 Core Audio（音频处理）框架

Core Audio是一个集播放、处理和录制音频的专业技术，能够轻松为应用程序添加强大的音频功能。在iOS中提供了丰富的音频和视频功能，可以轻松地在程序中使用媒体播放框架来传输和播放全屏视频。Core Audio能够完全控制iPod touch和iPhone的音频处理功能。对于非常复杂的效果，OpenAL能够让您建立3D音频模型，如图4-4所示。

图4-4 Core Audio的应用

通过使用媒体播放框架，可以让程序能够轻松地全屏播放视频。视频源可以是程序包中或者远程加载的一个文件。在影片播放完毕时会有一个简单的回调机制通知您的程序，从而可以进行相应的操作。

1．HTTP在线播放

HTTP在线播放的内置支持使得程序能够轻松在iPhone和iPod touch中播放标准Web服务器所提供的高质量的音频流和视频流。HTTP在线播放在设计时就考虑了移动性的支持，它可以动态地调整播放质量来适应 WiFi 或蜂窝网络的速度。

2．AV Foundation

在iOS系统中，所有音频和视频播放及录制技术都源自AV Foundation。通常情况下，应用程序可以使用媒体播放器框架（Media Player framework）实现音乐和电影播放功能。如果所需实现的功能不止于此，而媒体播放器框架又没有相应支持，则可考虑使用AV Foundation。AV Foundation对媒体项的处理和管理提供高级支持，诸如媒体资产管理、媒体编辑、电影捕捉及播放、曲目管理及立体声声像等都在支持之列。

我们的程序可以访问iPod touch或iPhone中的音乐库，定制自己的用户体验。再例如赛车游戏可以在赛车加速时将玩家最喜爱的播放列表变成虚拟广播电台，甚至可以让玩家直接在程序中选择定制的播放列表，无需退出程序即可直接播放。

Core Audio是集播放、处理和录制音频为一体的专业级技术。通过Core Audio，您的程序可以同时播放一个或多个音频流，甚至录制音频。Core Audio能够透明管理音频环境，并自动适应耳机、蓝牙耳机或底座配件，同时它也可触发振动。至于高级特效，和OpenGL对图形的操作类似，OpenAL API也能播放 3D 效果的音频。

4.3.3 Core Data（数据处理）框架

Core Data框架提供了一个面向对象的数据管理解决方案，它易于使用和理解，甚至可处理任何应用或大或小的数据模型。iOS 操作系统提供一系列用于存储、访问和共享数据的完整的工具和框架。

Core Data 是一个针对 Cocoa Touch 程序的全功能的数据模型框架，而 SQLite 非常适合用于关系数据库操作。应用程序可以通过 URL 来在整个 iOS 范围内共享数据。Web 应用程序可以利用 HTML5 数据存储 API 在客户端缓冲保存数据。iOS 程序甚至可访问设备的全局数据，如地址簿里的联系人和照片库里的照片。

1. Core Data

Core Data 为创建基于模型—视图—控制器（MVC）模式的良好架构的 Cocoa 程序提供了一个灵活和强大的数据模型框架。Core Data 提供了一个通用的数据管理解决方案，用于处理所有应用程序的数据模型需求，不论程序的规模大小。可以在此基础上构建任何应用程序。只有您想不到的，没有什么做不到。

Core Data 让您能够以图形化的方式快速定义程序的数据模型，并方便地在您的代码中访问该数据模型。它提供了一套基础框架，不仅可以处理常见的功能，如保存、恢复、撤销、重做等，还可以让您在应用程序中方便地添加新的功能。由于Core Data使用内置的SQLite数据库，因此，不需要单独安装数据库系统。

Interface Builder 是苹果的图形用户界面编辑器，提供了预定义的Core Data控制器对象，用于消除应用程序的用户界面和数据模型之间的大量粘合代码。不必担心SQL语法，不必维护逻辑树来跟踪用户行为，也不必创建一个新的持久化机制。这一切都已经在您将应用程序的用户界面连接到Core Data模型时自动完成了。

2. SQLite

iOS 包含时下流行的 SQLite 库，它是一个轻量级但功能强大的关系数据库引擎，能够很容易地嵌入到应用程序中。SQLite 被多种平台上的无数应用程序所使用，事实上它已经被认为是轻量级嵌入式 SQL 数据库编程的工业标准。与面向对象的 Core Data 框架不同，SQLite 使用过程化的、针对 SQL 的 API 直接操作数据表。

iOS 为设备上安装的应用程序之间的信息共享提供了强大的支持。基于 URL 语法，您可以像访问 Web 数据一样将信息传递给其他应用程序，如邮件、iTunes 和 YouTube。也可以为自己的程序声明一个惟一的URL，允许其他应用程序与您的应用程序进行协作和共享数据。

您的应用程序可通过安全易用的 API 访问 iPhone 的数据和媒体。您的应用程序可以添加新的地址簿联系人，也可获得现有的联系信息。同样，您的应用程序可以加载、显示和编辑图片库的照片，也可使用内置的摄像头拍摄新照片。

iOS 应用程序可通过 Event Kit 框架访问用户日历数据库的事件信息。例如，可以根据日期范围或惟一标识符获取事件信息；可在事件记录发生改变的时候获得通知；可允许用户创建或编辑日历事件。通过 Event Kit 对日历数据库执行的改动会自动同步到恰当的日历，就连 CalDAV 和交换服务器中的日历也会自动同步。

XML 文件提供了一个让您的应用程序可以轻松地读写的、轻量级的结构化格式。同时 XML 文件很适合 iOS 的文件系统。可以将您的程序设置和用户偏好设置存储到内置的数据库中。这种基于 XML 的数据存储提供了一个具有强大功能的简易 API，并具有根据要求序列化和恢复复杂的对象的能力。

iOS 中先进的 Safari 浏览器支持最新的 HTML5 离线数据存储功能。脱机存储意味着通过使用一个简单的键/值数据 API 或更先进的 SQL 接口，网络应用可以将会话数据存储于本地 iPhone 或 iPod touch 设备的高速缓存中。这些数据在 Safari 启动过程中是不变的，这意味着应用程序具有更快的启动速度、更少地依赖于网络，并且有比以往更出色的表现。

4.4 iOS 程序的生命周期

任何程序的生命周期都是指从程序加载到程序结束这一短时间。在本节的内容中，将详细讲解iOS程序生命周期的基本知识，为读者进入本书后面知识的学习打下基础。

4.4.1 从一段代码看 iOS 程序的生命周期

在iOS应用中，通过单击主页面上图标的方式可以启动一个程序。单击后，系统会显示一个过渡的画面，然后调用main()函数来加载程序。从这一刻开始，大量的初始化工作都交给了UIKit，它加载程序的用户界面并启动事件循环。在时间循环过程中，UIKit将传入的时间和自定义对象相关联并响应程序的命令事件。如果用户的某个操作引起程序的退出，UIKit会通知程序并开始结束程序过程。

在iOS程序中，很少使用函数main()。绝大多数实际的工作都是交给函数UIApplicationMain()来处理。因此，当我们在Xcode中新创建一个工程时，任何工程的模板生成的main()函数几乎都是一样的，代码如下所示：

```
#import <UIKit/UIKit.h>
int main(int argc, char *argv[])
{
    NSAutoreleasePool * pool = [[NSAutoreleasePool alloc] init];
    int retVal = UIApplicationMain(argc, argv, nil, nil);
    [pool release];
    return retVal;
}
#import <UIKit/UIKit.h>
int main(int argc, char *argv[])
{
    NSAutoreleasePool * pool = [[NSAutoreleasePool alloc] init];
    int retVal = UIApplicationMain(argc, argv, nil, nil);
    [pool release];
    return retVal;
}
```

main()函数主要完成如下3个工作：

（1）创建了一个自动释放池；

（2）调用UIApplicationMain()函数；

（3）释放自动释放池。一般来说，开发者不需要修改main()函数。

函数UIApplicationMain()是初始化程序的核心，它接受4个参数，并且开发者永远不要修改传入的这4个参数。其中argc和argv两个参数来自于main()接受的两个参数；另外两个String型参数分别表示程序的主要类（principal class）和代理类（delegate class）。

如果主要类（principal class）为nil，则默认为UIApplication；如果代理类（delegate class）为nil，则程序假设程序的代理来自Main nib文件。如果这两个参数任意一个不为nil，则UIApplicationMain()函数则会根据参数创建相应的功能类。因此，如果程序中使用自定义的UIApplication类的子类（不建议继承UIApplication类建立自定义的子类），需要将你的自定义类名作为第3个参数传进来。

4.4.2 iOS 程序生命周期的原理

每一个IOS应用程序都包含一个UIApplication对象，IOS系统通过该UIApplication对象监控应用程序生命周期全过程。每一个IOS应用程序都要为其UIApplication对象指定一个代理对象，并由该代理对象处理UIApplication对象监测到的应用程序生命周期事件。

通常来说，一个iOS应用程序拥有如下所示的5种状态。

1．Not running

应用还没有启动，或者应用正在运行但是途中被系统停止。

2．Inactive

当前应用正在前台运行，但是并不接收事件（当前或许正在执行其他代码）。一般每当应用要从一个状态切换到另一个不同的状态时，中途过渡会短暂停留在此状态。惟一在此状态停留时间比较长的情况是：当用户锁屏时，或者系统提示用户去响应某些（诸如电话来电、有未读短信等）事件的时候。

3．Active

当前应用正在前台运行，并且接收事件。这是应用正在前台运行时所处的正常状态。

4．Background

应用处在后台，并且还在执行代码。大多数将要进入Suspended状态的应用，会先短暂进入此状态。

然而，对于请求需要额外的执行时间的应用，会在此状态保持更长一段时间。另外，如果一个应用要求启动时直接进入后台运行，这样的应用会直接从Notrunning状态进入Background状态，中途不会经过Inactive状态。比如没有界面的应用。注意：此处并不特指没有界面的应用，其实也可以是有界面的应用，只是，如果要直接进入Background状态的话，该应用界面不会被显示。

5. Suspended

应用处在后台，并且已停止执行代码。系统自动将应用移入此状态，且在此举之前不会对应用做任何通知。当处在此状态时，应用依然驻留内存但不执行任何程序代码。当系统发生低内存告警时，系统会将处于Suspended状态的应用清除出内存，以便正在前台运行的应用提供足够的内存。

由此可见，执行iOS程序的过程如图4-5所示。

作为UIApplication的代理类，必须要先实现UIApplicationDelegate协议，协议里明确了作为代理应该做或可以做哪些事情。UIApplication对象负责监听应用程序的生命周期事件，并将生命周期事件交由UIApplication代理对象处理。

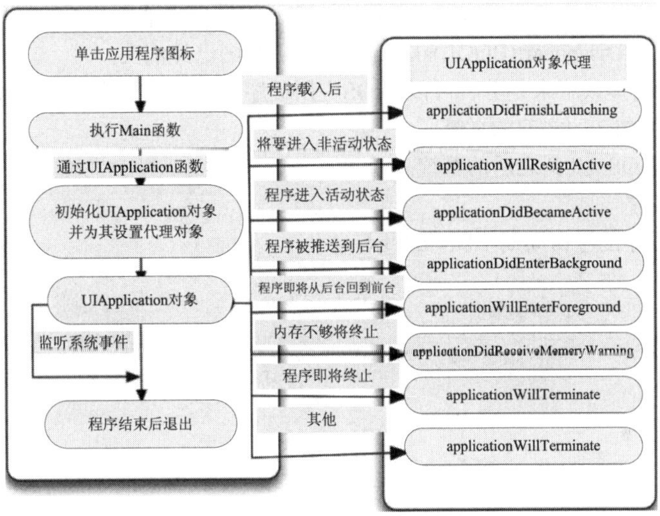

图4-5 执行iOS程序的过程

在UIApplication代理对象中，和生命周期有关的函数的具体说明如下所示。

- —(void)applicationWillResignActive:(UIApplication *)application：当应用程序将要进入非活动状态执行，在此期间，应用程序不接收消息或事件，比如来电话了。
- —(void)applicationDidBecomeActive:(UIApplication *)application：当应用程序进入活动状态执行，这个刚好与上面那个方法相反。
- —(void)applicationDidEnterBackground:(UIApplication *)application：当程序被推送到后台的时候调用。所以要设置后台继续运行，则在这个函数里面设置即可。
- —(void)applicationWillEnterForeground:(UIApplication *)application：当程序从后台将要重新回到前台时候调用，这个刚好与上面的那个方法相反。
- —(void)applicationWillTerminate:(UIApplication *)application：当程序将要退出时被调用，通常是用来保存数据和一些退出前的清理工作。这个需要设置UIApplicationExitsOnSuspend的键值为YES，iOS 5设置Application does not run in background的键值为YES。
- —(void)applicationDidReceiveMemoryWarning:(UIApplication *)application：iOS设备只有有限的内存，如果为应用程序分配了太多内存，操作系统会终止应用程序的运行，在终止前会执行这个方法，通常可以在这里进行内存清理工作，防止程序被终止。

- ❑ —(void)applicationDidFinishLaunching:(UIApplication*)application：当程序载入后执行。
- ❑ —(BOOL)application:(UIApplication*)application handleOpenURL:(NSURL*)url：当打开URL时执行。

4.4.3 UIViewController 的生命周期

UIViewController是iOS顶层视图的载体及控制器，用户与程序界面的交互都是由UIViewController来控制的。UIViewController用于管理UIView的生命周期及资源的加载与释放，而UIView与UIWindow共同展示了应用用户界面。

UIViewController包含如下所示的生命周期事件。

- ❑ —(void)loadView：用于加载视图资源并初始化视图。
- ❑ —(void)viewDidLoad和-(void)viewDidUnload：用于释放视图资源。
- ❑ —(void)viewWillAppear:(BOOL)animated：用于将要加载的视图。
- ❑ —(void)viewDidAppear:(BOOL)animated：表示视图出现。
- ❑ —(void)viewWillDisappear:(BOOL)animated：表示视图即将消失。
- ❑ —(void)viewDidDisappear:(BOOL)animated：表示视图已经消失。

根据系统是否支持多线程来划分，可以将iOS应用程序的生命周期分为如下两种。

- ❑ 不支持多线程的iOS 4之前的系统。
- ❑ 支持多线程的iOS 4及其之后的系统。

1．IOS 4之前系统

iOS 4之前系统程序的生命周期如图4-6所示。

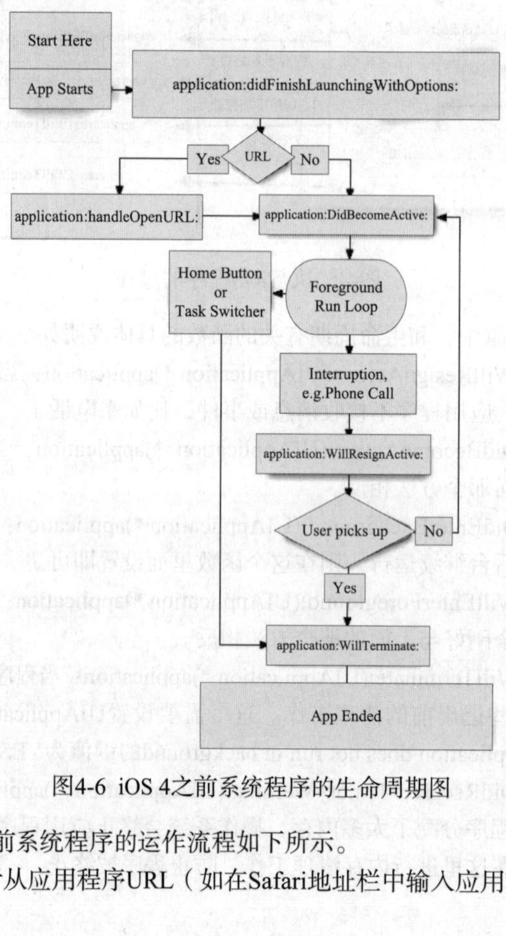

图4-6　iOS 4之前系统程序的生命周期图

由图4-6可知，iOS 4之前系统程序的运作流程如下所示。

（1）单击 App icon 或者从应用程序URL（如在Safari地址栏中输入应用程序URL）启动应用程序。

（2）进入UIApplicationDelegate的-(void)applicationDidFinishLaunching:(UIApplication *)application，或- (BOOL)application:(UIApplication *)application didFinishLaunchingWithOptions:(NSDictionary *)launchOptions。

（3）如果是从URL启动的，则先进入UIApplicationDelegate的- (BOOL)application:(UIApplication *)application handleOpenURL:(NSURL *)url，然后再跳转到第四步，否则直接跳转到第四步。

（4）进入UIApplicationDelegate的- (void)applicationDidBecomeActive:(UIApplication *)application。

（5）进入应用程序主循环，这时应用程序已经是活动的了，用户可以与应用程序交互。

（6）在第五步状态下，如果按住home键或者进行任务切换操作，然后跳转到第八步。

（7）在第五步状态下，应用程序被中断（如来电、来短信），进入UIApplicationDelegate的 - (void) applicationWillResignActive:(UIApplication *)application，如果用户选择不处理而继续留在当前应用程序，则回到第四步；如果用户选择处理，则跳转到第八步。

（8）进入UIApplicationDelegate的- (void)applicationWillTerminate:(UIApplication *)application，当前应用程序关闭。

注意： 这里所说的进入，并非真正调用该消息，只是走流程。因为UIApplicationDelegate的方法都是@optional的，实现了则真正执行，没有实现则什么也不做。

2. iOS 4及其之后的系统

iOS 4及其之后系统程序的生命周期如图4-7所示。

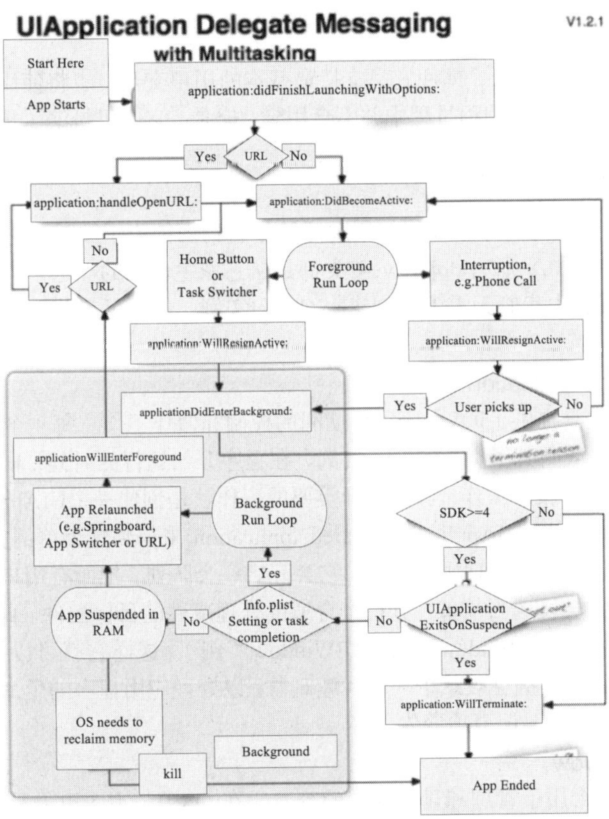

图4-7 iOS 4及其之后系统程序的生命周期

由图4-7中可以看出，在支持多线程之后，情况要复杂得多了。但总体还是有规律可循的，只是多了一个后台模式而已，具体说明如下所示。

（1）在程序被中断之后，先进入后台：- (void)applicationDidEnterBackground:(UIApplication *)application。

（2）在程序被中断后继续时，要从后台模式切换到前台：- (void)applicationWillEnterForeground:(UIApplication *)application。

4.5 Cocoa 中的类

在iOS SDK中有数千个类，但是编写的大部分应用程序都可以使用很少的类实现90%的功能。为了让读者熟悉这些类及其用途，下面介绍您将在本书后面几章中经常遇到的类。但在此之前需要注意如下4点。

- Xcode为您创建了应用程序的大部分结构，这意味着即使需要某些类，使用它们也只是举手之劳。您只需新创建一个Xcode项目，这些类将自动添加到项目中。
- 只需拖曳Xcode Interface Builder中的图标，就可将众多类的实例加入项目中。同样，无需编写任何代码。
- 使用类时，我们将指出为何需要它、它有何功能，以及如何在项目中使用它。不希望您在书中翻来翻去，因此重点介绍概念，而不要求记忆。
- 在本章后面的内容中，将介绍Apple文档工具。这些实用程序很有用，让您能够找到希望获得的所有类、属性和方法信息。如果这些正是您梦寐以求的详细信息，它们将触手可得。

4.5.1 核心类

在新创建一个iOS应用程序时，即使它只支持最基本的用户交互，也将使用一系列常见的核心类。在这些类中，虽然有很多在日常编程过程中并不会用到，但是，它们仍扮演了重要的角色。在Cocoa中，常用的核心类如下所示。

1. 根类（NSObject）

根类是所有类的子类。面向对象编程的最大好处是当我们创建子类时，它可以继承父类的功能。NSObject是Cocoa的根类，几乎所有Objective-C类都是从它派生而来的。这个类定义了所有类都有的方法，如alloc和init。在开发中我们无需手工创建NSObject实例，但是可以使用从这个类继承的方法来创建和管理对象。

2. 应用程序类（UIApplication）

UIApplication的作用是提供了iOS程序运行期间的控制和协作工作。每一个程序在运行期必须有且仅有一个UIApplication（或则其子类）的一个实例。在程序开始运行的时候，UIApplicationMain函数是程序进入点，这个函数做了很多工作，其中一个重要的工作就是创建一个UIApplication的单例实例。在你的代码中，你可以通过调用[UIApplication sharedApplication]来得到这个单例实例的指针。

UIApplication的主要工作是处理用户事件，它会开启一个队列，把所有用户事件都放入队列，逐个处理，在处理的时候，它会发送当前事件到一个合适的处理事件的目标控件。此外，UIApplication实例还维护一个在本应用中打开的Window列表（UIWindow实例），这样它就可以接触应用中的任何一个UIView对象。UIApplication实例会被赋予一个代理对象，以处理应用程序的生命周期事件（如程序启动和关闭）、系统事件（如来电、记事项警告）等。

3. 窗口类（UIWindow）

UIWindow提供了一个用于管理和显示视图的容器。在iOS中，视图更像是典型桌面应用程序的窗口，而UIWindow的实例不过是用于放置视图的容器。在本书中，将只使用一个UIWindow实例，它将在Xcode提供的项目模板中自动创建。

窗口是视图的一个子类，主要有如下两个功能。

- 提供一个区域来显示视图。

- 将事件（event）分发给视图。

一个iOS应用通常只有一个窗口，但也有例外，比如在一个iPhone应用中加载一个电影播放器，这个应用本身有一个窗口，而电影播放器还有另一个窗口。

iOS设备上有很多硬件能够因用户的行为而产生数据，包括触摸屏、加速度传感器和陀螺仪。当原始数据产生后，系统的一些框架会对这些原始数据进行封装，并作为事件传递给正在运行的应用来进行处理。当应用接收到一个事件后，会先将其放在事件队列（event queue）当中。应用的singleton从事件队列中取出一个事件并分发给关键窗口（key window）来处理。

如果这个事件是一个触摸事件，那么窗口会将事件按照视图层次传递到最上层（用户可见）的视图对象，这个传递顺序叫做响应链（responder chain）向下顺序。响应链最下层（也是视图最上层）的视图对象如果不能处理这个事件，那么响应链的上一级的视图将得到这个事件并尝试处理这个事件，如果不能处理的话就继续向上传递，直到找到能处理该事件的对象为止。

4．视图（UIView）

UIView类定义了一个矩形区域，并管理该区域内的所有屏幕显示，我们将其称为视图。在现实中编写的大多数应用程序，都首先将一个视图加入一个UIWindow实例中。视图可以使用嵌套形成层次结构，例如，顶级视图可能包含按钮和文本框，这些控件被称为子视图，而包含它们的视图称为父视图。几乎所有视图都可以在Interface Builder中以可视化的方式创建。

通过使用UIView类，开发者可以指定一块矩形显示区域，大小和位置都可由开发者自行定义。UIView类中的常用方法如下所示。

- —(id)initWithFrame:(CGRect)aRect:UIView类最常用的初始化方法，通过一个CGRect对象指定其显示的矩形区域。
- @property(nonatomic) CGRect frame：显示UIView类的矩形区域的框架。CGRect对象可以使用CGRectMake (CGFloat x, CGFloat y, CGFloat width,CGFloat height)方法构造，其中前两个数值是其起始点（通常是左上角，可重定义）在父级View中的坐标，后两个数值是其在父级View中的显示区域的大小。一个View的显示位置和显示大小随时可以通过其frame属性的重新赋值来修改。
- —(void)addSubview:(UIView *)view：在此View中添加子View，当使用此方法时，新加入的View通常显示在屏幕的最前方。
- —(void)removeFromSuperview：在父级View中移除某View的显示。
- —(void)drawRect:(CGRect)rect：当需要手动绘制View界面的显示内容时可调用此方法，在此方法中可以获得当前的UIGraphicsGetCurrentContext对象，并在其上进行手动绘图工作。
- —(void)setNeedsDisplay：当需要手动更新View中的显示内容时可以调用此方法，此方法会立刻调用drawRect方法重新绘制整个View界面。View界面中的原有内容是否保留取决于其clearsContextBeforeDrawing属性设置为YES还是NO。
- @property(nonatomic, copy) UIColor *backgroundColor:view显示背景色。如要设置View背景色为透明，可在此属性中指定。需要注意的是，如果要隐藏整个View包括其中的其他可视化组件，则需要将hidden属性设置为YES或alpha属性设置为0.0。

5．响应者（UIResponder）

在 iOS 中，一个UIResponder类表示一个可以接收触摸屏上的触摸事件的对象，通俗一点说，就是表示一个可以接收事件的对象。在iOS中，所有显示在界面上的对象都是从UIResponder直接或间接继承的。UIResponder类让继承它的类能够响应iOS生成的触摸事件。UIControl是几乎所有屏幕控件的父类，它是从UIView派生而来的，而后者又是从UIResponder派生而来的。UIResponder的实例被称为响应者。

由于可能有多个对象响应同一个事件，iOS将事件沿响应者链向上传递，能够处理该事件的响应者被赋予第一响应者的称号。例如，当编辑文本框时，该文本框处于第一响应者状态，这是因为它处理用户输入，当离开该文本框后便退出第一响应者状态。在大多数iOS编程工作中，不会在代码中直接管理响应者。

UIResponder类中的常用方法如下所示。

- touchesBegan:withEvent：当用户触摸到屏幕时调用方法。
- tochesMoved:withEvent：当用户触摸到屏幕并移动时调用此方法。
- tochesEnded:withEvent：当触摸离开屏幕时调用此方法。
- tochesCancelled:withEvent：当触摸被取消时调用此方法。

6．屏幕控件（UIControl）

UIControl类是从UIView派生而来的，且是几乎所有屏幕控件（如按钮、文本框和滑块）的父类。这个类负责根据触摸事件（如按下按钮）触发操作。例如，可以为按钮定义几个事件，并且可以对这些事件做出响应。通过使用Interface Builder，可以让将这些事件同编写的操作关联起来。UIControl负责在幕后实现这种行为。

UIControl类是UIView的子类，当然也是UIResponder的子类。UIControl是诸如UIButton、UISwitch、UITextField等控件的父类，它本身也包含了一些属性和方法，但是不能直接使用UIControl类，它只是定义了子类都需要使用的方法。

7．视图控制器（UIViewController）

几乎在本书的所有应用程序项目中，都将使用UIViewController类来管理视图的内容。此类提供了一个用于显示的view界面，同时包含View加载、卸载事件的重定义功能。在此需要注意的是，在自定义其子类实现时，必须在Interface Builder中手动关联View属性。UIViewController类的常用方法如下所示。

- @property(nonatomic, retain) UIView *view：此属性为ViewController类的默认显示界面，可用自定义实现的View类替换。
- —(id)initWithNibName:(NSString *)nibName bundle:(NSBundle *)nibBundle:最常用的初始化方法，其中nibName名称必须与要调用的Interface Builder文件名一致，但不包括文件扩展名，比如要使用“aa.xib”，则应写为[[UIViewController alloc] initWithNibName:@”aa” bundle:nil]。nibBundle为指定在哪个文件夹中搜索指定的nib文件，如在项目主目录下，则可直接使用nil。
- —(void)viewDidLoad：此方法在ViewController实例中的view被加载完毕后调用，如需要重定义某些要在View加载后立刻执行的动作或者界面修改，则应把代码写在此函数中。
- —(void)viewDidUnload：此方法在ViewControll实例中的View被卸载完毕后调用，如需要重定义某些要在View卸载后立刻执行的动作或者释放的内存等动作，则应把代码写在此函数中。
- —(BOOL)shouldAutorotateToInterfaceOrientation:(UIInterfaceOrientation)interfaceOrientation：当iPhone的重力感应装置感应到屏幕由横向变为纵向或者由纵向变为横向时调用此方法。如返回结果为NO，则不自动调整显示方式；如返回结果为YES，则自动调整显示方式。
- @property(nonatomic, copy) NSString *title：表示当View中包含NavBar时，其中的当前NavItem的显示标题。当NavBar前进或后退时，此title则变为后退或前进的箭头按钮中的文字。

4.5.2 数据类型类

在 Cocoa中，常用的数据类型类如下所示。

1．字符串（NSString/NSMutableString）

字符串是一系列字符——数字、字母和符号，在本书中将经常使用字符串来收集用户输入以及创建和格式化输出。和平常使用的众多数据类型对象一样，也是有两个字符串类：NSStringNSMutableString。两者的差别如下所示。

- NSMutableString：可用于创建可被修改的字符串，NSMutableString实例是可修改的（加长、缩短、替换等）。

- NSString实例在初始化后就保持不变。

在Cocoa Touch应用程序中，使用字符串的频率非常频繁，这导致Apple允许您使用语法@"<my string value>"来创建并初始化NSString实例。例如，如果要将对象myLabel的text属性设置为字符串Hello World!，可使用如下代码实现：

```
myLabel.text=@"Hello World!";
```

另外还可使用其他变量的值（如整数、浮点数等）来初始化字符串。

2．数组（NSArray/NSMutableArray）

集合让应用程序能够在单个对象中存储多项信息。NSArray就是一种集合数据类型，可以存储多个对象，这些对象可通过数字索引来访问。例如可能创建一个数组，它包含您想在应用程序中显示所有用户反馈字符串：

```
myMessages=[[NSArray alloc] initWithObjects:@"Good boy!",@"Bad boy!",nil];
```

在初始化数组时，总是使用nil来结束对象列表。要访问字符串，可使用索引。索引是表示位置的数字，从0开始。要返回Bad boy!，可使用方法objectAtIndex实现：

```
[myMessages objectAtIndex:1];
```

与字符串一样，也有一个NSMutableArray类，它用于创建初始化后可被修改的数组。

通常在创建的时候就包含了所有对象，我们不能增加或删除其中任何一个对象，这种特定称为immutable，NSArray中的常用方法如下所示。

（1）- (unsigned)count：得到array中的对象个数。

（2）--(id)objectAtIndex:(unsigned)i：得到索引为i的对象，如果i值超过了array对象数量，在程序运行到这里会产生错误。

（3）-(id)lastObject：得到最后一个对象，如果NSArray中没有任何对象存在，返回nil。

（4）-(BOOL)containsObject:(id)anObject：当anObject出现在NSArray中，则返回YES。

（5）--(unsigned)indexOfObject:(id)anObject：查找NSArray中是否存在anObject，并返回最小的索引值。

而NSMutableArray继承于NSArray，扩展了增加、删除对象的功能。可以使用NSArray的mutableCopy方法来复制得到一个可修改的NSMutableArray对象。

（1）- (void)addObject:(id)anObject：在recieever最后添加anObject，添加nil是非法的。

（2）- (void)addObjectsFromArray:(NSArray *)otherArray：在recieever最后把otherArray中的对象都依次添加进去。

（3）- (void)insertObject:(id)anObject atIndex:(unsigned)index：在索引index处插入对象anObject。如果index被占用，会把之后的object向后移动。index不能大于所包含对象个数，并且anObject不能为空。

（4）- (void)removeAllObjects：清空array。

（5）- (void)removeObject:(id)anObject：删除所有和anObject相等的对象。

（6）- (void)removeObjectAtIndex:(unsigned)index：删除索引为index的对象，后面的对象依次往前移。如果index越界，将会产生错误。

3．字典（NSDictionary/NSMutableDictionary）

字典也是一种集合数据类型，但是和数组有所区别。数组中的对象可以通过数字索引进行访问，而字典以“对象.键对”的方式存储信息。键可以是任何字符串，而对象可以是任何类型，例如可以是字符串。如果使用前述数组的内容来创建一个NSDictionary对象，则可以用下面的代码实现：

```
myMessages=[[NSDictionary alloc] initwithObjectsAndKeys: @"Good boy!",
@"positive",@"Bad boy! ",@"negative",nil];
```

现在要想访问字符串，不能使用数字索引，而需使用方法objectForKey、positive或negative，例如下面的代码：

```
[myMessages objectForKey:@"negative"]
```

字典能够以随机的方式（而不是严格的数字顺序）存储和访问数据。通常，也可以使用字典的修改形式：NSMutableDictionary，这种用法可在初始化后进行修改。

4．数字（NSNumber/NSDecimalNumber）

如果需要使用整数，可使用C语言数据类型int来存储。如果需要使用浮点数，可以使用数据类型float来存储。NSNumber类用于将C语言中的数字数据类型存储为NSNumber对象，例如通过下面的代码可以创建一个值为100的NSNumber对象：

```
myNumberObject=[[NSNumber alloc]numberWithInt:100];
```

这样，我们便可以将数字作为对象：将其加入到数组、字典中等。NSDecimalNumber是NSNumber的一个子类，可用于对非常大的数字执行算术运算，但只在特殊情况下才需要它。

5．日期（NSDate）

通过使用NSDate后，可以用当前日期创建一个NSDate对象（date方法可自动完成这项任务），例如：

```
myDate=[NSDate date];
```

然后使用方法earlierDate可以找出这两个日期中哪个更早：

```
[myDate earlierDate: userDate]
```

由此可见，通过使用NSDate对象可以避免进行讨厌的日期和时间操作。

类NSDate中的常用方法如下所示。

（1）创建或初始化

用于创建NSDate实例的类方法如下。

- + (id)date;：返回当前时间。
- + (id)dateWithTimeIntervalSinceNow:(NSTimeInterval)secs;：返回以当前时间为基准，然后过了secs秒的时间。
- + (id)dateWithTimeIntervalSinceReferenceDate:(NSTimeInterval)secs;：返回以2001/01/01 GMT为基准，然后过了secs秒的时间。
- + (id)dateWithTimeIntervalSince1970:(NSTimeInterval)secs;：返回以1970/01/01 GMT为基准，然后过了secs秒的时间。
- + (id)distantFuture;：返回很多年以后的未来的某一天。比如你需要一个比现在(Now)晚(大)很长时间的时间值，则可以调用该方法。测试返回了4000/12/31 16:00:00。
- + (id)distantPast;：返回很多年以前的某一天。比如你需要一个比现在(Now)早(晚)很长时间的时间值，则可以调用该方法。测试返回了公元前0001/12/31 17:00:00。

用于创建NSDate实例的实例方法有：

- (id)addTimeInterval:(NSTimeInterval)secs;:返回以目前的实例中保存的时间为基准，然后过了secs秒的时间。

用于初始化NSDate实例的实例方法有。

- - (id)init;：初始化为当前时间，类似date方法。
- - (id)initWithTimeIntervalSinceReferenceDate:(NSTimeInterval)secs;：初始化为以2001/01/01 GMT为基准，然后过了secs秒的时间。类似dateWithTimeIntervalSinceReferenceDate:方法。
- - (id)initWithTimeInterval:(NSTimeInterval)secs sinceDate:(NSDate *)refDate;：初始化为以refDate为基准，然后过了secs秒的时间。
- - (id)initWithTimeIntervalSinceNow:(NSTimeInterval)secs;：初始化为以当前时间为基准，然后过了secs秒的时间。

（2）日期之间比较可用以下方法

- - (BOOL)isEqualToDate:(NSDate *)otherDate; ：与otherDate比较，相同返回YES。

- ❑ - (NSDate *)earlierDate:(NSDate *)anotherDate; ：与anotherDate比较，返回较早的那个日期。
- ❑ - (NSDate *)laterDate:(NSDate *)anotherDate; ：与anotherDate比较，返回较晚的那个日期。
- ❑ - (NSComparisonResult)compare:(NSDate *)other; ：该方法用于排序时调用。
  - 当实例保存的日期值与anotherDate相同时返回NSOrderedSame。
  - 当实例保存的日期值晚于anotherDate时返回NSOrderedDescending。
  - 当实例保存的日期值早于anotherDate时返回NSOrderedAscending。

（3）取回时间间隔可用以下方法

- ❑ - (NSTimeInterval)timeIntervalSinceDate:(NSDate *)refDate; ：以refDate为基准时间，返回实例保存的时间与refDate的时间间隔。
- ❑ - (NSTimeInterval)timeIntervalSinceNow; ：以当前时间(Now)为基准时间，返回实例保存的时间与当前时间(Now)的时间间隔。
- ❑ - (NSTimeInterval)timeIntervalSince1970; ：以1970/01/01 GMT为基准时间，返回实例保存的时间与1970/01/01 GMT的时间间隔。
- ❑ - (NSTimeInterval)timeIntervalSinceReferenceDate; ：以2001/01/01 GMT为基准时间，返回实例保存的时间与2001/01/01 GMT的时间间隔。
- ❑ + (NSTimeInterval)timeIntervalSinceReferenceDate; ：以2001/01/01 GMT为基准时间，返回当前时间(Now)与2001/01/01 GMT的时间间隔。

（4）将时间表示成字符串

- (NSString *)description;: 以YYYY-MM-DD HH:MM:SS ± HHMM的格式表示时间。其中" ± HHMM"表示与GMT存在多少小时多少分钟的时区差异。例如，若时区设置在北京，则" ± HHMM"显示为"+0800"。

6. URL（NSURL）

URL显然不是常见的数据类型，但在诸如iPhone和iPad等连接到Internet的设备中，能够操纵URL非常方便。NSURL类让您能够轻松地管理URL，例如，假设您有URL http://www.floraphotographs.com/index.html，并只想从中提取主机名，该如何办呢？可创建一个NSURL对象：

```
MyURL=[[NSURL alloc]  initWithString:
@"http://www.floraphotographs.com/index.html"]
```

然后使用host方法自动解析该URL并提取文本www.floraphotographs.com：

```
[MyURL host]
```

这在您创建支持Internet的应用程序时非常方便。当然，还有很多其他的数据类型对象。正如前面指出的，有些对象存储了自己的数据，例如，无需维护一个独立的字符串对象，以存储屏幕标签的文本。

注意： 如果以前使用过C或类似于C的语言，可能发现这些数据类型对象与Apple框架外定义的数据类型类似。通过使用框架Foundation，可使用大量超出了C/C++数据类型的方法和功能。另外，您还通过Objective-C使用这些对象，就像使用其他对象一样。

4.5.3 UI 界面类

iPhone和iPad等iOS设备之所以具有这么好的用户体验，其中有相当部分原因是可以在屏幕上创建触摸界面。接下来将要讲解的UI界面类是用来实现界面效果的，Cocoa框架中常用的UI界面类如下所示。

1. 标签（UILabel）

在应用程序中添加UILabel标签可以实现如下两个目的。

（1）在屏幕上显示静态文本（这是标签的典型用途）。

（2）将其作为可控制的文本块，必要时程序可以对其进行如下修改。

对UILabel类的具体说明如下所示。

- @property(nonatomic, copy) NSString *text：文本中要显示的字符串内容。
- @property(nonatomic, retain) UIFont *font：文本中要显示的字符串的字体和大小。字体中包括字型、粗细、斜体、下划线等。UIFont对象可以使用[UIFont systemFontOfSize:10]或者[[UIFont alloc] fontWithName:@"字体名" size:10]方法初始化。
- @property(nonatomic, retain) UIColor *textColor：指定要显示的文本的颜色。
- @property(nonatomic) UILineBreakMode lineBreakMode：指定此文本如何分行和过长时如何截断。可取值如下。
  - UILineBreakModeWordWrap：根据单词分行。
  - UILineBreakModeCharacterWrap：根据字母分行。
  - UILineBreakModeClip：当文本长度超过时，自动截断。
  - UILineBreakModeHeadTruncation：当文本长度过长时，在头部部分使用省略号。
  - UILineBreakModeTailTruncation：当文本长度过长时，在尾部部分使用省略号。
  - UILineBreakModeMiddleTruncation：当文本长度过长时，在中间部分使用省略号。
- @property(nonatomic) NSInteger numberOfLines：指定文本是否需要多行显示，最多可以显示多少行。
- @property(nonatomic) BOOL adjustsFontSizeToFitWidth：指定文本是否可以根据显示空间自动调整字体大小。
- @property(nonatomic) CGFloat minimumFontSize：当显示文本可以自动调整字体大小时，可调整的最小字体是多大。

2．按钮（UIButton）

按钮是iOS开发中使用的最简单的用户输入方法之一。按钮可响应众多触摸，还让用户能够轻松地做出选择。

3．开关（UISwitch）

开关对象可用于从用户那里收集“开”和“关”响应。它显示为一个简单的开关，常用于启用或禁用应用程序功能。

4．分段控件（UISegmentedControl）

分段控件用于创建一个可触摸的长条，其中包含多个命名的选项：类别1、类别2等。触摸选项可激活它，还可能导致应用程序执行操作，如更新屏幕用以隐藏或显示。

5．滑块（UISlider）

滑块向用户提供了一个可拖曳的小球，以便从特定范围内选择一个值。例如，滑块可用于控制音量、屏幕亮度，以及以模拟方式表示的其他输入。

6．步进控件（UIStepper）

步进控件（UIStepper）类似于滑块。与滑块类似，步进控件也提供了一种以可视化方式输入指定范围内值的方式。按这个控件的一边将给一个内部属性加1或减1。

7．文本框（UITextField/UITextView）

文本框用于收集用户通过屏幕（或蓝牙）键盘输入的内容。其中UITextField是单行文本框，类似于网页订单，其包含如下所示的常用方法。

- @property(nonatomic, copy) NSString *text：输入框中的文本字符串。
- @property(nonatomic, copy) NSString *placeholder：当输入框中无输入文字时显示的灰色提示信息。

而UITextView类能够创建一个较大的多行文本输入区域，让用户可以输入较多的文本。此组件与UILabel的主要区别是UITextView支持编辑模式，而且UITextView继承自UIScrollView，所以，当内容超出显示区域范围时，不会被自动截短或修改字体大小，而会自动添加滑动条。与UITextField不同的是，UITextView中的文本可以包含换行符，所以如果要关闭其输入键盘，应有专门的事件处理。UITextView类包含如下所示的常用方法。

- @property(nonatomic, copy) NSString *text：文本域中的文本内容。
- @property(nonatomic, getter=isEditable) BOOL editable：文本域中的内容是否可以编辑。

8．选择器（UIDatePicker/UIPicker）

选择器（picker）是一种有趣的界面元素，类似于自动贩卖机。通过让用户修改转盘的每个部分，选择器可用于输入多个值的组合。Apple为您实现了一个完整的选择器：UIDatePicker类。通过这种对象，用户可快速输入日期和时间。通过继承UIPicker类，还可以创建自己的选择器。

9．弹出框（UIPopoverController）

弹出框（popover）是iPad特有的，它既是一个UI元素，又是一种显示其他UI元素的手段。它让您能够在其他视图上面显示一个视图，以便用户选择其中的一个选项。例如，iPad的Safari浏览器使用弹出框显示一个书签列表，供用户从中选择。

当我们创建使用整个iPad屏幕的应用程序时，弹出框将非常方便。这里介绍的只是您可在应用程序中使用的部分类，在接下来的几章中，将探索这些类以及其他类。

10．UIColor类

本类用于指定Cocoa组件的颜色，常用方法如下所示。

- + (UIColor *)colorWithRed:(CGFloat)red green:(CGFloat)green blue:(CGFloat)blue alpha:(CGFloat) alpha：这是UIColor类的初始化方法，red、green、blue、alpha的取值都是0.0到1.0，其中alpha代表颜色的透明度，0.0为完全透明。
- + (UIColor *)colorWithCGColor:(CGColorRef)cgColor：通过某个CGColor实例获得UIColor实例。
- @property(nonatomic,readonly) CGColorRef CGColor：通过某个UIColor获得CGColor的实例。CGColor常用于使用Quartz绘图中。

11．UITableView类

用于显示列表条目。需要注意的是，iPhone中没有二维表的概念，每行都只有一个单元格。如果一定要实现二维表的显示，则需要重定义每行的单元格，或者并列使用多个TableView。一个TableView至少有一个section，每个section中可以有0行、1行或者多行cell。常用方法如下所示。

- - (UITableViewCell *)cellForRowAtIndexPath:(NSIndexPath *)indexPath：用于返回指定行的单元格。NSIndexPath实例可以由一维整型数组构建。在使用TableView的时候，[index section]可以获得某行所在的section编号，此编号从0开始；[index row]可获得某行所在的row编号，每个section中的cell编号都是从0开始。
- - (void)setEditing:(BOOL)editing animated:(BOOL)animate:如果editing为YES则进入编辑模式，为NO则退出编辑模式。编辑模式可显示按钮的每行cell的设置和是否实现了delegate和datasource中的相应方法。animate值用于指定变化时是否使用动画。
- - (void)reloadData：从datasource中重新加载TableView内容，刷新表格显示。
- @property(nonatomic, assign) id<UITableViewDataSource> dataSource：表示TableView的数据源，协议类，其中定义了TableView加载数据时调用的相关事件和方法。
- @property(nonatomic, assign) id<UITableViewDelegate> delegate：表示TableView的delegate，这是一个协议类，其中定义了TableView加载显示内容时调用的相关事件和方法。

12．UITableViewDataSource

在使用UITableView时必须实现下面的方法。

- - (UITableViewCell *)tableView:(UITableView *)tableView cellForRowAtIndexPath:(NSIndexPath *) indexPath：通过此方法指定了如何定义tableView中每行的Cell如何显示及显示什么内容。需要

注意的是，tableView中的cell都是自动释放对象，未在页面上显示出来的cell实例会被立刻释放掉，只有当一个cell显示时，tableView才会调用此事件方法初始化或者找回某个cell实例。

- - (NSInteger)numberOfSectionsInTableView:(UITableView *)tableView：当TableView初始化或者重新加载时使用，返回此table共有多少个section。注意，返回值应是最小为1的正整数。如返回0会导致意外崩溃。
- - (NSInteger)tableView:(UITableView *)tableView numberOfRowsInSection:(NSInteger)section：当TableView初始化或者重新加载时使用，返回某section中共有多少行。返回值可为0。
- - (NSString *)tableView:(UITableView *)tableView titleForFooterInSection:(NSInteger)section：表示返回某section的header或者footer文本，只有未重定义section header/footer view的时候才有用。
- - (void)tableView:(UITableView *)tableViewcommitEditingStyle:(UITableViewCellEditingStyle)editingStyle forRowAtIndexPath:(NSIndexPath *)indexPath：表示当提交table编辑结果的时候调用此方法。当一个table可以进入编辑模式删除数据的时候，可在此方法中添加删除逻辑。
- - (void)tableView:(UITableView *)tableView moveRowAtIndexPath:(NSIndexPath *)fromIndexPath toIndexPath:(NSIndexPath *)toIndexPath：当完成table中的单元格移动时调用此方法。当通过移动单元格修改了某table的内部排序时，可在此方法中更新排序逻辑。

4.6 国际化

在开发项目时，我们无需关注显示语言的问题，若在代码中任何地方要显示文字都这样调用下面格式的代码：

```
NSLocalizedString(@"AAA", @"bbb");
```

这里的AAA相当于关键字，它用于以后从文件中取出相应语言对应的文字。bbb相当于注释，翻译人员可以根据bbb的内容来翻译AAA，这里的AAA与显示的内容可以一点关系也没有，只要程序员自己能看懂就行。例如，一个页面用于显示联系人列表，这里调用可以用如下所示的写法：

```
NSLocalizedString(@"shit_or_anything_you_want", @"联系人列表标题");
```

写好项目后，取出全部的文字内容送给翻译去翻译。这里取出所有的文字列表很简单。使用Mac的genstrings命令。具体方法如下所示。

（1）打开控制台，切换到项目所在目录。

（2）输入命令：genstrings ./Classes/*.m。

（3）这时在项目目录中会有一个Localizable.strings文件。其中内容如下：

```
/* 联系人列表标题 */
"shit_or_anything_you_want" = "shit_or_anything_you_want"
```

（4）翻译只需将等号右边改好就行了。这里如果是英文，修改后的代码如下：

```
/* 联系人列表标题 */
"shit_or_anything_you_want" = "Buddies";
```

如果是法文，翻译后如下：

```
/* 联系人列表标题 */
"shit_or_anything_you_want" = "Copains";
```

翻译好语言文件以后，将英语文件拖入项目中，然后右键单击，选择Get Info，选择Make Localization。此时Xcode会自动复制文件到English.lproj目录下，再添加其他语言。

在编译程序后，在iPhone上运行，程序会根据当前系统设置的语言来自动选择相应的语言包。

注意：genstrings产生的文件拖入Xcode中可能是乱码，这时只要在Xcode中右击文件，选择Get Info→General→File Encoding；在其中再选择“UTF-16”格式后即可解决。

4.7 使用 Xcode 学习 iOS 框架

经过本章前面内容的学习，了解到iOS的框架非常多，而每个框架都可能包含数十个类，而每个类都可能有数百个方法。信息量非常大，非常不利于我们学习并记忆。为更深入地学习它们，最有效的方法之一是选择一个您感兴趣的对象或框架，并借助Xcode文档系统进行学习。Xcode让您能够访问浩瀚的Apple开发库，您可通过类似于浏览器的可搜索界面进行快速访问，也可使用上下文敏感的搜索助手（Research Assistant）。在接下来的内容中，将简要介绍这两种功能，提高读者的学习效率。

4.7.1 使用 Xcode 文档

打开Xcode文档的方法非常简单，依次选择菜单栏中的Help→Documentation→API Referencc选项后，将启动帮助系统，如图4-8所示。

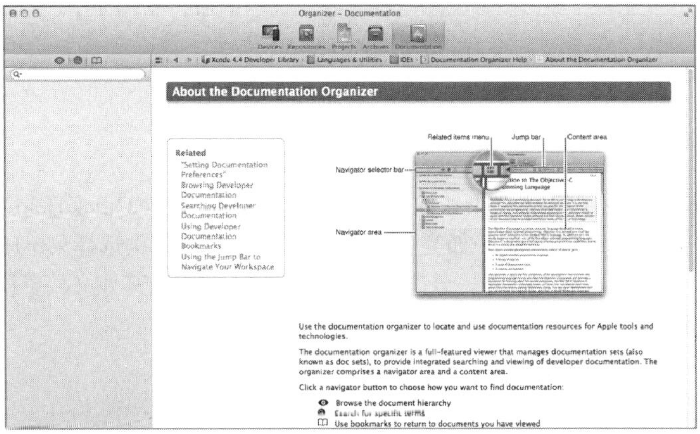

图4-8 Xcode的帮助系统

单击眼睛图标以探索所有的文档。导航器左边显示了主题和文档列表，而右边显示了相应的内容，就像Xcode项目窗口一样。进入您感兴趣的文档后，就可阅读它并使用蓝色链接在文档中导航。还可以使用内容窗格上方的箭头按钮在文档之间切换，就像浏览网页一样。事实上，确实很像浏览网页，因为您可以添加书签，以便以后阅读。要创建书签，可右键单击导航器中的列表项或内容本身，在从上下文菜单中选择Add Bookmark。还可访问所有的文档标签，方法是单击导航器顶部的书籍图标。

1．在文档库中搜索

浏览是一种不错的探索方式，但对于查找有关特定主题的内容（如类方法或属性）来说不那么有用。要在Xcode文档中搜索，可单击放大镜图标，再在搜索文本框中输入要查找的内容。您可输入类、方法或属性的名称，也可输入您感兴趣的概念的名称。例如，当输入“UILabel”时，Xcode将在搜索文本框下方返回结果，如图4-9所示。

搜索结果被分组，包括Reference（API文档）、System Guides/Tools Guides（解释／教程）和Sample Code（Xcode示例项目）。

2．管理Xcode文档集

Xcode接收来自Apple的文档集更新，以确保文档系统是最新的。文档集是各种文档类别，包括针对特定Mac OS X版本、Xcode本身和iOS版本的开发文档集。要下载并自动获得文档集更新，可打开Xcode首选项（选择菜单Xcode>Preferences），再单击工具栏中的Documentation图标。

在Documentation窗格中，选中复选框Check for and Install Updates Automatically，这样Xcode将定期连接到Apple的服务器，并自动更新本地文档。还可能列出了其他文档集，要在以后自动下载相应的更新，可以单击列表项旁边的Get按钮。

要想手动更新文档，可单击“Check and Install Now”按钮。

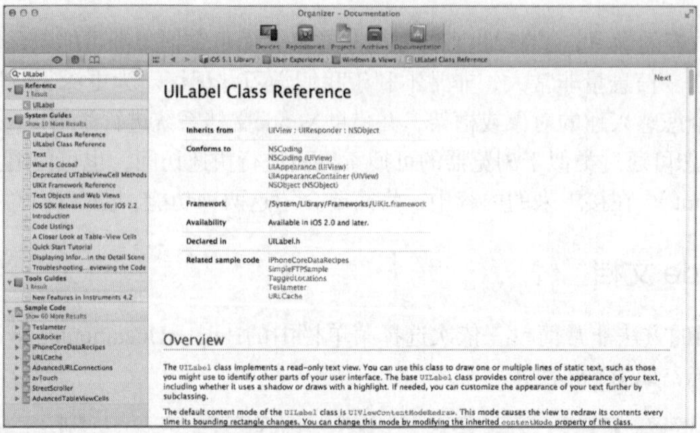

图4-9　搜索结果

4.7.2　快速帮助

要在编码期间获取帮助，最简单、最快捷的方式之一是使用Xcode Quick Help助手。要打开该助手，可按住Option键并双击Xcode中的符号（如类名或方法名），也可以依次选择菜单Help→Quick Help，此时会打开一个小窗口，在里面包含了有关该符号的基本信息，还有到其他文档资源的链接。

1. 使用快速帮助

假如有如下所示的一段代码：

```
- (void)viewWillAppear:(BOOL)animated
{
    [super viewWillAppear:animated];
}
```

在上述演示代码中，涉及了viewWillAppear。按住Option键并单击viewWillAppear。这将打开如图4-10所示的Quick Help弹出框。

要打开有关该符号的完整Xcode文档，单击右上角的书籍图标；您还可单击Quick Help结果中的任何超链接，这样可以跳转到特定的文档部分或代码。

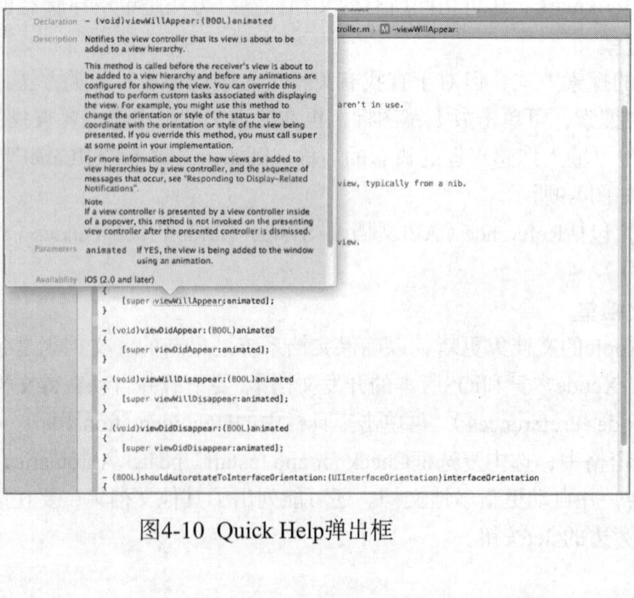

图4-10　Quick Help弹出框

注意：通过将鼠标光标指向代码，可知道单击它是否能获得快速帮助；因为如果答案是肯定的，Xcode编辑器中将出现蓝色虚线，而鼠标光标将显示问号。

2. 激活快速帮助检查器

如果发现快速帮助很有用，并喜欢能够更快捷地访问它，那么您很幸运，因为任何时候都可使用快速帮助检查器来显示帮助信息。实际上，在您输入代码时，Xcode就会根据输入的内容显示相关的帮助信息。

要打开快速帮助检查器，可以单击工具栏的View部分的第三个按钮，以显示实用工具（Utility）区域。然后，单击显示快速帮助检查器的图标（包含波浪线的深色方块），它位于Utility区域的顶部。这样，快速帮助将自动显示有关光标所处位置的代码的参考资料。

3. 解读Quick Help结果

Quick Help最多可在10个部分显示与代码相关的信息。具体显示哪些部分取决于当前选定的符号（代码）类型。例如类属性没有返回类型，而类方法有返回类型。

- Abstract（摘要）：描述类、方法或其他符号提供的功能。
- Availability（可用性）：支持该功能的操作系统版本。
- Declaration（声明）：方法的结构或数据类型的定义。
- Parameters（参数）：必须提供给方法的信息以及可选的信息。
- Return Value（返回值）：方法执行完毕后将返回的信息。
- Related API（相关API）：选定方法所属类的其他方法。
- Declared In（声明位置）：定义选定符号的文件。
- Reference（参考）：官方参考文档。
- Related Documents（相关文档）：提到了选定符号的其他文档。
- Sample Code（示例代码）：包含类、方法或属性的使用示例的示例代码文件。

在需要对对象调用正确的方法时，Quick Help简化了查找过程：无需试图记住数10个实例方法，而只需了解基本知识，并在需要时让Quick Help指出对象暴露的所有方法。

第 5 章

Xcode Interface Builder界面开发

Interface Builder（IB）是Mac OS X平台下用于设计和测试用户界面（GUI）的应用程序。为了生成GUI，IB并不是必需的，实际上Mac OS X下所有的用户界面元素都可以使用代码直接生成；但是IB能够使开发者简单快捷地开发出符合Mac OS X human-interface guidelines的GUI。通常只需要通过简单的拖曳（drag-n-drop）操作来构建GUI就可以了。在本章将详细讲解Interface Builder的基本知识，为读者步入本书后面知识的学习打下基础。

5.1 Interface Builder 基础

通过使用Interface Builder（IB），可以快速地创建一个应用程序界面。这不仅是一个GUI绘画工具，而且还可以在不编写任何代码的情况下添加应用程序。这样不但可以减少Bug，而且缩短了开发周期，并且让整个项目更容易维护。本章的重点是介绍如何在Interface Builder中实现导航，这些内容是我们理解本章其余内容的关键。

5.1.1 Interface Builder 的作用

IB向Objective-C开发者提供了包含一系列用户界面对象的工具箱，这些对象包括文本框、数据表格、滚动条和弹出式菜单等控件。IB的工具箱是可扩展的，也就是说，所有开发者都可以开发新的对象，并将其加入IB的工具箱中。

开发者只需要从工具箱中简单地向窗口或菜单中拖曳控件即可完成界面的设计。然后，用连线将控件可以提供的“动作”（Action）、控件对象分别和应用程序代码中对象“方法”（Method）、对象“接口”（Outlet）连接起来，就完成了整个创建工作。与其他图形用户界面设计器，如Microsoft Visual Studio相比，这样的过程减小了MVC模式中控制器和视图两层的耦合，提高了代码质量。

在代码中，使用IBAction标记可以接受动作的方法，使用IBOutlet标记可以接受对象接口。IB将应用程序界面保存为捆绑状态，其中包含了界面对象及其与应用程序的关系。这些对象被序列化为XML文件，扩展名为.nib。在运行应用程序时，对应的NIB对象调入内存，与其应用程序的二进制代码联系起来。与绝大多数其余GUI设计系统不同，IB不是生成代码以在运行时产生界面（如Glade、Codegear的C++ Builder所做的），而是采用与代码无关的机制，通常称为freeze dried。从IB 3.0开始，加入了一种新的文件格式，其扩展名为.xib。这种格式与原有的格式功能相同，但是为单独文件而非捆绑，以便于版本控制系统的运作，以及类似diff的工具的处理。

5.1.2 Interface Builder 的新特色

当把Interface Builder集成到Xcode中后，和原来的版本相比主要有以下4点不同。

（1）在导航区选择xib文件后，会在编辑区显示xib文件的详细信息。由此可见，Interface Builder和Xcode整合在一起了，如图5-1所示。

（2）在工具栏选择View控制按钮，单击图5-2中最右边的按钮可以调出工具区，如图5-3所示。

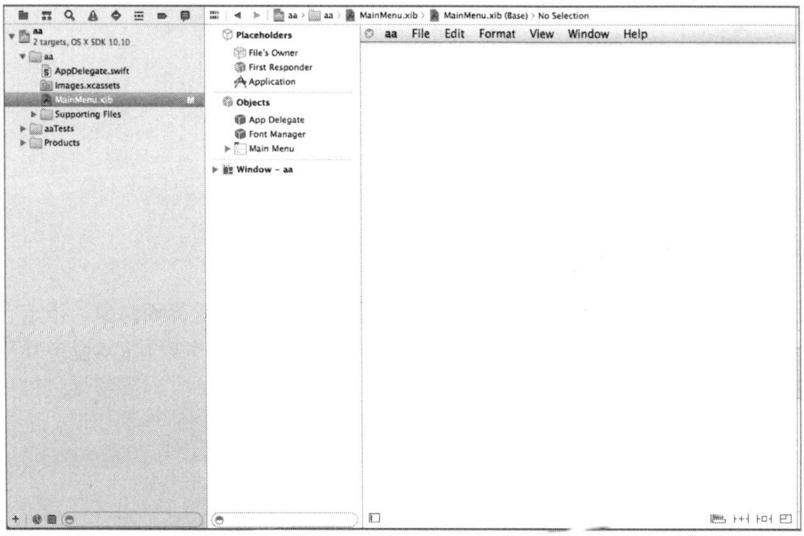

图5-1 显示xib文件

图5-2 View控制按钮

在图5-3的工具区中，最上面的按钮分别是如下4个inspector：

Identity、Attributes、Size、Connections。

工具区下面是可以往View中拖曳的控件。

（3）隐藏导航区。为了专心设计我们的UI，可以在刚才提到的“View 控制按钮”中单击第一个，这样可以隐藏导航区，如图5-4所示。

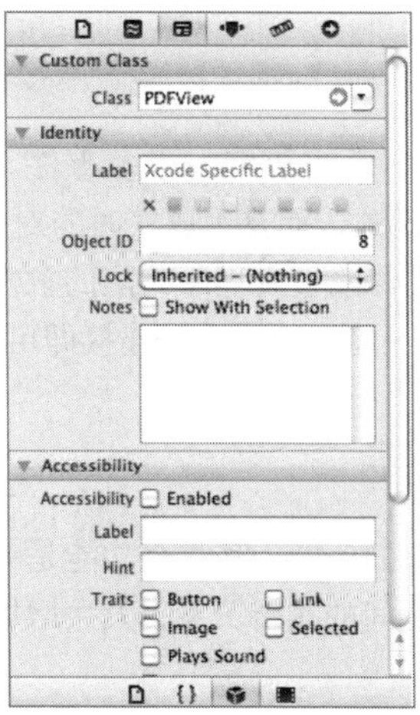

图5-3 工具区

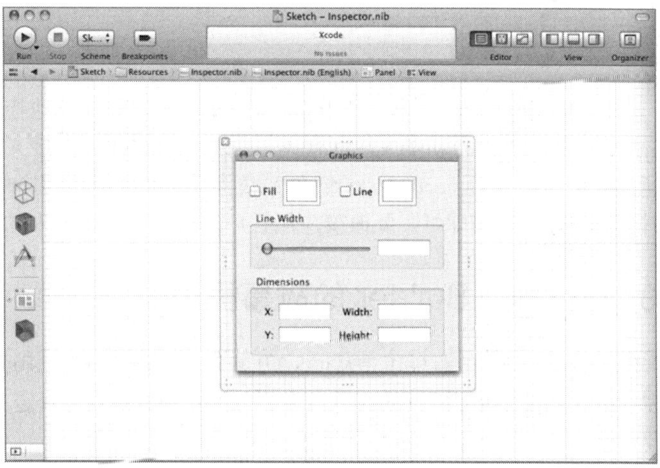

图5-4 隐藏导航区

（4）关联方法和变量。这是一个所见即所得功能，涉及了View:Assistant View，是编辑区的一部分，如图5-5所示。

此时只需将按钮（或者其他控件）拖到代码指定地方即可。在“拖”时需要按住“Ctrl”键。

怎么让Assistant View显示我要对应的.h文件？使用这个View上面的选择栏进行选择。

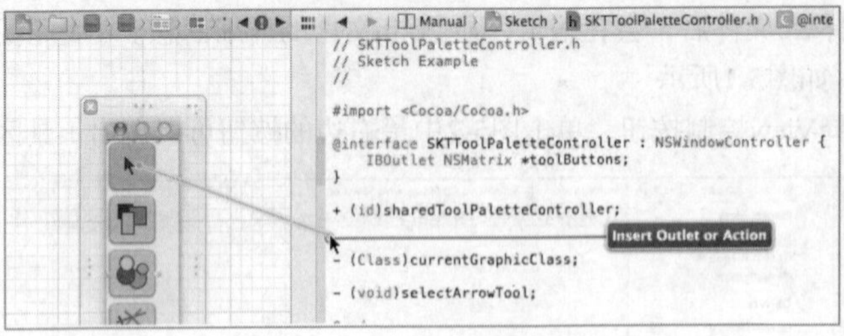

图5-5 关联方法和变量

5.2 Interface Builder 采用的方法

通过使用Xcode和Cocoa工具集，可手工编写生成iOS界面的代码，实现实例化界面对象、指定它们出现在屏幕的什么位置、设置对象的属性以及使其可见。例如通过下面的代码，可以在iOS设备屏幕设备的一角中显示文本“Hello Xcode”：

```
- (BOOL)application:(UIApplication *)application
      didFinishLaunchingWithOptions:(NSDictionary *)launchOptions
{
   self.window = [[UIWindow alloc]
             initWithFrame:[[UIScreen mainScreen] bounds]];
   // Override point for customization after application launch.
   UILabel *myMessage;
   UILabel *myUnusedMessage;
   myMessage=[[UILabel alloc]
            initWithFrame:CGRectMake(30.0,50.0,300.0,50.0)];
   myMessage.font=[UIFont systemFontOfSize:48];
   myMessage.text=@"Hello Xcode";
   myMessage.textColor = [UIColor colorWithPatternImage:
                  [UIImage imageNamed:@"Background.png"]];
   [self.window addSubview:myMessage];
   self.window.backgroundColor = [UIColor whiteColor];
   [self.window makeKeyAndVisible];
   return YES;
}
```

如果要创建一个包含文本、按钮、图像以及数十个其他控件的界面，会需要编写很多事件。而Interface Builder不是自动生成界面代码，也不是将源代码直接关联到界面元素，而是生成实时的对象，并通过称为连接（connection）的简单关联将其连接到应用程序代码。需要修改应用程序功能的触发方式时，只需修改连接即可。要改变应用程序使用我们创建的对象的方式，只需连接或重新连接即可。

5.3 Interface Builder 的故事板

Storyboarding（故事板）是从iOS 5开始新加入的Interface Builder（IB）的功能。其主要功能是在一个窗口中显示整个App用到的所有或者部分的页面，并且可以定义各页面之间的跳转关系，大大增加了IB便利性。

5.3.1 推出的背景

Interface Builder是Xcode开发环境自带的用户图形界面设计工具，通过它可以随心所欲地将控件或对象（Object）拖曳到视图中。这些控件被存储在一个XIB（发音为zib）或NIB文件中。其实XIB文件是一个XML格式的文件，可以通过编辑工具打开并改写这个Xib文件。当编译程序时，这些视图控件被编译成一个NIB文件。

通常，NIB是与ViewController相关联的，很多ViewController都有对应的NIB文件。NIB文件的作用是描述用户界面、初始化界面元素对象。其实，开发者在NIB中所描述的界面和初始化的对象都能够在代码中实现。之所以用Interface Builder来绘制页面，是为了减少那些设置界面属性的重复和枯燥的代码，让开发者能够集中在功能的实现上。

在Xcode 4.2之前，每创建一个视图会生成一个相应的XIB文件。当一个应用有多个视图时，视图之间的跳转管理将变得十分复杂。为了解决这个问题，Storyboard便被推出。

NIB文件无法描述从一个ViewController到另一个ViewController的跳转，这种跳转功能只能靠手写代码的形式来实现。相信很多人都会经常用到以下两个方法。

- -presentModalViewController:animated。
- -pushViewController:animated。

随着Storyboarding 的出现，使得这种方式成为历史，取而代之的是 Segue [Segwei]。Segue 定义了从一个VicwController 到另一个ViewController的跳转。我们在IB中，已经熟悉如何连接界面元素对象和方法（Action Method）。在Stroyboard中，完全可以通过Segue将ViewController 连接起来，而不再需要手写代码。如果想自定义Segue，也只需写 Segue的实现即可，而无需编写调用的代码，Storyboard 会自动调用。在使用Storyboard机制时，必须严格遵守MVC原则。View与Controller需完全解耦，并且不同的Controller之间也要充分解耦。

在开发iOS 应用程序时，有如下两种创建一个视图（View）的方法。

- 在Interface Builder中拖曳一个UIView控件：这种方式看似简单，但是会在View之间跳转，所以不便操控。
- 通过原生代码方式：需要编写的代码工作量巨大，哪怕仅仅创建几个Label，就得手写上百行代码，每个Label 都得设置坐标。为解决以上问题，从iOS 5开始新增了Storyboard 功能。

Storyboard是Xcode 4.2 自带的工具，主要用于iOS 5 以上版本。早期的Interface Builder 所创建的View中，各个View之间是互相独立的，没有相互关联，当一个应用程序有多个View 时，View 之间的跳转很是复杂。为此Apple 为开发者带来了Storyboard，尤其是导航栏和标签栏的应用。Storyboard简化了各个视图之间的切换，并由此简化了管理视图控制器的开发过程，完全可以指定视图的切换顺序，而不用手工编写代码。

Storyboard 能够包含一个程序的所有的ViewController 以及它们之间的连接。在开发应用程序时，可以将UI Flow作为Storyboard 的输入，一个看似完整的UI在Storyboard中唾手可得。故事板可以根据需要包含任意数量的场景，并通过切换（segue）将场景关联起来。然而故事板不仅可以创建视觉效果，还让我们能够创建对象，而无需手工分配或初始化它们。当应用程序在加载故事板文件中的场景时，其描述的对象将被实例化，可以通过代码访问它们。

5.3.2 故事板的文档大纲

为了更加说明问题，打开一个演示工程来观察故事板文件的真实面目。双击光盘中本章工程中的文件Empty.storyboard，此时将打开Interface Builder，并在其中显示该故事板文件的骨架。该文件的内容将以可视化方式显示在IB编辑器区域，而在编辑器区域左边的文档大纲（Document Outline）区域，将以层次方式显示其中的场景，如图5-6所示。

本章演示工程文件只包含了一个场景：View Controller Scene。本书中讲解的创建界面演示工程在大多数情况下都是从单场景故事板开始的，因为它们提供了丰富的空间，让您能够收集用户输入和显示输出。我们将探索多场景故事板。

在View Controller Scene中有以下3个图标：

- First Responder（第一响应者）；

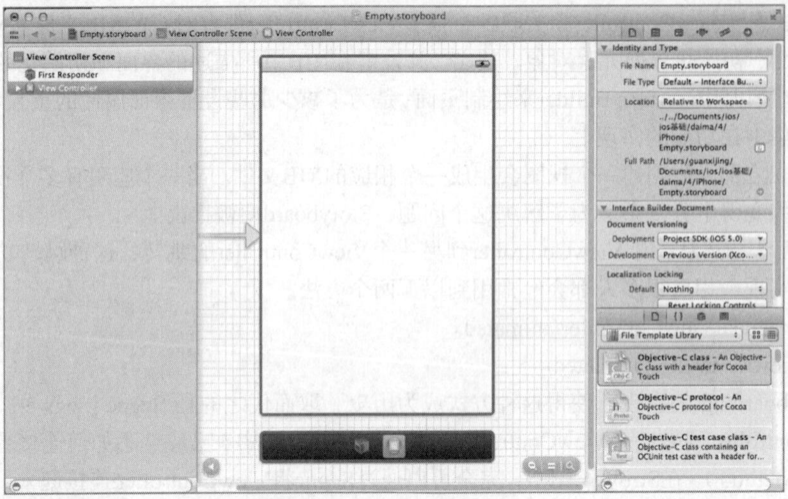

图5-6　故事板场景对象

- View Controller（视图控制器）；
- View（视图）。

其中前两个特殊图标用于表示应用程序中的非界面对象，在使用的所有故事板场景中都包含它们。

- First Responder：该图标表示用户当前正在与之交互的对象。当用户使用iOS应用程序时，可能有多个对象响应用户的手势或键击。第一响应者是当前与用户交互的对象。例如，当用户在文本框中输入时，该文本框将是第一响应者，直到用户移到其他文本框或控件。
- View Controller：该图标表示加载应用程序中的故事板场景并与之交互的对象。场景描述的其他所有对象几乎都是由它实例化的。第6章将更详细地介绍界面和视图控制器之间的关系。
- View：该图标是一个UIView实例，表示将被视图控制器加载并显示在iOS设备屏幕中的布局。从本质上说，视图是一种层次结构，这意味着当您在界面中添加控件时，它们将包含在视图中。您甚至可在视图中添加其他视图，以便将控件编组或创建可作为一个整体进行显示或隐藏的界面元素。

通过使用独特的视图控制器名称/标签，还有利于场景命名。Interface Builder自动将场景名设置为视图控制器的名称或标签（如果设置了标签），并加上后缀。例如，给视图控制器设置了标签Recipe Listing，场景名将变成Recipe Listing Scene。在本项目中包含一个名为View Controller的通用类，此类负责与场景交互。

在最简单的情况下，视图（UIView）是一个矩形区域，可以包含内容以及响应用户事件（触摸等）。事实上，我们将加入视图中的所有控件（按钮、文本框等）都是UIView的子类。对于这一点您不用担心，只是您在文档中可能遇到这样的情况，即将按钮和其他界面元素称为子视图，而将包含它们的视图称为父视图。

需要牢记的是，在屏幕上看到的任何东西几乎都可视为“视图”。当创建用户界面时，场景包含的对象将增加。有些用户界面由数十个不同的对象组成，这会导致场景拥挤而变得复杂 。如果项目程序非常复杂，为了方便管理这些复杂的信息，可以采用折叠或展开文档大纲区域的视图层次结构的方式来解决。

5.3.3 文档大纲的区域对象

在故事板中，文档大纲区域显示了表示应用程序中对象的图标，这样可以展现给用户一个漂亮的列表，并且通过这些图标能够以可视化方式引用它们代表的对象。开发人员可以把这些图标拖曳到其他位置或从其他地方拖曳到这些图标，从而创建让应用程序能够工作的连接。假如，希望一个屏幕控件（如按钮）能够触发代码中的操作。通过从该按钮拖曳到View Controller图标，可将该GUI元素连接到希望它激活的方法，甚至可以将有些对象直接拖放到代码中，这样可以快速地创建一个与该对象交互的变量或方法。

当在Interface Builder中使用对象时，Xcode为开发人员提供了很大的灵活性。例如，可以在IB编辑器中直接与UI元素交互，也可以与文档大纲区域中表示这些UI元素的图标交互。另外，在编辑器中的视图下方有一个图标栏，所有在用户界面中不可见的对象（如第一响应者和视图控制器）都可以在这里找到，如图5-7所示。

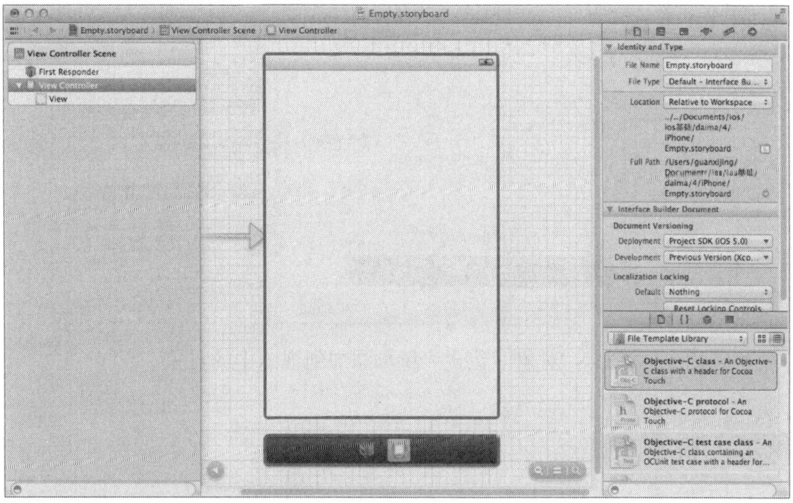

图5-7 在编辑器和文档大纲中和对象交互

5.4 创建一个界面

在本节的内容中，将详细讲解如何使用Interface Builder创建界面的方法。在开始之前，需要先创建一个Empty.storyboard文件。

5.4.1 对象库

添加到视图中的任何控件都来自对象库（Object Library），从按钮到图像再到Web内容。可以依次选择Xcode菜单View>Utilities>Show Object Library（Control+Option+Command+3）来打开对象库。如果对象库以前不可见，此时将打开Xcode的Utility区域，并在右下角显示对象库。确保从对象库顶部的下拉列表中选择了Objects，这样将列出所有的选项。

其实在Xcode中有多个库，对象库包含将添加到用户界面中的UI元素，但还有文件模板（File Template）、代码片段（Code Snippet）和多媒体（Media）库。通过单击Library区域上方图标的操作来显示这些库。如果发现在当前的库中没有显示期望的内容，可单击库上方的立方体图标或再次选择菜单View>Utilities>Show Object Library，如图5-8所示，这样可以确保处于对象库中。

在单击对象库中的元素并将鼠标光标指向它时会出现一个弹出框，在其中包含了如何在界面中使用该对象的描述，如图5-9所示。这样无需打开Xcode文档，就可以得知UI元素的真实功能。

另外，通过使用对象库顶部的视图按钮，可以在列表视图和图标视图之间进行切换。如果只想显示特定的UI元素，可以使用对象列表上方的下拉列表。如果知道对象的名称，但是，在列表中找不到它，可以使用对象库底部的过滤文本框快速找到。

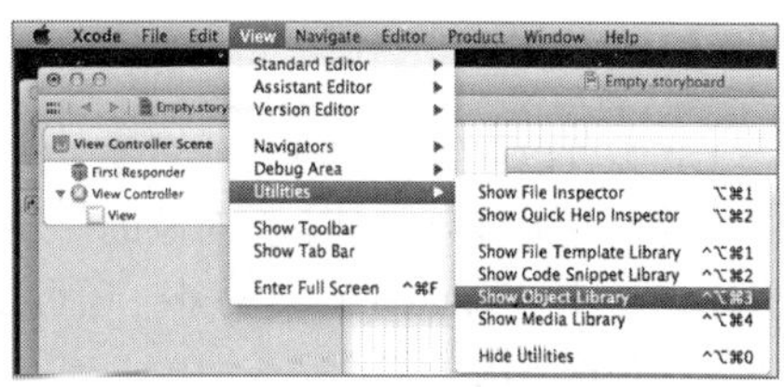

图5-8 打开对象库命令

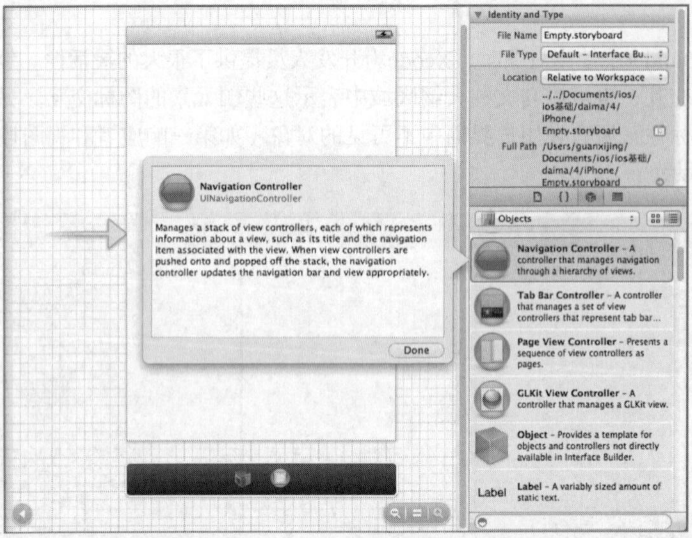

图5-9 对象库包含大量可添加到视图中的对象

5.4.2 将对象加入视图中

在添加对象时，只需在对象库中单击某一个对象，并将其拖放到视图中就可以将这个对象加入视图中。例如，在对象库中找到标签对象（Label），并将其拖放到编辑器中的视图中央。此时标签将出现在视图中，并显示Label信息。假如双击Label并输入文本“how are you”，这样显示的文本将更新，如图5-10所示。

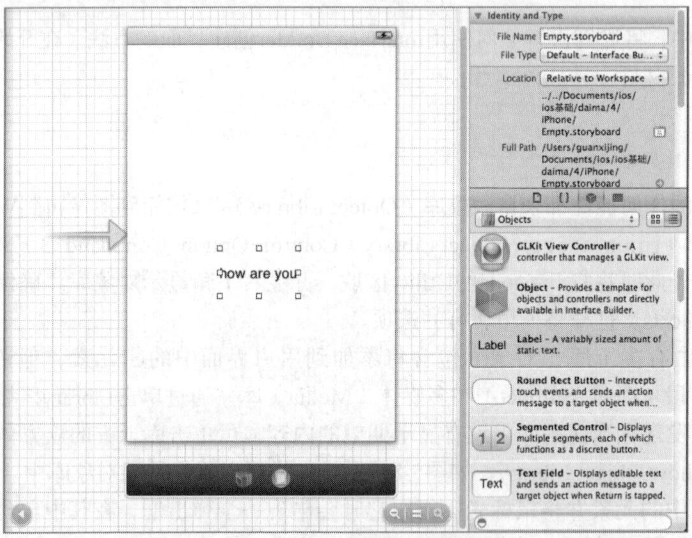

图5-10 插入了一个Label对象

其实可以继续尝试将其他对象（按钮、文本框等）从对象库中拖放到视图，原理和实现方法都是一样的。在大多数情况下，对象的外观和行为都符合您的预期。要将对象从视图中删除，可以单击选择它，再按“Delete”键。另外，还可以使用Edit菜单中的选项，在视图间复制并粘贴对象以及在视图内复制对象多次。

5.4.3 使用 IB 布局工具

通过使用Apple为我们提供的调整布局的工具，无需依赖于敏锐的视觉来指定对象在视图中的位置。其中常用的工具如下所示。

1．参考线

当我们在视图中拖曳对象时，将会自动出现蓝色的、帮助我们布局的参考线。通过这些蓝色的虚线能够将对象与视图边缘、视图中其他对象的中心，以及标签和对象名中使用的字体的基线对齐。并且当间距接近Apple界面指南要求的值时，参考线将自动出现以指出这一点。也可以手工添加参考线，方法是依次选择菜单Editor>Add Horizontal Guide或Editor> Add Vertical Guide实现。

2．选取手柄

除了可以使用布局参考线外，大多数对象都有选取手柄，可以使用它们沿水平、垂直或这两个方向缩放对象。当对象被选定后在其周围会出现小框，单击并拖曳它们可调整对象的大小，例如图5-11通过一个按钮演示了这一点。

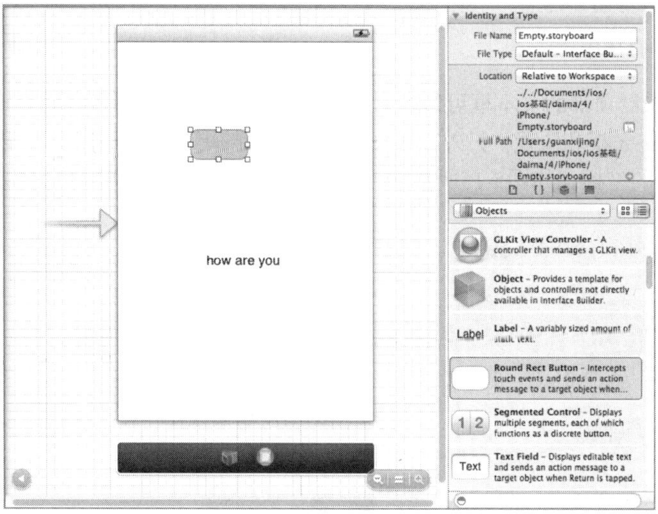

图5-11 大小调整手柄

读者需要注意，在iOS中有一些对象会限制我们调整其大小，因为这样可以确保iOS应用程序界面的一致性。

3．对齐

要快速对齐视图中的多个对象，可单击并拖曳出一个覆盖它们的选框，或按住Shift键并单击以选择它们，然后从菜单Editor→Align中选择合适的对齐方式。例如，将多个按钮拖放到视图中，并将它们放在不同的位置，我们的目标是让它们垂直居中，此时，可以选择这些按钮，再依次选择菜单Editor>Align>Align Horizontal Centers，如图5-12所示。

图5-13显示了对齐后的效果。

另外，我们也可以微调对象在视图中的位置，方法是先选择一个对象，然后再使用箭头键以每次一个像素的方式向上、下、左或右调整其位置。

4．大小检查器

为了控制界面布局，有时需要使用Size Inspector（大小检查器）工具。Size Inspector为我们提供了和大小有关的信息，以及有关位置和对齐方式的信息。要想打开Size Inspector，需要先选择要调整的一个或多个对象，再单击Utility区域顶部的标尺图标，也可以依次选择菜单View>Utilities> Show Size Inspector或按“Option+ Command+5”快捷键，打开后的界面效果如图5-14所示。

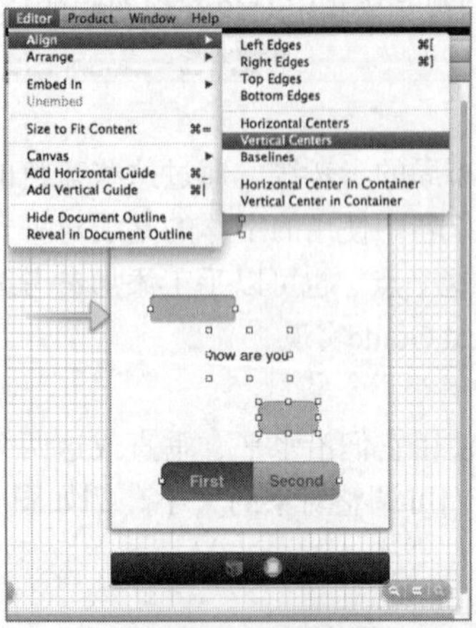

图5-12 垂直居中

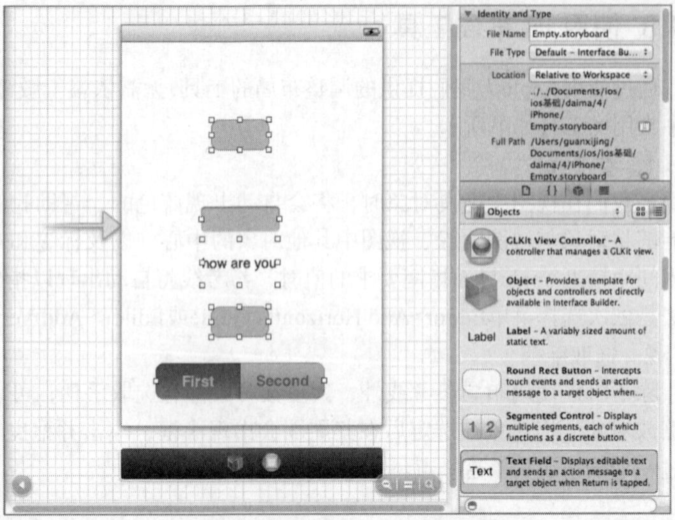

图5-13 垂直居中后的效果

另外，使用该检查器顶部的文本框可以查看对象的大小和位置，还可以通过修改文本框Height/Width和X/Y中的坐标了调整大小和位置。另外，通过单击网格中的黑点（它们用于指定读数对应的部分）可以查看对象特定部分的坐标，如图5-15所示。

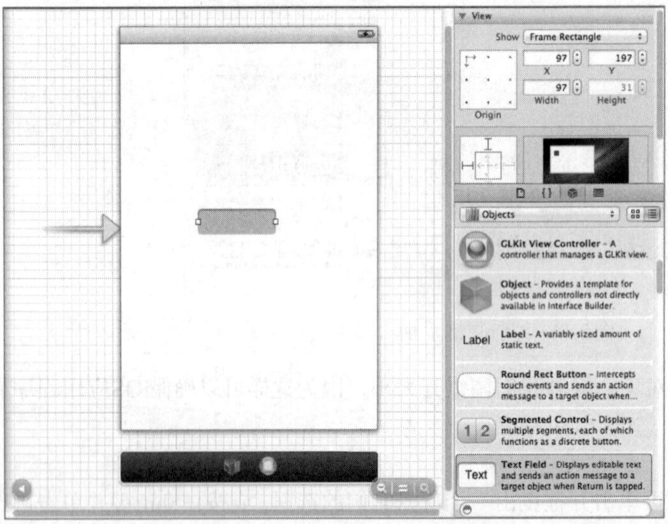

图5-14 打开Size Inspector后的界面效果

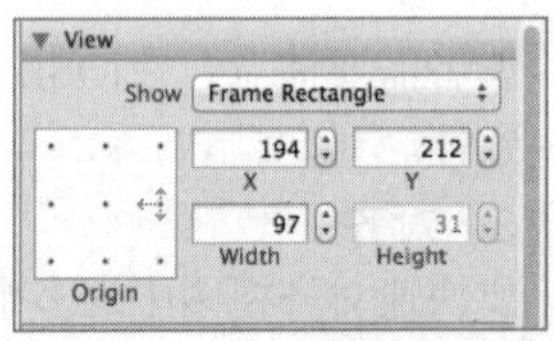

图5-15 单击黑点查看特定部分的坐标

注意：在Size&Position部分，有一个下拉列表，可通过它选择Frame Rectangle或Layout Rectangle。这两个设置的方法通常十分相似，但也有细微的差别。具体说明以下所示：

- 当选择Frame Rectangle时，将准确指出对象在屏幕上占据的区域；
- 当选择Layout Rectangle时，将考虑对象周围的间距。

使用Size Inspector中的Autosizing可以设置当设备朝向发生变化时，控件如何调整其大小和位置。并且该检查器底部有一个下拉列表，此列表包含了与菜单Editor>Align中的菜单项对应的选项。当选择多个对象后，可以使用该下拉列表指定对齐方式，如图5-16所示。

当在Interface Builder中选择一个对象后，如果按住Option键并移动鼠标光标，会显示选定对象与当前鼠标光标指向的对象之间的距离。

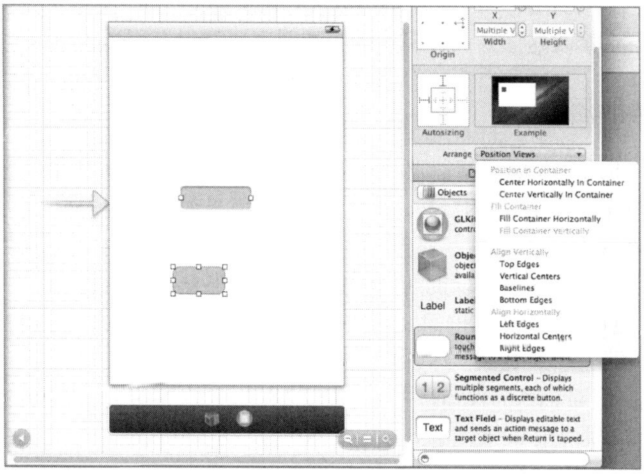

图5-16 另外一种对齐方式

5.5 定制界面外观

在iOS应用中，其实最终用户看到的界面不仅仅取决于控件的大小和位置。对于很多对象来说，有数十个不同的属性可供我们进行调整，在调整时可以使用Interface Builder中的工具来达到事半功倍的效果。

5.5.1 使用属性检查器

为了调整界面对象的外观，最常用的方式是通过Attributes Inspector（属性检查器）。要想打开该检查器，可以通过单击Utility区域顶部的滑块图标的方式实现。如果当前Utility区域不可见，可以依次选择菜单View>Utility>Show Attributes Inspector或通过“Option+ Command+4”快捷键实现。

接下来通过一个简单演示来说明如何使用它，假设存在一个空工程文件Empty.storyboard，并在该视图中添加了一个文本标签。选择该标签，再打开Attributes Inspector，如图5-17所示。

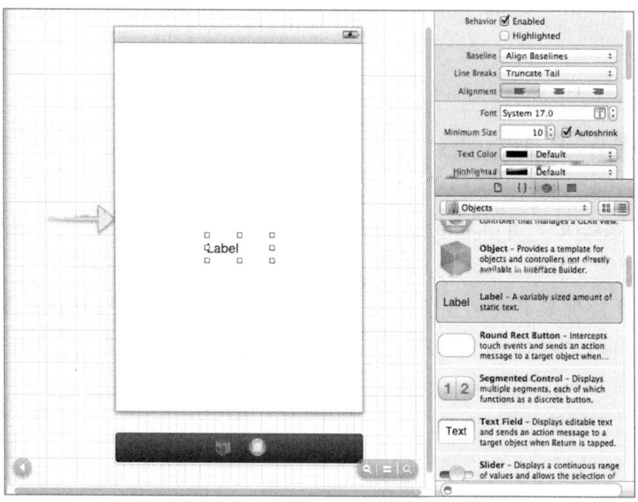

图5-17 打开AttributesInspector后的界面效果

在“Attributes Inspector”面板的顶部包含了当前选定对象的属性。例如，标签对象Label包括的属性有字体、字号、颜色和对齐方式等。在“Attributes Inspector”面板的底部是继承而来的其他属性，在很多情况下，我们不会修改这些属性，但背景和透明度属性很有用。

5.5.2 设置辅助功能属性

在iOS应用中可以使用专业屏幕阅读器技术Voiceover，此技术它集成了语音合成功能，可以帮助开发人员实现导航应用程序。在使用Voiceover后，当触摸界面元素时会听到有关其用途和用法的简短描述。虽然可以免费获得这种功能，但是，通过在Interface Builder中配置辅助功能（accessibility）属性，可以提供其他协助。要想访问辅助功能设置，需要打开Identity Inspector（身份检查器），为此可单击Utility区域顶部的窗口图标，也可以依次选择菜单View>Utility>Show Identity Inspector或按“Option+Command+3”快捷键，如图5-18所示。

在Identity Inspector中，辅助功能选项位于一个独立的部分。在该区域，可以配置如下所示的4组属性。

- Accessibility（辅助功能）：如果选中它，对象将具有辅助功能。如果创建了只有看到才能使用的自定义控件，则应该禁用这个设置。
- Label（标签）：一两个简单的单词，用作对象的标签。例如，对于收集用户姓名的文本框，可使用your name。
- Hint（提示）：有关控件用法的简短描述。仅当标签本身没有提供足够的信息时才需要设置该属性。
- Traits（特征）：这组复选框用于描述对象的特征——其用途及当前的状态。

具体界面如图5-19所示。

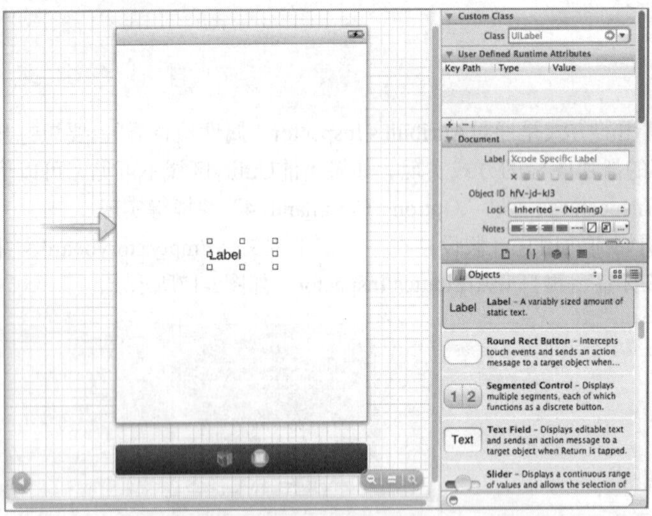

图5-18 打开Identity Inspector

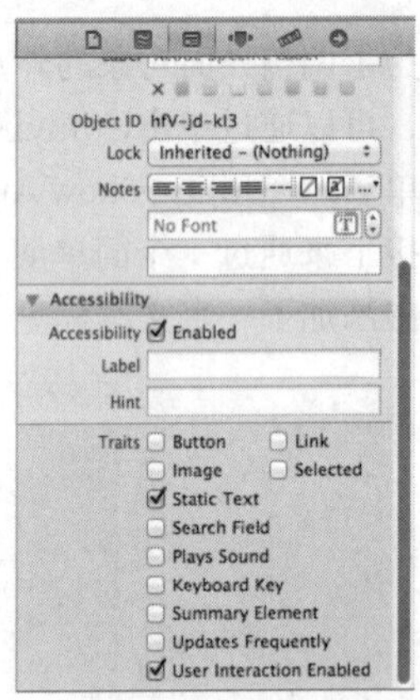

图5-19 4组属性

注意：为了让应用程序能够供最大的用户群使用，应该尽可能利用辅助功能工具来开发项目。即使像在本章前面使用的文本标签这样的对象，也应配置其特征（traits）属性，以指出它们是静态文本，这可以让用户知道不能与之交互。

5.5.3 测试界面

通过使用Xcode，能够帮助开发人员编写绝大部分的界面代码。这意味着即使该应用程序还未编写好，在创建界面并将其关联到应用程序类后，依然可以在iOS模拟器中运行该应用程序。接下来开始介绍启用辅助功能检查器（Accessibility Inspector）的过程。

如果创建了一个支持辅助功能的界面，可能想在iOS模拟器中启用Accessibility Inspector（辅助功能检查器）。此时可启动模拟器，再单击主屏幕（Home）按钮返回主屏幕。单击“Setting”按钮，并选择General>Accessibility（“通用” > “辅助功能”），然后使用开关启用Accessibility Inspector，如图5-20所示。

通过使用Accessibility Inspector，能够在模拟器工作空间中添加一个覆盖层，功能是显示我们为界面元素配置的标签、提示和特征。使用该检查器左上角的“×”按钮，可以在关闭和开启模式之间切换。当处于关闭状态时，该检查器折叠成一个小条，而iOS模拟器的行为将恢复正常。在此单击“×”按钮可重新开启。要禁用Accessibility Inspector，只需再次单击Setting并选择General> Accessibility即可。

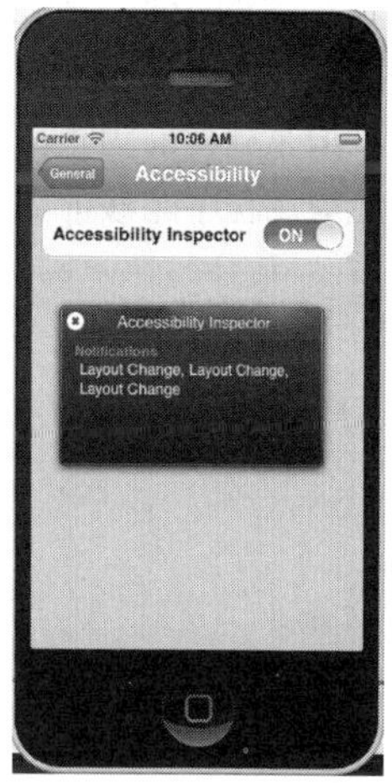

图5-20　启用Accessibility Inspector功能

5.6 实战演练——将 Xcode 界面连接到代码

经过本章前面内容的学习，已经掌握了创建界面的基本知识。但是如何才能使设计的界面起作用呢？在本节的内容中，将详细讲解将界面连接到代码并让应用程序运行的方法。

实例5-1	将Xcode界面连接到代码
源码与视频路径	光盘:\daima\5\lianjie

5.6.1 打开项目

首先，我们将使用本章Projects文件夹中的项目“lianjie”。打开该文件夹，并双击文件“lianjie.xcworkspace”，这将在Xcode中打开该项目，如图5-21所示。

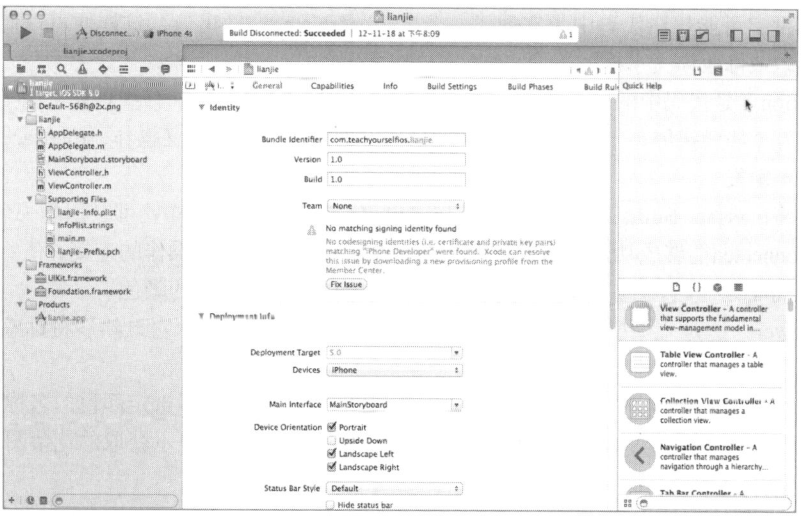

图5-21　在Xcode中打开项目

加载该项目后，展开项目代码编组（Disconnected），并单击文件MainStoryboard.storyboard，此故事板文件包含该应用程序将把它显示为界面的场景和视图，并且会在Interface Builder编辑器中显示场景，如图5-22所示。

由图5-22所示的效果可知，该界面包含了以下4个交互式元素：

一个按钮栏（分段控件）、一个按钮、一个输出标签、一个Web视图（一个集成的Web浏览器组件）。

这些控件将与应用程序代码交互，让用户选择花朵颜色并单击“获取花朵”按钮时，文本标签将显示选择的颜色，并从网站http://www.floraphotographs.com随机取回一朵这种颜色的花朵。假设我们期望的执行结果，如图5-23所示。

但是到目前为止，还没有将界面连接到应用程序代码，因此执行后只是显示一张漂亮的图片。为了让应用程序能够正常运行，需要将创建到应用程序代码中定义的输出口和操作的连接。

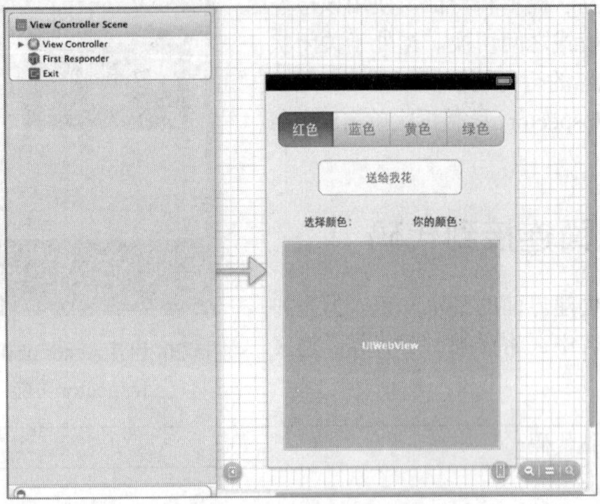

图5-22 显示应用程序的场景和相应的视图

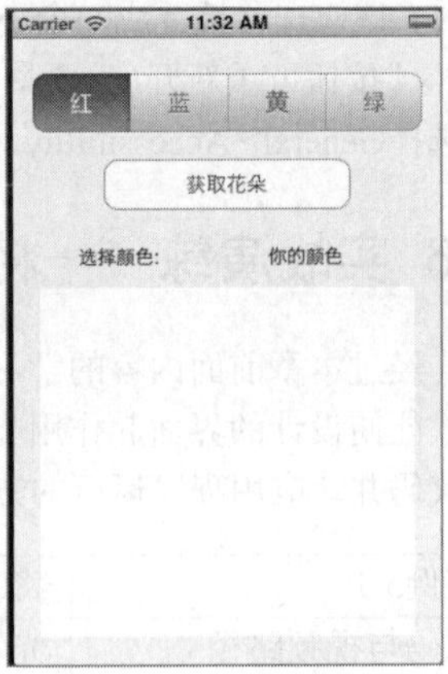

图5-23 执行效果

5.6.2 输出口和操作

输出口（outlet）是一个通过它可引用对象的变量，假如Interface Builder中创建了一个用于收集用户姓名的文本框，可能想在代码中为它创建一个名为userName的输出口。这样便可以使用该输出口和相应的属性获取或修改该文本框的内容。

操作（action）是代码中的一个方法，在相应的事件发生时调用它。有些对象（如按钮和开关）可在用户与之交互（如触摸屏幕）时通过事件触发操作。通过在代码中定义操作，Interface Builder可使其能够被屏幕对象触发。

我们可以将Interface Builder中的界面元素与输出口或操作相连，这样就可以创建一个连接。为了让应用程序Disconnected能够成功运行，需要创建到如下所示的输出口和操作的连接。

- ColorChoice：一个对应于按钮栏的输出口，用于访问用户选择的颜色。
- GetFlower：这是一个操作，它从网上获取一幅花朵图像并显示它，然后将标签更新为选择的颜色。
- ChoosedColor：对应于标签的输出口，将被getFlower更新以显示选定颜色的名称。
- FlowerView：对应于Web视图的输出口，将被getFlower更新以显示获取的花朵图像。

5.6.3 创建到输出口的连接

要想建立从界面元素到输出口的连接，可以先按住“Control”键，并同时把场景的View Controller图标（它出现在文档大纲区域和视图下方的图标栏中）拖曳到视图中进行可视化表示或文档大纲区域中的相应图标上。读者可以尝试对按钮栏（分段控件）进行这样的操作。在按住“Control”键的同时，再单击文档大纲区域中的View Controller图标，并将其拖曳到屏幕上的按钮栏。拖曳时将出现一条线，这样能够轻松地指向要连接的对象。

当松开鼠标键时会出现一个下拉列表，在其中列出了可供选择的输出口，如图5-24所示。再次选择“选择颜色”。

因为Interface Builder知道什么类型的对象可以连接到给定的输出口，所以只显示适合当前要创建的连接的输出口。对文本“你的颜色”的标签和Web视图重复上述过程，将它们分别连接到输出口chosenColor和flowerView。

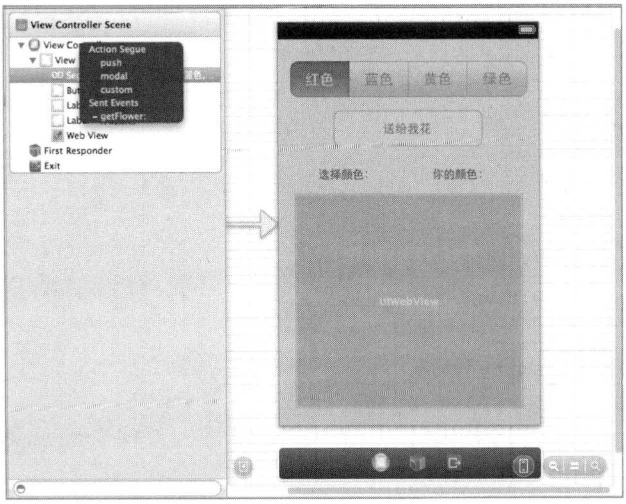

图5-24 出现一个下拉列表

在我们这个演示工程中，其核心功能是通过文件 ViewController.m实现的，其主要代码如下所示：

```
#import "ViewController.h"

@implementation ViewController

@synthesize colorChoice;
@synthesize chosenColor;
@synthesize flowerView;


-(IBAction)getFlower:(id)sender {
  NSString *outputHTML;
  NSString *color;
  NSString *colorVal;
  int colorNum;
  colorNum=colorChoice.selectedSegmentIndex;
  switch (colorNum) {
     case 0:
         color=@"Red";
         colorVal=@"red";
         break;
     case 1:
         color=@"Blue";
         colorVal=@"blue";
         break;
     case 2:
         color=@"Yellow";
         colorVal=@"yellow";
         break;
     case 3:
         color=@"Green";
         colorVal=@"green";
         break;
```

```
    }
    chosenColor.text=[[NSString alloc] initWithFormat:@"%@",color];
    outputHTML=[[NSString alloc] initWithFormat:@"<body style='margin: 0px; padding:
0px'><img height='1200'
src='http://www.floraphotographs.com/showrandom.php?color= %@'></body>",colorVal];
    [flowerView loadHTMLString:outputHTML baseURL:nil];
}

- (void)didReceiveMemoryWarning
{
    [super didReceiveMemoryWarning];
}

#pragma mark - View lifecycle

- (void)viewDidLoad
{
    [super viewDidLoad];
}

- (void)viewDidUnload
{
    [self setFlowerView:nil];
    [self setChosenColor:nil];
    [self setColorChoice:nil];
    [super viewDidUnload];
}

- (void)viewWillAppear:(BOOL)animated
{
    [super viewWillAppear:animated];
}

- (void)viewDidAppear:(BOOL)animated
{
    [super viewDidAppear:animated];
}

- (void)viewWillDisappear:(BOOL)animated
{
    [super viewWillDisappear:animated];
}

- (void)viewDidDisappear:(BOOL)animated
{
    [super viewDidDisappear:animated];
}

-
(BOOL)shouldAutorotateToInterfaceOrientation:(UIInterfaceOrientation)interfaceOrien-t
ation
{
     return (interfaceOrientation != UIInterfaceOrientationPortraitUpsideDown);
}

@end
```

5.6.4 创建到操作的连接

选择将调用操作的对象，并单击Utility区域顶部的箭头图标以打开Connections Inspector（连接检查器）。另外，也可以选择菜单View>Utilities>Show Connections Inspector（Option+ Command+6）。

Connections Inspector显示了当前对象（这里是按钮）支持的事件列表，如图5-25所示。每个事件旁边都有一个空心圆圈，要将事件连接到代码中的操作，可单击相应的圆圈并将其拖曳到文档大纲区域中的View Controller图标。

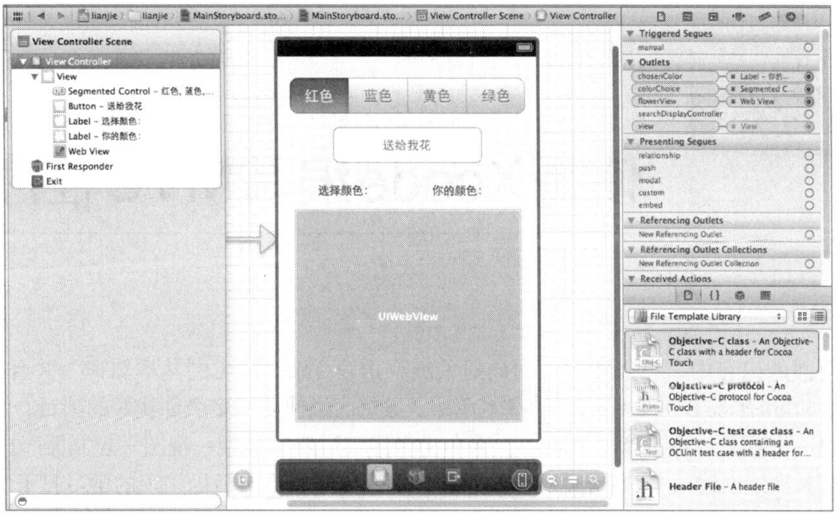

图5-25 使用Connections Inspector操作连接

假如要将按钮“送给我花”连接到方法getFlower，可选择该按钮并打开Connections Inspector（Option+Command+6）。然后将Touch Up Inside事件旁边的圆圈拖曳到场景的View Controller图标，再松开鼠标键。当系统询问时选择操作getFlower，如图5-26所示。

在建立连接后检查器会自动更新，以显示事件及其调用的操作。如果单击了其他对象，Connections Inspector将显示该对象到输出口和操作的连接。到此为止，已经将界面连接到了支持它的代码。单击Xcode工具栏中的Run按钮，在iOS模拟器或iOS设备中便可以生成并运行该应用程序，执行效果如图5-27所示。

图5-26 选择希望界面元素触发的操作

图5-27 执行效果

第 6 章

使用Xcode编写MVC程序

在本书前面的内容中，已经学习了面向对象编程语言Objective-C的基本知识，并且探索了Cocoa Touch、Xcode和Interface Builder编辑器的基本用法。虽然已经使用了多个创建好的项目，但是，还没有从头开始创建一个项目。在本章的内容中，将向读者详细讲解“模型—视图—控制器”应用程序的设计模式，并从头到尾创建一个iOS应用程序的过程，为读者进入本书后面知识的学习打下基础。

6.1 MVC 模式基础

当我们开始编程时，会发现每一个功能都可以用多种编码方式来实现。但是，究竟哪一种方式才是最佳选择呢？在开发iOS应用程序的过程中，通常使用的设计方法被称为“模型—视图—控制器”模式，这种模式被简称为MVC，通过这种模式可以帮助我们创建出简洁、高效的应用程序。

6.1.1 诞生背景

在创建与用户交互的应用程序时，首先必须考虑以下3点。

- 用户界面：我们必须提供让用户能够与之交互的东西，例如，按钮和文本框等。
- 对用户输入进行处理并做出反应。
- 应用程序必须存储必要的信息以便正确地响应用户，这通常是以数据库方式存储的。

为了结合这几个方面，一种方法是将它们合并到一个类中：将显示界面的代码、实现逻辑的代码以及处理数据的代码混合在一起。这是一种非常直观的开发方法，但在多个方面束缚了开发人员。

当众多的代码混合在一起时，多个开发人员难以配合，因为功能单元之间没有明确的界线。不太可能在其他应用程序中重用界面、应用程序逻辑和数据，因为这三方面的组合因项目而异，在其他地方不会有大的用处。总之，混合代码、逻辑和数据将导致混乱。而我们希望iOS应用程序与此相反，解决之道便是使用MVC设计模式。

6.1.2 分析结构

MVC最初存在于Desktop程序中，M是指数据模型、V是指用户界面、C则是控制器。使用MVC的目的是将M和V的实现代码分离，从而使同一个程序可以使用不同的表现形式。

MVC即“模型－视图－控制器”，是Xerox PARC在20世纪80年代为编程语言Smalltalk－80发明的一种软件设计模式，至今已被广泛使用，特别是ColdFusion和PHP的开发者。

MVC是一个设计模式，它能够强制性地使应用程序的输入、处理和输出分开。使用MVC的应用程序被分成3个核心部件，分别是模型、视图、控制器。具体说明如下所示。

1．视图

视图是用户看到并与之交互的界面。对于老式的Web应用程序来说，视图就是由HTML元素组成的界面。在新式的Web应用程序中，HTML依旧在视图中扮演着重要的角色，但一些新的技术已层出不穷，它们包括Adobe Flash和像XHTML、XML/XSL、WML等一些标识语言和Web Services。如何处理应用程序的界面变得越来越有挑战性。MVC一个大的好处是它能为你的应用程序处理很多不同的视图。在视图中其实没有真正的处理发生，不管这些数据是联机存储的还是一个雇员列表，作为视图来讲，它只是作为一种输出数据并允许用户操纵的方式。

2．模型

模型表示企业数据和业务规则。在MVC的3个部件中，模型拥有最多的处理任务。例如，它可能用像EJBs和ColdFusion Components这样的构件对象来处理数据库。被模型返回的数据是中立的，就是说模型与数据格式无关，这样一个模型能为多个视图提供数据。由于应用于模型的代码只需写一次就可以被多个视图重用，所以减少了代码的重复性。

3．控制器

控制器用于接受用户的输入并调用模型和视图去完成用户的需求。所以，当单击Web页面中的超链接和发送HTML表单时，控制器本身不输出任何东西和做任何处理。它只是接收请求并决定调用哪个模型构件去处理请求，然后确定用哪个视图来显示模型处理返回的数据。

现在我们总结MVC的处理过程，首先控制器接收用户的请求，并决定应该调用哪个模型来进行处理，然后模型用业务逻辑来处理用户的请求并返回数据，最后控制器用相应的视图格式化模型返回的数据，并通过表示层呈现给用户。

6.1.3 MVC 的特点

MVC是所有面向对象程序设计语言都应该遵守的规范，MVC思想将一个应用分成3个基本部分：Model（模型）、View（视图）和Controller（控制器），这3个部分以最少的耦合协同工作，从而提高了应用的可扩展性及可维护性。

在经典的MVC模式中，事件由控制器处理，控制器根据事件的类型改变模型或视图。具体来说，每个模型对应一系列的视图列表，这种对应关系通常采用注册来完成，即把多个视图注册到同一个模型，当模型发生改变时，模型向所有注册过的视图发送通知，视图从对应的模型中获得信息，然后完成视图显示的更新。

MVC模式具有以下4个特点。

（1）多个视图可以对应一个模型。按MVC设计模式，一个模型对应多个视图，可以减少代码的复制及代码的维护量，一旦模型发生改变易于维护。

（2）模型返回的数据与显示逻辑分离。模型数据可以应用任何的显示技术，例如，使用JSP页面、Velocity模板或者直接产生Excel文档等。

（3）应用被分隔为3层，降低了各层之间的耦合，提供了应用的可扩展性。

（4）因为在控制层中把不同的模型和不同的视图组合在一起完成不同的请求，由此可见，控制层包含了用户请求权限的概念。

MVC更符合软件工程化管理的精神。不同的层各司其职，每一层的组件具有相同的特征，有利于通过工程化和工具化产生管理程序代码。

6.1.4 使用 MVC 实现程序设计的结构化

通过使用MVC模式，在应用程序的重要组件之间定义了明确的界线。MVC模式定义了应用程序的如下3个部分。

（1）模型提供底层数据和方法，它向应用程序的其他部分提供信息。模型没有定义了应用程序的外观和工作方式。

（2）用户界面由一个或多个视图组成，而视图由不同的屏幕控件（按钮、文本框、开关等）组成，用户可与之交互。

（3）控制器通常与视图配对，负责接受用户输入并做出相应的反应。控制器可访问视图并使用模型提供的信息更新它，还可使用用户在视图中的交互结果来更新模型。总之，它在MVC组件之间搭建了桥梁。

令我们开发者振奋的是，Xcode中的MVC模式是天然存在的，当我们新创建项目并开始编码时，会自动被引领到MVC设计模式。由此可见，在Xcode开发环境中可以很容易地创建结构良好的应用程序。

6.2 Xcode 中的 MVC

在用Xcode编程并在Interface Builder中安排用户界面（UI）元素后，Cocoa Touch的结构旨在利用MVC（Model-View-Controller，模型—视图—控制器）设计模式。在本节的内容中，将讲解Xcode中MVC模式的基本知识。

6.2.1 原理

MVC模式会将Xcode项目分为以下3个不同的模块。

1．模型

模型是应用程序的数据，比如项目中的数据模型对象类。模型还包括采用的数据库架构，如Core Data或者直接使用SQLite文件。

2．视图

顾名思义，视图是用户看到的应用程序的可视界面。它包含在Interface Builder中构建的各种UI组件。

3．控制器

控制器是将模型和视图元素连接在一起的逻辑单元，处理用户输入和UI交互。UIKit组件的子类，比如UINavigationController和UITabBarController是最先会被想到的，但是这一概念还扩展到了应用程序委托和NSObject的自定义子类。

虽然在Xcode项目中，上述3个MVC元素之间会有大量交互，但是创建的代码和对象应该简单地定义为仅属于三者之一。当然，完全在代码内生成UI或者将所有数据模型方法存储在控制器类中非常简单，但是，如果你的源代码没有良好的结构，会使模型、视图和控制器之间的分界线变得非常模糊。

另外，这些模式的分离还有一个很大的好处是可重用性！在iPad出现之前，应用程序的结构可能不是很重要，特别是不打算在其他项目中重用任何代码的时候。过去我们只为一个规格的设备（iPhone 320×480的小屏幕）开发应用程序。但是现在需要将应用程序移植到iPad上，利用平板电脑的新特性和更大的屏幕尺寸。如果iPhone应用程序不遵循MVC设计模式，那么将Xcode项目移植到iPad上会立刻成为一项艰巨的任务，需要重新编写很多代码才能生成一个iPad增强版。

例如，假设根视图控制器类包含所有代码，这些代码不仅用于通过Core Data获取数据库记录，还会动态生成UINavigationController以及一个嵌套的UITableView用于显示这些记录。这些代码在iPhone上可能会良好运行，但是迁移到iPad上后可能想用UISplitViewController来显示这些数据库记录。但是，此时需要手动去除所有UINavigationController代码，这样才能添加新的UISplitViewController功能。但是，如果将数据类（模型）与界面元素（视图）和控制器对象（控制器）分开，那么将项目移植到iPad的过程会非常轻松。

6.2.2 模板就是给予 MVC 的

Xcode提供了若干模板，这样可以在应用程序中实现MVC架构。

1．view-based application（基于视图的应用程序）

如果应用程序仅使用一个视图，建议使用这个模板。一个简单的视图控制器会管理应用程序的主视图，而界面设置则使用一个Interface Builder模板来定义。特别是那些未使用任何导航功能的简单应用程序应该使用这个模板。如果应用程序需要在多个视图之间切换，建议考虑使用基于导航的模板。

2. navigation-based application（基于导航的应用程序）

基于导航的模板用在需要在多个视图之间进行切换的应用程序中。如果可以预见在应用程序中，会有某些画面上带有一个“回退”按钮，此时就应该使用这个模板。导航控制器会完成所有关于建立导航按钮以及在视图“栈”之间切换的内部工作。这个模板提供了一个基本的导航控制器以及一个用来显示信息的根视图（基础层）控制器。

3. utility application（工具应用程序）

适合于微件（Widget）类型的应用程序，这种应用程序有一个主视图，并且可以将其“翻”过来，例如，iPhone中的天气预报和股票程序等就是这类程序。这个模板还包括一个信息按钮，可以将视图翻转过来显示应用程序的反面，这部分常常用来对设置或者显示的信息进行修改。

4. OpenGL ES application（OpenGL ES应用程序）

在创建3D游戏或者图形时可以使用这个模板，它会创建一个配置好的视图，专门用来显示GL场景，并提供了一个例子计时器可以令其演示动画。

5. tab bar application（标签栏应用程序）

提供了一种特殊的控制器，会沿着屏幕底部显示一个按钮栏。这个模板适用于像iPod或者电话这样的应用程序，它们都会在底部显示一行标签，提供一系列的快捷方式，来使用应用程序的核心功能。

6. window-based application（基于窗口的应用程序）

提供了一个简单的、带有一个窗口的应用程序。这是一个应用程序所需的最小框架，可以用它作为开始来编写自己的程序。

6.3 在 Xcode 中实现 MVC

在本书前面的内容中，已经讲解了Xcode及其集成的Interface Builder编辑器的知识。并且在本书上一章的内容中，曾经将故事板场景中的对象连接到了应用程序中的代码。在本节的内容中，将详细讲解将视图绑定到控制器的知识。

6.3.1 视图

在Xcode中，虽然可以使用编程的方式创建视图，但是，在大多数情况下是使用Interface Builder以可视化的方式设计它们。在视图中可以包含众多界面元素，在加载运行阶段程序时，视图可以创建基本的交互对象，例如，当轻按文本框时会打开键盘。要让想视图中的对象能够与应用程序实现逻辑交互，必须定义相应的连接。连接的东西有两种：输出口和操作。输出口定义了代码和视图之间的一条路径，可以用于读写特定类型的信息，例如，对应于开关的输出口让我们能够访问描述开关是开还是关的信息；而操作定义了应用程序中的一个方法，可以通过视图中的事件触发，例如，轻按按钮或在屏幕上轻扫。

如果将输出口和操作连接到代码呢？必须在实现视图逻辑的代码（即控制器）中定义输出口和操作。

6.3.2 视图控制器

控制器在Xcode中被称为视图控制器，功能是负责处理与视图的交互工作，并为输出口和操作之间建立一个人为连接。为此需要在项目代码中使用两个特殊的编译指令：IBAction和IBOutlet。IBAction和IBOutlet是Interface Builder能够识别的标记，它们在Objective-C中没有其他用途。在视图控制器的接口文件中添加这些编译指令。不但可以手工添加，而且也可以用Interface Builder的一项特殊功能自动生成它们。

注意：视图控制器可包含应用程序逻辑，但这并不意味着所有代码都应包含在视图控制器中。虽然在本书中，大部分代码都放在视图控制器中，当您创建应用程序时，可在合适的时候定义额外的类，以抽象应用程序逻辑。

1．使用IBOutlet

IBOutlet对于编译器来说是一个标记，编译器会忽略这个关键字。Interface Builder则会根据IBOutlet来寻找可以在Builder里操作的成员变量。在此需要注意的是，任何一个被声明为IBOutlet并且在Interface Builder里被连接到一个UI组件的成员变量，会被额外记忆一次，例如：

```
IBOutlet UILabel *label;
```

这个label在Interface Builder里被连接到一个UILabel。此时，这个label的retainCount为2。所以，只要使用了IBOutlet变量，一定需要在dealloc或者viewDidUnload中释放这个变量。

IBOutlet的功能是让代码能够与视图中的对象交互。假设在视图中添加了一个文本标签（UILabel），而我们想在视图控制器中创建一个实例“变量/属性”myLabel。此时可以显式地声明它们，也可使用编译指令@property隐式地声明实例变量，并添加相应的属性：

```
@property (strong, nonatomic) UILabel *myLabel;
```

这个应用程序提供了一个存储文本标签引用的地方，还提供了一个用于访问它的属性，但还需将其与界面中的标签关联起来。为此，可在属性声明中包含关键字IBOutlet：

```
@property (strong, nonatomic) IBOutlet UILabel *myLabel;
```

添加该关键字后，就可以在Interface Builder中以可视化方式将视图中的标签对象连接到变量/属性MyLabel，然后可以在代码中使用该属性与该标签对象交互：修改其文本、调用其方法等。这样，这行代码便声明了实例变量、属性和输出口。

2．使用编译指令property和synthesize简化访问

@property和@synthesize是Objective-C语言中的两个编译指令。实例变量存储的值或对象引用可在类的任何地方使用。如果需要创建并修改一个在所有类方法之间共享的字符串，就应声明一个实例变量来存储它。良好的编程惯例是，不直接操作实例变量。所以要使用实例变量，需要有相应的属性。

编译指令@property定义了一个与实例变量对应的属性，该属性通常与实例变量同名。虽然可以先声明一个实例变量，再定义对应的属性，但是也可以使用@property隐式地声明一个与属性对应的实例变量。例如要声明一个名为myString的实例变量（类型为NSString）和相应的属性，可以编写如下所示的代码实现：

```
@property (strong, nonatomic) NSString *myString;
```

这与下面两行代码等效：

```
NSString *myString;
@property (strong, nonatomic) NSString *myString;
```

注意：Apple Xcode工具通常建议隐式地声明实例变量，所以建议大家也这样做。

这同时创建了实例变量和属性，但是，要想使用这个属性则必须先合成它。编译指令@synthesize创建获取函数和设置函数，让我们很容易访问和设置底层实例变量的值。对于接口文件(.h)中的每个编译指令@property，实现文件(.m)中都必须有对应的编译指令@synthesize：

```
@synthesize myString;
```

3．使用IBAction

IBAction用于指出在特定的事件发生时应调用代码中相应的方法。假如按下了按钮或更新了文本框，则可能想应用程序采取措施并做出合适的反应。编写实现事件驱动逻辑的方法时，可在头文件中

```
@interface AppDelegate : UIResponder <UIApplicationDelegate>

@property (strong, nonatomic) UIWindow *window;

@end
```

文件AppDelegate.m的代码如下所示：

```
//
//  AppDelegate.m
//  hello
//
//  Created by on 12-9-17.
//  Copyright (c) 2012年 apple. All rights reserved.
//

#import "AppDelegate.h"

@implementation AppDelegate

- (BOOL)application:(UIApplication *)application didFinishLaunchingWithOptions:
(NSDictionary *)launchOptions
{
    // Override point for customization after application launch.
    return YES;
}

- (void)applicationWillResignActive:(UIApplication *)application
{
    // Sent when the application is about to move from active to inactive state. This
can occur for certain types of temporary interruptions (such as an incoming phone call
or SMS message) or when the user quits the application and it begins the transition to
the background state.
    // Use this method to pause ongoing tasks, disable timers, and throttle down OpenGL
ES frame rates. Games should use this method to pause the game.
}

- (void)applicationDidEnterBackground:(UIApplication *)application
{
    // Use this method to release shared resources, save user data, invalidate timers,
and store enough application state information to restore your application to its current
state in case it is terminated later.
    // If your application supports background execution, this method is called instead
of applicationWillTerminate: when the user quits.
}

- (void)applicationWillEnterForeground:(UIApplication *)application
{
    // Called as part of the transition from the background to the inactive state; here
you can undo many of the changes made on entering the background.
}

- (void)applicationDidBecomeActive:(UIApplication *)application
{
    // Restart any tasks that were paused (or not yet started) while the application was
inactive. If the application was previously in the background, optionally refresh the
user interface.
}

- (void)applicationWillTerminate:(UIApplication *)application
{
    // Called when the application is about to terminate. Save data if appropriate. See
    // also applicationDidEnterBackground:.
}

@end
```

上述两个文件的代码都是自动生成的。

文件ViewController.h和ViewController.m实现了一个视图控制器（UIViewController），这个类包含控制视图的逻辑。一开始这些文件几乎是空的，只有一个基本结构，此时如果您单击Xcode窗口顶部的Run按钮，应用程序将编译并运行，运行后一片空白，如图6-4所示。

注意：如果在Xcode中新建项目时指定了类前缀，所有类文件名都将以您指定的内容打头。在以前的Xcode版本中，Apple将应用程序名作为类的前缀。要让应用程序有一定的功能，需要处理前面讨论过的两个地方：视图和视图控制器。

2．故事板文件

除了类文件之外，该项目还包含了一个故事板文件，它用于存储界面设计。单击故事板文件MainStoryboardstoryboard，在Interface Builder编辑器中打开它，如图6-5所示。

图6-4 执行后为空

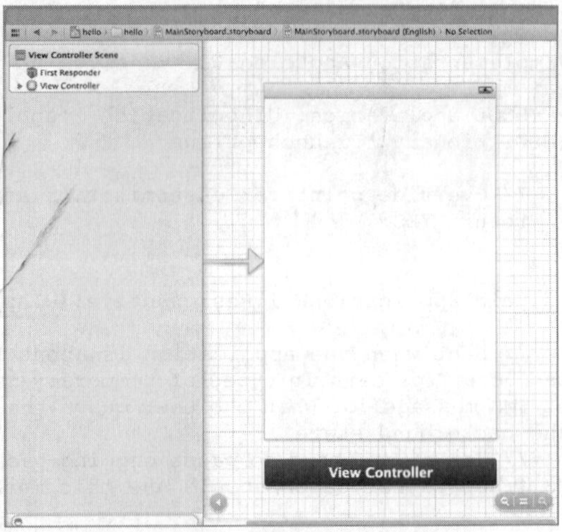

图6-5 MainStoryboardstoryboard界面

在MainStoryboard.storyboard界面中包含了以下3个图标：

- First Responder（一个UIResponder实例）；
- View Controller（我们的ViewController类）；
- 应用程序视图（一个UIView实例）。

视图控制器和第一响应者还出现在图标栏中，该图标栏位于编辑器中视图的下方。如果在该图标栏中没有看到图标，只需单击图标栏，它们就会显示出来。

当应用程序加载故事板文件时，其中的对象将被实例化，成为应用程序的一部分。就本项目“hello”来说，当它启动时会创建一个窗口并加载MainStoryboard.storyboard，实例化ViewController类及其视图，并将其加入窗口中。

在文件HelloNoun-Info.plist中，通过属性Main storyboard file base name（主故事板文件名）指定了加载的文件是MainStoryboard.storyboard。要想核实这一点，读者可展开文件夹Supporting Files，再单击plist文件显示其内容。另外，也可以单击项目的顶级图标，确保选择了目标“hello”，再查看选项卡Summary中的文本框Main Storyboard，如图6-6所示。

如果有多个场景，在Interface Builder编辑器中会使用很不明显的方式指定了初始场景。在前面的图6-6中，会发现编辑器中有一个灰色箭头，它指向视图的左边缘。这个箭头是可以拖动的，当有多个场景时可以拖动它，使其指向任何场景对应的视图。这就自动配置了项目，使其在应用程序启动时启动该场景的视图控制器和视图。

总之，对应用程序进行了配置，使其加载MainStoryboard.storyboard，而MainStoryboard.storyboard

查找初始场景，并创建该场景的视图控制器类（文件ViewController.h和ViewController.m定义的ViewController）的实例。视图控制器加载其视图，而视图被自动添加到主窗口中。

6.5.2 规划变量和连接

要创建该应用程序，第一步是确定视图控制器需要的东西。为引用要使用的对象，必须与以下3个对象进行交互：

一个文本框（UITextField）、一个标签（UILabel）、一个按钮（UIButton）。

其中前两个对象分别是用户输入区域(文本框）和输出（标签），而第3个对象（按钮）触发代码中的操作，以便将标签的内容设置为文本框的内容。

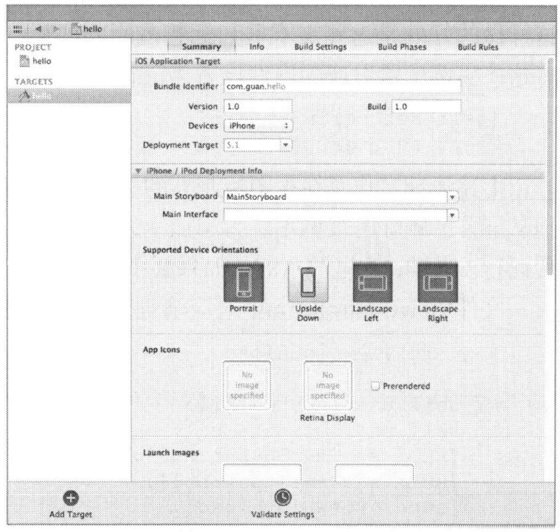

图6-6 指定应用程序启动时将加载的故事板

1．修改视图控制器接口文件

基于上述信息，便可以编辑视图控制器类的接口文件（ViewController.h），在其中定义需要用来引用界面元素的实例变量以及用来操作它们的属性（和输出口）。我们将把用于收集用户输入的文本框（UITextField）命名为user@property将提供输出的标签（URLabel）命名为userOutput。前面说过，通过使用编译指令@property可同时创建实例变量和属性，而通过添加关键字IBoutlet可以创建输出口，以便在界面和代码之间建立连接。

综上所述，可以添加以下两行代码：

```
@property (strong, nonatomic) IBOutlet UILabel *userOutput;
@property (strong, nonatomic) IBOutlet UITextField *userInput;
```

为了完成接口文件的编写工作，还需添加一个在按钮被按下时执行的操作。我们将该操作命名为setOutput：

```
- (IBAction)setOutput: (id)sender;
```

添加这些代码后，文件ViewController.h的代码如下所示。其中以粗体显示的代码行是新增的：

```
#import <UIKit/UIKit.h>

@interface ViewController : UIViewController

@property (strong, nonatomic) IBOutlet UILabel *userOutput;
@property (strong, nonatomic) IBOutlet UITextField *userInput;

- (IBAction)setOutput:(id)sender;

@end
```

但是，这并非我们需要完成的全部工作。为了支持在接口文件中所做的工作，还需对实现文件（ViewController.m）做一些修改。

2．修改视图控制器实现文件

对于接口文件中的每个编译指令@property来说，在实现文件中都必须有如下对应的编译指令@synthesize：

```
@synthesize userInput;
@synthesize userOutput;
```

将这些代码行加入到实现文件开头，并位于编译指令@implementation后面，文件ViewController.m中对应的实现代码如下所示：

```
#import "ViewController.h"
@implementation ViewController
@synthesize userOutput;
@synthesize userInput;
```

在确保使用完视图后，应该使代码中定义的实例变量（即userInput 和userOutput）不再指向对象，这样做的好处是这些文本框和标签占用的内存可以被重复利用。实现这种方式的方法非常简单，只需将这些实例变量对应的属性设置为nil即可：

```
[self setUserInput:nil];
[self setUserOutput:nil];
```

上述清理工作是在视图控制器的一个特殊方法中进行的，这个方法名为viewDidUnload，在视图成功地从屏幕上删除时被调用。为添加上述代码，需要在实现文件ViewController.h中找到这个方法，并添加代码行。同样，这里演示的是如果要手工准备输出口、操作、实例变量和属性时，需要完成的设置工作。

文件ViewController.m中对应清理工作的实现代码如下所示：

```
- (void)viewDidUnload
{
    self.userInput = nil;
    self.userOutput = nil;
    [self setUserOutput:nil];
    [self setUserInput:nil];
    [super viewDidUnload];
    // Release any retained subviews of the main view.
    // e.g. self.myOutlet = nil;
}
```

注意：如果浏览HelloNoun的代码文件，可能发现其中包含绿色的注释（以字符“//”打头的代码行）。为节省篇幅，通常在本书的程序清单中删除了这些注释。

3．一种简化的方法

虽然还没有输入任何代码，但还是希望能够掌握规划和设置Xcode项目的方法。所以，还需要做如下所示的工作。

- 确定所需的实例变量：哪些值和对象需要在类（通常是视图控制器）的整个生命周期内都存在。
- 确定所需的输出口和操作：哪些实例变量需要连接到界面中定义的对象？界面将触发哪些方法？
- 创建相应的属性：对于您打算操作的每个实例变量，都应使用@property来定义实例变量和属性，并为该属性合成设置函数和获取函数。如果属性表示的是一个界面对象，还应在声明它时包含关键字IBOutlet。
- 清理：对于在类的生命周期内不再需要的实例变量，使用其对应的属性将其值设置为nil。对于视图控制器中，通常是在视图被卸载时（即方法viewDidUnload中）这样做。

当然可以手工完成这些工作，但是，在Xcode中使用Interface Builder编辑能够在建立连接时添加编译指令@property和@synthesize、创建输出口和操作、插入清理代码。

将视图与视图控制器关联起来的是前面介绍的代码，但您可在创建界面的同时让Xcode自动为我们编写这些代码。创建界面前，仍然需要确定要创建的实例变量/属性、输出口和操作，而有时候还需添加一些额外的代码，但让Xcode自动生成代码可极大地加快初始开发阶段的进度。

6.5.3 设计界面

添加对象

本节的演示程序“hello”的界面很简单，只需提供一个输出区域、一个用于输入的文本框以及一个将输出设置成与输入相同的按钮。请按如下步骤创建该UI。

（1）在Xcode项目导航器中选择MainStoryboard.storyboard，并打开它。

（2）打开它的是Interface Builder编辑器。其中文档大纲区域显示了场景中的对象，而编辑器中显示了视图的可视化表示。

（3）选择菜单View>Utilities>Show Object Library（Control+Option+Command+3），在右边显示对象库。在对象库中确保从下拉列表中选择了Objects，这样将显示可拖放到视图中的所有控件，此时的工作区类似于图6-7所示。

（4）通过在对象库中单击标签（UILabel）对象并将其拖曳到视图中，在视图中添加两个标签。

（5）第一个标签应包含静态文本Hello，为此该标签的双击默认文本Label并将其改为“你好”。选择第二个标签，它将用作输出区域。这里将该标签的文本改为“请输入信息”。将此作为默认值，直到用户提供新字符串为止。我们可能需要增大该文本标签以便显示这些内容，为此可单击并拖曳其手柄。

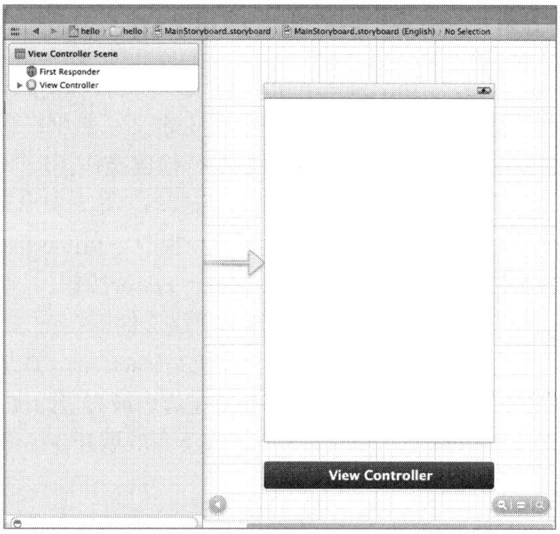

图6-7 初始界面

我们还要将这些标签居中对齐，此时可以通过单击选择视图中的标签，再按Option+ Command+4快捷键或单击Utility区域顶部的滑块图标，这将打开标签的Attributes Inspector。

使用Alignment选项调整标签文本的对齐方式。另外还可能会使用其他属性来设置文本的显示样式，例如字号、阴影、颜色等。现在整个视图应该包含两个标签。

（6）如果对结果满意，便可以添加用户将与之交互的元素文本框和按钮。为了添加文本框，在对象库中找到文本框对象（UITextField），单击并将其拖曳到两个标签下方。使用手柄将其增大到与输出标签等宽。

（7）再次按Option+Command+4快捷键打开Attributes Inspector，并将字号设置成与标签的字号相同。注意到文本框并没有增大，这是因为默认iPhone文本框的高度是固定的。要修改文本框的高度，在Attributes Inspector中单击包含方形边框的按钮Border Style，然后便可随意调整文本框的大小。

（8）在对象库单击圆角矩形按钮（UIButton）并将其拖曳到视图中，将其放在文本框下方。双击该按钮给它添加一个标题，如Set Label，再调整按钮的大小，使其能够容纳该标题。您也可能想使用Attributes Inspector增大文本的字号。

最终UI界面效果如图6-8所示，其中包含了4个对象，分别是两个标签、1个文本框和1个按钮。

图6-8 最终的UI界面

6.5.4 创建并连接输出口和操作

现在，在Interface Builder编辑器中需要做的工作就要完成了，最后一步工作是将视图连接到视图控制器。如果按前面介绍的方式手工定义了输出口和操作，则只需在对象图标之间拖曳即可。但即使就地创建输出口和操作，也只需执行拖放操作。

为此，需要从Interface Builder编辑器拖放到代码中这需要添加输出口或操作的地方，即需要能够同时看到接口文件VeiwController.h和视图。在Interface Builder编辑器中还显示了刚设计的界面的情况下，单击工具栏的Edit部分的Assistant Editor按钮，这将在界面右边自动打开文件ViewController.h，因为Xcode知道我们在视图中必须编辑该文件。

另外，如果使用的开发计算机是MacBook，或编辑的是iPad项目，屏幕空间将不够用。为了节省屏幕空间，单击工具栏中View部分最左边和最右边的按钮，以隐藏Xcode窗口的导航区域和Utility区域。您也可以单击Interface Builder编辑器左下角的展开箭头将文档大纲区域隐藏起来。这样屏幕将如图6-9所示。

图6-9 切换工作空间

1. 添加输出口

下面首先连接用于显示输出的标签。前面说过，我们想用一个名为userOutput的实例变量/属性表示它。

（1）按住Control键，并拖曳用于输出的标签（在这里，其标题为<请输入信息>）或文档大纲中表示它的图标。将其拖曳到包含文件ViewController.h的代码编辑器中，当鼠标光标位于@interface行下方时松开鼠标键。当您拖曳时，Xcode将指出如果您此时松开鼠标键将插入什么，如图6-10所示。

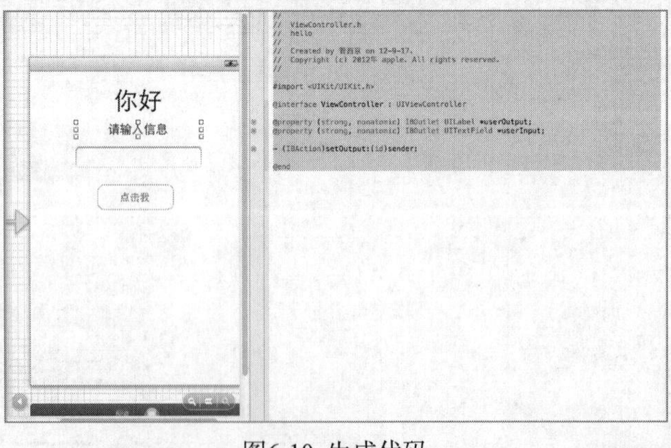

图6-10 生成代码

（2）当松开鼠标键时会要求我们定义输出口。接下来首先确保从下拉列表Connection中选择了Outlet，从Storage下拉列表中选择了Strong，并从Type下拉列表中选择了UILabel。最后指定要使用的实例“变量/属性”名（userOutput），最后再单击Connect按钮，如图6-11所示。

（3）当单击Connect按钮时，Xcode将自动插入合适的编译指令@property和关键字IBOut:put（隐式地声明实例变量）、编译指令@synthesize（插入到文件ViewController.m中）以及清理代码（也是文件ViewController.m中）。更重要的是，还在刚创建的输出口和界面对象之间建立连接。

（4）对文本框重复上述操作过程。将其拖曳至刚插入的@property代码行下方，将Type设置为UITextField，并将输出口命名为userInput。

图6-11 配置创建的输出口

2. 添加操作

添加操作并在按钮和操作之间建立连接的方式与添加输出口相同。惟一的差别是在接口文件中，操作通常是在属性后面定义的，因此，您需要拖放到稍微不同的位置。

（1）按住Control键，并将视图中的按钮拖曳到接口文件（ViewController.h）中刚添加的两个@property编译指令下方。同样，当您拖曳时，Xcode将提供反馈，指出它将在哪里插入代码。拖曳到要插入操作代码的地方后，松开鼠标键。

（2）与输出口一样，Xcode将要求您配置连接，如图6-12所示。这次，务必将连接类型设置为Action，否则Xcode将插入一个输出口。将Name（名称）设置为setOutput（前面选择的方法名）。务必从下拉列表Event中选择Touch Up Inside，以指定将触发该操作的事件。保留其他默认设置，并单击Connect按钮。

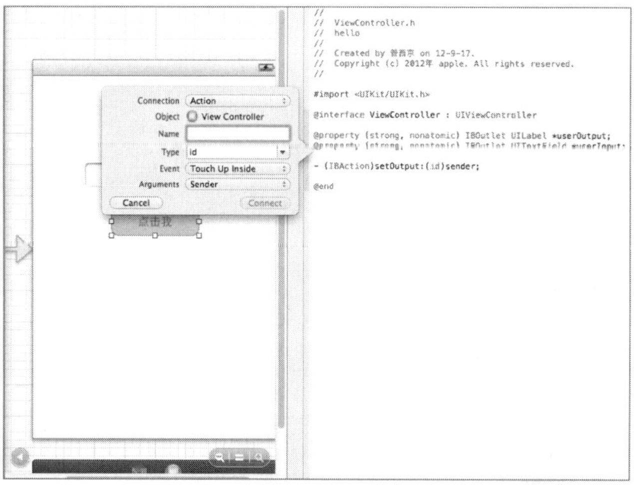

图6-12 配置要插入代码中的操作

到此为止，我们成功添加了实例变量、属性、输出口，并将它们连接到了界面元素。在最后还需要重新配置我们的工作区，确保项目导航器可见。

6.5.5 实现应用程序逻辑

创建好视图并建立到视图控制器的连接后，接下来的唯一任务便是实现逻辑。现在将注意力转向文件ViewController.m以及setOutput的实现上。setOutput方法将输出标签的内容设置为用户在文本框中输入的内容。我们如何获取并设置这些值呢？UILabel和UITextField都有包含其内容的text属性，通过读写该属性，只需一个简单的步骤便可将userOutput的内容设置为userInput的内容。

打开文件ViewController.m并滚动到末尾，会发现Xcode在创建操作连接代码时自动编写了空的方法定义（这里是setOutput），我们只需填充内容即可。找到方法setOutput，其实现代码如下所示：

```
- (IBAction)setOutput:(id)sender {
    //     [[self userOutput]setText:[[self userInput] text]];
    self.userOutput.text=self.userInput.text;
}
```

通过这条赋值语句便完成了所有的工作。

接下来我们整理核心文件ViewController.m的实现代码：

```
#import "ViewController.h"

@implementation ViewController
@synthesize userOutput;
@synthesize userInput;

- (void)didReceiveMemoryWarning
{
    [super didReceiveMemoryWarning];
    // Release any cached data, images, etc that aren't in use.
}

#pragma mark - View lifecycle

- (void)viewDidLoad
{
    [super viewDidLoad];
    // Do any additional setup after loading the view, typically from a nib.
}

- (void)viewDidUnload
{
    self.userInput = nil;
    self.userOutput = nil;
    [self setUserOutput:nil];
    [self setUserInput:nil];
    [super viewDidUnload];
    // Release any retained subviews of the main view.
    // e.g. self.myOutlet = nil;
}

- (void)viewWillAppear:(BOOL)animated
{
    [super viewWillAppear:animated];
}

- (void)viewDidAppear:(BOOL)animated
{
    [super viewDidAppear:animated];
}

- (void)viewWillDisappear:(BOOL)animated
{
    [super viewWillDisappear:animated];
```

```
}

- (void)viewDidDisappear:(BOOL)animated
{
    [super viewDidDisappear:animated];
}

-
(BOOL)shouldAutorotateToInterfaceOrientation:(UIInterfaceOrientation)interfaceOrien
tation
{
   // Return YES for supported orientations
   return (interfaceOrientation != UIInterfaceOrientationPortraitUpsideDown);
}

- (IBAction)setOutput:(id)sender {
   //    [[self userOutput]setText:[[self userInput] text]];
   self.userOutput.text=self.userInput.text;
}

@end
```

上述代码几乎都是用Xcode自动实现的。

6.5.6 生成应用程序

现在可以生成并测试我们的演示程序了，执行后的效果如图6-13所示。在文本框中输入信息并单击“单击我”按钮后，会在上方显示我们输入的文本，如图6-14所示。

图6-13 执行效果

图6-14 显示输入的信息

Part 2 第二篇

核心技术篇

本篇内容

- 第7章 文本框和文本视图
- 第8章 按钮和标签
- 第9章 滑块、步进和图像
- 第10章 开关控件和分段控件
- 第11章 Web视图控件、可滚动视图控件和翻页控件
- 第12章 提醒和操作表
- 第13章 工具栏、日期选择器
- 第14章 表视图（UITable）
- 第15章 活动指示器、进度条和检索条
- 第16章 UIView详解
- 第17章 视图控制器

第7章 文本框和文本视图

在本章前面的内容中，已经创建了一个简单的应用程序，并学会了应用程序基础框架和图形界面基础框架。在本章的内容中，将详细介绍iOS应用中的基本构件，向读者讲解使用可编辑的文本框和文本视图的基本知识。

7.1 文本框（UITextField）

在iOS应用中，文本框和文本视图都是用于实现文本输入的，在本节的内容中，将首先详细讲解文本框的基本知识，为读者步入本书后面知识的学习打下基础。

7.1.1 文本框基础

在iOS应用中，文本框（UITextField）是一种常见的信息输入机制，类似于Web表单中的表单字段。当在文本框中输入数据时，可以使用各种iOS键盘将其输入限制为数字或文本。和按钮一样，文本框也能响应事件，但是，通常将其实现为被动（passive）界面元素，这意味着视图控制器可随时通过text属性读取其内容。

控件UITextField的常用属性如下所示。

（1）borderStyle属性：设置输入框的边框线样式。

（2）backgroundColor属性：设置输入框的背景颜色，使用其font属性设置字体。

（3）clearButtonMode属性：设置一个清空按钮，通过设置clearButtonMode可以指定是否以及何时显示清除按钮。此属性主要有如下几种类型。

- UITextFieldViewModeAlways：不为空，获得焦点与没有获得焦点都显示清空按钮。
- UITextFieldViewModeNever：不显示清空按钮。
- UITextFieldViewModeWhileEditing：不为空，且在编辑状态时（及获得焦点）显示清空按钮。
- UITextFieldViewModeUnlessEditing：不为空，且不在编译状态时（焦点不在输入框上）显示清空按钮。

（4）background属性：设置一个背景图片。

7.1.2 实战演练——在屏幕中显示一个文本输入框

在iOS应用中，可以使用控件UITextField在屏幕中显示一个文本输入框。UITextField通常用于外部数据输入，以实现人机交互。在本实例中，使用UItextField控件设置了一个文本输入框，并设置在框中显示提示文本“请输入信息”。

实例7-1	在屏幕中显示一个文本输入框
源码与视频路径	光盘:\daima\7\quan

实例文件UIKitPrjPlaceholder.m的具体实现代码如下所示：

```
#import "UIKitPrjPlaceholder.h"
@implementation UIKitPrjPlaceholder
- (void)viewDidLoad {
  [super viewDidLoad];
  self.view.backgroundColor = [UIColor whiteColor];
  UITextField* textField = [[[UITextField alloc] init]
autorelease];
  textField.frame = CGRectMake( 20, 100, 280, 30 );
  textField.borderStyle = UITextBorderStyleRoundedRect;
  textField.contentVerticalAlignment =
UIControlContentVerticalAlignmentCenter;
  textField.placeholder = @"请输入信息";
  [self.view addSubview:textField];
}
@end
```

执行后的效果如图7-1所示。

图7-1 执行效果

7.1.3 实战演练——设置文本输入框的边框线样式

在本实例中，首先使用UITextField控件设置了4个文本输入框，然后使用borderStyle属性为这4个输入框设置了不同的边框线样式。

实例7-2	设置文本输入框的边框线样式
源码与视频路径	光盘:\daima\7\quan

注意：为了便于对比，本书中的很多实例在同一个工程文件中实现。

实例文件 UIKitPrjSimple.m的具体实现代码如下所示：

```
#import "UIKitPrjSimple.h"
@implementation UIKitPrjSimple
- (void)dealloc {
  [textFields_ release];
  [super dealloc];
}
- (void)viewDidLoad {
  [super viewDidLoad];
  self.view.backgroundColor = [UIColor whiteColor];

  UITextField* textField1 = [[[UITextField alloc] init] autorelease];
  textField1.delegate = self;
  textField1.frame = CGRectMake( 20, 20, 280, 30 );
  textField1.borderStyle = UITextBorderStyleLine;
  textField1.text = @"aaaaaaaaa";
  textField1.returnKeyType = UIReturnKeyNext;
  [self.view addSubview:textField1];

  UITextField* textField2 = [[[UITextField alloc] init] autorelease];
  textField2.delegate = self;
  textField2.frame = CGRectMake( 20, 60, 280, 30 );
  textField2.borderStyle = UITextBorderStyleBezel;
  textField2.text = @"bbbbbbbbb";
  textField2.returnKeyType = UIReturnKeyNext;
  [self.view addSubview:textField2];

  UITextField* textField3 = [[[UITextField alloc] init] autorelease];
  textField3.delegate = self;
  textField3.frame = CGRectMake( 20, 100, 280, 30 );
  textField3.borderStyle = UITextBorderStyleRoundedRect;
  textField3.text = @"ccccccccccc";
  textField3.returnKeyType = UIReturnKeyNext;
  [self.view addSubview:textField3];

  UITextField* textField4 = [[[UITextField alloc] init] autorelease];
  textField4.delegate = self;
```

```
  textField4.frame = CGRectMake( 20, 140, 280, 30 );
  textField4.borderStyle = UITextBorderStyleNone;
  textField4.text = @"dddddddddd";
  textField4.returnKeyType = UIReturnKeyNext;
  [self.view addSubview:textField4];

  textFields_ = [[NSArray alloc] initWithObjects:textField1, textField2, textField3,
textField4, nil];
}
- (void)textFieldDidBeginEditing:(UITextField*)textField {
  currentFieldIndex_ = [textFields_ indexOfObject:textField];
}
- (BOOL)textFieldShouldReturn:(UITextField*)textField {
  if ( textFields_.count <= ++currentFieldIndex_ ) {
    currentFieldIndex_ = 0;
  }
  UITextField* newField = [textFields_ objectAtIndex:currentFieldIndex_];
  if ( [newField canBecomeFirstResponder] ) {
    [newField becomeFirstResponder];
  }
  return YES;
}
@end
```

执行后的效果如图7-2所示。

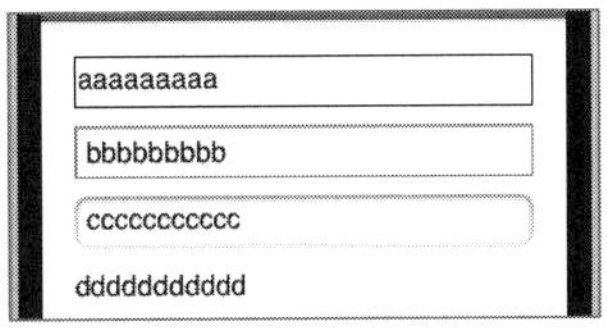

图7-2 执行效果

7.1.4 实战演练——设置文本输入框的字体和颜色

在本实例中，首先使用UITextField控件设置了1个文本输入框，然后设置了输入框中默认显示的文本为“看我的字体和颜色”，并设置了文本的字体和整个输入框的背景颜色。

实例7-3	设置文本输入框的字体和颜色
源码与视频路径	光盘:\daima\7\quan

实例文件 UIKitPrjChangeColorAndFont.m的具体实现代码如下所示。

```
#import "UIKitPrjChangeColorAndFont.h"
@implementation UIKitPrjChangeColorAndFont
- (void)viewDidLoad {
  [super viewDidLoad];
  self.view.backgroundColor = [UIColor whiteColor];
  UITextField* textField = [[[UITextField alloc] init] autorelease];
  textField.frame = CGRectMake( 20, 100, 280, 50 );
  textField.borderStyle = UITextBorderStyleBezel;
  textField.backgroundColor = [UIColor blackColor];
                                    //设置背景色
  textField.textColor = [UIColor redColor];//设置文本颜色
  textField.textAlignment = UITextAlignmentCenter;
  textField.font = [UIFont systemFontOfSize:36];
                                    //设置字体大小
  textField.text = @"看我的字体和颜色";
  [self.view addSubview:textField];
}
@end
```

执行后的效果如图7-3所示。

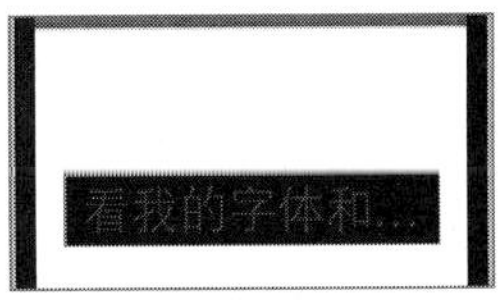

图7-3 执行效果

7.1.5 实战演练——在文本输入框中设置一个清空按钮

在本实例中，首先使用UITextField控件设置了4个文本输入框，然后分别为这4个输入框设置了不同类型的清空按钮。

实例7-4	在文本输入框中设置一个清空按钮
源码与视频路径	光盘:\daima\7\quan

实例文件 UIKitPrjClearButtonMode.m的具体实现代码如下所示：

```
#import "UIKitPrjClearButtonMode.h"
@implementation UIKitPrjClearButtonMode
- (void)dealloc {
  [textFields_ release];
  [super dealloc];
}
- (void)viewDidLoad {
  [super viewDidLoad];
  self.view.backgroundColor = [UIColor whiteColor];

  UITextField* textField1 = [[[UITextField alloc] init] autorelease];
  textField1.delegate = self;
  textField1.clearsOnBeginEditing = YES;
  textField1.frame = CGRectMake( 20, 20, 280, 30 );
  textField1.borderStyle = UITextBorderStyleRoundedRect;
  textField1.clearButtonMode = UITextFieldViewModeNever;
  textField1.text = @"UITextFieldViewModeNever";
  [self.view addSubview:textField1];

  UITextField* textField2 = [[[UITextField alloc] init] autorelease];
  textField2.delegate = self;
  textField2.frame = CGRectMake( 20, 60, 280, 30 );
  textField2.borderStyle = UITextBorderStyleRoundedRect;
  textField2.clearButtonMode = UITextFieldViewModeWhileEditing;
  textField2.text = @"UITextFieldViewModeWhileEditing";
  [self.view addSubview:textField2];

  UITextField* textField3 = [[[UITextField alloc] init] autorelease];
  textField3.delegate = self;
  textField3.frame = CGRectMake( 20, 100, 280, 30 );
  textField3.borderStyle = UITextBorderStyleRoundedRect;
  textField3.clearButtonMode = UITextFieldViewModeUnlessEditing;
  textField3.text = @"UITextFieldViewModeUnlessEditing";
  [self.view addSubview:textField3];

  UITextField* textField4 = [[[UITextField alloc] init] autorelease];
  textField4.delegate = self;
  textField4.frame = CGRectMake( 20, 140, 280, 30 );
  textField4.borderStyle = UITextBorderStyleRoundedRect;
  textField4.clearButtonMode = UITextFieldViewModeAlways;
  textField4.text = @"UITextFieldViewModeAlways";
  [self.view addSubview:textField4];

  textFields_ = [[NSArray alloc] initWithObjects:textField1, textField2, textField3,
textField4, nil];
}

- (BOOL)textFieldShouldClear:(UITextField*)textField {
  NSLog( @"textFieldShouldClear:%@", textField.text );
  return YES;
}
@end
```

执行后的效果如图7-4所示。

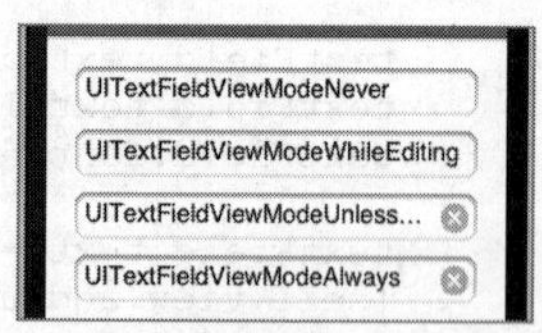

图7-4 执行效果

7.1.6 实战演练——为文本输入框设置背景图片

在本实例中，首先用 UITextField在屏幕中设置一个文本输入框，然后使用“textField.background = stretchableWhitePaper”语句为输入框设置了背景图片。

实例7-5	为文本输入框设置背景图片
源码与视频路径	光盘:\daima\7\quan

实例文件 UIKitPrjBackground.m 的具体实现代码如下所示：

```
#import "UIKitPrjBackground.h"
@implementation UIKitPrjBackground
- (void)viewDidLoad {
  [super viewDidLoad];
  self.view.backgroundColor = [UIColor whiteColor];
  //导入背景图片，并设置成自动伸缩
  UIImage* imageWhitePaper = [UIImage imageNamed:@"paper.png"];
  UIImage* stretchableWhitePaper = [imageWhitePaper
stretchableImageWithLeftCapWidth:20 topCapHeight:20];
  UIImage* imageGrayPaper = [UIImage imageNamed:@"paperGray.png"];
  UIImage* stretchableGrayPaper = [imageGrayPaper stretchableImageWithLeftCapWidth:20
topCapHeight:20];
  //创建UITextField实例
  UITextField* textField = [[[UITextField alloc] init] autorelease];
  textField.delegate = self;
  textField.frame = CGRectMake( 20, 100, 280, 50 );
  textField.background = stretchableWhitePaper;//设置背景图片
  textField.disabledBackground = stretchableGrayPaper;
  textField.text = @"有图片";
  textField.textAlignment = UITextAlignmentCenter;
  textField.contentVerticalAlignment = UIControlContentHorizontalAlignmentCenter;
  [self.view addSubview:textField];
}
- (BOOL)textFieldShouldReturn:(UITextField*) textField {
  textField.enabled = NO;
  return YES;
}
@end
```

图7-5 执行效果

执行后的效果如图7-5所示。

7.1.7 实战演练——实现UITextField控件（基于Swift实现）

在本节的内容中，将通过一个具体实例的实现过程，详细讲解基于Swift语言实现一个UITextField控件的过程。

实例7-6	实现UITextField控件
源码与视频路径	光盘:\daima\7\ Swift-UITextView-Placeholder

（1）打开Xcode 6.1，然后新创建一个名为“LTBouncyPlaceholderDemo”的工程，工程的最终目录结构如图7-6所示。

（2）打开Main.storyboard，为本工程设计两个视图界面，在第二个视图中实现UITextField控件效果，如图7-7所示。

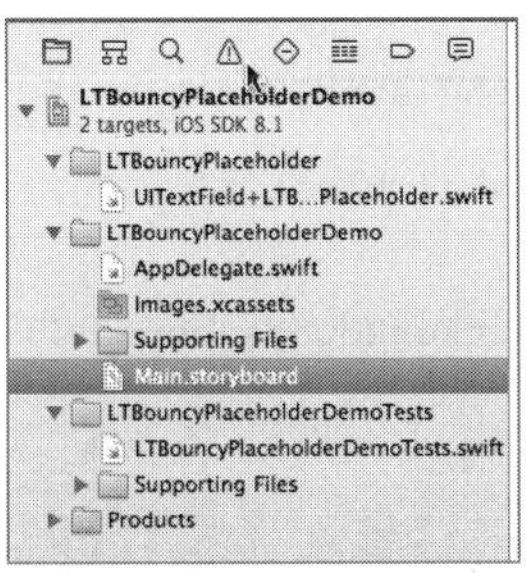

图7-6 工程的目录结构

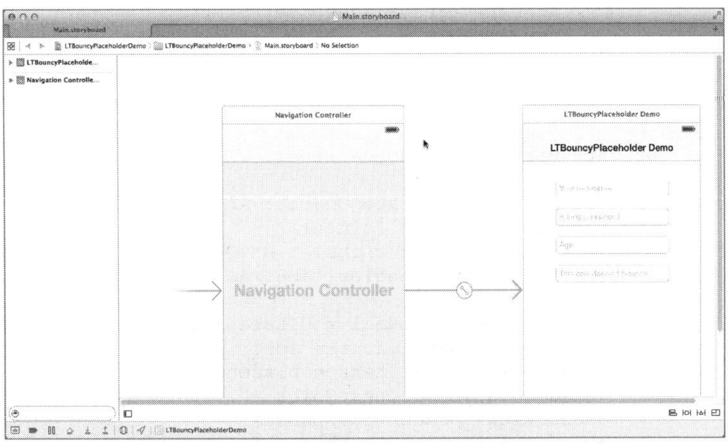

图7-7 Main.storyboard设计视图

（3）本实例是用Swift语言编写的UITextField扩展，在Dribbble目录中有一个QuartzComposer文件。在文件UITextField+LTBouncyPlaceholder.swift中编写UITextField extension（扩展），并且实现了PlaceHolder的弹出动画效果。具体实现代码如下所示：

```
import Foundation
import UIKit
import QuartzCore

var kAlwaysBouncePlaceholderPointer: Void?
var kAbbreviatedPlaceholderPointer: Void?
var kPlaceholderLabelPointer: Void?
var kRightPlaceholderLabelPointer: Void?

let kAnimationDuration: CFTimeInterval = 0.6

extension UITextField {

    public var alwaysBouncePlaceholder: Bool {
    get {
        var _alwaysBouncePlaceholderObject : AnyObject?
            = objc_getAssociatedObject(self, &kAlwaysBouncePlaceholderPointer)
        if let _alwaysBouncePlaceholder = _alwaysBouncePlaceholderObject?.boolValue {
            return _alwaysBouncePlaceholder
        }
        return false
    }
    set {
        lt_placeholderLabel.hidden = !newValue
        objc_setAssociatedObject(self,
            &kAlwaysBouncePlaceholderPointer,
            newValue,
            objc_AssociationPolicy(OBJC_ASSOCIATION_RETAIN_NONATOMIC))
    }
    }

    public var abbreviatedPlaceholder: String? {
    get {
        var _abbreviatedPlaceholderObject: AnyObject? = objc_getAssociatedObject(self,
        &kAbbreviatedPlaceholderPointer)
        if let _abbreviatedPlaceholder: AnyObject = _abbreviatedPlaceholderObject {
            return _abbreviatedPlaceholder as? String
        }
        return nil
    }
    set {
        lt_rightPlaceholderLabel.text = newValue
        objc_setAssociatedObject(self,
            &kAbbreviatedPlaceholderPointer,
            newValue,
            objc_AssociationPolicy(OBJC_ASSOCIATION_RETAIN_NONATOMIC))
    }
    }

    private var lt_placeholderLabel: UILabel {
    get {
        var _placeholderLabelObject: AnyObject? = objc_getAssociatedObject(self,
        &kPlaceholderLabelPointer)
        if let _placeholderLabel : AnyObject = _placeholderLabelObject {
            return _placeholderLabel as UILabel
        }
        var _placeholderLabel = UILabel(frame: placeholderRectForBounds(bounds))
        _placeholderLabel.font = font
        _placeholderLabel.text = placeholder
        _placeholderLabel.textColor = .lightGrayColor()
        addSubview(_placeholderLabel)
        objc_setAssociatedObject(self,
            &kPlaceholderLabelPointer,
```

```
            _placeholderLabel,
            objc_AssociationPolicy(OBJC_ASSOCIATION_RETAIN_NONATOMIC))
        return _placeholderLabel
    }
    }

    private var lt_rightPlaceholderLabel: UILabel {
    get {
        var _rightPlaceholderLabelObject: AnyObject? = objc_getAssociatedObject(self,
        &kRightPlaceholderLabelPointer)
        if let _rightPlaceholderLabel: AnyObject = _rightPlaceholderLabelObject {
            return _rightPlaceholderLabel as UILabel
        }
        var _rightPlaceholderLabel = UILabel(frame: placeholderRectForBounds(bounds))
        _rightPlaceholderLabel.font = font
        _rightPlaceholderLabel.textColor = .lightGrayColor()
        _rightPlaceholderLabel.layer.opacity = 0.0
        addSubview(_rightPlaceholderLabel)
        objc_setAssociatedObject(self,
            &kRightPlaceholderLabelPointer,
            _rightPlaceholderLabel,
            objc_AssociationPolicy(OBJC_ASSOCIATION_RETAIN_NONATOMIC))
        return _rightPlaceholderLabel
    }
    }

    func _drawPlaceholderInRect(rect: CGRect) {
        println("swizzled default method")
    }

    override public func willMoveToSuperview(newSuperview: UIView!) {
        if (nil != newSuperview) {
            lt_placeholderLabel.setNeedsDisplay()

            struct TokenHolder {
                static var token: dispatch_once_t = 0;
            }

            dispatch_once(&TokenHolder.token) {
                var originMethod: Method = class_getInstanceMethod(object_getClass
(self), Selector("drawPlaceholderInRect:"))
                var swizzledMethod: Method =
class_getInstanceMethod(object_getClass(self), Selector("_drawPlaceholderInRect:"))
                method_exchangeImplementations(originMethod, swizzledMethod)

            }

            NSNotificationCenter.defaultCenter().addObserver(self,
                selector: Selector("_didChange:"),
                name: UITextFieldTextDidChangeNotification,
                object: nil)
        } else {
            NSNotificationCenter.defaultCenter().removeObserver(self,
                name: UITextFieldTextDidChangeNotification,
                object: nil)
        }
    }

    func _didChange (notification: NSNotification) {
        if notification.object === self {
            if text.lengthOfBytesUsingEncoding(NSUTF8StringEncoding) > 0 {
                if alwaysBouncePlaceholder {

                    _animatePlaceholder(toRight: true)
                } else {
                    lt_placeholderLabel.hidden = true
                }
            } else {
```

```
                if alwaysBouncePlaceholder {
                    _animatePlaceholder(toRight: false)
                } else {
                    lt_placeholderLabel.hidden = false
                }
            }
        }
    }

    private var _widthOfAbbr: Float {
    get {
        let rightPlaceholder: String? = !abbreviatedPlaceholder!.isEmpty ?
        abbreviatedPlaceholder : placeholder
        if let _rightPlaceholder = rightPlaceholder {
            let attributes = [NSFontAttributeName: lt_rightPlaceholderLabel.font]
            var abbrSize = _rightPlaceholder.sizeWithAttributes(attributes)
            return Float(abbrSize.width)
        }
        return 0
    }
    }

    private func _bounceKeyframes(#toRight: Bool) -> NSArray {
        let steps = 100
        var values = [Double]()
        var value: Double
        let e = 2.5
        let distance=Float(placeholderRectForBounds(bounds).size.width)-_widthOfAbbr
        for t in 0..<steps {
            value = Double(distance)
                * (toRight ? -1 : 1)
                * Double(pow(e, -0.055 * Double(t)))
                * Double(cos(0.1 * Double(t)))
                + (toRight ? Double(distance) : 0)
            values.append(value)
        }
        return values
    }

    private func _animatePlaceholder (#toRight: Bool) {
        if let abbrPlaceholder = abbreviatedPlaceholder {
            if (toRight) {
                if lt_rightPlaceholderLabel.layer.presentationLayer().opacity > 0 {
                    return
                }

                lt_placeholderLabel.layer.removeAllAnimations()
                lt_rightPlaceholderLabel.layer.removeAllAnimations()

                let bounceToRight = CAKeyframeAnimation(keyPath: "position.x")
                bounceToRight.timingFunction = CAMediaTimingFunction(name:
                kCAMediaTimingFunctionLinear)
                bounceToRight.duration = kAnimationDuration
                bounceToRight.values = _bounceKeyframes(toRight: true)
                bounceToRight.fillMode = kCAFillModeForwards
                bounceToRight.additive = true
                bounceToRight.removedOnCompletion = false

                let fadeOut = CABasicAnimation(keyPath: "opacity")
                fadeOut.timingFunction = CAMediaTimingFunction(name:
                kCAMediaTimingFunctionLinear)
                fadeOut.fromValue = 1
                fadeOut.toValue = 0
                fadeOut.duration = kAnimationDuration / 3
                fadeOut.fillMode = kCAFillModeBoth
                fadeOut.removedOnCompletion = false
```

```
                lt_placeholderLabel.layer.addAnimation(bounceToRight, forKey:
"bounceToRight")
                lt_placeholderLabel.layer.addAnimation(fadeOut, forKey: "fadeOut")

                let fadeIn = CABasicAnimation(keyPath: "opacity")
                fadeIn.timingFunction = CAMediaTimingFunction(name:
kCAMediaTimingFunctionLinear)
                fadeIn.fromValue = 0
                fadeIn.toValue = 1
                fadeIn.duration = kAnimationDuration / 3
                fadeIn.fillMode = kCAFillModeForwards
                fadeIn.removedOnCompletion = false

                lt_rightPlaceholderLabel.layer.addAnimation(bounceToRight, forKey:
"bounceToRight")
                lt_rightPlaceholderLabel.layer.addAnimation(fadeIn, forKey:
"fadeIn")
            } else {
                lt_placeholderLabel.layer.removeAllAnimations()
                lt_rightPlaceholderLabel.layer.removeAllAnimations()

                let bounceToLeft = CAKeyframeAnimation(keyPath: "position.x")
                bounceToLeft.timingFunction = CAMediaTimingFunction(name:
kCAMediaTimingFunctionLinear)
                bounceToLeft.duration = kAnimationDuration
                bounceToLeft.values = _bounceKeyframes(toRight: false)
                bounceToLeft.fillMode = kCAFillModeForwards
                bounceToLeft.additive = true
                bounceToLeft.removedOnCompletion = false

                let fadeIn = CABasicAnimation(keyPath: "opacity")
                fadeIn.timingFunction = CAMediaTimingFunction(name:
kCAMediaTimingFunctionEaseIn)
                fadeIn.duration = kAnimationDuration / 3
                fadeIn.fillMode = kCAFillModeForwards
                fadeIn.fromValue = 0
                fadeIn.toValue = 1
                fadeIn.removedOnCompletion = false
                lt_placeholderLabel.layer.addAnimation(fadeIn, forKey: "fadeIn")
                lt_placeholderLabel.layer.addAnimation(bounceToLeft, forKey:
"bounceToLeft")

                let fadeOut = CABasicAnimation(keyPath: "opacity")
                fadeOut.timingFunction = CAMediaTimingFunction(name:
kCAMediaTimingFunctionEaseIn)
                fadeOut.duration = kAnimationDuration / 3
                fadeOut.fillMode = kCAFillModeForwards
                fadeOut.fromValue = 1
                fadeOut.toValue = 0
                fadeOut.removedOnCompletion = false
                lt_rightPlaceholderLabel.layer.addAnimation(fadeOut, forKey:
"fadeOut")
                lt_rightPlaceholderLabel.layer.addAnimation(bounceToLeft, forKey:
"bounceToLeft")
            }
        } else {
            lt_placeholderLabel.layer.removeAllAnimations()
            if toRight {
                let bounceToRight = CAKeyframeAnimation(keyPath: "position.x")
                bounceToRight.timingFunction = CAMediaTimingFunction(name:
kCAMediaTimingFunctionLinear)
                bounceToRight.duration = kAnimationDuration
                bounceToRight.values = _bounceKeyframes(toRight: true)
                bounceToRight.fillMode = kCAFillModeForwards
                bounceToRight.additive = true
                bounceToRight.removedOnCompletion = false
                lt_placeholderLabel.layer.addAnimation(bounceToRight, forKey:
"bounceToRight")
```

```
            } else {
                let bounceToLeft = CAKeyframeAnimation(keyPath: "position.x")
                bounceToLeft.timingFunction = CAMediaTimingFunction(name:
                kCAMediaTimingFunctionLinear)
                bounceToLeft.duration = kAnimationDuration
                bounceToLeft.values = _bounceKeyframes(toRight: false)
                bounceToLeft.fillMode = kCAFillModeForwards
                bounceToLeft.additive = true
                bounceToLeft.removedOnCompletion = false
                lt_placeholderLabel.layer.addAnimation(bounceToLeft, forKey:
                "bounceToLeft")
            }
        }
    }
}
```

执行后将实现一个具有弹出动画功能的UITextField控件效果，执行效果如图7-8所示。

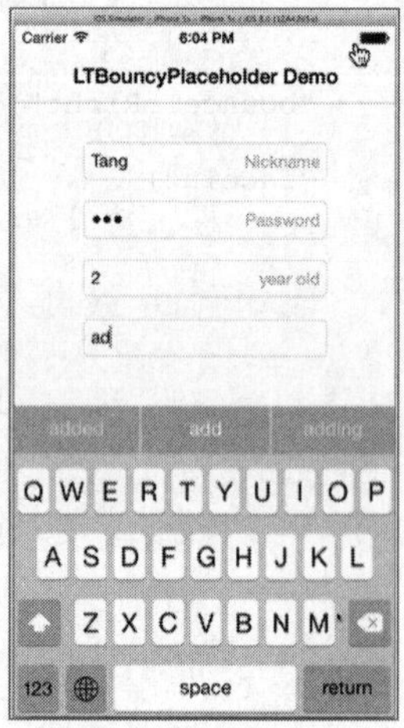

图7-8　执行效果

7.2 文本视图（UITextView）

文本视图（UITextView）与文本框类似，差别在于文本视图可显示一个可滚动和编辑的文本块，供用户阅读或修改。仅当需要的输入很多时，才应使用文本视图。

7.2.1 文本视图基础

在iOS应用中，UITextView是一个类。在Xcode中当使用IB给视图拖上去一个文本框后，选中文本框后可以在Attribute Inspector中设置其各种属性。

Attribute Inspector分为3部分，分别是Text Field、Control和View部分。我们重点看看Text Field 部分，Text Field部分有以下选项。

（1）Text：设置文本框的默认文本。

（2）Placeholder：可以在文本框中显示灰色的字，用于提示用户应该在这个文本框输入什么内容。当这个文本框中输入了数据时，用于提示的灰色的字将会自动消失。

（3）Background：设置背景。

（4）Disabled：若选中此项，用户将不能更改文本框内容。

（5）接下来是3个按钮，用来设置对齐方式。

（6）Border Style：选择边界风格。

（7）Clear Button：这是一个下拉菜单，你可以选择清除按钮什么时候出现，所谓清除按钮就是出一个现在文本框右边的小×，可以有以下选择。

- Never appears：从不出现。
- Appears while editing：编辑时出现。
- Appears unless editing：编辑时不出现。
- Is always visible：总是可见。

（8）Clear when editing begins：若选中此项，则当开始编辑这个文本框时，文本框中之前的内容会被清除掉。比如，先在这个文本框A中输入了“What”，之后去编辑文本框B，若再回来编辑文本框 A，则其中的“What”会被立即清除。

（9）Text Color：设置文本框中文本的颜色。

（10）Font：设置文本的字体与字号。

（11）Min Font Size：设置文本框可以显示的最小字体（不过我感觉没什么用）。

（12）Adjust To Fit：指定当文本框尺寸减小时文本框中的文本是否也要缩小。选择它，可以使得全部文本都可见，即使文本很长。但是这个选项要跟Min Font Size配合使用，文本再缩小，也不会小于设定的 Min Font Size。

接下来的部分用于设置键盘如何显示。

（13）Captitalization：设置大写。下拉菜单中有4个选项。

- None：不设置大写。
- Words：每个单词首字母大写，这里的单词指的是以空格分开的字符串。
- Sentances：每个句子的第一个字母大写，这里的句子是以句号加空格分开的字符串。
- All Characters：所有字母大写。

（14）Correction：检查拼写，默认是Yes。

（15）Keyboard：选择键盘类型，比如全数字、字母和数字等。

（16）Return Key：选择返回键，可以选择Search、Return、Done等。

（17）Auto-enable Return Key：如选择此项，则只有至少在文本框输入一个字符后键盘的返回键才有效。

（18）Secure：当你的文本框用作密码输入框时，可以选择这个选项，此时，字符显示为星号。

在iOS应用中，可以使用UITextView在屏幕中显示文本，并且能够同时显示多行文本。UITextView的常用属性如下所示。

（1）textColor属性：设置文本的的颜色。

（2）font属性：设置文本的字体和大小。

（3）editable属性：如果设置为Yes，可以将这段文本设置为可编辑的。

（4）textAlignment属性：设置文本的对齐方式，此属性有如下3个值。

- UITextAlignmentRight：右对齐。
- UITextAlignmentCenter：居中对齐。
- UITextAlignmentLeft：左对齐。

7.2.2 实战演练——在屏幕中换行显示文本

在本实例中，使用控件UITextView在屏幕中同时显示了12行文本。并且设置了文本的颜色是白色，设置了字体大小是32。

实例7-7	在屏幕中换行显示文本
源码与视频路径	光盘:\daima\7\wenshi

实例文件 UIKitPrjTextView.m的具体代码如下所示。

```
#import "UIKitPrjTextView.h"
@implementation UIKitPrjTextView
- (void)viewDidLoad {
  [super viewDidLoad];
  UITextView* textView = [[[UITextView alloc] init] autorelease];
  textView.frame = self.view.bounds;
  textView.autoresizingMask =
    UIViewAutoresizingFlexibleWidth | UIViewAutoresizingFlexibleHeight;
  //textView.editable = NO; // 不可编辑

  textView.backgroundColor = [UIColor blackColor]; // 背景为黑色
  textView.textColor = [UIColor whiteColor]; // 字符为白色
  textView.font = [UIFont systemFontOfSize:32]; // 字体的设置
  textView.text = @"学习UITextView!\n"
                  "第2行\n"
                  "第3行\n"
                  "第4行\n"
                  "第5行\n"
```

```
                    "第6行\n"
                    "第7行\n"
                    "第8行\n"
                    "第9行\n"
                    "第10行\n"
                    "第11行\n"
                    "第12行\n";
    [self.view addSubview:textView];
}
@end
```

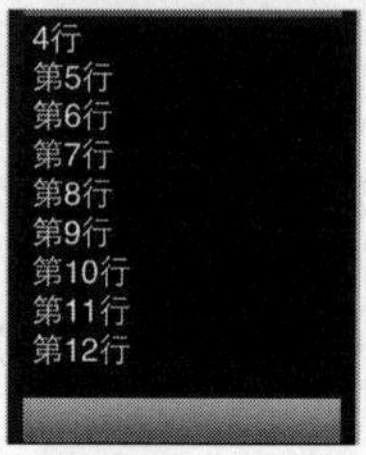

图7-9　执行效果

执行后的效果如图7-9所示。

7.2.3　实战演练——在屏幕中显示可编辑的文本

在本实例中，使用控件UITextView在屏幕中显示了一段文本“亲们，可以编辑这一段文本。”，然后将其editable属性设置为Yes。当单击“Edit”按钮后可以编辑这段文本，单击“Done”按钮后可以完成对这段文本的编辑操作。

实例7-8	在屏幕中显示可编辑的文本
源码与视频路径	光盘:\daima\7\wenshi

实例文件 UIKitPrjEditableTextView.m的具体代码如下所示：

```
#import "UIKitPrjEditableTextView.h"
@implementation UIKitPrjEditableTextView
- (void)dealloc {
  [textView_ release];
  [super dealloc];
}
- (void)viewDidLoad {
  [super viewDidLoad];
  textView_ = [[UITextView alloc] init];
  textView_.frame = self.view.bounds;
  textView_.autoresizingMask = UIViewAutoresizingFlexibleWidth |
                               UIViewAutoresizingFlexibleHeight;
  textView_.delegate = self;
  textView_.text = @"亲们，可以编辑这一段文本。";
  [self.view addSubview:textView_];
}
- (void)viewWillAppear:(BOOL)animated {
  [super viewWillAppear:animated];
  [self.navigationController setNavigationBarHidden:NO animated:YES];
  [self.navigationController setToolbarHidden:NO animated:YES];
}
- (void)viewDidAppear:(BOOL)animated {
  [super viewDidAppear:animated];
  [self textViewDidEndEditing:textView_]; // 画面显示时设置为非编辑模式
}
- (void)viewWillDisappear:(BOOL)animated {
  [super viewWillDisappear:animated];
  [textView_ resignFirstResponder]; // 画面跳转时设置为非编辑模式
}
- (void)textViewDidBeginEditing:(UITextView*)textView {
  static const CGFloat kKeyboardHeight = 216.0;
  // 按钮设置为[完成]
  self.navigationItem.rightBarButtonItem =
    [[[UIBarButtonItem alloc] initWithBarButtonSystemItem:UIBarButtonSystemItemDone
                         target:self action:@selector(doneDidPush)] autorelease];
  [UIView beginAnimations:nil context:nil];
  [UIView setAnimationDuration:0.3];
  // 缩小UITextView以免被键盘挡住
  CGRect textViewFrame = textView.frame;
  textViewFrame.size.height = self.view.bounds.size.height - kKeyboardHeight;
  textView.frame = textViewFrame;
  // 工具条位置上移
```

```
  CGRect toolbarFrame = self.navigationController.toolbar.frame;
  toolbarFrame.origin.y =
    self.view.window.bounds.size.height - toolbarFrame.size.height - kKeyboardHeight;
  self.navigationController.toolbar.frame = toolbarFrame;
  [UIView commitAnimations];
}
- (void)textViewDidEndEditing:(UITextView*)textView {
  // 按钮设置为[编辑]
  self.navigationItem.rightBarButtonItem =
    [[[UIBarButtonItem alloc] initWithBarButtonSystemItem:UIBarButtonSystemItemEdit
                              target:self action:@selector(editDidPush)] autorelease];
  [UIView beginAnimations:nil context:nil];
  [UIView setAnimationDuration:0.3];
  // 恢复UITextView的尺寸
  textView.frame = self.view.bounds;
  // 恢复工具条的位置
  CGRect toolbarFrame = self.navigationController.toolbar.frame;
  toolbarFrame.origin.y =
    self.view.window.bounds.size.height - toolbarFrame.size.height;
  self.navigationController.toolbar.frame = toolbarFrame;
  [UIView commitAnimations];
}
- (void)editDidPush {
  [textView_ becomeFirstResponder];
}
- (void)doneDidPush {
  [textView_ resignFirstResponder];
}
@end
```

执行后的效果如图7-10所示。单击“Edit”按钮后可以编辑这段文字，如图7-11所示。

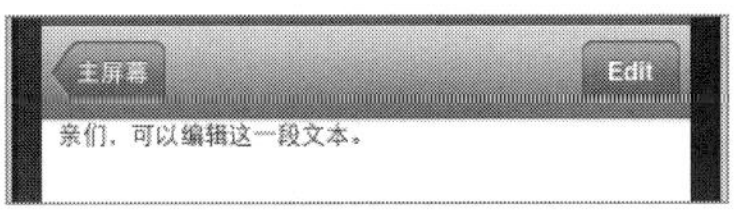

图7-10 执行效果

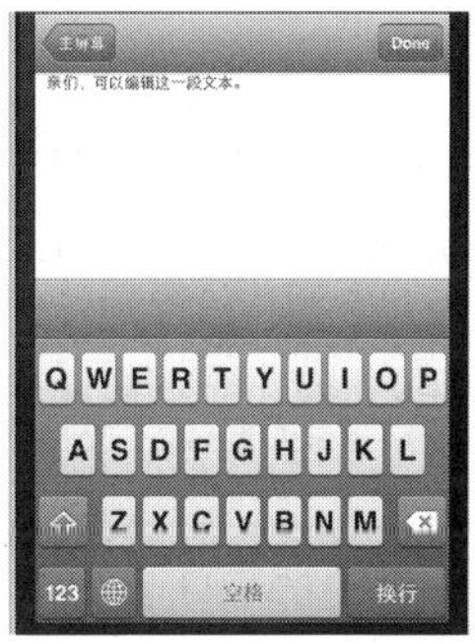

图7-11 编辑界面

7.2.4 实战演练——设置屏幕中文本的对齐方式

在本实例中，使用控件UITextView在屏幕中显示了一段文本“此文本可编辑”，然后在工具条中添加了4个按钮。其中通过按钮“alignment”可以控制文本的对齐方式，通过按钮“Selection”可以获得文本的范围。

实例7-9	设置屏幕中文本的对齐方式
源码与视频路径	光盘:\daima\7\wenshi

实例文件 UIKitPrjWorkingWithTheSelection.m的具体实现流程如下所示：

```
#import "UIKitPrjWorkingWithTheSelection.h"
static const CGFloat kKeyboardHeight = 216.0;
@implementation UIKitPrjWorkingWithTheSelection
- (void)dealloc {
  [textView_ release];
  [super dealloc];
```

```
}

- (void)viewDidLoad {
  [super viewDidLoad];
  // UITextView的追加
  textView_ = [[UITextView alloc] init];
  textView_.frame = self.view.bounds;
  textView_.autoresizingMask = UIViewAutoresizingFlexibleWidth |
UIViewAutoresizingFlexibleHeight;
  textView_.text = @"此文本可编辑。";
  [self.view addSubview:textView_];
  // 在工具条中追加按钮
  UIBarButtonItem* hasTextButton =
   [[[UIBarButtonItem alloc] initWithTitle:@"hasText"
                               style:UIBarButtonItemStyleBordered
                             target:self
                             action:@selector(hasTextDidPush)] autorelease];
  UIBarButtonItem* selectionButton =
   [[[UIBarButtonItem alloc] initWithTitle:@"selection"
                               style:UIBarButtonItemStyleBordered
                             target:self
                             action:@selector(selectionDidPush)] autorelease];
  UIBarButtonItem* alignmentButton =
   [[[UIBarButtonItem alloc] initWithTitle:@"alignment"
                               style:UIBarButtonItemStyleBordered
                             target:self
                             action:@selector(alignmentDidPush)] autorelease];
  UIBarButtonItem* scrollButton =
   [[[UIBarButtonItem alloc] initWithTitle:@"top"
                                      style:UIBarButtonItemStyleBordered
                                    target:self
                                    action:@selector(scrollDidPush)] autorelease];
  NSArray* buttons = [NSArray arrayWithObjects:hasTextButton, selectionButton,
alignmentButton, scrollButton, nil];
  [self setToolbarItems:buttons animated:YES];
}
- (void)viewDidAppear:(BOOL)animated {
  [super viewDidAppear:animated];
  // 调整工具条位置
  [UIView beginAnimations:nil context:nil];
  [UIView setAnimationDuration:0.3];
  textView_.frame =
    CGRectMake( 0, 0, self.view.bounds.size.width, self.view.bounds.size.height -
kKeyboardHeight );
  CGRect toolbarFrame = self.navigationController.toolbar.frame;
  toolbarFrame.origin.y =
   self.view.window.bounds.size.height - toolbarFrame.size.height - kKeyboardHeight;
  self.navigationController.toolbar.frame = toolbarFrame;
  [UIView commitAnimations];
  [textView_ becomeFirstResponder]; // 画面显示时显示键盘
}
- (void)viewWillDisappear:(BOOL)animated {
  [super viewWillDisappear:animated];
  // 恢复工具条
  [UIView beginAnimations:nil context:nil];
  [UIView setAnimationDuration:0.3];
  textView_.frame = self.view.bounds;
  CGRect toolbarFrame = self.navigationController.toolbar.frame;
  toolbarFrame.origin.y = self.view.window.bounds.size.height -
toolbarFrame.size.height;
  self.navigationController.toolbar.frame = toolbarFrame;
  [UIView commitAnimations];
  [textView_ resignFirstResponder]; // 画面隐藏时隐藏键盘
}
- (void)hasTextDidPush {
  UIAlertView* alert = [[[UIAlertView alloc] init] autorelease];
  if ( textView_.hasText ) {
   alert.message = @"textView_.hasText = YES";
```

```
    } else {
     alert.message = @"textView_.hasText = NO";
    }
    [alert addButtonWithTitle:@"OK"];
    [alert show];
}
- (void)selectionDidPush {
    UIAlertView* alert = [[[UIAlertView alloc] init] autorelease];
    alert.message = [NSString stringWithFormat:@"location = %d, length = %d",
                  textView_.selectedRange.location, textView_.selectedRange.length];
    [alert addButtonWithTitle:@"OK"];
    [alert show];
}
- (void)alignmentDidPush {
    textView_.editable = NO;
    if ( UITextAlignmentRight <
++textView_.textAlignment ) {
     textView_.textAlignment = UITextAlignmentLeft;
    }
    textView_.editable = YES;
}
- (void)scrollDidPush {
    // NSRange scrollRange = NSMakeRange( 0, 1 );
    [textView_ scrollRangeToVisible:NSMakeRange( 0,
1 )];
}
@end
```

图7-12 执行效果

执行后的效果如图7-12所示。

7.2.5 实战演练——使用UITextView控件（基于Swift实现）

在本节的内容中，将通过一个具体实例的实现过程，详细讲解基于Swift语言使用UITextView控件的过程。

实例7-10	使用UITextView控件
源码与视频路径	光盘:\daima\7\ LTBouncyPlaceholder

（1）打开Xcode 6.1，然后新创建一个名为“Placeholder Test”的工程，工程的最终目录结构如图7-13所示。

（2）打开Main.storyboard，为本工程设计一个View Controller视图界面，如图7-14所示。

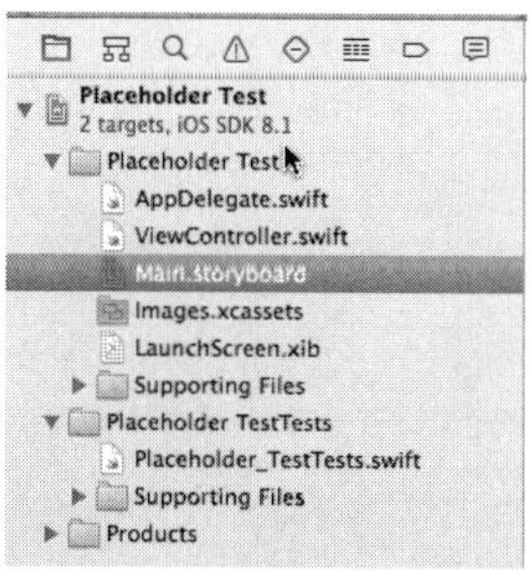

图7-13 工程的目录结构

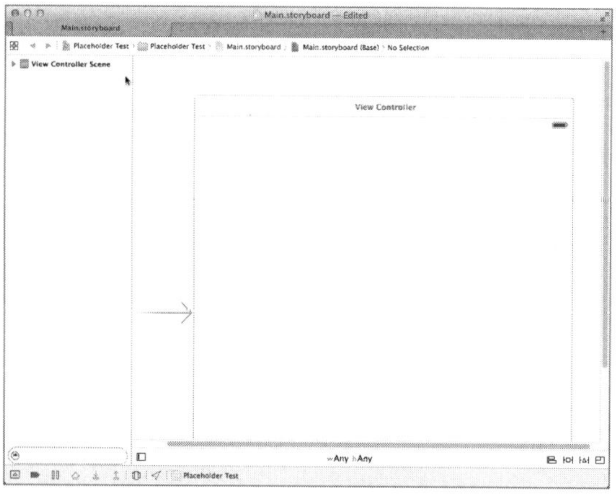

图7-14 Main.storyboard记事板

（3）本实例的程序文件是ViewController.swift，功能是通过UITextView在屏幕中显示指定的文本内容，具体实现代码如下所示：

```
class ViewController: UIViewController, UITextViewDelegate {

    @IBOutlet weak var textView: UITextView!

    override func viewDidLoad() {
        super.viewDidLoad()
        textView.delegate = self
        if (textView.text == "") {
            textViewDidEndEditing(textView)
        }
        var tapDismiss = UITapGestureRecognizer(target: self, action:
"dismissKeyboard")
        self.view.addGestureRecognizer(tapDismiss)
    }

    func dismissKeyboard(){
        textView.resignFirstResponder()
    }

    override func didReceiveMemoryWarning() {
        super.didReceiveMemoryWarning()
        // Dispose of any resources that can be recreated.
    }

    func textViewDidEndEditing(textView: UITextView) {
        if (textView.text == "") {
            textView.text = "Placeholder"
            textView.textColor = UIColor.lightGrayColor()
        }
        textView.resignFirstResponder()
    }

    func textViewDidBeginEditing(textView: UITextView){
        if (textView.text == "Placeholder"){
            textView.text = ""
            textView.textColor = UIColor.blackColor()
        }
        textView.becomeFirstResponder()
    }
}
```

到此为止，整个实例介绍完毕。单击UI主界面中“UITextView”列表项后，执行效果如图7-15所示。

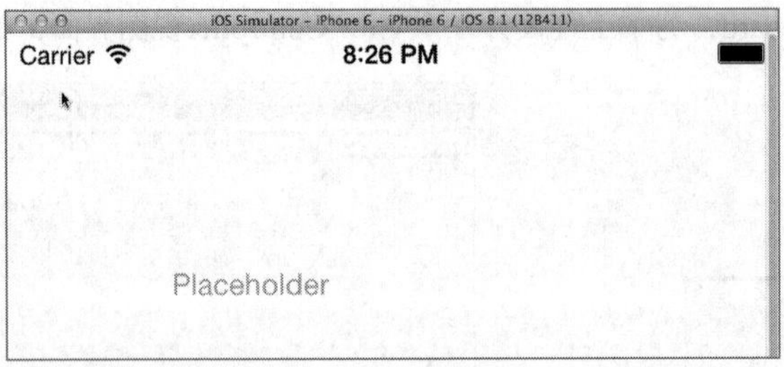

图7-15　执行效果

第 8 章 按钮和标签

在本章前面的内容中，已经讲解了文本控件和文本视图控件的基本知识，本章将进一步讲解iOS的基本控件。在本章的内容中，将详细介绍iOS应用中的按钮控件和标签控件的基本知识，为读者进入本书后面知识的学习打下基础。

8.1 标签（UILabel）

在iOS应用中，使用标签（UILabel）可以在视图中显示字符串，这一功能是通过设置其Text属性实现的。标签中可以控制文本的属性有很多，例如字体、字号、对齐方式以及颜色。通过标签可以在视图中显示静态文本，也可显示在代码中生成动态输出。在本节的内容中，将详细讲解标签控件的基本用法。

8.1.1 标签（UILabel）的属性

标签（UILabel）有如下5个常用的属性。

（1）font属性：设置显示文本的字体。

（2）size属性：设置文本的大小。

（3）backgroundColor属性：设置背景颜色，并分别使用以下3个对齐属性设置了文本的对齐方式。

- UITextAlignmentLeft：左对齐。
- UITextAlignmentCenter：居中对齐。
- UITextAlignmentRight：右对齐。

（4）textColor属性：设置文本的颜色。

（5）adjustsFontSizeToFitWidth属性：如将adjustsFontSizeToFitWidth的值设置为Yes，表示文本文字自适应大小。

8.1.2 实战演练——使用标签（UILabel）显示一段文本

在本节下面的内容中，将通过一个简单的实例来说明使用标签（UILabel）的方法。

实例8-1	在屏幕中用标签（UILabel）显示一段文本
源码与视频路径	光盘:\daima\8\UILabelDemo

（1）新打开Xcode，创建一个名为“UILabelDemo”的“Single View Applicatiom”项目，如图8-1所示。

（2）设置新创建项目的工程名，然后设置设备为“iPhone”，如图8-2所示。

（3）设置一个界面，整个界面为空，效果如图8-3所示。

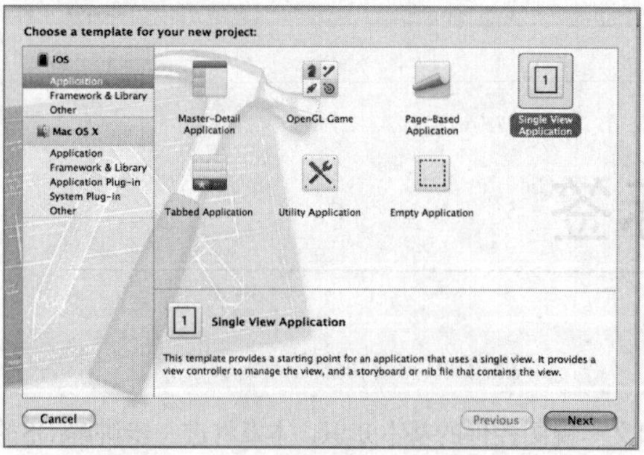

图8-1 新创建Xcode项目

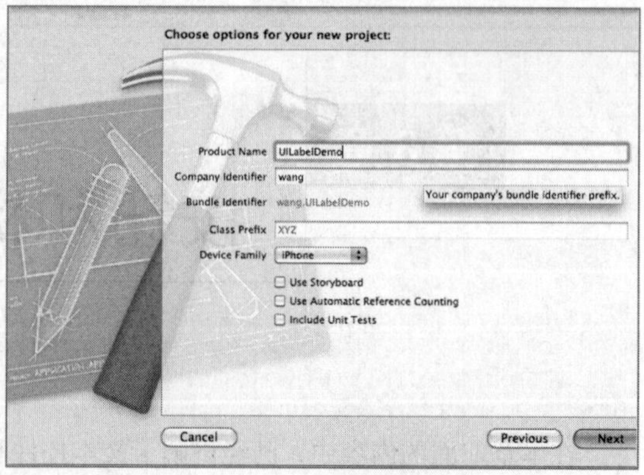

图8-2 设置设备

（4）编写文件 ViewController.m，在此创建了一个UILabel对象，并分别设置了显示文本的字体、颜色、背景颜色和水平位置等。并且在此文件中使用了自定义控件UILabelEx，此控件可以设置文本的垂直方向位置。文件 ViewController.m的实现代码如下所示：

图8-3 空界面

```
- (void)viewDidLoad
{
    [superviewDidLoad];
#if 0
//创建
- (void)viewDidLoad
{
    [superviewDidLoad];

#if 0
//创建UIlabel对象
UILabel* label = [[UILabel alloc] initWithFrame:self.view.bounds];
    //设置显示文本
    label.text = @"This is a UILabel Demo,";
  //设置文本字体
    label.font = [UIFont fontWithName:@"Arial" size:35];
  //设置文本颜色
    label.textColor = [UIColor yellowColor];
  //设置文本水平显示位置
   label.textAlignment = UITextAlignmentCenter;
  //设置背景颜色
    label.backgroundColor = [UIColor blueColor];
  //设置单词折行方式
    label.lineBreakMode = UILineBreakModeWordWrap;
  //设置label是否可以显示多行，0则显示多行
    label.numberOfLines = 0;
  //根据内容大小，动态设置UILabel的高度
    CGSize size = [label.text sizeWithFont:label.font constrainedToSize:self.view.
bounds.size lineBreakMode:label.lineBreakMode];
    CGRect rect = label.frame;
    rect.size.height = size.height;
    label.frame = rect;
#endif
#if 1
//使用自定义控件UILabelEx,此控件可以设置文本的垂直方向位置
UILabelEx* label = [[UILabelExalloc] initWithFrame:self.view.bounds];
    label.text = @"This is a UILabel Demo,";
    label.font = [UIFontfontWithName:@"Arial"size:35];
    label.textColor = [UIColoryellowColor];
    label.textAlignment = UITextAlignmentCenter;
    label.backgroundColor = [UIColorblueColor];
    label.lineBreakMode = UILineBreakModeWordWrap;
```

```
    label.numberOfLines = 0;
    label.verticalAlignment = VerticalAlignmentTop;//设置文本垂直方向顶部对齐

#endif
  //将label对象添加到view中，这样才可以显示
    [self.view addSubview:label];
    [label release];
}
```

（5）接下来开始看自定义控件UILabelEx的实现过程。首先在文件UILabelEx.h中定义一个枚举类型，在里面分别设置了顶部、居中和底部对齐3种类型。具体代码如下所示：

```
#import <UIKit/UIKit.h>
//定义一个枚举类型，顶部、居中、底部对齐，3种类型
typedef enum {
    VerticalAlignmentTop,
    VerticalAlignmentMiddle,
    VerticalAlignmentBottom,
} VerticalAlignment;
@interface UILabelEx : UILabel
{
    VerticalAlignment _verticalAlignment;
}
@property (nonatomic, assign) VerticalAlignment verticalAlignment;
@end
```

然后看文件UILabelEx.m，在此设置了文本显示类型，并重写了两个父类。具体代码如下所示：

```
@implementation UILabelEx

@synthesize verticalAlignment = _verticalAlignment;

-(id) initWithFrame:(CGRect)frame
{
    if (self = [super initWithFrame:frame]) {
        self.verticalAlignment = VerticalAlignmentMiddle;
    }

    return  self;
}
 //设置文本显示类型
 (void) setVerticalAlignment:(VerticalAlignment)verticalAlignment
{
    _verticalAlignment = verticalAlignment;
    [selfsetNeedsDisplay];
}
 //重写父类(CGRect) textRectForBounds:(CGRect)bounds
limitedToNumberOfLines:(NSInteger)numberOfLines
-(CGRect) textRectForBounds:(CGRect)bounds
limitedToNumberOfLines:(NSInteger)numberOfLines
{
    CGRect textRect = [supertextRectForBounds:bounds
limitedToNumberOfLines:numberOfLines];
     switch (self.verticalAlignment) {
        caseVerticalAlignmentTop:
            textRect.origin.y = bounds.origin.y;
            break;

        caseVerticalAlignmentBottom:
            textRect.origin.y = bounds.origin.y + bounds.size.height -
textRect.size.height;
            break;

        caseVerticalAlignmentMiddle:
        default:
            textRect.origin.y = bounds.origin.y + (bounds.size.height -
textRect.size.height) / 2.0;
```

```
    }
    return  textRect;
}
//重写父类 -(void) drawTextInRect:(CGRect)rect
-(void) drawTextInRect:(CGRect)rect
{
    CGRect realRect = [selftextRectForBounds:rect
limitedToNumberOfLines:self.numberOfLines];
    [super drawTextInRect:realRect];
}
@end
```

这样整个实例讲解完毕，执行后的效果如图8-4所示。

图8-4 执行效果

8.1.3 实战演练——在屏幕中显示指定字体和指定大小的文本

在iOS应用中，使用UILabel控件可以在屏幕中显示文本。在本实例中，使用UILabel控件的font属性设置了显示文本的字体，并使用其size属性设置了文本的大小。

实例8-2	在屏幕中显示指定字体和指定大小的文本
源码与视频路径	光盘:\daima\8\biaoqian

实例文件UIKitPrjSimple.m的具体实现代码如下所示：

```
#import "UIKitPrjSimple.h"
@implementation UIKitPrjSimple
- (void)viewDidLoad {
  [super viewDidLoad];
  UILabel* label = [[[UILabel alloc] init] autorelease];
  label.frame = self.view.bounds;
  label.autoresizingMask =
    UIViewAutoresizingFlexibleWidth | UIViewAutoresizingFlexibleHeight;
  label.text = @"good";
  label.textAlignment = UITextAlignmentCenter;
  label.backgroundColor = [UIColor blackColor];
  label.textColor = [UIColor whiteColor];
  label.font = [UIFont fontWithName:@"Zapfino" size:48];
  [self.view addSubview:label];
}
@end
```

执行后的效果如图8-5所示。

图8-5 执行效果

8.1.4 实战演练——设置屏幕中文本的对齐方式

本实例还是使用了UILabel控件，首先在屏幕中显示了3段文本。然后使用 backgroundColor设置了背景颜色，并分别使用以下3个对齐属性设置了文本的对齐方式。

- ❑ UITextAlignmentLeft：左对齐。
- ❑ UITextAlignmentCenter：居中对齐。
- ❑ UITextAlignmentRight：右对齐。

实例8-3	设置屏幕中文本的对齐方式
源码与视频路径	光盘:\daima\8\biaoqian

实例文件UIKitPrjAlignment.m的具体实现代码如下所示：

```
#import "UIKitPrjAlignment.h"
@implementation UIKitPrjAlignment
- (void)viewDidLoad {
  [super viewDidLoad];
  self.title = @"UITextAlignment";
```

```
  self.view.backgroundColor = [UIColor blackColor];
  UILabel* label1 = [[[UILabel alloc] initWithFrame:CGRectMake( 0, 10, 320, 30 )]
autorelease];
  UILabel* label2 = [[[UILabel alloc] initWithFrame:CGRectMake( 0, 50, 320, 30 )]
autorelease];
  UILabel* label3 = [[[UILabel alloc] initWithFrame:CGRectMake( 0, 90, 320, 30 )]
autorelease];
  label1.textAlignment = UITextAlignmentLeft;
  label2.textAlignment = UITextAlignmentCenter;
  label3.textAlignment = UITextAlignmentRight;
  label1.text = @"UITextAlignmentLeft";
  label2.text = @"UITextAlignmentCenter";
  label3.text = @"UITextAlignmentRight";
  [self.view addSubview:label1];
  [self.view addSubview:label2];
  [self.view addSubview:label3];
}
@end
```

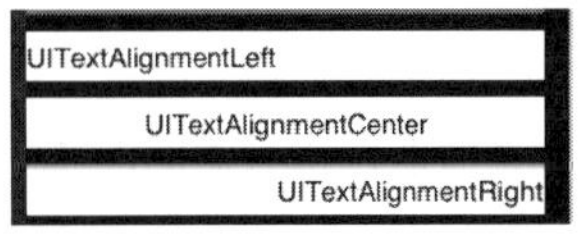

图8-6 执行效果

执行后的效果如图8-6所示。

8.2 按钮（UIButton）

在iOS应用中，最常见的与用户交互的方式是检测用户轻按按钮（UIButton）并对此作出反应。按钮在iOS中是一个视图元素，用于响应用户在界面中触发的事件。按钮通常用Touch Up Inside事件来体现，能够抓取用户用手指按下按钮并在该按钮上松开发生的事件。当检测到事件后，便可能触发相应视图控件中的操作（IBAction）。在本节的内容中，将详细讲解按钮控件的基本知识。

8.2.1 按钮基础

按钮有很多用途，例如，在游戏中触发动画特效，在表单中触发获取信息。虽然到目前为止只使用了一个圆角矩形按钮，但通过使用图像可赋予它们众多不同的形式。其实，在iOS中可以实现样式各异的按钮效果，并且市面中诞生了各种可用的按钮控件，如图8-7显示了一个奇异效果的按钮。

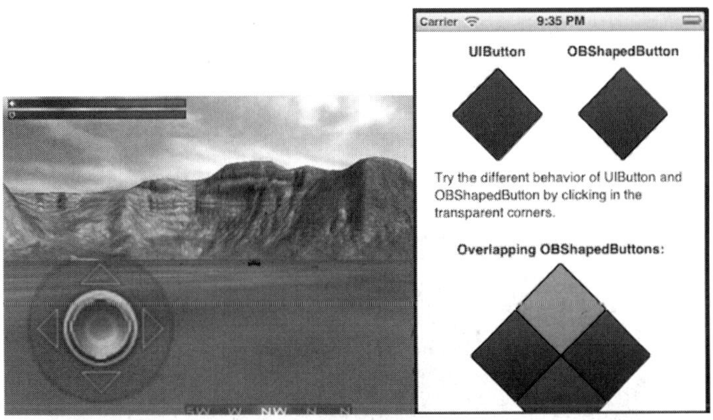

图8-7 奇异效果的按钮

在iOS应用中，使用UIButton控件可以实现不同样式的按钮效果。通过使用方法 ButtonWithType可以指定几种不同的UIButtonType的类型常量，用不同的常量可以显示不同外观样式的按钮。UIButtonType属性指定了一个按钮的风格，其中有以下几种常用的外观风格。

- ❑ UIButtonTypeCustom：无按钮的样式。
- ❑ UIButtonTypeRoundedRect：一个圆角矩形样式的按钮。
- ❑ UIButtonTypeDetailDisclosure：一个详细披露按钮。

- ❑ UIButtonTypeInfoLight：一个信息按钮，有一个浅色背景。
- ❑ UIButtonTypeInfoDark：一个信息按钮，有一个黑暗的背景。
- ❑ UIButtonTypeContactAdd：一个联系人添加按钮。

另外，通过设置Button控件的setTitle:forState:方法可以设置按钮的状态变化时标题字符串的变化形式。例如，setTitleColor:forState:方法可以设置标题颜色的变化形式，setTitleShadowColor:forState:方法可以设置标题阴影的变化形式。

8.2.2 实战演练——按下按钮后触发一个事件

在本实例中，设置了一个“危险!请勿触摸!”按钮，按下按钮后会执行buttonDidPush方法，弹出一个对话框，在对话框中显示“哈哈，这是一个笑话!!”。

实例8-4	按下按钮后触发一个事件
源码与视频路径	光盘:\daima\8\anniu

实例文件 UIKitPrjButtonTap.m的具体实现代码如下所示：

```
#import "UIKitPrjButtonTap.h"
@implementation UIKitPrjButtonTap
- (void)viewDidLoad {
  [super viewDidLoad];
  UIButton* button = [UIButton buttonWithType:UIButtonTypeRoundedRect];
  [button setTitle:@"危险!请勿触摸!" forState:UIControlStateNormal];
  [button sizeToFit];
  [button addTarget:self
          action:@selector(buttonDidPush)
   forControlEvents:UIControlEventTouchUpInside];
  button.center = self.view.center;
  button.autoresizingMask = UIViewAutoresizingFlexibleLeftMargin |
                            UIViewAutoresizingFlexibleRightMargin |
                            UIViewAutoresizingFlexibleTopMargin |
                            UIViewAutoresizingFlexibleBottomMargin;
  [self.view addSubview:button];
}
- (void)buttonDidPush {
  UIAlertView* alert = [[[UIAlertView alloc] init] autorelease];
  alert.message = @"哈哈，这是一个笑话!!";
  [alert addButtonWithTitle:@"OK"];
  [alert show];
}
@end
```

执行后的效果如图8-8所示。

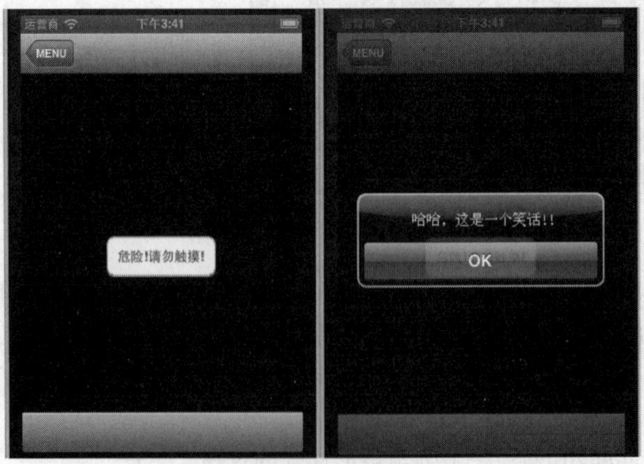

图8-8 执行效果

8.2.3 实战演练——在屏幕中显示不同样式的按钮

在iOS应用中，使用Button控件可以实现不同样式的按钮效果。通过使用方法 ButtonWithType可以指定几种不同的UIButtonType的类型常量，使用不同的常量显示不同外观样式的按钮。在本实例中，在屏幕中演示了各种不同外观样式按钮。

实例8-5	在屏幕中显示不同样式的按钮
源码与视频路径	光盘:\daima\8\anniu

实例文件 UIKitPrjButtonWithType.m的具体实现代码如下所示：

```
#import "UIKitPrjButtonWithType.h"
static const CGFloat kRowHeight = 80.0;
#pragma mark ----- Private Methods Definition -----
@interface UIKitPrjButtonWithType ()
- (UIButton*)buttonForThisSampleWithType:(UIButtonType)type;
@end
#pragma mark ----- Start Implementation For Methods -----
@implementation UIKitPrjButtonWithType
- (void)dealloc {
  [dataSource_ release];
  [buttons_ release];
  [super dealloc];
}
- (void)viewDidLoad {
  [super viewDidLoad];
  self.tableView.rowHeight = kRowHeight;
  dataSource_ = [[NSArray alloc] initWithObjects:
                @"Custom",
                @"RoundedRect",
                @"DetailDisclosure",
                @"InfoLight",
                @"InfoDark",
                @"ContactAdd",
                nil ];
  UIButton* customButton = [self buttonForThisSampleWithType:UIButtonTypeCustom];
  UIImage* image = [UIImage imageNamed:@"frame.png"];
  UIImage* stretchableImage = [image stretchableImageWithLeftCapWidth:20 topCapHeight:20];
  [customButton setBackgroundImage:stretchableImage forState:UIControlStateNormal];
  customButton.frame = CGRectMake( 0, 0, 200, 60 );
  //self.tableView.backgroundColor = [UIColor lightGrayColor];
  buttons_ = [[NSArray alloc] initWithObjects:
                customButton,
                [self buttonForThisSampleWithType:UIButtonTypeRoundedRect],
                [self buttonForThisSampleWithType:UIButtonTypeDetailDisclosure],
                [self buttonForThisSampleWithType:UIButtonTypeInfoLight],
                [self buttonForThisSampleWithType:UIButtonTypeInfoDark],
                [self buttonForThisSampleWithType:UIButtonTypeContactAdd],
                nil ];
}
- (void)viewDidUnload {
  [dataSource_ release];
  [super viewDidUnload];
}
- (NSInteger)tableView:(UITableView*)tableView
  numberOfRowsInSection:(NSInteger)section
{
  return [dataSource_ count];
}
- (UITableViewCell*)tableView:(UITableView*)tableView
  cellForRowAtIndexPath:(NSIndexPath*)indexPath
{
  static NSString* CellIdentifier = @"CellStyleDefault";
  UITableViewCell* cell = [tableView
dequeueReusableCellWithIdentifier:CellIdentifier];
  if ( nil == cell ) {
    cell = [[[UITableViewCell alloc] initWithStyle:UITableViewCellStyleDefault
reuseIdentifier:CellIdentifier] autorelease];
```

```
    }
    cell.textLabel.text = [dataSource_ objectAtIndex:indexPath.row];
    UIButton* button = [buttons_ objectAtIndex:indexPath.row];
    button.frame = CGRectMake( cell.contentView.bounds.size.width - button.bounds.size.
width - 20,
                              ( kRowHeight - button.bounds.
size.height ) / 2,
                              button.bounds.size.width,
                              button.bounds.size.height );
    [cell.contentView addSubview:button];
    return cell;
}
#pragma mark ----- Private Methods -----
- (UIButton*)buttonForThisSampleWithType:(UIButtonType) type {
    UIButton* button = [UIButton buttonWithType:type];
    [button setTitle:@"UIButton" forState:UIControlState
Normal];
    [button setTitleColor:[UIColor blackColor]
forState:UIControlStateNormal];
    [button sizeToFit];
    return button;
}
@end
```

执行后的效果如图8-9所示。

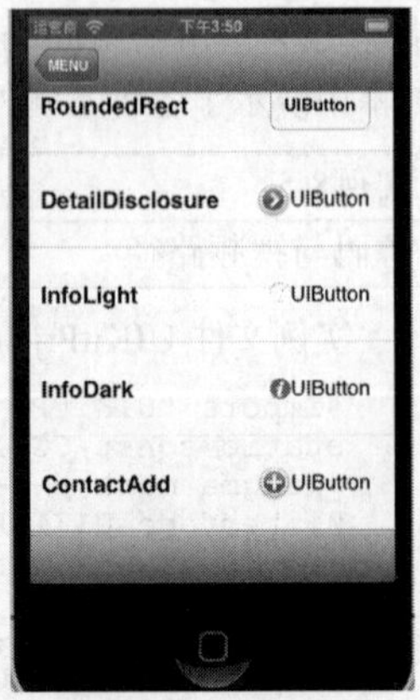

图8-9 执行效果

8.3 实战演练——联合使用文本框、文本视图和按钮

在本节将通过一个具体实例的实现过程，来说明联合使用文本框、文本视图和按钮的流程。在这个实例中将创建一个故事生成器，可以让用户通过3个文本框（UITextField）输入一个名词（地点）、一个动词和一个数字。用户还可输入或修改一个模板，该模板包含将生成的故事概要。由于模板可能有多行，因此，将使用一个文本视图（UITextView）来显示这些信息。当用户按下按钮（UIButton）时将触发一个操作，该操作生成故事并将其输出到另一个文本视图中。

实例8-6	联合使用文本框、文本视图和按钮
源码与视频路径	光盘:\daima\8\lianhe

8.3.1 创建项目

和本书前面的实例一样，本项目也是使用模板Single View Application。创建流程如下所示。

（1）从文件夹Developer/Applications或Launchpad的Developer编组中启动Xcode。

（2）启动后在左侧导航选择第一项“Create a new Xcode project”，如图8-10所示。

图8-10 新创建一个Xcode工程

（3）在弹出的新界面中选择项目类型和模板。在New Project窗口的左侧，确保选择了项目类型iOS中的Application，在右边的列表中选择Single View Application，再单击“Next”按钮，如图8-11所示。

（4）在Product Name文本框中输入“lianhe”。对于公司标识符，可以随意设置，在此笔者设置的是com.guan。将保留文本框Class Prefix设置为空，并确保从下拉列表Device Family中选择了iPhone或iPad，笔者在此选择的是iPhone，然后确保选中了复选框Use Storyboard和Use Automatic Reference Counting，但没有选中复选框Include Unit Tests，如图8-12所示。然后，单击“Next”按钮。

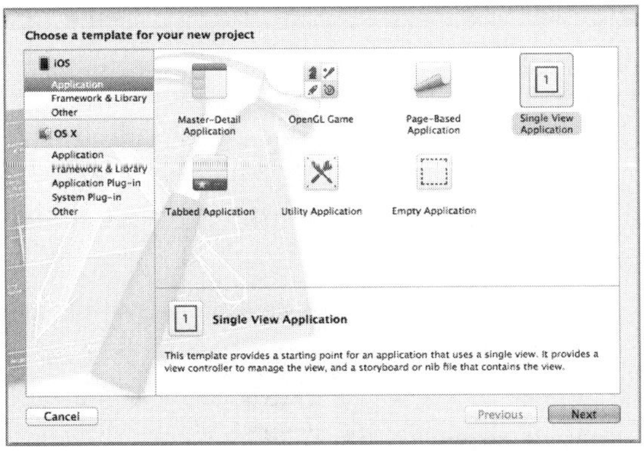

图8-11 选择Single View Application

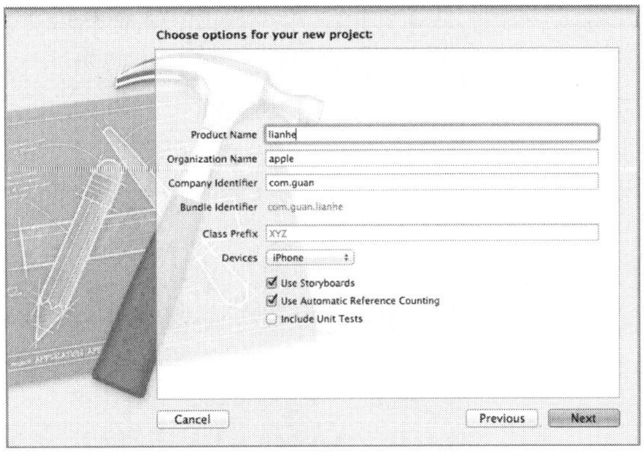

图8-12 指定应用程序的名称和目标设备

（5）在Xcode提示时指定存储位置，再单击Create按钮创建项目。这将创建一个简单的应用程序结构，它包含一个应用程序委托、一个窗口、一个视图（在故事板场景中定义的）和一个视图控制器。打开项目窗口后将显示视图（已包含在MainStoryboard.storyboard中）和视图控制器类ViewController界面，如图8-13所示。

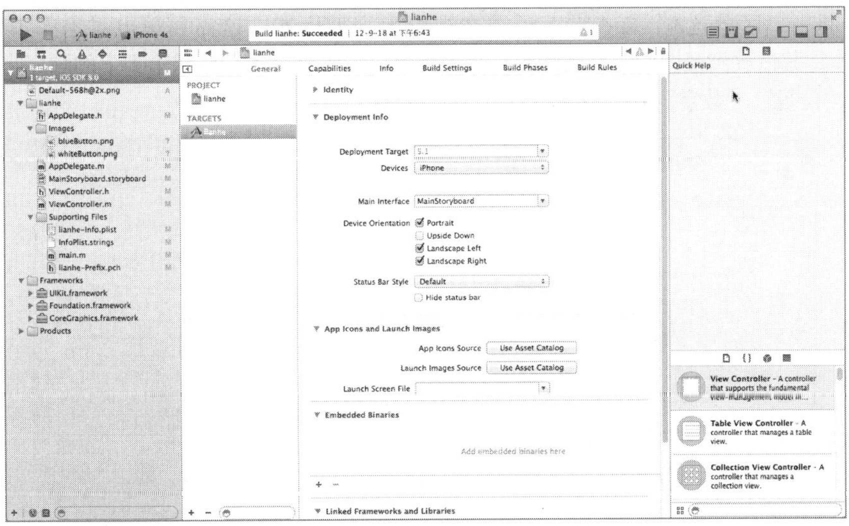

图8-13 新创建的工程

本实例一共包含了6个输入区域，必须通过输出口将它们连接到代码。这里将使用3个文本框分别收集地点、动词和数字，它们分别对应于实例“变量/属性”thePlace、theVerb和theNumber。本实例还需要如下两个文本视图。

- 一个用于显示可编辑的故事模板：theTemplate。
- 另一个用于显示输出：theStory。

8.3.2 设计界面

启动Interface Builder后，确保文档大纲区域可见（选择菜单Editor>Show Document Outline）。如果觉得屏幕空间不够，可以隐藏导航区域，再打开对象库（选择菜单View>Utilityes>Show Object Library）。打开后的界面效果如图8-14所示。

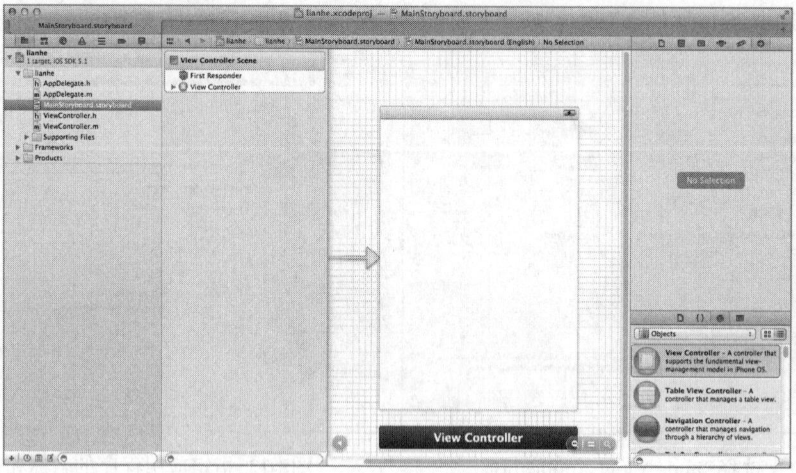

图8-14　MainStoryboard.storyboard初始界面

1. 添加文本框

在本项目中，首先在视图顶部添加3个文本框。要添加文本框，需要在对象库中找到文本框对象（UITextField）并将其拖放到视图中。重复操作两次该过程，再添加两个文本框；然后将这些文本框在顶端依次排列，并在它们之间留下足够的空间，让用户能够轻松地轻按任何文本框而不会碰到其他文本框。

为了帮助用户区分这3个文本框，还需在视图中添加标签，这需要单击对象库中的标签对象（UILabel）并将其拖放到视图中。在视图中，双击标签以设置其文本。按从上到下的顺序将标签的文本依次设置为“位置”、“数字”和“动作”，如图8-15所示。

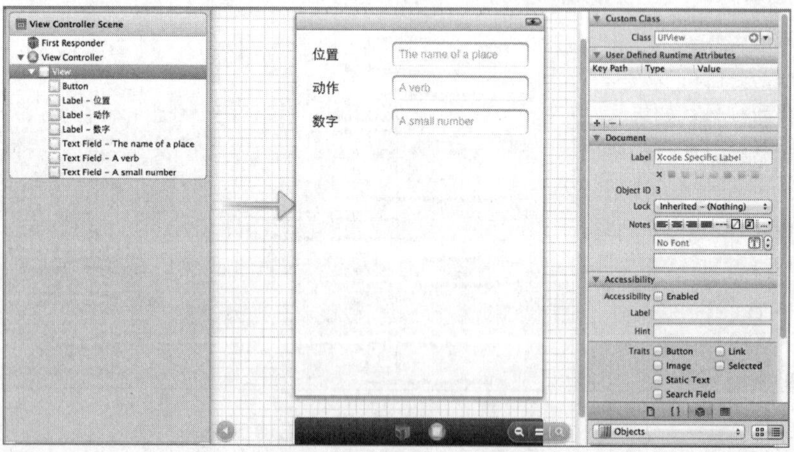

图8-15　添加文本框和标签

（1）编辑文本框的属性

接下来需要调整它们的外观和行为以提供更好的用户体验。要查看文本框的属性，需要先单击一个文本框，然后按Option+Command+4（或选择菜单View> Utilities>Show Attributes Inspector）快捷键打开Attributes Inspector，如图8-16所示。

这个时候，可以使用属性Placeholder（占位符）指定在用户编辑前出现在文本框背景中的文本，这一功能可用作提示或进一步阐述用户应输入的信息。另外还有可能需要激活清除按钮（Clear Button），清除按钮是一个加入到文本框中的“X”图标，用户可通过轻按它快速清除文本框的内容。要想在项目中添加清除按钮，需要从Clear Button下拉列表中选择一个可视选项，Xcode会自动把这种功能添加到应用程序中。另外，当用户轻按文本框以便进行编辑时会自动清除里面的内容，这一功能只需选中复选框Clear When Editing Begins。

为本实例中视图中的3个文本框添加上述功能后，此时执行后的效果如图8-17所示。

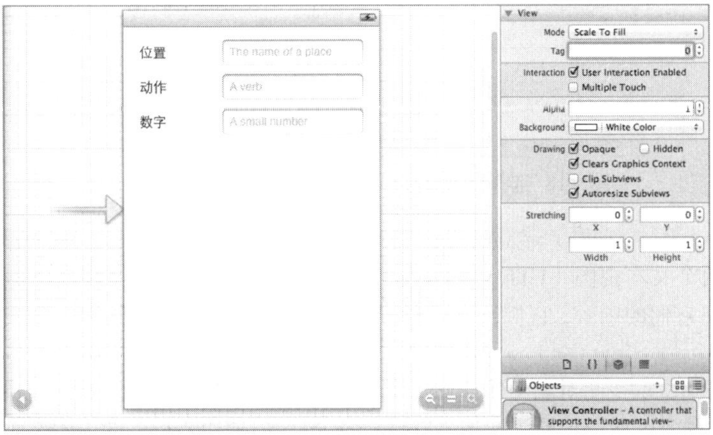

图8-16 编辑文本框的属性

图8-17 执行效果

（2）定制键盘显示方式

对于输入文本框来说，可以设置的最重要的属性可能是文本输入特征（text input traits），即设置键盘将在屏幕上如何显示。对于文本框，Attributes Inspector底部有以下7个特征。

- Capitalize（首字母大写）：指定iOS自动将单词的第一个字母大写、句子的第一个字母大写还是将输入文本框中的所有字符都是大写。
- Correction（修正）：如果将其设置为on或off，输入文本框将更正或忽略常见的拼写错误。如果保留为默认设置，文本框将继承iOS设置的行为。
- Keyboard（键盘）：设置一个预定义键盘来提供输入。默认情况下，输入键盘让用户能够输入字母、数字和符号。如果将其设置为Number Pad（数字键盘），将只能输入数字；同样，如果将其设置为Email Address，将只能输入类似于电子邮件地址的字符串。总共有7种不同的键盘。
- Appearance（外观）：修改键盘外观使其更像警告视图。
- Return Key（回车键）：如果键盘有回车键，其名称为Return Key的设置，可用的选项包括Done、Search、Next、Go等。
- Auto-Enable Return Key（自动启用回车键）：除非用户在文本框中至少输入了一个字符，否则禁用回车键。
- Secure（安全）：将文本框内容视为密码，并隐藏每个字符。

在我们添加到视图中的3个文本框中，文本框“数字”将受益于一种输入特征设置。在已经打开Attributes Inspector的情况下，选择视图中的“数字”文本框，再从下拉列表Keyboard中选择Number Pad，如图8-18所示。

同理，也可以修改其他两个文本框的Capitalize和Correction设置，并将Return Key设置为Done。在此先将这些文本框的Return Key都设置为Done，并开始添加文本视图。另外，文本输入区域自动支持复制和粘贴功能，而无需开发人员对代码做任何修改。对于高级应用程序，可以覆盖UIResponderStandardEditActions定义的协议方法以实现复制、粘贴和选取功能。

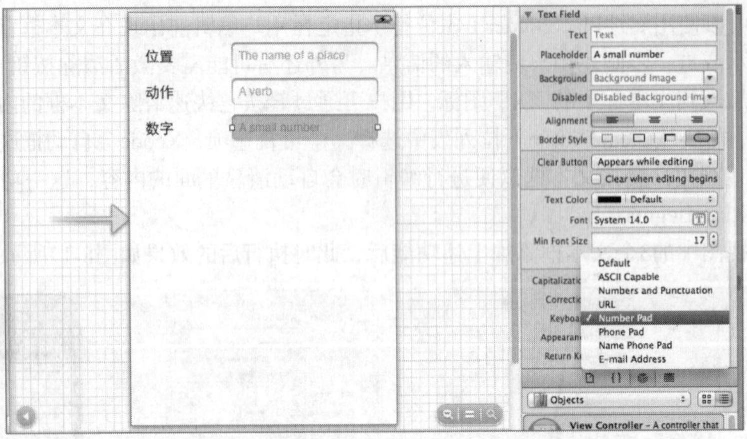

图8-18　选择键盘类型

2. 添加文本视图

接下来，添加本实例中的两个文本视图（UITextView）。其实文本视图的用法与文本框类似，我们可以用完全相同的方式来访问它们的内容，它们还支持很多与文本框一样的属性，其中包含文本输入特征。

要添加文本视图，需要先找到文本视图对象（UITextView），并将其拖曳到视图中。这样会在视图中添加一个矩形，其中包含表示输入区域的希腊语文本（Lorem ipsum...）。使用矩形上的手柄增大或缩小输入区域，使其适合视图。由于这个项目需要两个文本视图，因此，在视图中添加两个文本视图，并调整其大小使其适合现有3个文本框下面的区域。

与文本框一样，文本视图本身同样不能向用户传递太多有关其用途的信息。为了指出它们的用途，需要在每个文本视图上方都添加一个标签，并将这两个标签的文本分别设置为Template和Story，此时视图效果如图8-19所示。

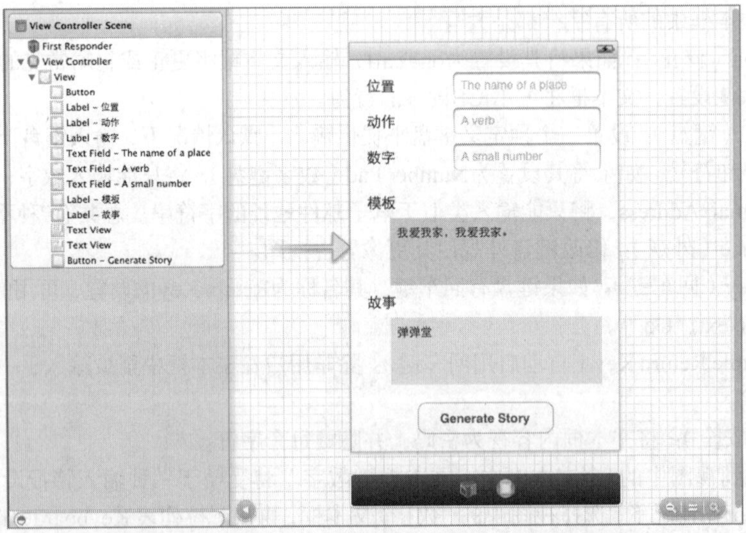

图8-19　在视图中添加两个文本视图和相应的标签

（1）编辑文本视图的属性

通过文本视图中的属性，可以实现和文本框相同的外观控制。在此选择一个文本视图，再打开“Attributes Inspector”（快捷键是“Option+ Command+ 4”）以查看可用的属性，如图8-20所示。

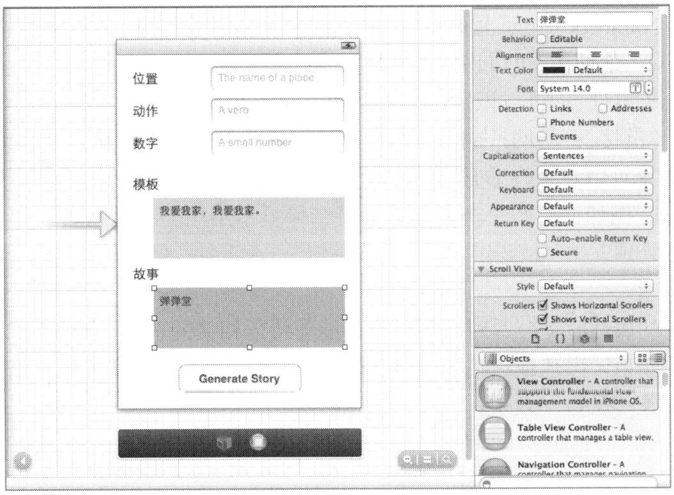

图8-20 编辑每个文本视图的属性

在此需要修改Text属性，目的是删除默认的希腊语文本并提供我们自己的内容。对于上面那个用作模板的文本视图，在Attributes Inspector中选择属性Text的内容并将其清除，然后再输入下面的文本，它将在应用程序中用作默认模板：

```
大海 <place>小海 <verb> 海里<number> 太平洋 <place> 大西洋
```

当我们实现该界面后面的逻辑时，将把占位符（<place>、<verb>和<numb er>）替换为用户的输入，如图8-21所示。

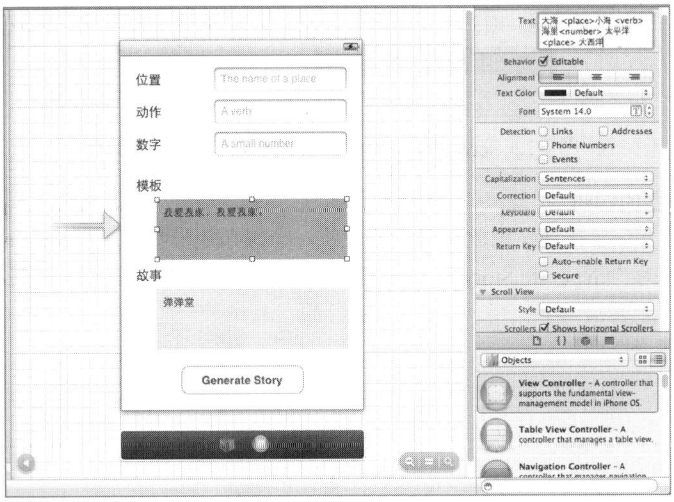

图8-21 设置文本

然后选择文本视图Story，并再次使用Attributes Inspector以清除其所有内容。因为此文本视图会自动生成内容，所以可以将Text属性设置为空。这个文本视图也是只读的，因此取消选中复选框Editable。

在本实例中，为了让这两个文本视图看起来不同，特意将Template文本视图的背景色设置成淡红色，并将Story文本视图的背景色设置成淡绿色。要在这个项目中完成这项任务，只需选择要设置其背景色的文本视图，然后在Attributes Inspector的View部分单击属性Background，这样可以打开拾色器。

要对文本视图启用数据检测器，可以选择它并返回到Attributes Inspector（Command+1）。在Text View部分，选中复选框Detection（检测）下方的如下复选框。

- 复选框Phone Numbers（电话号码）：可以识别表示电话号码的一系列数字。
- 复选框Address（地址）：可以识别邮寄地址。
- 复选框Events（事件）：可以识别包含日期和时间的文本。
- 复选框Links（链接）：将网址或电子邮件地址转换为可单击的链接。

另外，数据检测器对用户来说非常方便，但是也可能被滥用。如果在项目中启用了数据检测器，请务必确保其有意义。例如，对数字进行计算并将结果显示给用户，这很可能不希望这些数字被视为电话号码来使用并被处理。

（2）设置滚动选项

在编辑文本视图的属性时，会看到一系列与其滚动特征相关的选项，如图8-22所示。使用这些属性可设置滚动指示器的颜色（黑色或白色）、指定是否启用垂直和水平滚动，以及到达可滚动内容末尾时滚动区域是否有橡皮条“反弹”效果。

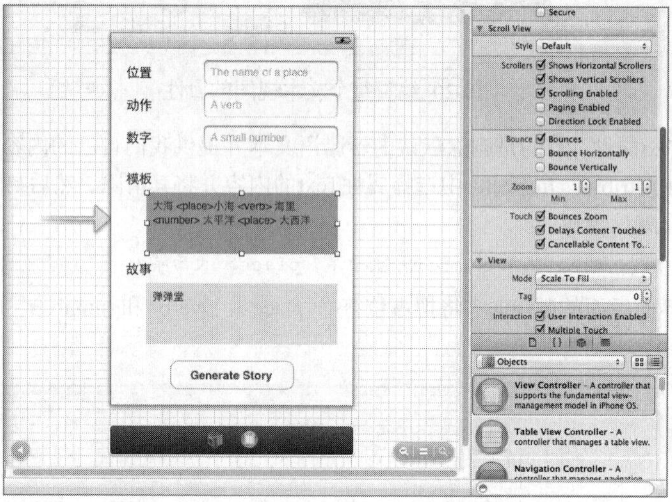

图8-22 Scroll View面板可以调整滚动行为的属性

3．添加风格独特的按钮

在本项目中只需要一个按钮，因此从对象库中将一个圆角矩形按钮（UIButton）实例拖放到视图底部，并将其标题设置为“Generate Story”，图8-23显示了包含默认按钮的最终视图和文档大纲。

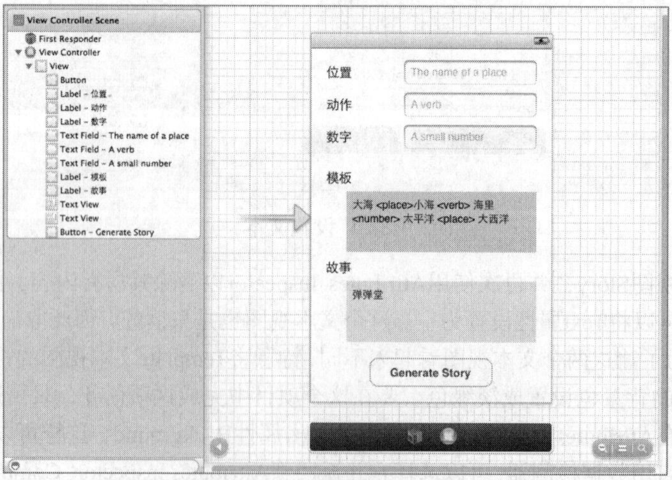

图8-23 默认的按钮样式

在iOS项目中，虽然可以使用标准地按钮样式，但是为了进一步探索在Interface Builder中可以执行哪一些修改外观方面的操作，并最终通过代码进行修改。

（1）编辑按钮的属性

要调整按钮的外观，同样可以使用Attributes Inspector (Option+Command+4)实现。通过使用Attributes Inspector可以对按钮的外观做重大修改，通过如图8-24所示的下拉列表Type（类型）来选择常见的按钮类型。

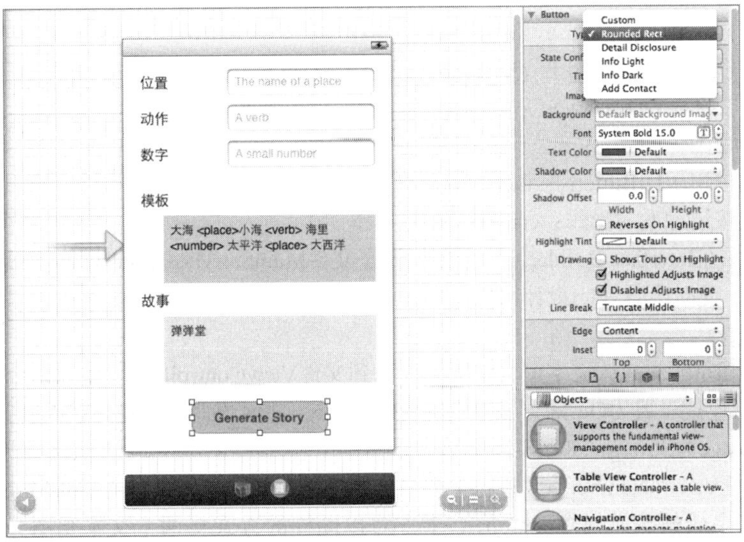

图8-24 Attributes Inspector中的按钮类型

常见的按钮类型如下所示。

- Rounded Rect（圆角矩形）：默认的iOS按钮样式。
- Detail Disclosure（显示细节）：使用按钮箭头表示可显示其他信息。
- Info Light（亮信息按钮）：通常使用i图标显示有关应用程序或元素的额外信息。“亮”版本用于背景较暗的情形。
- Infor Dark（暗信息按钮）：暗版本的信息按钮，用于背景较亮的情形。
- Add Contact（添加联系人）：一个“+”按钮，常用于将联系人加入通讯录。
- Custom（自定义）：没有默认外观的按钮，通常与按钮图像结合使用。

除了选择按钮类型外，还可以让按钮响应用户的触摸操作，这通常被称为改变状态。例如，在默认情况下，按钮在视图中不呈高亮显示，当用户触摸时将呈高亮显示，指出它被用户触摸。

在Attributes Inspector中，可以使用下拉列表State Config来修改按钮的标签、背景色甚至添加图像。

（2）设置自定义按钮图像

要创建自定义iOS按钮，需要制作自定义图像，这包括呈高亮显示的版本以及默认不呈高亮显示的版本。这些图像的形状和大小无关紧要，但鉴于PNG格式的压缩和透明度特征，建议使用这种格式。

通过Xcode将这些图像加入项目后，便可以在Interface Builder中打开按钮的Attributes Inspector，并通过下拉列表Image或Background选择图像。使用下拉列表Image设置的图像将与按钮标题一起出现在按钮内，这让您能够使用图标美化按钮。

使用下拉列表Background设置的图像将拉伸以填满按钮的整个背景，这样可以使用自定义图像覆盖整个按钮，但是，需要调整按钮的大小使其与图像匹配，否则图像将因拉伸而失真。另一种使用大小合适的自定义按钮图像的方法是通过代码。

8.3.3 创建并连接输出口和操作

到目前为止，整个项目的UI界面设计工作基本完毕。在设计好的界面中，需要通过视图控制器代码访问其中的6个“输入/输出”区域。另外还需要为按钮分别创建输出口和操作，其中输出口让我们能够在代码中访问按钮并设置其样式，而操作将使用模板和文本框的内容生成故事。总之，需要创建并连接如下7个输出口和一个操作。

- 地点文本框（UITextField）：thePlace。
- 动词文本框（UITextField）：theVerb。
- 数字文本框（UITextField）：theNumber。
- 模板文本视图（UITextView）：theTemplate。
- 故事文本视图（UITextView）：theStory。
- 故事生成按钮（UIButton）：theButton。
- 故事生成按钮触发的操作：createStory。

在此需要确保在Interface Builder编辑器中打开了文件MainStoryboard.storyboard，并使用工具栏按钮切换到助手模式。此时会看到UI设计和ViewController.h并排地显示，让您能够在它们之间建立连接。

1．添加输出口

首先按住Control键，并从文本框“位置”拖曳到文件ViewController.h中编译指令@interface下方。在Xcode询问时将连接设置为Outlet，名称设置为thePlace，并保留其他设置为默认值，默认值的类型为UITextField，Storage为Strong，如图8-25所示。

然后对文本框Verb和Number重复进行上述操作，将它们分别连接到输出口theVerb和theNumber。这次拖曳到前一次生成的编译指令@property下方。以同样的方式将两个文本视图分别连接到输出口theStory和theTemplate，但将Type设置为UITextView。最后，对Generate Story按钮做同样的处理，并将连接类型设置为Outlet，名称设置为theButton。

至此为止，便创建并连接好了输出口。

2．添加操作

在这个项目中创建了一个名为createStory的操作方法，该操作在用户单击“Generate Story”按钮时被触发。要创建该操作并生成一个方法以便后面可以实现它，按住Control键，并从按钮“Generate Story”拖放到文件ViewController.h中最后一个编译指令@property下方。在Xcode提示时，将该操作命名为createStory，如图8-26所示。

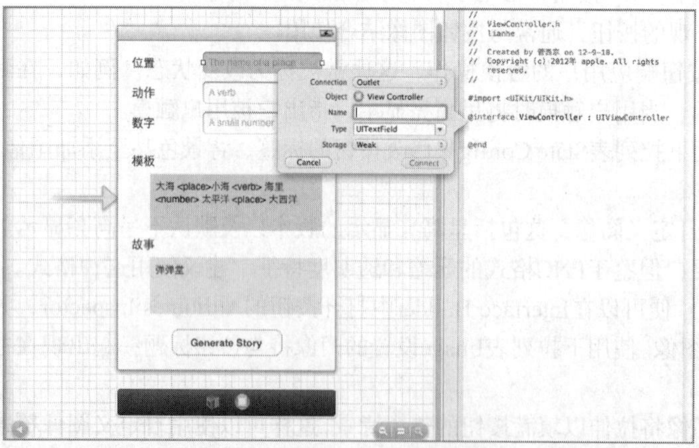

图8-25　为每个“输入/输出”界面元素创建并连接输出口

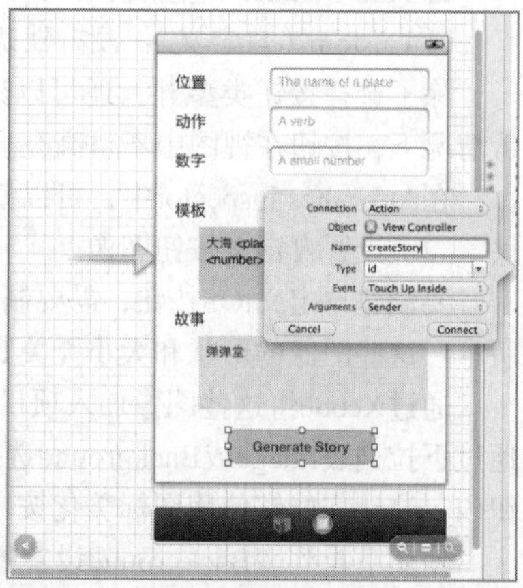

图8-26　创建用于生成故事的操作

至此，基本的接口文件就完成了。此时的接口文件ViewController.h的实现代码如下所示：

```
#import <UIKit/UIKit.h>

@interface ViewController : UIViewController

@property (strong, nonatomic) IBOutlet UITextField *thePlace;
@property (strong, nonatomic) IBOutlet UITextField *theVerb;
@property (strong, nonatomic) IBOutlet UITextField *theNumber;
@property (strong, nonatomic) IBOutlet UITextView *theTemplate;
@property (strong, nonatomic) IBOutlet UITextView *theStory;
@property (strong, nonatomic) IBOutlet UIButton *theButton;

- (IBAction)createStory:(id)sender;
```

当然，所有这些代码都是自动生成的，您无需手工进行编辑。

但是到目前为止，按钮的样式仍是平淡的。我们的第一个编码任务是，编写必要的代码，以实现样式独特的按钮。切换到Xcode标准编辑器，并确保能够看到项目导航器（Command+1）。

8.3.4 实现按钮模板

Xcode Interface Builder编辑器适合需要完成很多任务的场景，但是不包括创建样式独特的按钮。要想在不为每个按钮提供一幅图像的情况下创建一个吸引人的按钮，可以使用按钮模板来实现，但是这必须通过代码来实现。在本章的Projects文件夹中，有一个Images文件夹，其中包含两个Apple创建的按钮模板：whiteButton.png和blueButton.png，如图8-27所示。

将文件夹Images拖放到该项目的项目代码编组中，在必要时选择复制资源并创建编组，如图8-28所示。

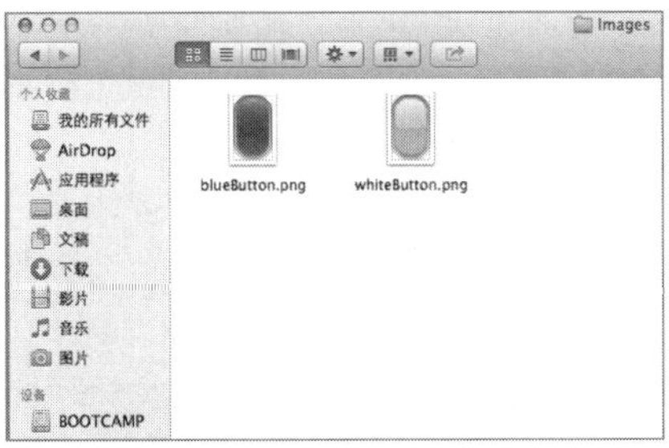

图8-27 按钮素材

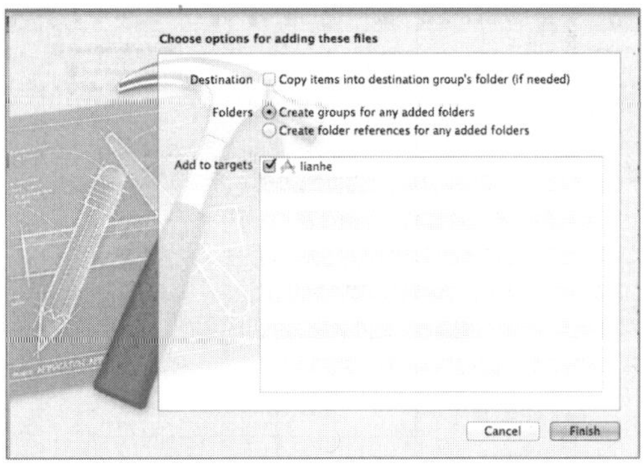

图8-28 将文件夹Images拖放到Xcode中的项目代码编组中

然后打开文件ViewController.m，找到方法ViewDidLoad，编写如下所示的对应代码：

```
- (void)viewDidLoad
{
    UIImage *normalImage = [[UIImage imageNamed:@"whiteButton.png"]
                            stretchableImageWithLeftCapWidth:12.0
                            topCapHeight:0.0];
    UIImage *pressedImage = [[UIImage imageNamed:@"blueButton.png"]
                            stretchableImageWithLeftCapWidth:12.0
                            topCapHeight:0.0];
    [self.theButton setBackgroundImage:normalImage
                            forState:UIControlStateNormal];
    [self.theButton setBackgroundImage:pressedImage
                            forState:UIControlStateHighlighted];
    [super viewDidLoad];
}
```

在上述代码中实现了多项任务，这旨在向按钮（theButton）提供一个知道如何拉伸自己的图像对象（UIImage）。上述代码的实现流程如下所示：

（1）根据前面加入项目资源中的图像文件创建了图像实例；

（2）将图像实例定义为可拉伸的。

为了根据指定的资源创建图像实例，使用类UIImage的方法imageNamed和一个包含图像资源文件名的字符串。例如在下面的代码中，根据图像whiteButton.png创建了一个图像实例：

```
[UIImage imageNamed:@”whiteButton.png"]
```

（3）使用实例方法stretchableImageWithLeftCapWidth:topCapHeight返回一个新的图像实例，使用属性定义了可如何拉伸它。这些属性是左端帽宽度（left cap width）和上端帽宽度（top cap width），它们指定了拉伸时应忽略图像左端或上端多宽的区域，然后到达可拉伸的1像素宽条带。在本实例中，使用stretchableImageWithLefiCapWidth:12.0 topCapHeight:0.0设置水平拉伸第13列像素，并且禁止垂直拉伸。然后将返回的UIImage实例赋值给变量normalImage和pressedImage，它们分别对应于默认按钮状态和呈高亮显示的按钮状态。

（4）UIButton对象（theButton）的实例方法setBackgroundImage:forState能够将可拉伸图像normalImage和pressedImage分别指定为预定义按钮状态UIControlState Normal（默认状态）和UIControlStateHighlighted（呈高亮显示状态）的背景。

最后，为了使整个实例的风格统一，将按钮的文本改为中文“构造”，然后在Xcode工具栏中，单击按钮Run编译并运行该应用程序，如图8-29所示，此时底部按钮的外观将显得十分整齐。

在iOS模拟器中的效果如图8-30所示。

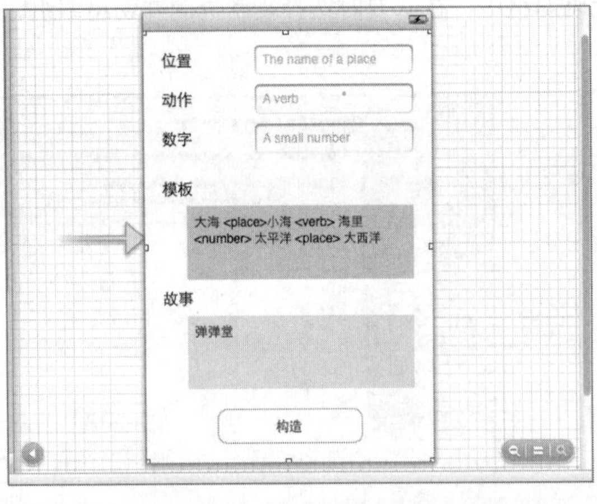

图8-29 按钮的最终效果

图8-30 在iOS模拟器中的效果

虽然我们创建了一个高亮的按钮，但还没有编写它触发的操作（createStory）。但编写该操作前，还需完成一项与界面相关的工作：确保键盘按预期的那样消失。

8.3.5 隐藏键盘

当iOS应用程序启动并运行后，如果在一个文本框中单击会显示键盘。再单击另一个文本框，键盘将变成与该文本框的文本输入特征匹配，但仍显示在屏幕上。按Done键，什么也没有发生。但即使键盘消失了，应该如何处理没有Done键的数字键盘呢？假如正在尝试使用这个应用程序，就会发现键盘不会消失，并且还盖住了“Generate Story”按钮，这导致无法充分利用用户界面。这是怎么回事呢？因为响应者是处理输入的对象，而第一响应者是当前处理用户输入的对象。

对于文本框和文本视图来说，当它们成为第一响应者时，键盘将出现并一直显示在屏幕上，直到文本框或文本视图退出第一响应者状态。对于文本框 thePlace来说，可以使用如下代码行退出第一响应者状态，这样可以让键盘消失：

```
[self.thePlace resignFirstResponder];
```

调用resignFirstResponder让输入对象放弃其获取输入的权利，因此键盘将消失。

1．使用Done键隐藏键盘

在iOS应用程序中，触发键盘隐藏的最常用事件是文本框的Did End on Exit，它在用户按键盘中的Done键时发生。找到文件MainStory.storyboard并打开助手编辑器，按住Control键，并从文本框“位置”拖曳到文件ViewController.h中的操作createStory下方。在Xcode提示时，为事件Did End on Exit配置一个新操作（hideKeyboard），保留其他设置为默认值，如图8-31所示。

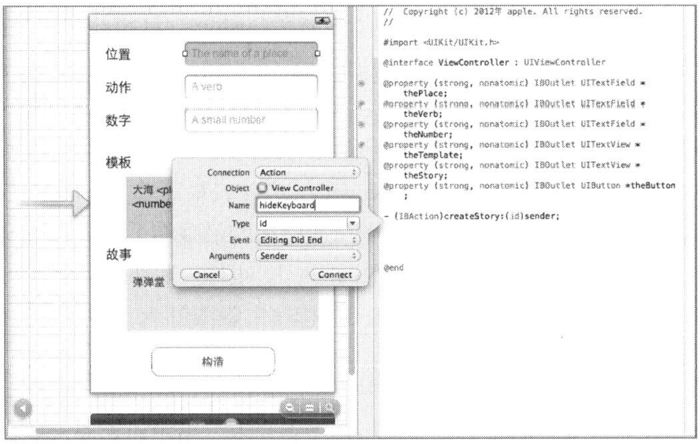

图8-31 添加一个隐藏键盘的新操作方法

接下来，必须将文本框“动作”连接到新定义的操作hideKeyboard。连接到已有操作的方式有很多，但只有几个可以让我们能够指定事件，此处将使用Connections Inspector方式。首先切换到标准编辑器，并确保能够看到文档大纲区域（选择菜单Editor>Show Document Outline）。选择文本框“动作”，再按Option+Command+6快捷键（或选择菜单View>Utilities>Connections Inspector）打开Connections Inspector。从事件Did End on Exit旁边的圆圈拖曳到文档大纲区域中的View Controller图标，并在提示时选择操作hideKeyboard，如图8-32所示。

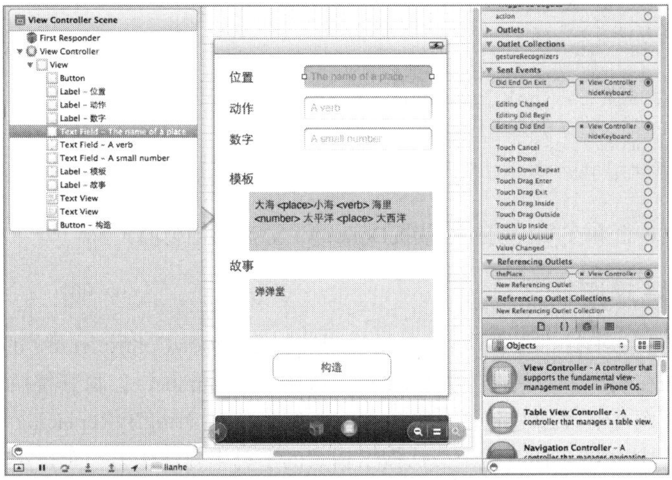

图8-32 将文本框Verb连接到操作hideKeyboard

但是，用于输入数字的文本框打开的键盘并没有Done键，并且文本视图不支持Did End on Exit事件，那么此时我们如何为这些控件隐藏键盘呢？

2．通过触摸背景来隐藏键盘

有一种流行的iOS界面约定：在打开了键盘的情况下，如果用户触摸背景（任何控件外面）则键盘将自动消失。对于用于输入数字的文本框以及文本视图，也可以采用这种方法。为了确保一致性，需要给其他所有文本框添加这种功能。要想检测控件外面的事件，只需创建一个大型的不可见按钮并将其放在所有控件后面，再将其连接到前面编写的hideKeyboard方法。

在Interface Builder编辑器中，依次选择菜单View>Utilities> Object Library打开对象库，并拖曳一个新按钮（UIButton）到视图中。由于需要该按钮不可见，因此需要确保选择了它，然后再打开Attributes Inspector（Option+Command+4）并将Type（类型）设置为Custom，这将让按钮变成透明的。使用手柄调整按钮的大小使其填满整个视图。在选择了按钮的情况下，选择菜单Editor>Arrange>Send to Back，将按钮放在其他所有控件的后面。

要将对象放在最后面，也可以在文档大纲区域将其拖放到视图层次结构的最顶端。对象按从上（后）到下（前）的顺序堆叠。为了将按钮连接到hideKeyboard方法，最简单的方式是使用Interface Builder文档大纲。选择刚创建的自定义按钮（它应位于视图层次结构的最顶端），再按住Control键，并从该按钮拖曳到View Controller图标。提示时选择方法hideKeyboard。很好。现在可以实现hideKeyboard，以便位于文本框Place和Verb中时，用户可通过触摸“Done”按钮来隐藏键盘，还可在任何情况下通过触摸背景来隐藏键盘。

3．添加隐藏键盘的代码

要隐藏键盘，只需让显示键盘的对象放弃第一响应者状态。当用户在文本框“位置”（可通过属性thePlace访问它）中输入文本时，可使用下面的代码行来隐藏键盘：

```
[self.thePlace resignFirstResponder];
```

由于用户可能在如下4个地方进行修改：

thePlace、theVerb、theNumber、theTemplate。

因此必须确定当前用户修改的对象或让所有这些对象都放弃第一响应者状态。实践表明，如果让不是第一响应者的对象放弃第一响应者状态不会有任何影响，这使得hideKeyboard实现起来很简单，只需将每个可编辑的UI元素对应的属性发送消息resignFirstResponder即可。

滚动到文件ViewController.m末尾，并找到我们创建操作时Xcode插入的方法hideKeyboard的存根。按照如下代码编辑该方法：

```
- (IBAction)hideKeyboard:(id)sender {
    [self.thePlace resignFirstResponder];
    [self.theVerb resignFirstResponder];
    [self.theNumber resignFirstResponder];
    [self.theTemplate resignFirstResponder];
}
```

如果此时单击文本框和文本视图外面或按Done键，键盘都将会消失。

8.3.6 实现应用程序逻辑

为了完成本章的演示项目“lianhe”，还需给视图控制器（ViewController.m）的方法createStory 添加处理代码。这种方法在模板中搜索占位符<place>、<verb>和<number>，将其替换为用户的输入，并将结果存储到文本视图中。我们将使用NSString的实例变量stringByReplacing OccurrencesOfString: WithString来完成这项繁重的工作，这个方法搜索指定的字符串并使用另一个指定的字符串替换它。

例如，如果变量myString包含Hello town，想将town替换为world，并将结果存储到变量myNewString中，则可使用如下代码：

```
myNewString=fmyString stringByReplacingOccurrencesOfString:@ "Hellotown"
withString:@ "world"];
```

在这个应用程序中，我们的字符串是文本框和文本视图的Text属性（self .thePlace.text、self theVerb.text、self theNumber.text、self theTemplate.text和selftheStory.text）。

在ViewController.m中，在Xcode生成的方法createStory的代码如下所示：

```
- (IBAction)createStory:(id)sender {
        self.theStory.text=[self.theTemplate.text
                        stringByReplacingOccurrencesOfString:@"<place>"
                        withString:self.thePlace.text];
        self.theStory.text=[self.theStory.text
                        stringByReplacingOccurrencesOfString:@"<verb>"
                        withString:self.theVerb.text];
        self.theStory.text=[self.theStory.text
                        stringByReplacingOccurrencesOfString:@"<number>"
withString:self.theNumber.text];
    }
```

上述代码的具体实现流程如下所示。

（1）使用文本库thePlace的内容替换模板中的占位符<place>，并将结果存储到文本视图Story中。

（2）使用合适的用户输入替换占位符<verb>以更新文本视图Story。

（3）使用合适的用户输入替换<number>重复该操作。最终的结果是在文本视图theStory中输出完成后的故事。

8.3.7 总结执行

到此为止，这个演示项目全部完成。在接下来的内容中，将首先对项目文件的代码进行总结。

（1）文件 ViewController.h的实现代码如下所示：

```
#import <UIKit/UIKit.h>

@interface ViewController : UIViewController

@property (strong, nonatomic) IBOutlet UITextField *thePlace;
@property (strong, nonatomic) IBOutlet UITextField *theVerb;
@property (strong, nonatomic) IBOutlet UITextField *theNumber;
@property (strong, nonatomic) IBOutlet UITextView *theTemplate;
@property (strong, nonatomic) IBOutlet UITextView *theStory;
@property (strong, nonatomic) IBOutlet UIButton *theButton;

- (IBAction)createStory:(id)sender;
- (IBAction)hideKeyboard:(id)sender;

@end
```

（2）文件 ViewController.m的实现代码如下所示：

```
#import "ViewController.h"

@implementation ViewController
@synthesize thePlace;
@synthesize theVerb;
@synthesize theNumber;
@synthesize theTemplate;
@synthesize theStory;
@synthesize theButton;

- (void)didReceiveMemoryWarning
{
    [super didReceiveMemoryWarning];
    // Release any cached data, images, etc that aren't in use.
}

#pragma mark - View lifecycle
```

```
- (void)viewDidLoad
{
    UIImage *normalImage = [[UIImage imageNamed:@"whiteButton.png"]
                           stretchableImageWithLeftCapWidth:12.0
                             topCapHeight:0.0];
    UIImage *pressedImage = [[UIImage imageNamed:@"blueButton.png"]
                            stretchableImageWithLeftCapWidth:12.0
                            topCapHeight:0.0];
    [self.theButton setBackgroundImage:normalImage
                             forState:UIControlStateNormal];
     [self.theButton setBackgroundImage:pressedImage
                             forState:UIControlStateHighlighted];
    [super viewDidLoad];
}

- (void)viewDidUnload
{
    [self setThePlace:nil];
    [self setTheVerb:nil];
    [self setTheNumber:nil];
    [self setTheTemplate:nil];
    [self setTheStory:nil];
    [self setTheButton:nil];
    [super viewDidUnload];
    // Release any retained subviews of the main view.
    // e.g. self.myOutlet = nil;
}

- (void)viewWillAppear:(BOOL)animated
{
    [super viewWillAppear:animated];
}

- (void)viewDidAppear:(BOOL)animated
{
    [super viewDidAppear:animated];
}

- (void)viewWillDisappear:(BOOL)animated
{
    [super viewWillDisappear:animated];
}

- (void)viewDidDisappear:(BOOL)animated
{
    [super viewDidDisappear:animated];
}

-
(BOOL)shouldAutorotateToInterfaceOrientation:(UIInterfaceOrientation)interfaceOrien
tation
{
    // Return YES for supported orientations
    return (interfaceOrientation != UIInterfaceOrientationPortraitUpsideDown);
}

- (IBAction)createStory:(id)sender {
        self.theStory.text=[self.theTemplate.text
                           stringByReplacingOccurrencesOfString:@"<place>"
                           withString:self.thePlace.text];
        self.theStory.text=[self.theStory.text
                           stringByReplacingOccurrencesOfString:@"<verb>"
                           withString:self.theVerb.text];
        self.theStory.text=[self.theStory.text
                               stringByReplacingOccurrencesOfString:@"<number>"
                               withString:self.theNumber.text];
}
```

```
- (IBAction)hideKeyboard:(id)sender {
    [self.thePlace resignFirstResponder];
    [self.theVerb resignFirstResponder];
    [self.theNumber resignFirstResponder];
    [self.theTemplate resignFirstResponder];

}
 @end
```

（3）文件main.m的实现代码如下所示：

```
#import <UIKit/UIKit.h>

#import "AppDelegate.h"

int main(int argc, char *argv[])
{
    @autoreleasepool {
        return UIApplicationMain(argc, argv, nil, NSStringFromClass([AppDelegate
class]));
    }
}
```

为查看并测试FieldButtonFun，单击Xcode工具栏中的Run按钮。最终的执行效果如图8-33所示。在文本框中输入信息，单击“构造”按钮后的效果如图8-34所示。

图8-33 初始执行效果

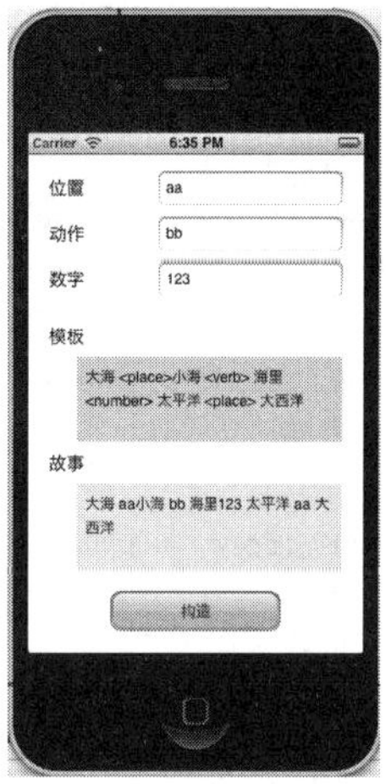

图8-34 单击按钮后的效果

8.4 实战演练——显示一个指定样式的文本（基于Swift实现）

在本节的内容中，将通过一个具体实例的实现过程，详细讲解联合使用UILabel控件显示一个指定样式文本的过程。

实例8-7	使用UILabel控件输出一个指定样式的文本
源码与视频路径	光盘:\daima\8\UILabel-Example

（1）打开Xcode 6.1，然后新创建一个名为“Swift-UILabel-Example”的工程，工程的最终目录结构如图8-35所示。

（2）在LaunchScreen.xib面板中设置初始界面的显示内容是一段文本：Swift-UILabel-Example，如图8-36所示。

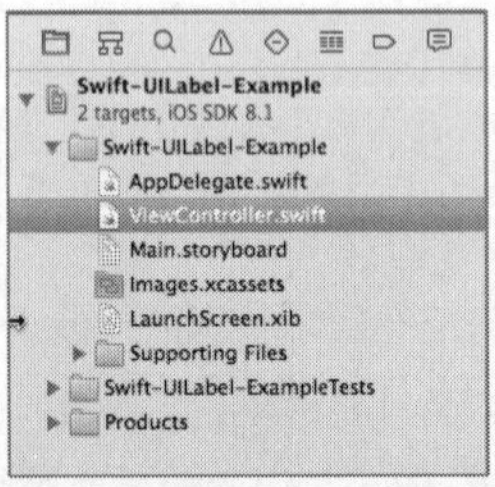

图8-35 工程目录结构

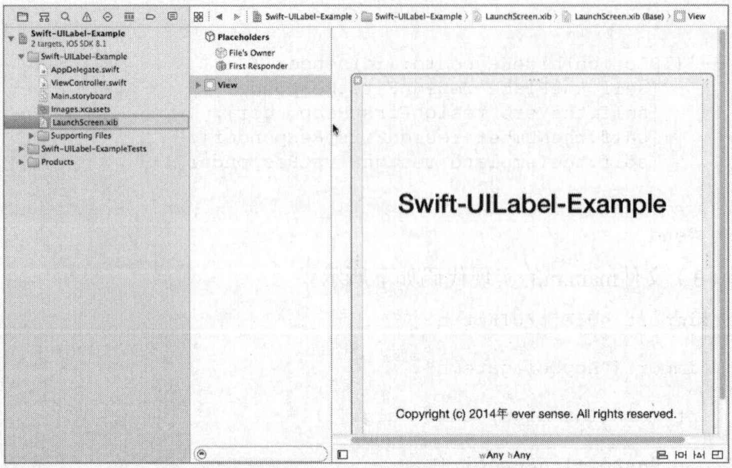

图8-36 LaunchScreen.xib面板

（3）文件ViewController.swift的功能是定义UILabel变量，并设置在屏幕绘制文字的颜色和字体等样式。文件ViewController.swift的具体实现代码如下所示：

```
import UIKit
class ViewController: UIViewController {
      override func viewDidLoad() {
        super.viewDidLoad()
        // 定义UILabel变量
        let myLabel: UILabel = UILabel()
        // 绘制文本
        myLabel.frame = CGRectMake(0,0,300,100)
        // 位置
        myLabel.layer.position = CGPoint(x: self.view.bounds.width/2,y: 200)
        // 背景色
        myLabel.backgroundColor = UIColor.redColor()
        // 文字
        myLabel.text = "Hello!!"
        // 设置文本颜色
        myLabel.font = UIFont.systemFontOfSize(40)
        // 文字色
        myLabel.textColor = UIColor.whiteColor()
        // 文字阴影色
        myLabel.shadowColor = UIColor.blueColor()
        // 文字居中对齐
        myLabel.textAlignment = NSTextAlignment.Center
        // 初始值
        myLabel.layer.masksToBounds = true
        // 设置半径
        myLabel.layer.cornerRadius = 20.0
        // View追加显示
        self.view.addSubview(myLabel)
    }
    override func didReceiveMemoryWarning() {
        super.didReceiveMemoryWarning()
        // Dispose of any resources that can be recreated.
    }
}
```

图8-37 执行效果

到此为止，整个实例介绍完毕。执行后将在屏幕中显示指定样式的字体和背景颜色，如图8-37所示。

第 9 章 滑块、步进和图像

控件是对数据和方法的封装。控件可以有自己的属性和方法。属性是控件数据的简单访问者。方法则是控件的一些简单而可见的功能。在iOS应用中，为了方便开发应用程序，提供了很多功能强大的控件。本书前面已经介绍了和文本输入和输出相关的控件，在本章将详细讲解图像、动画和可触摸的滑块和步进控件的基本知识，为读者进入本书后面知识的学习打下基础。

9.1 滑块控件（UISlider）

滑块（UISlider）是常用的界面组件，能够让用户可以用可视化方式设置指定范围内的值。假设想让用户提高或降低速度，采取让用户输入值的方式并不合理，可以提供一个如图9-1所示的滑块，让用户能够轻按并来回拖曳。在幕后将设置一个Value属性，应用程序可使用它来设置速度。这不要求用户理解幕后的细节，也不需要用户执行除使用手指拖曳之外的其他操作。

图9-1 使用滑块收集特定范围内的值

和按钮一样，滑块也能响应事件，还可像文本框一样被读取。如果希望用户对滑块的调整立刻影响应用程序，则需要让它触发操作。

滑块为用户提供了一种可见的、针对范围的调整方法，可以通过拖动一个滑动条改变它的值，并且可以对其配置以合适不同值域。你可以设置滑块值的范围，也可以在两端加上图片，以及进行各种调整让它更美观。滑块非常适合用于表示在很大范围（但不精确）的数值中进行选择，如音量设置、灵敏度控制等诸如此类的用途。

UISlider控件的常用属性如下所示。

- ❑ minimumValue属性：设置滑块的最小值。
- ❑ maximumValue属性：设置滑块的最大值。
- ❑ UIImage属性：为滑块设置表示放大和缩小的图像素材。

9.1.1 使用 Slider 控件的基本方法

在接下来的内容中，将详细介绍使用UIStepper控件的基本方法。

1．创建

滑块是一个标准的UIControl，我们可以通过代码来创建它，例如：

```
UISlider* mySlider = [ [ UISlider alloc ]
initWithFrame:CGRectMake(20.0,10.0,200.0,0.0) ];//高度设为0即可
```

2．设定范围与默认值

创建完毕的同时需要设置好滑块的范围，如果没有设置，那么会使用默认的 0.0 到 1.0 之间的值。UISlider提供了两个属性来设置范围：mininumValue和maxinumValue。例如：

```
mySlider.mininumValue = 0.0;//下限
mySlider.maxinumValue = 50.0;//上限
```

同时你也可以为滑块设定一个默认值：

```
mySlider.value = 22.0;
```

3．两端添加图片

滑块可以在任何一段显示图像。添加图像后会导致滑动条缩短，所以，要记得在创建的时候增加滑块的宽度来适应图像：

```
[ mySlider setMininumTrackImage: [ UIImage applicationImageNamed:@"min.png" ] forState:
UIControlStateNormal ];
[ mySlider setMaxinumTrackImage: [ UIImage applicationImageNamed:@"max.png" ] forState:
UIControlStateNormal ];
```

可以根据滑块的各种不同状态显示不同的图像。下面是可用的状态：

- UIControlStateNormal；
- UIControlStateHighlighted；
- UIControlStateDisabled；
- UIControlStateDisabled；
- UIControlStateSelected。

4．显示控件

```
[ parentView addSubview:myslider ];//添加到父视图
```

或：

```
[ self.navigationItem.titleView addSubview:myslider ];//添加到导航栏
```

5．读取控件值

```
float value = mySlider.value;
```

6．通知

要想在滑块值改变时收到通知，可以用UIControl类的addTarget方法为UIControlEventValueChanged事件添加一个动作：

```
 [ mySlider addTarget:self action:@selector(sliderValueChanged:)
forControlEventValueChanged ];
```

只要滑块停放到新的位置，我们的动作方法就会被调用：

```
- (void) sliderValueChanged:(id)sender{
        UISlider* control = (UISlider*)sender;
        if(control == mySlider){
                float value = control.value;
                 /* 添加自己的处理代码 */
        }
}
```

如果要在拖动中也触发，需要设置滑块的continuos属性：

```
mySlider.continuous = YES ;
```

这个通知最简单的一个实例就是实时显示滑块的值。

9.1.2 实战演练——滑动滑块时显示对应的值

在本实例中，设置了滑块的最大值是1.0，最小值是0.0，初始值是0.5，然后通过方法 sliderDidChange:(id)sender设置滑动时改变滑块的值。

实例9-1	在屏幕中滑动滑块时显示对应的值
源码与视频路径	光盘:\daima\9\huakuai

实例文件 UIKitPrjSlider.m的具体实现代码如下所示：

```
#import "UIKitPrjSlider.h"
@implementation UIKitPrjSlider
```

```
- (void)dealloc {
  [label_ release];
  [super dealloc];
}
- (void)viewDidLoad {
  [super viewDidLoad];
  label_ = [[UILabel alloc] init];
  label_.frame = self.view.bounds;
  label_.autoresizingMask =
    UIViewAutoresizingFlexibleWidth | UIViewAutoresizingFlexibleHeight;
  label_.text = @"0.5";
  label_.font = [UIFont boldSystemFontOfSize:36];
  label_.textAlignment = UITextAlignmentCenter;
  [self.view addSubview:label_];

  UISlider* slider = [[[UISlider alloc] init] autorelease];
  slider.frame = CGRectMake( 0, 0, 250, 50 );
  slider.minimumValue = 0.0;
  slider.maximumValue = 1.0;
  slider.value = 0.5; //< 设置初始值
  slider.center = self.view.center;
  [slider addTarget:self
             action:@selector(sliderDidChange:)
   forControlEvents:UIControlEventValueChanged];
  [self.view addSubview:slider];
}
- (void)sliderDidChange:(id)sender {
  if ( [sender isKindOfClass:[UISlider class]] ) {
    UISlider* slider = sender;
    label_.text = [NSString stringWithFormat:@"%0.1f",
slider.value];
  }
}
@end
```

执行后的效果如图9-2所示。

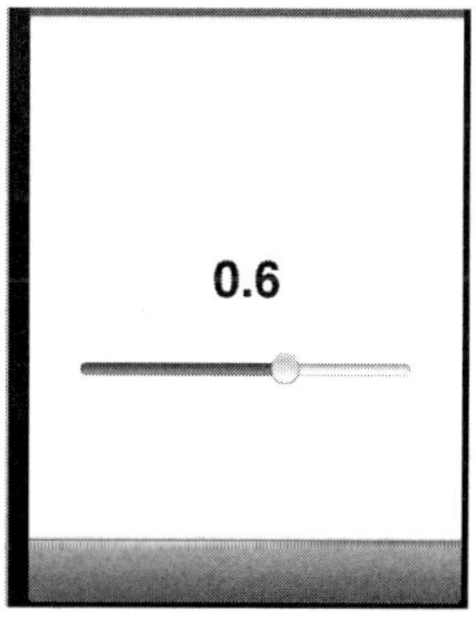

图9-2 执行效果

9.1.3 实战演练——滑动滑块控制文字的大小

在本实例中，设置了滑块的最大值是1.0，最小值是0.0，初始值是0.5，然后为滑块左侧图标设置了minimumValueImage属性，为滑块右侧图标设置了maximumValueImage属性。最后定义了方法 -(void)sliderDidChange:(id)sender，当滑块变化时会响应此方法，通过此方法设置标签的文字字体放大或缩小，缩放级别是96。

实例9-2	在屏幕中滑动滑块控制文字的大小
源码与视频路径	光盘:\daima\9\huakuai

实例文件 UIKitPrjSliderWithImage.m 的具体实现代码如下所示：

```
#import "UIKitPrjSliderWithImage.h"
@implementation UIKitPrjSliderWithImage
- (void)dealloc {
  [label_ release];
  [super dealloc];
}
- (void)viewDidLoad {
  [super viewDidLoad];
  //追加标签，将通过滑块控制标签文字大小
  label_ = [[UILabel alloc] init];
  label_.frame = self.view.bounds;
  label_.autoresizingMask =
    UIViewAutoresizingFlexibleWidth | UIViewAutoresizingFlexibleHeight;
  label_.text = @"标题";
  label_.font = [UIFont boldSystemFontOfSize:48];
  label_.textAlignment = UITextAlignmentCenter;
```

```
  [self.view addSubview:label_];
  //创建并初始化滑块对象
  UISlider* slider = [[[UISlider alloc] init] autorelease];
  slider.frame = CGRectMake( 0, 0, 250, 50 );
  slider.minimumValue = 0.0;
  slider.maximumValue = 1.0;
  slider.value = 0.5; // 初期值的设置
  slider.center = self.view.center;
  //读入左侧及右侧用的图标图片，并设置到minimumValueImage及maximumValueImage属性中
  UIImage* imageForMin = [UIImage imageNamed:@"roope_small.png"];
  UIImage* imageForMax = [UIImage imageNamed:@"roope_big.png"];
  slider.minimumValueImage = imageForMin;
  slider.maximumValueImage = imageForMax;
  [self.view addSubview:slider];
  //注册滑块变化时的响应方法
  [slider addTarget:self
         action:@selector(sliderDidChange:)
   forControlEvents:UIControlEventValueChanged];
}
//滑块变化时的响应方法，其中设置标签的文字字体
- (void)sliderDidChange:(id)sender {
  if ( [sender isKindOfClass:[UISlider class]] ) {
    UISlider* slider = sender;
    label_.font = [UIFont boldSystemFontOfSize:( 96 *
slider.value )];
  }
}
@end
```

执行后的效果如图9-3所示。

图9-3 执行效果

9.1.4 实战演练——实现各种各样的滑块

在本节内容中，将通过一个简单实例来说明使用UISlider控件的方法。

实例9-3	在屏幕中实现各种各样的滑块
源码与视频路径	光盘:\daima\9\test_project

（1）打开Xcode，创建一个名为“test_project”的工程，如图9-4所示。

（2）准备一副名为“circularSliderThumbImage.png”的图片作为素材，如图9-5所示。

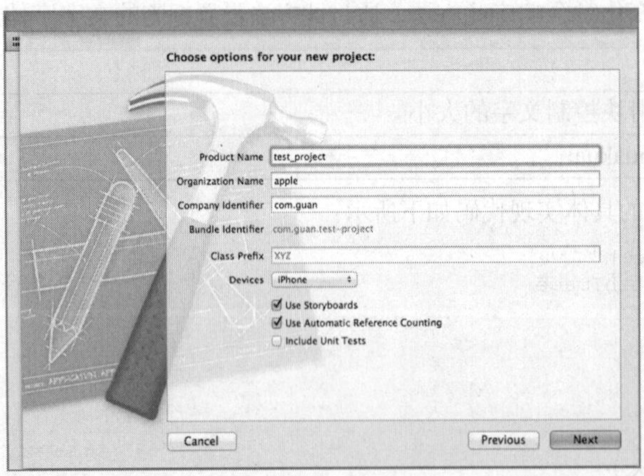

图9-4 创建Xcode工程

图9-5 素材图片

（3）设计UI界面，在界面中设置了以下3个控件。

❑ UISlider：放在界面的顶部，用于实现滑块功能。

❑ UIProgressView：这是一个进度条控件，放在界面中间，能够实现进度条效果。

- UICircularSlider：这是一个自定义滑块控件，放在界面底部，能够实现圆环状的滑块效果。

最终的UI界面效果如图9-6所示。

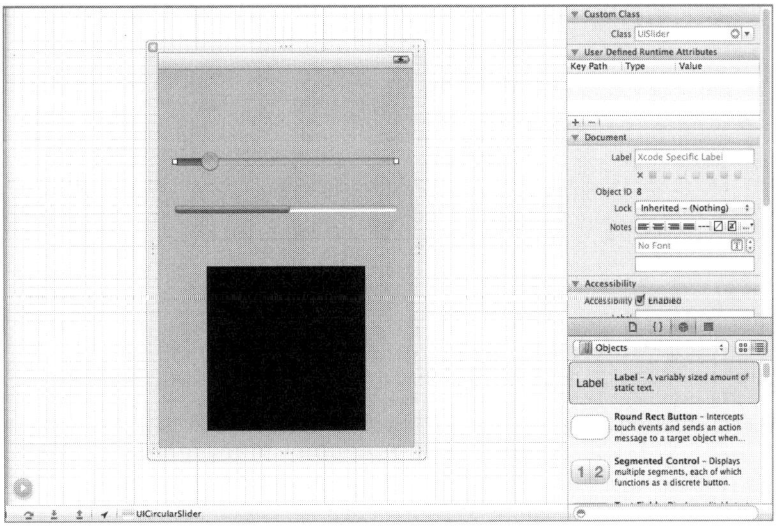

图9-6 UI界面

（4）看文件 UICircularSlider.m的源码，此文件是 UICircularSlider Library的一部分，这里的UICircularProgressView是一款自由软件，读者可以免费获取这个软件，并且可以重新分配或修改使用，读者可以从网络中免费获取 UICircularProgressView。此文件的最终代码如下所示：

```
#import "UICircularSlider.h"
@interface UICircularSlider()
@property (nonatomic) CGPoint thumbCenterPoint;
#pragma mark - Init and Setup methods
- (void)setup;

#pragma mark - Thumb management methods
- (BOOL)isPointInThumb:(CGPoint)point;

#pragma mark - Drawing methods
- (CGFloat)sliderRadius;
- (void)drawThumbAtPoint:(CGPoint)sliderButtonCenterPoint
inContext:(CGContextRef)context;
- (CGPoint)drawCircularTrack:(float)track atPoint:(CGPoint)point
withRadius:(CGFloat)radius inContext:(CGContextRef)context;
- (CGPoint)drawPieTrack:(float)track atPoint:(CGPoint)point
withRadius:(CGFloat)radius inContext:(CGContextRef)context;

@end

#pragma mark -
@implementation UICircularSlider

@synthesize value = _value;
- (void)setValue:(float)value {
    if (value != _value) {
        if (value > self.maximumValue) { value = self.maximumValue; }
        if (value < self.minimumValue) { value = self.minimumValue; }
        _value = value;
        [self setNeedsDisplay];
        [self sendActionsForControlEvents:UIControlEventValueChanged];
    }
}
@synthesize minimumValue = _minimumValue;
- (void)setMinimumValue:(float)minimumValue {
```

```
    if (minimumValue != _minimumValue) {
        _minimumValue = minimumValue;
        if (self.maximumValue < self.minimumValue){ self.maximumValue =
self.minimumValue; }
        if (self.value < self.minimumValue){ self.value = self.minimumValue; }
    }
}
@synthesize maximumValue = _maximumValue;
- (void)setMaximumValue:(float)maximumValue {
    if (maximumValue != _maximumValue) {
        _maximumValue = maximumValue;
        if (self.minimumValue > self.maximumValue){ self.minimumValue =
self.maximumValue; }
        if (self.value > self.maximumValue){ self.value = self.maximumValue; }
    }
}

@synthesize minimumTrackTintColor = _minimumTrackTintColor;
- (void)setMinimumTrackTintColor:(UIColor *)minimumTrackTintColor {
    if (![minimumTrackTintColor isEqual:_minimumTrackTintColor]) {
        _minimumTrackTintColor = minimumTrackTintColor;
        [self setNeedsDisplay];
    }
}

@synthesize maximumTrackTintColor = _maximumTrackTintColor;
- (void)setMaximumTrackTintColor:(UIColor *)maximumTrackTintColor {
    if (![maximumTrackTintColor isEqual:_maximumTrackTintColor]) {
        _maximumTrackTintColor = maximumTrackTintColor;
        [self setNeedsDisplay];
    }
}

@synthesize thumbTintColor = _thumbTintColor;
- (void)setThumbTintColor:(UIColor *)thumbTintColor {
    if (![thumbTintColor isEqual:_thumbTintColor]) {
        _thumbTintColor = thumbTintColor;
        [self setNeedsDisplay];
    }
}

@synthesize continuous = _continuous;

@synthesize sliderStyle = _sliderStyle;
- (void)setSliderStyle:(UICircularSliderStyle)sliderStyle {
    if (sliderStyle != _sliderStyle) {
        _sliderStyle = sliderStyle;
        [self setNeedsDisplay];
    }
}

@synthesize thumbCenterPoint = _thumbCenterPoint;

/** @name Init and Setup methods */
#pragma mark - Init and Setup methods
- (id)initWithFrame:(CGRect)frame {
    self = [super initWithFrame:frame];
    if (self) {
        [self setup];
    }
    return self;
}
- (void)awakeFromNib {
    [self setup];
}

- (void)setup {
    self.value = 0.0;
    self.minimumValue = 0.0;
```

```
    self.maximumValue = 1.0;
    self.minimumTrackTintColor = [UIColor blueColor];
    self.maximumTrackTintColor = [UIColor whiteColor];
    self.thumbTintColor = [UIColor darkGrayColor];
    self.continuous = YES;
    self.thumbCenterPoint = CGPointZero;

    UITapGestureRecognizer *tapGestureRecognizer = [[UITapGestureRecognizer alloc]
initWithTarget:self action:@selector(tapGestureHappened:)];
    [self addGestureRecognizer:tapGestureRecognizer];

    UIPanGestureRecognizer *panGestureRecognizer = [[UIPanGestureRecognizer alloc]
initWithTarget:self action:@selector(panGestureHappened:)];
    panGestureRecognizer.maximumNumberOfTouches = panGestureRecognizer.minimumNumberO
fTouches;
    [self addGestureRecognizer:panGestureRecognizer];
}

/** @name Drawing methods */
#pragma mark - Drawing methods
#define kLineWidth 5.0
#define kThumbRadius 12.0
- (CGFloat)sliderRadius {
    CGFloat radius = MIN(self.bounds.size.width/2, self.bounds.size.height/2);
    radius -= MAX(kLineWidth, kThumbRadius);
    return radius;
}
- (void)drawThumbAtPoint:(CGPoint)sliderButtonCenterPoint inContext:(CGContextRef)
context {
    UIGraphicsPushContext(context);
    CGContextBeginPath(context);

    CGContextMoveToPoint(context, sliderButtonCenterPoint.x, sliderButtonCenterPoint.
y);
    CGContextAddArc(context, sliderButtonCenterPoint.x, sliderButtonCenterPoint.y,
kThumbRadius, 0.0, 2*M_PI, NO);

    CGContextFillPath(context);
    UIGraphicsPopContext();
}

- (CGPoint)drawCircularTrack:(float)track atPoint:(CGPoint)center withRadius:
(CGFloat)radius inContext:(CGContextRef)context {
    UIGraphicsPushContext(context);
    CGContextBeginPath(context);

    float angleFromTrack = translateValueFromSourceIntervalToDestinationInterval
(track, self.minimumValue, self.maximumValue, 0, 2*M_PI);

    CGFloat startAngle = -M_PI_2;
    CGFloat endAngle = startAngle + angleFromTrack;
    CGContextAddArc(context, center.x, center.y, radius, startAngle, endAngle, NO);

    CGPoint arcEndPoint = CGContextGetPathCurrentPoint(context);

    CGContextStrokePath(context);
    UIGraphicsPopContext();

    return arcEndPoint;
}

- (CGPoint)drawPieTrack:(float)track atPoint:(CGPoint)center withRadius:(CGFloat)
radius inContext:(CGContextRef)context {
    UIGraphicsPushContext(context);

    float angleFromTrack = translateValueFromSourceIntervalToDestinationInterval
(track, self.minimumValue, self.maximumValue, 0, 2*M_PI);

    CGFloat startAngle = -M_PI_2;
```

```
    CGFloat endAngle = startAngle + angleFromTrack;
    CGContextMoveToPoint(context, center.x, center.y);
    CGContextAddArc(context, center.x, center.y, radius, startAngle, endAngle, NO);

    CGPoint arcEndPoint = CGContextGetPathCurrentPoint(context);

    CGContextClosePath(context);
    CGContextFillPath(context);
    UIGraphicsPopContext();

    return arcEndPoint;
}

- (void)drawRect:(CGRect)rect {
    CGContextRef context = UIGraphicsGetCurrentContext();

    CGPoint middlePoint;
    middlePoint.x = self.bounds.origin.x + self.bounds.size.width/2;
    middlePoint.y = self.bounds.origin.y + self.bounds.size.height/2;

    CGContextSetLineWidth(context, kLineWidth);

    CGFloat radius = [self sliderRadius];
    switch (self.sliderStyle) {
        case UICircularSliderStylePie:
            [self.maximumTrackTintColor setFill];
            [self drawPieTrack:self.maximumValue atPoint:middlePoint withRadius:
            radius inContext:context];
            [self.minimumTrackTintColor setStroke];
            [self drawCircularTrack:self.maximumValue atPoint:middlePoint withRadius:
            radius inContext:context];
            [self.minimumTrackTintColor setFill];
            self.thumbCenterPoint = [self drawPieTrack:self.value atPoint:middlePoint
            withRadius:radius inContext:context];
            break;
        case UICircularSliderStyleCircle:
        default:
            [self.maximumTrackTintColor setStroke];
            [self drawCircularTrack:self.maximumValue atPoint:middlePoint withRadius:
            radius inContext:context];
            [self.minimumTrackTintColor setStroke];
            self.thumbCenterPoint = [self drawCircularTrack:self.value atPoint:
            middlePoint withRadius:radius inContext:context];
            break;
    }

    [self.thumbTintColor setFill];
    [self drawThumbAtPoint:self.thumbCenterPoint inContext:context];
}

/** @name Thumb management methods */
#pragma mark - Thumb management methods
- (BOOL)isPointInThumb:(CGPoint)point {
    CGRect thumbTouchRect = CGRectMake(self.thumbCenterPoint.x - kThumbRadius,
self.thumbCenterPoint.y - kThumbRadius, kThumbRadius*2, kThumbRadius*2);
    return CGRectContainsPoint(thumbTouchRect, point);
}

/** @name UIGestureRecognizer management methods */
#pragma mark - UIGestureRecognizer management methods
- (void)panGestureHappened:(UIPanGestureRecognizer *)panGestureRecognizer {
    CGPoint tapLocation = [panGestureRecognizer locationInView:self];
    switch (panGestureRecognizer.state) {
        case UIGestureRecognizerStateChanged: {
            CGFloat radius = [self sliderRadius];
            CGPoint sliderCenter = CGPointMake(self.bounds.size.width/2, self.bounds.
            size.height/2);
            CGPoint sliderStartPoint = CGPointMake(sliderCenter.x, sliderCenter.y -
            radius);
```

```
            CGFloat angle = angleBetweenThreePoints(sliderCenter, sliderStartPoint,
            tapLocation);

            if (angle < 0) {
                angle = -angle;
            }
            else {
                angle = 2*M_PI - angle;
            }

            self.value = translateValueFromSourceIntervalToDestinationInterval(angle,
0, 2*M_PI, self.minimumValue, self.maximumValue);
            break;
        }
        default:
            break;
    }
}
- (void)tapGestureHappened:(UITapGestureRecognizer *)tapGestureRecognizer {
    if (tapGestureRecognizer.state == UIGestureRecognizerStateEnded) {
        CGPoint tapLocation = [tapGestureRecognizer locationInView:self];
        if ([self isPointInThumb:tapLocation]) {
        }
        else {
        }
    }
}

@end

/** @name Utility Functions */
#pragma mark - Utility Functions
float translateValueFromSourceIntervalToDestinationInterval(float sourceValue, float
sourceIntervalMinimum, float sourceIntervalMaximum, float destinationIntervalMinimum,
float destinationIntervalMaximum) {
    float a, b, destinationValue;

    a = (destinationIntervalMaximum - destinationIntervalMinimum) /
(sourceIntervalMaximum - sourceIntervalMinimum);
    b = destinationIntervalMaximum - a*sourceIntervalMaximum;

    destinationValue = a*sourceValue + b;

    return destinationValue;
}

CGFloat angleBetweenThreePoints(CGPoint centerPoint, CGPoint p1, CGPoint p2) {
    CGPoint v1 = CGPointMake(p1.x - centerPoint.x, p1.y - centerPoint.y);
    CGPoint v2 = CGPointMake(p2.x - centerPoint.x, p2.y - centerPoint.y);

    CGFloat angle = atan2f(v2.x*v1.y - v1.x*v2.y, v1.x*v2.x + v1.y*v2.y);

    return angle;
}
```

（5）再看文件UICircularSliderViewController.m，此文件也是借助了自由软件UICircularProgressView，读者可以免费获取这个软件，并且可以重新分配或修改使用，读者可以从网络中免费获取UICircular ProgressView。此文件的最终代码如下所示。

```
#import "UICircularSliderViewController.h"
#import "UICircularSlider.h"

@interface UICircularSliderViewController ()

@property (unsafe_unretained, nonatomic) IBOutlet UISlider *slider;
@property (unsafe_unretained, nonatomic) IBOutlet UIProgressView *progressView;
@property (unsafe_unretained, nonatomic) IBOutlet UICircularSlider *circularSlider;
```

```
@end

@implementation UICircularSliderViewController
@synthesize slider = _slider;
@synthesize progressView = _progressView;
@synthesize circularSlider = _circularSlider;

- (void)viewDidLoad {
    [super viewDidLoad];
    [self.circularSlider addTarget:self action:@selector(updateProgress:)
forControlEvents:UIControlEventValueChanged];
    [self.circularSlider setMinimumValue:self.slider.minimumValue];
    [self.circularSlider setMaximumValue:self.slider.maximumValue];
}

- (void)viewDidUnload {
    [self setProgressView:nil];
    [self setCircularSlider:nil];
    [self setSlider:nil];
      [super viewDidUnload];
}

-
(BOOL)shouldAutorotateToInterfaceOrientation:(UIInterfaceOri-
entation)interfaceOrientation {
    return YES;
}

- (IBAction)updateProgress:(UISlider *)sender {
    float progress = translateValueFromSourceInterval
ToDestinationInterval(sender.value, sender.minimumValue,
sender.maximumValue, 0.0, 1.0);
    [self.progressView setProgress:progress];
    [self.circularSlider setValue:sender.value];
    [self.slider setValue:sender.value];
}
@end
```

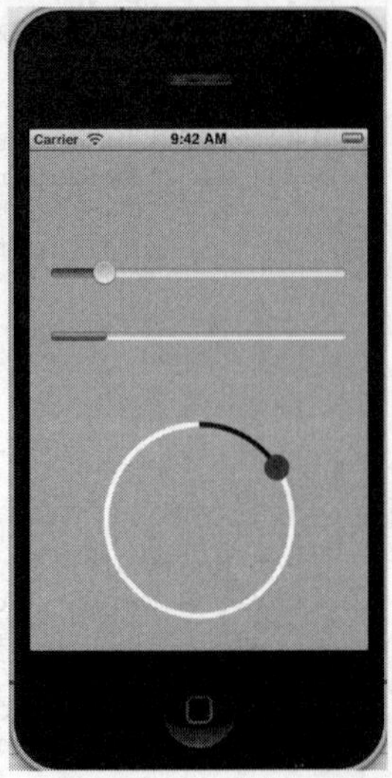

图9-7 执行效果

这样整个实例就介绍完毕了，执行后的效果如图9-7所示。

9.1.5 实战演练——实现UISlider控件效果（基于Swift实现）

在本节的内容中，将通过一个具体实例的实现过程，详细讲解用Swift语言实现UISlider控件效果的过程。

实例9-4	实现UISlider控件效果
源码与视频路径	光盘:\daima\9\fibo_swift_ui

（1）打开Xcode 6，然后新创建一个名为“Fibonacci”的工程，工程的最终目录结构如图9-8所示。

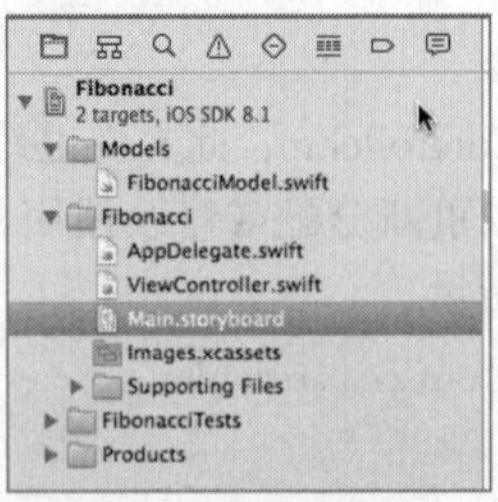

图9-8 工程的目录结构

（2）打开Main.storyboard，为本工程设计一个视图界面，在里面分别插入Horizontal Slider控件、Label控件和Text控件，如图9-9所示。

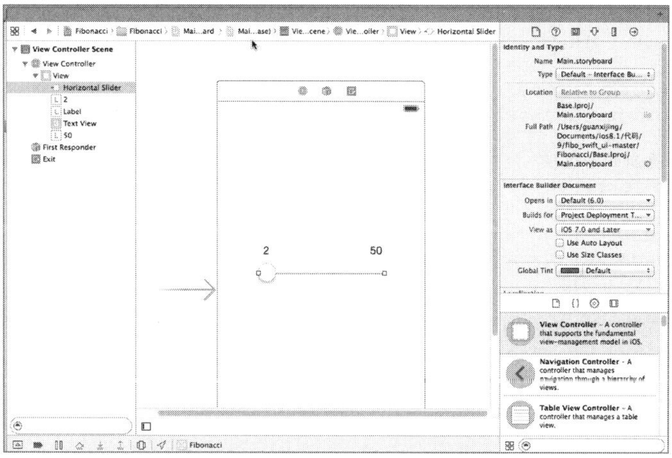

图9-9 Main.storyboard界面效果

（3）编写类文件FibonacciModel.swift，通过calculateFibonacciNumbers计算斐波那契数值，具体实现代码如下所示：

```
import Foundation
public class FibonacciModel {
    public init () {}
    public func calculateFibonacciNumbers (minimum2 endOfSequence:Int) -> Array<Int>
{

        //初始值属性
        var sequence : [Int] = [1,1]
        for number in 2..<endOfSequence {
            var newFibonacciNumber = sequence[number-1] + sequence[number-2]
            sequence.append(newFibonacciNumber)
        }

        return sequence
    }
}
```

（4）编写文件ViewController.swift，监听滑动条数值的变动，并及时显示滑块中的更新值。文件ViewController.swift的具体实现代码如下所示：

```
import UIKit
class ViewController: UIViewController {
    @IBOutlet weak var theSlider: UISlider!

    @IBOutlet weak var outputTextView: UITextView!
    @IBOutlet weak var selectedValueLabel: UILabel!
    var fibo: FibonacciModel = FibonacciModel()
    override func viewDidLoad() {
        super.viewDidLoad()
    }

    override func didReceiveMemoryWarning() {
        super.didReceiveMemoryWarning()
        // Dispose of any resources that can be recreated.
    }


    func addASlider() {
    }


    @IBAction func sliderValueDidChange(sender: UISlider) {
```

```
    //func sliderValueDidChange () {

        var returnedArray: [Int] = []
        var formattedOutput:String = ""

        //显示更新的滑块值
        self.selectedValueLabel!.text = String(Int(theSlider!.value))

        //Calculate the Fibonacci elements based on the new slider value
        returnedArray = self.fibo.calculateFibonacciNumbers(minimum2:
Int(theSlider!.value))

        //Put the elements in a nicely formatted array
        for number in returnedArray {

            formattedOutput = formattedOutput + String(number) + ", "
        }

        //Update the textfield with the formatted array
        self.outputTextView!.text = formattedOutput
    }
}
```

本实例执行后将在屏幕中实现一个滑动条效果，如图9-10所示。

9.2 步进控件（UIStepper）

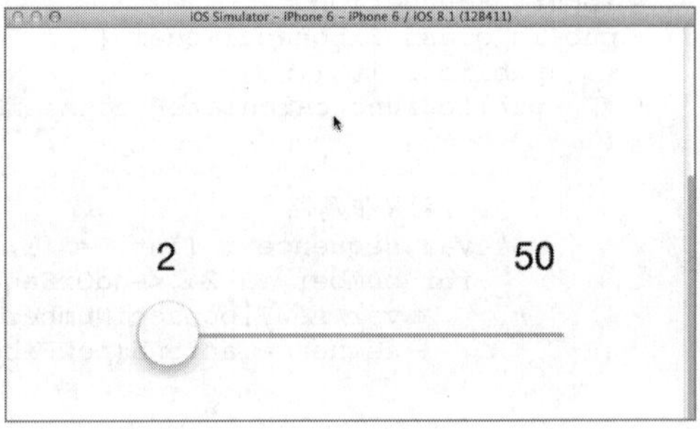

图9-10 执行效果

步进控件是从iOS 5开始新增的一个控件，可用于替换传统的用于输入值的文本框，如设置定时器或控制屏幕对象的速度。由于步进控件没有显示当前的值，必须在用户单击步进控件时在界面的某个地方指出相应的值发生了变化。步进控件支持的事件与滑块相同，这使得可轻松地对变化做出反应或随时读取内部属性value。在iOS应用中，步进控件（UIStepper）类似于滑块。像滑块控件一样，步进控件也提供了一种以可视化方式输入指定范围值的数字，但它实现这一点的方式稍有不同。如图9-11所示，步进控件同时提供了“+”和“–”按钮，按其中一个按钮可让内部属性Value递增或递减。

IStepper继承自UIControl，它主要的事件是UIControlEventValueChanged，每当它的值改变了就会触发这个事件。IStepper主要有下面几个属性：

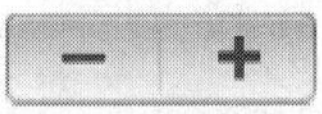

图9-11 步进控件的作用类似于滑块

- value 当前所表示的值，默认0.0；
- minimumValue 最小可以表示的值，默认0.0；
- maximumValue 最大可以表示的值，默认100.0；
- stepValue 每次递增或递减的值，默认1.0。

在设置以上几个值后，可以很方便地使用，例如下面的演示代码：

```
UIStepper *stepper = [[UIStepper alloc] init];
stepper.minimumValue = 2;
stepper.maximumValue = 5;
stepper.stepValue = 2;
stepper.value = 3;
stepper.center = CGPointMake(160, 240);
[stepper addTarget:self action:@selector(valueChanged:) forControlEvents:UIControl
EventValueChanged];
```

在上述演示代码中，设置stepValue的值是2，当前value是3，最小值是2。但如果单击“–”，这时value会变成2，而不是1。即每次改变都是value±stepValue，然后将最终的值限制在[minimumValue, maximumValue]区间内。

除此之外，UIStepper 还有以下3个控制属性。

- continuous 控制是否持续触发UIControlEventValueChanged事件。默认Yes，即当按住时，每次值改变都触发一次UIControlEventValueChanged事件，否则只有在释放按钮时触发UIControlEventValueChanged事件。
- autorepeat 控制是否在按住时自动持续递增或递减。默认Yes。
- wraps 控制值是否在[minimumValue,maximumValue]区间内循环。默认No。

这几个控制属性只有在特殊情况下使用，一般使用默认值即可。

9.3 图像视图控件（UIImageView）

在iOS应用中，图像视图（UIImageView）用于显示图像。可以将图像视图加入应用程序中，并用于向用户呈现信息。UIImageView实例还可以创建简单的基于帧的动画，其中包括开始、停止和设置动画播放速度的控件。在使用Retina屏幕的设备中，图像视图可利用其高分辨率屏幕。令我们开发人员兴奋的是，我们无需编写任何特殊代码，无需检查设备类型，而只需将多幅图像加入项目中，而图像视图将在正确的时间加载正确的图像。

9.3.1 UIImageView 的常用操作

UIImageView是用来放置图片的，当使用Interface Builder设计界面时，可以直接将控件拖进去并设置相关属性。

1. 创建一个UIImageView

在iOS应用中，有如下5种创建一个UIImageView对象的方法：

```
UIImageView *imageView1 = [[UIImageView alloc] init];
UIImageView *imageView2 = [[UIImageView alloc] initWithFrame:(CGRect)];
UIImageView *imageView3 = [[UIImageView alloc] initWithImage:(UIImage *)];
UIImageView *imageView4 = [[UIImageView alloc] initWithImage:(UIImage *)
highlightedImage:(UIImage *)];
UIImageView *imageView5 = [[UIImageView alloc] initWithCoder:(NSCoder *)];
```

其中比较常用的是前面3个，当第4个ImageView的highlighted属性是Yes时，显示的就是参数highlightedImage，一般情况下显示的是第一个参数UIImage。

2. frame与bounds属性

在上述创建UIImageView的5种方法中，第二种方法是在创建时就设定位置和大小。当以后想改变位置时，可以重新设定frame属性：

```
imageView.frame = CGRectMake(CGFloat x, CGFloat y, CGFloat width, CGFloat heigth);
```

在此需要注意UIImageView还有一个bounds属性

```
imageView.bounds = CGRectMake(CGFloat x, CGFloat y, CGFloat width, CGFloat heigth);
```

这个属性跟frame有一点区别：frame属性用于设置其位置和大小，而bounds属性只能设置其大小，其参数中的*x*、*y*不起作用，即便是之前没有设定frame属性，控件最终的位置也不是bounds所设定的参数。bounds实现的是将UIImageView控件以原来的中心为中心进行缩放。例如有如下代码：

```
imageView.frame = CGRectMake(0, 0, 320, 460);
imageView.bounds = CGRectMake(100, 100, 160, 230);
```

执行之后，这个imageView的位置和大小是（80，115，160，230）。

3. contentMode属性

这个属性是用来设置图片的显示方式，如居中、居右、是否缩放等，有以下几个常量可供设定：

UIViewContentModeScaleToFill、UIViewContentModeScaleAspectFit、UIViewContentModeScaleAspectFill、UIViewContentModeRedraw、UIViewContentModeCenter、UIViewContentModeTop、UIViewContentModeBottom、UIViewContentModeLeft、UIViewContentModeRight、UIViewContentModeTopLeft、UIViewContentModeTopRight、UIViewContentModeBottomLeft、UIViewContentModeBottomRight。

在上述常量中，凡是没有带Scale的，当图片尺寸超过 ImageView尺寸时，只有部分显示在ImageView中。UIViewContentModeScaleToFill属性会导致图片变形。UIViewContentModeScaleAspectFit会保证图片比例不变，而且全部显示在ImageView中，这意味着ImageView会有部分空白。UIViewContentModeScaleAspectFill也会使图片比例不变，但是，填充整个ImageView，可能只有部分图片显示出来。

其中前3个效果如图9-12所示。

图9-12 显示效果

4．更改位置

更改一个UIImageView的位置，可以：

（1）直接修改其frame属性；

（2）修改其center属性：

```
imageView.center = CGPointMake(CGFloat x, CGFloat y);
```

center属性指的就是这个ImageView的中间点。

（3）使用transform属性：

```
imageView.transform = CGAffineTransformMakeTranslation(CGFloat dx, CGFloat dy);
```

其中dx与dy表示想要往*x*或者*y*方向移动多少，而不是移动到多少。

5．旋转图像

```
imageView.transform = CGAffineTransformMakeRotation(CGFloat angle);
```

要注意它是按照顺时针方向旋转的，而且旋转中心是原始ImageView的中心，也就是center属性表示的位置。这种方法的参数angle的单位是弧度，而不是我们最常用的度数，所以可以写一个宏定义：

```
#define degreesToRadians(x) (M_PI*(x)/180.0)
```

用于将度数转化成弧度，图9-13是旋转45° 的情况。

图9-13 旋转后的效果

6．缩放图像

还是使用transform属性：

```
imageView.transform =
CGAffineTransformMakeScale(CGFloat scale_w,
CGFloat scale_h);
```

其中，CGFloat scale_w与CGFloat scale_h分别表示将原来

的宽度和高度缩放到多少倍，图9-14是缩放到原来的0.6倍的效果图。

7. 播放一系列图片

```
imageView.animationImages = imagesArray;
// 设定所有的图片在多少秒内播放完毕
imageView.animationDuration = [imagesArray count];
// 不重复播放多少遍，0表示无数遍
imageView.animationRepeatCount = 0;
// 开始播放
[imageView startAnimating];
```

其中，imagesArray是一系列图片的数组，如图9-15所示。

图9-14 缩放效果

图9-15 播放多个图片

8. 为图片添加单击事件

```
imageView.userInteractionEnabled = YES;
UITapGestureRecognizer *singleTap = [[UITapGestureRecognizer alloc]
initWithTarget:self action:@selector(tapImageView:)];
[imageView addGestureRecognizer:singleTap];
```

一定要先将userInteractionEnabled置为YES，这样才能响应单击事件。

9. 其他设置

```
imageView.hidden = YES或者NO;     // 隐藏或者显示图片
imageView.alpha = (CGFloat) al;     // 设置透明度
imageView.highlightedImage = (UIImage *)hightlightedImage;     // 设置高亮时显示的图片
imageView.image = (UIImage *)image;     // 设置正常显示的图片
[imageView sizeToFit];     // 将图片尺寸调整为与内容图片相同
```

9.3.2 实战演练——在屏幕中显示图像

在本实例中，使用UIImageView控件在屏幕中显示一幅指定的图像。

实例9-5	在屏幕中显示图像
源码与视频路径	光盘:\daima\9\tuxiang

实例文件 UIKitPrjUIImageView.m的具体实现代码如下所示：

```
#import "UIKitPrjUIImageView.h"
@implementation UIKitPrjUIImageView
- (void)viewDidLoad {
  [super viewDidLoad];
  // 读入图片文件
  UIImage* image = [UIImage imageNamed:@"dog.jpg"];
  // UIImageView的创建
  UIImageView* imageView = [[[UIImageView alloc] initWithImage:image] autorelease];
  // 设置中心位置以及自动调节参数
  imageView.center = self.view.center;
  imageView.autoresizingMask = UIViewAutoresizingFlexibleTopMargin |
                               UIViewAutoresizingFlexibleBottomMargin;
```

```
    // 将图片View追加到self.view中
    [self.view addSubview:imageView];
}
@end
```

执行效果如图9-16所示。

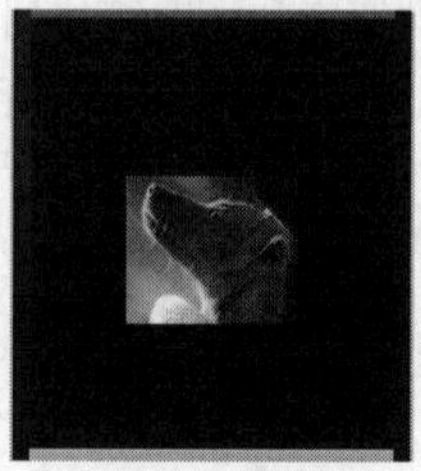

图9-16 执行效果

9.3.3 实战演练——在屏幕中绘制一幅图像

在iOS应用中，如果不使用UIImageView显示一个图像，也可以使用UIImage直接绘制图片。在具体实现时，可以分别通过UIImage的方法drawAtPoint或drawInRect方法实现。在本实例中，分别演示了使用方法 drawAtPoint和drawInRect绘制图像的过程。

实例9-6	在屏幕中绘制一幅图像
源码与视频路径	光盘:\daima\9\tuxiang

实例文件UIKitPrjUIImage.m的具体实现代码如下所示：

```
#import "UIKitPrjUIImage.h"
//实现UIView子类
@implementation DrawImageTest
- (void)dealloc {
    [image_ release];
    [super dealloc];
}
- (id)initWithImage:(UIImage*)image {
    if ( (self = [super init]) ) {
        image_ = image;
    }
    return self;
}
- (void)drawRect:(CGRect)rect {
//在drawAtPoint:与drawInRect:间切换，比较具体效果
    [image_ drawAtPoint:rect.origin];
    //[image_ drawInRect:rect];
}
@end
@implementation UIKitPrjUIImage
- (void)viewDidLoad {
    [super viewDidLoad];
    // 读入图片文件
    UIImage* image = [UIImage imageNamed:@"dog.jpg"];
    // 创建定制的View
    DrawImageTest* test = [[[DrawImageTest alloc] initWithImage:image] autorelease];
    test.frame = self.view.bounds;
    test.autoresizingMask =
        UIViewAutoresizingFlexibleWidth | UIViewAutoresizingFlexibleHeight;
    [self.view addSubview:test];
}
@end
```

方法 drawAtPoint绘制的执行效果如图9-17所示。方法drawInRect 绘制的执行效果如图9-18所示。

图9-17 执行效果1

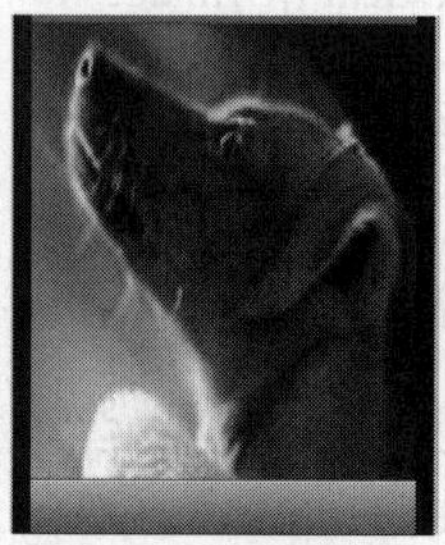

图9-18 执行效果2

9.3.4 实战演练——在屏幕中绘图时设置透明度

在iOS应用中，当使用UIImage在屏幕中绘制图像时，除了可以设置图像的大小尺寸外，还可以指定其透明值，即alpha的值。在本实例中，使用drawInRect:blendMode_alpha:设置了绘制图像时的透明值，并且在CGBlendMode中设置了透明类型。

实例9-7	在屏幕中绘图时设置透明度
源码与视频路径	光盘:\daima\9\tuxiang

实例文件UIKitPrjBlendMode.m的具体实现代码如下所示：

```
#import "UIKitPrjBlendMode.h"
@implementation BlendModeTest
@synthesize blendMode = blendMode_;
- (void)dealloc {
  [frontImage_ release];
  [backImage_ release];
  [super dealloc];
}
- (id)init {
  if ( (self = [super init]) ) {
    backImage_ = [UIImage imageNamed:@"back.png"];
    frontImage_ = [UIImage imageNamed:@"dog.jpg"];
    CGRect newFrame = self.frame;
    newFrame.size = frontImage_.size;
    self.frame = newFrame;
  }
  return self;
}
- (void)drawRect:(CGRect)rect {
  [backImage_ drawInRect:rect];
  [frontImage_ drawInRect:rect blendMode:blendMode_ alpha:1.0];
}
- (void)changeMode {
  if ( kCGBlendModeLuminosity < ++blendMode_ ) {
    blendMode_ = kCGBlendModeNormal;
  }
}
@end
#pragma mark ----- Private Methods Definition
@interface UIKitPrjBlendMode ()
- (void)changeLabel;
@end
#pragma mark ----- Start Implementation For Methods -----
@implementation UIKitPrjBlendMode
- (void)dealloc {
  [test_ release];
  [label_ release];
  [super dealloc];
}
- (void)viewDidLoad {
  [super viewDidLoad];
  test_ = [[BlendModeTest alloc] init];
  test_.center = self.view.center;
  test_.autoresizingMask = UIViewAutoresizingFlexibleTopMargin |
                           UIViewAutoresizingFlexibleBottomMargin;
  [self.view addSubview:test_];
  label_ = [[UILabel alloc] init];
  label_.frame =
    CGRectMake( 0, self.view.bounds.size.height - 100, self.view.bounds.size.width,
20 );
  label_.autoresizingMask = UIViewAutoresizingFlexibleTopMargin |
                            UIViewAutoresizingFlexibleBottomMargin;
  label_.textAlignment = UITextAlignmentCenter;
  [self.view addSubview:label_];
  [self changeLabel];
```

```
  UIImage* imageBack = [UIImage imageNamed:@"back.png"];
  UIImageView* imageViewBack = [[[UIImageView alloc] initWithImage:imageBack]
autorelease];
  imageViewBack.frame = CGRectMake( 0, 0, 90, 83 );
  imageViewBack.autoresizingMask =  UIViewAutoresizingFlexibleLeftMargin |
                                   UIViewAutoresizingFlexibleRightMargin |
                                   UIViewAutoresizingFlexibleTopMargin |
                                   UIViewAutoresizingFlexibleBottomMargin;
  [self.view addSubview:imageViewBack];
  UIImage* imageFront = [UIImage imageNamed:@"dog.jpg"];
  UIImageView* imageViewFront = [[[UIImageView alloc] initWithImage:imageFront]
autorelease];
  imageViewFront.frame = CGRectMake( 320 - 90, 0, 90, 83 );
  imageViewFront.autoresizingMask = imageViewFront.autoresizingMask;
  [self.view addSubview:imageViewFront];
}
#pragma mark ----- Private Methods -----
- (void)changeLabel {
  switch ( test_.blendMode ) {
    case kCGBlendModeMultiply: label_.text = @"kCGBlendModeMultiply"; break;
    case kCGBlendModeScreen: label_.text = @"kCGBlendModeScreen"; break;
    case kCGBlendModeOverlay: label_.text = @"kCGBlendModeOverlay"; break;
    case kCGBlendModeDarken: label_.text = @"kCGBlendModeDarken"; break;
    case kCGBlendModeLighten: label_.text = @"kCGBlendModeLighten"; break;
    case kCGBlendModeColorDodge: label_.text = @"kCGBlendModeColorDodge"; break;
    case kCGBlendModeColorBurn: label_.text = @"kCGBlendModeColorBurn"; break;
    case kCGBlendModeSoftLight: label_.text = @"kCGBlendModeSoftLight"; break;
    case kCGBlendModeHardLight: label_.text = @"kCGBlendModeHardLight"; break;
    case kCGBlendModeDifference: label_.text = @"kCGBlendModeDifference"; break;
    case kCGBlendModeExclusion: label_.text = @"kCGBlendModeExclusion"; break;
    case kCGBlendModeHue: label_.text = @"kCGBlendModeHue"; break;
    case kCGBlendModeSaturation: label_.text = @"kCGBlendModeSaturation"; break;
    case kCGBlendModeColor: label_.text = @"kCGBlendModeColor"; break;
    case kCGBlendModeLuminosity: label_.text = @"kCGBlendModeLuminosity"; break;
    case kCGBlendModeClear: label_.text = @"kCGBlendModeClear"; break;
    case kCGBlendModeCopy: label_.text = @"kCGBlendModeCopy"; break;
    case kCGBlendModeSourceIn: label_.text = @"kCGBlendModeSourceIn"; break;
    case kCGBlendModeSourceOut: label_.text = @"kCGBlendModeSourceOut"; break;
    case kCGBlendModeSourceAtop: label_.text = @"kCGBlendModeSourceAtop"; break;
    case kCGBlendModeDestinationOver: label_.text = @"kCGBlendModeDestinationOver";
break;
    case kCGBlendModeDestinationIn: label_.text = @"kCGBlendModeDestinationIn"; break;
    case kCGBlendModeDestinationOut: label_.text = @"kCGBlendModeDestinationOut";
break;
    case kCGBlendModeDestinationAtop: label_.text = @"kCGBlendModeDestinationAtop";
break;
    case kCGBlendModeXOR: label_.text = @"kCGBlendModeXOR"; break;
    case kCGBlendModePlusDarker: label_.text = @"kCGBlendModePlusDarker"; break;
    case kCGBlendModePlusLighter: label_.text = @"kCGBlendModePlusLighter"; break;
    default: label_.text = @"kCGBlendModeNormal"; break;
  }
}
#pragma mark ----- Responder -----
- (void)touchesEnded:(NSSet*)touches withEvent:(UIEvent*)event {
  [test_ changeMode];
  [self changeLabel];
  [test_ setNeedsDisplay];
}
@end
```

执行后的效果如图9-19所示。

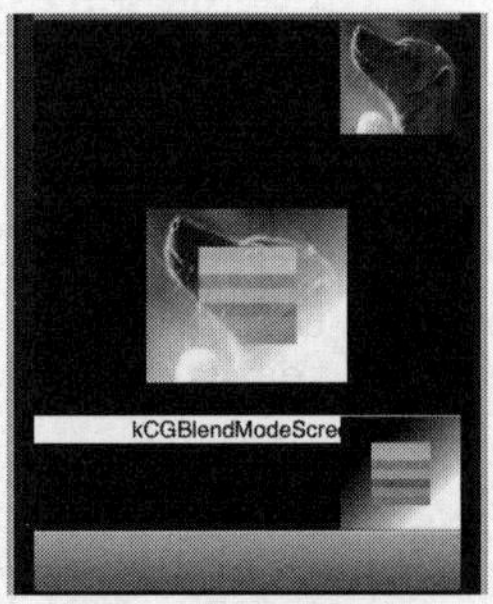

图9-19 执行效果

9.3.5 实战演练——使用UIImageView控件（基于Swift实现）

在本节的内容中，将通过一个具体实例的实现过程，详细讲解基于Swift语言使用UISlider控件的过程。

实例9-8	使用UIImageView控件
源码与视频路径	光盘:\daima\9\UIButton-Image

（1）打开Xcode 6.1，然后新创建一个名为“ButtonWithImageAndTitleDemo”的工程，工程的最终目录结构如图9-20所示。

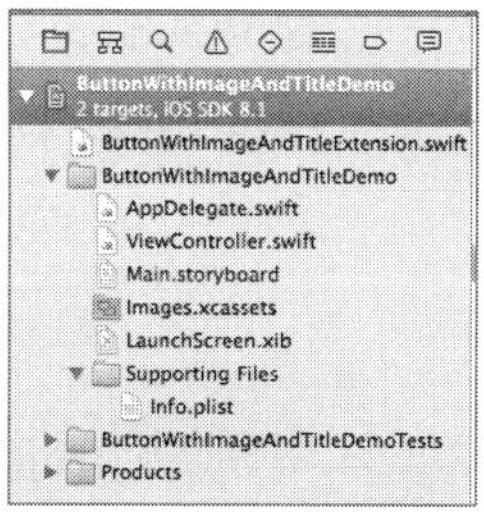

图9-20 工程的目录结构

（2）编写类文件ButtonWithImageAndTitleExtension.swift，功能是为UIButton和按钮图像设置标题，并为每个图像按钮设置对应的标题。在本实现文件中通过case语句处理了Top、Bottom、Left和Right等4种位置的图标按钮。文件ButtonWithImageAndTitleExtension.swift的具体实现代码如下所示：

```
import UIKit

extension UIButton {
    @objc func set(image anImage: UIImage?, title: NSString!, titlePosition: 
UIViewContentMode, additionalSpacing: CGFloat, state: UIControlState){
        self.imageView?.contentMode = .Center
        self.setImage(anImage?, forState: state)

        positionLabelRespectToImage(title!, position: titlePosition, spacing: 
additionalSpacing)

        self.titleLabel?.contentMode = .Center
        self.setTitle(title?, forState: state)
    }

    private func positionLabelRespectToImage(title: NSString, position: 
UIViewContentMode, spacing: CGFloat) {
        let imageSize = self.imageRectForContentRect(self.frame)
        let titleFont = self.titleLabel?.font!
        let titleSize = title.sizeWithAttributes([NSFontAttributeName: titleFont!])

        var titleInsets: UIEdgeInsets
        var imageInsets: UIEdgeInsets

        switch (position){
        case .Top:
            titleInsets = UIEdgeInsets(top: -(imageSize.height + titleSize.height + 
spacing), left: -(imageSize.width), bottom: 0, right: 0)
            imageInsets = UIEdgeInsets(top: 0, left: 0, bottom: 0, right: 
-titleSize.width)
        case .Bottom:
            titleInsets = UIEdgeInsets(top: (imageSize.height + titleSize.height + 
spacing), left: -(imageSize.width), bottom: 0, right: 0)
            imageInsets = UIEdgeInsets(top: 0, left: 0, bottom: 0, right: 
-titleSize.width)
        case .Left:
            titleInsets = UIEdgeInsets(top: 0, left: -(imageSize.width * 2), bottom: 
0, right: 0)
            imageInsets = UIEdgeInsets(top: 0, left: 0, bottom: 0, right: 
-(titleSize.width * 2 + spacing))
        case .Right:
            titleInsets = UIEdgeInsets(top: 0, left: 0, bottom: 0, right: -spacing)
            imageInsets = UIEdgeInsets(top: 0, left: 0, bottom: 0, right: 0)
        default:
            titleInsets = UIEdgeInsets(top: 0, left: 0, bottom: 0, right: 0)
            imageInsets = UIEdgeInsets(top: 0, left: 0, bottom: 0, right: 0)
        }

        self.titleEdgeInsets = titleInsets
        self.imageEdgeInsets = imageInsets
    }
}
```

（3）文件ViewController.swift的功能是调用类文件ButtonWithImageAndTitleExtension.swift，通过

viewDidLoad()根据屏幕位置载入对应的按钮图像。文件ViewController.swift的具体实现代码如下所示：

```
import UIKit

class ViewController: UIViewController {
    @IBOutlet weak var button: UIButton!
    @IBOutlet weak var thirdButton: UIButton!

    override func viewDidLoad() {
        super.viewDidLoad()
        // Do any additional setup after loading the view, typically from a nib.
        button.set(image: UIImage(named: "shout"), title: "Shout", titlePosition: .Top,
        additionalSpacing: 30.0, state: .Normal)
        thirdButton.set(image: UIImage(named: "shout"), title: "This is an XIB button",
        titlePosition: .Bottom, additionalSpacing: 6.0, state: .Normal)

        var secondButton = UIButton.buttonWithType(.System) as UIButton
        secondButton.frame = CGRectMake(0, 50, 100, 400)
        secondButton.center = CGPointMake(view.frame.size.width/2, 50)
        secondButton.set(image: UIImage(named: "settings"), title: "Settings",
        titlePosition: .Left, additionalSpacing: 0.0, state: .Normal)
        view.addSubview(secondButton)
    }

    override func didReceiveMemoryWarning() {
        super.didReceiveMemoryWarning()
        // Dispose of any resources that can be recreated.
    }
}
```

本实例执行后将分别在屏幕顶部、中间和底部显示不同的图标，如图9-21所示。

图9-21 执行效果

第 10 章 开关控件和分段控件

在本章前面的内容中，已经讲解了iOS应用中基本控件的用法。其实在iOS中还有很多其他控件，例如开关控件和分段控件，在本章将介绍这两种控件的基本用法，为读者进入本书后面知识的学习打下基础。

10.1 开关控件（UISwitch）

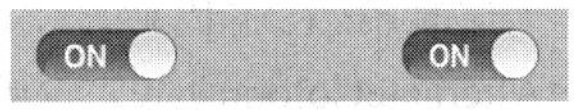

图10-1 开关控件向用户提供了开和关两个选项

在大多数传统桌面应用程序中，通过复选框和单选按钮来实现开关功能。在iOS中，Apple放弃了这些界面元素，取而代之的是开关和分段控件。在iOS应用中，使用开关控件（UISwitch）来实现“开/关”UI元素，它类似于传统的物理开关，如图10-1所示。开关的可配置选项很少，应将其用于处理布尔值。

注意：复选框和单选按钮虽然不包含在iOS UI库中，但通过UIButton类并使用按钮状态和自定义按钮图像来创建它们。Apple让您能够随心所欲地进行定制，但建议您不要在设备屏幕上显示出乎用户意料的控件。

10.1.1 开关控件基础

为了利用开关，将使用其Value Changed事件来检测开关切换，并通过属性on或实例方法isOn来获取当前值。检查开关时将返回一个布尔值，这意味着可将其与TRUE或FALSE (YES/NO)进行比较以确定其状态，还可直接在条件语句中判断结果。例如，要检查开关mySwitch是否是开的，可使用类似于下面的代码：

```
if([mySwitch isOn]){
<switch is on>
}
else{
<switch is off>
}
```

10.1.2 实战演练——改变 UISwitch 的文本和颜色

我们知道，iOS中的Switch控件默认的文本为ON和OFF两种，不同的语言显示不同，颜色均为蓝色和亮灰色。如果想改变上面的ON和OFF文本，必须从UISwitch继承一个新类，然后在新的Switch类中修改替换原有的Views。在本实例中，根据上述原理改变了UISwitch的文本和颜色。

实例10-1	在屏幕中改变UISWitch的文本和颜色
源码与视频路径	光盘:\daima\10\kaiguan1

本实例的具体的实现代码如下所示：

```
#import <UIKit/UIKit.h>
//该方法是SDK文档中没有的，添加一个category
```

```
@interface UISwitch (extended)
- (void) setAlternateColors:(BOOL) boolean;
@end
//自定义Slider 类
@interface _UISwitchSlider : UIView
@end
 @interface UICustomSwitch : UISwitch {
}
- (void) setLeftLabelText:(NSString *)labelText
                    font:(UIFont*)labelFont
                   color: (UIColor *)labelColor;
- (void) setRightLabelText:(NSString *)labelText
                     font:(UIFont*)labelFont
                    color:(UIColor *)labelColor;
- (UILabel*) createLabelWithText:(NSString*)labelText
                            font:(UIFont*)labelFont
                           color:(UIColor*)labelColor;
@end
```

这样在上述代码中添加了一个名为extended的category，主要作用是声明一下UISwitch的setAlternateColors消息，否则，在使用的时候会出现找不到该消息的警告。其实setAlternateColors已经在UISwitch中实现，只是没有在头文件中公开而已，所以，在此只是做一个声明。当调用setAlternateColors:YES时，UISwitch的状态为“on”时会显示为橙色，否则为亮蓝色。对应的文件UICustomSwitch.m的实现代码如下所示：

```
#import "UICustomSwitch.h"
 @implementation UICustomSwitch
 - (id)initWithFrame:(CGRect)frame {
    if (self = [super initWithFrame:frame]) {
      // Initialization code
    }
    return self;
}
- (void)drawRect:(CGRect)rect {
    // Drawing code
}
- (void)dealloc {
    [super dealloc];
}
- (_UISwitchSlider *) slider {
    return [[self subviews] lastObject];
- (UIView *) textHolder {
    return [[[self slider] subviews] objectAtIndex:2];
}
- (UILabel *) leftLabel {
    return [[[self textHolder] subviews] objectAtIndex:0];
}
- (UILabel *) rightLabel {
    return [[[self textHolder] subviews] objectAtIndex:1];
}

// 创建文本标签
- (UILabel*) createLabelWithText:(NSString*)labelText
                            font:(UIFont*)labelFont
                           color:(UIColor*)labelColor{
    CGRect rect = CGRectMake(-25.0f, -10.0f, 50.0f, 20.0f);
    UILabel *label = [[UILabel alloc] initWithFrame: rect];
    label.text = labelText;
    label.font = labelFont;
    label.textColor = labelColor;
    label.textAlignment = UITextAlignmentCenter;
    label.backgroundColor = [UIColor clearColor];
    return label;
}
// 重新设定左边的文本标签
- (void) setLeftLabelText:(NSString *)labelText
```

```
                          font:(UIFont*)labelFont
                         color:(UIColor *)labelColor
{
    @try {
        //
        [[self leftLabel] setText:labelText];
        [[self leftLabel] setFont:labelFont];
        [[self leftLabel] setTextColor:labelColor];
    } @catch (NSException *ex) {
        //
        UIImageView* leftImage = (UIImageView*)[self leftLabel];
        leftImage.image = nil;
        leftImage.frame = CGRectMake(0.0f, 0.0f, 0.0f, 0.0f);
        [leftImage addSubview: [[self createLabelWithText:labelText
                                                     font:labelFont
                                                    color:labelColor] autorelease]];
    }
}

// 重新设定右边的文本
- (void) setRightLabelText:(NSString *)labelText font:(UIFont*)labelFont
color:(UIColor *)labelColor {
    @try {
        //
        [[self rightLabel] setText:labelText];
        [[self rightLabel] setFont:labelFont];
        [[self rightLabel] setTextColor:labelColor];
    } @catch (NSException *ex) {
        //
        UIImageView* rightImage = (UIImageView*)[self rightLabel];
        rightImage.image = nil;
        rightImage.frame = CGRectMake(0.0f, 0.0f, 0.0f, 0.0f);
        [rightImage addSubview: [[self createLabelWithText:labelText
                                         font:labelFont
                                         color:labelColor] autorelease]];
    }
}
@end
```

由此可见，具体的实现过程就是替换原有的标签view及slider。使用方法非常简单，只需设置一下左右文本以及颜色即可，比如下面的代码：

```
switchCtl = [[UICustomSwitch alloc] initWithFrame:frame];
//[switchCtl setAlternateColors:YES];
    [switchCtl setLeftLabelText:@"Yes"
                           font:[UIFont boldSystemFontOfSize: 17.0f]
                          color:[UIColor whiteColor]];
    [switchCtl setRightLabelText:@"No"
                            font:[UIFont boldSystemFontOfSize: 17.0f]
                           color:[UIColor grayColor]];
```

这样上面的代码将显示Yes、No两个选项，如图10-2所示。

图10-2 显示效果

10.1.3 实战演练——显示具有开关状态的开关

本实例简单地演示了UISwitch控件的基本用法。首先通过方法- (IBAction)switchChanged:(id)sender获取了开关的状态，然后通过setOn:setting设置了开关的显示状态。

实例10-2	在屏幕中显示具有开关状态的开关
源码与视频路径	光盘:\daima\10\UISwitch

（1）打开Xcode，创建一个名为“UISwitch”的工程。

（2）文件UIswitchViewController.h的实现代码如下所示：

```
#import <UIKit/UIKit.h>
```

```
@interface UIswitchViewController : UIViewController
{
    UISwitch* leftSwitch;
    UISwitch* rightSwitch;
}
@property(nonatomic,retain)UISwitch*leftSwitch;
@property(nonatomic,retain)UISwitch*rightSwitch;
@end
```

（3）文件UIswitchViewController.m的实现代码如下所示：

```
#import "UIswitchViewController.h"
@interface UIswitchViewController ()
@end
@implementation UIswitchViewController
@synthesize leftSwitch,rightSwitch;
- (id)initWithNibName:(NSString *)nibNameOrNil bundle:(NSBundle *)nibBundleOrNil
{
    self = [super initWithNibName:nibNameOrNil bundle:nibBundleOrNil];
    if (self) {
        // Custom initialization
    }
    return self;
}
- (void)viewDidLoad
{
    [super viewDidLoad];
    leftSwitch=[[UISwitch alloc]initWithFrame:CGRectMake(0, 0, 40, 20)];
    rightSwitch=[[UISwitch alloc] initWithFrame:CGRectMake(0,240, 40, 20)];
    [leftSwitch addTarget:self action:@selector(switchChanged:)
forControlEvents:UIControlEventValueChanged];

    [self.view addSubview:leftSwitch];
    [rightSwitch addTarget:self action:@selector(switchChanged:)
forControlEvents:UIControlEventValueChanged];
    [self.view addSubview:rightSwitch];
  // Do any additional setup after loading the view.
}
- (IBAction)switchChanged:(id)sender {
    UISwitch *mySwitch = (UISwitch *)sender;
    BOOL setting = mySwitch.isOn;  //获得开关状态
    if(setting)
    {
       NSLog(@"YES");
    }else {
       NSLog(@"NO");
    }
    [leftSwitch setOn:setting animated:YES];//设置开关状态
    [rightSwitch setOn:setting animated:YES];
}
- (void)viewDidUnload
{
    [super viewDidUnload];
    // Release any retained subviews of the main view.
}
-
(BOOL)shouldAutorotateToInterfaceOrientation:(UIInterfaceOr-
ientation)interfaceOrientation
{
    return (interfaceOrientation ==
UIInterfaceOrientationPortrait);
}
@end
```

图10-3 执行效果

执行后的效果如图10-3所示。

10.1.4 实战演练——联合使用UISlider与UISwitch控件

我们知道，UISlider控件就像其名字一样，是一个像滑动变阻器一样的控件。接下来通过简单的例子，来说明联合使用UISlider与UISwitch控件的方法。

（1）假设已经建立了一个Single View Application，打开ViewController.xib，在IB中添加一个UISlider控件和一个Label，这个Label用来显示Slider的值，如图10-4所示。

（2）选中新加的Slider控件，打开Attribute Inspector，修改属性值，设置最小值为0，最大值为100，当前值为50，并确保勾选上Continuous，如图10-5所示。

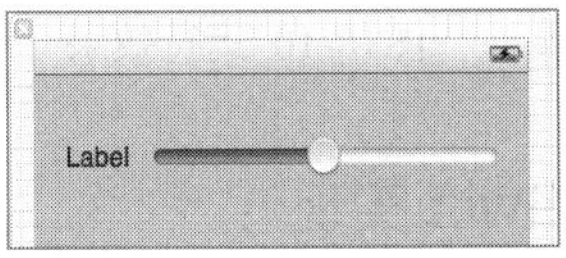

图10-4 添加一个UISlider控件和一个Label

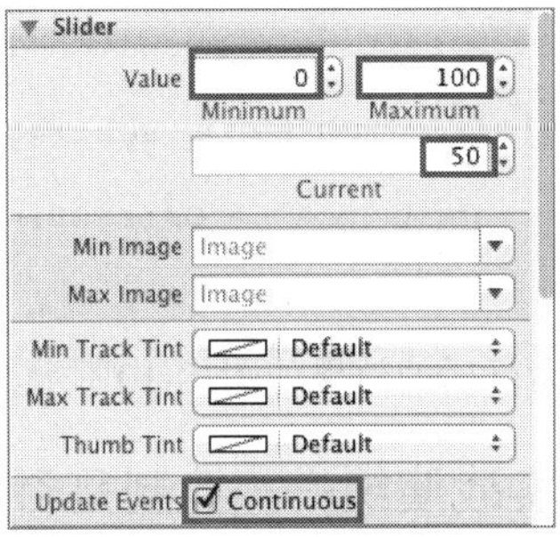

图10-5 修改属性值

（3）修改Label的文本为50。

（4）接下来还是建立映射，将Label和Slider都映射到ViewController.h中，其中Label映射为Outlet，名称为sliderLabel，Switch映射为Action，事件类型为默认的Value Changed，方法名称为sliderChanged，如图10-6所示。

（5）打开ViewController.m，找到sliderChanged方法，在其中添加以下代码：

```
- (IBAction)sliderChanged:(id)sender {
    UISlider *slider = (UISlider *)sender;
    int progressAsInt = (int)roundf(slider.value);
    sliderLabel.text = [NSString stringWithFormat:@"%i", progressAsInt];
}
```

此时的运行效果如图10-7所示。

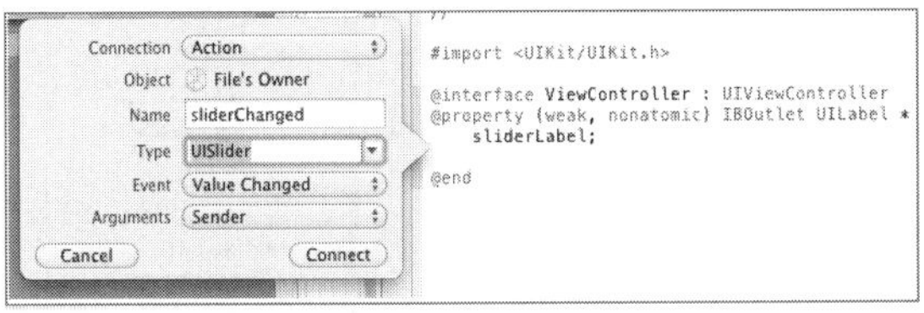

图10-6 实现映射

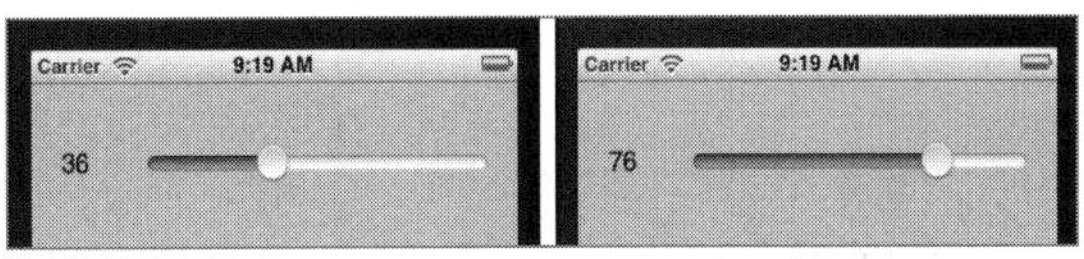

图10-7 运行效果

接下来开始添加UISwitch控件，我们知道UISwitch控件就像开关那样只有两个状态：on和off。将会实现：改变任一Switch的状态，另一个Switch也发生同样的变化。

（6）在上面的例子中，打开ViewController.xib，在IB中添加两个UISwitch控件。

（7）将这两个Switch控件都映射到ViewController.h中，都映射成Outlet，名称分别是leftSwitch和rightSwitch。

（8）选中左边的Switch，按住Control键，在ViewController.h中映射成一个Action，事件类型默认为Value Changed，名称为switchChanged，如图10-8所示。

（9）我们让右边的Switch也映射到这个方法，如图10-9所示。

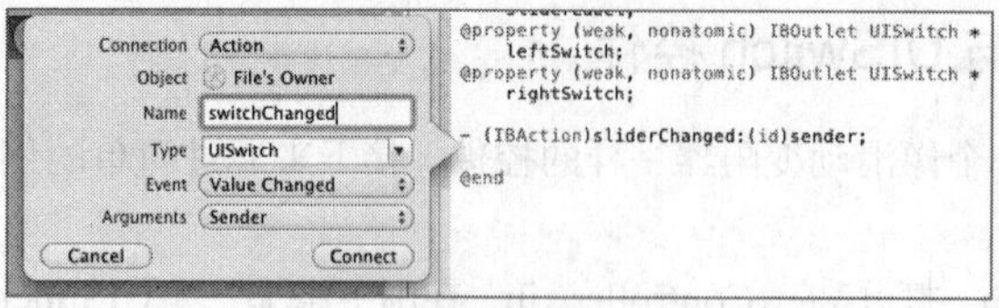

图10-8　映射

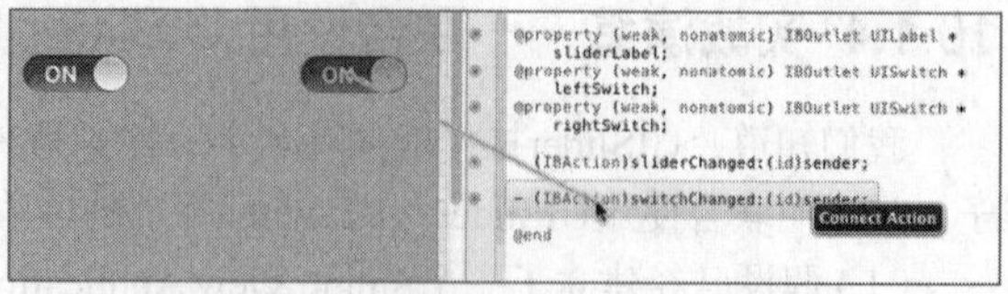

图10-9　映射

（10）打开文件ViewController.m，找到switchChanged方法，添加如下代码：

```
- (IBAction)switchChanged:(id)sender {
    UISwitch *mySwitch = (UISwitch *)sender;
    BOOL setting = mySwitch.isOn;
                                    //获得开关状态
    [leftSwitch setOn:setting animated:YES];
                                    //设置开关状态
    [rightSwitch setOn:setting
animated:YES];
}
```

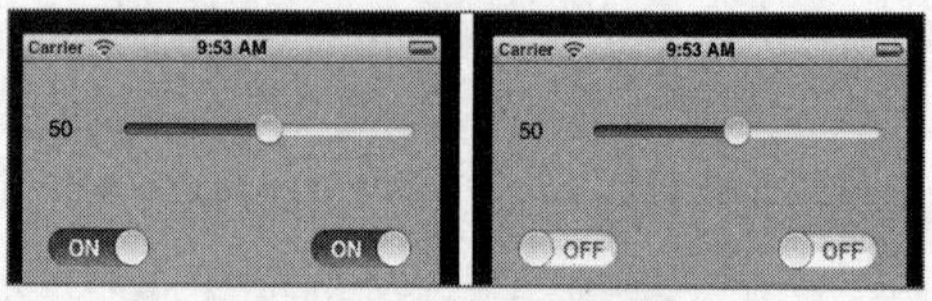

图10-10　运行效果

此时运行后的效果如图10-10所示。

10.1.5 实战演练——控制是否显示密码明文（基于Swift实现）

在本节的内容中，将通过一个具体实例的实现过程，详细讲解基于Swift语言实现控制是否显示密码明文的过程。

实例10-3	使用UISwitch控件实现控制是否显示密码明文
源码与视频路径	光盘:\daima\10\DKTextField

（1）打开Xcode 6.1，然后新创建一个名为“DKTextField.Swift”的工程，工程的最终目录结构如图10-11所示。

（2）打开Main.storyboard，为本工程设计一个视图界面，在里面添加一个Switch控件，此控件作为控制是否显示密码明文的开关，如图10-12所示。

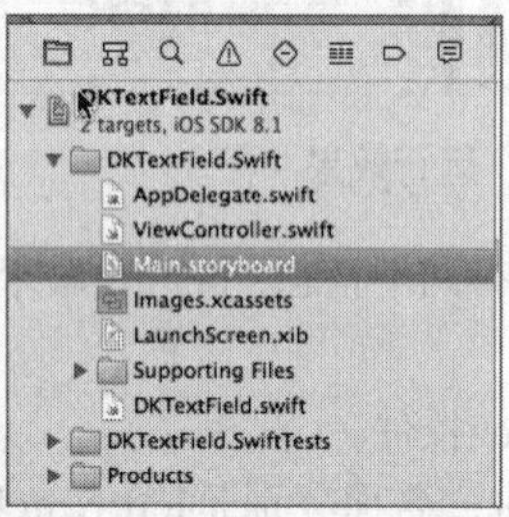

图10-11　工程的目录结构

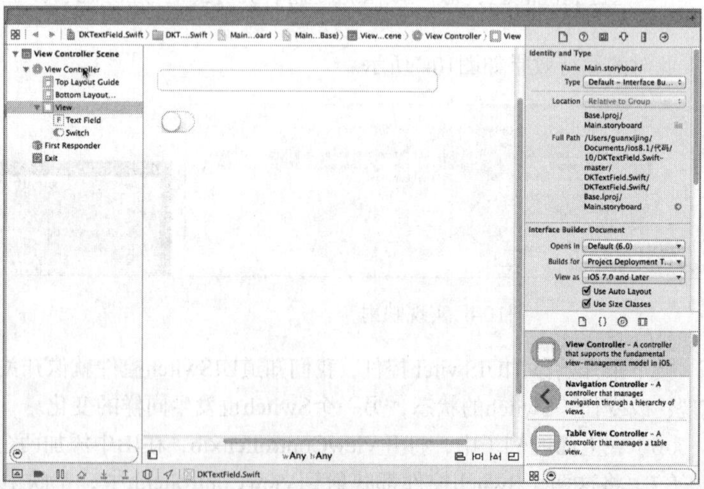

图10-12　Main.storyboard界面

（3）由于系统的UITextField控件在切换到密码状态时会清除之前的输入文本，于是特意编写类文件DKTextField.swift，DKTextField继承于UITextField，并且不影UITextFiel的Delegate。文件DKTextField.swift的具体实现代码如下所示：

```
import UIKit

class DKTextField: UITextField {

    required init(coder aDecoder: NSCoder) {
        super.init(coder: aDecoder)

    }
    override init(frame: CGRect) {
        super.init(frame: frame)
        self.awakeFromNib()

    }
    private var password:String = ""

    private var beginEditingObserver:AnyObject!

    private var endEditingObserver:AnyObject!

    override func awakeFromNib() {
        super.awakeFromNib()

      //  unowned var that=self

        self.beginEditingObserver = NSNotificationCenter.defaultCenter().
addObserverForName(UITextFieldTextDidBeginEditingNotification, object: nil, queue:
nil, usingBlock: {
            [unowned self](note:NSNotification!) in

            if self == note.object as DKTextField && self.secureTextEntry {
                self.text = ""
                self.insertText(self.password)
            }
        })

        self.endEditingObserver = NSNotificationCenter.defaultCenter().
addObserverForName(UITextFieldTextDidEndEditingNotification, object: nil, queue: nil,
usingBlock: {
            [unowned self](note:NSNotification!) in

            if self == note.object as DKTextField {

                self.password = self.text

            }


        })
    }

    deinit{

        NSNotificationCenter.defaultCenter().removeObserver
(self.beginEditingObserver)
        NSNotificationCenter.defaultCenter().removeObserver
(self.endEditingObserver)
    }

    override var secureTextEntry: Bool{
        get {
            return super.secureTextEntry
        }
        set{
            self.resignFirstResponder()
            super.secureTextEntry = newValue
            self.becomeFirstResponder()
        }
    }
}
```

（4）编写文件ViewController.swift，功能是通过switchChanged监听UISwitch控件的开关状态，并根据监听到的状态设置密码的显示样式。文件ViewController.swift的具体实现代码如下所示：

```
import UIKit

class ViewController: UIViewController {

    @IBOutlet weak var textField: DKTextField!

    override func viewDidLoad() {
        super.viewDidLoad()
        // Do any additional setup after loading the view, typically from a nib.
    }

    override func didReceiveMemoryWarning() {
        super.didReceiveMemoryWarning()
        // Dispose of any resources that can be recreated.
    }

    @IBAction func switchChanged(sender: AnyObject) {

        self.textField.secureTextEntry = (sender as UISwitch).on

    }
}
```

下面看执行后的效果，如果打开UISwitch控件则显示密码，如图10-13所示。

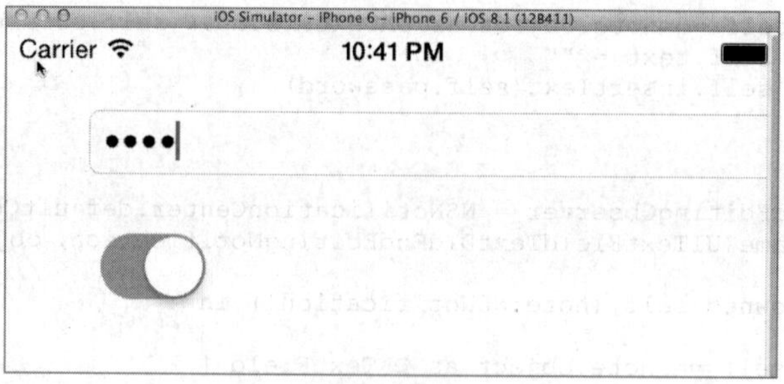

图10-13　显示密码

如果关闭UISwitch，则显示密码明文，如图10-14所示。

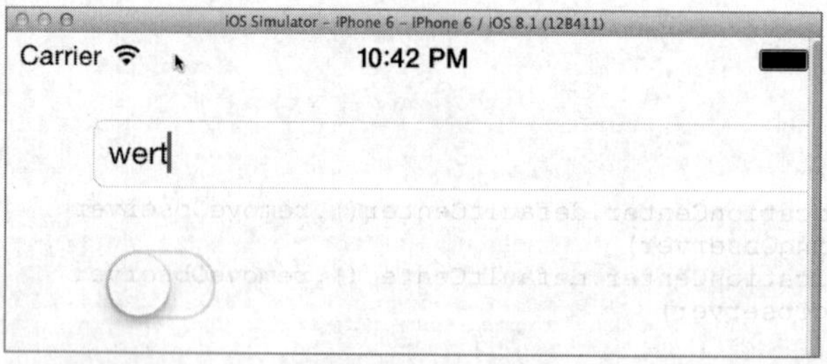

图10-14　显示明文

10.2　分段控件

在iOS应用中，当用户输入的不仅仅是布尔值时，可使用分段控件UISegmentedControl实现我们需要的功能。分段控件提供一栏按钮（有时称为按钮栏），但只能激活其中一个按钮，如图10-15所示。

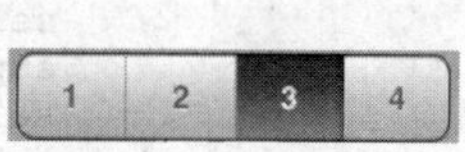

图10-15　分段控件

如果我们按Apple指南使用UISegmentedControl，分段控件会导致用户在屏幕上看到的内容发生变化。它们常用于在不同类别的信息之间选择，或在不同的应用程序屏幕——如配置屏幕和结果屏幕之间切换。如果在一系列值中选择时不会立刻发生视觉方面的变化，应使用选择器（Picker）对象。处理用户与分段控件交互的方法与处理开关极其相似，也是通过监视Value Changed事件，并通过selectedSegmentIndex判断当前选择的按钮，它返回当前选定按钮的编号（从0开始按从左到右的顺序对按钮编号）。

我们可以结合使用索引和实例方法titleForSegmentAtIndex来获得每个分段的标题。要获取分段控件mySegment中当前选定按钮的标题，可使用如下代码段：

```
[mySegment titleForSegmentAtIndex: mySegment.selectedSegmentIndex]
```

10.2.1 分段控件的属性和方法

为了说明UISegmentedControl控件的各种属性与方法的使用，请看下面的一段代码，在里面几乎包括了UISegmentedControl控件的所有属性和方法：

```
#import "SegmentedControlTestViewController.h"
@implementation SegmentedControlTestViewController
@synthesize segmentedControl;

// Implement viewDidLoad to do additional setup after loading the view, typically from
a nib.
- (void)viewDidLoad {
    NSArray *segmentedArray = [[NSArray alloc]initWithObjects:@"1",@"2",@"3",@"4",
nil];
    //初始化UISegmentedControl
    UISegmentedControl *segmentedTemp = [[UISegmentedControl alloc]initWithItems:
segmentedArray];
    segmentedControl = segmentedTemp;
    segmentedControl.frame = CGRectMake(60.0, 9.0, 200.0, 50.0);

    [segmentedControl setTitle:@"two" forSegmentAtIndex:1];  //设置指定索引的题目
    [segmentedControl setImage:[UIImage imageNamed:@"lan.png"] forSegmentAtIndex:3];
//设置指定索引的图片
    [segmentedControl insertSegmentWithImage:[UIImage imageNamed:@"mei.png"]
atIndex:2 animated:NO]; //在指定索引插入一个选项并设置图片
    [segmentedControl insertSegmentWithTitle:@"insert" atIndex:3 animated:NO];
//在指定索引插入一个选项并设置题目
    [segmentedControl removeSegmentAtIndex:0 animated:NO];   //移除指定索引的选项
    [segmentedControl setWidth:70.0 forSegmentAtIndex:2];    //设置指定索引选项的宽度
    [segmentedControl setContentOffset:CGSizeMake(9.0,9.0) forSegmentAtIndex:1];
//设置选项中图片等的左上角的位置

    //获取指定索引选项的图片imageForSegmentAtIndex:
    UIImageView *imageForSegmentAtIndex = [[UIImageView alloc]initWithImage:[segmented
Control imageForSegmentAtIndex:1]];
    imageForSegmentAtIndex.frame = CGRectMake(60.0, 100.0, 30.0, 30.0);

    //获取指定索引选项的标题titleForSegmentAtIndex
    UILabel *titleForSegmentAtIndex = [[UILabel alloc]initWithFrame:CGRectMake(100.0,
100.0, 30.0, 30.0)];
    titleForSegmentAtIndex.text = [segmentedControl titleForSegmentAtIndex:0];

    //获取总选项数segmentedControl.numberOfSegments
    UILabel *numberOfSegments = [[UILabel alloc]initWithFrame:CGRectMake(140.0, 100.0,
30.0, 30.0)];
    numberOfSegments.text = [NSString stringWithFormat:@"%d",segmentedControl.
numberOfSegments];

    //获取指定索引选项的宽度widthForSegmentAtIndex:
    UILabel *widthForSegmentAtIndex = [[UILabel alloc]initWithFrame:CGRectMake(180.0,
100.0, 70.0, 30.0)];
    widthForSegmentAtIndex.text = [NSString stringWithFormat:@"%f",[segmentedControl
```

```
widthForSegmentAtIndex:2]];

    segmentedControl.selectedSegmentIndex = 2; //设置默认选择项索引
    segmentedControl.tintColor = [UIColor redColor];
    segmentedControl.segmentedControlStyle = UISegmentedControlStylePlain;//设置样式
    segmentedControl.momentary = YES; //设置在单击后是否恢复原样

    [segmentedControl setEnabled:NO forSegmentAtIndex:4];     //设置指定索引选项不可选
    BOOL enableFlag = [segmentedControl isEnabledForSegmentAtIndex:4];
//判断指定索引选项是否可选
    NSLog(@"%d",enableFlag);

    [self.view addSubview:widthForSegmentAtIndex];
    [self.view addSubview:numberOfSegments];
    [self.view addSubview:titleForSegmentAtIndex];
    [self.view addSubview:imageForSegmentAtIndex];
    [self.view addSubview:segmentedControl];

    [widthForSegmentAtIndex release];
    [numberOfSegments release];
    [titleForSegmentAtIndex release];
    [segmentedTemp release];
    [imageForSegmentAtIndex release];

    //移除所有选项
    //[segmentedControl removeAllSegments];
    [super viewDidLoad];
}

/*
// Override to allow orientations other than the default portrait orientation.
-
(BOOL)shouldAutorotateToInterfaceOrientation:(UIInterfaceOrientation)interfaceOrien
tation {
    // Return YES for supported orientations
    return (interfaceOrientation == UIInterfaceOrientationPortrait);
}
*/
- (void)didReceiveMemoryWarning {
    // Releases the view if it doesn't have a superview.
    [super didReceiveMemoryWarning];

    // Release any cached data, images, etc that aren't in use.
}
- (void)viewDidUnload {
    // Release any retained subviews of the main view.
    // e.g. self.myOutlet = nil;
}

- (void)dealloc {
    [segmentedControl release];
    [super dealloc];
}
@end
```

10.2.2 实战演练——使用 UISegmentedControl 控件

在本节的内容中，将通过一个简单的实例来演示UISegmentedControl控件的用法。

实例10-4	在屏幕中使用UISegmentedControl控件
源码与视频路径	光盘:\daima\10\UISegmentedControlDemo

（1）打开Xcode，创建一个名为“UISegmentedControlDemo”的工程。

（2）文件 ViewController.h的实现代码如下所示：

```
#import <UIKit/UIKit.h>
```

```
@interface ViewController : UIViewController{

}
@end
```

（3）文件 ViewController.m的实现代码如下所示：

```
#import "ViewController.h"
@implementation ViewController

- (void)didReceiveMemoryWarning
{
    [super didReceiveMemoryWarning];
    // Release any cached data, images, etc that aren't in use.
}

#pragma mark - View lifecycle
-(void)selected:(id)sender{
    UISegmentedControl* control = (UISegmentedControl*)sender;
    switch (control.selectedSegmentIndex) {
        case 0:
            //
            break;
        case 1:
            //
            break;
        case 2:
            //
            break;

        default:
            break;
    }
}
- (void)viewDidLoad
{
    [super viewDidLoad];
    UISegmentedControl* mySegmentedControl = [[UISegmentedControl alloc]initWithItems:
nil];
    mySegmentedControl.segmentedControlStyle = UISegmentedControlStyleBezeled;
    UIColor *myTint = [[ UIColor alloc]initWithRed:0.66 green:1.0 blue:0.77 alpha:1.0];
    mySegmentedControl.tintColor = myTint;
    mySegmentedControl.momentary = YES;

    [mySegmentedControl insertSegmentWithTitle:@"First" atIndex:0 animated:YES];
    [mySegmentedControl insertSegmentWithTitle:@"Second" atIndex:2 animated:YES];
    [mySegmentedControl insertSegmentWithImage:[UIImage imageNamed:@"pic"] atIndex:3
animated:YES];

    //[mySegmentedControl removeSegmentAtIndex:0 animated:YES];//删除一个片段
    //[mySegmentedControl removeAllSegments];//删除所有片段

    [mySegmentedControl setTitle:@"ZERO" forSegmentAtIndex:0];//设置标题
    NSString* myTitle = [mySegmentedControl titleForSegmentAtIndex:1];//读取标题
    NSLog(@"myTitle:%@",myTitle);

    //[mySegmentedControl setImage:[UIImage imageNamed:@"pic"]
forSegmentAtIndex:1];//设置
    UIImage* myImage = [mySegmentedControl imageForSegmentAtIndex:2];//读取

    [mySegmentedControl setWidth:100 forSegmentAtIndex:0];//设置Item的宽度

    [mySegmentedControl addTarget:self action:@selector(selected:) forControlEvents:
UIControlEventValueChanged];

    //[self.view addSubview:mySegmentedControl];//添加到父视图
```

```
    self.navigationItem.titleView = mySegmentedControl;//添加到导航栏

    //可能显示出来乱七八糟的，不过没关系，我们这是联系它的每个功能，所以，可以自己练练,越乱越好，
    //关键在于掌握原理。
    // 你可以尝试修改一下 让其显得美观
}

- (void)viewDidUnload
{
    [super viewDidUnload];
    // Release any retained subviews of the main view.
    // e.g. self.myOutlet = nil;
}

- (void)viewWillAppear:(BOOL)animated
{
    [super viewWillAppear:animated];
}

- (void)viewDidAppear:(BOOL)animated
{
    [super viewDidAppear:animated];
}

- (void)viewWillDisappear:(BOOL)animated
{
    [super viewWillDisappear:animated];
}

- (void)viewDidDisappear:(BOOL)animated
{
    [super viewDidDisappear:animated];
}

- (BOOL)shouldAutorotateToInterfaceOrientation:
(UIInterfaceOrientation)interfaceOrientation
{
    // Return YES for supported orientations
    return (interfaceOrientation !=
UIInterfaceOrientationPortraitUpsideDown);
}

@end
```

图10-16　执行效果

执行后的效果如图10-16所示。

10.2.3　实战演练——选择一个分段卡后可以改变屏幕的背景颜色

在iOS应用中，分段控件UISegmentedControl的功能是供我们选择一个选项，选择后可以实现不同的功能。在本实例中提供了“Black”和“White”两个选项，当选择“Black”分段卡后，屏幕的背景颜色变为黑色，当选择“White”分段卡后屏幕的背景颜色变为白色。

实例10-5	选择一个分段卡后可以改变屏幕的背景颜色
源码与视频路径	光盘:\daima\10\fenduan

实例文件UIKitPrjSegmentedControl.m的具体实现代码如下所示：

```
#import "UIKitPrjSegmentedControl.h"
@implementation UIKitPrjSegmentedControl
- (void)viewDidLoad {
  [super viewDidLoad];
  self.view.backgroundColor = [UIColor blackColor];
  //创建两个选项的字符串数组
  NSArray* items = [NSArray arrayWithObjects:@"Black", @"White", nil];
  //以NSArray为参数初始化选择控件
```

```
    UISegmentedControl* segment =
      [[[UISegmentedControl alloc] initWithItems:items] autorelease];
    //左侧第一选项默认被选择
    segment.selectedSegmentIndex = 0;
    segment.frame = CGRectMake( 0, 0, 130, 30 );
    //注册选项被选择时调用方法
    [segment addTarget:self
                action:@selector(segmentDidChange:)
          forControlEvents:UIControlEventValueChanged];
    //将选择控件对象追加到导航条的右侧
    UIBarButtonItem* barButton =
      [[[UIBarButtonItem alloc] initWithCustomView:segment] autorelease];
    self.navigationItem.rightBarButtonItem = barButton;
  }
  //选项选择发生变化时调用此方法
  - (void)segmentDidChange:(id)sender {
    if ( [sender isKindOfClass:[UISegmentedControl class]] ) {
      UISegmentedControl* segment = sender;
      if ( 0 == segment.selectedSegmentIndex ) {
        //第一个选项被选择后将画面背景设置成黑色
        self.view.backgroundColor = [UIColor blackColor];
      } else {
        //第二个选项被选择后将画面背景设置成白色
        self.view.backgroundColor = [UIColor whiteColor];
      }
    }
  }
  @end
```

执行后的效果如图10-17所示。

图10-17 执行效果

10.2.4 实战演练——设置分段卡的显示样式

在iOS应用中，使用分段控件UISegmentedControl在屏幕中设置一个分段卡后，可以继续使用其segmentedControlStyle属性设置分段卡的显示样式。一共有以下4种样式。

- UISegmentedControlStylePlain：。
- UISegmentedControlStyleBordered：。
- UISegmentedControlStyleBar：。
- UISegmentedControlStyleBezeled：。

在本实例中，使用segmentedControlStyle属性设置了显示样式是UISegmentedControlStylePlain。

实例10-6	在屏幕中设置分段卡的显示样式
源码与视频路径	光盘:\daima\10\fenduan

实例文件UIKitPrjSegmentedControlStyle.m的具体实现代码如下所示：

```
#import "UIKitPrjSegmentedControlStyle.h"
@implementation UIKitPrjSegmentedControlStyle
- (void)viewDidLoad {
  [super viewDidLoad];
  self.view.backgroundColor = [UIColor whiteColor];
  NSArray* items = [NSArray arrayWithObjects:@"Plain", @"Borderd", @"Bar", nil];
  UISegmentedControl* segment =
    [[[UISegmentedControl alloc] initWithItems:items] autorelease];
  segment.segmentedControlStyle = UISegmentedControlStylePlain;
  segment.selectedSegmentIndex = 0;
  segment.frame = CGRectMake( 10, 50, 300, 30 );
  //segment.momentary = YES;
  [segment addTarget:self
              action:@selector(segmentDidChange:)
        forControlEvents:UIControlEventValueChanged];

  [self.view addSubview:segment];
```

```
    }
- (void)segmentDidChange:(id)sender {
    if ( [sender isKindOfClass:[UISegmentedControl class]] ) {
        UISegmentedControl* segment = sender;
        switch ( segment.selectedSegmentIndex ) {
            case 0: segment.segmentedControlStyle =  UISegmentedControlStylePlain; break;
            case 1: segment.segmentedControlStyle = UISegmentedControlStyleBordered; break;
            default: segment.segmentedControlStyle = UISegmentedControlStyleBar; break;
        }
    }
}
@end
```

执行效果如图10-18所示。

图10-18 执行效果

10.2.5 实战演练——设置不显示分段卡的选择状态

在iOS应用中，当选择分段卡中的某一个选项后，被选择的选项会默认呈现蓝色高亮样式显示。其实将其属性momentary设置为YES后，会取消这个特殊样式效果，即选择后不显示分段卡的选择状态。在本实例中，通过使用momentary = YES，取消了屏幕中分段卡的选择状态样式。

实例10-7	在屏幕中设置不显示分段卡的选择状态
源码与视频路径	光盘:\daima\10\fenduan

实例文件 UIKitPrjMomentary.m的具体实现代码如下所示：

```
#import "UIKitPrjMomentary.h"
@implementation UIKitPrjMomentary
- (void)viewDidLoad {
    [super viewDidLoad];
    self.view.backgroundColor = [UIColor blackColor];
    NSArray* items = [NSArray arrayWithObjects:@"Black", @"White", nil];
    UISegmentedControl* segment =
      [[[UISegmentedControl alloc] initWithItems:items] autorelease];
    segment.momentary = YES;
    segment.frame = CGRectMake( 0, 0, 130, 30 );
    [segment addTarget:self
                action:@selector(segmentDidChange:)
        forControlEvents:UIControlEventValueChanged];
    UIBarButtonItem* barButton = [[[UIBarButtonItem alloc] initWithCustomView:segment]
autorelease];
    self.navigationItem.rightBarButtonItem = barButton;
}
- (void)segmentDidChange:(id)sender {
    if ( [sender isKindOfClass:[UISegmentedControl class]] ) {
        UISegmentedControl* segment = sender;
        if ( 0 == segment.selectedSegmentIndex ) {
            self.view.backgroundColor = [UIColor blackColor];
        } else {
            self.view.backgroundColor = [UIColor whiteColor];
        }
    }
}
@end
```

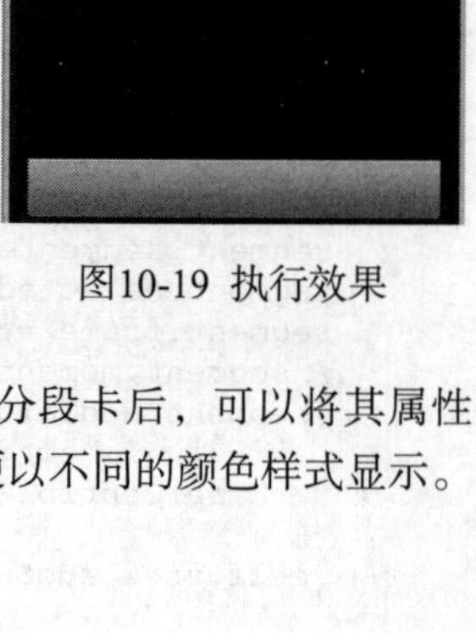

执行效果如图10-19所示。

图10-19 执行效果

10.2.6 实战演练——改变分段卡的显示颜色

在iOS应用中，当使用分段控件UISegmentedControl在屏幕中设置一个分段卡后，可以将其属性segmentedControlStyle设置为UISegmentedControlStyleBezeled，这样分段卡便以不同的颜色样式显示。在本实例中，通过如下代码设置了分段卡以不同的颜色样式呈现出来：

```
segment.segmentedControlStyle = UISegmentedControlStylePlain
```

实例10-8	在屏幕中改变分段卡的显示颜色
源码与视频路径	光盘:\daima\10\fenduan

实例文件 UIKitPrjTintColor.m的具体实现代码如下所示：

```
#import "UIKitPrjTintColor.h"
@implementation UIKitPrjTintColor
- (void)viewDidLoad {
  [super viewDidLoad];
  self.view.backgroundColor = [UIColor whiteColor];
  NSArray* items = [NSArray arrayWithObjects:@"Plain", @"Borderd", @"Bar", nil];
  UISegmentedControl* segment =
    [[[UISegmentedControl alloc] initWithItems:items] autorelease];
  segment.segmentedControlStyle = UISegmentedControlStylePlain;
  segment.tintColor = [UIColor redColor];
  segment.selectedSegmentIndex = 0;
  segment.frame = CGRectMake( 10, 50, 300, 30 );
  [segment addTarget:self
        action:@selector(segmentDidChange:)
        forControlEvents:UIControlEventValueChanged];
  [self.view addSubview:segment];
}
- (void)segmentDidChange:(id)sender {
  if ( [sender isKindOfClass:[UISegmentedControl class]] ) {
    UISegmentedControl* segment = sender;
    switch ( segment.selectedSegmentIndex ) {
      case 0: segment.segmentedControlStyle =  UISegmentedControlStylePlain; break;
      case 1: segment.segmentedControlStyle = UISegmentedControlStyleBordered; break;
      default: segment.segmentedControlStyle =
UISegmentedControlStyleBar; break;
    }
  }
}
@end
```

执行后的效果如图10-20所示。

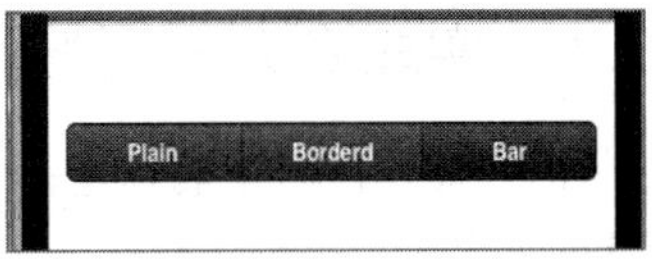

图10-20 执行效果

10.2.7 实战演练——选择某个选项时在此分段卡中显示一幅图片

在iOS应用中，当使用分段控件UISegmentedControl在屏幕中设置一个分段卡后，可以使用方法initWithItems来初始化UISegmentedControl的内容，可以使用方法setTitle:forSegmentAtIndex设置在上面显示的文本，使用方法setImage:forSegmentAtIndex设置在上面显示的图像。在本实例中，使用方法setImage: forSegmentAtIndex和setTitle:forSegmentAtIndex为分段卡设置了显示的文本和图像。

实例10-9	选择某个选项时在此分段卡中显示一幅图片
源码与视频路径	光盘:\daima\10\fenduan

实例文件 UIKitPrjTitleAndImage.m的具体实现代码如下所示：

```
#import "UIKitPrjTitleAndImage.h"
@implementation UIKitPrjTitleAndImage
- (void)dealloc {
  [titles_ release];
  [images_ release];
  [super dealloc];
}
- (void)viewDidLoad {
  [super viewDidLoad];
  self.view.backgroundColor = [UIColor whiteColor];
  //读入图标图片
  UIImage* image1 = [UIImage imageNamed:@"Elephant.png"];
  UIImage* image2 = [UIImage imageNamed:@"Lion.png"];
  UIImage* image3 = [UIImage imageNamed:@"Dog.png"];
```

```
    //创建选项显示用的图标、文本标题的NSArray类型数组
    images_ = [[NSArray alloc] initWithObjects:image1, image2, image3, nil];
    titles_ = [[NSArray alloc] initWithObjects:@"Elephant", @"Lion", @"Dog", nil];
    //选项初期为文本型
    UISegmentedControl* segment =
      [[[UISegmentedControl alloc] initWithItems:titles_] autorelease];
    segment.segmentedControlStyle = UISegmentedControlStyleBordered;
    segment.frame = CGRectMake( 10, 50, 300, 30 );
    [segment addTarget:self
              action:@selector(segmentDidChange:)
        forControlEvents:UIControlEventValueChanged];

    [self.view addSubview:segment];
}
//选项被选中后，将其中的文本型标题换成图标
- (void)segmentDidChange:(id)sender {
    if ( [sender isKindOfClass:[UISegmentedControl class]] ) {
      UISegmentedControl* segment = sender;
      for ( int i = 0; i < segment.numberOfSegments; ++i ){
        if ( i == segment.selectedSegmentIndex ) {
          [segment setImage:[images_ objectAtIndex:i] forSegmentAtIndex:i];
        } else {
          [segment setTitle:[titles_ objectAtIndex:i] forSegmentAtIndex:i];
        }
      }
    }
}
@end
```

执行后的效果如图10-21所示。

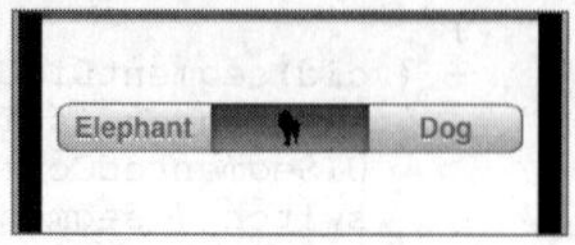

图10-21　执行效果

10.2.8　实战演练——使用UISegmentedControl控件（基于Swift实现）

在本节的内容中，将通过一个具体实例的实现过程，详细讲解基于Swift语言使用UISegmentedControl控件的过程。

实例10-10	使用UISegmentedControl控件
源码与视频路径	光盘:\daima\9\GolangStudy

（1）打开Xcode 6，然后新创建一个名为“GolangStudy”的工程，工程的最终目录结构如图10-22所示。

（2）打开Main.storyboard，为本工程设计一个视图界面，在视图顶部通过UISegmentedControl控制显示类别，在底部通过TableView显示某类别的详细内容，如图10-23所示。

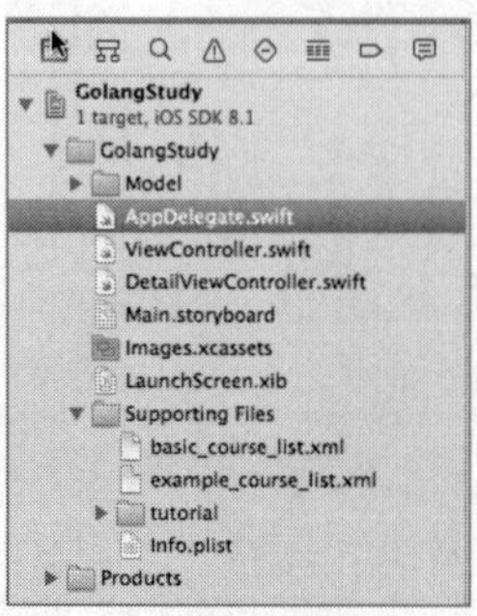

图10-22　工程的目录结构

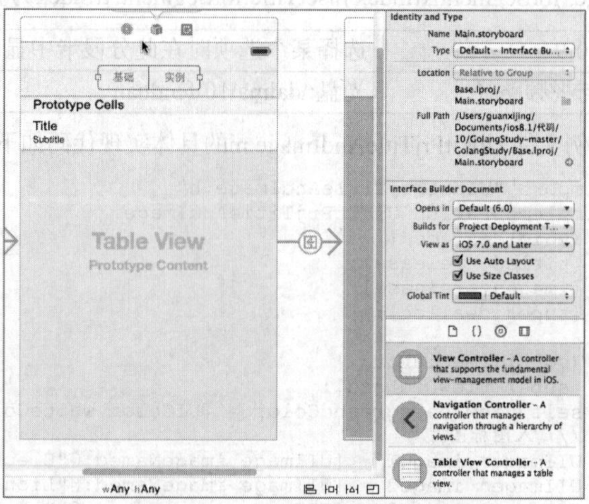

图10-23　Main.storyboard设计界面

（3）编写文件ViewController.swift实现主视图功能，在顶部显示UISegmentedControl控制面板，在底部列表显示某类别下的所有信息。文件ViewController.swift的具体实现代码如下所示：

```
import UIKit
class ViewController: UIViewController,UITableViewDataSource,UITableViewDelegate {

    @IBOutlet weak var tableView: UITableView!

    var courseSet:[Course] = []

    override func viewDidLoad() {
        super.viewDidLoad()
        courseSet = XmlParseUtil(name: "basic_course_list").courseSet
        self.navigationItem.backBarButtonItem = UIBarButtonItem(title: "返回",
style: .Plain, target: nil, action: nil)
    }

    @IBAction func segmentChanged(sender: UISegmentedControl) {
        if sender.selectedSegmentIndex == 0 {
            courseSet = XmlParseUtil(name: "basic_course_list").courseSet
        }else if sender.selectedSegmentIndex == 1 {
            courseSet = XmlParseUtil(name: "example_course_list").courseSet
        }
        tableView.reloadData()
    }

    func tableView(tableView: UITableView, numberOfRowsInSection section: Int) -> Int {
        return courseSet.count;
    }

    func tableView(tableView: UITableView, cellForRowAtIndexPath indexPath:
NSIndexPath) -> UITableViewCell {
        var cell:UITableViewCell = tableView.dequeueReusableCellWithIdentifier
("Cell")! as UITableViewCell
        var course:Course = courseSet[indexPath.row] as Course
        cell.textLabel.text = course.getName()
        cell.detailTextLabel?.text = course.getDesc()
        return cell
    }

    override func prepareForSegue(segue: UIStoryboardSegue, sender: AnyObject?) {
        if segue.identifier == "show" {
            let viewController = segue.destinationViewController as
DetailViewController
            var course:Course = courseSet[tableView.indexPathForSelectedRow()!.row]
as Course
            viewController.pathname = course.getChapter()
            viewController.title = course.getName()
            viewController.courseSet = courseSet
            viewController.index = tableView.indexPathForSelectedRow()!.row
        }
    }

    override func didReceiveMemoryWarning() {
        super.didReceiveMemoryWarning()
        // Dispose of any resources that can be
recreated.
    }

}
```

到此为止，整个实例介绍完毕。单击UI主界面中“UISegmentedControl”列表项后的执行效果如图10-24所示。

图10-24 执行效果

第 11 章 Web视图控件、可滚动视图控件和翻页控件

在本章前面的内容中，已经讲解了iOS应用中基本控件的用法。其实在iOS中还有很多其他控件，例如开关控件、分段控件、Web视图控件和可滚动视图控件等。在本章内容中，将详细讲解Web视图控件、可滚动视图控件和翻页控件基本用法，为读者步入本书后面知识的学习打下基础。

11.1 Web 视图（UIWebView）

在iOS应用中，Web视图（UIWebView）为我们提供了更加高级的功能，通过这些高级功能打开了在应用程序中通往一系列全新可能性的大门。在本节的内容中，将详细讲解Web视图控件的基本知识。

11.1.1 Web 视图基础

在iOS应用中，可以将Web视图视为没有边框的Safari窗口，可以将其加入应用程序中，并以编程方式进行控制。通过使用这个类，可以用免费方式显示HTML、加载网页，以及支持两个手指张合与缩放手势。

Web视图还可以用于实现如下类型的文件：

HTML、图像和CSS，Word文档（.doc/.docx），Excel电子表格（.xls/.xlsx），Keynote演示文稿（.key.zip），Numbers电子表格（.numbers.zip），Pages文档（.pages.zip），PDF文件（.pdf），PowerPoint演示文稿（.ppt/.pptx）。

我们可以将上述文件作为资源加入项目中，并在Web视图中显示它们，也可以访问远程服务器中的这些文件或读取iOS设备存储空间中的这些文件。

在Web视图中，通过一个名为requestWithURL的方法来加载任何URL指定的内容，但是不能通过传递一个字符串来调用它。要想将内容加载到Web视图中，通常使用NSURL和NSURLRequest。这两个类能够操作URL，并将其转换为远程资源请求。为此首先需要创建一个NSURL实例，这通常是根据字符串创建的。例如，要创建一个存储Apple网站地址的NSURL，可以使用如下所示的代码实现：

```
NSURL *appleURL;
appleURL=[NSURL alloc] initWithString:@http://www.apple.com/];
```

创建NSURL对象后，需要创建一个可将其传递给Web视图进行加载的NSURLRequest对象。要根据NSURL创建一个NSURLRequest对象，可以使用NSURLRequest类的方法 requestWithURL，它根据给定的NSURL创建相应的请求对象：

```
[NSURLRequest requestWithURL: appleURL]
```

最后将该请求传递给Web视图的loadRequest方法，该方法将接管工作并处理加载过程。将这些功能合并起来后，将Apple网站加载到Web视图appleView中的代码如下：

```
NSURL *appleURL;
```

```
appleURL=[[NSURL alloc] initWithString:@"http://www.apple.com/"];
   [appleView loadRequest:[NSURLRequest requestWithURL: appleURL]];
```

在应用程序中显示内容的另一种方式是，将HTML直接加载到Web视图中。例如，将HTML代码存储在一个名为myHTML的字符串中，则可以用Web视图的方法loadHTMLString:baseURL加载并显示HTML内容。假设Web视图名为htmlView，则可编写类似于下面的代码：

```
[htmlView loadHTMLString:myHTML baseURL:nil]
```

11.1.2 实战演练——在屏幕中显示指定的网页

在iOS应用中，可以使用UIWebView控件在屏幕中显示指定的网页。在本实例中，首先在工具条中追加活动指示器，然后使用requestWithURL设置要显示的网页是http://www.apple.com。并且为了实现良好的体验，特意在载入页面时使用了状态监视功能。在具体实现时，使用UIActivityIndicatorView向用户展示“处理中”的图标。

实例11-1	在屏幕中显示指定的网页
源码与视频路径	光盘:\daima\11\web

实例文件 UIKitPrjWebViewSimple.m的具体代码如下所示：

```
#import "UIKitPrjWebViewSimple.h"
@implementation UIKitPrjWebViewSimple
- (void)dealloc {
  [activityIndicator_ release];
  if ( webView_.loading ) [webView_ stopLoading];
  webView_.delegate = nil; // Apple文档中推荐，release前需要如此编写
  [webView_ release];
  [super dealloc];
}
- (void)viewDidLoad {
  [super viewDidLoad];
  self.title = @"明确显示通信状态";
  // UIWebView的设置
  webView_ = [[UIWebView alloc] init];
  webView_.delegate = self;
  webView_.frame = self.view.bounds;
  webView_.autoresizingMask =
    UIViewAutoresizingFlexibleWidth | UIViewAutoresizingFlexibleHeight;
  webView_.scalesPageToFit = YES;
  [self.view addSubview:webView_];
  // 在工具条中追加活动指示器
  activityIndicator_ = [[UIActivityIndicatorView alloc] init];
  activityIndicator_.frame = CGRectMake( 0, 0, 20, 20 );
  UIBarButtonItem* indicator =
    [[[UIBarButtonItem alloc] initWithCustomView:activityIndicator_] autorelease];
  UIBarButtonItem* adjustment =
    [[[UIBarButtonItem alloc]
initWithBarButtonSystemItem:UIBarButtonSystemItemFlexibleSpace
                                                    target:nil
                                                    action:nil] autorelease];
  NSArray* buttons = [NSArray arrayWithObjects:adjustment, indicator, adjustment, nil];
  [self setToolbarItems:buttons animated:YES];
}

- (void)viewDidAppear:(BOOL)animated {
  [super viewDidAppear:animated];
  //Web页面显示
    NSURLRequest* request =
    [NSURLRequest requestWithURL:[NSURL URLWithString:@"http://www.apple.com"]];
  [webView_ loadRequest:request];
}
- (void)webViewDidStartLoad:(UIWebView*)webView {
  [activityIndicator_ startAnimating];
```

```
}
- (void)webViewDidFinishLoad:(UIWebView*)webView {
  [activityIndicator_ stopAnimating];
}
- (void)webView:(UIWebView*)webView didFailLoadWithError:(NSError*)error {
  [activityIndicator_ stopAnimating];
}
@end
```

执行后的效果如图11-1所示。

图11-1 执行效果

11.1.3 实战演练——控制屏幕中的网页

在iOS应用中，当使用UIWebView控件在屏幕中显示指定的网页后，可以设置一些链接来控制访问页，例如“返回上一页”、“进入下一页”等。此类功能是通过如下方法实现的。

- reload：重新读入页面。
- stopLoading：读入停止。
- goBack：返回前一画面。
- goForward：进入下一画面。

在本实例的屏幕中，添加了“返回”和“向前”两个按钮，并且设置了“重载”和“停止”图标，共同实现了网页控制功能。

实例11-2	控制屏幕中的网页
源码与视频路径	光盘:\daima\11\web

实例文件UIKitPrjWebView.m的具体代码如下所示：

```
#import "UIKitPrjWebView.h"
@implementation UIKitPrjWebView
- (void)dealloc {
  if ( webView_.loading ) [webView_ stopLoading];
  webView_.delegate = nil;
  [webView_ release];
  [reloadButton_ release];
  [stopButton_ release];
  [backButton_ release];
  [forwardButton_ release];
  [super dealloc];
}
- (void)viewDidLoad {
  [super viewDidLoad];
  self.title = @"UIWebView演示";
  // UIWebView的设置
  webView_ = [[UIWebView alloc] init];
  webView_.delegate = self;
  webView_.frame = self.view.bounds;
  webView_.autoresizingMask =
    UIViewAutoresizingFlexibleWidth | UIViewAutoresizingFlexibleHeight;
  webView_.scalesPageToFit = YES;
  [self.view addSubview:webView_];
  // 工具条中追加按钮
  reloadButton_ =
    [[UIBarButtonItem alloc]
initWithBarButtonSystemItem:UIBarButtonSystemItemRefresh
                                                    target:self
                                                    action:@selector(reloadDidPush)];
  stopButton_ =
    [[UIBarButtonItem alloc] initWithBarButtonSystemItem:UIBarButtonSystemItemStop
                                                    target:self
                                                    action:@selector(stopDidPush)];
  backButton_ =
    [[UIBarButtonItem alloc] initWithTitle:@"返回"
```

```
                                    style:UIBarButtonItemStyleBordered
                                   target:self
                                   action:@selector(backDidPush)];
  forwardButton_ =
    [[UIBarButtonItem alloc] initWithTitle:@"向前"
                                    style:UIBarButtonItemStyleBordered
                                   target:self
                                   action:@selector(forwardDidPush)];
  NSArray* buttons =
    [NSArray arrayWithObjects:backButton_, forwardButton_, reloadButton_, stopButton_,
nil];
  [self setToolbarItems:buttons animated:YES];
}
- (void)reloadDidPush {
  [WebView_ reload]; //重新读入页面
}
- (void)stopDidPush {
  if ( WebView_.loading ) {
    [WebView_ stopLoading]; //读入停止
  }
}
- (void)backDidPush {
  if ( WebView_.canGoBack ) {
    [WebView_ goBack]; //返回前一画面
  }
}
- (void)forwardDidPush {
  if ( WebView_.canGoForward ) {
    [WebView_ goForward]; //进入下一画面
  }
}
- (void)updateControlEnabled {
  [UIApplication sharedApplication].networkActivityIndicatorVisible =
webView_.loading;
  stopButton_.enabled = WebView_.loading;
  backButton_.enabled = WebView_.canGoBack;
  forwardButton_.enabled = webView_.canGoForward;
}
- (void)viewDidAppear:(BOOL)animated {
  // 画面显示结束后读入Web页面画面
  [super viewDidAppear:animated];
  NSURLRequest* request =
    [NSURLRequest requestWithURL:[NSURL URLWithString:@"http://www.apple.com/"]];
  [WebView_ loadRequest:request];
  [self updateControlEnabled];
}
- (void)viewWillDisappear:(BOOL)animated {
  // 画面关闭时状态条的活动指示器设置成OFF
  [super viewWillDisappear:animated];
  [UIApplication sharedApplication]. networkActivityIndicatorVisible = NO;
}
- (void)WebViewDidStartLoad:(UIWebView*)WebView {
  [self updateControlEnabled];
}
- (void)WebViewDidFinishLoad:(UIWebView*)WebView {
  [self updateControlEnabled];
}
- (void)WebView:(UIWebView*)WebView didFailLoadWithError:(NSError*)error {
  [self updateControlEnabled];
}
@end
```

执行效果如图11-2所示。

11.1.4 实战演练——在网页中加载显示 PDF、Word 和 JPEG 图片

在iOS应用中，当使用UIWebView控件在屏幕中显示指定的网页后，可以在网页中加载显示PDF、Word和图片等格式的文件。在本实例的屏幕中，通过使用loadData:MIMEType:textEncodingName:

baseURL方法，分别显示了指定的JPEG图片、PDF文件和Word文件。

图11-2 执行效果

实例11-3	在网页中加载显示PDF、Word和JPEG图片
源码与视频路径	光盘:\daima\11\web

实例文件 UIKitPrjWebViewLoadData.m 的具体代码如下所示：

```
#import "UIKitPrjWebViewLoadData.h"
@implementation UIKitPrjWebViewLoadData
- (void)dealloc {
  [activityIndicator_ release];
  if ( webView_.loading ) [webView_ stopLoading];
  webView_.delegate = nil;
  [webView_ release];
  [super dealloc];
}

- (void)viewDidLoad {
  [super viewDidLoad];
  self.title = @"loadData";
  // UIWebView的设置
  webView_ = [[UIWebView alloc] init];
  webView_.delegate = self;
  webView_.frame = self.view.bounds;
  webView_.autoresizingMask =
    UIViewAutoresizingFlexibleWidth | UIViewAutoresizingFlexibleHeight;
  [self.view addSubview:webView_];
  // 工具条的设置
  activityIndicator_ = [[UIActivityIndicatorView alloc] init];
  activityIndicator_.frame = CGRectMake( 0, 0, 20, 20 );
  UIBarButtonItem* indicator =
    [[[UIBarButtonItem alloc] initWithCustomView:activityIndicator_] autorelease];
  UIBarButtonItem* adjustment =
    [[[UIBarButtonItem alloc]
initWithBarButtonSystemItem:UIBarButtonSystemItemFlexibleSpace
                                                     target:nil
                                                     action:nil] autorelease];
  NSArray* buttons = [NSArray arrayWithObjects:adjustment, indicator, adjustment, nil];
  [self setToolbarItems:buttons animated:YES];
}
- (void)viewDidAppear:(BOOL)animated {
  [super viewDidAppear:animated];
  /*NSString* path;
  if ( path = [[NSBundle mainBundle] pathForResource:@"sample" ofType:@"pdf"] ) {
    NSData* data = [NSData dataWithContentsOfFile:path];
    [webView_ loadData:data MIMEType:@"application/pdf" textEncodingName:nil
baseURL:nil];
  } else {
    NSLog( @"file not found." );
  }
  if ( path = [[NSBundle mainBundle] pathForResource:@"dog" ofType:@"jpg"] ) {
    NSData* data = [NSData dataWithContentsOfFile:path];
    [webView_ loadData:data MIMEType:@"image/jpeg" textEncodingName:nil baseURL:nil];
  } else {
    NSLog( @"file not found." );
  }
*/
  NSString* path = [[NSBundle mainBundle] pathForResource:@"sample.doc" ofType:nil];
  NSURL* url = [NSURL fileURLWithPath:path];
  NSURLRequest* request = [NSURLRequest requestWithURL:url];
  [webView_ loadRequest:request];
}
- (void)updateControlEnabled {
  if ( webView_.loading ) {
    [activityIndicator_ startAnimating];
  } else {
    [activityIndicator_ stopAnimating];
```

```
  }
}
- (void)webViewDidStartLoad:(UIWebView*)webView {
  NSLog( @"webViewDidStartLoad" );
  [self updateControlEnabled];
}
- (void)webViewDidFinishLoad:(UIWebView*)webView {
  NSLog( @"webViewDidFinishLoad" );
  [self updateControlEnabled];
}
- (void)webView:(UIWebView*)webView
didFailLoadWithError:(NSError*)error {
  NSLog( @"didFailLoadWithError:%d", error.code );
  NSLog( @"%@", error.localizedDescription );
  [self updateControlEnabled];
}
@end
```

执行后的效果如图11-3所示。

图11-3 执行效果

11.1.5 实战演练——在网页中加载 HTML 代码

在iOS应用中，当使用UIWebView控件在屏幕中显示指定的网页后，可以在网页中加载显示HTML代码。在本实例的屏幕中，通过使用UIWebView的loadHTMLString:baseURL方法加载显示了如下HTML代码：

```
"<b>【手机号码】</b><br />"
"000-0000-0000<hr />"
"<b>【主页】</b><br />"
"http://www.apple.com/"
```

实例11-4	在网页中加载HTML代码
源码与视频路径	光盘:\daima\11\web

实例文件 UIKitPrjLoadHTMLString.m的具体代码如下所示：

```
#import "UIKitPrjLoadHTMLString.h"
@implementation UIKitPrjLoadHTMLString
- (void)dealloc {
  [webView_ release];
  [super dealloc];
}
- (void)viewDidLoad {
  [super viewDidLoad];
  self.title = @"loadHTMLString";
  //UIWebView的设置
  webView_ = [[UIWebView alloc] init];
  webView_.frame = self.view.bounds;
  webView_.autoresizingMask =
    UIViewAutoresizingFlexibleWidth | UIViewAutoresizingFlexibleHeight;
  webView_.dataDetectorTypes = UIDataDetectorTypeAll;
  [self.view addSubview:webView_];
}
- (void)viewDidAppear:(BOOL)animated {
  [super viewDidAppear:animated];
  NSString* html = @"<b>【手机号码】</b><br />"
                    "000-0000-0000<hr />"
                    "<b>【主页】</b><br />"
                    "http://www.apple.com/";
  [webView_ loadHTMLString:html baseURL:nil];
}
@end
```

执行后的效果如图11-4所示。

图11-4 执行效果

11.1.6 实战演练——在网页中实现触摸处理

在iOS应用中，当使用UIWebView控件在屏幕中显示指定的网页后，可以通过触摸的方式浏览指定的网页。在具体实现时，是通过 webView:shouldStartLoadWithRequest:navigationType方法实现的。NavigationType包括如下所示的可选参数值。

- ❑ UIWebViewNavigationTypeLinkClicked：链接被触摸时请求这个链接。
- ❑ UIWebViewNavigationTypeFormSubmitted：form被提交时请求这个form中的内容。
- ❑ UIWebViewNavigationTypeBackForward：当通过goBack或goForward进行页面转移时移动目标URL。
- ❑ UIWebViewNavigationTypeReload：当页面重新导入时导入这个URL。
- ❑ UIWebViewNavigationTypeOther：使用loadRequest方法读取内容。

实例11-5	在网页中实现触摸处理
源码与视频路径	光盘:\daima\11\web

在本实例中，预先准备了4个“.html”文件，然后在iPhone设备中通过触摸的方式浏览这4个“.html”文件。

（1）文件top.htm的具体代码如下所示：

```
<html>
  <head>
    <title>首页</title>
    <meta charset="utf-8">
    <meta name="viewport" content="width=device-width" />
  </head>
  <body>
    <h1>三个颜色</h1>
    <hr />
    <h2>准备选择哪一件衣服？</h2>
    <ol>
      <li /><a href="page1.htm">红色衣服</a>
      <li /><a href="page2.htm">银色衣服</a>
      <li /><a href="page3.htm">黑色衣服</a>
    </ol>
  </body>
</html>
```

（2）文件page1.html的具体代码如下所示：

```
<html>
  <head>
    <title>PAGE 1</title>
    <meta charset="utf-8">
    <meta name="viewport" content="width=device-width" />
  </head>
  <body>
    <h1>红色衣服</h1>
    <hr />
    <h2>没有任何东东。</h2>
    <ol>
      <li /><a href="top.htm">返回</a>
    </ol>
  </body>
</html>
```

（3）文件page2.html 的具体代码如下所示：

```
<html>
  <head>
    <title>PAGE 2</title>
  </head>
  <body>
    <h1>银色衣服</h1>
```

```
    <hr />
    <h2>两件衣服</h2>
    <ol>
      <li /><a href="page1.htm">红色衣服</a>
      <li /><a href="page3.htm">黑色衣服</a>
      <li /><a href="top.htm">返回</a>
    </ol>
  </body>
</html>
```

（4）文件page3.html 的具体代码如下所示：

```
<html>
  <head>
    <title>HTML的标题</title>
  </head>
  <body>
    <h1>黑色衣服</h1>
    <hr />
    <h2>有一个黑色的围巾！</h2>
    <ol>
      <li /><a href="top.htm">返回</a>
    </ol>
    <form action="document.title">
      <input type="submit"  value="执行JavaScript" />
    </form>
  </body>
</html>
```

（5）实例文件 UIKitPrjHTMLViewer.m的具体代码如下所示：

```
#import "UIKitPrjHTMLViewer.h"
#pragma mark ----- Private Methods Definition -----
@interface UIKitPrjHTMLViewer ()
- (void)loadHTMLFile:(NSString*)path;
@end
#pragma mark ----- Start Implementation For Methods -----
@implementation UIKitPrjHTMLViewer
- (void)dealloc {
  [activityIndicator_ release];
  if ( webView_.loading ) [webView_ stopLoading];
  webView_.delegate = nil;
  [webView_ release];
  [super dealloc];
}
- (void)viewDidLoad {
  [super viewDidLoad];
  self.title = @"HTMLViewer";
  // UIWebView的设置
  webView_ = [[UIWebView alloc] init];
  webView_.delegate = self;
  webView_.frame = self.view.bounds;
  webView_.autoresizingMask =
    UIViewAutoresizingFlexibleWidth | UIViewAutoresizingFlexibleHeight;
  [self.view addSubview:webView_];
  // 工具条的设置
  activityIndicator_ = [[UIActivityIndicatorView alloc] init];
  activityIndicator_.frame = CGRectMake( 0, 0, 20, 20 );
  UIBarButtonItem* indicator =
    [[[UIBarButtonItem alloc] initWithCustomView:activityIndicator_] autorelease];
  UIBarButtonItem* adjustment =
    [[[UIBarButtonItem alloc]
initWithBarButtonSystemItem:UIBarButtonSystemItemFlexibleSpace
                                                  target:nil
                                                  action:nil] autorelease];
  NSArray* buttons = [NSArray arrayWithObjects:adjustment, indicator, adjustment, nil];
  [self setToolbarItems:buttons animated:YES];
}
//读入指定HTML文件的私有方法
- (void)loadHTMLFile:(NSString*)path {
  NSArray* components = [path pathComponents];
```

```
    NSString* resourceName = [components lastObject];
    NSString* absolutePath;
    if ( absolutePath == [[NSBundle mainBundle] pathForResource:resourceName ofType:nil] ) {
      NSData* data = [NSData dataWithContentsOfFile:absolutePath];
      [webView_ loadData:data MIMEType:@"text/html" textEncodingName:@"utf-8"
baseURL:nil];
    } else {
      NSLog( @"%@ not found.", resourceName );
    }
  }
  - (void)updateControlEnabled {
    if ( webView_.loading ) {
      [activityIndicator_ startAnimating];
    } else {
      [activityIndicator_ stopAnimating];
    }
  }
  - (BOOL)webView:(UIWebView*)webView
    shouldStartLoadWithRequest:(NSURLRequest*)request
  navigationType:(UIWebViewNavigationType)navigationType
  {
    //触摸链接后，进入href属性为URL的下一画面
    if ( UIWebViewNavigationTypeLinkClicked == navigationType ) {
      NSString* url = [[request URL] path];
      [self loadHTMLFile:url];
      return FALSE;
    } else if ( UIWebViewNavigationTypeFormSubmitted == navigationType ) {
      NSString* url = [[request URL] path];
      NSArray* components = [url pathComponents];
      NSString* resultString = [webView
stringByEvaluatingJavaScriptFromString:[components lastObject]];
      UIAlertView* alert = [[[UIAlertView alloc] init] autorelease];
      alert.message = resultString;
      [alert addButtonWithTitle:@"OK"];
      [alert show];
      return FALSE;
    }
    return TRUE;
  }
  //画面显示后，首先显示top.htm
  - (void)viewDidAppear:(BOOL)animated {
    [super viewDidAppear:animated];
    [self loadHTMLFile:@"top.htm"];
  }

  - (void)webViewDidStartLoad:(UIWebView*)webView {
    NSLog( @"webViewDidStartLoad" );
    [self updateControlEnabled];
  }

  - (void)webViewDidFinishLoad:(UIWebView*)webView {
    NSLog( @"webViewDidFinishLoad" );
    [self updateControlEnabled];
  }

  - (void)webView:(UIWebView*)webView
  didFailLoadWithError:(NSError*)error {
    NSLog( @"didFailLoadWithError:%d", error.code );
    NSLog( @"%@", error.localizedDescription );
    [self updateControlEnabled];
  }

  @end
```

执行效果如图11-5所示。

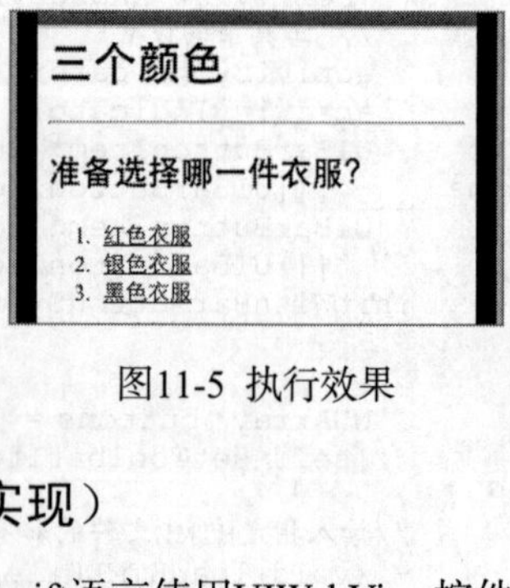

图11-5 执行效果

11.1.7 实战演练——使用UIWebView控件（基于Swift实现）

在本节的内容中，将通过一个具体实例的实现过程，详细讲解基于Swift语言使用UIWebView控件

的过程。

实例11-6	使用UIWebView控件
源码与视频路径	光盘:\daima\11\Swift-demo

（1）打开Xcode 6.1，然后新创建一个名为“MyFirstSwiftTest”的工程，工程的最终目录结构，如图11-6所示。

图11-6 工程的目录结构

（2）编写文件ViewController.swift，本实例是一个综合实例，分别演示了UIWebView、UIScrollView、UITableView、UIButton和UILabel等控件的基本用法，在主视图中列表显示了上述控件的名称，并监听用户单击触摸列表的选项，根据触摸选项来到第二个界面显示上述单个控件的用法。文件ViewController.swift的具体实现代码如下所示：

```
import UIKit

class ViewController: UIViewController,UITextFieldDelegate
{
    var a:Int = 0
    var isuse:Bool = false
    var authButton :UIButton!
    override func viewDidLoad()
    {
        super.viewDidLoad()
        // Do any additional setup after loading the view, typically from a nib
        self.view.backgroundColor = UIColor.lightGrayColor()
        self.title = "首页"

        // UIButton
        authButton = UIButton.buttonWithType(UIButtonType.Custom) as? UIButton
        authButton.frame = CGRect(x: 10, y: 70, width: 150, height: 30)
        authButton.setTitle("这是一个全局按钮", forState: UIControlState.Normal)
        authButton.setTitleColor(UIColor.redColor(), forState:
UIControlState.Normal)
        authButton.setTitleColor(UIColor.blueColor(), forState:
UIControlState.Highlighted)
        authButton.addTarget(self, action: Selector("btnClick:"), forControlEvents:
UIControlEvents.TouchUpInside)
        authButton.tag = 1000;
        self.view.addSubview(authButton)

        var btn2:UIButton! = UIButton.buttonWithType(UIButtonType.Custom) as? UIButton
        btn2.frame = CGRectMake(10, 100, 105, 30)
        btn2.setTitle("局部按钮", forState: UIControlState.Normal)
        btn2.setTitleColor(UIColor.yellowColor(), forState: UIControlState.Normal)
        btn2.tag = 1001;
        btn2.addTarget(self, action: Selector("btnClick:"), forControlEvents:
UIControlEvents.TouchUpInside)
        self.view.addSubview(btn2)


        //UILabel
        var firstLabel:UILabel! = UILabel(frame: CGRect(x: 10, y: 130, width: 105,
        height: 20))
        firstLabel.backgroundColor = UIColor.clearColor()
        firstLabel.textColor = UIColor(red: 0, green: 174, blue: 232, alpha: 1)
        firstLabel.textAlignment = NSTextAlignment.Left
        firstLabel.font = UIFont.boldSystemFontOfSize(16)
        firstLabel.text = "这是一个Label"
        self.view.addSubview(firstLabel)

        var secondLabel = UILabel()
        secondLabel.frame = CGRectMake(10, 150, 105, 20)
        secondLabel.backgroundColor = UIColor.clearColor()
        secondLabel.textColor = UIColor(red: 100, green: 174, blue: 232, alpha: 1)
        secondLabel.textAlignment = NSTextAlignment.Center
```

```
        secondLabel.font = UIFont.systemFontOfSize(12)
        secondLabel.text = "这是第二个Label"
        secondLabel.lineBreakMode = NSLineBreakMode.ByWordWrapping
        secondLabel.sizeToFit()
        self.view.addSubview(secondLabel)


        //UITextField
        var firstTextField = UITextField()
        firstTextField.backgroundColor = UIColor.whiteColor()
        firstTextField.frame = CGRectMake(10, 170, 150, 20)
        firstTextField.textColor = UIColor.blackColor()
        firstTextField.autocapitalizationType = UITextAutocapitalizationType.None
        //首字母自动大写
        firstTextField.autocorrectionType = UITextAutocorrectionType.No//自动纠错
        firstTextField.borderStyle = UITextBorderStyle.RoundedRect //边框样式
        firstTextField.placeholder = "请输入内容"
        firstTextField.font = UIFont(name: "Arial", size: 12.0)//字体
        firstTextField.clearButtonMode = UITextFieldViewMode.Always;
        //输入框中是否有个叉号，在什么时候显示，用于一次性删除输入框中的内容
        firstTextField.secureTextEntry = false  //每输入一个字符就变成点，用于密码输入
        firstTextField.clearsOnBeginEditing = true //再次编辑就清空
        firstTextField.contentVerticalAlignment =
        UIControlContentVerticalAlignment.Center //内容的垂直对齐方式
        firstTextField.adjustsFontSizeToFitWidth = false
        //设置为true时，文本会自动缩小以适应文本窗口大小，默认是保持原来大小,而让长文本滚动
        firstTextField.keyboardType = UIKeyboardType.Default//设置键盘样式
        firstTextField.returnKeyType = UIReturnKeyType.Done //return键变成什么键
        firstTextField.keyboardAppearance=UIKeyboardAppearance.Default//键盘外观
        firstTextField.delegate = self
        self.view.addSubview(firstTextField)


        var titleArray :NSArray = ["UITableView","UIScrollView","UIWebView"]

        for var index=0; index<titleArray.count; index++
        {
            var btn3:UIButton! = UIButton.buttonWithType(UIButtonType.System) as? UIButton
            btn3.frame = CGRect(x: 10, y:190+index*30, width:150, height:30)
            var btnStr = "点击进入\(titleArray.objectAtIndex(index))"
            btn3.setTitle(btnStr, forState: UIControlState.Normal)
            btn3.titleLabel?.font = UIFont.systemFontOfSize(14)
            btn3.setTitleColor(UIColor.blueColor(), forState: UIControlState.Normal)
            btn3.tag = 1002+index;
            btn3.addTarget(self, action: Selector("btnClick:"), forControlEvents:
            UIControlEvents.TouchUpInside)
            self.view.addSubview(btn3)
        }

    }

    //按钮单击方法
    func btnClick(sender:UIButton!)
    {
        var btn:UIButton = sender
        switch(btn.tag){
        case 1000:
            a++
            if(a>100)
            {
                a=1
            }
            println("按钮被单击了\(a)次")
            authButton.setTitle("全局按钮被单击了\(a)次", forState: UIControlState.Normal)
        case 1001:
            println("局部按钮被单击了")
        case 1002:
            println("单击进入UITableView")
            var tableVC:TableViewController = TableViewController()
            self.navigationController?.pushViewController(tableVC, animated: true)
```

```
        case 1003:
            println("单击进入UIScrollView")
            var scrollVC:ScrollViewController = ScrollViewController()
            self.navigationController?.pushViewController(scrollVC, animated: true)
        case 1004:
            println("单击进入UIWebView")
            var webVC:WebViewController = WebViewController()
            self.navigationController?.pushViewController(webVC, animated: true)
        default:
            println("无操作")
        }
    }

    //UITextFieldDelegate
    func textFieldShouldReturn(textField: UITextField) -> Bool
    {
        textField.resignFirstResponder()
        return true
    }

    override func didReceiveMemoryWarning()
    {
        super.didReceiveMemoryWarning()
        // Dispose of any resources that can be recreated.
    }
}
```

主界面执行后将列表显示几个常用的控件名，如图11-7所示。

（3）编写文件WebViewController.swift，功能是当单击ViewController视图中的“单击进入UIWebView”项后，在新界面中使用UIWebView展示一个网页：http://www.baidu.com/。文件WebViewController.swift的具体实现代码如下所示：

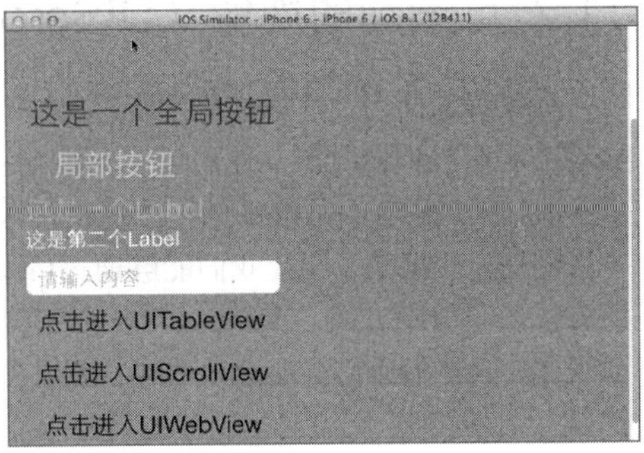

图11-7 主界面列表视图

```
import UIKit

class WebViewController: UIViewController,
UIWebViewDelegate{

    var webView:UIWebView!
    override func viewDidLoad()
    {
        super.viewDidLoad()
        self.title = "网页UIWebView"
        self.view.backgroundColor = UIColor.whiteColor()
        // Do any additional setup after loading the view.

        //UIWebView
        webView = UIWebView()
        webView.frame = self.view.frame
        webView.scalesPageToFit = true
        webView.allowsInlineMediaPlayback = true
        var webUrl:NSURL = NSURL(string:"http://www.baidu.com/")!
        var request :NSURLRequest = NSURLRequest(URL: webUrl)
        webView.loadRequest(request)
        webView.delegate = self
        self.view.addSubview(webView)

        //UIBarButtonItem
        var rightBarItem:UIBarButtonItem = UIBarButtonItem(title: "刷新", style:
UIBarButtonItemStyle.Done, target: self, action: Selector("rightBarClick"))
        self.navigationItem.rightBarButtonItem = rightBarItem

    }

    func rightBarClick()
    {
```

```
        //刷新方法
        println("刷新表格")
        webView.reload()
    }
    //UIWebViewDelegate
    func webView(webView: UIWebView, shouldStartLoadWithRequest request: NSURLRequest,
    navigationType: UIWebViewNavigationType) -> Bool
    {
        return true
    }

    func webViewDidFinishLoad(webView: UIWebView)
    {
        println("加载完成")
    }
     func webView(webView: UIWebView, didFailLoadWithError error: NSError)
    {
        println("加载失败")
    }

    override func didReceiveMemoryWarning() {
        super.didReceiveMemoryWarning()
        // Dispose of any resources that can be recreated.
    }
}
```

执行后将在界面中显示百度网的主页，效果如图11-8所示。

图11-8　显示百度主页

11.2 可滚动的视图（UIScrollView）

大家肯定使用过这样的应用程序，它显示的信息在一屏中容纳不下。在这种情况下，使用可滚动视图控件（UIScrollView）来解决。顾名思义，可滚动的视图提供了滚动功能，可显示超过一屏的信息。但是，在让我们能够通过Interface Builder将可滚动视图加入项目中方面，Apple做得并不完美。我们可以添加可滚动视图，但要想让它实现滚动效果，必须在应用程序中编写一行代码。

11.2.1 UIScrollView 的基本用法

在滚动过程当中，其实是在修改原点坐标。当手指触摸后，scroll view会暂时拦截触摸事件，使用一个计时器。假如在计时器到点后没有发生手指移动事件，那么 scroll view 发送tracking events 到被单击的 subview。假如在计时器到点前发生了移动事件，那么scroll view 取消 tracking 自己发生滚动。

1. 初始化

一般的组件初始化都可以alloc和init来初始化，上一段代码初始化：

```
UIScrollView *sv  =[[UIScrollView alloc]
initWithFrame:CGRectMake(0.0, 0.0,self.view.frame.size.width, 400)];
```

一般的初始化也都有很多方法，都可以确定组件的Frame，或者一些属性，比如UIButton的初始化可以确定Button的类型。当然，我比较提倡大家用代码来写，这样比较了解整个代码执行的流程，而不是利用IB来弄布局，确实很多人都用IB来布局会省很多时间，但这个因人而异，我比较提倡纯代码写。

2. 滚动属性

UIScrollView的最大属性就是可以滚动，那种效果很好看，其实滚动的效果主要的原理是修改他的坐标，准确地讲是修改原点坐标，而UIScrollView跟其他组件的都一样，有自己的delegate，在.h文件中要继承UIScrollView的delegate，然后在.m文件的viewDidLoad中设置delegate为self。具体代码如下所示：

```
sv.pagingEnabled = YES;
sv.backgroundColor = [UIColor blueColor];
sv.showsVerticalScrollIndicator = NO;
sv.showsHorizontalScrollIndicator = NO;
sv.delegate = self;
CGSize newSize = CGSizeMake(self.view.frame.size.width * 2,
self.view.frame.size.height);
[sv setContentSize:newSize];
[self.view addSubview: sv];
```

在上面的代码中，一定要设置UIScrollView的pagingEnable为YES。不然你就是设置好了其他属性，它还是无法拖动，接下去的分别是设置背景颜色和是否显示水平和竖直拖动条，最后，最重要的是设置其ContentSize，ContentSize的意思就是它所有内容的大小，这个和它的Frame是不一样的，只有ContentSize的大小大于Frame这样才可以支持拖动。

3．结合UIPageControl做新闻翻页效果

初始化UIPageControl的方法都很简单，就是上面讲的alloc和init，不过大家要记住的一点就是，如果你定义了全局变量一定要在delloc那里释放掉。

UIPageControl有一个userInteractionEnabled你可以设置它为NO。就是单击的时候它不调用任何方法。然后设置它的currentPage 为0，并把它加到view上去。

接下来在UIScrollView的delegate方法中：

```
- (void)scrollViewDidScroll:(UIScrollView *)scrollView;
```

在这里可以写上关于UIPageControl的页面设置的算法，具体代码如下。

```
int index = fabs(scrollView.contentOffset.x) /scrollView.frame.size.width;
pageControl.currentPage = index;
```

UIScrollView是iOS中的一个重要的视图，它提供了一个方法，让我们在一个界面中看到所有的内容，从而不必担心因为屏幕的大小有限，必须翻到下一页进行阅览。确实对于用户来说是一个很好的体验。但是，又是如何把所有的内容都加入scrollView的呢？是简单的addsubView。假如是这样，岂不是scrollView界面上要放置很多的图形、图片？移动设备的显示设备肯定不如PC，怎么可能放得下如此多的视图？所以在使用scrollView中一定要考虑这个问题，当某些视图滚动出可见范围的时候，应该怎么处理？苹果公司的UITableView就很好地展示了在UIScrollView中如何重用可视的空间，减少内存的开销。

UIScrollView类支持显示比屏幕更大的应用窗口的内容。它通过挥动手势，能够使用户滚动内容，并且通过捏合手势缩放部分内容。UIScrollView是UITableView和UITextView的超类。

UIScrollView的核心理念是，它是一个可以在内容视图之上调整自己原点位置的视图。它根据自身框架的大小，剪切视图中的内容，通常框架是和应用程序窗口一样大。一个滚动的视图可以根据手指的移动，调整原点的位置。展示内容的视图，根据滚动视图的原点位置，开始绘制视图的内容，这个原点位置就是滚动视图的偏移量。ScrollView本身不能绘制，除非显示水平和竖直的指示器。滚动视图必须知道内容视图的大小，以便于知道什么时候停止；一般而言，当滚动出内容的边界时，它就返回了。

某些对象是用来管理内容显示如何绘制的，这些对象应该是管理如何平铺显示内容的子视图，以便于没有子视图可以超过屏幕的尺寸。就是当用户滚动时，这些对象应该恰当地增加或者移除子视图。

因为滚动视图没有滚动条，它必须知道一个触摸信号是打算滚动还是打算跟踪里面的子视图。为了达到这个目的，它临时中断了一个touch-down的事件，通过建立一个定时器，在定时器开始行动之前，看是否触摸的手指做了任何的移动。假如定时器行动时，没有任何大的位置改变，滚动视图就发送一个跟踪事件给触摸的子视图。如果在定时器消失前，用户拖动他们的手指足够远，滚动视图取消子视图的任何跟踪事件，滚动它自己。子类可以重载touchesShouldBegin:withEvent:inContentView:、pagingEnabled和touchesShouldCancelInContentView:方法，从而影响滚动视图的滚动手势。

一个滚动视图也可以控制一个视图的缩放和平铺。当用户做捏合手势时，滚动视图调整偏移量和视图的比例。当手势结束的时候，管理视图内容显示的对象就应该恰当地升级子视图的显示。当手势

在处理的过程中，滚动视图不能够给子视图，发送任何跟踪的调用。

UIScrollView类有一个delegate，需要适配的协议是UIScrollViewDelegate。为了缩放和平铺工作，代理必须实现viewForZoomingInScrollView:和scrollViewDidEndZooming:withView:atScale:方法。另外，最大和最小缩放比例应该是不同的。

注意：在UIScrollView对象中，你不应该嵌入任何UIWebView和UITableView。假如这样做，会出现一些异常情况，因为两个对象的触摸事件可能被混合，从而被错误地处理。

假如我们设置canCancelContentTouches为YES，那么当我们在UIScrollView上面放置任何子视图的时候，当你在子视图上移动手指的时候UIScrollView会给子视图发送touchCancel的消息。而如果该属性设置为NO，ScrollView本身不处理这个消息，全部交给子视图处理。

此处可能读者会有疑问：既然该属性设置为NO了，那么岂不是UIScrollView不能处理任何事件了，那么为何在子视图上快速滚动的时候，UIScrollView还能移动。这个一定要区分前面所说的UIScrollView中断touch-Down事件，开启一个定时器。我们设置的这个cancancelContentTouches属性为NO时，只是让UIScrollView不能发送cancel事件给子视图。而前面所说的是，中断touch-down事件，和取消touch事件是两码事，所以，当快速在子视图上移动的时候，当然可以滚动。但是如果你慢速地移动，就可以区分这个属性了，假如设定为YES，在子视图上慢速移动也可以滚动视图，但是如果为NO。因为UIScrollView发送了cancel事件给子视图处理了，自己当然滚动不了了。

接下来需要考虑scrollView如何重用内存，下面写了一个例子模仿UITableView的重用的思想，这里只是模仿。这里的例子是在scrollView上放置4个2排2列的视图，但是内存中只占用6个视图的内存空间。当scrollView滚动的时候，通过不停地重用之前视图的内存空间，从而达到节省内存的效果。重用的方法如下。

（1）scrollView中的frame也就是改变位置到达末尾，达到重用的效果。

（2）如果scrollView向上面滚动，一旦最末排的视图view滚出了可视范围，就改变滚动出去的那个view在scrollView中的frame，移动到最前面。

下面就需要在你创建的视图控制器中，创建一个重用的视图数组，用来把这些要显示的视图放入内存中，这里虽然界面上显示的是2排2列的4个视图，但是当拖动的时候，可能出现前面一排的视图显示一部分、末尾一排的视图显示一部分的情况，所以重用的数组中要放置6个视图。下面是定义的一些宏：

```
#define sMyViewTotal 6
#define sMyViewWidth 150
#define sMyViewHeight 220
#define sMyViewGap 10
```

具体实现代码如下：

```
_aryViews = [[NSMutableArray alloc] init];
for (int i = 0; i < sMyViewTotal; i++) {
        CGFloat x;
        if (i%2) {
            x = sMyViewWidth + sMyViewGap + sMyViewGap/2;
        }
        else{
            x = sMyViewGap/2;
        }
        CGFloat y = (sMyViewHeight + sMyViewGap)*(i/2);
        MyView *myView = [[MyView alloc] initWithFrame:CGRectMake(x, y, sMyViewWidth,
        sMyViewHeight)];
        myView.showNumber = i;
        [myScrollView addSubview:myView];
      [_aryViews addObject:myView];
      [myView release];
   }
```

所以这里的核心方法是，首先要判断是向上滚动还是向下滚动，具体方法如下：

```
- (void)scrollViewDidScroll:(UIScrollView *)scrollView{
BOOL directDown;
    if (previousOffSet.y < scrollView.contentOffset.y) {
        directDown = YES;
    }
    else{
        directDown = NO;
    }
    previousOffSet.y = scrollView.contentOffset.y;
    //防止最开始就向上面拖动的时候，改变数组视图树的位置
    if (scrollView.contentOffset.y < 0) {
        return;
    }
    if (directDown) {
        NSLog(@"down");
        MyView * subView = [_aryViews objectAtIndex:firstViewIndex];
        CGFloat firstViewYOffset = subView.frame.origin.y + subView.frame.size.height
        + sMyViewGap;
        //寻找第一个视图是否滚动出去
        if (firstViewYOffset < scrollView.contentOffset.y) {
            //改变数组中第一排可见视图的位置
            [self moveIndexInViewsWithDirect:YES];
        }
    }
    else{
        NSLog(@"up");
        MyView * subView = [_aryViews objectAtIndex:(firstViewIndex + sMyViewTotal -
        2)%sMyViewTotal];
        CGFloat lastViewYOffset = subView.frame.origin.y - scrollView.bounds.size.height;
        if (lastViewYOffset > scrollView.contentOffset.y) {
                            [self moveIndexInViewsWithDirect:NO];
        }
    }
}
```

这样当每次滚动的时候先判断滚动位置（即offset），和前面的进行比较。如果先前的大就是向下滚动，否则就是向上滚动。找到了向下滚动后，就该判断是否子视图已经离开了可视范围。方法就是判断当前offset和视图的位置进行比较。如果判断滚到离开了可视范围，然后就是要改变重用视图数组中第一个视图的位置了。这里用了firstViewIndex来记录scrollView中第一个可见视图的位置，循环使用这6个视图达到重用的目的。自然firstViewIndex上面的一个视图就是最后一个视图的位置（firstViewIndex + sMyViewTotal − 1）%sMyViewTotal。所以这里需要改变重用视图中firstViewIndex（即第一个可见视图）的位置，具体代码如下：

```
- (void)moveIndexInViewsWithDirect:(BOOL)forward{
    [UIView setAnimationsEnabled:NO];
    if (forward) {
        for (int i = firstViewIndex; i < (firstViewIndex + 2); i++) {
            MyView *subView = [_aryViews objectAtIndex:i%sMyViewTotal];
            subView.showNumber = subView.showNumber + sMyViewTotal;
subView.frame = CGRectMake(subView.frame.origin.x, subView.frame.origin.y +
(sMyViewTotal/2) * (sMyViewHeight + sMyViewGap), subView.frame.size.width,
subView.frame.size.height);
        }
        firstViewIndex = (firstViewIndex + 2)%sMyViewTotal;
    }
    else{
        int lastViewIndex = firstViewIndex + sMyViewTotal - 1;
        for (int i = lastViewIndex; i > (lastViewIndex - 2); i--) { MyView *subView =
[_aryViews objectAtIndex:(firstViewIndex + sMyViewTotal - i)%sMyViewTotal];
            subView.showNumber = subView.showNumber - sMyViewTotal;
subView.frame = CGRectMake(subView.frame.origin.x, subView.frame.origin.y -
(sMyViewTotal/2) * (sMyViewHeight + sMyViewGap), subView.frame.size.width,
subView.frame.size.height);
        }
```

```
        firstViewIndex = (firstViewIndex + sMyViewTotal - 2)%sMyViewTotal;
    }
    [UIView setAnimationsEnabled:YES];
}
```

这里创建的子视图数字属性是用来在视图上画数字的，这样就可以看到视图重用的效果了，应该是从0开始到无穷多，但是实际上内存中就创建了6个视图：

```
- (void)drawRect:(CGRect)rect
{
    // Drawing code
    NSString *text = [NSString stringWithFormat:@"%d",showNumber];
    [[UIColor redColor] set];
    [text drawInRect:CGRectMake(rect.origin.x, rect.origin.y + rect.size.height/2 - 30,
rect.size.width, 30) withFont:[UIFont      fontWithName:@"Helvetica" size:20]
lineBreakMode:UILineBreakModeWordWrap alignment:UITextAlignmentCenter];
}
}
```

11.2.2 实战演练——使用可滚动视图控件

我们知道，iPhone设备的界面空间有限，所以，经常会出现不能完全显示信息的情形。在这个时候，滚动控件UIScrollView就可以发挥它的作用，使用后可在添加控件和界面元素时不受设备屏幕边界的限制。在本节将通过一个演示实例的实现过程来讲解使用UIScrollView控件的方法。

实例11-7	使用可滚动视图控件
源码与视频路径	光盘:\daima\11\gun

1．创建项目

本实例包含了一个可滚动视图（UIScrollView），并在Interface Builder编辑器中添加了超越屏幕限制的内容。首先使用模板Single View Application新创建一个项目，并将其命名为“gun”。在这个项目中，将可滚动视图（UIScrollView）作为子视图加入MainStoryboard.storyboard中现有的视图（UIView）中，如图11-9所示。

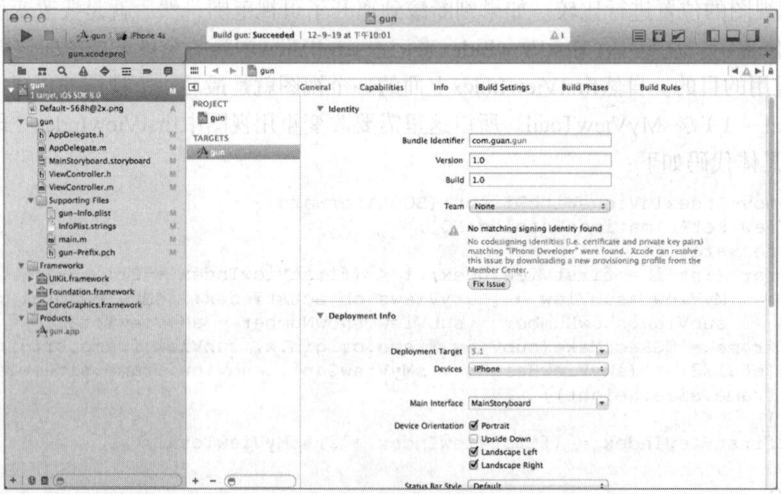

图11-9 创建的工程

在这个项目中，只需设置可滚动视图对象的一个属性即可。为了访问该对象，需要创建一个与之关联的输出口，我们将把这个输出口命名为theScroller。

2．设计界面

首先打开该项目的文件MainStoryboard.storyboard，并确保文档大纲区域可见，方法是依次选择菜单Editor>Show Document Outline命令。接下来开始讲解添加可滚动视图的方法。依次选择菜单View>Utilities>Show Object Library打开对象库，将一个可滚动视图（UIScrollView）实例拖曳到视图中。将其放在喜欢的位置，并在上方添加一个标题为Scrolling View的标签，这样可以避免忘记创建的是什么。

将可滚动视图加入视图后，需要使用一些东西填充它。通常，编写计算对象位置的代码来将其加入到可滚动视图中。首先将添加的每个控件拖曳到可滚动视图对象中，在本实例中添加了6个标签。我们可以继续使用按钮、图像或通常将加入视图中的其他任何对象。

将对象加入可滚动视图中后还有如下两种方案可供选择。

- ❑ 可以选择对象，然后使用箭头键将对象移到视图可视区域外面的大概位置。
- ❑ 可以依次选择每个对象，并使用Size Inspector（Option+ Command+5）手工设置其*x*和*y*坐标，如图11-10所示。

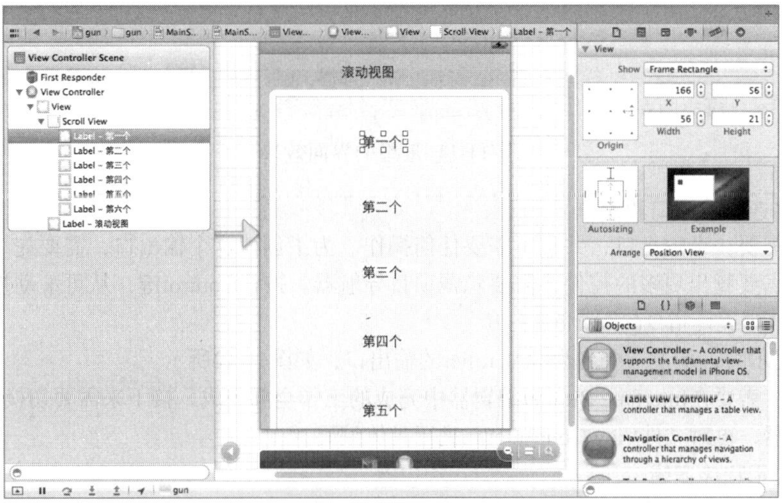

图11-10 设置每个对象的*x*和*y*坐标

提示：对象的坐标是相对于其所属视图的。在这个示例中，可滚动视图的、左上角的坐标为(0,0)，即原点。

为了帮助我们放置对象，下面是6个标签的左边缘中点的*x*和*y*坐标。如果应用程序将在iPhone上运行，可以使用如下数字进行设置。

- ❑ Label 1：110, 45。
- ❑ Label 2：110, 125。
- ❑ Labcl 3：110, 205。
- ❑ Labe14：110, 290。
- ❑ Label 5：110, 375。
- ❑ Label 6：110, 460。

如果应用程序将在iPad上运行，可以使用如下数字进行设置。

- ❑ Label 1：360, 130。
- ❑ Label 2：360, 330。
- ❑ Label 3：360, 530。
- ❑ Labe14：360, 730。
- ❑ Label 5：360, 930。
- ❑ Label 6：360, 1130。

从图11-11所示的最终视图可知，第6个标签不可见，要看到它，需要进行一定的滚动。

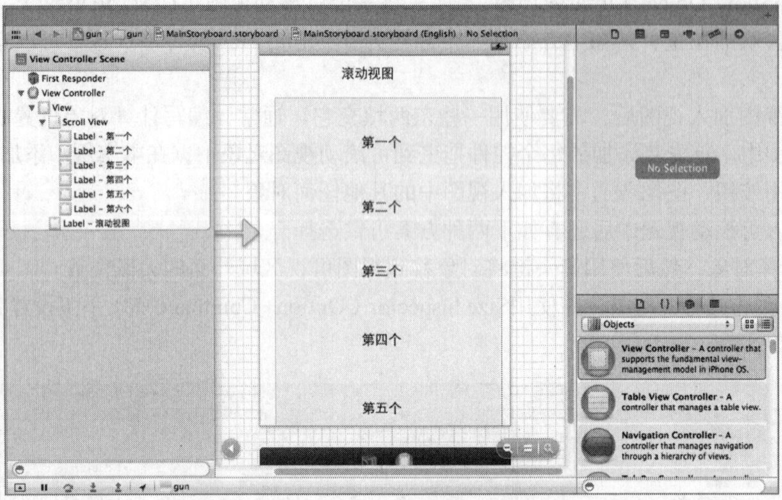

图11-11 最终的界面效果

3．创建并连接输出口和操作

本实例只需要一个输出口，并且不需要任何操作。为了创建这个输出口，需要先切换到助手编辑器界面。如果需要腾出更多的控件，需要隐藏项目导航器。按住Control键，从可滚动视图拖曳到文件ViewController.h中编译指令@interface下方。

在Xcode提示时，新建一个名为theScroller的输出口，如图11-12所示。

到此为止，需要在Interface Builder编辑器中完成的工作全部完成，接下来需要切换到标准编辑器，显示项目导航器，再对文件ViewController.m进行具体编码。

4．实现应用程序逻辑

如果此时编译并运行程序，不具备滚动功能，这是因为还需指出其滚动区域的水平尺寸和垂直尺寸，除非可滚动视图知道自己能够滚动。为了给可滚动视图添加滚动功能，需要将属性contentSize设置为一个CGSize值。CGSize是一个简单的C语言数据结构，它包含高度和宽度，可使用函数CGSize(<width>，<height>)轻松地创建一个这样的对象。例如，要告诉该可滚动视图（theScroller）可水平和垂直分别滚动到280点和600点，可编写如下代码：

```
self .theScroller.contentSize=CGSizeMake (280.0,600.0);
```

我们并非只能这样做，但我们愿意这样做。如果进行的是iPhone开发，需要实现文件ViewController.m中的方法viewDidLoad，其实现代码如下所示：

```
- (void)viewDidLoad
{
    self.theScroller.contentSize=CGSizeMake(280.0,600.0);
    [super viewDidLoad];
    // Do any additional setup after loading the view, typically from a nib.
}
```

如果正在开发的是一个iPad项目，则需要增大contentSize的设置，因为iPad屏幕更大。所以要在调用函数CGSizeMake时传递参数900.0和1500.0，而不是280.0和600.0。

在这个示例中，我们使用的宽度正是可滚动视图本身的宽度。为什么这样做呢？因为我们没有理由进行水平滚动。选择的高度旨在演示视图能够滚动。换句话说，这些值可随意选择，您根据应用程序包含的内容选择最佳的值即可。

到此为止，整个实例介绍完毕。单击Xcode工具栏中的按钮Run，执行后的效果如图11-13所示。

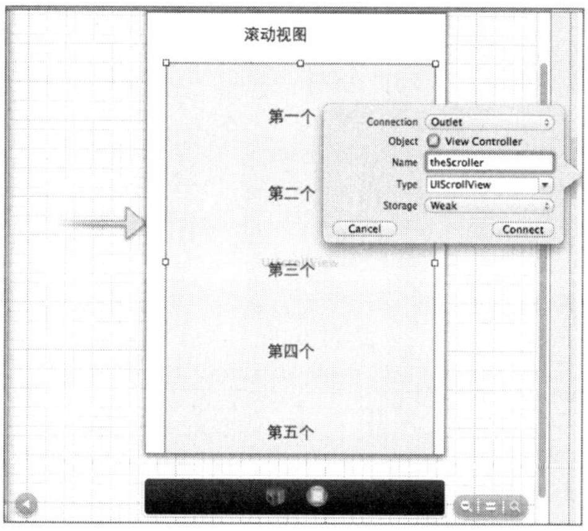

图11-12 创建到输出口theScroller的连接

图11-13 执行效果

11.2.3 实战演练——使用 UIScrollView 控件（基于 Swift 实现）

在本节的内容中，将通过一个具体实例的实现过程，详细讲解基于Swift语言使用UIScrollView控件的过程。

实例11-8	使用UIScrollView控件
源码与视频路径	光盘:\daima\11\UIScrollView

（1）打开Xcode 6.1，然后新创建一个名为“UIScrollView-Sample”的工程，工程的最终目录结构如图11-14所示。

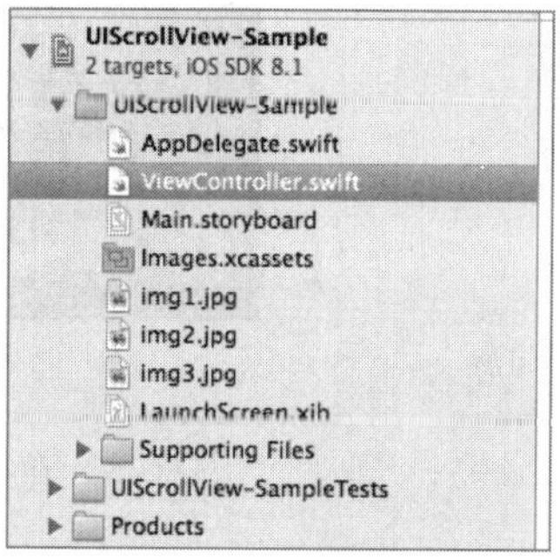

图11-14 工程的目录结构

（2）编写文件ViewController.swift，功能是在视图中追加显示指定位置的3幅图像，使用UIScrollView控件来滚动显示展示的图片。文件ViewController.swift的主要实现代码如下所示。

```
import UIKit

class ViewController: UIViewController {

    override func viewDidLoad() {
        super.viewDidLoad()

        //设置UIImage的素材位置
        let img1 = UIImage(named:"img1.jpg");
        let img2 = UIImage(named:"img2.jpg");
        let img3 = UIImage(named:"img3.jpg");

        //UIImageView中添加图像
        let imageView1 = UIImageView(image:img1)
        let imageView2 = UIImageView(image:img2)
        let imageView3 = UIImageView(image:img3)

        //UIScrollView滚动
        let scrView = UIScrollView()

        //表示位置
        scrView.frame = CGRectMake(50, 50, 240, 240)

        //所有视图大小
        scrView.contentSize = CGSizeMake(240*3, 240)

        //UIImageView坐标位置
```

```
        imageView1.frame = CGRectMake(0, 0, 240, 240)
        imageView2.frame = CGRectMake(240, 0, 240, 240)
        imageView3.frame = CGRectMake(480, 0, 240, 240)


        //在view中追加图像
        self.view.addSubview(scrView)
        scrView.addSubview(imageView1)
        scrView.addSubview(imageView2)
        scrView.addSubview(imageView3)

        // 设置图像边界
        scrView.pagingEnabled = true

        //设置scroll画面的初期位置
        scrView.contentOffset = CGPointMake(0, 0);

    }
    override func didReceiveMemoryWarning() {
        super.didReceiveMemoryWarning()
    }
}
```

执行后将在屏幕中显示指定位置的图像，效果如图11-15所示。

左右触摸屏幕中的图像时，会展示另外的素材图片，如图11-16所示。

图11-15　执行效果

图11-16　显示另外的图片

11.3 实战演练——联合使用开关、分段控件和 Web 视图控件

在本节将通过一个演示实例的实现过程，来讲解联合使用Web视图、分段和开关控件的方法。本演示项目的功能是获取FloraPhotographs.com的花朵照片和花朵信息。该应用程序让用户轻按分段控件（ljLSegmentedControll）中的一种花朵颜色，然后从网站FloraPhotographs.com取回一朵这样颜色的花朵，并在Web视图中显示它，随后用户可以使用开关UISwitch来显示和隐藏另一个视图，该视图包含有关该花朵的详细信息。最后，一个标准按钮（UIButton）让用户能够从网站取回另一张当前选定颜色的花朵照片。

实例11-9	联合使用开关、分段控件和Web视图控件
源码与视频路径	光盘:\daima\11\lianhe

11.3.1 创建项目

（1）启动Xcode，然后在左侧导航选择第一项“Create a new Xcode project”，如图11-17所示。

（2）在弹出的新界面中选择项目类型和模板。在New Project窗口的左侧，确保选择了项目类型iOS中的Application，在右边的列表中选择Single View Application，再单击“Next”按钮，如图11-18所示。

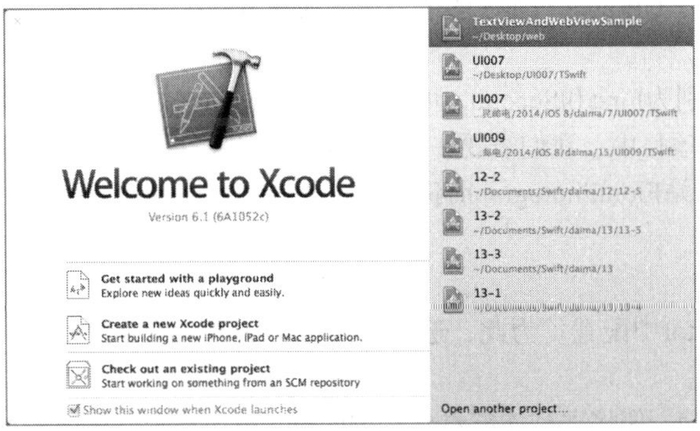

图11-17 新创建一个 Xcode工程

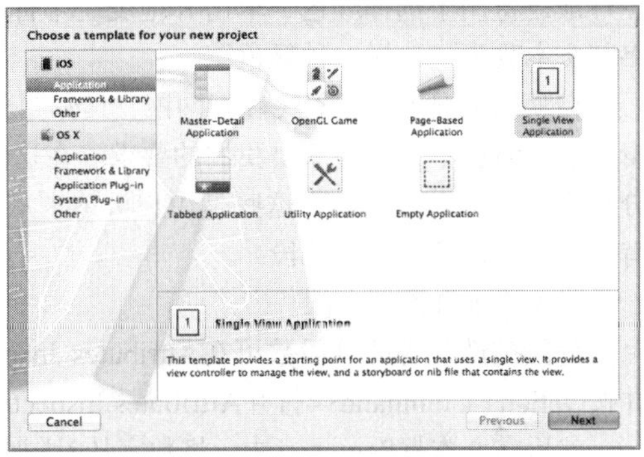

图11-18 选择Single View Application

（3）在Product Name文本框中输入“lianhe”，然后设置公司标识符。保留文本框Class Prefix为空，并确保从下拉列表Device Family中选择了iPhone或iPad，笔者在此选择的是iPhone，然后确保选中了复选框Use Storyboard和Use Automatic Reference Counting，但没有选中复选框Include Unit Tests，如图11-19所示。然后，单击“Next”按钮。

（4）在Xcode提示时指定存储位置，再单击“Create”按钮创建项目。这将创建一个简单的应用程序结构，它包含一个应用程序委托、一个窗口、一个视图（在故事板场景中定义的）和一个视图控制器。几秒钟后，项目窗口将打开。同以前一样，这里的重点也是视图（已包含在MainStoryboard.storyboard中）和视图控制器类ViewController，如图11-20所示。

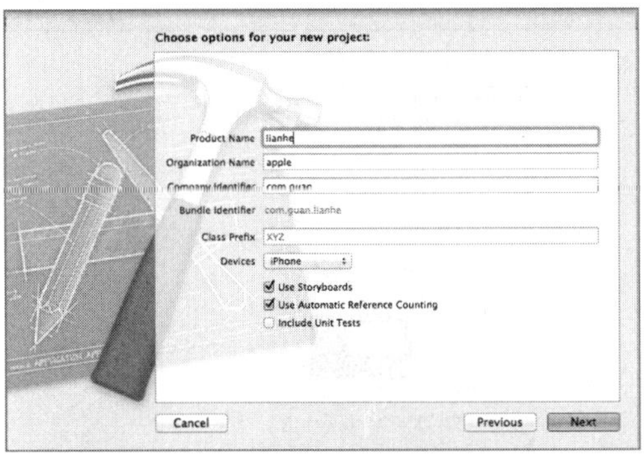

图11-19 指定应用程序的名称和目标设备

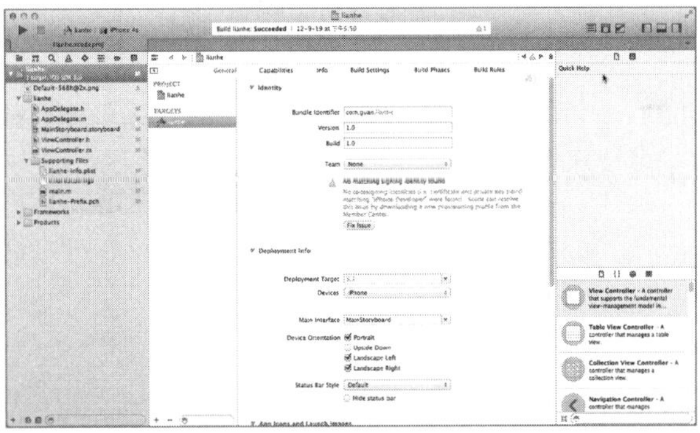

图11-20 新创建的工程

要创建这个基于Web的图像查看器，需要3个输出口和两个操作。分段控件将被连接到一个名为colorChoice的输出口，因为我们将使用它来确定用户选择的颜色。包含花朵图像的Web视图将连接到输出口flowerView，而包含详细信息的Web视图将连接到输出口 flowerDetailView。

应用程序必须使用操作来完成两项工作：获取并显示一幅花朵图像以及“显示/隐藏”有关花朵的详细信息，其中前者将通过操作getFlower来完成，而后者将使用操作toggleFlowerDetail来处理。

11.3.2 设计界面

首先需要为设计UI配置好Xcode工作区：选择MainStoryboard.storyboard，在Interface Builder编辑器中打开它。

1．添加分段控件

要在用户界面中添加分段控件，需要依次选择菜单View>Utilities>Object Library打开对象库，找到分段控件对象（UISegmentedControl），并将其拖曳到视图中。将它放在视图顶部附近并居中。由于该控件最终将用于选择颜色，单击并拖曳一个标签（UILabel）到视图中，将其放在分段控件的上方，并将其文本改为“选择一种颜色”。

在默认情况下，分段控件有两段，其标题分别为First和Second。可双击这些标题并在视图中直接编辑它们，但这不太能够满足我们的要求。在这个项目中，我们需要一个有4段的分段控件，每段的文本分别为红、绿、黄和蓝，这些是用户可请求从网站FloraPhotographs获取的花朵颜色。显然，要提供所有这些选项，还需添加几段。

（1）添加并配置分段

分段控件包含的分段数可在Attributes Inspector中配置。为此，选择您添加到视图中的分段控件，并按Option+ Command+4打开Attributes Inspector。

然后在文本框Segments中，将数字从2增加到4，您将立刻能够看到新增的段。在该检查器中，文本框Segments下方有一个下拉列表，从中可选择每个段。您可通过该下拉列表选择一段，再在Title文本框中指定其标题。我们还可以添加图像资源，并指定每段显示的图像。

（2）指定分段控件的外观

在Attributes Inspector中，除颜色和其他属性外，还有4个指定分段控件样式的选项，在属性下拉列表Style中选择Plain、Bordered、Bar或Bezeled。

就这个项目而言，您可根据自己的喜好选择任何一种样式，但我选择的是Plain。现在，分段控件包含表示所有颜色的标题，还有一个配套标签帮助用户了解其用途。

（3）调整分段控件的大小

分段控件的外观在视图中很可能不合适。为使其大小更合适，可使用控件周围的手柄放大或缩小它。另外，还可使用Size Inspector（Option+ Command+5）中的Width选项调整每段的宽度，如图11-21所示。

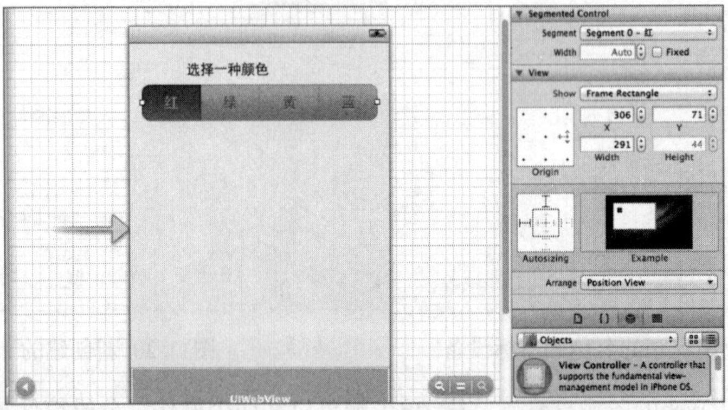

图11-21　使用Size Inspector调整每个分段的宽度

2．添加开关

接下来要添加的UI元素是开关（UISwitch）。本实例中的开关的功能是，显示和隐藏包含花朵详细信息的Web视图（flowerDetailView）。为了添加这个开关，需要从Library将开关（UISwitch）拖放到视图中，并将它放在屏幕的右边缘，并位于分段控件下方。

与分段控件一样，通过一个屏幕标签提供基本的使用指南很有帮助。为此，将一个标签（UILabel）拖曳到视图中，并将其放在开关左边，再将其文本改为“Show Photo Details:”。此时的开关只有两个选项：默认状态是开还是关。通常我们加入视图中的开关的默认状态为ON，但是，如果想将其默认状态设置为OFF，需要修改这个默认状态，选择开关并按Option+ Command+4打开Attributes Inspector，再使用下拉列表State将默认状态改为OFF。到此为止，就完成了开关的设置工作。

3．添加Web视图

本实例依赖于如下两个Web视图。

- 一个显示花朵图像。
- 另一个显示有关花朵的详细信息（可显示/隐藏它）。包含详细信息的Web视图将显示在图像上面，因此首先添加主Web视图flowerView。

要在本实例中添加Web视图（UIWebView），在对象库中找到它并拖曳到视图中。Web视图将显示一个可调整大小的矩形，我们可以通过拖曳的方式将其放到任何地方。由于这是将在其中显示花朵图像的Web视图，因此将其上边缘放在屏幕中央附近，再调整大小，使其宽度与设备屏幕相同，且完全覆盖视图的下半部分。

重复上述操作，添加另一个用于显示花朵详细信息的Web视图（flowerDetailView），但将其高度调整为大约0.5英寸，将其放在屏幕底部并位于flowerView的上面，如图11-22所示。

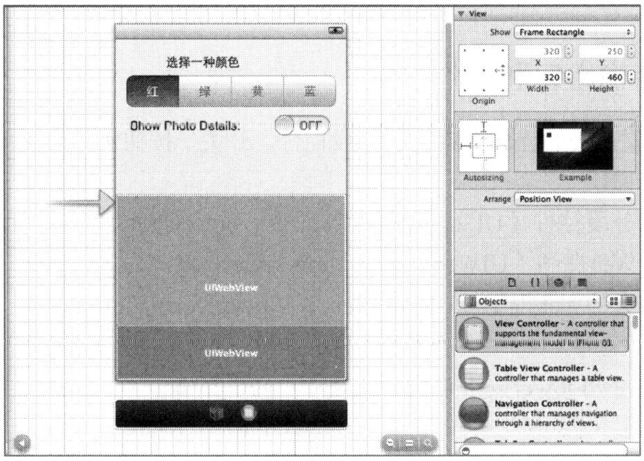

图11-22 在视图中添加两个Web视图（UIWebView）

此时可以在文档大纲区域拖曳对象，以调整堆叠顺序。元素离层次结构顶部越近，就越排在后面。

此时只可以配置很少的Web视图属性，要想访问Web视图的属性，需要先选择添加的Web视图之一，再按Option+ Command+4打开Attributes Inspector，如图11-23所示。

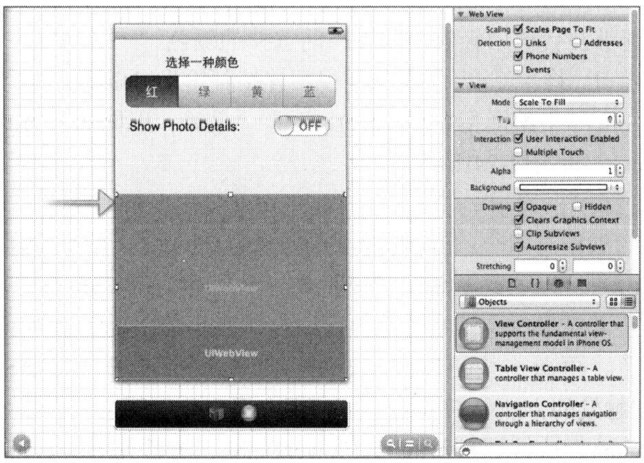

图11-23 配置Web视图的行为

在此有两类复选框可供选择：Scaling（缩放）和Detection（检测），其中检测类复选框包括Phone Number（电话号码）、Address（地址）、Events（事件）和Link（链接）。如果选中了复选框Scales Page to Fit，大网页将缩小到与您定义的区域匹配；如果选中了检测类复选框，iOS数据检测器将发挥作用，给它认为是电话号码、地址、日期或Web链接的内容添加下划线。

对于Web视图flowerView，肯定希望图像缩放到适合它。因此，选择该Web视图，并在Attributes Inspector中选中复选框Scales Page to Fit。

对于第二个Web视图，我们不希望使用这种设置，因此选择应用程序中显示花朵详细信息的Web视图，并使用Attributes Inspector确保不会进行缩放。另外，您可能还想修改该Web视图的属性，使其Alpha值大约为0.65。这样，在照片上面显示详细信息时，将生成漂亮的透明效果。

4．完成界面设计

现在，该界面只缺少一个按钮（UIButton），它让用户能够随时手工触发getFlower方法。如果没有该按钮，则在需要看到新花朵图像时，用户必须使用分段控件切换颜色。该按钮只是触发一个操作（getFlower），只需拖放一个按钮到视图中，并将它放在屏幕中央（Web视图上方），将该按钮的标题改为“获取图片”。

11.3.3 创建并连接输出口和操作

在这个项目中，需要连接的界面元素有：分段控件、开关、按钮和Web视图。需要的输出口包括如下3项。

- 用于指定颜色的分段控件（UISegmentedControl）：colorChoice。
- 显示花朵本身的Web视图（UIWebView）：flowerView。
- 显示花朵详细信息的Web视图（UIWebView）：flowerDetailView。

需要的操作包括如下两项。

- 在用户单击Get New Flower按钮时获取新花朵：getFlower。
- 根据开关的设置显示/隐藏花朵详细信息：toggleFlowerDetail。

接下来开始准备好工作区，要确保选择了MainStoryboard.storyboard后再打开助手编辑器。如果空间不够，隐藏项目导航器和文档大纲区域。这里假定您熟悉该流程，因此从现在开始，将快速介绍连接的创建。毕竟这不过是单击、拖曳并连接而已。

1．添加输出口

首先按住Control键，并从用于选择颜色的分段控件拖曳到文件ViewController.h中编译指令@interface的下方。在Xcode提示时，将连接类型设置为输出口，将名称设置为colorChoice，保留其他设置为默认值。这让我们能够在代码中轻松地获悉当前选择的颜色。

继续生成其他的输出口。将主（较大的）Web视图连接到输出口flowerView，方法是按住Control键，并将它拖曳到ViewController.h中编译指令@property下方。最后，以同样的方式将第二个Web视图连接到输出口flowerDetailView，如图11-24所示。

2．添加操作

此应用程序UI触发的操作有两个：toggleFlowerDetailgetFlower，用于“隐藏/显示”花朵的详细信息；标准按钮触发getFlower，以加载新图像。很简单，不是吗？确实如此，但有时除了用户可能执行的显而易见的操作外，还需要考虑它们在使用界面时期望发生的情况。在本实例中，用户能够立即意识到他们可选 一种颜色，再单击按钮以显示这种颜色的花朵。通过将UISegmentedControl的Value Changed事件连接到按钮触发的方法getFlower，可实现在用户选择颜色后立即显示新花朵的功能。

首先将开关（UISwitch）连接到操作toggleFlowerDetail，方法是按住Control键，并从开关拖曳到ViewController.h中编译指令@property下方。这样可以确保操作由事件Value Changed 触发，如图11-25所示。

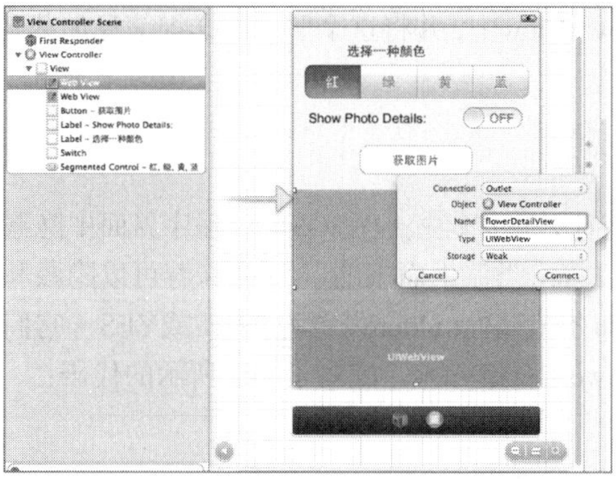

图11-24 将Web视图连接到合适的输出口

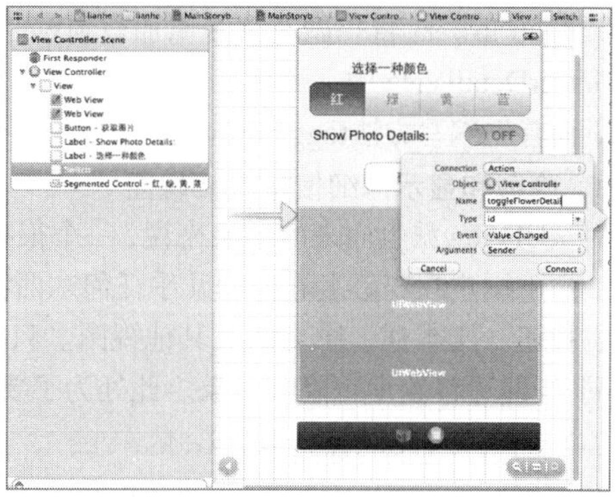

图11-25 并将事件指定为ValueChanged

接下来，按住Control键，从按钮拖曳到刚创建的IBAction代码行下方。在Xcode提示时配置一个新的操作getFlower，并将触发事件指定为Touch Up Inside。最后还需要将分段控件（UISegjnentedControl）连接到新添加的操作getFlower，并将触发事件指定为Value Changed，这样用户只需选择颜色就将加载新的花朵图像。

为此，切换到标准编辑器，并确保文档大纲区域可见（选择菜单Editor>Show Document Outline）。选择分段控件，并按Option+ Command+6（或选择菜单View>Utilities>Connections Inspector）打开Connections Inspector。再从Value Changed旁边的圆圈拖曳到文档大纲区域中的View Control图标，如图11-26所示。然后松开鼠标键，并在Xcode提示时选择getFlower。这样将分段控件的Value Changed事件连接到了方法getFlower。

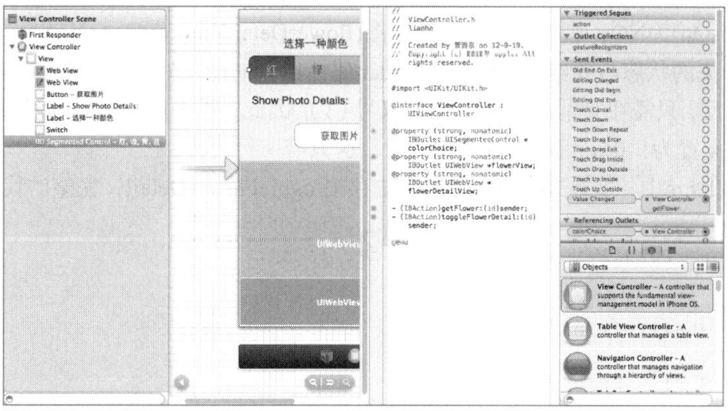

图11-26 Value Changed事件连接到getFlower方法

设计好界面并建立连接后，接口文件ViewController.h的代码如下所示：

```
#import <UIKit/UIKit.h>
@interface ViewController : UIViewController
@property (strong, nonatomic) IBOutlet UISegmentedControl *colorChoice;
@property (strong, nonatomic) IBOutlet UIWebView *flowerView;
@property (strong, nonatomic) IBOutlet UIWebView *flowerDetailView;
- (IBAction)getFlower:(id)sender;
- (IBAction)toggleFlowerDetail:(id)sender;
@end
```

11.3.4 实现应用程序逻辑

视图控制器需要通过两个操作方法实现以下两个功能。

（1）toggleflowerDetailView：判断开关的状态是开还是关，并显示或隐藏Web视图flowerDetailView。

（2）getFlower：将一副花朵图像加载到Web视图flowerView中，并将这个照片的详细信息加载到Web视图flowerDetailView中。

下面首先编写方法toggleFlowerDetail。

1．隐藏和显示详细信息Web视图

对从UIView派生而来的对象来说，一个很有用的特征是可以轻松地在iOS应用程序界面中隐藏或显示它。由于用户在屏幕上看到的几乎任何东西都是从UIView类派生而来的，这意味着可以隐藏和显示标签、按钮、文本框、图像以及其他视图。只需将其布尔值属性hidden设置为TRUE或YES（它们的含义相同），即可设置是否隐藏对象。此处为了要隐藏flowerDetailView，编写了如下所示的代码：

```
self.flowerDetailView.hidden=YES;
```

要想重新显示它，只需执行相反的操作，即将hidden属性设置为FALSE或NO：

```
self.flowerDetailView. hidden=NO;
```

要实现方法toggleFlowerDetail，需要确定开关的当前状态。可以通过方法isOn来检查开关的状态，如果开关的状态为开，则该方法将返回TRUE/YES，否则将返回FALSE/NO。由于没有创建与开关对应的输出口，因此将在方法中使用变量sender来访问它。当操作方法toggleFlowerDetail被调用时，该变量被设置为一个这样的引用，即指向触发操作的对象，也就是开关。要检查开关的状态是否为开，可编写如下代码：

```
if([sender isOn]){<switch is on>}else{<switch is off>}
```

接下来需要根据一个布尔值决定隐藏还是显示flowerDetailView，而这个布尔值是从开关的isOn方法返回的。这可转换为如下两个条件。

- 如果[sedn isOn]为YES，则应显示该Web视图(flowerDetailView.hidden=NO)。
- 如果[sedn isOn]为NO，则应隐藏该Web视图(flowerDetailView.hidden=YES)。

换句话说，开关的状态与要给Web视图的hidden属性设置的值正好相反。在C语言（和Objective-C）中，要对布尔值取反，只需在它前面加上一个惊叹号（!）。因此，要决定显示还是隐藏flowerDetailView，只需将hidden属性设置为！[send isOn]。仅此而已，这只需一行代码！

在ViewController.m中，实现Xcode添加的方法存根toggleFlowerDetail，完整的代码如下所示：

```
- (IBAction)toggleFlowerDetail:(id)sender {
    self.flowerDetailView.hidden=![sender isOn];
   /*
     if ([sender isOn]) {
     flowerDetailView.hidden=NO;
     } else {
     flowerDetailView.hidden=YES;
     }
     */
 }
```

2．加载并显示花朵图像和详细信息

为取回花朵图像，需要利用FloraPhotographs专门提供的一项功能。为与该网站交互，需要采取如下4个步骤来完成。

（1）从分段控件获取选定的颜色。

（2）生成一个被称为会话ID的随机数，让FloraPhotographs.com能够跟踪我们的请求。

（3）请求URL http://www.floraphotographs.com/showrandomios.php?color<color> &session=<session ID>，其中<color>和<session ID>分别是选定颜色和生成的随机数，这个URL将返回一张花朵照片。

（4）请求URL http：//www.floraphotographs.com/detailios.php?session=<session ID>，其中<session ID>是第3步使用的随机数。该URL将返回前一步请求的花朵照片的详细信息。

下面来看看实现这些功能的代码，具体代码如下所示：

```
- (IBAction)getFlower:(id)sender {
```

```
    NSURL *imageURL;
    NSURL *detailURL;
    NSString *imageURLString;
    NSString *detailURLString;
    NSString *color;
    int sessionID;

    color=[self.colorChoice titleForSegmentAtIndex:
           self.colorChoice.selectedSegmentIndex];
    sessionID=random()%50000;

    imageURLString=[[NSString alloc] initWithFormat:

  @"http://www.floraphotographs.com/showrandomios.php?color= %@&session=%d"
                   ,color,sessionID];
    detailURLString=[[NSString alloc] initWithFormat:
                    @"http://www.floraphotographs.com/detailios.php?session=%d"
                    ,sessionID];

    imageURL=[[NSURL alloc] initWithString:imageURLString];
    detailURL=[[NSURL alloc] initWithString:detailURLString];

    [self.flowerView loadRequest:[NSURLRequest requestWithURL:imageURL]];
    [self.flowerDetailView loadRequest:[NSURLRequest requestWithURL:detailURL]];

    self.flowerDetailView.backgroundColor=[UIColor clearColor];
}
```

上述代码的具体实现流程如下所示。

（1）首先声明了为了向网站发出请求所需要的变量，前两个变量imageURL 和detailURL是NSURL实例，包含将被加载到Web视图nowerView nowerDetai1View中的UI 。为了创建这些NSURL对象，需要两个字符串：-imageURLString和detailURLString，我们将使用前面介绍的URL（其中包括color和sessionID的值）设置这两个字符串的格式。

（2）然后获取分段控件实例colorChoice中选定分段的标题。使用了此对象的实例方法tiffleForSegmentAtIndex 和属性selectedSegmentIndex 。将[colorChoice titleFor SegmentAtIndex:colorChoice.selectedSegmentIndex]的结果存储在字符串color中，以便在web请求中使用。

（3）然后生成一个0 ~ 49999的随机数，并将其存储在整型变量sessionID中。

（4）然后让imageURLString和detailURLString包含我们将请求的URL。首先给这些字符串对象分配内存，然后使用initWithFormat方法来合并网站地址以及颜色和会话ID。为了使用颜色和会话ID替换字符串中相应的内容，使用了分别用于字符串和整数的格式化占位符%@和%d。

（5）给NSURL对象imageURL和detailURL分配内存，并使用类方法initWithString和两个字符串（imageURLString和detailURLString）初始化它们。

（6）使用Web视图flowerView和flowerDetailView的方法loadRequest加载NSURL imageURL和detailURL。这些代码行执行时，将更新两个Web视图的内容。

（7）最后进一步优化了该应用程序。这行代码将Web视图flowerDetailView的背景设置为 一种名为clearColor的特殊颜色，这与前面设置的Alpha通道值一起赋予图像上面的详细信息以漂亮的透明外观。要了解有何不同，可将这行代码注释掉或删除。

3．修复应用程序加载时的界面问题

实现方法getFlower后，便可运行应用程序，且应用程序的一切都将正常工作，只是应用程序启动时，两个Web视图是空的，且显示了详细信息视图，虽然开关被设置为OFF。

为修复这种问题，可在应用程序启动后立刻加载一幅图像，并将flowerDetailView.hidden设置为YES。所以将视图控制器的viewDidLoad改为如下所示的代码：

```
- (void)viewDidLoad
{
    self.flowerDetailView.hidden=YES;
```

```
    [self getFlower:nil];
    [super viewDidLoad];
}
```

正如我们预期的，self.flowerDetailView.hidden=YES将隐藏详细信息视图。通过使用[self getFlower:nil]，可在视图控制器（被称为self）中调用getFlower:，并将一幅花朵图像加载到Web视图中。方法getFlower:接受一个参数，因此向它传递nil，就像前一章所做的那样（在方法getFlower:中没有使用这个值，因此提供参数nil不会导致任何问题）。

11.3.5 生成应用程序

在Xcode中单击按钮“Run”，运行后会发现可以缩放Web视图并使用手指进行滚动。执行效果如图11-27所示。

图11-27 执行效果

11.4 翻页控件（UIPageControl）

在开发iOS应用程序的过程中，经常需要翻页功能来显示内容过多的界面，其目的和滚动控件类似。iOS应用程序中的翻页控件是PageControll，在本节的内容中，将详细讲解PageControll控件的基本知识。

11.4.1 PageControll 控件基础

UIPageControl控件在iOS应用程序中出现的比较频繁，尤其在和UIScrollView配合来显示大量数据时，会使用它来控制UIScrollView的翻页。在滚动ScrollView时可通过PageControl中的小白点来观察当前页面的位置，也可通过单击PageContrll中的小白点来滚动到指定的页面，如图11-28中的小白点。

图11-28 小白点

如图11-28中所示的曲线图和表格便是由ScrollView加载两个控件（UIWebView 和 UITableView）实用其翻页属性实现的页面滚动。而PageControll但当配合角色，页面滚动小白点会跟着变化位置，而单击小白点ScrollView会滚动到指定的页面。

其实分页控件是一种用来取代导航栏的可见指示器，方便手势直接翻页，最典型的应用便是iPhone的主屏幕，当图标过多会自动增加页面，在屏幕底部你会看到原点，用来只是当前页面，并且会随着翻页自动更新。

1．创建

创建UIPageControl控件的代码如下所示：

```
UIPageControl* myPageControl = [[UIPageControl alloc]initWithFrame:CGRectMake(0.0,
400.0, 320.0, 0.0)];
```

2．设置属性

页面数目：

```
myPageControl.numberOfPages =5;
```

默认第一页会被选中，如果要选择其他页，可以设置currentPage属性，页面索引从0开始。例如：

```
myPageControl.currentPage =3;// 当前页数，第四页
```

在默认情况下，即使只有一个页面，指示器也会显示进来。如果要在仅有一个页面的情况下隐藏指示器，可以将hideForSinglePage的值设为YES：

```
myPageControl.hidesForSinglePage=YES;
```

如果希望直到有时间执行完你的操作之后，才更新当前指示器当前指示页，可以将defersCurrentPageDisPlay设为YES。但是，此时必须调用控件的 updateCurentPageDisPlay 来更新当前页：

```
myPageControl.defersCurrentPageDisplay = YES;
        [myPageControl updateCurrentPageDisplay];
```

3. 显示控件

```
[self.view addSubview:myPageControl];
```

4. 通知

当用户点触分页控件时，会产生一个 UIControlEventVakueChanged 事件。可以用类UIControl中的addTarget方法为其指定一个动作，例如下面的代码：

```
-(void)pageChanged:(id)sender{
    UIPageControl* control = (UIPageControl*)sender;
    NSInteger page = control.currentPage;
    //添加你要处理的代码
}
[myPageControl addTarget:self action:@selector(pageChanged:) forControlEvents:
UIControlEventValueChanged];
```

11.4.2 实战演练——联合使用 UIPageControl 控件和 UIScrollView 控件（基于 Swift 实现）

在本节的内容中，将通过一个具体实例的实现过程，详细讲解基于Swift语言联合使用UIPageControl和UIScrollView控件的过程。

实例11-10	联合使用UIPageControl控件和UIScrollView控件
源码与视频路径	光盘:\daima\11\Swift-demo

（1）打开Xcode 6.1，然后新创建一个名为“MyFirstSwiftTest”的工程，工程的最终目录结构如图11-29所示。

（2）编写文件ViewController.swift，本实例是一个综合实例，分别演示了UIPageControl、UIWebView、UIScrollView、UITableView、UIButton和UILabel等控件的基本用法，在主视图中列表显示了上述控件的名称，并监听用户单击触摸列表的选项，根据触摸选项来到第二个界面显示上述单个控件的用法。文件ViewController.swift的具体实现在本章前面的实例11-6中进行了讲解，在此不再详细剖析。主界面ViewController.swift执行后将列表显示几个常用的控件名，如图11-30所示。

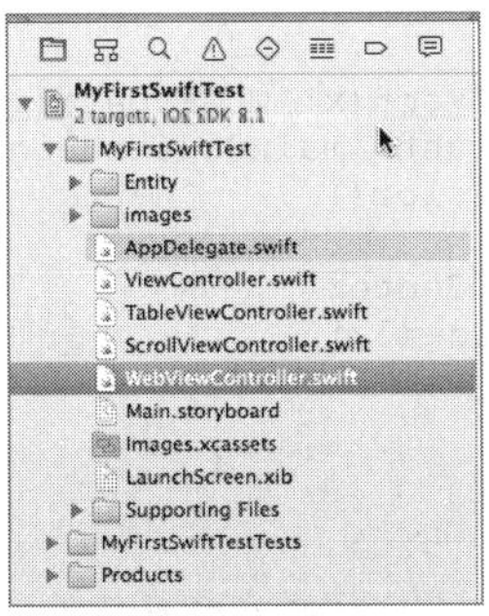

图11-29 工程的目录结构

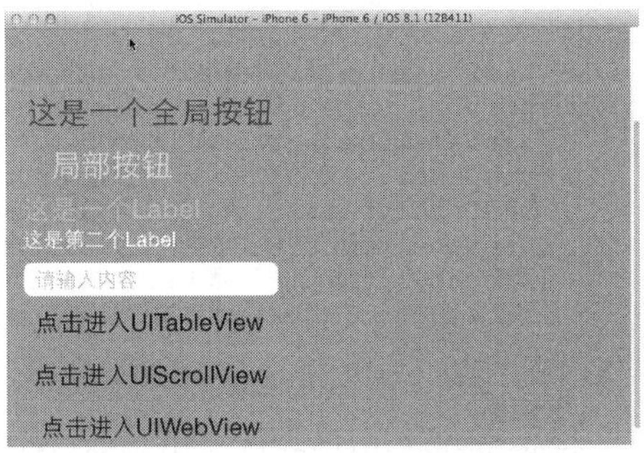

图11-30 主界面列表视图

（3）文件ScrollViewController.swift功能是，当单击条目中的UIScrollView控件名称时，会在新界面中演示这个控件的功能，并且同时展示了UIPageControl控件的基本用法。文件ScrollViewController.swift的主要实现代码如下所示：

```
import UIKit
class ScrollViewController: UIViewController,UIScrollViewDelegate {
    var slideArray:NSArray!
    var pageControl :UIPageControl!
    var labelScrollView:UIScrollView!

    var mainScreenWidthUse:CGFloat = 0
    var mainScreenHeightUse:CGFloat = 0

    override func viewDidLoad() {
        super.viewDidLoad()
        self.title = "滚动页面UIScrollView"
        self.view.backgroundColor = UIColor.whiteColor()
        // Do any additional setup after loading the view.

        slideArray = ["1","2","3","4","5"]

        let mainScreenWidth = self.view.frame.size.width
        mainScreenWidthUse = mainScreenWidth
        let mainScreenHeight = self.view.frame.size.height
        mainScreenHeightUse = mainScreenHeight

        //UIScrollView
        labelScrollView  = UIScrollView()
        labelScrollView.frame = self.view.frame
        labelScrollView.bounces = false
        labelScrollView.backgroundColor = UIColor.clearColor()
        labelScrollView.pagingEnabled = true
        //决定ScrollView第一页显示的内容
        labelScrollView.contentOffset = CGPoint(x: mainScreenWidthUse, y: 0)
        labelScrollView.contentSize = CGSize(width :(CGFloat)(slideArray.count+2) *
        mainScreenWidth, height :mainScreenHeight-100)
        labelScrollView.showsHorizontalScrollIndicator = false
        labelScrollView.showsVerticalScrollIndicator = false
        labelScrollView.delegate = self
        self.view.addSubview(labelScrollView)

        //为了实现循环滚动
        //最后一页
        var startLabel:UILabel! = UILabel(frame: CGRect(x: 0, y: 0, width:
        mainScreenWidth, height: mainScreenHeight))
        startLabel.backgroundColor = UIColor.clearColor()
        startLabel.textColor = UIColor.blackColor()
        startLabel.textAlignment = NSTextAlignment.Center
        startLabel.font = UIFont.boldSystemFontOfSize(32)
        startLabel.text = "第\(slideArray.objectAtIndex(slideArray.count-1))页"
        labelScrollView.addSubview(startLabel)

        for var i=0;i<slideArray.count;i++
        {
            var useLabel:UILabel! = UILabel(frame: CGRect(x: (CGFloat)(i +
1)*mainScreenWidth, y: 0, width: mainScreenWidth, height: mainScreenHeight))
            useLabel.backgroundColor = UIColor.clearColor()
            useLabel.textColor = UIColor.blackColor()
            useLabel.textAlignment = NSTextAlignment.Center
            useLabel.font = UIFont.boldSystemFontOfSize(32)
            useLabel.text = "第\(slideArray.objectAtIndex(i))页"
            labelScrollView.addSubview(useLabel)
        }

        //第一页
        var endLabel:UILabel! = UILabel(frame: CGRect(x: (CGFloat)(slideArray.count +
1)*mainScreenWidth, y: 0, width: mainScreenWidth, height: mainScreenHeight))
```

```
        endLabel.backgroundColor = UIColor.clearColor()
        endLabel.textColor = UIColor.blackColor()
        endLabel.textAlignment = NSTextAlignment.Center
        endLabel.font = UIFont.boldSystemFontOfSize(32)
        endLabel.text = "第\(slideArray.objectAtIndex(0))页"
        labelScrollView.addSubview(endLabel)

        //UIPageControl
        pageControl = UIPageControl()
        pageControl.frame = CGRect(x: 0, y: mainScreenHeight-100, width:
        mainScreenWidth, height: 20)
        pageControl.pageIndicatorTintColor = UIColor.redColor()
        pageControl.currentPageIndicatorTintColor = UIColor.blackColor()
        pageControl.numberOfPages = slideArray.count
        pageControl.addTarget(self, action: Selector("pageControlAction"),
        forControlEvents: UIControlEvents.TouchUpInside)
        self.view.addSubview(pageControl)

    }

    //单击pagecontrol响应事件
    func pageControlAction(){
        var page:Int = pageControl.currentPage
        labelScrollView.setContentOffset(CGPoint(x:
mainScreenWidthUse*(CGFloat)(page+1), y: 0), animated: true)
    }

    //UIScrollViewDelegate
    func scrollViewDidEndDecelerating(scrollView: UIScrollView)
    {
        //当前页
        var currentPage = Int(labelScrollView.contentOffset.x/mainScreenWidthUse)

//        var currentPage = Int((labelScrollView.contentOffset.x - mainScreenWidthUse
/ ( CGFloat(slideArray.count) + 2)) / mainScreenWidthUse + 1)

        if (currentPage == 0)
        {
            labelScrollView.scrollRectToVisible(CGRect(x: mainScreenWidthUse *
CGFloat(slideArray.count), y: 0, width: mainScreenWidthUse, height:
mainScreenHeightUse), animated: false)
        }
        else if (currentPage == slideArray.count + 1)
        {
            labelScrollView.scrollRectToVisible(CGRect(x: mainScreenWidthUse, y: 0,
width: mainScreenWidthUse, height: mainScreenHeightUse), animated: false)
        }

    }

    func scrollViewDidScroll(scrollView: UIScrollView) {
        var page:Int = Int(labelScrollView.contentOffset.x/mainScreenWidthUse)-1
        pageControl.currentPage = page;
    }

    override func didReceiveMemoryWarning() {
        super.didReceiveMemoryWarning()
        // Dispose of any resources that can be recreated.
    }
}
```

到此为止，整个实例介绍完毕。单击UI主界面中“UIScrollView”列表项后的执行效果如图11-31所示。

图11-31 执行效果

第 12 章 提醒和操作表

提醒处理在PC设备和移动收集设备中比较常见，通常是以对话框的形式出现的。通过提醒处理功能，可以实现各种类型的用户通知效果。在本章将介绍提醒和操作表两种提醒模式，为读者进入本书后面知识的学习打下基础。

12.1 提醒视图（UIAlertView）

iOS应用程序是以用户为中心的，这意味着它们通常不在后台执行功能或在没有界面的情况下运行。它们让用户能够处理数据、玩游戏、通信或执行众多其他的操作。当应用程序需要发出提醒、提供反馈或让用户做出决策时，它总是以相同的方式进行。Cocoa Touch通过各种对象和方法来引起用户注意，这包括UIAlertView和UIActionSheet。这些控件不同于本书前面介绍的其他对象，需要使用代码来创建它们。

12.1.1 UIAlertView 基础

有时候，当应用程序运行时需要将发生的变化告知用户。例如，发生内部错误事件（如可用内存太少或网络连接断开）或长时间运行的操作结束时，仅调整当前视图是不够的。为此，可使用UIAlertView类。

图12-1 典型的提醒视图

UIAlertView类可以创建一个简单的模态提醒窗口，其中包含一条消息和几个按钮，还可能有普通文本框和密码文本框，如图12-1所示。

在iOS应用中，模态UI元素要求用户必须与之交互（通常是按下按钮）后才能做其他事情。它们通常位于其他窗口前面，在可见时禁止用户与其他任何界面元素交互。

要实现提醒视图，需要声明一个UIAlertView对象，再初始化并显示它。其中最简单的用法如下所示：

```
UIAlertView*alert = [[UIAlertView alloc]initWithTitle:@"提示"
                         message:@"这是一个简单的警告框！"
                         delegate:nil
                            cancelButtonTitle:@"确定"
                            otherButtonTitles:nil];

[alert show];
[alert release];
```

上述代码的执行效果如图12-1所示。除此之外，我们可以为UIAlertView添加多个按钮，例如下面的代码：

```
UIAlertView*alert = [[UIAlertView alloc]initWithTitle:@"提示"
                                          message:@"请选择一个按钮："
                                          delegate:nil
                                          cancelButtonTitle:@"取消"
                                          otherButtonTitles:@"按钮一", @"按钮二", @"按钮
三",nil];
[alert show];
[alert release];
```

上述代码的执行效果如图12-2所示。

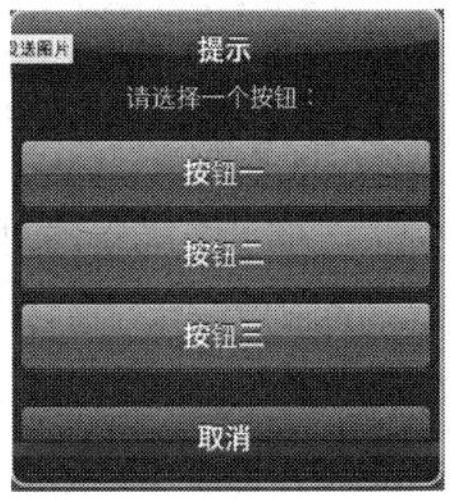

图12-2 执行效果

在图12-2中，究竟应该如何判断用户单击的是哪一个按钮呢？在UIAlertView中有一个委托UIAlertViewDelegate，通过继承该委托的方法可以实现单击事件处理。例如下面的头文件代码：

```
@interface MyAlertViewViewController : UIViewController
<UIAlertViewDelegate> {
}
- (void)alertView:(UIAlertView *)alertView
clickedButtonAtIndex:(NSInteger)buttonIndex;
-(IBAction) buttonPressed;
@end
```

对应的源文件代码如下所示：

```
-(IBAction) buttonPressed
{
UIAlertView*alert = [[UIAlertView alloc]initWithTitle:@"提示"
                                        message:@"请选择一个按钮: "
                                        delegate:self
                                        cancelButtonTitle:@"取消"
                                        otherButtonTitles:@"按钮一", @"按钮二", @"按钮
三",nil];
[alert show];
[alert release];
}
- (void)alertView:(UIAlertView *)alertView
clickedButtonAtIndex:(NSInteger)buttonIndex
{
NSString* msg = [[NSString alloc] initWithFormat:@"您按下的第%d个按钮! ",buttonIndex];

UIAlertView* alert = [[UIAlertView alloc]initWithTitle:@"提示"
                                        message:msg
                                        delegate:nil
                                        cancelButtonTitle:@"确定"
                                        otherButtonTitles:nil];
[alert show];
[alert release];
[msg release];
}
```

执行后如果单击“取消”按钮，则“按钮一”、“按钮二”、“按钮三”的索引buttonIndex分别是0、1、2、3。

设置手动的取消对话框的代码如下所示：

```
[alertdismissWithClickedButtonIndex:0 animated:YES];
```

另外，也可以为UIAlertView添加子视图。在为UIAlertView对象添加子视图的过程中，有一点需要特别注意：如果删除按钮，也就是取消UIAlerView视图中所有的按钮的时候，可能会导致整个显示结构失衡。按钮占用的空间不会消失，我们也可以理解为这些按钮没有真正删除，仅仅是其不可见了而已。如果在UIAlertView对象中仅用来显示文本，那么，在消息的开头添加换行符（@"\n）有助于平衡按钮底部和顶部的空间。

例如下面的代码演示了如何为UIAlertView对象添加子视图的方法：

```
UIAlertView*alert = [[UIAlertView alloc]initWithTitle:@"请等待"
                                        message:nil
                                        delegate:nil
                                        cancelButtonTitle:nil
                                        otherButtonTitles:nil];
[alert show];
UIActivityIndicatorView*activeView = [[UIActivityIndicatorView
alloc]initWithActivityIndicatorStyle:UIActivityIndicatorViewStyleWhiteLarge];
activeView.center = CGPointMake(alert.bounds.size.width/2.0f,
alert.bounds.size.height-40.0f);
```

```
[activeView startAnimating];
[alert addSubview:activeView];
[activeView release];
[alert release];
```

此时执行后的效果如图12-3所示。

图12-3　执行效果

在iOS应用中，UIAlertView默认情况下所有的text是居中对齐的。那如果需要将文本向左对齐或者添加其他控件（如输入框时）该怎么办呢？在iOS中有很多delegate消息供调用程序使用。所要做的就是在如下语句中按照自己的需要修改或添加即可：

```
- (void)willPresentAlertView:(UIAlertView *)alertView
```

比如需要将消息文本左对齐，通过下面的代码即可实现：

```
-(void) willPresentAlertView:(UIAlertView *)alertView
{
      for( UIView * view in alertView.subviews )
      {
            if( [view isKindOfClass:[UILabel class]] )
            {
                  UILabel* label = (UILabel*) view;
                  label.textAlignment=UITextAlignmentLeft;
            }
      }
}
```

图12-4　执行效果

此时执行后的效果如图12-4所示。

上述代码很简单，表示在消息框即将弹出时遍历所有消息框对象，将其文本对齐属性修改为UITextAlignmentLeft即可。

添加其他部件的方法也如出一辙，例如通过如下代码添加两个UITextField:

```
-(void) willPresentAlertView:(UIAlertView *)alertView
{
      CGRect frame = alertView.frame;
      frame.origin.y -= 120;
      frame.size.height += 80;
      alertView.frame = frame;

      for( UIView * viewin alertView.subviews )
      {
            if( ![viewisKindOfClass:[UILabelclass]] )
            {
                  CGRect btnFrame = view.frame;
                  btnFrame.origin.y += 70;

                  view.frame = btnFrame;
            }
}
UITextField* accoutName = [[UITextFieldalloc] init];
UITextField* accoutPassword = [[UITextFieldalloc] init];

accoutName.frame = CGRectMake( 10, frame.origin.y + 40,frame.size.width - 20, 30 );
accoutPassword.frame = CGRectMake( 10, frame.origin.y + 80,frame.size.width -20, 30 );

accoutName.placeholder = @"请输入账号";
accoutPassword.placeholder = @"请输入密码";
accoutPassword.secureTextEntry = YES;

[alertView addSubview:accoutPassword];
[alertView addSubview:accoutName];

[accoutName release];
[accoutPassword release];
}
```

显示将消息框固有的button和label移位，不然添加的text field会将其遮盖住。然后添加需要的部件到相应的位置即可。

对于UIActionSheet其实也是一样的，在 - (void)willPresentActionSheet:(UIActionSheet *)actionSheet中做同样的处理一样可以得到自己想要的界面。

12.1.2 不同的提醒效果

在接下来的内容中，将通过一段代码来演示如下两种提醒框效果：

- 只有OK的提示框；
- 有3个按钮的提示框。

具体代码如下所示。

```
//只有ok的提示框
- (IBAction)alert1:(id)sender {
    UIAlertView *alertView=[[UIAlertView alloc] initWithTitle:@"title" message:@"这里
是消息体。" delegate:self cancelButtonTitle:@"OK" otherButtonTitles:nil];
    [alertView show];
    [alertView release];
}

//有3个按钮的提示框
- (IBAction)alert2:(id)sender {
    //初始化AlertView
    UIAlertView *alert = [[UIAlertView alloc]initWithTitle:@"AlertViewTest"
                                                    message:@"message"
                                                   delegate:self
                                          cancelButtonTitle:@"Cancel"
                                          otherButtonTitles:@"OK",nil];
    alert.title = @"title";
    alert.message = @"消息体。";

    //这个属性继承自UIView，当一个视图中有多个AlertView时，可以用这个属性来区分
    alert.tag = 0;

    //只读属性，看AlertView是否可见
    NSLog(@"alert2:%d",alert.visible);

    //通过给定标题添加按钮
    [alert addButtonWithTitle:@"addButton"];

    //按钮总数
    NSLog(@"numberOfButtons:%d",alert.numberOfButtons);

    //获取指定索引的按钮的标题
    NSLog(@"buttonTitleAtIndex:%@",[alert buttonTitleAtIndex:2]);

    //获得取消按钮的索引
    NSLog(@"cancelButtonIndex:%d",alert.cancelButtonIndex);

    //获得第一个其他按钮的索引
    NSLog(@"firstOtherButtonIndex:%d",alert.firstOtherButtonIndex);

    //显示AlertView
    [alert show];

    [alert release];
}

//根据被单击按钮的索引处理单击事件
- (void)alertView:(UIAlertView *)alertView
clickedButtonAtIndex:(NSInteger)buttonIndex {
    NSLog(@"单击第:%d",buttonIndex);
}
```

```
//AlertView已经消失时
- (void)alertView:(UIAlertView *)alertView
didDismissWithButtonIndex:(NSInteger)buttonIndex {
    NSLog(@"alert消失.");
}
```

图12-5 执行效果

上述代码的执行效果如图12-5所示。

12.1.3 实战演练——实现一个自定义提醒对话框

在本节下面的内容中，将通过一个简单的实例来说明使用UIAlertView的方法。

实例12-1	实现一个自定义提醒对话框
源码与视频路径	光盘:\daima\12\AlertTest

（1）打开Xcode，创建一个名为“AlertTest”的“Single View Applicatiom”项目，如图12-6所示。

（2）设置创建项目的工程名，然后设置设备为“iPad”，如图12-7所示。

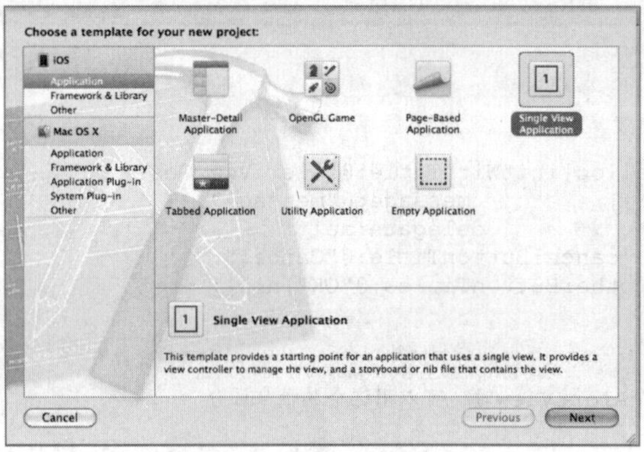

图12-6 创建Xcode项目

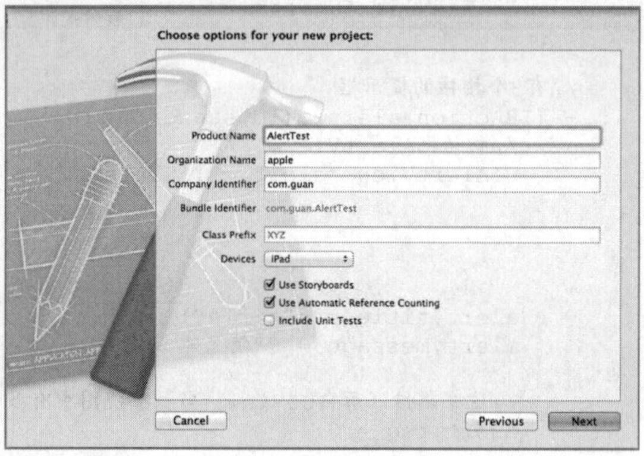

图12-7 设置设备

（3）设置一个界面，整个界面为空，效果如图12-8所示。

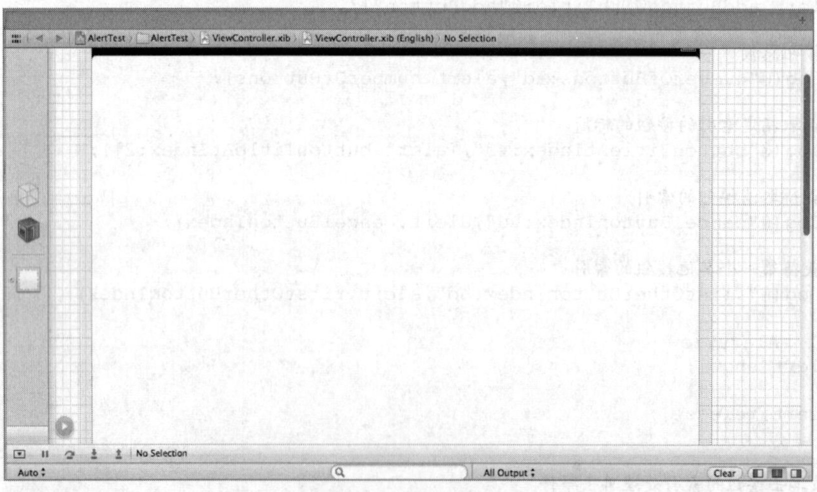

图12-8 UI界面

（4）准备一幅素材图片“puzzle_warning_bg”，如图12-9所示。

（5）文件ViewController.m的源码如下所示：

图12-9 素材图片

```
#import "ViewController.h"
@interface ViewController ()
@end
@implementation ViewController

- (void)viewDidLoad
{
    [super viewDidLoad];
   // Do any additional setup after loading the
view, typically from a nib.
    // Release any retained subviews of the main
view.
    UIButton *test = [UIButton
    buttonWithType:UIButtonTypeRoundedRect];
    [test setFrame:CGRectMake(200, 200, 200, 200)];
    [test setTitle:@"弹出窗口" forState:UIControlStateNormal];
    [test addTarget:self action:@selector(ButtonClicked:)
    forControlEvents:UIControlEventTouchUpInside];
    [self.view addSubview:test];
}

-(void) ButtonClicked:(id)sender
{
    UIButton *btn1 = [UIButton buttonWithType:UIButtonTypeCustom];
    [btn1 setImage:[UIImage imageNamed:@"puzzle_longbt_1.png"]
    forState:UIControlStateNormal];
    [btn1 setImage:[UIImage imageNamed:@"puzzle_longbt_2.png"]
    forState:UIControlStateHighlighted];
    [btn1 setFrame:CGRectMake(73, 180, 160, 48)];

    UIButton *btn2 = [UIButton buttonWithType:UIButtonTypeCustom];
    [btn2 setImage:[UIImage imageNamed:@"puzzle_longbt_1.png"]
    forState:UIControlStateNormal];
    [btn2 setImage:[UIImage imageNamed:@"puzzle_longbt_2.png"]
    forState:UIControlStateHighlighted];
    [btn2 setFrame:CGRectMake(263, 180, 160, 48)];

    UIImage *backgroundImage = [UIImage imageNamed:@"puzzle_warning_bg.png"];
    UIImage *content = [UIImage imageNamed:@"puzzle_warning_sn.png"];
    JKCustomAlert * alert = [[JKCustomAlert alloc] initWithImage:backgroundImage
    contentImage:content ];

    alert.JKdelegate = self;
    [alert addButtonWithUIButton:btn1];
    [alert addButtonWithUIButton:btn2];
    [alert show];
}

-(void) alertView:(UIAlertView *)alertView
clickedButtonAtIndex:(NSInteger)buttonIndex
{
    switch (buttonIndex) {
        case 0:
            NSLog(@"button1 clicked");
            break;
        case 1:
            NSLog(@"button2 clicked");
        default:
            break;
    }
}

- (void)viewDidUnload
{
    [super viewDidUnload];
```

```
}

-
(BOOL)shouldAutorotateToInterfaceOrientation:(UIInte-
rfaceOrientation)interfaceOrientation
{
    return YES;
}

@end
```

执行后会在iPad模拟器中显示一个提醒框，如图12-10所示。

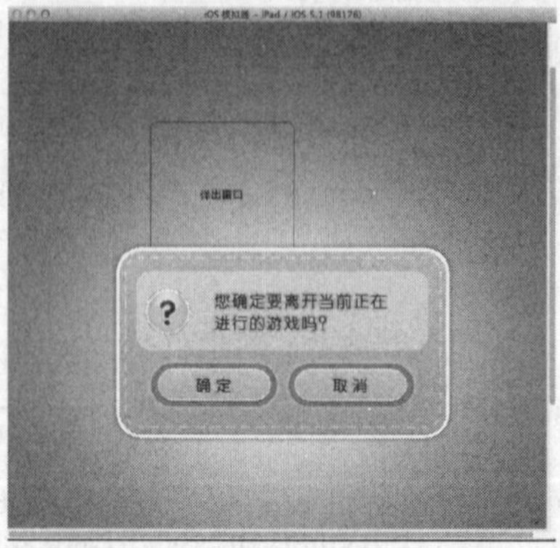

图12-10 执行效果

12.1.4 实战演练——使用 UIAlertView 控件（基于 Swift 实现）

在本节的内容中，将通过一个具体实例的实现过程，详细讲解基于Swift语言使用UIAlertView控件的过程。

实例12-2	使用UIAlertView控件
源码与视频路径	光盘:\daima\12\AlertController

（1）打开Xcode 6，然后新创建一个名为“AlertController---Swift”的工程，工程的最终目录结构如图12-11所示。

（2）在Xcode 6的Main.storyboard面板中设置UI界面，在里面添加了11个Label文本框，如图12-12所示。

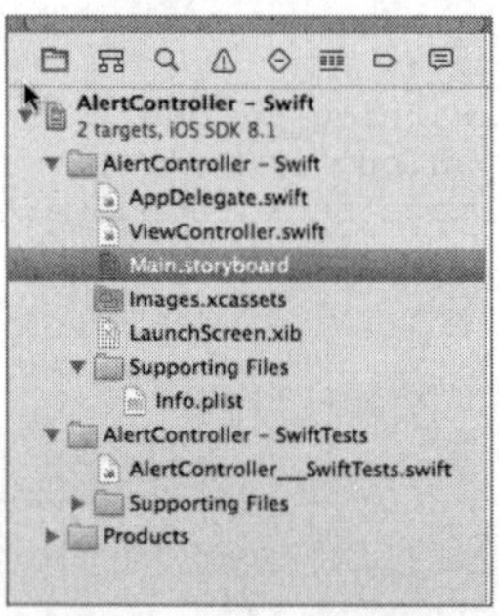

图12-11 工程的目录结构

图12-12 设置Main.storyboard面板

（3）编写文件ViewController.swift，功能是在UI中添加11个文本信息，并监听用户对文本的触摸操作，根据监听事件来显示不同风格、不同样式的UIAlertView控件效果，在屏幕中展示了不同的对话框样式。文件ViewController.swift的具体实现代码如下所示：

```
import UIKit

class ViewController: UIViewController {
    @IBAction func Btn_UIAlertView_DefaultStyle(sender: UIButton) {
        //常规对话框，最简单的UIAlertView使用方法
        var alertView = UIAlertView()

        alertView.delegate = self
        alertView.title = "常规对话框"
        alertView.message = "常规对话框风格"
```

```
        alertView.addButtonWithTitle("取消")
        alertView.addButtonWithTitle("确定")

        alertView.show()

        //只有一个按钮的swift初始化
//  var alertView = UIAlertView(title: "常规对话框", message: "常规对话框风格", delegate: 
self, cancelButtonTitle: "取消")
//  alertView.show()
    }

    @IBAction func Btn_UIAlertView_PlainTextStyle(sender: UIButton) {
        //文本对话框，带有一个文本框
        var alertView = UIAlertView()

        alertView.delegate = self
        alertView.title = "文本对话框"
        alertView.message = "请输入文字："
        alertView.addButtonWithTitle("取消")
        alertView.addButtonWithTitle("确定")
        alertView.alertViewStyle = UIAlertViewStyle.PlainTextInput

        alertView.show()
    }

    @IBAction func Btn_UIAlertView_SecureTextStyle(sender: UIButton) {
        //密码对话框，带有一个拥有密码安全保护机制的密码文本框
        var alertView = UIAlertView()

        alertView.delegate = self
        alertView.title = "密码对话框"
        alertView.message = "请输入密码："
        alertView.addButtonWithTitle("取消")
        alertView.addButtonWithTitle("确定")
        alertView.alertViewStyle = UIAlertViewStyle.SecureTextInput

        alertView.show()
    }

    @IBAction func Btn_UIAlertView_LoginAndPasswordStyle(sender: UIButton) {
        //登录对话框，仿照登录框的效果制作，拥有两个文本框，其中一个是密码文本框
        var alertView = UIAlertView()

        alertView.delegate = self
        alertView.title = "登录对话框"
        alertView.message = "请输入用户名和密码："
        alertView.addButtonWithTitle("取消")
        alertView.addButtonWithTitle("登录")
        alertView.alertViewStyle = UIAlertViewStyle.LoginAndPasswordInput

        alertView.show()
    }

    @IBAction func Btn_UIAlertController_BasicAlertStyle(sender: UIButton) {
        //基本对话框，使用iOS 8新创建的UIAlertController类，同UIAlertView的常规对话框相同
        var alertController = UIAlertController(title: "基本对话框", message: "带有基本
按钮的对话框", preferredStyle: UIAlertControllerStyle.Alert)

        var cancelAction = UIAlertAction(title: "取消", style: UIAlertActionStyle.
Cancel, handler: nil)
        var okAction = UIAlertAction(title: "确定", style: UIAlertActionStyle.Default, 
handler: nil)

        alertController.addAction(cancelAction)
        alertController.addAction(okAction)

        self.presentViewController(alertController, animated: true, completion: nil)
    }
```

```
    @IBAction func Btn_UIAlertController_DestructiveActions(sender: UIButton) {
        //重置对话框，带有一个醒目的"毁坏"样式的按钮
        var alertController = UIAlertController(title: "重置对话框", message: "带有"毁
坏"样式按钮的对话框", preferredStyle: UIAlertControllerStyle.Alert)

        var resetAction = UIAlertAction(title: "重置", style: UIAlertActionStyle.
Destructive, handler: nil)
        var cancelAction = UIAlertAction(title: "取消", style: UIAlertActionStyle.
Cancel, handler: nil)

        alertController.addAction(resetAction)
        alertController.addAction(cancelAction)

        self.presentViewController(alertController, animated: true, completion: nil)
    }

    @IBAction func Btn_UIAlertController_LoginAndPasswordStyle(sender: UIButton) {
    //登录对话框，必须要输入3个字符以上才能激活"登录"按钮，会调用alertTextFieldDidChange:函数
        var alertController = UIAlertController(title: "登录对话框", message: "请输入用
户名或密码：", preferredStyle: UIAlertControllerStyle.Alert)

        alertController.addTextFieldWithConfigurationHandler { (textField:
UITextField!) -> Void in
            textField.placeholder = "用户名"
            NSNotificationCenter.defaultCenter().addObserver(self, selector:
Selector("alertTextFieldDidChange:"), name: UITextFieldTextDidChangeNotification,
object: textField)
        }

        alertController.addTextFieldWithConfigurationHandler { (textField:
UITextField!) -> Void in
            textField.placeholder = "密码"
            textField.secureTextEntry = true
        }

        var cancelAction = UIAlertAction(title: "取消", style:
UIAlertActionStyle.Cancel) { (action: UIAlertAction!) -> Void in
            NSNotificationCenter.defaultCenter().removeObserver(self, name:
UITextFieldTextDidChangeNotification, object: nil)
        }

        var loginAction = UIAlertAction(title: "登录", style:
UIAlertActionStyle.Default) { (action: UIAlertAction!) -> Void in
            NSNotificationCenter.defaultCenter().removeObserver(self, name:
UITextFieldTextDidChangeNotification, object: nil)
        }

        loginAction.enabled = false

        alertController.addAction(cancelAction)
        alertController.addAction(loginAction)

        self.presentViewController(alertController, animated: true, completion: nil)
    }

    func alertTextFieldDidChange(notification: NSNotification){
        var alertController = self.presentedViewController as UIAlertController?

        if alertController != nil {
            var login = alertController!.textFields?.first as UITextField
            var loginAction = alertController!.actions.last as UIAlertAction
            loginAction.enabled = countElements(login.text) > 2
        }
    }

    @IBAction func Btn_UIAlertController_ActionSheet(sender: UIButton) {
```

```
        //上拉菜单，使用UIPopoverPresentationController来防止iPad上运行时异常
        var alertController = UIAlertController(title: "保存或删除数据", message: "注意：
删除操作无法恢复！", preferredStyle: UIAlertControllerStyle.ActionSheet)

        var cancelAction = UIAlertAction(title: "取消", style:
UIAlertActionStyle.Cancel, handler: nil)
        var deleteAction = UIAlertAction(title: "删除", style:
UIAlertActionStyle.Destructive, handler: nil)
        var archiveAction = UIAlertAction(title: "保存", style:
UIAlertActionStyle.Default, handler: nil)

        alertController.addAction(cancelAction)
        alertController.addAction(deleteAction)
        alertController.addAction(archiveAction)

        var popover = alertController.popoverPresentationController
        if popover != nil {
            popover?.sourceView = sender
            popover?.sourceRect = sender.bounds
            popover?.permittedArrowDirections = UIPopoverArrowDirection.Any
        }

        self.presentViewController(alertController, animated: true, completion: nil)
    }

    override func viewDidLoad() {
        super.viewDidLoad()
        // Do any additional setup after loading the view, typically from a nib.
    }

    override func didReceiveMemoryWarning() {
        super.didReceiveMemoryWarning()
        // Dispose of any resources that can be recreated.
    }
}
```

执行后的初始效果如图12-13所示。

单击“常规对话框”后的效果如图12-14所示。

图12-13 初始执行效果

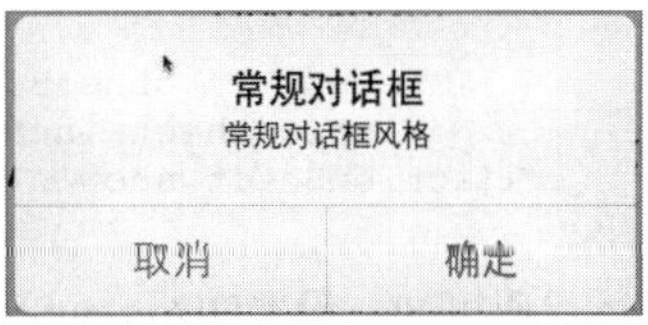

图12-14 单击“常规对话框”后的效果

单击“文本对话框”后的效果如图12-15所示。

单击“密码对话框”后的效果如图12-16所示。

12.2 操作表（UIActionSheet）

本章上一节介绍的提醒视图可以显示提醒消息，这样可以告知用户应用程序的状态或条件发生了变化。然而，有时候需要让用户根据操作结果做出决策。例如，如果应用程序提供了让用户能够与朋友共享信息的选项，可能需要让用户指定共享方法（如发送电子邮件、上传文件等），如图12-17所示。

图12-15　单击“文本对话框”后的效果

图12-16　单击“密码对话框”后的效果

图12-17　可以让用户在多个选项之间做出选择的操作表

这种界面元素被称为操作表，在iOS应用中，是通过UIActionSheet类的实例实现的。操作表还可用于对可能破坏数据的操作进行确认。事实上，它们提供了一种亮红色按钮样式，让用户注意可能删除数据的操作。

12.2.1　操作表的基本用法

操作表的实现方式与提醒视图很相似，也分为初始化、配置和显示这一过程，例如下面的代码：

```
1: - (IBAction)doActionSheet:(id)sender {
2:    UIActionSheet *actionSheet;
3:       actionSheet=[ [UIActionSheet allocJ  initWithTitle:@"Available Actions"
4:                                  delegate:self
5:                                cancelButtonTitle:@"Cancel"
6:                                                     destructiveButtonTitle:@"Delete"
7:                    otherButtonTitles:@"Keep",nil];
8:           actionSheet .actionSheetStyle=UIActionSheetStyleBlackTranslucent ;
9:       [actionSheet showlnView:self.view] ;
10: }
```

由上述代码可知，设置UIActionSheet的方式与设置提醒视图相似，具体说明如下所示。

第2～7行声明并实例化了一个名为actionSheet的UIActionSheet实例。与创建提醒类似，这个初始化方法几乎完成了所有的设置工作。该方法及其参数如下。

- initWithTitle：使用指定的标题初始化操作表。
- delegate：指定将作为操作表委托的对象。如果将其设置为nil，操作表将能够显示，但用户按下任何按钮都只是关闭操作表，而不会有其他任何影响。
- cancelButtonTitle：指定操作表中默认按钮的标题。
- destructiveButtonTitle：指定将导致信息丢失的按钮的标题。该按钮将呈亮红色显示（与其他按钮形成强烈对比）。如果将其设置为nil，将不会显示破坏性按钮。
- otherButtonTitles：在操作表中添加其他按钮，总是以nil结尾。

第8行设置操作表的外观有4种样式可供选择。

UIActionSheetStyleAutomatic：如果屏幕底部有按钮栏，则采用与按纽栏匹配的样式；否则采用默认样式。

- ❑ UIActionSheetStyleDefault：由iOS决定的操作表默认外观。
- ❑ UIActionSheetStyleBlackTranslucent：一种半透明的深色样式。
- ❑ UIActionSheetStyleBlackOpaque：一种不透明的深色样式。

第9行使用UIActionSheet的方法showInView:在当前控制器的视图（self view）中显示操作表。在这个示例中，使用方法showInView:用于以动画方式从当前控制器的视图打开操作表。如果有工具栏或选项卡栏，可使用方法showFromToolbar:或showFromTabBar:让操作表看起来是从这些用户界面元素中打开的。

注意：在初始化、修改和响应方面，操作表与提醒视图很像。然而，不同于提醒视图的是，操作表可与给定的视图、选项卡栏或工具栏相关联。操作表出现在屏幕上时，将以动画方式展示它与这些元素的关系。

12.2.2 响应操作表

操作表和提醒视图在设置方面有很多相似性，在响应用户按下按钮方面也是相似的，需要完成下面的3个工作。

（1）因为负责响应操作表的类必须遵守协议UIActionSheetDelete，所以只需对类接口文件中的@interface行做简单的修改：

```
@interface ViewController  :  UIViewController <UIActionSheetDelegate>
```

（2）必须将操作表的属性delegate设置为实现了该协议的对象（例如上述代码中的第4行）。如果负责响应和调用操作表的是同一个对象，只需将delegate设置为self即可，即：

```
delegate:self
```

（3）为了捕获单击事件，需要实现方法actionSheet:clickedButtonAtIndex。与方法alertView:clickedButtonAtIndex一样，这个方法也将用户按下的按钮的索引作为参数。与响应提醒视图时一样，也可利用方法buttonTitleAtIndex获取用户触摸的按钮的标题，而不通过数字来获悉。

继续讲解UIActionSheet类的响应问题，假设有一个图12-18所示的界面。

为了实现图12-16所示的界面，首先需要下面的代码：

```
UIActionSheet* mySheet = [[UIActionSheet alloc]
                         initWithTitle:@"ActionChoose"
                         delegate:self
                         cancelButtonTitle:@"Cancel"
                         destructiveButtonTitle:@"Destroy"
                         otherButtonTitles:@"OK", nil];
    [mySheet showInView:self.view];
```

图12-18 操作表界面

接下来的工作与UIAlertView类似，也是在委托方法里处理按下按钮后的动作。记得为所委托的类加上UIActionSheetDelegate：

```
- (void)actionSheetCancel:(UIActionSheet *)actionSheet{
    //
}
- (void) actionSheet:(UIActionSheet *)actionSheet
clickedButtonAtIndex:(NSInteger)buttonIndex{
    //
}
-(void)actionSheet:(UIActionSheet *)actionSheet
didDismissWithButtonIndex:(NSInteger)buttonIndex{
    //
}
-(void)actionSheet:(UIActionSheet *)actionSheet
```

```
willDismissWithButtonIndex:(NSInteger)buttonIndex{
    //
}
```

其中的红色按钮是ActionSheet支持的一种所谓的销毁按钮，对用户的某个动作起到警示作用，比如永久性删除一条消息或者日志。如果你指定了一个销毁按钮它就会以红色高亮显示：

```
mySheet.destructiveButtonIndex=1;
```

与导航栏类似，操作表单也支持3种风格：

```
UIActionSheetStyleDefault                 //默认风格：灰色背景上显示白色文字
UIActionSheetStyleBlackTranslucent        //透明黑色背景，白色文字
UIActionSheetStyleBlackOpaque             //纯黑背景，白色文字
```

例如下面是使用风格纯黑的演示代码：

```
mySheet.actionSheetStyle = UIActionSheetStyleBlackOpaque;
```

有如下3种显示ActionSheet方法。

（1）在一个视图内部显示，可以用showInView实现：

```
[mySheet showInView:self];
```

（2）如果要将ActonSheet与工具栏或者标签栏对齐，可以使用showFromToolBar或showFromTabBar：

```
[mySheet showFromToolBar:toolbar];
[mySheet showFromTabBar:tabbar];    解除操作表单
```

用户按下按钮之后，ActionSheet就会消失，除非应用程序有特殊原因，需要用户按下某个按钮。用dismiss方法可令表单消失：

```
[mySheet dismissWithClickButtonIndex:1 animated:YES];
```

12.2.3 使用 UIActionSheet 的流程

UIActionSheet是在iOS中弹出的选择按钮，可以添加多项，并为每项添加单击事件。接下来将通过一个演示例子来说明其用法，我们使用Xcode 4建立一个single view application。然后在xib文件中添加一个button用来弹出sheet view。

（1）首先在.h文件中实现协议，加代码的地方在@interface那行的最后添加<UIActionSheetDelegate>，协议相当于Java里的接口，实现协议里的方法：

```
@interface sheetviewViewController : UIViewController<UIActionSheetDelegate>
@end
```

（2）添加button，命名button为showSheetView。

（3）为button建立Action映射，映射到.h文件上，事件类型为Action，命名为showSheet。

（4）在.m文件上添加单击事件代码：

```
- (IBAction)showSheet:(id)sender {
    UIActionSheet *actionSheet = [[UIActionSheet alloc]
                                  initWithTitle:@"title,nil时不显示"
                                  delegate:self
                                  cancelButtonTitle:@"取消"
                                  destructiveButtonTitle:@"确定"
                                  otherButtonTitles:@"第一项", @"第
二项",nil];
    actionSheet.actionSheetStyle =
UIActionSheetStyleBlackOpaque;
    [actionSheet showInView:self.view];
}
```

图12-19 执行效果

此时的效果如图12-19所示。

在此重点看下面的代码：

```
actionSheet.actionSheetStyle = UIActionSheetStyleBlackOpaque;//设置样式
```

参数解释如下所示。

- cancelButtonTitle destructiveButtonTitle是系统自动的两项。
- otherButtonTitles是自己定义的项，注意，最后一个参数要是nil。
- [actionSheet showInView:self.view];这行语句的意思是在当前view显示Action sheet。当然还可以用其他方法显示Action sheet。

（5）接下来我们怎么响应Action Sheet的选项的事件呢以实现协议里的方法呢？为了能看出单击Action sheet每一项的效果，我们加入UIAlertView来做信息显示。下面是封装的一个方法，传入对应的信息，在UIAlertView显示对应的信息：

```
-(void)showAlert:(NSString *)msg {
    UIAlertView *alert = [[UIAlertView alloc]
                          initWithTitle:@"Action Sheet选择项"
                          message:msg
                          delegate:self
                          cancelButtonTitle:@"确定"
                          otherButtonTitles: nil];
    [alert show];
}
```

相应地被Action Sheet选项执行的代码如下所示：

```
(void)actionSheet:(UIActionSheet*)actionSheet clickedButtonAtIndex:(NSInteger)buttonIndex
{
    if (buttonIndex == 0) {
        [self showAlert:@"确定"];
    }else if (buttonIndex == 1) {
        [self showAlert:@"第一项"];
    }else if(buttonIndex == 2) {
        [self showAlert:@"第二项"];
    }else if(buttonIndex == 3) {
        [self showAlert:@"取消"];
    }

}
- (void)actionSheetCancel:(UIActionSheet *)actionSheet{

}
-(void)actionSheet:(UIActionSheet *)actionSheet didDismissWithButtonIndex:(NSInteger)
buttonIndex{

}
-(void)actionSheet:(UIActionSheet *)actionSheet willDismissWithButtonIndex:
(NSInteger)buttonIndex{

}
```

此时可以看到buttonIndex是对应的项的索引。红色的按钮没是ActionSheet支持的一种所谓的销毁按钮，对用户的某个动作起到警示作用，比如永久性删除一条消息或图像时。如果指定了一个销毁按钮，就会以红色高亮显示：

```
actionSheet.destructiveButtonIndex=1;
```

与导航栏类似，操作表单也支持3种风格：

```
UIActionSheetStyleDefault  //默认风格：灰色背景上显示白色文字
UIActionSheetStyleBlackTranslucent //透明黑色背景，白色文字
UIActionSheetStyleBlackOpaque      //纯黑背景，白色文字
```

图12-20 执行效果

其用法格式如下：

```
actionSheet.actionSheetStyle = UIActionSheetStyleBlackOpaque;      //设置样式
```

此时如果再次选中sheet 里的第一项，则执行效果如图12-20所示。

12.2.4 实战演练——联合使用 UIAlertController 控件和 UIActionsheet 控件（基于 Swift 实现）

在本节的内容中，将通过一个具体实例的实现过程，详细讲解基于Swift语言联合使用UIAlertController控件和UIActionsheet控件的过程。

实例12-3	联合使用UIAlertController控件和UIActionsheet控件
源码与视频路径	光盘:\daima\12\UIAlertController

（1）打开Xcode 6，然后创建一个名为“AlertController”的工程，工程的最终目录结构如图12-21所示。

（2）打开Main.storyboard设计面板，在主界面中设置两行文本，如图12-22所示。

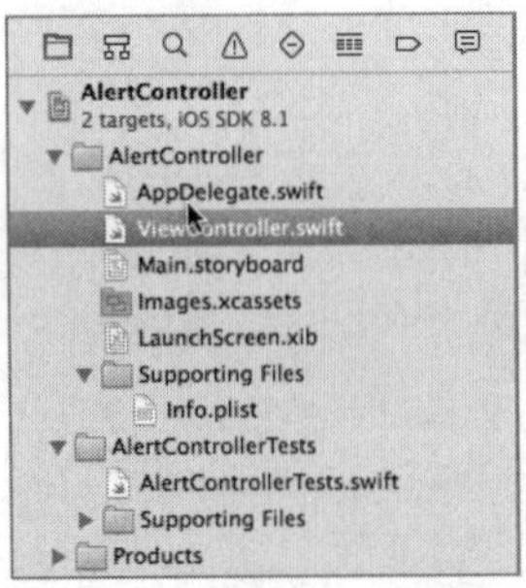

图12-21 工程的目录结构

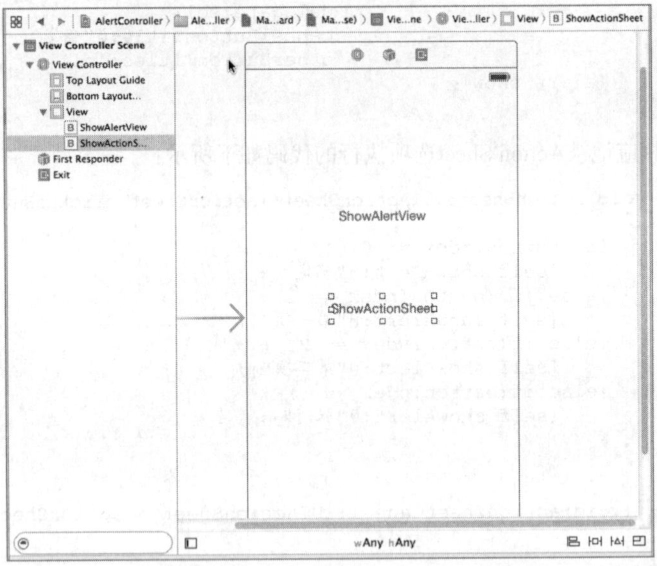

图12-22 Main.storyboard设计面板

（3）编写文件ViewController.swift，功能是监听用户触摸屏幕中的文本，根据触摸的文本来选择执行对应的处理函数openAlertView和openActionSheet，通过这两个函数可以打开两个不同的新界面。文件ViewController.swift的具体实现代码如下所示：

```
import UIKit
class ViewController: UIViewController {
    override func viewDidLoad() {
        super.viewDidLoad()
        // Do any additional setup after loading the view, typically from a nib.

    }
    override func didReceiveMemoryWarning() {
        super.didReceiveMemoryWarning()
        // Dispose of any resources that can be recreated.
    }
    func dismissAlert(alert: UIAlertAction!)
    {
        self.dismissViewControllerAnimated(true , completion: nil)
    }
    @IBAction func openAlertView(sender: AnyObject) {
        let alrtController : UIAlertController = UIAlertController(title: "Hi", message:
"This is alert controller", preferredStyle:.Alert)
        let cancelAction: UIAlertAction = UIAlertAction(title: "Cancel", style: .Cancel,
handler: dismissAlert)
```

```
        alrtController.addAction(cancelAction)
        self.presentViewController(alrtController, animated: true, completion: nil)
    }
    @IBAction func openActionSheet(sender: AnyObject) {
        let actionsheetController : UIAlertController = UIAlertController(title: "Hi",
message: "This is alert controller", preferredStyle:.ActionSheet)
        let cancelAction: UIAlertAction = UIAlertAction(title: "Cancel", style: .Cancel,
handler: dismissAlert)
        actionsheetController.addAction(cancelAction)
        self.presentViewController(actionsheetController, animated: true, completion:
nil)
    }
}
```

到此为止，整个实例介绍完毕。执行后的效果如图12-23所示。

图12-23 执行效果

单击UI主界面中“ShowAlertView”文本后将打开一个提醒界面，执行效果如图12-24所示。
单击UI主界面中“ShowActionSheet”文本后将打开一个提醒界面，执行效果如图12-25所示。

图12-24 单击“ShowAlertView”后的界面

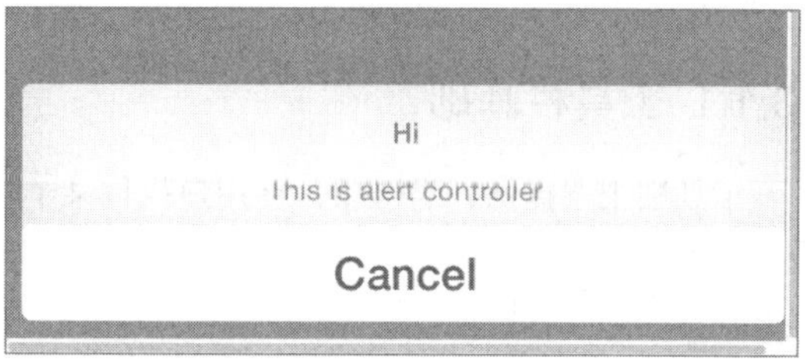

图12-25 单击“ShowActionSheet”后的界面

第 13 章 工具栏、日期选择器

在本章的内容中，将重点介绍两个新的用户界面元素：工具栏和选择器。在iOS应用中，工具栏显示在屏幕顶部或底部，其中包含一组执行常见功能的按钮。而选择器是一种独特的UI元素，不但可以向用户显示信息，而且也收集用户输入的信息。在本章将讲解3种UI元素：UIToolbar、UIDatePicker和UIPickerView，它们都能够向用户展示一系列选项。工具栏可以在屏幕顶部或底部显示一系列静态按钮或图标。而选择器能够显示类似于自动贩卖机的视图，用户可以通过旋转其中的组件来创建自定义的选项组合，这两种UI元素经常与弹出框结合使用。本章讲解的选择器是事件选择器 UIDatePicker和UIPickerView。希望大家认真学习，为进入本书后面知识的学习打下基础。

13.1 工具栏（UIToolbar）

在iOS应用中，工具栏（UIToolbar）是一个比较简单的UI元素之一。工具栏是一个实心条，通常位于屏幕顶部或底部，如图13-1所示。

工具栏包含的按钮（UIBarButtonItem）对应于用户可在当前视图中执行的操作。这些按钮提供了一个选择器（selector）操作，其工作原理几乎与Touch Up Inside事件相同。

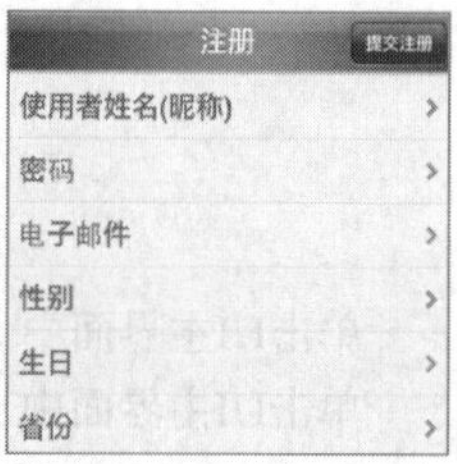

图13-1 顶部工具栏

13.1.1 工具栏基础

工具栏用于提供一组选项，让用户执行某个功能，而并非用于在完全不同的应用程序界面之间切换。要想在不同的应用程序界面实现切换功能，则需要使用选项卡栏。在iOS应用中，几乎可以用可视化的方式实现工具栏，它是在iPad中显示弹出框的标准途径。要想在视图中添加iPhone，可打开对象库并使用toolbar进行搜索，再将工具栏对象拖曳到视图顶部或底部（在iPhone应用程序中，工具栏通常位于底部）。

虽然工具栏的实现与分段控件类似，但是工具栏中的控件是完全独立的对象。UIToolbar实例只是一个横跨屏幕的灰色条而已，要想让工具栏具备一定的功能，还需要在其中添加按钮。

1．栏按钮项

Apple将工具栏中的按钮称为栏按钮项（bar button item，UIBarButtonItem）。栏按钮项是一种交互式元素，可以让工具栏除了看起来像iOS设备屏幕上的一个条带外，还能有点作用。在iOS对象库中提供了3种栏按钮对象，如图13-2所示。

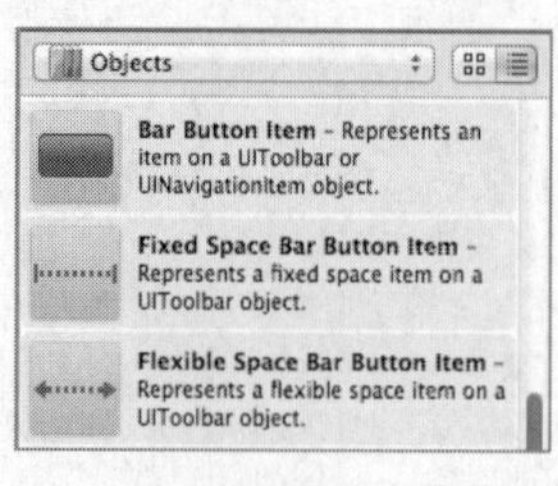

图13-2 3种对象

虽然这些对象看起来不同，但是其实都是一个栏按钮项实例。在iOS开发过程中，可以定制栏按钮项，可以根据需要将其设置为十多种常见的系统按钮类型，并且还可以设置里面的文本和图像。要在工具栏中添加栏按钮，可以将一个栏按钮项拖曳到视图中的工具栏中。在文档大纲区域，栏按钮项将显示为工具栏的子对象。双击按钮上的文本，可对其进行编辑，这像标准UIButton控件一样。另外还可以使用栏按钮项的手柄调整其大小，但是不能通过拖曳在工具栏中移动按钮。

要想调整工具栏按钮的位置，需要在工具栏中插入特殊的栏按钮项：灵活间距栏按钮项和固定间距栏按钮项。灵活间距（flexible space）栏按钮项自动增大，以填满它两边的按钮之间的空间（或工具栏两端的空间）。例如，要将一个按钮放在工具栏中央，可在它两边添加灵活间距栏按钮项。要将两个按钮分放在工具栏两端，只需在它们之间添加一个灵活间距栏按钮项即可。固定间距栏按钮项的宽度是固定不变的，可以插入现有按钮的前面或后面。

2．栏按钮的属性

要想配置栏按钮项的外观，可以选择它并打开Attributes Inspector（Option+ Command +4），如图13-3所示。

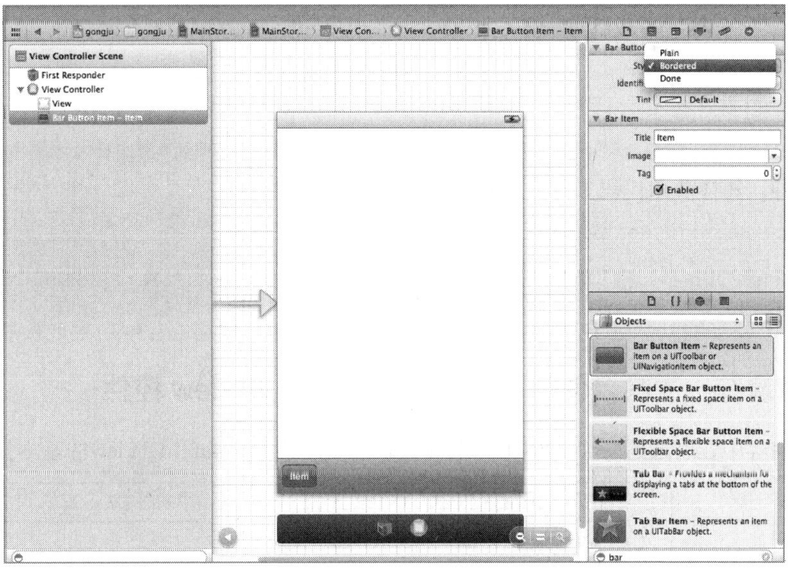

图13-3 右上角的配置栏按钮项

由此可见，一共有以下3种样式可供我们选择。

- ❑ Border：简单按钮。
- ❑ Plain：只包含文本。
- ❑ Done：呈蓝色。

另外，还可以设置多个“标识符”，它们是常见的按钮图标/标签，让我们的工具栏按钮符合iOS应用程序标准。并且通过使用灵活间距标识符和固定间距标识符，可以让栏按钮项的行为像这两种特殊的按钮类型一样。如果这些标准按钮样式都不合适，可以设置按钮显示一幅图像，这种图像的尺寸必须是20×20点，其透明部分将变成白色，而纯色将被忽略。

13.1.2 修改UIToolBar的背景颜色

在iOS应用中，一共有以下3种常用的方法来修改UIToolBar的背景颜色。

（1）第一种，具体演示代码如下所示：

```
[[UIDevice currentDevice] systemVersion];
if ([[[UIDevice currentDevice] systemVersion] floatValue] > 4.9) {
    //iOS 5
    UIImage *toolBarIMG = [UIImage imageNamed: @"toolBar_brown.png"];
    if ([toolBar respondsToSelector:@selector(setBackgroundImage:forToolbarPosition:
barMetrics:)]) {
        [toolBar setBackgroundImage:toolBarIMG forToolbarPosition:0 barMetrics:0];
```

```
    }
} else {
    //iOS 4
    [toolBar insertSubview:[[[UIImageView alloc] initWithImage:[UIImage imageNamed:
@"toolBar_brown.png"]] autorelease] atIndex:0];
```

（2）第二种，具体演示代码如下所示：

```
#import <UIKit/UIKit.h>
@interface MyToolBar : UIToolbar {

}
@end
// MyToolBar.m
#import "MyToolBar.h"
@implementation MyToolBar
- (void)drawRect:(CGRect)rect {
 CGContextRef c = UIGraphicsGetCurrentContext();
 UIImage *image = [UIImage imageNamed:@"fish.png"];
 CGContextDrawImage(c, rect, image.CGImage);
}
@end
```

（3）第三种，具体演示代码如下所示：

```
-(void)drawRect:(CGRect)rect
{
    UIImage *img  = [[[UIImage alloc] initWithContentsOfFile:[[NSBundle mainBundle]
pathForResource:@"ToolbarBk" ofType:@"png"]] autorelease];
    [img drawInRect:CGRectMake(0, 0, self.frame.size.width, self.frame.size.height)];
```

13.1.3 实战演练——联合使用UIToolBar控件和UIView控件

在本节的内容中，将通过一个具体实例来说明联合使用UIToolBar和UIView的基本知识。

实例13-1	使用UIToolBar控件和UIView控件
源码与视频路径	光盘:\daima\13\CodeSwitchView

（1）先创建一个Empty Applcition的项目后创建3个类，分别为MainViewController、RedViewController、BuleViewController，如图13-4所示。

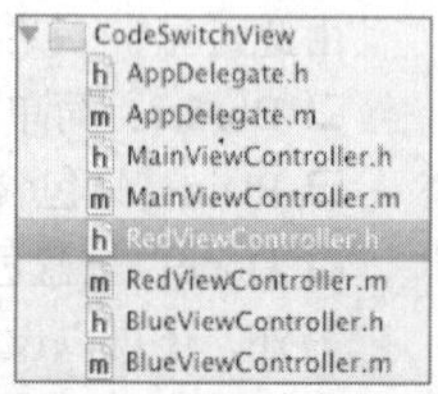

图13-4 实例文件

（2）打开AppDelegate.h，添加如下所示的代码：

```
@property (strong, nonatomic) MainViewController *mainView;
```

（3）打开AppDelegate.m，添加如下所示的代码：

```
- (BOOL)application:(UIApplication *)application
didFinishLaunchingWithOptions:(NSDictionary *)launchOptions
{
    self.window = [[[UIWindow alloc] initWithFrame:[[UIScreen
mainScreen] bounds]] autorelease];
    self.mainView = [[MainViewController alloc] init];
    self.window.rootViewController = self.mainView;
    [self.window makeKeyAndVisible];
    return YES;
}
```

（4）在MainViewController的loadView方法中添加初始化父View的代码，具体代码如下所示：

```
mainView = [[[UIView alloc] initWithFrame:[[UIScreen mainScreen] applicationFrame]]
autorelease];
// View的背景设置为白色
mainView.backgroundColor = [UIColor whiteColor];
```

（5）初始化最开始显示的红色View，具体代码如下所示：

```
RedViewController *redView = [[RedViewController alloc] init];
self.redViewController = redView;
```

（6）初始化一个UIBarButtonItem并保存到NSMutableArray中，最后Set到myToolbar中。具体代码如下所示：

```
UIToolbar *myToolbar = [[UIToolbar alloc] initWithFrame:CGRectMake(0, 0, 320, 44)];
NSMutableArray *btnArray = [[NSMutableArray alloc] init];
[btnArray addObject:[[UIBarButtonItem alloc] initWithTitle:@"Switch"
style:UIBarButtonItemStyleDone target:self action:@selector(onClickSwitch:)]];
[myToolbar setItems:btnArray];
```

（7）将刚刚初始化的控件添加到mainView的窗口上，具体代码如下所示：

```
[mainView insertSubview:self.redViewController.view atIndex:0];
[mainView addSubview:myToolbar];
self.view = mainView;
```

（8）实现onClickSwitch的单击事件，具体代码如下所示：

```
if (self.blueViewController.view.superview == nil)
{
<span style="white-space:pre"> </span>if (self.blueViewController == nil)
        {
            self.blueViewController = [[[BlueViewController alloc] init] autorelease];
        }
        [self.redViewController.view removeFromSuperview];
        [mainView insertSubview:self.blueViewController.view atIndex:0];
}
else
{
        if (self.redViewController == nil)
        {
            self.redViewController =
[[[RedViewController alloc] init]
autorelease];
        }
        [self.blueViewController.view
removeFromSuperview];
        [mainView insertSubview:self.redView
Controller.view atIndex:0];
}
```

这样执行后便实现了两个视图之间的切换，执行效果如图13-5所示。

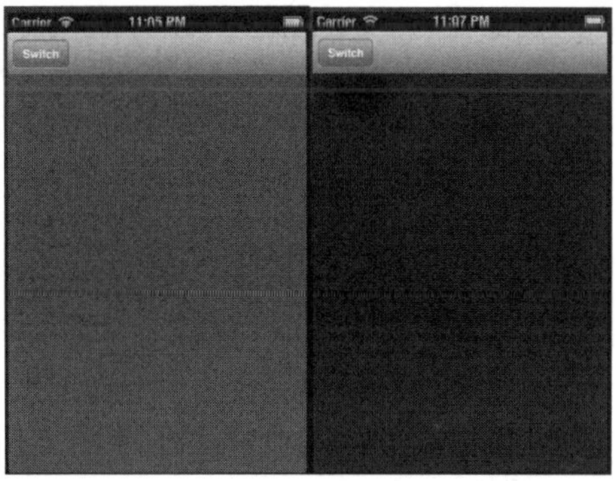

图13-5 执行效果

13.1.4 实战演练——实现一个播放、暂停按钮

在本节的内容中，将通过一个具体实例来演示UIToolBar的用法。本实例的功能是，实现一个播放和暂停转换按钮。

实例13-2	分别实现一个播放和暂停按钮
源码与视频路径	光盘:\daima\13\UIToolBar

（1）准备两幅素材图片Pause.png和play.png，如图13-6所示。

（2）创建一个Xcode工程，并在UI界面中插入一个UIToolBar，设置其背景图片，如图13-7所示。

（3）文件UIToolBarViewController.h的代码如下所示：

```
#import <UIKit/UIKit.h>

@interface UIToolBarViewController : UIViewController {
  IBOutlet UIToolbar *ToolBar;
  IBOutlet UIBarButtonItem *ToolBarBtn;
  BOOL isClick;
}
-(IBAction)ToolBarBtnAction;
@end
```

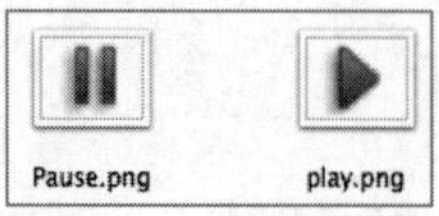

图13-6 素材图片

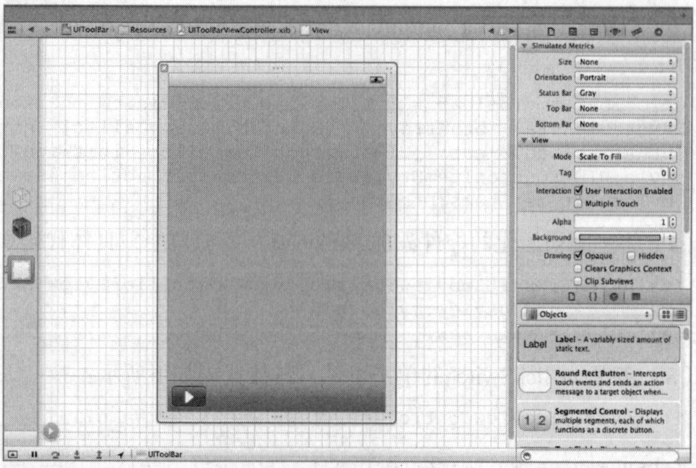

图13-7 设计的UI界面

（4）文件UIToolBarAppDelegate.m的代码如下所示：

```
#import "UIToolBarAppDelegate.h"
#import "UIToolBarViewController.h"
@implementation UIToolBarAppDelegate
@synthesize window;
@synthesize viewController;
- (void)applicationDidFinishLaunching:(UIApplication *)application {
    // Override point for customization after app launch
    [window addSubview:viewController.view];
    [window makeKeyAndVisible];
}
- (void)dealloc {
    [viewController release];
    [window release];
    [super dealloc];
}
@end
```

（5）文件UIToolBarViewController.h的代码如下所示：

```
#import <UIKit/UIKit.h>

@interface UIToolBarViewController : UIViewController {
  IBOutlet UIToolbar *ToolBar;
  IBOutlet UIBarButtonItem *ToolBarBtn;
  BOOL isClick;
}
-(IBAction)ToolBarBtnAction;
@end
```

（6）文件UIToolBarViewController.m的代码如下所示：

```
#import "UIToolBarViewController.h"
@implementation UIToolBarViewController

// Implement viewDidLoad to do additional setup after loading the view, typically from
a nib.
- (void)viewDidLoad {
    [super viewDidLoad];
}

-(IBAction)ToolBarBtnAction{
    if(isClick == NO)
    {
        [ToolBarBtn setImage:[UIImage imageNamed:@"Pause.png"]];
```

```
        isClick = YES;
    }else {
        [ToolBarBtn setImage:[UIImage imageNamed:@"play.png"]];
        isClick = NO;
    }
}


- (void)didReceiveMemoryWarning {
    // Releases the view if it doesn't have
a superview.
    [super didReceiveMemoryWarning];

    // Release any cached data, images,
etc that aren't in use.
}
- (void)viewDidUnload {
    // Release any retained subviews of
the main view.
    // e.g. self.myOutlet = nil;
}

- (void)dealloc {
    [super dealloc];
}
@end
```

到此为止，整个实例介绍完毕，执行后的效果如图13-8所示。

图13-8 执行效果

13.2 选择器视图（UIPickerView）

在选择器视图中只定义了整体行为和外观，选择器视图包含的组件数以及每个组件的内容都将由我们自己进行定义。图13-9所示的选择器视图包含两个组件，它们分别显示文本和图像。在本节的内容中，将详细讲解选择器视图（UIPickerView）的基本知识。

图13-9 可以配置选择器视图

13.2.1 选择器视图基础

要想在应用程序中添加选择器视图，可以使用Interface Builder编辑器从对象库拖拽选择器视图到我们的视图中。但是不能在Connections Inspector中配置选择器视图的外观，而需要编写遵守两个协议的代码，其中一个协议提供选择器的布局（数据源协议），另一个提供选择器将包含的信息（委托）。可以使用Connections Inspector将委托和数据源输出口连接到一个类，也可以使用代码设置这些属性。

1．选择器视图数据源协议

选择器视图数据源协议（UIPickerViewDataSource）包含如下描述选择器将显示多少信息的方法。

- numberOfComponentInPickerView：返回选择器需要的组件数。
- pickerView:numberOflRowsInComponent：返回指定组件包含多少行（不同的输入值）。

只要创建这两个方法并返回有意义的数字，便可以遵守选择器视图数据源协议。例如，要创建一个自定义选择器，它显示两列，其中第一列包含一个可供选择的值，而第二列包含两个，则可以像如下代码那样实现协议UIPickerViewDataSource：

```
- (NSInteger)numberOfComponentsInPickerView:(UIPickerView *)pickerView {
    return 2;
}

- (NSInteger)pickerView:(UIPickerView *)pickerView
```

```
numberOfRowsInComponent:(NSInteger)component {
    if (component== 0) {
        return 1;
    } else {
        return 2;
    }
}
```

对上述代码的具体说明如下所示。

（1）首先实现了方法numberOfComponentslnPickerView，此方法会返回2，因此选择器将有两个组件，即两个转轮。

（2）然后实现了方法pickerView:numberOfRowsInComponent。当iOS指定的component为0时（选择器的第一个组件），此方法返回1（第8行），这意味着这个转轮中只显示一个标签。当component为1时（选择器的第二个组件），这个方法返回2（第10行），因此该转轮将向用户显示两个选项。在实现数据源协议后，还需实现一个协议（选择器视图委托协议）才能提供一个可行的选择器视图。

2．选择器视图委托协议

委托协议（UIPickerViewDelegate）负责创建和使用选择器的工作。它负责将合适的数据传递给选择器进行显示，并确定用户是否做出了选择。为让委托按我们希望的方式工作，将使用多个协议方法，但只有两个是必不可少的。

- pickerView:titleForRow:forComponent：根据指定的组件和行号返回该行的标题，即应向用户显示的字符串。
- pickerView:didSelectRow:inComponent:当用户在选择器视图中做出选择时，将调用该委托方法，并向它传递用户选择的行号以及用户最后触摸的组件。

下面继续以前面包含两个组件的选择器为例，其中一个组件包含一个值，另一个包含两个值。下面的实现方法pickerView:titleForRow:forComponent让该选择器在第一个组件中显示Good，在第二个组件中显示Night和Day。下面的代码演示了上述选择器视图委托协议的简单实现：

```
-(NSString*)pickerView:(UIPickerView *)pickerView titleForRow:(NSInteger)row
forComponent:(NSInteger)component
{
    if (component==0) {
        return  @Good;
    }
    else{
 if (row==0) {
return  @Day;
    }
    else{
return  @Night;
}
}
}
- (void)pickerView:(UIPickerView *)pickerView didSelectRow:(NSInteger)row
     inComponent:(NSInteger)component {
if (component==0) {
/////
    } else {
////
if (row==0) {
/////
    } else {
////
    }
}
}
```

对上述代码的具体说明如下所示：

第一段代码的功能是根据传递给方法的组件和行，指定了自定义选择器视图应在相应位置显示的值。第一个组件只包含Good，因此需要在后面检查参数component是否为零，如果是则返回字符串Good。然后在后面的else语句处理第二个组件。由于它包含两个值，因此需要检查传入的参数row，以确定需要给那行提供值。如果参数row为零（第7行），则返回字符串Day（第8行）；如果为1则返回Night（第10行）。

第二段代码行实现了方法pickerView:didSelectRow:inComponent。这与给选择器提供值以便显示的代码相反，但不是返回字符串，而是根据用户的选择做出响应。已经在原本需要添加逻辑的地方添加了注释。

由此可见，实现选择器协议并不很复杂，虽然需要实现几个方法，但只需要编写几行代码而已。

3．高级选择器委托方法

在选择器视图的委托协议实现中，还可包含其他几个方法，进一步定制选择器的外观。其中有如下3个最为常用的方法。

- pickerView:rowHeightForComponent：给指定组件返回其行高，单位为点。
- pickerView:widthForComponent：给指定组件返回宽度，单位为点。
- pickerView:viewForRow:viewForComponent:ReusingView：给指定组件和行号返回相应位置应显示的自定义视图。

在上述方法中，前两个方法的含义不言而喻。如果要修改组件的宽度或行高，可以实现这两个方法，并让其返回合适的值（单位为点）。而第三个方法更复杂，它让开发人员能够完全修改选择器显示的内容的外观。

方法pickerView:viewForRow:viewForComponent:ReusingView接受行号和组件作为参数，并返回包含自定义内容的视图，例如图像。这个方法优先于方法pickerView:titleForRow:for:Component。也就是说，如果使用pickerView:viewF orRow:viewF orComponent:ReusingView指定了自定义选择器显示的任何一个选项，就必须使用它指定全部选项。

4．UIPickerView中的实例方法

（1）- (NSInteger) numberOfRowsInComponent:(NSInteger)component

参数为component的序号（从左到右，以0起始），返回指定的component中row的个数。

（2）-(void) reloadAllComponents

调用此方法使得PickerView向delegate:查询所有组件的新数据。

（3）-(void) reloadComponent: (NSInteger) component

参数为需更新的component的序号，调用此方法使得PickerView向其delegate:查询新数据。

（4）-(CGSize) rowSizeForComponent: (NSInteger) component

参数同上，通过调用委托方法中的pickerView:widthForComponent:和pickerView: rowHeightForComponent:获得返回值。

（5）-(NSInteger) selectedRowInComponent: (NSInteger) component

参数同上，返回被选中row的序号，若无row被选中，则返回-1。

（6）-(void) selectRow: (NSInteger)row inComponent: (NSInteger)component animated: (BOOL)animated

在代码指定要选择的某component的某行。

参数row表示序号，参数component表示序号，如果BOOL值为YES，则转动spin到我们选择的新值，若为NO，则直接显示我们选择的值。

（7）-(UIView *) viewForRow: (NSInteger)row forComponent: (NSInteger)component

参数row表示序号，参数component表示序号，返回由委托方法pickerView:viewForRow:forComponentreusingView:指定的view。如果委托对象并没有实现这个方法，或此view不可见时则返回nil。

13.2.2 实战演练——实现两个 UIPickerView 控件间的数据依赖

本实例的功能是实现两个选取器的关联操作，滚动第一个滚轮时第二个滚轮内容随着第一个的变化而变化，然后单击按钮触发一个动作。

实例13-3	实现两个UIPickerView控件间的数据依赖
源码与视频路径	光盘:\daima\13\pickerViewDemo

（1）首先在工程中创建一个songInfo.plist文件，储存数据，如图13-10所示。

添加的内容如图13-11所示。

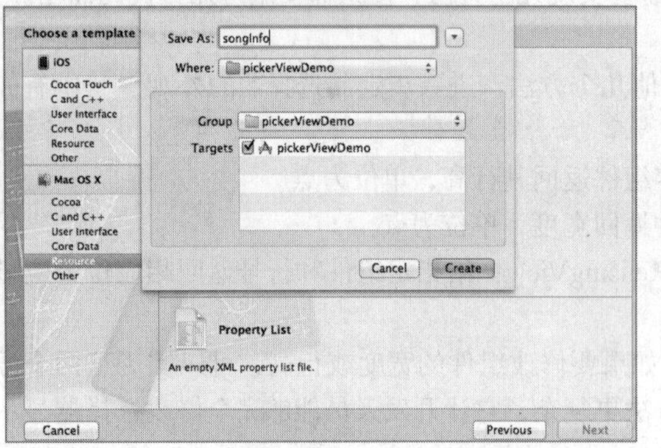

图13-10 创建songInfo.plist文件

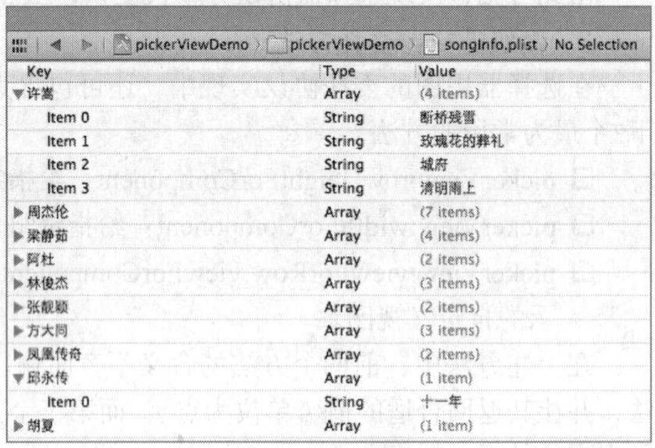

图13-11 添加的数据

（2）在ViewController设置一个选取器pickerView对象，两个数组存放选取器数据和一个字典，读取plist文件。具体代码如下所示：

```
#import <UIKit/UIKit.h>
@interface ViewController :
UIViewController<UIPickerViewDelegate,UIPickerViewDataSource>
{
//定义滑轮组件
    UIPickerView *pickerView;
//      储存第一个选取器的的数据
    NSArray *singerData;
//      储存第二个选取器
    NSArray *singData;
//      读取plist文件数据
    NSDictionary *pickerDictionary;
}
-(void) buttonPressed:(id)sender;
@end
```

（3）在ViewController.m文件的ViewDidLoad中完成初始化。首先定义如下两个宏定义：

```
#define singerPickerView 0
#define singPickerView 1
```

上述代码分别表示两个选取器的索引序号值，并放在#import "ViewController.h"后面：

```
- (void)viewDidLoad
{
    [super viewDidLoad];
    // Do any additional setup after loading the view, typically from a nib.

    pickerView = [[UIPickerView alloc] initWithFrame:CGRectMake(0, 0, 320, 216)];
//      指定Delegate
    pickerView.delegate=self;
    pickerView.dataSource=self;
//      显示选中框
    pickerView.showsSelectionIndicator=YES;
```

```
    [self.view addSubview:pickerView];
//     获取mainBundle
    NSBundle *bundle = [NSBundle mainBundle];
//     获取songInfo.plist文件路径
    NSURL *songInfo = [bundle URLForResource:@"songInfo" withExtension:@"plist"];
//     把plist文件里内容存入数组
    NSDictionary *dic = [NSDictionary dictionaryWithContentsOfURL:songInfo];
    pickerDictionary=dic;
//     将字典里面的内容取出放到数组中
    NSArray *components = [pickerDictionary allKeys];
//选取出第一个滚轮中的值
    NSArray *sorted = [components sortedArrayUsingSelector:@selector(compare:)];
    singerData = sorted;
//     根据第一个滚轮中的值，选取第二个滚轮中的值
    NSString *selectedState = [singerData objectAtIndex:0];
    NSArray *array = [pickerDictionary objectForKey:selectedState];
    singData=array;
//      添加按钮
    CGRect frame = CGRectMake(120, 250, 80, 40);
    UIButton *selectButton = [UIButton buttonWithType:UIButtonTypeRoundedRect];
    selectButton.frame=frame;
    [selectButton setTitle:@"SELECT" forState:UIControlStateNormal];

    [selectButton addTarget:self action:@selector(buttonPressed:)
forControlEvents:UIControlEventTouchUpInside];
    [self.view addSubview:selectButton];
}
```

实现按钮事件的代码如下所示：

```
-(void) buttonPressed:(id)sender
{
//     获取选取器某一行索引值
     NSInteger singerrow =[pickerView selectedRowInComponent:singerPickerView];
     NSInteger singrow = [pickerView selectedRowInComponent:singPickerView];
//    将singerData数组中值取出
     NSString *selectedsinger = [singerData objectAtIndex:singerrow];
     NSString *selectedsing = [singData objectAtIndex:singrow];
     NSString *message = [[NSString alloc] initWithFormat:@"你选择了%@的
%@",selectedsinger,selectedsing];

    UIAlertView *alert = [[UIAlertView alloc] initWithTitle:@"提示"
                                                  message:message
                                                 delegate:self
                                        cancelButtonTitle:@"OK"
                                        otherButtonTitles: nil];
    [alert show];
}
```

（4）关于两个协议的代理方法的实现代码如下所示：

```
#pragma mark -
#pragma mark Picker Date Source Methods

//返回显示的列数
 (NSInteger)numberOfComponentsInPickerView:(UIPickerView *)pickerView
{
//     返回几就有几个选取器
    return 2;
}
//返回当前列显示的行数
-(NSInteger)pickerView:(UIPickerView *)pickerView
numberOfRowsInComponent:(NSInteger)component
{
    if (component==singerPickerView) {
        return [singerData count];
    }
        return [singData count];
```

```
}
#pragma mark Picker Delegate Methods

//返回当前行的内容,此处是将数组中数值添加到滚动的那个显示栏上
-(NSString*)pickerView:(UIPickerView *)pickerView titleForRow:(NSInteger)row
forComponent:(NSInteger)component
{
    if (component==singerPickerView) {
        return [singerData objectAtIndex:row];
    }
        return [singData objectAtIndex:row];
}
-(void)pickerView:(UIPickerView *)pickerViewt didSelectRow:(NSInteger)row
inComponent:(NSInteger)component
{
//    如果选取的是第一个选取器
    if (component == singerPickerView) {
//          得到第一个选取器的当前行
        NSString *selectedState =[singerData objectAtIndex:row];
//          根据从pickerDictionary字典中取出的值，选择对应第二个中的值
        NSArray *array = [pickerDictionary objectForKey:selectedState];
        singData=array;
        [pickerView selectRow:0 inComponent:singPickerView animated:YES];
//          重新装载第二个滚轮中的值
        [pickerView reloadComponent:singPickerView];
    }
}
//设置滚轮的宽度
-(CGFloat)pickerView:(UIPickerView *)pickerView
widthForComponent:(NSInteger)component
{
    if (component == singerPickerView) {
        return 120;
    }
    return 200;
}
```

在这个方法中，-(void)pickerView:(UIPickerView *)pickerViewt didSelectRow:(NSInteger)row inComponent:(NSInteger)component把(UIPickerView *)pickerView参数改成了(UIPickerView *)pickerViewt，因为定义的pickerView对象和参数发生冲突，所以把参数进行了修改。

这样整个实例接收完毕，执行后的效果如图13-12所示。

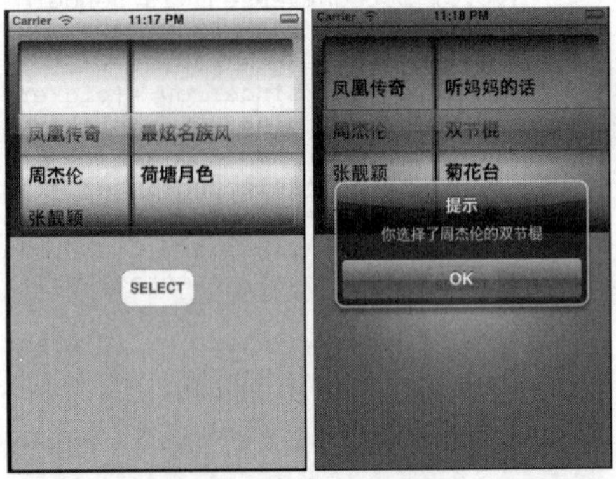

图13-12 执行效果

13.2.3 实战演练——自定义一个选择器

在本实例中将创建一个自定义选择器，它包含两个组件，一个显示动物图像，另一个显示动物声音。当用户在自定义选择器视图中选择动物图像或声音时，在输出标签中将显示出用户所做的选择。

实例13-4	自定义一个选择器
源码与视频路径	光盘:\daima\13\CustomPicker

1. 创建项目并添加图片资源

打开Xcode，使用模板Single View Application创建一个项目，并将其命名为“CustomPicker”，如图13-13所示。

在图13-13中，建议选择设备是“iPad”。为了让自定义选择器显示动物照片，需要在项目中添加一些图像。为此，将文件夹Images拖曳到编组中，在Xcode询问时选择复制文件并创建编组。然后打开项

目中的Images编组，核实其中有7幅图像：bear.png、cat.png、dog.png、goose.png、mouse.pmg、pig.png和snake.png。

2. 添加AnimalChooserViewController类

类AnimalChooserViewController的功能是处理包含日期选择器场景，其中有一个包含动物和声音的自定义选择器。单击项目导航器左下角的"+"按钮，新创建一个UIViewController子类，并将其命名为AnimalChooserViewController，将这个新类放到项目代码编组中。

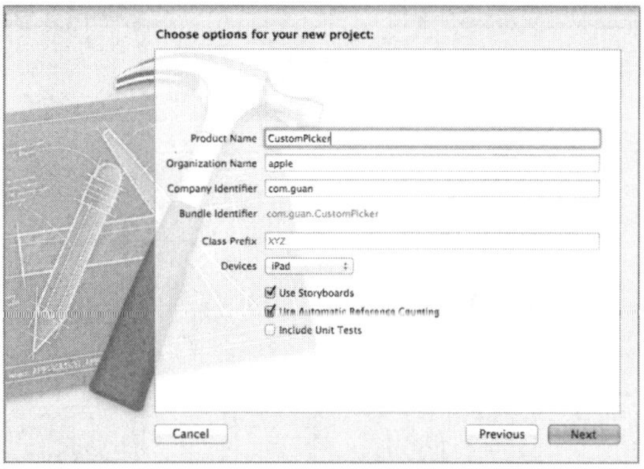

图13-13 创建Xcode项目

3. 添加动物选择场景并关联视图控制器

打开文件MainStoryboard.storyboard和对象库（快捷键是Control+Option+Command+3），将一个视图控制器拖曳到Interface Builder编辑器的空白区域（或文档大纲区域）。选择新场景的视图控制器图标，按"Option+Command+3"打开Identity Inspector，并从Class下拉列表中选择AnimalChooserViewController。使用Identity Inspector将第一个场景的视图控制器将标签设置为Initial，将第二个场景的视图控制器标签设置为Animal Chooser。这些修改将立即在文档大纲中反映出来。

4. 规划变量和连接

本项目需要的输出口和操作与前一个项目相同，但有一个例外。在前一个项目中，当日期选择器的值发生变化时，需要执行一个方法，但在这个项目中，将实现选择器协议，其中包含的一个方法将在用户使用选择器时自动被调用。

在初始场景中，将包含一个输出标签（outputLabel），还有一个用于显示动物选择场景的操作（showAnimalChooser）。该场景的视图控制器类ViewController将通过属性animalChooserVisible跟踪动物选择场景是否可见，还有一个显示用户选择的动物和声音的方法：displayAnimal:WithSound:FromComponent。

5. 添加表示自定义选择器组件的常量

在创建自义选择器时必须实现各种协议方法，而在这些方法中需要使用数字来引用组件。为了简化自定义选择器实现，可以只定义一些常量，这样就可以使用符号来引用组件了。

在本实例项目中，设置组件0表示动物组件，设置组件1为声音组件。通过在实现文件开头定义几个常量，可以通过名称来引用组件。为此，在文件AnimalChooserView.m中，在#import代码后面添加下面的代码：

```
#define kComponentCount 2
#define kAnimalComponent 0
#define kSoundComponent  1
```

第一个常量kcomponetCount是要在选择器中显示的组件数，而其他两个常量kanimalComponent和ksoundComponent可用于引用选择器中不同的组件，而无需借助于它们的实际编号。

6. 设计界面

打开文件MainStoryboard.storyboard，滚动到在编辑器中能够看到初始场景。打开对象库（Control+Option+ Command+3），并拖曳一个工具栏到该视图底部。修改默认栏按钮项的文本，将其改为"选择图片和文字"。使用两个灵活间距栏按钮项（Flexible Space Bar Button Item）让该按钮位于工具栏中央。然后在视图中央添加一个标签，将其文本改为Nothing Selected。使用Attributes Inspector，让文本居中、增大标签的字体并将标签扩大到至少能够容纳5行文本，图13-14显示了初始视图的布局。

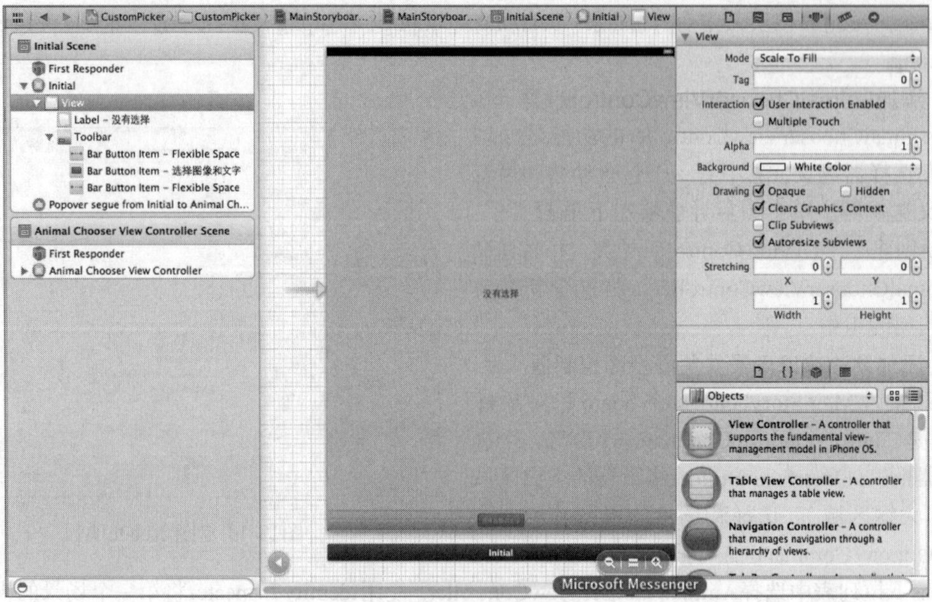

图13-14　初始场景

像前面配置日期选择场景一样配置动物选择场景：设置背景色，添加一个文本为“请选择图像和文字”的标签，但拖曳一个选择器视图对象到场景顶部。因为创建的是iPad版，所以该视图最终将显示为弹出框，因此只有左上角部分可见，图13-15是设计的图像选择界面。

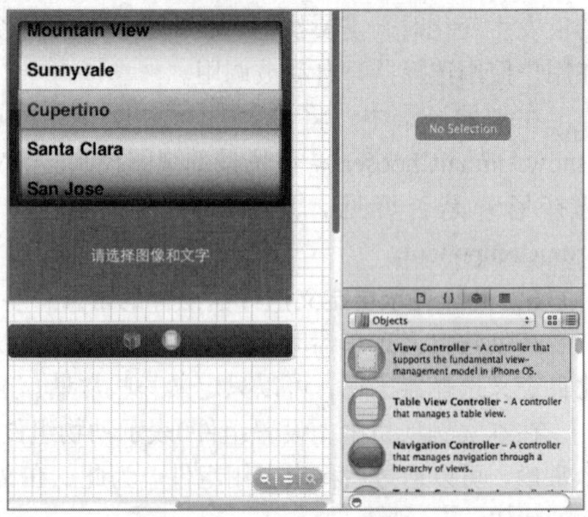

图13-15　图像选择场景

接下来开始设置选择器视图的数据源和委托。在这个项目中，设置类AnimalChooserViewController同时充当选择器视图的数据源和委托。也就是说，类AnimalChooserViewController负责实现让自定义选择器能够正常运行所需的所有方法。要为选择器视图设置数据源和委托，可以在动物选择场景或文档大纲区域选择它，再打开Connections Inspector（Option+Command+6）。从输出口dataSource拖曳到文档大纲中的视图控制器图标Animal Chooser。对输出口delegate做相同的处理。完成这些处理后，Connection Inspector界面如图13-16所示，这样将选择器视图的输出口dataSource和delegate连接到视图控制器对象Animal Chooser。

7．创建切换

按住Control键，从初始场景的视图控制器拖曳到图像选择场景的视图控制器，创建一个模态切换（iPhone）或弹出切换（iPad）。创建切换后，打开Attributes Inspector（Option+Command+4）以配置该切换。给切换指定标识符toAnimalChooser，在实现代码中将使用这个ID来触发切换。在该应用程序的iPad版中，需要设置弹出框的锚。所以，需要打开Attributes Inspector，并从文本框Anchor拖曳到初始场景中工具栏上的“选择图像和文字”按钮。然后选择图像选择场景的视图对象，并打开Size Inspector。将宽度和高度都设置为大约320点。最后，选择日期，选择场景的视图对象，并打开Size Inspector。将宽度和高度都设置为大约320点，调整该视图的内容，使其刚好居中。

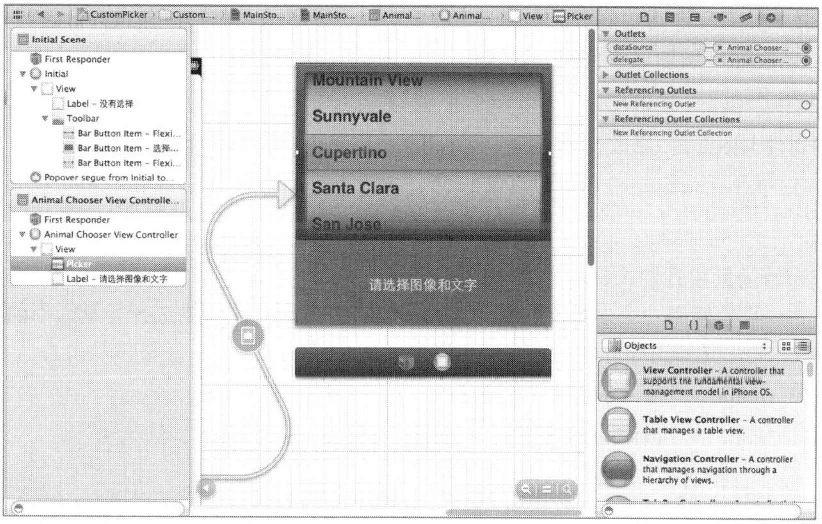

图13-16 Connection Inspector界面

8. 创建并连接输出口和操作

本项目一共需要建立如下两个连接，分别是初始场景的一个操作接口和一个输出口。

- outputLabel(UILabel)：该标签在初始场景中显示用户与选择器视图交互的结果。
- showAnimalChooser：这是一个操作方法，由初始场景中的栏按钮项“选择图像和文字”触发。

然后切换到助手编辑器并建立连接。

（1）添加输出口。

选择初始场景中的输出标签，按住Control并从该标签拖曳到文件ViewController.h编译指令@interface下方。在Xcode提示时，创建一个名为outputLabel的新输出口。

（2）添加操作。

在初始场景中按住Control键，并从按钮“选择图像和文字”拖曳到文件ViewController.h中属性定义的下方。在Xcode提示时，添加一个名为showAnimalChooser的新操作。

9. 实现场景切换逻辑

在自定义选择器视图的实现时，需要确保iPad版本不会显示多个相互堆叠的动物选择场景，所以将采用DateCalc采取的方式。

（1）导入接口文件。

修改两个视图控制器类的接口文件，让它们彼此导入对方的接口文件。为此在文件ViewController.h中，在#import语句下方添加如下代码行：

```
#import  "AnimalChooserViewController.h"
```

在文件AnimalChooserViewController.h中，添加导入ViewController.h的代码：

```
#import"VicwControllcr.h"
```

（2）创建并设置属性delegate。

使用属性delegate来访问初始场景的视图控制器，在文件AnimalChooserViewController.h中，在编译指令@interface后面添加如下代码行：

```
@property (strong, nonatomic) id delegate;
```

接下来修改文件AnimalChooserViewController.m，在@implementation后面添加配套的编译指令@synthesize：

```
@synthesize delegate;
```

开始执行清理工作，将该实例“变量/属性”设置为nil。为此，在文件AnimalChooserViewController.m的方法viewDidUnload中添加如下代码：

```
[self setDelegate:nil];
```

为了设置属性delegate，修改文件ViewController.m，在其中添加如下所示的代码：

```
- (void)prepareForSegue:(UIStoryboardSegue *)segue sender:(id)sender {
    ((AnimalChooserViewController *)segue.destinationViewController).delegate=self;
}
```

（3）处理初始场景和日期选择场景之间的切换。

在本项目中，我们使用一个属性（animalChooserVisible）来存储动物选择场景的当前可见性。修改文件ViewController.h，在其中包含该属性的定义：

```
@property (nonatomic) Boolean animalChooserVisible;
```

在文件ViewController.m中添加配套的编译指令@synthesize:

```
@synthesize animalChooserVisible;
```

实现方法showAnimalChooser，使其在标记animalChooserVisible为NO时调用performSegueWithIdentifier:sender。下面显示了我在文件ViewController.m中实现的方法showAnimalChooser：

```
- (IBAction)showAnimalChooser:(id)sender {
    if (self.animalChooserVisible!=YES) {
        [self performSegueWithIdentifier:@"toAnimalChooser" sender:sender];
        self.animalChooserVisible=YES;
    }
}
```

为了在图像选择场景关闭时将标记animalChooserrsible设置为NO，可在文件AnimalChooserViewController.m的方法viewWillDisappear中使用如下所示的代码：

```
- (void)viewWillDisappear:(BOOL)animated
{
    [super viewWillDisappear:animated];
}
```

10．实现自定义选择器视图

在这个示例项目中，将创建一个自定义选择器视图并选择它，它在两个组件中分别显示图像和文本。

（1）加载选择器视图所需的数据

要显示选择器，需要给它提供数据。我们已经将图像资源加入项目中，但要将这些图像提供给选择器，需要通过名称引用它们。另外，还需要在动物图像和动物名之间进行转换，即如果用户选择了小猪图像，我们希望应用程序显示Pig，而不是pig.png。为此，将创建一个动物图像数组（animalImages）和一个动物名数组（animalName）；在这两个数组中，同一种动物的图像和名称的索引相同。例如，如果用户选择的动物图像对应于数组animal Images的第三个元素，则可从数组animalNames的第三个元素获取动物名。我们还需要表示动物声音的数据，它们显示在选择器视图的第二个组件中。因此还需创建第三个数组:animalSounds。

在文件AnimalChooserViewController.h中，通过如下代码将这3个数组声明为属性：

```
@property (strong, nonatomic) NSArray *animalNames;
@property (strong, nonatomic) NSArray *animalSounds;
@property (strong, nonatomic) NSArray *animalImages;
```

然后，在文件AnimalChooserViewController.m中，添加配套的编译指令@synthesize:

```
@synthesize animalNames;
@synthesize animalSounds;
@synthesize animalImages;
```

再在方法viewDidUnload中清理这些属性：

```
[self setAnimalNames:nil];
[self setAnimalImages:nil];
[self setAnimalSounds:nil];
```

现在需要分配并初始化每个数组。对于名称和声音数组，只需在其中存储字符串即可。

然而对于图像数组来说，需要在其中存储UIImageView。在文件AnimalChooserViewController.m中方法viewDidLoad的实现代码如下所示：

```
- (void)viewDidLoad
{
    self.animalNames=[[NSArray alloc]initWithObjects:
                      @"Mouse",@"Goose",@"Cat",@"Dog",@"Snake",@"Bear",@"Pig",nil];
    self.animalSounds=[[NSArray alloc]initWithObjects:

@"Oink",@"Rawr",@"Ssss",@"Roof",@"Meow",@"Honk",@"Squeak",nil];
    self.animalImages=[[NSArray alloc]initWithObjects:
                       [[UIImageView alloc] initWithImage:[UIImage
imageNamed:@"mouse.png"]],
                       [[UIImageView alloc] initWithImage:[UIImage
imageNamed:@"goose.png"]],
                       [[UIImageView alloc] initWithImage:[UIImage
imageNamed:@"cat.png"]],
                       [[UIImageView alloc] initWithImage:[UIImage
imageNamed:@"dog.png"]],
                       [[UIImageView alloc] initWithImage:[UIImage
imageNamed:@"snake.png"]],
                       [[UIImageView alloc] initWithImage:[UIImage
imageNamed:@"bear.png"]],
                       [[UIImageView alloc] initWithImage:[UIImage
imageNamed:@"pig.png"]],
                       nil
                       ];
    [super viewDidLoad];
}
```

对于上述代码的具体说明如下所示。

- 创建数组animalNames，其中包含7个动物名。别忘了，数组以nil结尾，因此需要将第8个元素指定为nil。
- 初始化数组animalSounds，使其包含7种动物声音。
- 创建数组animalImages，它包含7个UIImageView实例，这些实例是使用本节开头导入的图像创建的。

（2）实现选择器视图数据源协议

首先数据源协议提供如下两种信息：

- 将显示多少个组件；
- 每个组件包含多少个元素。

在文件AnimalChooserViewController.h中，将@interface行设置为如下格式：

```
@interface AnimalChooserViewController :
UIViewController <UIPickerViewDataSource>
```

这样将这个类声明为遵守协议UIPickerViewDataSource。

接下来，编写方法numberOfComponentsInPickerView返回选择器将显示多少个组件。因为已经为此定义了一个常量（kComponentCount），所以只需返回该常量即可，具体代码如下所示：

```
- (NSInteger)numberOfComponentsInPickerView:(UIPickerView *)pickerView {
    return kComponentCount;
}
```

必须实现的另一个数据源方法是pickerView:numberOfRowsInComponent，功能是根据编号返回相应组件将显示的元素数。为了简化确定组件的方式，可以使用常量kAnimalComponent和kSoundComponent，并使用类NArray的方法count来获取数组包含的元素数。pickerView:numberOfRowsInComponent的实现代码如下所示：

```
- (NSInteger)pickerView:(UIPickerView *)pickerView
numberOfRowsInComponent:(NSInteger)component {
    if (component==kAnimalComponent) { //检查查询的组件是否是动物组件
      // 如果是，返回数组animalNames 包含的元素数（也可以返回图像数组包含的元素数）
return [self.animalNames count];          // 如果查询的不是动物组件，便可认为查询的是声音组件
    } else {
        return [self.animalSounds count];   // 返回数组Sounds包含的元素数
    }
}
```

这就是实现数据源协议需要做的全部工作，其他与选择器视图相关的工作由选择器视图委托协议（UIPickerViewDelegate）处理。

（3）实现选择器视图委托协议

选择器视图委托协议负责定制选择器的显示方式，以及在用户在选择器中选择时做出反应。在文件AnimalChooserViewController.h中，指出我们要遵守委托协议：

```
@interface AnimalChooserViewController:UIViewController
<UIPickerViewDataSource, UIPickerViewDelegate>
```

要生成所需的选择器，需要实现多个委托方法，但其中最重要的是pickerView:viewForRow:forComponent:reusingView。这个方法接受组件和行号作为参数，并返回要在选择器相应位置显示的自定义视图。

在此需要给第一个组件返回动物图像，并给第二个组件返回标签，其中包含对动物声音的描述。在本实例中，通过如下代码实现这个方法：

```
- (UIView *)pickerView:(UIPickerView *)pickerView viewForRow:(NSInteger)row
            forComponent:(NSInteger)component reusingView:(UIView *)view {
    if (component==kAnimalComponent) {
   //检查component是否是动物组件，如果是则根据参数row返回数组animal Images中相应的UIImageView。
        return [self.animalImages objectAtIndex:row];
    }
   //如果component参数引用的不是动物组件，则需要根据row使用animalSounds数组中相应的元素创建一个
   //UILabel，并返回它
else {
        UILabel *soundLabel;
        soundLabel=[[UILabel alloc] initWithFrame:CGRectMake(0,0,100,32)];
        soundLabel.backgroundColor=[UIColor clearColor];// 将标签的背景色设置为透明的
        soundLabel.text=[self.animalSounds objectAtIndex:row];
        return soundLabel;// 返回可显示的UILabel
    }
}
```

（4）修改组件的宽度和行高

为了调整选择器视图的组件大小，可以实现另外两个委托方法：pickerView:rowHeightForComponent和pickerView:widthForComponent。在此设置动物组件的宽度应为75点，设置声音组件在宽度大约为150点，设置这两个组件都使用固定的行高–55点。上述功能是在文件AnimalChooserViewController.m中实现的，具体代码如下所示：

```
- (CGFloat)pickerView:(UIPickerView *)pickerView
rowHeightForComponent:(NSInteger)component {
    return 55.0;
}

- (CGFloat)pickerView:(UIPickerView *)pickerView
widthForComponent:(NSInteger)component {
    if (component==kAnimalComponent) {
        return 75.0;
    } else {
        return 150.0;
```

```
    }
}
```

（5）在用户做出选择时进行响应

当用户做出选择时会调用方法displayAnimal:withSound:fromComponent，将选择情况显示在初始场景的输出标签中。在文件ViewController.h中，添加这个方法的原型：

```
- (void)displayAnimal:(NSString*)chosenAnimal
withSound: (NSString*)chosenSound
fromComponent: (NSString  *)chosenComponent;
```

在文件ViewControler.m中实现这个方法。它应将传入的字符串参数显示在输出标签中，具体代码如下所示：

```
- (void)displayAnimal:(NSString *)chosenAnimal withSound:(NSString *)chosenSound
fromComponent:(NSString *)chosenComponent {
    NSString *animalSoundString;
    animalSoundString=[[NSString alloc]
                       initWithFormat:@"你改变 %@ (%@ 和声音文字 %@)",
chosenComponent,chosenAnimal,chosenSound];
    self.outputLabel.text=animalSoundString;
}
```

这样根据字符串参数chosenComponent、chosenAnimal和chosenSound的内容，创建了一个animalSoundString字符串，然后设置输出标签的内容，以显示这个字符串。

有了用于显示用户选择情况的机制后，需要在用户选择时做出响应了。在文件AnimalChooserViewController.m中，实现方法pickerView:didSelectRow:inComponent，具体代码如下所示：

```
- (void)pickerView:(UIPickerView *)pickerView didSelectRow:(NSInteger)row
       inComponent:(NSInteger)component {

    ViewController *initialView;
    initialView=(ViewController *)self.delegate;

    if (component==kAnimalComponent) {
        int chosenSound=[pickerView selectedRowInComponent:kSoundComponent];
        [initialView displayAnimal:[self.animalNames objectAtIndex:row]
                         withSound:[self.animalSounds objectAtIndex:chosenSound]
                     fromComponent:@"动物图像"];
    } else {
        int chosenAnimal=[pickerView selectedRowInComponent:kAnimalComponent];
        [initialView displayAnimal:[self.animalNames objectAtIndex:chosenAnimal]
                         withSound:[self.animalSounds objectAtIndex:row]
                     fromComponent:@"声音"];
    }
}
```

对上述代码的具体说明如下所示。

- 首先获取指向初始场景的视图控制器的引用，我们需要它来在初始场景中指出用户做出的选择。
- 检查当前选择的组件是否是动物组件，如果是则需要获取当前选择的声音（第7行）。
- 调用前面编写的方法displayAnimal：withSound：fromComponent，将动物名、当前选择的声音以及一个字符串传递给它，其中动物名是根据参数row从相应的数组中获取的。

（6）处理隐式选择

在动物选择场景显示后，立即更新初始场景中的输出标签，让其显示默认的动物名和声音以及一条消息，让消息指出用户没有做任何选择（nothing yet...）。与日期选择器一样，可以在文件AnimalChooserViewController.m的方法viewDidAppear中处理隐式选择，具体代码如下所示：

```
-(void)viewDidAppear:(BOOL)animated {
    ViewController *initialView;
    initialView=(ViewController *)self.delegate;
    [initialView displayAnimal:[self.animalNames objectAtIndex:0]
                     withSound:[self.animalSounds objectAtIndex:0]
```

```
                  fromComponent:@"还没有..."];
}
```

通过调用方法displayAnimal:withSound:fromComponent，并将动物名数组和声音数组的第一个元素传递给它，因为它们是选择器默认显示的元素。对于参数fromComponent，则将其设置为一个字符串，指出用户还未做出选择。

到此为止，整个实例介绍完毕。运行后当用户在选择器视图（显示在一个弹出框中）做出选择后，输出标签将立即更新，执行效果如图13-17所示。

图13-17 执行效果

13.2.4 实战演练——实现一个数据选择器（基于 Swift 实现）

在本节的内容中，将通过一个具体实例的实现过程，详细讲解基于Swift语言实现一个UIPickerView数据选择器的过程。

实例13-5	实现一个数据选择器
源码与视频路径	光盘:\daima\13\SwiftPickers

（1）打开Xcode 6，然后创建一个名为“PickersSample”的工程，工程的最终目录结构如图13-18所示。

（2）打开Main.storyboard设计面板，在UI视图中设置了一个列表项用于显示不同的数据类型，如图13-19所示。

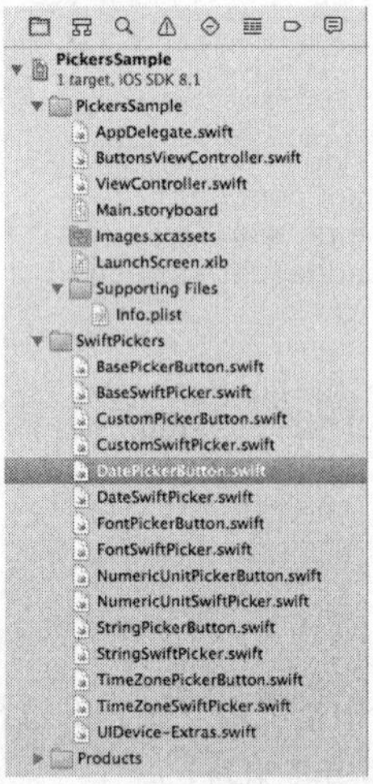

图13-18 工程的目录结构

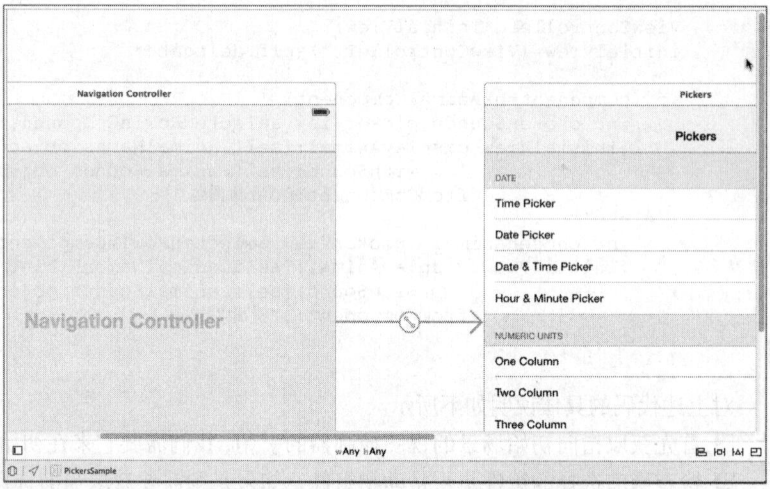

图13-19 Main.storyboard设计面板

（3）本实例的功能比较强大，借助了第三方SwiftPickers接口实现了具体功能，能够显示各种不同的数据选择器类型。可以通过如下两种方式使用SwiftPickersr组件：

- 一种是直接从代码调用选择器。
- 一种是使用易于使用的选择器按钮实现可添加或实例化的内容，通过按钮设置选择器类型。

基本选择器组件SwiftPickers是一个不可视的组件，可以直接从列表中的字符串值传递给选择器选择一个值。实例化并调用SwiftPickers的方法非常简单，例如：

```
let data = ["Red", "Blue", "Green", "Yellow"]
let p = StringSwiftPicker(title:"Colours", data:data, selected:0, done:{(pv, index,
value) in
```

```
        println("Selected item: \(index) with value: \(value)")
    }, cancel:{(pv) in
        println("Cancelled selection")
    })
    p.showPicker(self)
```

所有的各种选择器组件可以通过不同的方式调用代码中包含的示例项目文件。本实例不讲解组件SwiftPickers的具体实现细节，而只介绍调用组件SwiftPickers实现UIPickerView数据选择器的过程。

编写调用文件 ButtonsViewController.swift，具体实现代码如下所示：

```
import UIKit

class ButtonsViewController: UIViewController, CustomPickerDelegate {
    @IBOutlet var btnString:StringPickerButton!
    @IBOutlet var btnDateTime:DatePickerButton!
    @IBOutlet var btnDate:DatePickerButton!
    @IBOutlet var btnTime:DatePickerButton!
    @IBOutlet var btnFont:FontPickerButton!
    @IBOutlet var btnTimeZone:TimeZonePickerButton!
    @IBOutlet var btnNumeric:NumericUnitPickerButton!
    @IBOutlet var btnCustom:CustomPickerButton!

    private var data = ["String Picker", "Date Picker", "Time Picker", "Date & Time
    Picker", "Time Zone Picker", "Font Picker", "Custom Picker"]

    override func viewDidLoad() {
        super.viewDidLoad()
        // String picker
        btnString.viewController = self
        btnString.data=["Red", "Orange", "Yellow", "Green", "Blue", "Indigo", "Violet" ]
        // Date picker
        btnDate.viewController = self
        // Time picker
        btnTime.mode = UIDatePickerMode.Time
        btnTime.viewController = self
        // Date & Time picker
        btnDateTime.mode = UIDatePickerMode.DateAndTime
        btnDateTime.viewController = self
        // Font picker
        btnFont.viewController = self
        btnFont.selectedValue = UIFont(name:"Georgia", size:16)!
        // Time Zone picker
        btnTimeZone.viewController = self
        // Numeric Unit picker
        btnNumeric.viewController = self
        let u = UnitDefinition(label:"kg", start:0, end:10)
        btnNumeric.units = [u]
        btnNumeric.selections = [2]
        // Custom picker
        btnCustom.viewController = self
        btnCustom.delegate = self
        if let sel = data.last {
            btnCustom.setTitle(sel)
        }
        btnCustom.picked = {(picker) in
            // Set selection as button title
            let row = picker.selectedRowInComponent(0)
            let sel = self.data[row]
            self.btnCustom.setTitle(sel)
        }
    }

    override func didReceiveMemoryWarning() {
        super.didReceiveMemoryWarning()
    }

    // MARK:- Custom Picker Delegates
```

```
    func numberOfComponentsInPickerView(pv:UIPickerView) -> Int {
        return 1
    }

    func pickerView(pv:UIPickerView, numberOfRowsInComponent component:Int) -> Int {
        return data.count
    }

    func pickerView(pickerView: UIPickerView, titleForRow row: Int, forComponent
component: Int) -> String! {
        return data[row]
    }
}
ViewController.swift
import UIKit

class ViewController: UITableViewController, CustomPickerDelegate {
    let isiPad = UIDevice.currentDevice().userInterfaceIdiom ==
UIUserInterfaceIdiom.Pad

    private var data = ["String Picker", "Date Picker", "Time Picker", "Date & Time
Picker", "Time Zone Picker", "Font Picker", "Custom Picker"]

    override func viewDidLoad() {
        super.viewDidLoad()
        // Do any additional setup after loading the view, typically from a nib.
    }

    override func didReceiveMemoryWarning() {
        super.didReceiveMemoryWarning()
        // Dispose of any resources that can be recreated.
    }

    // MARK:- Actions
    @IBAction func showPicker() {
    }

    // MARK:- UITableView Delegates
    override func tableView(tv:UITableView, didSelectRowAtIndexPath
indexPath:NSIndexPath) {
        var p:BaseSwiftPicker!
        switch (indexPath.section, indexPath.row) {
        case (0,0):
            p = DateSwiftPicker(title:"Time Picker", mode:UIDatePickerMode.Time,
            selected:NSDate(), done:{(pv, val) in
                println("Selected Date/Value: \(val)")
            }, cancel:{(pv) in
                println("Cancelled selection")
            })

        case (0,1):
            p = DateSwiftPicker(title:"Date Picker", mode:UIDatePickerMode.Date,
            selected:NSDate(), done:{(pv, val) in
                println("Selected Date/Value: \(val)")
                }, cancel:{(pv) in
                    println("Cancelled selection")
            })

        case (0,2):
            p = DateSwiftPicker(title:"Date & Time Picker",
mode:UIDatePickerMode.DateAndTime, selected:NSDate(), done:{(pv, val) in
                println("Selected Date/Value: \(val)")
                }, cancel:{(pv) in
                    println("Cancelled selection")
            })

        case (0,3):
            p = DateSwiftPicker(title:"Hour & Minue Picker",
mode:UIDatePickerMode.CountDownTimer, selected:60, done:{(pv, val) in
```

```
            println("Selected Date/Value: \(val)")
            }, cancel:{(pv) in
                println("Cancelled selection")
        })

    case (1,0):
        var u = [UnitDefinition]()
        var d = UnitDefinition()
        d.startValue = 1
        d.endValue = 10
        d.label = "kg"
        u.append(d)
        p = NumericUnitSwiftPicker(title:"Weight Range", units:u, selections:[2],
        done:{(pv, vals) in
            println("Selected Value: \(vals)")
            }, cancel:{(pv) in
                println("Cancelled selection")
        })

    case (1,1):
        var u = [UnitDefinition]()
        // kg
        var d = UnitDefinition()
        d.startValue = 0
        d.endValue = 10
        d.label = "kg"
        u.append(d)
        // Gram
        d = UnitDefinition()
        d.startValue = 0
        d.endValue = 1000
        d.increment = 100
        d.label = "g"
        u.append(d)
        p = NumericUnitSwiftPicker(title:"Weight Range", units:u, selections:[2,
        500], done:{(pv, vals) in
            println("Selected Values: \(vals)")
            }, cancel:{(pv) in
                println("Cancelled selection")
        })

    case (1,2):
        var u = [UnitDefinition]()
        // Hours
        var d = UnitDefinition()
        d.startValue = 0
        d.endValue = 24
        d.label = "h"
        u.append(d)
        // Minutes
        d = UnitDefinition()
        d.startValue = 0
        d.endValue = 60
        d.increment = 5
        d.label = "m"
        u.append(d)
        // Seconds
        d = UnitDefinition()
        d.startValue = 0
        d.endValue = 60
        d.increment = 10
        d.label = "s"
        u.append(d)
        p = NumericUnitSwiftPicker(title:"Hours, Minutes, Seconds", units:u,
        selections:[0, 5, 30], done:{(pv, vals) in
            println("Selected Values: \(vals)")
            }, cancel:{(pv) in
                println("Cancelled selection")
        })
```

```
        case (1,3):
            var u = [UnitDefinition]()
            // Nort
            var d = UnitDefinition()
            d.startValue = 0
            d.endValue = 10
            d.label = "N"
            u.append(d)
            // East
            d = UnitDefinition()
            d.startValue = 0
            d.endValue = 10
            d.label = "E"
            u.append(d)
            // South
            d = UnitDefinition()
            d.startValue = 0
            d.endValue = 10
            d.label = "S"
            u.append(d)
            // West
            d = UnitDefinition()
            d.startValue = 0
            d.endValue = 10
            d.label = "W"
            u.append(d)
            p = NumericUnitSwiftPicker(title:"Four Corners", units:u,
            selections:[2,5,8,3], done:{(pv, vals) in
                println("Selected Values: \(vals)")
                }, cancel:{(pv) in
                    println("Cancelled selection")
            })

        case (2, 0):
            let data = ["Red", "Blue", "Green", "Yellow"]
            p = StringSwiftPicker(title:"Colours", data:data, selected:0, done:{(pv,
            index, value) in
                println("Selected item: \(index) with value: \(value)")
                }, cancel:{(pv) in
                    println("Cancelled selection")
            })

        case (2, 1):
            p = TimeZoneSwiftPicker(title:"Time Zones",
            selected:NSTimeZone.defaultTimeZone(), done:{(pv, value) in
                println("Selected zone: \(value)")
                }, cancel:{(pv) in
                    println("Cancelled selection")
            })

        case (2, 2):
            p = FontSwiftPicker(title:"Fonts", selected:UIFont.systemFontOfSize(14),
            done:{(pv, value) in
                println("Selected font: \(value)")
                }, cancel:{(pv) in
                    println("Cancelled selection")
            })

        case (2, 3):
            p = CustomSwiftPicker(title:"Picker Types", delegate:self, done:{(pv,
            picker) in
                // Handle action
                let row = picker.selectedRowInComponent(0)
                println("Selected row \(row) in custom picker")
            }, cancel:{(pv) in
                println("Cancelled selection")
            })
```

```
            default:
                println("Unspecified selection. Check your code!")
            }
            if p != nil {
                p.showPicker(self)
            }
        }

        // MARK:- Custom Picker Delegates
        func numberOfComponentsInPickerView(pv:UIPickerView) -> Int {
            return 1
        }

        func pickerView(pv:UIPickerView, numberOfRowsInComponent component:Int) -> Int {
            return data.count
        }

        func pickerView(pickerView: UIPickerView, titleForRow row: Int, forComponent
    component: Int) -> String! {
            return data[row]
        }
    }
```

执行后将首先在界面中列表显示各种类型，如图13-20所示。单击某一个列表项后会显示对应的数据信息，例如单击“Data Picker”选项后执行效果如图13-21所示。

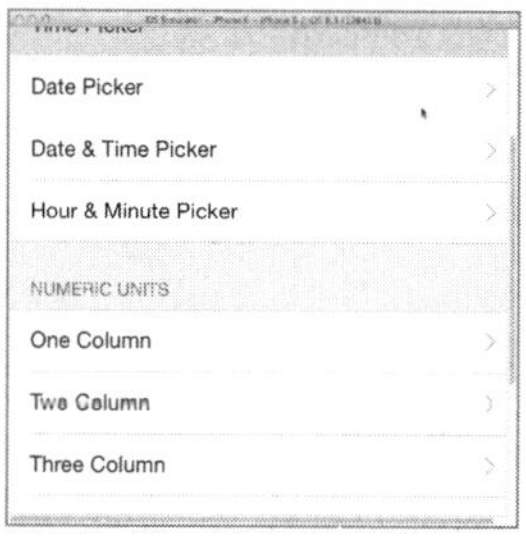

图13-20 工程UI主界面的执行效果

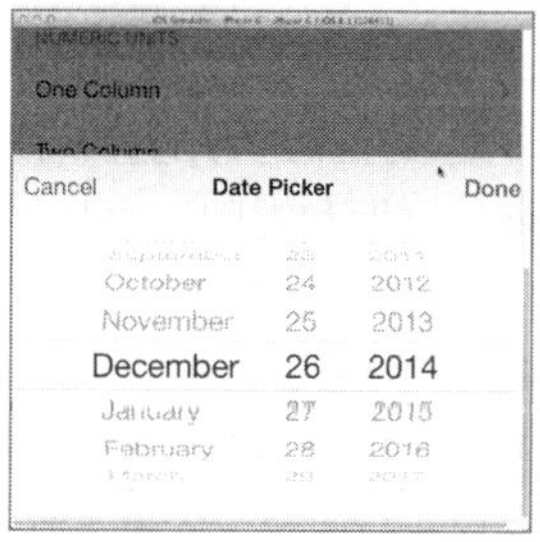

图13-21 单击“Data Picker”选项后执行效果

13.3 日期选择（UIDatePicker）

选择器是iOS的一种独特功能，它们通过转轮界面提供一系列多值选项，这类似于自动贩卖机。选择器的每个组件显示数行可供用户选择的值，而不是水果或数字。在桌面应用程序中，与选择器最接近的组件是下拉列表，图13-22显示了标准的日期选择器（UIDatePicker）。

图13-22 标准的日期选择器

当用户需要选择多个（通常相关）的值时应使用选择器。它们通常用于设置日期和事件，但是可以对其进行定制以处理您能想到的任何选择方式。

在选择日期和时间方面，选择器是一种不错的界面元素，所以，Apple特意提供了如下两种形式的选择器。

- 日期选择器：这种方式易于实现，且专门用于处理日期和时间。
- 自定义选择器视图：可以根据需要配置成显示任意数量的组件。

13.3.1 UIDatePicker基础

日期选择器（UIDatePicker）与前几章介绍过的其他对象极其相似，在使用前需要将其加入视图，将其Value Changed事件连接到一个操作，然后再读取返回的值。日期选择器会返回一个NSDate对象，而不是字符串或整数。要想访问UIDatePicker提供的NSDate，可以使用其date属性实现。

1．日期选择器的属性

与众多其他的GUI对象一样，也可以使用Attributes Inspector对日期选择器进行定制，如图13-23所示。

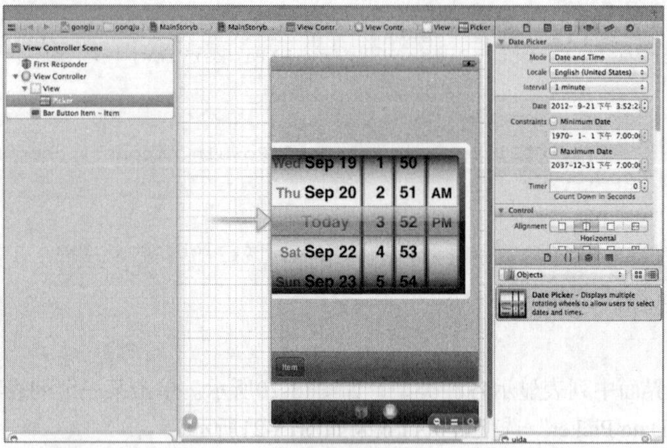

图13-23 在AttributesInspector中配置日期选择器的外观

我们可以对日期选择器进行配置，使其以4种模式显示。

- Date&Time（日期和时间）：显示用于选择日期和时间的选项。
- Time（时间）：只显示时间。
- Date（日期）：只显示日期。
- Timer（计时器）：显示类似于时钟的界面，用于选择持续时间。

另外，还可以设置Locale（区域，这决定了各个组成部分的排列顺序）、设置默认显示的日期/时间以及设置日期/时间约束（这决定了用户可选择的范围）。属性Date（日期）被自动设置为您在视图中加入该控件的日期和时间。

2．UIDatePicker的基本操作

UIDatePicker是一个控制器类，封装了UIPickerView，但是它是UIControl的子类，专门用于接收日期、时间和持续时长的输入。日期选取器的各列会按照指定的风格进行自动配置，这样就让开发者不必关心如何配置表盘这样的底层操作。我们也可以对其进行定制，令其使用任何范围的日期：

```
NSDate* _date = [ [ NSDate alloc] initWithString:@"2013-03-07 00:35:00 -0500"];
```

（1）创建日期/时间选取器。

UIDatePicker 使用起来比标准 UIPickerView 更简单。它会根据你指定的日期范围创建自己的数据源。使用它只需要创建一个对象：

```
UIDatePicker *datePicker =
[[ UIDatePicker alloc] initWithFrame:CGRectMake(0.0,0.0,0.0,0.0)];
```

在默认情况下选取会显示目前的日期和时间，并提供几个表盘，分别显示可以选择的月份和日期、小时、分钟，以及上午、下午。因此，用户默认可以选择任何日期和时间的组合。

（2）日期选取器模式。

日期/时间选取器支持4种不同模式的选择方式。通过设置 datePickerMode 属性，可以定义选择模式：

```
datePicker.datePickerMode = UIDatePickerModeTime;
```

支持的模式有如下4种：

```
typedef enum {
    UIDatePickerModeTime,
```

```
    UIDatePickerModeDate,
    UIDatePickerModeDateAndTime,
    UIDatePickerModeCountDownTimer
} UIDatePickerMode;
```

（3）时间间隔。

我们可以将分钟表盘设置为以不同的时间间隔来显示分钟，前提是该间隔要能够让60整除。默认间隔是一分钟。如果要使用不同的间隔，需要改变 minuteInterval属性：

```
datePicker.minuteInterval = 5;
```

（4）日期范围。

我们可以通过设置mininumDate 和 maxinumDate 属性，来指定使用的日期范围。如果用户试图滚动到超出这一范围的日期，表盘会回滚到最近的有效日期。两个方法都需要NSDate 对象作参数：

```
NSDate* minDate = [[NSDate alloc]initWithString:@"1900-01-01 00:00:00 -0500"];
NSDate* maxDate = [[NSDate alloc]initWithString:@"2099-01-01 00:00:00 -0500"];
datePicker.minimumDate = minDate;
datePicker.maximumDate = maxDate;
```

如果两个日期范围属性中任何一个未被设置，则默认行为将会允许用户选择过去或未来的任意日期。这在某些情况下很有用处，例如，当选择生日时，可以是过去的任意日期，但终止于当前日期。也可以使用date属性设置默认显示的日期，例如：

```
datePicker.date = minDate;
```

此外，如果选择了使用动画，则可以用setDate方法设置表盘会滚动到我们指定的日期，例如：

```
[datePicker setDate:maxDate animated:YES];
```

（5）显示日期选择器。

```
[self.view addSubview:datePicker];
```

需要注意的是，选取器的高度始终是216像素，要确定分配了足够的空间来容纳。

（6）读取日期。

```
NSDate* _date = datePicker.date;
```

由于日期选择器是 UIControl的子类（与UIPickerView不同），你还可以在UIControl类的通知结构中挂接一个委托：

```
[datePicker addTarget:self action:@selector(dateChanged:)
forControlEvents:UIControlEventValueChanged ];
```

只要用户选择了一个新日期，我们的动作类就会被调用：

```
-(void)dateChanged:(id)sender{
        UIDatepicker* control = (UIDatePicker*)sender;
NSDate* _date = control.date;
/*添加你自己的响应代码*/
}
```

13.3.2 实战演练——使用 UIDatePicker

UIDatePicker是一个可以用来选择或者设置日期的控件，不过它是像转轮一样的控件，而且是苹果专门为日历做好的控件。除了UIDatePicker控件，还有一种更通用的转轮形的控件：UIPickerView，只不过UIDatePicker控件显示的就是日历，而UIPickerView控件中显示的内容需要我们自己用代码设置。

（1）运行Xcode 6，创建一个Single View Application，假设命名为UIDatePicker Test。然后单击ViewController.xib，打开Interface Builder。拖一个UIDatePicker控件到视图上，如图13-24所示。

（2）然后拖一个按钮在视图上，并修改按钮名称为Select。如图13-25所示。单击按钮后，弹出一个Alert，用于显示用户所作选择。

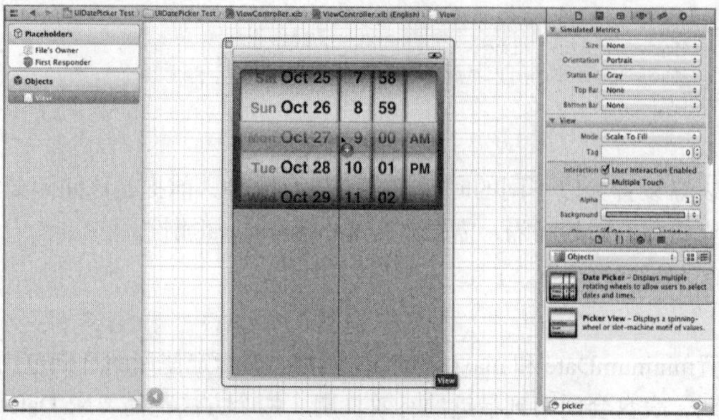

图13-24 拖一个UIDatePicker控件到视图

（3）开始创建映射：打开Assistant Editor，选中UIDatePicker控件，按住Control，拖到ViewController.h中，如图13-26所示。

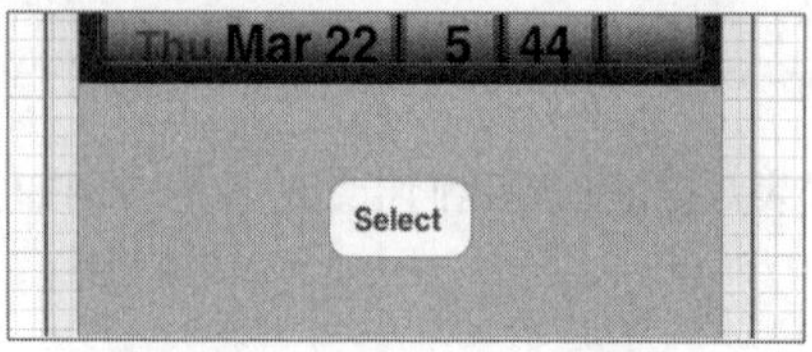

图13-25 拖一个按钮到视图

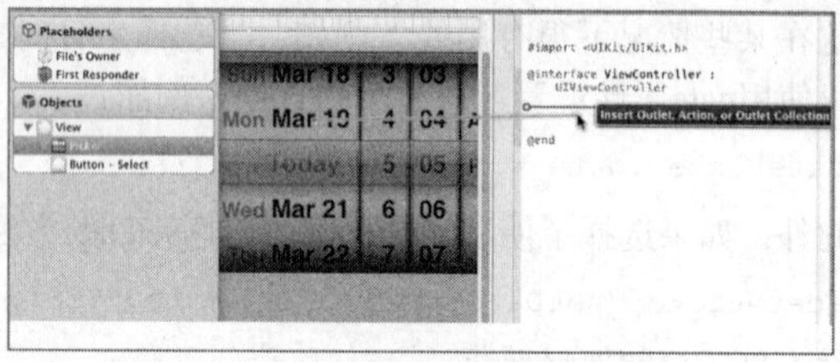

图13-26 创建映射

然后新创建一个Outlet，名称为datePicker，如图13-27所示。

（4）然后以同样的方式为按钮建立一个Action映射，名称为buttonPressed，事件类型为默认的Touch Up Inside。

（5）选中UIDatePicker控件，打开Attribute Inspector，在其中设置Maximum Date为2100-13-31，如图13-28所示。

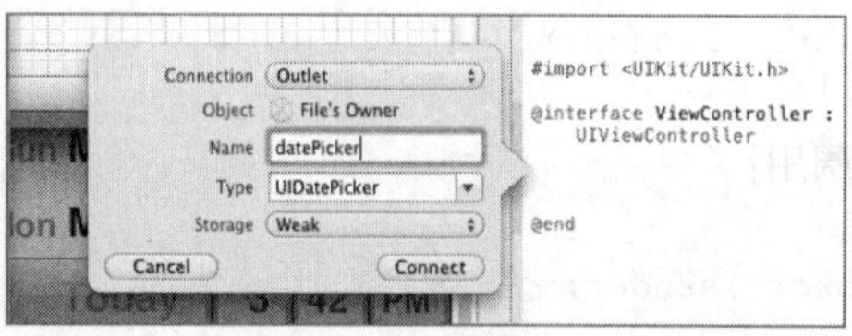

图13-27 新创建一个Outlet

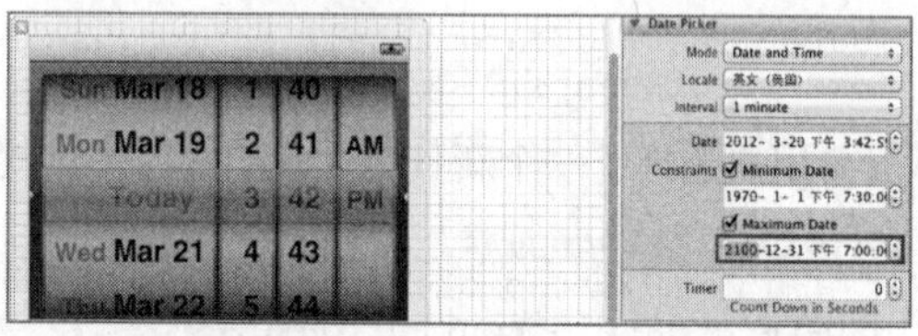

图13-28 Attribute Inspector面板

（6）单击文件ViewController.m，找到buttonPressed方法，在其中添加如下所示的代码：

```
- (IBAction)buttonPressed:(id)sender {
    NSDate *selected = [datePicker date];
    NSDateFormatter *dateFormatter = [[NSDateFormatter alloc] init];
    [dateFormatter setDateFormat:@"yyyy-MM-dd HH:mm +0800"];
    NSString *destDateString = [dateFormatter stringFromDate:selected];

    NSString *message = [[NSString alloc] initWithFormat:
                        @"The date and time you selected is: %@", destDateString];
    UIAlertView *alert = [[UIAlertView alloc]
                          initWithTitle:@"Date and Time Selected"
                          message:message
                          delegate:nil
                          cancelButtonTitle:@"Yes, I did."
```

```
                                   otherButtonTitles:nil];
    [alert show];
}
```

其中NSDate *selected = [datePicker date]用于获得UIDatePicker所选择的日期和时间，后边的3行代码把日期和时间改成东八区的时间格式。

找到viewDidLoad方法，添加如下所示的代码：

```
- (void)viewDidLoad
{
    [super viewDidLoad];
    // Do any additional setup after loading the view, typically from a nib.
    NSDate *now = [NSDate date];
    [datePicker setDate:now animated:NO];
}
```

找到viewDidUnload方法，添加如下所示的代码：

```
- (void)viewDidUnload
{
    [self setDatePicker:nil];
    [super viewDidUnload];
    // Release any retained subviews of the main
view.
    // e.g. self.myOutlet = nil;
    self.datePicker = nil;
}
```

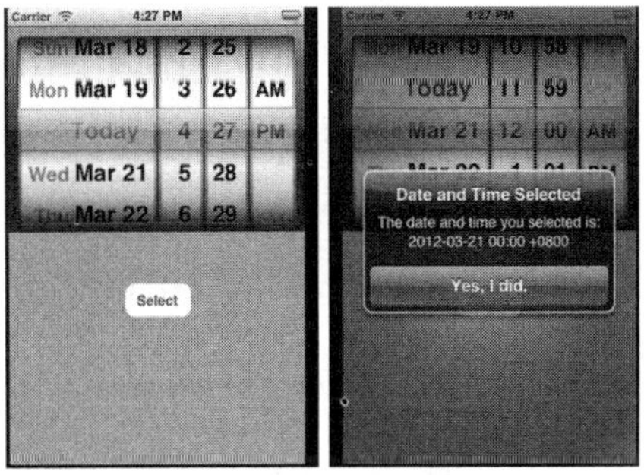

图13-29 执行效果

现在运行我们创建的程序，执行效果如图13-29所示。

13.3.3 实战演练——实现一个日期选择器

在本实例中，使用UIDatePicker实现了一个人日期选择器，该选择器通过模态切换方式显示。本实例的初始场景包含一个输出标签以及一个工具栏，其中输出标签用于显示日期计算的结果，而工具栏包含一个按钮，用户触摸它将触发到第二个场景的手动切换。

实例13-6	实现一个日期选择器
源码与视频路径	光盘:\daima\13\DateCalc

1．创建项目

使用模板Single View Application创建一个项目，并将其命名为“DateCalc”。模板创建的初始场景/视图控制器将包含日期计算逻辑，但我们还需添加一个场景和视图控制器，它们将用于显示日期选择器界面。

（1）添加DateChooserViewController类。

为了使用日期选择器显示日期并在用户选择日期时做出响应，需要在项目中添加一个DateChooserViewController类。为此单击项目导航器左下角的“+”按钮，在弹出的对话框中选择iOS Cocoa Touch和图标UIViewController subclass，再单击“Next”按钮。在下一个屏幕中输入名称DateChooserViewController。在最后一个设置屏幕中，从Group下拉列表中选择项目代码编组，然后再单击“Create”按钮。

（2）添加Date Chooser场景并关联视图控制器。

在Interface Builder编辑器中打开文件MainStoryboard.storyboard，使用快捷键“Control+Option+Command+3”打开对象库，并将一个视图控制器拖曳到Interface Builder编辑器的空白区域（或文档大纲区域）。此时项目将包含两个场景，为了将新增的视图控制器关联到DateChooserViewController类，在文档大纲区域中选择第二个场景的View Controller图标，按下快捷键“Option+Command+3”打开Identity Inspector，并从Class下拉列表中选择DateChooserViewController。

选择第一个场景的View Controller图标，并确保仍显示了Identity Inspector。在Identity部分，将视图控制器标签设置为Initial。对第二个场景重复上述操作，将其视图控制器标签设置为Date Chooser。此时的文档大纲区域将显示Initial Scene和Date Chooser Scene。

2．设计界面

打开文件MainStoryboard.storyboard，打开对象库（Control+ Option+ Command+3），并拖曳一个工具栏到该视图底部。在默认情况下，工具栏只包含一个名为item的按钮。双击item，并将其改为“选择日期”。然后从对象库拖拽两个灵活间距栏按钮项（Flexible Space Bar Button Item）到工具栏中，并将它们分别放在按钮“选择日期”两边。这将让按钮“Data Chooser View Controller”位于工具栏中央。

在视图中央添加一个标签，使用Attributes Inspector (Option+Command+4)增大标签的字体，并且让文本居中显示，并将标签扩大到至少能够容纳5行文本。将文本改为“没有选择”，最终的视图如图13-30所示。

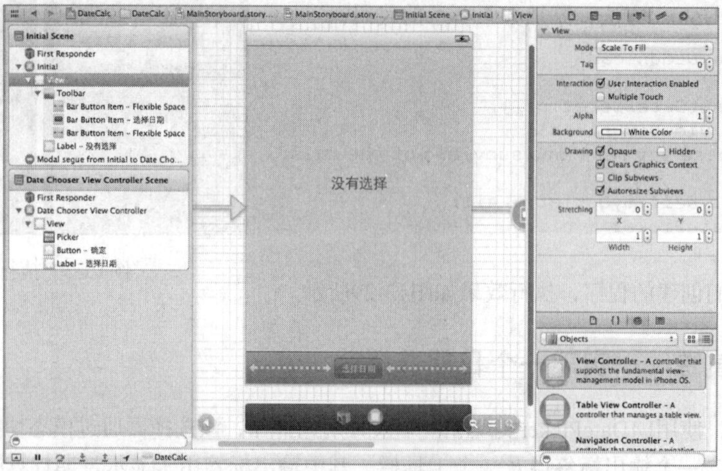

图13-30 设计的UI图

然后选择该场景的视图，并将其背景色设置为Scroll View Texted Background Color。拖曳一个日选择器到视图顶部。如果创建的是该应用程序的iPad版，该视图最终将显示为弹出框，因此，只有左上角部分可见。然后在日期选择器下方，放置一个标签，并将其文本改为“选择日期”。最后，如果创建的是该应用程序的iPhone版，拖曳一个按钮到视图底部，它将用于关闭日期选择场景。将该按钮的标签设置为“确定”，图13-31显示了设计的日期选择界面。

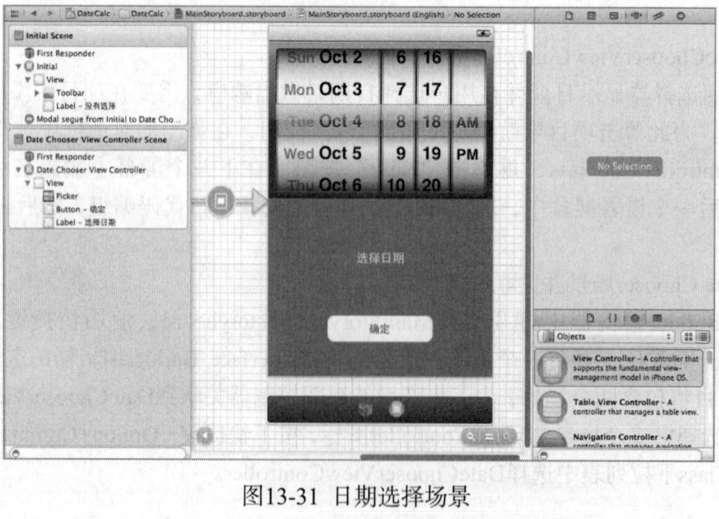

图13-31 日期选择场景

3. 创建切换

按住Control键，从初始场景的视图控制器拖曳到日期选择场景的视图控制器。在Xcode中选择Modal (iPhone)或Popover (iPad)，这样在文档大纲区域的初始场景中会新增一行，其内容为Segue from UIViewController to DateChooseViewController。选择这行并打开Attributes Inspector(Option+ Command+4)，以配置该切换。然后给切换指定标识符toDateChooser。

4. 创建并连接输出口和操作

本实例的每个场景都需要建立两个连接：初始场景是一个操作和一个输出口，而日期选择场景是两个操作。这些输出口和操作如下所述。

- outputLabel (UILabel)：该标签在初始场景中显示日期计算的结果。
- showDateChooser：这是一个操作方法，由初始场景中的栏按钮项触发。
- dismissDateChooser：这是一个操作方法，由日期选择场景中的Done按钮触发。
- setDateTime：这是一个操作方法，在日期选择器的值发生变化时触发。

切换到助手编辑器，并首先连接初始场景的输出口。

（1）添加输出口

选择初始场景中的输出标签，按住Control键并从该标签拖曳到文件ViewController.h中编译指令@interface下方。在Xcode提示时，创建一个名为outputLabel的新输出口。

（2）添加操作

在本实例中，除了一个连接是输出口外，其他连接都是操作。在初始场景中，按住Control键并从按钮“选择日期”拖曳到文件ViewController.h中属性定义的下方。在Xcode提示时，添加一个名为showDateChooser的新操作。

然后切换到第二个场景（日期选择场景），按住Control键，并从日期选择器拖曳到文件DateChooserViewController.h中编译指令@interface下方。在Xcode提示时，新建一个名为setDateTime的操作，并将触发事件指定为Value Changed。如果开发的是该应用程序的iPad版，至此创建并连接操作和输出口的工作就完成了，用户将触摸弹出框的外面来关闭弹出框。如果创建的是iPhone版，还需按住Control键，并从按钮Done拖曳到文件DateChooserView Controller.h，以创建由该按钮触发的操作dismissDateChooser。

5. 实现场景切换逻辑

在应用程序逻辑中，需要处理两项主要任务。首先，需要处理初始场景的视图控制器和日期选择场景的视图控制器之间的交互：其次，需要计算并显示两个日期相差多少天。首先来处理视图控制器之间的通信。

（1）导入接口文件

在这个示例项目中，类ViewController和类DateChooserViewController需要彼此访问对方的属性。

在文件ViewController.h中，在#import语句下方添加如下代码行：

```
#import  "DateChooserViewController.h"
```

同样在文件DateChooserViewController.h中，添加导入ViewController.h的代码：

```
#import "ViewController.h"
```

添加这些代码行后，这两个类便可彼此访问对方的接口（.h）文件中定义的方法和属性了。

（2）创建并设置属性delegate

除了让这两个类彼此知道对方提供的方法和属性外，还需提供一个属性，让日期选择视图控制器能够访问初始场景的视图控制器，它将通过该属性调用初始场景的iPad控制器中的日期计算方法，并在自己关闭时指出这一点。

如果该项目只使用模态切换，则可使用DateChooserViewController的属性presentingView。

Controller来获取初始场景的视图控制器，但该属性不适用于弹出框。为了保持模态实现和弹出框的实现一致，将给类DateChooserViewController添加一个delegate属性：

```
@property (strong, nonatomic) id delegate;
```

上述代码定义了一个类型为id的属性，这意味着它可以指向任何对象，就像Apple类内置的delegate属性一样。

接下来，修改文件DateChooserViewController.m，在@implementation后面添加配套的变异指令@synthesize：

```
@synthesize delegate;
```

最后执行清理工作，将该实例变量/属性设置为nil。需要在文件DateChooserViewController.m的方法viewDidUnload中添加如下代码行：

```
[self setDelegate:nil];
```

要想设置属性delegate，可以在ViewController.m的方法prepareForSegue:sender中实现。当初始场景和日期选择场景之间的切换被触发时会调用这个方法。修改文件ViewController.h，在其中添加该方法，具体代码如下所示：

```
- (void)prepareForSegue:(UIStoryboardSegue *)segue sender:(id)sender {
    ((DateChooserViewController *)segue.destinationViewController).delegate=self;
}
```

通过上述代码，将参数segue的属性destinationViewController强制转换为一个DateChooserViewController，并将其delegate属性设置为self，即初始场景的VewController类的当前实例。

（3）处理初始场景和日期选择场景之间的切换

在这个应用程序中，切换是在视图控制器之间，而不是对象和视图控制器之间创建的。通常将这种切换称为“手工”切换，因为需要在方法showDateChooser中使用代码来触发它。在触发场景时，首先需要检查当前是否显示了日期选择器，这是通过一个布尔属性（dateChooserVisible）进行判断。因此，需要在ViewController类中添加该属性。为此，修改文件ViewController.h，在其中包含该属性的定义：

```
@property (nonatomic) Boolean dateChooserVisible;
```

布尔值不是对象，因此声明这种类型的属性／变量时，不需要使用关键字strong，也无需在使用完后将其设置为nil。然而确实需要在文件ViewController.m中添加配套的编译指令@synthesize:

```
@synthesize dateChooserVisible;
```

接下来，实现方法showDateChooser，使其首先核实属性dateChooserVisible不为YES，再调用performSegueWithIdentifier:sender启动到日期选择场景的切换，然后将属性dateChooserVisible设置为YES，以便我们知道当前显示了日期选择场景。这个功能是通过文件ViewController.m中的方法showDateChooser实现的，具体代码如下所示：

```
- (IBAction)showDateChooser:(id)sender {
    if (self.dateChooserVisible!=YES) {
        [self performSegueWithIdentifier:@"toDateChooser" sender:sender];
        self.dateChooserVisible=YES;
    }
}
```

此时可以运行该应用程序，并触摸“选择日期”按钮显示日期选择场景。但是用户将无法关闭模态的日期选择场景，因为还没有给“确定”按钮触发的操作编写代码。下面开始实现当用户单击日期选择场景中的Done时关闭该场景。前面已经建立了到操作dismissDateChooser的连接，因此，只需在该方法中调用dismissViewControllerAnimated:completion即可。这一功能是通过文件DateChooserViewController.m中的方法dismissDateChooser实现的，其实现代码如下所示：

```
- (IBAction)dismissDateChooser:(id)sender {
    [self dismissViewControllerAnimated:YES completion:nil];
}
```

6．实现日期计算逻辑

为了实现日期选择器，最核心的工作是编写calculateDateDifference的代码。为了实现我们制定的目标（显示当前日期与选择器中的日期相差多少天），需要完成如下3个工作。

- 获取当前的日期。
- 显示日期和时间。
- 计算这两个日期之间相差多少天。

在具体编写代码之前，先来看看完成这些任务所需的方法和数据类型。

（1）获取日期

为了获取当前的日期并将其存储在一个NSDate对象中，只需使用date方法初始化一个NSDate。在初始化这种对象时，它默认存储当前日期。这意味着完成第一项任务只需一行代码即可实现。

```
todaysDate=[NSDate date];
```

（2）显示日期和时间

显示日期和时间比获取当前日期要复杂。由于将在标签（UILabel）中显示输出，并且知道它将如何显示在屏幕上，因此真正的问题是，如何根据NSDate对象获得一个字符串并设置其格式？

有趣的是，有一个为我们处理这项工作的类！我们将创建并初始化一个NSDateFormatter对象；然后使用该对象的setDateFormat和一个模式字符串创建一种自定义格式；最后调用NSDateFormatter的另一个方法stringFromDate将这种格式应用于日期，这个方法接收一个NSDate作为参数，并以指定格式返回一个字符串。

假如已经将一个NDDate存储在变量todaysDate中，并要以"月份，日，年 小时：分：秒（AM或PM）的格式输出，则可使用如下代码：

```
dateFormat=  [[NSDateFormatter alloc]  init];
[dateFormat setDateFormat:@ "MMMM d,yyyy hh:mm:ssa"];
todaysDateString=[dateFormat stringFromDate:todaysDate];
```

首先，分配并初始化了一个NSDateFormatter对象，再将其存储到dateFormat中；然后将字符串@"MMMMd，yyyy hh：mm:ssa"用作格式化字符串以设置格式；最后使用dateFormat对象的实例方法stringFromDate生成一个新的字符串，并将其存储在todaysDateString中。

注意： 可用于定义日期格式的字符串是在一项Unicode标准中定义的，该标准可在如下网址找到：

http://unicode.org/reports/tr35/tr356.html#Date_Format_Pattems.

对这个示例中使用的模式解释如下。

- MMMM：完整的月份名。
- d：没有前导零的日期。
- YYYY:4位的年份。
- hh：两位的小时（必要时加上前导零）。
- mm：两位的分钟。
- ss：两位的秒。
- a：AM或PM。

（3）计算两个日期相差多少天

要想计算两个日期相差多少天，可以使用NSDate对象的实例方法timeIntervalSinceDate实现，而无需进行复杂的计算。这个方法返回两个日期相差多少秒，假如有两个NSDate对象：todaysDate和futureDate，可以使用如下代码计算它们之间相差多少秒：

```
NSTimelnterval difference;
    difference=[todaysDate timeIntervalSinceDate:futureDate];
```

（4）实现日期计算和显示

为了计算两个日期相差多少天并显示结果，我们在ViewController.m中实现方法calculateDateDifference，它接受一个参数（chosenDate）。编写该方法后，我们在日期选择视图控制器中编写调用该方法的代码，而这些代码将在用户使用日期选择器时被执行。

首先，在文件ViewController.h中，添加日期计算方法的原型：

```
- (void) calculateDateDifference: (NSDate *)chosenDate;
```

接下来在文件ViewController.m中添加方法calculateDateDifference，其实现代码如下所示：

```
- (void)calculateDateDifference:(NSDate *)chosenDate {
    NSDate *todaysDate;
  NSString *differenceOutput;
  NSString *todaysDateString;
    NSString *chosenDateString;
  NSDateFormatter *dateFormat;
  NSTimeInterval difference;

  todaysDate=[NSDate date];
  difference = [todaysDate timeIntervalSinceDate:chosenDate] / 86400;

  dateFormat = [[NSDateFormatter alloc] init];
  [dateFormat setDateFormat:@"MMMM d, yyyy hh:mm:ssa"];
  todaysDateString = [dateFormat stringFromDate:todaysDate];
    chosenDateString = [dateFormat stringFromDate:chosenDate];

  differenceOutput=[[NSString alloc] initWithFormat:
                    @"选择的日期 (%@) 和今天 (%@) 相差: %1.2f天",
                    chosenDateString,todaysDateString,fabs(difference)];
  self.outputLabel.text=differenceOutput;
}
```

上述代码的具体实现流程如下所示。

- 声明将要使用的todaysDateStringe存储当前日期，differenceOutput是最终要显示给用户的经过格式化的字符串；todaysDateString包含当前日期的格式化版本；chosenDateString将存储传递给这个方法的日期的格式化版本；dateFormat是日期格式化对象，而difference是一个双精度浮点数变量，用于存储两个日期相差的秒数。
- 给todaysDate分配内存，并将其初始化为一个新的NSDate对象。这将自动把当前日期和时间存储到这个对象中。
- 使用timeIntervalSinceDate计算todaysDate和[sender date]之间相差多少秒。sender将是日期选择器对象，而date方法命令UIDatePicker实例以NSDate对象的方式返回其日期和时间，这给我们要实现的方法提供了所需的一切。将结果除以86400并存储到变量difference中。86400是一天的秒数，这样便能够显示两个日期相差的天数而不是秒数。
- 创建一个新的日期格式器（NSDateFormatter）对象，再使用它来格式化todaysDate和chosenDate，并将结果存储到变量todaysDateString和chosenDateString中。
- 设置最终输出字符串的格式：分配一个新的字符串变量（differenceOutput）。
- 使用initWithFormat对其进行初始化。提供的格式字符串包含要向用户显示的消息以及占位符%@和%1.2f, 这分别表示字符串以及带一个前导零和两位小数的浮点数。这些占位符将替换为todayDateString、chosenDateString，以及两个日期相差的天数的绝对值（fabs (difference)）。
- 对我们加入视图中的标签differenceResult进行更新，使其显示differenceOutput存储的值。

（5）输出更新

为了完成该项目，需要添加调用calculateDateDifference的代码，以便在用户选择日期时更新输出。实际上需要在两个地方调用calculateDateDifference：用户选择日期时以及显示日期选择场景时。在第二种情况下，用户还未选择日期，且日期选择器显示的是当前日期。在文件DateChooserViewController.m

中，设置方法setDateTime的实现代码如下所示：

```
- (IBAction)setDateTime:(id)sender {
    [(ViewController*)delegate calculateDateDifference:((UIDatePicker*)sender).date];
}
```

这样通过属性delegate来访问ViewController.m中的方法calculateDateDifferenc，并将日期选择器的date属性传递给这个方法。不幸的是，如果用户在没有显式选择日期的情况下退出选择器，将不会进行日期计算。

此时可以假定用户选择的是当前日期，为了处理这种隐式选择，可以在文件DateChooserViewController.m中设置方法viewDidAppear，此方法的实现代码如下所示：

```
-(void)viewDidAppear:(BOOL)animated {
    [(ViewController *)self.delegate calculateDateDifference:[NSDate date]];
}
```

上述的代码与方法setDateTime相同，但是传递的是包含当前日期的NSDate对象，而不是日期选择器返回的日期。这确保即使用户马上关闭模态场景或弹出框，也将显示计算得到的结果。

到此为止，本日期选择器实例全部介绍完毕，执行后的效果如图13-32所示。

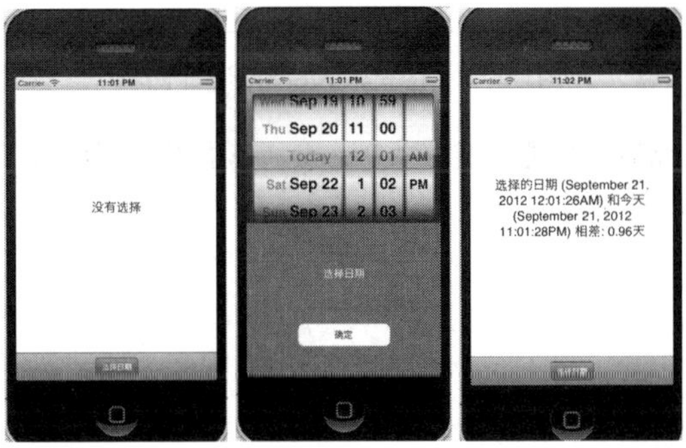

图13-32　执行效果

13.3.4 实战演练——使用UIDatePicker控件（基于Swift实现）

在本节的内容中，将通过一个具体实例的实现过程，详细讲解基于Swift语言使用UIDatePicker控件的过程。

实例13-7	使用UIDatePicker控件
源码与视频路径	光盘:\daima\13\inlineDatePicker

（1）打开Xcode 6.1，然后创建一个名为“inlineDatePicker”的工程，工程的最终目录结构如图13-33所示。

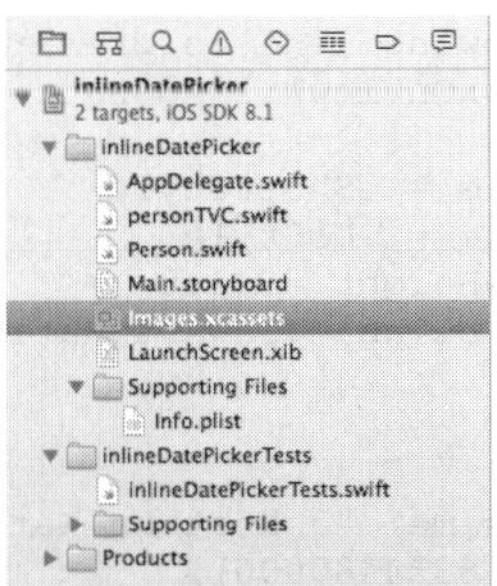

图13-33　工程的目录结构

（2）在Main.storyboard设计面板中分别插入TableView和UIDatePicker控件，如图13-34所示。

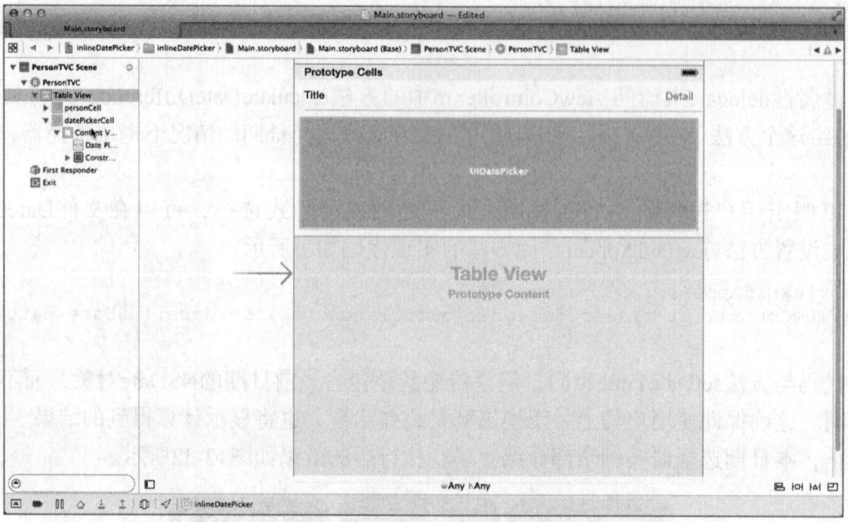

图13-34 Main.storyboard设计面板

（3）编写类文件Person.swift，功能是定义类Person，在里面分别设置了name和data两个变量。文件Person.swift的具体实现代码如下所示：

```
import Foundation
class Person {
    var name: String
    var date: NSDate

    init(name: String, date: NSDate) {
        self.name = name
        self.date = date
    }
}
```

（4）文件的 personTVC.swift功能是，在主界面中创建数据并生成列表显示，当用户单击某一个列表项后，会在下面显示对应的日期和时间格式。文件personTVC.swift的主要实现代码如下所示：

```
import UIKit
class personTVC: UITableViewController {
    let kDatePickerTag = 2
    let kPersonCellID = "personCell"
    let kDatePickerCellID = "datePickerCell"
    var data: [Person] = []
    var dateFormatter = NSDateFormatter()
    var datePickerIndexPath: NSIndexPath?
    override func viewDidLoad() {
        super.viewDidLoad()
        // Uncomment the following line to preserve selection between presentations
        // self.clearsSelectionOnViewWillAppear = false
        createUselessData()
        dateFormatter.dateStyle = .ShortStyle
        dateFormatter.timeStyle = .NoStyle
        tableView.estimatedRowHeight = 44.0
        tableView.rowHeight = UITableViewAutomaticDimension
    }
    // 创建用户数据
    func createUselessData() {
        let person1 = Person(name: "Johnathan Watson", date:
NSDate(timeIntervalSince1970: 6324480000))
        let person2 = Person(name: "Hazel Lindsey", date: NSDate(timeIntervalSince1970:
123456789))
```

```
        let person3 = Person(name: "Lola Paul", date: NSDate(timeIntervalSince1970:
2349872398))
        let person4 = Person(name: "Lynn Walsh", date: NSDate(timeIntervalSince1970:
6524480000))
        let person5 = Person(name: "Jacqueline Ramos", date:
NSDate(timeIntervalSince1970: 2952972398))
        let person6 = Person(name: "Bobbie Casey", date: NSDate(timeIntervalSince1970:
6354580800))
        data.append(person1)
        data.append(person2)
        data.append(person3)
        data.append(person4)
        data.append(person5)
        data.append(person6)
    }
    func hasInlineDatePicker() -> Bool {
        if (datePickerIndexPath != nil) {
            return true
        } else {
            return false
        }
    }
//显示列表导航索引
    func displayInlinePickerAtIndexPath(indexPath: NSIndexPath) {
        tableView.beginUpdates()
        datePickerIndexPath = indexPath
        tableView.insertRowsAtIndexPaths([indexPath], withRowAnimation:
UITableViewRowAnimation.Fade)
        tableView.endUpdates()
    }
    func hidePickerCell() {
        tableView.beginUpdates()
        tableView.deleteRowsAtIndexPaths([datePickerIndexPath!], withRowAnimation:
UITableViewRowAnimation.Fade)
        datePickerIndexPath = nil
        tableView.endUpdates()
    }
    // MARK: - Table view data source
    override func numberOfSectionsInTableView(tableView: UITableView) -> Int {
        return 1
    }
    override func tableView(tableView: UITableView, numberOfRowsInSection section: Int)
-> Int {
        var rows = data.count
        if (hasInlineDatePicker()) {
            rows++
        }
        return rows
    }
    override func tableView(tableView: UITableView, cellForRowAtIndexPath indexPath:
NSIndexPath) -> UITableViewCell {

        if (datePickerIndexPath?.row == indexPath.row) {
            let person = data[indexPath.row-1]
            let cell = tableView.dequeueReusableCellWithIdentifier(kDatePickerCellID,
forIndexPath: indexPath) as UITableViewCell
            let targetedDatePicker = cell.viewWithTag(kDatePickerTag) as UIDatePicker
            targetedDatePicker.setDate(person.date, animated: false)
            return cell
        } else {
            var modelRow = indexPath.row
            if (datePickerIndexPath != nil && datePickerIndexPath?.row <= indexPath.row) {
                modelRow--
            }
            let cell = tableView.dequeueReusableCellWithIdentifier(kPersonCellID,
forIndexPath: indexPath) as UITableViewCell
            let person = data[modelRow] as Person
            cell.textLabel.text = person.name
```

```
            cell.detailTextLabel!.text = dateFormatter.stringFromDate(person.date)
            return cell
        }
    }
    override func tableView(tableView: UITableView, didSelectRowAtIndexPath indexPath:
NSIndexPath) {
        let cell = tableView.cellForRowAtIndexPath(indexPath)
        var newPickerRow = Int()
        var currentPickerRow: Int?
        newPickerRow = indexPath.row + 1
        if hasInlineDatePicker() {
            currentPickerRow = datePickerIndexPath?.row
            if (newPickerRow > currentPickerRow) {
                newPickerRow -= 1
            }
            hidePickerCell()
            if (newPickerRow == currentPickerRow) {
                return
            }
        }
        let pickerIndexPath = NSIndexPath(forRow: newPickerRow, inSection: 0)
        displayInlinePickerAtIndexPath(pickerIndexPath)
    }
      // 改日期和时间值
      @IBAction func datePickerChanged(sender: UIDatePicker) {
        if (hasInlineDatePicker()) {
            let parentCellIndexPath = NSIndexPath(forRow: datePickerIndexPath!.row-1,
inSection: 0)
            let person = data[parentCellIndexPath.row]
            person.date = sender.date

            if let parentCell = tableView.cellForRowAtIndexPath(parentCellIndexPath) {
                parentCell.detailTextLabel?.text =
dateFormatter.stringFromDate(sender.date)
            }
        } else {
            return
        }
    }
}
```

到此为止，整个实例介绍完毕。在默认UI主界面中会显示生成的列表项，如图13-35所示。单击UI主界面中某一个列表项后的执行效果如图13-36所示。

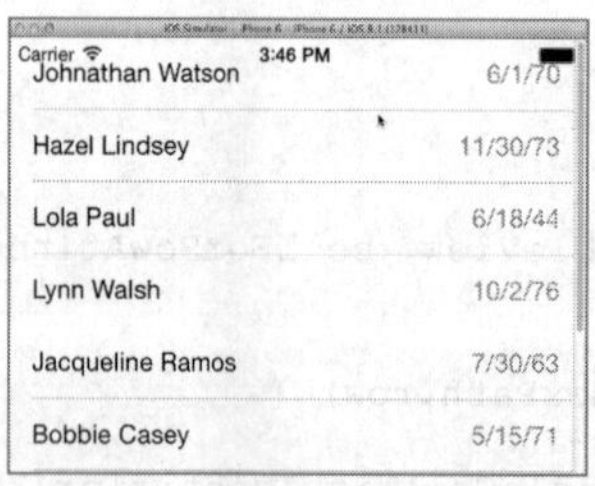

图13-35 默认主界面

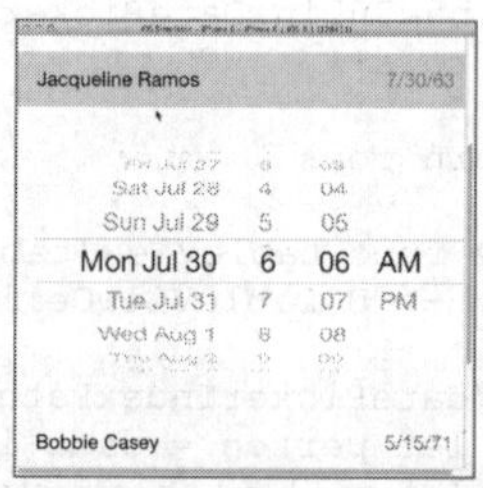

图13-36 单击某个列表项后的界面

第 14 章

表视图（UITable）

在本章将介绍一个重要的iOS界面元素：表视图。在本章前面的实例中，已经多次用到了表视图的功能。表视图让用户能够有条不紊地在大量信息中导航，这种UI元素相当于分类列表，类似于浏览iOS通信录时的情形。希望通过本章内容的学习，为读者步入本书后面知识的学习打下基础。

14.1 表视图基础

与本书前面介绍的其他视图一样，表视图UITable也用于放置信息。使用表视图可以在屏幕上显示一个单元格列表，每个单元格都可以包含多项信息，但仍然是一个整体。并且可以将表视图划分成多个区（section），以便从视觉上将信息分组。表视图控制器是一种只能显示表视图的标准视图控制器，可以在表视图占据整个视图时使用这种控制器。通过使用标准视图控制器可以根据需要在视图中创建任意尺寸的表，只需将表的委托和数据源输出口连接到视图控制器类即可。在本节的内容中，将首先讲解表视图的基本知识。

14.1.1 表视图的外观

在iOS中有两种基本的表视图样式：无格式（plain）和分组，如图14-1所示。

无格式表不像分组表那样在视觉上将各个区分开，但通常带可触摸的索引（类似于通信录）。因此，它们有时称为索引表。我们将使用Xcode指定的名称（无格式/分组）来表示它们。

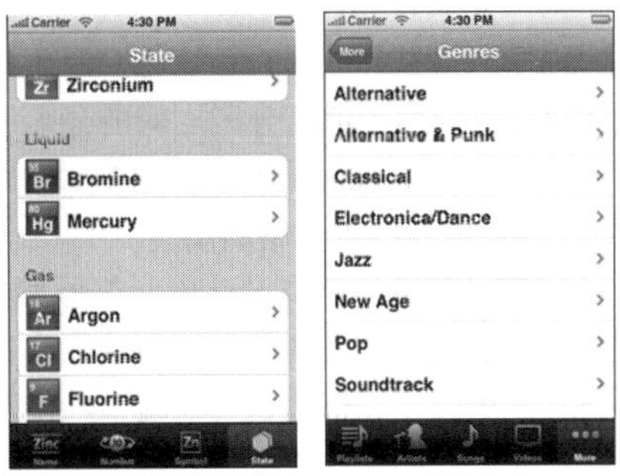

分组表　　无格式表

图14-1 两种格式

14.1.2 表单元格

表只是一个容器，要在表中显示内容，您必须给表提供信息，这是通过配置表视图（UITableViewCell）实现的。在默认情况下，单元格可显示标题、详细信息标签（detail label）、图像和附属视图（accessory），其中附属视图通常是一个展开箭头，告诉用户可通过压入切换和导航控制器挖掘更详细的信息，图14-2显示了一种单元格布局，其中包含前面说的所有元素。

其实除了视觉方面的设计外，每个单元格都有独特的标识符。这种标识符被称为重用标识符，（reuse identifier）用于在编码时引用单元格；配置表视图时，必须设置这些标识符。

图14-2 表由单元格组成

14.1.3 添加表视图

要在视图中添加表格，可以从对象库拖曳UITableView到视图中。

添加表格后，可以调整大小，使其赋给整个视图或只占据视图的一部分。如果拖曳一个UITableView Controller到编辑器中，将在故事板中新增一个场景，其中包含一个填满整个视图的表格。

1．设置表视图的属性

添加表视图后，就可以设置其样式了。为此，可以在Interface Builder编辑器中选择表视图，再打开Attributes Inspector（Option+ Command+ 4），如图14-3所示。

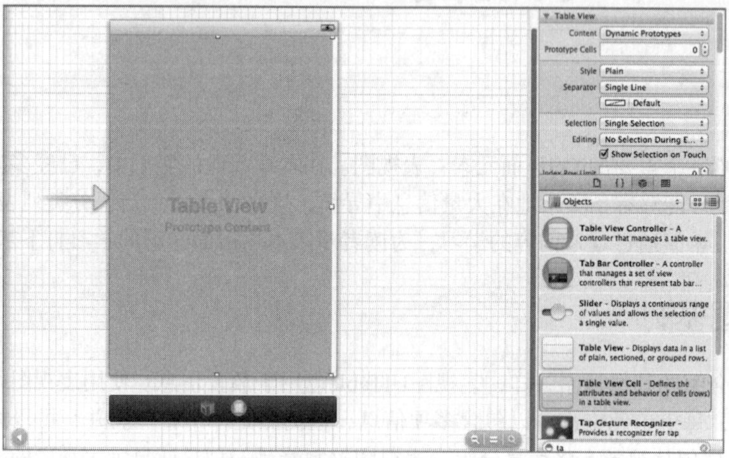

图14-3　设置表视图的属性

第一个属性是Content，它默认被设置为Dynamic Prototypes（动态原型），这表示可以在Interface Builder中以可视化方式设计表格和单元格布局。使用下拉列表Style选择表格样式Plain或Grouped；下拉列表Separator用于指定分区之间的分隔线的外观，而下拉列表Color用于设置单元格分隔线的颜色。设置Selection和Editing用于设置表格被用户触摸时的行为。

2．设置原型单元格的属性

设置好表格后需要设计单元格原型。要控制表格中的单元格，必须配置要在应用程序中使用的原型单元格。在添加表视图时，默认只有一个原型单元格。要编辑原型，首先在文档大纲中展开表视图，再选择其中的单元格（也可在编辑器中直接单击单元格）。单元格呈高亮显示后，使用选取手柄增大单元格的高度。其他设置都需要在Attributes Inspector中进行，如图14-4所示。

在Attributes Inspector中，第一个属性用于设置单元格样式。要使用自定义样式，必须建一个UITableViewCell子类，大多数表格都使用如下所示的标准样式之一。

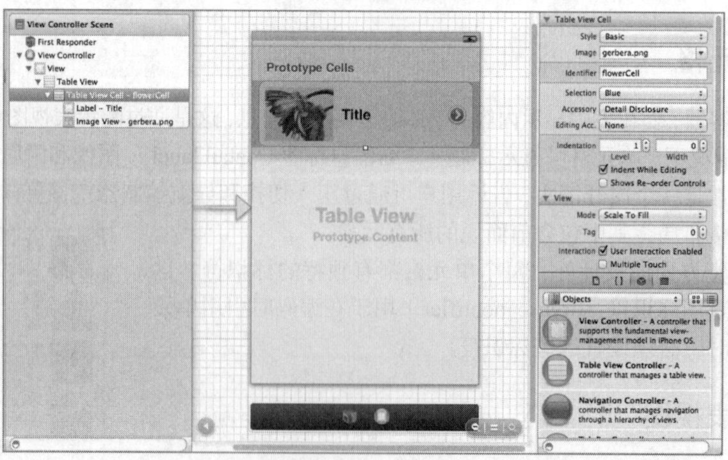

图14-4　配置原型单元格

- Basic：只显示标题。
- Right Detail：显示标题和详细信息标签，详细信息标签在右边。
- Left Detail：显示标题和详细信息标签，详细信息标签在左边。
- Subtitle：详细信息标签在标题下方。

设置单元格样式后，可以选择标题和详细信息标签。为此可以在原型单元格中单击它们，也可以在文档大纲的单元格视图层次结构中单击它们。选择标题或详细信息标签后，就可以使用Attributes Inspector定制它们的外观。

使用下拉列表Image在单元格中添加图像，当然项目中必须有需要显示的图像资源，在原型单元格中设置的图像以及标题/详细信息标签不过是占位符，将替换为在代码中指定的实际数据。下拉列表Selection和Accessory分别用于配置选定单元格的颜色，以及添加到单元格右边的附属图形（通常是展开箭头）。除Identifier外，其他属性都用于配置可编辑的单元格。

如果不设置Identifier属性，就无法在代码中引用原型单元格并显示内容。可以将标识符设置为任何字符串，例如Apple在其大部分示例代码中都使用Cell。如果添加了多个设计不同的原型单元格，则必须给每个原型单元格指定不同的标识符。这就是表格的外观设计。

3．表视图数据源协议

表视图数据源协议（UITableViewDataSource）包含了描述表视图将显示多少信息的方法，并将UITableViewCell对象提供给应用程序进行显示。这与选择器视图不太一样，选择器视图的数据源协议方法只提供要显示的信息量。以下4个是最有用的数据源协议方法。

- numberofSectionsInTableView：返回表视图将划分成多少个分区。
- tableView:numberOfRowsInSection：返回给定分区包含多少行。分区编号从0开始。
- tableView:titleForHeaderInSection：返回一个字符串，用作给定分区的标题。
- tableView:cellForRowAtIndexPath：返回一个经过正确配置的单元格对象，用于显示在表视图指定的位置。

假设要创建一个表视图，它包含两个标题分别为One和Tow的分区，其中第一个分区只有一行，而第二个分区包含两行。为了指定这样的设置，可以使用前3个方法实现，例如下面的代码：

```
- (NSInteger)numberOfSectionsInTableView:(UITableView *)tableView
{
    return 2;
}

- (NSInteger)tableView:(UITableView *)tableView
    numberOfRowsInSection:(NSInteger)section
{
   if  (Section==0){
           return 1;
           }
    else {
           return 2;
    }
}

- (NSString *)tableView:(UITableView *)tableView
titleForHeaderInSection:(NSInteger)section {
   if  (Section==0){
            return @"One";
            }
    else {
           return @"Tow";
    }
}
```

在上述代码中，第1～4行实现了方法numberOfSectionsInTableView。这个方法返回2，因此表视图包含两个分区。第6～14行实现了方法tableView:numberOfRowsInSection。在iOS指定的分区编号为0（第一个分区）时，这个方法返回1（第10行）；当分区编号为1（第二个分区）时，这个方法回2（第12行）。第16～24行实现了方法tableView:titleForHeaderInSection。它与前一个方法很像，但是返回的是用作分区标题的字符串。如果分区编号为0，该方法返回One（第20行），否则返回Tow（第22行）。

这3种方法设置了表视图的布局，但是要想给单元格提供内容，必须实现tableView:cellForRowAtIndexPath。iOS将一个NSIndexPath对象传递给这个方法，该对象包含一个section属性和一个row属性，这些属性指定了您应返回的单元格。在这个方法中，需要初始化一个UITableViewCell对象，并设置其属性text、Label、detailTextLabel和imageView，以指定单元格将显示的信息。

下面简单地实现这个方法，例如，下面的代码是方法tableView:cellForRowAtIndexPath的一种实现：

```
- (UITableViewCell *)tableView:(UITableView *)tableView
     cellForRowAtIndexPath:(NSIndexPath *)indexPath
{
    UITableViewCell *cell = [tableView
                    dequeueReusableCellWithIdentifier:@"flowerCell"];

     switch (indexPath.section) {
         case kRedSection:
             cell.textLabel.text=[self.redFlowers
                                objectAtIndex:indexPath.row];
             break;
         case kBlueSection:
             cell.textLabel.text=[self.blueFlowers
                                objectAtIndex:indexPath.row];
             break;
         default:
             cell.textLabel.text=@"Unknown";
    }

     UIImage *flowerImage;
     flowerImage=[UIImage imageNamed:
                 [NSString stringWithFormat:@"%@%@",
                  cell.textLabel.text,@".png"]];
     cell.imageView.image=flowerImage;

     return cell;
}
```

上述代码的具体实现流程如下所示。

（1）声明一个单元格对象，使用根据标识符为Cell的原型单元格初始化它。在这个方法的所有实现中，都应以这些代码行开头。

（2）声明一个UIImage对象（cellImage），并使用项目资源generic.png初始化它。在实际项目中，您很可能在每个单元格中显示不同的图像。

（3）配置第一个分区（indexPath.section==0）的单元格。由于这个分区只包含一行，因此无需考虑查询的是哪行。通过设置属性textLabel、detailTextLabel和imageView给单元格填充数据。这些属性是UILabel和UIImageView实例，因此，对于标签，需要设置text属性，而对于图像视图，需要设置image属性。

（4）配置第二个分区（编号为1）的单元格。然而，对于第二个分区，需要考虑行号，因为它包含两行。因此，检查row属性，看它是0还是1，并相应地设置单元格的内容。

（5）最后返回初始化后的单元格。这就是填充表视图需要做的全部工作，但要在用户触摸单元格时做出响应，需实现UITableViewDelegate协议定义的一个方法。

4．表视图委托协议

表视图委托协议包含多个对用户在表视图中执行的操作进行响应的方法，从选择单元格到触摸展开箭头，再到编辑单元格。此处我们只关心用户触摸并选择单元格，因此，将使用方法tableView:didSelectRowAtIndexPath。通过向方法tableView:didSelectRowAtIndexPath传递一个NSIndexPath对象，指出了触摸的位置。这表示需要根据触摸位置所属的分区和行做出响应，具体过程和上一段代码类似。

14.1.4 UITableView 详解

UITableView主要用于显示数据列表，数据列表中的每项都由行表示，其主要作用如下所示。

- 为了让用户能通过分层的数据进行导航。
- 为了把项以索引列表的形式展示。
- 用于分类不同的项并展示其详细信息。
- 为了展示选项的可选列表。

UITableView表中的每一行都由一个UITableViewCell表示，可以使用一个图像、一些文本、一个可选的辅助图标来配置每个UITableViewCell对象，其模型如图14-5所示。

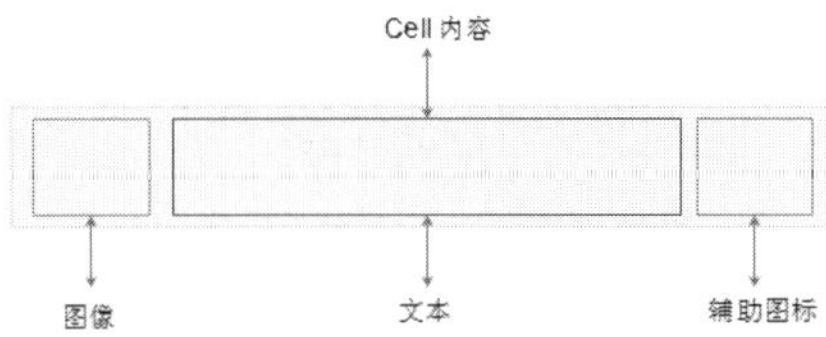

图14-5 UITableViewCell的模型

类UITableViewCell为每个Cell定义了如下所示的属性。

- textLabel：Cell的主文本标签（一个UILabel对象）。
- detailTextLabel：Cell的二级文本标签，当需要添加额外细节时（一个UILabel对象）。
- imageView：一个用来装载图片的图片视图（一个UIImageView对象）。

1. UITableView的初始化

请看下面的代码：

```
UITableView tableview= [[UITableView alloc] initWithFrame:CGRectMake(0, 0, 320, 420)];
 [tableview setDelegate:self];
 [tableview setDataSource:self];
 [self.view addSubview: tableview];
 [tableview release];
```

（1）在初始化UITableView的时候必须实现UITableView的是，在.h文件中要继承UITableViewDelegate和UITableViewDataSource，并实现3个UITableView数据源方法和设置它的delegate为self，这个是在不直接继承UITableViewController时实现的方法。

（2）直接在Xcode生成项目时继承UITableViewController的，它会帮你自动写好UITableView必须要实现的方法。

（3）UITableView继承自UIScrollView。

2. UITableView的数据源

（1）UITableView是依赖外部资源为新表格单元填上内容的，称为数据源，这个数据源可以根据索引路径提供表格单元格，在UITableView中，索引路径是NSIndexPath的对象，可以选择分段或者分行，即是我们编码中的section和row。

（2）UITableView有3个必须实现的核心方法，具体如下所示：

```
-(NSInteger)numberOfSectionsInTableView:(UITableView*)tableView;
```

这个方法可以分段显示或者单个列表显示我们的数据。如图14-6所示。其中左图表示分段显示，右图表示单个列表显示：

图14-6 显示的数据

```
-(NSInteger)tableView:(UITableView*)tableViewnumberOfRowsInSection:(NSInteger)section;
```

这个方法返回每个分段的行数，不同分段返回不同的行数可以用switch来做，如果是单个列表就直接返回单个想要的函数即可：

```
-(UITableViewCell*)tableView:(UITableView*)tableViewcellForRowAtIndexPath:(NSIndexP
ath *)indexPath;
```

这个方法是返回我们调用的每一个单元格。通过我们索引的路径的section和row来确定。

3. UITableView的委托方法

使用委托是为了响应用户的交互动作，比如下拉更新数据和选择某一行单元格，在UITableView中有很多这种方法供开发人员选择。

委托方法讲解。

请看下面的代码：

```
//设置Section的数量
- (NSArray *)sectionIndexTitlesForTableView:(UITableView *)tableView{
 return TitleData;
}
//设置每个section显示的Title
- (NSString *)tableView:(UITableView *)tableViewtitleForHeaderInSection:(NSInteger)
section{
 return @"Andy-11";
}
//指定有多少个分区(Section)，默认为1
- (NSInteger)numberOfSectionsInTableView:(UITableView *)tableView { return 2;
}
//指定每个分区中有多少行，默认为1
- (NSInteger)tableView:(UITableView *)tableViewnumberOfRowsInSection:(NSInteger)
section{
}
//设置每行调用的cell
-(UITableViewCell *)tableView:(UITableView *)tableViewcellForRowAtIndexPath:
(NSIndexPath *)indexPath {
static NSString *SimpleTableIdentifier = @"SimpleTableIdentifier";

    UITableViewCell *cell = [tableViewdequeueReusableCellWithIdentifier:
                            SimpleTableIdentifier];
    if (cell == nil) {
        cell = [[[UITableViewCellalloc] initWithStyle:UITableViewCellStyleDefault
                                        reuseIdentifier:SimpleTableIdentifier]
autorelease];
 }
 cell.imageView.image=image;//未选cell时的图片
 cell.imageView.highlightedImage=highlightImage;//选中cell后的图片
 cell.text=@"Andy-清风";
 return cell;
}
//设置让UITableView行缩进
-(NSInteger)tableView:(UITableView
*)tableViewindentationLevelForRowAtIndexPath:(NSIndexPath *)indexPath{
 NSUInteger row = [indexPath row];
 return row;
}
//设置cell每行间隔的高度
- (CGFloat)tableView:(UITableView *)tableViewheightForRowAtIndexPath:(NSIndexPath
*)indexPath{
    return 40;
}
//返回当前所选cell
NSIndexPath *ip = [NSIndexPath indexPathForRow:row inSection:section];
[TopicsTable selectRowAtIndexPath:ip
animated:YESscrollPosition:UITableViewScrollPositionNone];

//设置UITableView的style
[tableView setSeparatorStyle:UITableViewCellSelectionStyleNone];
//设置选中Cell的响应事件
- (void)tableView:(UITableView *)tableView didSelectRowAtIndexPath:(NSIndexPath*)
indexPath{
 [tableView deselectRowAtIndexPath:indexPath animated:YES];//选中后的反显颜色即刻消失
}
```

```
//设置选中的行所执行的动作

-(NSIndexPath *)tableView:(UITableView *)tableViewwillSelectRowAtIndexPath:
(NSIndexPath *)indexPath
{
    NSUInteger row = [indexPath row];
     return indexPath;
}
//设置滑动cell是否出现del按钮，可供删除数据时进行处理
- (BOOL)tableView:(UITableView *)tableView
canEditRowAtIndexPath:(NSIndexPath*)indexPath {
}
//设置删除时编辑状态
- (void)tableView:(UITableView *)tableView
commitEditingStyle:(UITableViewCellEditingStyle)editingStyle
forRowAtIndexPath:(NSIndexPath *)indexPath
{
}
//右侧添加一个索引表
- (NSArray *)sectionIndexTitlesForTableView:(UITableView *)tableView{
}
```

14.2 实战演练

经过本章前面内容的学习，我们已经了解了iOS中表格视图的基本知识。在本节的内容中，将通过几个具体实例的实现过程，详细讲解在iOS中使用表格视图的技巧。

14.2.1 实战演练——拆分表视图

在本实例中创建了一个表视图，它包含两个分区，这两个分区的标题分别为Red和Blue，且分别包含常见的红色和绿色花朵的名称。除标题外，每个单元格还包含一幅花朵图像和一个展开箭头。用户触摸单元格时，将出现一个提醒视图，指出选定花朵的名称和颜色。

实例14-1	拆分表视图
源码与视频路径	光盘:\daima\14\biaoge

实例文件 ViewController.m的具体实现代码如下所示：

```
#import "ViewController.h"
#define kSectionCount 2
#define kRedSection 0
#define kBlueSection 1
@implementation ViewController
@synthesize redFlowers;
@synthesize blueFlowers;
- (void)didReceiveMemoryWarning
{
    [super didReceiveMemoryWarning];
}
#pragma mark - View lifecycle
- (void)viewDidLoad
{
    self.redFlowers = [[NSArray alloc]
                      initWithObjects:@"aa",@"bb",@"cc",
                      @"dd",nil];
      self.blueFlowers = [[NSArray alloc]
                         initWithObjects:@"ee",@"ff",
                         @"gg",@"hh",@"ii",nil];

    [super viewDidLoad];
}
- (void)viewDidUnload
```

```
{
    [self setRedFlowers:nil];
    [self setBlueFlowers:nil];
    [super viewDidUnload];
}
- (void)viewWillAppear:(BOOL)animated
{
    [super viewWillAppear:animated];
}
- (void)viewDidAppear:(BOOL)animated
{
    [super viewDidAppear:animated];
}
- (void)viewWillDisappear:(BOOL)animated
{
  [super viewWillDisappear:animated];
}
- (void)viewDidDisappear:(BOOL)animated
{
  [super viewDidDisappear:animated];
}
-
(BOOL)shouldAutorotateToInterfaceOrientation:(UIInterfaceOrientation)interfaceOrien
tation
{
    // Return YES for supported orientations
    return (interfaceOrientation != UIInterfaceOrientationPortraitUpsideDown);
}
#pragma mark - Table view data source
- (NSInteger)numberOfSectionsInTableView:(UITableView *)tableView
{
    return kSectionCount;
}
- (NSInteger)tableView:(UITableView *)tableView
    numberOfRowsInSection:(NSInteger)section
{
  switch (section) {
        case kRedSection:
            return [self.redFlowers count];
        case kBlueSection:
            return [self.blueFlowers count];
        default:
            return 0;
    }
}
- (NSString *)tableView:(UITableView *)tableView
titleForHeaderInSection:(NSInteger)section {
    switch (section) {
        case kRedSection:
            return @"红";
        case kBlueSection:
            return @"蓝";
        default:
            return @"Unknown";
    }
}
- (UITableViewCell *)tableView:(UITableView *)tableView
        cellForRowAtIndexPath:(NSIndexPath *)indexPath
{
  UITableViewCell *cell = [tableView
                      dequeueReusableCellWithIdentifier:@"flowerCell"];

    switch (indexPath.section) {
        case kRedSection:
            cell.textLabel.text=[self.redFlowers
                              objectAtIndex:indexPath.row];
            break;
        case kBlueSection:
```

```
            cell.textLabel.text=[self.blueFlowers
                                  objectAtIndex:indexPath.row];
            break;
        default:
            cell.textLabel.text=@"Unknown";
    }

    UIImage *flowerImage;
    flowerImage=[UIImage imageNamed:
                 [NSString stringWithFormat:@"%@%@",
                  cell.textLabel.text,@".png"]];
    cell.imageView.image=flowerImage;

    return cell;
}
#pragma mark - Table view delegate
- (void)tableView:(UITableView *)tableView
            didSelectRowAtIndexPath:(NSIndexPath *)indexPath {
    UIAlertView *showSelection;
    NSString*flowerMessage;

    switch (indexPath.section) {
        case kRedSection:
            flowerMessage=[[NSString alloc]
                           initWithFormat:
                           @"你选择了红色 - %@",
                           [self.redFlowers objectAtIndex: indexPath.row]];
            break;
        case kBlueSection:
            flowerMessage=[[NSString alloc]
                           initWithFormat:
                           @"你选择了蓝色 - %@",
                           [self.blueFlowers objectAtIndex: indexPath.row]];
            break;
        default:
            flowerMessage=[[NSString alloc]
                           initWithFormat:
                           @"我不知道选什么!?"];
            break;
    }

    showSelection = [[UIAlertView alloc]
                     initWithTitle: @"已经选择了"
                     message:flowerMessage
                     delegate: nil
                     cancelButtonTitle: @"Ok"
                     otherButtonTitles: nil];
    [showSelection show];
}
@end
```

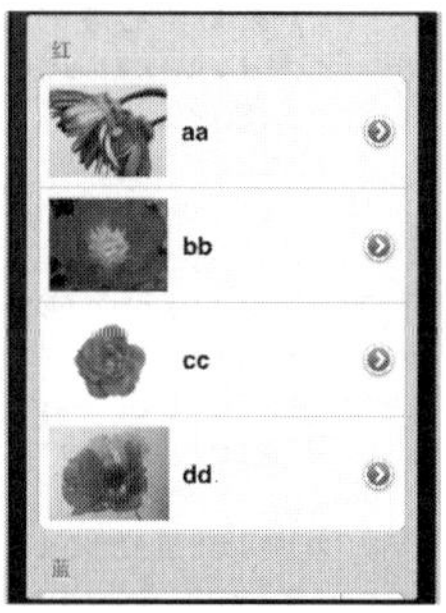

图14-7 执行效果

执行后的效果如图14-7所示。

14.2.2 实战演练——列表显示 18 条数据

在本实例中，创建了各单元显示内容对象tableView，并将表格中列表显示的数据存储在数组dataSource中。通过“cell.textLabel.text”代码设置在单元格中显示 dataSource中的内容，即列表显示18个数据。最后定义了方法 didSelectRowAtIndexPath，通过此方法实现选择某一行数据时的处理动作。

实例14-2	列表显示18条数据
源码与视频路径	光盘:\daima\14\biaoge

实例文件 UIKitPrjSimpleTable.m 的具体实现代码如下所示：

```
#import "UIKitPrjSimpleTable.h"
@implementation UIKitPrjSimpleTable
```

```
- (void)dealloc {
  [dataSource_ release];//画面释放时也需释放保存元素的数组
  [super dealloc];
}
- (void)viewDidLoad {
  [super viewDidLoad];
  //初始化表格元素数值
  dataSource_ = [[NSArray alloc] initWithObjects:
                        @"AAA1", @"AAA2", @"AAA3",
                        @"AAA", @"AAA5", @"AAA6",
                        @"AAA7", @"AAA8", @"AAA9",
                        @"AAA10", @"AAA11", @"AAA12",
                        @"AAA13", @"AAA14", @"AAA15",
                        @"AAA16", @"AAA17", @"AAA18",
                        nil ];
}
//返回表格行数（本例只有单元数）
- (NSInteger)tableView:(UITableView*)tableView numberOfRowsInSection:(NSInteger)
section {
  return [dataSource_ count];
}
//创建各单元显示内容（创建参数indexPath指定的单元）
- (UITableViewCell*)tableView:(UITableView*)tableView
  cellForRowAtIndexPath:(NSIndexPath*)indexPath
{
  //为了提供表格显示性能，已创建完成的单元需重复使用
  static NSString* identifier = @"basis-cell";
  //同一形式的单元格重复使用（基本上各形式相同而内容是不同的）
  UITableViewCell* cell = [tableView dequeueReusableCellWithIdentifier:identifier];
  if ( nil == cell ) {
      //初始为空时必须创建
    cell = [[UITableViewCell alloc] initWithStyle:UITableViewCellStyleDefault
                          reuseIdentifier:identifier];
    [cell autorelease];
  }
  //设置单元格中的显示内容
  cell.textLabel.text = [dataSource_ objectAtIndex:
indexPath.row];
  return cell;
}
- (void)tableView:(UITableView*)tableView didSelectRow
AtIndexPath:(NSIndexPath*)indexPath {
  NSString* message = [dataSource_ objectAtIndex:
indexPath.row];
  UIAlertView* alert = [[[UIAlertView alloc] init]
autorelease];
  alert.message = message;
  [alert addButtonWithTitle:@"OK"];
  [alert show];
}
@end
```

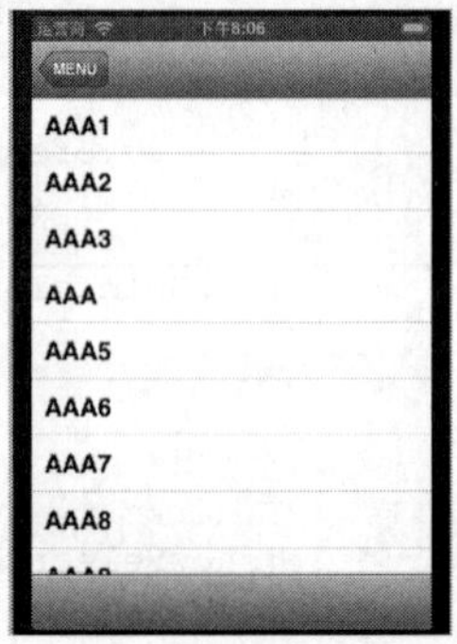

图14-8　执行效果

执行后的效果如图14-8所示。

14.2.3 实战演练——分段显示列表中的数据

在iOS项目中，当使用UITableView控件创建一个表格视图后，可以对列表中的数据实现分段显示。在本实例中，通过方法numberOfSectionsInTableView和 tableView:titleForHeaderInSection实现了分段显示功能。

实例14-3	分段显示列表中的数据
源码与视频路径	光盘:\daima\14\TableSample

实例文件 UIKitPrjSectionTable.m的具体实现代码如下所示：

```
#import "UIKitPrjSectionTable.h"
```

```
@implementation UIKitPrjSectionTable
- (void)dealloc {
  [keys_ release];
  [dataSource_ release];
  [super dealloc];
}
- (id)init {
  if ( (self = [super init]) ) {
    self.title = @"SectionTable"; //追加标题
  }
  return self;
}
- (void)viewDidLoad {
  [super viewDidLoad];
  //创建显示用数据，首先创建段名
  keys_ = [[NSArray alloc] initWithObjects:@"英超", @"西甲", @"意甲", @"德甲", nil];
  //创建各段数据
  NSArray* object1 = [NSArray arrayWithObjects:@"AAA", @"BBB", @"CCC", @"DDD", nil];
  NSArray* object2 = [NSArray arrayWithObjects:@"EEE", @"FFF", nil];
  NSArray* object3 = [NSArray arrayWithObjects:@"GGG", @"HHH", nil];
  NSArray* object4 = [NSArray arrayWithObjects:@"III", @"JJJ", nil];
  NSArray* objects = [NSArray arrayWithObjects:object1, object2, object3, object4,
nil];
  //以段名数组、段数据为参数创建数据资源用的字典实例
  dataSource_ = [[NSDictionary alloc] initWithObjects:objects forKeys:keys_];
}
//返回各段的项目数
- (NSInteger)tableView:(UITableView*)tableView numberOfRowsInSection:(NSInteger)
section {
  id key = [keys_ objectAtIndex:section];
  return [[dataSource_ objectForKey:key] count];
}
//创建indexPath中指定单元实例
- (UITableViewCell*)tableView:(UITableView*)tableView
  cellForRowAtIndexPath:(NSIndexPath*)indexPath
{
  static NSString* identifier = @"basis-cell";
  UITableViewCell* cell = [tableView dequeueReusableCellWithIdentifier:identifier];
  if ( nil == cell ) {
    cell = [[UITableViewCell alloc] initWithStyle:UITableViewCellStyleDefault
                         reuseIdentifier:identifier];
    [cell autorelease];
  }
  //首先取得单元格的段名
  id key = [keys_ objectAtIndex:indexPath.section];
  //返回对应段及对应位置的数据，并设置到单元中
  NSString* text = [[dataSource_ objectForKey:key] objectAtIndex:indexPath.row];
  cell.textLabel.text = text;
  return cell;
}
//返回段的数目
- (NSInteger)numberOfSectionsInTableView:(UITableView*)tableView {
  return [keys_ count];
}
//返回对应段的段名
- (NSString*)tableView:(UITableView*)tableView titleForHeaderInSection:(NSInteger)
section {
  return [keys_ objectAtIndex:section];
}
- (NSArray*)sectionIndexTitlesForTableView:(UITableView*)tableView {
  return keys_;
}
@end
```

执行后的效果如图14-9所示。在上述代码中，如果将UITableView的Style属性设置为UITableViewStyleGrouped，则将以分组的样式演示列表中的数据，如图14-10所示。

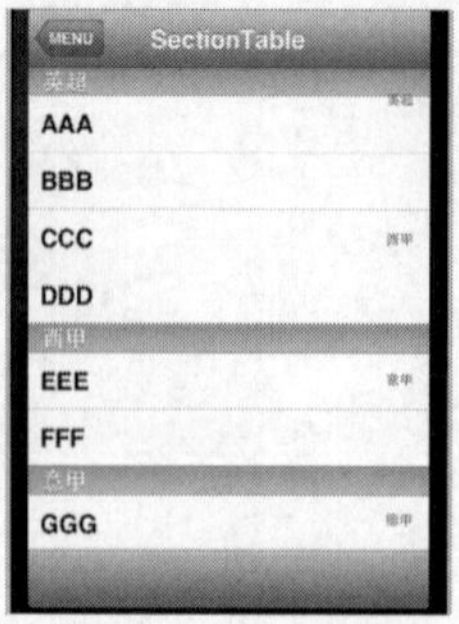

图14-9　执行效果

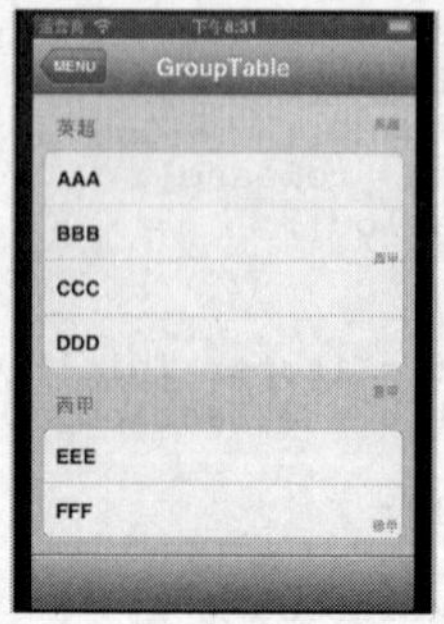

图14-10　分组样式显示

14.2.4 实战演练——删除单元格

在iOS项目中，当使用UITableView控件创建一个表格视图后，可以删除表格中的某一个单元格。在具体实现时，只需要调用UITableView的setEditing:animated方法，将此方法设置为YES后，就会在单元格的左侧显示删除按钮“-”，触摸此删除按钮即可删除这个单元格。另外，当在iOS项目中添加或删除单元格时，可以使用属性UITableViewRowAnimation设置删除单元格时呈现的动画效果，表14-1中列出了UITableViewRowAnimation可以支持的动画效果。

表14-1　UITableViewRowAnimation支持的动画效果

动画效果	描　述
UITableViewRowAnimationFade	单元格淡出
UITableViewRowAnimationRight	单元格从右侧滑出
UITableViewRowAnimationLeft	单元格从左侧滑出
UITableViewRowAnimationTop	单元格滑动到相邻单元格之上
UITableViewRowAnimationBottom	单元格滑动到相邻单元格之下

在本实例中，演示了使用setEditing:animated方法删除单元的过程，并在删除过程中使用UITableViewRowAnimation属性设置了删除时呈现的动画效果。

实例14-4	删除单元格
源码与视频路径	光盘:\daima\14\TableSample

实例文件 UIKitPrjDeleteableRow.m的具体实现代码如下所示：

```
#import "UIKitPrjDeleteableRow.h"
@implementation UIKitPrjDeleteableRow
- (void)dealloc {
  [dataSource_ release];
  [super dealloc];
}
- (void)viewDidLoad {
  [super viewDidLoad];
  dataSource_ = [[NSMutableArray alloc] initWithObjects:
                                @"AAA1", @"AAA2", @"AAA3",
                                @"AAA", @"AAA5", @"AAA6",
                                @"AAA7", @"AAA8", @"AAA9",
                                @"AAA10", @"AAA11", @"AAA12",
                                @"AAA13", @"AAA14", @"AAA15",
                                @"AAA16", @"AAA17", @"AAA18",
                                nil ];
```

```
}
- (void)viewDidAppear:(BOOL)animated {
  [super viewDidAppear:animated];
  [self.tableView setEditing:YES animated:YES];
}
- (NSInteger)tableView:(UITableView*)tableView numberOfRowsInSection:(NSInteger)
section {
  return [dataSource_ count];
}
- (UITableViewCell*)tableView:(UITableView*)tableView
  cellForRowAtIndexPath:(NSIndexPath*)indexPath
{
  static NSString* identifier = @"basis-cell";
  UITableViewCell* cell = [tableView dequeueReusableCellWithIdentifier:identifier];
  if ( nil == cell ) {
    cell = [[UITableViewCell alloc] initWithStyle:UITableViewCellStyleDefault
                         reuseIdentifier:identifier];
    [cell autorelease];
  }
  cell.textLabel.text = [dataSource_ objectAtIndex:indexPath.row];
  return cell;
}
// 单元的追加/删除
- (void)tableView:(UITableView*)tableView
  commitEditingStyle:(UITableViewCellEditingStyle)editingStyle
   forRowAtIndexPath:(NSIndexPath*)indexPath
{
  if ( UITableViewCellEditingStyleDelete == editingStyle ) {
    // 从datasource删除实际数据
    [dataSource_ removeObjectAtIndex:indexPath.row];
    // 删除表格中的单元
    [tableView deleteRowsAtIndexPaths:[NSArray arrayWith
    Object:indexPath]
                    withRowAnimation:UITableViewRow
AnimationLeft];
  }
}
@end
```

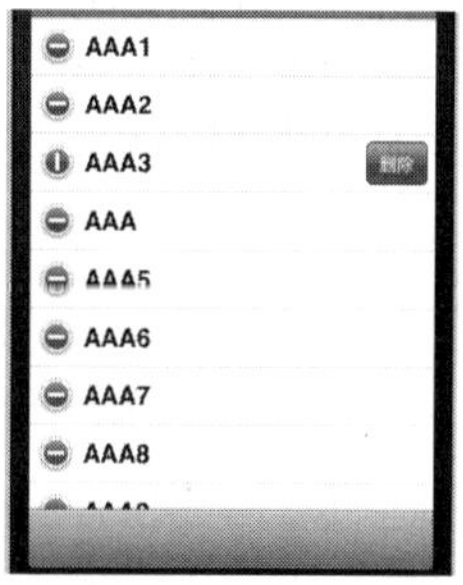

图14-11 执行效果

执行后的效果如图14-11所示。

14.2.5 实战演练——自定义 UITableViewCell

在iOS应用中，我们可以自己定义UITableViewCell的风格，其实原理就是向行中添加子视图。添加子视图的方法主要有两种：使用代码以及从.xib文件加载。当然后一种方法比较直观。在本实例中会自定义一个Cell，使得它像QQ好友列表的一行一样：左边显示一张图片，在图片的右边显示3行标签。

实例14-5	自定义一个UITableViewCell
源码与视频路径	光盘:\daima\14\Custom Cell

（1）运行Xcode，新创建一个Single View Application，名称为Custom Cell，如图14-12所示。

（2）将图片资源导入工程。本实例使用了14张50×50的.png图片，名称依次是1、2、……、14，放在一个名为Images的文件夹中。将此文件夹拖到工程中，在弹出的窗口中选中Copy items into...，如图14-13所示，添加完成后的工程目录如图14-14所示。

（3）创建一个UITableViewCell的子类：选中Custom Cell目录，依次选择File→New→New File，在弹出的窗口，左边选择Cocoa Touch，右边选择Objective-C class.如图14-15所示。

然后单击“Next”按钮，输入类名CustomCell，Subclass of选择UITableViewCell，如图14-16所示。

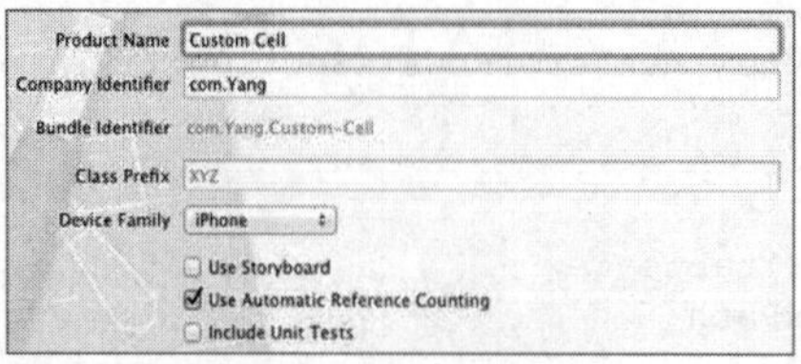

图14-12 创建工程

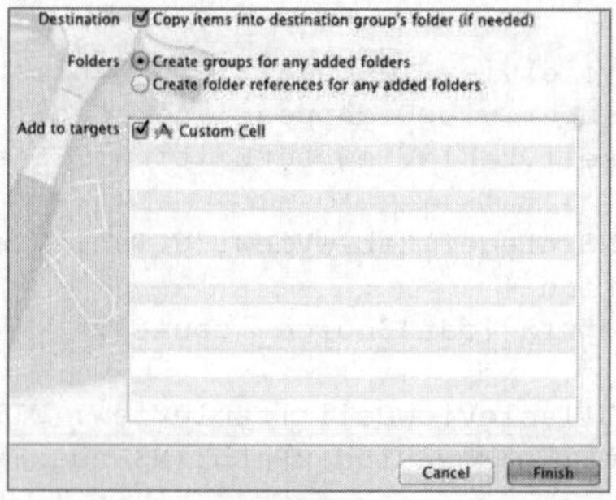

图14-13 选中Copy items into…

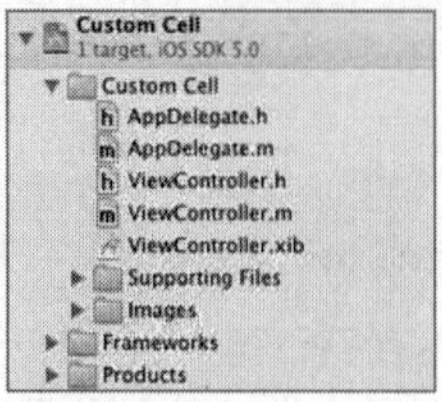

图14-14 工程目录

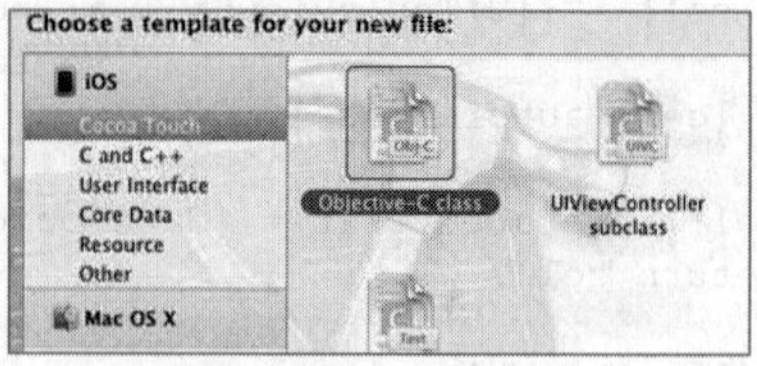

图14-15 创建一个UITableViewCell的子类

然后分别选择“Next”和“Create”按钮，这样就建立了两个文件：CustomCell.h和CustomCell.m。

（4）创建CustomCell.xib：依次选择File→New→New File，在弹出窗口的左边选择User Interface，在右边选择Empty，如图14-17所示。

图14-16 设置类名

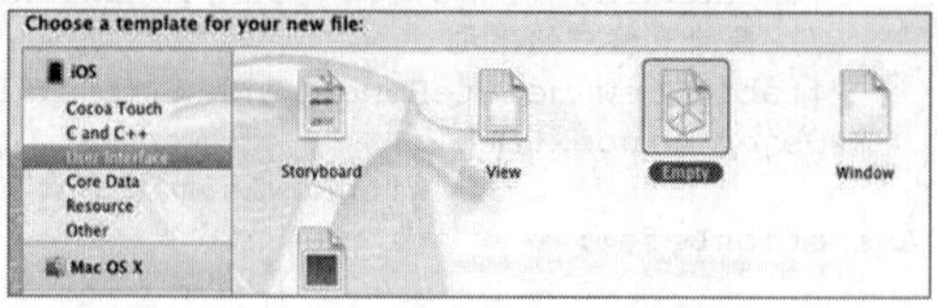

图14-17 创建CustomCell.xib

单击“Next”按钮，选择iPhone，再单击“Next”按钮，输入名称为CustomCell，并选择保存位置，如图14-18所示。

单击“Create”按钮，这样就创建了CustomCell.xib。

（5）打开CustomCell.xib，拖一个Table View Cell控件到面板上，如图14-19所示。

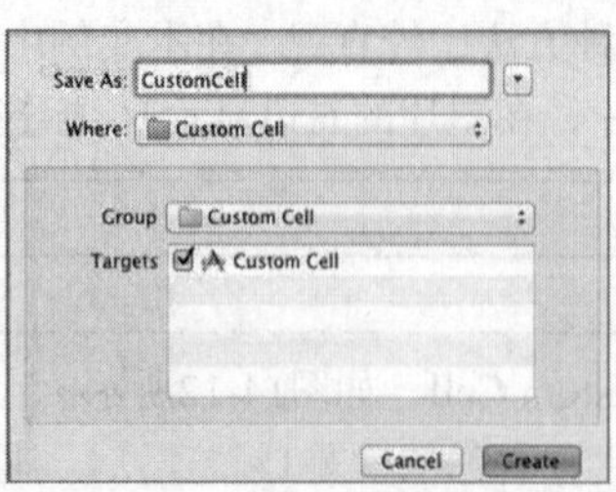

图14-18 设置保存路径

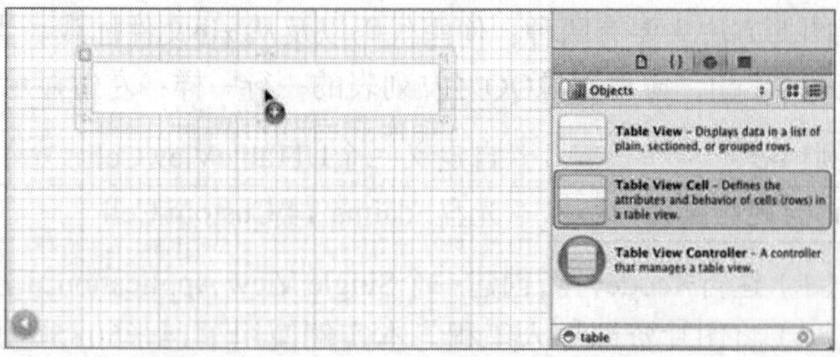

图14-19 加入一个Table View Cell控件

选中新添加的控件，打开Identity Inspector，选择Class为CustomCell；然后打开Size Inspector，调整高度为60。

（6）向新加的Table View Cell添加控件，拖放一个ImageView控件到左边，并设置大小为50×50。然后在ImageView右边添加3个Label，设置标签字号，最上边的是14，其余两个是12。如图14-20所示。接下来向文件CustomCell.h中添加Outlet映射，将ImageView与3个Label建立映射，名称分别为imageView、nameLabel、decLabel以及locLabel，分别表示头像、昵称、个性签名、地点。然后选中Table View Cell，打开Attribute Inspector，将Identifier设置为CustomCellIdentifier，如图14-21所示。

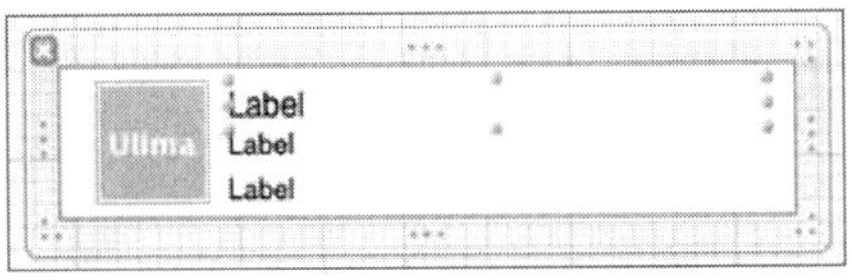

图14-20 添加控件

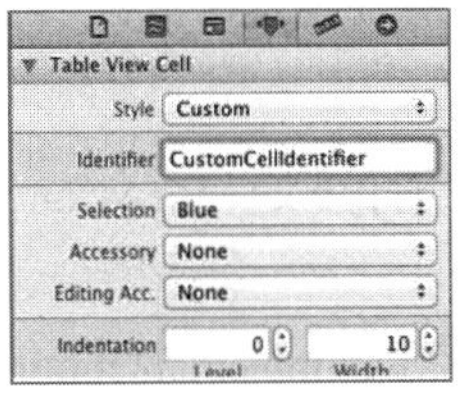

图14-21 建立映射

为了充分使用这些标签，还要自己创建一些数据，存在plist文件中，后边会做。

（7）打开文件CustomCell.h添加如下3个属性：

```
@property (copy, nonatomic) UIImage *image;
@property (copy, nonatomic) NSString *name;
@property (copy, nonatomic) NSString *dec;
@property (copy, nonatomic) NSString *loc;
```

（8）打开文件CustomCell.m，其中在@implementation下面添加如下所示的代码：

```
@synthesize image;
@synthesize name;
@synthesize dec;
@synthesize loc;
```

然后 在@end之前添加如下所示的代码：

```
- (void)setImage:(UIImage *)img {
    if (![img isEqual:image]) {
        image = [img copy];
        self.imageView.image = image;
    }
}
-(void)setName:(NSString *)n {
    if (![n isEqualToString:name]) {
        name = [n copy];
        self.nameLabel.text = name;
    }
}
-(void)setDec:(NSString *)d {
    if (![d isEqualToString:dec]) {
        dec = [d copy];
        self.decLabel.text = dec;
    }
}
-(void)setLoc:(NSString *)l {
    if (![l isEqualToString:loc]) {
        loc = [l copy];
        self.locLabel.text = loc;
    }
}
```

这相当于重写了各个set()函数，从而当执行赋值操作时，会执行我们自己写的函数。现在就可以使用自己定义的Cell了，但是，在此之前们先新创建一个plist，用于存储想要显示的数据。在建好的friendsInfo.plist中添加如图14-22所示的数据。

图14-22 添加数据

在此需要注意每个节点类型的选择。

（9）打开ViewController.xib，拖一个Table View到视图上，并将Delegate和DataSource都指向File' Owner。

（10）打开文件ViewController.h，向其中添加如下所示的代码：

```
#import <UIKit/UIKit.h>
@interface ViewController : UIViewController<UITableViewDelegate,
UITableViewDataSource>
@property (strong, nonatomic) NSArray *dataList;
@property (strong, nonatomic) NSArray *imageList;
@end
```

（11）打开文件ViewController.m，在首部添加如下代码：

```
#import "CustomCell.h"
```

然后在@implementation后面添加如下代码：

```
@synthesize dataList;
@synthesize imageList;
```

在方法viewDidLoad中添加如下所示的代码：

```
- (void)viewDidLoad
{
    [super viewDidLoad];
    // Do any additional setup after loading the view, typically from a nib.
    //加载plist文件的数据和图片
    NSBundle *bundle = [NSBundle mainBundle];
    NSURL *plistURL = [bundle URLForResource:@"friendsInfo" withExtension:@"plist"];
    NSDictionary *dictionary = [NSDictionary dictionaryWithContentsOfURL:plistURL];
NSMutableArray *tmpDataArray = [[NSMutableArray alloc] init];
    NSMutableArray *tmpImageArray = [[NSMutableArray alloc] init];
    for (int i=0; i<[dictionary count]; i++) {
       NSString *key = [[NSString alloc] initWithFormat:@"%i", i+1];
       NSDictionary *tmpDic = [dictionary objectForKey:key];
       [tmpDataArray addObject:tmpDic];
NSString *imageUrl = [[NSString alloc] initWithFormat:@"%i.png", i+1];
        UIImage *image = [UIImage imageNamed:imageUrl];
        [tmpImageArray addObject:image];
    }
    self.dataList = [tmpDataArray copy];
    self.imageList = [tmpImageArray copy];
}
```

在方法ViewDidUnload中添加如下所示的代码：

```
self.dataList = nil;
self.imageList = nil;
```

在@end之前添加如下所示的代码：

```
#pragma mark -
#pragma mark Table Data Source Methods
- (NSInteger)tableView:(UITableView *)tableView numberOfRowsInSection:(NSInteger)
section {
    return [self.dataList count];
}
- (UITableViewCell *)tableView:(UITableView *)tableView
cellForRowAtIndexPath:(NSIndexPath *)indexPath {
    static NSString *CustomCellIdentifier = @"CustomCellIdentifier";
static BOOL nibsRegistered = NO;
    if (!nibsRegistered) {
        UINib *nib = [UINib nibWithNibName:@"CustomCell" bundle:nil];
        [tableView registerNib:nib forCellReuseIdentifier:CustomCellIdentifier];
        nibsRegistered = YES;
    }
CustomCell *cell = [tableView
dequeueReusableCellWithIdentifier:CustomCellIdentifier];
NSUInteger row = [indexPath row];
    NSDictionary *rowData = [self.dataList
objectAtIndex:row];
cell.name = [rowData objectForKey:@"name"];
    cell.dec = [rowData objectForKey:@"dec"];
```

```
    cell.loc = [rowData objectForKey:@"loc"];
    cell.image = [imageList objectAtIndex:row];
return cell;
}
#pragma mark Table Delegate Methods
- (CGFloat)tableView:(UITableView *)tableView
heightForRowAtIndexPath:(NSIndexPath *)indexPath {
    return 60.0;
}
- (NSIndexPath *)tableView:(UITableView *)tableView
  willSelectRowAtIndexPath:(NSIndexPath *)indexPath {
    return nil;
}
```

到此为止，整个实例介绍完毕，执行后的效果如图14-23所示。

图14-23　执行效果

14.3 实战演练——在表视图中使用其他控件（基于 Swift 实现）

在本节的内容中，将通过一个具体实例的实现过程，详细讲解在表视图中使用文本框控件和按钮控件的过程。本实例是基于Swift语言实现的。

实例14-6	在表视图中使用其他控件
源码与视频路径	光盘:\daima\14\GolangStudy

（1）打开Xcode 6.1，新创建一个名为“GolangStudy”的工程，工程的最终目录结构如图14-24所示。

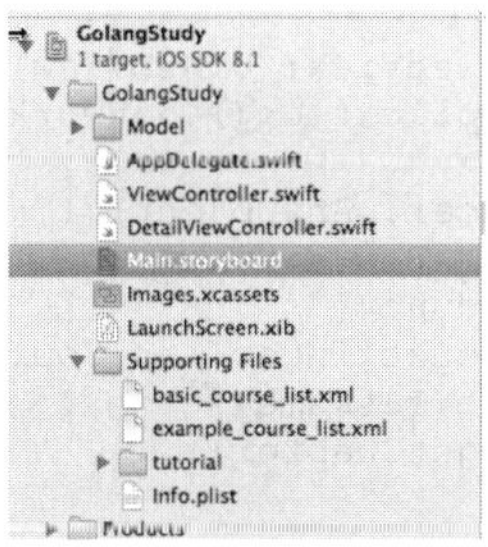

图14-24　工程的目录结构

（2）在Xcode 6的Main.storyboard面板中设置UI界面，其中一个视图界面是通过Table View实现的，在第二个界面中插入了Label控件和Button控件，如图14-25所示。

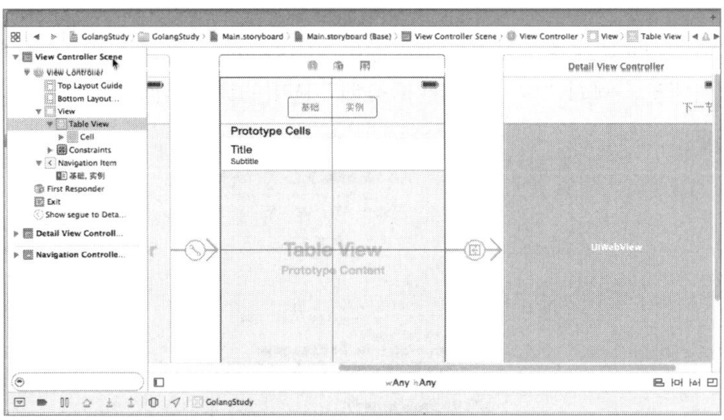

图14-25　Main.storyboard面板

（3）第一个界面的实现文件是ViewController.swift，其实现过程已经在本书前面第7章进行了讲解，在此不再介绍。第一个界面的执行效果如图14-26所示。

图14-26 第一个界面的执行效果

（4）编写文件DetailViewController.swift，功能是当单击底部列表中的某一个选项后会显示这个选项的详细信息。文件DetailViewController.swift的具体实现代码如下所示：

```
import UIKit
class DetailViewController: UIViewController,
UIWebViewDelegate{
    @IBOutlet weak var webView: UIWebView!
    @IBOutlet weak var nextBtn: UIBarButtonItem!
    var courseSet:[Course] = []
    var pathname:String!
    var index:Int = 0
    override func viewDidLoad() {
        super.viewDidLoad()
        webView.delegate = self
        loadData(pathname)
    }
    func loadData(pathname:String){
        let path = NSBundle.mainBundle().pathForResource(pathname, ofType: "html")!
        let requestURL = NSURL(fileURLWithPath: path)!
        let request = NSURLRequest(URL: requestURL)
        webView.loadRequest(request)
    }
    func webViewDidStartLoad(webView: UIWebView) {
        UIApplication.sharedApplication().networkActivityIndicatorVisible = true
    }
    func webViewDidFinishLoad(webView: UIWebView) {
        UIApplication.sharedApplication().networkActivityIndicatorVisible = false
    }
    @IBAction func nextBtn(sender: AnyObject) {
        index = index+1
        if index < courseSet.count {
            var course = courseSet[index] as Course
            self.title = course.getName()
            pathname = course.getChapter()
            loadData(pathname)
        }else{
            nextBtn.enabled = false
        }
    }
    override func didReceiveMemoryWarning() {
        super.didReceiveMemoryWarning()
    }
}
```

到此为止，整个实例介绍完毕。单击UI主界面中“UISegmentedControl”列表项后，会显示列表中某个标题选项的详细信息，例如“内置基础数据类型”选项的详情界面效果如图14-27所示。

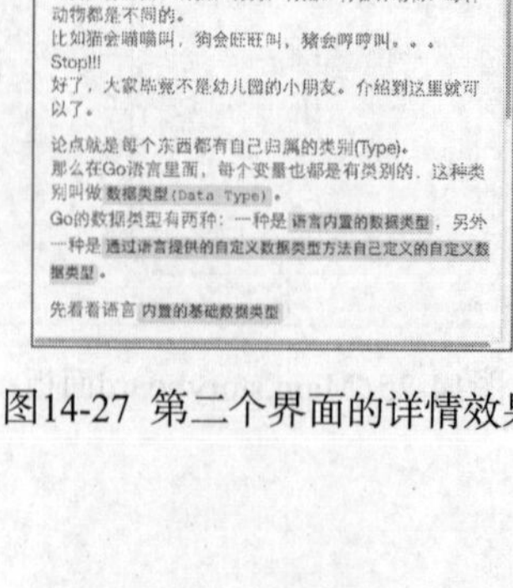

图14-27 第二个界面的详情效果

14.4 实战演练——在表视图中显示远程信息（基于 Swift 实现）

在本节的内容中，将通过一个具体实例的实现过程，详细讲解在表视图中显示远程NPR（美国国家公共电台的简称）新闻中心的过程。本实例是基于Swift语言实现的。

实例14-7	在表视图中显示远程信息
源码与视频路径	光盘:\daima\14\UITableViewController

（1）打开Xcode 6.1，然后创建一个名为“NPR”的工程，工程的最终目录结构如图14-28所示。

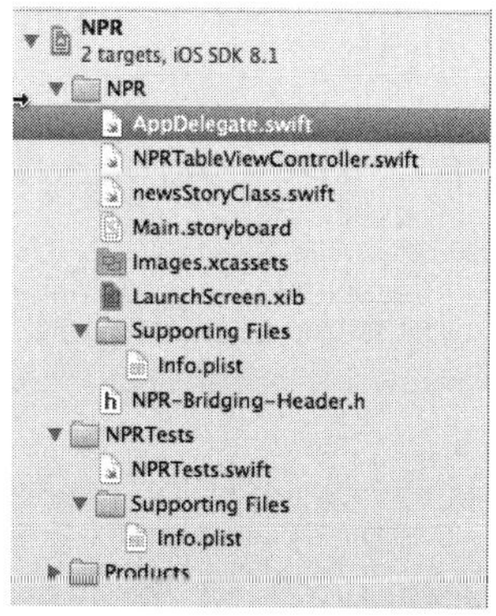

图14-28 工程的目录结构

（2）定义类文件newsStoryClass.swift，功能是设置在列表中显示的信息标题变量和发布时间变量，文件newsStoryClass.swift的具体实现代码如下所示：

```
import UIKit

class newsStoryClass: NSObject {

    var title :NSString
    var date :NSString

    init(title : String, date : String) {
        self.title = title
        self.date = date
    }
}
```

（3）编写文件NPRTableViewController.swift，功能是获取指定API地址http://api.npr.org/query?id=1090&output=JSON&apiKey=MDE3MjgyNjkxMDE0MTQ5NTUyODNjMzlmZA001的新闻信息。文件NPRTableViewController.swift的具体实现代码如下所示：

```
import UIKit
// #warning Incomplete method implementation.
let APikey = "YOur_KEY_GOES_HERE"
class NPRTableViewController: UITableViewController {
    //创建一个NSURL会话
    var session  = NSURLSession.sharedSession()
    var nprStories = [newsStoryClass]()
    override func viewDidLoad() {
        super.viewDidLoad()
        self.dataTaskForNPR()
        NSNotificationCenter.defaultCenter().addObserver(self, selector:
"reloadData:", name:"dataTaskFinished", object: nil)
    }
    override func viewWillAppear(animated: Bool) {
        super.viewWillAppear(animated)
    }
    override func didReceiveMemoryWarning() {
        super.didReceiveMemoryWarning()
        //处理可以重现的任何资源
    }
    //表视图的数据源
    override func numberOfSectionsInTableView(tableView: UITableView) -> Int {
        // 返回的数目
        return 1
    }
    override func tableView(tableView: UITableView, numberOfRowsInSection section: Int)
-> Int {

        //返回的数量
        return self.nprStories.count
    }
```

```
func dataTaskForNPR()
    {
        //替换网址字符串
        let urlPath: String =
"http://api.npr.org/query?id=1090&output=JSON&apiKey=MDE3MjgyNjkxMDE0MTQ5NTUyODNjMzlmZA001"
        var url: NSURL = NSURL(string: urlPath)!
        var urlRequest : NSURLRequest = NSURLRequest (URL: url)
        self.session.dataTaskWithRequest(urlRequest,
            completionHandler: {(data: NSData!,
                response: NSURLResponse!,
                error: NSError!) in
                if((error) != nil)
                {
                    println(error)
                }
                if(error==nil)
                {
                    var jsonResult: AnyObject! =
NSJSONSerialization.JSONObjectWithData(data, options:
NSJSONReadingOptions.MutableContainers, error: nil) as NSDictionary
                    //保持阵列回路
                    var tempHoldingForStories = [newsStoryClass]()
                    var list:AnyObject! = jsonResult.valueForKey("list")!
                    var story:AnyObject! = list.valueForKey("story")!
                    if let storiesArray = story as? NSArray{
                        //和数据源建立回路nprstories阵列
                        for var counter = 0;counter<storiesArray.count;counter++
                        {
                            //create a custom class object
                            var article = newsStoryClass(title: "", date: "")
                            var storyDictionary:AnyObject! = storiesArray[counter]
                            // 输出故事版
                            //标题词典
                            if let storyTitleDictionary: AnyObject = storyDictionary.
valueForKey("title")
                            {
                                // 还有一个设置标题的词典
                                var title:AnyObject!=storyTitleDictionary.valueForKey
("$text")
                                if let finalTitle = title as? NSString
                                {
                                    article.title = finalTitle
                                    println(article.title)
                                }
                            }
                            // 日期词典
                            if let storyDateDictionary: AnyObject =
storyDictionary.valueForKey("pubDate")
                            {
                                var pubDate:AnyObject! =
storyDateDictionary.valueForKey("$text")
                                if let finalpubDate = pubDate as? NSString
                                {
                                    article.date = finalpubDate
                                    //输出文章日期
                                }
                            }
                            //添加到文章阵列
                            tempHoldingForStories.insert(article, atIndex: 0)

                        }
                    }
                    // 在队列中加入对象datatask
                    // tableview数据源
                    self.nprStories = tempHoldingForStories
NSNotificationCenter.defaultCenter().postNotificationName ("dataTaskFinished",
object: nil)
                }
```

```
        }).resume()

    }
    override func tableView(tableView: UITableView, cellForRowAtIndexPath indexPath:
NSIndexPath) -> UITableViewCell {
        let cell = tableView.dequeueReusableCellWithIdentifier("newsCell", forIndexPath:
indexPath) as UITableViewCell
        // 自定义类
        //来自数据源的自定义对象数组
        var story = self.nprStories[indexPath.row] as (newsStoryClass)
        //自定义的类
        cell.textLabel.text = story.title;
        cell.detailTextLabel?.text = story.date
        return cell
    }
    //从通知中心发送通知
    func reloadData(notification: NSNotification)
    {
        //这个调用刷新的主线程
        dispatch_async(dispatch_get_main_queue()) {
            self.tableView.reloadData()
        }
    }
}
```

执行后将在屏幕中通过UITableViewController列表显示新闻信息，执行效果如图14-29所示。

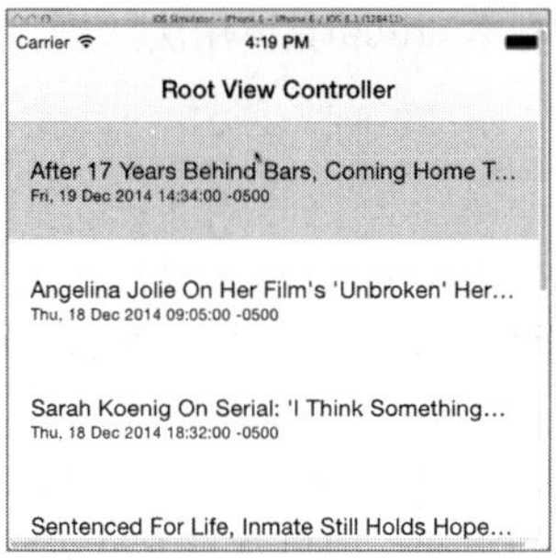

图14-29 增加一个列表条目

第 15 章 活动指示器、进度条和检索条

在本章将介绍3个新的控件：活动指示器、进度条和检索条。在iOS应用中，可以使用活动指示器实现一个轻型视图效果。通过使用进度条能够以动画的方式显示某个动作的进度，例如，播放进度和下载进度。而检索条可以实现一个搜索表单效果。在本章将详细讲解这3个控件的基本知识，为读者进入本书后面知识的学习打下基础。

15.1 活动指示器（UIActivityIndicatorView）

在iOS应用中，可以使用控件UIActivityIndicatorView实现一个活动指示器效果。在本节的内容中，将详细讲解UIActivityIndicatorView的基本知识和具体用法。

15.1.1 活动指示器基础

在开发过程中，可以使用UIActivityIndicatorView实例提供轻型视图，这些视图显示一个标准的旋转进度轮。当使用这些视图时，20×20像素是大多数指示器样式获得最清楚显示效果的最佳大小。只要稍大一点，指示器都会变得模糊。

在iOS中提供了几种不同样式的UIActivityIndicatorView类。UIActivityIndicator-ViewStyleWhite和UIActivityIndicatorViewStyleGray是最简洁的。黑色背景下最适合白色版本的外观，白色背景最适合灰色外观，它非常瘦小，而且采用夏普风格。在选择白色还是灰色时要格外注意。全白显示在白色背景下将不能显示任何内容。而 UIActivityIndicatorViewStyleWhiteLarge只能用于深色背景。它提供最大、最清晰的指示器。

15.1.2 实战演练——实现一个播放器的活动指示器

在本实例中，首先在根视图中使用tableView实现了一个列表效果，然后在次级视图设置了一个播放界面。当单击播放、暂停和快进按钮时会显示对应的提示效果，这个提示效果是通过UIActivityIndicator View实现的。

实例15-1	实现一个播放器的活动指示器
源码与视频路径	光盘:\daima\15\UIActivityIndicatorViewSample

实例文件 RootViewController.m用于实现根视图，具体代码如下所示：

```
#import "RootViewController.h"
@implementation RootViewController
- (void)dealloc {
  [items_ release];
  [super dealloc];
}
#pragma mark UIViewController methods
- (void)viewDidLoad {
  [super viewDidLoad];
```

```
  self.title = @"MENU";
  if ( !items_ ) {
    items_ = [[NSArray alloc] initWithObjects:
                              @"UIKitPrjActivityIndicator",
                              nil ];
  }
}
- (void)viewWillAppear:(BOOL)animated {
  [super viewWillAppear:animated];
  [self.navigationController setNavigationBarHidden:NO animated:NO];
  [self.navigationController setToolbarHidden:NO animated:NO];
  [UIApplication sharedApplication].statusBarStyle = UIStatusBarStyleDefault;
  self.navigationController.navigationBar.barStyle = UIBarStyleDefault;
  self.navigationController.navigationBar.translucent = NO;
  self.navigationController.navigationBar.tintColor = nil;
  self.navigationController.toolbar.barStyle = UIBarStyleDefault;
  self.navigationController.toolbar.translucent = NO;
  self.navigationController.toolbar.tintColor = nil;
}
#pragma mark UITableView methods
- (NSInteger)tableView:(UITableView*)tableView
  numberOfRowsInSection:(NSInteger)section
{
  return [items_ count];
}


- (UITableViewCell*)tableView:(UITableView*)tableView
  cellForRowAtIndexPath:(NSIndexPath*)indexPath
{
  static NSString *CellIdentifier = @"Cell";

  UITableViewCell *cell = [tableView
dequeueReusableCellWithIdentifier:CellIdentifier];
  if (cell == nil) {
    cell = [[[UITableViewCell alloc] initWithStyle:UITableViewCellStyleDefault
reuseIdentifier:CellIdentifier] autorelease];
  }
  NSString* title = [items_ objectAtIndex:indexPath.row];
  cell.textLabel.text = [title stringByReplacingOccurrencesOfString:@"UIKitPrj"
withString:@""];
return cell;
}
- (void)tableView:(UITableView*)tableView
  didSelectRowAtIndexPath:(NSIndexPath*)indexPath
{
  NSString* className = [items_ objectAtIndex:indexPath.row];
  Class class = NSClassFromString( className );
  UIViewController* viewController = [[[class alloc] init] autorelease];
  if ( !viewController ) {
    NSLog( @"%@ was not found.", className );
    return;
  }
  [self.navigationController pushViewController:viewController animated:YES];
}
@end
```

文件UIKitPrjActivityIndicator.m实现次级视图，具体实现代码如下所示：

```
#import "UIKitPrjActivityIndicator.h"
@implementation UIKitPrjActivityIndicator
- (void)dealloc {
  [indicator_ release];
  [super dealloc];
}
- (void)viewDidLoad {
  [super viewDidLoad];
  self.view.backgroundColor = [UIColor lightGrayColor];
  UIBarButtonItem* playButton =
```

```
    [[[UIBarButtonItem alloc] initWithBarButtonSystemItem:UIBarButtonSystemItemPlay
                                                        target:self
                                                        action:@selector(playDidPush)]
autorelease];
  UIBarButtonItem* pauseButton =
    [[[UIBarButtonItem alloc] initWithBarButtonSystemItem:UIBarButtonSystemItemPause
                                                        target:self
                                                        action:@selector(pauseDidPush)]
autorelease];
  UIBarButtonItem* changeButton =
    [[[UIBarButtonItem alloc]
initWithBarButtonSystemItem:UIBarButtonSystemItemFastForward
                                                        target:self
                                                        action:@selector(changeDidPush)]
autorelease];
  NSArray* items = [NSArray arrayWithObjects:playButton, pauseButton, changeButton,
nil];
  [self setToolbarItems:items animated:YES];

  indicator_ =
    [[UIActivityIndicatorView alloc]
initWithActivityIndicatorStyle:UIActivityIndicatorViewStyleWhiteLarge];
  [self.view addSubview:indicator_];
}
- (void)playDidPush {
  if ( UIActivityIndicatorViewStyleWhiteLarge ==
indicator_.activityIndicatorViewStyle ) {
    indicator_.frame = CGRectMake( 0, 0, 50, 50 );
  } else {
    indicator_.frame = CGRectMake( 0, 0, 20, 20 );
  }
  indicator_.center = self.view.center;
  [indicator_ startAnimating];
}
- (void)pauseDidPush {
  indicator_.hidesWhenStopped = NO;
  [indicator_ stopAnimating];
}
- (void)changeDidPush {
  [self pauseDidPush];
  if ( UIActivityIndicatorViewStyleGray < ++indicator_.activityIndicatorViewStyle )
  {
    indicator_.activityIndicatorViewStyle = UIActivityIndicatorViewStyleWhiteLarge;
  }
  [self playDidPush];
}
@end
```

执行后的效果如图15-1所示，次级视图界面如图15-2所示。

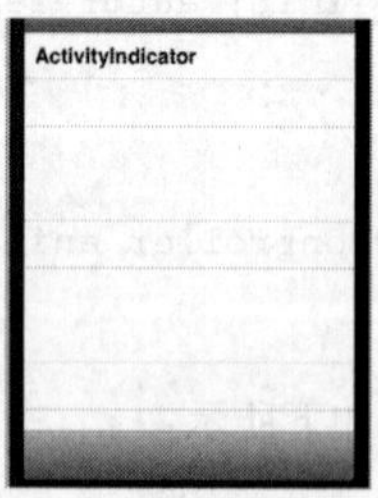

图15-1　执行效果

图15-2　次级视图界面

15.1.3　实战演练——使用 UIActivityIndicatorView 控件（基于 Swift 实现）

在本节的内容中，将通过一个具体实例的实现过程，详细讲解基于Swift语言使用UIActivityIndicator View控件的过程。

实例15-2	使用UIActivityIndicatorView控件
源码与视频路径	光盘:\daima\15\ UIActivityViewController

（1）打开Xcode 6，然后创建一个名为“UIActivityViewController”的工程，工程的最终目录结构如图15-3所示。

（2）打开Main.storyboard设计面板，在里面插入一个“Share”文本框，如图15-4所示。

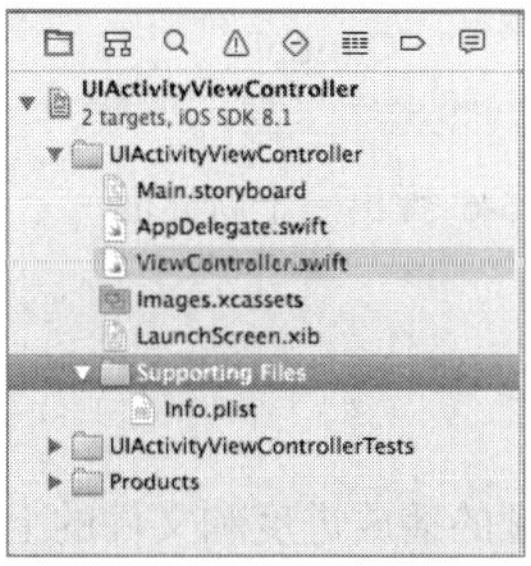

图15-3 工程的目录结构

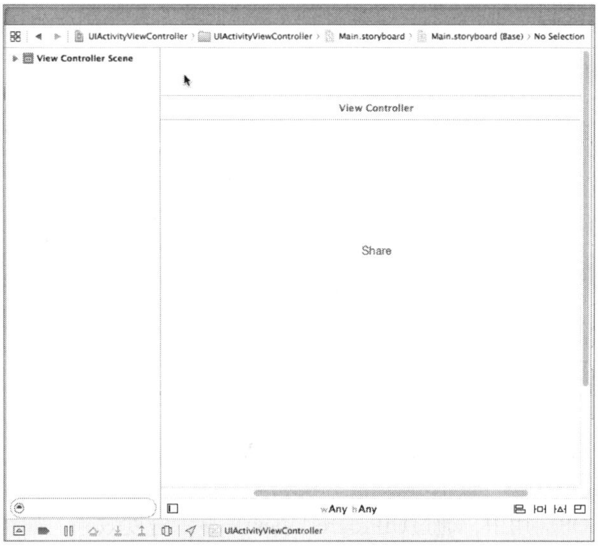

图15-4 Main.storyboard设计面板

（3）编写文件ViewController.swift，功能是当用户单击屏幕中的“Share”文本后会弹出一个新界面，在新界面中显示Mail和Copy两个选项。文件ViewController.swift的具体实现代码如下所示：

```
import UIKit
class ViewController: UIViewController {
    override func viewDidLoad() {
        super.viewDidLoad()
    }
    override func didReceiveMemoryWarning() {
        super.didReceiveMemoryWarning()
    }
    //MARK: UIActivityViewController Setup
    @IBAction func shareSheet(sender: AnyObject){
        let firstActivityItem = "Hey, check out this mediocre site that sometimes posts
about Swift!"
        let urlString = "http://www.dvdowns.com/"
        let secondActivityItem : NSURL = NSURL(string:urlString)!
        let activityViewController : UIActivityViewController =
UIActivityView Controller(
            activityItems: [firstActivityItem, secondActivityItem], application
Activities: nil)
        activityViewController.excludedActivityTypes = [
            UIActivityTypePostToWeibo,
            UIActivityTypePrint,
            UIActivityTypeAssignToContact,
            UIActivityTypeSaveToCameraRoll,
            UIActivityTypeAddToReadingList,
            UIActivityTypePostToFlickr,
            UIActivityTypePostToVimeo,
            UIActivityTypePostToTencentWeibo
        ]
        self.presentViewController(activityViewController,animated:true,completion:nil)
```

```
    }
}
```

到此为止，整个实例介绍完毕。执行后的初始效果如图15-5所示。

单击屏幕中的“Share”文本后会弹出一个新界面，如图15-6所示。

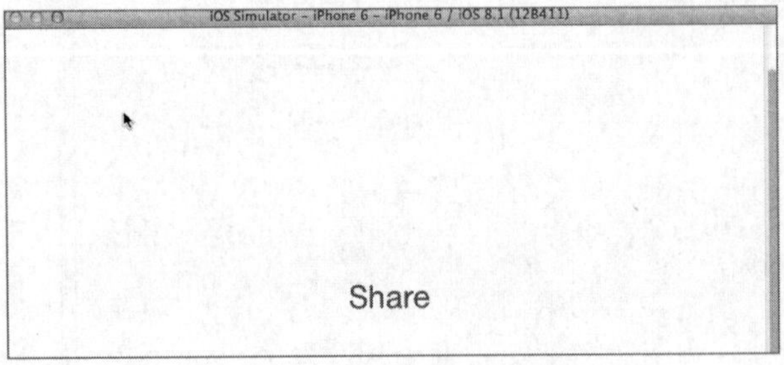

图15-5　执行后的初始效果

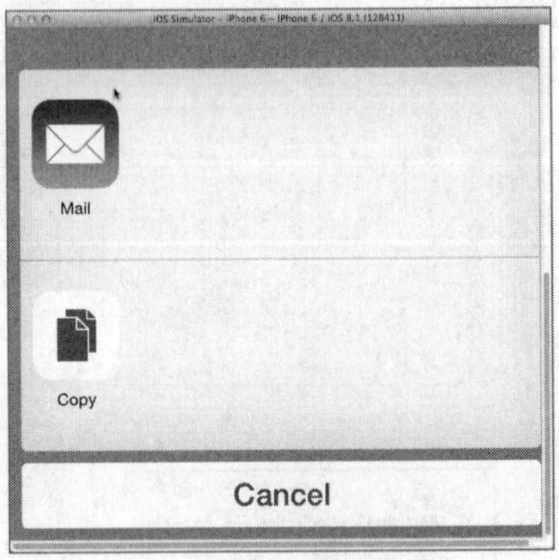

图15-6　弹出一个新界面

15.2 进度条（UIProgressView）

在iOS应用中，通过UIProgressView来显示进度效果，如音乐、视频的播放进度和文件的上传下载进度等。在本节的内容中，将详细讲解UIProgressView的基本知识和具体用法。

15.2.1 进度条基础

在iOS应用中，UIProgressView与UIActivityIndicatorView相似，只不过它提供了一个接口让我们可以显示一个进度条，这样就能让用户知道当前操作完成了多少。在开发过程中，可以使用控件UIProgressView实现一个进度条效果。包括如下3个属性。

（1）center属性和frame属性：设置进度条的显示位置，并添加到显示画面中。

（2）UIProgressViewStyle属性：设置进度条的样式，可以设置如下两种样式。

- UIProgressViewStyleDefault：标准进度条。
- UIProgressViewStyleDefault：深灰色进度条，用于工具栏中。

15.2.2 实战演练——实现一个蓝色进度条效果

在本实例中，首先使用方法initWithProgressViewStyle创建并初始化了UIProgressView对象，然后通过其center属性和frame属性设置其显示位置，并添加到显示画面中，并且使用UIProgressViewStyle属性设置了显示样式。

实例15-3	实现一个蓝色进度条效果
源码与视频路径	光盘:\daima\15\UIProgressViewSample

实例文件UIKitPrjProgressView.m的具体代码如下所示：

```
#import "UIKitPrjProgressView.h"
#pragma mark ----- Private Methods Definition -----
@interface UIKitPrjProgressView ()
- (void)updateProgress:(UIProgressView*)progressView;
@end
```

```
#pragma mark ----- Start Implementation For Methods -----
@implementation UIKitPrjProgressView
- (void)dealloc {
  [progressView_ release];
  [super dealloc];
}
- (void)viewDidLoad {
  [super viewDidLoad];
  self.view.backgroundColor = [UIColor whiteColor];
  progressView_ =
    [[UIProgressView alloc] initWithProgressViewStyle:UIProgressViewStyleDefault];
  progressView_.center = self.view.center;
  progressView_.autoresizingMask = UIViewAutoresizingFlexibleTopMargin |
                                   UIViewAutoresizingFlexibleBottomMargin;
  [self.view addSubview:progressView_];
}
- (void)viewDidAppear:(BOOL)animated {
  [super viewDidAppear:animated];
  [self updateProgress:progressView_];
}
- (void)viewWillDisappear:(BOOL)animated {
  [super viewWillDisappear:animated];
  progressView_.hidden = YES;
}
- (void)updateProgress:(UIProgressView*)progressView {
  if ( [progressView isHidden] || 1.0 <= progressView.progress ) {
    return;
  }
  progressView.progress += 0.1;
  [self performSelector:@selector(updateProgress:)
            withObject:progressView
            afterDelay:1.0];
}
@end
```

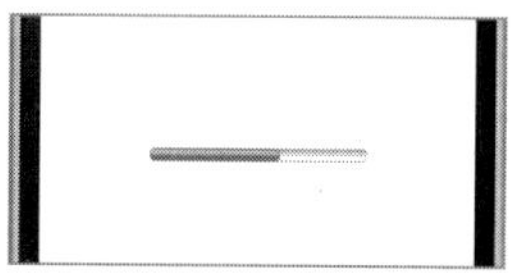

图15-7 执行效果

执行后的效果如图15-7所示。

15.2.3 实战演练——在进度条中显示进度百分比

本实例的功能是，在进度条上方以文字的形式显示进度百分比，下方进度的变化和上方百分比的变化是对应的。首先创建了UIProgressView控件与UILable控件，并设置了默认值；根据UIProgressView及UILabel的状态重新绘制了外观；然后创建并初始化ProgressViewWithLabel实例，将定制的按钮添加到工具条中，并使其居中显示；最后实时更新下载数目，追加单位是0.1，逐步递增。

实例15-4	在进度条中显示进度百分比
源码与视频路径	光盘:\daima\15\UIProgressViewSample

实例文件 UIKitPrjProgressViewOnToolbar.m的具体代码如下所示：

```
#import "UIKitPrjProgressViewOnToolbar.h"
#pragma mark ----- ProgressViewWithLabel -----
@implementation ProgressViewWithLabel
@synthesize progressView = progressView_;
@synthesize textLabel = textLabel_;
- (void)dealloc {
  [progressView_ release];
  [textLabel_ release];
  [super dealloc];
}
//初始化处理
//创建UIProgressView与UILable，并设置默认值
- (id)init {
  if ( (self = [super init]) ) {
    self.opaque = NO;
    progressView_ =
```

```
    [[UIProgressView alloc] initWithProgressViewStyle:UIProgressViewStyleBar];
  textLabel_ = [[UILabel alloc] init];
  textLabel_.textAlignment = UITextAlignmentCenter;
  textLabel_.backgroundColor = [UIColor colorWithRed:0.0 green:0.0 blue:0.0
alpha:0.0];
  textLabel_.textColor = [UIColor whiteColor];
  textLabel_.font = [UIFont boldSystemFontOfSize:14];
  textLabel_.shadowColor = [UIColor blackColor];
  [self addSubview:progressView_];
  [self addSubview:textLabel_];
  self.frame = CGRectMake( 0, 0, progressView_.bounds.size.width,
progressView_.bounds.size.height * 3 );
 }
 return self;
}
//外观设置
//根据UIProgressView及UILabel的状态重新绘制外观
- (void)layoutSubviews {
 CGRect newFrame = self.bounds;
 newFrame.size.height -= progressView_.frame.size.height;
 textLabel_.frame = newFrame;
 newFrame = progressView_.frame;
 newFrame.origin.y = self.bounds.size.height - newFrame.size.height;
 progressView_.frame = newFrame;
}
@end
#pragma mark ----- Private Methods Definition -----

@interface UIKitPrjProgressViewOnToolbar ()
- (void)updateProgress:(ProgressViewWithLabel*)component;
@end
#pragma mark ----- Start Implementation For Methods -----
@implementation UIKitPrjProgressViewOnToolbar
- (void)dealloc {
 [component_ release];
 [super dealloc];
}
- (void)viewDidLoad {
 [super viewDidLoad];
 self.view.backgroundColor = [UIColor whiteColor];
 //创建并初始化ProgressViewWithLabel实例
 component_ = [[ProgressViewWithLabel alloc] init];
 //以创建的ProgressViewWithLabel实例为参数创建定制按钮
 UIBarButtonItem* barButton =
   [[[UIBarButtonItem alloc] initWithCustomView:component_] autorelease];;
 UIBarButtonItem* flexibleSpace =
   [[[UIBarButtonItem alloc]
initWithBarButtonSystemItem:UIBarButtonSystemItemFlexibleSpace
                                            target:nil
                                            action:nil] autorelease];

 //将定制按钮追加到工具条中并使其居中显示
 NSArray* items = [NSArray arrayWithObjects:flexibleSpace, barButton, flexibleSpace,
nil];
 [self setToolbarItems:items animated:NO];
}
- (void)viewDidAppear:(BOOL)animated {
 [super viewDidAppear:animated];
 [self updateProgress:component_];
}
- (void)viewWillDisappear:(BOOL)animated {
 [super viewWillDisappear:animated];
 component_.hidden = YES;
}
- (void)updateProgress:(ProgressViewWithLabel*)component {
 if ( [component isHidden] || 1.0 <= component.progressView.progress ) {
   return;
 }
 //实时改变下载件数，追加0.1，表示完成一件下载
```

```
    component.progressView.progress += 0.1;
    component.textLabel.text =
      [NSString stringWithFormat:@"Downloading %.0f of 10",
  component.progressView.progress * 10];
    [self performSelector:@selector(updateProgress:)
              withObject:component
              afterDelay:1.0];
  }
  @end
```

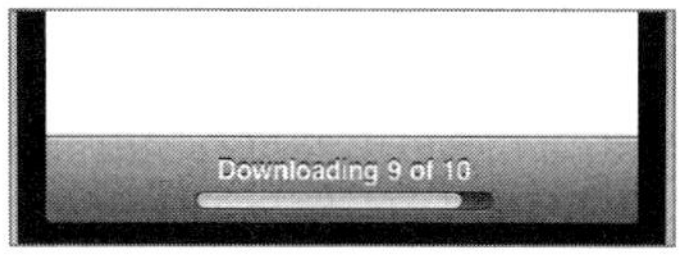

图15-8 执行效果

执行后的效果如图15-8所示。

15.2.4 实战演练——实现自定义进度条效果（基于Swift实现）

在本节的内容中，将通过一个具体实例的实现过程，详细讲解基于Swift语言实现一个自定义进度条效果的过程。

实例15-5	实现自定义进度条效果
源码与视频路径	光盘:\daima\15\KYCircularProgress

（1）打开Xcode 6.1，然后新创建一个名为“KYCircularProgress”的工程，工程的最终目录结构如图15-9所示。

（2）再看LaunchScreen.xib设计界面，创建了一个UIViewController试图界面，如图15-10所示。

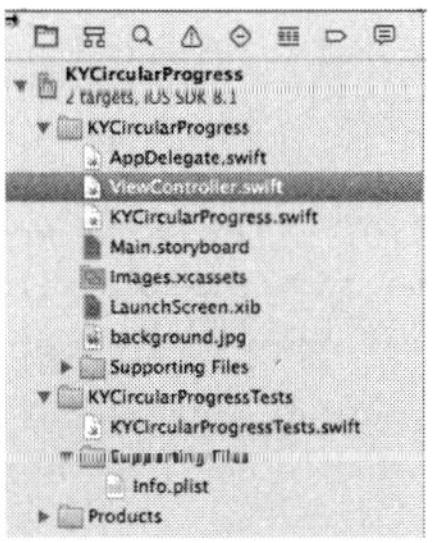
图15-9 工程的目录结构

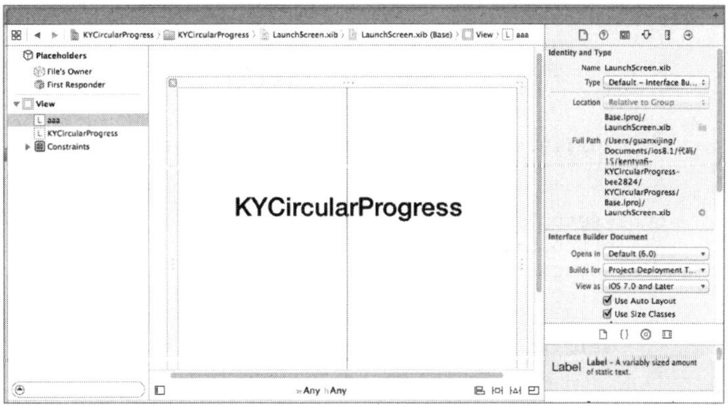

图15-10 LaunchScreen.xib设计界面

（3）编写文件ViewController.swift，功能是在视图界面中创建了3种进度条样式circularProgress1、circularProgress2和circularProgress3，然后分别通过函数setupKYCircularProgress1()、setupKYCircularProgress2()和setupKYCircularProgress3()分别设置了上述3种进度条的具体样式，第一种是环形显示进度数字样式，第二种是环形不显示进度数字样式，第三种是绘制五角星样式。文件ViewController.swift的具体实现代码如下所示：

```
import UIKit

class ViewController: UIViewController {

    var circularProgress1: KYCircularProgress!
    var circularProgress2: KYCircularProgress!
    var circularProgress3: KYCircularProgress!
    var progress: UInt8 = 0

    override func viewDidLoad() {
        super.viewDidLoad()

        setupKYCircularProgress1()
        setupKYCircularProgress2()
```

```
        setupKYCircularProgress3()

        NSTimer.scheduledTimerWithTimeInterval(0.03, target: self, selector:
Selector("updateProgress"), userInfo: nil, repeats: true)
    }

    override func didReceiveMemoryWarning() {
        super.didReceiveMemoryWarning()
    }

    func setupKYCircularProgress1() {
        circularProgress1 = KYCircularProgress(frame: CGRectMake(0, 0,
self.view.frame.size.width, self.view.frame.size.height/2))
        let center = (CGFloat(160.0), CGFloat(200.0))
        circularProgress1.path = UIBezierPath(arcCenter: CGPointMake(center.0,
center.1), radius: CGFloat(circularProgress1.frame.size.width/3.0), startAngle:
CGFloat(M_PI), endAngle: CGFloat(0.0), clockwise: true)
        circularProgress1.lineWidth = 8.0

        let textLabel = UILabel(frame: CGRectMake(circularProgress1.frame.origin.x +
120.0, 170.0, 80.0, 32.0))
        textLabel.font = UIFont(name: "HelveticaNeue-UltraLight", size: 32)
        textLabel.textAlignment = .Center
        textLabel.textColor = UIColor.greenColor()
        textLabel.alpha = 0.3
        self.view.addSubview(textLabel)

        circularProgress1.progressChangedClosure({ (progress: Double, circularView:
KYCircularProgress) in
            println("progress: \(progress)")
            textLabel.text = "\(Int(progress * 100.0))%"
        })

        self.view.addSubview(circularProgress1)
    }

    func setupKYCircularProgress2() {
        circularProgress2 = KYCircularProgress(frame: CGRectMake(0, circularProgress1.
frame.size.height, self.view.frame.size.width/2, self.view.frame.size.height/3))
        circularProgress2.colors = [0xA6E39D, 0xAEC1E3, 0xAEC1E3, 0xF3C0AB]

        self.view.addSubview(circularProgress2)
    }

    func setupKYCircularProgress3() {
        circularProgress3 = KYCircularProgress(frame: CGRectMake(circularProgress2.
frame.size.width*1.25, circularProgress1.frame.size.height*1.15, self.view.frame.
size.width/2, self.view.frame.size.height/2))
        circularProgress3.colors = [0xFFF77A, 0xF3C0AB]
        circularProgress3.lineWidth = 3.0

        let path = UIBezierPath()
        path.moveToPoint(CGPointMake(50.0, 2.0))
        path.addLineToPoint(CGPointMake(84.0, 86.0))
        path.addLineToPoint(CGPointMake(6.0, 33.0))
        path.addLineToPoint(CGPointMake(96.0, 33.0))
        path.addLineToPoint(CGPointMake(17.0, 86.0))
        path.closePath()
        circularProgress3.path = path

        self.view.addSubview(circularProgress3)
    }

    func updateProgress() {
        progress = progress &+ 1
        let normalizedProgress = Double(progress) / 255.0

        circularProgress1.progress = normalizedProgress
        circularProgress2.progress = normalizedProgress
```

```
        circularProgress3.progress = normalizedProgress
    }
}
```

（4）文件的 KYCircularProgress.swift功能是实现进度条的进度绘制功能，分别通过变量startAngle和变量endAngle设置进度条的起始点。文件KYCircularProgress.swift的主要实现代码如下所示：

```
import Foundation
import UIKit

// MARK: - KYCircularProgress
class KYCircularProgress: UIView {
    typealias progressChangedHandler = (progress: Double, circularView:
KYCircularProgress) -> ()
    private var progressChangedClosure: progressChangedHandler?
    private var progressView: KYCircularShapeView!
    private var gradientLayer: CAGradientLayer!
    var progress: Double = 0.0 {
        didSet {
            let clipProgress = max( min(oldValue, 1.0), 0.0)
            self.progressView.updateProgress(clipProgress)

            if let progressChanged = progressChangedClosure {
                progressChanged(progress: clipProgress, circularView: self)
            }
        }
    }
    var startAngle: Double = 0.0 {
        didSet {
            self.progressView.startAngle = oldValue
        }
    }
    var endAngle: Double = 0.0 {
        didSet {
            self.progressView.endAngle = oldValue
        }
    }
    var lineWidth: Double = 8.0 {
        willSet {
            self.progressView.shapeLayer().lineWidth = CGFloat(newValue)
        }
    }
    var path: UIBezierPath? {
        willSet {
            self.progressView.shapeLayer().path = newValue?.CGPath
        }
    }
    var colors: [Int]? {
        didSet {
            updateColors(oldValue)
        }
    }
    var progressAlpha: CGFloat = 0.55 {
        didSet {
            updateColors(self.colors)
        }
    }

    required init(coder aDecoder: NSCoder) {
        super.init(coder: aDecoder)
        setup()
    }

    override init(frame: CGRect) {
        super.init(frame: frame)
        setup()
    }

    private func setup() {
```

```
        self.progressView = KYCircularShapeView(frame: self.bounds)
        self.progressView.shapeLayer().fillColor = UIColor.clearColor().CGColor
        self.progressView.shapeLayer().path = self.path?.CGPath

        gradientLayer = CAGradientLayer(layer: layer)
        gradientLayer.frame = self.progressView.frame
        gradientLayer.startPoint = CGPointMake(0, 0.5);
        gradientLayer.endPoint = CGPointMake(1, 0.5);
        gradientLayer.mask = self.progressView.shapeLayer();
        gradientLayer.colors = self.colors ?? [colorHex(0x9ACDE7).CGColor!,
        colorHex(0xE7A5C9).CGColor!]

        self.layer.addSublayer(gradientLayer)
        self.progressView.shapeLayer().strokeColor = self.tintColor.CGColor
    }

    func progressChangedClosure(completion: progressChangedHandler) {
        progressChangedClosure = completion
    }

    private func colorHex(rgb: Int) -> UIColor {
        return UIColor(red: CGFloat((rgb & 0xFF0000) >> 16) / 255.0,
                       green: CGFloat((rgb & 0xFF00) >> 8) / 255.0,
                       blue: CGFloat(rgb & 0xFF) / 255.0,
                       alpha: progressAlpha)
    }

    private func updateColors(colors: [Int]?) -> () {
        var convertedColors: [AnyObject] = []
        if let inputColors = self.colors {
            for hexColor in inputColors {
                convertedColors.append(self.colorHex(hexColor).CGColor!)
            }
        } else {
            convertedColors = [self.colorHex(0x9ACDE7).CGColor!,
self.colorHex(0xE7A5C9).CGColor!]
        }
        self.gradientLayer.colors = convertedColors
    }
}

// MARK: - KYCircularShapeView
class KYCircularShapeView: UIView {
    var startAngle = 0.0
    var endAngle = 0.0

    override class func layerClass() -> AnyClass {
        return CAShapeLayer.self
    }

    private func shapeLayer() -> CAShapeLayer {
        return self.layer as CAShapeLayer
    }

    required init(coder aDecoder: NSCoder) {
        super.init(coder: aDecoder)
    }

    override init(frame: CGRect) {
        super.init(frame: frame)
        self.updateProgress(0)
    }

    override func layoutSubviews() {
        super.layoutSubviews()

        if self.startAngle == self.endAngle {
            self.endAngle = self.startAngle + (M_PI * 2)
        }
        self.shapeLayer().path = self.shapeLayer().path ?? self.layoutPath().CGPath
```

```
    }

    private func layoutPath() -> UIBezierPath {
        var halfWidth = CGFloat(self.frame.size.width / 2.0)
        return UIBezierPath(arcCenter: CGPointMake(halfWidth, halfWidth), radius:
halfWidth - self.shapeLayer().lineWidth, startAngle: CGFloat(self.startAngle),
endAngle: CGFloat(self.endAngle), clockwise: true)
    }

    private func updateProgress(progress: Double) {
        CATransaction.begin()
        CATransaction.setValue(kCFBooleanTrue, forKey:
kCATransactionDisableActions)
        self.shapeLayer().strokeEnd = CGFloat(progress)
        CATransaction.commit()
    }
}
```

到此为止，整个实例全部介绍完毕。执行后将在屏幕中显示3种不同样式的进度条效果，如图15-11所示。

图15-11 执行效果

15.3 检索条（UISearchBar）

在iOS应用中，可以使用UISearchBar控件实现一个检索框效果。在本节的内容中，将详细讲解使用UISearchBar控件的基本知识和具体用法。

15.3.1 检索条基础

UISearchBar控件各个属性的具体说明如表15-1所示。

表15-1 UISearchBar控件的属性

属　性	作　用
UIBarStyle barStyle	控件的样式
id<UISearchBarDelegate> delegate	设置控件的委托
NSString *text	控件上面的显示的文字
NSString *prompt	显示在顶部的单行文字，通常作为一个提示行
NSString *placeholder	半透明的提示文字，输入搜索内容消失
BOOL showsBookmarkButton	是否在控件的右端显示一个书的按钮没有文字时
BOOL showsCancelButton	是否显示cancel按钮
BOOL showsSearchResultsButton	是否在控件的右端显示搜索结果按钮没有文字时
BOOL searchResultsButtonSelected	搜索结果按钮是否被选中
UIColor *tintColor	bar的颜色（具有渐变效果）
BOOL translucent	指定控件是否会有透视效果
UITextAutocapitalizationTypeautocapitalizationType	设置在什么的情况下自动大写
UITextAutocorrectionTypeautocorrectionType	对于文本对象自动校正风格
UIKeyboardTypekeyboardType	键盘的样式
NSArray *scopeButtonTitles	搜索栏下部的选择栏，数组里面的内容是按钮的标题
NSInteger selectedScopeButtonIndex	搜索栏下部的选择栏按钮的个数
BOOL showsScopeBar	控制搜索栏下部的选择栏是否显示出来

15.3.2 实战演练——在屏幕中实现一个检索框效果

本实例的功能是，在上方使用UISearchBar控件设置了一个检索框，在下方显示了NSMutableArray中存储的数据，本实例设置了显示0到63共64个数字。在检索框中输入数字关键字后，可以检索出对应的结果。

实例15-6	在屏幕中实现一个检索框效果
源码与视频路径	光盘:\daima\15\UISearchBarSample

实例文件 UIKitPrjSearchBar.m的具体代码如下所示：

```
#import "UIKitPrjSearchBar.h"
@implementation UIKitPrjSearchBar
- (void)dealloc {
  [searchBar_ release];
  [dataSource_ release];
  [dataBase_ release];
  [super dealloc];
}
- (void)viewDidLoad {
  [super viewDidLoad];
searchBar_ = [[UISearchBar alloc] init];
  searchBar_.frame = CGRectMake( 0, 0, self.tableView.bounds.size.width, 0 );
  searchBar_.delegate = self;
  [searchBar_ sizeToFit];
  self.tableView.tableHeaderView = searchBar_;
dataBase_ = [[NSMutableArray alloc] initWithCapacity:64];
  dataSource_ = [[NSMutableArray alloc] initWithCapacity:64];
  for ( int i = 0; i < 64; ++i ){
    [dataBase_ addObject:[NSString stringWithFormat:@"%d", i]];
    [dataSource_ addObject:[NSString stringWithFormat:@"%d", i]];
  }
}
//此处datasource_为NSArray类型的实例变量
//dataBase_为保持全部数据的NSArray类型变量
- (void)searchBarSearchButtonClicked:(UISearchBar*)searchBar {
  //首先删除数据资源中的内容
  [dataSource_ removeAllObjects];
  for ( NSString* data in dataBase_ ) {
    if ( [data hasPrefix:searchBar.text] ) {
        //将满足检索条件的数据追加到数据资源变量中
      [dataSource_ addObject:data];
    }
  }
  //表格更新
  [self.tableView reloadData];
  //隐藏键盘
  [searchBar resignFirstResponder];
}
#pragma mark UITableView methods

- (NSInteger)tableView:(UITableView*)tableView
  numberOfRowsInSection:(NSInteger)section
{
  return [dataSource_ count];
}
- (UITableViewCell*)tableView:(UITableView*)tableView
  cellForRowAtIndexPath:(NSIndexPath*)indexPath
{
  static NSString *CellIdentifier = @"Cell";

  UITableViewCell *cell = [tableView
dequeueReusableCellWithIdentifier:CellIdentifier];
```

```
    if (cell == nil) {
      cell = [[[UITableViewCell alloc]
initWithStyle:UITableViewCellStyleDefault
reuseIdentifier:CellIdentifier] autorelease];
    }
cell.textLabel.text = [dataSource_objectAtIndex:indexPath.row];
return cell;
}
@end
```

执行后的效果如图15-12所示。

图15-12 执行效果

15.3.3 实战演练——实现一个实时显示检索框效果

本实例是在上一个实例的基础上实现的，在实例中使用searchBarCancel ButtonClicked:(UISearchBar*)searchBar设置“取消”按钮隐藏输入键盘，然后使用方法searchBar:textDidChange实现了实时检索功能。

实例15-7	在屏幕中实现一个实时显示检索框效果
源码与视频路径	光盘:\daima\15\UISearchBarSample

实例文件 UIKitPrjRealTimeSearch.m的具体代码如下所示：

```
#import "UIKitPrjRealTimeSearch.h"
@implementation UIKitPrjRealTimeSearch
- (void)viewDidLoad {
  [super viewDidLoad];
  searchBar_.keyboardType = UIKeyboardTypeNumberPad;
  searchBar_.showsCancelButton = YES;
}
- (void)searchBar:(UISearchBar*)searchBar textDidChange:(NSString*)searchText {
  if ( 0 == searchText.length ) {
  //检索字符串为空时，显示全部数据
    [dataSource_ release];
    dataSource_ = [[NSMutableArray alloc] initWithArray:dataBase_];
    [self.tableView reloadData];
  } else {
  //检索字符串非空时，进行实时检索
    [dataSource_ removeAllObjects];
    for ( NSString* data in dataBase_ ) {
      if ( [data hasPrefix:searchBar.text] ) {
        [dataSource_ addObject:data];
      }
    }
    [self.tableView reloadData];
  }
  //实时检索时保持键盘为显示状态
}
  (void)searchBarCancelButtonClicked:(UISearchBar*)searchBar {
  searchBar.text = @"";
  [searchBar resignFirstResponder];//隐藏键盘
}
@end
```

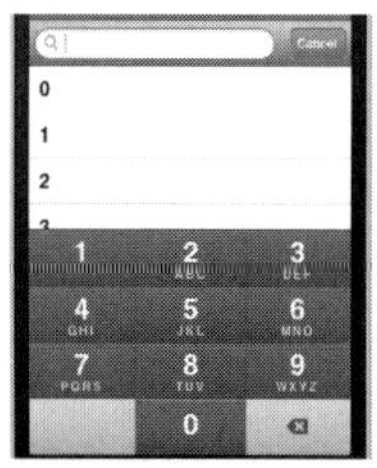

图15-13 执行效果

执行后的效果如图15-13所示。

15.3.4 实战演练——设置检索框的背景颜色

在iOS应用中，当使用UISearchBar控件实现一个检索框效果后，可以使用其属性barStyle、translucent和tintColor设置检索框的背景颜色。在本实例中，在屏幕上方设置了一个检索框，在中间设置了拥有64个数字的数组，在下方设置了3个按钮black、translucent和tintColor，当单击按钮后可以显示不同颜色的样式。

实例15-8	在屏幕中设置检索框的背景颜色
源码与视频路径	光盘:\daima\15\UISearchBarSample

实例文件UIKitPrjBarStyle.m的具体代码如下所示：

```
#import "UIKitPrjBarStyle.h"
@implementation UIKitPrjBarStyle
- (void)viewDidLoad {
  [super viewDidLoad];
  searchBar_.barStyle = UIBarStyleBlack;
  searchBar_.translucent = YES;
  searchBar_.tintColor = nil;
  UIBarButtonItem* blackButton =
    [[[UIBarButtonItem alloc] initWithTitle:@"black"
                               style:UIBarButtonItemStyleDone
                              target:self
                              action:@selector(blackDidPush:)] autorelease];
  UIBarButtonItem* translucentButton =
    [[[UIBarButtonItem alloc] initWithTitle:@"translucent"
                               style:UIBarButtonItemStyleDone
                              target:self
                              action:@selector(translucentDidPush:)] autorelease];
  UIBarButtonItem* tintButton =
    [[[UIBarButtonItem alloc] initWithTitle:@"tintColor"
                               style:UIBarButtonItemStyleBordered
                              target:self
                              action:@selector(tintDidPush:)] autorelease];
  NSArray* items = [NSArray arrayWithObjects:blackButton, translucentButton,
tintButton, nil];
  [self setToolbarItems:items animated:NO];
}
- (void)blackDidPush:(UIBarButtonItem*)sender {
  if ( UIBarButtonItemStyleDone == sender.style ) {
    searchBar_.barStyle = UIBarStyleDefault;
    sender.style = UIBarButtonItemStyleBordered;
  } else {
    searchBar_.barStyle = UIBarStyleBlack;
    sender.style = UIBarButtonItemStyleDone;
  }
}
- (void)translucentDidPush:(UIBarButtonItem*)sender {
  if ( UIBarButtonItemStyleDone == sender.style ) {
    searchBar_.translucent = NO;
    sender.style = UIBarButtonItemStyleBordered;
  } else {
    searchBar_.translucent = YES;
    sender.style = UIBarButtonItemStyleDone;
  }
}
- (void)tintDidPush:(UIBarButtonItem*)sender {
  if ( UIBarButtonItemStyleDone == sender.style ) {
    searchBar_.tintColor = nil;
    sender.style = UIBarButtonItemStyleBordered;
  } else {
    searchBar_.tintColor = [UIColor redColor];
    sender.style = UIBarButtonItemStyleDone;
  }
}
@end
```

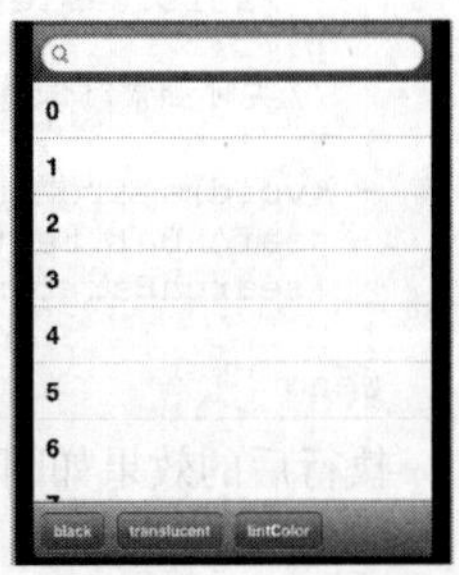

图15-14 执行效果

执行后的效果如图15-14所示。

15.3.5 实战演练——在检索框中添加一个书签按钮

在iOS应用中，当使用UISearchBar控件实现一个检索框效果后，可以将其属性 showsBookmarkButton

设置为YES，这样便可以在检索框中添加一个书签按钮。在本实例中，当触摸了检索框中的书签按钮后，会触发searchBarBookmarkButtonClicked方法，以模态画面的形式显示书签列表。

实例15-9	在检索框中添加一个书签按钮
源码与视频路径	光盘:\daima\15\UISearchBarSample

实例文件 UIKitPrjBookmarkButton.m的具体代码如下所示：

```
#import "UIKitPrjBookmarkButton.h"
@implementation UIKitPrjBookmarkButton
- (void)viewDidLoad {
  [super viewDidLoad];
  //显示书签按钮
  searchBar_.showsBookmarkButton = YES;
}
//触摸书签按钮后，以模态画面的形式显示书签列表
- (void)searchBarBookmarkButtonClicked:(UISearchBar*)searchBar {
  id rootViewController = [[BookmarkDialog alloc] initWithParent:self];
  id navi = [[UINavigationController alloc]
initWithRootViewController:rootViewController];
  [rootViewController release];
  [self presentModalViewController:navi animated:YES];
  [navi release];
}
- (void)setCurrentText:(NSString*)text {
  searchBar_.text = text;
  [self searchBarSearchButtonClicked:searchBar_];
}
@end
#pragma mark ----- BookmarkDialog -----
@implementation BookmarkDialog
- (void)dealloc {
  [dataSource_ release];
  [super dealloc];
}
- (id)initWithParent:(UIViewController*)parent {
  if ( (self = [super init]) ) {
    parent_ = parent;
  }
  return self;
}
- (void)viewDidLoad {
  [super viewDidLoad];
  dataSource_ = [[NSArray alloc] initWithObjects:@"11",
                                                @"22",
                                                @"33",
                                                nil ];

  self.title = @"Bookmarks";
  UIBarButtonItem* barButton =
    [[[UIBarButtonItem alloc] initWithBarButtonSystemItem:UIBarButtonSystemItemDone
                                                   target:self
                                                   action:@selector(doneDidPush)]
autorelease];
  self.navigationItem.rightBarButtonItem = barButton;
}
- (void)doneDidPush {
  [self dismissModalViewControllerAnimated:YES];
}
- (void)tableView:(UITableView*)tableView
  didSelectRowAtIndexPath:(NSIndexPath*)indexPath
{
  [parent_ setCurrentText:[dataSource_ objectAtIndex:indexPath.row]];
  [self dismissModalViewControllerAnimated:YES];
}
- (NSInteger)tableView:(UITableView*)tableView
  numberOfRowsInSection:(NSInteger)section
{
  return [dataSource_ count];
```

```
}
- (UITableViewCell*)tableView:(UITableView*)tableView
  cellForRowAtIndexPath:(NSIndexPath*)indexPath
{
  static NSString *CellIdentifier = @"Cell";
  UITableViewCell *cell = [tableView
dequeueReusableCellWithIdentifier:CellIdentifier];
  if (cell == nil) {
    cell = [[[UITableViewCell alloc] initWithStyle:UITableViewCellStyleDefault
reuseIdentifier:CellIdentifier] autorelease];
  }
  cell.textLabel.text = [dataSource_ objectAtIndex:indexPath.row];
  return cell;
}
@end
```

执行效果如图15-15所示。单击书签按钮后，会在新界面中显示书签中的数据，如图15-16所示。书签中存储的是当前设备已经使用过的搜索关键字。

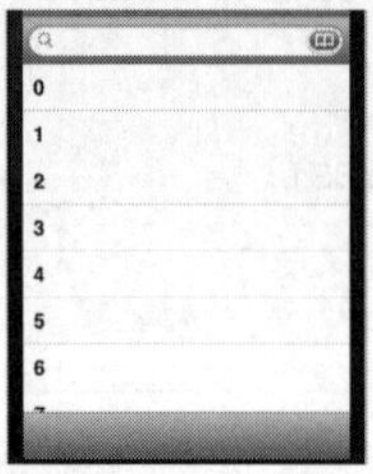

图15-15 执行效果

图15-16 书签中的数据

15.3.6 实战演练——在检索框中添加一个范围条

在iOS应用中，当使用UISearchBar控件实现一个检索框效果后，可以添加一个范围条。在本实例中，将属性showsScopeBar设置为了YES，这样便在检索框中添加了一个范围条。

实例15-10	在检索框中添加一个范围条
源码与视频路径	光盘:\daima\15\UISearchBarSample

实例文件 UIKitPrjScopeBar.m的具体代码如下所示：

```
#import "UIKitPrjScopeBar.h"
@implementation UIKitPrjScopeBar
- (void)viewDidLoad {
  [super viewDidLoad];
  UISearchBar* searchBar = [[[UISearchBar alloc] init] autorelease];
  searchBar.frame = CGRectMake( 0, 0, 320, 0 );
  searchBar.delegate = self;
  searchBar.scopeButtonTitles = [NSArray arrayWithObjects:@"AAA", @"BBB", @"CCC", nil];
  searchBar.showsScopeBar = YES;
  [searchBar sizeToFit];
  [self.view addSubview:searchBar];
}
- (void)searchBar:(UISearchBar*)searchBar
  selectedScopeButtonIndexDidChange:(NSInteger)
selectedScope
{
  NSLog( @"selectedScopeButtonIndexDidChange %d",
selectedScope );
  NSLog( @"selectedScopeButtonIndex %d",
searchBar.selectedScopeButtonIndex );
}
@end
```

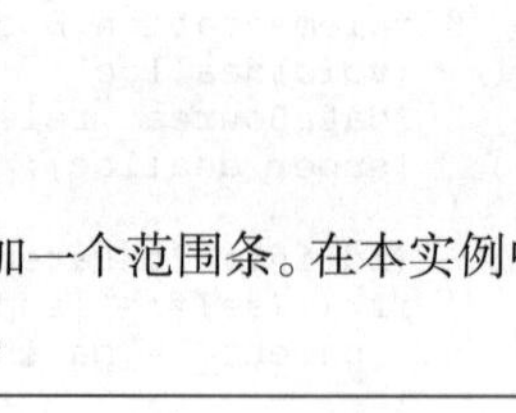

执行后的效果如图15-17所示。

图15 17 执行效果

15.3.7 实战演练——使用 UISearchBar 控件（基于 Swift 实现）

在本节的内容中，将通过一个具体实例的实现过程，详细讲解基于Swift语言使用UISearchBar控件的过程。

实例15-11	使用UISearchBar控件
源码与视频路径	光盘:\daima\15\UISearchBar-and-TableViewController

（1）打开Xcode 6.1，然后创建一个名为“UISearchControllerStoryBoard”的工程，工程的最终目录结构如图15-18所示。

（2）打开Main.storyboard设计面板，在里面设置NavagationController和TableView控件，如图15-19所示。

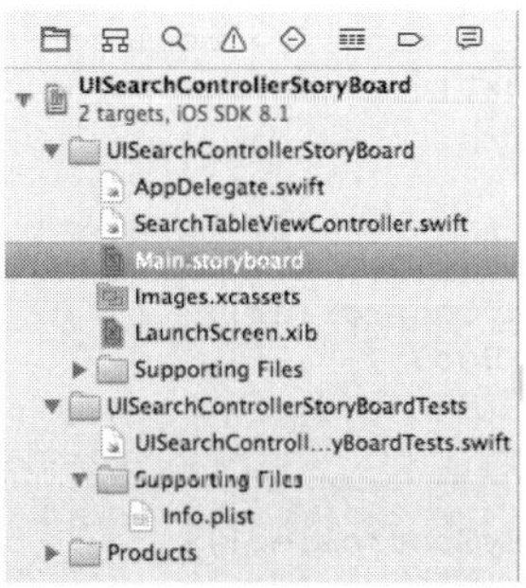

图15-18 工程的目录结构

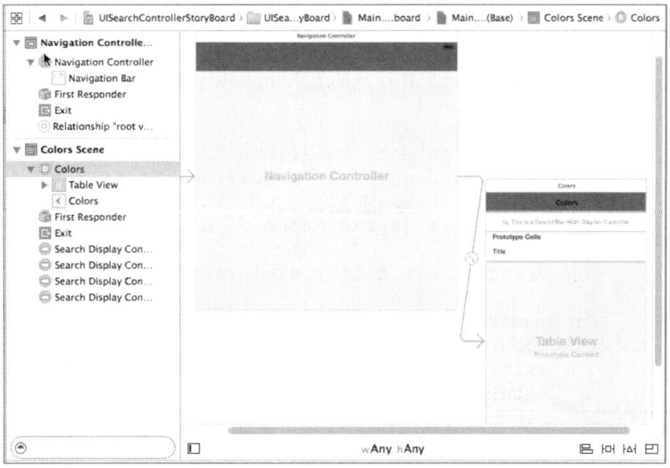

图15-19 Main.storyboard设计面板

（3）编写文件SearchTableViewController.swift，功能是在界面顶部通过UISearchBar控件显示一个搜索表单，在下方通过TableView控件显示信息列表和搜索结果。文件SearchTableViewController.swift的具体实现代码如下所示：

```
import UIKit
class SearchTableViewController: UITableViewController, UISearchBarDelegate{
    var colors : [String] = []
    var filteredColors = [String]()
    @IBOutlet weak var searchBar: UISearchBar!
    override func viewDidLoad() {
        super.viewDidLoad()
        colors = ["Red","White","Blue","Yellow","Green","Black","Purple","Getting
        Tired","Have I mentioned that I like Objective C"]
        //searchbar
        searchBar.delegate = self
        searchBar.showsScopeBar = true
    }
    override func didReceiveMemoryWarning() {
        super.didReceiveMemoryWarning()
        // Dispose of any resources that can be recreated.
    }
    // MARK: - Table view data source
    override func numberOfSectionsInTableView(tableView: UITableView) -> Int {

        return 1
    }

    override func tableView(tableView: UITableView, numberOfRowsInSection section: Int)
```

```
    -> Int {
        if tableView == self.searchDisplayController!.searchResultsTableView{
            return self.filteredColors.count
        }else{
           return colors.count
        }

    }
    override func tableView(tableView: UITableView, cellForRowAtIndexPath indexPath:
NSIndexPath) -> UITableViewCell {
        let cell = self.tableView.dequeueReusableCellWithIdentifier("Cell",
forIndexPath: indexPath) as UITableViewCell
        var color : String
        if tableView == self.searchDisplayController!.searchResultsTableView{
            color = self.filteredColors[indexPath.row]as (String)
        }
        else
        {
            color = self.colors[indexPath.row]as (String)
        }
        cell.textLabel.text = color
        return cell
    }
    func filterContentForSearchText(searchText: String) {
        self.filteredColors = self.colors.filter({( colors: String) -> Bool in
            let stringMatch = colors.rangeOfString(searchText)
               return (stringMatch != nil)
        })
        println(self.filteredColors)
    }
    func searchDisplayController(controller: UISearchDisplayController!,
shouldReloadTableForSearchString searchString: String!) -> Bool {
        self.filterContentForSearchText(searchString)
        return true
    }
    func searchDisplayController(controller: UISearchDisplayController!,
shouldReloadTableForSearchScope searchOption: Int) -> Bool {

self.filterContentForSearchText(self.searchDisplayController!.searchBar.text)
        return true
    }
}
```

到此为止，整个实例介绍完毕。此时执行后效果如图15-20所示。

在顶部搜索表单输入关键字后，在下方列表中可以显示检索结果。例如输入关键字“B”后的执行效果如图15-21所示。

图15-20 工程UI主界面的执行效果

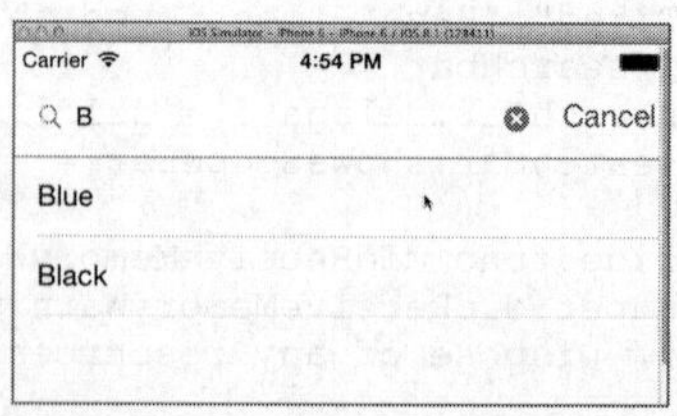

图15-21 显示检索结果

第 16 章 UIView详解

其实在iOS系统里看到的和触摸到的都是用UIView实现的，UIView在iOS开发里具有非常重要的作用。在本章的内容中，将详细讲解iOS系统中UIView的基本知识和具体用法，为读者进入本书后面知识的学习打下基础。

16.1 UIView 基础

UIView也是在MVC中非常重要的一层，是iOS系统下所有界面的基础。UIView在屏幕上定义了一个矩形区域和管理区域内容的接口。在运行时，一个视图对象控制该区域的渲染，同时也控制内容的交互)。所以，UIView具有3个基本的功能：画图和动画、管理内容的布局、控制事件。正是因为UIView具有这些功能，它才能担当起MVC中视图层的作用。视图和窗口展示了应用的用户界面，同时负责界面的交互。UIKit和其他系统框架提供了很多视图，你可以就地使用而几乎不需要修改。当你需要展示的内容与标准视图允许的有很大的差别时，也可以定义自己的视图。无论是使用系统的视图还是创建自己的视图，均需要理解类UIView和类UIWindow所提供的基本结构。这些类提供了复杂的方法来管理视图的布局和展示。理解这些方法的工作非常重要，使我们在应用发生改变时可以确认视图有合适的行为。

在iOS应用中，绝大部分可视化操作都是由视图对象（即UIView类的实例）进行的。一个视图对象定义了一个屏幕上的一个矩形区域，同时处理该区域的绘制和触屏事件。一个视图也可以作为其他视图的父视图，同时决定着这些子视图的位置和大小。UIView类做了大量的工作去管理这些内部视图的关系，但是需要的时候也可以定制默认的行为。

在本节的内容中，将详细介绍UIView的基本知识。

16.1.1 UIView 的结构

在官方API中为UIView定义了各种函数接口，首先看视图最基本的功能显示和动画，其实UIView的所有的绘图和动画的接口都是可以用CALayer和CAAnimation实现的，也就是说苹果公司是不是把CoreAnimation的功能封装到了UIView中呢？但是，每一个UIView都会包含一个CALayer，并且CALayer里面可以加入各种动画。再次，来看UIView管理布局的思想其实和CALayer也是非常接近的。最后控制事件的功能，是因为UIView继承了UIResponder。经过上面的分析很容易就可以分解出UIView的本质。UIView就相当于一块白墙，这块白墙只是负责把加入里面的东西显示出来。

1．UIView中的CALayer

UIView的一些几何特性frame、bounds、center都可以在CALayer中找到替代的属性，所以，如果明白了CALayer的特点，UIView的图层中如何显示的都会一目了然。

CALayer就是图层，图层的功能是渲染图片和播放动画等。每当创建一个UIView的时候，系统会自动创建一个CALayer，但是这个CALayer对象你不能改变，只能修改某些属性。所以通过修改CALayer，不仅可以修饰UIView的外观，还可以给UIView添加各种动画。CALayer属于CoreAnimation框架中的类，通过Core Animation Programming Guide就可以了解很多CALayer中的特点，假如掌握了这些特点，自然也就理解了UIView是如何显示和渲染的。

UIView和NSView明显是MVC中的视图模型，Animation Layer更像是模型对象。它们封装了几何、时间和一些可视的属性，并且提供了可以显示的内容，但是实际的显示并不是Layer的职责。每一个层树的后台都有两个响应树：一个曾现树和一个渲染树）。所以，很显然Layer封装了模型数据，每当更改Layer中的某些模型数据中数据的属性时，曾现树都会做一个动画代替，之后由渲染树负责渲染图片。

既然Animation Layer封装了对象模型中的几何性质，那么如何取得这些几何特性？一个方式是根据Layer中定义的属性，比如bounds、authorPoint、frame等这些属性，其次，Core Animation扩展了键值对协议，这样就允许开发者通过get和set方法，方便地得到Layer中的各种几何属性。转换动画的各种几何特性，大多可以通过此方法设定：

```
[myLayer setValue:[NSNumber numberWithInt:0] forKeyPath:@"transform.rotation.x"];
```

虽然CALayer跟UIView十分相似，也可以通过分析CALayer的特点理解UIView的特性，但是，毕竟苹果公司不是用CALayer来代替UIView的，否则苹果公司也不会设计一个UIView类了。就像官方文档解释的一样，CALayer层树是Cocoa视图继承树的同等物，它具备UIView的很多共同点，但是，Core Animation没有提供一个方法展示在窗口。它们必须宿主到UIView中，并且UIView给它们提供响应的方法。所以，UIReponder就是UIView的又一个大的特性。

2. UIView继承的UIResponder

UIResponder是所有事件响应的基石，事件（UIEvent）是发给应用程序并告知用户的行动。在iOS中的事件有3种，分别是多点触摸事件、行动事件和远程控制事件。定义这3种事件的格式如下所示：

```
typedef enum {
    UIEventTypeTouches,
    UIEventTypeMotion,
    UIEventTypeRemoteControl,
} UIEventType;
```

UIReponder中的事件传递过程如图16-1所示。

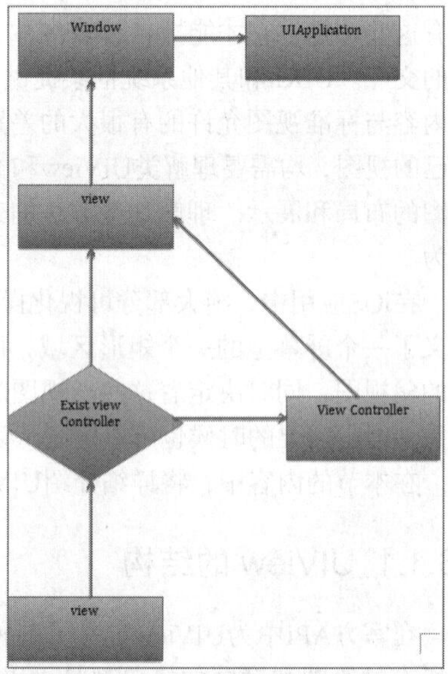

图16-1 UIReponder中的事件传递过程

首先是被单击的该视图响应时间处理函数，如果没有响应函数会逐级向上面传递，直到有响应处理函数，或者该消息被抛弃为止。关于UIView的触摸响应事件，这里有一个常常容易使人迷惑的方法是hitTest:WithEvent。通过发送PointInside:withEvent:消息给每一个子视图，这个方法能够遍历视图层树，这样可以决定哪个视图应该响应此事件。如果PointInside:withEvent:返回YES，然后子视图的继承树就会被遍历，否则视图的继承树就会被忽略。在hitTest方法中，要先调用PointInside:withEvent:，看是否要遍历子视图。如果不想让某个视图响应事件，只需要重载PointInside:withEvent:方法，让此方法返回NO即可。其实hitTest的主要用途是寻找哪个视图被触摸了，例如，下面的代码建立了一个MyView，在里面重载了hitTest方法和pointInside方法：

```
- (UIView*)hitTest:(CGPoint)point withEvent:(UIEvent *)event{
[super hitTest:point withEvent:event];
return self;
}
- (BOOL)pointInside:(CGPoint)point withEvent:(UIEvent *)event{
    NSLog(@"view pointInside");
    return YES;
}
```

然后在MyView中增加一个子视图MySecondView，通过此视图也重载了这两个方法：

```
- (UIView*)hitTest:(CGPoint)point withEvent:(UIEvent *)event{
[super hitTest:point withEvent:event];
return self;
}
- (BOOL)pointInside:(CGPoint)point withEvent:(UIEvent *)event{
    NSLog(@"second view pointInside");
    return YES;
}
```

在上述代码中，必须包括“[super hitTest:point withEvent:event];”，否则hitTest无法调用父类的方法，这样就没法使用PointInside:withEvent:进行判断，就没法进行子视图的遍历。当去掉这个语句时，触摸事件就不可能进到子视图中了，除非在方法中直接返回子视图的对象。这样在调试的过程中就会发现，每单击一个view都会先进入这个view的父视图中的hitTest方法，然后调用super的hitTest方法之后就会查找pointInside是否返回YES。如果是，则就把消息传递给子视图处理，子视图用同样的方法递归查找自己的子视图。所以从这里调试分析看，hitTest方法这种递归调用的方式就一目了然了。

16.1.2 视图架构

在iOS中，一个视图对象定义了一个屏幕上的一个矩形区域，同时处理该区域的绘制和触屏事件。一个视图也可以作为其他视图的父视图，同时决定着这些子视图的位置和大小。UIView类做了大量的工作去管理这些内部视图的关系，但是需要的时候也可以定制默认的行为。视图view与Core Animation层联合起来处理着视图内容的解释和动画过渡。每个UIKit框架里的视图都被一个层对象支持，这通常是一个CALayer类的实例，它管理着后台的视图存储和处理视图相关的动画。然而，当需要对视图的解释和动画行为有更多的控制权时可以使用层。

为了理解视图和层之间的关系，可以借助于一些例子。图16-2显示了ViewTransitions例程的视图层次及其对底层Core Animation层的关系。应用中的视图包括了一个Window（同时也是一个视图），一个通用的表现得像一个容器视图的UIView对象、一个图像视图、一个控制显示用的工具条和一个工具条按钮（它本身不是一个视图，但是在内部管理着一个视图）。注意这个应用包含了一个额外的图像视图，它是用来实现动画的。为了简化流程，同时因为这个视图通常是被隐藏的，所以没把它包含在下面的图中。每个视图都有一个相应的层对象，它可以通过视图属性被访问。因为工具条按钮不是一个视图，所以不能直接访问它的层对象。在它们的层对象之后是Core Animation的解释对象，最后是用来管理屏幕上的位的硬件缓存。

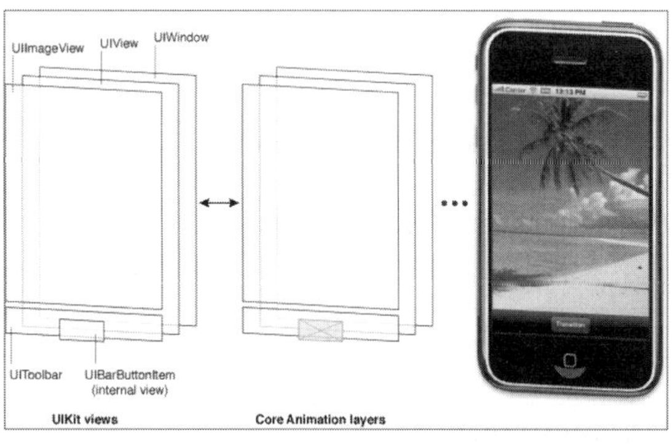

图16-2 层关系

一个视图对象的绘制代码需要尽量地少被调用，当它被调用时，其绘制结果会被Core Animation缓存起来并在往后可以被尽可能重用。重用已经解释过的内容消除了通常需要更新视图的开销昂贵的绘制周期。

16.1.3 视图层次和子视图管理

除了提供自己的内容之外，一个视图也可以表现得像一个容器一样。当一个视图包含其他视图时，就在两个视图之间创建了一个父子关系。在这个关系中孩子视图被当作子视图，父视图被当作超视图。创建这样一个关系对应用的可视化和行为都有重要的意义。在视觉上，子视图隐藏了父视图的内容。如果子视图是完全不透明的，那么子视图所占据的区域就完全隐藏了父视图的相应区域。如果子视图是部分透明的，那么两个视图在显示在屏幕上之前就混合在一起了。每个父视图都用一个有序的数组存储着它的子视图，存储的顺序会影响到每个子视图的显示效果。如果两个兄弟子视图重叠在一起，后来被加入的那个（或者说是排在子视图数组后面的那个）出现在另一个上面。父子视图关系也影响着一些视图行为。改变父视图的尺寸会连带着改变子视图的尺寸和位置。在这种情况下，可以通过合适的配置视图来重定义子视图的尺寸。其他会影响到子视图的改变包括隐藏父视图，改变父视图的Alpha值，或者转换父视图。视图层次的安排也会决定着应用如何去响应事件。在一个具体的视图内部发生的触摸事件通常会被直接发送到该视图去处理。然而，如果该视图没有处理，它会将该事件传递给它的父视图，在响应者链中依此类推。具体视图可能也会传递事件给一个干预响应者对象，例如视图控制器。如果没有对象处理这个事件，它最终会到达应用对象，此时通常就被丢弃了。

16.1.4 视图绘制周期

UIView类使用一个点播绘制模型来展示内容。当一个视图第一次出现在屏幕前，系统会要求它绘制自己的内容。在该流程中，系统会创建一个快照，这个快照是出现在屏幕中的视图内容的可见部分。如果你从来没有改变视图的内容，这个视图的绘制代码可能永远不会再被调用。这个快照图像在大部分涉及视图的操作中被重用。如果确实改变了视图内容，也不会直接的重新绘制视图内容。相反，使用setNeedsDisplay或者setNeedsDisplayInRect:方法废止该视图，同时让系统在稍候重画内容。系统等待当前运行循环结束，然后开始绘制操作。这个延迟给了你一个机会来废止多个视图，从你的层次中增加或者删除视图，隐藏、重设大小和重定位视图。所有你做的改变会稍候在同一时间反应。

改变一个视图的几何结构不会自动引起系统重画内容。视图的contentMode属性决定了改变几何结构应该如果解释。大部分内容模式在视图的边界内拉伸或者重定位了已有快照，它不会重新创建一个新的快照。要获取更多关于内容模式如何影响视图的绘制周期，可查看content modes，当绘制视图内容的时候到了时，真正的绘制流程会根据视图及其配置改变。系统视图通常会实现私有的绘制方法来解释它们的视图(那些相同的系统视图经常开发接口，好让你可以用来配置视图的真正表现)。对于定制的UIView子类，你通常可以覆盖drawRect:方法并使用该方法来绘制你的视图内容。也有其他方法来提供视图内容，像直接在底部的层设置内容，但是覆盖drawRect:是最通用的技术。

16.2 实战演练——设置 UIView 的位置和尺寸

在本实例中，使用方法initWithFrame可以依照Frame建立新的View，建立出来的View要通过addSubview加入父View中。本实例的最终目的是，分别在屏幕中间和屏幕右上角设置两个区域。

实例16-1	设置UIView的位置和尺寸
源码与视频路径	光盘:\daima\16\UIViewSample

实例文件UIkitPrjFrame.h的实现代码如下所示：

```
#import "SampleBaseController.h"
@interface UIKitPrjFrame : SampleBaseController
{
 @private
}
@end
```

实例文件UIkitPrjFrame.m的实现代码如下所示：

```
#import "UIKitPrjFrame.h"
@implementation UIKitPrjFrame
#pragma mark ----- Override Methods -----
- (void)viewDidLoad {
  [super viewDidLoad];
  self.view.backgroundColor = [UIColor blackColor];
  UILabel* label1 = [[[UILabel alloc] initWithFrame:CGRectZero] autorelease];
  label1.text = @"右上方";
  // 将label1的frame修改成任意的区域
  CGRect newFrame = CGRectMake( 220, 20, 100, 50 );
  label1.frame = newFrame;

  UILabel* label2 = [[[UILabel alloc] initWithFrame:[label1 frame]] autorelease];
  label2.textAlignment = UITextAlignmentCenter;
  label2.text = @"中心位置";
  // 将label2的center调整到画面中心
  CGPoint newPoint = self.view.center;
  // 空出状态条高度大小
  newPoint.y -= 20;
  label2.center = newPoint;
  // 向画面中追加label1 与 label2
  [self.view addSubview:label1];
  [self.view addSubview:label2];
UILabel* label = [[[UILabel alloc] initWithFrame:CGRectZero] autorelease];
  // frame的设置
  label.frame = CGRectMake( 0, 0, 200, 50 );
  // center设置
  label.center = CGPointMake( 160, 240 );
  // frame的参照
  NSLog( @"x = %f", label.frame.origin.x );
  NSLog( @"y = %f", label.frame.origin.y );
  NSLog( @"width = %f", label.frame.size.width );
  NSLog( @"height = %f", label.frame.size.height );
  // center的参照
  NSLog( @"x = %f", label.center.x );
  NSLog( @"y = %f", label.center.y );
}
- (void)touchesEnded:(NSSet*)touches
withEvent:(UIEvent*)event {
  [self.navigationController setNavigationBarHidden:NO
animated:YES];
}
@end
```

执行效果如图16-3所示。

图16-3 执行效果

16.3 实战演练——隐藏指定的 UIView 区域

本实例的功能是，使用UIView的属性hidden来隐藏指定的区域。当属性hidden的值为YES时隐藏UIView，当属性hidden的值为NO时显示UIView。当单击本实例中的“单击”按钮时，会实现文本隐藏和文本显示的转换。

实例16-2	隐藏指定的UIView区域
源码与视频路径	光盘:\daima\16\UIViewSample

实例文件UIkitPrjHide.h的实现代码如下所示：

```
#import "SampleBaseController.h"
@interface UIKitPrjHide : SampleBaseController
{
 @private
   UILabel* label_;
}
@end
```

实例文件 UIkitPrjHide.m的实现代码如下所示：

```
#import "UIKitPrjHide.h"
@implementation UIKitPrjHide
#pragma mark ----- Override Methods -----
// finalize
- (void)dealloc {
  [label_ release];
  [super dealloc];
}
- (void)viewDidLoad {
  [super viewDidLoad];
  self.view.backgroundColor = [UIColor blackColor];
  label_ = [[UILabel alloc] initWithFrame:CGRectMake( 0, 0, 320, 200 )];
  label_.textAlignment = UITextAlignmentCenter;
  label_.backgroundColor = [UIColor blackColor];
  label_.textColor = [UIColor whiteColor];
  label_.text = @"I'm here!";
  [self.view addSubview:label_];
  UIButton* button = [UIButton buttonWithType:UIButtonTypeRoundedRect];
  button.frame = CGRectMake( 0, 0, 100, 40 );
  CGPoint newPoint = self.view.center;
  newPoint.y = self.view.frame.size.height - 70;
  button.center = newPoint;
  [button setTitle:@"单击" forState:UIControlStateNormal];
  [button addTarget:self action:@selector(buttonDidPush)
forControlEvents:UIControlEventTouchUpInside];
  [self.view addSubview:button];
}

- (void)buttonDidPush {
  label_.hidden = !label_.hidden;
}
- (void)touchesEnded:(NSSet*)touches withEvent:(UIEvent*)event {
  [self.navigationController setNavigationBarHidden:NO animated:YES];
}
@end
```

执行后的效果如图16-2所示，按下图16-4中的“单击”按钮后会隐藏文本，如图16-5所示。

图16-4 执行效果

图16-5 隐藏了文本

16.4 实战演练——改变背景颜色

本实例的功能是，使用UIView的属性backgroundColor来改变背景颜色。首先在屏幕上方设置了Label区域，在下方设置了3个按钮，当单击不同的按钮后，会改变上方Label区域的背景颜色。

实例16-3	改变屏幕的背景颜色
源码与视频路径	光盘:\daima\16\UIViewSample

实例文件UIkitPrjBackground.h的实现代码如下所示：

```
#import "SampleBaseController.h"
@interface UIKitPrjBackground : SampleBaseController
{
 @private
  UILabel* label_;
  CGFloat redColor_;
  CGFloat greenColor_;
  CGFloat blueColor_;
}
@end
```

实例文件UIkitPrjBackground.m的实现代码如下所示：

```
#import "UIKitPrjBackground.h"
#pragma mark ----- Private Methods Definition -----
@interface UIKitPrjBackground ()
- (void)redDidPush;
- (void)greenDidPush;
- (void)blueDidPush;
- (void)changeLabelColor:(CGFloat*)pColor;
@end
#pragma mark ----- Start Implementation For Methods -----
@implementation UIKitPrjBackground
// finalize
- (void)dealloc {
  [label_ release];
  [super dealloc];
}
- (void)viewDidLoad {
  [super viewDidLoad];
  self.view.backgroundColor = [UIColor blackColor];
// 画面上方追加标签
  label_ = [[UILabel alloc] initWithFrame:CGRectMake( 0, 0, 320, 200 )];
  label_.textAlignment = UITextAlignmentCenter;
  redColor_ = 0.0;
  greenColor_ = 0.0;
  blueColor_ = 0.0;
  label_.backgroundColor = [[[UIColor alloc] initWithRed:redColor_
                                                   green:greenColor_
                                                    blue:blueColor_
                                                   alpha:1.0] autorelease];
  label_.textColor = [UIColor whiteColor];
  label_.text = @"染上新的颜色・・・";
  [self.view addSubview:label_];
  // 追加红色按钮
  UIButton* redButton = [UIButton buttonWithType:UIButtonTypeRoundedRect];
  redButton.frame = CGRectMake( 0, 0, 50, 40 );
  CGPoint newPoint = self.view.center;
  newPoint.x -= 50;
  newPoint.y = self.view.frame.size.height - 70;
  redButton.center = newPoint;
  [redButton setTitle:@"红" forState:UIControlStateNormal];
  [redButton setTitleColor:[UIColor redColor] forState:UIControlStateNormal];
  [redButton addTarget:self
              action:@selector(redDidPush)
      forControlEvents:UIControlEventTouchUpInside];
  // 追加绿色按钮
  UIButton* greenButton = [UIButton buttonWithType:UIButtonTypeRoundedRect];
  greenButton.frame = redButton.frame;
  newPoint.x += 50;
  greenButton.center = newPoint;
  [greenButton setTitle:@"绿" forState:UIControlStateNormal];
  [greenButton setTitleColor:[UIColor greenColor] forState:UIControlStateNormal];
```

```
  [greenButton addTarget:self
              action:@selector(greenDidPush)
     forControlEvents:UIControlEventTouchUpInside];
  // 追加蓝色按钮
  UIButton* blueButton = [UIButton buttonWithType:UIButtonTypeRoundedRect];
  blueButton.frame = redButton.frame;
  newPoint.x += 50;
  blueButton.center = newPoint;
  [blueButton setTitle:@"蓝" forState:UIControlStateNormal];
  [blueButton setTitleColor:[UIColor blueColor] forState:UIControlStateNormal];
  [blueButton addTarget:self
              action:@selector(blueDidPush)
     forControlEvents:UIControlEventTouchUpInside];
  [self.view addSubview:redButton];
  [self.view addSubview:greenButton];
  [self.view addSubview:blueButton];
}
#pragma mark ----- Private Methods -----
- (void)redDidPush {
  [self changeLabelColor:&redColor_];
}
- (void)greenDidPush {
  [self changeLabelColor:&greenColor_];
}
- (void)blueDidPush {
  [self changeLabelColor:&blueColor_];
}
- (void)changeLabelColor:(CGFloat*)pColor {
  if ( !pColor ) return;
// 对指定色以0.1为单位递增
  // 1.0时回复为0.0
  if ( *pColor > 0.99 ) {
    *pColor = 0.0;
  } else {
    *pColor += 0.1;
  }
  // 更新标签的颜色
  label_.backgroundColor = [[[UIColor alloc] initWithRed:redColor_
                                              green:greenColor_
                                                blue:blueColor_
                                              alpha:1.0] autorelease];

}
- (void)touchesEnded:(NSSet*)touches
withEvent:(UIEvent*)event {
  [self.navigationController setNavigationBarHidden:NO
animated:YES];
}
@end
```

执行后的效果如图16-6所示，按下不同的按钮会显示对应的背景颜色。

图16-6 执行效果

16.5 实战演练——实现背景透明

本实例的功能是，使用UIView的属性alpha来改变指定视图的透明度。首先在屏幕上方设置了Label区域，并显示了指定的文本“将白色文字背景设为红”。在下方设置了一个“透明化”按钮。每当单击一次“透明化”按钮，会设置上方Label标签的alpha值以0.1为单位递减，从而逐渐实现透明效果。

实例16-4	实现背景透明效果
源码与视频路径	光盘:\daima\16\UIViewSample

实例文件UIkitPrjAlpha.h的实现代码如下所示：

```
#import "SampleBaseController.h"
@interface UIKitPrjAlpha : SampleBaseController
{
 @private
  UILabel* label_;
}
@end
```

实例文件 UIkitPrjAlpha.m的实现代码如下所示：

```
#import "UIKitPrjAlpha.h"
@implementation UIKitPrjAlpha
- (void)dealloc {
  [label_ release];
  [super dealloc];
}
- (void)viewDidLoad {
  [super viewDidLoad];
  // 背景设为白
  self.view.backgroundColor = [UIColor whiteColor];
  // 追加画面上方的标签
  label_ = [[UILabel alloc] initWithFrame:CGRectMake( 0, 0, 320, 200 )];
  label_.textAlignment = UITextAlignmentCenter;
  label_.backgroundColor = [UIColor redColor];
  label_.textColor = [UIColor whiteColor];
  label_.adjustsFontSizeToFitWidth = YES;
  label_.text = @"将白色文字背景设为红";
  [self.view addSubview:label_];
  // 追加染色按钮
  UIButton* alphaButton = [UIButton buttonWithType:UIButtonTypeRoundedRect];
  alphaButton.frame = CGRectMake( 0, 0, 100, 40 );
  CGPoint newPoint = self.view.center;
  newPoint.y = self.view.frame.size.height - 70;
  alphaButton.center = newPoint;
  [alphaButton setTitle:@"透明化" forState:UIControlStateNormal];
  [alphaButton addTarget:self
              action:@selector(alphaDidPush)
      forControlEvents:UIControlEventTouchUpInside];

  [self.view addSubview:alphaButton];
}

  (void)alphaDidPush {
  // 标签的alpha值以0.1为单位递减
  // 0.0时恢复为1.0
  if ( label_.alpha < 0.09 ) {
    label_.alpha = 1.0;
  } else {
    label_.alpha -= 0.1;
  }
}
- (void)touchesEnded:(NSSet*)touches withEvent:(UIEvent*)
event {
  [self.navigationController setNavigationBarHidden:NO
animated:YES];
}
@end
```

图16-7 执行效果

执行后的效果如图16-7所示。每当单击一次“透明化”按钮后，逐渐实现透明效果。

16.6 实战演练——定位屏幕中的图片

在iOS应用中，UIView类使用一个点播绘制模型来展示内容。当一个视图第一次出现在屏幕前，系统会要求它绘制自己的内容。在该流程中，系统会创建一个快照，这个快照是出现在屏幕中的视图内容的可见部分。如果你从来没有改变视图的内容，这个视图的绘制代码可能永远不会再被调用。这个快照图像在大部分涉及视图的操作中被重用。如果确实改变了视图内容，也不会直接地重新绘制视图内容。相反，使用setNeedsDisplay或者setNeedsDisplayInRect:方法废止该视图，同时让系统在稍候重画内容。系统等待当前运行循环结束，然后开始绘制操作。这个延迟给了你一个机会来废止多个视图，从你的层次中增加或者删除视图，隐藏、重设大小和重定位视图。所有做的改变会稍后在同一时间反映出来。

UIView类的contentMode属性决定了改变几何结构应该如何解释。大部分内容模式在视图的边界内拉伸或者重定位了已有快照，它不会重新创建一个新的快照。获取更多关于内容模式如果影响视图的绘制周期，查看content modes当绘制视图内容的时候到了时，真正的绘制流程会根据视图及其配置改变。系统视图通常会实现私有的绘制方法来解释它们的视图（那些相同的系统视图经常开发接口，好让你可以用来配置视图的真正表现）。对于定制的UIView子类，通常可以覆盖drawRect:方法并使用该方法来绘制你的视图内容。也有其他方法来提供视图内容，如直接在底部的层设置内容，但是覆盖drawRect:是最通用的技术。

UIViewcontentMode包含如下所示的模式：

```
typedef enum {
UIViewContentModeScaleToFill,
UIViewContentModeScaleAspectFit,
UIViewContentModeScaleAspectFil,
UIViewContentModeRedraw,
UIViewContentModeCenter,
UIViewContentModeTop,
UIViewContentModeBottom,
 UIViewContentModeLeft,
 UIViewContentModeRight,
UIViewContentModeTopLeft,
UIViewContentModeTopRight,
UIViewContentModeBottomLeft,
UIViewContentModeBottomRight,
} UIViewContentMode;
```

本实例的功能是，使用UIView的属性UIViewcontentMode来改变图片内容在屏幕中的位置。首先在屏幕上方设置显示UIImageView图片，在Label区域显示当前使用的模式，在下方设置了一个“模式修改”按钮。每当单击一次“模式修改”按钮，会调用 - (void)changeLabelCaption方法逐一显示不同的模式。

实例16-5	定位屏幕中的图片
源码与视频路径	光盘:\daima\16\UIViewSample

实例文件UIkitPrjcontentMode.h的实现代码如下所示：

```
#import "SampleBaseController.h"
@interface UIKitPrjContentMode : SampleBaseController
{
 @private
  UIImageView* imageView_;
  UILabel* label_;
}
@end
```

实例文件UIkitPrjcontentMode.m的实现代码如下所示：

```
#import "UIKitPrjContentMode.h"
#pragma mark ----- Private Methods Definition -----
@interface UIKitPrjContentMode ()
- (void)modeDidPush;
- (void)changeLabelCaption;
@end
#pragma mark ----- Start Implementation For Methods -----
@implementation UIKitPrjContentMode
// finalize
```

```
- (void)dealloc {
  [imageView_ release];
  [label_ release];
  [super dealloc];
}
- (void)viewDidLoad {
  [super viewDidLoad];
  // 背景设置为黑
  self.view.backgroundColor = [UIColor blackColor];
  // 追加图像View
  NSString* path = [NSString stringWithFormat:@"%@/%@", [[NSBundle mainBundle]
resourcePath], @"narrow_dog.jpg"];
  UIImage* image = [[[UIImage alloc] initWithContentsOfFile:path] autorelease];
  imageView_ = [[UIImageView alloc] initWithImage:image];
  imageView_.frame = CGRectMake( 0, 0, 320, 320 );
  [self.view addSubview:imageView_];
  // 追加标签
  label_ = [[UILabel alloc] initWithFrame:CGRectMake( 0, 0, 320, 30 )];
  CGPoint newPoint = imageView_.center;
  newPoint.y += 200;
  label_.center = newPoint;
  label_.textAlignment = UITextAlignmentCenter;
  [self.view addSubview:label_];
  [self changeLabelCaption];
  // 追加模式修改按钮
  UIButton* modeButton = [UIButton buttonWithType:UIButtonTypeRoundedRect];
  modeButton.frame = CGRectMake( 0, 0, 100, 40 );
  newPoint = self.view.center;
  newPoint.y = self.view.frame.size.height - 40;
  modeButton.center = newPoint;
  [modeButton setTitle:@"模式修改" forState:UIControlStateNormal];
  [modeButton addTarget:self
                 action:@selector(modeDidPush)
      forControlEvents:UIControlEventTouchUpInside];
  [self.view addSubview:modeButton];
}
#pragma mark ----- Private Methods -----
- (void)modeDidPush {
  imageView_.contentMode++;
  [self changeLabelCaption];
}
- (void)changeLabelCaption {
  if ( UIViewContentModeScaleToFill == imageView_.contentMode ) {
    label_.text = @"UIViewContentModeScaleToFill";
  } else  if ( UIViewContentModeScaleAspectFit == imageView_.contentMode ) {
    label_.text = @"UIViewContentModeScaleAspectFit";
  } else  if ( UIViewContentModeScaleAspectFill == imageView_.contentMode ) {
    label_.text = @"UIViewContentModeScaleAspectFill";
  } else  if ( UIViewContentModeRedraw == imageView_.contentMode ) {
    label_.text = @"UIViewContentModeRedraw";
  } else  if ( UIViewContentModeCenter == imageView_.contentMode ) {
    label_.text = @"UIViewContentModeCenter";
  } else  if ( UIViewContentModeTop == imageView_.contentMode ) {
    label_.text = @"UIViewContentModeTop";
  } else  if ( UIViewContentModeBottom == imageView_.contentMode ) {
    label_.text = @"UIViewContentModeBottom";
  } else  if ( UIViewContentModeLeft == imageView_.contentMode ) {
    label_.text = @"UIViewContentModeLeft";
  } else  if ( UIViewContentModeRight == imageView_.contentMode ) {
    label_.text = @"UIViewContentModeRight";
  } else  if ( UIViewContentModeTopLeft == imageView_.contentMode ) {
    label_.text = @"UIViewContentModeTopLeft";
  } else  if ( UIViewContentModeTopRight == imageView_.contentMode ) {
    label_.text = @"UIViewContentModeTopRight";
  } else  if ( UIViewContentModeBottomLeft == imageView_.contentMode ) {
    label_.text = @"UIViewContentModeBottomLeft";
  } else  if ( UIViewContentModeBottomRight == imageView_.contentMode ) {
    label_.text = @"UIViewContentModeBottomRight";
  } else {
```

```
    label_.text = @"else";
  }
}
- (void)touchesEnded:(NSSet*)touches withEvent:(UIEvent*)event {
  [self.navigationController setNavigationBarHidden:NO animated:YES];
}
@end
```

执行后的效果如图16-8所示。每当单击一次“模式修改”按钮，会逐一显示不同模式的内容。

图16-8 执行效果

16.7 实战演练——旋转和缩放视图

本实例的功能是，使用UIView的属性transform来翻转或者放缩视图。首先在屏幕上方设置了UIImageView区域，在此区域显示一幅图片。在下方设置了4个按钮，分别是旋转、扩大、缩小、翻转，这4个按钮对应如下所示的4个方法。

- - (void)rotateDidPush：以90° 为单位旋转。
- - (void)bigDidPush：以0.1为单位扩大。
- - (void)smallDidPush：以0.1为单位缩小。
- - (void)invertDidPush：左右反转。

实例16-6	旋转和缩放视图
源码与视频路径	光盘:\daima\16\UIViewSample

实例文件UIkitPrjTransform.h的实现代码如下所示：

```
#import "SampleBaseController.h"
@interface UIKitPrjTransform : SampleBaseController
{
 @private
  UIImageView* imageView_;
  CGFloat rotate_;
  CGFloat scale_;
  bool    needFlip_;
}
@end
```

实例文件UIkitPrjTransform.m的实现代码如下所示：

```
#import "UIKitPrjTransform.h"
#pragma mark ----- Private Methods Definition -----
@interface UIKitPrjTransform ()
- (void)rotateDidPush;
- (void)bigDidPush;
- (void)smallDidPush;
- (void)invertDidPush;
- (void)transformWithAnimation;
@end
#pragma mark ----- Start Implementation For Methods -----
@implementation UIKitPrjTransform
// finalize
- (void)dealloc {
  [imageView_ release];
  [super dealloc];
}
- (void)viewDidLoad {
  [super viewDidLoad];
  rotate_ = 0.0;
  scale_ = 1.0;
  needFlip_ = NO;
```

```
  // 背景设为黑
  self.view.backgroundColor = [UIColor blackColor];
  // 追加图像View
  NSString* path = [NSString stringWithFormat:@"%@/%@", [[NSBundle mainBundle]
resourcePath], @"dog.jpg"];
  UIImage* image = [[[UIImage alloc] initWithContentsOfFile:path] autorelease];
  imageView_ = [[UIImageView alloc] initWithImage:image];
  CGPoint newPoint = self.view.center;
  newPoint.y = self.view.center.y - 60;
  imageView_.center = newPoint;
  [self.view addSubview:imageView_];
  // 追加旋转按钮
  UIButton* rotateButton = [UIButton buttonWithType:UIButtonTypeRoundedRect];
  rotateButton.frame = CGRectMake( 0, 0, 50, 40 );
  newPoint = self.view.center;
  newPoint.x -= 75;
  newPoint.y = self.view.frame.size.height - 70;
  rotateButton.center = newPoint;
  [rotateButton setTitle:@"旋转" forState:UIControlStateNormal];
  [rotateButton addTarget:self
                action:@selector(rotateDidPush)
      forControlEvents:UIControlEventTouchUpInside];
  // 追加扩大按钮
  UIButton* bigButton = [UIButton buttonWithType:UIButtonTypeRoundedRect];
  bigButton.frame = rotateButton.frame;
  newPoint.x += 50;
  bigButton.center = newPoint;
  [bigButton setTitle:@"扩大" forState:UIControlStateNormal];
  [bigButton addTarget:self
                action:@selector(bigDidPush)
      forControlEvents:UIControlEventTouchUpInside];
  // 追加缩小按钮
  UIButton* smallButton = [UIButton buttonWithType:UIButtonTypeRoundedRect];
  smallButton.frame = rotateButton.frame;
  newPoint.x += 50;
  smallButton.center = newPoint;
  [smallButton setTitle:@"缩小" forState:UIControlStateNormal];
  [smallButton addTarget:self
                action:@selector(smallDidPush)
      forControlEvents:UIControlEventTouchUpInside];
  // 追加反转按钮
  UIButton* invertButton = [UIButton buttonWithType:UIButtonTypeRoundedRect];
  invertButton.frame = rotateButton.frame;
  newPoint.x += 50;
  invertButton.center = newPoint;
  [invertButton setTitle:@"反转" forState:UIControlStateNormal];
  [invertButton addTarget:self
                action:@selector(invertDidPush)
      forControlEvents:UIControlEventTouchUpInside];
  [self.view addSubview:rotateButton];
  [self.view addSubview:bigButton];
  [self.view addSubview:smallButton];
  [self.view addSubview:invertButton];
}
#pragma mark ----- Private Methods -----
- (void)rotateDidPush {
  // 以90° 为单位旋转
  rotate_ += 90.0;
  if ( 359.0 < rotate_ ) {
    rotate_ = 0.0;
  }
  [self transformWithAnimation];
}
- (void)bigDidPush {
  // 以0.1为单位扩大
  scale_ += 0.1;
  [self transformWithAnimation];
}
```

```
- (void)smallDidPush {
  // 以0.1为单位缩小
  scale_ -= 0.1;
  [self transformWithAnimation];
}

- (void)invertDidPush {
  // 左右反转
  needFlip_ = !needFlip_;
  [self transformWithAnimation];
}
- (void)transformWithAnimation {
  [UIView beginAnimations:nil context:NULL];

  CGAffineTransform transformRotate =
    CGAffineTransformMakeRotation( rotate_ * ( M_PI /
180.0 ) );
  CGAffineTransform transformScale =
    CGAffineTransformMakeScale( scale_, scale_ );
  CGAffineTransform transformAll =
    CGAffineTransformConcat( transformRotate,
transformScale );
  if ( needFlip_ ) {
    transformAll = CGAffineTransformScale( transformAll,
-1.0, 1.0 );
  }
  imageView_.transform = transformAll;

  [UIView commitAnimations];
}
- (void)touchesEnded:(NSSet*)touches
withEvent:(UIEvent*)event {
  [self.navigationController setNavigationBarHidden:NO
animated:YES];
}
@end
```

执行后的效果如图16-9所示。

图16-9 执行效果

第 17 章 视图控制器

在iOS应用程序中，可以采用结构化程度更高的场景进行布局，其中有两种最流行的应用程序布局方法，分别是使用导航控制器和选项卡栏控制器。导航控制器让用户能够从一个屏幕切换到另一个屏幕，这样可以显示更多细节，如Safari书签。第二种方法是选项卡栏控制器，常用于开发包含多个功能屏幕的应用程序，其中每个选项卡都显示一个不同的场景，让用户能够与一组控件交互。在本章将详细介绍这两种控制器的基本知识。

17.1 导航控制器（UIViewController）简介

在本书前面的内容中，其实已经多次用到了UIViewController。UIViewController的主要功能是控制画面的切换，其中的View属性（UIView类型）管理整个画面的外观。在开发iOS应用程序时，其实不使用UIViewController也能编写出iOS应用程序，但是，这样整个代码看起来将非常凌乱。如果可以将不同外观的画面进行整体的切换显然更合理，UIViewController正是用于实现这种画面切换方式的。在本节的内容中，将详细讲解UIViewController的基本知识。

17.1.1 UIViewController 基础

类UIViewController提供了一个显示用的View界面，同时包含View加载、卸载事件的重定义功能。需要注意的是，在自定义其子类实现时，必须在Interface Builder中手动关联view属性。类UIViewController中的常用属性和方法如下所示。

- @property(nonatomic, retain) UIView *view：此属性为ViewController类的默认显示界面，可以使用自定义实现的View类替换。
- - (id)initWithNibName:(NSString *)nibName bundle:(NSBundle *)nibBundle：最常用的初始化方法，其中nibName名称必须与要调用的Interface Builder文件名一致，但不包括文件扩展名，比如要使用“aa.xib”，则应写为[[UIViewController alloc] initWithNibName:@“aa” bundle:nil]。nibBundle为指定在哪个文件中搜索指定的nib文件，如在项目主目录下，则可直接使用nil。
- - (void)viewDidLoad：此方法在ViewController实例中的View被加载完毕后调用，如需要重定义某些要在View加载后立刻执行的动作或者界面修改，则应把代码写在此函数中。
- - (void)viewDidUnload：此方法在ViewController实例中的View被卸载完毕后调用，如需要重定义某些要在View卸载后立刻执行的动作，或者释放的内存等动作，则应把代码写在此函数中。
- - (BOOL)shouldAutorotateToInterfaceOrientation:(UIInterfaceOrientation)interfaceOrientation：iPhone的重力感应装置感应到屏幕由横向变为纵向，或者由纵向变为横向时调用此方法。如返回结果为NO，则不自动调整显示方式；如返回结果为YES，则自动调整显示方式。
- @property(nonatomic, copy) NSString *title：如View中包含NavBar时，其中的当前NavItem的显示标题会变化，当NavBar前进或后退时，此title则变为后退或前进的尖头按钮中的文字。

17.1.2 实战演练——实现不同界面之间的跳转处理

在本实例中，通过使用UIViewController类实现了两个不同界面之间的切换。其中第一个界面显示文本“Hello, world!”和一个“界面跳转”按钮。单击此按钮后会来到第二个界面，第二个显示文本“你好、世界!”和一个“界面跳转”按钮，单击此按钮后会返回到第一个界面。

实例17-1	实现不同界面之间的跳转处理
源码与视频路径	光盘:\daima\17\HelloWorld

实例文件 ViewController1.m的具体实现代码如下所示：

```
#import "ViewController1.h"
@implementation ViewController1
- (void)viewDidLoad {
  [super viewDidLoad];
  // 追加Hello, world!标签
  // 背景为白色、文字为黑色
  UILabel* label = [[[UILabel alloc] initWithFrame:self.view.bounds] autorelease];
  label.text = @"Hello, world!";
  label.textAlignment = UITextAlignmentCenter;
  label.backgroundColor = [UIColor whiteColor];
  label.textColor = [UIColor blackColor];
  label.autoresizingMask = UIViewAutoresizingFlexibleWidth | UIViewAutoresizing
FlexibleHeight;
  [self.view addSubview:label];
  // 追加按钮
  // 单击按钮后跳转到其他画面
  UIButton* button = [UIButton buttonWithType:UIButtonTypeRoundedRect];
  [button setTitle:@"画面跳转" forState:UIControlStateNormal];
  [button sizeToFit];
  CGPoint newPoint = self.view.center;
  newPoint.y += 50;
  button.center = newPoint;
  button.autoresizingMask =
    UIViewAutoresizingFlexibleTopMargin | UIViewAutoresizingFlexibleBottomMargin;
  [button addTarget:self
        action:@selector(buttonDidPush)
   forControlEvents:UIControlEventTouchUpInside];
  [self.view addSubview:button];
}
- (void)buttonDidPush {
  // 自己移向背面
  // 结果是ViewController2显示在前
  [self.view.window sendSubviewToBack:self.view];
}
@end
```

实例文件 ViewController2.m的具体实现代码如下所示：

```
#import "ViewController2.h"
@implementation ViewController2
- (void)viewDidLoad {
  [super viewDidLoad];
  // 追加您好、世界! 标签
  // 背景为黑色、文字为白色
  UILabel* label = [[[UILabel alloc] initWithFrame:self.view.bounds] autorelease];
  label.text = @"您好、世界! ";
  label.textAlignment = UITextAlignmentCenter;
  label.backgroundColor = [UIColor blackColor];
  label.textColor = [UIColor whiteColor];
  label.autoresizingMask = UIViewAutoresizingFlexibleWidth | UIViewAutoresizing
FlexibleHeight;
  [self.view addSubview:label];
  // 追加按钮
  // 单击按钮后画面跳转
  UIButton* button = [UIButton buttonWithType:UIButtonTypeRoundedRect];
```

```
    [button setTitle:@"画面跳转" forState:UIControlStateNormal];
    [button sizeToFit];
    CGPoint newPoint = self.view.center;
    newPoint.y += 50;
    button.center = newPoint;
    button.autoresizingMask =
      UIViewAutoresizingFlexibleTopMargin | UIViewAutoresizingFlexibleBottomMargin;
    [button addTarget:self
             action:@selector(buttonDidPush)
     forControlEvents:UIControlEventTouchUpInside];
    [self.view addSubview:button];
}
- (void)buttonDidPush {
    // 自己移向背面
    // 结果是ViewController1显示在前
    [self.view.window sendSubviewToBack:self.view];
}
@end
```

执行后的效果如图17-1所示，单击“页面跳转”按钮后会来到第二个界面，如图17-2所示。

图17-1 第一个界面

图17-2 第二个界面

17.2 使用 UINavigationController

在iOS应用中，导航控制器（UINavigationController）可以管理一系列显示层次型信息的场景。也就是说，第一个场景显示有关特定主题的高级视图，第二个场景用于进一步描述，第三个场景再进一步描述，以此类推。例如，iPhone应用程序“通信录”显示一个联系人编组列表。触摸编组将打开其中的联系人列表，而触摸联系人将显示其详细信息。另外，用户可以随时返回到上一级，甚至直接回到起点（根）。

图17-3显示了导航控制器的流程。最左侧是“Settings”的根视图，当用户单击其中的General项时，General视图会滑入屏幕；当用户继续单击Auto-Lock项时，Auto-Lock视图将滑入屏幕。

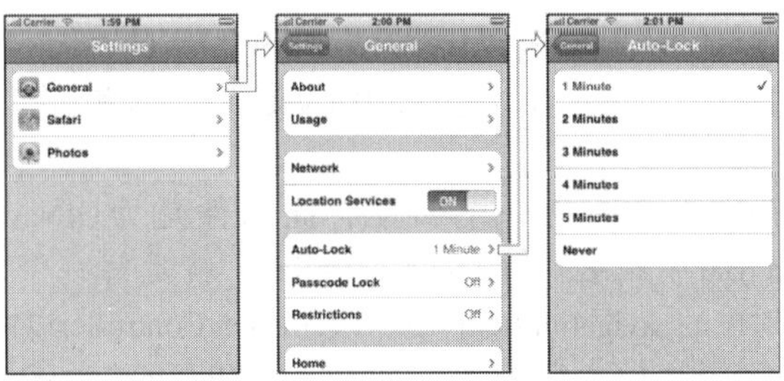

图17-3 导航控制器

通过导航控制器可以管理这种场景间的过渡，它会创建一个视图控制器“栈”，栈底是根视图控制器。当用户在场景之间进行切换时，依次将视图控制器压入栈中，并且当前场景的视图控制器位于栈顶。要返回到上一级，导航控制器将弹出栈顶的控制器，从而回到它下面的控制器。

在iOS文档中，都使用术语压入（push）和弹出（pop）来描述导航控制器；对于导航控制器下面的场景，也使用压入（push）切换进行显示。

UINavigationController由Navigation bar、Navigation View、Navigation toobar等组成，如图17-4所示。

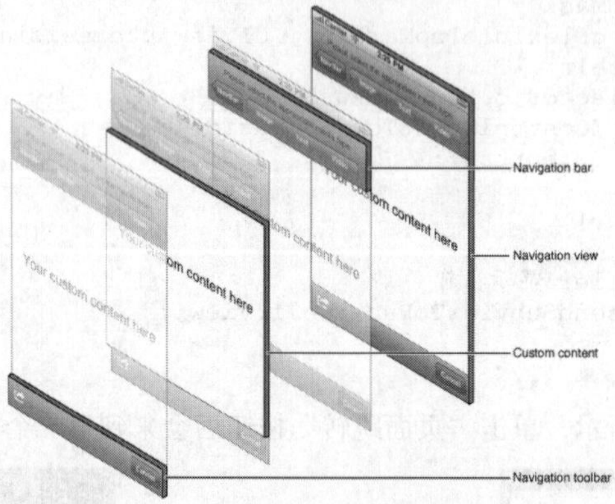

图17-4 导航控制器的组成

当程序中有多个View需要切换的时候，可以使用UINavigationController，或者是 ModalView Controller。UINaVigationController是通过向导条来切换多个View。而如果View的数量比较少，并且显示领域为全屏的时候，用ModalViewController就比较合适（比如需要用户输入信息的View，结束后自动回复到之前的View）。ModalViewController并不像UINavigationController是一个专门的类，使用UIViewController的presentModalViewController方法指定之后就是ModalViewController了。

17.2.1 导航栏、导航项和栏按钮项

除了管理视图控制器栈外，导航控制器还管理一个导航栏（UINavigationBar）。导航栏类似于工具栏，但它是使用导航项（UINavigationItem）实例填充的，该实例被加入导航控制器管理的每个场景中。在默认情况下，场景的导航项包含一个标题和一个Back按钮。Back按钮是以栏按钮项（UIBarButtonItem）的方式加入导航项的，就像前一章使用的栏按钮一样。甚至可以将额外的栏按钮项拖放到导航项中，从而在场景显示的导航栏中添加自定义按钮。

通过使用Interface Builder，可以很容易地完成上述工作。只要知道了如何创建每个场景的方法，就很容易在应用程序中使用这些对象。

17.2.2 UINavigationController详解

UINavigationController是iOS编程中比较常用的一种容器View Controller，很多系统的控件（如UIImagePickerViewController）以及很多有名的APP中（如QQ、系统相册等）都用到。

1. navigationItem

navigationItem是UIViewController的一个属性，此属性是为UINavigationController服务的。navigationItem在navigation Bar中代表一个viewController，就是每一个加到navigationController的viewController都会有一个对应的navigationItem，该对象由viewController以懒加载的方式创建，在后面就可以在对象中对navigationItem进行配置。可以设置leftBarButtonItem、rightBarButtonItem、backBarButtonItem、title及prompt等属性。其中前3个都是一个UIBarButtonItem对象，最后两个属性是一个NSString类型描述，注意添加该描述以后NaviigationBar的高度会增加30，总的高度会变成74（不管当前方向是Portrait还是Landscape，此模式下navgationbar都使用高度44加上prompt30的方式进行显示）。当然如果觉得只是设置文字的title不够爽，还可以通过titleview属性指定一个定制的titleview，当然，注意

指定的titleview的frame大小，不要显示出界。

请读者看下面的代码：

```
// set rightItem
UIBarButtonItem *rightItem = [[UIBarButtonItem alloc] initWithTitle:@"Root"
style:UIBarButtonItemStyleBordered target:self action:@selector(popToRootVC)];
childOne.navigationItem.rightBarButtonItem = rightItem;
[rightItem release];
// when you design a prompt for navigationbar, the hiehgt of navigationbar will becaome
74, ignore the orientation
childOne.navigationItem.prompt = @"Hello, im the prompt";
```

上述代码设置了navigationItem的rightBarButtonItem，并且同时设置了prompt信息。

2. titleTextAttributes

titleTextAttributes是UINavigationBar的一个属性，通过此属性可以设置title部分的字体，此属性定义如下所示：

```
@property(nonatomic,copy) NSDictionary *titleTextAttributes
__OSX_AVAILABLE_STARTING(__MAC_NA,__IPHONE_5_0) UI_APPEARANCE_SELECTOR;
```

titleTextAttributes的dictionary的key定义以及其对应的value类型如下：

```
//    Keys for Text Attributes Dictionaries
//    NSString *const UITextAttributeFont;                       value: UIFont
//    NSString *const UITextAttributeTextColor;                  value: UIColor
//    NSString *const UITextAttributeTextShadowColor;        value: UIColor
//   NSString *const UITextAttributeTextShadowOffset;      value: NSValue wrapping a
UIOffset struct.
```

下面是一个简单的例子：

```
NSDictionary *dict = [NSDictionary dictionaryWithObject:[UIColor yellowColor]
forKey:UITextAttributeTextColor];
  childOne.navigationController.navigationBar.titleTextAttributes = dict;
```

通过上述代码设置title的字体颜色为黄色。

3. wantsFullScreenLayout

wantsFullScreenLayout是viewController的一个属性，这个属性默认值是NO，如果设置为YES，且statusbar、navigationbar、toolbar是半透明的话，viewController的View就会缩放延伸到它们下面，但注意一点，tabBar不在范围内，即无论该属性是否为YES，View都不会覆盖到tabBar的下方。

4. navigationBar中的stack

此属性是UINavigationController的灵魂之一，它维护了一个和UINavigationController中viewControllers对应的navigationItem的stack，该stack用于负责navigationbar的刷新。注意：如果navigationbar中navigationItem的stack和对应的NavigationController中viewController的stack是一一对应的关系，如果两个stack不同步就会抛出异常。

下面是一个简单抛出异常的例子：

```
SvNavChildViewController *childOne = [[SvNavChildViewController alloc]
initWithTitle:@"First" content:@"1"];
[self.navigationController pushViewController:childOne animated:NO];
[childOne release];
// raise exception when the stack of navigationbar and navigationController was not
correspond
  [self.navigationController.navigationBar popNavigationItemAnimated:NO];
```

在上述代码中，当pushViewController之后，强制把navigationBar中的navigationItem pop一个出去，程序会马上挂起。

5. navigationBar的刷新

通过前面介绍的内容，我们知道navigationBar中包含了这几个重要组成部分：leftBarButtonItem、rightBarButtonItem、backBarButtonItem和title。当一个viewController添加到navigationController以后，

navigationBar的显示遵循以下3个原则。

（1）Left side of the navigationBar

- 如果当前的viewController设置了leftBarButtonItem，则显示当前VC所自带的leftBarButtonItem。
- 如果当前的viewController没有设置leftBarButtonItem，且当前VC不是rootVC的时候，则显示前一层VC的backBarButtonItem。如果前一层的VC没有显示的指定backBarButtonItem的话，系统将会根据前一层VC的title属性自动生成一个back按钮，并显示出来。
- 如果当前的viewController没有设置leftBarButtonItem，且当前VC已是rootVC时，左边将不显示任何东西。

在此需要注意，从Android5.0开始便新增加了一个属性leftItemsSupplementBackButton，通过指定该属性为YES，可以让leftBarButtonItem和backBarButtonItem同时显示，其中leftBarButtonItem显示在backBarButtonItem的右边。

（2）title部分

- 如果当前应用通过.navigationItem.titleView指定了自定义的titleView，系统将会显示指定的titleView，此处要注意自定义titleView的高度不要超过navigationBar的高度，否则会显示出界。
- 如果当前VC没有指定titleView，系统则会根据当前VC的title或者当前VC的navigationItem.title的内容创建一个UILabel并显示，其中如果指定了navigationItem.title的话，则优先显示navigationItem.title的内容。

（3）Right side of the navigationBar

- 如果指定了rightBarButtonItem的话，则显示指定的内容。
- 如果没有指定rightBarButtonItem的话，则不显示任何东西。

6. Toolbar

navigationController自带了一个工具栏，通过设置“self.navigationController.toolbarHidden = NO”来显示工具栏，工具栏中的内容可以通过viewController的toolbarItems来设置，显示的顺序和设置的NSArray中存放的顺序一致，其中每一个数据都一个UIBarButtonItem对象，可以使用系统提供的很多常用风格的对象，也可以根据需求进行自定义。

下面是设置Toolbar内容的例子：

```
UIBarButtonItem *one = [[UIBarButtonItem alloc]
initWithBarButtonSystemItem:UIBarButtonSystemItemAdd target:nil action:nil];
UIBarButtonItem *two = [[UIBarButtonItem alloc]
initWithBarButtonSystemItem:UIBarButtonSystemItemBookmarks target:nil action:nil];
UIBarButtonItem *three = [[UIBarButtonItem alloc]
initWithBarButtonSystemItem:UIBarButtonSystemItemAction target:nil action:nil];
UIBarButtonItem *four = [[UIBarButtonItem alloc]
initWithBarButtonSystemItem:UIBarButtonSystemItemEdit target:nil action:nil];
UIBarButtonItem *flexItem = [[UIBarButtonItem alloc]
initWithBarButtonSystemItem:UIBarButtonSystemItemFlexibleSpace target:nil
action:nil];
  [childOne setToolbarItems:[NSArray arrayWithObjects:flexItem, one, flexItem, two,
  flexItem, three, flexItem, four, flexItem, nil]];
  [one release];
  [two release];
  [three release];
  [four release];
  [flexItem release];
childOne.navigationController.toolbarHidden = NO;
```

7. UINavigationControllerDelegate

这个代理非常简单，就是当一个viewController要显示的时候进行通知一下，给用户一个机会进行设置，包含如下两个函数：

```
setting of the view controller stack.
- (void)navigationController:(UINavigationController *)navigationController
```

```
willShowViewController:(UIViewController *)viewController animated:(BOOL)animated;
- (void)navigationController:(UINavigationController *)navigationController
didShowViewController:(UIViewController *)viewController animated:(BOOL)animated;
```

当需要对某些将要显示的viewController进行修改时，可实现该代理。

17.2.3 在故事板中使用导航控制器

在故事板中添加导航控制器的方法与添加其他视图控制器的方法类似，整个流程完全相同。在此假设使用模板Single View Application创建了一个项目，则具体流程如下所示。

（1）添加视图控制器子类，以处理用户在导航控制器管理的场景中进行的交互。

（2）在Interface Builder编辑器中打开故事板文件。如果要让整个应用程序都置于导航控制器的控制之下，选择默认场景的视图控制器并将其删除，还需删除文件ViewController.m和ViewController.h。这就删除了默认场景。

（3）从对象库拖曳一个导航控制器对象到文档大纲或编辑器中，这好像在项目中添加了两个场景，如图17-5所示。

这样名为Navigation Controller Scene的场景表示的是导航控制器。它只是一个对象占位符，此对象将控制与之相关所有场景。若不想对导航控制器做太多修改，可使用Attributes Inspetor定制其外观（如指定其颜色）。

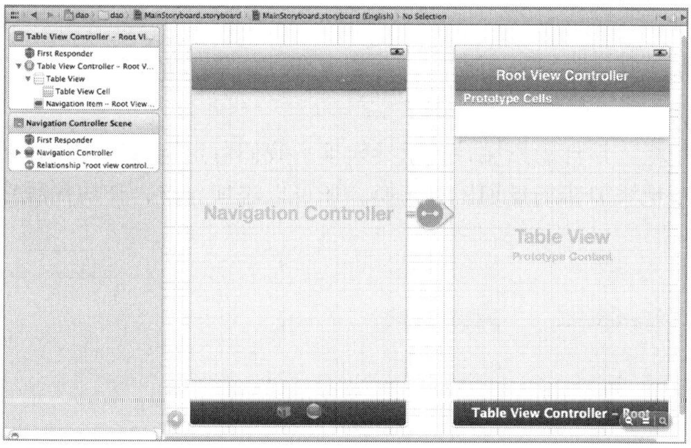

图17-5 在项目中添加导航控制器

导航控制器通过一个“关系”连接到名为Root View Controller的场景，可以将给这个场景指定自定义视图控制器。在此需要说明的一点是，这个场景与其他场景没有任何不同，只是顶部有一个导航栏，并且可以使用压入切换来过渡到其他场景

注意： 在此之所以使用模板Single View Application，是因为使用它创建的应用程序包含故事板文件和初始视图。如果需要，我可在切换到另一个视图控制器前显示初始视图；如果不需要初始场景，可将其删除，并删除默认创建的文件ViewController.h和ViewController.m。在笔者看来，相对于使用空应用程序模板并添加故事板，这样做的速度更快，它为众多应用程序提供了最佳的起点。

1. 设置导航栏项的属性

要修改导航栏中的标题，只需双击它并进行编辑，也可选择场景中的导航项，再打开Attributes Inspector(Option+ Command+4)，如图17-6所示。

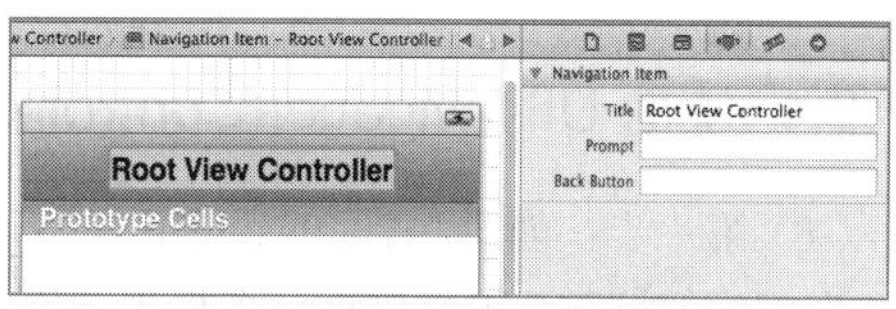

图17-6 为场景定制导航项

在此可以修改以下3个属性。

- Title（标题）：显示在视图顶部的标题字符串。

- ❑ Prompt（提示）：一行显示在标题上方的文本，向用户提供使用说明。
- ❑ Back Button（日期）：下一个场景的后退按钮的文本。

在下一个场景还未创建之前，可以编辑其按钮的文本。在默认情况下，从一个导航控制器场景切换到另一个场景时，后者的后退按钮将显示前者的标题。然而标题可能很长或者不合适，在这种情况下，可以将属性Back Button设置为所需的字符串；如果用户切换到下一个场景，该字符串将出现在让用户能够返回到前一个场景的按钮上。

编辑属性Back Button会导致由于iOS不再能够使用默认方式创建后退按钮，因此，它在导航项中新建一个自定义栏按钮项，其中包含指定的字符串。我们可进一步定制该栏按钮项，使用Attributes Inspector修改其颜色和外观。

现在，导航控制器管理的场景只有一个，因此，后退按钮不会出现。在接下来的内容中，开始介绍如何串接多个场景，创建导航控制器进行的挖掘层次结构。

2．添加其他场景并使用压入切换

要在导航层Control中添加场景，可以像添加模态场景时那样做。具体流程如下所示。

（1）在导航控制器管理场景中添加一个控件，用于触发到另一个场景的过渡。如果想手工触发切换，只需把视图控制器连接起来即可。

（2）拖曳一个视图控制器实例到文档大纲或编辑器中。这将创建一个空场景，没有导航栏和导航项。此时还需指定一个自定义视图控制器子类用于编写视图后面的代码，但是现在应该对这项任务很熟悉了。

（3）按住Control键，从用于触发切换的对象拖曳到新场景的视图控制器中。这样源场景将新增一个切换，目标场景将发生很大的变化。

新场景将包含导航栏，并自动添加并显示导航项。我们可定制标题和后退按钮，还可以添加额外的栏按钮项。可以不断地添加新场景和压入切换，还可以添加分支，让应用程序能够沿不同的流程执行，如图17-7所示。

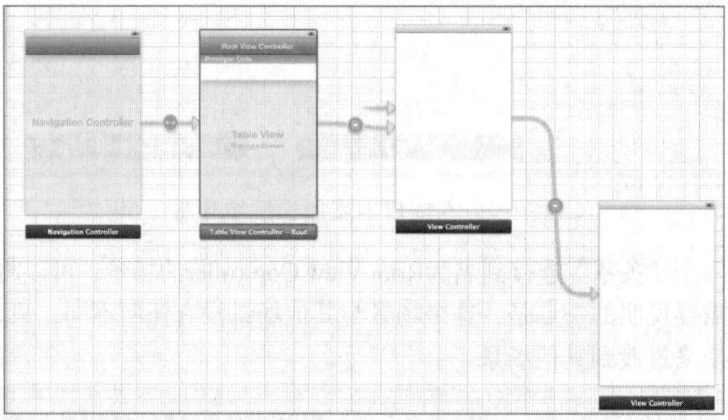

图17-7 可以根据需要创建任意数量的切换

因为它们都是视图，就像其他视图一样，还可以同时在故事板中添加模态切换和弹出框。相对于模态切换，本章介绍的控制器的优点之一是能够自动处理视图之间的切换，而无需编写任何代码就可以在导航控制器中使用后退按钮。在选项卡栏的应用程序中，无需编写任何代码就可在场景间切换。

17.2.4 使用 UINavigationController 的流程

（1）第一步：创建一个UINavigationController

在创建的同时会顺便添加一个根视图进去，如果没有视图添加进去，自然，UINavigationController也就没有什么意义了：

```
  UINavigationController *nav = [[UINavigationController
alloc]initWithRootViewController:aControl];
```

（2）第二步：把这个nav加到窗口中去

在上面第一步把aController封装成了nav后，就是入栈第一个视图，就是根视图，任何子视图都有此“繁衍”功能，现在可以直接把nav当成一个视图控制器。nav.view就是这个可视的视图aControl本身了：

```
[window addSubView:nav.view];
```

UINavigationController本身会自动进行入栈、出栈的相关操作，进入新的视图的同时，UINavigationController会自动添加左边返回按钮用以返回了一个视图，当然可以在新的视图中，将这个左边的按钮修改成其他用途。例如，可以通过设置self.navigationItem.leftBarButtonItem为某个ButtonItem，当用户单击左边按钮时进行一些清理操作等。

我们一般在使用过程中会碰到的设置内容有：

```
self.navigationItem.leftBarButtonItem
self.navigationItem.rightBarButtonItem
self.navigationItem.backBarButtonItem
```

还有self.navigationItem.titleView等，属性比较多，这里就不一一列举了，可以直接参考SDK文档，里面都有非常详细的说明。

注意，backBarButtonItem和leftBarButtonItem是不能同时使用的。

（3）第三步：入栈操作

```
UIViewController *aViewController = [[UIView alloc] init;
[self.navigationController pushViewController:aViewController   animated:NO];
```

（4）第四步：出栈操作

把当前视图pop出去，当然根视图可不行：

```
[self.navigationController popViewControllerAnimated:YES];
```

17.2.5 实战演练——实现不同视图的切换

在下面的内容中，将通过一个具体实例来说明使用UINavigationController的具体流程。

实例17-2	在屏幕中实现不同视图的切换
源码与视频路径	光盘:\daima\17\NavigationControllerDemo

本实例的功能是实现不同场景的切换，具体实现流程如下所示。

（1）创建一个项目，命名为UINavigationControllerDemo，为了更好理解UINavigationController，选择Empty Application模板，如图17-8所示。

（2）创建一个View Controller，命名为RootViewController：依次选择File→New→New File，默认勾选“With XIB for user interface”，如图17-9所示。

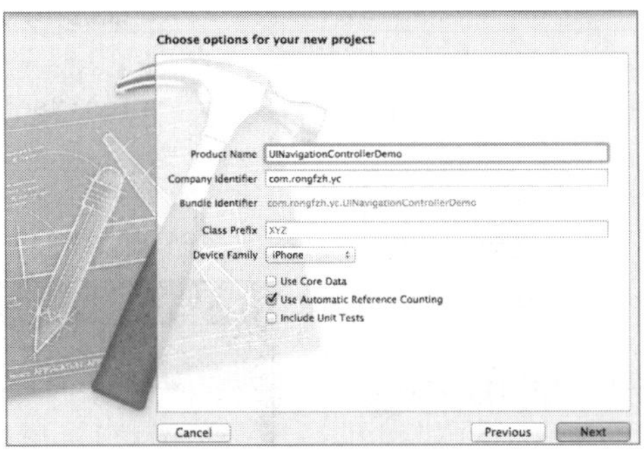

图17-8 创建项目

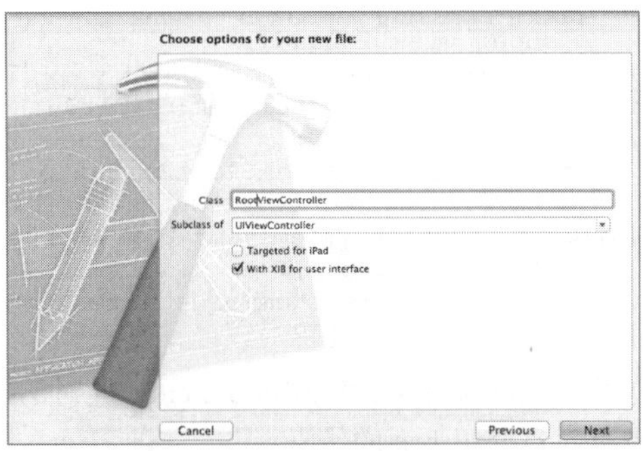

图17-9 创建一个View Controller

选择正确位置创建完成后，此时在项目中多了如下3个文件：

```
RootViewController.h
RootViewController.m
RootViewController.xib
```

（3）打开文件RootViewController.xib，添加一个按钮控件，将按钮Button改为：Goto SecondView，为跳转做准备，如图17-10所示。

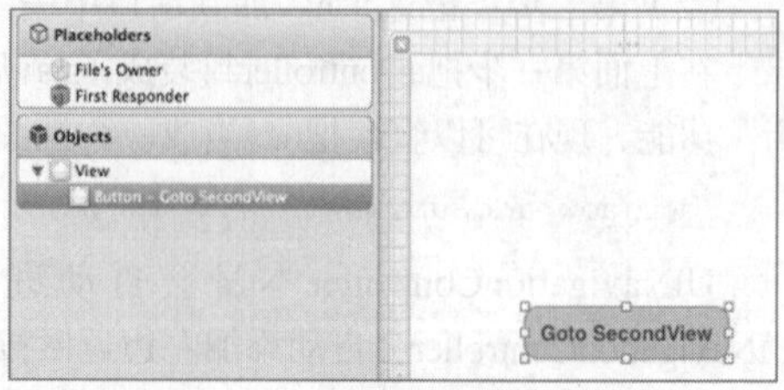

图17-10 添加一个按钮控件

（4）打开文件AppDelegate.h，向其中添加属性：

```
@property (strong, nonatomic)
UINavigationController *navController;
```

添加后，文件AppDelegate.h的代码如下所示：

```
#import
@class ViewController;
@interface AppDelegate : UIResponder
@property (strong, nonatomic) UIWindow *window;
@property (strong, nonatomic) ViewController *viewController;
@property (strong, nonatomic) UINavigationController *navController;

@end
```

（5）在AppDelegate.m 文件的didFinishLaunchingWithOptions方法中创建添加navController、RootViewController视图，具体代码如下所示：

```
- (BOOL)application:(UIApplication *)application
didFinishLaunchingWithOptions:(NSDictionary *)launchOptions
   {
      self.window = [[UIWindow alloc] initWithFrame:[[UIScreen mainScreen] bounds]];
      RootViewController *rootView = [[RootViewController alloc] init];
      rootView.title = @"Root View";
      self.navController = [[UINavigationController alloc] init];
      [self.navController pushViewController:rootView
animated:YES];
      [self.window addSubview:self.navController.view];
      [self.window makeKeyAndVisible];
      return YES;
   }
```

给rootView的titie命名为Root View，用pushViewController把rootView加入到navController的视图栈中。此时Root视图添加完成，执行后的效果如图17-11所示。

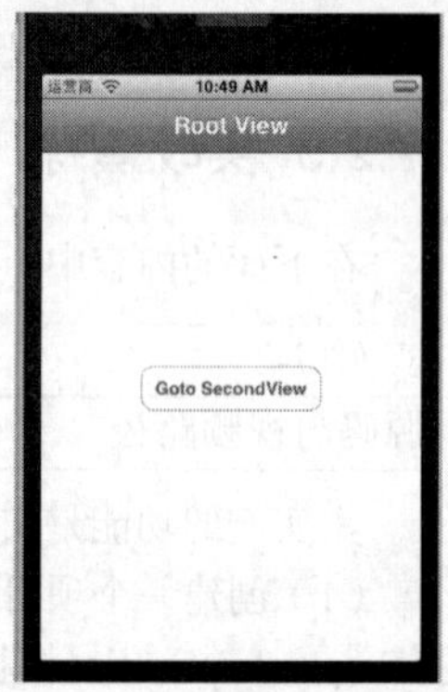

图17-11 执行效果

（6）添加UIBarButtonItem。

Bar ButtonItem分为左右两个UIBarButtonItem，在此把左、右两个都添加上去。在文件RootViewController.m中添加如下所示的代码：

```
- (void)viewDidLoad
{
    [super viewDidLoad];
    UIBarButtonItem *leftButton = [[UIBarButtonItem alloc]
initWithBarButtonSystemItem: UIBarButtonSystemItemAction target:self action:@selector
(selectLeftAction:)];
    self.navigationItem.leftBarButtonItem = leftButton;
    UIBarButtonItem *rightButton = [[UIBarButtonItem alloc]
initWithBarButtonSystemItem: UIBarButtonSystemItemAdd  target:self action:@selector
(selectRightAction:)];
    self.navigationItem.rightBarButtonItem = rightButton;
}
```

这样便成功添加了UIBarButtonItem，此时的执行效果如图17-12所示。

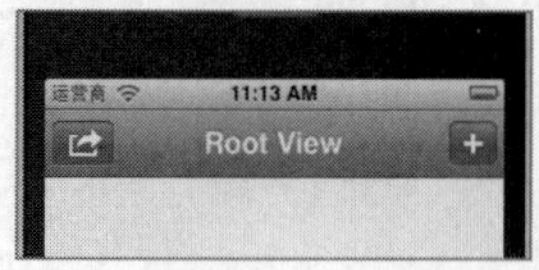

图17-12 执行效果

此处重点介绍下面的代码：

```
UIBarButtonItem *leftButton =
```

```
[[UIBarButtonItemalloc]initWithBarButtonSystemItem:UIBarButtonSystemItemActiontarge
t:selfaction:@selector(selectLeftAction:)];
```

这表示UIBarButtonSystemItemAction的风格，这是系统自带的按钮风格，具体说明如图17-13所示。

（7）响应UIBarButtonItem事件的实现。

接下来需要在action:@selector(selectLeftAction:)中添加selectLeftAction和selectRightAction，在文件RootViewController.m中添加如下所示的代码：

```
-(void)selectLeftAction:(id)sender
{
    UIAlertView *alter = [[UIAlertView alloc] initWithTitle:@"提示" message:@"你单击了
导航栏左按钮" delegate:self  cancelButtonTitle:@"确定" otherButtonTitles:nil, nil];
    [alter show];
}
-(void)selectRightAction:(id)sender
{
    UIAlertView *alter = [[UIAlertView alloc] initWithTitle:@"提示" message:@"你单击了
导航栏右按钮" delegate:self  cancelButtonTitle:@"确定" otherButtonTitles:nil, nil];
    [alter show];
}
```

这样在单击左右的UIBarButtonItem时弹出提示信息，如图17-14所示。

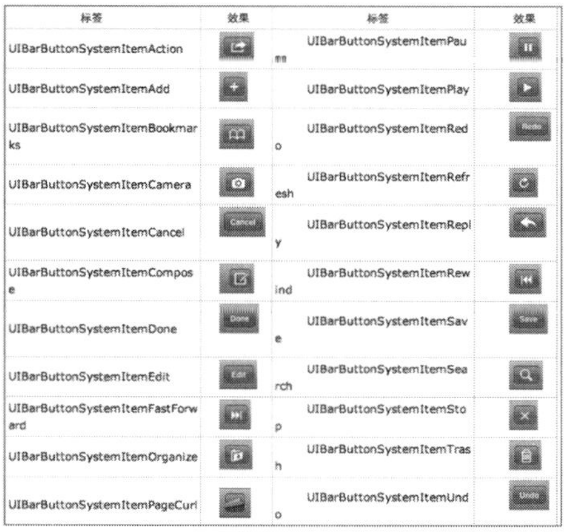

图17-13 UIBarButtonSystemItemAction的风格

图17-14 执行效果

17.2.6 实战演练——通过列表实现不同界面之间的跳转

在本实例中，通过使用UIViewController类实现了两个不同界面之间的切换。和前一个实例不同，本实例更加人性化，使用了UINavigationController实现导航转换，并且在界面的左上角专门设置了一个“主菜单”按钮，通过此按钮可以随时返回到主界面。

实例17-3	在屏幕中通过列表实现不同界面之间的跳转
源码与视频路径	光盘:\daima\17\UINavigationControllerSample

实例文件 ViewController1.m的具体实现代码如下所示：

```
#import "ViewController1.h"
@implementation ViewController1
// initialize
- (id)init {
  if ( (self = [super init]) ) {
    // 设置tabBar的标题
    self.title = @"Hello";
    UIImage* icon = [UIImage imageNamed:@"ball1.png"];
    self.tabBarItem =
```

```
        [[[UITabBarItem alloc] initWithTitle:@"Hello" image:icon tag:0] autorelease];
    }
    return self;
}
- (void)viewDidLoad {
    [super viewDidLoad];
    // 追加Hello, world!标签
    // 背景为白色，文字为黑色
    UILabel* label = [[[UILabel alloc] initWithFrame:self.view.bounds] autorelease];
    label.text = @"Hello, world!";
    label.textAlignment = UITextAlignmentCenter;
    label.backgroundColor = [UIColor whiteColor];
    label.textColor = [UIColor blackColor];
    label.autoresizingMask = UIViewAutoresizingFlexibleWidth |
UIViewAutoresizingFlexibleHeight;
    [self.view addSubview:label];
}
@end
```

实例文件ViewController2.m的具体实现代码如下所示：

```
#import "ViewController2.h"
@implementation ViewController2
// initialize
- (id)init {
    if ( (self = [super init]) ) {
      // 设置tabBar的标题
      self.title = @"您好";
      UIImage* icon = [UIImage imageNamed:@"ball2.png"];
      self.tabBarItem =
        [[[UITabBarItem alloc] initWithTitle:@"您好" image:icon tag:0] autorelease];
    }
    return self;
}
- (void)viewDidLoad {
    [super viewDidLoad];
    // 追加“您好、世界!”标签
    // 背景为黑色，文字为白色
    UILabel* label = [[[UILabel alloc] initWithFrame:self.view.bounds] autorelease];
    label.text = @"您好、世界! ";
    label.textAlignment = UITextAlignmentCenter;
    label.backgroundColor = [UIColor blackColor];
    label.textColor = [UIColor whiteColor];
    label.autoresizingMask = UIViewAutoresizingFlexibleWidth |
UIViewAutoresizingFlexibleHeight;
    [self.view addSubview:label];
}
@end
```

和上一个实例相比，本实例新增了文件TopMenuController.m，此文件用于实现屏幕左上角的“主菜单”处理事件功能。文件TopMenuController.m的具体实现代码如下所示：

```
#import "TopMenuController.h"
@implementation TopMenuController
- (void)dealloc {
    [items_ release];
    [super dealloc];
}
- (id)init {
    if ( (self = [super initWithStyle:UITableViewStylePlain]) ) {
      self.title = @"主菜单";
      // 初始化显示用的数组
      items_ = [[NSMutableArray alloc] initWithObjects:
                @"ViewController1",
                @"ViewController2",
                nil ];
    }
    return self;
}
```

```
#pragma mark ----- UITableViewDataSource Methods -----
- (NSInteger)tableView:(UITableView*)tableView
numberOfRowsInSection:(NSInteger)section {
  return [items_ count];
}
- (UITableViewCell*)tableView:(UITableView*)tableView
cellForRowAtIndexPath:(NSIndexPath*)indexPath {
  // 检测单元类型是否已经登记
  UITableViewCell* cell = [tableView dequeueReusableCellWithIdentifier:@"simple-
cell"];
  if ( !cell ) {
    // 如果该单元类型没有登记，则新创建
    cell = [[[UITableViewCell alloc] initWithFrame:CGRectZero
reuseIdentifier:@"simple-cell"] autorelease];
  }
  // 设置单元标签中显示的文字
  cell.textLabel.text = [items_ objectAtIndex:indexPath.row];
  return cell;
}
#pragma mark ----- UITableViewDelegate Methods -----
- (void)tableView:(UITableView*)tableView
didSelectRowAtIndexPath:(NSIndexPath*)indexPath {
  Class class = NSClassFromString( [items_ objectAtIndex:indexPath.row] );
  id viewController = [[[class alloc] init] autorelease];
  if ( viewController ) {
    [self.navigationController pushViewController:viewController animated:YES];
  }
}
@end
```

执行效果如图17-15所示，单击列表中的某个选项会跳转到对应的界面，如图17-16所示。

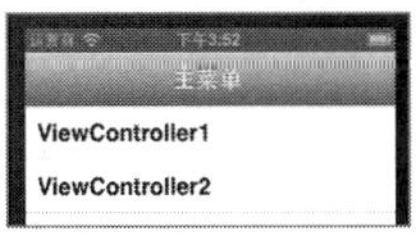

图17-15 主界面

图17-16 跳转到ViewController1界面

单击图17-16中的“主菜单”按钮会返回到图17-15所示的主界面。

17.2.7 实战演练——使用导航控制器展现 3 个场景

在本项目实例中，将通过导航控制器显示3个场景。每个场景都有一个“前进”按钮，它将计数器加1，再切换到下一个场景。该计数器存储在一个自定义的导航控制器子类中。在具体实现时，首先使用模板Single View Application创建一个项目，然后删除初始场景和视图控制器，再添加一个导航控制器和两个自定义类。导航控制器子类的功能是让应用程序场景能够共享信息；而视图控制器子类负责处理场景中的用户交互。除了随导航控制器添加的默认根场景外，还需要添加另外两个场景。每个场景的视图包含一个“前进”按钮，该按钮连接到一个将计数器加1的操作方法，它还触发到下一个场景的切换。

实例17-4	使用导航控制器展现3个场景
源码与视频路径	光盘:\daima\17\daohang

1．创建项目

使用模板Single View Application创建一个项目，并将其命名为“daohang”。然后清理该项目，使其只包含我们需要的东西。在此将ViewController类的文件（ViewController.h和ViewController.m）按Delete键删除。

然后单击文件MainStoryboard.storyboard，再选择文档大纲（Editor>Show Document Outline)中的View Controller，并按Delete键删除该场景。

（1）添加导航控制器类和通用的视图控制器类

在此需要在项目中添加以下所示的两个类。

- UINavigationController子类：此类用于管理计数器的属性，并命名为GenericAfiewController NavigatorController。
- UIViewController子类：被命名为GenericViewController，负责将计数器加1以及在每个场景中显示计数器。

单击项目导航器左下角的“+”按钮会添加一个新类，将新类命名为CountingNavigationController，将子类设置为UINavigationController Controller，再单击“Next”按钮。在最后一个设置屏幕中，从Group下拉列表中选择项目代码编组，再单击“Create”按钮。

重复上述过程创建一个名为GenericViewController的UIViewController子类。在此必须为每个新类选择合适的子类，否则会影响后面的编程工作。

（2）添加导航控制器

在Interface Builder编辑器中打开文件MainStoryboard.storyboard。打开对象库（Control+Option+Command+3），将一个导航控制器拖曳到Interface Builder编辑器的空白区域（或文档大纲）中。项目中将出现一个导航控制器场景和一个根视图控制器场景，现在暂时将重点放在导航控制器场景上。

因为需要将这个控制器关联到CountingNavigationController类，所以选择文档大纲中的Navigation Controller，再打开Identity Inspctor(Option+Command+3)，并从下拉列表Class中选择CountingNavigationController。

（3）添加场景并关联视图控制器

在打开了故事板的情况下，从对象库拖曳两个视图控制器实例到编辑器或文档大纲中。然后将把这些场景与根视图控制器场景连接起来，形成一个由导航控制器管理的场景系列。在添加额外的场景后，需要对每个场景（包括根视图控制器场景）做以下两件事情。

- 设置每个场景的视图控制器的身份。在此将使用一个视图控制器类来处理这3个场景，因此，它们的身份都将设置为GenericViewController。
- 给每个视图控制器设置标签，让场景的名称更友好。

首先，选择根视图控制器场景的视图控制器对象，并打开Identity Inspector (Option+Command+3)，再从下拉列表Class中选择GenericViewController。在Identity Inspector中，将文本框Label的内容设置为First。然后切换到我们添加的场景之一，并选择其视图控制器，将类设置为GenericViewController，并将标签设置为Second。对最后一个场景重复上述操作，将类设置为GenericViewController，并将标签设置为Third。完成这些设置后，文档大纲类如图17-17所示。

（4）规划变量和连接

类CountingNavigationController只有一个属性（pushCount），它指出用户使用导航控制器在场景之间切换了多少次。类GenericViewController只有一个名为countLabel的属性，它指向UI中的一个标签，该标签显示计数器的当前值。这个类还有一个名为incrementCount的操作方法，这个方法将CountingNavigationController的属性pushCount加1。

在类GenericViewController中，只需定义输出口和操作一次，但要在每个场景中使用它们，必须将它们连接到每个场景的标签和按钮。

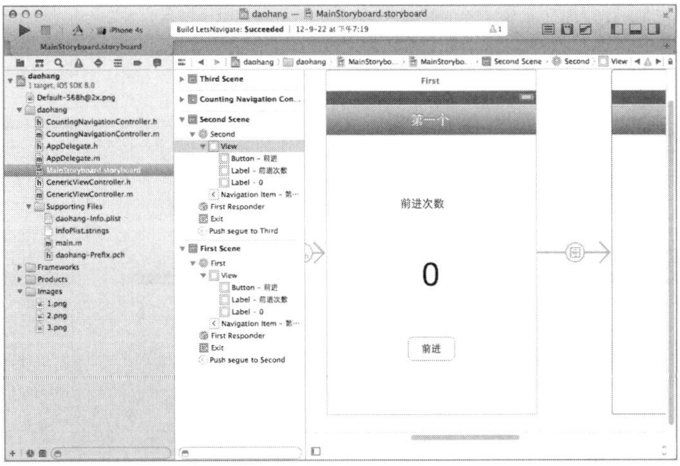

图17-17 最终的文档大纲包含1个导航控制器和3个场景

2．创建压入切换

要为导航控制器创建切换，需要有触发切换的对象。在故事板编辑器中，在第一个和第二个场景中分别添加一个按钮，并将其标签设置为Push。但不要在第三个场景中添加这种按钮，这是因为它是最后一个场景，后面没有需要切换到的场景。然后按住Control键，并从第一个场景的按钮拖曳到文档大纲中第二个场景的视图控制器中（或编辑器中的第二个场景）。在Xcode要求指定切换类型时，选择“前进”按钮，如图17-18所示。

在文档大纲中，第一个场景将新增一个切换，而第二个场景将继承导航控制器的导航栏，且其视图中将包含一个导航项。重复上述操作，创建一个从第二个场景中的按钮到第三个场景的压入切换。现在Interface Builder编辑器将包含一个完整的导航控制器序列。单击并拖曳每个场景，以合理的方式排列它们，图17-19显示了最终的排列。

3．设计界面

通过添加场景和按钮，实际上完成了大部分界面设计工作。接下来需要定制每个场景的导航项的标题以及添加显示切换次数的输出标签，具体流程如下所示。

（1）依次查看每个场景，检查导航栏的中央（它现在应出现在每个视图的顶部）。将这些视图的导航栏项的标题分别设置为First Scene、Second Scene和Third Scene。

图17-18 创建压入切换

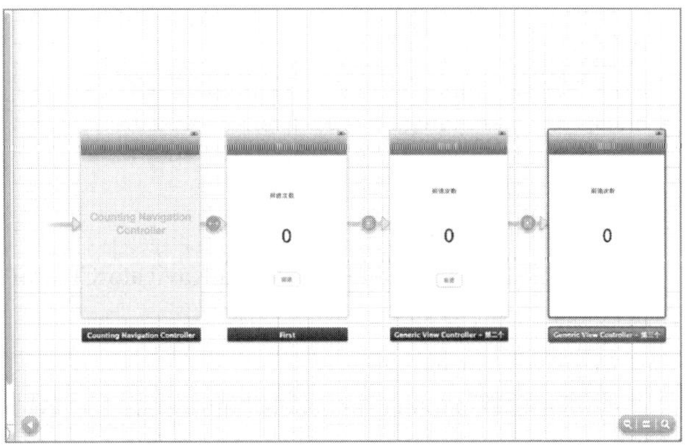

图17-19 通过切换将所有视图连接起来

（2）在每个场景中，在顶部附近添加一个文本为Push Count的标签（UILabel），并在中央再添加一个标签（输出标签）。将第二个标签的默认文本设置为0，最终的界面设计如图17-20所示。

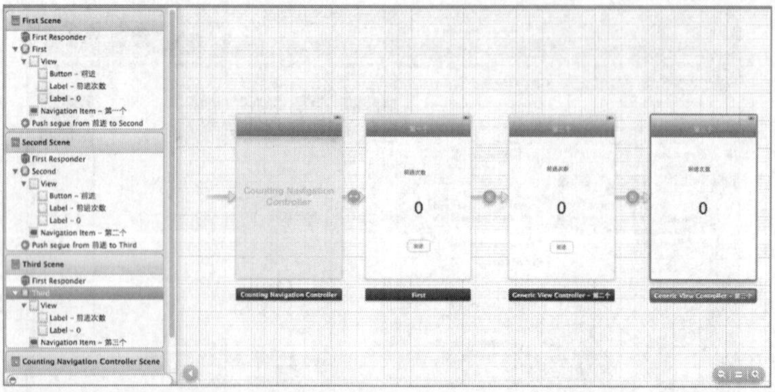

图17-20　导航应用程序的最终布局

4．创建并连接输出口和操作

在本实例中只需定义一个输出口和一个操作，但是需要连接它们多次。输出口（到显示切换次数的标签的连接，countLabel）将连接到全部3个场景，而操作（incrementCount）只需连接到第一个场景和第二个场景中的按钮。

在Interface Builder编辑器中滚动，以便能够看到第一个场景（也可使用文档大纲来达到这个目的），单击其输出标签，再切换到助手编辑器模式。

（1）添加输出口

按住Control键，从第一个场景中央的标签拖曳到文件GenericViewController.h中编译指令@interface下方。在Xcode提示时，创建一个名为countLabel的输出口。这就创建了输出口并连接到第一个场景了。然后需要将该输出口连接到其他两个场景，先按住Control键，并从第二个场景的输出标签拖曳到刚创建的countLabel属性中。此时定义该属性的整行代码都将呈高亮显示，这表明将建立一条到现有输出口的连接。对第三个场景重复上述操作，将其输出标签连接到属性countLabel。

（2）添加操作

添加并连接的方式类似，具体流程如下所示。

- 首先，按住Control键，并从第一个场景的按钮拖曳到文件GenericViewController.h中属性定义的下方。在Xcode提示时，新创建一个名为“incrementCount”的操作。
- 然后，切换到第二个视图控制器，按住Control键，并从其按钮拖曳到现有操作incrementCount。

这样就建立了所需的全部连接，文件GenericViewController.h的代码如下所示：

```
#import <UIKit/UIKit.h>
#import "CountingNavigationController.h"
@interface GenericViewController : UIViewController
@property (strong, nonatomic) IBOutlet UILabel *countLabel;
- (IBAction)incrementCount:(id)sender;
@end
```

5．实现应用程序逻辑

为完成本实例，首先需要在CountmgNavigatorController类中添加属性pushCount，这样可以跟踪用户在场景之间切换了多少次。

（1）添加属性pushCount

打开接口文件CountingNavigatorController.h，在编译指令@interface下方定义一个名为pushCount的int属性：

```
@property (nonatomic) int pushCount;
```

然后打开文件CountingNavigatorController.m，并在@implementation代码行下方添加配套的@synthesize编译指令：

```
@synthesize pushCount;
```

这就是实现CountingNavigatorController需要做的全部工作。由于它是一个UINavigation Controller子类，它原本就能执行所有的导航控制器任务，而现在还包含属性pushCount。

要在处理应用程序中所有场景的GenericViewController类中访问这个属性，需要在GenericViewController.h中导入自定义导航控制器的接口文件。所以，需要在现有#import语句下方添加如下代码行：

```
#import  "CountingNavigationController.h"
```

（2）将计数器加1并显示结果

为了在GenericViewController.m中将计数器加1，通过属性parentViewController来访问pushCount。在导航控制器管理的所有场景中，parentViewController会自动被设置为导航控制器对象。然后将parentViewController强制转换为自定义类CountingNavigatorController的对象，但整个实现只需要一行代码。方法incrementCount的如下代码实现了上述功能：

```
- (IBAction)incrementCount:(id)sender {
    ((CountingNavigationController *)self.parentViewController).pushCount++;
}
```

最后一步是显示计数器的当前值。由于单击Push按钮将导致计数器增加1，并切换到新场景，因此，在操作incrementCount中显示计数器的值并不一定是最佳的选择。在此需要将显示计数器的代码放在方法viewWillAppear:animated中。这个方法在视图显示前被调用（而不管显示是因切换还是用户触摸后退按钮导致的），因此，这里更新输出标签到绝佳位置。在文件GenericViewController.m中，添加如下所示的代码：

```
-(void)viewWillAppear:(BOOL)animated {
    NSString *pushText;
    pushText=[[NSString alloc] initWithFormat:@"%d",((CountingNavigationController
*)self.parentViewController).pushCount];
    self.countLabel.text=pushText;
}
```

在上述代码中，首先声明了一个字符串变量（pushText），用于存储计数器的字符串表示。然后给这个字符串变量分配空间，并使用NSString的方法initWithFormat初始化它。格式字符串%d将被替换为pushCount的内容，而访问该属性的方式与方法incrementCount中相同。最后使用字符串变量pushText更新countLabel。

到此为止，整个实例介绍完毕，执行后可以实现3个界面的转换，如图17-21所示。

图17-21 执行效果

17.3 选项卡栏控制器

选项卡栏控制器（UITabBarController）与导航控制器一样，也被广泛用于各种iOS应用程序。顾名思义，选项卡栏控制器在屏幕底部显示一系列“选项卡”，这些选项卡表示为图标和文本，用户触摸它们将在场景间切换。和UINavigationController类似，UITabBarController也可以用来控制多个页面导航，用户可以在多个视图控制器之间移动，并可以定制屏幕底部的选项卡栏。

借助屏幕底部的选项卡栏，UITabBarController不必像UINavigation Controller那样以栈的方式推入和推出视图，而是组建一系列的控制器（它们各自可以是UIViewController、UINavigationController、UITableView Controller或任何其他种类的视图控制器），并将它们添加到选项卡栏，使每个选项卡对应一个视图控制器。每个场景都呈现了应用程序的一项功能，或提供了一种查看应用程序信息的独特方式。UITabBar

Controller是IOS中很常用的一个viewController，例如，系统的闹钟程序、iPod程序等。UITabBarController通常作为整个程序的rootViewController，而且不能添加到别的container viewController中。图17-22演示了它的View层级图。

与导航控制器一样，选项卡栏控制器会为我们处理一切。当用户触摸按钮时会在场景间进行切换，无需以编程方式处理选项卡栏事件，也无需手工在视图控制器之间切换。

17.3.1 选项卡栏和选项卡栏项

在故事板中，选项卡栏的实现与导航控制器也很像，它包含一个UITabBar，类似于工具栏。选项卡栏控制器管理的每个场景都将继承这个导航栏。选项卡栏控制器管理的场景必须包含一个选项卡栏项（UITabBarItem），它包含标题、图像和徽章。

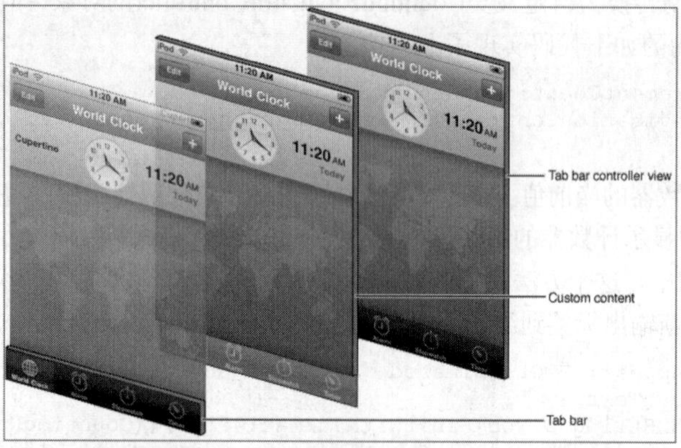

图17-22 用于在不同场景间切换的选项卡栏控制器

在故事板中添加选项卡栏控制器与添加导航控制器一样容易。下面介绍如何在故事板中添加选项卡栏控制器、配置选项卡栏按钮，以及添加选项卡栏控制器管理的场景。如果要在应用程序中使用选项卡栏控制器，推荐使用模板Single View Application创建项目。如果不想从默认创建的场景切换到选项卡栏控制器，可以将其删除。为此可以删除其视图控制器，再删除相应的文件ViewController.h和ViewController.m。故事板处于我们想要的状态后，从对象库拖曳一个选项卡栏控制器实例到文档大纲或编辑器中，这样会添加一个选项卡栏控制器和两个相关联的场景，如图17-23所示。

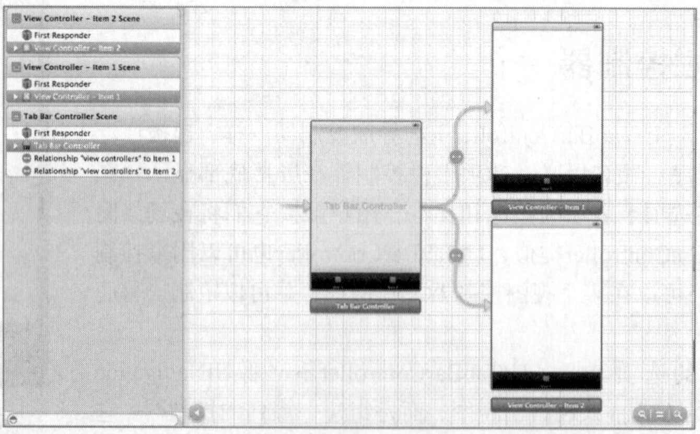

图17-23 在应用程序中添加选项卡栏控制器时添加两个场景

选项卡栏控制器场景表示UITabBarController对象，该对象负责协调所有场景过渡。它包含一个选项卡栏对象，可以使用Interface Builder对其进行定制，如修改为用户喜欢的颜色。

有两条从选项卡栏控制器出发的“关系”连接，它们连接到将通过选项卡栏显示的两个场景。这些场景可通过选项卡栏按钮的名称（默认为Iteml和Item2）进行区分。虽然所有的选项卡栏按钮都显示在选项卡栏控制器场景中，但它们实际上属于各个场景。要修改选项卡栏按钮，必须在相应的场景中进行，而不能在选项卡栏控制场景中进行修改。

1．设置选项卡栏项的属性

要编辑场景对应的选项卡栏项（UITabBarItem），在文档大纲中展开场景的视图控制器，选择其中的选项卡栏项，再打开Attributes Inspector(Option+ Command+4)，如图17-24所示。

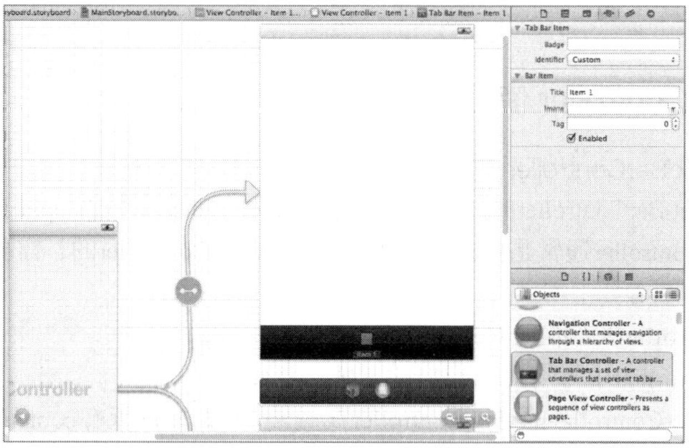

图17-24 定制每个场景的选项卡栏项

在Tab Bar Item部分，可以指定要在选项卡栏项的徽章中显示的值，但是，通常应在代码中通过选项卡栏项的属性badgeValue（其类型为NSString）进行设置。我们还可以通过下拉列表Identifier从十多种预定义的图标/标签中进行选择；如果选择使用预定义的图标/标签，就不能进一步定制了，因为Apple希望这些图标/标签在整个iOS中保持不变。

可使用Bar Item部分设置自定义图像和标题，其中文本框Title用于设置选项卡栏项的标签，而下拉列表Image让您能够将项目中的图像资源关联到选项卡栏项。

2．添加额外的场景

选项卡栏明确指定了用于切换到其他场景的对象——选项卡栏项。其中的场景过渡甚至都不叫切换，而是选项卡栏控制器和场景之间的关系。要想添加场景、选项卡栏项以及控制器和场景之间的关系，首先在故事板中添加一个视图控制器，拖曳一个视图控制器实例到文档大纲或编辑器中。然后按住Control键，并在文档大纲中从选项卡栏控制器拖曳到新场景的视图控制器。在Xcode提示时，选择Relationship -viewControllers，如图17-25所示。

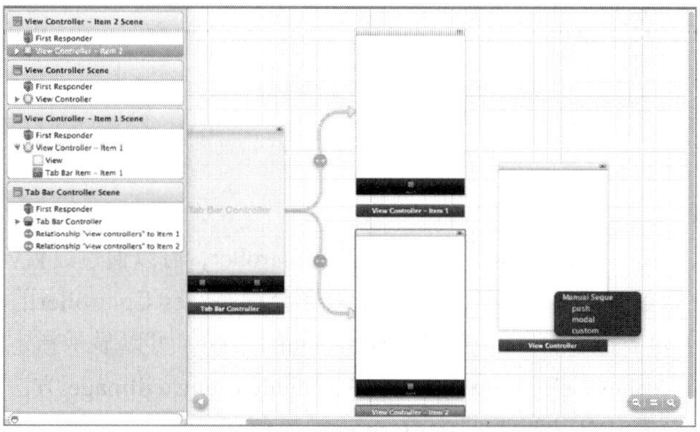

图17-25 在控制器之间建立关系

这样只需要创建关系就行了，这将自动在新场景中添加一个选项卡栏项，可以对其进行配置。可以重复上述操作，根据需要创建任意数量的场景，并在选项卡栏中添加选项卡。

17.3.2 在选项卡栏控制器管理的场景之间共享数据

与导航控制器一样，选项卡栏控制器也可以让我们轻松地实现信息共享。为此，可以创建一个选项卡栏控制器（UITabBarController）子类，并将其关联到选项卡栏控制器。然后在这个子类中添加一些属性，用于存储要共享的数据，然后在每个场景中通过属性parentViewController获取该控制器，访问这些属性。

17.3.3 UITabBarController 使用详解

1. 手动创建UITabBarController

最常见的创建UITabBarController的地方就是在application delegate中的applicationDidFinishLaunching:方法，因为UITabBarController通常是作为整个程序的rootViewController的，需要在程序的window显示之前就创建好它，具体步骤如下所示。

（1）创建一个UITabBarController对象。

（2）创建tabbarcontroller中每一个tab对应的要显示的对象。

（3）通过UITabBarController的viewController属性将要显示的所有content viewcontroller添加到UITabBarController中。

（4）通过设置UITabBarController对象为window.rootViewController，然后显示window。

下面请读者看一个简单的例子：

```
- (BOOL)application:(UIApplication *)application didFinishLaunchingWithOptions:
(NSDictionary *)launchOptions
{
    self.window = [[[UIWindow alloc] initWithFrame:[[UIScreen mainScreen] bounds]]
autorelease];
    // Override point for customization after application launch.
    SvTabBarFirstViewController *viewController1, *viewController2;
    viewController1 = [[SvTabBarFirstViewController alloc] initWithNibName:nil
bundle:nil];
    viewController1.title = @"First";

    viewController2 = [[SvTabBarFirstViewController alloc] initWithNibName:nil
bundle:nil];
    viewController2.title = @"Second";
    self.tabBarController = [[[UITabBarController alloc] init] autorelease];
    self.tabBarController.delegate = self;
    self.tabBarController.viewControllers = [NSArray arrayWithObjects:viewController1,
viewController2, nil];
[viewController1 release];
    [viewController2 release];
    self.window.rootViewController = self.tabBarController;
    [self.window makeKeyAndVisible];
    return YES;
}
```

2. UITabBarItem

UITabBar上面显示的每一个Tab都对应着一个ViewController，可以通过设置viewController. tabBarItem属性来改变tabbar上对应的tab显示内容，否则系统将会根据viewController的title自动创建一个，该tabBarItem只显示文字，没有图像。当创建UITabBarItem的时候，可以显示指定的图像和对应的描述文字。当然还可以通过setFinishedSelectedImage: withFinishedUnselectedImage:方法给选中状态和非选中状态指定不同的图片。下面看个自己创建UITabBarItem的小例子：

```
UITabBarItem *item = [[UITabBarItem alloc] initWithTitle:@"Second" image:nil tag:2];
```

```
[item setFinishedSelectedImage:[UIImage imageNamed:@"second.png"]
   withFinishedUnselectedImage:[UIImage imageNamed:@"first.png"]];
viewController2.tabBarItem = item;
[item release];
```

此外，UITabBarItem还有一个属性badgeValue，通过设置该属性可以在其右上角显示一个小的角标，通常用于提示用户有新的消息。

图17-26 样式

3. moreNavigationController

在UITabBar上最多可以显示5个Tab，当往UITabBarController中添加viewController超过5个时候，最后一个就会自动变成如图17-26所示的样式。

按照设置的viewController的顺序，显示前4个viewController的tabBarItem，后面的tabBarItem将不再显示。当单击More时候将会弹出一个标准的navigationViewController，里面放有其他未显示的viewController，并且带有一个edit按钮，通过单击该按钮可以进入类似于iPod程序中设置tabBar的编辑界面。编辑界面中默认所有的viewController都是可以编辑的，可以通过设置UITabBarController的customizableViewControllers属性来指定viewControllers的一个子集，即只允许一部分viewController是可以放到tabBar中显示的。但是，这块要注意一个问题，每当UITabBarController的viewControllers属性发生变化的时候，customizableViewControllers就会自动设置成与viewControllers一致，即默认的所有的viewController都是可以编辑的，如果要始终限制只是某一部分可编辑，记得在每次viewControlles发生改变的时候，重新设置一次customizableViewControllers。

4. UITabBarController的Rotation

UITabBarController默认只支持竖屏，当设备方向放生变化时，它会查询viewControllers中包含的所有ViewController，仅当所有的viewController都支持该方向时，UITabBarController才会发生旋转，否则默认竖向。

此处需要注意，当UITabBarController支持旋转，而且发生旋转的时候，只有当前显示的viewController会接收到旋转的消息。

5. UITabBar

UITabBar自己有一些方法是可以改变自身状态，但是，对于UITabBarController自带的tabBar，我们不能直接去修改其状态。任何直接修改tabBar的操作将会抛出异常，下面看一个抛出异常的小例子：

```
  self.tabBarController = [[[UITabBarController alloc] init] autorelease];
  self.tabBarController.delegate = self;
  self.tabBarController.viewControllers = [NSArray arrayWithObjects:viewController1,
viewController2, viewController3, nil];
  self.window.rootViewController = self.tabBarController;
  [self.window makeKeyAndVisible];
  self.tabBarController.tabBar.selectedItem = nil;
```

上面代码的最后一行直接修改了tabBar的状态，运行程序会得到如图17-27所示的结果。

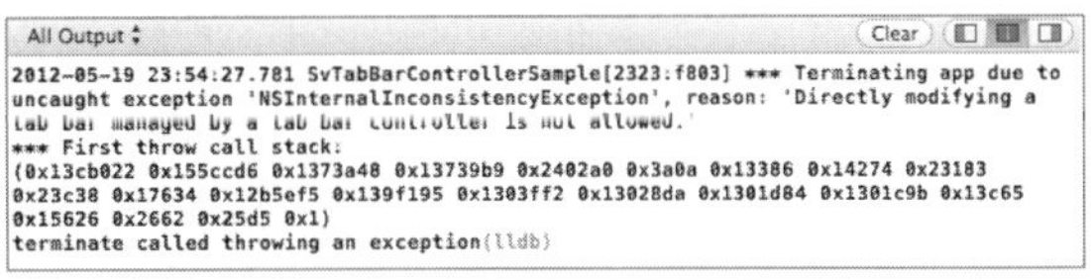

图17-27 执行效果

6. Change Selected Viewcontroller

改变UITabBarController中当前显示的viewController，可以通过以下3种方法实现。

（1）selectedIndex属性

通过该属性可以获得当前选中的viewController，设置该属性，可以显示viewControllers中对应的index的viewController。如果当前选中的是MoreViewController的话，该属性获取出来的值是NSNotFound，而且通过该属性也不能设置选中MoreViewController。设置index超出viewControllers的范围，将会被忽略。

（2）selectedViewController属性

通过该属性可以获取到当前显示的viewController，通过设置该属性可以设置当前选中的viewController，同时更新selectedIndex。通过给该属性赋值tabBarController.moreNavigationController可以选中moreViewController。

（3）viewControllers属性

设置viewControllers属性也会影响当前选中的viewController，设置该属性时UITabBarController首先会清空所有旧的viewController，然后部署新的viewController，接着尝试重新选中上一次显示的viewController，如果该viewController已经不存在，会接着尝试选中index和selectedIndex相同的viewController，如果该index无效，则默认选中第一个viewController。

7．UITabBarControllerDelegate

通过代理可以监测UITabBarController的当前选中viewController的变化，以及moreViewController中对所有viewController的编辑。实现方法如下：

```
- (BOOL)tabBarController:(UITabBarController *)tabBarController
shouldSelectViewController:(UIViewController *)viewController;
```

该方法用于控制TabBarItem能不能选中，返回NO，将禁止用户单击某一个TabBarItem被选中。但是，程序内部还是可以通过直接setSelectedIndex选中该TabBarItem。

下面这3个方法主要用于监测在moreViewController中对viewController的edit操作：

```
- (void)tabBarController:(UITabBarController *)tabBarController
willBeginCustomizingViewControllers:(NSArray *)viewControllers;

- (void)tabBarController:(UITabBarController *)tabBarController
willEndCustomizingViewControllers:(NSArray *)viewControllers changed:(BOOL)changed;

- (void)tabBarController:(UITabBarController *)tabBarController
didEndCustomizingViewControllers:(NSArray *)viewControllers changed:(BOOL)changed;
```

17.3.4 实战演练——实现不同场景的切换

在下面的内容中，将通过一个具体实例来说明使用UITabBarController的具体流程。

实例17-5	实现不同场景的切换
源码与视频路径	光盘:\daima\17\LeveyTabBarController

本实例的功能是实现不同场景的切换，具体实现流程如下所示。

（1）准备好3幅素材图片1.png、2.png和3.png，如图17-28所示。

（2）创建一个Xcode项目，设计UI界面，主UI界面如图17-29所示。

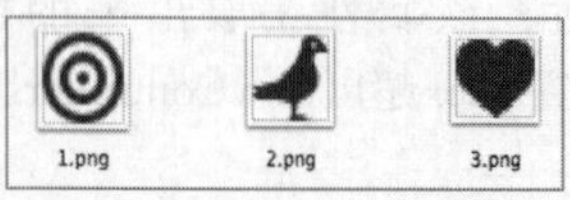

图17-28　准备的素材图片

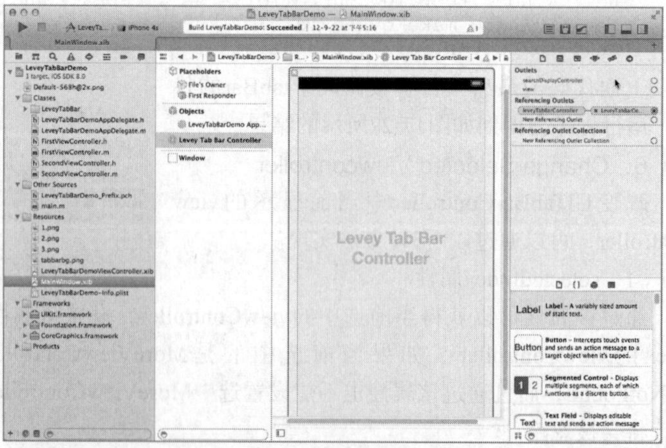

图17-29　设计的主UI界面

设计的次UI界面如图17-30所示。

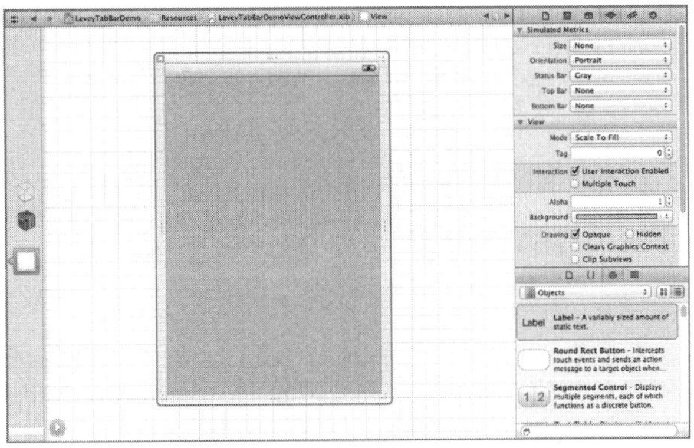

图17-30 设计的次UI界面

（3）文件LeveyTabBarDemoAppDelegate.m的主要代码如下所示：

```
#import "LeveyTabBarDemoAppDelegate.h"
#import "FirstViewController.h"
#import "SecondViewController.h"
#import "LeveyTabBarController.h"

@implementation LeveyTabBarDemoAppDelegate
@synthesize window;
@synthesize leveyTabBarController;
#pragma mark -
#pragma mark Application lifecycle
- (BOOL)application:(UIApplication *)application
didFinishLaunchingWithOptions:(NSDictionary *)launchOptions
  {
    FirstViewController *firstVC = [[FirstViewController alloc] init];
   SecondViewController *secondVC = [[SecondViewController alloc] init];
   UITableViewController *thirdVC = [[UITableViewController alloc] init];
   UIViewController *fourthVC = [[UIViewController alloc] init];
   fourthVC.view.backgroundColor = [UIColor grayColor];
   FirstViewController *fifthVC = [[FirstViewController alloc] init];
   UINavigationController *nc = [[UINavigationController alloc]
initWithRootViewController:secondVC];
   nc.delegate = self;
   [secondVC release];
   NSArray*ctrlArr=[NSArray arrayWithObjects:firstVC,nc,thirdVC,fourthVC,fifthVC,nil];
   [firstVC release];
   [nc release];
   [thirdVC release];
   [fourthVC release];
   [fifthVC release];
   NSMutableDictionary *imgDic = [NSMutableDictionary dictionaryWithCapacity:3];
   [imgDic setObject:[UIImage imageNamed:@"1.png"] forKey:@"Default"];
   [imgDic setObject:[UIImage imageNamed:@"2.png"] forKey:@"Highlighted"];
   [imgDic setObject:[UIImage imageNamed:@"2.png"] forKey:@"Seleted"];
   NSMutableDictionary *imgDic2 = [NSMutableDictionary dictionaryWithCapacity:3];
   [imgDic2 setObject:[UIImage imageNamed:@"1.png"] forKey:@"Default"];
   [imgDic2 setObject:[UIImage imageNamed:@"2.png"] forKey:@"Highlighted"];
   [imgDic2 setObject:[UIImage imageNamed:@"2.png"] forKey:@"Seleted"];
   NSMutableDictionary *imgDic3 = [NSMutableDictionary dictionaryWithCapacity:3];
   [imgDic3 setObject:[UIImage imageNamed:@"1.png"] forKey:@"Default"];
   [imgDic3 setObject:[UIImage imageNamed:@"2.png"] forKey:@"Highlighted"];
   [imgDic3 setObject:[UIImage imageNamed:@"2.png"] forKey:@"Seleted"];
   NSMutableDictionary *imgDic4 = [NSMutableDictionary dictionaryWithCapacity:3];
   [imgDic4 setObject:[UIImage imageNamed:@"1.png"] forKey:@"Default"];
   [imgDic4 setObject:[UIImage imageNamed:@"2.png"] forKey:@"Highlighted"];
   [imgDic4 setObject:[UIImage imageNamed:@"2.png"] forKey:@"Seleted"];
   NSMutableDictionary *imgDic5 = [NSMutableDictionary dictionaryWithCapacity:3];
   [imgDic5 setObject:[UIImage imageNamed:@"1.png"] forKey:@"Default"];
   [imgDic5 setObject:[UIImage imageNamed:@"2.png"] forKey:@"Highlighted"];
```

```
    [imgDic5 setObject:[UIImage imageNamed:@"2.png"] forKey:@"Seleted"];
    NSArray *imgArr = [NSArray
arrayWithObjects:imgDic,imgDic2,imgDic3,imgDic4,imgDic5,nil];
    leveyTabBarController = [[LeveyTabBarController alloc]
initWithViewControllers:ctrlArr imageArray:imgArr];
    [leveyTabBarController.tabBar setBackgroundImage:[UIImage imageNamed:@"tabbarbg.
png"]];
    [leveyTabBarController setTabBarTransparent:YES];
    [self.window addSubview:leveyTabBarController.view];
     [self.window makeKeyAndVisible];
return YES;
}
- (void)navigationController:(UINavigationController *)navigationController
willShowViewController:(UIViewController *)viewController animated:(BOOL)animated
{
     if (viewController.hidesBottomBarWhenPushed)
     {
         [leveyTabBarController hidesTabBar:YES animated:YES];
     }
     else
     {
         [leveyTabBarController hidesTabBar:NO animated:YES];
     }
}
```

（4）第一个选项面板实现文件FirstViewController.m的主要代码如下所示：

```
#import "FirstViewController.h"
#import "LeveyTabBarController.h"
@implementation FirstViewController
- (void)viewDidLoad
{
     [super viewDidLoad];
    self.view.backgroundColor = [UIColor yellowColor];
}
@end
```

（5）第二个选项面板实现文件SecondViewController.m的主要代码如下所示：

```
#import "LeveyTabBarDemoAppDelegate.h"
#import "SecondViewController.h"
#import "LeveyTabBarController.h"
#import "FirstViewController.h"
@implementation SecondViewController
- (void)viewWillAppear:(BOOL)animated
{
    [super viewWillAppear:animated];
}
- (void)viewDidLoad
{
     [super viewDidLoad];
    self.view.backgroundColor = [UIColor redColor];
    UIBarButtonItem *rightBtn = [[UIBarButtonItem alloc] initWithTitle:@"Add"
style:UIBarButtonItemStyleBordered target:self action:@selector(hide)];
    self.navigationItem.rightBarButtonItem = rightBtn;
    [rightBtn release];
}
- (void)hide
{
     static NSInteger dir = 0;

     FirstViewController *firstVC = [[FirstViewController alloc] init];

     //firstVC.hidesBottomBarWhenPushed = YES;
     LeveyTabBarDemoAppDelegate* appDelegate =
(LeveyTabBarDemoAppDelegate*)[UIApplication sharedApplication].delegate;
     dir++;
     appDelegate.leveyTabBarController. animateDriect = dir % 2;
     firstVC.hidesBottomBarWhenPushed = YES;
```

```
        //[appDelegate.leveyTabBar
        Controller hidesTabBar:YES
        animated:YES];
        [self.navigationController
        pushViewController:firstVC
        animated:YES];
        [firstVC release];
    }
    - (void)dealloc {
        [super dealloc];
    }
```

到此为止，整个实例介绍完毕，执行后的效果如图17-31所示。

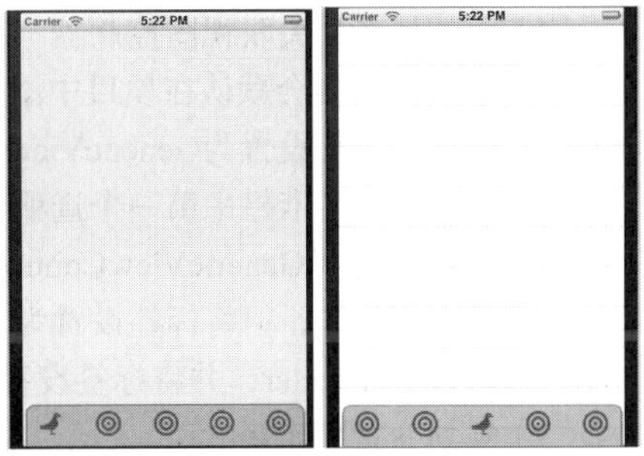

图17-31 执行效果

17.3.5 实战演练——使用选项卡栏控制器构建 3 个场景

在本演示实例中，使用选项卡栏控制器来管理3个场景，每个场景都包含一个将计数器加1的按钮，但每个场景都有独立的计数器，并且显示在其视图中。并且还将设置选项卡栏项的徽章，使其包含相应场景的计数器值。在具体实现时，先使用模板Single View Application创建一个项目，并对其进行清理，再添加一个选项卡栏控制器和两个自定义类：一个是选项卡栏控制器子类，负责管理应用程序的属性；另一个是视图控制器子类，负责显示其他3个场景。每个场景都有一个按钮，它触发将当前场景的计数器加1的方法。由于这个项目要求每个场景都有自己的计数器，而每个按钮触发的方法差别不大，这让我们能够在视图之间共享相同的代码（更新徽章和输出标签的代码），但每个将计数器递增的方法又稍有不同，并且不需要切换。

实例17-6	使用选项卡栏控制器构建3个场景
源码与视频路径	光盘:\daima\17\xuan

1. 创建项目

使用模板Single View Application创建一个项目，并将其命名为“xuan”，然后删除ViewController类文件和初始视图，构建一个没有视图控制器而只有一个空的故事板的文件。

（1）添加选项卡栏项视图

选项卡栏控制器管理的每个场景都需要一个图标，用于在选项卡栏中表示该场景。在本项目的文件夹中，包含一个hmges文件夹，其中有3幅png格式的素材图片1.png、2.png和3.png，将该素材图片文件夹拖放到项目代码编组中，并在Xcode询问时选择创建新编组并复制图像资源。

（2）添加选项卡栏控制器类和通用的视图控制器类

本项目需要两个类，第一个是UITabBarController子类，它将存储3个属性，它们分别是这个项目的场景的计数器。这将被命名为CountingTabBarController。第二个是UIViewController子类，将被命名为GenericViewController，它包含一个操作，该操作在用户单击按钮时将相应场景的计数器加1。

单击项目导航器左下角的“+”按钮，分别选择类别iOS Cocoa Touch和UIViewController subClass的子类，再单击“Next”按钮。将新类命名为CountingTabBarController，将其设置为UITabBar Controller的子类，再单击“Next”按钮。务必在项目代码编组中创建这个类，也可在创建后将其拖曳到这个地方。

重复上述过程，便创建一个名为GenericViewController的UIViewController子类。

（3）添加选项卡栏控制器

打开故事板文件，将一个选项卡栏控制器拖曳到Interface Builder编辑器的空白区域（或文档大纲）中。项目中将出现一个选项卡栏控制器场景和另外两个场景。

将选项卡栏控制器关联到CountingTabBarController类，方法是选择文档大纲中的Tab BarConrroller，再打开Identity Inspctor（Option+ Command+3），并从下拉列表Class中选择CountingTabBarController。

（4）添加场景并关联视图控制器

选项卡栏控制器会默认在项目中添加两个场景。添加额外的场景后，使用Identity Inspector将每个场景的视图控制器都设置为GenencViewController，并指定标签以方便区分。

选择对应于选项卡栏中第一个选项卡的场景Item 1，在Identity Inspector (Option+Command+3)中从下拉列表Class中选择GenericViewController，再将文本框Label的内容设置为“第一个”。切换第二个场景，并重复上述操作，但将标签设置为“第二个”。最后，选择您创建的场景的视图控制器，将类设置为GenericViewController，并将标签设置为“第三个”。

（5）规划变量和连接

在本实例中需要跟踪3个不同的计数器，CountingTabBarController将包含3个属性，它们分别是每个场景的计数器：firstCount、secondCount和thirdCount。

类GenericViewConrroller将包含如下两个属性。

- outputLabel：指向一个标签（UILabel），其中显示了全部3个场景的计数器的当前值。
- barItem：连接到每个场景的选项卡栏项，让我们能够更新选项卡栏项的徽章值。

由于有3个不同的计数器，类GenericViewController需要如下3种操作方法：incrementCountFirst、incrementCountSecond、incrementCountThird。

每个场景中的按钮都触发针对该场景的方法，另外，还需添加两个方法（updateCounts和updateBadge），这样就可以轻松地更新当前计数器和徽章值，而不用在每个increment方法中重写同样的代码。

2．创建选项卡栏关系

按住Control键，从文档大纲中的Counting Tab Bar Controller拖曳到添加的场景（Third），在Xcode要求指定切换类型时，选择Relationship-viewControllers。此时在Counting Tab Bar Controller场景中将新增一个切换，其名称为Relationship from UITabBarController to Third。另外，将在场景Third中看到选项卡栏，其中包含一个选项卡栏项，如图17-32所示。

3．设计界面

首先在第一个场景的顶部附近添加一个标签，然后在视图中央添加一个输出标签。该输出标签将包含多行内容，因此，使用Attributes Inspector(Option+ Command+4)将该标签的行数设置为5。您还可让文本居中，并调整字号。接下来，在视图底部添加一个标签为Count的按钮，它将该场景的计数器加1。

现在单击视图底部的选项卡栏项，打开Attributes Inspector，将标题设置为“场景1”，并将图像设置为l.png。对其他两个场景重复上述操作。第二个场景的标题应为“场景2”，并使用图像文件2.png，而第三个场景的标题应为“场景3”，并使用图像文件3.png。图17-33显示了该应用程序的最终界面设计。

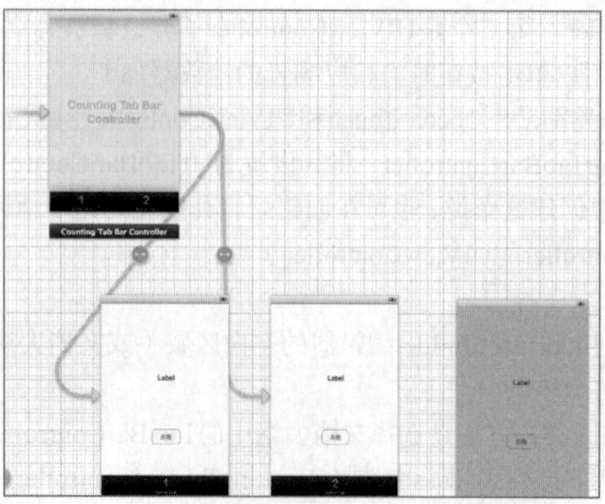

图17-32 创建到场景Third的关系

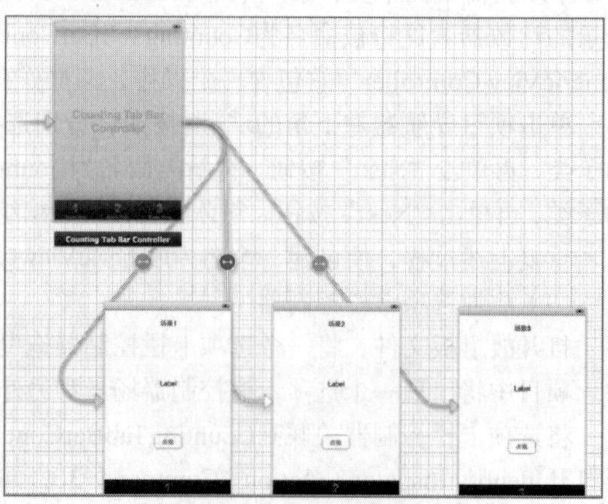

图17-33 选项卡栏应用程序的最终布局

4. 创建并连接输出口和操作

在本项目中需要定义2个输出口和3个操作，每个输出口都将连接到所有场景，但是，每个操作只连接到对应的场景。

需要的输出口如下所述。

- ❑ outputLabel (UILabel)：用于显示所有场景的计数器，必须连接到每个场景。
- ❑ barItem (UITabBarItem)：指向选项卡栏控制器自动给每个场景添加的选项卡栏项，必须连接到每个场景。

需要的操作如下所述。

- ❑ incrementCountFirst：连接到第一个场景的Count按钮，更新第一个场景的计数器。
- ❑ incrementCountSecond：连接到第二个场景的Count按钮，更新第二个场景的计数器。
- ❑ incrementCountThird：连接到第三个场景的Count按钮，更新第三个场景的计数器。

在Interface Builder中滚动，以便能够看到第一个场景（也可使用文档大纲来达到这个目的），再切换到助手编辑器模式。

（1）添加输出口

按住Control键，从第一个场景中央的标签拖曳到文件GenericViewController.h中编译指令@interface下方。在Xcode提示时，创建一个名为countLabel的输出口。接下来，按住Control键，并从第一个场景的选项卡栏项拖曳到属性outputLabcl下方，并添加 个名为barItcm的输出口。

为第一个场景创建输出口后，将这些输出口连接到其他两个场景。为此，按住Control键，并从第二个场景的输出标签拖曳到文件GenericViewController.h中的属性outputLabel。同理，对第二个场景的选项卡栏项做同样的处理。对第三个场景重复上述操作，将其标签和选项卡栏项连接到现有的输出口。

（2）添加操作

每个场景连接的操作都独立，因为每个场景都有独立的计数器需要更新。从第一个场景开始。按住Control键，并从Count按钮拖曳到文件GenericViewController.h属性定义的下方，在Xcode提示时，新创建一个名为incrementCountFirst的操作。

切换到第二个视图控制器，按住Control键，并从其按钮拖曳到操作incrementCountFirst下方，并将新操作命名为incrementCountSecond，对第三个场景重复上述操作，连接到一个名为 incrementCounthird的新操作。

5. 实现应用程序逻辑

首先添加3个属性，用于跟踪每个场景中的Count按钮被单击了多少次。这些属性将加入到CountingTabBarController类中，它们分别是firstCount、secondCount和thirdCount。

（1）添加记录按钮被单击多少次的属性

打开接口文件CountingTabBarController.h，在编译指令@interface下方定义如下3个int属性：

```
@property (nonatomic) int firstCount;
@property (nonatomic) int secondCount;
@property (nonatomic) int thirdCount;
```

然后打开文件CountingTabBarController.m，并在@implementation代码行下方添加配套的@synthesize编译指令：

```
@synthesize firstCount;
@synthesize secondCount;
@synthesize thirdCount;
```

要在类GenericViewController中访问这个属性，需要在文件GenericViewController.h中导入自定义选项卡栏控制器的接口文件。为此，在现有#import语句下方添加如下代码行：

```
#import  "CountingTabBarController.h"
```

另外，还需要创建两个对场景显示的内容进行更新的方法，再在操作方法中将计数器加1，并调用这些更新方法。

（2）显示计数器

虽然每个场景的计数器不同，但是，显示这些计数器的逻辑是相同的，它是前一个示例项目使用的代码的扩展版。我们将在一个名为updateCounts的方法中实现这种逻辑。

在文件GenericViewController.h中，声明方法updateCounts的原型。如果将这个方法放在实现文件的开头，就无需声明该原型，但声明它是一种好习惯，还可以避免Xcode发出警告。

在文件GenericViewController.h中，在现有操作定义下方添加如下代码：

```
- (void) updateCounts;
```

接下来在文件GenericViewController.m中实现方法updateCounts，具体代码如下所示：

```
-(void)updateCounts {
    NSString *countString;
    countString=[[NSString alloc] initWithFormat:
                @"第一个：%d\n第二个：%d\n第三个：%d",
                ((CountingTabBarController *)self.parentViewController).firstCount,
                ((CountingTabBarController
*)self.parentViewController).secondCount,
                ((CountingTabBarController
*)self.parentViewController).thirdCount];
    self.outputLabel.text=countString;
}
```

在上述代码中，先声明了一个countString变量，用于存储格式化后的输出字符串。然后使用存储在CountingTabBarController实例中的属性创建该字符串。最后，在标签outputLabel中输出格式化后的字符串。

（3）让选项卡栏项的徽章值递增

为了将选项卡栏项的徽章值递增，需要从徽章中读取当前值（badgeValue），并将其转换为整数再加1，然后将结果转换为字符串，并将badgeValue设置为该字符串。因为，已经添加了一个适用于所有场景的barItem属性，所以，只需在类GenericViewController中使用一个方法将徽章值递增。此处将这种方法命名为updateBadge。

首先，在文件GenericViewController.h中声明该方法的原型：

```
- (void) updateBadge;
```

然后在文件GenericViewController.m中添加如下所示的代码：

```
-(void)updateBadge {
    NSString *badgeCount;
    int      currentBadge;
    currentBadge=[self.barItem.badgeValue intValue];
    currentBadge++;
    badgeCount=[[NSString alloc] initWithFormat:@"%d",
              currentBadge];
    self.barItem.badgeValue=badgeCount;
}
```

对上述代码的具体说明如下所示。

第2行：声明了字符串变量badgeCount，它将存储一个经过格式化的字符串，以便赋给属性badgeValue。

第3行：声明了整型变量currentBadge，它将存储当前徽章值的整数表示。

第4行：调用NSString的实例方法intValue，将选项卡栏项的badgeValue属性的整数表示存储到currentBadge中。

第5行将当前徽章值加1。

第6行：分配字符串变量badgeCount，并使用currentBadge的值初始化它。

第8 行：将选项卡栏项的badgeValue属性设置为新的字符串。

（4）更新触发计数器

本实例的最后一步是实现方法incrementCountFirst、incrementCountSecond和increment CountThird。由于更新标签和徽章的代码包含在独立的方法中，所以，这3个方法都只有3行代码，且除设置的属性不同外，其他的都相同。这些方法必须更新CountingTabBarController类中相应的计数器，然后调用方法updateCounts和updateBadge以更新界面。下面的代码演示了这3个方法的具体实现：

```
- (IBAction)incrementCountFirst:(id)sender {
    ((CountingTabBarController *)self.parentViewController).firstCount++;
    [self updateBadge];
    [self updateCounts];
}
- (IBAction)incrementCountSecond:(id)sender {
    ((CountingTabBarController
*)self.parentViewController).secondCount++;
    [self updateBadge];
    [self updateCounts];
}
- (IBAction)incrementCountThird:(id)sender {
    ((CountingTabBarController
*)self.parentViewController).thirdCount++;
    [self updateBadge];
    [self updateCounts];
}
```

到此为止，整个实例介绍完毕。运行后可以在不同场景之间切换，执行效果如图17-34所示。

图17-34 执行效果

17.4 实战演练——使用 UIViewController 控件（基于 Swift 实现）

本实例的功能是，演示了在Swift程序中使用UIViewController控件创建iOS应用程序的基本过程。

实例17-7	使用UIViewController控件
源码与视频路径	光盘:\daima\17\ AFViewHelper

（1）打开Xcode 6.1，然后新创建一个名为“TSwift”的工程，工程的最终目录结构如图17-35所示。

（2）打开Main.storyboard，为本工程设计一个ViewController视图界面，如图17-36所示。

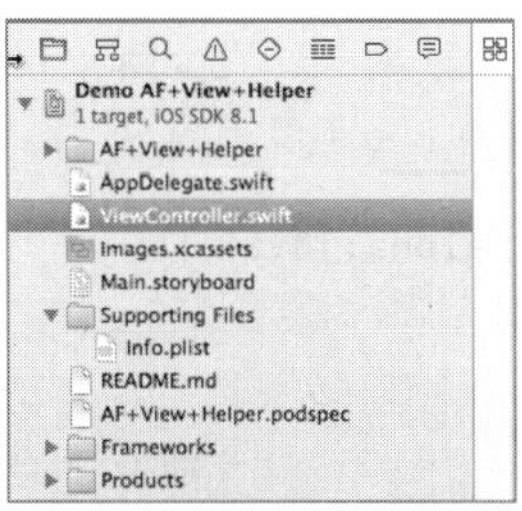

图17-35 工程的目录结构

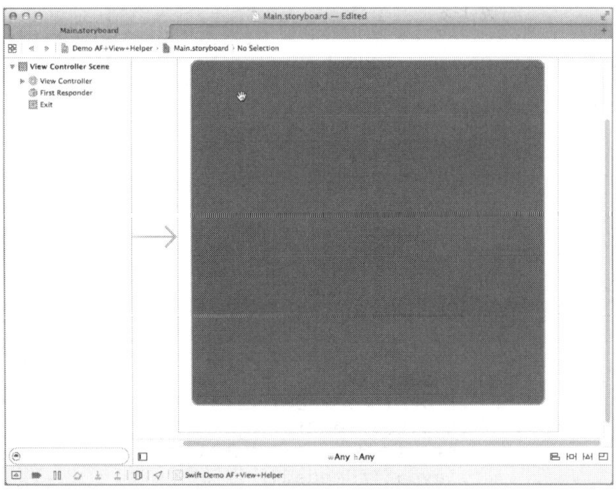

图17-36 Main.storyboard视图界面

（3）编写文件ViewController.swift，功能是根据X点和Y点坐标在UIView视图中分别绘制虚线框、红圈、左上方、右上方、左下角、右下角、中心圆和中心圆阴影图像。文件ViewController.swift的具体实现代码如下所示：

```
import Foundation
import UIKit
import QuartzCore

class ViewController: UIViewController {

    let redCircle = UIView(autoLayout:true)

    override func viewDidLoad() {

        super.viewDidLoad()

        view.backgroundColor = UIColor(white: 0.5, alpha: 1)

        //虚线框
        let width = view.smallestSideLength() * 0.8
        var dashedBox = UIView(autoLayout:true)
        view.addSubview(dashedBox)
        dashedBox.backgroundColor = UIColor(white: 1, alpha: 0.5)
        dashedBox
            .width(width)
            .height(to: dashedBox, attribute: .Width)
            .center(to:view)
            .layoutIfNeeded()
        dashedBox
            .borderWithDashPattern([2, 6], borderWidth: 4, borderColor: UIColor.white
            Color(), cornerRadius: 6)
            .shadow(color: UIColor.blackColor(), offset: CGSize(width: 0, height: 0),
            radius: 6, opacity: 2, isMasked: false)
        //红圈
        view.addSubview(redCircle)
        redCircle.backgroundColor = UIColor.redColor()
        redCircle
            .size(to: dashedBox, constant: CGSize(width: -50, height: -50))
            .center(to: view)
            .layoutIfNeeded()
        redCircle.roundCornersToCircle(borderColor: UIColor.whiteColor(),
        borderWidth: 12)
        redCircle.clipsToBounds = true

        //左上方
        var topLeftSquare = UIView(autoLayout:true)
        redCircle.addSubview(topLeftSquare)
        topLeftSquare.backgroundColor = UIColor(white: 0, alpha: 0.3)
        topLeftSquare
            .left(to: redCircle)
            .top(to: redCircle)
            .width(to: redCircle, attribute: .Width, constant: 0, multiplier: 0.48)
            .height(to: topLeftSquare, attribute: .Width)
            .layoutIfNeeded()

        //右上方
        var topRightSquare = UIView(autoLayout:true)
        redCircle.addSubview(topRightSquare)
        topRightSquare.backgroundColor = UIColor(white: 0, alpha: 0.3)
        topRightSquare
            .right(to: redCircle)
            .top(to: redCircle)
            .size(to: topLeftSquare)
            .layoutIfNeeded()

        //左下角
        var bottomLeftSquare = UIView(autoLayout:true)
        redCircle.addSubview(bottomLeftSquare)
        bottomLeftSquare.backgroundColor = UIColor(white: 0, alpha: 0.3)
```

```
bottomLeftSquare
    .left(to: redCircle)
    .bottom(to: redCircle)
    .size(to: topLeftSquare)
    .layoutIfNeeded()


//右下角
var bottomRightSquare = UIView(autoLayout:true)
redCircle.addSubview(bottomRightSquare)
bottomRightSquare.backgroundColor = UIColor(white: 0, alpha: 0.3)
bottomRightSquare
    .right(to: redCircle)
    .bottom(to: redCircle)
    .size(to: topLeftSquare)
    .layoutIfNeeded()
//中心圆
var centerCircle = UIView(autoLayout:true)
redCircle.addSubview(centerCircle)
centerCircle.backgroundColor = UIColor(white: 1, alpha: 0.7)
centerCircle
    .size(to: redCircle, constant: CGSize(width: 0, height: 0), multiplier: 0.6)
    .center(to: view)
    .layoutIfNeeded()
centerCircle.roundCornersToCircle()

//中心圆阴影
var redCircleShadow = UIView(autoLayout:true)
view.insertSubview(redCircleShadow, belowSubview: redCircle)
redCircleShadow.backgroundColor = UIColor.blackColor()
redCircleShadow
    .size(to: redCircle)
    .center(to: redCircle)
    .layoutIfNeeded()
redCircleShadow.cornerRadius(redCircleShadow.width()/2)
redCircleShadow.shadow(color: UIColor.blackColor(), offset: CGSize(width: 0,
height: 0), radius: 6, opacity: 1, isMasked: false)


// X点
let dotsViewX =  UIView(autoLayout:true)
view.addSubview(dotsViewX)
dotsViewX
    .left(0)
    .centerY(to: view)
    .width(to: view)
    .height(10)
    .layoutIfNeeded()
var dots = [UIView]()
for i in 1..<11 {
    var dot = UIView(autoLayout:true)
    dot.backgroundColor = UIColor(white: 0.8, alpha: 0.8)
    dotsViewX.addSubview(dot)
    dot.cornerRadius(5)
    dot.clipsToBounds = true
    dot.layoutIfNeeded()
    dot.tag = i
    dots.append(dot)
}
dotsViewX.spaceSubviewsEvenly(dots, size: CGSize(width: 10, height: 10))

// Y点
let dotsViewY =  UIView(autoLayout:true)
view.addSubview(dotsViewY)
dotsViewY
    .top(0)
    .centerX(to: view)
    .height(to: view)
```

```
            .width(10)
            .layoutIfNeeded()
        dots = [UIView]()
        for i in 1..<11 {
            var dot = UIView(autoLayout:true)
            dot.backgroundColor = UIColor.darkGrayColor()
            dotsViewY.addSubview(dot)
            dot.cornerRadius(5)
            dot.clipsToBounds = true
            dot.layoutIfNeeded()
            dot.tag = i
            dots.append(dot)
        }
        dotsViewY.spaceSubviewsEvenly(dots, size: CGSize(width: 10, height: 10),
        axis: .Vertical)

    }
    override func viewWillTransitionToSize(size: CGSize, withTransitionCoordinator
    coordinator: UIViewControllerTransitionCoordinator) {

        let transitionToWide = size.width > size.height

        coordinator.animateAlongsideTransition({
            context in
            //创建一个过渡和内容相匹配的持续时间
            let transition = CATransition()
            transition.duration = context.transitionDuration()

            transition.timingFunction = CAMediaTimingFunction(name:
            kCAMediaTimingFunctionEaseInEaseOut)
            }, completion: nil)
    }
}.
```

本实例执行后的效果如图17-37所示。

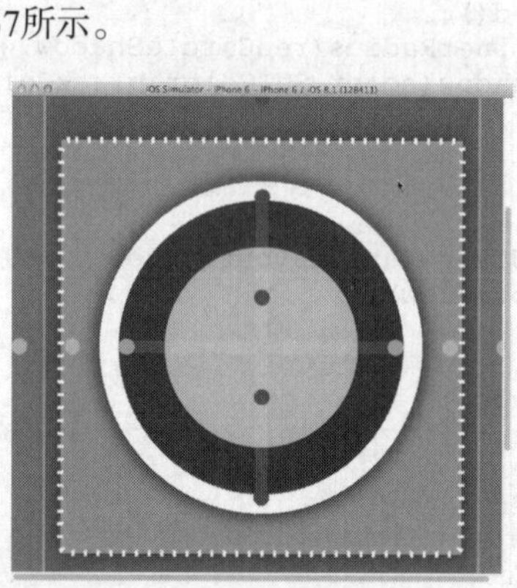

图17-37 执行效果

Part 3

第三篇

技术进阶篇

本篇内容

第 18 章

实现多场景和弹出框

通过本书前面章节内容的学习，已经了解了提醒视图和操作表等UI元素，它们可充当独立视图，用户可以和这些程序实现交互。但是，所有这些都是在一个场景中发生的，这意味着不管屏幕上包含多少内容，都将使用一个视图控制器和一个初始视图来处理它们。在本章将详细讲解iOS中的多场景和切换等知识，让开发的应用程序从单视图工具型程序变成功能齐备的软件。通过本章内容的学习，读者可以掌握以可视化和编程方式创建模态切换和处理场景之间的交互，了解iPad特有的UI元素——弹出框的知识。

18.1 多场景故事板

在iOS应用中，使用单个视图也可以创建功能众多的应用程序，但很多应用程序不适合使用单视图。在我们下载的应用程序中，几乎都有配置屏幕、帮助屏幕或在启动时加载的初始视图之外显示信息的例子。

18.1.1 多场景故事板基础

要在iOS应用程序中实现多场景的功能，需要在故事板文件中创建多个场景。通常简单的项目只有一个视图控制器和一个视图，如果能够不受限制地添加场景（视图和视图控制器）就会增加很多功能，这些功能可以通过故事板实现。并且还可以在场景之间建立连接，图18-1所示了一个包含切换的多场景应用程序的设计。

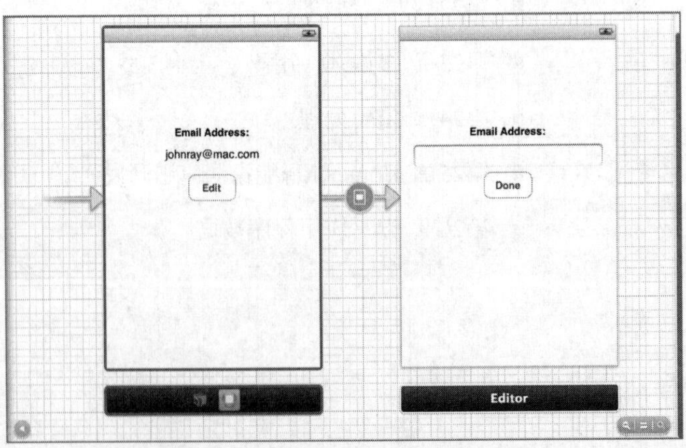

图18-1 一个多场景应用程序的设计

在讲解多场景开发的知识之前，需要先介绍一些术语，帮助读者学习本书后面的知识。

- 视图控制器（view controller）：负责管理用户与其iOS设备交互的类。在本书的很多示例中，都使用单视图控制器来处理大部分应用程序逻辑，但存在其他类型的控制器，接下来的几章将使用它们。

- ❑ 视图（view）：用户在屏幕上看到的布局，本书前面一直在视图控制器中创建视图。
- ❑ 场景（scene）：视图控制器和视图的独特组合。假设用户要开发一个图像编辑程序，可能创建用于选择文件的场景、实现编辑器的场景、应用滤镜的场景等。
- ❑ 切换（segue）：切换是场景间的过渡，常使用视觉过渡效果。有多种切换类型，具体使用哪些类型取决于使用的视图控制器类型。
- ❑ 模态视图（modal view）：在需要进行用户交互时，通过模态视图显示在另一个视图上。
- ❑ 关系（relationship）：类似于切换，用于某些类型的视图控制器，如选项卡栏控制器。关系是在主选项卡栏的按钮之间创建的，当用户触摸这些按钮时会显示独立的场景。
- ❑ 故事板（storyboard）：包含项目中场景、切换和关系定义的文件。

要在应用程序中包含多个视图控制器，必须创建相应的类文件，并且需要掌握在Xcode中添加新文件的方法。除此之外，还需要知道如何按住Control键进行拖曳操作。

18.1.2 创建多场景项目

要想创建包含多个场景和切换的iOS应用程序，需要知道如何在项目中添加新视图控制器和视图。对于每对视图控制器和视图来说，还需要提供支持的类文件，然后可以在其中使用编写的代码实现场景的逻辑。

为了让大家对这一点有更深入的认识，接下来将以模板Single View Application为例进行讲解，假设新创建了一个名为“duo”的工程，如图18-2所示。

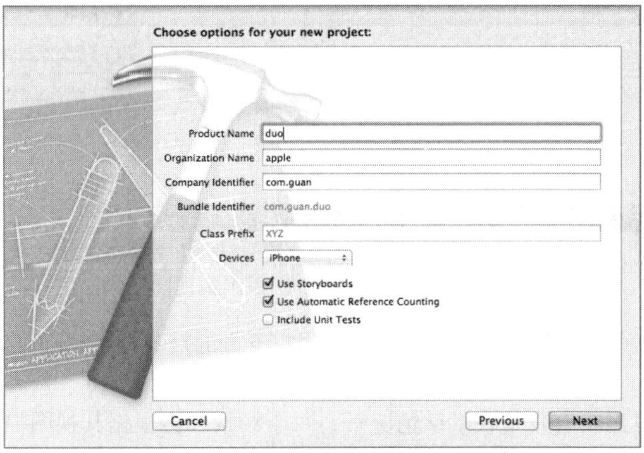

图18-2 新创建工程项目

众所周知，模板Single View Application只包含一个视图控制器和一个视图，也就是说只包含一个场景。但是，这并不表示必须使用这种配置，我们可以对其进行扩展，以支持任意数量的场景。由此可见，这个模板只提供了一个起点。

1. 在故事板中添加场景

为了在故事板中添加场景，在Interface Builder编辑器中打开故事板文件（MainStoryboard.storyboard）。然后确保打开了对象库（Control+ Option+ Command+3），如图18-3所示。

然后在搜索文本框中输入view controller，这样可以列出可用的视图控制器对象，如图18-4所示。

接下来将View Controller拖曳到Interface Builder编辑器的空白区域，这样就在故事板中成功添加了一个视图控制器和相应的视图，从而新增加了一个场景，如图18-5所示。可以在故事板编辑器中拖曳新增的视图，并将其放到方便的地方。

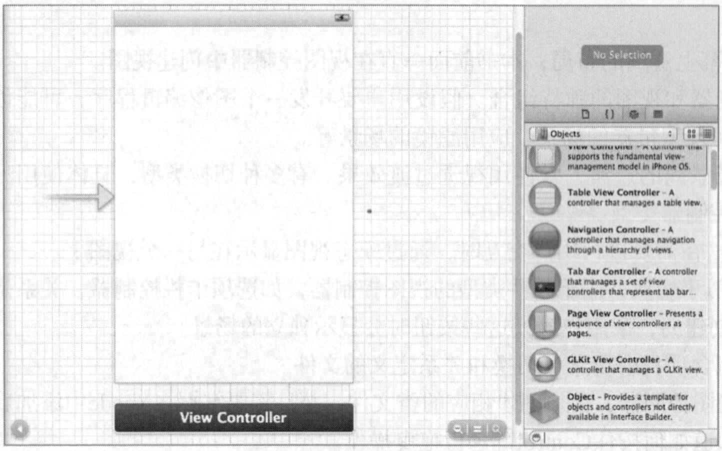

图18-3　打开对象库

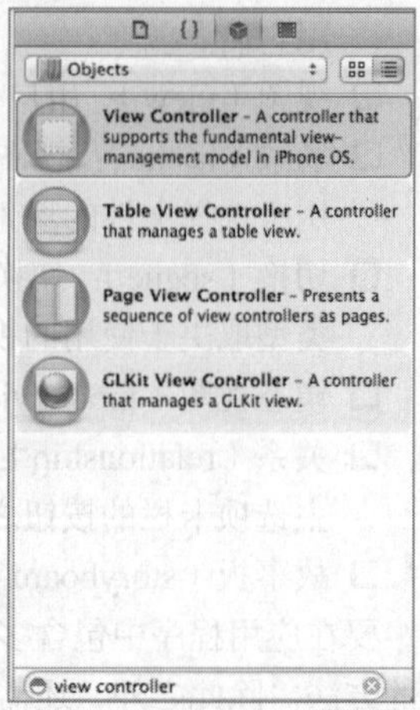

图18-4　在对象库中查找视图控制器对象

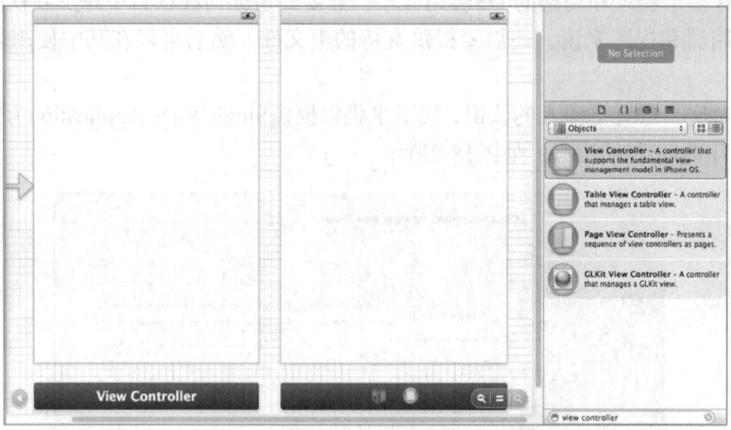

图18-5　添加新视图控制器/视图

如果发现在编辑器中拖曳视图比较困难，可使用它下方的对象栏，这样可以方便地移动对象。

2．给场景命名

当新增加一个场景后，会发现在默认情况下，每个场景都会根据其视图控制器类来命名。现在已经存在一个名为ViewController的类了，所以在文档大纲中，默认场景名为View Controller Scene。而现在新增场景还没有为其指定视图控制器类，所以，该场景也命名为View Controller Scene。如果继续添加更多的场景，这些场景也会被命名为View Controller Scene。

为了避免这种同名的问题，可以用以下两种办法解决。

（1）可以添加视图控制器类，并将其指定给新场景。

（2）但是有时应该根据自己的喜好给场景指定名称，例如对视图控制器类来说，名称GUAN Image Editor Scene是一个糟糕的名字。要想根据自己的喜好给场景命名，可以在文档大纲中选择其视图控制器，再打开Identity Inspector并展开Identity部分，然后在文本框Label中输入场景名。Xcode将自动在指定的名称后面添加Scene，并不需要我们手工输入它，如图18-6所示。

3．添加提供支持的视图控制器子类

在故事板中添加新场景后，需要将其与代码关联起来。在模板Single View Application中，已经将初始视图的视图控制器配置成了类ViewController的一个实例，可以通过编辑文件ViewController.h和

ViewController.m来实现这个类。为了支持新增的场景，还需要创建类似的文件。所以，要在项目中添加UIViewController的子类，方法是确保项目导航器可见（Command+1），再单击其左下角的“+”按钮，然后选择“New File...”选项，如图18-7所示。

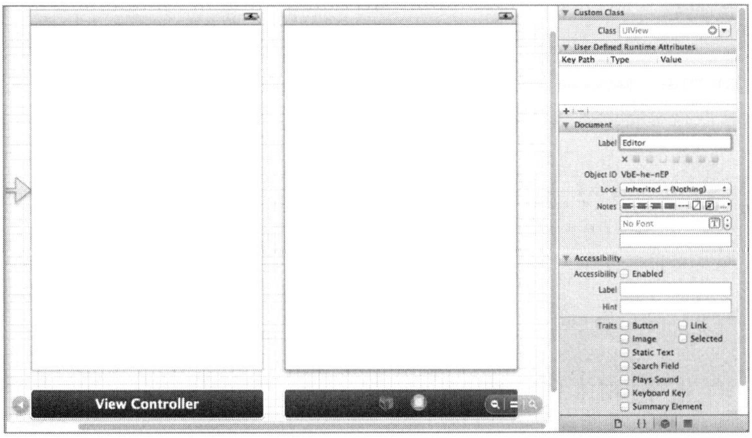

图18-6 设置视图控制器的Label属性

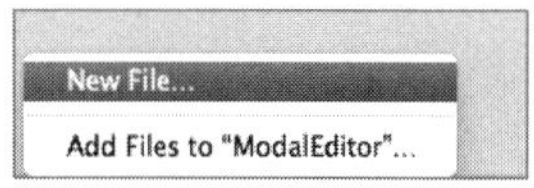

图18-7 选择“New File”选项

在打开的对话框中，选择模板类别iOS Cocoa Touch，再选择图标“Objective-C class”，如图18-8所示。

此时弹出一个新界面，在“subclass of”处填写UIViewController，UIViewController subclass，如图18-9所示，这样可以方便地区分不同的场景。

如果添加的场景将显示静态内容（如Help或About页面），则无需添加自定义子类，可使用给场景指定的默认类UIViewController，但如果这样，就不能在场景中添加互动性。

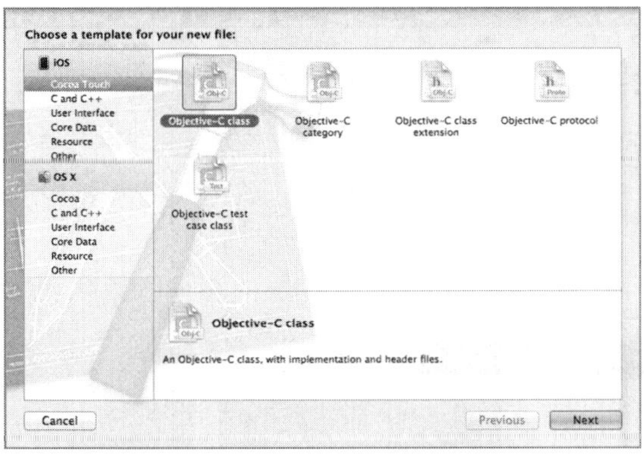

图18-8 设置视图控制器的Label属性

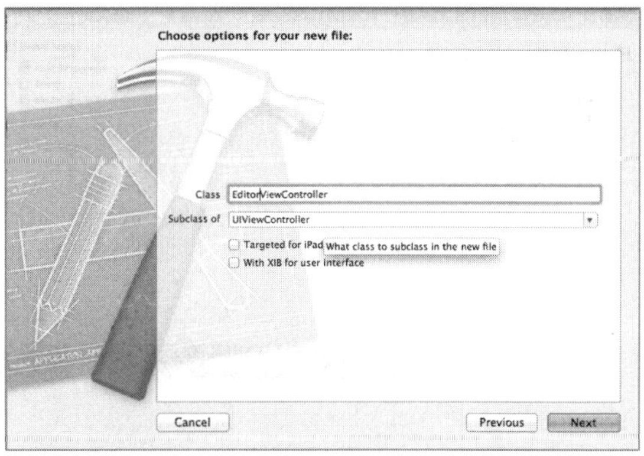

图18-9 命名

在图18-9中，Xcode会提示给类命名，在命名时需要遵循将这个类与项目中的其他视图控制器区分开来的原则。例如，图18-6中的EditorViewController就比ViewControllerTwo要好。如果创建的是iPad应用程序，选中复选框Targeted for iPad，然后再单击“Next”按钮。最后，Xcode会提示我们指定新类的存储位置，如图18-10所示。

在对话框底部，从下拉列表Group中选择项目代码编组，再单击“Create”按钮，将这个新类将加入到项目中后就可以编写代码了。要想将场景的视图控制器关联到UIViewController子类，需要在文档大纲中选择新场景的View Controller，再打开Identity Inspector (Option+Command+3)。在Custom Class部分，从下拉列表中选择刚创建的类（如EditorViewController），如图18-11所示。

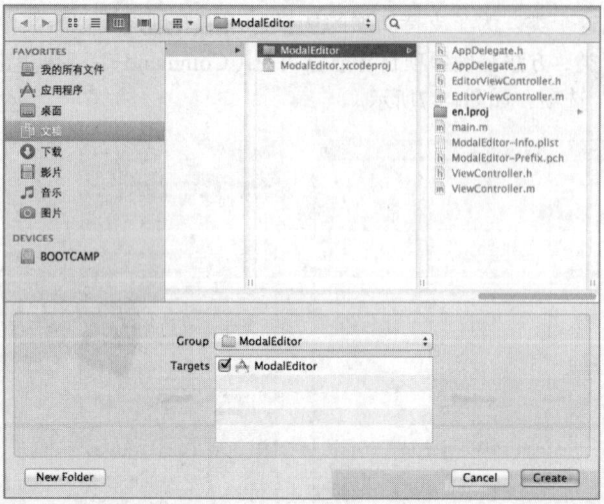

图18-10 选择位置

给视图控制器指定类以后，便可以像开发初始场景那样开发新场景了，但是在新的视图控制器类中编写代码。至此，创建多场景应用程序的大部分流程就完成了，但这两个场景还是完全彼此独立的。此时的新场景就像是一个新应用程序，不能在该场景和原来的场景之间交换数据，也不能在它们之间过渡。

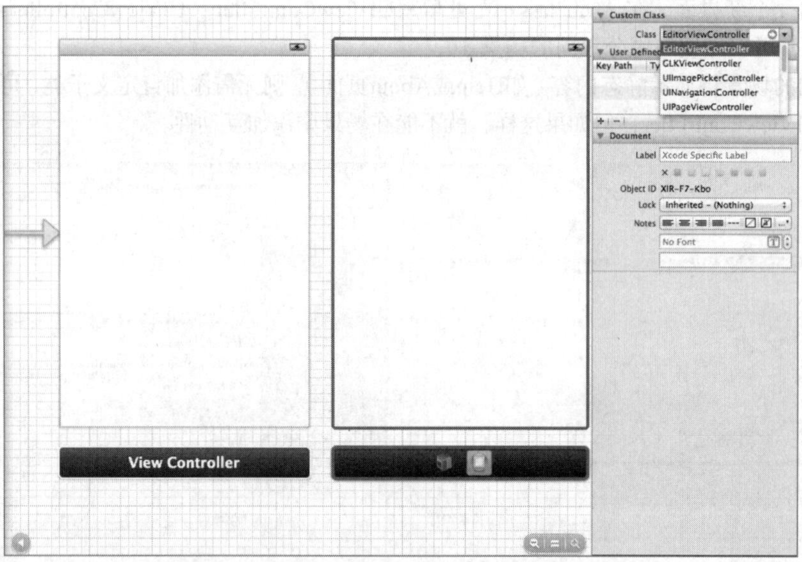

图18-11 将视图控制器同新创建的类关联起来

4．使用#import和@class共享属性和方法

要想以编程的方式让这些类“知道对方的存在”，需要导入对方的接口文件。例如，如果MyEditorClass需要访问MyGraphicsClass的属性和方法，则需要在MyEditorClass.h的开头包含语句#import “MyGraphicsClass”。

如果两个类需要彼此访问，而我们在这两个类中都导入对方的接口文件，则此时很可能会出现编译错误，因为这些import语句将导致循环引用，即一个类引用另一个类，而后者又引用前者。为了解决这个问题，需要添加编译指令@class，编译指令@class可以避免接口文件引用其他类时导致循环引用。即需要将MyGraphicsClass和MyEditorClass彼此导入对方，可以按照如下过程添加引用。

（1）在文件MyEditorClass.h中，添加#import MyGraphicsClass.h。在其中一个类中，只需使用#import来引用另一个类，而无需做任何特殊处理。

（2）在文件MyGraphicsClsss.h中，在现有#import代码行后面添加@class MyEditorClass;。

（3）在文件MyGraphicsClsss.m中，在现有#import代码行后面添加#import"MyEditorClass.h"。

在第一个类中，像通常那样添加#import，但为避免循环引用；在第二个类的实现文件中添加#import，并在其接口文件中添加编译指令@class。

18.1.3 实战演练——使用第二个视图来编辑第一个视图中的信息

在本小节的演示实例中，将演示如何使用第二个视图来编辑第一个视图中的信息的方法。这个项目显示一个屏幕，其中包含电子邮件地址和“Edit”按钮。当用户单击Edit按钮时会出现一个新场景，让用户能修改电子邮件地址。关闭编辑器视图后，原始场景中的电子邮件地址将相应地更新。

实例18-1	使用第二个视图来编辑第一个视图中的信息
源码与视频路径	光盘:\daima\18\ModalEditor

（1）使用模板Single View Application新创建一个项目，并将其命名为ModalEditor，如图18-12所示。

（2）添加一个名为EditorViewController的类，此类用于编辑电子邮件地址的视图。在创建项目后，单击项目导航器左下角的“+@”按钮。在出现的对话框中选择类别iOS Cocoa Touch，再选择图标UIViewController subclass，然后单击“Next”按钮，如图18-13所示。

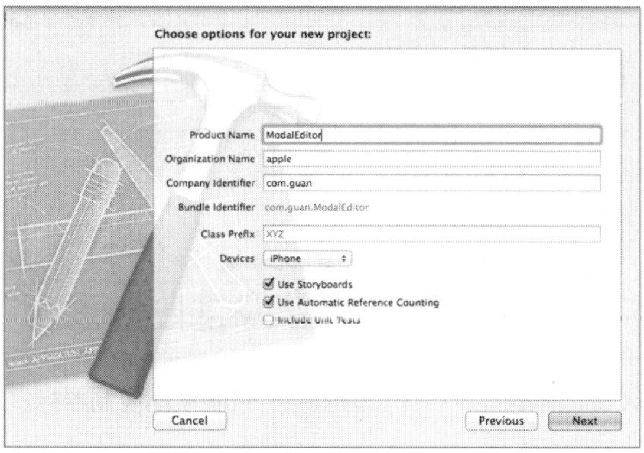

图18-12 创建项目

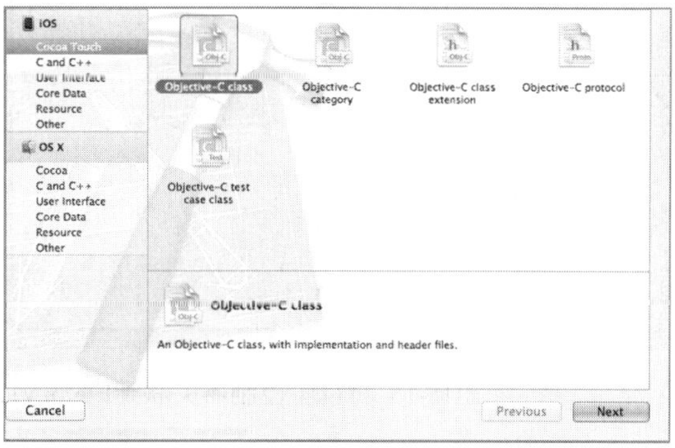

图18-13 新创建一个UIViewController子类

（3）在新出现的对话框中，将名称设置为EditorViewController。如果创建的是iPad项目，则需要选中复选框Targeted for iPad，再单击“Next”按钮。在最后一个对话框中，必须从下拉列表Group中选择项目代码编组，再单击“Create”按钮。这样，此新类便被加入到了项目中。

（4）开始添加新场景并将其关联到EditorViewController。

在Interface Builder编辑器中打开文件MaimStoryboard.storyboard，按下“Control+Option+Command+3”快捷键打开对象库，并拖曳View Controller到Interface Builder编辑器的空白区域，此时的屏幕如图18-14所示。

为了将新的视图控制器关联到添加到项目中的EditorViewController，在文档大纲中选择第二个场景中的View Controller图标，再打开Identity Inspector(option+command+3)，从下拉列表Class中选择EditorViewController，如图18-15所示。

建立上述关联后，在更新后的文档大纲中会显示一个名为View Controller Scene的场景和一个名为Editor View Controller Scene的场景。

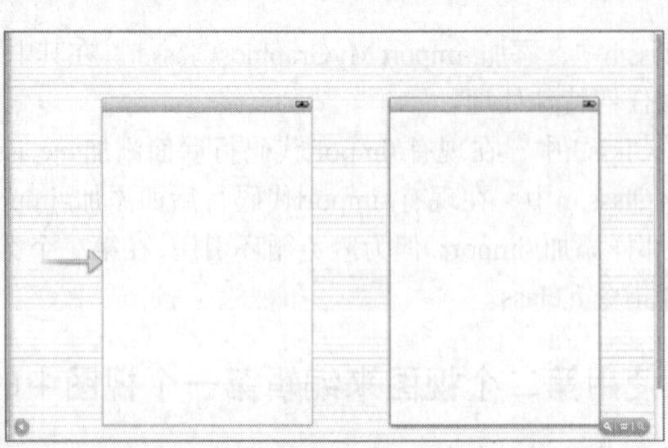

图18-14 在项目中新增一个视图控制器

（5）重新设置视图控制器标签。首先选择第一个场景中的视图控制器图标，确保打开了Identity Inspector。然后在该检查器的Identity部分将第一个视图的标签设置为Initial，对第二个场景也重复进行上述操作，将其视图控制器标签设置为Editor。在文档大纲中，场景将显示为Initial Scene和Editor Scene，如图18-16所示。

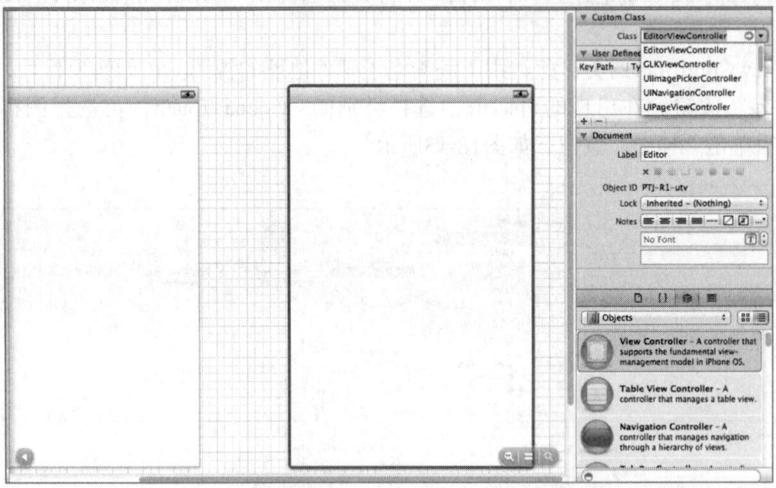

图18-15 将视图控制器关联到EditorViewController

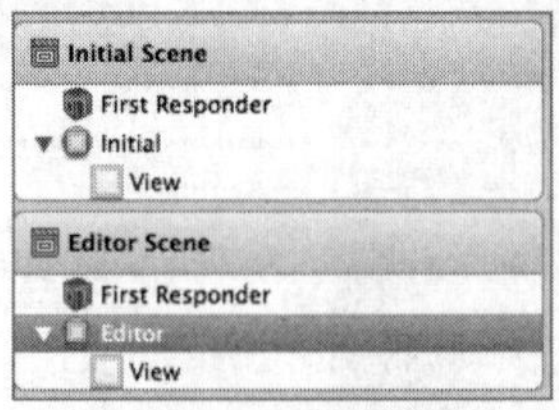

图18-16 设置视图控制器标签

（6）开始规划变量和连接。

在初始场景中有一个标签，它包含了当前的电子邮件地址。我们需要创建一个实例变量来指向该标签，并将其命名为emailLabel。该场景还包含一个触发模态切换的按钮，但是无需为此定义任何输出口和操作。

在编辑器场景中包含了一个文本框，将通过一个名为emailField的属性来引用它，它还包含了一个按钮，通过调用操作dismissEditor来关闭该模态视图。就本实例而言，一个文本框和一个按钮就是这个项目中需要连接到代码的全部对象。

（7）为了给初始场景和编辑器场景创建界面，打开文件MainStoryboard.storyboard，在编辑器中滚动，以便能够将注意力放在创建初始场景上。使用对象库将两个标签和一个按钮拖放到视图中。将其中一个标签的文本设置为“邮箱地址”，并将其放在屏幕顶部中央。在下方放置第二个标签，并将其文本设置为您的电子邮件地址。增大第二个标签，使其边缘和视图的边缘参考下对齐，这样做的目的是防止遇到非常长的电子邮件地址。

（8）将按钮放在两个标签下方，并根据自己的喜好在Attributes Inspector (Option+Command+4)中设置其文本样式，本实例的初始场景如图18-17所示。

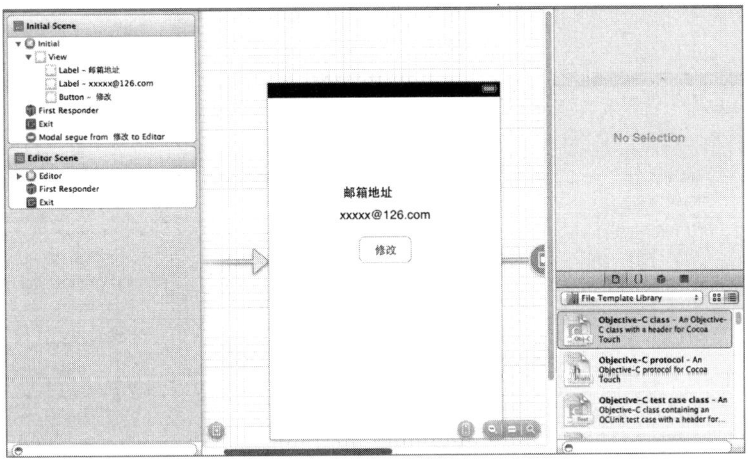

图18-17 创建初始场景

（9）然后返回到编辑器场景，该场景与第一个场景很像，但将显示电子邮件地址的标签替换为空文本框（UITextField）。本场景也包含一个按钮，但是，其标签不是“修改”，而是“好”，图18-18显示了设计的编辑器场景效果。

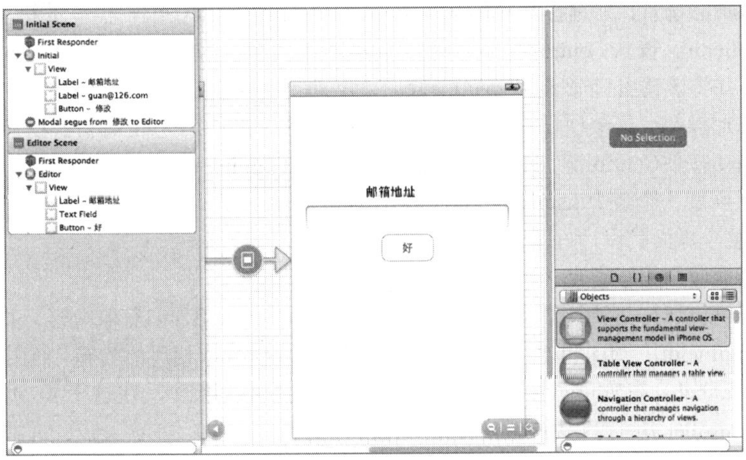

图18-18 创建编辑器场景

（10）开始创建模态切换。

为了创建从初始场景到编辑器场景的切换，按住Control键，并从Interface Builder编辑器中的“Edit”按钮拖曳到文档大纲中编辑器场景的视图控制器图标（现在名为Editor）上，如图18-19所示。

（11）当Xcode要求指定故事板切换类型时选择Modal，这样在文档大纲中的初始场景中将新增一行，其内容为Segue from UIButton to Editor。选择这行并打开Attributes Inspector(Option+Command+4)，以配置该切换。

（12）给切换设置一个标识符，如toEditor，虽然对这样简单的项目来说，这完全是可选的。接下来选择过渡样式，如Partial Curl。如果这是一个iPad项目，还可以设置显示样式，图18-20显示了给这个模态切换指定的设置。

（13）开始创建并连接输出口和操作。现在需要处理的是两个视图控制器，初始场景中的UI对象需要连接到文件ViewController.h中的输出口，而编辑器场景中的UI对象需要连接到文件EditorViewController.h。有时Xcode在助手编辑器模式下会有点混乱，如果没有看到认为应该看到的东西，请单击另一个文件，再单击原来的文件。

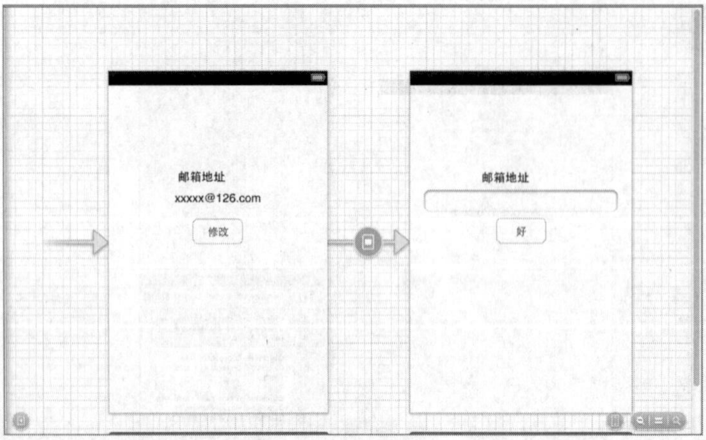

图18-19　创建模态切换

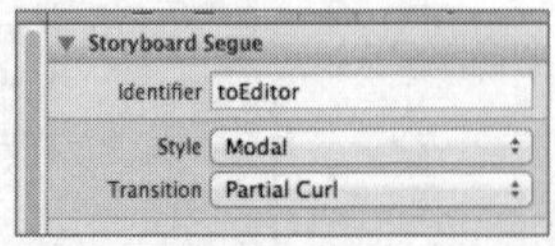

图18-20　配置模态切换

（14）添加输出口。先选择初始场景中包含电子邮件地址的标签，并切换到助手编辑器。按住Control键，并从该标签拖曳到文件ViewController.h中编译指令@interface下方。在Xcode提示时，新创建一个名为emailLabel的输出口。

（15）移到编辑器场景，并选择其中的文本框（UITextField）。助手编辑器应更新，在右边显示文件EditorViewController.h。按住Control键，并从该文本框拖曳到文件EditorViewController.h中编译指令@interface下方，并将该输出口命名为emailField。

（16）开始添加操作。这个项目只需要dismissEditor这一个操作，它由编辑器场景中的Done按钮触发。为创建该操作，按住Control键，并从Done按钮拖曳到文件EditorViewController.h中属性定义的下方。在Xcode提示时，新增一个名为dismissEditor的操作。

至此为止，整个界面就设计好了。

（17）开始实现应用程序逻辑。

当显示编辑器场景时，应用程序应从源视图控制器的属性emailLabel获取内容，并将其放在编辑器场景的文本框emailField中。用户单击“好”按钮时，应用程序应采取相反的措施：使用文本框emailField的内容更新emailLabel。在EditorViewController类中进行这两种修改。在这个类中，可以通过属性presentingViewController访问初始场景的视图控制器。

然而在执行这些修改工作之前，必须确保类EditorViewController知道类ViewController的属性。所以，应该在EditorViewController.h中导入接口文件ViewController.h。在文件EditorViewController.h中，在现有的#import语句后面添加如下代码：

```
#import"ViewController.h"
```

现在可以编写余下的代码了。要在编辑器场景加载时设置emailField的值，可以实现EditorViewController类的方法viewDidLoad，此方法的实现代码如下所示：

```
- (void)viewDidLoad
{
    self.emailField.text=((ViewController
*)self.presentingViewController).emailLabel.text;
    [super viewDidLoad];
}
```

在默认情况下此方法会被注释掉，因此，请务必删除它周围的“/*”和“*/”。通过上述代码，会将编辑器场景中文本框emailField的text属性设置为初始视图控制器的emailLabel的text属性。要想访问初始场景的视图控制器，可以使用当前视图的属性presentingViewController，但是，必须将其强制转换为ViewController对象，否则它将不知道ViewController类暴露的属性emailLabel。接下来需要实现方法

dismissEditor，使其执行相反的操作并关闭模态视图。所以，将方法存根dismissEditor的代码修改为如下所示的格式：

```
- (IBAction)dismissEditor:(id)sender {
    ((ViewController
*)self.presentingViewController).emailLabel.text=self.emailField.text;
    [self dismissViewControllerAnimated:YES completion:nil];
}
```

在上述代码中，第一行代码的作用与上一段代码中设置文本框内容的代码作用相反。而第二行调用了方法dismissViewControllerAnimated:completion关闭模态视图，并返回到初始场景。

（18）开始生成应用程序

在本测试实例中，包含了两个按钮和一个文本框，执行后可以在场景间切换并在场景间交换数据，初始执行效果如图18-21所示。单击“修改”按钮后返回到第二个场景，在此可以输入新的邮箱，如图18-22所示。

图18-21 初始效果

图18-22 来到第二个场景

18.1.4 实战演练——实现多个视图之间的切换

在本节的演示实例中，在一个编辑区域设计多个视图，并通过可视化的方法进行各个视图之间的切换。

实例18-2	实现多个视图之间的切换
源码与视频路径	光盘:\daima\18\Storyboard Test

本实例的具体实现流程如下所示。

（1）运行Xcode，创建一个Empty Application，命名为“Storyboard Test”。

（2）打开AppDelegate.m，找到didFinishLaunchingWithOptions方法，删除其中代码，使得只有“return YES;”语句。

（3）创建一个Storyboard，在菜单栏依次选择File→New→New File命令，在弹出窗口的左边选择iOS组中的User Interface，在右边选择Storyboard，如图18-23所示。

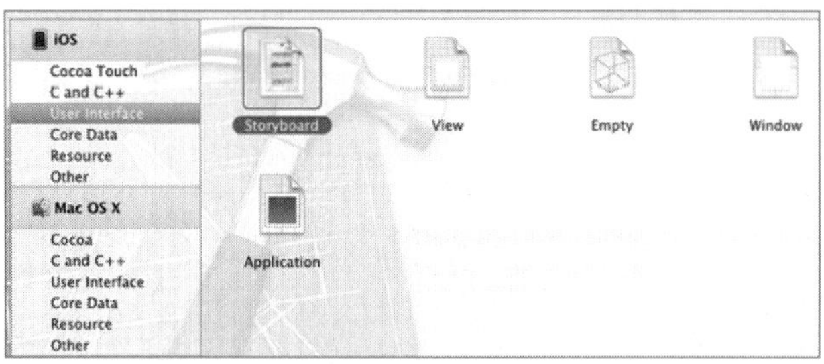

图18-23 选择Storyboard

然后单击“Next”按钮，选择Device Family为iPhone，单击“Next”按钮，输入名称MainStoryboard，

并设好Group。单击“Create”按钮后便创建了一个Storyboard。

（4）配置程序，使得从MainStoryboard启动，先单击左边带蓝色图标的Storyboard Test，然后选择Summary，接下来在Main Storyboard中选择MainStoryboard，如图18-24所示。

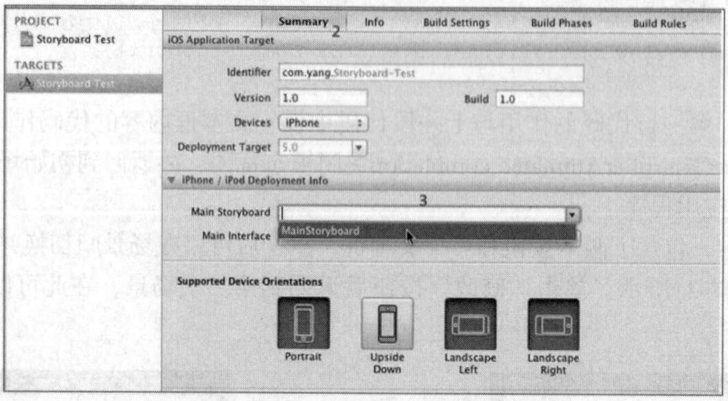

图18-24　设置启动时的场景

当此时运行程序时，就从MainStoryboard加载内容了。

（5）单击MainStoryboard.storyboard，会发现编辑区域是空的。拖曳一个Navigation Controller到编辑区域，如图18-25所示。

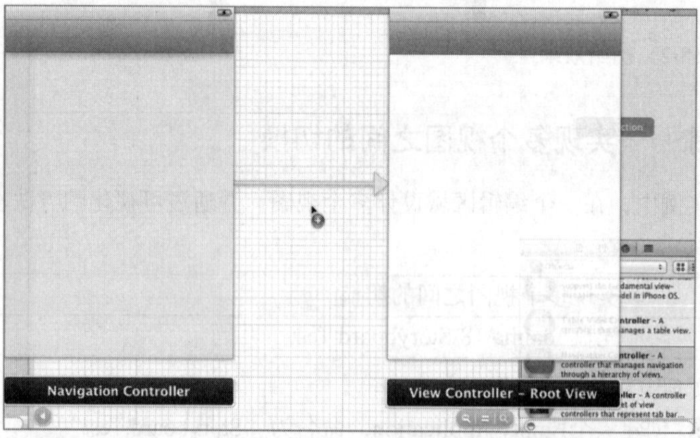

图18-25　拖曳一个Navigation Controller到编辑区域

（6）选中右边的View Controller，然后按Delete键删除它。之后拖曳一个Table View Controller到编辑区域，如图18-26所示。

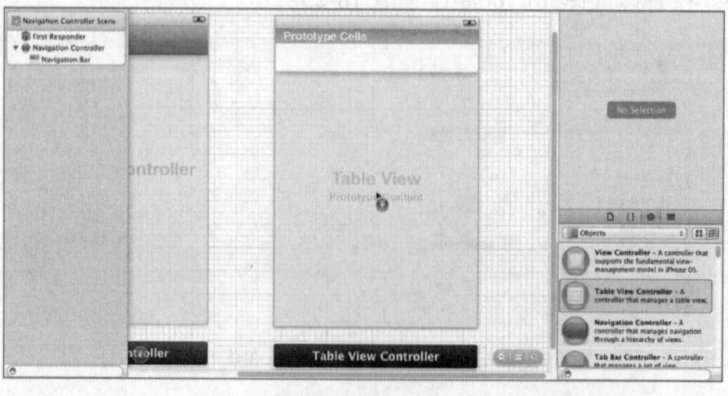

图18-26　拖曳一个Table View Controller到编辑区域

（7）将在这个Table View Controller中创建静态表格，在此之前需要先将其设置为左边Navigation Controller的Root Controller，方法是选中Navigation Controller，按住Control键，向Table View Controller拉线。当松开鼠标键后，在弹出菜单中选择Relationship- rootViewController。这样在两个框之间会出现一个连接线，这个可以称为Segue。

（8）选中Table View Controller中的Table View，然后打开Attribute Inspector，设置其Content属性为Static Cells，如图18-27所示。此时会发现Table View中出现了3行Cell。在图17-27中可以设置很多属性，如Style、Section数量等。

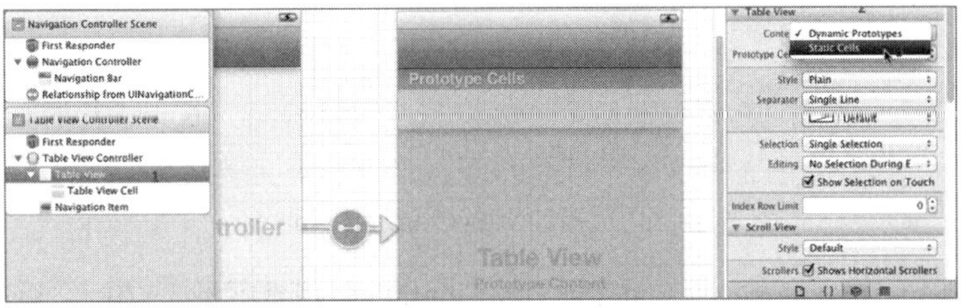

图18-27　设置Content属性为Static Cells

（9）设置行数。选中Table View Section，在Attribute Inspector中设置其行数为2，如图18-28所示。

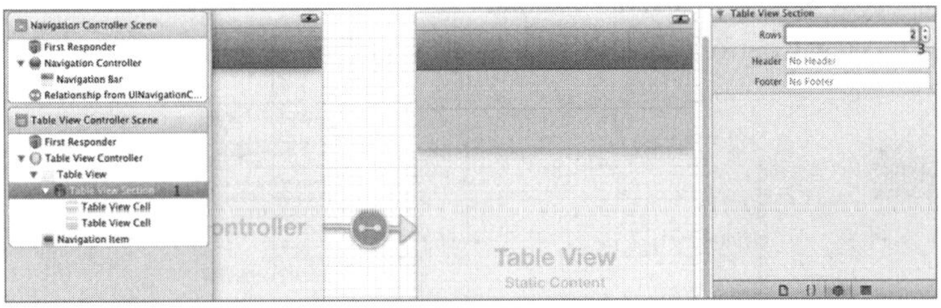

图18-28　设置行数为2

然后选中每一行，设置其Style为Basic，如图18-29所示。

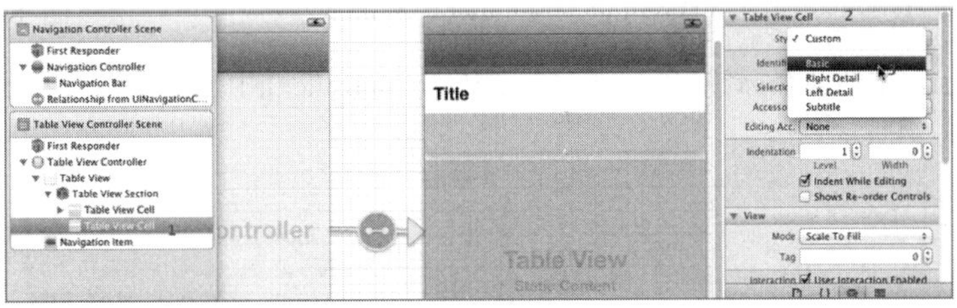

图18-29　设置Style为Basic

设置第一行中Label的值为Date and Time，设置第二行中的Label为List。然后选中下方的Navigation Item，在Attribute Inspector中设置Title为Root View、设置Back Button为Root，如图18-30所示。

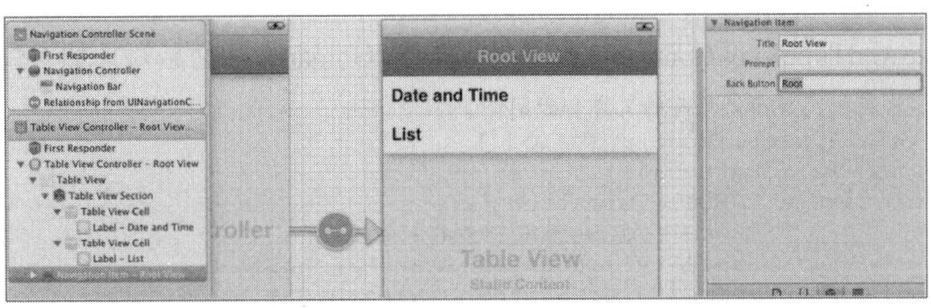

图18-30　设置Title为Root View，Back Button为Root

（10）单击表格中的Date and Time这一行实现页面转换，在新页面显示切换时的时间。在菜单栏依次选择File-New-New File，在弹出的窗口左边选择iOS中的Cocoa Touch，右边选择UIViewController subclass，如图18-31所示。

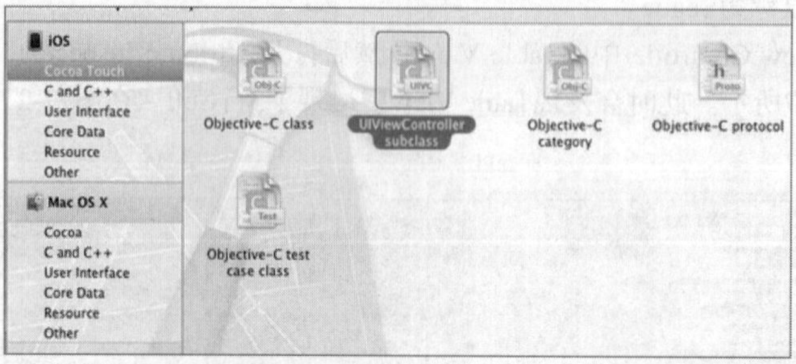

图18-31　选择UIViewController subclass

单击“Next”按钮，输入名称DateAndTimeViewController，但是不要选XIB，之后选好位置和Group，完成创建工作。

（11）再次打开MainStoryboard.storyboard，拖曳一个View Controller到编辑区域，然后选中这个View Controller，打开Identity Inspector，设置class属性为DateAndTimeViewController，如图18-32所示。这样就可以向DateAndTimeViewController创建映射了。

（12）向新拖入的View Controller添加控件，如图18-33所示。

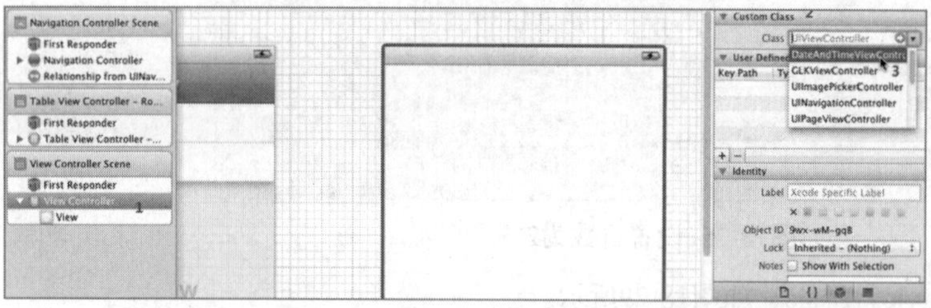

图18-32　设置class属性为DateAndTimeViewController

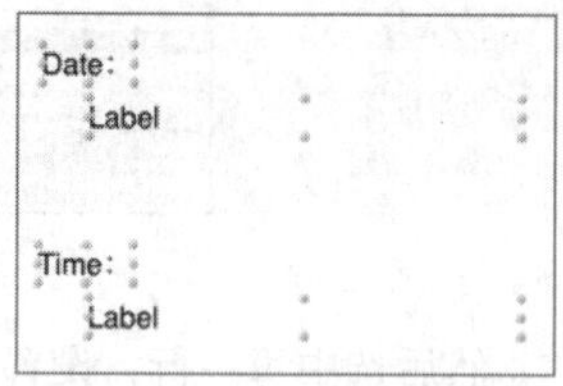

图18-33　添加控件

然后将显示为Label的两个标签向DateAndTimeViewController.h中创建映射，名称分别是dateLabel、timeLabel，如图18-34所示。

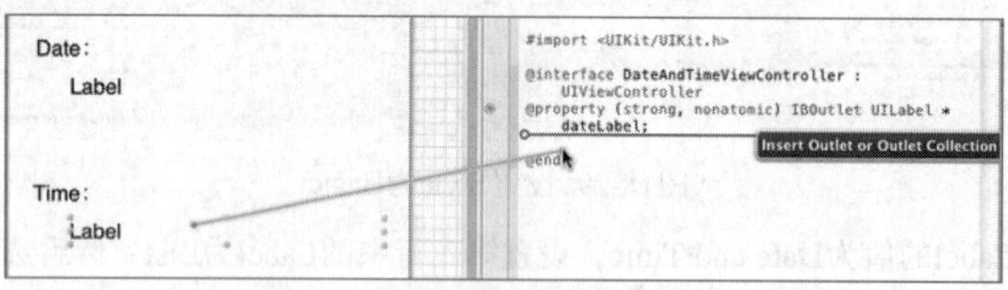

图18-34　创建映射

（13）打开DateAndTimeViewController.m，在ViewDidUnload方法之后添加如下代码：

```
//每次切换到这个试图，显示切换时的日期和时间
- (void)viewWillAppear:(BOOL)animated {
    NSDate *now = [NSDate date];
    dateLabel.text = [NSDateFormatter
                        localizedStringFromDate:now
                        dateStyle:NSDateFormatterLongStyle
                        timeStyle:NSDateFormatterNoStyle];
    timeLabel.text = [NSDateFormatter
                        localizedStringFromDate:now
```

```
                    dateStyle:NSDateFormatterNoStyle
                    timeStyle:NSDateFormatterLongStyle];
}
```

（14）打开MainStoryboard.storyboard，选中表格的行Date and Time，按住Control键并向View Controller拉线，如图18-35所示。

在弹出的菜单中选择Push，如图18-36所示。

这样，Root View Controller与DateAndTimeViewController之间就出现了箭头，运行时当单击表格中的那一行，视图就会切换到DateAndTimeViewController。

（15）选中DateAndTimeViewController中的Navigation Item，在Attribute Inspector中设置其Title为Date and Time，如图18-37所示。

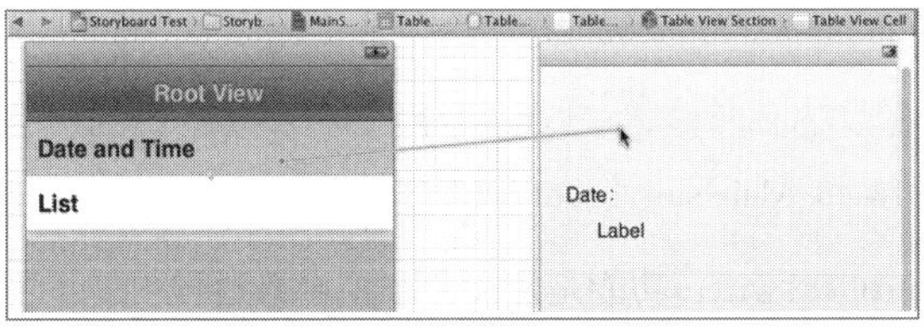

图18-35 向View Controller拉线

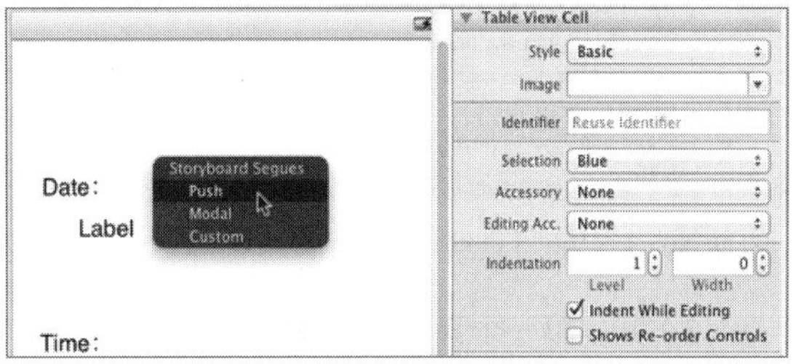

图18-36 选择Push

到此为止，整个实例全部完成。运行后首先程序将加载静态表格，在表格中显示两行：Date and Time和List。如果单击Date and Time，视图切换到相应视图。如果单击左上角的Root按钮，视图会回到Root View。每当进入Date and Time视图时会显示不同的时间，如图18-38所示。

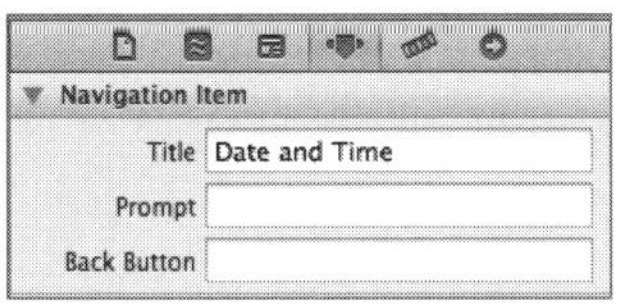

图18-37 设置Title为Date and Time

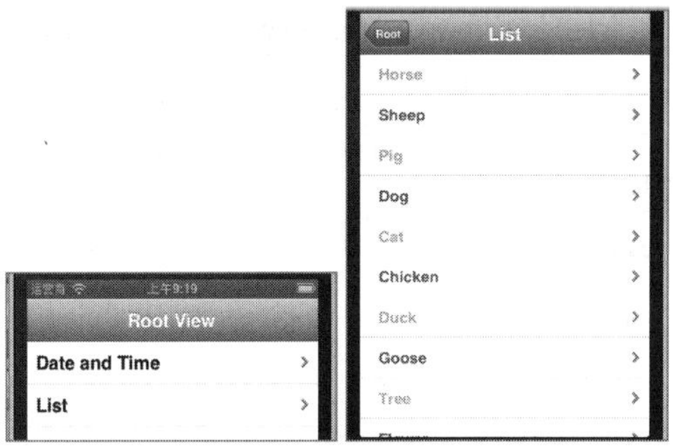

图18-38 执行效果

18.2 实战演练——多场景视图数据传输（基于 Swift 实现）

在本节的内容中，将通过一个具体实例的实现过程，详细讲解视图之间传递数据的过程。本实例是一个具有多场景UI视图的应用程序，分别涉及了主界面与FirstViewController和SecondViewController两个子界面的数据传递。

实例18-3	多场景视图数据传输
源码与视频路径	光盘:\daima\18\circleButton

（1）打开Xcode 6.1，然后创建一个名为“circleButton”的工程，工程的最终目录结构如图18-39所示。

（2）在Main.storyboard面板中设置系统的UI界面，分别设计了3个UI界面，如图18-40所示。

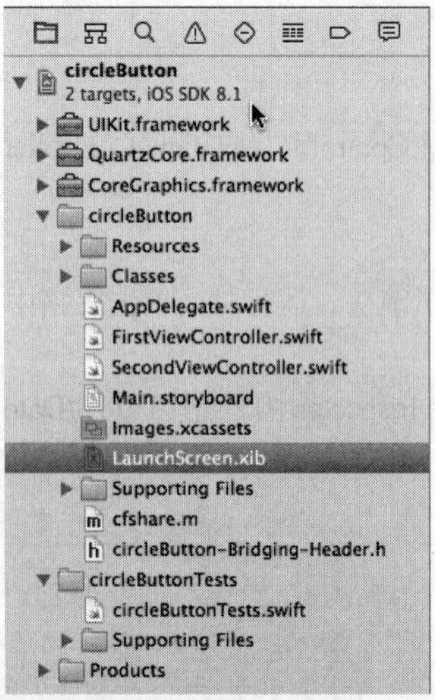

图18-39　工程的目录结构

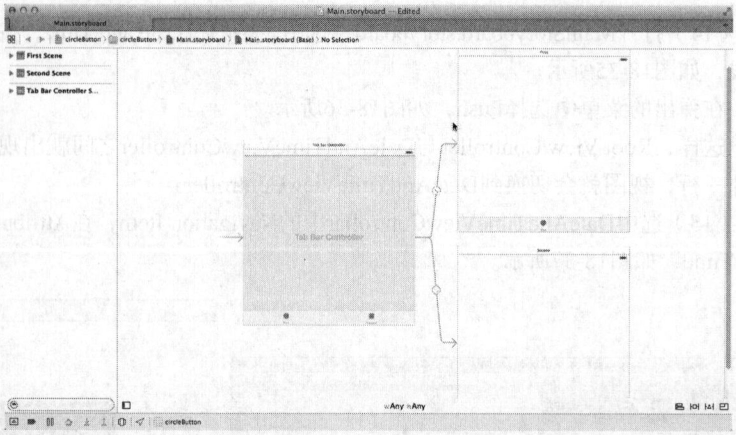

图18-40　Main.storyboard面板

（3）其中第一个界面的实现文件是FirstViewController.swift，功能是定义了触摸屏幕过程中如下手势识别处理程序。

- ❑ UIPanGestureRecognizer：屏幕平移处理。获取平移手势对象在self.view的位置点，并将这个点作为self.aView的center，这样就实现了拖动的效果。
- ❑ UITapGestureRecognizer：屏幕轻击处理。
- ❑ UISwipeGestureRecognizer：屏幕轻扫处理。

在文件FirstViewController.swift中还定义了针对上述操作的事件处理程序，具体实现代码如下所示：

```
import UIKit
protocol UIViewPassValueDelegate{
    func passValue(value:NSString)
}
class FirstViewController:
UIViewController,CFShareCircleViewDelegate,UIViewPassValueDelegate{
    let storyBoard = UIStoryboard(name: "Main", bundle: nil)
    var sec:SecondViewController!

    var shareCircleView:CFShareCircleView!
    var panView: UIView!
    var circleViewShow = false
    var holderView: UIView!
    //@IBOutlet weak var text: UILabel!
    var textLabel:UILabel!
    let tapRec = UITapGestureRecognizer()
    let panRec = UIPanGestureRecognizer()
    let swipeUpRec = UISwipeGestureRecognizer()
    let swipeDownRec = UISwipeGestureRecognizer()
    let swipeRightRec = UISwipeGestureRecognizer()
    let swipeLeftRec = UISwipeGestureRecognizer()
    //414,736
    var panviewPosition:CGPoint = CGPointMake(314,636)
    //var panviewPosition:CGPoint = CGPointMake(100,100)
    func passValue(value: NSString) {
    }
    func tappedView(sender:UIGestureRecognizer){
        print(self.view.frame.size)
        panView.alpha = 1.0
        holderView.bringSubviewToFront(panView)
        shareCircleView.show()
        //self.view.bringSubviewToFront(shareCircleView)
    func swippedView(sender:UIGestureRecognizer){
```

```
        panView.alpha = 0.3
        //println(panView.center)
        panView.center = panviewPosition
    }
    func swipLeft(){
        //self.tabBarController?.presentViewController(sec, animated: true,
completion: {})
        let value:NSString = textLabel.text!

        sec.textLabel.text = textLabel.text
        sec.textLabel.font = UIFont.systemFontOfSize(40)
        self.presentViewController(sec, animated: true, completion: {})
        //UIViewPassValueDelegate.passValue(value)
    }
    func draggedView(sender:UIGestureRecognizer){
        panView.alpha = 1.0

        var translation = panRec.translationInView(self.view)

        //monitor the position of the circle view ,not to go out of the screen
        if panView.center.x > self.view.frame.width - 25 {
            panView.center.x = self.view.frame.width - 25
        }
        if panView.center.x < 25{
            panView.center.x = 25
        }
        if panView.center.y > self.view.frame.height - 25 {
            panView.center.y = self.view.frame.height - 25
        }
        if panView.center.y < 45{
            panView.center.y = 45
        }
        panView.center = CGPointMake(sender.view!.center.x + translation.x,
        sender.view!.center.y + translation.y)
        panRec.setTranslation(CGPointZero, inView: self.view)
        self.panviewPosition = CGPointMake(sender.view!.center.x + translation.x,
        sender.view!.center.y + translation.y)
    }
    @IBAction func touch(sender: AnyObject) {
    }
    func shareCircleView(aShareCircleView: CFShareCircleView!, didSelectSharer sharer:
CFSharer!) {
            textLabel.text = sharer.name
            panView.center = panviewPosition
    }
    override func viewDidLoad(){
        super.viewDidLoad()
        self.tabBarController?.tabBar.hidden = true
        sec = SecondViewController()
        textLabel = UILabel(frame: CGRectMake(self.view.frame.width/2-75,
        self.view.frame.height/2, 150, 50))
        textLabel.backgroundColor = UIColor.yellowColor()
        textLabel.alpha = 0.6
        textLabel.textAlignment = NSTextAlignment.Center
        textLabel.text = ""
        self.view.addSubview(textLabel)
        panView = UIView(frame: CGRectMake(364,636,50,50))
        panView.backgroundColor = UIColor.greenColor()
        panView.layer.cornerRadius = 25
        panView.alpha = 0.5
        panView.center = panviewPosition
        panView.userInteractionEnabled = true
        panView.addGestureRecognizer(panRec)
        panView.addGestureRecognizer(tapRec)
        swipeUpRec.direction = UISwipeGestureRecognizerDirection.Up
        swipeDownRec.direction = UISwipeGestureRecognizerDirection.Down
        swipeLeftRec.direction = UISwipeGestureRecognizerDirection.Left
        swipeRightRec.direction = UISwipeGestureRecognizerDirection.Right
```

```
        panRec.addTarget(self,action:"draggedView:")
        tapRec.addTarget(self,action:"tappedView:")
        swipeUpRec.addTarget(self,action:"swippedView:")
        swipeDownRec.addTarget(self,action:"swippedView:")
        swipeRightRec.addTarget(self,action:"swippedView:")
        swipeLeftRec.addTarget(self,action:"swipLeft")
        holderView = UIView(frame: CGRectMake(0, 0, self.view.frame.width,
        self.view.frame.height))
        holderView.opaque = false
        holderView.addGestureRecognizer(swipeUpRec)
        holderView.addGestureRecognizer(swipeDownRec)
        holderView.addGestureRecognizer(swipeLeftRec)
        holderView.addGestureRecognizer(swipeRightRec)
        self.view.addSubview(holderView)
        holderView.addSubview(panView)
        holderView.bringSubviewToFront(panView)
        self.view.userInteractionEnabled = true
        self.view.backgroundColor = UIColor.whiteColor()

        if panView.center.x > self.view.frame.width/2{
            shareCircleView = CFShareCircleView(frame:
self.view.frame ,location:CGPoint(x: 80, y: 200))
            shareCircleView.delegate = self
            self.view.addSubview(shareCircleView)
        }else{
            shareCircleView = CFShareCircleView(frame:
self.view.frame ,location:CGPoint(x: -80, y: 200))
            shareCircleView.delegate = self
            self.view.addSubview(shareCircleView)
        }
    }
    override func loadView() {
        super.loadView()
    }
    override func didReceiveMemoryWarning() {
        super.didReceiveMemoryWarning()
    }
}
```

（4）第二个界面的实现文件是SecondViewController.swift，功能是根据用户的触摸操作执行对应的事件处理程序，在指定区域框内绘制显示对应文本。文件SecondViewController.swift的具体实现代码如下所示：

```
import UIKit

class SecondViewController: UIViewController,UITabBarDelegate {
//@property(strong,nonatomic) UIViewController *vc
    let storyBoard = UIStoryboard(name: "Main", bundle: nil)
    var fiv:UIViewController!

    let swipeUpRec = UISwipeGestureRecognizer()
    let swipeDownRec = UISwipeGestureRecognizer()
    let swipeRightRec = UISwipeGestureRecognizer()
    let swipeLeftRec = UISwipeGestureRecognizer()

    let textLabel = UILabel(frame:CGRectMake(110, 250, 200, 100))

    func swipeRight(){
        self.dismissViewControllerAnimated(true, completion: nil)
    }

    func swippedView(sender:UIGestureRecognizer){
        self.tabBarController?.tabBar.hidden = true
    }

    func swippedDown(){
    }
```

```
    func tabBar(tabBar: UITabBar, didSelectItem item: UITabBarItem!) {
        println(item)
    }
    @IBOutlet weak var label: UILabel!
    override func viewDidLoad() {
        self.tabBarController?.tabBar.hidden = true
        textLabel.backgroundColor = UIColor.blueColor()

        textLabel.alpha = 0.9
        textLabel.textColor = UIColor.yellowColor()
        textLabel.textAlignment = NSTextAlignment.Center
        self.view.addSubview(textLabel)
        //self.tabBarController?.tabBar.delegate = self
        fiv = storyBoard.instantiateViewControllerWithIdentifier("first") as
        UIViewController
        swipeUpRec.direction = UISwipeGestureRecognizerDirection.Up
        swipeDownRec.direction = UISwipeGestureRecognizerDirection.Down
        swipeLeftRec.direction = UISwipeGestureRecognizerDirection.Left
        swipeRightRec.direction = UISwipeGestureRecognizerDirection.Right

        swipeRightRec.addTarget(self, action: "swipeRight")
        swipeUpRec.addTarget(self,action:"swippedView:")
        swipeDownRec.addTarget(self,action:"swippedDown")
        swipeLeftRec.addTarget(self,action:"swippedView:")

        self.view.addGestureRecognizer(swipeRightRec)
        self.view.addGestureRecognizer(swipeLeftRec)
        self.view.addGestureRecognizer(swipeUpRec)
        self.view.addGestureRecognizer(swipeDownRec)
        self.view.alpha = 0.95

        super.viewDidLoad()
        self.view.backgroundColor = UIColor.redColor()
    }

    override func didReceiveMemoryWarning() {
        super.didReceiveMemoryWarning()
    }
}
```

到此为止，整个实例介绍完毕，执行后的初始效果如图18-41所示。触摸下方的圆圈后会弹出一个新界面，如图18-42所示。

在新界面中触摸拖曳某个图标后，会在初始界面顶部的矩形框中显示对应的文本，如图18-43所示。

图18-41 初始效果

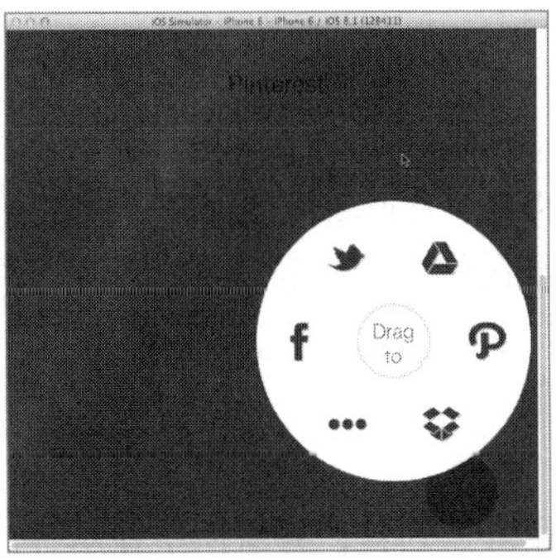

图18-42 弹出的新界面

图18-43 显示对应的文本

第19章 iPad弹出框和分割视图控制器

在本章的内容中，将详细讲解表视图和分割视图控制器的基本知识，这是两个重要的iOS界面元素。表视图让用户能够有条不紊地在大量信息中导航，这种UI元素相当于分类列表。而iPad提供了SplitViewController，能够将表、弹出框和详细视图融为一体，让用户获得类似于使用iPad应用程序Mail（电子邮件）的体验。希望通过本章内容的学习，能够为读者步入本书后面知识的学习打下基础。

19.1 iPad 弹出框

弹出框是iPad中的一个独有的UI元素。能够在现有视图上显示内容，并通过一个小箭头指向一个屏幕对象（如按钮）以提供上下文。弹出框在iPad应用程序中无处不在，如在Mail和Safari中都用到过。通过使用弹出框，可在不离开当前屏幕的情况下向用户显示新信息，还可在用户使用完毕后隐藏这些信息。几乎没有与弹出框对应的桌面元素，但弹出框大致类似于工具面板、检查器面板和配置对话框。也就是说，它们在iPad屏幕上提供了与内容交互的用户界面，但不永久性占据U空间。与前面介绍的模态场景一样，弹出框的内容也由一个视图和一个视图控制器决定，不同之处在于，弹出框还需要另一个控制器对象——弹出框控制器（UIPopoverController）。该控制器指定弹出框的大小及箭头指向。用户使用完弹出框后，只要触摸弹出框外面就可自动关闭它。然而，与模态场景一样，也可以在Interface Builder编辑器中直接配置弹出框，而无需编写一行代码。

19.1.1 创建弹出框

弹出框的创建步骤与创建模态场景的方法完全相同。除了显示方式外，弹出框与其他视图完全相同。首先在项目的故事板中新增一个场景，再创建并指定提供支持的视图控制器类。这个类将为弹出框提供内容，因此，被称为弹出框的“内容视图控制器”。在初始故事板场景中，创建一个用于触发弹出框的UI元素。而不同点在于，不是在该UI元素和您要在弹出框中显示的场景之间添加模态切换，而是创建弹出切换。

19.1.2 创建弹出切换

要想创建弹出切换，需要先按住Control键，并从用于显示弹出框的UI元素拖曳到为弹出框提供内容的视图控制器。在Xcode要求您指定故事板切换的类型时，选择Popover，如图19-1所示。

此时将发现要在弹出框中显示的场景发生了细微的变化：Interface Builder编辑器将该场景顶部的状态栏删除了，视图显示为一个平淡的矩形。这是因为弹出框显示在另一个视图上面，所以，状态栏没有意义。

1．设置弹出框大小

另一个不那么明显的变化就是可调整视图的大小了。通常与视图控制器相关联的视图的大小被锁定，与iOS设备（这里是iPad）屏幕相同。然而当显示弹出框时，其场景必须更小些。

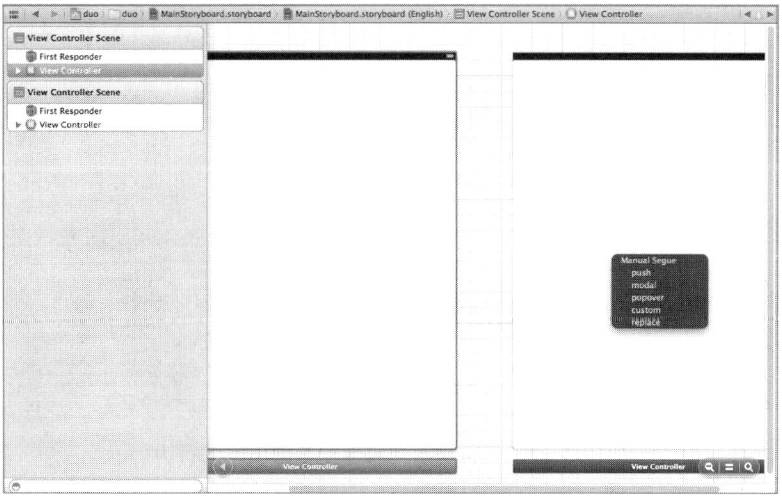

图19-1 将切换类型设置为Popover

对于弹出框来说，Apple允许的最大宽度为600点，而允许的最大高度与iPad屏幕相同，但是，建议宽度不超过320点。要设置弹出框的大小，需要选择给弹出框提供内容的场景中的视图，再打开Size Inspector(Option+ Command+5)。然后，在文本框Width和Height中输入弹出框的大小，如图19-2所示。

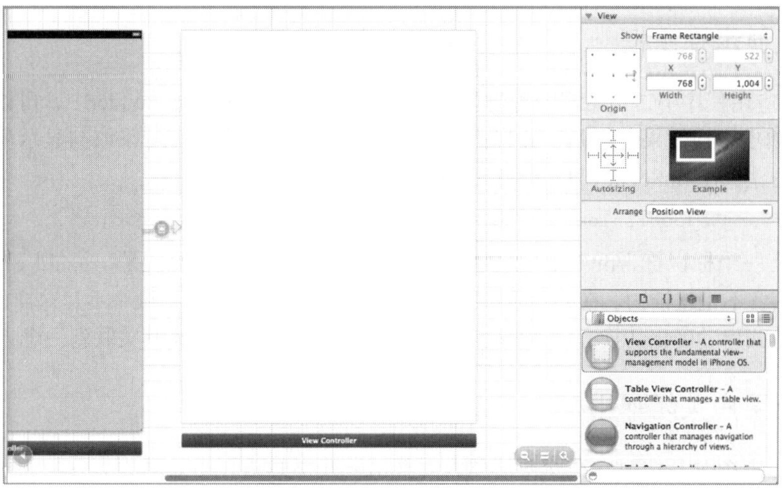

图19-2 通过配置内容视图设置弹出框的大小

当设置视图的大小后，Interface Builder编辑器中场景的可视化表示将相应变化，这使得创建内容视图容易得多。

2. 配置箭头方向以及要忽略的对象

设置弹出框的大小后，可能想配置切换的几个属性。选择启动场景中的弹出切换，再打开Attributes Inspector（Option+ Command+4），如图19-3所示。

在Storyboard Segue部分，首先为该弹出切换指定标识符。通过指定标识符能够以编程方式启动该弹出切换。然后指定弹出框箭头可指向的方向，这个方向决定了iOS将把弹出框显示在屏幕的什么地方。显示弹出框后，用户通过触摸弹出框外面的方式可以让它消失。如果想要在用户触摸某些UI元素时弹出框不消失，只需从文本框Passthrough拖曳到这些对象即可。

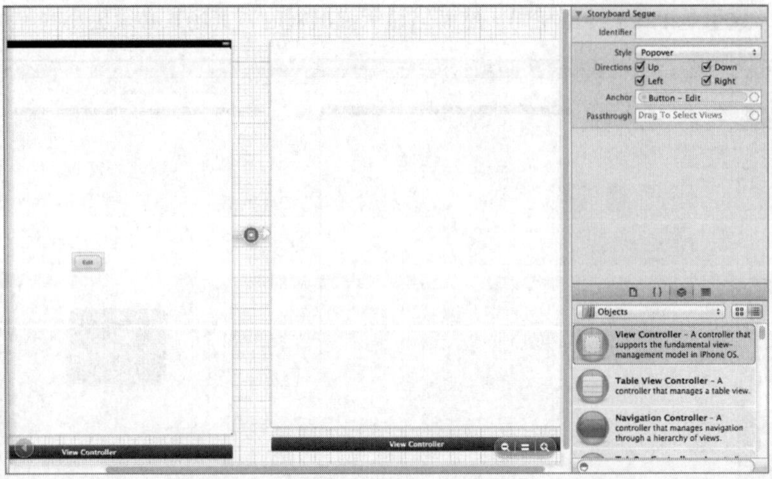

图19-3　通过编辑切换的属性配置弹出框的行为

注意：在默认情况下，弹出框的“锚”在按住Control键并从UI元素拖曳到视图控制器时被设置。锚为弹出框的箭头将指向的对象。与前面介绍的模态切换一样，可创建不锚定的通用弹出切换。为此，可按住Control键，从始发视图控制器拖曳到弹出框内容视图控制器，并在提示时选择弹出切换。稍后将介绍如何从任何按钮打开这种通用的弹出框。

19.1.3　手工显示弹出框

在有些iOS应用程序中，经常有条件地显示弹出框效果。在Interface Builder中，可以更容易地给静态UI元素定义弹出切换效果，但是，如果需要以编程方式显示弹出框，可采取与显示模态场景类似的方式，即使用方法performSegueWithIdentifier:sender来实现：

```
[self performSegueWithIdentifier:@"myPopoverSegue" sender:myObject];
```

此处只要有一个标识符为myPopoverSegue的弹出框就可以显示它，但是，可能以为箭头将指向对象myObject，其实不是这样的。在iOS 5测试版中是这样，但在最终的发布版中不是这样。开发人员仍然可以用编程的方式启动弹出切换，但前提是，必须在Interface Builder中将其关联到一个界面元素。

19.1.4　响应用户关闭弹出框

不同于模态视图及其切换，在交换信息方面弹出框并不是最容易处理的部分。在默认情况下，当关闭弹出框时父视图控制器也无法获悉这一点。要在弹出框关闭时获悉这一点，并获取其内容，需要遵守UIPopoverControllerDelegate协议。该协议提供了方法popoverControllerDidDismissPopover，可以通过实现它来响应弹出框关闭。在这个方法中，还可获取弹出框的内容视图控制器，并访问其任何属性。

注意：如果要在另一端处理这个问题，可以在内容视图控制器中实现UIViewController的方法viewWillDisppear。这个方法在视图控制器的内容从屏幕上删除（就弹出框而言，是弹出框关闭）时被调用。当然，如果要影响弹出框的外部，则仍需要额外的代码，如指向源视图控制器的属性。

实现协议UIPopoverControllerDelegate

UIPopoverControllerDelegate协议的实现与弹出框相关协议的实现方式几乎相同。首先，必须将一个类声明为遵守该协议。在小型项目中，这很可能是显示弹出框的类——ViewController，因此需要编辑文件ViewContoller.h，将其@interface行修改为如下所示的格式：

```
@interface ViewController:UIViewController <UIPopoverControllerDelegate>
```

接下来需要更新控制弹出框的UIPopoverController，将其delegate属性设置为遵守该协议的类。在处理提醒视图时需要创建提醒视图实例，并设置其delegate属性。要设置弹出框的委托，必须实现方法prepareForSegue:sender，以访问“隐藏”的UIPopoverController，这是由Xcode和Interface Builder自动创建的。prepareForSegue:sender方法在切换即将发生时会自动被调用，通过传递给这个方法的参数segue，可以访问切换涉及的源视图控制器和目标视图控制器。当切换为弹出切换时，也可以使用该参数来获取幕后的UIPopoverController实例。例如，在下面的代码中提供了一种可能的解决方案，可以将其加入到文件ViewController.m中：

```
1: - (void)prepareForSegue:(UIStoryboardSegue *)segue sender:(id)sender {
2:     if ([segue.identifier isEqualToString:@"toEditorPopover"])
3:   ((UIStoryboardPopoverSegue  *) segue) .popoverController.delegate=self;
4:    }
5: }
```

在上述代码中，在第2行首先检查发生的切换是弹出切换，因为已经将该切换的标示符设置为toEditsegueVer。如果是这样便知道处理的是弹出框，因为任何切换发生时都将调用这个方法，因此，必须根据切换执行正确的代码。如果所有切换都是弹出切换，则第2行便是可选的。在第3行将segue转换为UIStoryboardSegue子类UIStoryboardPopoverSegue的对象，它用于表示弹出切换。然后便可以通过popoverController获取UIPopoverController实例，并将其delegate属性设置为当前类（self）。这样当弹出框关闭时会调用ViewController.m中的方法popoverControllerDidDismissPopover。剩下的工作就是实现这个方法。

方法popoverControllerDidDismissPopover可以接收一个参数，通过此参数帮助显示弹出框的UIPopoverController。通过这个对象，可以访问属性contentViewController，可以获取弹出框的内容视图控制器，进而通过它来访问我们需要的任何属性。假设弹出框的内容视图控制器是EditorViewController类的实例，而这个类有一个名为email的字符串属性，并且要在弹出框关闭时访问该属性。例如，下面是popoverControllerDidDismissPopover的一种可能实现代码：

```
- (void)popoverControllerDidDismissPopover:
                         (UIPopoverController *)popoverController {
    NSString *newEmail;
    newEmail=((EditorViewController *)
              popoverController.contentViewController).emailField.text;
    self.emailLabel.text=newEmail;
}
```

上述代码的实现流程如下所示：

（1）声明字符串变量emailFromPopover，用于存储弹出框的内容视图控制器（EditorViewController）的email属性。

（2）通过属性contentViewController获取弹出框的内容视图控制器，并将其强制转换为EditorViewController类型，然后将属性email赋给字符串变量emailFromPopover。

由此可见，虽然处理弹出框的方法非常简单，但是，没有模态切换那么简单。很多开发人员都选择在弹出框内容视图控制器中添加一个属性，并让它指向源视图控制器。

19.1.5 以编程方式创建并显示弹出框

这与手工创建模态切换类似，但还需要一个UIPopoverController用以管理弹出框的显示。要在不定义切换的情况下创建弹出框，必须首先按前面介绍的“以编程方式创建模态场景切换”那样做。首先创建一个场景和相应的视图控制器，后者将为弹出框提供内容，请务必给场景的视图控制器指定标识符。

接下来必须分配并初始化内容视图和视图控制器，这与手工创建模态切换相同，首先创建一个指向项目文件MainStoryboard.storyboard的对象：

```
UIStaryboard *mainStoryboard=[UIStoryboard
storyboardWithName:@ "MainStoryboard" bundle:nil];
```

通过这个故事板对象，调用方法instantiateViewControllerWithIdentifier实例画一个视图控制器，它将用作弹出框内容视图控制器，假设我们创建了UIViewController子类EditorViewController，并将其视图控制器标识符设置成了myEditor，则可使用如下代码创建一个EditorViewController实例：

```
EditorViewController *editorVC=[mainStoryboard
instantiateViewControllerWithIdentifier:@ "myEditor"]
```

然后就可以将EditorViewController实例editorVC作为弹出框的内容显示出来了。为此必须声明、初始化并配置一个UIPopoverController。

1. 创建并配置UIPopoverController

要创建一个新的UIPopoverController，首先将其声明为显示弹出框的类的属性。例如，可以在文件ViewController.h中添加如下代码：

```
@property (strong, nonatomic) UIPopoverController *editorPopoverController
```

然后在文件ViewController.m中添加相应的@synthesize编译指令：

```
@synthesize editorPopoverController;
```

并在ViewController.m的方法viewDidUnload中执行清理工作，将该属性设置为nil：

```
[self setEditorPopoverController:nil];
```

编写上述代码行后，便可以创建并配置弹出框控制器。为了分配并初始化弹出框控制器，可以使用UIPopoverController的方法initWithContentViewController。这让我们能够告诉弹出框要使用哪个内容视图。假如想使用本节开头创建的视图控制器对象editorVC来初始化弹出框控制器，可以使用如下代码实现：

```
self.editorPopoverController=[[UIPopoverController alloc]
initWithContentViewController:editorVC];
```

然后使用UIPopoverController的属性popoverContentSize设置弹出框的宽度和高度，其实此属性是一个CGSize结构，该结构包含宽度和高度。为了创建合适的CGSize结构，可以使用函数CGSizeMake()设置弹出框的大小，例如下面的代码设置了弹出框的宽为300点、高为400点：

```
self.popoverController.popoverContentSize=CGSizeMake (300,400);
```

在显示弹出框之前，需要设置弹出框控制器的委托，让弹出框控制器自动调用协议UIPopoverControllerDelegate定义的方法popoverControllerDidDismissPopover：

```
self.editorPopoverController.delegate=self;
```

2. 显示弹出框

要使用前面费劲配置的弹出框控制器显示弹出框，还必须先明确弹出框将指向哪个对象。添加到视图中的任何对象都是UIView的子类，而UIView类有一个frame属性。可以轻松地配置弹出框，使其指向对象的frame属性指定的矩形，条件是有指向该对象的引用。假如要在操作中显示弹出框，则可以使用如下代码获取触发该操作的对象的框架：

```
((UIView *)sender).frame
```

传入的参数sender（在创建操作时将自动添加该参数）包含一个引用，它指向触发操作的对象。由于不关心这个对象的具体类型，因此，将其强制转换为UIView，并访问其frame属性。

确定弹出框将指向的箭头后，需要设置箭头可指向的方向。为此可以使用如下常量。

- UIPopoverArrowDirectionAny：箭头可指向任何方向，这给iOS在确定如何显示弹出框时提供了最大的灵活性。
- UIPopoverArrowDirectionUp：箭头只能指向上方，这意味着弹出框必须位于对象下方。

- ❑ UIPopoverArrowDirectionDown：箭头只能指向下方，这意味着弹出框必须位于对象上方。
- ❑ UIPopoverArrowDirectionLeft：箭头只能指向左方，这意味着弹出框必须位于对象右边。
- ❑ UIPopoverArrowDirectionRight：箭头只能指向右方，这意味着弹出框必须位于对象左边。

要显示弹出框，可以使用UIPopoverController的方法presentPopoverFromRect:inView: permittedArrowDirections:animated实现，代码如下所示：

```
self.editorPopoverController presentPopoverFromRect:( (UIView*)sender) .frame
    inView:self.view permittedArrowDirections:UIPopoverArrowDirectionAny
animated:YES
```

需要输入的内容很多，但其功能是显而易见的。它显示弹出框，让其指向变量sender指向的对象的框架，而箭头可指向任何方向。唯一一个还没有讨论的参数是inView，它指向显示弹出框的视图。由于假定从ViewController类中显示该弹出框，因此，将其设置为selfview。

19.1.6 实战演练——使用弹出框更新内容

接下来通过一个实例来说明使用弹出框的方法，本实例以本章前面的实例“ModalEditor”为基础，功能与ModalEditor相同，但不是在模态视图中显示编辑器，而在弹出框中显示它。当用户关闭弹出框时，初始视图的内容将更新，而不再需要“好”按钮。

实例19-1	使用弹出框更新内容
源码与视频路径	光盘:\daima\19\PopoverEditor

（1）新创建一个单视图iOS项目，并将其命名为PopoverEditor。这个项目将使用弹出框，因此，目标平台必须是iPad，而不能是iPhone，如图19-4所示。

新创建项目后，添加一个EditorViewController类，然后再添加一个新场景，并将其关联到EditorViewController类。设置视图控制器的标签，使得文档大纲中显示的场景名为Initial Scene和Editor Scene。

（2）规划变量和连接。

本实例需要如下两个输出口：

- ❑ 一个连接到初始场景中的标签（UILabel），名为emailLabel；
- ❑ 一个连接到编辑器场景中的文本框（UITextField），名为emailField。

上述两个输出口最大的不同点是编辑器场景不需要使用Done按钮和方法dismissEditor来关闭弹出框，用户只需触摸弹出框外面就可以关闭弹出框并让修改生效。

（3）设计界面。

像项目ModalEditor中那样创建初始场景，但设计编辑器场景时，不要添加“好”按钮，并将文本框和配套标签放在编辑器视图的左上角。因为该视图将显示在弹出框中，所以，在定义弹出切换后其尺寸会变化很大。

（4）创建弹出切换。

按住Control键，从初始视图中的Edit按钮拖曳到Interface Builder中编辑器视图的可视化表示，也可拖曳到文档大纲中编辑器场景的视图控制器图标（名为Editor）中。当Xcode要求指定故事板切换类型时选择Popover。在文档大纲中，初始场景中将新增一行，设置其内容为Segue fromUIButton to Editor。选择这行并打开Attributes Inspector (Option+ Command+4)，以配置该切换。

（5）给该切换指定一个标识符，如toEditor，然后指定弹出框箭头可指向的方向。在此只选择了复选框Up，这表示弹出框只能出现在打开它的按钮下方。保留其他设置为默认值，图19-5显示了本实例中给这个弹出切换所做的配置。

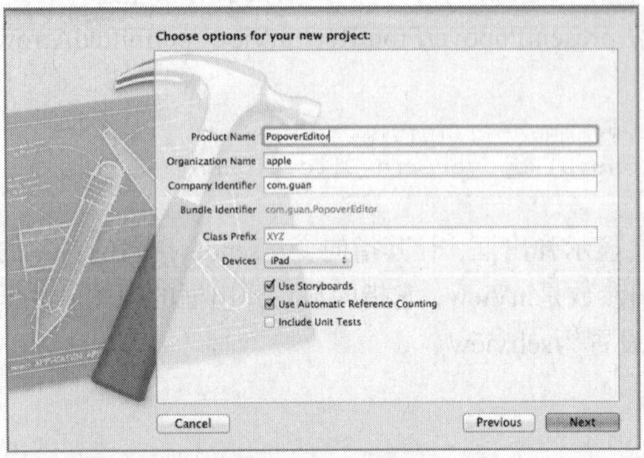

图19-4 创建工程项目

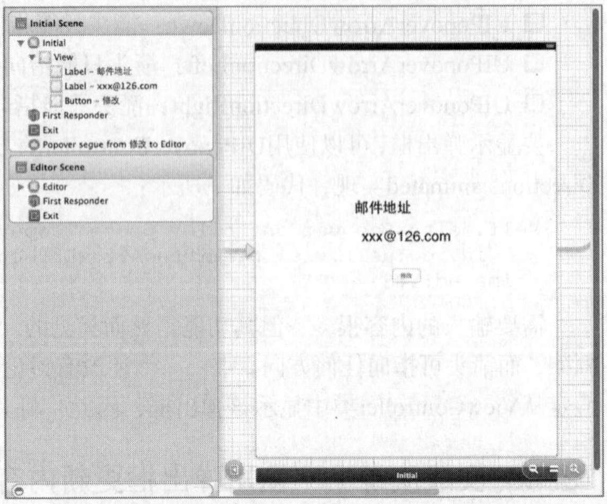

图19-5 给弹出切换配置标识符和箭头方向

（6）设置弹出框视图的大小。

创建弹出切换后，对于给弹出框提供内容的视图，Xcode将自动解除对其宽度和高度的锁定。选择编辑器场景中的视图对象，并打开Size Inspector。将宽度设置为大约320点，高度设置为大约100点，如图19-6所示。调整编辑器视图（它现在很小）的内容使其完全居中。

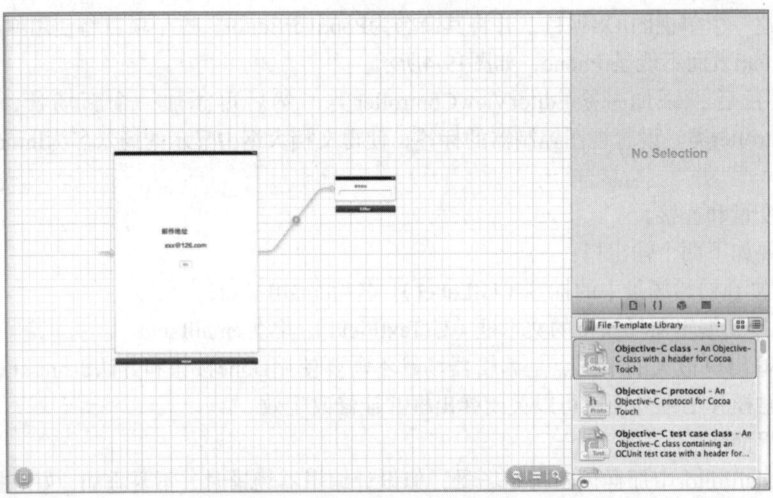

图19-6 设置弹出框的内容视图的大小

（7）创建并连接输出口。

像前一个项目中那样将包含电子邮件地址的标签连接到文件ViewController.h，并将输出口命名为emailLabel，将编辑器场景中的文本框连接到文件EditorViewController.h，并将输出口命名为emailField。

至此，就创建好了弹出框界面和连接。

（8）实现应用程序逻辑。

切换到标准编辑器，在文件ViewController.h中，在#import语句下方添加如下代码行：

```
#import"EditorViewController.h"
```

因为我们的项任务是使用初始场景的emailLabel的文本填充编辑器的emailField，所以，在方法prepareForSegue:sender中访问UIPopoverController的属性icontentViewController，它包含一个EditorViewController实例。

在文件ViewController.m中，通过如下代码实现此方法：

```
- (void)prepareForSegue:(UIStoryboardSegue *)segue sender:(id)sender {
    UIStoryboardPopoverSegue *popoverSegue;
    popoverSegue=(UIStoryboardPopoverSegue *)segue;
    UIPopoverController *popoverController;
    popoverController=popoverSegue.popoverController;
    popoverController.delegate=self;

    EditorViewController *editorVC;
    editorVC=(EditorViewController *)popoverController.contentViewController;
    editorVC.emailField.text=self.emailLabel.text;
}
```

（9）响应弹出框关闭。

如果遵守了UIPopoverControllerDelegate协议，在用户关闭弹出框时，就可以在方法popoverControllerDidDismissPopover中获取弹出框内容视图控制器（EditorViewController）的实例。为此，首先需要编辑ViewController.h中的@interface代码，在其中包含如下协议：

```
@interface ViewController:UIViewController <UIPopoverControllerDelegate>
```

接下来需要实现方法popoverControllerDidDismissPopover，此方法的实现代码如下所示：

```
- (void)popoverControllerDidDismissPopover:
                        (UIPopoverController *)popoverController {
    NSString *newEmail;
    newEmail=((EditorViewController *)
              popoverController.contentViewController).emailField.text;
    self.emailLabel.text=newEmail;
}
```

通过上述代码声明了一个名为“newEmail”的字符串变量，通过popoverController的属性contentViewController访问emailField，并将其text属性赋给该变量。通过参数将弹出框控制器提供给了这个方法，然后将初始场景中标签emailLabel的文本设置为字符串变量newEmail的值。

到此为止，整个实例介绍完毕，执行后的效果如图19-7所示。

图19-7 执行效果

在开发过程中需要牢记：虽然以可视化方式创建的切换很棒，能够应对很多不同的情形，但这并非总是最佳的方式。与使用Interface Builder创建切换相比，用编程方式在视图之间切换以及显示弹出框提供了更大的灵活性。如果发现自己使用Interface Builder很难完成某项任务，请考虑使用代码来完成。

19.2 探索分割视图控制器

本节将要讲解的分割视图控制器只能用于iPad，它不但是一种可以在应用程序中添加的功能，还是一种可用来创建完整应用程序的结构。分割视图控制器让我们能够在一个iPad屏幕中显示两个不同的场景。在横向模式下，屏幕左边的三分之一为主视图控制器的场景，而右边包含详细视图控制器场景。

在纵向模式下，详细视图控制器管理的场景将占据整个屏幕。在这两个区域可以根据需要使用任何类型的视图和控件，例如选项卡栏控制器和导航控制器等。

19.2.1 分割视图控制器基础

在大多数使用分割视图控制器的应用程序中，它都将表、弹出框和视图组合在一起，其工作方式如下所示。

在横向模式下，左边显示一个表，让用户能够做出选择；用户选择表中的元素后，详细视图将显示该元素的详细信息。如果iPad被旋转到纵向模式，表将消失，而详细视图将填满整个屏幕；要进行导航，用户可触摸一个工具栏按钮，这将显示一个包含表的弹出框。这可以让用户轻松地在大量信息中导航，并在需要时将重点放在特定元素上。

分割视图控制器是iPad专用的全屏控制器，它使用一小部分屏幕来显示导航信息，然后使用剩下的大部分屏幕来显示相关的详细信息。导航信息由一个视图控制器来管理，详细信息则由另一个视图控制器来管理。在创建分割视图控制器后，应当给它的viewControllers属性添加这两个（不能多也不能少）视图控制器。分割视图控制器本身只负责协调二者的关系以及处理设备旋转事件（和弹出控制器一样，最好不要亲自来处理设备旋转事件）。

分割视图控制器有如下3个代理方法。

（1）splitViewController:willHideViewController:withBarButtonItem:forPopoverController：用于通知代理一个视图控制器即将被隐藏。这通常发生在设备由landscape旋转到portrait方向时。

（2）splitViewController:willShowViewController:invalidatingBarButtonItem：用于通知代理一个视图控制器即将被呈现。这通常发生在设备由portrait旋转到landscape方向时。

（3）splitViewController:popoverController:willPresentViewController：用于通知代理一个弹出控制器即将被呈现。这发生在portrait模式下，用户单击屏幕上方的按钮弹出导航信息时。

无论是Apple提供的iPad应用程序还是第三方开发的iPad应用程序，都广泛地使用了这种应用程序结构。例如，应用程序Mail（电子邮件）使用分割视图显示邮件列表和选定邮件的内容。再诸如Dropbox等流行的文件管理应用程序中，也在左边显示文件列表，并在详细视图中显示选定文件的内容，如图19-8所示。

图19-8　左边是一个表，而右边是详细信息

1. 实现分割视图控制器

要在项目中添加分割视图控制器，可以将其从对象库拖曳到故事板中。在故事板中，它必须是初始视图，不能从其他任何视图切换到它。添加后会包含多个与主视图控制器和详细视图控制器相关联的默认视图，如图19-9所示。

可以将这些默认视图删除，添加新场景，再在分割视图控制器和“主/详细”场景之间重新建立关系。因此，按住Control键，从分割视图控制器对象拖曳到主场景或详细场景，再在Xcode提示时选择Relationship - masterViewController或Relationship - detailViewController。

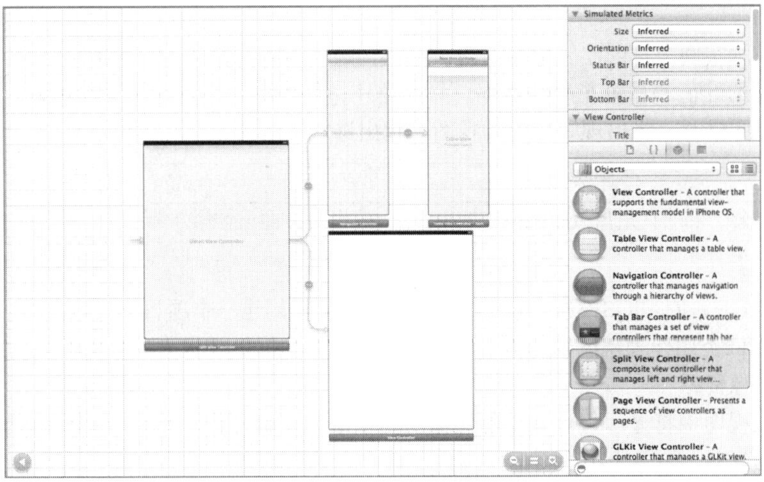

图19-9 添加分割视图控制器

在Interface Builder编辑器中，分割视图控制器默认以纵向模式显示。这让它看起来好像只包含一个场景（详细信息场景）。要切换到横向模式，以便同时看到主视图和详细信息视图，首先选择分割视图控制器对象，再打开Attributes Inspector(Option+Command+4)，并从下拉列表Orientation中选择Landscape。这仅改变分割视图控制器在编辑器中的显示方式，而不会对应用程序的功能有任何影响。在设置好分割视图控制器后，就可以像通常那样创建应用程序了，但是会有如下两个彼此独立的部分：

- ❑ 主场景；
- ❑ 详细场景。

为了在它们之间实现信息共享，每部分的视图控制器都可以通过管理它的分割视图控制器来访问另一部分。例如，主视图控制器可以通过如下代码获取详细视图控制器：

```
[self .splitViewController.viewControllers  lastObject]
```

而详细视图控制器可使用如下代码获取主视图控制器：

```
[self.splitViewController.viewControllers objectAtIndex:0]
```

属性splitViewController包含了一个名为viewControllers的数组。通过使用NSArray的方法lastObject，可以获取该数组的最后一个元素（详细信息视图）。通过调用方法objectAtIndex，并将索引传递给它，可以获取该数组的第一个元素（主视图）。这样两个视图控制器就可以交换信息了。

2. 模板Master-Detail Application

开发人员可以根据自己的喜好使用分割视图控制器，并且Apple为开发人员提供了模板Master-Detail Application，这样可以很容易地完成这种工作。其实，Apple在有关分割视图控制器的文档中也推荐您使用该模板，而不是从空白开始。该模板自动提供了所有功能，并且无需处理弹出框，无需设置视图控制器，也无需在用户旋转iPad后重新排列视图。只需给表和详细视图提供内容即可，这些分别是在模板的MasterViewController类（表视图控制器）和DetailViewController类中实现的。更重要的是，使用模板Master-Detail Application可轻松地创建通用应用程序，在iPhone和iPad上都能运行。在iPhone上，这种应用程序将MasterViewController管理的场景显示为一个可滚动的表，并在用户触摸单元格时使用导航控制器显示DetailViewController管理的场景。同一个应用程序可在iPhone和iPad上运行，因此，在本章中大家将首次涉足通用应用程序开发，但在此之前先创建一个表视图应用程序。

模板Master-Detail Application提供了一个主应用程序的起点。它提供了一个配置有导航控制器的用户界面、显示的项目清单和一个能在iPad上拆分的视图。

19.2.2 表视图实战演练

在本节的演示实例中将创建一个表视图，它包含两个分区，这两个分区的标题分别为Red和Blue，且分别包含常见的红色和绿色花朵的名称。除标题外，每个单元格还包含一幅花朵图像和一个展开箭头。用户触摸单元格时，将出现一个提醒视图，指出选定花朵的名称和颜色。

实例19-2	使用表视图
源码与视频路径	光盘:\daima\19\Table

1. 创建项目

（1）打开Xcode，使用iOS模板SingleView Application新创建一个项目，并将其命名为“Table”。把标准ViewController类用作表视图控制器，因为它在实现方面提供了极大的灵活性。

（2）添加图像资源。

在创建的表视图中将显示每种花朵的图像。为了添加花朵图像，将本实例用到的素材图片保存在文件夹“Images”中，如图19-10所示。

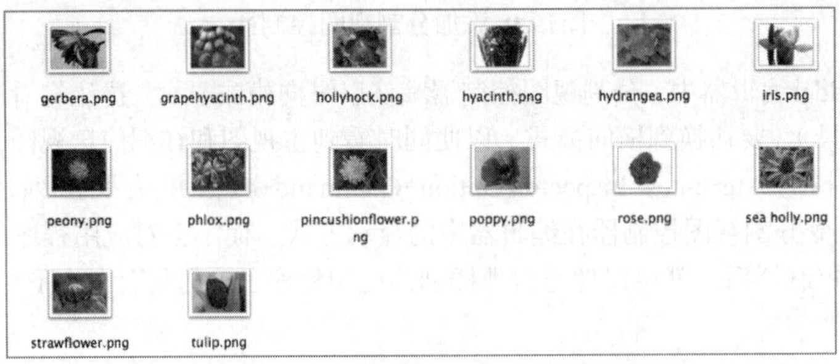

图19-10 素材图片

将文件夹“Images”拖曳到项目代码编组中，并在Xcode提示时选择复制文件并创建编组。

（3）规划变量和连接。

在这个项目中需要两个数组（redFlowers和blueFlowers）。顾名思义，它们分别包含一系列要在表视图中显示的红色花朵和蓝色花朵。每种花朵的图像文件名与花朵名相同，只需在这些数组中的花朵名后面加上“.png”后就可以访问相应的花朵图像。在此只需要建立两个连接，即将UITableView的输出口delegate和dataSource连接到ViewController。

（4）添加表示分区的常量。

为了以更抽象的方式来引用分区，特意在文件ViewController.m中添加了几个常量。在文件ViewController.m中，在#import代码行下方添加如下代码行：

```
#define kSectionCount 2
#define kRedSection 0
#define kBlueSection 1
```

其中第一个常量kSectionCount指的是表视图将包含多少个分区，而其他两个常量（kRedSection和kBlueSection）将用于引用表视图中的分区。

2. 设计界面

打开文件MainStoryboard.storyboard，并拖曳一个表视图（UITableView）实例到场景中。调整表视图的大小，使其覆盖整个场景。然后选择表视图并打开Attributes Inspector (Option+ Command+4)，将表视图样式设置为Grouped，如图19-11所示。

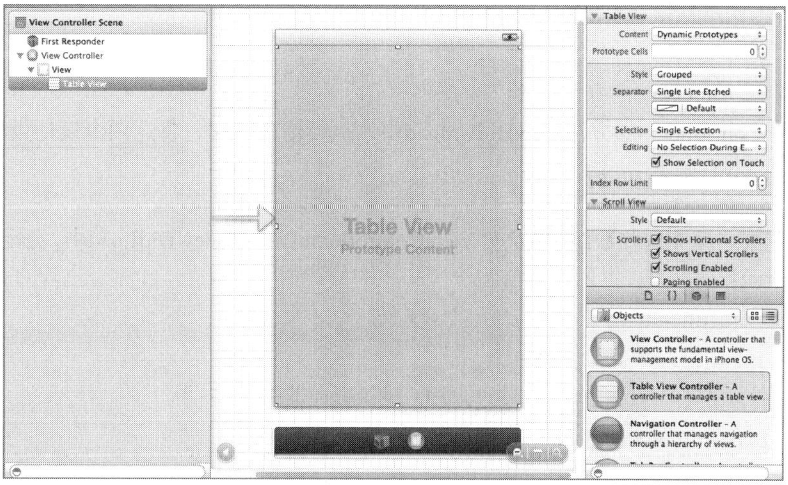

图19-11 设置表视图的属性

接下来在编辑器中单击单元格以选择它，也可在文档大纲中展开表视图对象，再选择单元格对象。然后，在Attributes Inspector中先将单元格标识符设置为flowerCell，如果不这样做，应用程序无法正常运行。

接下来将样式设置为Basic，并使用下拉列表Image选择前面添加的图像资源之一。使用下拉列表Accessory在单元格中添加Detail Disclosure（详细信息展开箭头）。这样单元格已准备就绪，完成后的UI界面效果如图19-12所示。

3. 连接输出口delegate和dataSource

要让表视图显示信息并在用户触摸时做出反应，它必须知道在哪里能够找到委托和数据源协议的方法，这些工作将在类ViewController中实现。首先选择场景中的表视图对象，再打开Connections Inspector（Option+Command+6）。在Connections Inspector中，从输出口delegate拖曳到文档大纲中的ViewController对象，对输出口dataSource执行同样的操作。现在的Connections Inspector如图19-13所示。

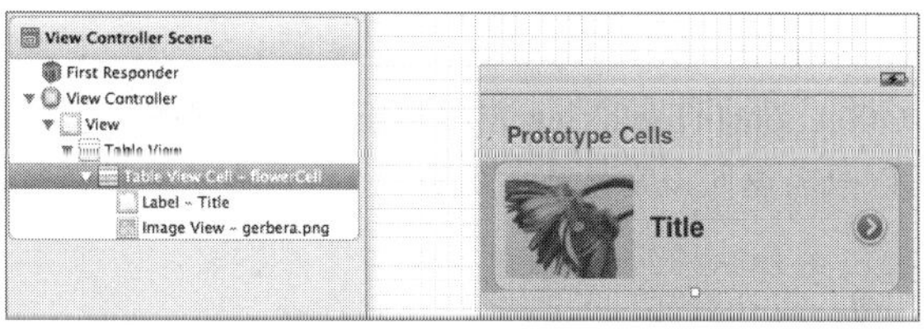

图19-12 设计好的原型单元格

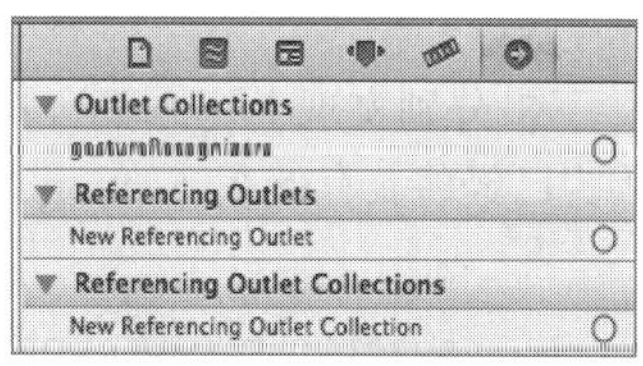

图19-13 将输出口delegate和dataSource连接到视图控制器

4. 实现应用程序逻辑

本实例需要实现两个协议，以便填充表视图（UITableViewDataSource）及在用户选择单元格时做出响应（UITableViewDelegate）。

（1）填充花朵数组

在此需要两个数组来填充表视图：一个包含红色花朵，另一个包含蓝色花朵。因为在整个类中都将访问这些数组，因此，必须将它们声明为实例变量/属性。所以打开文件ViewController.h，在@interface代码行下方声明属性redFlowers和blueFlowers:

```
@property (nonatomic, strong) NSArray *redFlowers;
@property (nonatomic, strong) NSArray *blueFlowers;
```

然后打开文件ViewController.m，在@implementation代码行下方添加配套的编译指令：

```
@synthesize:
@synthesize redFlowers;
@synthesize blueFlowers;
```

在文件ViewController.m的方法viewDidUnload中，执行清理工作，将这两个属性设置为nil:

```
[self setRedFlowers:nil];
[self setBlueFlowers:nil];
```

为了使用花朵名填充这些数组，在文件ViewController.m的方法viewDidLoad中，分配并初始化它们，具体代码如下所示：

```
- (void)viewDidLoad
{
    self.redFlowers = [[NSArray alloc]
                       initWithObjects:@"aa",@"bb",@"cc",
                       @"dd",nil];
    self.blueFlowers = [[NSArray alloc]
                        initWithObjects:@"ee",@"ff",
                        @"gg",@"hh",@"ii",nil];

    [super viewDidLoad];
    // Do any additional setup after loading the view, typically from a nib.
}
```

这样，为实现表视图数据源协议所需的数据都准备就绪了：指定表视图布局的常量以及提供信息的花朵数组。

（2）实现表视图数据源协议

为了给表视图提供信息，总共需要实现如下4个数据源协议方法：

- numberOfSectionslnTableView；
- tableView:numberOfRowsInSection；
- tableView:titleForHeaderInSection；
- tableView:cellForRowAtlndexPath。

下面依次实现这些方法，但首先需要将类ViewController声明为遵守协议UITableViewDataSource。因此，打开文件ViewController.h，将@interface代码行修改为下面的代码：

```
@interface ViewController   :UIViewController <UITableViewDataSource>
```

接下来分别实现上述方法。其中numberOfSectionsInTableView方法用于返回表视图将包含的分区数，因为已经将其存储在kSectionCount中，所以只需返回该常量就大功告成了。此方法的具体代码如下所示：

```
- (NSInteger)numberOfSectionsInTableView:(UITableView *)tableView
{
    return kSectionCount;
}
```

方法tableView:numberOflowsInSection用于返回分区包含的行数，即红色分区的红色花朵数和蓝色分区的蓝色花朵数。可以将参数section与表示红色分区和蓝色分区的常量进行比较，并使用NSString的方法count返回相应数组包含的元素数。此方法的具体代码如下所示：

```
- (NSInteger)tableView:(UITableView *)tableView
    numberOfRowsInSection:(NSInteger)section
{
    switch (section) {
```

```
        case kRedSection:
            return [self.redFlowers count];
        case kBlueSection:
            return [self.blueFlowers count];
        default:
            return 0;
    }
}
```

在上述代码中，switch语句用于检查传入的参数section，如果此参数与常量kRedSection匹配，则返回数组redFlowers包含的元素数；如果与常量kBlueSection匹配，则返回数组BlueFlowers包含的元素数。其中的default分支应该不会执行，因此返回0，表示不会有任何问题。

而tableView:titleForHeaderInSection更简单，它必须将传入参数section与表示红色分区和蓝色分区的常量进行比较，但只需返回表示分区标题的字符串（红或蓝）。在项目中添加如下所示的代码：

```
- (NSString *)tableView:(UITableView *)tableView
titleForHeaderInSection:(NSInteger)section {
    switch (section) {
        case kRedSection:
            return @"红";
        case kBlueSection:
            return @"蓝";
        default:
            return @"Unknown";
    }
}
```

再看最后一个数据源协议方法，此方法提供了单元格对象供表视图显示。在这个方法中，必须根据前面在Interface Builder中配置的标识符flowerCell创建一个新的单元格，再根据传入的参数indexPath，使用相应的数据填充该单元格的属性imageView和textLable。在文件ViewController.m中通过如下代码创建这个方法：

```
- (UITableViewCell *)tableView:(UITableView *)tableView
         cellForRowAtIndexPath:(NSIndexPath *)indexPath
{
    UITableViewCell *cell = [tableView
                           dequeueReusableCellWithIdentifier:@"flowerCell"];
    switch (indexPath.section) {
        case kRedSection:
            cell.textLabel.text=[self.redFlowers
                                 objectAtIndex:indexPath.row];
            break;
        case kBlueSection:
            cell.textLabel.text=[self.blueFlowers
                                 objectAtIndex:indexPath.row];
            break;
        default:
            cell.textLabel.text=@"Unknown";
    }
    UIImage *flowerImage;
    flowerImage=[UIImage imageNamed:
                 [NSString stringWithFormat:@"%@%@",
                  cell.textLabel.text,@".png"]];
    cell.imageView.image=flowerImage;
    return cell;
}
```

（3）实现表视图委托协议

表视图委托协议处理用户与表视图的交互。要在用户选择了单元格时检测到这一点，必须实现委托协议方法tableView:didSelectRowAtIndexPath。这个方法在用户选择单元格时自动被调用，且传递给它的参数IndexPath包含属性section和row，这些属性指出了用户触摸的是哪个单元格。

在编写这个方法前，需要再次修改文件ViewController.h中的代码行@interface，指出这个类要遵守协议UITableViewDelegate：

```
@interface ViewController  :UIViewController
<UITableViewDataSource, UITableViewDelegate>
```

本实例将使用UIAlertView显示一条消息，将这个委托协议方法加入到文件ViewController.m中，具体代码如下所示：

```
- (void)tableView:(UITableView *)tableView
          didSelectRowAtIndexPath:(NSIndexPath *)indexPath {

    UIAlertView *showSelection;
    NSString    *flowerMessage;

    switch (indexPath.section) {
        case kRedSection:
            flowerMessage=[[NSString alloc]
                           initWithFormat:
                           @"你选择了红色 - %@",
                           [self.redFlowers objectAtIndex: indexPath.row]];
            break;
        case kBlueSection:
            flowerMessage=[[NSString alloc]
                           initWithFormat:
                           @"你选择了蓝色 - %@",
                           [self.blueFlowers objectAtIndex: indexPath.row]];
            break;
        default:
            flowerMessage=[[NSString alloc]
                           initWithFormat:
                           @"我不知道选什么！?"];
            break;
    }

    showSelection = [[UIAlertView alloc]
                     initWithTitle: @"已经选择了"
                     message:flowerMessage
                     delegate: nil
                     cancelButtonTitle: @"Ok"
                     otherButtonTitles: nil];
    [showSelection show];
}
```

在上述代码中，第4行和第5行声明了变量flowerMessage和showSelection，它们分别是要向用户显示的消息字符串以及显示消息的UIAlertView实例。第7～25行使用switch语句和indexPath.section判断选择的单元格属于哪个花朵数组，并使用indexPath.row确定是数组中的哪个元素。然后分配并初始化一个字符串flowerMessage，其中包含选定花朵的信息。第27～33行创建并显示一个提醒视图（showSelection），其中包含消息字符串（flowerMessage）。

到此为止，整个实例介绍完毕。执行后能够在划分成分区的花朵列表中上下滚动。表中的每个单元格都显示一幅图像、一个标题和一个展开箭头（它表示触摸它将发生某种事情）。选择一个单元格将显示一个提醒视图，指出触摸的是哪个分区以及选择的是哪一项，如图19-14所示。

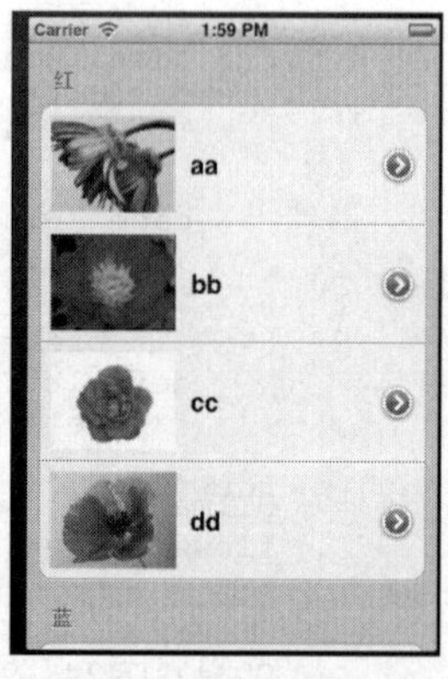

图19-14 执行效果

第20章 界面旋转、大小和全屏处理

通过本书前面内容的学习，我们基本上可以使用任何iOS界面元素了，但是，还不能实现可旋转界面的效果。无论iOS设备的朝向如何，用户界面都应看起来是正确的，这是用户期望应用程序具备的一个重要特征。在本章将详细讲解在iOS程序中实现界面旋转和大小调整的方法。

20.1 启用界面旋转

iPhone是第一款可以动态旋转界面的消费型手机，使用起来既自然又方便。在创建iOS应用程序时，务必考虑用户将如何与其交互。本书前面创建的项目仅支持有限的界面旋转功能，此功能是由视图控制器的一个方法中的一行代码实现的。当我们使用iOS模板创建项目时，默认将添加这行代码。当iOS设备要确定是否应旋转界面时，它向视图控制器发送消息shouldAutorotateToInterfaceOrientation，并提供一个参数来指出它要检查哪个朝向。

shouldAutorotateToInterfaceOrientation会对传入的参数与iOS定义的各种朝向常量进行比较，并对要支持的朝向返回TRUE（或YES）。在iOS应用中，会用到如下4个基本的屏幕朝向常量。

- UIInterfaceOrientationPortrait：纵向。
- UiInterfaceOrientationPortraitUpsideDown：纵向倒转。
- UIInterfaceOrientationLandscapeLeft：主屏幕按钮在左边的横向。
- UIInterfaceOrientationLandscapeRight：主屏幕按钮在右边的横向。

例如，要让界面在纵向模式或主屏幕按钮位于左边的横向模式下都旋转，可以在视图控制器中通过方法shouldAutorotateToInterfaceOrientation启用界面旋转：

```
- ( BOOL) shouldAutorotateToInterfaceOrientation:
  (UIInterfaceOrientation)interfaceOrientation
  {
  return (interfaceOrientation==UlInterfaceOrientationPortrait ||
  interfaceOrientation==UlInterfaceOrientationLandscapeLeft);
 }
```

这样只需一条return语句就可以了，会返回一个表达式的结果，该表达式将传入的朝向参数interfaceOrientation与UIInterfaceOrientationPortrait和UIInterfaceOrientationLandscapeLeft进行比较。只要任何一项比较为真，便会返回TRUE。如果检查的是其他朝向，该表达式的结果为FALSE。只需在视图控制器中添加这个简单的方法，应用程序便能够在纵向和主屏幕按钮位于左边的横向模式下自动旋转界面。

如果使用Apple iOS模板指定创建iOS应用程序，方法shouldAutorotateToInterfaceOrientation将默认支持除纵向倒转外的其他所有朝向。iPad模板支持所有朝向。要想在所有可能的朝向下都旋转界面，可以将方法shouldAutorotateToInterfaceOrentation实现为return YES，这也是iPad模板的默认实现方式。

20.2 设计可旋转和调整大小的界面

在本章接下来的内容中，将探索3种创建可旋转和调整大小的界面的方法。

20.2.1 自动旋转和自动调整大小

Xcode Interface Builder编辑器提供了描述界面在设备旋转时如何反应的工具，无需编写任何代码就可以在Interface Builder中定义一个这样的视图，即在设备旋转时相应地调整其位置和大小。在设计任何界面时都应首先考虑这种方法，如果在IntInterface Builder编辑器中能够成功地在单个视图中定义纵向和横向模式，便大功告成了。但是在有众多排列不规则的界面元素时，自动旋转/自动调整大小的效果不佳。如果只有一行按钮是没问题的，但是，如果是大量文本框、开关和图像混合在一起时，可能根本就不管用。

20.2.2 调整框架

每个UI元素都由屏幕上的一个矩形区域定义，这个矩形区域就是UI元素的frame属性。要调整视图中UI元素的大小或位置，可以使用Core Graphics中的C语言函数CGRectMake（x,y,width，height）来重新定义frame属性。该函数接受*x*和*y*坐标，以及宽度和高度（单位都是点）作为参数，并返回一个框架对象。

通过重新定义视图中每个UI元素的框架，便可以全面控制它们的位置和大小。但是，需要跟踪每个对象的坐标位置，这本身并不难，但当需要将一个对象向上或向下移动几个点时，可能发现需要调整它上方或下方所有对象的坐标，这就会比较复杂。

20.2.3 切换视图

为了让视图适合不同的朝向，一种更激动人心的方法是给横向和纵向模式提供不同的视图。当用户旋转手机时，当前视图将替换为另一个布局适合该朝向的视图。这意味着可以在单个场景中定义两个布局符合需求的视图，但这也意味着需要为每个视图跟踪独立的输出口。虽然不同视图中的元素可调用相同的操作，但它们不能共享输出口，因此，在视图控制器中需要跟踪的UI元素数量可能翻倍。为了获悉何时需要修改框架或切换视图，可在视图控制器中实现方法villRotateToInterfaceOrientation: toInterfaceOrientation:duration:，这个方法在要改变朝向前被调用。

20.2.4 实战演练——使用 Interface Builder 创建可旋转和调整大小的界面

在本节的内容中，将使用Interface Builder内置的工具来指定视图如何适应旋转。因为，本实例完全依赖于Interface Builder工具来支持界面旋转和大小调整，所以，几乎所有的功能都是在Size Inspector中使用自动调整大小和锚定工具完成的。在本实例中将使用一个标签（UILabel）和几个按钮（UIButton），可以将它们换成其他界面元素，你将发现旋转和大小调整处理适用于整个iOS对象库。

实例20-1	使用Interface Builder创建可旋转和调整大小的界面
源码与视频路径	光盘:\daima\20\xuanzhuan

1. 创建项目

首先启动Xcode，并使用Apple模板Single View Application创建一个名为“xuanzhuan”的项目。如图20-1所示。

打开视图控制器的实现文件ViewController.m，并找到方法shouldAutorotateToInterfaceIOrientation。在该方法中返回YES，以支持所有的iOS屏幕朝向，具体代码如下所示：

```
-(BOOL) shouldAutorotateToInterfaceOrientation:
```

```
    (UIInterfaceOrientation) interfaceOrientation
    {
    return YES;
}
```

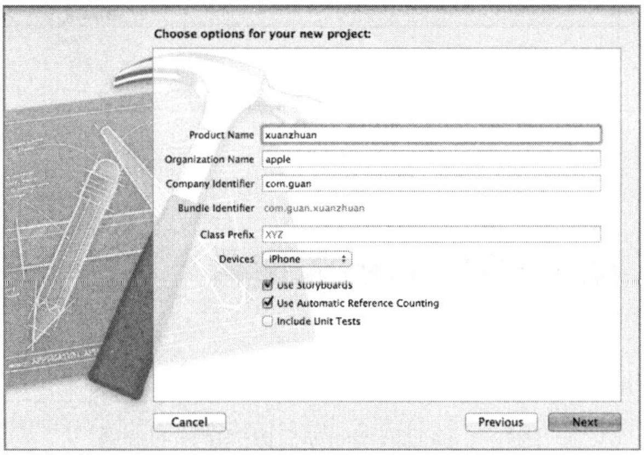

图20-1 创建工程

2. 设计灵活的界面

在创建可旋转和调整大小的界面时，开始时与创建其他iOS界面一样，只需拖放即可实现。然后依次选择菜单View>Utilities>Show Object Library打开对象库，拖曳一个标签（UILabel）和4个按钮（UIButton）到视图SimpleSpin中。将标签放在视图顶端居中，并将其标题改为“我不怕旋转”。按如下方式给按钮命名以便能够区分它们：“点我1”、“点我2”、“点我3”和“点我4”，并将它们放在标签下方，如图20-2所示。创建可旋转的应用程序界面与创建其他应用程序界面的方法相同。

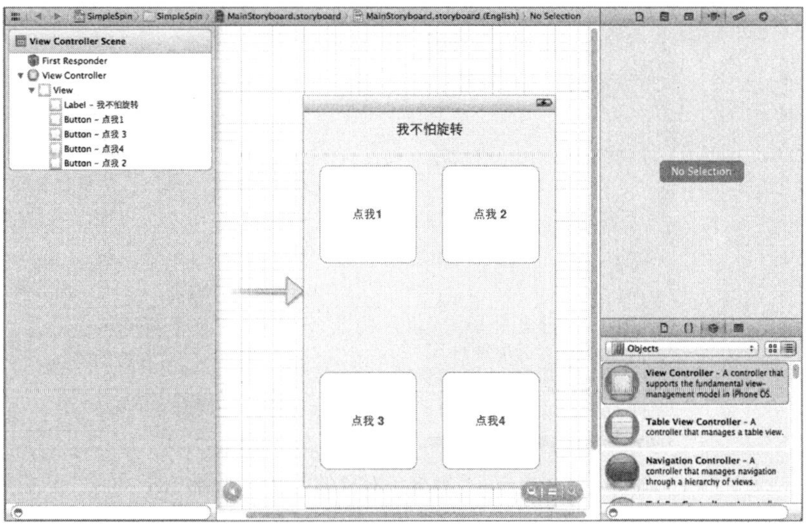

图20-2 创建可旋转的应用程序界面

（1）测试旋转

为了查看旋转后该界面是什么样的，可以模拟横向效果。为此在文档大纲中选择视图控制器，再打开Attributes Inspector(Option+ Command+ 4)；在Simulated Metrics部分，将Orientation的设置改为Landscape，Interface Builder编辑器将相应地调整，如图20-3所示。查看完毕后，务必将朝向改回到Portrait或Inferred。

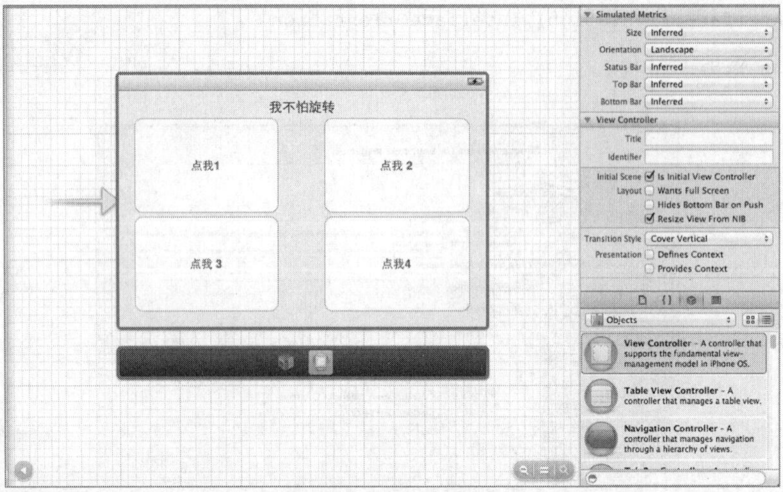

图20-3 修改模拟的朝向以测试界面旋转

此时旋转后的视图不太正确，原因是加入到视图中的对象默认锚定其左上角。这说明无论屏幕的朝向如何，对象左上角相对于视图左上角的距离都保持不变。另外，在默认情况下，对象不能在视图中调整大小。因此，无论是在纵向还是横向模式下，所有元素的大小都保持不变，哪怕它们不适合视图。为了修复这种问题并创建出与iOS设备相称的界面，需要使用Size Inspector（大小检查器）。

（2）Size Inspector中的Autosizing

自动旋转和自动调整大小功能是通过Size Inspector中的Autosizing设置实现的，如图20-4所示。

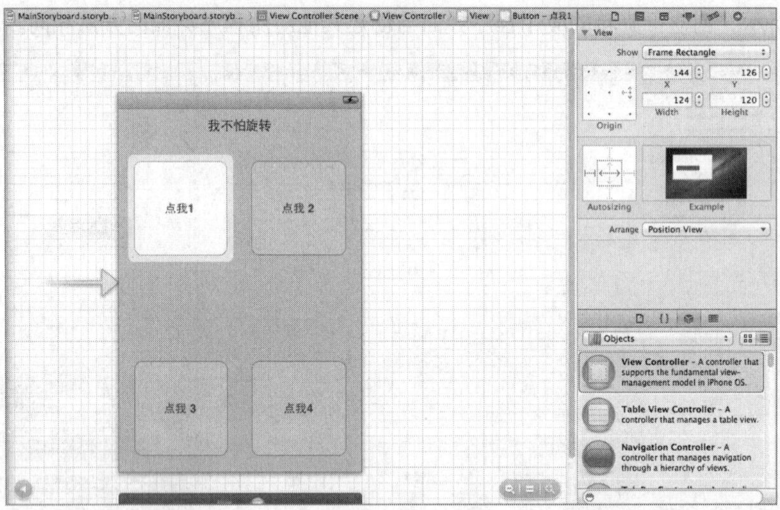

图20-4 Autosizing控制屏幕对象的属性anchor和size

（3）指定界面的Autosizing设置

为了使用合适的Autosizmg属性来修改simplespin界面，需要选择每个界面元素，按下快捷键“Option+command+5”打开size Inspector，再按下面的描述配置其锚定和大小调整属性。

- 我不怕旋转：这个标签应显示在视图顶端并居中，因此，其上边缘与视图上边缘的距离应保持不变，大小也应保持不变（Anchor设置为Top，Resizing设置为None）。
- 点我1：该按钮的左边缘与视图左边缘的距离应保持不变，但应让它在需要时上下浮动。它应能够水平调整大小，用以填满更大的水平空间（Anchor设置为Left，Resizing设置为Horizontal）。

- 点我2：该按钮右边缘与视图右边缘之间的距离应保持不变，但应允许它在需要时上下浮动。它应能够水平调整大小，用以填满更大的水平空间（Anchor设置为Right，Resizing设置为Horizontal）。
- 点我3：该按钮左边缘与视图左边缘之间的距离应保持不变，其下边缘与视图下边缘之间的距离也应如此。它应能够水平调整大小，用以填满更大的水平空间，Anchor设置为Left和Bottom，Resizing设置为Horizontal。
- 点我4：该按钮右边缘与视图右边缘之间的距离应保持不变，其下边缘与视图下边缘之间的距离也应如此。它应能够水平调整大小，用以填满更大的水平空间（Anchor设置为Right和Bottom，Resizing设置为Horizontal）。

当处理一两个UI对象后，会意识到描述需要的设置所需的时间比实际进行设置要长。指定锚定和大小调整设置后就可以旋转视图了。

此时运行该应用程序（或模拟横向模式）并预览结果，随着设备的移动，界面元素将自动调整大小，如图20-5所示。

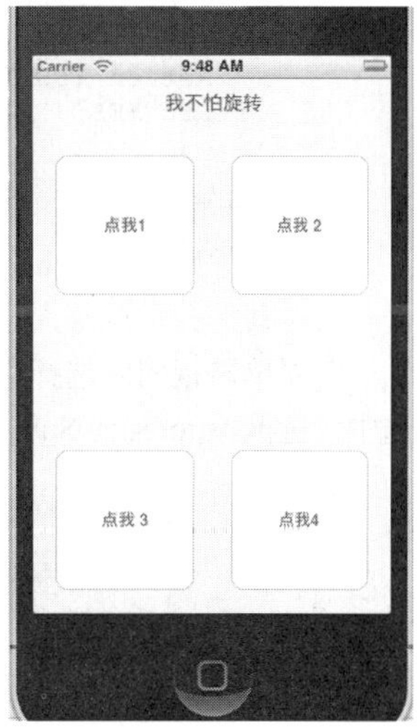

图20-5 执行效果

20.2.5 实战演练——在旋转时调整控件

在本章上一个实例中，已经演示了使用Interface Builder编辑器快速创建在横向和纵向模式下都能正确显示的界面。但是在很多情况下，使用Interface Builder都难以满足现实项目的需求，如果界面包含间距不规则的控件且布局紧密，将难以按预期的方式显示。另外，我们还可能想在不同朝向下调整界面，使其看起来截然不同，例如，将原本位于视图顶端的对象放到视图底部。在这两种情况下，可能想调整控件的框架以适合旋转后的iOS设备屏幕。本节的实例演示了旋转时调整控件的框架的方法，整个实现逻辑很简单：当设备旋转时，判断它将旋转到哪个朝向，然后设置每个要调整其位置或大小的UI元素的frame属性。下面就介绍如何完成这种工作。

本实例将创建两次界面，在Interface Builder编辑器中创建该界面的第一个版本后，将使用Size Inspector获取其中每个元素的位置和大小，然后旋转该界面，并调整所有控件的大小和位置，使其适合新朝向，并再次收集所有的框架值。最后通过实现一个方法设置在设备朝向发生变化时自动设置每个控件的框架值。

实例20-2	在旋转时调整控件
源码与视频路径	光盘:\daima\20\kuang

1. 创建项目

本实例不能依赖于单击来完成所有工作，因此需要编写一些代码。首先也是需要使用模板Single View Application创建一个项目，并将其命名为“kuang”。

（1）规划变量和连接

在本实例中将手工调整3个UI元素的大小和位置：包括两个按钮（UIButton）和一个标签（UILabel）。首先需要编辑头文件和实现文件，在其中包含对应于每个UI元素的输出口：buttonOne、buttonTwo和viewLabel。我们需要实现一个方法，但它不是由UI触发的操作。将编写willRotateToInterfaceOrientation:toInterfaceOrientation:duration:的实现，每当界面需要旋转时都将自动调用它。

（2）启用旋转

因为必须在方法shouldAutorotateToInterfaceOrientation:中启用旋转，所以需要修改文件ViewController.m，使其包含在本章上一个示例中添加的实现，具体代码如下所示：

```
- (BOOL)shouldAutorotateToInterfaceOrientation:(UIInterfaceOrientation)
```

```
interfaceOrientation
{
    // Return YES for supported orientations
    return YES;
}
```

2．设计界面

单击文件MainStoryboard.storyboard开始设计视图，具体流程如下所示。

（1）禁用自动调整大小

首先单击视图以选择它，并按Option+ Command+4快捷键打开Attributes Inspector。在View部分取消选中复选框Autoresize Subviews，如图20-6所示。

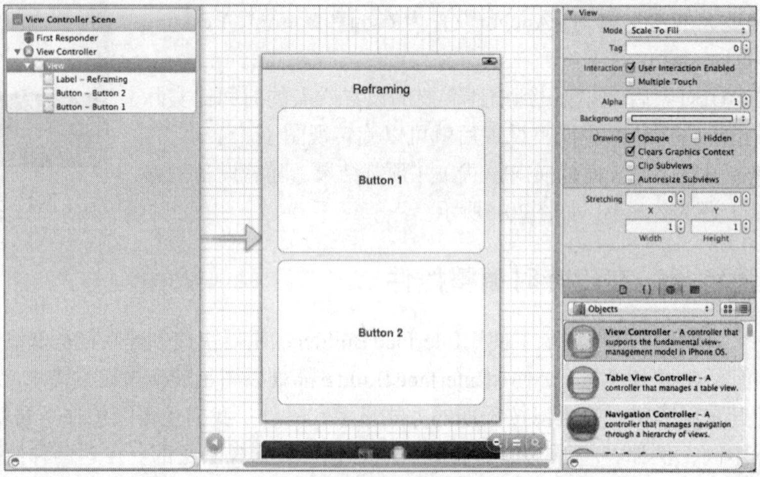

图20-6 禁用自动调整大小

如果没有禁用视图的自动调整大小功能，则应用程序代码调整UI元素的大小和位置的同时，iOS也将尝试这样做，但是结果可能很混乱。

（2）第一次设计视图

接下来需要像创建其他应用程序一样设计视图，在对象库中单击并拖曳这些元素到视图中。将标签的文本设置为“改变框架”，并将其放在视图顶端；将按钮的标题分别设置为“点我1”和“点我2”，并将它们放在标签下方，最终的布局如图20-7所示。

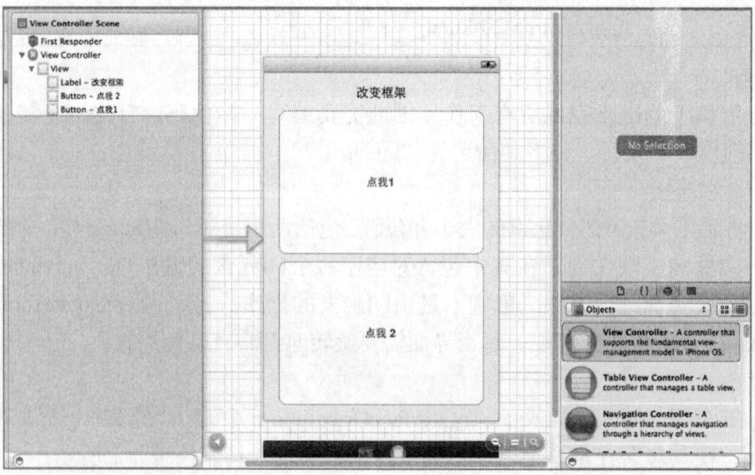

图20-7 设计视图

在获得所需的布局后，通过Size Inspector获取每个UI元素的frame属性值。首先选择标签，并按Option+ Command+5快捷键打开Size Inspector。单击Origin方块左上角，将其设置为度量坐标的原点。然后确保在下拉列表Show中选择了Frame Rectangle，如图20-8所示。

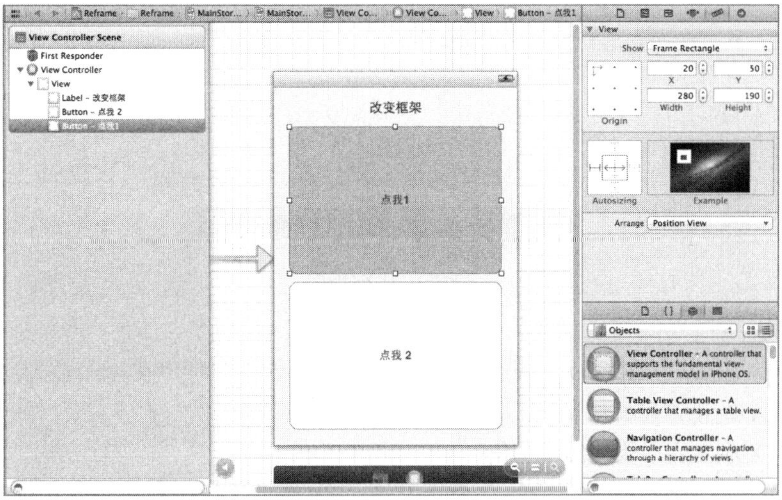

图20-8 使用Size Inspector显示要收集的信息

然后将该标签的X、Y、W（宽度）和H（高度）属性值记录下来，它们表示视图中对象的frame属性。对两个按钮重复上述过程。对于每个u元素都将获得4个值，其中iPhone项目中的框架值如下所示。

- 标签：X为95.0、Y为20.0、W为130.0、H为20.0。
- 点我 1：X为20.0、Y为50.0、W为280.0、H为190.0。
- 点我 2：X为20.0、Y为250.0、W为280.0、H为190.0。

iPad项目中的框架值如下所示。

- 标签：X为275.0、Y为20.0、W为225.0、H为60.0。
- 点我 1：X为20.0、Y为168.0、W为728.0、H为400.0。
- 点我 2：X为20.0、Y为584.0、W为728.0、H为400.0。

（3）重新排列视图

接下来重新排列视图，这是因为收集了配置纵向视图所需要的所有frame属性值，但是还没有定义标签和按钮在横向视图中的大小和位置。为了获取这些信息，需要以横向模式重新排列视图，收集所有的位置和大小信息，然后撤销所做的修改。此过程与前面做的类似，但是必须将设计视图切换横向模式。所以，在文档大纲中选择视图控制器，冉在Attributes Inspector(Option+Command+4)中将Orientation的设置改为Landscape。当切换到横向模式后，调整所有元素的大小和位置，使其与我们希望它们在设备处于横向模式时的大小和位置相同。由于将以编程方式来设置位置和大小，因此，对如何排列它们没有任何限制。在此将“点我1”放在顶端，并使其宽度比视图稍小；将“点我2”放在底部，并使其宽度比视图稍小；将标签“改变框架”放在视图中央，如图20-9所示。

与前面一样，获得所需的视图布局后，使用Size Inspector (Option+Command+5)组合键收集每个UI元素的x和y坐标，以及宽度和高度。这里列出在横向模式下使用的框架值供大家参考。

对于iPhone项目。

- 标签：X为175.0、Y为140.0、W为130.0、H为20.0。
- 点我 1：X为20.0、Y为20.0、W为440.0、H为100.0。
- 点我 2：X为20.0、Y为180.0、W为440.0、H为100.0。

图20-9 排列视图

对于iPad项目。

- ❑ 标签：X为400.0、Y为340.0、W为225.0、H为60.0。
- ❑ 点我 1：X为20.0、Y为20.0、W为983.0、H为185.0。
- ❑ 点我 2：X为20.0、Y为543.0、W为983.0、H为185.0。

收集横向模式下的frame属性值后，撤销对视图所做的修改。为此，可不断选择菜单Edit>Undo(Command+Z)，一直到恢复到为纵向模式设计的界面。保存文件MainStoryboard.storyboard。

3．创建并连接输出口

在编写调整框架的代码前，还需将标签和按钮连接到在这个项目开始时规划的输出口。所以，需要切换到助手编辑器模式，然后按住Control键，从每个UI元素拖曳到接口文件ViewController.h，并正确地命名输出口（viewLabel、buttonOne和buttonTwo）。图20-10显示了从"改变框架"标签到输出口viewLabel的连接。

4．实现应用程序逻辑

调整界面元素的框架

每当需要旋转iOS界面时，都会自动调用方法willRotateToInterfaceOrientation:toInterfaceOrientation:duration:，这样把参数toInterfaceOrientation同各种iOS朝向常量进行比较，以确定应使用横向还是纵向视图的框架值。

在Xcode中打开文件ViewController.m，并添加如下所示的代码：

```
-(void)willRotateToInterfaceOrientation:
        (UIInterfaceOrientation)toInterfaceOrientation
        duration:(NSTimeInterval)duration {

    [super willRotateToInterfaceOrientation:toInterfaceOrientation
                                   duration:duration];

    if (toInterfaceOrientation == UIInterfaceOrientationLandscapeRight ||
        toInterfaceOrientation == UIInterfaceOrientationLandscapeLeft) {
        self.viewLabel.frame=CGRectMake(175.0,140.0,130.0,20.0);
        self.buttonOne.frame=CGRectMake(20.0,20.0,440.0,100.0);
        self.buttonTwo.frame=CGRectMake(20.0,180.0,440.0,100.0);
    } else {
        self.viewLabel.frame=CGRectMake(95.0,20.0,130.0,20.0);
        self.buttonOne.frame=CGRectMake(20.0,50.0,280.0,190.0);
        self.buttonTwo.frame=CGRectMake(20.0,250.0,280.0,190.0);
    }
}
```

到此为止，整个实例介绍完毕，运行后并旋转iOS模拟器，这样在用户旋转设备时会自动重新排列界面，执行效果如图20-11所示。

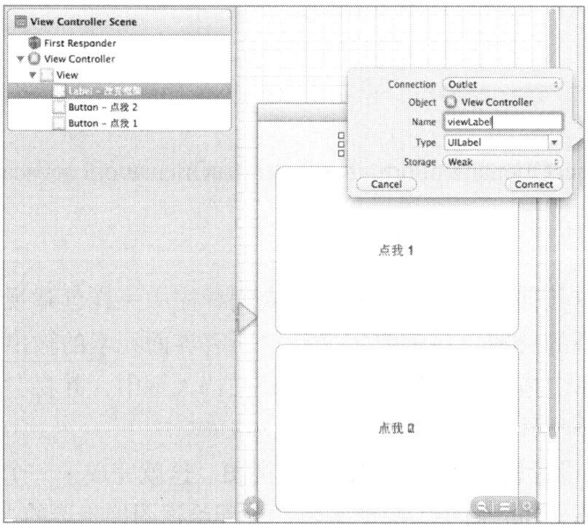

图20-10 创建与标签和按钮相关联的输出口

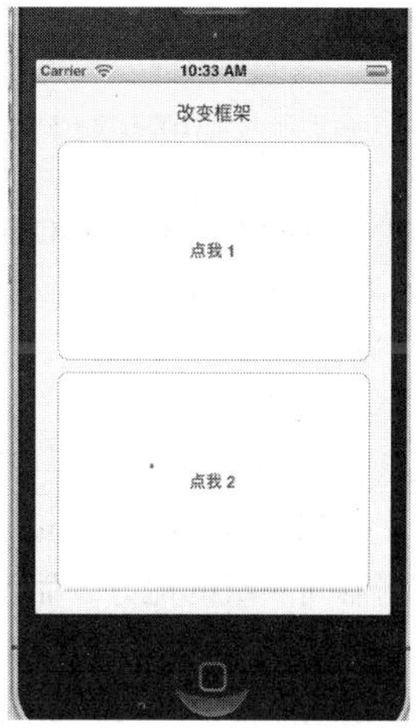

图20-11 执行效果

20.2.6 实战演练——旋转时切换视图

在iOS项目应用中，有一些应用程序可以根据设备的朝向显示完全不同的用户界面。例如，iPhonc应用程序Music在纵向模式下显示一个可滚动的歌曲列表，而在横向模式下显示一个可快速滑动的CoverFlow式专辑视图。通过在手机旋转时切换视图，可以创建适应外观剧烈变化的应用程序。

本实例演示了在Interface Builder编辑器中管理横向和纵向视图的知识。本章前面的示例都使用一个视图，并重新排列该视图以适应不同的朝向。但是，如果图太复杂或在不同朝向下差别太大，导致这种方式不可行，可使用两个不同的视图和单个视图控制器。这个示例就将这样做。首先在传统的单视图应用程序中再添加一个视图，然后对两个视图进行设计，并确保能够在代码中通过属性轻松地访问它们。完成这些工作后还需要编写必要的代码，在设备旋转时在这两个视图之间进行切换。

实例20-3	旋转时切换视图
源码与视频路径	光盘:\daima\20\xuanqie

1. 创建项目

使用模板Single View Application创建一个名为“xuanqie”的项目。虽然该项目已包含一个视图（将把它用作默认的纵向视图），但还需提供一个横向视图。

（1）规划变量和连接

虽然本实例不会提供任何真正的用户界面元素，但是，需要以编程方式访问两个UIView实例，其中一个视图用于纵向模式（portraitView），另一个用于横向模式（landscapeView）。与上一个实例一样，也是实现一个方法，但它不是由任何界面元素触发的。

（2）添加一个常量用于表示度到弧度的转换系数

我们需要调用一个特殊的Core Graphics方法来指定如何旋转视图，在调用这个方法时，需要传入一个以弧度而不是度为单位的参数。也就是说，不需要将视图旋转90°，而必须告诉它要旋转1.57弧度。为了帮助实现这种转换，需要定义一个表示转换系数的常量，将度数与该常量相乘将得到弧度数。为了定义该常量，在文件ViewController.m中将下面的代码行添加到#import代码行的后面：

```
#define kDeg2Rad (3.1415926/180.0)
```

（3）启用旋转

在此需要确保视图控制器的shouldAutorotateToInterface Orientation的行为与期望的一致。本实例将只允许在两个横向模式和非倒转纵向模式之间旋转。修改文件ViewController.m，在其中包含如下所示的代码：

```
- (BOOL)shouldAutorotateToInterfaceOrientation:(UIInterfaceOrientation)
interfaceOrientation
  {
    return (interfaceOrientation != UIInterfaceOrientationPortraitUpsideDown);
}
```

其实可以将参数interfaceOrientation同UIInterfaceOrientationPortrait、UIInterfaceOrientationLandscapeRight和UIInterfaceOrientationLandscapeLeft进行比较。

2．设计界面

采用切换视图的方式时，对视图的设计没有任何限制，可像在其他应用程序中一样创建视图。唯一不同是，如果有多个由同一个视图控制器处理的视图，将需要定义针对所有界面元素的输出口。首先打开文件MainStoryboard.storyboard，从对象库中拖曳一个UIView实例到文档大纲中，并将它放在与视图控制器同一级的地方，而不要将其放在现有视图中，如图20-12所示。

打开默认视图并在其中添加一个标签，然后设置背景色，以方便区分视图。这就完成了一个视图的设计，但是还需要设计另一个视图。但是在Interface Builder中，只能编辑被分配给视图控制器的视图。

在文档大纲中，将刚创建的视图拖出视图控制器的层次结构，将其放到与视图控制器同一级的地方。在文档大纲中，将第二个视图拖曳到视图控制器上。这样就可编辑该视图了，并且指定了独特的背景色，并添加了一个标签（如Landscape View）。

在设计好第二个视图后，重新调整视图层次结构，将纵向视图嵌套在视图控制器中，并将横向视图放在与视图控制器同一级的地方。如果想让这个应用程序更加有趣，也可以添加其他控件并根据需要设计视图，图20-13显示了最终的横向视图和纵向视图。

3．创建并连接输出口

为完成界面方面的工作，需要将两个视图连接到两个输出口。嵌套在视图控制器中的默认视图将连接到portraitView，而第二个视图将连接到landscpaeView。切换到助手编辑器模式，并确保文档大纲。因为要连接的是视图而不是界面元素，所以，建立这些连接的最简单方式是按住Control键，并把文档大纲中的视图拖曳到文件ViewController.h中。

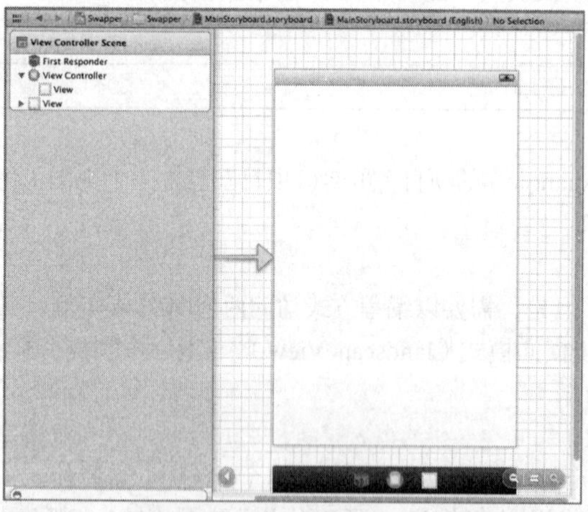

图20-12　在场景中再添加一个视图

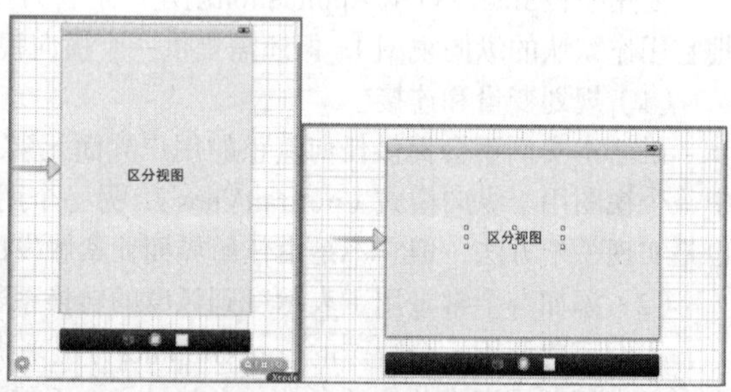

图20-13　对两个视图进行编辑

按住Control键，并从默认（嵌套）视图拖曳到ViewController.h中代码行@interface下方。为该视图创建一个名为portraitView的输出口，对第二个视图重复上述操作，并将输出口命名为landscapeView。

4．实现应用程序逻辑

（1）视图旋转逻辑

要想成功地显示横向视图，必须对其进行旋转并指定其大小，这是因为视图没有内置的逻辑指出它是横向视图，它只知道自己将在纵向模式下显示，但包含的UI元素超出了屏幕边缘。这样当每次改变朝向时，都需要执行如下3个步骤：

- 切换视图；
- 通过属性transform将视图旋转到合适的朝向；
- 通过属性bounds设置视图的原点和大小。

例如，假设要旋转到主屏幕按钮位于右边的横向模式，首先需要切换视图。为此可以将表示视图控制器的当前视图的属性self.view设置为实例变量landscapeView。如果仅这样做，视图将正确切换，但不会旋转到横向模式。以纵向方式显示横向视图很不美观，例如：

```
self.view=self.landscapeView;
```

然后，为了处理旋转，需要设置视图的transform属性。该属性设置了在显示视图前应该如何变换它。为了满足这里的需求，必须将视图旋转90°（对于主屏幕按钮在右边的横向模式）旋转–90°（对于主屏幕按钮位于左边的横向模式）和0°（对于纵向模式）。所幸的是为了处理旋转，Core Graphics的C语言函数CGAffineTransformMakeRotation()接受一个以弧度为单位的角度，并向transform属性提供一个合适的结构，例如：

```
self .view.transform=CGAffineTransformMakeRotation (deg2rad *(90));
```

最后，设置视图的属性bounds。bounds指定了视图变换后的原点和大小。iPhone纵向视图的原点坐标为（0，0），而宽度和高度分别是320.0和460.0（iPad为768.0和1004.0）。横向视图的原点坐标也是（0，0），但是，宽度和高度分别为为480.0和300.0（iPad为1024和748.0）。与属性frame一样，也使用CGRectMake()的结果来设置bounds属性，例如：

```
self .view.bounds=CGRectMake (0.0,0.0,480.0,320.0);
```

这样了解所需的步骤后，接下来开始看具体的实现。

（2）编写视图旋转逻辑

本实例的所有核心功能都是在方法willRotateToInterfaceOrientation: toInterfaceOrientation:duration:中实现的，文件ViewController.m中的此方法的具体实现代码如下所示：

```
-(void)willRotateToInterfaceOrientation:
(UIInterfaceOrientation)toInterfaceOrientation
                              duration:(NSTimeInterval)duration {
//将界面旋转消息发送给父对象，让其做出合适的反应
[super willRotateToInterfaceOrientation:toInterfaceOrientation
                              duration:duration];
//处理向右旋转（主屏幕按钮位于右边的横向模式）
    if (toInterfaceOrientation == UIInterfaceOrientationLandscapeRight) {
        self.view=self.landscapeView;
        self.view.transform=CGAffineTransformMakeRotation
(kDeg2Rad*(90));
        self.view.bounds=CGRectMake(0.0,0.0,480.0,300.0);
    }
   //处理向左旋转（主屏幕按钮位于左边的横向模式）
else if (toInterfaceOrientation == UIInterfaceOrientation
LandscapeLeft) {
        self.view=self.landscapeView;
        self.view.transform=CGAffineTransformMakeRotation
(kDeg2Rad*(-90));
        self.view.bounds=CGRectMake(0.0,0.0,480.0,300.0);
    }
   //将视图配置为默认朝向：纵向
else {
        self.view=self.portraitView;
        self.view.transform=CGAffineTransform
MakeRotation(0);
        self.view.bounds=CGRectMake(0.0,0.0,320.0,460.0);
    }
}
```

图20-14 执行效果

到此为止，整个实例介绍完毕，执行后的效果如图20-14所示。

第21章

图形、图像、图层和动画

经过本书前面内容的学习，已经向大家详细讲解了iOS中的常用控件。在本章内容开始，将带领大家更上一层楼，开始详细讲解iOS中的典型应用。在本章的内容中，将首先详细讲解iOS应用中的图形、图像、图层和动画的基本知识，为读者步入本书后面知识的学习打下基础。

21.1 图形处理

在本节的内容中，将首先讲解在iOS中处理图形的基本知识。其中讲解了iOS的绘图机制，然后通过具体实例讲解绘图机制的使用方法。

21.1.1 iOS 的绘图机制

iOS的视图可以通过drawRect自己绘图，每个View的Layer（CALayer）就像一个视图的投影，其实也可以来操作它定制一个视图，例如，半透明圆角背景的视图。在iOS中绘图可以有如下两种方式。

（1）采用iOS的核心图形库

iOS的核心图形库是Core Graphics，缩写为CG。主要是通过核心图形库和UIKit进行封装，其更加贴近我们经常操作的视图（UIView）或窗体（UIWindow）。例如，前面提到的 drawRect，我们只负责在drawRect里进行绘图即可，没有必要去关注界面的刷新频率，至于什么时候调用drawRect都由iOS的视图绘制来管理。

（2）采用OpenGL ES

OpenGL ES经常用在游戏等需要对界面进行高频刷新和自由控制中，通俗的理解就是其更加贴近直接对屏幕的操控。在很多游戏编程中，可能不需要一层一层的框框，直接在界面上绘制，并且通过多个的内存缓存绘制来让画面更加流畅。由此可见，OpenGL ES完全可以作为视图机制的底层图形引擎。

在iOS的众多绘图功能中，OpenGL和Direct X等是我们到处能看到的。所以，在本书中不再赘述了，现在的主题主要侧重前者，并且侧重如何通过绘图机制来定制视图。先来看看我们最熟悉的Windows自带画图器（我觉得它就是对原始画图工具的最直接体现），如图21-1所示。

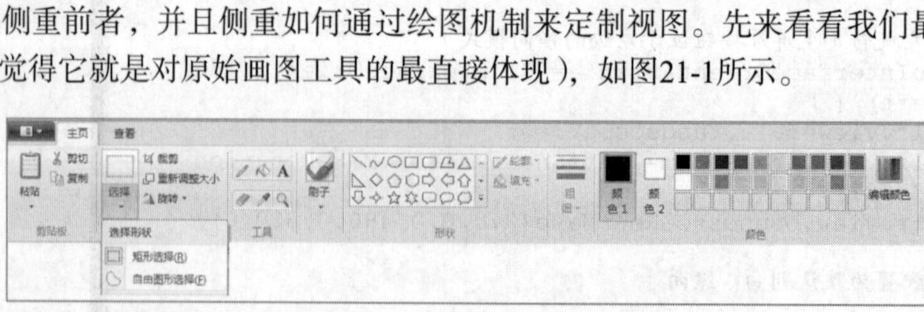

图21-1 Windows自带的画图器

如果会用绘图器来绘制线条、形状、文字、选择颜色，并且可以填充颜色，那么iOS中的绘图机制也可以做到这些功能，只是用程序绘制的时候需要牢牢记住这个画图板。如果要绘图，最起码得有一个面板。在iOS绘图中，面板是一个画图板（Graphics Contexts）。所有画图板需要先规定一下，否则计算机的画图都是需要用数字告诉人家的，那坐标体系就先要明确一下了。

在 iOS的2D绘图中采用的就是熟知的直角坐标系，即原点在左下方，右上为正轴，这里要注意的是和我们在视图（UIView）中布局的坐标系是不一样的，它的圆点在左上，右下为正轴。当我们在视图的drawRect中工作的时候，拿到的画板已经是左上坐标的了，那这时候要去把一个有自己坐标体系的内容直接绘制，就会出现坐标不一致问题，例如，直接绘制图片就会倒立（后面我们会说坐标变换的一些内容，这里不要急）。

Windows画图板里面至少能看到一个画图板，在iOS绘图中其实也有一个“虚拟”的画图板（Graphics Contexts），所有的绘图操作都在这个画图板里面操作。在视图（UIView)的drawRect中操作时，其实视图引擎已经帮我们准备好了画板，甚至当前线条的粗细和当前绘制的颜色等都给传递过来了。只需要“接”到这个画板，然后拿起各种绘图工具绘就可以了。

接下来举一个简单例子来说明一下具体的绘图过程：

```
-(void)drawRect:(CGRect)rect{
        CGContextRef ref=UIGraphicsGetCurrentContext();
                             // “拿”到当前被准备好的画板。在这个画板上画就是在当前视图上画
        CGContextBeginPath(ref);   //这里提到一个很重要的概念叫路径(path)，其实就是告诉画板
                                   //环境，我们要开始画了，你记下
        CGContextMoveToPoint(ref, 0, 0);//画线需要我解释吗？不用了吧？就是两点确定一条直线了
        CGContextAddLineToPoint(ref, 300,300);
        CGFloat redColor[4]={1.0,0,0,1.0};
        CGContextSetStrokeColor(ref, redColor);//设置了一下当前那个画笔的颜色。画笔啊！你
                                               //记着我前面说的Windows画图板吗
        CGContextStrokePath(ref);//告诉画板，对我移动的路径用画笔画一下
}
```

在上述代码中，通过注释详细说明了每一个步骤。在iOS应用中，无论你画圈还是绘制各种图形，都离不开如下所示的步骤。

（1）“拿”到当前面板。

（2）开始画声明。

（3）绘制。

（4）提交画。

Core Graphics中常用的绘图方法如下所示。

- drawAsPatternInRect：在矩形中绘制图像，不缩放，但是在必要时平铺。
- drawAtPoint：利用CGPoint作为左上角，绘制完整的不缩放的图像。
- drawAtPoint:blendMode:alpha：drawAtPoint的一种更复杂的形式。
- drawInRect：在CGRect中绘制完整的图像，适当地缩放。
- drawInRect:blendMode:alpha：drawInRect的一种更复杂的形式。

21.1.2 实战演练——在屏幕中绘制一个三角形

在本实例的功能是，在屏幕中绘制一个三角形。当触摸屏幕中的3点后，会在这3点绘制一个三角形。在具体实现时，定义三角形的3个CGPoint点对象firstPoint、secondPoint和thirdPoint，然后使用drawRect方法将这3个点连接起来。

实例21-1	在屏幕中绘制一个三角形
源码与视频路径	光盘:\daima\21\ThreePointTest

（1）编写文件ViewController.h，此文件的功能是布局视图界面中的元素，本实例比较简单，只用到了UIViewController，具体代码如下所示：

```
#import <UIKit/UIKit.h>
@interface ViewController : UIViewController
@end
```

（2）文件ViewController.m是文件ViewController.h的实现，具体代码如下所示。

```
#import "ViewController.h"
#import "TestView.h"
@implementation ViewController
- (void)didReceiveMemoryWarning
{
    [super didReceiveMemoryWarning];
    // 释放任何没有使用的缓存的数据、图像
}
#pragma mark - View lifecycle
- (void)viewDidLoad
{
    [super viewDidLoad];
    // 加载视图
    TestView *view = [[TestView alloc]initWithFrame:self.view.frame];
    self.view = view;
    [view release];
}
- (void)viewDidUnload
{
    [super viewDidUnload];
}
- (void)viewWillAppear:(BOOL)animated
{
    [super viewWillAppear:animated];
}
- (void)viewDidAppear:(BOOL)animated
{
    [super viewDidAppear:animated];
}
- (void)viewWillDisappear:(BOOL)animated
{
    [super viewWillDisappear:animated];
}
- (void)viewDidDisappear:(BOOL)animated
{
    [super viewDidDisappear:animated];
}
-
(BOOL)shouldAutorotateToInterfaceOrientation:(UIInterfaceOrientation)interfaceOrien
tation
{
    // 返回支持的方向
    return (interfaceOrientation != UIInterfaceOrientationPortraitUpsideDown);
}
@end
```

（3）编写头文件 TestView.h，此文件定义了三角形的3个CGPoint点对象firstPoint、secondPoint和thirdPoint，具体代码如下所示：

```
#import <UIKit/UIKit.h>
@interface TestView : UIView
{
    CGPoint firstPoint;
    CGPoint secondPoint;
    CGPoint thirdPoint;
    NSMutableArray *pointArray;
}
@end
```

（4）文件TestView.m是文件TestView.h的实现，具体代码如下所示：

```
#import "TestView.h"
@implementation TestView
- (id)initWithFrame:(CGRect)frame
{
    self = [super initWithFrame:frame];
    if (self) {
```

```
        // 初始化代码
        self.backgroundColor = [UIColor whiteColor];
        pointArray = [[NSMutableArray alloc]initWithCapacity:3];
        UILabel *label = [[UILabel alloc]initWithFrame:CGRectMake(0, 0, 320, 40)];
        label.text = @"任意单击屏幕内的3点以确定一个三角形";
        [self addSubview:label];
        [label release];
    }
    return self;
}
//如果执行了自定义绘制，则只覆盖drawrect
//一个空的实现产生不利的影响会表现在动画
- (void)drawRect:(CGRect)rect
{
    // 绘制代码
    CGContextRef context = UIGraphicsGetCurrentContext();
    CGContextSetRGBStrokeColor(context, 0.5, 0.5, 0.5, 1.0);
    // 绘制更加明显的线条
    CGContextSetLineWidth(context, 2.0);
    // 画一条连接起来的线条
    CGPoint addLines[] =
    {
        firstPoint,secondPoint,thirdPoint,firstPoint,
    };
    CGContextAddLines(context, addLines, sizeof(addLines)/sizeof(addLines[0]));
    CGContextStrokePath(context);
}
- (void)touchesBegan:(NSSet *)touches withEvent:(UIEvent *)event
{
}
- (void)touchesMoved:(NSSet *)touches withEvent:(UIEvent *)event
{
}
- (void)touchesEnded:(NSSet *)touches withEvent:(UIEvent *)event
{
    UITouch * touch = [touches anyObject];
    CGPoint point = [touch locationInView:self];
    [pointArray addObject:[NSValue valueWithCGPoint:point]];
    if (pointArray.count > 3) {
        [pointArray removeObjectAtIndex:0];
    }
    if (pointArray.count==3) {
        firstPoint = [[pointArray
objectAtIndex:0]CGPointValue];
        secondPoint = [[pointArray
objectAtIndex:1]CGPointValue];
        thirdPoint = [[pointArray
objectAtIndex:2]CGPointValue];
    }
    NSLog(@"%@",[NSString
stringWithFormat:@"1:%f/%f\n2:%f/%f\n3:%f/%f",firstPoint.
x,firstPoint.y,secondPoint.x,secondPoint.y,thirdPoint.x,t
hirdPoint.y]);
    [self setNeedsDisplay];
}
-(void)dealloc{
    [pointArray release];
    [super dealloc];
}
@end
```

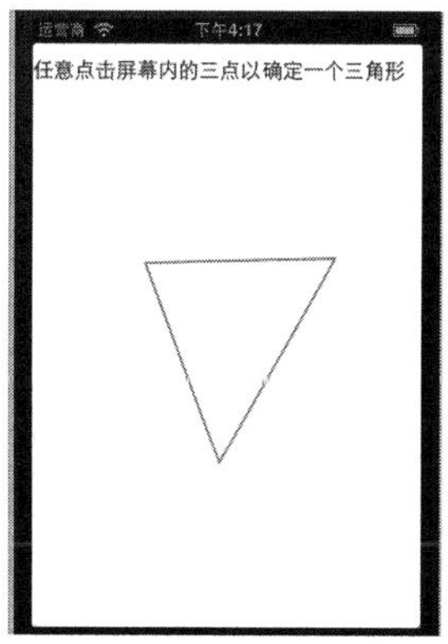

图21-2 执行效果

执行后的效果如图21-2所示。

21.2 图像处理

在iOS应用中，可以使用UIImageView来处理图像，在本书前面的内容中已经讲解了使用

UIImageView处理图像的基本知识。其实除了UIImageView外，还可以使用Core Graphics实现对图像的绘制处理。

21.2.1 实战演练——实现颜色选择器/调色板功能

本实例的功能是在屏幕中实现颜色选择器/调色板功能，可以十分简单地使用颜色选择器。在本实例中没有用到任何图片素材，在颜色选择器可以根据饱和度（saturation）和亮度（brightness）来选择某个色系，类似于PhotoShop上的颜色选择器。

实例21-2	在屏幕中实现颜色选择器/调色板功能
源码与视频路径	光盘:\daima\21\ColorPicker

（1）编写文件ILColorPickerDualExampleControllerr.m，此文件的功能是实现一个随机颜色效果，具体代码如下所示：

```
#import "ILColorPickerDualExampleController.h"
@implementation ILColorPickerDualExampleController
#pragma mark - View lifecycle
- (void)viewDidLoad
{
    [super viewDidLoad];
    // 建立一个随机颜色
    UIColor *c=[UIColor colorWithRed:(arc4random()%100)/100.0f
                                green:(arc4random()%100)/100.0f
                                blue:(arc4random()%100)/100.0f
                                alpha:1.0];
    colorChip.backgroundColor=c;
    colorPicker.color=c;
    huePicker.color=c;
}
#pragma mark - ILSaturationBrightnessPickerDelegate implementation

-(void)colorPicked:(UIColor *)newColor forPicker:(ILSaturationBrightnessPickerView
*)picker
{
    colorChip.backgroundColor=newColor;
}
@end
```

（2）编写文件UIColor+GetHSB.m，此文件通过CGColorSpaceModel设置了颜色模式值，具体代码如下所示：

```
#import "UIColor+GetHSB.h"
@implementation UIColor(GetHSB)
-(HSBType)HSB
{
    HSBType hsb;
    hsb.hue=0;
    hsb.saturation=0;
    hsb.brightness=0;
    CGColorSpaceModel model=CGColorSpaceGetModel(CGColorGetColorSpace([self CGColor]));
if ((model==kCGColorSpaceModelMonochrome) || (model==kCGColorSpaceModelRGB))
    {
        const CGFloat *c = CGColorGetComponents([self CGColor]);
       float x = fminf(c[0], c[1]);
        x = fminf(x, c[2]);
        float b = fmaxf(c[0], c[1]);
        b = fmaxf(b, c[2]);
       if (b == x)
        {
            hsb.hue=0;
            hsb.saturation=0;
            hsb.brightness=b;
        }
```

```
        else
        {
            float f = (c[0] == x) ? c[1] - c[2] : ((c[1] ==
x) ? c[2] - c[0] : c[0] - c[1]);
            int i = (c[0] == x) ? 3 : ((c[1] == x) ? 5 : 1);

            hsb.hue=((i - f /(b - x))/6);
            hsb.saturation=(b - x)/b;
            hsb.brightness=b;
        }
    }
return hsb;
}
```

执行后的效果如图21-3所示。

图21-3 执行效果

21.2.2 实战演练——实现滑动颜色选择器/调色板功能

在本实例的功能是，在屏幕中实现滑动颜色选择器/调色板功能，并且在选择颜色时，还有放大镜查看功能，这样可以清楚地看到选择了哪个颜色。除此之外，本实例还可以调整调色板颜色的亮度。

实例21-3	在屏幕中实现滑动颜色选择器/调色板功能
源码与视频路径	光盘:\daima\21\RSColorPicker

实例文件 RSBrightnessSlider.m的具体代码如下所示：

```
#import "RSBrightnessSlider.h"
#import "RSColorPickerView.h"
#import "ANImageBitmapRep.h"
/**
 * 为背景创建默认的绘制位图
 */
CGContextRef RSBitmapContextCreateDefault(CGSize size){
    size_t width = size.width;
    size_t height = size.height;
    size_t bytesPerRow = width * 4;         // 每行的字节argb
    bytesPerRow += (16 - bytesPerRow%16)%16; //确保是16的倍数
    CGColorSpaceRef colorSpace = CGColorSpaceCreateDeviceRGB();
    CGContextRef ctx = CGBitmapContextCreate(NULL,          //自动配置
                                             width,  //宽度
      height,        //高度
      8,             //每个的尺寸
    bytesPerRow,  //每行的字节大小
    colorSpace,   //CGColorSpaceRef空间
    kCGImageAlphaPremultipliedFirst );//CGBitmapInfo对象bitmapInfo
    CGColorSpaceRelease(colorSpace);
    return ctx;
}
/**
 *返回有滑块的、沙漏状的图像，看上去有点像：
 *
 *  6 ______ 5
 *     \    /
 *   7 \  / 4
 *    ->||<--- cWidth (Center Width)
 *       ||
 *   8 /  \ 3
 *    /    \
 *  1 ------ 2
 */
UIImage* RSHourGlassThumbImage(CGSize size, CGFloat cWidth){
    //设置大小
    CGFloat width = size.width;
    CGFloat height = size.height;
    //设置背景
    CGContextRef ctx = RSBitmapContextCreateDefault(size);
```

```
    //设置颜色
    CGContextSetFillColorWithColor(ctx, [UIColor blackColor].CGColor);
    CGContextSetStrokeColorWithColor(ctx, [UIColor whiteColor].CGColor);
    //绘制滑块，看上面图的点的个数
    CGFloat yDist83 = sqrtf(3)/2*width;
    CGFloat yDist74 = height - yDist83;
    CGPoint addLines[] = {
        CGPointMake(0, -1),                          //Point 1
        CGPointMake(width, -1),                      //Point 2
        CGPointMake(width/2+cWidth/2, yDist83),      //Point 3
        CGPointMake(width/2+cWidth/2, yDist74),      //Point 4
        CGPointMake(width, height+1),                //Point 5
        CGPointMake(0, height+1),                    //Point 6
        CGPointMake(width/2-cWidth/2, yDist74),      //Point 7
        CGPointMake(width/2-cWidth/2, yDist83)       //Point 8
    };
    //填充路径
    CGContextAddLines(ctx, addLines, sizeof(addLines)/sizeof(addLines[0]));
    CGContextFillPath(ctx);
    //笔画路径
    CGContextAddLines(ctx, addLines, sizeof(addLines)/sizeof(addLines[0]));
    CGContextClosePath(ctx);
    CGContextStrokePath(ctx);
    CGImageRef cgImage = CGBitmapContextCreateImage(ctx);
    CGContextRelease(ctx);
     UIImage* image = [UIImage imageWithCGImage:cgImage];
     CGImageRelease(cgImage);
    return image;
}
/**
 * 返回的图像下图:
 *
 * +-----+
 * | +-+ | -----------------------
 * | | | |                       |
 * ->| |<--- loopSize.width     loopSize.height
 * | | | |                       |
 * | +-+ | -----------------------
 * +-----+
 */
UIImage* RSArrowLoopThumbImage(CGSize size, CGSize loopSize){
   //设置矩形
   CGRect outsideRect = CGRectMake(0, 0, size.width, size.height);
   CGRect insideRect;
   insideRect.size = loopSize;
   insideRect.origin.x = (size.width - loopSize.width)/2;
   insideRect.origin.y = (size.height - loopSize.height)/2;
   //设置背景
    CGContextRef ctx = RSBitmapContextCreateDefault(size);
   //设置颜色
   CGContextSetFillColorWithColor(ctx, [UIColor blackColor].CGColor);
   CGContextSetStrokeColorWithColor(ctx, [UIColor whiteColor].CGColor);
   CGMutablePathRef loopPath = CGPathCreateMutable();
   CGPathAddRect(loopPath, nil, outsideRect);
   CGPathAddRect(loopPath, nil, insideRect);
   //填充路径
   CGContextAddPath(ctx, loopPath);
   CGContextEOFillPath(ctx);
   //笔画路径
   CGContextAddRect(ctx, insideRect);
   CGContextStrokePath(ctx);
   CGImageRef cgImage = CGBitmapContextCreateImage(ctx);
   CGPathRelease(loopPath);
   CGContextRelease(ctx);

   UIImage* image = [UIImage imageWithCGImage:cgImage];
   CGImageRelease(cgImage);
   return image;
}
```

```
@implementation RSBrightnessSlider
-(id)initWithFrame:(CGRect)frame {
    self = [super initWithFrame:frame];
    if (self) {
        self.minimumValue = 0.0;
        self.maximumValue = 1.0;
        self.continuous = YES;
        self.enabled = YES;
        self.userInteractionEnabled = YES;
        [self addTarget:self action:@selector(myValueChanged:)
forControlEvents:UIControlEventValueChanged];
    }
    return self;
}
-(void)setUseCustomSlider:(BOOL)use {
    if (use) {
        [self setupImages];
    }
}
-(void)myValueChanged:(id)notif {
    [colorPicker setBrightness:self.value];
}
-(void)setupImages {
    ANImageBitmapRep *myRep = [[ANImageBitmapRep alloc]
initWithSize:BMPointMake(self.frame.size.width, self.frame.size.height)];
    for (int x = 0; x < myRep.bitmapSize.x; x++) {
        CGFloat percGray = (CGFloat)x / (CGFloat)myRep.bitmapSize.x;
        for (int y = 0; y < myRep.bitmapSize.y; y++) {
            [myRep setPixel:BMPixelMake(percGray,
percGray, percGray, 1.0) atPoint:BMPointMake(x, y)];
        }
    }
    [self setMinimumTrackImage:[myRep image]
forState:UIControlStateNormal];
    [self setMaximumTrackImage:[myRep image]
forState:UIControlStateNormal];

    [myRep release];
}
-(void)setColorPicker:(RSColorPickerView*)cp {
    colorPicker = cp;
    if (!colorPicker) { return; }
    self.value = [colorPicker brightness];
}
@end
```

执行后的效果如图21-4所示。

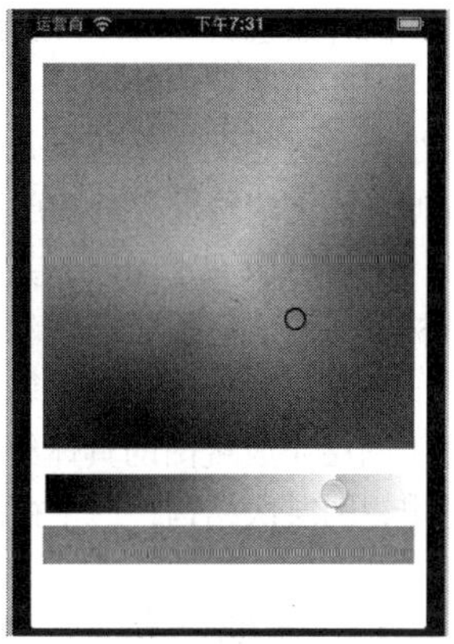

图21-4 执行效果

21.3 图层

UIView与图层（CALayer）相关，UIView实际上不是将其自身绘制到屏幕，而是将自身绘制到图层，然后图层在屏幕上显示出来。iOS系统不会频繁地重画视图，而是将绘图缓存起来，这个缓存版本的绘图在需要时就被使用。缓存版本的绘图实际上就是图层。理解了图层就能更深入地理解视图了，图层使视图看起来更强大。尤其是在如下3种情况下。

（1）图层有影响绘图效果的属性。

由于图层是视图绘画的接收者和呈现者，可以通过访问图层属性来修改视图的屏幕显示。换言之，通过访问图层，你可以让视图达到仅通过UIView方法无法达到的效果。

（2）图层可以在一个单独的视图中被组合起来。

视图的图层可以包含其他图层。由于图层是用来绘图的，在屏幕上显示。这使得UIView的绘图能够有多个不同板块。通过把一个绘图的组成元素看成对象，这将使绘图更简单。

（3）图层是动画的基本部分。

动画能够给界面增添明晰感、着重感，以及简单的酷感。图层被赋有动感（CALayer里面的CA代表Core Animation）。

例如，在应用程序界面上添加一个指南针时，可以将箭头放在它自己的图层上。指南针上的其他部分也分别是图层，即圆圈是一个图层，每个基点字母是一个图层。用代码很容易组合绘图，各版块可以重定位以及各自动起来，因此很容易使箭头转动而不移动圆圈。

CALayer不是UIKit的一部分，它是Quanz Core框架的一部分，该框架默认情况下不会链接到工程模板。因此，如果要使用CALayer，应该导入<QuartzCore/QuartzCore.h>，并且必须将QuartzCore框架链接到项目中。

21.3.1 视图和图层

UIView实例有CALayer实例伴随，通过视图的图层（layer）属性即可访问。图层没有对应的视图属性，但是视图是图层的委托。在默认情况下，当UIView被实例化时，它的图层是CALayer的一个实例。如果想为UIView添加子类，并且想要子类的图层是CALayer子类的实例，那么，需要实现UIView子类的layerClass类方法。

由于每个视图有个图层，它们两者紧密联系。图层在屏幕上显示并且描绘所有界面。视图是图层的委托，并且当视图绘图时，它是通过让图层绘图来绘图。视图的属性通常仅为了便于访问图层绘图属性。例如，当你设置视图背景色，实际上是在设置图层的背景色，并且如果你直接设置图层背景色，视图的背景色自动匹配。类似地，视图框架实际上就是图层框架。

视图在图层中绘图，并且图层缓存绘图。然后可以修改图层来改变视图的外观，无需要求视图重新绘图。这是图形系统高效的一方面。它解释了前面遇到的现象：当视图边界尺寸改变时，图形系统仅伸展或重定位保存的图层图像。

图层可以有子图层，并且一个图层最多只有一个超图层，形成一个图层树。这与前面提到过的视图树类似。实际上，视图和它的图层关系非常紧密，它们的层次结构几乎是一样的。对于一个视图和它的图层，图层的超图层就是超视图的图层；图层有子图层，即该视图的子视图的图层。确切地说，由于图层完成视图的具体绘图，也可以说视图层次结构实际上就是图层层次结构。图层层次结构可以超出视图层次结构，一个视图只有一个图层，但一个图层可以拥有不属于任何视图的子图层。

21.3.2 实战演练——在屏幕中实现3个重叠的矩形

实例21-4	在屏幕中实现3个重叠的矩形
源码与视频路径	光盘:\daima\21\ tuceng1

例如在接下来的实例中，通过视图层次结构画了3个重叠的矩形。

（1）视图文件AppDelegate.h的实现代码如下所示：

```
#import <UIKit/UIKit.h>
@interface AppDelegate : UIResponder <UIApplicationDelegate>
@property (strong, nonatomic) UIWindow *window;
@end
```

（2）实现文件AppDelegate.m的主要实现代码如下所示：

```
#import "AppDelegate.h"
#import <QuartzCore/QuartzCore.h>
@implementation AppDelegate
@synthesize window = _window;
- (BOOL)application:(UIApplication *)application didFinishLaunchingWithOptions:
(NSDictionary *)launchOptions
{
    self.window = [[UIWindow alloc] initWithFrame:[[UIScreen mainScreen] bounds]];
    // Override point for customization after application launch.
```

```
    self.window.backgroundColor = [UIColor whiteColor];

    CALayer* lay1 = [[CALayer alloc] init];
    lay1.frame = CGRectMake(113, 111, 132, 194);
    lay1.backgroundColor = [[UIColor colorWithRed:
1 green:.4 blue:1 alpha:1] CGColor];
    [self.window.layer addSublayer:lay1];
    CALayer* lay2 = [[CALayer alloc] init];
    lay2.backgroundColor = [[UIColor colorWithRed:.
5 green:1 blue:0 alpha:1] CGColor];
    lay2.frame = CGRectMake(41, 56, 132, 194);
    [lay1 addSublayer:lay2];
    CALayer* lay3 = [[CALayer alloc] init];
    lay3.backgroundColor = [[UIColor colorWithRed:
1 green:0 blue:0 alpha:1] CGColor];
    lay3.frame = CGRectMake(43, 197, 160, 230);
    [self.window.layer addSublayer:lay3];


    [self.window makeKeyAndVisible];
    return YES;
}
```

图21-5 执行效果

运行程序，结果如图21-5所示。

21.3.3 实战演练——实现图层的变换

图层在屏幕中的绘图方式可以通过变换来修改，因为一个视图可以有变化，而视图是通过图层在屏幕上绘图的。二维图的变换可以通过setAffineTransform和affineTransform方法实现。而3D变换的旋转有点复杂。除了角度，你必须提供三坐标的矢量，旋转是围绕该矢量发生的。假设锚点是原点（0，0，0），一个箭头由锚点发出，另一个端点是由你提供的3个坐标值来描述。假想一个平面交于锚点，垂直于箭头。这就是旋转发生的平面。正角是顺时针旋转，假如给的3个坐标值定义了一个方向，如果3个值是（0，0，1），那就是CGAffineTransform变换，因为旋转面是屏幕。另外如果3个值是（0，0，–1），那就是CGAffineTransform逆变换，这时正角度看起来就是逆时针的（因为正看着旋转平面的“背面”）。

本实例演示了变换过程。因为在默认情况下的图层是被看成两面的，所以，当它被倒转来显示它的“背面”，该绘图是图层内容的倒转版本。如果图层的doubleSided属性是NO，那么当它颠倒过来显示“背面”时图层会消失不见，它的“背面”是空的。

实例21-5	在屏幕中实现图层的变换
源码与视频路径	光盘:\daima\21\compass

（1）文件CompassView.h实现指南针视图，具体代码如下所示：

```
#import <UIKit/UIKit.h>
@interface CompassView : UIView{
}

@property(nonatomic, strong)CompassView *view;
@end
```

实现文件CompassView.m的代码如下所示：

```
#import "CompassView.h"
#import "CompassLayer.h"
@implementation CompassView
@synthesize view;

+ (Class) layerClass {
    return [CompassLayer class];
}
@end
```

（2）文件CompassLayer.h实现指南针图层，具体代码如下所示：

```
#import <UIKit/UIKit.h>
#import <QuartzCore/QuartzCore.h>
@interface CompassLayer : CALayer{

}
@property(nonatomic, weak)CALayer *theArrow;
@end
```

实现文件CompassLayer.h的代码如下所示：

```
#import "CompassLayer.h"
ation CompassLayer
@synthesize theArrow;

- (void) setup {
    NSLog(@"setup");

    [CATransaction setDisableActions:YES];
    // 梯度
    CAGradientLayer* g = [[CAGradientLayer alloc] init];
    g.frame = self.bounds;
    g.colors = [NSArray arrayWithObjects:
                (id)[[UIColor blackColor] CGColor],
                [[UIColor redColor] CGColor],
                nil];
    g.locations = [NSArray arrayWithObjects:
                   [NSNumber numberWithFloat: 0.0],
                   [NSNumber numberWithFloat: 1.0],
                   nil];
    [self addSublayer:g];
    // 圆
    CAShapeLayer* circle = [[CAShapeLayer alloc] init];
    circle.lineWidth = 2.0;
    circle.fillColor =
    [[UIColor colorWithRed:0.9 green:0.95 blue:0.93 alpha:0.9] CGColor];
    circle.strokeColor = [[UIColor grayColor] CGColor];
    CGMutablePathRef p = CGPathCreateMutable();
    CGPathAddEllipseInRect(p, NULL, CGRectInset(self.bounds, 3, 3));
    circle.path = p;
    [self addSublayer:circle];
    circle.bounds = self.bounds;
    circle.position = CGPointMake(CGRectGetMidX(self.bounds),
                                  CGRectGetMidY(self.bounds));
    // 4个基本点，指南针的东、南、西、北
    NSArray* pts = [NSArray arrayWithObjects: @"N", @"E", @"S", @"W", nil];
    for (int i = 0; i < 4; i++) {
        CATextLayer* t = [[CATextLayer alloc] init];
        t.string = [pts objectAtIndex: i];
        t.bounds = CGRectMake(0,0,40,30);
        t.position = CGPointMake(CGRectGetMidX(circle.bounds),
                                 CGRectGetMidY(circle.bounds));
        CGFloat vert = (CGRectGetMidY(circle.bounds) - 5) / CGRectGetHeight(t.bounds);
        t.anchorPoint = CGPointMake(0.5, vert);
        t.alignmentMode = kCAAlignmentCenter;
        t.foregroundColor = [[UIColor blackColor] CGColor];
        [t setAffineTransform:CGAffineTransformMakeRotation(i*M_PI/2.0)];
        [circle addSublayer:t];

    }

    // 箭头
    CALayer* arrow = [[CALayer alloc] init];
    arrow.bounds = CGRectMake(0, 0, 40, 100);
    arrow.position = CGPointMake(CGRectGetMidX(self.bounds),
                                 CGRectGetMidY(self.bounds));
    arrow.anchorPoint = CGPointMake(0.5, 0.8);
    arrow.delegate = self;
    [arrow setAffineTransform:CGAffineTransformMakeRotation(M_PI/5.0)];
    [self addSublayer:arrow];
```

```
    [arrow setNeedsDisplay];
    [self performSelector:@selector(mask:) withObject:arrow afterDelay:0.4];

    self.theArrow = arrow;

}

- (void) resizeArrowLayer: (CALayer*) arrow {
    NSLog(@"resize arrow");
    arrow.needsDisplayOnBoundsChange = NO;
    arrow.contentsCenter = CGRectMake(0.0, 0.4, 1.0, 0.6);
    arrow.contentsGravity = kCAGravityResizeAspect;
    arrow.bounds = CGRectInset(arrow.bounds, -20, -20);
}

- (void) mask: (CALayer*) arrow {
   CAShapeLayer* mask = [[CAShapeLayer alloc] init];
   mask.frame = arrow.bounds;
   CGMutablePathRef p2 = CGPathCreateMutable();
   CGPathAddEllipseInRect(p2, NULL, CGRectInset(mask.bounds, 10, 10));
   mask.strokeColor = [[UIColor colorWithWhite:0.0 alpha:0.5] CGColor];
   mask.lineWidth = 20;
   mask.path = p2;
   arrow.mask = mask;
   CGPathRelease(p2);
}

void drawStripes (void *info, CGContextRef con) {
    // 4 × 4 单元格
    CGContextSetFillColorWithColor(con, [[UIColor redColor] CGColor]);
    CGContextFillRect(con, CGRectMake(0,0,4,4));
    CGContextSetFillColorWithColor(con, [[UIColor blueColor] CGColor]);
    CGContextFillRect(con, CGRectMake(0,0,4,2));
}

- (void) drawLayer:(CALayer *)layer inContext:(CGContextRef)con {

    NSLog(@"drawLayer:inContext: for arrow");

    // 裁剪区域三角孔背景
    CGContextMoveToPoint(con, 10, 100);
    CGContextAddLineToPoint(con, 20, 90);
    CGContextAddLineToPoint(con, 30, 100);
    CGContextClosePath(con);
    CGContextAddRect(con, CGRectMake(0,0,40,100));
    CGContextEOClip(con);
    // 画一个黑色（默认）垂直线，箭头轴
    CGContextMoveToPoint(con, 20, 100);
    CGContextAddLineToPoint(con, 20, 19);
    CGContextSetLineWidth(con, 20);
    CGContextStrokePath(con);
    // 画一个三角形图案，箭头的指向
    CGColorSpaceRef sp = CGColorSpaceCreatePattern(NULL);
    CGContextSetFillColorSpace (con, sp);
    CGColorSpaceRelease (sp);
    CGPatternCallbacks callback = {
        0, &drawStripes, NULL
    };
    CGAffineTransform tr = CGAffineTransformIdentity;
    CGPatternRef patt = CGPatternCreate(NULL,
                                  CGRectMake(0,0,4,4),
                                  tr,
                                  4, 4,

kCGPatternTilingConstantSpacingMinimalDistortion,
                                       true,
                                       &callback);
    CGFloat alph = 1.0;
```

```
    CGContextSetFillPattern(con, patt, &alph);
    CGPatternRelease(patt);
    CGContextMoveToPoint(con, 0, 25);
    CGContextAddLineToPoint(con, 20, 0);
    CGContextAddLineToPoint(con, 40, 25);
    CGContextFillPath(con);

}

- (void) layoutSublayers {
    static BOOL didSetup = NO;
    if (!didSetup) {
        didSetup = YES;
        [self setup];
    }
}
@end
```

图21-6 执行效果

执行后的效果如图21-6所示。

21.3.4 实战演练——在指南针上实现某种“页面翻转”的效果

例如，在接下来的实例中，让我们在指南针上实现某种“页面翻转”的效果，在它的右边锚点，绕y轴旋转（所有其他图层被作为渐变图层的子图层）。用distance-mapping变换（其中g为self的子图层）结果。页面翻转所作用的CATransformLayer包含了3个图层：渐变图层、圆圈图层和箭头图层。这3个图层在不同深度（通过使用不同的zPosition设置）可以看到圆圈图层在渐变图层前面浮动。通过阴影、圆圈和箭头看上去是分开的。

实例21-6	在指南针上实现某种“页面翻转”的效果
源码与视频路径	光盘:\daima\21\transformLayer

（1）视图文件CompassView.h的具体实现代码如下所示：

```
#import <UIKit/UIKit.h>
@interface CompassView : UIView
@end
```

视图实现文件CompassView.m的代码如下所示：

```
#import "CompassView.h"
#import "CompassLayer.h"
@implementation CompassView
+ (Class) layerClass {
    return [CompassLayer class];
}
@end
```

（2）图层文件CompassLayer.h的实现代码如下所示：

```
#import <Foundation/Foundation.h>
#import <QuartzCore/QuartzCore.h>
@interface CompassLayer : CALayer{
    CALayer *rotationLayer;
}
@end
```

图层实现文件CompassLayer.m的代码如下所示：

```
#import "CompassLayer.h"
@implementation CompassLayer
- (void) doRotate {
    NSLog(@"rotate");
    self->rotationLayer.anchorPoint = CGPointMake(1,0.5);
    self->rotationLayer.position = CGPointMake(CGRectGetMaxX(self.bounds),
CGRectGetMidY(self.bounds));
    self->rotationLayer.transform = CATransform3DMakeRotation(M_PI/4.0, 0, 1, 0);
```

```
}
- (void) setup {
    NSLog(@"setup");
    [CATransaction setDisableActions:YES];
    // 构建3D空间图层
    CATransform3D transform = CATransform3DIdentity;
    transform.m34 = -1.0/1000.0;
    self.sublayerTransform = transform;


    CATransformLayer* master = [CATransformLayer layer];
    master.frame = self.bounds;
    [self addSublayer: master];
    self->rotationLayer = master;
    // 梯度
    CAGradientLayer* g = [[CAGradientLayer alloc] init];
    g.frame = master.bounds;
    g.colors = [NSArray arrayWithObjects:
                (id)[[UIColor blackColor] CGColor],
                [[UIColor redColor] CGColor],
                nil];
    g.locations = [NSArray arrayWithObjects:
                   [NSNumber numberWithFloat: 0.0],
                   [NSNumber numberWithFloat: 1.0],
                   nil];
    [master addSublayer:g];

    // 圆
    CAShapeLayer* circle = [[CAShapeLayer alloc] init];
    circle.lineWidth = 2.0;
    circle.fillColor =
    [[UIColor colorWithRed:0.9 green:0.95 blue:0.93 alpha:0.9] CGColor];
    circle.strokeColor = [[UIColor grayColor] CGColor];
    CGMutablePathRef p = CGPathCreateMutable();
    CGPathAddEllipseInRect(p, NULL, CGRectInset(self.bounds, 3, 3));
    circle.path = p;
    [master addSublayer:circle];
    circle.bounds = self.bounds;
    circle.position = CGPointMake(CGRectGetMidX(self.bounds),
                                  CGRectGetMidY(self.bounds));
    circle.shadowOpacity = 0.4;

    // 4个基本点，指南针的东、南、西、北
    NSArray* pts = [NSArray arrayWithObjects: @"N", @"E", @"S", @"W", nil];
    for (int i = 0; i < 4; i++) {
        CATextLayer* t = [[CATextLayer alloc] init];
        t.string = [pts objectAtIndex: i];
        t.bounds = CGRectMake(0,0,40,30);
        t.position = CGPointMake(CGRectGetMidX(circle.bounds),
                                 CGRectGetMidY(circle.bounds));
        CGFloat vert = (CGRectGetMidY(circle.bounds) - 5) / CGRectGetHeight(t.bounds);
        t.anchorPoint = CGPointMake(0.5, vert);
        t.alignmentMode = kCAAlignmentCenter;
        t.foregroundColor = [[UIColor blackColor] CGColor];
        [t setAffineTransform:CGAffineTransformMakeRotation(i*M_PI/2.0)];
        [circle addSublayer:t];

    }

    // 箭头
    CALayer* arrow = [[CALayer alloc] init];
    arrow.bounds = CGRectMake(0, 0, 40, 100);
    arrow.position = CGPointMake(CGRectGetMidX(self.bounds),
                                 CGRectGetMidY(self.bounds));
    arrow.anchorPoint = CGPointMake(0.5, 0.8);
    arrow.delegate = self;
    [arrow setAffineTransform:CGAffineTransformMakeRotation(M_PI/5.0)];
    [master addSublayer:arrow];
```

```
    //阴影
    arrow.shadowOpacity = 1.0;
    arrow.shadowRadius = 10;
    [arrow setNeedsDisplay];
    // "挂"贴到箭头和圆圈
    CAShapeLayer* line = [[CAShapeLayer alloc] init];
    line.bounds = CGRectMake(0,0,3.5,50);
    CGMutablePathRef p2 = CGPathCreateMutable();
    CGPathAddRect(p2, NULL, line.bounds);
    line.path = p2;
    CGPathRelease(p2);
    line.fillColor = [[UIColor colorWithRed:1.0 green:0.95 blue:1.0 alpha:0.95]
CGColor];
    line.anchorPoint = CGPointMake(0.5,0.5);
    line.position = CGPointMake(CGRectGetMidX(master.bounds),
CGRectGetMidY(master.bounds));
    [master addSublayer: line];
    //使用键-值码改变或使用图层中的成分
    [line setValue:[NSNumber numberWithFloat: M_PI/2]
forKeyPath:@"transform.rotation.x"];
    [line setValue:[NSNumber numberWithFloat: M_PI/2]
forKeyPath:@"transform.rotation.z"];

    // 使用不同的深度值设置了渐变图层、圆圈图层和箭头图层
    circle.zPosition = 10;
    arrow.zPosition = 20;
    line.zPosition = 15;
}

void drawStripes (void *info, CGContextRef con) {
    // 4 × 4 单元格
    CGContextSetFillColorWithColor(con, [[UIColor redColor] CGColor]);
    CGContextFillRect(con, CGRectMake(0,0,4,4));
    CGContextSetFillColorWithColor(con, [[UIColor blueColor] CGColor]);
    CGContextFillRect(con, CGRectMake(0,0,4,2));
}
- (void) drawLayer:(CALayer *)layer inContext:(CGContextRef)con {

   NSLog(@"drawLayer:inContext: for arrow");

    // 裁剪区域三角孔背景
    CGContextMoveToPoint(con, 10, 100);
    CGContextAddLineToPoint(con, 20, 90);
    CGContextAddLineToPoint(con, 30, 100);
    CGContextClosePath(con);
    CGContextAddRect(con, CGRectMake(0,0,40,100));
    CGContextEOClip(con);
    // 画一个黑色(默认)垂直线，箭头轴
    CGContextMoveToPoint(con, 20, 100);
    CGContextAddLineToPoint(con, 20, 19);
    CGContextSetLineWidth(con, 20);
    CGContextStrokePath(con);

    // 画一个三角形图案，箭头的指向
    CGColorSpaceRef sp = CGColorSpaceCreatePattern(NULL);
    CGContextSetFillColorSpace (con, sp);
    CGColorSpaceRelease (sp);
    CGPatternCallbacks callback = {
      0, &drawStripes, NULL
    };
    CGAffineTransform tr = CGAffineTransformIdentity;
    CGPatternRef patt = CGPatternCreate(NULL,
                                        CGRectMake(0,0,4,4),
                                        tr,
                                        4, 4,
                                        kCGPatternTilingConstantSpacingMinimalDistortion,
                                        true,
```

```
                                    &callback);
    CGFloat alph = 1.0;
    CGContextSetFillPattern(con, patt, &alph);
    CGPatternRelease(patt);
    CGContextMoveToPoint(con, 0, 25);
    CGContextAddLineToPoint(con, 20, 0);
    CGContextAddLineToPoint(con, 40, 25);
    CGContextFillPath(con);

}
- (void) layoutSublayers {
    static BOOL didSetup = NO;
    if (!didSetup) {
        didSetup = YES;
        [self setup];
        [self performSelector:@selector(doRotate)
withObject:nil afterDelay:1.0];
    }
}
@end
```

执行后的效果如图21-7所示。

图21-7 执行效果

21.4 实现动画

动画就是随着时间的推移而改变界面上的显示。例如，视图的背景颜色从红逐步变为绿，而视图的不透明属性可以从不透明逐步变成透明。一个动画涉及很多内容，包括定时、屏幕刷新、线程化等。在iOS上，不需要自己完成一个动画，而只需描述动画的各个步骤，让系统执行这些步骤，从而获得动画的效果。

21.4.1 UIImageView 动画

可以使用UIImageView来实现动画效果。UIImageView的animationImages属性或highlightedAnimationImages属性是一个UIImage数组，这个数组代表一帧帧动画。当你发送startAnimating消息时，图像就被轮流显示，animationDuration属性确定帧的速率（间隔时间），animationRepeatCount属性（默认为0，表示一直重复，直到收到stopAnimating消息）指定重复的次数。

在UIImageView中，和动画相关的方法和属性如下所示。

- ❑ animationDuration 属性：指定多长时间运行一次动画循环。
- ❑ animationImages 属性：识别图像的NSArray，以加载到UIImageView中。
- ❑ animationRepeatCount 属性：指定运行多少次动画循环。
- ❑ image 属性：识别单个图像，以加载到UIImageView中。
- ❑ startAnimating 方法：开启动画。
- ❑ stopAnimating 方法：停止动画。

21.4.2 视图动画 UIView

通过使用UIView视图的动画功能，可以使在更新或切换视图时有放缓节奏、产生流畅的动画效果，进而改善用户体验。UIView可以产生动画效果的变化包括以下几种。

- ❑ 位置变化：在屏幕上移动视图。
- ❑ 大小变化：改变视图框架（frame）和边界。

- ❑ 拉伸变化：改变视图内容的延展区域。
- ❑ 改变透明度：改变视图的alpha值。
- ❑ 改变状态：隐藏或显示状态。
- ❑ 改变视图层次顺序：视图哪个前哪个后。
- ❑ 旋转：即任何应用到视图上的仿射变换（transform）。

1．UIView中的动画属性和方法

（1）areAnimationsEnabled：返回一个布尔值表示动画是否结束

格式：+ (BOOL)areAnimationsEnabled

返回值：如果动画结束返回YES，否则NO。

（2）beginAnimations:context

表示开始一个动画块。

格式：+ (void)beginAnimationsNSString *)animationID contextvoid *)context

参数：

- ❑ animationID：动画块内部应用程序标识，用来传递给动画代理消息。这个选择器运用setAnimationWillStartSelector:和setAnimationDidStopSelector: 方法来设置。
- ❑ context：附加的应用程序信息用来传递给动画代理消息，这个选择器使用setAnimationWillStartSelector: 和setAnimationDidStopSelector: 方法。

这个属性值改变是因为设置了一些需要在动画块中产生动画的属性。动画块可以被嵌套，如果没有在动画块中调用，那么setAnimation类方法将什么都不做。使用 beginAnimations:context:来开始一个动画块，并用类方法commitAnimations来结束一个动画块。

（3）+ (void)commitAnimations

如果当前的动画块是最外层的动画块，当应用程序返回到循环运行时开始动画块。动画在一个独立的线程中所有应用程序不会中断。使用这个方法，多个动画可以被实现。当另外一个动画在播放的时候，可以查看setAnimationBeginsFromCurrentState:来了解如果开始一个动画。

（4）layerClass

用来创建这一个本类的layer实例对象。

格式：+ (Class)layerClass

返回值：一个创建视图layer的类重写子类来指定一个自定义类用以显示。当在创建视图layer时候调用。默认的值是CALayer类对象。

（5）setAnimationBeginsFromCurrentState

用于设置动画从当前状态开始播放。

格式：+ (void)setAnimationBeginsFromCurrentStateBOOL)fromCurrentState。

参数：fromCurrentState，默认是YES，表示如果动画需要从他们当前状态开始播放，否则为NO。

如果设置为YES，那么当动画在运行过程中，当前视图的位置将会作为新的动画的开始状态。如果设置为NO，当前动画结束前新动画将使用视图最后状态的位置作为开始状态。这个方法将不会做任何事情，如果动画没有运行或者没有在动画块外调用。使用类方法beginAnimations:context:来开始，并用commitAnimations类方法来结束动画块。默认值是NO。

（6）setAnimationCurve

用于设置动画块中的动画属性变化的曲线。

格式：+ (void)setAnimationCurveUIViewAnimationCurve)curve。

动画曲线是动画运行过程中相对的速度。如果在动画块外调用这个方法将会无效。使用beginAnimations:context:类方法来开始动画块，并用commitAnimations来结束动画块。默认动画曲线的值是UIViewAnimationCurveEaseInOut。

（7）setAnimationDelay

用于在动画块中设置动画的延迟属性（以秒为单位）。

格式：+ (void)setAnimationDelayNSTimeInterval)delay。

这个方法在动画块外调用无效。使用beginAnimations:context: 类方法开始一个动画块，并用commitAnimations类方法结束动画块。默认的动画延迟是0.0秒。

（8）setAnimationDelegate

用于设置动画消息的代理。

格式：+ (void)setAnimationDelegateid)delegate。

参数delegate可以用setAnimationWillStartSelector:和setAnimationDidStopSelector: 方法来设置接收代理消息的对象。

这个方法在动画块外没有任何效果。使用beginAnimations:context:类方法开始一个动画块，并用commitAnimations类方法结束一个动画块。默认值是nil。

（9）setAnimationDidStopSelector

当动画停止的时候用于设置消息给动画代理。

格式：+ (void)setAnimationDidStopSelectorSEL)selector。

参数selector表示当动画结束的时候发送给动画代理。默认值是NULL。这个选择者必须有下面方法的签名：

```
animationFinishedNSString *)animationID finishedBOOL)finished contextvoid *)context
```

- animationID：一个应用程序提供的标识符。和传给beginAnimations:context: 相同的参数。这个参数可以为空。
- finished：如果动画在停止前完成就返回YES；否则就是NO。
- context：一个可选的应用程序内容提供者。和beginAnimations:context: 方法相同的参数，可以为空。

这个方法在动画块外没有任何效果。使用beginAnimations:context: 类方法来开始一个动画块，并用commitAnimations类方法结束。默认值是NULL。

（10）setAnimationDuration

用于设置动画块中的动画持续时间（秒）。

格式：+ (void)setAnimationDuration:(NSTimeInterval)duration。

参数duration：一段动画持续的时间。

这个方法在动画块外没有效果。使用beginAnimations:context: 类方法来开始一个动画块，并用commitAnimations类方法来结束一个动画块。默认值是0.2。

（11）setAnimationRepeatAutoreverses

用于设置动画块中的动画效果是否自动重复播放。

格式：+ (void)setAnimationRepeatAutoreverses:(BOOL)repeatAutoreverses。

参数repeatAutoreverses：如果动画自动重复就是YES否则就是NO。

自动重复是当动画向前播放结束后再从头开始播放。使用setAnimationRepeatCount: 类方法来指定动画自动重播的时间。如果重复数为0或者在动画块外那将没有任何效果。使用beginAnimations:context: 类方法来开始一个动画块，并用commitAnimations方法来结束一个动画块。默认值是NO。

（12）setAnimationRepeatCount

用于设置动画在动画模块中的重复次数。

格式：+ (void)setAnimationRepeatCount:(float)repeatCount。

参数repeatCount表示动画重复的次数，这个值可以是分数。

这个属性在动画块外没有任何作用。使用beginAnimations:context:类方法来开始一个动画块，并用

commitAnimations类方法来结束。默认动画不循环。

（13）setAnimationsEnabled

用于设置是否激活动画。

格式：+ (void)setAnimationsEnabled:(BOOL)enabled。

参数enabled如果是YES那就激活动画，否则就是NO。

当动画参数没有被激活那么动画属性的改变将被忽略。默认动画是被激活的。

（14）setAnimationStartDate

用于设置在动画块内部动画属性改变的开始时间。

格式：+ (void)setAnimationStartDate:(NSDate *)startTime。

参数startTime表示一个开始动画的时间。

使用beginAnimations:context:类方法来开始一个动画块，并用commitAnimations类方法来结束动画块。默认的开始时间值由CFAbsoluteTimeGetCurrent方法来返回。

（15）setAnimationTransition:forView:cache

用于在动画块中为视图设置过渡。

格式：+ (void)setAnimationTransition:(UIViewAnimationTransition)transition forView:(UIView *)view cache:(BOOL)cache。

参数

- transition：把一个过渡效果应用到视图中，可能的值定义在UIViewAnimationTransition中。
- view：需要过渡的视图对象。
- cache：如果是YES，那么在开始和结束图片时，视图渲染一次并在动画中创建帧；否则，视图将会在每一帧都渲染。例如缓存，你不需要在视图转变中不停地更新，只需要等到转换完成再去更新视图。

如果想要在转变过程中改变视图的外貌。举个例子，文件从一个视图到另一个视图，然后使用一个UIView子类的容器视图，例如：

- 开始一个动画块；
- 在容器视图中设置转换；
- 在容器视图中移除子视图；
- 在容器视图中添加子视图；
- 结束动画块。

（16）setAnimationWillStartSelector

功能是当动画开始时发送一条消息到动画代理。

格式：+ (void)setAnimationWillStartSelector:(SEL)selector。

参数selector：在动画开始前向动画代理发送消息。默认值是NULL。这个selector必须有和beginAnimations:context: 方法相同的参数，一个任选的程序标识和内容。这些参数都可以是nil。

2. 创建UIView动画的方式

（1）使用UIView类的UIViewAnimation扩展

UIView 动画是成块运行的。发出 beginAnimations:context: 请求标志着动画块的开始；commitAnimations标志着动画块的结束。把这两个类方法发送给UIView而不是发送给单独的视图。在这两个调用之间可定义动画的展现方式并更新视图。函数说明如下所示：

```
//开始准备动画
+ (void)beginAnimations:(NSString *)animationID context:(void *)context;
//运行动画
+ (void)commitAnimations;
```

具体两段动画代码：

```
[UIView beginAnimations:nil context:nil];
```

```
//setAnimationCurve定义动画加速或减速方式
[UIView setAnimaitonCurve:UIViewAnimationCurveLinear];
[UIView setAnimationDuration:2.7]; //动画时长
[UIView setAnimationTransition:transition forView:self.view cache:YES];
// operation>>>
[self.view exchangeSubviewAtIndex:0 withSubviewAtIndex:1];
// end<<<<<
[UIView commitAnimations];

CGContextRef context = UIGraphicsGetCurrentContext(); //返回当前视图堆栈顶部的图形上下文
[UIView beginAnimations:nil context:context];
[UIView setAnimaitonCurve:UIViewAnimationCurveEaseInOut];
[UIView setAnimationDuration:1.0];
// View changes go here
[contextView setAlpha:0.0f];
[UIView commitAnimations];
```

其中transition表示取值范围：UIView类本身提供如下5种过渡效果。

- UIViewAnimationTransitionNone：正常。
- UIViewAnimationTransitionFlipFromLeft：从左向右翻。
- UIViewAnimationTransitionFlipFromRight：从右向左翻。
- UIViewAnimationTransitionCurlUp：从下向上卷。
- UIViewAnimationTransitionCurlDown：从上向下卷。

（2）Block方式

此方式使用UIView类的UIViewAnimationWithBlocks扩展实现，要用到的函数如下：

```
+ (void)animateWithDuration:(NSTimeInterval)duration delay:(NSTimeInterval)delay
options:(UIViewAnimationOptions)options animations:(void (^)(void))animations
completion:(void (^)(BOOL finished))completion __OSX_AVAILABLE_STARTING(__MAC_NA,
__IPHONE_4_0);
//间隔、延迟、动画参数(好像没用)、界面更改块、结束块

+ (void)animateWithDuration:(NSTimeInterval)duration animations:(void (^)(void))
animations completion:(void (^)(BOOL finished))completion __OSX_AVAILABLE_STARTING
(__MAC_NA,__IPHONE_4_0);
 // delay = 0.0, options = 0

+ (void)animateWithDuration:(NSTimeInterval)duration animations:(void (^)(void))
animations __OSX_AVAILABLE_STARTING(__MAC_NA,__IPHONE_4_0);
// delay = 0.0, options = 0, completion = NULL
+ (void)transitionWithView:(UIView *)view duration:(NSTimeInterval)duration options:
(UIViewAnimationOptions)options animations:(void (^)(void))animations completion:
(void (^)(BOOL finished))completion __OSX_AVAILABLE_STARTING(__MAC_NA,__IPHONE_4_0);

+ (void)transitionFromView:(UIView *)fromView toView:(UIView *)toView duration:
(NSTimeInterval)duration options:(UIViewAnimationOptions)options completion:(void
(^)(BOOL finished))completion __OSX_AVAILABLE_STARTING(__MAC_NA,__IPHONE_4_0);
// toView added to fromView.superview, fromView removed from its superview界面替换,这
里的options参数有效
```

（3）Core方式

此方式使用CATransition类实现。iPhone还支持Core Animation作为其QuartzCore架构的一部分，CA API为iPhone应用程序提供了高度灵活的动画解决方案。但是须知：CATransition只针对图层，不针对视图。图层是Core Animation与每个UIView产生联系的工作层面。使用Core Animation时，应该将CATransition应用到视图的默认图层（[myView layer]）而不是视图本身。

使用CATransition类实现动画，只需要建立一个Core Animation对象，设置它的参数，然后把这个带参数的过渡添加到图层即可。在使用时要引入QuartzCore.framework：

```
#import <QuartzCore/QuartzCore.h>
```

CATransition动画使用了类型type和子类型subtype两个概念。type属性指定了过渡的种类（淡化、推挤、揭开、覆盖）。subtype设置了过渡的方向（从上、下、左、右）。另外，CATransition私有的动画类

型有立方体、吸收、翻转、波纹、翻页、反翻页、镜头开、镜头关。

21.4.3 Core Animation 详解

Core Animation即核心动画，开发人员可以为应用创建动态用户界面，而无需使用低级别的图形API，例如使用OpenGL来获取高效的动画性能。Core Animation负责所有的滚动、旋转、缩小和放大以及所有的iOS动画效果。其中，UIKit类通常都有animated参数部分，它可以允许是否使用动画。另外，Core Animation还与Quartz紧密结合在一起，每个UIView都关联到一个CALayer对象，CALayer是Core Animation中的图层。

Core Animation在创建动画时候会修改CALayer属性，然后让这些属性流畅地变化。学习Core Animation需要具备如下相关知识点。

- 图层：是动画发生的地方，CALayer总是与UIView关联，通过layer属性访问。
- 隐式动画：这是一种最简单的动画，不用设置定时器，不用考虑线程或者重画。
- 显式动画：是一种使用CABasicAnimation创建的动画，通过CABasicAnimation，可以更明确地定义属性如何改变动画。
- 关键帧动画：是一种更复杂的动画类型，这里可以定义动画的起点和终点，还可以定义某些帧之间的动画。

使用核心动画的好处如下所示。

- 简单易用的高性能混合编程模型。
- 类似视图一样，可以通过使用图层来创建复杂的接口。通过CALayer来使用更复杂的一些动画。
- 轻量级的数据结构，它可以同时显示并让上百个图层产生动画效果。控制多个CALayer来显示动画效果。
- 一套简单的动画接口，可以让你的动画运行在独立的线程里面，并可以独立于主线程之外。
- 一旦动画配置完成并启动，核心动画完全控制并独立完成相应的动画帧。
- 提高应用性能。应用程序只当发生改变的时候才重绘内容。再小的应用程序也需要改变和提供布局服务层。核心动画还消除了在动画的帧速率上运行的应用程序代码。
- 灵活的布局管理模型。包括允许图层相对同级图层的关系来设置相应属性的位置和大小。可以使用CALayer进行更灵活的布局。

Core Animation提供了许多或具体或抽象的动画类，如图21-8所示。

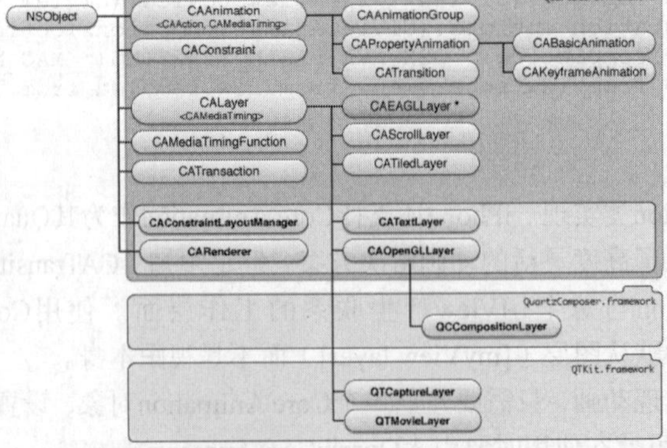

图21-8 Core Animation的类

Core Animation中常用类的具体说明如下所示。

- CATransition：提供了作用于整个层的转换效果。可以通过自定义的Core Image filter扩展转换效果。
- CAAnimationGroup：可以打包多个动画对象并让它们同时执行。
- CAPropertyAnimation：支持基于属性关键路径的动画。
- CABasicAnimation：对属性做简单的插值。
- CAKeyframeAnimation：对关键帧动画提供支持。指定需要动画属性的关键路径，一个表示每一个阶段对应的值的数组，还有一个关键帧时间和时间函数的数组。动画运行时，依次设置每一个值的指定插值。

1．图层的类

（1）层类（Layer Classes）

Layer Classes是Core Animation的基础。Layer Classes提供了一个抽象的概念，这个概念对于那些使用NSView和UIView的开发者来说是很熟悉的。基础层是由CALayer类提供的，CALayer是所有Core Animation层的父类。

同一个视图类的实例一样，一个CALayer实例也有一个单独的SuperLayer和上面所有的子层（SubLayers），它创建了一个有层次结构的层，称之为Layer Tree。Layers的绘制就像Views一样是从后向前绘制的，绘制的时候要指定其相对与它们的SuperLayer的集合形状，同时，还需要创建一个局部的坐标系。Layers可以做一些更复杂的操作，例如，Rotate（旋转）、Skew（倾斜）、Scale（缩放）和Project The Layer Content（层的投影）。

图层的内容可以提供如下所示的功能。

- 直接设置层的content属性到一个core graphics图，或者通过delegation来设置。
- 提供一个代理直接绘制到Core Graphics image context（核心图形的上下文）。
- 设置任意数量的所有层共有的可视的风格属性。例如：backgroundColor（背景色）、opacity（透明度）和masking（遮罩）。mac OS X应用通过使用core image filters来达到这种可视化的属性。
- 子类化CALayer，同时在更多的封装方式中完成上面的任意技术。

（2）3个重要的子类

- CAScrollLayer：是CALayer的一个子类，用来显示Layer的某一部分，一个CAScrollLayer对象的滚动区域是由其子层的布局来定义的。CAScrollLayer没有提供键盘或鼠标事件，也没有提供明显的滚动条。
- CATextLayer：是一个很方便就可以从string和attributed string创建layer的content的类。
- CATiledLayer：允许在增量阶段显示大和复杂的图像，就是将图形进行分块显示，来减少加载时间。

（3）Mac OS X额外的类

CAOpenGLLayer提供了一个OpenGL渲染环境。你必须继承这个类来使用OpenGL提供的内容。内容可以是静态的，也可以随着时间的推移更新。QCCompositionLayer（由Quartz框架提供）可以显示Quartz合成的内容动画。QTMovieLayer and QTCaptureLayer（QTKit框架提供）提供播放QuickTime影片和视频直播。

（4）iOS独特的CALayerCAEAGLLayer

提供了一个OpenGLES渲染环境。CALayer的类引入了“键-值”编码兼容的容器类概念，也就是说一个类可以使用“键-值”编码的方法存储任意值，而无需创建一个子类。CALayer 还扩展了NSKeyValueCoding 的非正式协议，加入默认键值和额外的结构类型的自动对象包装（CGPoint,CGSize,CGRect,CGAffineTransform和CATransform3D）的支持，并提供许多这些结构的关键路径领域的访问。CALayer也管理动画和与其相关的Layer的Actions。Layers接收一些从Layer Tree中触发的insert和remove消息，修改被创建的Layer的属性，或者指明开发者的需求。这些Actions通常都会导致动画的产生。

2．动画和计时类（Animation and Timing Classes）

图层的很多可视化属性是可以实现隐式动画的。通过简单地改变图层的可动画显示的属性，可以让图层现有属性从当前值动画渐变到新的属性值。例如，设置图层的hidden属性为YES，则会触发动画使层逐渐淡出。

（1）隐式动画

层的许多可视属性的改变可以产生隐式的动画效果，因为这些属性都默认地与一个动画相关联。通过简单地设置可视的属性值，层会由当前值到被设置的值产生渐变的动画效果。例如，设置层的隐藏属性为真，将触发一个逐渐消失的动画效果。

（2）显式动画

可以设置动画的属性也可以产生显式的动画效果，通过创建一个动画类和指定所需要的动画效果。显式的动画并不改变层的属性。所有的核心动画类都由抽象类CAAnimation继承而来。CAAnimation采用CAMediaTiming协议。CAMediaTiming规定了动画的持续时间、速度及重复次数。CAAnimation也采用了CAAction协议，该协议规定了响应由层触发的动作时开始一个动画的标准方式。

核心动画的动画类使用基本的动画和关键帧动画把图层的内容和选取的属性动画显示出来。所有核心动画的动画类都是从 CAAnimation 类继承而来。

- ❑ CAAnimation：实现了 CAMediaTiming 协议，提供了动画的持续时间、速度和重复计数。另外，CAAnimation 也实现了 CAAction 协议。该协议为图层触发一个动画动作提供了提供标准化响应。动画类同时定义了一个使用贝塞尔曲线来描述动画改变的时间函数。例如，一个匀速时间函数（linear timing function）在动画的整个生命周期里面一直保持速度不变，而渐缓时间函数（ease-out timing function）则在动画接近其生命周期的时候减慢速度。核心动画额外提供了一系列抽象的和细化的动画类，例如，CATransition 提供了一个图层变化的过渡效果，它能影响图层的整个内容。动画进行的时候淡入淡出（fade）、推（push）、显露（reveal）图层的内容。这些过渡效果可以扩展到自己定制的Core Image滤镜。CAAnimationGroup允许一系列动画效果组合在一起并行显示动画。
- ❑ CABasicAnimation：简单地为图层的属性提供修改。很多图层的属性修改默认会执行这个动画类。如大小、透明度和颜色等属性。
- ❑ CAKeyframeAnimation：支持关键帧动画，可以指定图层属性的关键路径动画，包括动画每个阶段的价值，以及关键帧时间和计时功能的一系列值。在动画运行时的每个值被特定的插入值替代，核心动画和Cocoa Animation同时使用这些动画类。

3．布局管理器类

Application Kit 的视图类相对于SuperLayer提供了经典的“Struts and Springs”定位模型。图层类兼容这个模型，同时Mac OS X上面的核心动画提供了一套更加灵活的布局管理机制，它允许开发者修改布局管理器。核心动画的CAConstraint类是一个布局管理器，它可以指定子图层类限制于我们指定的约束集合。每个约束（CAConstraint类的实例封装）描述层的几何属性（左、右、顶部或底部的边缘或水平或垂直中心）的关系，关系到其同级之一的几何属性层或SuperLayer。

4．事务管理类

图层的动画属性的每一个修改必然是事务的一个部分。CATransaction 是核心动画里面负责协调多个动画原子更新显示操作。事务支持嵌套使用。

21.4.4 实战演练——联合使用图像动画、滑块和步进控件

在本节的内容中，将通过一个具体实例的实现过彻骨，来演示联合使用图像动画、滑块和步进控件的方法。本实例将使用这些新UI元素（和一些介绍过的控件）来创建一个用户控制的动画。

实例21-7	在屏幕中联合使用图像动画、滑块和步进控件
源码与视频路径	光盘:\daima\21\transformLayer

1．实现概述

经过本章前面内容的学习我们了解到，图像视图可以显示图像文件和简单动画，而滑块让用户能够以可视化方式从指定范围内选择一个值。我们将在一个名为“lianhe”的应用程序中结合使用它们。在这个项目中，我们将使用一系列图像和一个图像视图（UIImageView）实例创建一个循环动画；还将使用一个滑块（UISlider）让用户能够设置动画的播放速度。动画的内容是一个跳跃的小兔子，我们可以控制每秒跳多少次。跳跃速度通过滑块设置，并显示在一个标签（UILabel）中；步进控件提供了另一种以特定的步长调整速度的途径。用户还可使用按钮（UIButton）开始或停止播放动画。

在具体实现之前，我们需要考虑如下两个问题。

（1）动画是使用一系列图像创建的。在这个项目中提供了一个20帧的动画，当然读者也可以使用自己的图像。

（2）虽然滑块和步进控件让用户能够以可视化方式输入指定范围内的值，但对其如何设置该值您没有太大的控制权。例如，最小值必须小于最大值，但是，我们无法控制沿哪个方向拖曳滑块将增大或减小设置的值。这些局限性并非障碍，而只是意味着我们可能需要做一些计算（或试验）才能获得所需的行为。

2．创建项目

（1）启动Xcode，然后在左侧导航选择第一项“Create a new Xcode project”，如图21-9所示。

图21-9 创建一个 Xcode工程

（2）在弹出的新界面中选择项目类型和模板。在New Project窗口的左侧，确保选择了项目类型iOS中的Application，在右边的列表中选择Single View Application，再单击“Next”按钮，如图21-10所示。

（3）在Product Name文本框中输入“lianhe”，然后设置公司标识符，保留文本框Class Prefix为空，并确保从下拉列表Device Family中选择了iPhone或iPad，此处选择的是iPhone，然后确保选中了复选框Use Storyboard和Use Automatic Reference Counting，但是没有选中复选框Include Unit Tests，如图21-11所示。然后单击“Next”按钮。

（4）在Xcode提示时指定存储位置，再单击“Create”按钮创建项目。这将创建一个简单的应用程序结构，它包含一个应用程序委托、一个窗口、一个视图（在故事板场景中定义的）和一个视图控制器。几秒钟后将打开项目窗口，如图21-12所示。

❑ 添加动画资源。

这个项目使用了20帧存储为PNG文件的动画，这些动画帧包含在项目文件夹“lianhe”的文件夹Images中，如图21-13所示。

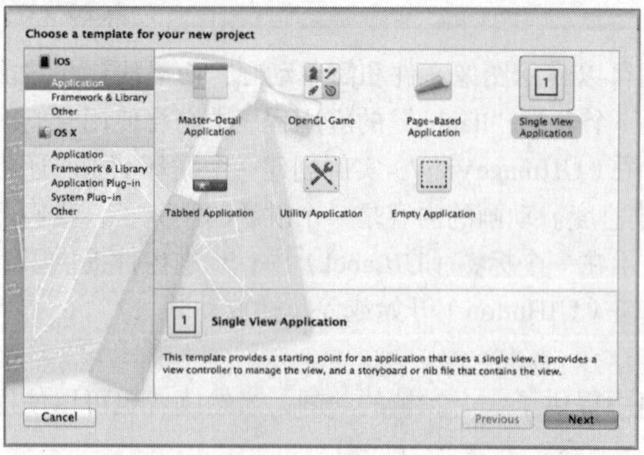

图21-10 选择Single View Application

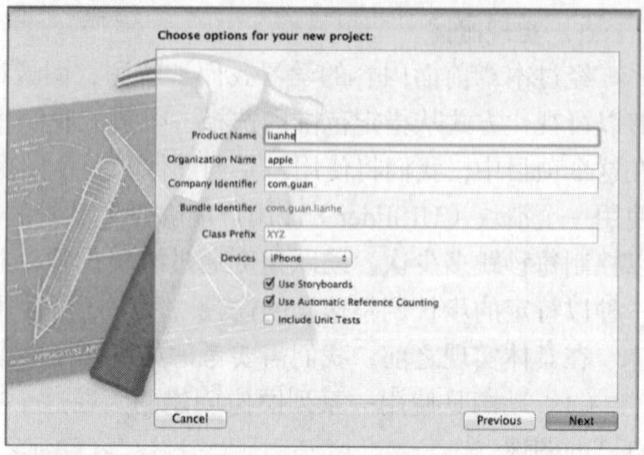

图21-11 指定应用程序的名称和目标设备

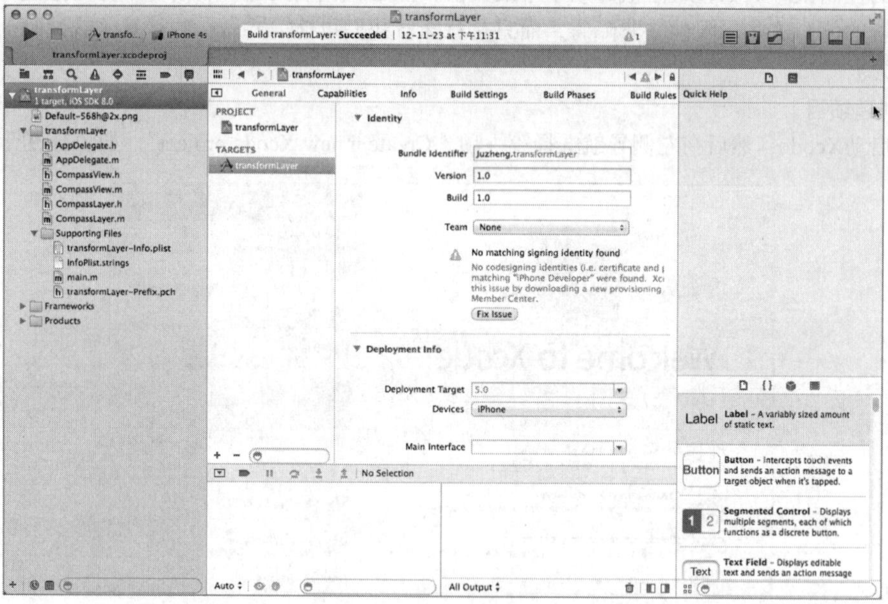

图21-12 新创建的工程

因为我们预先知道需要这些图像，因此，可立即将其加入到项目中。为此，在Xcode的项目导航器中展开项目编组，再展开项目代码编组“lianhe”，然后将文件夹Images拖放到该编组中。在Xcode提示时，务必选择必要时复制资源并新建编组。

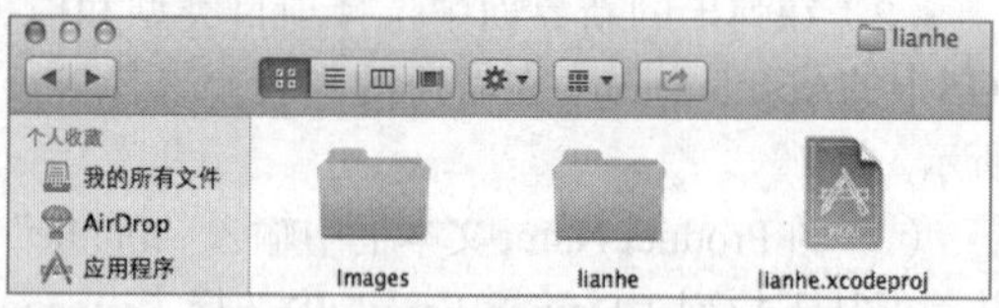

图21-13 图片资源

现在可以在Interface Builder编辑器中轻松地访问这些图像文件了，而无需编写代码。

- ❑ 划变量和连接。

在这个应用程序中，需要为多个对象提供输出口和操作。在此总共需要9个输出口，具体说明如下所示。

- ❑ 用5个图像视图（UIImageView），它们包含动画的5个副本，分别通过bunnyView1、bunnyView2、bunnyView3、bunnyView4和bunnyView5引用这些图像视图。
- ❑ 使用滑块控件（UISlider）用于设置播放速度，将连接到speedSlider，而播放速度本身将输出到一个名为hopsPerSecond的标签（UILabel）中。

- 使用步进控件（UIStepper），它提供了另一种设置动画播放速度的途径，将通过speedStepper来访问它。
- 用于开始和停止播放动画的按钮（UIButton）将连接到输出口toggleButton。

3．设计界面

在创建这个项目的视图时，将首先创建最重要的对象：图像视图（UIImageView）。打开文件MainStoryboard.storyboard，再打开对象库，并拖曳一个图像视图到应用程序的视图中。

由于还没有给该图像视图指定图像，将用一个浅灰色矩形表示它。使用该矩形的大小调整手柄调整图像视图的大小，使其位于视图上半部分的中央，如图21-14所示。

（1）设置默认图像

选择图像视图，并按Option+ Command+4组合键打开Attributes Inspector，如图21-15所示。

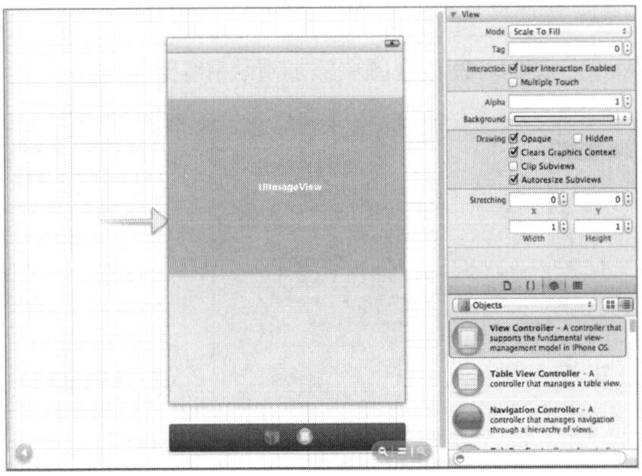

图21-14　调整图像视图的大小

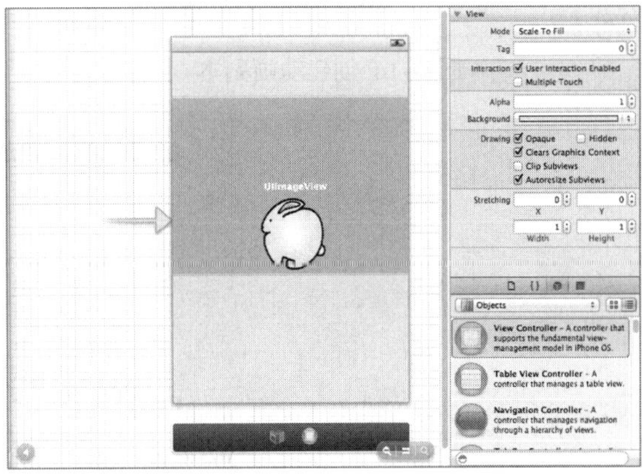

图21-15　设置将显示在图像视图中的图像

从下拉列表Image中选择一个可用的图像资源。该图像将在播放动画前显示，因此使用第1帧（frame-1.png）。

（2）复制图像视图

添加图像视图后会为其创建4个副本，方法是在UI中选择该图像视图，再选择菜单Edit>Duplicate（Command+D）。调整这些副本的大小和位置，使其环绕在第一个图像视图周围。然后使用Attributes Inspector（Option+ Command+ 4）将一些图像视图的alpha值设置为0.75和0.50，这样可以让它们变成半透明。

至此，便创建好了动画复制，此时的界面类似于图21-16所示。

要想为Retina屏幕加载高分辨率图像，要支持Retina屏幕的高缩放因子，只需创建水平和垂直分辨率都翻倍的图像，并使用这样的文件名：在低分辨率图像的文件名后面加上@2X。例如，如果低分辨率图像的文件名为Image.png，则将高分辨率图像命名为Image@2x.png。最后，像其他资源一样，将它们加入到项目资源中。在项目中，只需指定低分辨率图像，必要时将自动加载高分辨率图像。

接下来需要添加的界面对象是控制播放速度的滑块。首先打开对象库，将滑块（UISlider）拖放到视图中，并将其放在图像视图的下方。单击并拖曳滑块上的手柄，将滑块的宽度调整为图像视图的2/3左右，并使其与图像视图右对齐。这将在滑块左边留下足够的空间来放置标签。

由于滑块没有有关其用途的指示，因此，最好给滑块配一个标签，让用户知道滑块的用途。从对象库中拖曳一个标签对象（UILabel）到视图中，双击标签的文本并将其改为Speed:，再让标签与滑块垂直对齐，如图21-17所示。

（3）设置滑块的取值范围

滑块通过value属性提供其当前值，为了修改取值范围，需要编辑滑块的属性。单击视图中的滑块，再打开Attributes Inspector (Option+Command+1)，如图21-18所示。

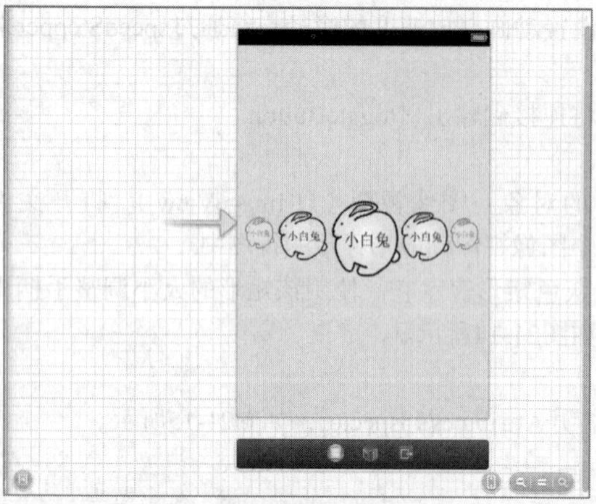

图21-16 创建动画副本

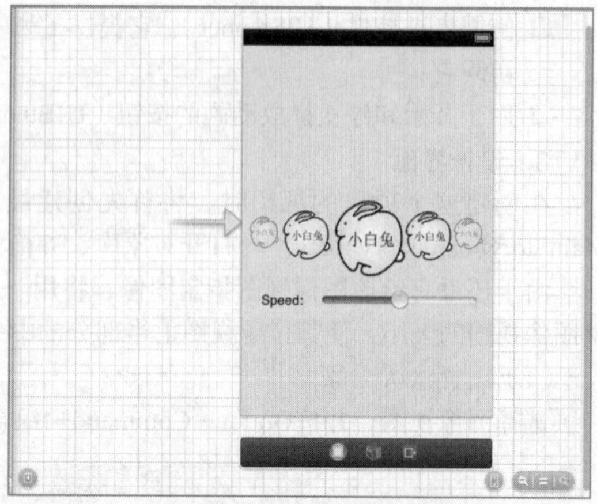

图21-17 在视图中添加滑块和配套标签

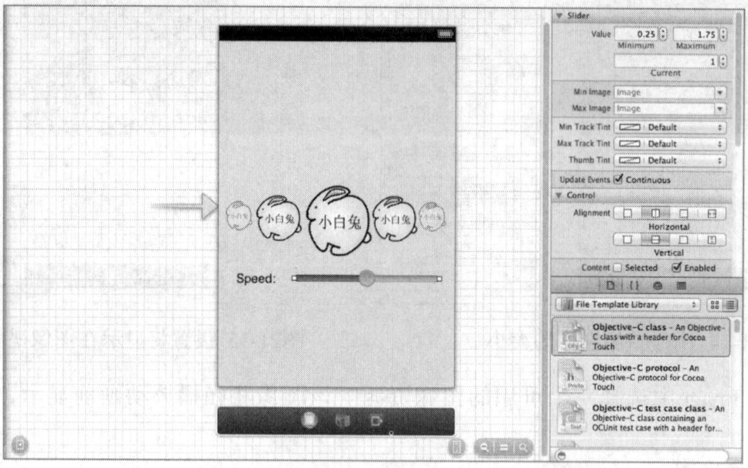

图21-18 编辑滑块的属性以控制其取值范围

修改文本框Minimum、Maximum和Initial的值，使其分别包含滑块的最小值、最大值和初始值。就这个项目而言，将它们分别设置为0.25、1.75和1.0。在本实例中，滑块代表动画的播放速度，动画速度是通过图像视图的animationDuration属性设置的，该属性表示播放动画一次需要多少秒。

确保没有选中复选框Continuous。如果选中了该复选框，当用户来回拖曳滑块时，将导致滑块生成一系列事件。如果没有选中该复选框，则仅当用户松开手指时才生成事件。另外，还可以给滑块的两端配置图像。如果想使用这项功能，分别在下拉列表Min Image和Max Image中选择项目中的一个图像资源（我们没有在该项目中使用这项功能）。

添加滑块后，需要添加的下一个界面元素是步进控件。将对象库中的步进控件（UIStepper）拖放到视图中，将其放在滑块的下方，并与之水平居中对齐，如图21-19所示。

（4）设置步进控件的取值范围

要想设置步进控件的取值范围，可以先在视图中选择它，然后打开Attributes Inspector (Option+Command+ 4)。同样，将Minimum、Maximum和Current分别设置为0.25、1.75和1。将Step设置为0.25，它指的是用户单击步进控件时，当前值将增加或减少的量。

取消选中复选框Autorepeat。如果选中了该复选框，当用户按住步进控件不放时，其取值将不断地增加或减少。还应取消选中复选框Continous，这样，仅当用户结束与步进控件交互时才会触发相关的事件。最后选中复选框Wrap，这样超过最大取值范围时，value将自动设置为最小可能取值，这相当于步进控件的取值将循环变化。如果取消选中复选框Wrap，则达到最大或最小值后，步进控件的值将不再变化。

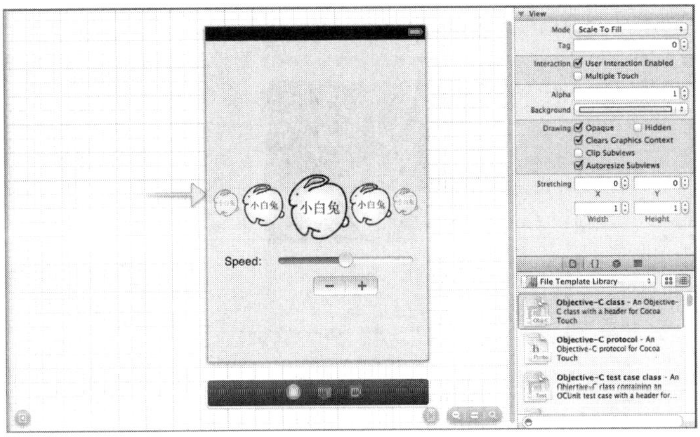

图21-19 在视图中添加步进控件

（5）添加显示速度的标签

拖曳两个标签（UILabel）到视图顶部。第一个标签的文本应设置为“每秒最大跳跃频率”，并位于视图的左上角。第二个标签用于输出实际速度值，位于视图的右上角。

将第二个标签的文本改为1.00 hps（动画的默认播放速度）；使用Attributes Inspector（Option+Command+4）将其文本对齐方式设置为右对齐，这可避免用户修改速度时文本发生移动。

（6）添加Hop按钮

本实例界面的最后一部分是开始和停止动画播放的按钮（UIButton）。从对象库将一个按钮拖放到视图中，将其放在UI底部的正中央。双击该按钮以编辑其标题，并将标题设置为“跳跃!”。

（7）设置背景图像和背景色

选择文档大纲区域中的View图标，再打开Atrributes Inspector（Option+Command+4）。通过属性Background将应用程序的背景设置为绿色，如图21-20所示。

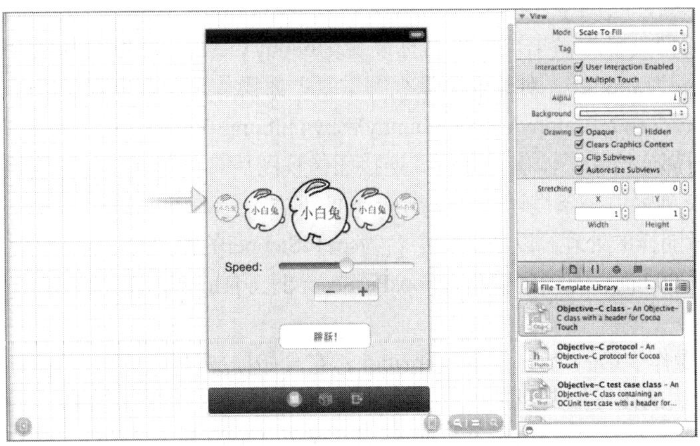

图21-20 将应用程序的背景设置为绿色

最后，在仍选择了背景图像视图的情况下，使用Attributes Inspector将Image属性设置为前面添加到项目中的文件background.jpg，最终的应用程序界面如图21-21所示。

4．创建并连接到输出口和操作

本实例需要创建9个输出口和3个操作，其中需要创建的输出口如下所示。

- 显示兔子动画的图像视图（UIImageView）：bunnyView1、bunnyView2、bunnyView3、bunnyView4和bunnyView5。

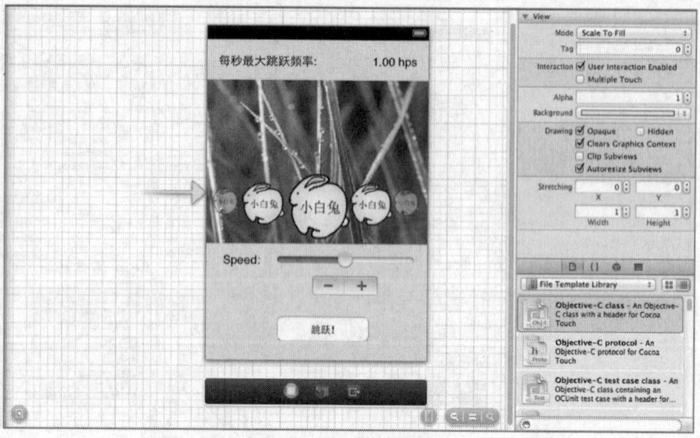

图21-21　应用程序ImageHop的最终界面

- ❑ 设置播放速度的滑块（UISlider）：speedSlider。
- ❑ 设置播放速度的步进控件（UIStepper）：speedStepper。
- ❑ 显示播放速度的标签（UILabel）：hopsPerSecond。
- ❑ 开始/停止播放动画的按钮（UIButton）：toggleButton。

需要创建的操作如下所示。

- ❑ 在用户单击Hop/Stop按钮是开始/停止播放动画：toggleAnimation。
- ❑ 在用户移动滑块时设置播放速度：setSpeed。
- ❑ 在用户单击步进控件时设置播放速度：setIncrement。

首先调整好工作空间以便建立连接，确保在Interface Builder中打开了文件MainStroyboard.storyboard，并切换到助手编辑器模式，这将并排显示UI设计和文件ViewController.h。

（1）添加输出口

首先按住Control键，并从主图像视图拖曳到文件ViewController.h中编译指令@interface下方。在Xcode提示时必须将连接类型设置为输出口，将名称设置为bunnyView1，并保留其他设置为默认值（Type为UIImageView、Storage为Strong）。对其他图像视图重复上述操作，但拖曳到最后一个@property编译指令的下方。输出口bunnyView2、bunnyView3、bunnyView4和bunnyView5连接的是哪个图像视图无关紧要，只要将所有图像视图都连接到了输出口即可。连接图像视图后，再建立其他的连接。按住Control键，将滑块（UISlider）拖曳到最后一条编译指令@property的下方，并添加一个名为speedSlider的新输出口。对步进控件UIStepper做同样的处理，以添加一个名为speedStepper的输出口。最后，将显示播放速度的标签（它最初显示的值为1.00 hps）连接到输出口hopsPerSecond，将Hop按钮连接到输出口toggleButton。

（2）添加操作

本实例需要3个操作。第一个是toggleAnimation，它开始播放动画，在用户按Hop!按钮时被触发。按住Control键，从界面中的按钮拖曳到属性声明语句的下方，为这个方法添加定义。在Xcode提示时，将连接类型设置为Action，将名称设置为toggleAnimation，保留其他设置为默认值。然后按住Control键，从滑块拖曳到刚添加的IBAction代码行下方，用以创建一个名为setSpeed的操作，它由该滑块的Value Changed事件触发。最后创建第3个操作，这个操作由步进控件的Value Changed事件触发，名为setIncrement。

此时文件ViewController.h的代码如下所示：

```
#import <UIKit/UIKit.h>

@interface ViewController : UIViewController
@property (strong, nonatomic) IBOutlet UIImageView *bunnyView1;
@property (strong, nonatomic) IBOutlet UIImageView *bunnyView2;
@property (strong, nonatomic) IBOutlet UIImageView *bunnyView3;
@property (strong, nonatomic) IBOutlet UIImageView *bunnyView4;
```

```
@property (strong, nonatomic) IBOutlet UIImageView *bunnyView5;
@property (strong, nonatomic) IBOutlet UISlider *speedSlider;
@property (strong, nonatomic) IBOutlet UIStepper *speedStepper;
@property (strong, nonatomic) IBOutlet UILabel *hopsPerSecond;
@property (strong, nonatomic) IBOutlet UIButton *toggleButton;


- (IBAction)toggleAnimation:(id)sender;
- (IBAction)setSpeed:(id)sender;
- (IBAction)setIncrement:(id)sender;

@end
```

5．实现应用程序逻辑

要让这个应用程序按期望的那样运行，视图控制器需要管理如下4个方面。

- 需要为每个图像视图（bunnyViewl、bunnyView2、bunnyView3、bunnyView4和bunnyView5）加载动画。
- 在Interface Builder编辑器中，需要指定要图像视图显示的静态图像，但这不足以让它显示动画。
- 必须实现toggleAnimation，让用户单击“Hop!”按钮时能够开始和停止播放动画。
- 必须编写方法setSpeed和setIncrement，以控制动画的最大播放速度。

（1）让图像视图显示动画

要使用图像制作动画，需要创建 个图像对象（UIImagc）数组，并将它们传递给图像视图对象。使用项目导航器打开视图控制器的实现文件ViewController.m。找到ViewDidLoad方法，并在其中添加如下所示的代码：

```
- (void)viewDidLoad
{
    NSArray *hopAnimation;
    hopAnimation=[[NSArray alloc] initWithObjects:
                  [UIImage imageNamed:@"frame-1.png"],
                  [UIImage imageNamed:@"frame-2.png"],
                  [UIImage imageNamed:@"frame-3.png"],
                  [UIImage imageNamed:@"frame-4.png"],
                  [UIImage imageNamed:@"frame-5.png"],
                  [UIImage imageNamed:@"frame-6.png"],
                  [UIImage imageNamed:@"frame-7.png"],
                  [UIImage imageNamed:@"frame-8.png"],
                  [UIImage imageNamed:@"frame-7.png"],
                  [UIImage imageNamed:@"frame-10.png"],
                  [UIImage imageNamed:@"frame-11.png"],
                  [UIImage imageNamed:@"frame-12.png"],
                  [UIImage imageNamed:@"frame-13.png"],
                  [UIImage imageNamed:@"frame-14.png"],
                  [UIImage imageNamed:@"frame-15.png"],
                  [UIImage imageNamed:@"frame-16.png"],
                  [UIImage imageNamed:@"frame-17.png"],
                  [UIImage imageNamed:@"frame-18.png"],
                  [UIImage imageNamed:@"frame-17.png"],
                  [UIImage imageNamed:@"frame-21.png"],
                  nil
                  ];
    self.bunnyView1.animationImages=hopAnimation;
    self.bunnyView2.animationImages=hopAnimation;
    self.bunnyView3.animationImages=hopAnimation;
    self.bunnyView4.animationImages=hopAnimation;
    self.bunnyView5.animationImages=hopAnimation;
    self.bunnyView1.animationDuration=1;
    self.bunnyView2.animationDuration=1;
    self.bunnyView3.animationDuration=1;
    self.bunnyView4.animationDuration=1;
    self.bunnyView5.animationDuration=1;
     [super viewDidLoad];
}
```

上述代码的具体实现流程如下所示。

- 为了给图像视图配置动画，首先声明了一个名为hopAnimation的数组(NSArray)变量（第3行）。
- 给这个数组分配内存，并使用NSArray的实例方法initWithObject初始化。这个方法接受一个以逗号分隔并以nil结尾的对象列表作为参数，并返回一个数组。
- 初始化图像对象（UIImage）并将其加入到数组中。使用图像对象填充数组后，便可使用它来设置图像视图的动画。为此，将图像视图（imageView）的animationImages属性设置为该数组。
- 对bunnyViewl到bunnyView5进行上述属性设置处理。
- 此处我们想马上设置的图像视图的另一个属性是animationDuration，它表示动画播放一次将持续多少秒。如果不设置它，则播放速度将为30帧每秒。在默认情况下，希望在1秒钟内播放完动画中所有的帧，所以通过上述代码的末尾代码将每个图像视图的animationDuration属性都设置为1。

（2）开始和停止播放动画

属性animationDuration可以修改动画速度，但还需要如下3个“属性/方法”才能完成所需的工作。

- isAnimating：如果图像视图正在以动画方式播放其内容，该属性将返回true。
- startAnimating：开始播放动画。
- stopAnimating：如果正在播放动画，则停止播放。

当用户轻按“跳跃!”按钮时，将调用方法toggleAnimation。这个方法应使用图像视图（imageView）之一（如bunnyViewl）的isAnimating属性判断是否正在播放动画，如果没有则开始播放动画，否则应停止播放。为了确保用户界面合乎逻辑，在播放动画时的按钮（toggleButton）标题为“停下”，当没有播放动画时为“跳跃”。

在视图控制器的实现文件中，在方法toggleAnimation中添加如下所示的代码：

```
- (IBAction)toggleAnimation:(id)sender {
    if (bunnyView1.isAnimating) {
        [self.bunnyView1 stopAnimating];
        [self.bunnyView2 stopAnimating];
        [self.bunnyView3 stopAnimating];
        [self.bunnyView4 stopAnimating];
        [self.bunnyView5 stopAnimating];
        [self.toggleButton setTitle:@"跳跃!"
                           forState:UIControlStateNormal];
    } else {
        [self.bunnyView1 startAnimating];
        [self.bunnyView2 startAnimating];
        [self.bunnyView3 startAnimating];
        [self.bunnyView4 startAnimating];
        [self.bunnyView5 startAnimating];
        [self.toggleButton setTitle:@"停下!"
                          forState:UIControlStateNormal];
    }
}
```

上述代码的实现流程如下所示。

- 首先设置我们需要处理的两个条件，如果在播放动画，将执行if语句行的代码；否则将执行第else语句行的代码行。在这两段代码中，对每个图像视图分别调用了方法stopAnimating和startAnimating，以停止和开始播放动画。
- 使用UIButton的实例方法setTile:forState分别将按钮的标题设置为字符串“跳跃”和“停下”。这些标题是为按钮的UIControlStateNormal状态设置的。按钮的“正常”状态为默认状态，指的是没有任何用户事件发生前的状态。

（3）设置动画播放速度

用户调整滑块控件将触发操作setSpeed，该操作必须在应用程序中进行如下修改。

- 修改动画的播放速度（animationDuration）。
- 如果当前没有播放动画，应开始播放它。

- ❑ 修改按钮（toggleButton）的标题用以表明正在播放动画。
- ❑ 在标签hopsPerSecond：中显示播放速度。

在视图控制器的实现文件中，在方法setSpeed的存根中添加如下所示的代码：

```
- (IBAction)setSpeed:(id)sender {
    NSString *hopRateString;

    self.bunnyView1.animationDuration=2-self.speedSlider.value;
    self.bunnyView2.animationDuration=
      self.bunnyView1.animationDuration+((float)(rand()%11+1)/10);
    self.bunnyView3.animationDuration=
      self.bunnyView1.animationDuration+((float)(rand()%11+1)/10);
    self.bunnyView4.animationDuration=
      self.bunnyView1.animationDuration+((float)(rand()%11+1)/10);
    self.bunnyView5.animationDuration=
      self.bunnyView1.animationDuration+((float)(rand()%11+1)/10);

    [self.bunnyView1 startAnimating];
    [self.bunnyView2 startAnimating];
    [self.bunnyView3 startAnimating];
    [self.bunnyView4 startAnimating];
    [self.bunnyView5 startAnimating];

    [self.toggleButton setTitle:@"Sit Still!"
                      forState:UIControlStateNormal];

    hopRateString=[[NSString alloc]
                   initWithFormat:@"%1.2f hps",1/(2-self.speedSlider.value)];
    self.hopsPerSecond.text=hopRateString;
}
```

上述代码的具体实现流程如下所示。

- ❑ 为了显示速度，需要设置字符串格式，所以上述代码首先声明了一个NSString引用—hopRateString。
- ❑ 将图像视图(imageView) bunnyViewl的属性animationDuration设置为2，这是与滑块值（speedSlide.value）的差，从而设置了动画的播放速度。您可能还记得，这旨在反转标尺，使得滑块位于右边时播放速度较快，而位于左边时播放速度较慢。
- ❑ 将其他图像视图的动画播放速度设置成比bunnyViewl的速度慢零点几秒。其中的零点几秒是如何获得的呢？通过公式(float)(rand()%ll+l)/10)得到。rand()+l返回一个1～10的随机数，将其除以10后便得到零点几秒（1/10、2/10等）。通过使用float，确保结果为浮点数，而不是整数。
- ❑ 使用方法startAnimation开始动画播放。注意，即使动画在播放，使用该方法也是安全的，因此，不需要检查图像视图的状态。
- ❑ 将按钮的标题设置为字符串“停下”，以指出正在播放动画。
- ❑ 给第2行声明的hopRateString分配内存并对其进行初始化。初始化该字符串时，使用的格式为1.2f，而其内容为1/(2 - speedSlide.value)的结果。我们知道动画的速度是以秒为单位的。最快的速度为0.25秒，这意味着1秒钟播放动画4次（即每秒4跳）。为在应用程序中进行这种计算，只需将l除以用户选择的速度，即1/(2 - speedSlide.value)。由于结果不一定是整数，因此，使用方法initWithFormat创建一个字符串，它存储了格式漂亮的结果。给initWithFormat指定的格式参数1.2f hps表示要设置格式的值是一个浮点数(f)，并在设置格式时在小数点左边和右边分别保留1位和2位(1.2)。格式参数中的hps是要在字符串末尾加上的单位“跳每秒”。例如，如果1/(2 - speedSlide.value)的结果为0.5，存储在hopRateString中的字符串将为0.50 hps。
- ❑ 将界面中输出标签（UILabel）的文本设置为hopRateString的值。

（4）调整动画速度

如果想在用户单击滑块时设置滑块的速度，可以设置步进控件的取值范围与滑块的相同，这样只需将滑块的value属性设置成步进控件的value属性，然后手工调用方法setSpeed即可实现。对视图控制器视图文件中方法setIncrement的存根进行修改，具体代码如下所示：

```
- (IBAction)setIncrement:(id)sender {
    self.speedSlider.value=self.speedStepper.value;
    [self setSpeed:nil];
}
```

在上述代码中，将滑块的value属性设置为步进控件的value属性。虽然这将导致界面中的滑块相应地更新，但不会触发其Value Changed事件，进而调用方法setSpeed。因此，手工给self（视图控制器对象）发送setSpeed消息。

到此为止，整个项目的应用程序设计完毕，最后，总结文件 ViewController.m的具体实现源代码：

```
#import "ViewController.h"

@implementation ViewController
@synthesize bunnyView1;
@synthesize bunnyView2;
@synthesize bunnyView3;
@synthesize bunnyView4;
@synthesize bunnyView5;
@synthesize speedSlider;
@synthesize speedStepper;
@synthesize hopsPerSecond;
@synthesize toggleButton;

- (void)didReceiveMemoryWarning
{
    [super didReceiveMemoryWarning];
    // Release any cached data, images, etc that aren't in use.
}

#pragma mark - View lifecycle

- (void)viewDidLoad
{
    NSArray *hopAnimation;
    hopAnimation=[[NSArray alloc] initWithObjects:
                  [UIImage imageNamed:@"frame-1.png"],
                  [UIImage imageNamed:@"frame-2.png"],
                  [UIImage imageNamed:@"frame-3.png"],
                  [UIImage imageNamed:@"frame-4.png"],
                  [UIImage imageNamed:@"frame-5.png"],
                  [UIImage imageNamed:@"frame-6.png"],
                  [UIImage imageNamed:@"frame-7.png"],
                  [UIImage imageNamed:@"frame-8.png"],
                  [UIImage imageNamed:@"frame-7.png"],
                  [UIImage imageNamed:@"frame-10.png"],
                  [UIImage imageNamed:@"frame-11.png"],
                  [UIImage imageNamed:@"frame-12.png"],
                  [UIImage imageNamed:@"frame-13.png"],
                  [UIImage imageNamed:@"frame-14.png"],
                  [UIImage imageNamed:@"frame-15.png"],
                  [UIImage imageNamed:@"frame-16.png"],
                  [UIImage imageNamed:@"frame-17.png"],
                  [UIImage imageNamed:@"frame-18.png"],
                  [UIImage imageNamed:@"frame-17.png"],
                  [UIImage imageNamed:@"frame-21.png"],
                  nil
                  ];
    self.bunnyView1.animationImages=hopAnimation;
    self.bunnyView2.animationImages=hopAnimation;
    self.bunnyView3.animationImages=hopAnimation;
    self.bunnyView4.animationImages=hopAnimation;
    self.bunnyView5.animationImages=hopAnimation;
    self.bunnyView1.animationDuration=1;
    self.bunnyView2.animationDuration=1;
    self.bunnyView3.animationDuration=1;
    self.bunnyView4.animationDuration=1;
```

```
    self.bunnyView5.animationDuration=1;
    [super viewDidLoad];
}

- (void)viewDidUnload
{
    [self setBunnyView1:nil];
    [self setBunnyView2:nil];
    [self setBunnyView3:nil];
    [self setBunnyView4:nil];
    [self setBunnyView5:nil];
    [self setSpeedSlider:nil];
    [self setSpeedStepper:nil];
    [self setHopsPerSecond:nil];
    [self setToggleButton:nil];
    [super viewDidUnload];
    // Release any retained subviews of the main view.
    // e.g. self.myOutlet = nil;
}

- (void)viewWillAppear:(BOOL)animated
{
    [super viewWillAppear:animated];
}

- (void)viewDidAppear:(BOOL)animated
{
    [super viewDidAppear:animated];
}

- (void)viewWillDisappear:(BOOL)animated
{
    [super viewWillDisappear:animated];
}

- (void)viewDidDisappear:(BOOL)animated
{
    [super viewDidDisappear:animated];
}

- (BOOL)shouldAutorotateToInterfaceOrientation:(UIInterfaceOrientation)
interfaceOrientation
{
    // Return YES for supported orientations
    return (interfaceOrientation != UIInterfaceOrientationPortraitUpsideDown);
}

- (IBAction)toggleAnimation:(id)sender {
    if (bunnyView1.isAnimating) {
        [self.bunnyView1 stopAnimating];
        [self.bunnyView2 stopAnimating];
        [self.bunnyView3 stopAnimating];
        [self.bunnyView4 stopAnimating];
        [self.bunnyView5 stopAnimating];
        [self.toggleButton setTitle:@"跳跃!"
                         forState:UIControlStateNormal];
    } else {
        [self.bunnyView1 startAnimating];
        [self.bunnyView2 startAnimating];
        [self.bunnyView3 startAnimating];
        [self.bunnyView4 startAnimating];
        [self.bunnyView5 startAnimating];
        [self.toggleButton setTitle:@"停下!"
                         forState:UIControlStateNormal];
    }
}

- (IBAction)setSpeed:(id)sender {
    NSString *hopRateString;
```

```
    self.bunnyView1.animationDuration=2-self.speedSlider.value;
    self.bunnyView2.animationDuration=
    self.bunnyView1.animationDuration+((float)(rand()%11+1)/10);
    self.bunnyView3.animationDuration=
    self.bunnyView1.animationDuration+((float)(rand()%11+1)/10);
    self.bunnyView4.animationDuration=
    self.bunnyView1.animationDuration+((float)(rand()%11+1)/10);
    self.bunnyView5.animationDuration=
    self.bunnyView1.animationDuration+((float)(rand()%11+1)/10);

    [self.bunnyView1 startAnimating];
    [self.bunnyView2 startAnimating];
    [self.bunnyView3 startAnimating];
    [self.bunnyView4 startAnimating];
    [self.bunnyView5 startAnimating];

    [self.toggleButton setTitle:@"Sit Still!"
                       forState:UIControlStateNormal];

    hopRateString=[[NSString alloc]
                     initWithFormat:@"%1.2f hps",1/(2-self.speedSlider.value)];
    self.hopsPerSecond.text=hopRateString;
}

- (IBAction)setIncrement:(id)sender {
    self.speedSlider.value=self.speedStepper.value;
    [self setSpeed:nil];
}

@end
```

在调用setSpeed时，传递了参数nil。在默认情况下，操作方法接收一个sender参数，该参数被自动设置为触发操作的对象。这样，操作便可查看sender，并做出相应的响应。在setSpeed中，我们从未使用sender，因此，只需将其设置为nil，以满足调用该方法的要求即可。

到此为止，整个实例介绍完毕。单击Xcode工具栏中的Run按钮。几秒钟后，应用程序“lianhe”将启动，初始效果如图21-22所示，跳跃后的效果如图21-23所示。

图21-22 初始效果

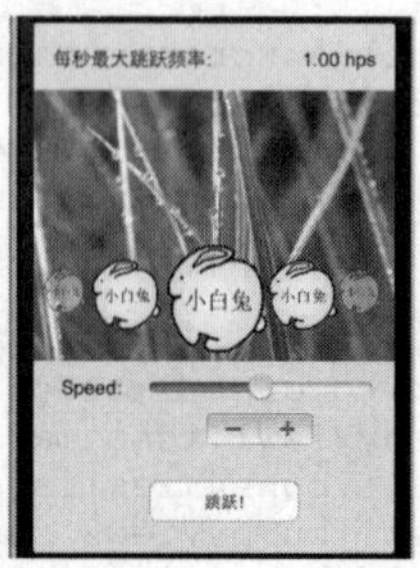

图21-23 跳跃后的效果

21.4.5 实战演练——实现“烟花烟花满天飞”的效果

本实例实现了“烟花烟花满天飞”效果，预先设置了如图21-24所示的素材图片。

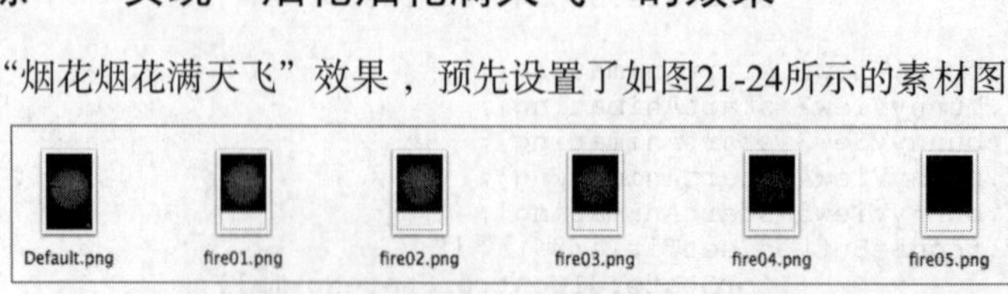

图21-24 素材图片

在本实例中设置了两个视图界面，实现了主视图MainView.xib和说明视图FlipsideView.xib之间的灵活切换，并且为了实现动画效果，引入了关键帧动画框架QuartzCore.framework。

实例21-8	在屏幕中实现“烟花烟花满天飞”效果
源码与视频路径	光盘:\daima\21\hua

（1）编写文件FlipsideViewController.h，此文件的功能是实现主页视图的按钮，具体代码如下所示：

```
#import <UIKit/UIKit.h>
@protocol FlipsideViewControllerDelegate;
@interface FlipsideViewController : UIViewController {
  id <FlipsideViewControllerDelegate> delegate;
}
@property (nonatomic, assign) id <FlipsideViewControllerDelegate> delegate;
- (IBAction)done:(id)sender;
@end

@protocol FlipsideViewControllerDelegate
- (void)flipsideViewControllerDidFinish:(FlipsideViewController *)controller;
@end
```

（2）编写文件FlipsideViewController.m，此文件的功能是说明，视图FlipsideView.xib定义功能方法，具体代码如下所示：

```
#import "FlipsideViewController.h"
@implementation FlipsideViewController
@synthesize delegate;
- (void)viewDidLoad {
    [super viewDidLoad];
    self.view.backgroundColor = [UIColor viewFlipsideBackgroundColor];
}
- (IBAction)done:(id)sender {
  [self.delegate flipsideViewControllerDidFinish:self];
}
- (void)didReceiveMemoryWarning {
  [super didReceiveMemoryWarning];
}
- (void)viewDidUnload {
}
- (void)dealloc {
    [super dealloc];
}
@end
```

（3）编写主视图的头文件MainViewController.h，通过此文件构建了一个“烟花烟花满天飞”的动画界面，具体代码如下所示：

```
#import "FlipsideViewController.h"
#import <QuartzCore/QuartzCore.h>
@interface MainViewController : UIViewController <FlipsideViewControllerDelegate> {
}
- (IBAction)showInfo:(id)sender;
@end
```

（4）文件MainViewController.m是文件MainViewController.h的实现，具体代码如下所示。

```
#import "MainViewController.h"
@implementation MainViewController
- (void)viewDidLoad {
   [super viewDidLoad];
   UIImageView* FireView = [[UIImageView alloc] initWithFrame:self.view.frame];
   FireView.animationImages = [NSArray arrayWithObjects
   [UIImage imageNamed:@"fire01.png"],
             [UIImage imageNamed:@"fire02.png"],
             [UIImage imageNamed:@"fire03.png"],
             [UIImage imageNamed:@"fire04.png"],
             [UIImage imageNamed:@"fire05.png"],
                                  nil];
    FireView.animationDuration = 1.75;
    FireView.animationRepeatCount = 0;
    [FireView startAnimating];
    [self.view addSubview:FireView];
    [FireView release];
}
```

```
- (void)flipsideViewControllerDidFinish:(FlipsideViewController *)controller {
    [self dismissModalViewControllerAnimated:YES];
}
- (IBAction)showInfo:(id)sender {
    FlipsideViewController *controller = [[FlipsideViewController alloc]
initWithNibName:@"FlipsideView" bundle:nil];
    controller.delegate = self;
    controller.modalTransitionStyle =
UIModalTransitionStyleFlipHorizontal;
    [self presentModalViewController:controller animated:YES];
    [controller release];
}
- (void)didReceiveMemoryWarning {
    [super didReceiveMemoryWarning];
}
- (void)viewDidUnload {
}
- (void)dealloc {
    [super dealloc];
}
@end
```

图21-25 执行效果

执行后的效果如图21-25所示。

21.5 实战演练——图形图像的人脸检测处理（基于Swift实现）

在本节的内容中，将通过一个具体实例的实现过程，详细讲解基于Swift语言实现人脸检测的过程。在本实例中，用到了UIImageView控件、Label控件和Toolbar控件。

实例21-9	图形图像的人脸检测处理
源码与视频路径	光盘:\daima\21\UIImageView

（1）打开Xcode 6.1，然后创建一个名为“bfswift”的工程，工程的最终目录结构如图21-26所示。

（2）在Xcode 6的Main.storyboard面板中设计UI界面，上方插入两个UIImageView控件来展示图片，在下方插入Toolbar控件实现选择控制，如图21-27所示。

图21-26 工程的目录结构

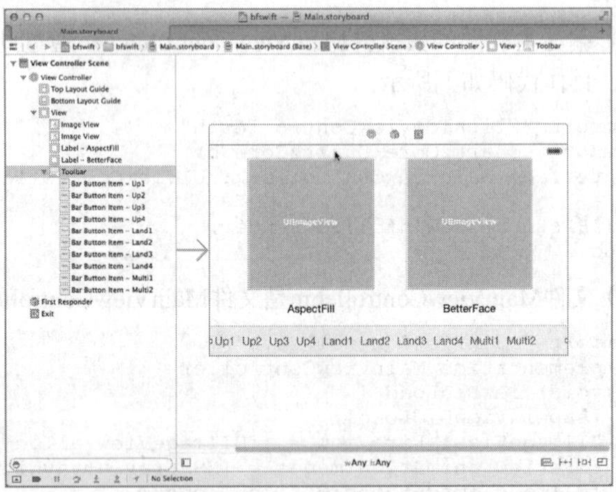

图21-27 Main.storyboard面板

（3）文件BFImageView.swift的功能是实现人脸检测和对应的标记处理，并根据用户操作实现水平移动或垂直移动操作，并设置对应的图像图层处理。文件BFImageView.swift的具体实现代码如下所示：

```
import Foundation
import UIKit
import QuartzCore
```

```
let BETTER_LAYER_NAME = "BETTER_LAYER_NAME"
let GOLDEN_RATIO = 0.618

class BFImageView: UIImageView {
    var needsBetterFace: Bool = false

    var fast: Bool = true

    var detector: CIDetector?

    override var image: UIImage! {
    get {
        return super.image
    }
    set {
        super.image = newValue
        if self.needsBetterFace {
            self.faceDetect(newValue)
        }
    }
    }
    //人脸检测
    func faceDetect(aImage: UIImage){
        var queue: dispatch_queue_t = dispatch_queue_create("com.croath.betterface
        queue", DISPATCH_QUEUE_CONCURRENT)
        dispatch_async(queue,
            {
                var image = aImage.CIImage
                if image == nil {
                    image = CIImage(CGImage: aImage.CGImage)
                }

                if self.detector == nil {
                    var opts = [(self.fast ? CIDetectorAccuracyLow :
                    CIDetectorAccuracyHigh): CIDetectorAccuracy]
                    self.detector = CIDetector(ofType: CIDetectorTypeFace, context:
                    nil, options: opts)
                }

                var features: AnyObject[] = self.detector!.featuresInImage(image)

                if features.count == 0 {
                    println("no faces")
                    dispatch_async(dispatch_get_main_queue(),
                        {
                            self.imageLayer().removeFromSuperlayer()
                        })
                } else {
                    println("succeed \(features.count) faces")
                    var imgSize = CGSizeMake(Float(CGImageGetWidth(aImage.CGImage)),
                    Float(CGImageGetHeight(aImage.CGImage)))
                    self.markAfterFaceDetect(features, size: imgSize)
                }
            })
    }
    //人脸检测标记
    func markAfterFaceDetect(features: AnyObject[], size: CGSize) {
        var fixedRect = CGRectMake(MAXFLOAT, MAXFLOAT, 0, 0)
        var rightBorder: Float = 0, bottomBorder: Float = 0
        for f: AnyObject in features {
            var oneRect = CGRectMake(f.bounds.origin.x, f.bounds.origin.y, f.bounds
            size.width, f.bounds.size.height)
            oneRect.origin.y = size.height - oneRect.origin.y - oneRect.size.height

            fixedRect.origin.x = min(oneRect.origin.x, fixedRect.origin.x)
            fixedRect.origin.y = min(oneRect.origin.y, fixedRect.origin.y)

            rightBorder = max(oneRect.origin.x + oneRect.size.width, rightBorder)
            bottomBorder = max(oneRect.origin.y + oneRect.size.height, bottomBorder)
        }

        fixedRect.size.width = rightBorder - fixedRect.origin.x
        fixedRect.size.height = bottomBorder - fixedRect.origin.y
```

```
    var fixedCenter: CGPoint = CGPointMake(fixedRect.origin.x + fixedRect.size.
    width / 2.0, fixedRect.origin.y + fixedRect.size.height / 2.0)
    var offset: CGPoint = CGPointZero
    var finalSize: CGSize = size
    if size.width / size.height > self.bounds.size.width / self.bounds.size.height {
        //水平移动1
        finalSize.height = self.bounds.size.height
        finalSize.width = size.width/size.height * finalSize.height
        fixedCenter.x = finalSize.width / size.width * fixedCenter.x
        fixedCenter.y = finalSize.width / size.width * fixedCenter.y

        offset.x = fixedCenter.x - self.bounds.size.width * 0.5
        if (offset.x < 0) {
            offset.x = 0
        } else if (offset.x + self.bounds.size.width > finalSize.width) {
            offset.x = finalSize.width - self.bounds.size.width
        }
        offset.x = -offset.x
    } else {
        //垂直移动
        finalSize.width = self.bounds.size.width
        finalSize.height = size.height/size.width * finalSize.width
        fixedCenter.x = finalSize.width / size.width * fixedCenter.x
        fixedCenter.y = finalSize.width / size.width * fixedCenter.y

        offset.y = fixedCenter.y - self.bounds.size.height * Float(1-GOLDEN_RATIO)
        if (offset.y < 0) {
            offset.y = 0
        } else if (offset.y + self.bounds.size.height > finalSize.height){
            finalSize.height = self.bounds.size.height
            offset.y = finalSize.height
        }
        offset.y = -offset.y
    }
    dispatch_async(dispatch_get_main_queue(),
        {
            var layer: CALayer = self.imageLayer()
            layer.frame = CGRectMake(offset.x, offset.y, finalSize.width,
            finalSize.height)
            layer.contents = self.image.CGImage
        })
}
//图片图层
func imageLayer() -> CALayer {
    if let sublayers = self.layer.sublayers {
        for layer: AnyObject in sublayers {
            if layer.name == BETTER_LAYER_NAME {
                return layer as CALayer
            }
        }
    }

    var layer = CALayer()
    layer.name = BETTER_LAYER_NAME
    layer.actions =
        [
            "contents": NSNull(),
            "bounds": NSNull(),
            "position": NSNull()
        ]
    self.layer.addSublayer(layer)
    return layer
}
}
```

（4）文件ViewController.swift的功能是，根据用户的选择，在IImageView控件中加载显示不同的图片。文件ViewController.swift的具体实现代码如下所示：

```
import UIKit
```

```
class ViewController: UIViewController {
    @IBOutlet var view0 : UIImageView
    @IBOutlet var view1 : BFImageView

    override func viewDidLoad() {
        super.viewDidLoad()

        self.view0.layer.borderColor = UIColor.grayColor().CGColor
        self.view0.layer.borderWidth = 0.5
        self.view0.contentMode = UIViewContentMode.ScaleAspectFill
        self.view0.clipsToBounds = true

        self.view1.layer.borderColor = UIColor.grayColor().CGColor
        self.view1.layer.borderWidth = 0.5
        self.view1.contentMode = UIViewContentMode.ScaleAspectFill
        self.view1.clipsToBounds = true
        self.view1.needsBetterFace = true
        self.view1.fast = true
    }

    override func didReceiveMemoryWarning() {
        super.didReceiveMemoryWarning()
        // Dispose of any resources that can be recreated
    }

    @IBAction func tabPressed(sender : AnyObject) {
        var imageStr:String = ""
        switch sender.tag {
        case Int(0):
            imageStr = "up1.jpg"
        case Int(1):
            imageStr = "up2.jpg"
        case Int(2):
            imageStr = "up3.jpg"
        case Int(3):
            imageStr = "up4.jpg"
        case Int(4):
            imageStr = "l1.jpg"
        case Int(5):
            imageStr = "l2.jpg"
        case Int(6):
            imageStr = "l3.jpg"
        case Int(7):
            imageStr = "l4.jpg"
        case Int(8):
            imageStr = "m1.jpg"
        case Int(9):
            imageStr = "m2.jpg"
        default:
            imageStr = ""
        }
        self.view0.image = UIImage(named: imageStr)
        self.view1.image = UIImage(named: imageStr)

    }

}
```

到此为止，整个实例介绍完毕，执行后的效果如图21-28所示。在下方单击不同的选项，可以在上方展示对应的不同图像。

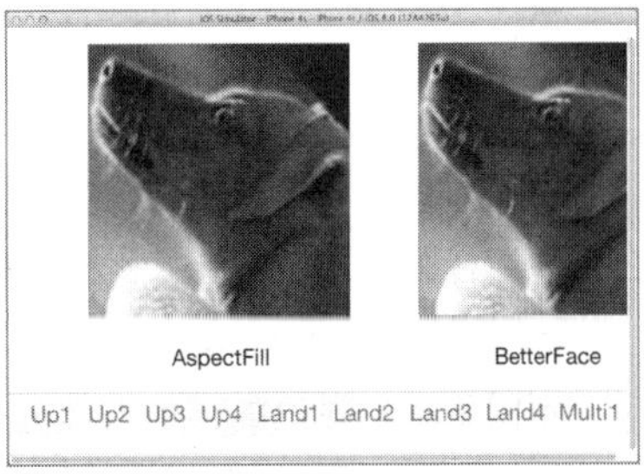

图21-28 执行效果

第22章 声音服务

在iOS应用中，当提供反馈或获取重要输入时，通过视觉方式进行通知比较合适。但是，有时为了引起用户注意，通过声音效果可以更好地完成提醒效果。在本章的内容中，将向广大读者详细讲解iOS中声音服务的基本知识。

22.1 访问声音服务

在当前的设备中，声音几乎在每个计算机系统中都扮演了重要角色，而不管其平台和用途如何。它们告知用户发生了错误或完成了操作。声音在用户没有紧盯屏幕时仍可提供有关应用程序在做什么的反馈。而在移动设备中，振动的应用比较常见。当设备能够振动时，即使用户不能看到或听到，设备也能够与用户交流。对iPhone来说，振动意味着即使它在口袋里或附近的桌子上，应用程序也可将事件告知用户。这是不是最好的消息？可通过简单代码处理声音和振动，这让您能够在应用程序中轻松地实现它们。

22.1.1 声音服务基础

为了支持声音播放和振动功能，iOS系统中的系统声音服务（System Sound Services）提供了一个接口，用于播放不超过30秒的声音。虽然它支持的文件格式有限，目前只支持CAF、AIF和使用PCM或IMA/ADPCM数据的WAV文件，并且这些函数没有提供操纵声音和控制音量的功能，但是为我们开发人员提供了很大的方便。

iOS使用 System Sound Services 支持如下3种不同的通知。

- 声音：立刻播放一个简单的声音文件。如果手机被设置为静音，用户什么也听不到。
- 提醒：也播放一个声音文件，但如果手机被设置为静音和振动，将通过振动提醒用户。
- 振动：振动手机，而不考虑其他设置。

要在项目中使用系统声音服务，必须添加框架AudioToolbox以及要播放的声音文件。另外，还需要在实现声音服务的类中导入该框架的接口文件：

```
#import <AudioToolbox/AudioToolbox.h>
```

不同于本书讨论的其他大部分开发功能，系统声音服务并非通过类实现的，相反，我们将使用传统的C语言函数调用来触发播放操作。

要想播放音频，需要使用的两个函数是AudioServicesCreateSystemSoundID和AudioServicesPlaySystemSound。还需要声明一个类型为SystemSoundID的变量，它表示要使用的声音文件。为了对如何结合使用这些有大致认识，请读者看如下所示的代码：

```
-(IBAction)doSound:(id)sender {
    SystemSoundID soundID;//声明这个系统变量是为了后来的引用做准备
    NSString *soundFile = [[NSBundle mainBundle]    pathForResource:@"soundeffect"
ofType:@"wav"]//调用NSBbundle的类方法mainBundle以返回一个NSBundle对象，该对象对应于当前应用
//程序可执行二进制文件所属的目录
 AudioServicesCreateSystemSoundID((CFURLRef)[NSURL fileURLWithPath:soundFile],
&soundID);//一个指向文件位置的CFURLRef对象和一个指向我们要设置的SystemSoundID变量的指针
```

```
    AudioServicesPlaySystemSound(soundID);
}
```

这些代码看起来与我们一直使用的Objective-C代码有些不同，下面介绍其中的各个组成部分。

（1）第1行声明了变量soundID，将使用它来引用声音文件（注意到这里没有将它声明为指针，声明指针时需要加上*）。

（2）第2行声明了字符串变量soundFile，并将其设置为声音文件soundeffect.wav的路径。为此，首先使用NSBundle的类方法mainBundle返回一个NSBundle对象，该对象对应于当前应用程序的可执行二进制文件所属的目录。

然后使用NSBundle对象的pathForResource:ofIype方法通过文件名和扩展名指定具体的文件。

在确定声音文件的路径后，必须使用函数AudioServicesCreateSystemSoundID创建一个代表该文件的SystemSoundID，供实际播放声音的函数使用（第4～6行）。这个函数接收两个参数：一个指向文件位置的CFURLRef对象和一个指向我们要设置的SystemSoundID变量的指针。为了设置第一个参数，使用NSURL的类方法fileURLWithPath根据声音文件的路径创建一个NSUIU对象，并使用__brige CFURLRef将这个NSURL对象转换为函数要求的 CFURLRef 类型，其中__brige是必不可少的，因为要将一个C语言结构转换为Objective—C对象。为设置第二个参数，只需使用&soundID即可。

&<variable>能够返回一个指向该变量的引用（指针）。在使用Objective-C类时很少需要这样做，因为几乎任何东西都已经是指针。

在正确设置soundID后，接下来的工作就是播放它。为此，只需将变量soundID传递给函数AudioServicesPlaySystemSound即可。

22.1.2 实战演练——播放声音文件

实例22 1	播放声音文件
源码与视频路径	光盘:\daima\22\MediaPlayer

（1）打开Xcode，创建一个名为“MediaPlayer”的“Single View Applicatiom”项目，如图22-1所示。

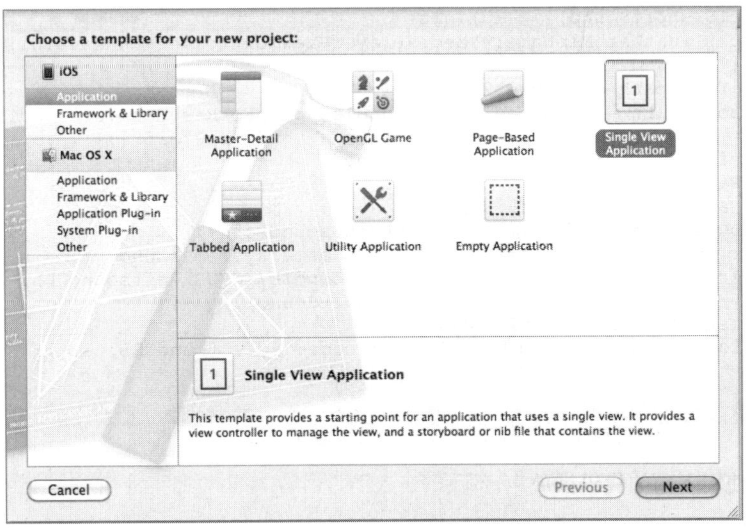

图22-1 创建Xcode项目

（2）设置创建项目的工程名，然后设置设备为“iPad”，如图22-2所示。

（3）设置一个UI界面，在里面插入了两个按钮，效果如图22-3所示。

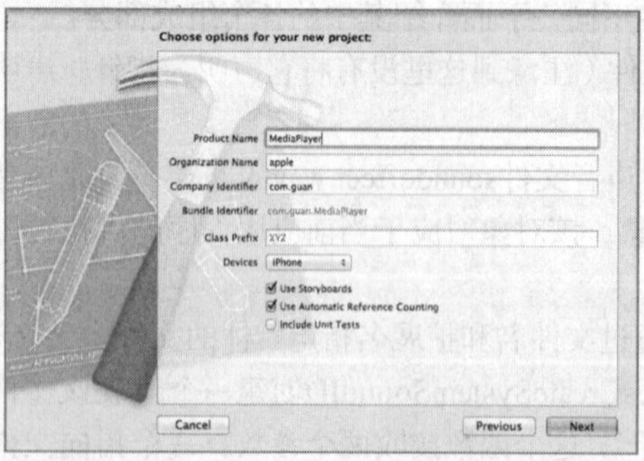

图22-2 设置设备

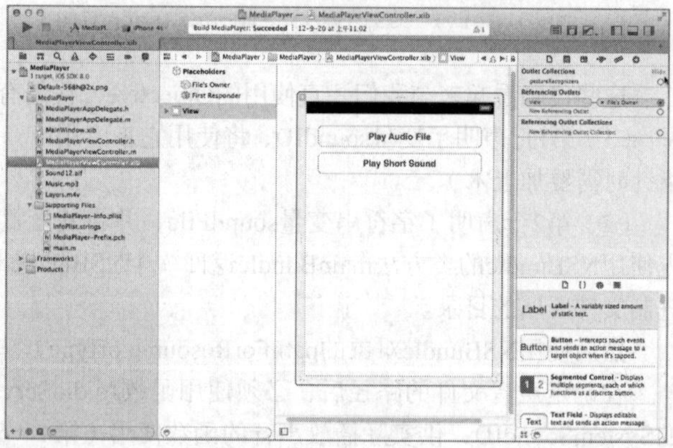

图22-3 UI界面

（4）准备两个声音素材文件“Music.mp3”和“Sound12.aif”，如图22-4所示。

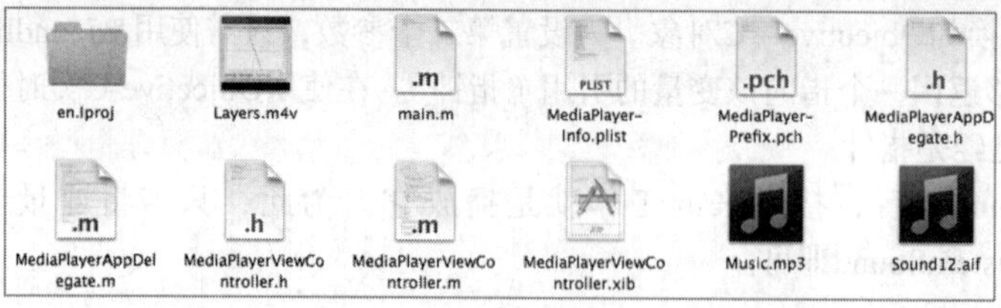

图22-4 素材音频文件

（5）声音文件必须放到设备的本地文件夹下面。通过方法AudioServicesCreateSystemSoundID注册这个声音文件，AudioServicesCreateSystemSoundID需要声音文件的url的CFURLRef对象，看下面的注册代码：

```
#import <AudioToolbox/AudioToolbox.h>
@interface MediaPlayerViewController : UIViewController{
IBOutlet UIButton *audioButton;
SystemSoundID shortSound;}- (id)init{
self = [super initWithNibName:@"MediaPlayerViewController" bundle:nil];
if (self) {
// Get the full path of Sound12.aif
NSString *soundPath = [[NSBundle mainBundle] pathForResource:@"Sound12"
                                             ofType:@"aif"];
// If this file is actually in the bundle...
 if (soundPath) {
 // Create a file URL with this path
  NSURL *soundURL = [NSURL fileURLWithPath:soundPath];
// Register sound file located at that URL as a system sound
 OSStatus err = AudioServicesCreateSystemSoundID((CFURLRef)soundURL,
                                     &shortSound);
        if (err != kAudioServicesNoError)
         NSLog(@"Could not load %@, error code: %d", soundURL, err);
    }
  }
return self;
}
```

这样就可以使用下面的代码播放声音了：

```
- (IBAction)playShortSound:(id)sender{
    AudioServicesPlaySystemSound(shortSound);
}
```

（6）使用下面代码可以添加一个振动的效果：

```
- (IBAction)playShortSound:(id)sender{
AudioServicesPlaySystemSound(shortSound);
```

```
AudioServicesPlaySystemSound(kSystemSoundID_Vibrate);}
AVFoundation framework
```

（7）对于压缩过的Audio文件或者超过30秒的音频文件，可以使用AVAudioPlayer类。这个类定义在AVFoundation framework中。下面使用这个类播放一个mp3的音频文件。首先要引入AVFoundation framework，然后在MediaPlayerViewController.h中添加下面代码：

```
#import <AVFoundation/AVFoundation.h>
@interface MediaPlayerViewController : UIViewController <AVAudioPlayerDelegate>{
    IBOutlet UIButton *audioButton;
    SystemSoundID shortSound;
    AVAudioPlayer *audioPlayer;
```

（8）AVAudioPlayer类也是需要知道音频文件的路径，使用下面代码创建一个AVAudioPlayer实例：

```
- (id)init{
    self = [super initWithNibName:@"MediaPlayerViewController" bundle:nil];
      if (self) {
                  NSString *musicPath = [[NSBundle mainBundle]  pathForResource:
@"Music"
        ofType:@"mp3"];
      if (musicPath) {
                 NSURL *musicURL = [NSURL fileURLWithPath:musicPath];
               audioPlayer = [[AVAudioPlayer alloc]  initWithContentsOfURL:musicURL
                      error:nil];
               [audioPlayer setDelegate:self];
    }
    NSString *soundPath = [[NSBundle mainBundle] pathForResource:@"Sound12"
 ofType:@"aif"];
```

（9）可以在一个button的单击事件中开始播放这个MP3文件，例如下面的代码：

```
- (IBAction)playAudioFile:(id)sender{
    if ([audioPlayer isPlaying]) {
            // Stop playing audio and change text of button
              [audioPlayer stop];
              [sender setTitle:@"Play Audio File"
              forState:UIControlStateNormal];
    }    else {
    // Start playing audio and change text of button so
    // user can tap to stop playback
    [audioPlayer play];
    [sender setTitle:@"Stop Audio File"
    forState:UIControlStateNormal];
   }
}
```

这样运行程序，就可以播放音乐了。

（10）这个类对应的AVAudioPlayerDelegate有两个委托方法。一个是 audioPlayerDidFinishPlaying: successfully当音频文件播放完成之后触发。当播放完成之后，可以将播放按钮的文本重新设置成：Play Audio File：

```
- (void)audioPlayerDidFinishPlaying:(AVAudioPlayer *)player
                      successfully:(BOOL)flag
              {
           [audioButton setTitle:@"Play Audio File"
                            forState:UIControlStateNormal];
            }
```

另一个是audioPlayerEndInterruption:，当程序被应用外部打断之后，重新回到应用程序的时候触发。在这里当回到此应用程序的时候，继续播放音乐：

```
- (void)audioPlayerEndInterruption:(AVAudioPlayer *)player{    [audioPlayer play];}
MediaPlayer framework
```

这样执行后即可播放指定的音频，效果如图22-5所示。

除此之外，iOS SDK中还可以使用MPMoviePlayerController来播放电影文件。但是，在iOS设备上播放电影文件有严格的格式要求，只能播放下面两个格式的电影文件。

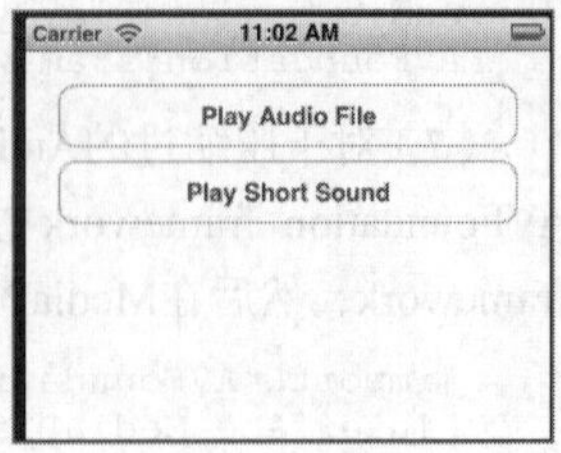

图22-5 执行效果

❑ H.264 (Baseline Profile Level 3.0)。

❑ MPEG-4 Part 2 video (Simple Profile)。

幸运的是，可以先使用iTunes将文件转换成上面两个格式。MPMoviePlayerController还可以播放互联网上的视频文件。但是，建议先将视频文件下载到本地，然后播放。如果不这样做，iOS可能会拒绝播放很大的视频文件。

这个类定义在MediaPlayer framework中。在应用程序中，先添加这个引用，然后修改MediaPlayerViewController.h文件：

```
#import <MediaPlayer/MediaPlayer.h>
@interface MediaPlayerViewController : UIViewController <AVAudioPlayerDelegate>
{
  MPMoviePlayerController *moviePlayer;
```

下面使用这个类来播放一个.m4v 格式的视频文件。与前面的类似，需要一个url路径即可：

```
- (id)init{
 self = [super initWithNibName:@"MediaPlayerViewController" bundle:nil];
    if (self) {            NSString *moviePath = [[NSBundle mainBundle]
    pathForResource:@"Layers"
    ofType:@"m4v"
  ];
   if (moviePath) {
     NSURL *movieURL = [NSURL fileURLWithPath:moviePath];
     moviePlayer = [[MPMoviePlayerController alloc]
     initWithContentURL:movieURL];
 }
```

MPMoviePlayerController有一个视图来展示播放器控件，我们在viewDidLoad方法中，将这个播放器展示出来：

```
- (void)viewDidLoad{
[[self view] addSubview:[moviePlayer view]];
    float halfHeight = [[self view] bounds].size.height / 2.0;
    float width = [[self view] bounds].size.width;
    [[moviePlayer view] setFrame:CGRectMake(0, halfHeight, width, halfHeight)];
 }
```

还有一个MPMoviePlayerViewController类，用于全屏播放视频文件，用法和MPMoviePlayer Controller一样：

```
MPMoviePlayerViewController *playerViewController =
    [[MPMoviePlayerViewController alloc] initWithContentURL:movieURL];
[viewController presentMoviePlayerViewControllerAnimated:playerViewController];
```

当我们在听音乐的时候，可以使用iPhone做其他的事情，这个时候需要播放器在后台也能运行，只需要在应用程序中做个简单的设置就行了。

（1）在Info property list中加一个 Required background modes节点，它是一个数组，将第一项设置成App plays audio。

（2）在播放MP3的代码中加入下面代码：

```
if (musicPath) {
NSURL *musicURL = [NSURL fileURLWithPath:musicPath];
[[AVAudioSession sharedInstance]
         setCategory:AVAudioSessionCategoryPlayback error:nil];
audioPlayer = [[AVAudioPlayer alloc]
initWithContentsOfURL:musicURL
                                error:nil];
       [audioPlayer setDelegate:self];
```

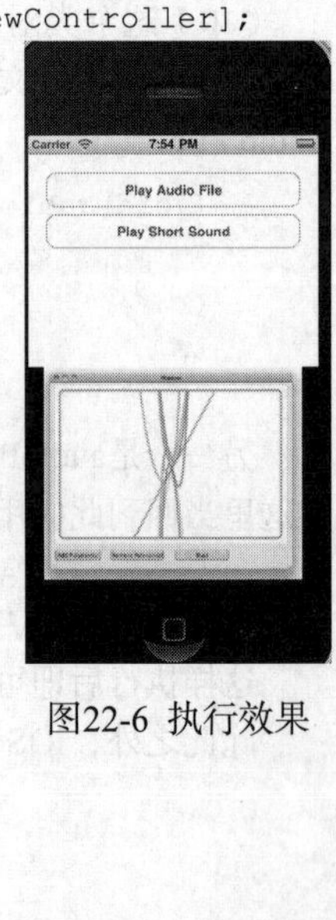

此时运行后可以看到播放视频的效果，如图22-6所示。

图22-6 执行效果

22.2 提醒和振动

提醒音和系统声音之间的差别在于，如果手机处于静音状态，提醒音将自动触发振动。提醒音的设置和用法与系统声音相同，如果要播放提醒音，只需使用函数AudioServicesPlayAlertSound即可实现，而不是使用AudioServicesPlaySystemSound。实现振动的方法更加容易，只要在支持振动的设备（当前为iPhone）中调用AudioServicesPlaySystemSound即可，并将常量kSystemSoundID_Vibrate传递给它，例如下面的代码：

```
AudioServicesPlaySystemSound( kSystemSoundID_Vibrate);
```

如果试图振动不支持振动的设备（如iPad2），则不会成功。这些实现振动代码将留在应用程序中，而不会有任何害处，不管目标设备是什么。

22.2.1 播放提醒音

iOS开发多媒体播放是本文要介绍的内容，iOS SDK中提供了很多方便的方法来播放多媒体。接下来将利用这些SDK做一个实例，来讲述一下如何使用它们来播放音频文件。本实例使用了AudioToolbox framework框架，通过此框架可以将比较短的声音注册到 system sound服务上。被注册到system sound服务上的声音称为system sounds。它必须满足下面4个条件。

（1）播放的时间不能超过30秒。

（2）数据必须是 PCM或者IMA4流格式。

（3）必须被打包成下面3个格式之一：

Core Audio Format (.caf)、Waveform audio (.wav)、Audio Interchange File (.aiff)。

（4）声音文件必须放到设备的本地文件夹下面。通过AudioServicesCreateSystemSoundID方法注册这个声音文件。

22.2.2 实战演练——实用 iOS 的提醒功能

本节的演示实例将实现一个沙箱效果，在里面可以实现提醒视图、多个按钮的提醒视图、文本框的提醒视图、操作表和声音提示和振动提示效果。本实例只包含一些按钮和一个输出区域，其中按钮用于触发操作，以便演示各种提醒用户的方法；而输出区域用于指出用户的响应。生成提醒视图、操作表、声音和振动的工作都是通过代码完成的，因此，越早完成项目框架的设置，就能越早实现逻辑。

实例22-2	实用iOS的提醒功能
源码与视频路径	光盘:\daima\22\lianhe

1．创建项目

（1）新打开Xcode，创建一个名为“lianhe”的“Single View Applicatiom”项目，如图22-7所示。

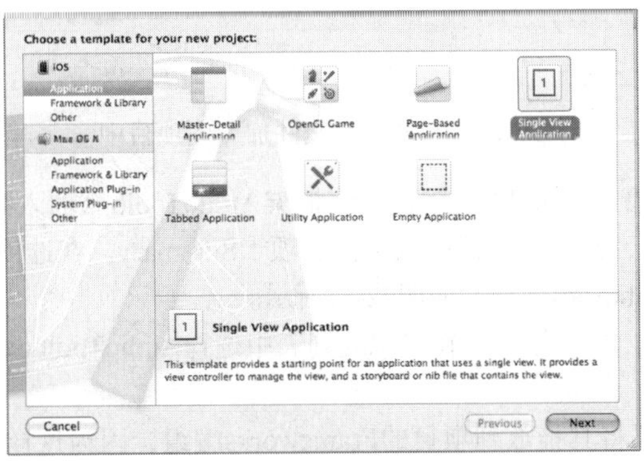

图22-7 新创建Xcode项目

（2）设置新创建项目的工程名，然后设置设备为“iPhone”，如图22-8所示。

（3）在“Sounds”中准备两个声音素材文件：“Music.mp3”和“Sound12.aif”，如图22-9所示。

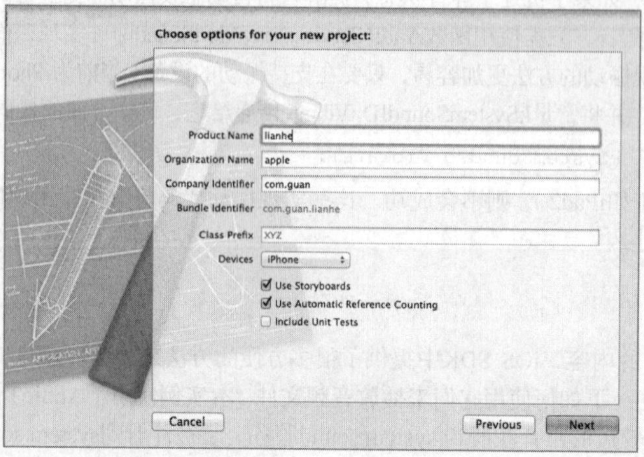

图22-8 设置设备

图22-9 素材音频文件

（4）本实例需要多个项目默认没有的资源，其中最重要的是要使用系统声音服务播放的声音，以及播放这些声音所需的框架。在Xcode中打开了项目“lianhe”的情况下，切换到Finder并找到本章项目文件夹中的Sounds文件夹。将该文件夹拖放到Xcode项目文件夹，并在Xcode提示时指定复制文件并创建编组。该文件夹将出现在项目编组中，如图22-10所示。

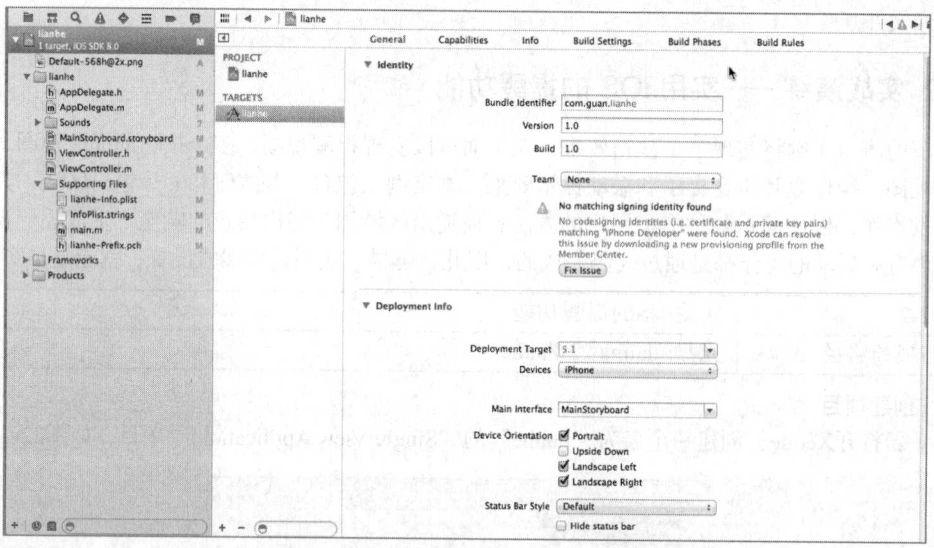

图22-10 将声音文件加入到项目中

（5）要想使用任何声音播放函数，都必须将框架AudioToolbox加入到项目中。所以，选择项目GettingAttention的顶级编组，并在编辑器区域选择选项卡Summary。在选项卡Summary中向下滚动，找到Linked Frameworks and Libraries部分，如图22-11所示。

（6）再单击列表下方的“+”按钮，在出现的列表中选择AudioToolbox.framework，再单击“Add”按钮，如图22-12所示。

在添加该框架后，建议将其拖放到项目的Frameworks编组，因为这样可以让整个项目显得更加整洁有序，如图22-13所示。

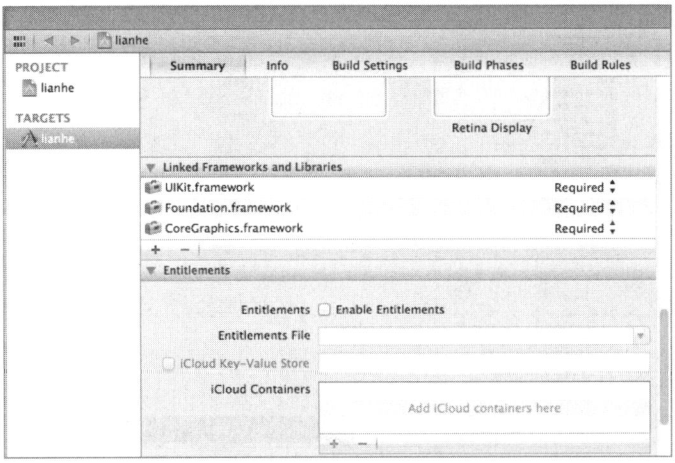

图22-11 找到Linked Frameworks and Libraries

（7）在给应用程序GettingAttention设计界面和编写代码前，要确定需要哪些输出口和操作，以便能够进行想要的各种测试。本实例只需要一个输出口，它对应于一个标签（UILabel），而该标签提供有关用户做了什么的反馈。我们将把这个输出口命名为userOutput。

除了输出口外总共还需要7个操作，它们都是由用户界面中的各个按钮触发的，这些操作分别是doAlert、doMultiButtonAlert、doAlertInput、doActionSheet、doSound、doAlertSound和doVibration。

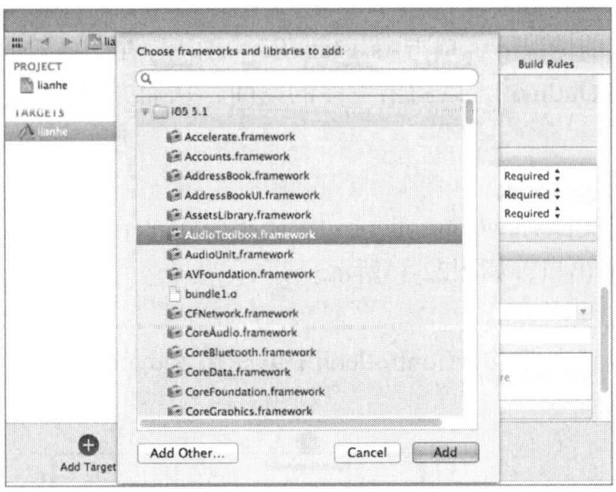

图22-12 将框架AudioToolbox加入到项目中

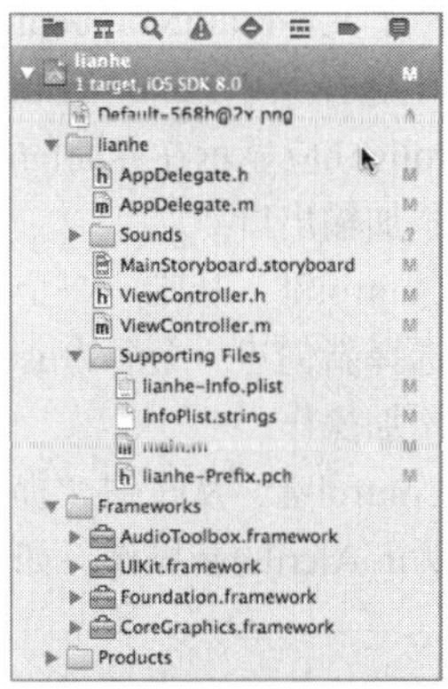

图22-13 重新分组

2．设计界面

在Interface Builder中打开文件MainStoryboard.storyboard，然后在空视图中添加7个按钮和一个文本标签。首先添加一个按钮，方法是选择菜单View>Utilitise>Show Object Library打开对象库，将一个按钮（IUButton）拖曳到视图中。再通过拖曳添加6个按钮，也可复制并粘贴第一个按钮。然后修改按钮的标题，使其对应于将使用的通知类型。具体地说，按从上到下的顺序将按钮的标题分别设置为：

提醒我、有按钮的、有输入框的、操作表、播放声音、播放提醒声音、振动。

从对象库中拖曳一个标签（UILabel）到视图底部，删除其中的默认文本，并将文本设置为居中，现在界面如图22-14所示。

3．创建并连接输出口和操作

设计好UI界面后，接下来需在界面对象和代码之间建立连接。我们需要建立用户输出标签（UILabel）：userOutput，需要创建的操作如下。

- 提醒我（UIButton）：doAlert。

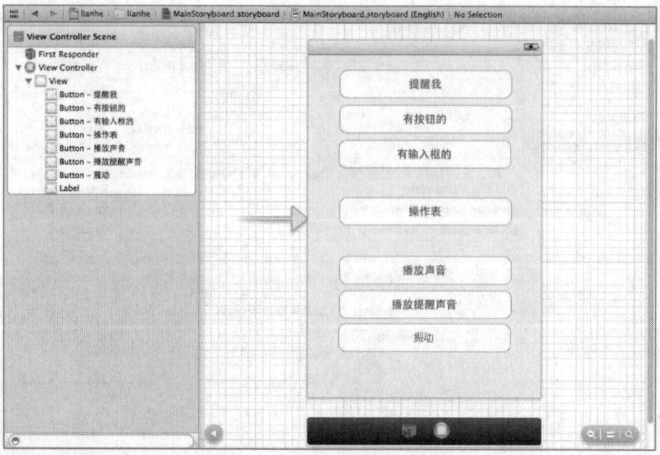

图22-14 创建的UI界面

- ❑ 有按钮的（UIButton）：doMultiButtonAlert。
- ❑ 有输入框的（UIButton）：doAlertInput。
- ❑ 操作表（UIButton）：doActionSheet。
- ❑ 播放声音（UIButton）：doSound。
- ❑ 播放提醒声音（UIButton）：doAlertSound。
- ❑ 振动（UIButton）：doVibration。

在选择了文件MainStoryboard.storyboard的情况下，单击Assistant Editor按钮，再隐藏项目导航器和文档大纲（选择菜单Editor>Hide Document Outline），以腾出更多的空间，从而方便建立连接。文件ViewController.h应显示在界面的右边。

（1）添加输出口

按住Control键，从唯一一个标签拖曳到文件ViewController.h中编译指令@interface下方。在 Xcode提示时，选择新创建一个名为userOutput的输出口，如图22-15所示。

（2）添加操作

按住Control键，从按钮“提醒我”拖曳到文件ViewController.h中编译指令@property下方，并连接到一个名为doAlert的新操作，如图22-16所示。

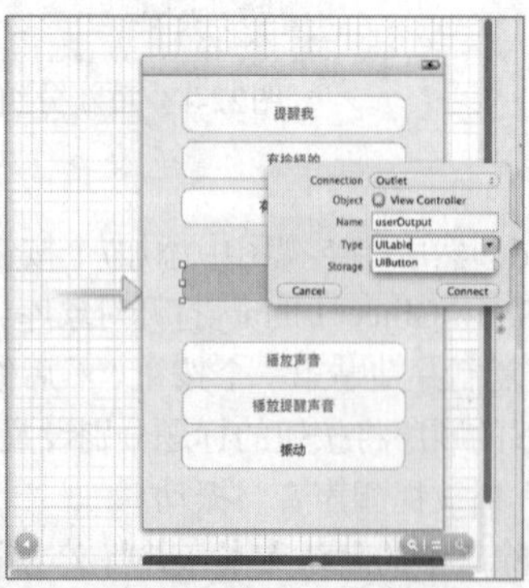

图22-15 将标签连接到输出口userOutput

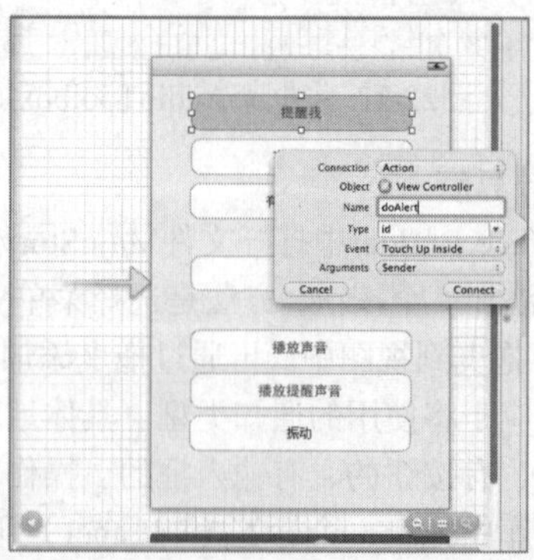

图22-16 将每个按钮都连接到相应的操作

对其他6个按钮重复进行上述相同的操作：将“有按钮的”连接到doMultiButtonAlert，将“有输入框的”连接到doAlertInput，将“操作表”连接到doActionSheet，将“播放声音”连接到doSound，将“播放提醒声音”连接到doAlertSound，将“振动”连接到doVibration。

4．实现提醒视图

切换到标准编辑器显示项目导航器（Command+1），再打开文件ViewController.m，首先实现一个简单的提醒视图。在文件ViewController.m中，按照如下代码实现方法doAlert：

```
- (IBAction)doAlert:(id)sender {
    UIAlertView *alertDialog;
  alertDialog = [[UIAlertView alloc]
                 initWithTitle: @"Alert Button Selected"
                 message:@"I need your attention NOW!"
                 delegate: nil
                 cancelButtonTitle: @"Ok"
                 otherButtonTitles: nil];
    [alertDialog show];
}
```

上述代码的具体实现流程是：首先声明并实例化了一个UIAlertView实例，再将其存储到变量alertDialog中。初始化这个提醒视图时，设置了标题（Alert Button Selected）、消息（I need your attention NOW!）和取消按钮“Ok”。在此没有添加其他的按钮，没有指定委托，因此不会响应该提醒视图。在初始化alertDialog后，将它显示到屏幕上。

现在可以运行该项目并测试第一个按钮“提醒我”了，执行效果如图22-17所示。

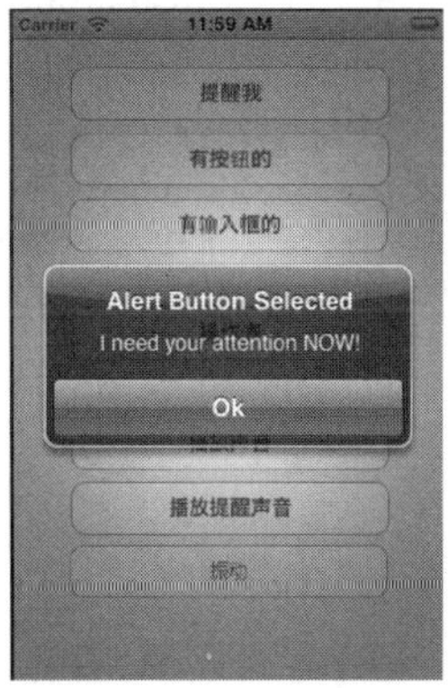

图22-17　执行效果

提醒视图对象并非只能使用一次。如果要重复使用提醒，可在视图加载时创建一个提醒实例，并在需要时显示它，但别忘了在不再需要时将其释放。

（1）创建包含多个按钮的提醒视图

只有一个按钮的提醒视图很容易实现，因为不需要实现额外的逻辑。用户轻按按钮后，提醒视图将关闭，而程序将恢复到正常执行。然而，如果添加了额外的按钮，应用程序必须能够确定用户按下了哪个按钮，并采取相应的措施。

除了创建的只包含一个按钮的提醒视图外，还有其他两种配置，它们之间的差别在于提醒视图显示的按钮数。创建包含多个按钮提醒的方法非常简单，只需利用初始化方法的otherButtonTitles参数即可实现，不将其设置为nil，而是提供一个以nil结尾的字符串列表，这些字符串将用作新增按钮的标题。当只有两个按钮时，取消按钮总是位于左边。当有更多按钮时，它将位于最下面。

在前面创建方法存根doMultiButtonAlert中，复制前面编写的doAlert方法，并将其修改为如下所示的代码：

```
- (IBAction)doMultiButtonAlert:(id)sender {
    UIAlertView *alertDialog;
    alertDialog = [[UIAlertView alloc]
              initWithTitle: @"Alert Button Selected"
              message:@"I need your attention NOW!"
              delegate: self
              cancelButtonTitle: @"Ok"
              otherButtonTitles: @"Maybe Later", @"Never",
nil];
    [alertDialog show];
}
```

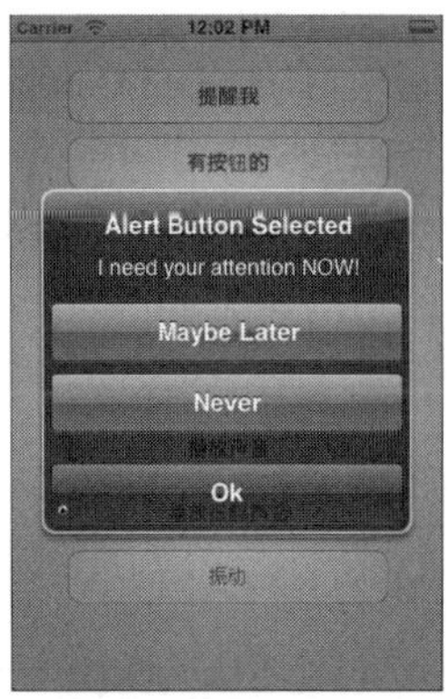

图22-18　包含3个按钮的提醒

在上述代码中，使用参数otherButtonTitles在提醒视图中添加了按钮Maybe Later和Never。按下按钮“有按钮的”，将显示如图22-18所示的提醒视图。

（2）响应用户单击提醒视图中的按钮

要想响应提醒视图，处理响应的类必须实现AlertViewDelegate协议。在此让应用程序的视图控制类承担这种角色，但在大型项目中可能会让一个独立的类承担这种角色。

具体如何选择完全取决于我们。

为了确定用户按下了多按钮提醒视图中的哪个按钮，ViewController遵守协议UIAlertView Delegate并实现方法alertView:clickedButtonAtIndex：

```
@interfaCe ViewCOntrOller  :UIViewController <UIAlertViewDelegate>
```

接下来，更新doMultiButtonAlert中初始化提醒视图的代码，将委托指定为实现了协议UIAlertViewDelegate的对象。由于它就是创建提醒视图的对象（视图控制器），因此可以使用self来指定：

```
alertDialog=  [[UIAlertView alloc]
    initWithTitle: @"Alert Button Selected"
    message:@"I need your attention NOW!"
    delegate:   self
    cancelButtonTitle: @"Ok"
    otherButtonTitles:  @"Maybe Later", @"Never",   nil];
```

接下来需要编写方法alertView:clickedButtonAtIndex，它将用户按下的按钮的索引数作为参数，这让我们能够采取相应的措施。利用UIAlertView的实例方法buttonTitleAtIndex获取按钮的标题，而不使用数字索引值。

在文件ViewController.m中添加如下所示的代码，这样当用户按下按钮时会显示一条消息。这是一个全新的方法，在文件ViewController.m中没有包含其存根：

```
- (void)alertView:(UIAlertView *)alertView
clickedButtonAtIndex:(NSInteger)buttonIndex {
    NSString *buttonTitle=[alertView buttonTitleAtIndex:buttonIndex];
    if ([buttonTitle isEqualToString:@"Maybe Later"]) {
        self.userOutput.text=@"Clicked 'Maybe Later'";
    } else if ([buttonTitle isEqualToString:@"Never"]) {
        self.userOutput.text=@"Clicked 'Never'";
    } else {
        self.userOutput.text=@"Clicked 'Ok'";
    }
}
```

在上述代码中，首先将buttonTitle设置为被按下的按钮的标题。然后将buttonTitle同我们创建提醒视图时初始化的按钮的名称进行比较，如果找到匹配的名称，则相应地更新视图中的标签userOutput。

（3）在提醒对话框中添加文本框

虽然可以在提醒视图中使用按钮来获取用户输入，但是，有些应用程序在提醒框中包含文本框。例如，App Store提醒您输入iTune密码，然后下载新的应用程序。要想在提醒视图中添加文本框，可以将提醒视图的属性alertViewStyle设置为UIAlertViewSecureTextInput或UIAlertViewStylePlain TextInput，这将会添加一个密码文本框或一个普通文本框。第3种选择是将该属性设置为UIAlertView StyleLogin and PasswordInput，这将在提醒视图中包含一个普通文本框和一个密码文本框。

下面以方法doAlert为基础来实现doAlertInput，让提醒视图提示用户输入电子邮件地址，显示一个普通文本框和一个OK按钮，并将ViewControler作为委托。下面的演示代码显示了该方法的具体实现：

```
- (IBAction)doAlertInput:(id)sender {
    UIAlertView *alertDialog;
    alertDialog = [[UIAlertView alloc]
                   initWithTitle: @"Email Address"
                   message:@"Please enter your email address:"
                   delegate: self
                   cancelButtonTitle: @"OK"
                   otherButtonTitles: nil];
    alertDialog.alertViewStyle=UIAlertViewStylePlainTextInput;
    [alertDialog show];
}
```

图22-19　提醒视图包含一个输入框

此处只需设置属性alertViewStyle就可以在提醒视图中包含文本框。运行该应用程序，并触摸按钮“有输入框的”就会看到如图22-19所示的提醒视图。

（4）访问提醒视图的文本框

要想访问用户通过提醒视图提供的输入，可以使用方法alerView: clickedButtonAtIndex实现。前面已经在doMultiButtonAlert中使用过这个方法来处理提醒视图，此时应该知道调用的是哪种提醒，并做出相应的反应。鉴于在方法alertView:clickedButton AtIndex中可以访问提醒视图本身，因此可检查提醒视图的标题，如果它与包含文本框的提醒视图的标题（Email Address）相同，则将userOutput设置为用户在文本框中输入的文本。此功能很容易实现，只需对传递给alertView:clickedButtonAtIndex的提醒视图对象的title属性进行简单的字符串比较即可。修改方法alertView:clicked ButtonAtIndex，在最后添加如下所示的代码：

```
if ([alertView.title
      isEqualToString: @"Email Address"]) {
     self.userOutput.text=[[alertView textFieldAtIndex:0] text];
  }
```

这样对传入的alertView对象的title属性与字符串EmailAddress进行比较。如果它们相同，我们就知道该方法是由包含文本框的提醒视图触发的。使用方法textFieldAtIndex获取文本框。由于只有一个文本框，因此使用了索引零。然后，向该文本框对象发送消息text，以获取用户在该文本框中输入的字符串。最后，将标签userOutput的text属性设置为该字符串。

完成上述修改后运行该应用程序。现在，用户关闭包含文本框的提醒视图时，该委托方法将被调用，从而将userOutput标签设置为用户输入的文本。

5．实现操作表

实现多种类型的提醒视图后，再实现操作表将毫无困难。实际上，在设置和处理方面，操作表比提醒视图更简单，因为操作表只做一件事情：显示一系列按钮。为了创建第一个操作表，将实现在文件ViewController.m中创建的方法存根doActionSheet。该方法将在用户按下按钮Lights、Camera、Action Sheet时触发。它显示标题Available Actions、名为Cancel的取消按钮以及名为Destroy的破坏性按钮，还有其他两个按钮，分别名为Negotiate和Compromise，并且使用ViewController作为委托。

将下面的演示代码加入到方法doActionSheet中：

```
- (IBAction)doActionSheet:(id)sender {
    UIActionSheet *actionSheet;
    actionSheet=[[UIActionSheet alloc] initWithTitle:@"Available Actions"
                                             delegate:self
                                    cancelButtonTitle:@"Cancel"
                               destructiveButtonTitle:@"Destroy"
                                    otherButtonTitles:@"Negotiate",@"Compromise",nil];
    actionSheet.actionSheetStyle=UIActionSheetStyleBlackTranslucent;
    [actionSheet showFromRect:[(UIButton *)sender frame]
                       inView:self.view animated:YES];
    // [actionSheet showInView:self.view];
}
```

在上述代码中，首先声明并实例化了一个名为actionSheet的UIActionSheet实例，这与创建提醒视图类似，此初始化方法几乎完成了所有的设置工作。在此，将第8行操作表的样式设置为UIActionSheetStyleBlackTranslucent，最后在当前视图控制器的视图（selfview）中显示操作表。

运行该应用程序并触摸“操作表”按钮，结果如图22-20所示。

图22-20 操作表

为了让应用程序能够检测并响应用户单击操作表按钮，ViewController类必须遵守UIAction SheetDelegate协议，并实现方法actionSheet:clickedButtonAtIndex。

在接口文件ViewController.h中按照下面的样式这样修改@interface行，这样做的目的是让这个类遵守必要的协议：

```
@interface ViewController:UIViewController <UIAlertViewDelegate,
UIActionSheetDelegate>
```

此时注意到ViewController类现在遵守了两种协议：UIAlertViewDelegate和UIActionSheetDelegate。类可根据需要遵守任意数量的协议。

为了捕获单击事件，需要实现方法actionSheet:clickedButtonAtIndex，这个方法将用户单击的操作表按钮的索引作为参数。在文件ViewController.m中添加如下所示的代码：

```
- (void)actionSheet:(UIActionSheet *)actionSheet
clickedButtonAtIndex:(NSInteger)buttonIndex {
    NSString *buttonTitle=[actionSheet buttonTitleAtIndex:buttonIndex];
    if ([buttonTitle isEqualToString:@"Destroy"]) {
        self.userOutput.text=@"Clicked 'Destroy'";
    } else if ([buttonTitle isEqualToString:@"Negotiate"]) {
        self.userOutput.text=@"Clicked 'Negotiate'";
    } else if ([buttonTitle isEqualToString:@"Compromise"]) {
        self.userOutput.text=@"Clicked 'Compromise'";
    } else {
        self.userOutput.text=@"Clicked 'Cancel'";
    }
}
```

在上述代码中，使用buttonTitleAtIndex根据提供的索引获取用户单击的按钮的标题，其他的代码与前面处理提醒视图时使用的相同。第4～12行根据用户单击的按钮更新输出消息，以指出用户单击了哪个按钮。

6．实现提醒音和振动

要想在项目中使用系统声音服务，需要使用框架AudioToolbox和要播放的声音素材。在前面的步骤中，已经将这些资源加入到项目中，但应用程序还不知道如何访问声音函数。为让应用程序知道该框架，需要在接口文件ViewController.h中导入该框架的接口文件。为此，在现有的编译指令#import下方添加如下代码：

```
#import <AudioToolbox/AudioToolbox.h>
```

（1）播放系统声音

首先要实现的是用于播放系统声音的方法doSound。其中系统声音比较短，如果设备处于静音状态，它们不会导致振动。前面设置项目时添加了文件夹Sounds，其中包含文件soundeffect.wav，我们将使用它来实现系统声音播放。

在实现文件lliewController.m中，方法doSound的实现代码如下所示：

```
- (IBAction)doSound:(id)sender {
    SystemSoundID soundID;
    NSString *soundFile = [[NSBundle mainBundle]
                        pathForResource:@"soundeffect" ofType:@"wav"];
    AudioServicesCreateSystemSoundID((__bridge CFURLRef)
                              [NSURL fileURLWithPath:soundFile]
                              , &soundID);
    AudioServicesPlaySystemSound(soundID);
}
```

上述代码的实现流程如下所示。

- 声明变量soundID，它将指向声音文件。
- 声明字符串 soundFile，并将其设置为声音文件soundeffect.wav的路径。
- 使用函数AudioServicesCreateSystemSoulldID创建了一个SystemSoundID（表示文件soundeffect.wav)，供实际播放声音的函数使用。
- 使用函数AudioServicesPlaySystemSound播放声音。

运行并测试该应用程序，如果按“播放声音”按钮将播放文件soundeffect.wav。

（2）播放提醒音并振动

提醒音和系统声音之间的差别在于，如果手机处于静音状态，提醒音将自动触发振动。提醒音的设置和用法与系统声音相同，要实现ViewController.m中的方法存根doAlert Sound，只需复制方法doSound的代码，再替换为声音文件alertsound.wav，并使用函数AudioServicesPlayAlertSound实现，而不是AudioServicesPlaySystemSound函数：

```
AudioServicesPlayAlertSound (soundID);
```

当实现这个方法后，运行并测试该应用程序。按“播放提醒声音”按钮将播放指定的声音，如果iPhone处于静音状态，则用户按下该按钮将导致手机振动。

（3）振动

我们能够以播放声音和提醒音的系统声音服务实现振动效果。这里需要使用常量kSystemSoundID Vibrate，当在调用AudioServicesPlaySystemSound时使用这个常量来代替SystemSoundID，此时设备将会振动。实现方法doVibration的具体代码如下所示：

```
- (IBAction)doVibration:(id)sender {
    AudioServicesPlaySystemSound(kSystemSoundID Vibrate);
}
```

到此为止，已经实现7种引起用户注意的方式，可在任何应用程序中使用这些技术，以确保用户知道发生的变化，并在需要时做出响应。

第23章 多媒体应用

作为一款智能设备的操作系统，iOS提供了功能强大的多媒体功能，例如，视频播放、音频播放等。通过这些多媒体应用，吸引了广大用户的眼球。在iOS系统中，这些多媒体功能是通过专用的框架实现的，通过这些框架可以实现如下功能：

- ❑ 播放本地或远程（流式）文件中的视频；
- ❑ 在iOS设备中录制和播放视频；
- ❑ 在应用程序中访问内置的音乐库；
- ❑ 显示和访问内置照片库或相机中的图像；
- ❑ 使用Core Image过滤器轻松地操纵图像；
- ❑ 检索并显示有关当前播放的多媒体内容的信息。

Apple提供了很多Cocoa类，通过这些类可以将多媒体（视频、照片、录音等）加入到应用程序中。在本章将详细讲解在iOS应用程序中添加的多种多媒体功能的方法，为读者步入本书后面知识的学习打下基础。

23.1 Media Player 框架

Media Player框架用于播放本地和远程资源中的视频和音频。在应用程序中可使用它打开模态iPod界面、选择歌曲以及控制播放。这个框架让我们能够与设备提供的所有内置多媒体功能集成。iOS的MediaPlayer框架不仅支持MOV、MP4和3GP格式，而且还支持其他视频格式。该框架还提供控件播放、设置回放点、播放视频及文件停止功能，同时对播放各种视频格式的iPhone屏幕窗口进行尺寸调整和旋转。

23.1.1 Media Player 框架中的类

用户可以利用iOS中的通知来处理已完成的视频，还可以利用bada中IPlayerEventListener接口的虚拟函数来处理。在bada中，用户可以利用上述Osp::Media::Player类来播放视频。Osp::Media命名空间支持H264、H.263、MPEG和VC-1视频格式。与音频播放不同，在播放视频时，应显示屏幕。为显示屏幕，借助Osp::Ui::Controls::OverlayRegion类来使用OverlayRegion。OverlayRegion还可用于相机预览。

在Media Player框架中，通常使用其中如下所示的5个类。

- ❑ MPMoviePlayerController：能够播放多媒体，无论它位于文件系统中还是远程URL处，播放控制器均可以提供一个GUI，用于浏览视频、暂停、快进、倒带或发送到AirPlay。
- ❑ MPMediaPickerController：向用户提供用于选择要播放的多媒体的界面。我们可以筛选媒体选择器显示的文件，也可让用户从多媒体库中选择任何文件。
- ❑ MPMediaItem：单个多媒体项，如一首歌曲。
- ❑ MPMediaItemCollection：表示一个将播放的多媒体项集。MPMediaPickerController实例提供一个MPMediaItemCollection实例，可在下一个类（音乐播放器控制器中）直接使用它。

- ❑ MPMusicPlayerController：处理多媒体项和多媒体项集的播放。不同于电影播放器控制器，音乐播放器在幕后工作，让我们能够在应用程序的任何地方播放音乐，而不管屏幕上当前显示的是什么。

要使用任何多媒体播放器功能，都必须导入框架Media Player，并在要使用它的类中导入相应的接口文件：

```
#import <MediaPlayer/MediaPlayer.h>
```

这就为应用程序使用各种多媒体播放功能做好了准备。

23.1.2 使用电影播放器

类MPMoviePlayerController用于表示和播放电影文件。它可以在全屏模式下播放视频，也可在嵌入式视图中播放，要在这两种模式之间切换，只需调用一个简单的方法。它还对当前视频启用AirPlay。

要使用电影播放器，需要声明并初始化一个MPMoviePlayerController实例。为初始化这种实例，通常调用方法initWithContentURL，并给它传递文件名或指向视频的URL。

例如要创建一个电影播放器，它播放应用程序内部的文件movie.m4v，可使用如下代码实现：

```
NSString *movieFile=  [[NSBundle mainBundle]
pathForResource:@"movie" ofType:@nm4v"];
MPMoviePlayerController *moviePlayer=  [[MPMoviePlayerController alloc]
initWithContentURL:
[NSURL fileURLWithPath: movieFile]];
```

要添加AirPlay支持也很简单，只需将电影播放器对象的属性allowsAirPlay设置为true即可，例如：

```
moviePlayer.allowsAirPlay=YES;
```

要指定将电影播放器加入到屏幕的什么地方，必须使用函数CGRectMake定义一个电影播放器将占据的矩形，然后将它加入到视图中。函数CGRectMake可以接收4个参数：x坐标、y坐标、宽度和高度（单位为点）。例如，要让电影播放器左上角的x和y坐标分别设置为50和50点，并将宽度和高度分别设置为100和75点，可使用如下代码实现：

```
[moviePlayer.view setFrame:CGRectMake(50.0, 50.0, 100.0,75.0)];
[self .view  addSubview:moviePlayer.view];
```

要切换到全屏模式，可使用方法setFullscreen:animated:实现，例如：

```
[moviePlayer setFullscreen:YES animated:YES];
```

最后如果要启动播放，只需给电影播放器实例发送play消息，例如：

```
[moviePlayer play];
```

要暂停播放，可发送pause消息；而要停止播放，可发送消息stop。

注意：Apple支持如下编码方法：H.264 Baseline Profile 3以及.mov、.m4v、.mpv或.mp4容器中的MPEG-4 Part2视频。在音频方面，支持的格式包括AAC-LC和MP3。下面是iOS支持的全部音频格式：

- ❑ AAC(16~320kbit/s)；
- ❑ AIFF；
- ❑ AAC Protected（来自iTunes Store的MP4）；
- ❑ MP3(16~320kbit/s)；
- ❑ MP3 VBR；
- ❑ Audible(formats 2-4)；
- ❑ Apple LossleSS；
- ❑ WAV。

23.1.3 处理播放结束

当电影播放器播放完多媒体文件时，可能需要做一些清理工作，例如，将电影播放器从视图中删除。为此可以使用NSNotificationCenter类注册一个“观察者”。该观察者将监视来自对象moviePlayer的特定通知，并在收到这种通知时调用指定的方法。例如：

```
[[NSNotificationCenter defaultCenter]
    addObserver:self
    selector:@selector(playMovieFinished:)
    name:MPMoviePlayerPlaybackDidFinishNotification
    object: moviePlayer];
```

上述代码的功能是在类中添加一个观察者，它监视事件MPMoviePlayerPlaybackDidFinishNotification，并在检测到这种事件时调用方法playMovieFinished:。

在方法playMovieFinished的实现中，必须删除通知观察者（因为我们不再需要等待通知），再执行其他的清理工作，如将电影播放器从视图中删除。例如下面是方法playMovieFinished的实现代码：

```
- (void) playMovieFinished: (NSNotification*) theNotification
    {
    MPMoviePlayerController *moviePlayer=[theNotification object];
    [[NSNotificationCenter defaultCenter]
    removeObserver:self
    name:MPMoviePlayerPlaybackDidFinishNotification
    object:moviePlayer];
    [moviePlayer.view removeFromSuperview];
    }
```

我们可以使用[theNotification object]获取一个指向电影播放器的引用。这提供了一种简单的方式，让我们能够引用发出通知的对象——这里是电影播放器。

23.1.4 使用多媒体选择器

要在应用程序中添加全面的音乐播放功能，需要实现一个多媒体选择器控制器（MPMediaPickerController），让用户能够选择音乐；另外还需实现一个音乐播放器控制器（MPMusicPlayerController），用于播放音乐。

MPMediaPickerController可以显示一个界面，让用户能够从设备中选择多媒体文件。方法initWithMediaTypes能够初始化多媒体选择器，并限定可供用户选择的文件。因为在显示多媒体选择器之前可以调整其行为，所以，可以将属性prompt设置为在用户选择多媒体时显示的字符串；还可设置属性allowsPickingMultipleItems，以指定是否允许用户一次选择多个多媒体。

另外，还需设置其delegate属性，以便用户做出选择时应用程序能够做出合适的反应。配置好多媒体选择器后，就可以使用方法presentModalViewController显示它了。例如，下面的代码演示了如何配置并显示多媒体选择器：

```
MPMediaPickerController *mediaPicker;
    mediaPicker=  [[MPMediaPickerController alloc]
    initWithMediaTypes: MPMediaTypeMusic];
    mediaPicker.prompt=@"Choose Songs"  ;
mediaPicker.allowsPickingMultipleItems=YES;
mediaPicker.delegate=self;
[self presentModalViewController:musicPicker animated:YES];
```

在上述演示代码中，注意到传递给initWithMediaTypes的参数值为MPMediaTypeMusic。下面是可应用于多媒体选择器的多种过滤器之一。

- MPMediaTypeMusic：音乐库。
- MPMediaTypeMusic：播客。
- MPMediaTypeMusic：录音书籍。

- MPMediaTypeAnyAudio：任何类型的音频文件。

显示多媒体选择器，而用户选择（或取消选择）歌曲后，就该委托登场了。通过遵守协议MPMediaPickerControllerDelegate并实现两个方法，可在用户选择多媒体或取消选择时做出响应。

用户显示多媒体选择器并做出选择后，我们需要采取某一种措施来处理，具体采取什么措施取决于如下两个委托协议方法的实现。

- 第一个方法是mediaPickerDidCancel，它在用户单击"Cancel"按钮时被调用。
- 第二个方法是mediaPicker:didPickMediaItems，在用户从多媒体库中选择了多媒体时被调用。

在用户取消选择时，正确的响应是关闭多媒体选择器（这是一个模态视图）。由于没有选择任何多媒体，因此无需做其他处理，例如下面的演示代码所示：

```
-(void)mediaPickerDidCancel:(MPMediaPickerController *)mediaPicker{
    [self dismissModalViewControllerAnimated:YES];
}
```

但是如果用户选择了多媒体，将调用mediaPicker:didPickMediaItems，并通过一个MPMediaItemCollection对象将选择的多媒体传递给这个方法。这个对象包含指向所有选定多媒体项的引用，可以用来将歌曲加入音乐播放器队列。鉴于还未介绍音乐播放器，将稍后介绍如何处理MPMediaItemCollection。

除了给播放器提供多媒体项集外，这个方法还应关闭多媒体选择器，因为用户已做出选择。例如下面的代码演示了响应多媒体选择的方法的开头部分：

```
    - (void)mediaPicker: (MPMediaPickerController *)mediaPicker
    didPickMediaItems: (MPMediaItemCollection *)mediaItemCollection{
    //Do something with the media item collection here
    [self dismissModalViewControllerAnimated:YES];
}
```

有关委托方法就介绍到这里。现在可以配置并显示多媒体选择器、处理取消选择并在用户选择了多媒体时接收MPMediaItemCollection了。下面介绍如何实际使用用户选择的多媒体集。

23.1.5 使用音乐播放器

音乐播放控制器MPMusicPlayerController的用法和电影播放器类似，但是它没有屏幕控件，我们不需要分配和初始化这种控制器。只需声明它，并指定它将集成iPod功能还是应用程序本地播放器：

```
MPMUSiCPlayerController *musicPlayer;
musicPlayer=[MPMusicPlayerController iPodMusicPlayer];
```

在此创建了一个iPodMusicPlayer，这表示加入队列的歌曲和播放控制将影响系统级iPod。如果创建的是applicationMusicPlayer，则在应用程序中执行的任何操作都不会影响iPod播放。

接下来，为了将音频加入该播放器，可以使用其方法setQueueWithItemCollection。此时选择器返回的多媒体项集将派上用场——可使用它将歌曲加入音乐播放器队列：

```
[musicPlayer setOueueWithItemCollection: mediaItemCollection];
```

将多媒体加入播放器队列后，便可给播放器发送诸如play、stop、skipToNextItem和skipToPreviousItem等消息，以控制播放：

```
[musicPlayer play];
```

要核实音乐播放器是否在播放音频，可以检查其属性playbackState。属性playbackState指出了播放器当前正执行的操作。

- MPMusicPlaybackStateStopped：停止播放音频。
- MPMusicPlaybackStatePlaying：正在播放音频。
- MPMusicPlaybackStatePaused：暂停播放音频。

另外，您还可能想访问当前播放的音频文件，以便给用户提供反馈，为此可以使用MPMediaItem类。

MPMediaItemCollection包含的多媒体项为MPMediaItem。要获取播放器当前访问的MPMediaItem，只需使用其属性NowPlayingItem：

```
MPMediaItem *currentSong;
currentSong=musicPlayer.nowPlayingItem;
```

通过调用MPMediaItem的方法valueForProperty，并给它传递多个预定义的属性名之一，可获取为多媒体文件存储的元数据。假如要获取当前歌曲的名称，可以使用如下代码：

```
NSString *songTitle;
songTitle=[currentSong valueForProperty:MPMediaItemPropertyTitle];
```

其他预定义的属性包括如下4项。

- MPMediaItemPropertyArtist：创作多媒体项的艺术家。
- MPMediaItemPropertyGenre：多媒体项的流派。
- MPMediaItemPropertyLyrics：多媒体项的歌词。
- MPMediaItemAlbumTitle：多媒体项所属专辑的名称。

这只是其中的几个元数据。您还可使用类似的属性访问BPM以及其他数据，这些属性可以在MPMediaItem类参考文档中找到。

23.1.6 实战演练——使用 Media Player 播放视频

在本节的内容中，将演示使用MediaPlayer Framework 框架播放视频的基本流程。

实例23-1	使用Media Player播放视频
源码与视频路径	光盘:\daima\23\BigBuckBunny

（1）打开Xcode，创建一个名为“BigBuckBunny”的工程项目。

（2）然后导入MediaPlayer Framework 框架，如图23-1所示。

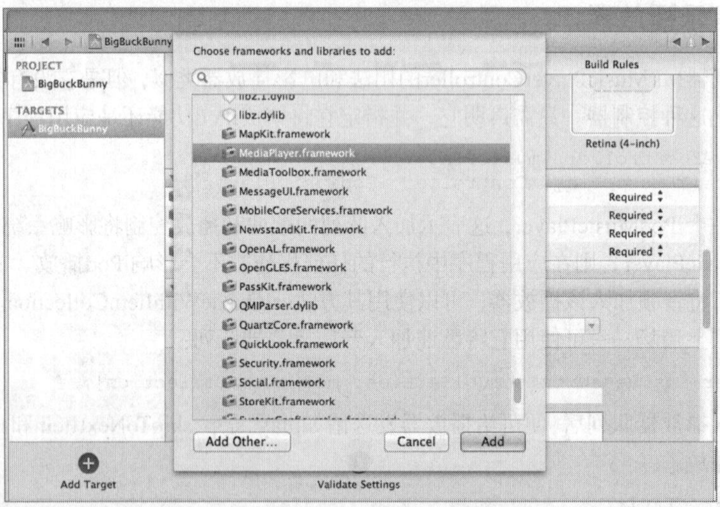

图23-1 导入MediaPlayer Framework 框架

（3）导入MediaPlayer框架后声明playMovie方法，代码如下所示：

```
#import <UIKit/UIKit.h>
#import <MediaPlayer/MediaPlayer.h>
@interface BigBuckBunnyViewController : UIViewController {
}
-(IBAction)playMovie:(id)sender;
@end
```

（4）实现playMovie方法播放视频，具体代码如下所示：

```
-(IBAction)playMovie:(id)sender
{
NSString *filepath  =  [[NSBundle mainBundle] pathForResource:@"big-buck-bunny-clip"
ofType:@"m4v"];
NSURL    *fileURL    =   [NSURL fileURLWithPath:filepath];
MPMoviePlayerController *moviePlayerController = [[MPMoviePlayerController alloc]
initWithContentURL:fileURL];
 [self.view addSubview:moviePlayerController.view];
 [moviePlayerController play];
}
```

如前所述，我们明确地分配内存给moviePlayerController对象，但没有释放该内存。这是一个很严重的问题。不能给我们分配它的方法去释放，因为设置的电影仍然会在此方法执行完毕时继续播放下去。这种做法对自动释放也不安全，因为不知道电影在autorelease池释放时是否还在播放。幸运的是，MPMoviePlayerController对象是预置来处理这种情况下，在电影播放结束时注册一个名为MPMoviePlayerPlaybackDidFinishNotification的通知到NSNotificationCenter。为了接收这个通知，必须注册一个“观察员”实现具体的通知。因此，需要对playMovie的方法进行如下修改：

```
-(IBAction)playMovie:(id)sender
{
NSString *filepath = [[NSBundle mainBundle] pathForResource:@"big-buck-bunny-clip"
ofType:@"m4v"];
NSURL *fileURL = [NSURL fileURLWithPath:filepath];
MPMoviePlayerController *moviePlayerController = [[MPMoviePlayerController alloc]
initWithContentURL:fileURL];
 [[NSNotificationCenter defaultCenter] addObserver:self
selector:@selector(moviePlaybackComplete:)
name:MPMoviePlayerPlaybackDidFinishNotification
object:moviePlayerController];
 [self.view addSubview:moviePlayerController.view];
moviePlayerController.fullscreen = YES;
 [moviePlayerController play];
}
```

现在需要创建moviePlaybackComplete（我刚刚注册的通知），添加以下方法playMovie：

```
- (void)moviePlaybackComplete:(NSNotification *)notification
{
MPMoviePlayerController *moviePlayerController = [notification object];
 [[NSNotificationCenter defaultCenter] removeObserver:self
name:MPMoviePlayerPlaybackDidFinishNotification
object:moviePlayerController];
 [moviePlayerController.view removeFromSuperview];
 [moviePlayerController release];
}
```

（5）自定义动画显示大小，具体代码如下所示：

```
[moviePlayerController.view setFrame:CGRectMake(38, 100, 250, 163)];
```

当然MPMoviePlayerController还有其他属性的设置，比如缩放模式，缩放模式包含以下4种：

- MPMovieScalingModeNone；
- MPMovieScalingModeAspectFit；
- MPMovieScalingModeAspectFill；
- MPMovieScalingModeFill。

在本实例我们设置为：

```
moviePlayerController.scalingMode =
MPMovieScalingModeFill;
```

图23-2 执行效果

这样整个实例介绍完毕，执行后可以播放视频，如图23-2所示。

注意：Media Player框架涵盖的内容非常多，因为本书的篇幅有限，无法对其进行全面介绍。读者可以参阅其他相关资料对其进行全面了解。

23.2 AV Foundation 框架

虽然使用Media Player框架可以满足所有普通多媒体播放需求，但是，Apple推荐使用AV Foundation框架来实现大部分系统声音服务不支持的、超过30秒的音频播放功能。另外，AV Foundation框架还提供了录音功能，让您能够在应用程序中直接录制声音文件。整个编程过程非常简单，只需4条语句就可以实现录音工作。在本节的内容中，将详细讲解AV Foundation框架的基本知识。

23.2.1 准备工作

要在应用程序中添加音频播放和录音功能，需要添加如下所示的两个新类。

（1）AVAudioRecorder：以各种不同的格式将声音录制到内存或设备本地文件中。录音过程可在应用程序执行其他功能时持续进行。

（2）AVAudioPlayer：播放任意长度的音频。使用这个类可实现游戏配乐和其他复杂的音频应用程序。您可全面控制播放过程，包括同时播放多个音频文件。

要使用AV Foundation框架，必须将其加入到项目中，再导入如下两个（而不是一个）接口文件：

```
#import <AVFoundation/AVFoundation.h>
#import<CoreAudio/CoreAudioTypes.h>
```

在文件CoreAudioTypes.h中定义了多种音频类型，因为希望能够通过名称引用它们，所以，必须先导入这个文件。

23.2.2 使用 AV 音频播放器

要使用AV音频播放器播放音频文件，需要执行的步骤与使用电影播放器相同。首先，创建一个引用本地或远程文件的NUSRL实例，然后分配播放器，并使用AVAudioPlayer的方法initWithContentsOtIJRL:error初始化它。

例如，要创建一个音频播放器，以播放存储在当前应用程序中的声音文件sound.wav，可以编写如下代码实现：

```
NSString *soundFile=[[NSBundle mainBundle]
pathForResource:@"mysound"ofType:@"wav"];
AVAudioPlayer  *audioPlayer=[[AVAudioPlayer alloc]
initWithContentsOfURL:[NSURL fileURLWithPath: soundFile]:
error:nil];
```

要播放声音，可以向播放器发送play消息，例如：

```
[audioPlayer play];
```

要想暂停或禁止播放，只需发送消息pause或stop。还有其他方法，可以用于调整音频或跳转到音频文件的特定位置，这些方法可在类参考中找到。

如果要在AV音频播放器播放完声音时做出反应，可以遵守协议AVAudioPlayerDelegate，并将播放器的delegate属性设置为处理播放结束的对象，例如：

```
audioPlayer.delegate=self;
```

然后，实现方法audioPlayerDidFinishPlaying:successfully。例如下面的代码演示了这个方法的存根：

```
-(void) audioPlayerDidFinishPlaying: (AVAudioPlayer *)player
    successfully: (BOOL)flag{
```

```
    //Do something here, if needed
    }
```

这不同于视频播放器，不需要在通知中心添加通知，而只需遵守协议、设置委托并实现该方法即可。在有些情况下，甚至都不需要这样做，而只需播放文件即可。

23.2.3 使用 AV 录音机

在应用程序中录制音频时，需要指定用于存储录音的文件（NSURL），配置要创建的声音文件参数（NSDictionary），然后再使用上述文件和设置分配并初始化一个AVAudioRecorder实例。下面开始讲解录音的基本流程。

（1）准备声音文件。如果不想将录音保存到声音文件中，可将录音存储到temp目录，否则，应存储到Documents目录。有关访问文件系统的更详细信息，请参阅本书前面的内容。例如在下面的代码中创建了一个NSURL，它指向temp目录中的文件sound.caf：

```
NSURL *soundFileURL=[NSURL fileURLWithPath:
    [NSTemporaryDirectory()
    stringByAppendingString:@" sound.caf"]];
```

（2）创建一个NSDictionary，它包含录制的音频的设置，例如：

```
NSDictionary *soundSetting=[NSDictionary dictionaryWithObjectsAndKeys:
[NSNumber numberWithFloat: 44100.0],AVSampleRateKey,
[NSNumber numberWithInt: kAudioFormatMPEG4AAC],AVFormatIDKey,
[NSNumber numberWithInt:2],AVNumberOfChannelsKey,
[NSNumber numberWithInt: AVAudioOualityHigh], AVEncoderAudioQualityKey,
nil];
```

上述代码创建一个名为soundSetting的NSDictionary，下面简要地总结一下这些键。

- AVSampleRateKey：录音机每秒采集的音频样本数。
- AVFormatIDKey：录音的格式。
- AVNumberofChannelsKey：录音的声道数。例如，立体声为双声道。
- AVEncoderAudioQualityKey：编码器的质量设置。

注意：要想更详细地了解各种设置及其含义和可能取值，请参阅Xcode开发文档中的AVAudioRecorder Class Reference（滚动到Constants部分）。

（3）在指定声音文件和设置后，就可以创建AV录音机实例了。为此可以分配一个这样的实例，并使用方法initWithURL:settings:error初始化它，例如：

```
AVAudioRecorder csoundRecorder=[[AVAudioRecorder alloc]
initWithURL: soundFileURL
settings: soundSetting
error:  nil];
```

（4）现在可以录音了。如果要录音，可以给录音机发送record消息；如果要停止录音，可以发送stop消息，例如：

```
[soundRecorder record];
```

录制好后，就可以使用AV音频播放器播放新录制的声音文件了。

23.2.4 使用 AV Foundation 框架播放音频的流程

AVAudioPlayer类封装了播放单个声音的能力。播放器可以用NSURL或者NSData来初始化。在此需要注意的是，NSURL并不可以是网络URL，而必须是本地文件URL，因为AVAudioPlayer不具备播放网络音频的能力。一个AVAudioPlayer只能播放一个音频，如果想实现混音功能，可以通过创建多个AVAudioPlayer实例的方法实现。

1．创建一个播放器

例如下面的代码：

```
#import <AVFoundation/AVFoundation.h>
NSError* err;
AVAudioPlayer* player = [[AVAudioPlayer alloc]
                         initWithContentsOfURL:[NSURL fileURLWithPath:
                                           [[NSBundle mainBundle]pathForResource:
                                @"music" ofType:@"m4a"
                                inDirectory:@"/"]]
                         error:&err ];//使用本地URL创建
AVAudioPlayer* player = [[AVAudioPlayer alloc]
                         initWithData:myData
                         error:&err ];//使用NSData创建
```

AVAudioPlayer不可以播放网络URL，但是可以播放NSData。其实可以通过网络URL去创建NSData，然后再通过AVAudioPlayer来播放NSData，单是这样做并不可取。这是因为AVAudioPlayer只能播放一个完整的文件，并不支持流式播放，所以必须是缓冲完才能播放。由此可见，如果网络文件过大抑或网速不够快要等很久，所以，播放网络音频一般用音频队列。

2．设置播放器属性

在创建一个AVAudioPlayer后，就可以对它的各种属性进行访问或设置了，各种设置的具体说明如下所示。

（1）音量：

```
player.volume=0.8;//范围在0.0~1.0
```

（2）循环次数：

```
player.numberOfLoops = 3;//默认为一次
```

（3）播放位置：

```
player.currentTime = 15.0;//可以指定从任意位置开始播放
```

（4）声道数：

```
NSUInteger channels = player.numberOfChannels;//只读属性
```

（5）持续时间：

```
NSTimeInterval duration = player.dueration;//获取采样的持续时间
```

（6）仪表计数：

```
player.meteringEnabled = YES;//开启仪表计数功能
[ player updateMeters];//更新仪表读数
//读取每个声道的平均电平和峰值电平，代表每个声道的分贝数，范围在-100～0
for(int i = 0; i<player.numberOfChannels;i++){
float power = [player averagePowerForChannel:i];
float peak = [player peakPowerForChannel:i];
}
```

3．播放声音

例如下面的代码：

```
[ player prepareToPlay];//分配播放所需的资源，并将其加入内部播放队列
[player play];//播放
[player stop];//停止
```

4．设置代理方法

例如下面的代码：

```
player.delegate = self;
- (void)audioPlayerDidFinishPlaying:(AVAudioPlayer*)player successfully:(BOOL)flag{
    //播放结束时执行的动作
}
```

```
- (void)audioPlayerDecodeErrorDidOccur:(AVAudioPlayer*)player error:(NSError *)error{
    //解码错误执行的动作
}
- (void)audioPlayerBeginInteruption:(AVAudioPlayer*)player{
    //处理中断的代码
}
- (void)audioPlayerEndInteruption:(AVAudioPlayer*)player{
    //处理中断结束的代码
}
```

23.3 图像选择器（UIImagePickerController）

图像选择器（UIImagePickerController）的工作原理与MPMediaPickerController类似，但不是显示一个可用于选择歌曲的视图，而显示用户的照片库。用户选择照片后，图像选择器会返回一个相应的UIImage对象。与MPMediaPickerController一样，图像选择器也以模态方式出现在应用程序中。因为这两个对象都实现了自己的视图和视图控制器，所以，几乎只需调用presentModalViewController就能显示它们。在本节的内容中，将详细讲解图像选择器的基本知识。

23.3.1 使用图像选择器

要显示图像选择器，可以分配并初始化一个UIImagePickerController实例，然后再设置属性sourceType，以指定用户可从哪些地方选择图像。此属性有如下3个值。

- UIImagePickerControllerSourceTypeCamera：使用设备的相机拍摄一张照片。
- UIImagePickerControllerSourceTypePhotoLibrary：从设备的照片库中选择一张图片。
- UIImagePickerControllerSourceTypeSavedPhotosAlbum：从设备的相机胶卷选择一张图片。

接下来应设置图像选择器的属性delegate，功能是设置为在用户选择（拍摄）照片或按Cancel按钮后做出响应的对象。最后，使用presentModalViewController:animated显示图像选择器。例如下面的演示代码配置并显示了一个将相机作为图像源的图像选择器：

```
UIImagePickerController *imagePicker;
imagePicker=[[UIImagePickerController alloc]  init];
imagePicker.sourceType=UIImagePickerControllerSourceTypeCamera;
imagePicker.delegate=self;
[[UIApplication sharedApplication]setstatusBarHidden:YES];
[self presentModalViewController:imagePicker animated:YES];
```

在上述代码中，方法setStatusBarHidden的功能是隐藏了应用程序的状态栏，因为照片库和相机界面需要以全屏模式显示。语句[UIApplication sharedApplication]获取应用程序对象，再调用其方法setStatusBarHidden以隐藏状态栏。

如果要判断设备是否装备了特定类型的相机，可以使用UIImagePickerController的方法isCameraDeviceAvailable，它返回一个布尔值：

```
[UIImagePickerController isCameraDeviceAvailable:<camera type>]
```

其中，camera type（相机类型）为UIImagePickerControllerCamera DeviceRear或UIImagePickerControllerCameraDeviceFront。

23.3.2 图像选择器控制器委托

要在用户取消选择图像或选择图像时采取相应的措施，必须让类遵守协议UIImagePickerControllerDelegate，并实现方法imagePickerController:didFinishPickingMediaWithInfo和imagePickerControllerDidCancel。

首先，用户在图像选择器中做出选择时，将自动调用方法imagePickerController:didFinishPickingMediaWithInfo。给这个方法传递了一个NSDictionary对象，它可能包含多项信息，例如，图像本身、编辑后的图像版本（如果允许裁剪/缩放）或有关图像的信息。要想获取所需的信息，必须提供相应的键。例如，要获取选定的图像（UIImage），需要使用UIImagePickerControllerOriginalImage键。例如下面的演示代码是该方法的一个实现，能够获取选择的图像、显示状态栏并关闭图像选择器：

```
-(void)imagePickerController: (UIImagePickerCantroller *)picker
    didFinishPickingMediaWithInfo: (NSDictionary *)info{
    [[UIApplication sharedApplication]setStatusBarHidden:NO];
    [self dismissModalViewControllerAnimated:YES];
    UIImage *chosenImage=[info objectForKey;
    UIImagePickerControllerOriginalImage];
   // Do something with the image here
    }
```

注意：有关图像选择器可返回的数据的更详细信息，请参阅Apple开发文档中的UIImagePickerControllerDelegate协议。

在第二个协议方法中，对用户取消选择图像做出响应以显示状态栏，并关闭图像选择器这个模态视图。下面的演示代码是该方法的一个示例实现：

```
- (void)imagePickerControllerDidCancel: (UIImagePickerController *)picker{
[[UIApplication sharedApplication] setStatusBarHidden:NO];
[self dismissModalViewControllerAnimated:YES];
}
```

由此可见，图像选择器与多媒体选择器很像，掌握其中一个后，使用另一个就是容易了。另外，读者需要注意，每当您使用图像选择器时都必须遵守导航控制器委托（UINavigation ControllerDelegate），好消息是无需实现该协议的任何方法，而只需在接口文件中引用它即可。

23.3.3 UIImagePickerController 在 iPhone 和 iPad 上的区别

在iPhone中获取照片库的常用方法如下所示：

```
UIImagePickerController *imagePicker = [[UIImagePickerController alloc] init];
if ([UIImagePickerController isSourceTypeAvailable:
        UIImagePickerControllerSourceTypePhotoLibrary]) {
    imagePicker.sourceType = UIImagePickerControllerSourceTypePhotoLibrary;
    imagePicker.delegate = self;
    [imagePicker setAllowsEditing:NO];
    [self presentModalViewController:imagePicker animated:YES];
    [imagePicker release];
} else {
    UIAlertView *alert = [[UIAlertView alloc]initWithTitle:nil message:@"Error
accessing photo library!" delegate:nil cancelButtonTitle:@"Close" otherButtonTitles:
nil];
    [alert show];
    [alert release];
}
```

这在iPhone下操作是没有问题的，但在iPad下就会有问题了，运行时会报出下面的错误：

```
Terminating app due to uncaught exception 'NSInvalidArgumentException', reason: 'On
iPad, UIImagePickerController must be presented via UIPopoverController'
```

所以，必须通过UIPopoverController来实现才行。具体的实现如下所示：

```
UIImagePickerController *imagePicker = [[UIImagePickerController alloc] init];
if ([UIImagePickerController isSourceTypeAvailable:
        UIImagePickerControllerSourceTypePhotoLibrary]) {
    imagePicker.sourceType = UIImagePickerControllerSourceTypePhotoLibrary;
    imagePicker.delegate = self;
    [imagePicker setAllowsEditing:NO];
    UIPopoverController *popover = [[UIPopoverController alloc]
initWithContentViewController:imagePicker];
    self.popoverController = popover;
    [popoverController presentPopoverFromRect:CGRectMake(0, 0, 300, 300)
```

```
inView:self.view permittedArrowDirections:UIPopoverArrowDirectionAny animated:YES];
    [popover release];
    [imagePicker release];
} else {
    UIAlertView *alert = [[UIAlertView alloc]initWithTitle: nil
message:@"Error accessing photo library!" delegate:nil
cancelButtonTitle:@"Close" otherButtonTitles:nil];
    [alert show];
    [alert release];
}
```

23.3.4 用 UIImagePickerController 调用系统相机

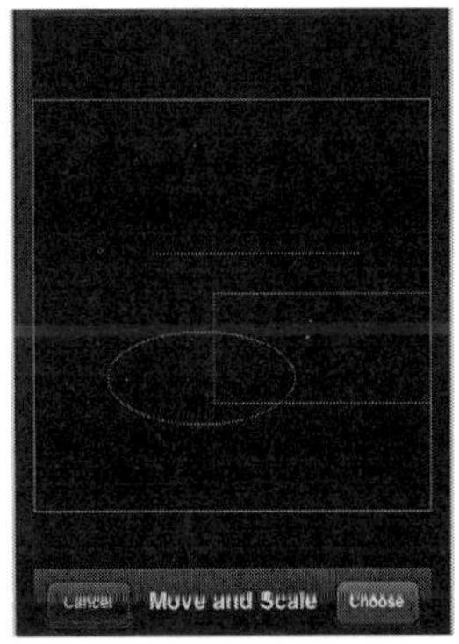

图23-3 调用系统相机

iPhone API 中提供了调用系统照相机的接口，我们只需调用相应的界面，即可在自己的程序中获取相机图片。本节演示了一个非常简单的调用系统相机的例子，相应的界面如图23-3所示。

核心代码如下所示：

```
- (void) addPicEvent   {    //先设定sourceType为相机，然后判断相机是否可用（iPod没相机），若不
//可用将sourceType设定为相片库
       UIImagePickerControllerSourceType sourceType = UIImagePickerControllerSource
TypeCamera;
       if (![UIImagePickerController isSourceTypeAvailable:
UIImagePickerControllerSourceTypeCamera]) {
           sourceType = UIImagePickerControllerSourceTypePhotoLibrary; }
       UIImagePickerController *picker = [[UIImagePickerController alloc] init];
picker.delegate = self;
       picker.allowsEditing = YES;
       picker.sourceType = sourceType;
       [self presentModalViewController:picker animated:YES];
       [picker release];
  }
  - (void)saveImage:(UIImage *)image {
       NSLog(@"保存");
  }
  #pragma mark -   #pragma mark Camera View Delegate Methods
  - (void)imagePickerController:(UIImagePickerController *)
picker   didFinishPickingMediaWithInfo:(NSDictionary *)
info {
       [picker dismissModalViewControllerAnimated:YES];
     UIImage *image = [[info objectForKey:UIImagePickerControllerEditedImage] retain];
[self performSelector:@selector(saveImage:) withObject:image afterDelay:0.5];
   }
   - (void)imagePickerControllerDidCancel:(UIImagePickerController *)
picker {
      [picker dismissModalViewControllerAnimated:YES];
   }
```

23.3.5 防止 UIImagePickerController“坏死”

UIImagePickerController是我们最常用的组件之一，用它可以实现照相和选图片等功能。但是在照像的时候，如果后台运行有很多应用，经常会出现“Crash（坏死）”的情况。这是因为照出来的相片像素太高，一般是4MB左右，照一张就会有4MB内存占用，于是经常会出现Memory Warning，然后系统回收内存，就使我们的应用Crash。

解决方法是在UIImagePickerControllerDelegate方法中启用一个线程，通过这个线程来处理我们照出来的image，具体代码如下所示：

```
- (void)imagePickerController:(UIImagePickerController *)picker
                    didFinishPickingMediaWithInfo:(NSDictionary *)info {
  [[picker parentViewController] dismissModalViewControllerAnimated:YES];
  UIImage *image = [info objectForKey:UIImagePickerControllerOriginalImage];
```

```
    [NSThread detachNewThreadSelector:@selector(useImage:) toTarget:self
withObject:image];
}
```

useImage：方法的功能是裁剪相片，这样可以使其占用更小的内存：

```
- (void)useImage:(UIImage *)image {
    NSAutoreleasePool *pool = [[NSAutoreleasePool alloc] init];

    // Create a graphics image context
    CGSize newSize = CGSizeMake(320, 480);
    UIGraphicsBeginImageContext(newSize);
    // Tell the old image to draw in this new context, with the desired
    // new size
    [image drawInRect:CGRectMake(0,0,newSize.width,newSize.height)];
    // Get the new image from the context
    UIImage* newImage = UIGraphicsGetImageFromCurrentImageContext();
    // End the context
    UIGraphicsEndImageContext();

    [userPhotoView setImage:newImage];

    [pool release];
}
```

经过这样处理以后，虽然有内存警告也不会发生失败。

23.4 实战演练——一个多媒体的应用程序

在本节将实现一个综合的多媒体实例，来演示在iOS系统中实现多媒体项目的流程。

实例23-2	一个多媒体的应用程序
源码与视频路径	光盘:\daima\23\MediaPlayground

23.4.1 实现概述

本应用程序包含5个主要部分，具体说明如下所示。

（1）设置一个视频播放器，它在用户按下一个按钮时播放一个MPEG-4视频文件，还有一个开关可用于切换到全屏模式。

（2）创建一个有播放功能的录音机。

（3）添加一个按钮、一个开关和一个UIImageView，按钮用于显示照片库或相机，UIImageView用于显示选定的照片，而开关用于指定图像源。

（4）选择图像后，用户可对其应用滤镜（CIFilter）。

（5）可以让用户能够从音乐库中选择歌曲，以及开始和暂停播放，并且还将使用一个标签在屏幕上显示当前播放的歌曲名。

23.4.2 创建项目

在Xcode中使用模板Single View Application创建一个项目，并将其命名为MediaPlayground。

1．添加框架

本应用程序中总共需要添加3个额外的框架，以支持多媒体播放（MediaPlayer. Framework）、声音播放/录制（AVFoundation.framework）以及对图像应用滤镜（CoreImage.framework）。选择项目MediaPlayground的顶级编组，并确保选择了目标MediaPlayground。然后单击编辑器中的Summary标签，在该选项卡中向下滚动，以找到Linked Frameworks and Libraries部分。单击列表下方的“+”按钮，并在出现的列表中选择MediaPlayer.framework，再单击“Add”按钮。

最后对AVFoundation.framework和CoreImage.framework重复上述操作。在添加框架后，将它们拖放到编组Frameworks中，让项目更加整洁有序。

2．添加多媒体文件

本实例需要添加两个多媒体文件：movie.m4v和norecording.wav。其中第一个文件用于演示电影播放器，而第二个是在没有录音时将在录音机中播放的声音。

在本章的项目文件夹中将文件夹Media拖曳到Xcode中的项目代码编组中，以便能够在应用程序中直接访问它。在Xcode询问时，请务必选择复制文件并新创建编组，最后的项目代码编组如图23-4所示。

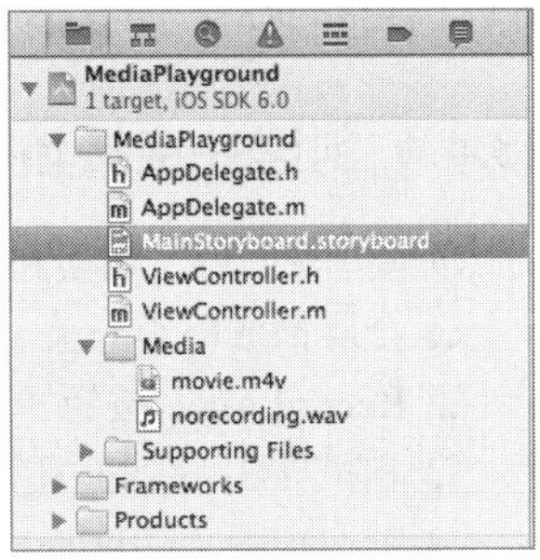

图23-4 项目代码编组

3．规划变量和连接

为了让本应用程序正确运行，需要设置很多输出口和操作。对于多媒体播放器，需要设置一个连接到开关的输出口：toggleFullScreen，该开关切换到全屏模式。另外，还需要一个引用MPMoviePlayerController实例的属性/实例变量：moviePlayer，这不是输出口，我们将使用代码而不是通过Interface Builder编辑器来创建它。

为了使用AV Foundation录制和播放音频，需要一个连接到Record按钮的输出口，以便能够将该按钮的名称在Record和Stop之间切换。在此将这个输出口命名为recordButton，还需要声明指向录音机（AVAudioRecorder）和音频播放器（AVAudioPlayer）的属性/实例变量：audioRecorder和audioPlayer。同样，这两个属性无需暴露为输出口，因为没有UI元素连接到它们。

为了实现播放音乐功能，需要连接到“播放音乐”按钮和按钮的输出口（分别是musicPlayButton和displayNowPlaying），其中按钮的名称将在Play和Pause之间切换，而标签将显示当前播放的歌曲的名称。与其他播放器/录音机一样，还需要一个指向音乐播放器本身的属性：musicPlayer。

为了显示图像，需要启用相机的开关连接到输出口togglcCamcra；而显示选定图像的图像视图将连接到displayImageView。

最后开始看具体操作，在此总共需要定义7个操作：playMovie、recordAudio、playAudio、chooseImage、applyFilter、chooseMusic和playMusic，每个操作都将有一个名称与之类似的按钮触发。

23.4.3 设计界面

本应用程序包括7个按钮（UIButton）、2个开关（UISwitch）、3个标签（UILabel）和1个UIImageView。并且需要给嵌入式视频播放器预留控件，该播放器将以编程方式加入，图23-5展示了本实例的界面效果。

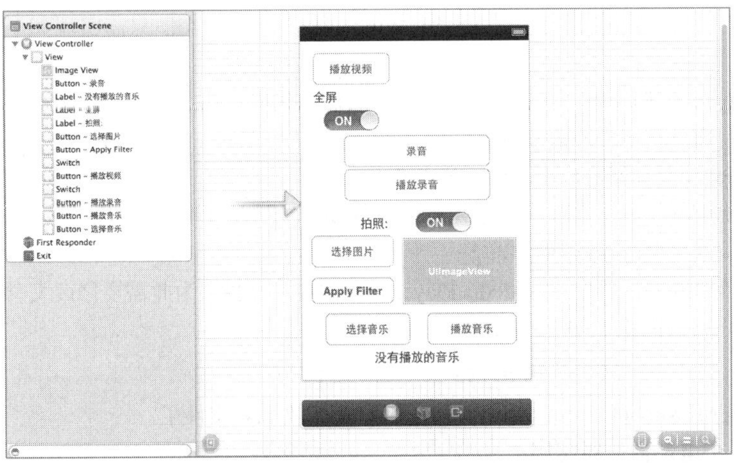

图23-5 设计的UI界面

在此需要注意，可能需要使用Attributes Inspector(Option+ Command+4)将UIImageView的模式设置为Aspect Fill或Aspect Scale，以确保在视图中正确显示照片。

23.4.4 创建并连接输出口和操作

创建好视图后，切换到助手编辑器模式，为建立连接做好准备。本实例需要如下所示的输出口。

- 全屏播放电影开关（UISwitch）：toggleFullScreen。
- Record Audio按钮（UIButton）：recordButton。
- 相机/照片库切换开关（UISwitch）：toggleCamera。
- 图像视图（UIImageView）：displayImageView。
- Play Music按钮（UIButton）：musicPlayButton。
- 显示当前歌曲名称的标签（UILabel）：displayNowPlaying。

本实例需要如下所示的操作。

- 播放视频按钮（UIButton）：playMovie。
- 录音按钮（UIButton）：recordAudio。
- 播放录音按钮（UIButton）：playAudio。
- 选择图片按钮（UIButton）：chooseImage。
- Apple Filter按钮（UIButton）：applyFilter。
- 选择音乐按钮（UIButton）：chooseMusic。
- 播放音乐按钮（UIButton）：playMusic。

1．添加输出口

选择文件MainStoryboard.storyboard，然后切换到了助手编辑器界面，按住Control键，从切换全屏模式的开关拖曳到文件ViewController.h中代码行@interface下方。在Xcode提示时，将输出口命名为toggleFullscreen。然后不断重复上述操作，在文件ViewController.h中依次创建并连接前面列出的输出口。

2．添加操作

创建并连接全部6个输出口后，开始创建并连接操作。首先，按住Control键，并从“播放视频”按钮拖曳到您添加的最后一个编译指令@property下方。在Xcode提示时，新创建一个名为playMovie的操作。然后对其他每个按钮重复上述操作，直到在文件ViewController.h中新创建了7个操作。

23.4.5 实现电影播放器

在本实例中，将使用本章前面介绍的MPMoviePlayerController类。只需实现如下3个方法即可播放电影。

- initWithContentURL：使用提供的NSURL对象初始化电影播放器，为播放做好准备。
- play：开始播放选定的电影文件。
- setFullscreen:animated：以全屏模式播放电影。

由于电影播放控制器本身实现了用于控制播放的GUI，所以，不需要实现额外的功能。

1．为使用Media Player框架做好准备

要想使用电影播放器，必须导入Media Player框架的接口文件。为此需要修改文件ViewController.h，在现有#import代码行后面添加如下代码行：

```
#import <MediaPlayer/MediaPlayer.h>
```

现在可以创建MPMoviePlayerController并使用它来播放视频文件了。

2．初始化一个电影播放器实例

要播放电影文件，首先需要声明并初始化一个电影播放器（MPMoviePlayerController）对象。我们将在方法viewDidLoad中设置表示电影播放器的实例方法/属性。首先在文件ViewController.h中添加属性moviePlayer，用于表示MPMoviePlayerController实例。所以，在其他属性声明后面添加如下代码行：

```
@property (strong, nonatomic) MPMoviePlayerController*moviePlayer;
```

然后在文件ViewController.m中的编译指令@implementation后面添加对应的@synthesize编译指令：

```
@synthesize moviePlayer;
```

然后在方法viewDidUnload中将该属性设置为nil，从而删除电影播放器：

```
[self setMoviePlayer:nil];
```

这样便可以在整个类中使用属性moviePlayer，接下来需要初始化它。为此将方法viewDidLoad修改成如下所示的代码：

```
-(void)viewDidLoad {
NSString kmovieFile=[[NSBundle mainBundle]
pathForResource:@"movie"ofType:@"m4v"];
//声明了一个名为movieFile的字符串变量，并将其设置为前面添加到项目中的电影文件( movie.m4v)的路径
    self.moviePlayer=[[MPMoviePlayerController alloc]
    initWithContentURL:[NSURL
//分配moviePlayer，并使用一个NSURL实例初始化它
//该NSURL包含movieFile提供的路径
//使用一行代码完成该任务后，如果愿意就可立即调用moviePlayer对象的play方法，并看到电影播放
       fileURLWithPath:
        movieFile]];
       self.moviePlayer.allowsAirPlay=YES;
      [self.moviePlayer.view setFrame:
     //为视频播放启用了AirPlay
     CGRectMake(145.0, 20.0, 155.0,100.0)];
//设置电影播放器的尺寸，再将视图moviePlayer加入到应用程序主视图中
[super viewDidLoad];
}
```

如果编写的是iPad应用程序，需要稍微调整尺寸，将这些值替换为415.0、50.0、300.0和250.0。这样就准备好了电影播放器，可在应用程序的任何地方使用它来播放视频文件movie.m4v，即在方法playMovie中使用。

3．实现电影播放

要在应用程序MediaPlayground中添加电影播放功能，需要实现方法playMovie，它将被前面添加到界面中的按钮“播放视频”调用。在文件ViewController.m中，按照如下代码实现方法playMovie：

```
- (IBAction)playMovie:(id)sender {
    [self.view addSubview:self.moviePlayer.view];
    [[NSNotificationCenter defaultCenter] addObserver:self
                           selector:@selector(playMovieFinished:)
                           name:MPMoviePlayerPlaybackDidFinishNotification
                           object:self.moviePlayer];

    if ([self.toggleFullscreen isOn]) {
        [self.moviePlayer setFullscreen:YES animated:YES];
    }

    [self.moviePlayer play];
}
```

在上述代码中，第2行将moviePlayer的视图加入到当前视图中，其坐标是在方法viewDidLoad中指定的。当播放完多媒体后，MPMoviePlayerController将发送MPMoviePlayerPlaybackDidFinishNotification。第3～6行为对象moviePlayer注册该通知，并请求通知中心接到这种通知后调用方法playMovieFinished。总之，电影播放器播放完电影（或用户停止播放）时调用playMovieFinished方法。第8～10行使用UISwitch的实例方法isOn检查开关toggleFullscreen是否开启。如果是开的，则使用方法setFullscreen:animated将电影放大到覆盖整个屏幕；否则什么也不做，而电影将在前面指定的框架内播放。最后，第12行开始播放。

4. 执行清理工作

为了在电影播放完毕后进行清理，需要把对象moviePlayer从视图中删除。为了执行清理工作，在文件ViewController.m中，通过如下代码实现方法playMediaFinished，此方法是由通知中心触发的：

```
-(void)playMovieFinished:(NSNotification*)theNotification
{
    [[NSNotificationCenter defaultCenter]
     removeObserver:self
     name:MPMoviePlayerPlaybackDidFinishNotification
     object:self.moviePlayer];

    [self.moviePlayer.view removeFromSuperview];
}
```

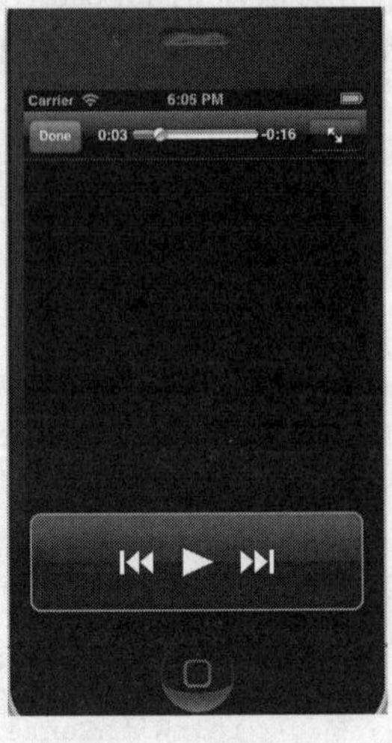

图23-6 播放视频

在此方法中需要完成如下任务。

(1) 告诉通知中心可以停止监控通知MPMoviePlayerPlaybackDid Finish Notification。由于已使用电影播放器播放完视频，将其保留到用户再次播放没有意义。

(2) 从应用程序主视图中删除电影播放器视图。

(3) 释放电影播放器。

现在可以在该应用程序中播放电影了，单击Xcode工具栏中的Run按钮，按"播放视频"按钮即可播放，如图23-6所示。

23.4.6 实现音频录制和播放

本项目的第二部分，将在应用程序中添加录制和播放音频的功能。这不同于电影播放器功能，此功能需要使用框架AV Foundation中的类来实现。为了实现录音机，将使用AVAudioRecorder类及其如下方法来实现。

- initWithURL:settings:error：该方法接收一个指向本地文件的NSURL实例和一个包含一些设置的NSDictionary作为参数，并返回一个可供使用的录音机。
- record：开始录音。
- stop：结束录音过程。

播放功能是由AVAudioPlayer实现的，涉及的具体方法如下所示。

- initWithContentsOfURL:error：创建一个音频播放器对象，该对象可用于播放NSURL对象指向的文件的内容。
- play：播放音频。

1. 为使用AV Foundation框架做好准备

要使用AV Foundation框架，必须导入两个接口文件：AVFoundation.h和CoreAudioTypes.h。在文件ViewController.h中，在现有#import代码行后面添加如下代码行：

```
#import <AVFoundation/AVFoundation.h>
#import<CoreAudio/CoreAudioTypes.h>
```

此处不会实现协议AVAudioPlayerDelegate，因为并不需要知道音频播放器何时结束播放（它要播放多久就播放多久）。

2. 实现录音功能

为了添加录音功能，需要创建方法recordAudio。在本实例中的录音过程将一直持续下去，直到用户再次按下相应的按钮为止。为了实现这种功能，必须在两次调用方法recordAudio之间将录音机对象持久化。为了确保这一点，将在类ViewController中添加实例变量/属性audioRecorder，用于存储AVAudioRecorder对象。为此，在文件ViewController.h中添加如下新属性：

```
@property (strong, nonatomic) AVAudioRecorder *audioRecorder;
```

然后在文件ViewController.m中，在现有编译指令@synthesize后面添加如下配套的@synthesize编译指令：

```
@synthesize audioRecorder;
```

然后在方法viewDidUnload中将该属性设置为nil，从而将录音机删除：

```
[self setAudioRecorder:nil];
```

然后在方法viewDidLoad中分配并初始化录音机，让我们能够随时随地地使用它。为此，在文件ViewController.m的方法viewDidLoad中添加如下所示的代码：

```
//Set up the audio recorder
        NSURL *soundFileURL=[NSURL fileURLWithPath:
      [NSTemporaryDirectory()
        stringByAppendingString:@" sound.caf"]];

NSDictionary 'soundSetting;
soundSetting=  [NSDictionary dictionaryWithObjectsAndKeys:
[NSNumber numberWithFloat: 44100.0],AVSampleRateKey,
 [N$Number numberWithlnt: kAudioFormatMPEG4AACl,AVFormatIDKey,
 [NSNumber numberWithlnt: 2],AVNumberOfChannelsKey,
 [NSNumber numberWithlnt: AVAudioOualityHigh],
AVEncoderAudioOualityKey,nil];
self.audjoRecorder=  [[AVAudioRecorder alloc]
initWithURL: soundFileURL
settings: soundSetting
error: nil];
 [super viewDidLoad];
}
```

在上述代码中，首先声明了一个URL（soundFileURL），并将其初始化成指向要存储录音的声音文件。我们使用函数NSTemporaryDirectory0获取临时目录的路径（应用程序将把录音存储到这里），再在它后面加上声音文件名：sound.caf。

然后创建了一个NSDictionary对象，它包含用于配置录音格式的键和值。这与本章前面介绍过的代码完全相同。接下来使用soundFileURL和存储在字典soundSettings中的设置，来初始化录音机audioRecorder。此处将参数error设置成了nil，因为在这个例子中，我们不关心是否发生了错误。如果发生错误，将返回传递给这个参数的值。

分配并初始化audioRecorder后，需要做的只是实现recordAudio，以便根据需要调用record和stop。为了让程序更有趣，在用户按下按钮recordButton时，将其标题在“录音”和“停止录音”之间切换。

在文件ViewController.m中，按如下代码修改方法recordAudio：

```
  -  (IBAction) recordAudio: (id) sender{
if  ([self. recordButton. titleLabel.text
isEqualToString:@"Record Audio"]){
    [self.audioRecorder record];
    [self.recordButton setTitle:@"停止录音"
fo rState:UICont rolStateNormal];
    } else{
    [self,audioRecorder stop];
    [self.recordButton setTitle:@"录音"
    forState:UIControlStateNormal];
     }
  }
```

上述代码只是初步实现，在后面实现音频播放功能时将修改这个方法，因为它非常适合用于加载录制的音频，为播放做好准备。在上述代码中，第2行这个方法首先检查按钮recordButton的标题。如果是“录音”，则使用[self audioRecorder record]开始录音（第4行），并将recordButton的标题设置为“停止录音”（第5~6行）；否则，说明正在录音，因此，使用[self.audioRecorder stop]结束录音（第8行），并将按钮的标题恢复到“录音”（第9~10行）。

3．实现音频播放

为了实现音频播放器，需要创建一个可以在整个应用程序中使用的实例变量/属性（audiPlayer），然后在viewDidLoad中使用默认声音初始化它，这样即使用户没有录音，也有可以播放的声音。

首先，在文件ViewController.h添加这个新属性：

```
@property (strong, nonatomic) AVAudioPlayer *audioPlayer;
```

然后在文件ViewController.m中，在现有编译指令@synthesize后面添加配套的@synthesize编译指令：

```
@synthesize audioPlayer;
```

在方法viewDidUnload中将该属性设置为nil，这样可以将音频播放器删除：

```
[self setAudioPlayer:nil];
```

然后在方法viewDidLoad中分配并初始化音频播放器，在方法viewDidLoad中添加如下所示的代码，这样使用默认声音初始化了音频播放器：

```
1: - (void)viewDidLoad
2:   {
3://Set up the movie player
4:NSString  kmovieFile=[[NSBundle mainBundle]
5:pathForResource:@"movie" ofType:@"m4v"];
6:self.moviePlayer=[[MPMoviePlayerController alloc]
7:initWithContentURL: [NSURL
8:     fileURLWithPath:
9:     movieFile]];
10:    self.moviePlayer.allowsAirPlay=YES;
11:    [self .moviePlayer.view  setFrame:
12:    CGRectMake(145.0,  20.0,  155.0,100.0)];
13:
14:
15:     //Set up the audio recorder
16:    NSURL *soundFileURL=[NSURL fileURLWithPath:
17:    [NSTemporaryDirectory()
18:    stringByAppendingString:@" sound.caf"]];
19:
20:    NSDictionary *soundSetting;
22:    soundsetting[NSNumber numberWithFloat:y 44100.O],AVSampleRateKey,
22:    [NSNumber numberWithFloat:44100.0],AVSampleRateKey,
23:    [NSNumber numberWithInt: kAudioFormatMPEG4AAC],AVFormatIDKey,
24:    [NSNumber numberWithInt:2],AVNumberOfChannelsKey,
25:    [NSNumber numberWithInt: AVAudioQualityHigh],
26:    AVEncoderAudioQualityKey,nil];
27:
28:    self.audioRecorder=[[AVAudioRecorder alloc]
29:    initWithURL: soundFileURL
30:    settings: soundSetting
31:    error: nil];
32:
33:    //Set up the audio player
34:    NSURL *noSoundFileURL=[NSURL fileURLWithPath:
35:    [[NSBundle mainBundle]
36:    pathForResource:@"norecording" ofType:@"wav'
37:    self.audioPlayer=  [[AVAudioPlayer alloc]
38:    lnitWithContentsOfURL:noSoundFileURL error:nil]
39:
40:    [super  viewDidLoad];
41:  }
```

在上述代码中，音频播放器设置代码始于第34行。在此处创建了一个NSURL（noSoundFileURL），它指向文件norecording.wav，这个文件包含在前面创建项目时添加的文件夹Media中。第37行分配一个音频播放器实例（audioPlayer），并使用noSoundFileURL的内容初始化它。现在可以使用对象audioPlayer来播放默认声音了。

（1）控制播放

要播放audioPlayer指向的声音，只需向它发送消息play即可，所以，需要在方法playAudio中添加如下实现上述功能的代码：

```
- (IBAction)playAudio:(id)sender {
//     self.audioPlayer.delegate=self;
    [self.audioPlayer play];
}
```

（2）加载录制的声音

为了加载录音，最佳方式是在用户单击“停止录音”按钮时在方法recordAudio中加载。在此按照如下代码修改方法recordAudio：

```
- (IBAction)recordAudio:(id)sender {
    if ([self.recordButton.titleLabel.text
                isEqualToString:@"录音"]) {
        [self.audioRecorder record];
        [self.recordButton setTitle:@"停止录音"
                    forState:UIControlStateNormal];
    } else {
        [self.audioRecorder stop];
         [self.recordButton setTitle:@"Record Audio"
                    forState:UIControlStateNormal];
        // Load the new sound in the audioPlayer for playback
        NSURL *soundFileURL=[NSURL fileURLWithPath:
                [NSTemporaryDirectory()
                 stringByAppendingString:@"sound.caf"]];
        self.audioPlayer =  [[AVAudioPlayer alloc]
                    initWithContentsOfURL:soundFileURL error:nil];
    }
}
```

在上述代码中，第12～14行用于获取并存储临时目录的路径，再使用它来初始化一个NSURL对象：soundFileURL，使其指向录制的声音文件sound.caf。第15～16行用于分配音频播放器audioPlayer，并使用soundFileURL的内容来初始化它。

如果此时运行该应用程序，当按下“播放录音”按钮时，如果还未录音，将听到默认声音，如果已经录制过声音，将听到录制的声音。

23.4.7 使用照片库和相机

在iOS系统中，通过将照片库与应用程序集成，可以直接访问存储在设备中的任何图像或拍摄新照片，并在应用程序中使用它。本节将实现一个UIImagePickerController实例来显示照片。在ViewController中调用方法presentModalViewController，这样以模态视图的方式显示照片库。

1. 准备图像选择器

为了使用UIImagePickerController，无需导入任何新的接口文件，但是，必须将类声明为遵守多个协议，具体地说是协议UIImagePickerControllerDelegate和UINavigationControllerDelegate。在文件ViewController.h中，修改代码行@interface，使其包含这些协议：

```
@interface ViewController  :UIViewController
<UIImagePickerControllerDelegate,UINavigationControllerDelegate>
```

2. 显示图像选择器

用户触摸按钮“选择图片”时，应用程序将调用方法chooseImage。在该方法中需要分配UIImagePickerController，并配置它用于浏览的媒体类型（相机或图片库）或设置其委托并显示它。方法chooseImage的实现代码如下所示：

```
- (IBAction)chooseImage:(id)sender {
    UIImagePickerController *imagePicker;
    imagePicker = [[UIImagePickerController alloc] init];
```

```
    if ([self.toggleCamera isOn]) {
        imagePicker.sourceType=UIImagePickerControllerSourceTypeCamera;
    } else {
        imagePicker.sourceType=UIImagePickerControllerSourceTypePhotoLibrary;
    }
    imagePicker.delegate=self;

    [[UIApplication sharedApplication] setStatusBarHidden:YES];
    [self presentModalViewController:imagePicker animated:YES];
}
```

在上述代码中，第2～3行分配并初始化了一个UIImagePickerController实例，并将其赋给变量imagePicker。第5～9行判断开关toggleCamera的状态，如果为开，则将图像选择器的sourceType属性设置为UIImagePickerControllerSourceTypeCamera，否则将其设置为UIImagePickerController SourceType PhotoLibrary。第10行将图像选择器委托设置为ViewController，这表示需要实现一些支持方法，以便在用户选择照片后做相应的处理。第12行隐藏应用程序的状态栏，因为照片库和相机界面都将以全屏模式显示，所以说这是必要的。第13行将imagePicker视图显示在现有视图上面。

3．显示选定的图像

如果仅编写上述代码，则用户触摸按钮Choose Image并选择图像时，什么也不会发生。为对用户选择图像做出响应，需要实现委托方法imagePickerControUer:didFinishPickingMediaWithInfo。

在文件ViewController.m中，添加委托方法imagePickerController:didFinishPickingMediaWithInfo，具体代码如下所示：

```
- (void)imagePickerController:(UIImagePickerController *)picker
        didFinishPickingMediaWithInfo:(NSDictionary *)info {
    [[UIApplication sharedApplication] setStatusBarHidden:NO];
    [self dismissModalViewControllerAnimated:YES];
    self.displayImageView.image=[info objectForKey:
                                 UIImagePickerControllerOriginalImage];
}
```

当用户选择图像后，就可重新显示状态栏（第3行），再使用dismissModalVewControllerAnimated关闭图像选择器（第4行）。第5～6行完成了其他所有的工作：为访问用户选择的UIImage、使用UIImage PickerControllerOriginalImage键从字典info中提取它，再将其赋给displayImageView的属性image，这将在应用程序视图中显示该图像。

4．删除图像选择器

当用户单击图像选择器中的“取消”按钮时不会选择任何图像，这一功能是通过委托方法imagePickerControllerDidCancel实现的。通过此方法可以使其重新显示状态栏，并调用dismissModal ViewControllerAnimated将图像选择器关闭。下面的代码列出了此方法的完整实现：

```
- (void)imagePickerControllerDidCancel:(UIImagePickerController *)picker {
    [[UIApplication sharedApplication] setStatusBarHidden:NO];
    [self dismissModalViewControllerAnimated:YES];
}
```

现在，可以运行该应用程序，并使用按钮“选择图片”按钮来显示照片库和相机中的照片了。

注意： 如果使用iOS模拟器运行该应用程序，请不要试图使用相机拍摄照片，否则应用程序将崩溃，因为这个应用程序没有检查是否有相机。

23.4.8 实现 Core Image 滤镜

在使用滤镜时，首先需要在文件ViewController.h中导入框架Core Image的接口文件，在其他#import语句后面添加如下代码行：

```
#import<CoreImage/CoreImage.h>
```

现在可以使用Core Image创建并配置滤镜，再将其应用于应用程序的UIImageView显示的图像了。

准备并应用滤镜

要应用滤镜，需要一个CIImage实例，但现在只有一个UIImageView。必须做些转换工作，以便应用滤镜并显示结果。方法applyFilter的实现代码如下所示：

```
- (IBAction)applyFilter:(id)sender {
    CIImage *imageToFilter;
    imageToFilter=[[CIImage alloc]
                   initWithImage:self.displayImageView.image];

    CIFilter *activeFilter = [CIFilter filterWithName:@"CISepiaTone"];
    [activeFilter setDefaults];
    [activeFilter setValue: [NSNumber numberWithFloat: 0.75]
                   forKey: @"inputIntensity"];
    [activeFilter setValue: imageToFilter forKey: @"inputImage"];
    CIImage *filteredImage=[activeFilter valueForKey: @"outputImage"];

    // This varies from the book, because the iOS beta is broken
    CIContext *context = [CIContext contextWithOptions:[NSDictionary dictionary]];
    CGImageRef cgImage = [context createCGImage:filteredImage fromRect:[imageToFilter
extent]];
    UIImage *myNewImage = [UIImage imageWithCGImage:cgImage];
    //   UIImage *myNewImage = [UIImage imageWithCIImage:filteredImage];
    self.displayImageView.image = myNewImage;
    CGImageRelease(cgImage);
}
```

此时可以运行该应用程序，选择一张照片并单击“Apple Filter”按钮后，棕色滤镜将导致照片的颜色饱和度接近零，使其看起来像张老照片。

23.4.9 访问并播放音乐库

首先使用MPMediaPickerController类来选择要播放的音乐。这里只调用这个类的一个方法：initWithMediaTypes，通过此方法初始化多媒体选择器并限制选择器显示的文件。此处需要将使用如下属性来配置这种对象的行为。

- prompt：用户选择歌曲时向其显示的一个字符串。
- allowsPickingMultipleItems：指定用户只能选择一个声音文件还是可选择多个。

需要遵守MPMediaPickerControllerDelegate协议，以便能够在用户选择播放列表后采取相应的措施。还将添加该协议的方法mediaPicker:didPickMediaItems。

为了播放音频，将使用MPMusicPlayerController类，它可使用多媒体选择器返回的播放列表。为开始和暂停播放，将使用如下4个方法。

- iPodMusicPlayer：这个类方法将音乐播放器初始化为iPod音乐播放器，这种播放器能够访问音乐库。
- setQueueWithItemCollection：使用多媒体选择器返回的播放列表对象(MPMediaItemCollection)设置播放队列。
- play：开始播放音乐。
- pause：暂停播放音乐。

1．为使用多媒体选择器做准备

无需再导入其他接口文件，必须将类声明为遵守协议MPMediaPickerControllerDelegate，这样才能响应用户选择。为此在文件ViewController.h中，在@interface代码行中包含这个协议：

```
@interface ViewController:UIViewController
<MPMediaPickerControllerDelegate,UIImagePickerControllerDelegate,
UINavigationControllerDelegate>
```

2．准备音乐播放器

添加一个属性/实例变量（musicPlayer），它是一个MPMusicPlayerController实例：

```
@property (strong, nonatomic) MPMusicPlayerController*musicPlayer;
```

然后在文件ViewController.m中，在现有编译指令@synthesize后面添加配套的编译指令@synthesize：

```
@synthesize musicPlayer;
```

在方法viewDidUnload中将该属性设置为nil，目的是删除音乐播放器：

```
[self setMusicPlayer:nil];
```

修改方法viewDidLoad，使用MPMusicPlayerController类的方法iPodMusicPlayer新创建一个音乐，此方法的最终代码如下所示：

```
- (void)viewDidLoad
{
    //Setup the movie player
    NSString *movieFile = [[NSBundle mainBundle]
                          pathForResource:@"movie" ofType:@"m4v"];
    self.moviePlayer = [[MPMoviePlayerController alloc]
                       initWithContentURL: [NSURL
                                           fileURLWithPath:
                                           movieFile]];
    self.moviePlayer.allowsAirPlay=YES;
    [self.moviePlayer.view setFrame:
                       CGRectMake(145.0, 20.0, 155.0 , 100.0)];


    //Setup the audio recorder
    NSURL *soundFileURL=[NSURL fileURLWithPath:
                        [NSTemporaryDirectory()
                         stringByAppendingString:@"sound.caf"]];

    NSDictionary *soundSetting;
    soundSetting = [NSDictionary dictionaryWithObjectsAndKeys:
                [NSNumber numberWithFloat: 44100.0],AVSampleRateKey,
                [NSNumber numberWithInt: kAudioFormatMPEG4AAC],AVFormatIDKey,
                [NSNumber numberWithInt: 2],AVNumberOfChannelsKey,
                [NSNumber numberWithInt: AVAudioQualityHigh],
                   AVEncoderAudioQualityKey,nil];

    self.audioRecorder = [[AVAudioRecorder alloc]
                         initWithURL: soundFileURL
                         settings: soundSetting
                         error: nil];

    //Setup the audio player
    NSURL *noSoundFileURL=[NSURL fileURLWithPath:
                          [[NSBundle mainBundle]
                           pathForResource:@"norecording" ofType:@"wav"]];
    self.audioPlayer =  [[AVAudioPlayer alloc]
                        initWithContentsOfURL:noSoundFileURL error:nil];

    //Setup the music player
    self.musicPlayer=[MPMusicPlayerController iPodMusicPlayer];

    [super viewDidLoad];
}
```

在上述代码中，只有第42行是新增的，功能是创建一个MPMusicPlayerController实例，并将其赋给属性musicPlayer。

3．显示多媒体选择器

在这个应用程序中，用户触摸按钮“选择音乐”时，将触发操作chooseMusic，而该操作将显示多媒体选择器。要使用多媒体选择器，需要采取的步骤与使用图像选择器时类似：实例化选择器并配置其行为，然后将其作为模态视图加入应用程序视图中。用户使用完多媒体选择器后，我们将把它返回的播放列表加入音乐播放器，并关闭选择器视图；如果用户没有选择任何多媒体，则我们只需关闭选择器视图即可。

在实现文件ViewController.m中，方法chooseMusic的实现代码如下所示：

```
- (IBAction)chooseMusic:(id)sender {
    MPMediaPickerController *musicPicker;

    [self.musicPlayer stop];
    self.displayNowPlaying.text=@"No Song Playing";
    [self.musicPlayButton setTitle:@"Play Music"
                  forState:UIControlStateNormal];

    musicPicker = [[MPMediaPickerController alloc]
                 initWithMediaTypes: MPMediaTypeMusic];

    musicPicker.prompt = @"Choose Songs to Play" ;
    musicPicker.allowsPickingMultipleItems = YES;
    musicPicker.delegate = self;

    [self presentModalViewController:musicPicker animated:YES];
}
```

在上述代码中，第2行声明了MPMediaPickerController实例musicPicker。接下来，第4～7行确保调用选择器时，音乐播放器将停止播放当前歌曲，界面中nowPlaying标签的文本被设置为默认字符串No Song Playing，且播放按钮的标题为PlayMusic。这些代码行并非必不可少，但可确定界面与应用程序中实际发生的情况同步。第9～10行分配并初始化多媒体选择器控制器实例。初始化时使用的是常量MPMediaTypeMusic，该常量指定了用户使用选择器可选择的文件类型（音乐）。第12行指定一条将显示在音乐选择器顶部的消息。第13行将属性allowsPickingMultipleItems设置为一个布尔值（YES或NO），它决定了用户能否选择多个多媒体文件。第14行设置音乐选择器的委托。换句话说，它告诉musicPicker对象到ViewController中去查找MPMediaPickerControllerDelegate协议方法。第16行使用视图控制器musicPicker将音乐库显示在应用程序视图的上面。

4．响应用户选择

为了获取多媒体选择器返回的播放列表并执行清理工作，需要在实现文件中添加委托协议方法mediaPicker:didPickMediaItems，具体代码如下所示：

```
- (void)mediaPicker: (MPMediaPickerController *)mediaPicker
  didPickMediaItems:(MPMediaItemCollection *)mediaItemCollection {
    [musicPlayer setQueueWithItemCollection: mediaItemCollection];
    [self dismissModalViewControllerAnimated:YES];
}
```

在上述代码中，第1行使用该播放列表对音乐播放器实例musicPlayer进行了配置，这是通过setQueueWithItemCollection完成的。为了执行清理工作，在第2行关闭了模态视图。

5．响应用户取消选择

为了处理用户在没有选择任何多媒体文件的情况下退出多媒体选择器的情形，需要添加委托协议方法mediaPickerdidCancel。这与图像选择器一样，只需在该方法中关闭模态视图控制器即可。所以在文件ViewController.m中添加这个方法，此方法的实现代码如下所示：

```
- (void)mediaPickerDidCancel:(MPMediaPickerController *)mediaPicker {
    [self dismissModalViewControllerAnimated:YES];
}
```

6．播放音乐

由于已经在视图控制器的viewDidLoad方法中创建了musicPlayer对象，并且在方法mediaPicdidPick MediaItems中设置了音乐播放器的播放列表，现在最后工作是在方法playMusic中开始播放和暂停播放。并且在需要时将musicPlayButton按钮的标题在播放音乐和暂停音乐之间进行切换。方法playMusic的实现代码如下所示：

```
- (IBAction)playMusic:(id)sender {
    if ([self.musicPlayButton.titleLabel.text
                 isEqualToString:@"Play Music"]) {
        [self.musicPlayer play];
        [self.musicPlayButton setTitle:@"Pause Music"
                         forState:UIControlStateNormal];
        self.displayNowPlaying.text=[self.musicPlayer.nowPlayingItem
                         valueForProperty:MPMediaItemPropertyTitle];

    } else {

        [self.musicPlayer pause];
        [self.musicPlayButton setTitle:@"Play Music"
                         forState:UIControlStateNormal];
        self.displayNowPlaying.text=@"No Song Playing";
    }
}
```

在上述代码中，第2行检查musicPlayButton的标题是否为Play Music。如果是则用第4行代码开始播放，第5~6行将该按钮的标题重置为Pause Music，而第7~8行将标签displayNowPlaying的文本设置为当前歌曲的名称。如果按钮musicPlayButton的标题不是Play Music（第10行），将暂停播放音乐，将该按钮的标题重置为Play Music，并将标签的文本改为No Soon Playing。实现该方法的后，保存文件ViewController.m，并在iOS设备上运行该应用程序，以便对其进行测试。按“选择音乐”按钮将打开多媒体选择器，创建播放列表后，按多媒体选择器中的Done按钮，再按“Play Music”按钮开始播放选择的歌曲。当前歌曲的名称将显示在界面底部。

注意：如果在模拟器上测试音乐播放功能，不会有任何效果。要想测试这些功能，必须使用实际设备。

23.5 实战演练——实现 ImagePicker 功能（基于 Swift 语言）

在本节的内容中，将通过一个具体实例的实现过程，详细讲解基于Swift语言实现ImagePicker控件功能的过程。

实例23-3	实现ImagePicker功能
源码与视频路径	光盘:\daima\23\CustomImagePicker

（1）打开Xcode 6.1，然后新创建一个名为“CustomImagePicker”的工程，工程的最终目录结构如图23-7所示。

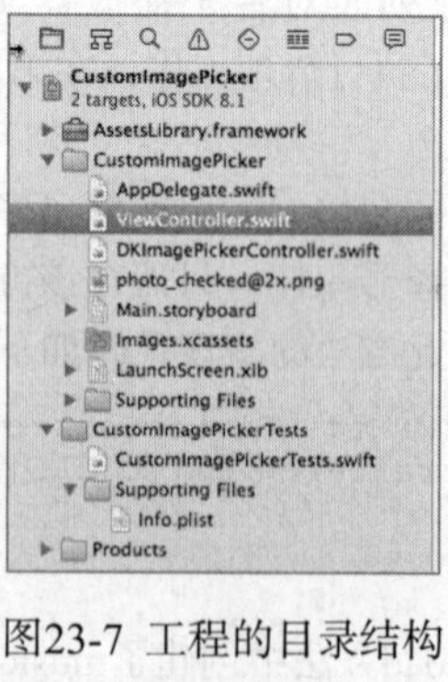

图23-7 工程的目录结构

（2）打开Main.storyboard，为本工程设计一个视图界面，在里面插入了UIScrollView控件，如图23-8所示。

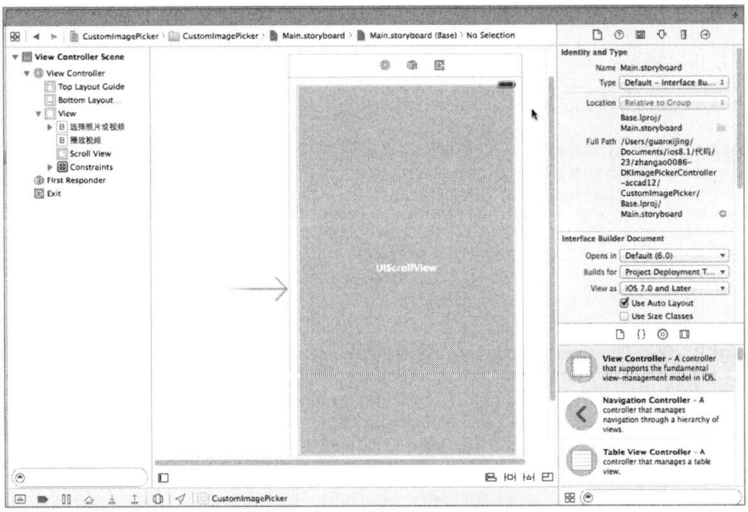

图23-8 Main.storyboard设计界面

（3）本实例借助了DKImagePickerController类库，这是用Swift编写的类文件，功能是实现了一个简单的ImagePickerController功能，实现此类文件需要用到AssetsLibrary.framework库。文件DKImagePickerController.swift是一个开源文件，核心代码如下所示：

```
import UIKit
import AssetsLibrary


//声明
protocol DKImagePickerControllerDelegate : NSObjectProtocol {
    /// Called when right button is clicked
    ///
    /// :param: images Images of selected
    func imagePickerControllerDidSelectedAssets(images: [DKAsset]!)
    /// Called when cancel button is clicked
    func imagePickerControllerCancelled()
}

////////////////////////////////////////////////////////////////////////////////
///////

// 单元标识符
let GroupCellIdentifier = "GroupCellIdentifier"
let ImageCellIdentifier = "ImageCellIdentifier"

// 提醒
let DKImageSelectedNotification = "DKImageSelectedNotification"
let DKImageUnselectedNotification = "DKImageUnselectedNotification"

// 模型组
class DKAssetGroup : NSObject {
    var groupName: NSString!
    var thumbnail: UIImage!
    var group: ALAssetsGroup!
}

// 配置模型
class DKAsset: NSObject {
    var thumbnailImage: UIImage?
    lazy var fullScreenImage: UIImage? = {
        return UIImage(CGImage:
self.originalAsset.defaultRepresentation().fullScreenImage().takeUnretainedValue())
    }()
    lazy var fullResolutionImage: UIImage? = {
        return UIImage(CGImage:
self.originalAsset.defaultRepresentation().fullResolutionImage().takeUnretainedValu
```

```
e())
    }()
    var url: NSURL?

    private var originalAsset: ALAsset!

    // Compare two assets
    override func isEqual(object: AnyObject?) -> Bool {
        let other = object as DKAsset!
        return self.url!.isEqual(other.url!)
    }
}

//内部
extension UIViewController {
    var imagePickerController: DKImagePickerController? {
        get {
            let nav = self.navigationController
            if nav is DKImagePickerController {
                return nav as? DKImagePickerController
            } else {
                return nil
            }
        }
    }
}
//////////////////////////////////////////////////////////////////////////////
///////
// 显示Group组中的所有图片
//////////////////////////////////////////////////////////////////////////////
///////

class DKImageGroupViewController: UICollectionViewController {

    class DKImageCollectionCell: UICollectionViewCell {
        var thumbnail: UIImage! {
            didSet {
                self.imageView.image = thumbnail
            }
        }

        override var selected: Bool {
            didSet {
                checkView.hidden = !super.selected
            }
        }

        private var imageView = UIImageView()
        private var checkView = UIImageView(image: UIImage(named: "photo_checked"))

        override init(frame: CGRect) {
            super.init(frame: frame)
            imageView.frame = self.bounds
            self.contentView.addSubview(imageView)
            self.contentView.addSubview(checkView)
        }

        required init(coder aDecoder: NSCoder) {
            fatalError("init(coder:) has not been implemented")
        }

        override func layoutSubviews() {
            super.layoutSubviews()

            imageView.frame = self.bounds
            checkView.frame.origin = CGPoint(x: self.contentView.bounds.width -
checkView.bounds.width, y: 0)
        }
    }

    var assetGroup: DKAssetGroup!
    private lazy var imageAssets: NSMutableArray = {
```

```
        return NSMutableArray()
    }()

    override init() {
        let layout = UICollectionViewFlowLayout()

        let interval: CGFloat = 3
        layout.minimumInteritemSpacing = interval
        layout.minimumLineSpacing = interval

        let screenWidth = UIScreen.mainScreen().bounds.width
        let itemWidth = (screenWidth - interval * 3) / 4

        layout.itemSize = CGSize(width: itemWidth, height: itemWidth)
        super.init(collectionViewLayout: layout)
    }

    required init(coder aDecoder: NSCoder) {
        fatalError("init(coder:) has not been implemented")
    }

    override func viewDidLoad() {
        super.viewDidLoad()
        assert(assetGroup != nil, "assetGroup is nil")

        self.title = assetGroup.groupName

        self.collectionView.backgroundColor = UIColor.whiteColor()
        self.collectionView.allowsMultipleSelection = true
        self.collectionView.registerClass(DKImageCollectionCell.self,
forCellWithReuseIdentifier: ImageCellIdentifier)

        assetGroup.group.enumerateAssetsUsingBlock {[unowned self](result: ALAsset!,
index: Int, stop: UnsafeMutablePointer<ObjCBool>) in
            if result != nil {
                let asset = DKAsset()
                asset.thumbnailImage =
UIImage(CGImage:result.thumbnail().takeUnretainedValue())
                asset.url = result.valueForProperty(ALAssetPropertyAssetURL) as?
NSURL
                asset.originalAsset = result
                self.imageAssets.addObject(asset)
            } else {
                self.collectionView.reloadData()
                dispatch_async(dispatch_get_main_queue()) {
                    self.collectionView.scrollToItemAtIndexPath(NSIndexPath(forRow:
self.imageAssets.count-1, inSection: 0), atScrollPosition:
UICollectionViewScrollPosition.Bottom, animated: false)
                }
            }
        }
    }

    //Mark: - UICollectionViewDelegate, UICollectionViewDataSource methods
    override func numberOfSectionsInCollectionView(collectionView: UICollectionView)
-> Int {
        return 1
    }

    override func collectionView(collectionView: UICollectionView,
numberOfItemsInSection section: Int) -> Int {
        return imageAssets.count
    }

    override func collectionView(collectionView: UICollectionView,
cellForItemAtIndexPath indexPath: NSIndexPath) -> UICollectionViewCell {
        let cell =
collectionView.dequeueReusableCellWithReuseIdentifier(ImageCellIdentifier,
forIndexPath: indexPath) as DKImageCollectionCell

        let asset = imageAssets[indexPath.row] as DKAsset
        cell.thumbnail = asset.thumbnailImage
```

```
        if find(self.imagePickerController!.selectedAssets, asset) != nil {
            cell.selected = true
            collectionView.selectItemAtIndexPath(indexPath, animated: false,
scrollPosition: UICollectionViewScrollPosition.None)
        } else {
            cell.selected = false
            collectionView.deselectItemAtIndexPath(indexPath, animated: false)
        }

        return cell
    }

    override func collectionView(collectionView: UICollectionView,
didSelectItemAtIndexPath indexPath: NSIndexPath) {

NSNotificationCenter.defaultCenter().postNotificationName(DKImageSelectedNotificati
on, object: imageAssets[indexPath.row])
    }

    override func collectionView(collectionView: UICollectionView,
didDeselectItemAtIndexPath indexPath: NSIndexPath) {

NSNotificationCenter.defaultCenter().postNotificationName(DKImageUnselectedNotifica
tion, object: imageAssets[indexPath.row])
    }
}

//////////////////////////////////////////////////////////////////////////////////
///////
// MARK: 显示所有组
//////////////////////////////////////////////////////////////////////////////////
///////
class DKAssetsLibraryController: UITableViewController {

    lazy private var groups: NSMutableArray = {
        return NSMutableArray()
    }()

    lazy private var library: ALAssetsLibrary = {
        return ALAssetsLibrary()
    }()

    private var noAccessView: UIView!

    override func viewDidLoad() {
        super.viewDidLoad()

        self.tableView.registerClass(UITableViewCell.self, forCellReuseIdentifier:
GroupCellIdentifier)
        self.view.backgroundColor = UIColor.whiteColor()

        library.enumerateGroupsWithTypes(0xFFFFFFFF, usingBlock: {(group:
ALAssetsGroup! , stop: UnsafeMutablePointer<ObjCBool>) in
            if group != nil {
                if group.numberOfAssets() != 0 {
                    let groupName = group.valueForProperty(ALAssetsGroupPropertyName)
as NSString

                    let assetGroup = DKAssetGroup()
                    assetGroup.groupName = groupName
                    assetGroup.thumbnail = UIImage(CGImage:
group.posterImage().takeUnretainedValue())
                    assetGroup.group = group
                    self.groups.insertObject(assetGroup, atIndex: 0)
                }
            } else {
                self.tableView.reloadData()
            }
        }, failureBlock: {(error: NSError!) in
            self.noAccessView.frame = self.view.bounds
            self.tableView.scrollEnabled = false
            self.tableView.separatorStyle = UITableViewCellSeparatorStyle.None
```

```
            self.view.addSubview(self.noAccessView)
        })
    }

    // MARK: - UITableViewDelegate, UITableViewDataSource methods
    override func numberOfSectionsInTableView(tableView: UITableView) -> Int {
        return 1
    }

    override func tableView(tableView: UITableView, numberOfRowsInSection section: Int)
-> Int {
        return groups.count
    }

    override func tableView(tableView: UITableView, cellForRowAtIndexPath indexPath:
NSIndexPath) -> UITableViewCell {
        let cell = tableView.dequeueReusableCellWithIdentifier(GroupCellIdentifier,
forIndexPath: indexPath) as UITableViewCell

        let assetGroup = groups[indexPath.row] as DKAssetGroup
        cell.textLabel.text = assetGroup.groupName
        cell.imageView.image = assetGroup.thumbnail

        return cell
    }

    override func tableView(tableView: UITableView, didSelectRowAtIndexPath indexPath:
NSIndexPath) {
        tableView.deselectRowAtIndexPath(indexPath, animated: true)

        let assetGroup = groups[indexPath.row] as DKAssetGroup
        let imageGroupController = DKImageGroupViewController()
        imageGroupController.assetGroup = assetGroup
        self.navigationController?.pushViewController(imageGroupController, animated:
true)
    }
}

//////////////////////////////////////////////////////////////////////////////////////
///////
// MARK: - 主控制器视图
//////////////////////////////////////////////////////////////////////////////////////
///////

class DKImagePickerController: UINavigationController {

    /// The height of the bottom of the preview
    var previewHeight: CGFloat = 80
    var rightButtonTitle: String = "确定"
    /// Displayed when denied access
    var noAccessView: UIView = {
        let label = UILabel()
        label.text = "用户拒绝访问"
        label.textAlignment = NSTextAlignment.Center
        label.textColor = UIColor.lightGrayColor()
        return label
    }()

    class DKPreviewView: UIScrollView {
        let interval: CGFloat = 5
        private var imageLengthOfSide: CGFloat!
        private var assets = [DKAsset]()
        private var imagesDict: [DKAsset : UIImageView] = [:]

        override func layoutSubviews() {
            super.layoutSubviews()

            imageLengthOfSide = self.bounds.height - interval * 2
        }

        func imageFrameForIndex(index: Int) -> CGRect {
            return CGRect(x: CGFloat(index) * imageLengthOfSide + CGFloat(index + 1)
 * interval,
```

```
            y: (self.bounds.height - imageLengthOfSide)/2,
            width: imageLengthOfSide, height: imageLengthOfSide)
        }

        func insertAsset(asset: DKAsset) {
            let imageView = UIImageView(image: asset.thumbnailImage)
            imageView.frame = imageFrameForIndex(assets.count)

            self.addSubview(imageView)
            assets.append(asset)
            imagesDict.updateValue(imageView, forKey: asset)
            setupContent(true)
        }

        func removeAsset(asset: DKAsset) {
            imagesDict.removeValueForKey(asset)
            let index = find(assets, asset)
            if let toRemovedIndex = index {
                assets.removeAtIndex(toRemovedIndex)
                setupContent(false)
            }
        }
        private func setupContent(isInsert: Bool) {
            if isInsert == false {
                for (index,asset) in enumerate(assets) {
                    let imageView = imagesDict[asset]!
                    imageView.frame = imageFrameForIndex(index)
                }
            }
            self.contentSize = CGSize(width: CGRectGetMaxX((self.subviews.last as
UIView).frame) + interval, height: self.bounds.height)
        }
    }
    class DKContentWrapperViewController: UIViewController {
        var contentViewController: UIViewController
        var bottomBarHeight: CGFloat = 0
        var showBottomBar: Bool = false {
            didSet {
                if self.showBottomBar {
                    self.contentViewController.view.frame.size.height =
self.view.bounds.size.height - self.bottomBarHeight
                } else {
                    self.contentViewController.view.frame.size.height =
self.view.bounds.size.height
                }
            }
        }

        init(_ viewController: UIViewController) {
            contentViewController = viewController

            super.init(nibName: nil, bundle: nil)
            self.addChildViewController(viewController)

            contentViewController.addObserver(self, forKeyPath: "title", options:
NSKeyValueObservingOptions.New, context: nil)
        }

        deinit {
            contentViewController.removeObserver(self, forKeyPath: "title")
        }

        required init(coder aDecoder: NSCoder) {
            fatalError("init(coder:) has not been implemented")
        }

        override func observeValueForKeyPath(keyPath: String, ofObject object:
AnyObject, change: [NSObject : AnyObject], context: UnsafeMutablePointer<Void>) {
            if keyPath == "title" {
                self.title = contentViewController.title
            }
        }
```

```
        override func viewDidLoad() {
            super.viewDidLoad()

            self.view.backgroundColor = UIColor.whiteColor()
            self.view.addSubview(contentViewController.view)
            contentViewController.view.frame = view.bounds
        }
    }

    internal var selectedAssets: [DKAsset]!
    internal  weak var pickerDelegate: DKImagePickerControllerDelegate?
    lazy internal  var imagesPreviewView: DKPreviewView = {
        let preview = DKPreviewView()
        preview.hidden = true
        preview.backgroundColor = UIColor.lightGrayColor()
        return preview
    }()
    lazy internal var doneButton: UIButton =  {
        let button = UIButton.buttonWithType(UIButtonType.Custom) as UIButton
        button.setTitle("", forState: UIControlState.Normal)
        button.setTitleColor(self.navigationBar.tintColor, forState:
UIControlState.Normal)
        button.reversesTitleShadowWhenHighlighted = true
        button.addTarget(self, action: "onDoneClicked", forControlEvents:
UIControlEvents.TouchUpInside)
        return button
    }()

    convenience override init() {
        var libraryController = DKAssetsLibraryController()
        var wrapperVC = DKContentWrapperViewController(libraryController)
        self.init(rootViewController: wrapperVC)
        libraryController.noAccessView = noAccessView
        wrapperVC.bottomBarHeight = previewHeight

        selectedAssets = [DKAsset]()
    }

    deinit {
        NSNotificationCenter.defaultCenter().removeObserver(self)
    }

    override func viewDidLoad() {
        super.viewDidLoad()

        imagesPreviewView.frame = CGRect(x: 0, y: view.bounds.height - previewHeight,
                                         width: view.bounds.width, height: previewHeight)
        imagesPreviewView.autoresizingMask = UIViewAutoresizing.FlexibleWidth |
UIViewAutoresizing.FlexibleTopMargin

        view.addSubview(imagesPreviewView)

        NSNotificationCenter.defaultCenter().addObserver(self, selector:
"selectedImage:", name:
DKImageSelectedNotification, object: nil)
        NSNotificationCenter.defaultCenter().addObserver(self, selector:
"unselectedImage:", name:
DKImageUnselectedNotification, object: nil)
    }

    override func pushViewController(viewController: UIViewController, animated: Bool)
{
        var wrapperVC = DKContentWrapperViewController(viewController)
        wrapperVC.bottomBarHeight = previewHeight
        wrapperVC.showBottomBar = !imagesPreviewView.hidden

        super.pushViewController(wrapperVC, animated: animated)

        self.topViewController.navigationItem.rightBarButtonItem =
UIBarButtonItem(customView: self.doneButton)

        if self.viewControllers.count == 1 &&
```

```
    self.topViewController?.navigationItem.leftBarButtonItem == nil {
            self.topViewController.navigationItem.leftBarButtonItem =
UIBarButtonItem(barButtonSystemItem: UIBarButtonSystemItem.Cancel, target: self,
action: "onCancelClicked")
        }
    }

    // MARK: - Delegate methods
    func onCancelClicked() {
        if let delegate = self.pickerDelegate {
            delegate.imagePickerControllerCancelled()
        }
    }

    func onDoneClicked() {
        if let delegate = self.pickerDelegate {
            delegate.imagePickerControllerDidSelectedAssets(self.selectedAssets)
        }
    }
    // MARK: - Notifications
    func selectedImage(noti: NSNotification) {
        if let asset = noti.object as? DKAsset {
            selectedAssets.append(asset)
            imagesPreviewView.insertAsset(asset)
            imagesPreviewView.hidden = false

            (self.viewControllers as [DKContentWrapperViewController]).map
{$0.showBottomBar = !self.imagesPreviewView.hidden}
            self.doneButton.setTitle(rightButtonTitle + "(\(selectedAssets.count))",
forState: UIControlState.Normal)
            self.doneButton.sizeToFit()
        }
    }

    func unselectedImage(noti: NSNotification) {
        if let asset = noti.object as? DKAsset {
            selectedAssets.removeAtIndex(find(selectedAssets, asset)!)
            imagesPreviewView.removeAsset(asset)

            self.doneButton.setTitle(rightButtonTitle + "(\(selectedAssets.count))",
forState: UIControlState.Normal)
            self.doneButton.sizeToFit()
            if selectedAssets.count <= 0 {
                imagesPreviewView.hidden = true

                (self.viewControllers as [DKContentWrapperViewController]).map
{$0.showBottomBar = !self.imagesPreviewView.hidden}
                self.doneButton.setTitle("", forState: UIControlState.Normal)
            }
        }
    }
}
```

（4）在文件ViewController.swift中初始化了整个工程，增加了通过系统的Controller选择图片或播放视频，调用DKImagePickerController类实现了对指定图片的展示功能，也就是实现了ImagePicker控件浏览图片的功能效果。文件ViewController.swift的具体实现代码如下所示：

```
import UIKit
import MobileCoreServices
import MediaPlayer

class ViewController: UIViewController,UINavigationControllerDelegate,
UIImagePickerControllerDelegate, DKImagePickerControllerDelegate {
    @IBOutlet var imageScrollView: UIScrollView!
    var player: MPMoviePlayerController?
    var videoURL: NSURL?

    override func viewDidLoad() {
        super.viewDidLoad()
```

```
    }

    override func didReceiveMemoryWarning() {
        super.didReceiveMemoryWarning()
        // Dispose of any resources that can be recreated
    }

    // 使用系统的图片选取器
    func showSystemController() {
        let pickerController = UIImagePickerController()
        pickerController.delegate = self
        pickerController.sourceType = UIImagePickerControllerSourceType.PhotoLibrary
        pickerController.mediaTypes = [kUTTypeImage!,kUTTypeMovie!]

        self.presentViewController(pickerController, animated: true) {}
    }

    // 使用自定义的图片选取器
    func showCustomController() {
        let pickerController = DKImagePickerController()
        pickerController.pickerDelegate = self
        self.presentViewController(pickerController, animated: true) {}
    }

    @IBAction func showImagePicker() {
//          showSystemController()
        showCustomController()
    }

    // 使用系统的播放器播放视频
    @IBAction func playVideo() {
        if let videoURL = self.videoURL {
            NSNotificationCenter.defaultCenter().addObserver(self, selector:
"exitPlayer:", name: MPMoviePlayerPlaybackDidFinishNotification, object: nil)

            let player = MPMoviePlayerController(contentURL: videoURL)
            player.movieSourceType = MPMovieSourceType.File
            player.controlStyle = MPMovieControlStyle.Fullscreen
            player.fullscreen = true
            player.scalingMode = MPMovieScalingMode.Fill

            player.view.frame = view.bounds
            view.addSubview(player.view)

            player.prepareToPlay()
            player.play()

            self.player = player
        }
    }

    // 退出播放器
    func exitPlayer(notification: NSNotification) {
        let reason =
(notification.userInfo!)[MPMoviePlayerPlaybackDidFinishReasonUserInfoKey] as
NSNumber!
        if reason.integerValue == MPMovieFinishReason.UserExited.rawValue {
            NSNotificationCenter.defaultCenter().removeObserver(self)
            self.player?.view.removeFromSuperview()
            self.player = nil
        }
    }

    // MARK: - UIImagePickerControllerDelegate methods
    func imagePickerController(picker: UIImagePickerController,
didFinishPickingMediaWithInfo info: [NSObject : AnyObject]) {
        let mediaType = info[UIImagePickerControllerMediaType] as NSString!
```

```
        println(mediaType)
        if mediaType.isEqualToString(kUTTypeImage) {
            let selectedImage = info[UIImagePickerControllerOriginalImage] as UIImage!
            imageScrollView.subviews.map(){$0.removeFromSuperview()}
            let imageView = UIImageView(image: selectedImage)
            imageView.contentMode = UIViewContentMode.ScaleAspectFit
            imageView.frame = imageScrollView.bounds
            imageScrollView.addSubview(imageView)
        } else {
            self.videoURL = info[UIImagePickerControllerMediaURL] as NSURL!
            let alert = UIAlertView(title: "选择的视频URL", message:
videoURL!.absoluteString, delegate: nil, cancelButtonTitle: "确定")
            alert.show()
        }

        picker.dismissViewControllerAnimated(true, completion: nil)
    }

    // MARK: - DKImagePickerControllerDelegate methods
    // 取消时的回调
    func imagePickerControllerCancelled() {
        self.dismissViewControllerAnimated(true, completion: nil)
    }

    // 选择图片并确定后的回调
    func imagePickerControllerDidSelectedAssets(assets: [DKAsset]!) {
        imageScrollView.subviews.map(){$0.removeFromSuperview}

        for (index, asset) in enumerate(assets) {
            let imageHeight: CGFloat = imageScrollView.bounds.height / 2

            let imageView = UIImageView(image: asset.thumbnailImage)
            imageView.contentMode = UIViewContentMode.ScaleAspectFit
            imageView.frame = CGRect(x: 0, y: CGFloat(index) * imageHeight, width:
imageScrollView.bounds.width, height: imageHeight)
            imageScrollView.addSubview(imageView)

        }
        imageScrollView.contentSize.height =
CGRectGetMaxY((imageScrollView.subviews.last as UIView).frame)

        self.dismissViewControllerAnimated(true, completion: nil)
    }
}
```

本实例执行后将在主视图界面中列表显示不同的类型组，如图23-9所示。

单击列表中的某一个组后会返回到照片选择界面，在此可以勾选不同的照片，如图23-10所示。

选择照片完毕后，单击“确定”按钮后会展示这组中的所有照片，如图23-11所示。

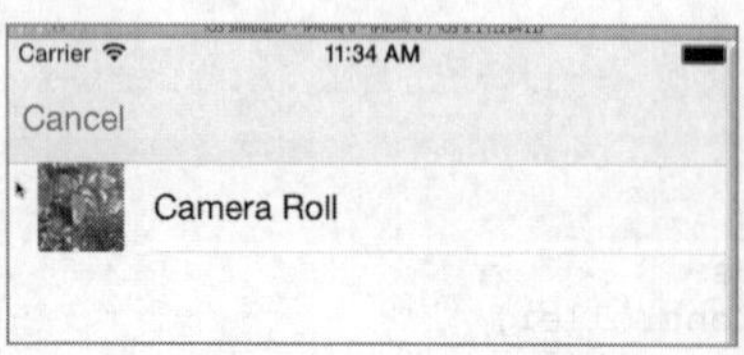

图23-9　列表显示

图23-10　选择照片

图23-11　展示组中的所有照片

23.6 实战演练——实现一个音乐播放器（基于 Swift）

在本节的内容中，将通过一个具体实例的实现过程，详细讲解基于Swift语言实现一个音乐播放器的过程。读者在调试运行本实例之前，需要先确保在程序指定的路径下存在音频文件。

实例23-5	实现一个MP3播放器
源码与视频路径	光盘:\daima\23\MusicPlayer

（1）打开Xcode 6.1，然后新创建一个名为“MusicPlayer” iOS的工程，工程的最终目录结构如图23-12所示。

（2）在Xcode 6的Main.stoyboard面板中设计UI界面，在主界面中列表iTunes市场中的专辑名称，如图23-13所示。

图23-12 工程的目录结构

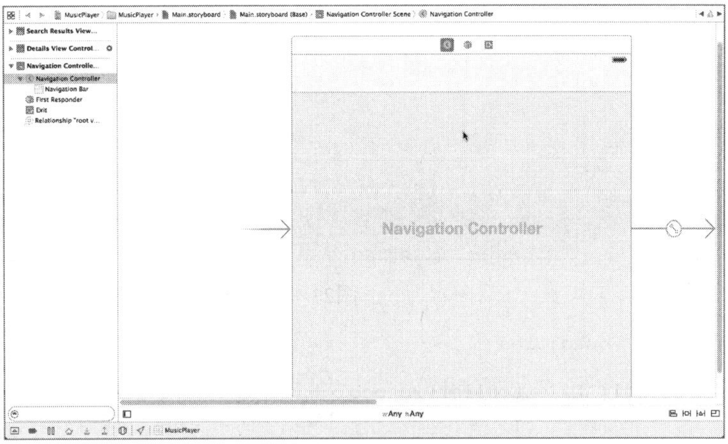

图23-13 第一个界面

在第二个界面中通过Table View视图在底部显示搜索结果，在顶部显示搜索表单，如图23-14所示。

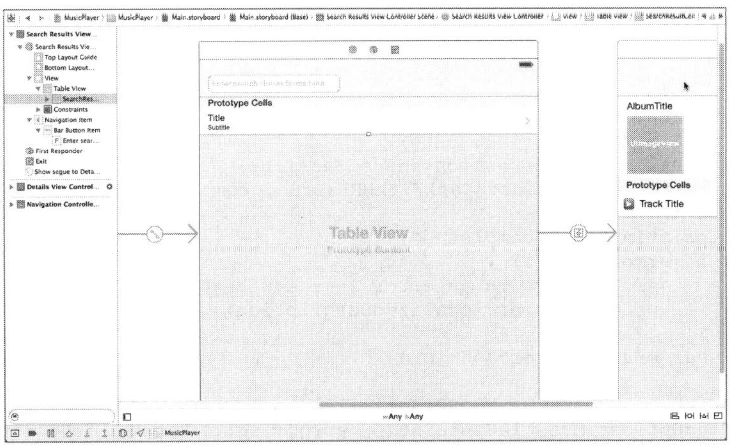

图23-14 第二个界面

在第三个界面显示搜索结果列表中某个专辑的详细信息，顶部使用UIImageView控件显示专辑图片，下方通过Track显示专辑中的各首歌曲名称，如图23-15所示。

（3）文件 APIController.swift的功能是实现对iTunes搜索API的调用，并让一个定制的代理来接收响应。创建一个名为searchItunesFor(searchTerm:String)的函数。用它来实现对任意搜索词的网络请求。首先，需要对传入搜索词进行修正，搜索API要求搜索词的格式为“第一个搜索词+第二个搜索词+第三个搜索词+其他搜索词”，而不是“第一个搜索词%20第二个搜索词%20第三个搜索词%20...”。因此，我们没有调用URL编码函数，而是调用了sringByReplacingOccurenesOfString的NSString方法。这个方法将返回搜索变量的修正版本，使用“+”号替代了其中的空格符。接着，我们转义了搜索词中那些无法识别为URL所包含的字符。再接下来的两行定义了NSURL对象，这个对象将作为iOS网络API的URL参数。文件 APIController.swift的具体实现代码如下所示：

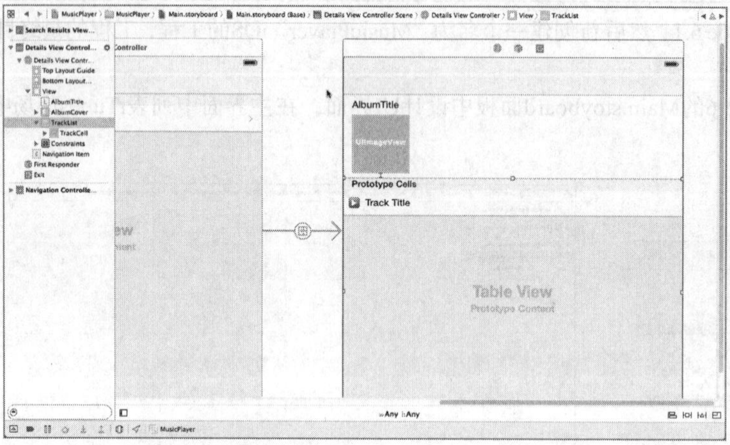

图23-15 Main.stoyboard面板

```
import Foundation

protocol APIControllerProtocol {
    func didReceiveAPIResults(results: NSDictionary)
}

class APIController {

    var delegate: APIControllerProtocol

    init(delegate: APIControllerProtocol) {
        self.delegate = delegate
    }

    func get(path: String){
        let url = NSURL(string: path)
        let session = NSURLSession.sharedSession()
        let task = session.dataTaskWithURL(url!, completionHandler: {data, response,
error -> Void in
            println("Task completed")
            if(error != nil) {
                // If there is an error in the web request, print it to the console
                println(error.localizedDescription)
            }
            var err: NSError?

            var jsonResult = NSJSONSerialization.JSONObjectWithData(data, options:
NSJSONRea dingOptions.MutableContainers, error: &err) as NSDictionary
            if(err != nil) {
                // If there is an error parsing JSON, print it to the console
                println("JSON Error \(err!.localizedDescription)")
            }
            let results: NSArray = jsonResult["results"] as NSArray

            self.delegate.didReceiveAPIResults(jsonResult)

        })
```

```
        task.resume()
    }

    func searchItunesFor(searchTerm: String) {

        // The iTunes API wants multiple terms separated by + symbols, so replace spaces
with + signs
        let itunesSearchTerm = searchTerm.stringByReplacingOccurrencesOfString(" ",
withString: "+", options: NSStringCompareOptions.CaseInsensitiveSearch, range: nil)

        // Now escape anything else that isn't URL-friendly
        if let escapedSearchTerm =
itunesSearchTerm.stringByAddingPercentEscapesUsingEncoding(NSUTF8StringEncoding) {
            let urlPath =
"https://itunes.apple.com/search?term=\(escapedSearchTerm)&media=music&entity=album"
            get(urlPath)
        }
    }

    func lookupAlbum(collectionId: Int) {
        get("https://itunes.apple.com/lookup?id=\(collectionId)&entity=song")
    }
}
```

（4）文件SearchResultsViewController.swift的功能是根据用户输入的关键词显示搜索结果列表，具体实现代码如下所示：

```
import UIKit
import QuartzCore

class SearchResultsViewController: UIViewController, UITableViewDataSource,
UITableViewDelegate, UITextFieldDelegate, APIControllerProtocol {

    @IBOutlet weak var searchField: UITextField!
    @IBOutlet var appsTableView : UITableView?

    var albums = [Album]()
    var api : APIController?
    var imageCache = [String : UIImage]()
    let kCellIdentifier: String = "SearchResultCell"


    override func viewDidLoad() {
        super.viewDidLoad()
        // Do any additional setup after loading the view, typically from a nib.
        api = APIController(delegate: self)
        UIApplication.sharedApplication().networkActivityIndicatorVisible = true
        api!.searchItunesFor("Beatles")
    }

    override func didReceiveMemoryWarning() {
        super.didReceiveMemoryWarning()
        // Dispose of any resources that can be recreated.
    }

    // UITextFieldDelegate
    func textFieldShouldReturn(textField: UITextField!) -> Bool {
        var searchText =
self.searchField.text.stringByTrimmingCharactersInSet(NSCharacterSet.whitespaceAndN
ewlineCharacterSet())
        if searchText.utf16Count > 0{
            println(searchText)
            api!.searchItunesFor(searchText)

// self.toDoItem = ToDoItem(name: self.searchField.text)
        }
```

```
        println("done!")
        textField.resignFirstResponder()
        return false
    }

    // MARK: UITableViewDataSource
    func tableView(tableView: UITableView, numberOfRowsInSection section: Int) -> Int {
        return albums.count
    }
    func tableView(tableView: UITableView, cellForRowAtIndexPath indexPath:
NSIndexPath) -> UITableViewCell {
        let cell: UITableViewCell =
tableView.dequeueReusableCellWithIdentifier(kCellIdentifier) as UITableViewCell
        let album = self.albums[indexPath.row]
        cell.textLabel.text = album.title
        cell.imageView.image = UIImage(named: "Blank52")
        let formattedPrice = album.price
        let urlString = album.thumbnailImageURL
        var image = self.imageCache[urlString]
        if( image == nil ) {
            // If the image does not exist, we need to download it
            var imgURL: NSURL = NSURL(string: urlString)!
            let request: NSURLRequest = NSURLRequest(URL: imgURL)
            NSURLConnection.sendAsynchronousRequest(request, queue:
NSOperationQueue.mainQueue(), completionHandler: {(response: NSURLResponse!,data:
NSData!,error: NSError!) -> Void in
                if error == nil {
                    image = UIImage(data: data)
                    self.imageCache[urlString] = image
                    dispatch_async(dispatch_get_main_queue(), {
                        if let cellToUpdate = tableView.cellForRowAtIndexPath(index
Path) {
                            cellToUpdate.imageView.image = image
                        }
                    })
                }
                else {
                    println("Error: \(error.localizedDescription)")
                }
            })
        }
        else {
            dispatch_async(dispatch_get_main_queue(), {
                if let cellToUpdate = tableView.cellForRowAtIndexPath(indexPath) {
                    cellToUpdate.imageView.image = image
                }
            })
        }
        cell.detailTextLabel?.text = formattedPrice
        return cell
    }
    func tableView(tableView: UITableView, willDisplayCell cell: UITableViewCell,
forRowAtIndexPath indexPath: NSIndexPath) {
        cell.layer.transform = CATransform3DMakeScale(0.1,0.1,1)
        UIView.animateWithDuration(0.25, animations: {
            cell.layer.transform = CATransform3DMakeScale(1,1,1)
        })
    }
    override func prepareForSegue(segue: UIStoryboardSegue, sender: AnyObject?) {
        var detailsViewController: DetailsViewController =
segue.destinationViewController as DetailsViewController
        var albumIndex = appsTableView!.indexPathForSelectedRow()!.row
        var selectedAlbum = self.albums[albumIndex]
        detailsViewController.album = selectedAlbum
    }
    func didReceiveAPIResults(results: NSDictionary) {
        var resultsArr: NSArray = results["results"] as NSArray
        dispatch_async(dispatch_get_main_queue(), {
```

```
            self.albums = Album.albumsWithJSON(resultsArr)
            self.appsTableView!.reloadData()
            UIApplication.sharedApplication().networkActivityIndicatorVisible =
false
        })
    }
}
```

（5）为了方便地传递专辑信息，需要创建一个表示专辑的模型。创建一个新的Swift文件Album.swift，这是一个非常简单的类，它只为我们提供了专辑的几个属性。创建了类型为可选字符串的6个不同的属性，增加了一个在使用这个对象之前对其展开的初始化方法。 初始化方法非常简单，它仅依据所提供参数设置所有属性。文件Album.swift的具体实现代码如下所示：

```
import Foundation
class Album {
    var title: String
    var price: String
    var thumbnailImageURL: String
    var largeImageURL: String
    var itemURL: String
    var artistURL: String
    var collectionId: Int
    init(name: String, price: String, thumbnailImageURL: String, largeImageURL: String,
itemURL: String, artistURL: String, collectionId: Int) {
        self.title = name
        self.price = price
        self.thumbnailImageURL = thumbnailImageURL
        self.largeImageURL = largeImageURL
        self.itemURL = itemURL
        self.artistURL = artistURL
        self.collectionId = collectionId
    }
    class func albumsWithJSON(allResults: NSArray) -> [Album] {
        var albums = [Album]()
        if allResults.count>0 {
            for result in allResults {
                var name = result["trackName"] as? String
                if name == nil {
                    name = result["collectionName"] as? String
                }
                var price = result["formattedPrice"] as? String
                if price == nil {
                    price = result["collectionPrice"] as? String
                    if price == nil {
                        var priceFloat: Float? = result["collectionPrice"] as? Float
                        var nf: NSNumberFormatter = NSNumberFormatter()
                        nf.maximumFractionDigits = 2
                        if priceFloat != nil {
                            price = "$"+nf.stringFromNumber(priceFloat!)!
                        }
                    }
                }
                let thumbnailURL = result["artworkUrl60"] as? String ?? ""
                let imageURL = result["artworkUrl100"] as? String ?? ""
                let artistURL = result["artistViewUrl"] as? String ?? ""
                var itemURL = result["collectionViewUrl"] as? String
                if itemURL == nil {
                    itemURL = result["trackViewUrl"] as? String
                }
                var collectionId = result["collectionId"] as? Int
                var newAlbum = Album(name: name!, price: price!, thumbnailImageURL:
thumbnailURL, largeImageURL: imageURL, itemURL: itemURL!, artistURL: artistURL,
collectionId: collectionId!)
                albums.append(newAlbum)
            }
        }
        return albums
```

```
    }
}
```

（6）文件DetailsViewController.swift实现了显示唱片集详细信息的功能，这是一个新的视图。首先创建DetailsViewControlle类，添加一个名为DetailsViewController.swift并继承自UIViewController的文件。此视图控制器将非常简单，在此只需添加一个album，然后实现UIViewController的init和viewDidLoad方法即可。文件DetailsViewController.swift的具体实现代码如下所示：

```
import UIKit
import MediaPlayer
import QuartzCore
class DetailsViewController: UIViewController, APIControllerProtocol,
UITableViewDelegate, UITableViewDataSource {
    var album: Album?
    var tracks = [Track]()
    @IBOutlet weak var titleLabel: UILabel!
    @IBOutlet weak var albumCover: UIImageView!
    @IBOutlet weak var tracksTableView: UITableView!
    lazy var api : APIController = APIController(delegate: self)
    var mediaPlayer: MPMoviePlayerController = MPMoviePlayerController()
    required init(coder aDecoder: NSCoder) {
        super.init(coder: aDecoder)
    }
    override func viewDidLoad() {
        super.viewDidLoad()
        titleLabel.text = self.album?.title
        albumCover.image = UIImage(data: NSData(contentsOfURL: NSURL(string:
self.album!.largeImageURL)!)!)
        if self.album != nil {
            api.lookupAlbum(self.album!.collectionId)
        }
    }
    func tableView(tableView: UITableView, numberOfRowsInSection section: Int) -> Int {
        return tracks.count
    }
    func tableView(tableView: UITableView, cellForRowAtIndexPath indexPath:
NSIndexPath) -> UITableViewCell {
        let cell = tableView.dequeueReusableCellWithIdentifier("TrackCell") as
TrackCell
        let track = tracks[indexPath.row]
        cell.titleLabel.text = track.title
        cell.playIcon.text = "▶ □"
        return cell
    }
    func tableView(tableView: UITableView, didSelectRowAtIndexPath indexPath:
NSIndexPath) {
        var track = tracks[indexPath.row]
        mediaPlayer.stop()
        mediaPlayer.contentURL = NSURL(string: track.previewUrl)
        mediaPlayer.play()
        if let cell = tableView.cellForRowAtIndexPath(indexPath) as? TrackCell {
            cell.playIcon.text = "□□"
        }
    }
    func tableView(tableView: UITableView, willDisplayCell cell: UITableViewCell,
forRowAtIndexPath indexPath: NSIndexPath) {
        cell.layer.transform = CATransform3DMakeScale(0.1,0.1,1)
        UIView.animateWithDuration(0.25, animations: {
            cell.layer.transform = CATransform3DMakeScale(1,1,1)
        })
    }
    func didReceiveAPIResults(results: NSDictionary) {
        var resultsArr: NSArray = results["results"] as NSArray
        dispatch_async(dispatch_get_main_queue(), {
            self.tracks = Track.tracksWithJSON(resultsArr)
            self.tracksTableView.reloadData()
            UIApplication.sharedApplication().networkActivityIndicatorVisible =
```

```
false
        })
    }
}
```

（7）文件Track.swift的功能是列表显示同一专辑中的歌曲列表，具体实现代码如下所示：

```
import Foundation
class Track {
    var title: String
    var price: String
    var previewUrl: String
    init(title: String, price: String, previewUrl: String) {
        self.title = title
        self.price = price
        self.previewUrl = previewUrl
    }
    class func tracksWithJSON(allResults: NSArray) -> [Track] {
        var tracks = [Track]()
        if allResults.count>0 {
            for trackInfo in allResults {
                if let kind = trackInfo["kind"] as? String {
                    if kind=="song" {
                        var trackPrice = trackInfo["trackPrice"] as? String
                        var trackTitle = trackInfo["trackName"] as? String
                        var trackPreviewUrl = trackInfo["previewUrl"] as? String
                        if(trackTitle == nil) {
                            trackTitle = "Unknown"
                        }
                        else if(trackPrice == nil) {
                            println("No trackPrice in \(trackInfo)")
                            trackPrice = "?"
                        }
                        else if(trackPreviewUrl == nil) {
                            trackPreviewUrl = ""
                        }
                        var track = Track(title: trackTitle!, price: trackPrice!,
previewUrl: trackPreviewUrl!)
                        tracks.append(track)
                    }
                }
            }
        }
        return tracks
    }
}
```

执行后的初始效果会列表显示默认专辑信息，如图23-16所示。专辑详情界面效果如图23-17所示。播放专辑中某首音乐的效果如图23-18所示。

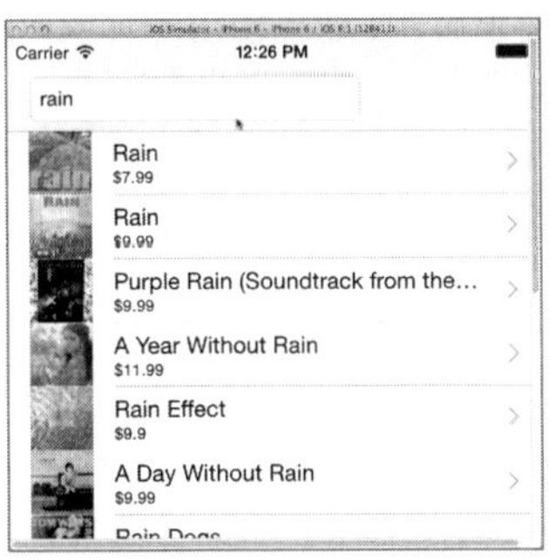

图23-16 初始执行效果

图23-17 专辑详情界面效果

图23-18 播放专辑中某首音乐

第 24 章 定位处理

随着科学技术的发展，移动导航和定位处理技术已经成为人们生活中的一部分，大大方便了人们的生活。利用iOS设备中的GPS功能，可以精确地获取位置数据和指南针信息。在本章将分别讲解iOS位置检测硬件、如何读取并显示位置信息和使用指南针确定方向的知识，介绍使用Core Location和磁性指南针的基本流程。

24.1 Core Location 框架

Core Location是iOS SDK中一个提供设备位置的框架，通过这个框架可以实现定位处理。在本节内容中，将简要介绍Core Location框架的基本知识。

24.1.1 Core Location 基础

根据设备的当前状态（在服务区、在大楼内等），可以使用如下3种技术之一。

（1）使用GPS定位系统，可以精确地定位你当前所在的地理位置，但由于GPS接收机需要对准天空才能工作，因此在室内环境基本无用。

（2）找到自己所在位置的有效方法是使用手机基站，当手机开机时会与周围的基站保持联系，如果你知道这些基站的身份，就可以使用各种数据库（包含基站的身份和它们的确切地理位置）计算出手机的物理位置。基站不需要卫星，和GPS不同，它对室内环境一样管用。但它没有GPS那样精确，它的精度取决于基站的密度，它在基站密集型区域的准确度最高。

（3）依赖WiFi，当使用这种方法时，将设备连接到WiFi网络，通过检查服务提供商的数据确定位置，它既不依赖卫星，也不依赖基站，因此，这个方法对于可以连接到WiFi网络的区域有效，但它的精确度也是这3个方法中最差的。

在这些技术中，GPS最为精准，如果有GPS硬件，Core Location将优先使用它。如果设备没有GPS硬件（如WiFi iPad）或使用GPS获取当前位置时失败，Core Location将退而求其次，选择使用蜂窝或WiFi。

想得到定点的信息，需要涉及如下几个类：

CLLocationManager、CLLocation、CLLocationManagerdelegate协议、CLLocationCoodinate2D、CLLocationDegrees。

24.1.2 使用流程

下面开始讲解基本的使用流程。

（1）先实例化一个CLLocationManager，同时设置委托及精确度等：

```
CCLocationManager *manager = [[CLLocationManager alloc] init];//初始化定位器
[manager setDelegate: self];//设置代理
[manager setDesiredAccuracy: kCLLocationAccuracyBest];//设置精确度
```

其中desiredAccuracy属性表示精确度，有如表24-1所示的5种选择。

表24-1 desiredAccuracy属性

desiredAccuracy属性	描 述
kCLLocationAccuracyBest	精确度最佳
kCLLocationAccuracynearestTenMeters	精确度10m以内
kCLLocationAccuracyHundredMeters	精确度100m以内
kCLLocationAccuracyKilometer	精确度1000m以内
kCLLocationAccuracyThreeKilometers	精确度3000m以内

NOTE的精确度越高，用点越多，就要根据实际情况而定：

```
manager.distanceFilter = 250;//表示在地图上每隔250m才更新一次定位信息
[manager startUpdateLocation];//用于启动定位器，如果不用的时候就必须调用stopUpdateLocation
//以关闭定位功能
```

（2）在CCLocation对像中包含着定点的相关信息数据。其属性主要包括coordinate、altitude、horizontalAccuracy、verticalAccuracy、timestamp等，具体如下所示。

- coordinate 用来存储地理位置的latitude和longitude，分别表示纬度和经度，都是float类型。例如可以这样：

```
float latitude = location.coordinat.latitude;
```

- location：是CCLocation的实例。这里也把上面提到的CLLocationDegrees，它其实是一个double类型，在core Location框架中是用来储存CLLocationCoordinate2D实例coordinate的latitude 和longitude：

```
typedef double CLLocationDegrees;
typedef struct
  {CLLocationDegrees latitude;
  CLLocationDegrees longitude}  CLLocationCoordinate2D;
```

- altitude：表示位置的海拔高度，这个值是极不准确的。
- horizontalAccuracy：表示水平准确度，这么理解，它是以coordinate为圆心的半径，返回的值越小，证明准确度越好，如果是负数，则表示core location定位失败。
- verticalAccuracy：表示垂直准确度，它的返回值与altitude相关，所以不准确。
- Timestamp：用于返回的是定位时的时间，是NSDate类型。

（3）CLLocationMangerDelegate协议。

我们只需实现两个方法就可以了，例如下面的代码：

```
- (void)locationManager:(CLLocationManager *)manager
didUpdateToLocation:(CLLocation *)newLocation
   fromLocation:(CLLocation *)oldLocation ;
- (void)locationManager:(CLLocationManager *)manager
   didFailWithError:(NSError *)error;
```

上面第一个是定位时调用，后者定位出错时被调。

（4）现在可以去实现定位了。假设新创建一个view-based application模板的工程，项目名称为coreLocation。在controller的头文件和源文件中的代码如下。其中.h文件的代码如下所示：

```
#import <UIKit/UIKit.h>
#import <CoreLocation/CoreLocation.h>
@interface CoreLocationViewController : UIViewController
<CLLocationManagerDelegate>{
 CLLocationManager *locManager;
}
@property (nonatomic, retain) CLLocationManager *locManager;
@end
```

.m文件的代码如下所示：

```
#import "CoreLocationViewController.h"
```

```
@implementation CoreLocationViewController
@synthesize locManager;
// Implement viewDidLoad to do additional setup after loading the view, typically from
a nib.
- (void)viewDidLoad {
locManager = [[CLLocationManager alloc] init];
locManager.delegate = self;
locManager.desiredAccuracy = kCLLocationAccuracyBest;
[locManager startUpdatingLocation];
    [super viewDidLoad];
}
- (void)didReceiveMemoryWarning {
// Releases the view if it doesn't have a superview.
    [super didReceiveMemoryWarning];

// Release any cached data, images, etc that aren't in use.
}
- (void)viewDidUnload {
// Release any retained subviews of the main view.
// e.g. self.myOutlet = nil;
}
- (void)dealloc {
[locManager stopUpdatingLocation];
[locManager release];
[textView release];
    [super dealloc];
}
#pragma mark -
#pragma mark CoreLocation Delegate Methods

- (void)locationManager:(CLLocationManager *)manager
didUpdateToLocation:(CLLocation *)newLocation
   fromLocation:(CLLocation *)oldLocation {
CLLocationCoordinate2D locat = [newLocation coordinate];
float lattitude = locat.latitude;
float longitude = locat.longitude;
float horizon = newLocation.horizontalAccuracy;
float vertical = newLocation.verticalAccuracy;
NSString *strShow = [[NSString alloc] initWithFormat:
@"currentpos: 经度=%f 纬度=%f 水平准确度=%f 垂直准确度=%f ",
lattitude, longitude, horizon, vertical];
UIAlertView *show = [[UIAlertView alloc] initWithTitle:@"coreLoacation"
          message:strShow delegate:nil cancelButtonTitle:@"i got it"
          otherButtonTitles:nil];
[show show];
[show release];
}
- (void)locationManager:(CLLocationManager *)manager
   didFailWithError:(NSError *)error{

NSString *errorMessage;
if ([error code] == kCLErrorDenied){
              errorMessage = @"你的访问被拒绝";}
if ([error code] == kCLErrorLocationUnknown) {
            errorMessage = @"无法定位到你的位置!";}
UIAlertView *alert = [[UIAlertView alloc]
      initWithTitle:nil  message:errorMessage
   delegate:self cancelButtonTitle:@"确定" otherButtonTitles:nil];
[alert show];
[alert release];
}
@end
```

通过上述流程，这样就实现了ige简单的定位处理。

24.2 获取位置

Core Location的大多数功能都是由位置管理器提供的，后者是CLLocationManager类的一个实例。我们使用位置管理器来指定位置更新的频率和精度，以及开始和停止接收这些更新。要想使用位置管理器，必须首先将框架Core Location加入到项目中，再导入其如下接口文件：

```
#import<CoreLocation/CoreLocation.h>
```

接下来需要分配并初始化一个位置管理器实例、指定将接收位置更新的委托并启动更新，代码如下所示：

```
CLLocationManager *locManager=  [[CLLocationManager alloc]  init ];
locManager.delegate=self;
[locManager startUpdatingLocation];
```

应用程序接收完更新（通常一个更新就够了）后，使用位置管理器的stopUpdatingLocation方法停止接收更新。

24.2.1 位置管理器委托

位置管理器委托协议定义了用于接收位置更新的方法。对于被指定为委托以接收位置更新的类，必须遵守协议CLLocationManagerDelegate。该委托有如下两个与位置相关的方法：

- locationManager:didUpdateToLocation:fromLocation;
- locationManager:didFailWithError。

方法locationManager:didUpdateToLocation:fromLocation的参数为位置管理器对象和两个CLLocation对象，其中一个表示新位置，另一个表示以前的位置。CLLocation实例有一个 coordinate属性，该属性是一个包含longitude和latitude的结构，而longitude和latitude的类型为CLLocationDegrees。CLLocation Degrees是类型为double的浮点数的别名。不同的地理位置定位方法的精度也不同，而同一种方法的精度随计算时可用的点数（卫星、蜂窝基站和WiFi热点）而异。CLLocation通过属性horizontalAccuracy指出了测量精度。

位置精度通过一个圆表示，实际位置可能位于这个圆内的任何地方。这个圆是由属性coordinate和horizontalAccuracy表示的，其中前者表示圆心，而后者表示半径。属性horizontalAccuracy的值越大，它定义的圆就越大，因此位置精度越低。如果属性horizontalAccuracy的值为负，则表明coordinate的值无效，应忽略它。

除经度和纬度外，CLLocation还以米为单位提供了海拔高度（altitude属性）。该属性是一个CLLocationDistance实例，而CLLocationDistance也是double型浮点数的别名。正数表示在海平面之上，而负数表示在海平面之下。还有另一种精度：verticalAccuracy，它表示海拔高度的精度。verticalAccuracy为正表示海拔高度的误差为相应的米数；为负表示altitude的值无效。

例如在下面的演示代码中，演示了位置管理器委托方法locationManager:didUpdateToLocation:fromLocation的一种实现，它能够显示经度、纬度和海拔高度。

```
- (void)locationManager:(CLLocationManager *)manager
didUpdateToLocation: (CLLocation *)newLocation
fromLocation: (CLLocation *)oldLocation{

NSString *coordinateDesc=@"Not Available";
NSString taltitudeDesc=@"Not Available";

if (newLocation.horizontalAccuracy>=0){
coordinateDesc=[NSString stringWithFormat:@"%f,%f+/,%f meters",
    newLocation.coordinate.latitude,
    newLocation.coordinate.longitude,
    newLocation.horizontalAccuracy];
    }

    if (newLocation.verticalAccuracy>=0){
    altitudeDesc=[NSString stringWithFormat:@"%f+/-%f meters",
    newLocation.altitude, newLocation.verticalAccuracyl;
    }

```

```
20:     NSLog(@"Latitude/Longitude:%@ Altitude:%@",coordinateDesc,
21:     altitudeDesc);
22:  }
```

在上述演示代码中，需要注意的重要语句是对测量精度的访问（第8行和第15行），还有对经度、纬度和海拔的访问（第10行、第11行和第17行），这些都是属性。第20行的函数NSLog 提供了一种输出信息（通常是调试信息）的方便方式，而无需设计视图。上述代码的执行结果类似于：

```
Latitude/Longitude: 35.904392, -79.055735 +1- 76.356886 meters Altitude:    -
28.000000 +1- 113.175757 meters
```

另外，CLLocation还有一个speed属性，该属性是通过比较当前位置和前一个位置，并比较它们之间的时间差异和距离计算得到的。鉴于Core Location更新的频率，speed属性的值不是非常精确，除非移动速度变化很小。

24.2.2 处理定位错误

应用程序开始跟踪用户的位置时会在屏幕上显示一条警告消息，如果用户禁用定位服务，iOS不会禁止应用程序运行，但位置管理器将生成错误。

当发生错误时，将调用位置管理器委托方法locationManager:didFailWithError，让我们知道设备无法返回位置更新。该方法的参数指出了失败的原因。如果用户禁止应用程序定位，error参数将为kCLErrorDenied。如果Core Location经过努力后无法确定位置，error参数将为kCLErrorLocationUnknown。如果没有可供获取位置的源，error参数将为kCLErrorNetwork。

通常，Core Location将在发生错误后继续尝试确定位置，但如果是用户禁止定位，它就不会这样做。在这种情况下，需要使用方法stopUpdatingLocation停止位置管理器，并将相应的实例变量（如果您使用了这样的变量）设置为nil，以释放位置管理器占用的内存。例如下面的代码是locationManager:didFailWithError的一种简单实现：

```
1:  - (void)locationManager:(CLLocationManager  *)manager
2:didFailWithError: (NSError ')error{
3:
4:    if (error.code==kCLErrorLocationUnknown){
5:      NSLog(@"Currently unable to retrieve location.");
6:    } else if (error.code==kCLErrorNetwork){
7:      NSLog(@"Network used to retrieve location is unavailable.");
8:    } else if (error.code==kCLErrorDenied){
9:      NSLog(@"Permission to retrieve location is denied.");
10:     Lmanager stopUpdatingLocation];
11:   }
12:  }
```

与前面处理位置管理器更新的实现一样，错误处理程序也只使用了方法通过参数接收的对象的属性。上述第4行、第6行和第8行将传入的NSError对象的code属性同可能的错误条件进行比较，并采取相应的措施。

24.2.3 位置精度和更新过滤器

我们可以根据应用程序的需要来指定位置精度。例如，那些只需确定用户在哪个国家的应用程序，没有必要要求Core Location的精度为10米，而通过要求提供大概的位置，这样获得答案的速度会更快。要指定精度，可以在启动位置更新前设置位置管理器的desiredAccuracy。可以使用枚举类型CLLocationAccuracy来指定该属性的值。当前有如下5个表示不同精度的常量：

- ❑ kCLLocationAccuracyBest;
- ❑ kCLLocationAccuracyNearest TenMeters;
- ❑ kCLLocationNearestHundredMeters;

- kCLLocation Kilometer；
- kCLLocationAccuracy ThreeKilometers。

启动更新位置管理器后，更新将不断传递给位置管理器委托，一直到更新停止。我们无法直接控制这些更新的频率，但是，可以使用位置管理器的属性distanceFilter进行间接控制。在启动更新前设置属性distanceFilter，它指定设备（水平或垂直）移动多少米后才将另一个更新发送给委托。例如，在下面的代码中，使用适合跟踪长途跋涉者的设置启动位置管理器：

```
CLLocationManager *locManager=[[CLLocationManager alloc]  init];
locManager.delegate=self;
locManager.desiredAccuracy=kCLLocationAccuracyHundredMeters;
locManager.distanceFilter=200;
 [locManager startUpdatingLocation];
```

每种对设备进行定位的方法（GPS、蜂窝和WiFi）都可能非常耗电。应用程序要求对设备进行定位的精度越高、属性distanceFilter的值越小，应用程序的耗电量就越大。为增长电池的续航时间，请求的位置更新精度和频率务必不要超过应用程序的需求。为延长电池的续航时间，应在可能的情况下停止位置管理器更新。

24.2.4 获取航向

通过位置管理器中的headingAvailable属性，能够指出设备是否装备了磁性指南针。如果该属性的值为YES，便可以使用Core Location来获取航向（heading）信息。接收航向更新与接收位置更新极其相似，要开始接收航向更新，可以指定位置管理器委托，设置属性headingFilter以指定要以什么样的频率（以航向变化的度数度量）接收更新，并对位置管理器调用方法startUpdatingHeading，例如下面的代码：

```
locManager.delegate=self;
locManager.headingFilter=10
 [locManager startUpdatingHeading];
```

其实并没有准确的北方，地理学意义上的北方是固定的，即北极；而磁北与北极相差数百英里且每天都在移动。磁性指南针总是指向磁北，但对于有些电子指南针（如iPhone和iPad中的指南针），可通过编程使其指向地理学意义的北方。通常，当我们同时使用地图和指南针时，地理学意义的北方更有用。请务必理解地理学意义的北方和磁北之间的差别，并知道应在应用程序中使用哪个。如果您使用相对于地理学意义的北方的航向（属性trueHeading），请同时向位置管理器请求位置更新和航向更新，否则trueHeading将不正确。

位置管理器委托协议定义了用于接收航向更新的方法。该协议有如下两个与航向相关的方法。

（1）locationManager:didUpdateHeading：其参数是一个CLHeading对象。

（2）locationManager:ShouldDisplayHeadingCalibration：通过一组属性来提供航向读数：magneticHeading和trueHeading，这些值的单位为度，类型为CLLocationDirection，即双精度浮点数。具体说明如下所示。

- 如果航向为0.0，则前进方向为北。
- 如果航向为90.0，则前进方向为东。
- 如果航向为180.0，则前进方向为南。
- 如果航向为270.0，则前进方向为西。

另外，CLHeading对象还包含属性headingAccuracy（精度）、timestamp（读数的测量时间）和description（描述）。例如下面的演示代码是方法locationManager:didUpdateHeading的一个实现示例：

```
- (void)locationManager:(CLLocationManager *)manager
didUpdateHeading: (CLHeading *)newHeading{

NSString *headingDesc=@"Not Available";

```

```
6:if (newHeading.headingAccuracy>=0)  {
7:CLLocationDirection trueHeading=newHeading.trueHeading,
8:CLLocationDirection magneticHeading=newHeading.magneticHeading,
9:
10:    headingDesc=[NSString stringWithFormat:
11:    @"%f degrees (true),%f degrees (magnetic)",
12:    trueHeading,magneticHeading];
13:
14:    NSLog (headingDesc);
15:     }
16:   }
```

这与处理位置更新的实现很像。第6行通过检查确保数据是有效的，然后从传入的CLHeading对象的属性trueHeading和magneticHeading获取真正的航向和磁性航向。生成的输出类似于：

```
180.9564392 degrees (true), 182.684822 degrees (magnetic)
```

另一个委托方法locationManager:ShouldDisplayHeadingCalibration只包含一行代码：返回YES或NO，以指定位置管理器是否向用户显示校准提示。该提示让用户远离任何干扰，并将设备旋转360°。指南针总是自我校准，因此，这种提示仅在指南针读数剧烈波动时才有帮助。如果校准提示会令用户讨厌或分散用户的注意力（如用户正在输入数据或玩游戏时），应将该方法实现为返回NO。

注意：iOS模拟器将报告航向数据可用，并且只提供一次航向更新。

24.3 地图功能

iOS的Google Maps实现向用户提供了一个地图应用程序，它响应速度快，使用起来很有趣。通过使用Map Kit，您的应用程序也能提供这样的用户体验。在本节内容中，将简要介绍在iOS中使用地图的基本知识。

24.3.1 Map Kit基础

通过使用Map Kit，可以将地图嵌入到视图中，并提供显示该地图所需的所有图块（图像）。它在需要时处理滚动、缩放和图块加载。Map Kit还能执行反向地理编码（reverse geocoding），即根据坐标获取位置信息（国家、州、城市、地址）。

注意：Map Kit图块（map tile）来自Google Maps/Google Earth API，虽然不能直接调用该API，但Map Kit代表您进行这些调用，因此，使用Map Kit的地图数据时，我们和我们的应用程序必须遵守Google Maps/Google Earth API服务条款。

开发人员无需编写任何代码就可使用Map Kit，只需将Map Kit框架加入到项目中，并使用Interface Builder将一个MKMapView实例加入到视图中。添加地图视图后，便可以在Attributes Inspector中设置多个属性，这样可以进一步定制它。

可以在地图、卫星和混合模式之间选择，可以指定让用户的当前位置在地图上居中，还可以控制用户是否可与地图交互，例如通过轻扫和张合来滚动和缩放地图。如果要以编程方式控制地图对象（MKMapView），可以使用各种方法，例如移动地图和调整其大小。然而必须先导入框架Map Kit的接口文件：

```
#import <MapKit/MapKit-h>
```

当需要操纵地图时，在大多数情况下都需要添加框架Core Location并导入其接口文件：

```
#import<CoreLocation/CoreLocation.h>
```

为了管理地图的视图，需要定义一个地图区域，再调用方法setRegion:animated。区域（region）是一个MKCoordinateRegion结构（而不是对象），它包含成员center和span。其中center是一个CLLocationCoordinate2D结构，这种结构来自框架Core Location，包含成员latitude和longitude；而span指定从中心出发向东西南北延伸多少度。一个纬度相当于69英里；在赤道上，一个经度也相当于69英里。通过将区域的跨度（span）设置为较小的值，如0.2，可将地图的覆盖范围缩小到绕中点几英里。例如，如果要定义一个区域，其中心的经度和纬度都为60.0，并且每个方向的跨越范围为0.2°，可编写如下代码：

```
MKCoordinateRegion mapRegion;
mapRegion.center.latitude=60.0;
mapRegion.center.longitude=60.0;
mapRegion. span .latit udeDelta=0.2;
mapRegion.span.longitudeDelta=0.2;
```

要在名为map的地图对象中显示该区域，可以使用如下代码实现：

```
[map setRegion:mapRegion animated:YES];
```

另一种常见的地图操作是添加标注，通过标注可以让我们能够在地图上突出重要的点。

24.3.2 为地图添加标注

在应用程序中可以给地图添加标注，就像Google Maps一样。要想使用标注功能，通常需要实现一个MKAnnotationView子类，它描述了标注的外观以及应显示的信息。对于加入到地图中的每个标注，都需要一个描述其位置的地点标识对象（MKPlaceMark）。为了理解如何结合使用这些对象，接下来看一个简单的示例，我们的目的是在地图视图map中添加标注，必须分配并初始化一个MKPlacemark对象。为初始化这种对象，需要一个地址和一个CLLocationCoordinate2D结构。该结构包含了经度和纬度，指定了要将地点标识放在什么地方。在初始化地点标识后，使用MKMapView的方法addAnnotation将其加入地图视图中，例如通过下面的代码添加了一段简单的标注：

```
1: CLLocationCoordinate2D myCoordinate;
2: myCoordinate.latitude=28.0;
3: myCoordinate.longitude=28.0;
4:
5: MKPlacemark *myMarker;
6: myMarker=  [[MKPlacemark alloc]
7:initWithCoordinate:myCoordinate
8:addressDictionary:fullAddress];
9:  [map addAnnotation:myMarker];
```

在上述代码中，第1～3行声明并初始化了一个CLLocationCoordinate2D结构（myCoordinate），它包含的经度和纬度都是28.0。第5～8行声明和分配了一个MKPlacemark (myMarker)，并使用myCoordinate和fullAddress初始化它。fullAddress要么是从地址簿条目中获取的，要么是根据ABPerson参考文档中的Address属性的定义手工创建的。这里假定从地址簿条目中获取了它。第9行将标注加入到地图中。

要想删除地图视图中的标注，只需将addAnnotation替换为removeAnnotation即可，而参数完全相同，无需修改。当我们添加标注时，iOS会自动完成其他工作。Apple提供了一个MKAnnotationView子类MKPinAnnotationView。当对地图视图对象调用addAnnotation时，iOS会自动创建一个MKPinAnnotationView实例。要想进一步定制图钉，还必须实现地图视图的委托方法mapView:viewForAnnotation。

例如在下面的代码中，方法mapView:viewForAnnotation 分配并配置了一个自定义的MKPinAnnotationView实例：

```
- (MKAnnotationView *)mapView: (MKMapView *)mapView
viewForAnnotation:(id <MKAnnotation>annotation{

MKPinAnnotationView *pinDrop=[[MKPinAnnotationView alloc]
initWithAnnotation:annotation reuseIdentifier:@"myspot"];
pinDrop.animatesDrop=YES;
pinDrop.canShowCallout=YES;
pinDrop.pinColor=MKPinAnnotationColorPurple;
```

```
 9:    return pinDrop;
10:   }
```

在上述代码中，第4行声明和分配一个MKPinAnnotationView实例，并使用iOS传递给方法mapView:viewForAnnotation的参数annotation和一个重用标识符字符串初始化它。这个重用标识符是一个独特的字符串，让您能够在其他地方重用标注视图。就这里而言，可以使用任何字符串。第6～8行通过3个属性对新的图钉标注视图pinDrop进行了配置。animatesDrop是一个布尔属性，当其值为true时，图钉将以动画方式出现在地图上；通过将属性canShowCallout设置为YES，当用户触摸图钉时将在注解中显示额外信息；最后，pinColor设置图钉图标的颜色。正确配置新的图钉标注视图后，第9行将其返回给地图视图。

如果在应用程序中使用上述方法，它将创建一个带注解的紫色图钉效果，该图钉以动画方式加入到地图中。但是，可以在应用程序中创建全新的标注视图，它们不一定非得是图钉。在此使用了Apple提供的MKPinAnnotationView，并对其属性做了调整；这样显示的图钉将与根本没有实现这个方法时稍有不同。

注意： 从iOS 6开始，Apple产品不再使用Google地图产品，而是使用自己的地图系统。

24.4 实战演练——创建一个支持定位的应用程序

本实例的功能是，得到当前位置距离Apple总部的距离。在创建该应用程序时，将分两步进行：首先使用Core Location指出当前位置离Apple总部有多少英里；然后，使用设备指南针显示一个箭头，在用户偏离轨道时指明正确方向。在具体实现时，先创建一个位置管理器实例，并使用其方法计算当前位置离Apple总部有多远。在计算距离期间，我们将显示一条消息，让用户耐心等待。如果用户位于Apple总部，我们将表示祝贺，否则以英里为单击显示离Apple总部有多远。

实例24-1	创建一个支持定位的应用程序
源码与视频路径	光盘:\daima\24\juli

24.4.1 创建项目

在Xcode中，使用模板SingleView Application创建一个项目，并将其命名为“juli”，如图24-1所示。

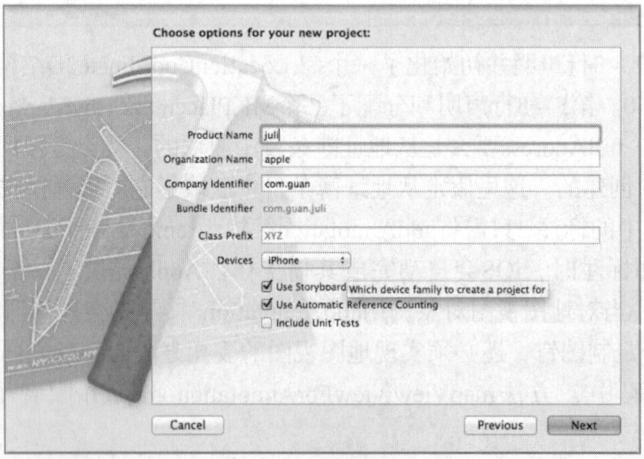

图24-1 创建工程

1．添加Core Location框架

因为在默认情况下并没有链接Core Location框架，所以需要添加它。选择项目Cupertino的顶级编组，并确保编辑器中当前显示的是Summary选项卡。接下来在该选项卡中向下滚动到Linked Libraries and Frameworks部分，单击列表下方的“+”按钮，在出现的列表中选择CoreLocation.framework，再单击“Add”

按钮，如图24-2所示。

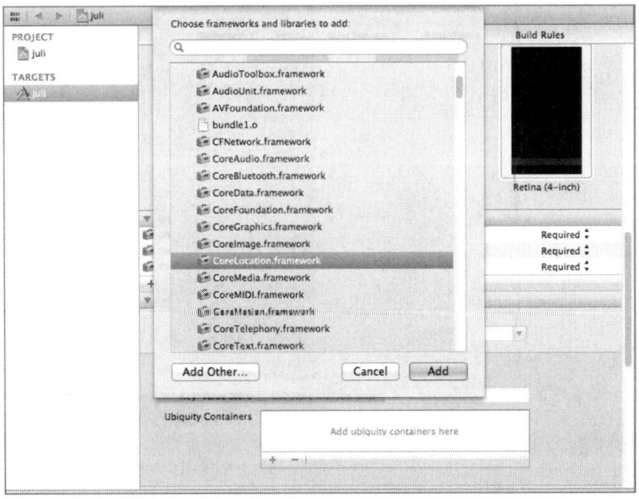

图24-2 添加CoreLocation.framework

2．添加背景图像资源

将素材文件夹Image（它包含apple.png）拖曳到项目导航器中的项目代码编组中，在Xcode提示时选择复制文件并创建编组，如图24-3所示。

图24-3 工程组

3．规划变量和连接

ViewController将充当位置管理器委托，它接收位置更新，并更新用户界面以指出当前位置。在这个视图控制器中，需要一个实例变量/属性（但不需要相应的输出口），它指向位置管理器实例。将把这个属性命名为locMan。

在本实例的界面中，需要一个标签（distanceLabel）和两个子视图（distanceView和waitView）。其中标签将显示到Apple总部的距离；子视图包含标签distanceLabel，仅当获取了当前位置并计算出距离后才显示；而子视图waitView将在iOS设备获取航向时显示。

4．添加表示Apple总部位置的常量

要计算到Apple总部的距离，显然需要知道Apple总部的位置，以便将其与用户的当前位置进行比较。根据http://gpsvisualizer.com/geocode提供的信息，Apple总部的纬度为37.3229978，经度为-122.0321823。在实现文件ViewController.m中的#import代码行后面，添加两个表示这些值的常量（kCupertinoLatitude和kCupertinoLongitude）：

```
#define kCupertinoLatitude 37.3229978
#define kCupertinoLongitude -122.0321823
```

24.4.2 设计视图

将一个图像视图（UIImageView）拖曳到视图中，使其居中并覆盖整个视图，它将用作应用程序的背景图像。在选择了该图像视图的情况下，按Option+ Command+4打开Attributes Inspector，并从下拉列表Image中选择apple.png。然后将一个视图（UIView）拖曳到图像视图底部。这个视图将充当主要的信息显示器，因此应将其高度设置为能显示大概两行文本。将Alpha设置为0.75，并选中复选框Hidden。然后将一个标签（UILabel）拖曳到信息视图中，调整标签使其与全部4条边缘参考线对齐，并将其文本设置为“距离有多远”。使用Attributes Inspector将文本颜色改为白色，让文本居中，并根据需要调整字号，UI视图如图24-4所示。

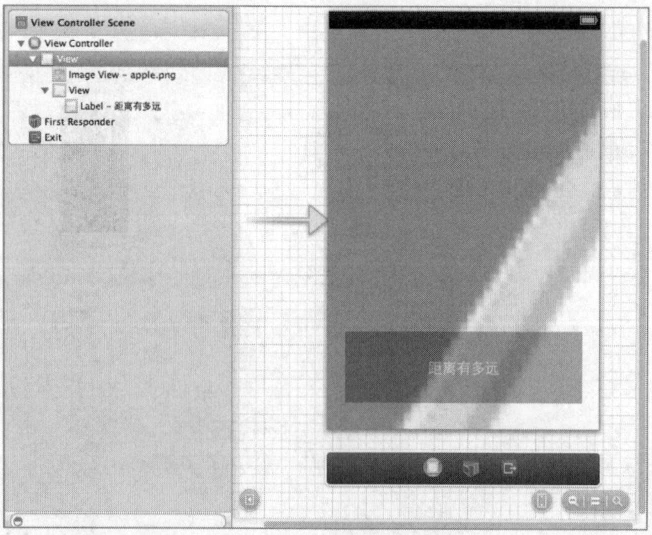

图24-4　初始UI视图

再添加一个半透明的视图，其属性与前一个视图相同，但不隐藏且高度大约为1英寸。拖曳这个视图，使其在背景中垂直居中，在设备定位时，这个视图将显示让用户耐心等待的消息。在这个视图中添加一个标签，将其文本设置为“检查距离”。调整该标签的大小，使其占据该视图的右边约2/3。然后从对象库拖曳一个活动指示器（UIActivityIndicatorView）到第二个视图中，并使其与标签左边缘对齐。指示器显示一个纺锤图标，它与标签Checking the Distance同时显示。使用Attributes Inspector选中属性Animated的复选框，让纺锤旋转，最终的视图应如图24-5所示。

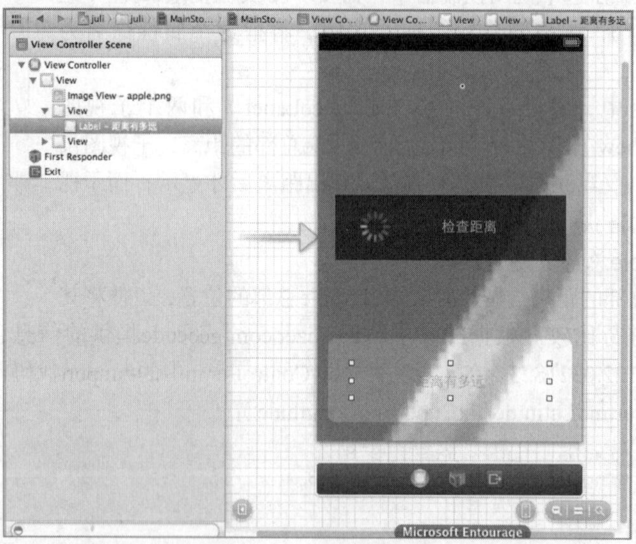

图24-5　最终UI视图

24.4.3　创建并连接输出口

在本实例中，只需根据位置管理器提供的信息更新UI。也就是说不需要连接操作。需要连接添加的两个视图，还需连接用于显示离Apple总部有多远的标签。切换到助手编辑器模式，按住Control键，从标签“距离有多远”拖曳到ViewController.h中代码行@interface下方。在Xcode提示时，新创建一个名为distanceLabel的输出口。然后对两个视图做同样的处理，将包含活动指示器的视图连接到输出口waitView，将包含距离的视图连接到输出口distanceView。

24.4.4 实现应用程序逻辑

根据刚才设计的界面可知，应用程序将在启动时显示一条消息和转盘，让用户知道应用程序正在等待Core Location提供初始位置读数。在加载视图后将立即在视图控制器的viewDidLoad方法中请求这种读数。位置管理器委托获得读数后，将立即计算到Apple总部的距离、更新标签、隐藏活动指示器视图并显示距离视图。

1. 准备位置管理器

首先，在文件ViewController.h中导入框架Core Location的头文件，然后在代码行@interface中添加协议CLLocationManagerDelegate。这让我们能够创建位置管理器实例以及实现委托方法，但还需要一个指向位置管理器的实例变量/属性（locMan）。

完成上述修改后，文件ViewController.h的代码如下所示：

```
#import <UIKit/UIKit.h>
#import <CoreLocation/CoreLocation.h>
@interface ViewController : UIViewController <CLLocationManagerDelegate>

@property (strong, nonatomic) CLLocationManager *locMan;
@property (strong, nonatomic) IBOutlet UILabel *distanceLabel;
@property (strong, nonatomic) IBOutlet UIView *waitView;
@property (strong, nonatomic) IBOutlet UIView *distanceView;
@end
```

当声明属性locMan后，还需修改文件ViewController.h，在其中添加配套的编译指令@synthesize：

```
@synthesize locMan;
```

并在方法viewDidUnload中将该实例变量设置为nil：

```
[self setLocMan: nil];
```

现在该实现位置管理器并编写距离计算代码了。

2. 创建位置管理器实例

在文件ViewController.m的方法viewDidLoad中，实例化一个位置管理器，将视图控制器指定为委托，将属性desiredAccuracy和distanceFilter分别设置为kCLLocationAccuracyThreeKilometers和1609米（1英里）。使用方法startUpdatingLocation启动更新。具体实现代码如下所示：

```
- (void)viewDidLoad
{
    locMan = [[CLLocationManager alloc] init];
    locMan.delegate = self;
    locMan.desiredAccuracy = kCLLocationAccuracyThreeKilometers;
    locMan.distanceFilter = 1609; // a mile
    [locMan startUpdatingLocation];

    [super viewDidLoad];
    // Do any additional setup after loading the view, typically from a nib
}
```

3. 实现位置管理器委托

在文件ViewController.m中，方法locationManager:did FailWithError的实现代码如下所示：

```
- (void)locationManager:(CLLocationManager *)manager
      didFailWithError:(NSError *)error {

    if (error.code == kCLErrorDenied) {
```

```
        // Turn off the location manager updates
        [self.locMan stopUpdatingLocation];
        [self setLocMan:nil];
    }
    self.waitView.hidden = YES;
    self.distanceView.hidden = NO;
}
```

在上述错误处理程序中，只考虑了位置管理器不能提供数据的情形。第4行检查错误编码，判断是否是用户禁止访问。如果是则停止位置管理器（第6行）并将其设置为nil（第7行）。第9行隐藏waitView视图，而第10行显示视图distanceView（它包含默认文本距离有多远）。

方法locationManager:didUp dateToLocation:fromLocation能够计算离Apple总部有多远，这需要使用CLLocation的另一个功能。在此无需编写根据经度和纬度计算距离的代码，因为可以使用distanceFromLocation计算两个CLLocation之间的距离。在locationManager:didUpdateLocation: fromLocation的实现中，将创建一个表示Apple总部的CLLocation实例，并将其与从Core Location获得的CLLocation实例进行比较，以获得以米为单位表示的距离，然后将米转换为英里。如果距离超过3英里，则显示它，并使用NSNumberFormatter在超过1000英里的距离中添加逗号；如果小于3英里，则停止位置更新，并输出祝贺用户信息“欢迎成为我们的一员”。方法locationManager:didUpdateLo cation:fromLocation的完整实现代码如下所示：

```
- (void)locationManager:(CLLocationManager *)manager
    didUpdateToLocation:(CLLocation *)newLocation
           fromLocation:(CLLocation *)oldLocation {

    if (newLocation.horizontalAccuracy >= 0) {
        CLLocation *Cupertino = [[CLLocation alloc]
                                 initWithLatitude:kCupertinoLatitude
                                 longitude:kCupertinoLongitude];
        CLLocationDistance delta = [Cupertino
                                    distanceFromLocation:newLocation];
        long miles = (delta * 0.000621371) + 0.5; // meters to rounded miles
        if (miles < 3) {
            // Stop updating the location
            [self.locMan stopUpdatingLocation];
            // Congratulate the user
            self.distanceLabel.text = @"欢迎你\n成为我们的一员!";
        } else {
            NSNumberFormatter *commaDelimited = [[NSNumberFormatter alloc]
                                                 init];
            [commaDelimited setNumberStyle:NSNumberFormatterDecimalStyle];
            self.distanceLabel.text = [NSString stringWithFormat:
                                       @"%@ 英里\n到Apple",
                                       [commaDelimited stringFromNumber:
                                        [NSNumber numberWithLong:miles]]];

        }
        self.waitView.hidden = YES;
        self.distanceView.hidden = NO;
    }
}
```

24.4.5 生成应用程序

单击Run并查看结果。确定当前位置后，应用程序将显示离加州Apple总部有多远，执行效果如图24-6所示。

我们可以在应用程序运行时设置模拟的位置。为此，启动应用程序，再选择菜单View>Debug Area>Show Debug Area（或在Xcode工具栏的View部分，单击中间的按钮）。您将在调试区域顶部看到标准的iOS“位置”图标，单击它并选择众多的预置位置之一。

图24-6 执行效果

另一种方法是，在iOS模拟器中选择菜单Debug>Location，这让您能够轻松地指定经度和纬度，以便进行测试。请注意，要让应用程序使用您的当前位置，您必须设置位置；否则，当您单击“OK”按钮时，它将指出无法获取位置。如果您犯了这种错，可在Xcode中停止执行应用程序，将应用程序从iOS模拟器中卸载，然后再次运行它。这样它将再次提示您输入位置信息。

24.5 实战演练——在屏幕中实现一个定位系统

在本实例中，将通过一个定位系统的具体实现过程，来详细讲解开发这类项目的基本知识。本实例的源码来源于网络中的开源项目，功能是定位当前移动设备的位置。

实例24.2	在屏幕中实现一个定位系统
源码与视频路径	光盘:\daima\24\WhereAmI

24.5.1 设计界面

本实例的目录结构如图24-7所示。

MainWindow.xib是本项目的主窗口，默认的Cocoa程序都有这个窗口，启动主程序时会读取这个文件，根据这个文件配置的信息会启动对应的根控制器，其界面如图24-8所示。

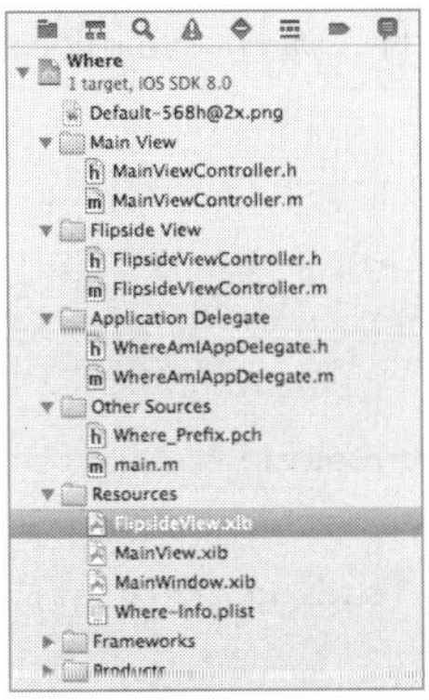

图24-7 Xcode中的结构

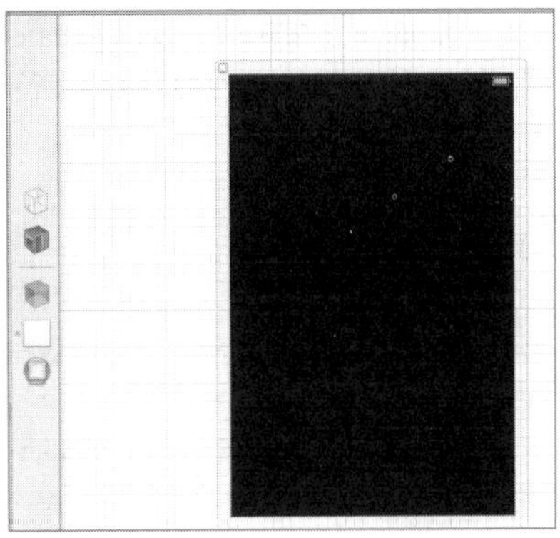

图24-8 MainWindow.xib界面

MainView.xib是主视图的nib文件，是连接MainViewController和MainView的纽带。在此界面中，以表单的样式显示定位信息，如图24-9所示。

FlipsideView.xib是主视图的nib文件，是FlipsideViewController和FlipsideView的纽带。在此界面中，以文本的样式显示当前系统的描述性信息，如图24-10所示。

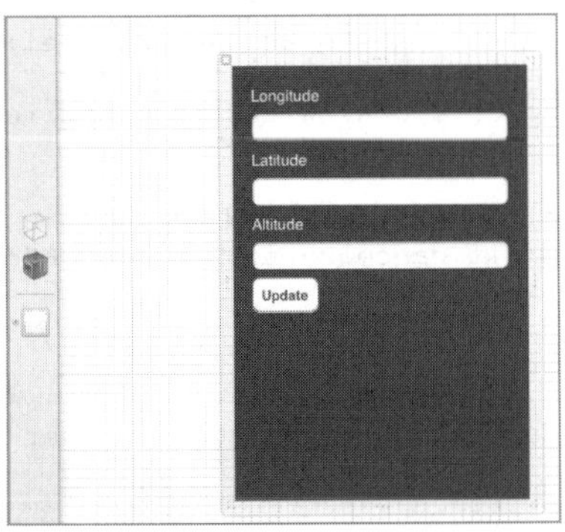

图24-9 MainView.xib

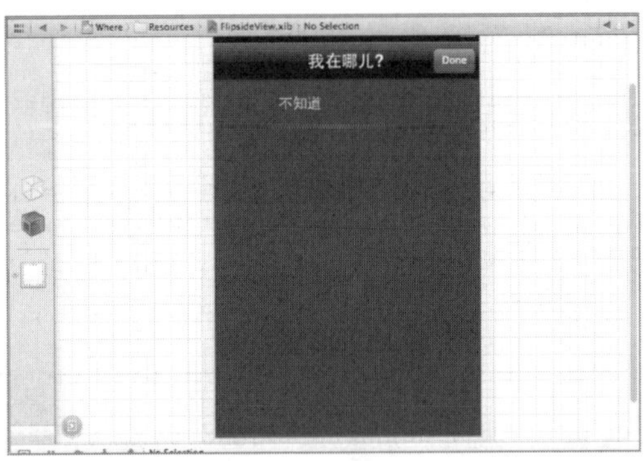

图24-10 FlipsideView.xib

24.5.2 具体编码

在本实例中，文件MainViewController.h实现了主视图的关系映射，对应代码如下所示：

```
#import <UIKit/UIKit.h>
#import <CoreLocation/CoreLocation.h>
#import <CoreLocation/CLLocationManagerDelegate.h>
#import "FlipsideViewController.h"
@interface MainViewController : UIViewController <FlipsideViewControllerDelegate,
CLLocationManagerDelegate> {
    IBOutlet UITextField *altitude;
    IBOutlet UITextField *latitude;
    IBOutlet UITextField *longitude;

    CLLocationManager   *locmanager;
    BOOL                wasFound;
}
@property (nonatomic,retain) UITextField *altitude;
@property (nonatomic,retain) UITextField *latitude;
@property (nonatomic,retain) UITextField *longitude;
@property (nonatomic,retain) CLLocationManager  *locmanager;
- (IBAction)showInfo:(id)sender;
- (IBAction)update;
@end
```

在文件MainViewController.m中，通过- (IBAction)showInfo方法处理单击ⓘ图标后显示另一个视图界面。通过- (IBAction)update方法响应单击“update”按钮后的事件，通过- (void)locationManager方法实现定位管理功能。此文件的具体实现代码如下所示：

```
#import "MainViewController.h"
@implementation MainViewController
@synthesize altitude,latitude,longitude,locmanager;
- (IBAction)update {
    locmanager = [[CLLocationManager alloc] init];
    [locmanager setDelegate:self];
    [locmanager setDesiredAccuracy:kCLLocationAccuracyBest];
    [locmanager startUpdatingLocation];
}
// Implement viewDidLoad to do additional setup after loading the view, typically from
a nib.
- (void)viewDidLoad {
    [self update];
}
- (void)locationManager:(CLLocationManager *)manager didUpdateToLocation:(CLLocation
*)newLocation fromLocation:(CLLocation *)oldLocation
{
    if (wasFound) return;
    wasFound = YES;
        CLLocationCoordinate2D loc = [newLocation coordinate];
        latitude.text = [NSString stringWithFormat: @"%f", loc.latitude];
    longitude.text = [NSString stringWithFormat: @"%f", loc.longitude];
    altitude.text = [NSString stringWithFormat: @"%f", newLocation.altitude];
}
- (void)locationManager:(CLLocationManager *)manager didFailWithError:(NSError
*)error {

    UIAlertView *alert = [[UIAlertView alloc] initWithTitle:@"错误通知"
            message:[error description] delegate:nil cancelButtonTitle:@"OK"other
ButtonTitles:nil];
    [alert show];
    [alert release];
}
- (void)flipsideViewControllerDidFinish:(FlipsideViewController *)controller {

    [self dismissModalViewControllerAnimated:YES];
}
- (IBAction)showInfo:(id)sender {
```

```
    FlipsideViewController *controller = [[FlipsideViewController alloc] initWithNib
Name:@"FlipsideView" bundle:nil];
    controller.delegate = self;
    controller.modalTransitionStyle = UIModalTransitionStyleFlipHorizontal;
    [self presentModalViewController:controller animated:YES];
    [controller release];
}
- (void)didReceiveMemoryWarning {
    // Releases the view if it doesn't have a superview.
    [super didReceiveMemoryWarning];
}
- (void)viewDidUnload {
    [locmanager stopUpdatingLocation];
}
/*
// Override to allow orientations other than the default portrait orientation
-
(BOOL)shouldAutorotateToInterfaceOrientation:(UIInterfaceOrientation)interfaceOrien
tation {
    // Return YES for supported orientations
    return (interfaceOrientation == UIInterfaceOrientationPortrait);
}
*/
- (void)dealloc {
    [altitude release];
    [latitude release];
    [longitude release];
    [locmanager release];
    [super dealloc];
}
@end
```

在上述代码中，方法(void)flipsideViewControllerDidFinish:是在委托协议FlipsideViewController Delegate中定义的方法，作为FlipsideViewControllerDelegate协议的实现者，MainViewController视图控制器必须实现这个方法，此方法的作用是调用[self dismissModalViewControllerAnimated:YES]语句关闭模态视图控制器。

在本实例中，FlipsideView视图显示系统的说明信息。在前面的文件MainViewController.m中，通过调用 - (IBAction)showInfo方法显示FlipsideView视图。其中实现文件FlipsideViewController.h的代码如下所示：

```
#import <UIKit/UIKit.h>
@protocol FlipsideViewControllerDelegate;
@interface FlipsideViewController : UIViewController {
id <FlipsideViewControllerDelegate> delegate;
}
@property (nonatomic, assign) id <FlipsideViewControllerDelegate> delegate;
- (IBAction)done:(id)sender;
@end
@protocol FlipsideViewControllerDelegate
- (void)flipsideViewControllerDidFinish:(FlipsideViewController *)controller;
@end
```

在上述文件FlipsideViewController.h中，不但定义了FlipsideViewController类，而且还定义了委托协议 FlipsideViewControllerDelegate。

文件FlipsideViewController.m的实现代码如下所示：

```
#import "FlipsideViewController.h"
@implementation FlipsideViewController
@synthesize delegate;
- (void)viewDidLoad {
    [super viewDidLoad];
    self.view.backgroundColor = [UIColor viewFlipsideBackgroundColor];
}
- (IBAction)done:(id)sender {
```

```
        [self.delegate flipsideViewControllerDidFinish:self];
}
- (void)didReceiveMemoryWarning {
    // Releases the view if it doesn't have a superview.
    [super didReceiveMemoryWarning];
    // Release any cached data, images, etc that aren't in use.
}
- (void)viewDidUnload {
    // Release any retained subviews of the main view.
    // e.g. self.myOutlet = nil;
}
/*
// Override to allow orientations other than the default portrait orientation.
- (BOOL)shouldAutorotateToInterfaceOrientation:(UIInterfaceOrientation)interface
Orientation {
    // Return YES for supported orientations
    return (interfaceOrientation == UIInterfaceOrientationPortrait);
}
*/
- (void)dealloc {
    [super dealloc];
}
@end
```

在上述代码中，通过 - (void)viewDidLoad方法实现初始化处理。当单击“Done”按钮时会调用- (IBAction)done方法，通过此方法关闭模态视图控制器。

到此为止，整个实例的主要功能就介绍完毕了，主视图的执行效果如图24-11所示，可以实现定位功能。

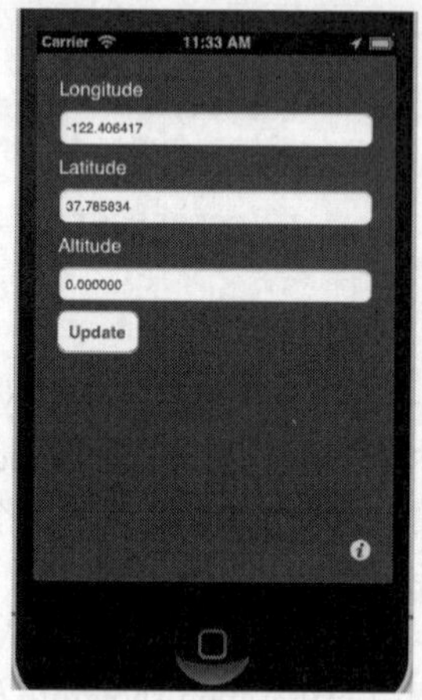

图24-11 主视图的执行效果

24.6 实战演练——使用谷歌地图

在iOS应用中，通过Google Maps实现向用户提供了一个地图应用程序，它响应速度快，使用起来很有趣。通过使用Map Kit，您的应用程序也能提供这样的用户体验。Map Kit让您能够将地图嵌入到视图中，并提供显示该地图所需的所有图块（图像）。它在需要时处理滚动、缩放和图块加载。Map Kit还能执行反向地理编码（reverse geocoding），即根据坐标获取位置信息（国家、州、城市、地址）。程序员无需编写任何代码就可使用Map Kit-，只需将Map Kit框架加入到项目中，并使用 Interface Builder将一个MKMapView实例加入到视图中。添加地图视图后，便可在Attributes Inspector中设置多个属性，以进一步定制它 。在本章上一个实例中，我们的定位系统只有数字。在本实例中，将对整个实例进行升级，最大变化是引入了谷歌地图，通过地图的样式实现定位功能，这样整个界面将更加直观。

实例24-3	使用谷歌地图
源码与视频路径	光盘:\daima\24\shengji

注意：Map Kit图块（map tile）来自Google Maps/Google Earth API，虽然我们不能直接调用该API，但Map Kit代表您进行这些调用，因此，使用Map Kit的地图数据时，我们和我们的应用程序必须遵守Google Maps/Google Earth API服务条款。

24.6.1 添加打开地图功能

在Main View中添加打开地图功能的触发点，本实例中是添加了一个“open web map”按钮。此时升级后文件MainViewController.h的实现代码如下所示：

```
#import <UIKit/UIKit.h>
#import <CoreLocation/CoreLocation.h>
#import <CoreLocation/CLLocationManagerDelegate.h>
#import "FlipsideViewController.h"
@interface MainViewController : UIViewController
<FlipsideViewControllerDelegate,CLLocationManagerDelegate> {
   IBOutlet UITextField *altitude;
    IBOutlet UITextField *latitude;
    IBOutlet UITextField *longitude;
    CLLocationManager   *locmanager;
    BOOL wasFound;
}
@property (nonatomic,retain) UITextField *altitude;
@property (nonatomic,retain) UITextField *latitude;
@property (nonatomic,retain) UITextField *longitude;
@property (nonatomic,retain) CLLocationManager  *locmanager;
- (IBAction)showInfo:(id)sender;
- (IBAction)update;
- (IBAction)openWebMap;
@end
```

而在文件MainViewController.m中添加了一个地图界面的方法- (IBAction)openWebMap，而其他代码没有变化。文件MainViewController.m的具体代码如下所示：

```
#import "MainViewController.h"
@implementation MainViewController
@synthesize altitude,latitude,longitude,locmanager;
- (IBAction)openWebMap {
NSString *urlString = [NSString stringWithFormat:
                      @"http://maps.google.com/maps?q=%f,%f",
                      [latitude.text floatValue],
                      [longitude.text floatValue]];
    NSURL *url = [NSURL URLWithString:urlString];
[[UIApplication sharedApplication] openURL:url];
}
- (IBAction)update {
    locmanager = [[CLLocationManager alloc] init];
    [locmanager setDelegate:self];
    [locmanager setDesiredAccuracy:kCLLocationAccuracyBest];
    [locmanager startUpdatingLocation];
}
// Implement viewDidLoad to do additional setup after loading the view, typically from
a nib.
- (void)viewDidLoad {
    [self update];
}
- (void)locationManager:(CLLocationManager *)manager didUpdateToLocation:(CLLocation
*)newLocation fromLocation:(CLLocation *)oldLocation
{
    if (wasFound) return;
    wasFound = YES;

    CLLocationCoordinate2D loc = [newLocation coordinate];
        latitude.text = [NSString stringWithFormat: @"%f", loc.latitude];
    longitude.text    = [NSString stringWithFormat: @"%f", loc.longitude];
    altitude.text = [NSString stringWithFormat: @"%f", newLocation.altitude];
}
- (void)locationManager:(CLLocationManager *)manager didFailWithError:(NSError *)error {
    UIAlertView *alert = [[UIAlertView alloc] initWithTitle:@"错误通知"
             message:[error description]delegate:nil cancelButtonTitle:@"OK"  other
ButtonTitles:nil];
    [alert show];
    [alert release];
}
- (void)flipsideViewControllerDidFinish:(FlipsideViewController *)controller {
    [self dismissModalViewControllerAnimated:YES];
}
- (IBAction)showInfo:(id)sender {
    CLLocation *lastLocation = [locmanager location];
```

```
    if(!lastLocation) {
        UIAlertView *alert;
        alert = [[UIAlertView alloc]
                 initWithTitle:@"系统错误"
                 message:@"还没有接收到数据! "
                 delegate:nil cancelButtonTitle:nil
                 otherButtonTitles:@"OK", nil];
[alert show];
        [alert release];
        return;
    }
    FlipsideViewController *controller = [[FlipsideViewController alloc] initWithNib
Name:@"FlipsideView" bundle:nil];
    controller.delegate = self;
    controller.lastLocation = lastLocation;
    controller.modalTransitionStyle = UIModalTransitionStyleFlipHorizontal;
    [self presentModalViewController:controller animated:YES];
    [controller release];
}
- (void)didReceiveMemoryWarning {
    [super didReceiveMemoryWarning];
}
- (void)viewDidUnload {
    [locmanager stopUpdatingLocation];
}
// Override to allow orientations other than the default
portrait orientation.
-
(BOOL)shouldAutorotateToInterfaceOrientation:(UIInterface
Orientation)interfaceOrientation {
    // Return YES for supported orientations.
    return (interfaceOrientation == UIInterfaceOrientation
Portrait);
}
- (void)dealloc {
    [altitude release];
    [latitude release];
    [longitude release];
    [locmanager release];
    [super dealloc];
}
@end
```

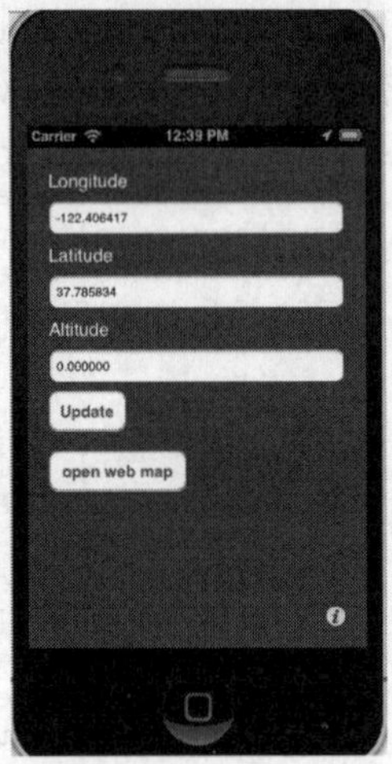

图24-12 主界面的执行效果

此时主界面执行后的效果如图24-12所示。

24.6.2 升级视图控制器

视图控制器的变化也比较多，首先在- (void)viewDidLoad方法中追加 mapView代码，然后添加-(IBAction)search:方法以在地图上标注我们的位置，并且添加了反编码查询方法- (void)reverseGeocoder:，具体代码如下所示：

```
#import "FlipsideViewController.h"
@implementation FlipsideViewController
@synthesize delegate;
@synthesize lastLocation;
@synthesize mapView;
- (void)viewDidLoad {
    [super viewDidLoad];
    self.view.backgroundColor = [UIColor viewFlipsideBackgroundColor];
    mapView.mapType = MKMapTypeStandard;
    // mapView.mapType = MKMapTypeSatellite;
    //mapView.mapType = MKMapTypeHybrid;
    mapView.delegate = self;
}
- (IBAction)search:(id)sender {
    MKCoordinateRegion viewRegion = MKCoordinateRegionMakeWithDistance(lastLocation.
coordinate, 2000, 2000);
```

```
    [mapView setRegion:viewRegion animated:YES];
    MKReverseGeocoder *geocoder = [[MKReverseGeocoder alloc] initWithCoordinate:
lastLocation.coordinate];
    geocoder.delegate = self;
    [geocoder start];
}
- (IBAction)done:(id)sender {
    [self.delegate flipsideViewControllerDidFinish:self];
}
- (void)didReceiveMemoryWarning {
    [super didReceiveMemoryWarning];
}
- (void)viewDidUnload {
    // Release any retained subviews of the main view.
    // e.g. self.myOutlet = nil;
}
- (void)dealloc {
    [lastLocation release];
    [mapView release];
    [super dealloc];
}
#pragma mark -
#pragma mark Reverse Geocoder Delegate Methods
- (void)reverseGeocoder:(MKReverseGeocoder *)geocoder didFailWithError:(NSError *)error {
    UIAlertView *alert = [[UIAlertView alloc]
                          initWithTitle:@"地理解码错误息"
                          message: [error description]
                          delegate:nil
                          cancelButtonTitle:@"Ok"
                          otherButtonTitles:nil];
    [alert show];
    [alert release];
geocoder.delegate = nil;
    [geocoder autorelease];
}
- (void)reverseGeocoder:(MKReverseGeocoder *)geocoder didFindPlacemark:(MKPlacemark
*)placemark {
    MapLocation *annotation = [[MapLocation alloc] init];
    annotation.streetAddress = placemark.thoroughfare;
    annotation.city = placemark.locality;
    annotation.state = placemark.administrativeArea;
    annotation.zip = placemark.postalCode;
    annotation.coordinate = geocoder.coordinate;
    [mapView removeAnnotations:mapView.annotations];
    [mapView addAnnotation:annotation];
    [annotation release];
    geocoder.delegate = nil;
    [geocoder autorelease];
}
#pragma mark -
#pragma mark Map View Delegate Methods
  (MKAnnotationView *) mapView:(MKMapView *)theMapView viewForAnnotation:(id <MKAnnotation>)
annotation {
    MKPinAnnotationView *annotationView
    = (MKPinAnnotationView *)[mapView
dequeueReusableAnnotationViewWithIdentifier:@"PIN_ANNOTATION"];
    if(annotationView == nil) {
        annotationView = [[[MKPinAnnotationView alloc] initWithAnnotation:annotation
    reuseIdentifier:@"PIN_ANNOTATION"] autorelease];
    }
    annotationView.pinColor = MKPinAnnotationColorPurple;
    annotationView.animatesDrop = YES;
    annotationView.canShowCallout = YES;
    return annotationView;
}
- (void)mapViewDidFailLoadingMap:(MKMapView *)theMapView withError:(NSError *)error
{
UIAlertView *alert = [[UIAlertView alloc]
```

```
                                    initWithTitle:@"地图加载错误"
                                    message:[error localizedDescription]
                                    delegate:nil
                                    cancelButtonTitle:@"Ok"
                                    otherButtonTitles:nil];
    [alert show];
    [alert release];
}
@end
```

24.6.3 添加自定义地图标注对象

在接下来需要添加自定义地图标注对象，在此需要实现MKAnnotation协议和NSCoding协议。文件MapLocation.h的实现代码如下所示：

```
#import <Foundation/Foundation.h>
#import <MapKit/MapKit.h>

@interface MapLocation : NSObject <MKAnnotation, NSCoding> {
    NSString *streetAddress;
    NSString *city;
    NSString *state;
    NSString *zip;
CLLocationCoordinate2D coordinate;
}
@property (nonatomic, copy) NSString *streetAddress;
@property (nonatomic, copy) NSString *city;
@property (nonatomic, copy) NSString *state;
@property (nonatomic, copy) NSString *zip;
@property (nonatomic, readwrite) CLLocationCoordinate2D coordinate;
@end
```

在文件MapLocation.m中，通过- (NSString *)title方法获取标题，通过- (NSString *)subtitle方法获取子标题，通过- (void) encodeWithCoder方法将对象的状态写入到文件中。文件 MapLocation.m的具体代码如下所示：

```
#import "MapLocation.h"
#import <MapKit/MapKit.h>
@implementation MapLocation
@synthesize streetAddress;
@synthesize city;
@synthesize state;
@synthesize zip;
@synthesize coordinate;
#pragma mark -
- (NSString *)title {
    return @"您的位置!";
}
- (NSString *)subtitle {
    NSMutableString *ret = [NSMutableString string];
    if (streetAddress)
        [ret appendString:streetAddress];
    if (streetAddress && (city || state || zip))
        [ret appendString:@" • "];
    if (city)
        [ret appendString:city];
    if (city && state)
        [ret appendString:@", "];
    if (state)
        [ret appendString:state];
    if (zip)
        [ret appendFormat:@", %@", zip];
    return ret;
}
#pragma mark -
- (void)dealloc {
```

```
    [streetAddress release];
    [city release];
    [state release];
    [zip release];
    [super dealloc];
}
#pragma mark -
#pragma mark NSCoding Methods
- (void) encodeWithCoder: (NSCoder *)encoder {
    [encoder encodeObject: [self streetAddress] forKey: @"streetAddress"];
    [encoder encodeObject: [self city] forKey: @"city"];
    [encoder encodeObject: [self state] forKey: @"state"];
    [encoder encodeObject: [self zip] forKey: @"zip"];
}
- (id) initWithCoder: (NSCoder *)decoder  {
    if (self = [super init]) {
        [self setStreetAddress: [decoder decodeObjectForKey: @"streetAddress"]];
        [self setCity: [decoder decodeObjectForKey: @"city"]];
        [self setState: [decoder decodeObjectForKey: @"state"]];
        [self setZip: [decoder decodeObjectForKey: @"zip"]];
    }
    return self;
}
@end
```

到此为止，就成功地在项目中添加了谷歌地图功能。单击“open web map”按钮后的效果如图24-13所示。

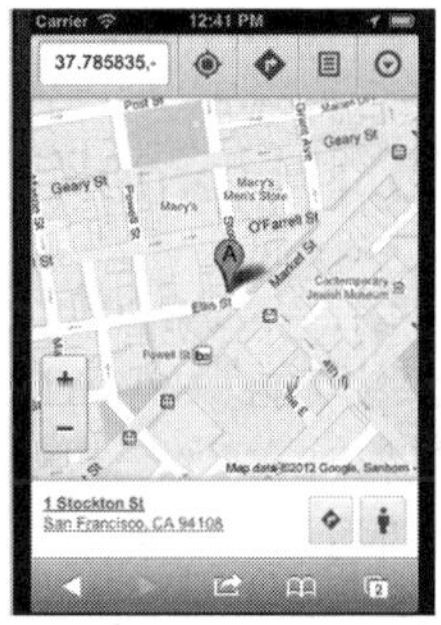

图24-13 显示谷歌地图

第 25 章 HomeKit智能家居应用开发

2014年6月，苹果公司在WWDC开发者大会上发布了包括HomeKit、HealthKit、CloudKit等一系列重量级的开发框架。其中HomeKit的发布，主要是针对现在火热的国内外智能家居市场推出的。在本章内容中，将详细讲解在iOS系统中开发HomeKit应用的基本知识。

25.1 HomeKit 基础

在WWDC 2014大会还未到来之前，很多分析师和果粉就预测，苹果将针对智能家居方面整合进iOS 8系统功能。在WWDC 2014大会之后，苹果正式更新了智能家居的新平台HomeKit，HomeKit将完美整合进iOS 8系统。HomeKit通过接口与物联网中的一切连接，苹果将该平台开发提供授权认证，任何厂商都可以与苹果合作，帮助用户摆脱安装各种不同智能家电控制应用的“碎片化”烦恼。简单地说，该平台提供了一款让 iPhone和iPad变身家居中控的应用，通过应用用户可以控制各种家用电器或智能家居，如电灯、家电、家庭安全警报系统等。

25.1.1 苹果 HomeKit 如何牵动全国智能硬件格局

HomeKit到底是什么？简单地说，HomeKit要打破现在各个智能硬件厂家各自为政，用户体验参差不齐的混乱市场格局，让各个厂家的智能家居设备能在iOS层面互动协作，而无需这些厂家直接对接。仔细研究这个架构后，我们发现Home Kit是一套协议，是一个iOS上的数据库，更是智能家居产品互联互通的新思维模式。苹果留给了智能硬件开发商以及第三方开发者很多的发展空间。

在通信协议方面，HomeKit规范了智能家居产品如何和iOS终端连接和通信。苹果软件高级副总裁Craig Federighi 在WWDC Keynote里轻描淡写地说，通过Home Kit协议的绑定功能（Secure Pairing）能确保只有你的iPhone能够开你的车库门。当然，软硬件通信协议学问大了。在宣布的芯片合作伙伴里有Broadcom、Marvell和Ti，这几家都是植入式WiFi芯片的主流供应商，所以，可以确认HomeKit前期主要支持WiFi或者直连以太网的设备。目前WiFi智能硬件开发上有不少难点要克服，包括设备如何与手机配对，如何得到WiFi密码并且加入家里的热点，如何保证稳定和安全的远程连接等。

在数据库层面，苹果推出了一个有利于行业发展的基础设施：在iOS上建立了一个可以供第三方App查询和编辑的智能家居数据库。这个数据库包含几个非常重要的概念，是对现在的智能硬件开发商有借鉴意义的：家庭、房间、区域、设备、服务、动作和触发。

HomeKit把家庭看作一个智能家居设备的集合，通过家庭、房间、区域把这些设备有机地组合起来。设备和服务这两个概念很有意思。这里苹果引入了一个对于硬件产业相对陌生，但是相当于“互联网”的概念：面向服务设计（Service Oriented Architecture）。硬件设备被定义成一个提供一个或者多个服务的单元，而这些服务可以被第三方应用发现和调用。例如，飞利浦的Hue LED灯就可以被理解成为一个提供照明服务的设备，其中开关控制、颜色和亮度的控制都是属于这个服务的具体功能。同样，海尔的天尊空调可以理解为一个提供制冷、制热、空气净化等多个和空气质量相关的服务设备。

家庭里所有的支持HomeKit标准的智能设备把支持的服务发布出来，通过iOS的发现机制被收录到一个统一的数据库里。 在设备和服务这些基本单位之上，HomeKit定义了家、房间、区域（多个房间的组合）等场景单元来让家里的多台设备形成有机的组合。例如睡房里的电器（如灯和窗帘）可以被组织成一个场景，统一控制。区域可以把多个房间里设备组合起来一起控制。

25.1.2 给开发者和厂家提供的巨大机会

在目前市场环境下，主要有如下4种智能家居产品的市场策略。

（1）第一类是像海尔uHome或者美国的Control4这样的整体智能家居系统，通过物理布线或Zigbee等无线通信方式把兼容的照明、影音、安防电子设备连接到一个中控系统实现统一控制。这种整体方案功能完整，用户体验统一，但需要专业的安装，而且价格不菲。国内厂家一般选择与房地产开发商合作，主打前装市场，但是普及速度比较慢。

（2）第二类是国际一线的家电企业先制定一套软件协议，先把自家产品连接起来成为一个平台，然后通过协议的开放让其他厂家的产品加入其生态系统。三星的Smart Home和海尔的U＋智慧家庭操作系统都是这个理念。三星是从强势的电视和手机方面切入，海尔则凭着白色家电的领先优势入场。

（3）第三类是以路由器/网关方式切入，用取代路由器这样的普及性产品来降低进入家庭的门槛，占领家庭的数据入口，然后逐渐整合其他产品。最近市面上智能路由器的玩家不少。小米更是高调地用小米智能家居样板间来展示小米路由器的整合能力。

上述3类策略走的是平台思维之路。大多数创业团队和厂家选择的是第四种策略：把单一功能的产品做到极致，单点突破进入家庭，然后逐渐扩展产品线，尝试整合其他产品。例如Dropcam、Belkin WeMo、Smartthings、Hue、墨迹天气等，大多数的家电企业和智能硬件创客都是走的这个产品方向 。

显然 HomeKit的定位对第四类的玩家更为友好，而前3类玩家将在未来受到较大冲击。苹果希望通过一个比较开放的模式来吸引这些单品硬件厂家与其对接。除了提供完善的协议，通用数据库和庞大的iOS用户群，还引入了第三方开发者，使其为厂家产品所用，给不同场景的应用提供软件支持。于是，有能力和野心操作前3种平台模式的玩家局面就有点尴尬。那些在硬件产品上和苹果没有直接竞争产品的企业，倒是可以尽量与苹果HomeKit兼容。而三星、小米这些定位和苹果类似的平台的发展必然会使市场形成多个具有规模的智能家居平台的同时，存在着群雄割据局面，给希望能与这些平台同时兼容的硬件厂家带来非常高的研发和维护成本。

对于苹果公司来说，帮助这些硬件厂家克服这些智能家居平台之间的兼容性问题，也给物联网技术和云端服务的供应商带来了新的机遇。可以通过提供硬件产品的跨平台的接入能力而被更多的智能家居厂家接受。

总的来说，苹果HomeKit的推出对整个智能家居产业的发展是个利好。iOS 8在10月份推出后会大大提升消费者对相关智能硬件的关注度。在手机操作系统上搭建了合理的架构，留出来给各路玩家的机会也相当巨大。

25.1.3 苹果正式推出 HomeKit 硬件标准

在2014年10月，苹果已经正式完成其HomeKit硬件规格标准的定制工作，并将通过MFi（Made-For-iPhone/iPad/iPod）授权计划向智能家居设备合作商全面开放。通过MFi，设备制造商将可以为苹果i系列设备推出可兼容于iOS 8系统的智能家居产品。

事实上，在苹果首次公布HomeKit平台时，就已经有一批大型设备生产商拿出了兼容的智能家居设备。但苹果当时并未完善HomeKit的硬件规格，该标准一直处于Beta测试阶段，直到最近苹果才最终完成，并通过MFi计划向所有合作伙伴提供。

苹果如今要求所有生产HomeKit兼容的设备商都必须参加MFi授权计划，并遵守最终版硬件规格要求。这些要求覆盖了蓝牙（BLE）配对、安全及通信等方面，也对基于WiFi连接的HomeKit外设作出相应规定。此外，苹果的HomeKit外设协议（HomeKit Accessory Protocol）也包含了诸多智能家居设备的配置文件信息，这包括风扇、车库门、电灯、锁、电源插座、数字开关及恒温器等。

25.2 HomeKit开发基础

到目前为止，苹果已经发布了HomeKit.framework框架。在iOS应用程序中，通过引入HomeKit.framework框架的方式可以开发智能家居应用程序。在本节内容中，将详细讲解HomeKit开发的基础知识。

25.2.1 HomeKit应用程序的层次模型

通过使用HomeKit，在支持苹果Home Automation Protocol和iOS设备的附属配件之间实现了无缝集成和融合，从而推进家庭自动化的发展和革新。通过一个通用的家庭自动化设备协议，以及一个可以配置这些设备并与之通信的公开API，Home Kit使得App用户控制自己的Home成为可能，而不需要由生产家庭自动化配件的厂商创建。Home Kit也使得来自多个厂商的家庭自动化配件集成为一体，而无需厂商之间彼此直接协调。

具体来说，Home Kit允许第三方应用执行如下3大主要功能。

- 发现附属设备，并把它们添加到一个持久的、跨设备的Home配置数据库中。
- 在Home配置数据库中展示、编辑及操作数据。
- 与配置的附属设备和服务进行通信，从而使之执行相关操作，如关掉起居室的电灯。

Home配置数据库不仅适用于第三方应用，也适用于Siri。用户可用Siri发出指令，比如“Siri,关掉起居室的灯”如果用户通过合逻辑的分组配件、服务以及命令创建了家居配置，那么Siri可通过声音控制来完成一系列复杂精细的操作。

Home Kit将Home看作一个家庭自动化配件的集合。家居配置的目的是，允许终端用户为他们购买和安装的家庭自动化配件提供有意义的标签和分组。应用程序可以提供建议来帮助用户创建有意义的标签和分组，但不能把它们自己的偏好设定强加给“用户-用户”的意愿。

作为一个基本的HomeKit应用程序，应该包含如下所示的层级模型。

（1）Homes (HMHome)

Homes(HMHome)是最顶层的容器，展示了用户一般都会认为是单个家庭单位的结构。用户可能有多个离得较远的住所，比如一个经常使用的住所和一个度假别墅。或者他们可能有两个离得比较近的住所，比如一个主要住宅和一个别墅。

（2）Rooms (HMRoom)

Rooms (HMRoom)是Home的可选部分，并且代表Home中单独的Room。Room并没有任何物理特性——大小、位置等。对用户来说，它们是简单的、有意义的命名，比如“起居室”或者“厨房”。有意义的Room名称可以启用类似“Siri，打开厨房的灯”的指令。

（3）Accessories (HMAccessory)

Accessories表示附属设备，被安装在Home中，并且被分配给每个Room。它们是实际的物理家庭自动化设备，比如一个车库门遥控开关。如果用户没有配置任何Room，那么HomeKit将会把附属设备分配给home中特殊的默认Room。

（4）Services (HMService)

Services (HMService)是由附属配件提供的实际服务。附属配件有用户可控制的服务，如灯光；也有它们自用的服务，如框架更新服务。Home Kit更多关注用户可以控制的服务。单个附属配件可能有多个用户可控制的服务。如大部分车库遥控开关有打开或者关闭车库门的服务，并且在车库门上还有控制灯光的服务。

（5）Zones (HMZone)

Zones (HMZone)是Home中可选择的Room分组。“Upstairs”和“Downstairs”可以由Zones代表。Zones是完全可选择的，Room不需要处于Zone中。通过把Room添加到Zone中，用户可以给Siri发命令，如“Siri，打开楼下所有的灯。”

25.2.2 HomeKit 程序架构模式

HomeKit应用程序将遵循MVC模式进行开发，实现了界面视图、数据存储和操作的分离。通过使用HomeKit框架，开发者能够利用他们iOS设备上的家庭自动化应用程序，来控制和配置家里已连接的配件设备，而不管制造商是谁。通常，一个家庭自动化应用程序需要帮助用户完成如下所示的任务。

设置 ·个IIomc、管理用户、添加和移除配件、定义场景。

另外，一个家庭自动化应用程序还应该具备易于使用的特点，并且能给用户愉悦感。下面是一些用来创建卓越体验的方式。

集成Siri、自动寻找配件、使用平易近人的语句。

在接下来的内容中，将详细讲解实现上述任务的架构方法。

（1）设置一个Home

HomeKit系统以3种类型的位置为中心：房间（Rooms）、区域（Zones）和住宅（Homes）。房间有客厅和卧室之类的选项类型，这是基本的组成概念，并且可能包含任意数量的配件。区域是房间的集合，如“楼上”。

在应用程序中，用户必须选定至少一个住宅来放置他们的智能配件。每一个住宅包括不同的房间，并且可能包括区域。房间和区域使用户能方便地寻找和控制配件。Apps（应用程序）应该提供一个创建、命名、修改和删除住宅、房间、和区域的方法。如果一个人有多个住宅，允许他们选择一个默认的首选住宅来更快地设置和配置新配件。

（2）管理用户

HomeKit应用程序应当提供允许用户管理住宅中配件的方法，当一个iCloud账户被添加到住宅，账号的拥有者将能够调整配件的特性。当一个账户拥有者被指定为管理员时，他们也将能够添加新配件、管理用户、设置住宅和创建场景。

（3）添加和移除配件

在HomeKit应用程序中，让添加新配件的操作简单快捷十分重要。家庭自动化Apps应当能自动寻找新配件并且在用户界面中突出显示。因为用户需要用特定方法来识别调整中的配件，所以，要确保能快速接入控件。比如在电灯泡控制应用中，应该让用户能使用App来打开灯泡以确认其位于Home中。

另外，配置还应当包括给一个配件分配名称、住宅、房间，以及可选的区域。管理员需要输入配件的安装码（包含在硬件的说明文档或包装盒里）来将它与住宅连接起来。

苹果的无线配件配置（WAC）被用来添加支持WiFi的配件到住宅网络中。用户能够从Settings或你的App里面连接到WAC。使用ExternalAccessory框架API来显示一个系统提供的UI，在这个UI中，用户能使用WAC来发现和配置配件而无需离开你的App。在使用WAC配置完配件之后，用户能将它加到住宅里，并且给它分配名字和房间。在此需要注意的是，应该始终让用户通过在前台运行App来初始化配件的发现和配置。

（4）寻找配件

在HomeKit应用程序中，需要确保给用户不同的方式来快速找到配件。每天、每个季节，以及一个人的位置都能影响哪个配件在当时是重要的，所以，用户应该能够以类型、名称或住宅里的位置来寻找配件。

（5）定义场景

在HomeKit应用程序中，场景是同时调整多个配件特性的重要方式。每个场景都有自己的名称，并且能包含任意数量的动作，这些动作与不同的配件和它们的特性相连。如果可能，可以提供一些建议的场景，这样用户能基于它们来配置配件。例如，一个“离开”的场景应该调低房子里的温度、关掉灯泡，并且锁上所有的门。

当用户创建它们自己的场景时，考虑按照选中的房间和区域来推荐配件，给用户提供选择让他们能更快、更方便地进行配置。

（6）集成Siri

在HomeKit应用程序中，通过Siri能够让复杂操作的执行简单到只需要一句命令。Siri能识别住宅、房间和区域的名字，并且支持这样的表述：“Siri，lock up my house in Tahoe”、“Siri，turn off the upstairs lights”，以及“Siri，make it warmer in the media room”。Siri也能识别配件的名字和特性，因此，用户能发布这样的命令：“Siri，dim the desk lamp”。

为了识别场景，给Siri的命令里应该包含单词“模式”（mode）或“scene”（场景），例如，如下的命令：“Siri，set the Movie Scene”、“Siri，enable Movie mode”或者“Siri，set up for Movie”。最好让用户在配置动作的时候知道哪些动作能被Siri触发。例如，在确认Movie场景已经设置好的时候，显示推荐用户向Siri说的语句，如“你能够使用Siri来激活这个场景，命令是‘Siri，set the house to Movie mode’”。

（7）通知

在HomeKit应用程序中，不适当的家庭自动化可能会吓到用户。开发的应用程序应该是平易近人的、易于使用的、具有交谈时语言的，以及对用户友好型的。避免使用用户可能不理解的缩略词和科技术语。

25.2.3 HomeKit 中的类

在HomeKit应用框架中，为开发者提供了如下所示的接口类。

- ❑ NSObject：是大部分Objective-C类层次的基类。
- ❑ HMAccessory：一个HMAccessory对象，代表一个家庭自动化配件，比如车库门遥控开关或者一个恒温器。
- ❑ HMAccessoryBrowser：一个HMAccessoryBrowser对象，是一个用来发现新附属配件的网络浏览器。
- ❑ HMAction：HMAction是Home Kit中行为操作的抽象基类。
- ❑ HMCharacteristicWriteAction：一个HMCharacteristicMetadata对象，代表操作集中的一个操作。
- ❑ HMActionSet：一个HMActionSet对象，代表应用于单个设置的一组操作（HMAction的实例）。
- ❑ HMCharacteristic：一个HMCharacteristic对象，代表某个服务的特性，比如灯是打开的还是关闭的，或者温度调节器设定了什么温度。
- ❑ HMCharacteristicMetadata：一个HMCharacteristicMetadata对象，代表某个特性的元数据。
- ❑ HMHome：允许在Home中与不同附属设备进行通信并安装配件。
- ❑ HMHomeManager：管理一个或者多个Home集合。
- ❑ HMRoom：被用来代表Home中的一个Room。
- ❑ HMService：代表附属配件提供的服务。
- ❑ HMServiceGroup：代表配件提供的服务的集合，简化了把服务当作单一实体处理的过程。
- ❑ HMTrigger：代表触发事件，在满足触发条件时触发一个或者多个操作集（HMActionSet的实例）。
- ❑ HMTimerTrigger：代表基于计时器的触发器。
- ❑ HMZone：代表一个Room的集合（用户认为是单个区域或者Zone），比如“起居室”和“厨房”可能会被分在一个叫做“Downstairs”的Zone中。
- ❑ HMAccessoryBrowserDelegate：是一个协议，定义了HMAccessoryBrowser对象的接口，以通知委托发现了新的附属配件。
- ❑ HMAccessoryDelegate：是一个协议，定义了从附属配件到委托状态更新的通信方法。

- HMHomeDelegate：是一个协议，定义了Home中配置改变，和在Home中执行操作集的状态的通信方法。
- HMHomeManagerDelegate：是一个协议，定义了Home Manager对象如何把改变传达给它们的委托。

25.3 实战演练——实现一个HomeKit控制程序

本实例实现了一个基本的HomeKit控制应用程序，通过本应用程序可以添加设置不同的房间，并且使用者可以选择要控制的Home。例如，用户可能有多个离得较远的住所，比如一个经常使用的住所和一个度假别墅。或者他们可能有两个离得比较近的住所，比如一个主要住宅和一个别墅。

实例25-1	实现一个HomeKit控制程序
源码与视频路径	光盘:\daima\25\HomeKit1

本实例的具体实现流程如下所示。

（1）打开Xcode 6.1，新创建一个名为“HomeKitty”工程，在工程中需要引入HomeKit.framework框架，工程的最终目录结构如图25-1所示。

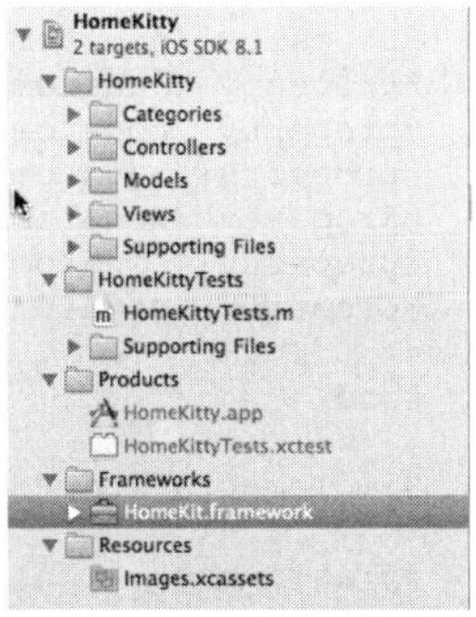

图25-1 工程的最终目录结构

（2）在Categories目录下有两个核心文件，其中在文件NSLayoutConstraint+BNRQuickConstraints.m中，通过使用NSLayoutConstraint实现UI界面的自动布局，具体实现代码如下所示：

```
#import "NSLayoutConstraint+BNRQuickConstraints.h"
@implementation NSLayoutConstraint (BNRQuickConstraints)
+(NSArray*)bnr_constraintsWithCommaDelimitedFormat:(NSSt
ring*)format views:(NSDictionary *)views {
    NSMutableArray *constraints = [NSMutableArray array];

    NSArray *formats = [format componentsSeparatedByString:
@","];
    for (NSString *aFormat in formats) {
        [constraints addObjectsFromArray:[self constraintsWithVisualFormat:aFormat
options:0 metrics:nil views:views]];
    }
    return [constraints copy];
}
@end
```

文件UIColor+BNRAppColors.m的功能是设置UI界面中颜色属性，具体实现代码如下所示：

```
#import "UIColor+BNRAppColors.h"
@implementation UIColor (BNRAppColors)
+ (UIColor *)bnr_backgroundColor {
    return [self colorWithRed:0.2 green:0.7 blue:1 alpha:1];
}
@end
```

（3）在Controllers目录下有3个核心文件，其中文件HomeRoomsVC.m的功能是设置Home中的房间，如图25-2所示。单击“+”按钮可以在提醒框中添加一个新的房间信息，如图25-3所示。

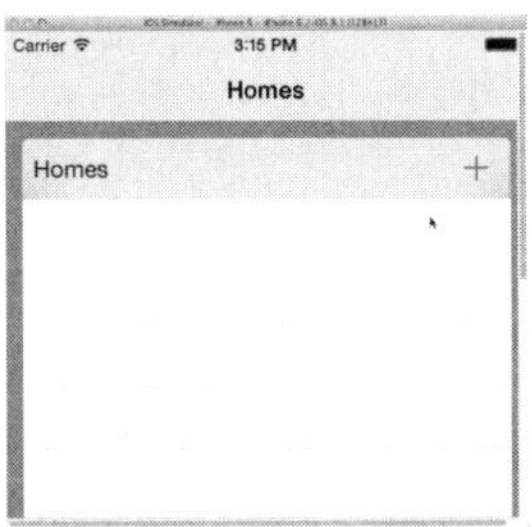

图25-2 设置Home中的房间

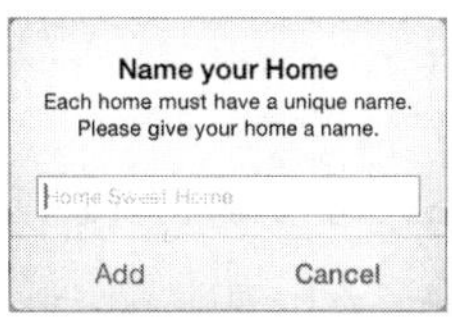

图25-3 添加新的房间信息

文件HomeRoomsVC.m的具体实现代码如下所示：

```
#import "HomeRoomsVC.h"
#import "HomeDataSource.h"
#import "RoomDataSource.h"
#import "AccessoriesVC.h"
#import "BNRFancyTableView.h"
#import "NSLayoutConstraint+BNRQuickConstraints.h"
#import "UIColor+BNRAppColors.h"
@import HomeKit;

static NSInteger const HomeRoomsAddHomeTextFieldTag = -100;
static NSInteger const HomeRoomsAddRoomTextFieldTag = -101;

@interface HomeRoomsVC () <UITextFieldDelegate>

@property (nonatomic, weak) BNRFancyTableView *homeList;
@property (nonatomic, weak) BNRFancyTableView *roomList;
@property (nonatomic) HomeDataSource *homeDataSource;
@property (nonatomic) RoomDataSource *roomDataSource;
@property (nonatomic) id<NSObject> homeChangeObserver;
@property (nonatomic) id<NSObject> roomChangeObserver;
@property (nonatomic, weak) UIBarButtonItem *addHomeButton;
@property (nonatomic, weak) UIBarButtonItem *addRoomButton;
@property (nonatomic) NSString *addedHomeText;
@property (nonatomic) NSString *addedRoomText;

@end

@implementation HomeRoomsVC

#pragma mark - Initializers

- (instancetype)init {
    return [super initWithNibName:nil bundle:nil];
}

- (instancetype)initWithNibName:(NSString*)nibNameOrNil bundle:(NSBundle
*)nibBundleOrNil {
    NSAssert(NO, @"Use the no argument -init method instead");
    return nil;
}

#pragma mark - View Lifecycle

- (void)loadView {
    UIView *view = [[UIView alloc] initWithFrame:CGRectZero];

    BNRFancyTableView *homeList = [[BNRFancyTableView alloc] initWithFrame:CGRectZero
style:BNRFancyTableStyleRounded];
    [view addSubview:homeList];
    self.homeList = homeList;

    BNRFancyTableView *roomList = [[BNRFancyTableView alloc] initWithFrame:CGRectZero
style:BNRFancyTableStyleRounded];
    [view addSubview:roomList];
    self.roomList = roomList;

    [self setView:view];
}

- (void)viewDidLoad {
    [super viewDidLoad];

    self.navigationItem.title = @"Homes";

    //配置数据源
    self.homeDataSource = [[HomeDataSource alloc] init];
```

```
    self.roomDataSource = [[RoomDataSource alloc] init];

    //配置Home名单列表
    BNRFancyTableView *homeList = self.homeList;
    homeList.dataSource = self.homeDataSource;
    homeList.translatesAutoresizingMaskIntoConstraints = NO;
    [homeList setTitle:@"Homes" withTextAttributes:nil];
    UIBarButtonItem*addHomeButton=[[UIBarButtonItem alloc] initWithBarButtonSystem
Item:UIBarButtonSystemItemAdd target:self
action:@selector(didPressAddHomeButton:)];
    [homeList addToolbarItem:addHomeButton];
    self.addHomeButton = addHomeButton;

    // 设置Room列表
    BNRFancyTableView *roomList = self.roomList;
    roomList.dataSource = self.roomDataSource;
    roomList.translatesAutoresizingMaskIntoConstraints = NO;
    UIBarButtonItem*addRoomButton=[[UIBarButtonItem alloc] initWithBarButtonSystem
Item:UIBarButtonSystemItemAdd target:self

action:@selector(didPressAddRoomButton:)];
    [roomList addToolbarItem:addRoomButton];
    self.addRoomButton = addRoomButton;
    [self roomListEnabled:NO];

    //添加约束
    UINavigationBar *navBar = self.navigationController.navigationBar;
    NSNumber *hPad = @12;
    NSNumber *vPad = @12;
    NSNumber *navPad = @(navBar.frame.origin.y + navBar.frame.size.height + [vPad
floatValue]);

    NSString*format=[NSString stringWithFormat:@"H:|-%@-[homeList]-%@-|,H:|-%@-[room
List]-%@-|,V:|-%@-[homeList]-%@-[roomList(==homeList)]-%@-|", hPad, hPad, hPad, hPad,
navPad, vPad, vPad];
    NSDictionary *views = NSDictionaryOfVariableBindings(homeList, roomList);
    [self.view addConstraints:[NSLayoutConstraint
bnr_constraintsWithCommaDelimitedFormat:format views:views]];

    self.view.backgroundColor = [UIColor bnr_backgroundColor];
}

- (void)viewDidAppear:(BOOL)animated {
    [super viewDidAppear:animated];

    __weak __typeof(self) weakSelf = self;

    self.homeChangeObserver=[[NSNotificationCenter defaultCenter] addObserverForName:
HomeDataSourceDidChangeNotification object:nil

queue:[NSOperationQueue mainQueue]

usingBlock:^(NSNotification *note) {


[weakSelf.homeList reloadData];

weakSelf.roomDataSource.home = nil;

[weakSelf roomListEnabled:NO];

                                                                                 }];

    self.roomChangeObserver=[[NSNotificationCenter defaultCenter] addObserverForName:
RoomDataSourceDidChangeNotification object:nil

queue:[NSOperationQueue mainQueue]
```

```
usingBlock:^(NSNotification *note) {

[weakSelf.roomList reloadData];
                                                                            }];

    self.homeList.didSelectBlock = ^(NSIndexPath *indexPath) {
        weakSelf.roomDataSource.home=[weakSelf.homeDataSource homeForRow:indexPath.
row];
        [weakSelf roomListEnabled:YES];
    };

    self.homeList.didDeselectBlock = ^(NSIndexPath *indexPath) {
        weakSelf.roomDataSource.home = nil;
        [weakSelf roomListEnabled:NO];
    };

    self.roomList.didSelectBlock = ^(NSIndexPath *indexPath) {
        HMHome *home = weakSelf.roomDataSource.home;
        HMRoom *room = [weakSelf.roomDataSource roomForRow:indexPath.row];
        AccessoriesVC *accessoriesVC = [[AccessoriesVC alloc] init];
        [accessoriesVC setRoom:room inHome:home];
        [self showViewController:accessoriesVC sender:self];
    };
}

- (void)viewDidDisappear:(BOOL)animated {
    [super viewDidDisappear:animated];

    if (self.homeChangeObserver) {
        [[NSNotificationCenter defaultCenter] removeObserver:self.homeChangeObserver];
        self.homeChangeObserver = nil;
    }

    if (self.roomChangeObserver) {
        [[NSNotificationCenter defaultCenter] removeObserver:self.roomChangeObserver];
        self.roomChangeObserver = nil;
    }
}

#pragma mark - Title Management

- (void)roomListEnabled:(BOOL)enabled {
    NSDictionary *attributes;
    NSString *title;
    if (enabled) {
        self.addRoomButton.enabled = YES;
        title=[NSString stringWithFormat:@"Rooms for home: %@", self.roomDataSource.
home.name];
    } else {
        attributes = @{ NSForegroundColorAttributeName : [UIColor grayColor] };
        self.addRoomButton.enabled = NO;
        title = @"Please select a home";
    }
    [self.roomList setTitle:title withTextAttributes:attributes];
    [self.roomList reloadData];
}

#pragma mark - Actions

- (void)didPressAddHomeButton:(id)sender {
    __weak __typeof(self) weakSelf = self;

    UIAlertController *alert = [UIAlertController alertControllerWithTitle:@"Name your
Home" message:@"Each home must
have a unique name. Please give your home a name."
preferredStyle:UIAlert ControllerStyleAlert];
```

```
    [alert addTextFieldWithConfigurationHandler:^(UITextField *textField) {
        textField.delegate = self;
        textField.placeholder = @"Home Sweet Home";
        textField.tag = HomeRoomsAddHomeTextFieldTag;
    }];

    [alert addAction:[UIAlertAction actionWithTitle:@"Add"
                                              style:UIAlertActionStyleDefault
                                            handler:^(UIAlertAction *action) {
                                                [weakSelf.homeDataSource addHomeWith
Name:weakSelf.addedHomeText];

                                                weakSelf.roomDataSource.home = nil;
                                                [weakSelf roomListEnabled:NO];
                                            }]];

    [alert addAction:[UIAlertAction actionWithTitle:@"Cancel"
                                              style:UIAlertActionStyleCancel
                                            handler:^(UIAlertAction *action) {
                                                weakSelf.addedHomeText = nil;
                                            }]];

    [self presentViewController:alert animated:YES completion:nil];
}

- (void)didPressAddRoomButton:(id)sender {
    __weak __typeof(self) weakSelf = self;

    UIAlertController *alert = [UIAlertController alertControllerWithTitle:@"Name your
Room" message:@"Rooms within a home must be uniquely named. Please name yours."

preferredStyle:UIAlertControllerStyleAlert];

    [alert addTextFieldWithConfigurationHandler:^(UITextField *textField) {
        textField.delegate = self;
        textField.placeholder = @"My Room";
        textField.tag = HomeRoomsAddRoomTextFieldTag;
    }];

    [alert addAction:[UIAlertAction actionWithTitle:@"Add"
                                              style:UIAlertActionStyleDefault
                                            handler:^(UIAlertAction *action) {
                                                [weakSelf.roomDataSource addRoom
Withname:weakSelf.addedRoomText];
                                            }]];

    [alert addAction:[UIAlertAction actionWithTitle:@"Cancel"
                                              style:UIAlertActionStyleCancel
                                            handler:^(UIAlertAction *action) {
                                                weakSelf.addedRoomText = nil;
                                            }]];

    [self presentViewController:alert animated:YES completion:nil];
}

- (void)textFieldDidEndEditing:(UITextField *)textField {
    if (textField.tag == HomeRoomsAddHomeTextFieldTag) {
        self.addedHomeText = textField.text;
    } else if (textField.tag == HomeRoomsAddRoomTextFieldTag) {
        self.addedRoomText = textField.text;
    }
}
@end
```

再看第二和核心文件AccessoriesVC.m，功能是提供了一个附属设备列表供用户查看，如图25-4所示。选择后会显示这个附属设备的详细信息。

文件AccessoriesVC.m的具体实现代码如下所示：

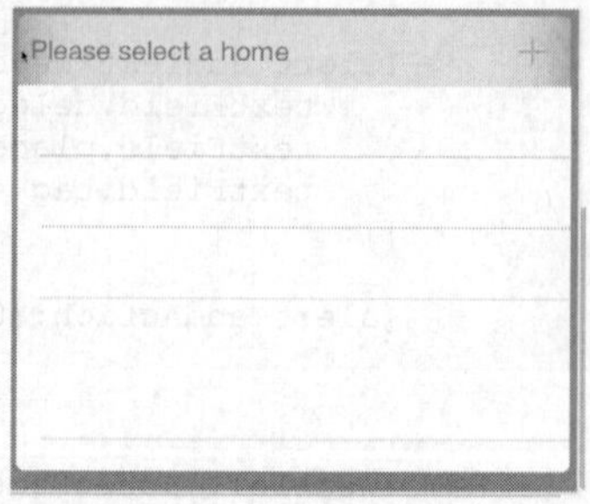

图25-4 Room列表

```
#import "AccessoriesVC.h"
#import "AccessoriesInRoomDataSource.h"
#import "UnassignedAccessoriesDataSource.h"
#import "BNRFancyTableView.h"
#import "NSLayoutConstraint+BNRQuickConstraints.h"
#import "UIColor+BNRAppColors.h"
#import "AccessoryDetailVC.h"
@import HomeKit;

@interface AccessoriesVC ()
@property (nonatomic) HMHome *home;
@property (nonatomic) HMRoom *room;
@property (nonatomic, weak) BNRFancyTableView *assignedList;
@property (nonatomic, weak) BNRFancyTableView *unassignedList;
@property (nonatomic) AccessoriesInRoomDataSource *assignedDataSource;
@property (nonatomic) UnassignedAccessoriesDataSource *unassignedDataSource;
@property (nonatomic) id<NSObject> unassignedAccessoriesChangeObserver;
@property (nonatomic, weak) UIBarButtonItem *assignToRoomButton;
@end

@implementation AccessoriesVC

#pragma mark - Initializers

- (instancetype)init {
    return [super initWithNibName:nil bundle:nil];
}

-(instancetype)initWithNibName:(NSString*)nibNameOrNil bundle:(NSBundle *)nibBundle
OrNil {
    NSAssert(NO, @"Use the no argument -init method instead");
    return nil;
}

#pragma mark - View Lifecycle

- (void)loadView {
    UIView *view = [[UIView alloc] initWithFrame:CGRectZero];

    BNRFancyTableView*assignedList=[[BNRFancyTableView alloc] initWithFrame:CGRect
Zero style:BNRFancyTableStyleRounded];
    [view addSubview:assignedList];
    self.assignedList = assignedList;

    BNRFancyTableView*unassignedList=[[BNRFancyTableView alloc] initWithFrame:CGRect
Zero style:BNRFancyTableStyleRounded];
    [view addSubview:unassignedList];
    self.unassignedList = unassignedList;

    [self setView:view];
}

- (void)viewDidLoad {
    [super viewDidLoad];

    self.navigationItem.title = @"Accessories";

    // configure data sources
    self.assignedDataSource = [[AccessoriesInRoomDataSource alloc] init];
    [self.assignedDataSource setRoom:self.room inHome:self.home];
    self.unassignedDataSource = [[UnassignedAccessoriesDataSource alloc] init];

    // configure assigned list
    BNRFancyTableView *assignedList = self.assignedList;
    assignedList.dataSource = self.assignedDataSource;
```

```
    assignedList.translatesAutoresizingMaskIntoConstraints = NO;
    NSString *title = @"Please select a room";
    UIColor *color = [UIColor grayColor];
    if (self.room.name) {
        title = [NSString stringWithFormat:@"Assigned to %@", self.room.name];
        color = [UIColor blackColor];
    }
    NSDictionary *attributes = @{ NSForegroundColorAttributeName : color };
    [assignedList setTitle:title withTextAttributes:attributes];

    // configure unassigned list
    BNRFancyTableView *unassignedList = self.unassignedList;
    unassignedList.dataSource = self.unassignedDataSource;
    unassignedList.translatesAutoresizingMaskIntoConstraints = NO;
    [unassignedList setTitle:@"Unassigned" withTextAttributes:nil];
    UIBarButtonItem *assignButton = [[UIBarButtonItem alloc] initWithTitle:@"Assign to
Room"

style:UIBarButtonItemStylePlain target:self

action:@selector(didPressAssignButton:)];
    assignButton.enabled = NO;
    [unassignedList addToolbarItem:assignButton];
    self.assignToRoomButton = assignButton;

    // add constraints
    UINavigationBar *navBar = self.navigationController.navigationBar;
    NSNumber *hPad = @12;
    NSNumber *vPad = @12;
    NSNumber *navPad = @(navBar.frame.origin.y + navBar.frame.size.height + [vPad
floatValue]);

    NSString *format=[NSString stringWithFormat:@"H:|-%@-[assignedList]-%@-|,H:|-%@-
[unassignedList]-%@-|,V:|-%@-[assignedList]-%@-[unassignedList(==assignedList)]-%@-
|", hPad, hPad, hPad, hPad, navPad, vPad, vPad];
    NSDictionary*views=NSDictionaryOfVariableBindings(assignedList, unassignedList);
    [self.view addConstraints:[NSLayoutConstraint bnr_constraintsWithCommaDelimited
Format:format views:views]];

    self.view.backgroundColor = [UIColor bnr_backgroundColor];
}

- (void)viewDidAppear:(BOOL)animated {
    [super viewDidAppear:animated];

    __weak __typeof(self) weakSelf = self;

    NSNotificationCenter *notary = [NSNotificationCenter defaultCenter];
    self.unassignedAccessoriesChangeObserver=[notary addObserverForName:Unassigned
AccessoriesDataSourceDidChangeNotification
    object:nil

queue:[NSOperationQueue mainQueue]

usingBlock:^(NSNotification *note) {

[weakSelf.unassignedList reloadData];
                                                            }];
    self.unassignedList.didSelectBlock = ^(NSIndexPath *indexPath) {
        weakSelf.assignToRoomButton.enabled = YES;
    };

    self.unassignedList.didDeselectBlock = ^(NSIndexPath *indexPath) {
        weakSelf.assignToRoomButton.enabled = NO;
    };

    self.unassignedList.didTapAccessoryBlock = ^(NSIndexPath *indexPath) {
        HMAccessory *accessory = [weakSelf.unassignedDataSource accessoryForRow:
```

```
indexPath.row];
        AccessoryDetailVC *detailVC = [[AccessoryDetailVC alloc] initWithAccessory:
accessory];
        [weakSelf showViewController:detailVC sender:self];
    };

    self.assignedList.didTapAccessoryBlock = ^(NSIndexPath *indexPath) {
        HMAccessory *accessory = [weakSelf.assignedDataSource accessoryForRow:index
Path.row];
        AccessoryDetailVC *detailVC = [[AccessoryDetailVC alloc] initWithAccessory:
accessory];
        [weakSelf showViewController:detailVC sender:self];
    };

    [self.unassignedList reloadData];
}

- (void)viewDidDisappear:(BOOL)animated {
    [super viewDidDisappear:animated];

    if (self.unassignedAccessoriesChangeObserver) {
        [[NSNotificationCenter defaultCenter] removeObserver:self.unassigned
AccessoriesChangeObserver];
    }
}

#pragma mark - Room Management

- (void)setRoom:(HMRoom *)room inHome:(HMHome *)home {
    self.room = room;
    self.home = home;
}
#pragma mark - Actions
- (void)didPressAssignButton:(id)sender {
    __weak __typeof(self) weakSelf = self;
    NSIndexPath *indexPath = self.unassignedList.indexPathForSelectedRow;
    HMAccessory *accessory = [self.unassignedDataSource accessoryForRow:indexPath.
row];
    [self.home addAccessory:accessory completionHandler:^(NSError *error) {
        if (!error) {
            [weakSelf.home assignAccessory:accessory toRoom:weakSelf.room completion
Handler:^(NSError *error) {
                [weakSelf.assignedList reloadData];
                [weakSelf.unassignedList reloadData];
            }];
        }
    }];
}
@end
```

再看第三个核心文件AccessoryDetailVC.m，功能是显示列表中被选中附属设备的详细信息，具体实现代码如下所示：

```
#import "AccessoryDetailVC.h"
#import "BNRFancyTableView.h"
#import "NSLayoutConstraint+BNRQuickConstraints.h"
#import "UIColor+BNRAppColors.h"
@import HomeKit;

@interface AccessoryDetailVC ()

@property (nonatomic) HMAccessory *accessory;
@property (nonatomic, weak) UILabel *labelForName;
@property (nonatomic, weak) UILabel *labelForIdentifier;
@property (nonatomic, weak) UILabel *labelForBlocked;
@property (nonatomic, weak) UILabel *labelForBridged;
@property (nonatomic, weak) UILabel *labelForReachable;
```

```
@property (nonatomic, weak) BNRFancyTableView *tableForServices;

@end

@implementation AccessoryDetailVC

#pragma mark - Initializers

- (instancetype)initWithNibName:(NSString *)nibNameOrNil bundle:(NSBundle *)nibBundle
OrNil {
    NSAssert(NO, @"Use -initWithAccessory: instead");
    return nil;
}

- (instancetype)initWithAccessory:(HMAccessory *)accessory {
    self = [super initWithNibName:nil bundle:nil];
    if (self) {
        _accessory = accessory;
    }
    return self;
}

#pragma mark - View Lifecycle

- (void)loadView {
    UIView *view = [[UIView alloc] initWithFrame:CGRectZero];

    UILabel *labelForName = [[UILabel alloc] initWithFrame:CGRectZero];
    [view addSubview:labelForName];
    self.labelForName = labelForName;

    UILabel *labelForIdentifier = [[UILabel alloc] initWithFrame:CGRectZero];
    [view addSubview:labelForIdentifier];
    self.labelForIdentifier = labelForIdentifier;

    UILabel *labelForBlocked = [[UILabel alloc] initWithFrame:CGRectZero];
    [view addSubview:labelForBlocked];
    self.labelForBlocked = labelForBlocked;

    UILabel *labelForBridged = [[UILabel alloc] initWithFrame:CGRectZero];
    [view addSubview:labelForBridged];
    self.labelForBridged = labelForBridged;

    UILabel *labelForReachable = [[UILabel alloc] initWithFrame:CGRectZero];
    [view addSubview:labelForReachable];
    self.labelForReachable = labelForReachable;

    BNRFancyTableView *tableForServices = [[BNRFancyTableView alloc] initWithFrame:
CGRectZero style:BNRFancyTableStyleRounded];
    [view addSubview:tableForServices];
    self.tableForServices = tableForServices;

    [self setView:view];
}
- (void)viewDidLoad {
    [super viewDidLoad];
    UIFont *labelFont = [UIFont fontWithName:@"HelveticaNeue" size:12];
    UILabel *labelForName = self.labelForName;
    labelForName.translatesAutoresizingMaskIntoConstraints = NO;
    labelForName.text = self.accessory.name;
    labelForName.font = [UIFont fontWithName:@"HelveticaNeue-Bold" size:12];
    UILabel *labelForIdentifier = self.labelForIdentifier;
    labelForIdentifier.translatesAutoresizingMaskIntoConstraints = NO;
    labelForIdentifier.text = [NSString stringWithFormat:@"ID: %@", [self.accessory.
identifier UUIDString]];
    labelForIdentifier.font = labelFont;
    UILabel *labelForBlocked = self.labelForBlocked;
    labelForBlocked.translatesAutoresizingMaskIntoConstraints = NO;
```

```
    labelForBlocked.text = [NSString stringWithFormat:@"Blocked: %@", self.accessory.
blocked ? @"YES" : @"NO"];
    labelForBlocked.font = labelFont;

    UILabel *labelForBridged = self.labelForBridged;
    labelForBridged.translatesAutoresizingMaskIntoConstraints = NO;
    labelForBridged.text = [NSString stringWithFormat:@"Bridged: %@", self.accessory.
bridged ? @"YES" : @"NO"];
    labelForBridged.font = labelFont;
    UILabel *labelForReachable = self.labelForReachable;
    labelForReachable.translatesAutoresizingMaskIntoConstraints = NO;
    labelForReachable.text = [NSString stringWithFormat:@"Reachable: %@", self.accessory.
reachable ? @"YES" : @"NO"];
    labelForReachable.font = labelFont;
    BNRFancyTableView *tableForServices = self.tableForServices;
    tableForServices.translatesAutoresizingMaskIntoConstraints = NO;
    [tableForServices setTitle:@"Services" withTextAttributes:nil];
    // 添加约束
    UINavigationBar *navBar = self.navigationController.navigationBar;
    NSNumber *hPad = @12;
    NSNumber *vPad = @12;
    NSNumber *navPad = @(navBar.frame.origin.y + navBar.frame.size.height + [vPad
floatValue]);
    NSString *format = [NSString stringWithFormat:@"H:|-%@-[labelForName]-%@-|,H:|-
%@-[labelForIdentifier]-%@-|,H:|-%@-[labelForBlocked]-%@-|,H:|-%@-[labelForBridged]
-%@-|,H:|-%@-[labelForReachable]-%@-|,H:|-%@-[tableForServices]-%@-|,V:|-%@-[labelF
orName(==16)]-%@-[labelForIdentifier(==labelForName)]-%@-[labelForBlocked(==labelFo
rName)]-%@-[labelForBridged(==labelForName)]-%@-[labelForReachable(==labelForName)]
-%@-[tableForServices]-%@-|", hPad, hPad, hPad, hPad, hPad, hPad, hPad, hPad, hPad, hPad,
hPad, hPad, navPad, vPad, vPad, vPad, vPad, vPad, vPad];
    NSDictionary *views = NSDictionaryOfVariableBindings(labelForName, labelFor
Identifier, labelForBlocked, labelForBridged, labelForReachable, tableForServices);
    [self.view addConstraints:[NSLayoutConstraint bnr_constraintsWithCommaDelimited
Format:format views:views]];
    self.view.layer.cornerRadius = 5;
    self.view.layer.masksToBounds = YES;
    self.view.backgroundColor = [UIColor
bnr_backgroundColor];
}
@end
```

（4）在Models目录下有4个核心文件，其中HomeDataSource.m是一个用户数据源列表文件，效果如图25-5所示。

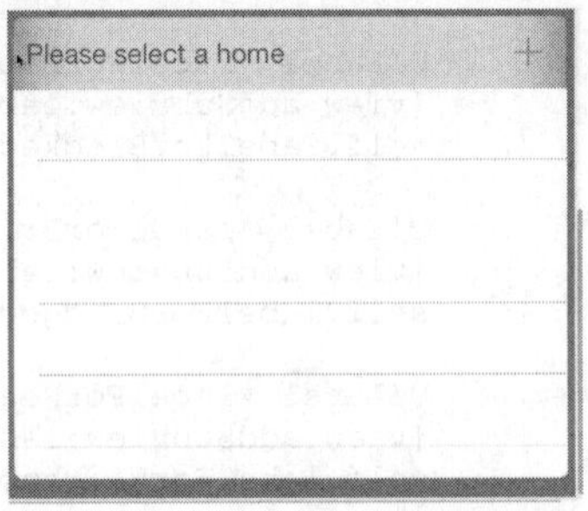

图25-5 可以选择要控制的Home数据

在此可以选择要控制的Home数据。文件HomeDataSource.m的具体实现代码如下所示：

```
#import "HomeDataSource.h"
@import HomeKit;
NSString * const HomeDataSourceDidChangeNotification = @"HomeDataSourceDidChange
Notification";

@interface HomeDataSource() <HMHomeManagerDelegate>
@property (nonatomic) HMHomeManager *homeManager;
@end

@implementation HomeDataSource

#pragma mark - Initializers

- (instancetype)init {
    HMHomeManager *homeManager = [[HMHomeManager alloc] init];
    return [self initWithHomeManager:homeManager];
}

- (instancetype)initWithHomeManager:(HMHomeManager *)homeManager {
    self = [super init];
    if (self) {
```

```
        _homeManager = homeManager;
        _homeManager.delegate = self;
    }
    return self;
}
#pragma mark - Table View Data Source

- (NSInteger)numberOfSectionsInTableView:(UITableView *)tableView {
    return 1;
}
- (NSInteger)tableView:(UITableView *)tableView numberOfRowsInSection:(NSInteger)
section {
    return [self.homeManager.homes count];
}
- (UITableViewCell *)tableView:(UITableView *)tableView cellForRowAtIndexPath:
(NSIndexPath *)indexPath {
    UITableViewCell *cell = [tableView dequeueReusableCellWithIdentifier:@"Home
Cell"];
    if (!cell) {
        cell = [[UITableViewCell alloc] initWithStyle:UITableViewCellStyleDefault
reuseIdentifier:@"HomeCell"];
    }
    HMHome *home = [self homeForRow:indexPath.row];
    cell.textLabel.text = home.name;

    return cell;
}
- (HMHome *)homeForRow:(NSInteger)row {
    return self.homeManager.homes[row];
}
- (BOOL)tableView:(UITableView *)tableView canEditRowAtIndexPath:(NSIndexPath *)index
Path {
    return YES;
}
- (void)tableView:(UITableView *)tableView commitEditingStyle:(UITableViewCellEditing
Style)editingStyle forRowAtIndexPath:(NSIndexPath *)indexPath {
    if (editingStyle == UITableViewCellEditingStyleDelete) {
        HMHome *home = self.homeManager.homes[indexPath.row];
        [self.homeManager removeHome:home completionHandler:^(NSError *error) {
            if (error) {
                NSLog(@"%@", error);
            } else {
                [tableView deleteRowsAtIndexPaths:@[ indexPath ] withRowAnimation:
UITableViewRowAnimationAutomatic];
                [[NSNotificationCenter defaultCenter] postNotificationName:HomeData
SourceDidChangeNotification object:nil];
            }
        }];
    }
}
#pragma mark - Home Manager Delegate
- (void)homeManagerDidUpdateHomes:(HMHomeManager *)manager {
    [[NSNotificationCenter defaultCenter]
postNotificationName:HomeDataSourceDidChangeNotification object:nil];
}

#pragma mark - Home Management

- (void)addHomeWithName:(NSString *)name {
    [self.homeManager addHomeWithName:name completionHandler:^(HMHome *home, NSError
*error) {
        if (error) {
            NSLog(@"%@", error);
        } else {
            [[NSNotificationCenter defaultCenter] postNotificationName:HomeData
SourceDidChangeNotification object:nil];
        }
    }];
```

```
}
@end
```

再看文件RoomDataSource.m，这是一个Room数据源列表文件，在此可以选择要控制的Room。文件RoomDataSource.m的具体实现代码如下所示：

```
#import "RoomDataSource.h"
@import HomeKit;
NSString * const RoomDataSourceDidChangeNotification =
@"RoomDataSourceDidChangeNotification";
@implementation RoomDataSource

#pragma mark - Customer Getters / Setters
- (void)setHome:(HMHome *)home {
    _home = home;
    [[NSNotificationCenter defaultCenter] postNotificationName:RoomDataSourceDid
ChangeNotification object:nil];
}
#pragma mark - Table View Data Source
- (NSInteger)numberOfSectionsInTableView:(UITableView *)tableView {
    return 1;
}
- (NSInteger)tableView:(UITableView *)tableView numberOfRowsInSection:(NSInteger)
section {
    return [self.home.rooms count];
}
- (UITableViewCell *)tableView:(UITableView *)tableView cellForRowAtIndexPath:
(NSIndexPath *)indexPath {
    UITableViewCell *cell = [tableView dequeueReusableCellWithIdentifier:@"RoomCell"];
    if (!cell) {
        cell = [[UITableViewCell alloc] initWithStyle:UITableViewCellStyleDefault
reuseIdentifier:@"RoomCell"];
    }
    HMRoom *room = self.home.rooms[indexPath.row];
    cell.textLabel.text = room.name;

    return cell;
}
- (HMRoom *)roomForRow:(NSInteger)row {
    return self.home.rooms[row];
}
- (BOOL)tableView:(UITableView *)tableView canEditRowAtIndexPath:(NSIndexPath
*)indexPath {
    return YES;
}
- (void)tableView:(UITableView *)tableView commitEditingStyle:(UITableViewCellEditing
Style)editingStyle forRowAtIndexPath:(NSIndexPath *)indexPath {
    if (editingStyle == UITableViewCellEditingStyleDelete) {
        HMRoom *room = self.home.rooms[indexPath.row];
        [self.home removeRoom:room completionHandler:^(NSError *error) {
            if (error) {
                NSLog(@"%@", error);
            } else {
                [tableView deleteRowsAtIndexPaths:@[ indexPath ] withRowAnimation:
UITableViewRowAnimationAutomatic];
            }
        }];
    }
}
#pragma mark - Room Management

- (void)addRoomWithname:(NSString *)name {
    [self.home addRoomWithName:name completionHandler:^(HMRoom *room, NSError *error)
{
        if (error) {
            NSLog(@"%@", error);
        } else {
```

```
            [[NSNotificationCenter defaultCenter] postNotificationName:RoomDataSource
DidChangeNotification object:nil];
        }
    }];
}
@end
```

再看文件AccessoriesInRoomDataSource.m，功能是设置在某个Room中的附属配件信息，具体实现代码如下所示：

```
#import "AccessoriesInRoomDataSource.h"
@import HomeKit;

@interface AccessoriesInRoomDataSource()

@property (nonatomic) HMHome *home;
@property (nonatomic) HMRoom *room;

@end

@implementation AccessoriesInRoomDataSource

#pragma mark - Manage Room

- (void)setRoom:(HMRoom *)room inHome:(HMHome *)home {
    self.room = room;
    self.home = home;
}

#pragma mark - Table View Data Source

- (NSInteger)numberOfSectionsInTableView:(UITableView *)tableView {
    return 1;
}

- (NSInteger)tableView:(UITableView *)tableView numberOfRowsInSection:(NSInteger)
section {
    return [self.room.accessories count];
}

- (UITableViewCell *)tableView:(UITableView *)tableView cellForRowAtIndexPath:(NS
IndexPath *)indexPath {
    UITableViewCell *cell = [tableView dequeueReusableCellWithIdentifier:@"Accessory
Cell"];
    if (!cell) {
        cell = [[UITableViewCell alloc] initWithStyle:UITableViewCellStyleDefault
reuseIdentifier:@"AccessoryCell"];
    }

    HMAccessory *accessory = self.room.accessories[indexPath.row];
    cell.textLabel.text = accessory.name;
    cell.accessoryType = UITableViewCellAccessoryDetailDisclosureButton;

    return cell;
}

- (HMAccessory *)accessoryForRow:(NSInteger)row {
    return self.room.accessories[row];
}

- (BOOL)tableView:(UITableView *)tableView canEditRowAtIndexPath:(NSIndexPath *)index
Path {
    return YES;
}

- (void)tableView:(UITableView *)tableView commitEditingStyle:(UITableViewCellEditing
Style)editingStyle forRowAtIndexPath:(NSIndexPath *)indexPath {
    if (editingStyle == UITableViewCellEditingStyleDelete) {
```

```
        HMAccessory *accessory = self.room.accessories[indexPath.row];
        [self.home removeAccessory:accessory completionHandler:^(NSError *error) {
            if (error) {
                NSLog(@"%@", error);
            } else {
                [tableView deleteRowsAtIndexPaths:@[ indexPath ] withRowAnimation:
UITableViewRowAnimationAutomatic];
            }
        }];
    }
}

@end
```

再看文件UnassignedAccessoriesDataSource.m，功能是设置未指定的附件数据源信息，具体实现代码如下所示：

```
#import "UnassignedAccessoriesDataSource.h"
@import HomeKit;

NSString * const UnassignedAccessoriesDataSourceDidChangeNotification =
@"UnassignedAccessoriesDataSourceDidChangeNotification";

@interface UnassignedAccessoriesDataSource() <HMAccessoryBrowserDelegate>

@property (nonatomic) HMAccessoryBrowser *accessoryBrowser;

@end

@implementation UnassignedAccessoriesDataSource

#pragma mark - Initializers

- (instancetype)init {
    HMAccessoryBrowser *accessoryBrowser = [[HMAccessoryBrowser alloc] init];
    return [self initWithAccessoryBrowser:accessoryBrowser];
}

- (instancetype)initWithAccessoryBrowser:(HMAccessoryBrowser *)accessoryBrowser {
    self = [super init];
    if (self) {
        _accessoryBrowser = accessoryBrowser;
        _accessoryBrowser.delegate = self;
        [_accessoryBrowser startSearchingForNewAccessories];
    }
    return self;
}

- (void)dealloc {
    [_accessoryBrowser stopSearchingForNewAccessories];
}

#pragma mark - Table View Data Source

- (NSInteger)numberOfSectionsInTableView:(UITableView *)tableView {
    return 1;
}

- (NSInteger)tableView:(UITableView *)tableView numberOfRowsInSection:(NSInteger)
section {
    return [self.accessoryBrowser.discoveredAccessories count];
}

- (UITableViewCell *)tableView:(UITableView *)tableView cellForRowAtIndexPath:(NS
IndexPath *)indexPath {
    UITableViewCell *cell = [tableView dequeueReusableCellWithIdentifier:@"Accessory
Cell"];
    if (!cell) {
```

```
        cell = [[UITableViewCell alloc] initWithStyle:UITableViewCellStyleDefault
reuseIdentifier:@"AccessoryCell"];
    }

    HMAccessory *accessory =
self.accessoryBrowser.discoveredAccessories[indexPath.row];
    cell.textLabel.text = accessory.name;
    cell.accessoryType = UITableViewCellAccessoryDetailDisclosureButton;

    return cell;
}

- (HMAccessory *)accessoryForRow:(NSInteger)row {
    return self.accessoryBrowser.discoveredAccessories[row];
}

#pragma mark - Accessory Browser Delegate

- (void)accessoryBrowser:(HMAccessoryBrowser *)browser didFindNewAccessory:(HM
Accessory *)accessory {
    [[NSNotificationCenter defaultCenter] postNotificationName:UnassignedAccessories
DataSourceDidChangeNotification object:nil];
}

- (void)accessoryBrowser:(HMAccessoryBrowser *)browser didRemoveNewAccessory:
(HMAccessory *)accessory {
    [[NSNotificationCenter defaultCenter] postNotificationName:UnassignedAccessories
DataSourceDidChangeNotification object:nil];
}

@end
```

（5）最后看在Views目录下的文件BNRFancyTableView.m，这是一个BNR数据视图显示系统主界面，功能是在屏幕视图中列表显示Home信息和Room信息：

```
#import "BNRFancyTableView.h"
#import "NSLayoutConstraint+BNRQuickConstraints.h"
@interface BNRFancyTableView() <UITableViewDelegate>

@property (nonatomic, copy) NSString *title;
@property (nonatomic) NSDictionary *titleTextAttributes;
@property (nonatomic, weak) UIToolbar *toolbar;
@property (nonatomic, weak) UITableView *tableView;
@property (nonatomic) NSMutableArray *toolbarItems;

@end

@implementation BNRFancyTableView

#pragma mark - Initializers
- (instancetype)initWithFrame:(CGRect)frame style:(BNRFancyTableStyle)style {
    self = [super initWithFrame:frame];
    if (self) {
        self.translatesAutoresizingMaskIntoConstraints = NO;

        UIToolbar *toolbar = [[UIToolbar alloc] initWithFrame:CGRectZero];
        toolbar.translatesAutoresizingMaskIntoConstraints = NO;
        [self addSubview:toolbar];
        self.toolbar = toolbar;

        UITableView *tableView = [[UITableView alloc] initWithFrame:CGRectZero style:
UITableViewStylePlain];
        tableView.delegate = self;
        tableView.translatesAutoresizingMaskIntoConstraints = NO;
        [self addSubview:tableView];
        self.tableView = tableView;

        self.toolbarItems = [NSMutableArray array];
```

```
        NSDictionary *views = NSDictionaryOfVariableBindings(toolbar, tableView);
        NSString *format = @"H:|[toolbar]|,H:|[tableView]|,V:|[toolbar(44)]-0-[table
View]|";
        [self addConstraints:[NSLayoutConstraint bnr_constraintsWithCommaDelimited
Format:format views:views]];

        [self configureStyle:style];
    }
    return self;
}

- (instancetype)initWithFrame:(CGRect)frame {
    return [self initWithFrame:frame style:BNRFancyTableStylePlain];
}
#pragma mark - Style
- (void)configureStyle:(BNRFancyTableStyle)style {
    if (style == BNRFancyTableStyleRounded) {
        self.layer.cornerRadius = 5;
        self.layer.masksToBounds = YES;
    }
}
#pragma mark - Toolbar
- (void)addToolbarItem:(UIBarButtonItem *)item {
    [self.toolbarItems addObject:item];
    [self refreshToolbarItems];
}
- (void)refreshToolbarItems {
    NSMutableArray *items = [NSMutableArray array];
    if (self.title) {
        [items addObject:[self toolbarTitleItem]];
    }
    [items addObject:[self toolbarLeftSpaceItem]];
    [items addObjectsFromArray:self.toolbarItems];

    self.toolbar.items = items;
}

- (UIBarButtonItem *)toolbarTitleItem {
    UIBarButtonItem *titleItem = [[UIBarButtonItem alloc] initWithTitle:self.title
style:UIBarButtonItemStylePlain target:nil action:nil];
    titleItem.enabled = NO;
    NSDictionary *textAttributes = self.titleTextAttributes ?: @{ NSForegroundColor
AttributeName : [UIColor blackColor] };
    [titleItem setTitleTextAttributes:textAttributes forState:UIControlStateNormal];
    return titleItem;
}
- (UIBarButtonItem *)toolbarLeftSpaceItem {
    return [[UIBarButtonItem alloc] initWithBarButtonSystemItem:UIBarButtonSystem
ItemFlexibleSpace target:nil action:nil];
}

#pragma mark - Table View
- (void)setDataSource:(id<UITableViewDataSource>)dataSource {
    [self.tableView setDataSource:dataSource];
}
- (id<UITableViewDataSource>)dataSource {
    return self.tableView.dataSource;
}

- (void)setDelegate:(id<UITableViewDelegate>)delegate {
    [self.tableView setDelegate:delegate];
}

- (id<UITableViewDelegate>)delegate {
    return self.tableView.delegate;
}
```

```
- (void)reloadData {
    [self.tableView reloadData];
}

- (NSIndexPath *)indexPathForSelectedRow {
    return self.tableView.indexPathForSelectedRow;
}

#pragma mark - Table View Delegate

- (void)tableView:(UITableView *)tableView didSelectRowAtIndexPath:(NSIndexPath
*)indexPath {
    if (self.didSelectBlock) {
        self.didSelectBlock(indexPath);
    }
}

- (void)tableView:(UITableView *)tableView didDeselectRowAtIndexPath:(NSIndexPath
*)indexPath {
    if (self.didDeselectBlock) {
        self.didDeselectBlock(indexPath);
    }
}
- (void)tableView:(UITableView *)tableView accessoryButtonTappedForRowWithIndexPath:
(NSIndexPath *)indexPath {
    if (self.didTapAccessoryBlock) {
        self.didTapAccessoryBlock(indexPath);
    }
}

#pragma mark - Title

- (void)setTitle:(NSString *)title withTextAttributes:(NSDictionary *)attributes {
    _title = [title copy];
    _titleTextAttributes = [attributes copy];
    [self refreshToolbarItems];
}
@end
```

25.4 实战演练——实现一个 HomeKit 控制程序（基于 Swift 语言）

本实例通过Swift语言实现了一个基本的HomeKit控制应用程序，通过本应用程序，可以添加设置不同的房间，并且使用者可以选择要控制的Home。本实例的具体功能如下所示。

- ❑ 发现Accessories设备并将它们添加到Home。
- ❑ 管理Home。
- ❑ 添加一个Room给Home。
- ❑ 改变Home的名字。
- ❑ 添加Accessories到Home。
- ❑ 显示一个辅助服务列表。
- ❑ 显示一个服务特性列表。
- ❑ 改变灯光参数的值，包括强度、色调和饱和度3个参数。

因为本实例能够设置房间中的灯光，所以，建议具备一个Accessories灯光设备进行测试。

实例25-2	实现一个HomeKit控制程序
源码与视频路径	光盘:\daima\25\HomeKit2

本实例的具体实现流程如下所示。

（1）打开Xcode 6.1，新创建一个名为“HomeKitDemo”工程，在工程中引入HomeKit.framework框架，工程的最终目录结构如图25-6所示。

（2）打开Main.storyboard设计面板，在里面设置整个工程需要的UI视图界面，如图25-7所示。

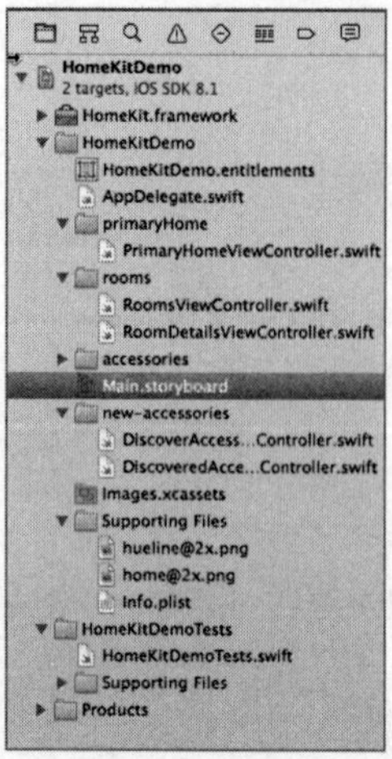

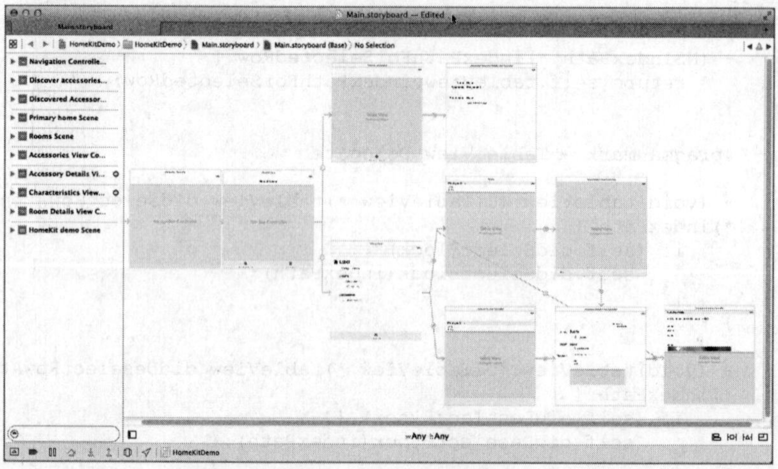

图25-6 工程的最终目录结构　　图25-7 Main.storyboard设计面板

（3）文件PrimaryHomeViewController.swift实现了“Primary home”视图主界面，界面效果如图25-8所示。单击“Add a room”按钮可以在弹出的对话框中添加一个Room信息，效果如图25-9所示。

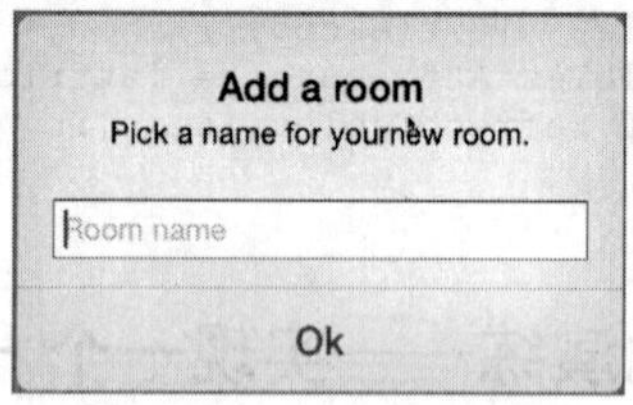

图25-8 “Primary home”房间视图主界面　　图25-9 添加一个Room信息

文件PrimaryHomeViewController.swift的具体实现代码如下所示：

```
import UIKit
import HomeKit

class PrimaryHomeViewController: UIViewController {

    let homeManager = HMHomeManager()

    @IBOutlet var mainHomeName :UILabel?
    @IBOutlet var numberOfRooms :UILabel?
    @IBOutlet var numberOfAccessories :UILabel?

    @IBOutlet var listOfRoomsButton :UIButton?
    @IBOutlet var listOfAccessoriesButton :UIButton?

    override func viewWillAppear(animated: Bool) {
      updateUi()
    }

    func updateUi() {
        NSLog("primary home : \(homeManager.primaryHome) count:\(homeManager.homes.
count)")
        if ((homeManager.primaryHome) != nil) {
```

```
            mainHomeName?.text = homeManager.primaryHome.name

            numberOfRooms?.text = "\(homeManager.primaryHome.rooms.count) rooms"
            listOfRoomsButton?.enabled = homeManager.primaryHome.rooms.count > 0

            numberOfAccessories?.text = "\(homeManager.primaryHome.accessories.count)
accessories"
            listOfAccessoriesButton?.enabled = homeManager.primaryHome.accessories.
count > 0
        } else {
            mainHomeName?.text = "n/a"
            self.presentPrimaryHomePromp()
        }
    }

    func setOrUpdatePrimaryHomeName(name:String!) {
        NSLog("primary home : \(homeManager.primaryHome)")
        if ((homeManager.primaryHome) != nil) {
            homeManager.primaryHome.updateName(name, completionHandler:({(error:
NSError!) in
                if (error != nil) {
                    NSLog("error updating home: \(error)")
                } else {
                    NSLog("no error, home name updated")
                    self.updateUi()
                }
            }))

        } else {
            homeManager.addHomeWithName(name, completionHandler:({(home:HMHome!,
            error:NSError!) in
                if (error != nil) {
                    NSLog("error creating home: \(error)")
                } else {

                    NSLog("no error, home created")

                    self.homeManager.updatePrimaryHome(home, completionHandler:
({(error:NSError!) in
                        NSLog("primary home set ! ")
                        self.updateUi()
                    }))



                }
            }))
        }

    }

    func saveNewRoomToPrimaryHome(name:String!) {
        homeManager.primaryHome.addRoomWithName(name, completionHandler: ({(room:HMRoom!,
error:NSError!) in
            if (error != nil) {
                NSLog("error creating room: \(error)")
            } else {
                NSLog("no error, home created")
                self.updateUi()
            }
        }))

    }

    override func prepareForSegue(segue: UIStoryboardSegue, sender: AnyObject!) {
        if segue.identifier == "rooms" {
            if let dest = segue.destinationViewController as? RoomsViewController {
                dest.home = homeManager.primaryHome
```

```
                dest.pickerMode = false
            }
        }

        if segue.identifier == "accessories" {
            if let dest = segue.destinationViewController as? AccessoriesView
Controller {
                dest.home = homeManager.primaryHome
            }
        }


    }

    func presentPrimaryHomePromp() {
        var alert = UIAlertController(title: "Primary Home", message: "Pick a name for
your primary home ! (Yes, with iOS8, having a home is as simple as picking a name >.<)",
preferredStyle: UIAlertControllerStyle.Alert)
        let action = UIAlertAction(title: "Ok", style: UIAlertActionStyle.Default,
handler: ({(alertAction: UIAlertAction!) in

            if let textFields:[AnyObject]! = alert.textFields as [AnyObject]! {

                for textField in textFields {
                    if let input = textField as? UITextField {
                        if input.tag == 1 {
                            self.setOrUpdatePrimaryHomeName(input.text)
                        }
                    }
                }

            }


            }))
        alert.addAction(action)
        alert.addTextFieldWithConfigurationHandler({(textField: UITextField!) in
            textField.placeholder = "Home name"
            textField.secureTextEntry = false
            textField.tag = 1
            })
        self.presentViewController(alert, animated: true, completion: nil)
    }
    @IBAction func changeName(sender : AnyObject) {
        presentPrimaryHomePromp()
    }
    @IBAction func addRoom(sender : AnyObject) {
        var alert = UIAlertController(title: "Add a room", message: "Pick a name for
yournew room.", preferredStyle: UIAlertControllerStyle.Alert)
        let action = UIAlertAction(title: "Ok", style: UIAlertActionStyle.Default,
handler: ({(alertAction: UIAlertAction!) in
            if let textFields:[AnyObject]! = alert.textFields as [AnyObject]! {

                for textField in textFields {
                    if let input = textField as? UITextField {
                        if input.tag == 1 {
                            self.saveNewRoomToPrimaryHome(input.text)
                        }
                    }
                }


            }
            }))
        alert.addAction(action)
        alert.addTextFieldWithConfigurationHandler({(textField: UITextField!) in
            textField.placeholder = "Room name"
            textField.secureTextEntry = false
            textField.tag = 1
            })
```

```
        self.presentViewController(alert, animated: true, completion: nil)
    }
}
```

（4）编写文件DiscoverAccessoriesViewController.swift，功能是搜索附近的Accessories设备，并将搜索到的Accessories添加到系统列表中，然后在Home中为其分配给一个Room，效果如图25-10所示。

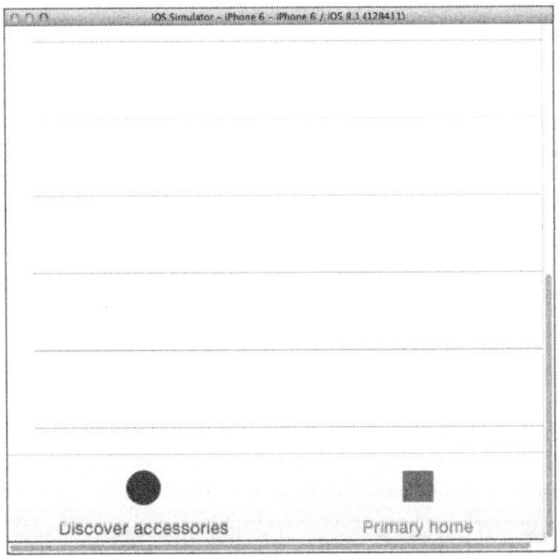

图25-10 Accessories系统列表

文件DiscoverAccessoriesViewController.swift的具体实现代码如下所示：

```
import UIKit
import HomeKit

class DiscoverAccessoriesViewController : UITableViewController, UITableViewData
Source,UITableViewDelegate, HMAccessoryBrowserDelegate {

    let accessoryBrowser = HMAccessoryBrowser()
    let homeManager = HMHomeManager()
    var accessories: [HMAccessory] = []

    override func viewDidLoad()  {
        tableView.registerClass(UITableViewCell.self, forCellReuseIdentifier: "cell")
    }

    override func viewDidAppear(animated: Bool) {
        accessoryBrowser.delegate = self
        accessoryBrowser.startSearchingForNewAccessories()
    }

    override func viewDidDisappear(animated: Bool) {
        accessoryBrowser.stopSearchingForNewAccessories()
    }

    override func prepareForSegue(segue: UIStoryboardSegue, sender: AnyObject!) {
        /*if let dest = segue.destinationViewController as? AccessoryDetailsView
Controller {
            dest.accessory = sender as HMAccessory
        }*/

    }

    func localAccessoriesContains(discoveredAccessory: HMAccessory!) -> Bool {
        for accessory in accessories {
            let aid:String = accessory.identifier.UUIDString
            let daid:String = discoveredAccessory.identifier.UUIDString
            NSLog("comparing \(aid) and \(daid)")
            if accessory.identifier.UUIDString == discoveredAccessory.identifier.UUID
```

```
String || accessory.name == discoveredAccessory.name {
                return true
            }
        }
        return false
    }

    func removeFromLocalAccessories(accessoryToRemove: HMAccessory!) {
        var indexToRemove = -1
        for (index,accessory) in enumerate(accessories) {
            if accessory.identifier.UUIDString == accessoryToRemove.identifier.UUID
String || accessory.name == accessoryToRemove.name {
                indexToRemove = index
            }
        }
        if indexToRemove >= 0 {
            accessories.removeAtIndex(indexToRemove)
        }
    }

}

// pragma mark HMAccessoryBrowserDelegate

extension DiscoverAccessoriesViewController {

    func accessoryBrowser(browser: HMAccessoryBrowser!, didFindNewAccessory accessory:
HMAccessory!) {
        if !localAccessoriesContains(accessory) {
            accessories.append(accessory);
            tableView.reloadData()
            NSLog("new accessory found")
        };

    }

    func accessoryBrowser(browser: HMAccessoryBrowser!, didRemoveNewAccessory
accessory: HMAccessory!) {
        removeFromLocalAccessories(accessory)
        tableView.reloadData()
    }

}

// pragma mark UITableViewDataSource, UITableViewDelegate

extension DiscoverAccessoriesViewController {

    override func tableView(tableView: UITableView, numberOfRowsInSection section: Int)
-> Int
    {
        return accessories.count;
    }

    override func tableView(tableView: UITableView, cellForRowAtIndexPath indexPath:
NSIndexPath) -> UITableViewCell {
        let cell:UITableViewCell = tableView.dequeueReusableCellWithIdentifier("cell",
forIndexPath: indexPath) as UITableViewCell
        cell.textLabel.text = accessories[indexPath.row].name

        return cell
    }

    override func tableView(tableView: UITableView, didSelectRowAtIndexPath indexPath:
NSIndexPath) {
        homeManager.primaryHome.addAccessory(accessories[indexPath.row] as HMAccessory,
completionHandler: ({(error:NSError!) in
            if ( error != nil) {
```

```
                var popup = UIAlertView(title:"Error", message:"Error when adding
accessory to primary home (error is : \(error)", delegate: nil, cancelButtonTitle:
"Ok :(")
                popup.show()

                NSLog("error: \(error)")
            } else {

                var popup = UIAlertView(title:"Success!", message:"Accessory added
with success ! Now go to your home and assign it a room", delegate: nil, cancelButton
Title:"Ok !!!")
                popup.show()

            }
        }))
    }

}
```

（5）编写文件DiscoveredAccessoryDetailsViewController.swift，功能是查看，并显示列表中某个Accessory设备的详情信息，显示了这个设备的名字、是否可控、分配给它的房间号。如果超出距离范围，则会提示用户关闭它，效果如图25-11所示。

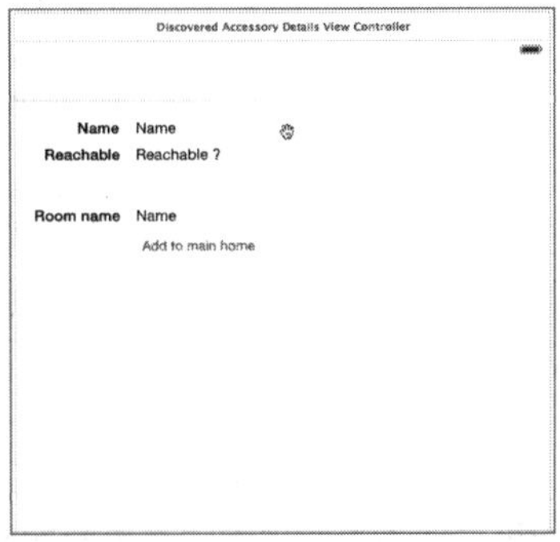

图25-11 Accessory设备的详情信息

文件DiscoveredAccessoryDetailsViewController.swift的具体实现代码如下所示：

```
import UIKit
import HomeKit

class DiscoveredAccessoryDetailsViewController : UIViewController {

    let homeManager = HMHomeManager()

    var accessory :HMAccessory?

    @IBOutlet var labelName :UILabel?
    @IBOutlet var reachable :UILabel?
    @IBOutlet var roomName :UILabel?

    override func viewWillAppear(animated: Bool) {
        labelName?.text = accessory?.name

        if let room = accessory?.room {
            roomName?.text = accessory?.room.name
        } else {
            roomName?.text = "room not set"
        }

        if accessory?.reachable == true {
            reachable?.text = "Accessory reachable !"
        } else {
            reachable?.text = "This accessory is out of range, turned off, etc"
        }

    }

    @IBAction func buttonTapped(sender : AnyObject) {
        var home = homeManager.primaryHome
        if (homeManager.homes.count > 0) {
            home = homeManager.homes[0] as HMHome
        }

        NSLog("accessory : \(accessory)")
        NSLog("home : \(home)")

        if (home != nil) {
```

```
            home.addAccessory(accessory, completionHandler: ({(error:NSError!) in
                if (error != nil) {
                    var popup = UIAlertView(title:"Error", message:"Error when adding
accessory to primary home (error is : \(error)", delegate: nil, cancelButtonTitle:
"Ok :(")
                    popup.show()

                    NSLog("error: \(error)")
                } else {
                    var popup = UIAlertView(title:"Ok", message:"Accessory had been
added to your primary home", delegate: nil, cancelButtonTitle:"Ok :(")
                    popup.show()
                                }
            }))
        } else {
            let error = UIAlertView(title: "Can't do !", message: "You did not set up
your primary home", delegate: nil, cancelButtonTitle:"Ok")
            error.show()

        }
    }

}
```

（6）编写文件RoomsViewController.swift，功能是列表显示Room信息，当单击“List of rooms”后会显示这个界面视图，效果如图25-12所示。

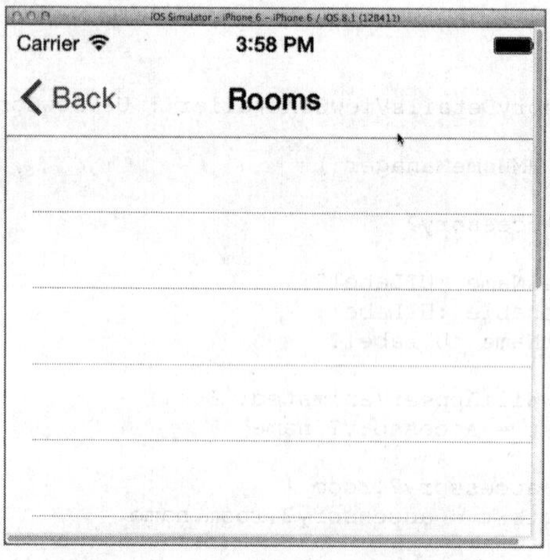

图25-12 “List of rooms”界面视图

文件RoomsViewController.swift的具体实现代码如下所示：

```
import UIKit
import HomeKit

class RoomsViewController : UITableViewController, UITableViewDataSource, UITableView
Delegate {
    var home :HMHome?
    var pickerMode = false
    var accessoryViewController :AccessoryDetailsViewController?
    override func prepareForSegue(segue: UIStoryboardSegue, sender: AnyObject!) {
        if let dest = segue.destinationViewController as? RoomDetailsViewController {
            dest.room = sender as? HMRoom
            dest.home = home
        }
    }
}

// pragma mark UITableViewDataSource, UITableViewDelegate
```

```
extension RoomsViewController {
    override func tableView(tableView: UITableView, numberOfRowsInSection section: Int)
-> Int
    {
        if let rooms = home?.rooms {
            return rooms.count
        }
        return 0
    }
    override func tableView(tableView: UITableView, cellForRowAtIndexPath indexPath:
NSIndexPath) -> UITableViewCell {
        let cell:UITableViewCell = tableView.dequeueReusableCellWithIdentifier("cell",
forIndexPath: indexPath) as UITableViewCell
        if let rooms = home?.rooms {

            let room = rooms[indexPath.row] as HMRoom

            cell.textLabel.text = room.name

            if let accessoriesOfCurrentRoom :[AnyObject] = room.accessories {
                cell.detailTextLabel?.text = "Number of accessories : \(accessoriesOf
CurrentRoom.count)"
            } else {
                cell.detailTextLabel?.text = "No accessories :("
            }
        }
        return cell
    }
    override func tableView(tableView: UITableView, didSelectRowAtIndexPath indexPath:
NSIndexPath) {
        if pickerMode {
            accessoryViewController?.setPickedRoom(home?.rooms[indexPath.row] as HMRoom)
            dismissViewControllerAnimated(true, completion: nil)
        } else {
            performSegueWithIdentifier("details", sender: home?.rooms[indexPath.row])
        }
    }
```

（7）编写文件RoomDetailsViewController.swift，功能是实现某个Room的详细信息视图，具体实现代码如下所示：

```
import UIKit
import HomeKit

class RoomDetailsViewController : UITableViewController, UITableViewDelegate, UITable
ViewDataSource {

    @IBOutlet var mainHomeName :UILabel?

    var room :HMRoom?
    var home :HMHome?

    override func viewDidLoad()  {
        tableView.registerClass(UITableViewCell.self, forCellReuseIdentifier: "cell")
    }

    override func viewWillAppear(animated: Bool)  {
        title = room?.name
    }

    override func prepareForSegue(segue: UIStoryboardSegue, sender: AnyObject!) {
        if segue.identifier == "details" {

            if let dest = segue.destinationViewController as? AccessoryDetailsView
Controller {
                dest.accessory = sender as? HMAccessory
                dest.home = home
            }
```

```
        }
    }

}

extension RoomDetailsViewController {

    override func tableView(tableView: UITableView, numberOfRowsInSection section: Int)
-> Int
    {
        if let accessories = room?.accessories {
            return accessories.count
        }
        return 0
    }

    override func tableView(tableView: UITableView, cellForRowAtIndexPath indexPath:
NSIndexPath) -> UITableViewCell
    {
        let cell:UITableViewCell = tableView.dequeueReusableCellWithIdentifier("cell",
forIndexPath: indexPath) as UITableViewCell
        if let accessories = room?.accessories {

            let accessory = accessories[indexPath.row] as HMAccessory

            cell.textLabel.text = accessory.name
        }

        return cell
    }
    override func tableView(tableView: UITableView, didSelectRowAtIndexPath indexPath:
NSIndexPath) {
        performSegueWithIdentifier("details", sender: room?.accessories[indexPath.row])
    }
}
```

（8）编写文件AccessoriesViewController.swift，这是Accessories附属设备列表视图界面，当单击“List of accessories”后会显示这个界面，效果如图25-13所示。

图25-13　Accessories设备列表

文件AccessoriesViewController.swift的具体实现代码如下所示：

```
import UIKit
import HomeKit

class AccessoriesViewController :
UITableViewController, UITableViewDataSource,
UITableViewDelegate {

    var home :HMHome?

    override func viewWillAppear(animated: Bool)  {
        title = "Accessories"
        self.tableView.reloadData()
    }


    override func prepareForSegue(segue: UIStoryboardSegue, sender: AnyObject!) {
        if segue.identifier == "details" {
            if let dest = segue.destinationViewController as? AccessoryDetailsView
Controller {
                dest.accessory = sender as? HMAccessory
                dest.home = self.home
            }

        }
    }
```

```
}
extension AccessoriesViewController {

    override func tableView(tableView: UITableView, numberOfRowsInSection section: Int)
-> Int
    {
        if let accessories = home?.accessories {
            return accessories.count
        }
        return 0
    }

    override func tableView(tableView: UITableView, cellForRowAtIndexPath indexPath:
NSIndexPath) -> UITableViewCell
    {
        let cell:UITableViewCell = tableView.dequeueReusableCellWithIdentifier("cell",
forIndexPath: indexPath) as UITableViewCell
        if let accessories = home?.accessories {

            let accessory = accessories[indexPath.row] as HMAccessory

            cell.textLabel.text = accessory.name
            cell.detailTextLabel?.text = "\(accessory.room.name)"

        }

        return cell
    }

    override func tableView(tableView: UITableView, didSelectRowAtIndexPath indexPath:
NSIndexPath) {
        performSegueWithIdentifier("details", sender: home?.accessories[indexPath.
row])
    }
}
```

（9）编写文件AccessoryDetailsViewController.swift，功能是当单击列表中的某个设备后，可以查看这个设备的详细信息，包括设置的名字、设置的房间，并且通过函数setPickedRoom验证设置的Room未被设置使用，效果如图25-14所示。

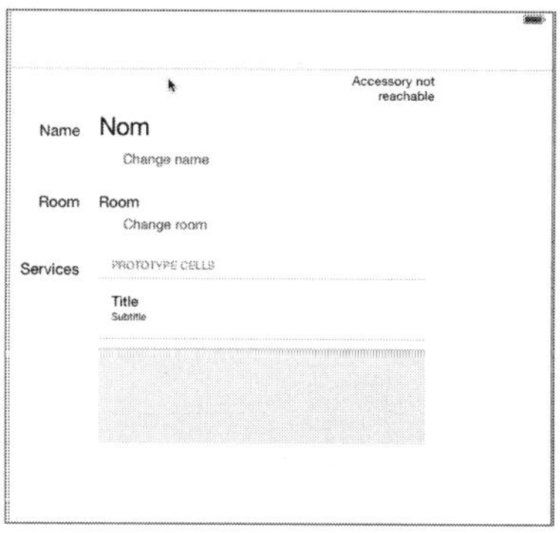

图25-14　Accessory详情视图界面

文件AccessoryDetailsViewController.swift的具体实现代码如下所示：

```
import UIKit
import HomeKit

class AccessoryDetailsViewController : UIViewController, UITableViewDelegate, UITable
ViewDataSource, HMAccessoryDelegate {

    @IBOutlet var accessoryName :UILabel?
```

```
    @IBOutlet var roomName :UILabel?

    @IBOutlet var reachable :UILabel?
    @IBOutlet var tableView :UITableView?

    var accessory :HMAccessory?
    var home :HMHome?

    override func viewWillAppear(animated: Bool)  {
        title = accessory?.name;

        render()

        if let mAccessory = self.accessory {
            mAccessory.delegate = self
        }
    }

    @IBAction func changeName(sender: AnyObject!) {
        var alert = UIAlertController(title: "Change name", message: "Input a new name
for this accessory", preferredStyle: UIAlertControllerStyle.Alert)
        let action = UIAlertAction(title: "Ok", style: UIAlertActionStyle.Default,
handler: ({(alertAction: UIAlertAction!) in

            if let textFields:[AnyObject]! = alert.textFields as [AnyObject]! {

                for textField in textFields {
                    if let input = textField as? UITextField {
                        if input.tag == 1 {
                            self.accessory?.updateName(input.text, completionHandler:
({(error:NSError!) in
                                if (error != nil) {
                                    NSLog("error updating acccessory name. error:\
(error)")
                            } else {
                                NSLog("name update !")
                                self.render()
                            }
                            }))
                        }

                    }
                }

            }

            }))
        alert.addAction(action)
        alert.addTextFieldWithConfigurationHandler({(textField: UITextField!) in
            textField.placeholder = "Accessory name"
            textField.secureTextEntry = false
            textField.tag = 1
            })
        self.presentViewController(alert, animated: true, completion: nil)
    }

    func render() {
        NSLog("render !")

        accessoryName?.text = accessory?.name
        roomName?.text = accessory?.room.name
        reachable?.text = accessory?.reachable == true ? "Reachable !" : "Accessory not
reachable"
    }
    override func prepareForSegue(segue: UIStoryboardSegue, sender: AnyObject!) {
        if segue.identifier == "characteristics" {
            if let dest = segue.destinationViewController as? CharacteristicsView
```

```
Controller {
                dest.service = sender as? HMService
            }

        } else if segue.identifier == "pickRoom" {
            if let dest = segue.destinationViewController as? RoomsViewController {
                dest.home = self.home
                dest.pickerMode = true
                dest.accessoryViewController = self
            }

        }
    }
    func setPickedRoom(room: HMRoom) {
        NSLog("room has been picked")


        home?.assignAccessory(accessory, toRoom: room, completionHandler: ({(error:
NSError!) in
            if (error != nil) {
                var popup = UIAlertView(title:"Error", message:"Error when assigning
the accessory to the picked room (error is : \(error)", delegate: nil, cancelButtonTitle:
"Ok :(")
                popup.show()
            } else {
                var popup = UIAlertView(title:"Ok", message:"Accessory added to room
\(room.name) with success!", delegate: nil, cancelButtonTitle:"Ok")
                popup.show()

            }
        }))

    }
}

extension AccessoryDetailsViewController {

    func accessoryDidUpdateName(accessory: HMAccessory!) {
        render()
    }

    func accessoryDidUpdateReachability(accessory: HMAccessory!)  {
        render()
    }
    func accessoryDidUpdateServices(accessory: HMAccessory!) {
        tableView?.reloadData()
    }
}

extension AccessoryDetailsViewController {

    func tableView(tableView: UITableView, numberOfRowsInSection section: Int) -> Int
    {
        if let services = accessory?.services {
            return services.count
        }
        return 0
    }

    func tableView(tableView: UITableView, cellForRowAtIndexPath indexPath: NSIndexPath)
-> UITableViewCell
    {
        let cell:UITableViewCell = tableView.dequeueReusableCellWithIdentifier
("service-cell", forIndexPath: indexPath) as UITableViewCell

        if let services = accessory?.services {

            let service = services[indexPath.row] as HMService
```

```
                cell.textLabel.text = "\(service.name)"
                cell.detailTextLabel?.text = "\(service.characteristics.count) characteristics"

            }

            return cell
        }
        func tableView(tableView: UITableView, didSelectRowAtIndexPath indexPath: NSIndex
Path) {
            performSegueWithIdentifier("characteristics", sender: accessory?.services
[indexPath.row])

        }
}
```

（10）编写文件CharactericsViewController.swift，功能是实现系统灯光参数设置，包括灯光强度、色调和饱和度3个参数，效果如图25-15所示。

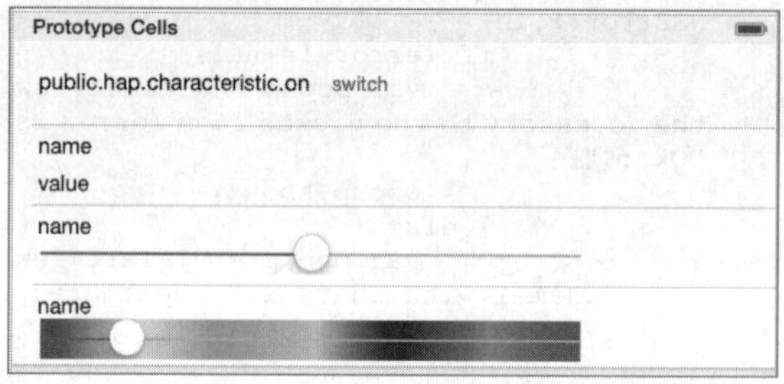

图25-15 灯光参数设置界面

文件CharactericsViewController.swift的具体实现代码如下所示：

```
import UIKit
import HomeKit
class CharacteristicsViewController :
UITableViewController, UITableView
Delegate, UITableViewDataSource {

    var service :HMService?
    override func
viewWillAppear(animated: Bool)  {
        title = service?.name
        var i = 0
        while i < service?.characteristics.count {
            let ch :HMCharacteristic = self.service?.characteristics[i] as HMCharacteristic
            NSLog("charact type : \(ch.characteristicType) ; value->\(ch.value)")
            i++
        }
    }
}
extension CharacteristicsViewController {
    override func tableView(tableView: UITableView, numberOfRowsInSection section: Int)
-> Int
    {
        if let characteristics = service?.characteristics {
            NSLog("rows : \(characteristics.count)")
            return characteristics.count
        }
        return 0
    }
    override func tableView(tableView: UITableView, cellForRowAtIndexPath indexPath:
NSIndexPath) -> UITableViewCell
    {

        let ch :HMCharacteristic = self.service?.characteristics[indexPath.row] as
HMCharacteristic

        if ch.characteristicType == HMCharacteristicTypePowerState {
            let cell:UITableViewCell = tableView.dequeueReusableCellWithIdentifier
("public.hap.characteristic.on", forIndexPath: indexPath) as UITableViewCell

            // ...

            let button:UIButton = cell.viewWithTag(10) as UIButton
            button.addTarget(self, action:"cellButtonTapped:", forControlEvents:
UIControlEvents.TouchUpInside)

            return cell
```

```
        } else if ch.characteristicType == HMCharacteristicTypeSaturation || ch.
characteristicType == HMCharacteristicTypeBrightness  {

            let cell:UITableViewCell = tableView.dequeueReusableCellWithIdentifier
("slider100percent", forIndexPath: indexPath) as UITableViewCell

            let name:UILabel = cell.viewWithTag(10) as UILabel
            name.text = ch.characteristicType
            let slider:UISlider = cell.viewWithTag(20) as UISlider
            slider.addTarget(self, action:"slider100percentValueChanged:", forControl
Events:UIControlEvents.ValueChanged)
            return cell
        }  else if ch.characteristicType == HMCharacteristicTypeHue  {
            let cell:UITableViewCell = tableView.dequeueReusableCellWithIdentifier
("hueCell", forIndexPath: indexPath) as UITableViewCell

            let name:UILabel = cell.viewWithTag(10) as UILabel
            name.text = ch.characteristicType
            let slider:UISlider = cell.viewWithTag(20) as UISlider
            slider.addTarget(self, action:"slider100percentValueChanged:", forControl
Events:UIControlEvents.ValueChanged)
            return cell

        } else {
            let cell:UITableViewCell = tableView.dequeueReusableCellWithIdentifier
("cell", forIndexPath: indexPath) as UITableViewCell
            let name:UILabel = cell.viewWithTag(10) as UILabel
            name.text = ch.characteristicType
            let value:UILabel = cell.viewWithTag(20) as UILabel
            value.text = "\(ch.value)"

            return cell

        }
    }
    override func tableView(tableView: UITableView, heightForRowAtIndexPath indexPath:
NSIndexPath) -> CGFloat {
        return 60;
    }
    func cellButtonTapped(sender :AnyObject!) {
        let buttonPosition :CGPoint = sender.convertPoint(CGPointZero, toView: self.
tableView)
        let indexPath :NSIndexPath = self.tableView.indexPathForRowAtPoint(button
Position)!
        let ch :HMCharacteristic = self.service?.characteristics[indexPath.row] as
HMCharacteristic

        if ch.characteristicType == HMCharacteristicTypePowerState {
            let value :Bool = ch.value as Bool!
            ch.writeValue(!value , completionHandler: ({(error :NSError!) in
                NSLog("Ok, error:\(error)")
            }))
        }
    }
    func slider100percentValueChanged(sender :AnyObject!) {
        let buttonPosition :CGPoint = sender.convertPoint(CGPointZero, toView: self.
tableView)
        let indexPath :NSIndexPath = self.tableView.indexPathForRowAtPoint(button
Position)!
        let ch :HMCharacteristic = self.service?.characteristics[indexPath.row] as
HMCharacteristic

        let slider :UISlider = sender as UISlider

        ch.writeValue(Int(slider.value), completionHandler: ({(error :NSError!) in
            NSLog("Ok, error:\(error)")
        }))
    }
}
```

第 26 章

读写应用程序数据

无论是在计算机还是在移动设备中，大多数重要的应用程序都允许用户根据其需求和愿望来定制操作。可以删除某个应用程序中的某些内容，也可以对喜欢的应用程序根据需要对其进行定制。在本章内容中，将详细介绍iOS应用程序使用首选项（首选项是Apple使用的术语，和用户默认设置、用户首选项或选项是同一个意思）进行定制的方法，并介绍应用程序如何在iOS设备中存储数据的知识。

26.1 iOS 应用程序和数据存储

在iOS系统中对数据做持久性存储一般有5种方式，分别是文件写入、对象归档、SQLite数据库、CoreData和NSUserDefaults。

iPhone/iPad设备上包含闪存（flash memory），它的功能和一个硬盘功能等价。当设备断电后数据还能被保存下来。应用程序可以将文件保存到闪存上，并能从闪存中读取它们。我们的应用程序不能访问整个闪存。闪存上的一部分专门给你的应用程序，这就是你的应用程序的沙箱（sandbox）。每个应用程序只看到自己的sandbox，这就防止对其他应用程序的文件进行读取活动。你的应用程序也能看见一些系统拥有的高级别目录，但不能对它们进行写操作。

可以在sandbox中创建目录（文件夹）。此外，sandbox包含一些标准目录。例如，可以访问Documents目录，可以在Documents目录下存放文件，也可以在Application Support目录下存放。在配置你的应用程序后，用户可通过iTunes看见和修改你的应用程序Documents目录。因此，我们推荐使用Application Support目录。在iOS上，每个应用程序在它自己的sandbox中有其自己私有的Application Support目录，因此，你可以安全地直接将文件放入其中。该目录也许还不存在，因此，可以同时创建并得到它。

在那之后，如果需要一个文件路径引用（一个NSString），只要调用[suppurl path]就可得到。另外，在Apple的Settings（设置）应用程序中暴露应用程序首选项，如图26-1所示。Settings应用程序是iOS内置的，让用户能够在单个地方定制设备。在Settings应用程序中可定制一切：从硬件和Apple内置应用程序到第三方应用程序。

图26-1 应用程序Settings

设置束（settings bundle）能够让我们对应用程序首选项进行声明，让Settings应用程序提供用于编辑这些首选项的用户界面。如果让Settings处理应用程序首选项，需要编写的代码将更少，但这并非总是主要的考虑因素。对于设置后就很少修改的首选项，如用于访问Web服务的用户名和密码，非常适合在Settings中配置；而对于用户每次使用应用程序时都可能修改的选项，如游戏的难易等级，则并不适合在Settings中设置。

如果用户不得不反复退出应用程序才能启动Settings以修改首选项，然后重新启动应用程序。请确定将每个首选项放在Settings中还是放在自己的应用程序中，但是，将它们放在这两者中通常是不好的做法。另外，请记住Settings提供的用于编辑应用程序首选项的用户界面有限。如果首选项要求使用自定义界面组件或自定义有效验证代码，将无法在Settings中设置，而必须在应用程序中设置。

26.2 用户默认设置

Apple将整个首选项系统称为应用程序首选项，用户可通过它定制应用程序。应用程序首选项系统负责如下低级任务：将首选项持久化到设备中；将各个应用程序的首选项彼此分开；通过iTune将应用程序首选项备份到计算机，以免在需要恢复设备时用户丢失其首选项。通过易于使用的一个API与应用程序首选项交互，该API主要由单例（singleton）类NSUserDefaults组成。

类NSUserDefaults的工作原理类似于NSDirectionary，主要差别在于NSUserDefault是单例类，且在它可存储的对象类型方面受到更多的限制。应用程序的所有首选项都以“键-值”对的方式存储在NSUserDefaults单例中。

注意： 单例是单例模式的一个实例，而模式单例是一种常见的编程方式。在iOS中，单例模式很常见，它用于确保特定类只有一个实例（对象）。单例最常用于表示硬件或操作系统向应用程序提供的服务。

要访问应用程序首选项，首先必须获取指向应用程序NSUserDefaults单例的引用：

```
NSUserDefaults *userDefaults=  [NSUserDefaults standardUserDefaults];
```

然后便可以读写默认设置数据库了，方法是指定要写入的数据类型，以及以后用于访问该数据的键（任意字符串）。要指定类型，必须使用以下6个函数之一：

setBool:forKey、setFloat:forKey、setlnteger:forKey、setObject:forKey、setDouble:forKey、setURL:forKey。

具体使用哪一个函数取决于要存储的数据类型。函数setObject:forKey可以存储NSString、NSDate、NSArray以及其他常见的对象类型。例如，使用键age存储一个整数，并使用键name存储一个字符串，可以使用类似于下面的代码实现：

```
[userDefaults setInteger:10 forKey:@"age"];
[userDefaults setObject:@"John"  forKey:@"name"];
```

当我们将数据写入默认设置数据库时，并不一定会立即保存这些数据。如果认为已经存储了首选项，而iOS还没有抽出时间完成这项工作，这将会导致问题。为了确保所有数据都写入了用户默认设置，可以使用方法synchronize实现。

```
[userDefaults synchronize];
```

要将这些值读入应用程序，可使用根据键读取并返回相应值或对象的函数，例如：

```
float myAge=[userDefaults integerForKey:@"age"];
NSString *myName=[userDefaults stringForKey:@"name"];
```

不同于set函数，要想读取值，必须使用专门用于字符串、数组等的方法，这让您能够轻松地将存储的对象赋给特定类型的变量。请根据要读取的数据类型选择arrayForKey、boolForKey、dataforKey、dictionaryForKey、floatForKey、integerForKey、objectForKey、itringArrayForKey、doubleForKey或URLForKey。

26.3 设置束

另一种处理应用程序首选项的方法是使用设置束。从开发的角度看，设置束的优点在于，它们完全是通过Xcode plist编辑器创建的，无需设计UI或编写代码，而只需定义要存储的数据及其键即可。

26.3.1 设置束基础

在默认情况下，应用程序没有设置束。要在项目中添加它们，可选择菜单File>New File，再在iOS Resource类别中选择Setting Bundle，如图26-2所示。

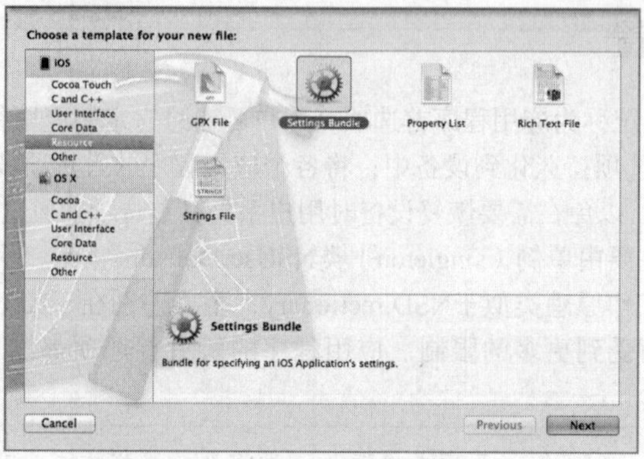

图26-2　手工方式在项目中添加设置束

设置束中的文件Root.plist决定了应用程序首选项如何出现在应用程序Settings中。有7种类型的首选项，如表26-1所示，Settings应用程序可读取并解释它们，以便向用户提供用于设置应用程序首选项的UI。

表26-1　首选项类型

类　型	键	描　述
Text Field（文本框）	PSTextFieldSpecifier	可以编辑的文本字符串
Toggle Switch（开关）	PSToggleSwitchSpecifier	开关按钮
Slide（滑块）	PSSliderSpecifier	取值位于特定范围内的滑块
Multivalue（多值）	PSMultiValueSpecifier	下拉式列表
Title（标题）	PSTitleValueSpecifier	只读文本字符串
Group（编组）	PSGroupSpecifier	首选项逻辑编组的标题
Child Pane（子窗格）	PSChildPaneSpecifier	子首选项页

要想创建自定义设置束，只需要在文件Root.plist的Preference Items键下添加新行即可。我们只要遵循iOS Reference Library（参考库）中的Settings Application Schema Reference（应用程序“设置”架构指南）中的简单架构来设置每个首选项的必需属性和一些可选属性，如图26-3所示。

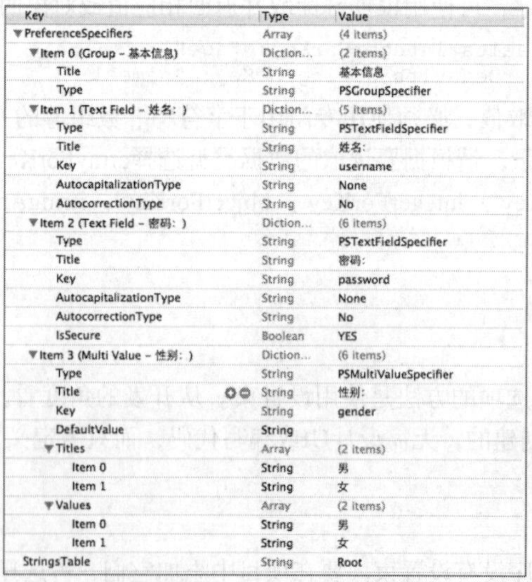

图26-3　在文件Root.plist中定义UI

创建好设置束后，就可以通过应用程序Settings修改用户默认设置了，而开发人员可以使用“读写用户默认设置”一节介绍的方法访问这些设置。

26.3.2 实战演练——通过隐式首选项实现一个手电筒程序

在本节的演示项目中，将创建一个手电筒应用程序，它包含一个开关，并在这个开关开启时从屏幕上射出一束光线。将使用一个滑块来控制光线的强度。我们将使用首选项来恢复到用户保存的最后状态。本实例总共需要3个界面元素。首先是一个视图，它从黑色变成白色以发射光线；其次是一个开关手电筒的开关；最后是一个调整亮度的滑块。它们都将连接到输出口，以便能够在代码中访问它们。开关状态和亮度发生变化时，将被存储到用户默认设置中。应用程序重新启动时会自动恢复存储的值。

实例26-1	通过隐式首选项实现一个手电筒程序
源码与视频路径	光盘:\daima\26\shoudian

1. 创建项目

在Xcode中使用iOS模板SingleView Application创建一个项目，并将其命名为“shoudian”，如图26-4所示。在此只需编写一个方法并修改另一个方法，因此需要做的设置工作很少。

（1）规划变量和连接

本实例总共需要3个输出口和1个操作。开关将连接到输出口toggleSwitch，视图将连接到lightSource，而滑块将连接到brightnessSlider。当滑块或开关的设置发生变化时，将触发操作方法setLightSourceAlpha。为了控制亮度，可以在黑色背景上放置一个白色视图。为了修改亮度，可以调整视图的Alpha值（透明度）。视图的透明度越低，光线越暗；透明度越高，光线越亮。

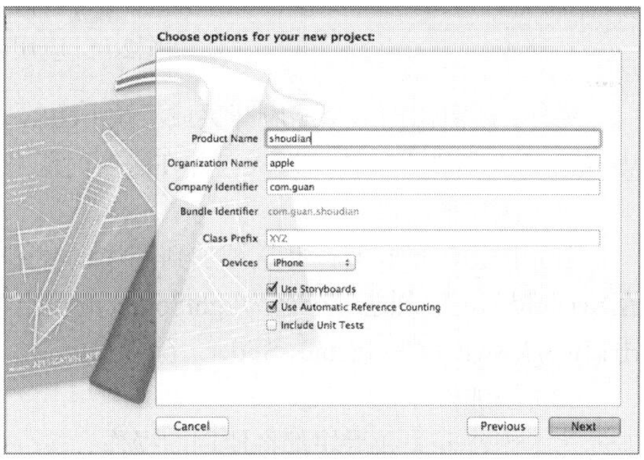

图26-4 创建工程

（2）添加用作键的常量

要访问用户默认首选项系统，必须给要存储的数据指定键，在存储或获取存储的数据时，都需要用到这些字符串。由于将在多个地方使用它们，且它们是静态值，因此，很适合定义为常量。在这个项目中，将定义两个常量：kOnOfiToggle和kBrightnessLevel，前者是用于存储开光状态的键，而后者是用于存储手电筒亮度的键。

在文件ViewController.m中，在#import行下方添加这些常量：

```
#define kOnOffToggle@"onOff"
i#define kBrightnessLevel@"brightness"
}
```

2. 创建界面

在Interface Builder编辑器中，打开文件MainStoryboard.storyboard，并确保文档大纲和Utility区域可见。选择场景中的空视图，再打开Attributes Inspector(Option+ Command+ 4)。使用该检查器将视图的背景色设置为黑色（我们希望手电筒的背景为黑色）。然后从对象库（View>Utilities>Show Object Library）中拖曳一个UISwitch到视图左下角，将一个UISlider拖曳到视图右下角，调整滑块的大小，使其占据未被开关占用的所有水平空间。最后添加一个UIView到视图顶部，调整其大小，确保其宽度与视图相同，并占据开关和滑块上方的全部垂直空间，现在视图应类似于图26-5所示。

3. 创建并连接输出口和操作

为了编写让Flashlight应用程序正常运行并处理应用程序首选项的代码，需要访问开关、滑块和光源；还需要响应开关和滑块的Value Changed事件，以调整手电筒的亮度。总之，需要创建并连接如下所示的输出口。

- ❑ 开关（UISwitch）：toggleSwitch。
- ❑ 亮度滑块（UISlider）：brightnessSlider。
- ❑ 发射光线的视图（UIView）：lightSource。

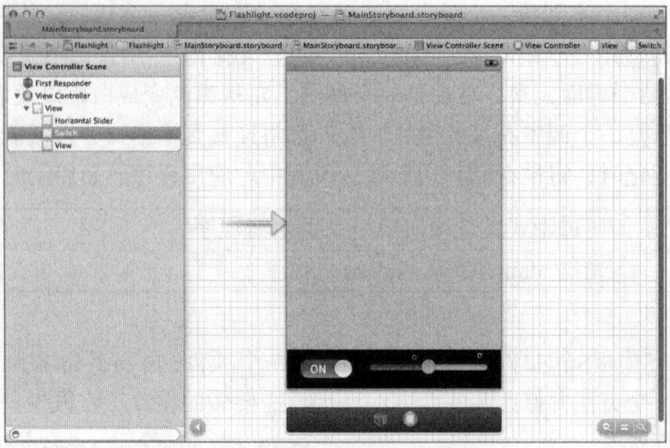

图26-5 应用程序Flashlight的UI

另外，还需添加一个响应开关或滑块（UISwitch UISlider）的Value Changed事件setLightSourceAlphaValue。切换到助手编辑器模式，并在必要时隐藏项目导航器和Utility区域。

（1）添加输出口

首先按住Control键，并从添加到UI中的视图拖曳到文件ViewController.h中@interface代码行下方。在Xcode提示时，创建一个名为lightSource的输出口。对开关和滑块重复上述操作，将它们分别连接到输出口toggleSwitch和brightnessSlider。除了访问这3个控件外，还需要响应开关状态变化和滑块位置变化。

（2）添加操作

为了创建开关和滑块都将使用的操作，按住Control键，并从滑块拖曳到编译指令@property的下方。然后定义一个由事件Value Changed触发的操作setLightSourceAlphaValue，如图26-6所示。

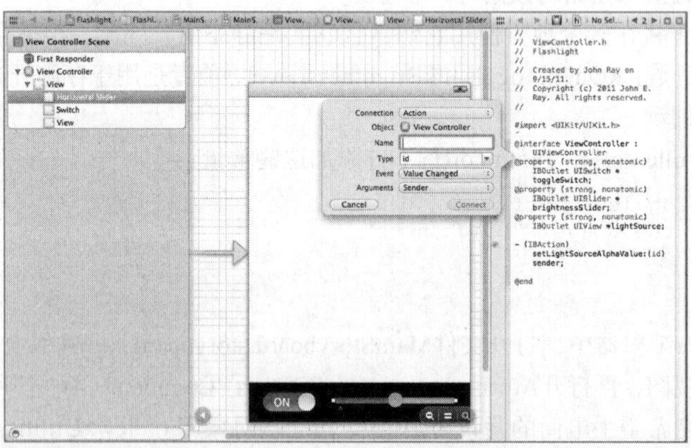

图26-6 将开关和滑块都连接到操作setLightSourceAlphaValue

为了将开关也连接到该操作，打开Connections Inspector(Option+ Command+5)，并从开关的Value Changed事件拖曳到新增的IBAction行，也可按住Control键，并从开关拖曳到iAction行，这将自动选择事件Value Changed。通过将开关和滑块都连接到操作setLightSourceAlphaValue，可以确保用户调整滑块或切换开关时将立刻获得反馈。

4．实现应用程序逻辑

当开关手电筒及调整亮度时，应用程序将通过调整视图lightSource的Alpha属性来做出响应。视图的Alpha属性决定了视图的透明度，其值为0.0时视图完全透明，其值为1.0时视图完全不透明。视图lightSource为白色，且位于黑色背景之上。该视图越透明，透过它显示的黑色就越多，而手电筒就越暗。如果要将手电筒关掉，只需将Alpha属性设置为0.0，这样将不会显示视图lightSource的白色背景。

在文件ViewController.m中，修改方法setLightSourceAlphaValue后的代码如下所示：

```
-(IBAction) setLightSourceAlphaValue{
    if (self.toggleSwitch.on){
    self.lightSource.alpha=self.brightnessSlider.value;
    } else{
    self.lightSource.alpha=0.0;
    }
}
```

上述方法能够检查对象toggleSwitch的on属性，如果为on，则将视图lightSource的Alpha属性设置为滑块的value属性的值。滑块的value属性返回一个0～100 的浮点数，因此，这些代码足以让手电筒正常工作。可以运行该应用程序，并查看结果。

（1）存储Flashlight首选项

在此把开关状态和亮度存储为隐式首选项，修改方法setLightSourceAlphaValue，在其中添加如下所示的代码行：

```
- (IBAction)setLightSourceAlphaValue:(id)sender {
    NSUserDefaults *userDefaults = [NSUserDefaults standardUserDefaults];
   [userDefaults setBool:self.toggleSwitch.on forKey:kOnOffToggle];
    [userDefaults setFloat:self.brightnessSlider.value
                    forKey:kBrightnessLevel];
    [userDefaults synchronize];

    if (self.toggleSwitch.on) {
        self.lightSource.alpha = self.brightnessSlider.value;
    } else {
        self.lightSource.alpha = 0.0;
    }
}
```

在上述代码的第2行，使用方法standardUserDefaults获取NSUserDefaults单例，第3行以及第4行和第5行分别使用方法setBool和setFloat存储首选项。第6行调用NSUserDefaults的方法synchronize，这样可以确保立即存储设置。

（2）读取Flashlight首选项

此时每当用户修改设置时，该应用程序都将保存两个控件的状态。为了获得所需的行为，还需做相反的操作，即每当应用程序启动时，都读取首选项并使用它们来设置两个控件的状态。为此，将使用方法viewDidLoad以及NSUserDefaults的方法floatForkey 和boolForKey。编辑viewDidLoad，并使用前面的方式获取NSUserDefaults单例，但这次将使用首选项来设置控件的值，而不是相反。

在文件ViewController.m中，方法viewDidLoad的实现代码如下所示：

```
- (void)viewDidLoad
{
    NSUserDefaults *userDefaults = [NSUserDefaults standardUserDefaults];
    self.brightnessSlider.value = [userDefaults
    floatForKey:kBrightnessLevel];
    self.toggleSwitch.on = [userDefaults
    boolForKey:kOnOffToggle];
    if ([userDefaults boolForKey: kOnOffToggle]) {
        self.lightSource.alpha = [userDefaults
        floatForKey:kBrightnessLevel];
    } else {
        self.lightSource.alpha = 0.0;
    }
```

```
    [super viewDidLoad];
    // Do any additional setup after loading the view, typically from a nib
}
```

在上述代码中，第3～4行用于获取NSUserDefault单例，并使用它来获取首选项，再设置滑块（第5行和第6行）和开关（第7行和第8行）。第9~14行检查开关的状态，如果它是开的，则将视图的Alpha属性设置为存储的滑块值；否则将Alpha属性设置为0（完全透明的），这导致视图看起来完全是黑的。

5. 生成应用程序

此时运行该应用程序，执行效果如图26-7所示。

注意： 如果您运行该应用程序，并按主屏幕（Home）按钮，应用程序并不会退出，而在后台挂起。要全面测试应用程序Flashlight，务必使用Xcode中的Stop按钮停止该应用程序，再使用iOS任务管理器（Task Manager）关闭该应用程序，然后重新启动并检查设置是否恢复了。

26.4 直接访问文件系统

图26-7 执行效果

直接访问文件系统是指打开文件并读写其内容。这种方法可用于存储任何数据，例如，从Internet下载的文件、应用程序创建的文件等，但并非能存储到任何地方。在开发iOS SDK时，Apple增加了各种限制，旨在保护用户设备免受恶意应用程序的伤害。这些限制被统称为应用程序沙箱（sandbox）。您使用iOS SDK创建的任何应用程序都被限制在沙箱内——无法离开沙箱，也无法消除沙箱的限制。其中一些限制指定了应用程序数据将如何存储，以及应用程序能够访问哪些数据。给每个应用程序都指定了一个位于设备文件系统中的目录，应用程序只能读写该目录中的文件。这意味着一些应用程序最多只能删除自己的数据，而不能删除其他应用程序的数据。

另外，这些限制也不是非常严格：在很大的程度上说，通过iOS SDK中的API暴露了Apple应用程序（如通信录、日历、照片库和音乐库）的信息，更详细的信息请参阅本书后面的内容。

在每个iOS SDK版本中，Apple都在不断降低应用程序沙箱的限制，但是，有些沙箱限制是通过策略而不是技术实现的。即使在文件系统中找到了位于应用程序沙箱外且可读写其中文件的地方，也并不意味着您应该这样做。如果您的应用程序违反了应用程序沙箱限制，肯定无法进入iTune Store。

26.4.1 应用程序数据的存储位置

在应用程序的目录中，有4个位置是专门为存储应用程序数据提供的，包括目录Library/Preferences、Library/Caches、Documents和 tmp。

在iPhone模拟器中运行应用程序时，该应用程序的目录位于Mac目录/Users/<your user>/Library/Applications Support/iPhone Simulator/<Device OS Version>/Applications中。该目录可包含任意数量的应用程序的目录，其中每个目录都根据Xcode的唯一应用程序ID命名（一系列字符和短画线）。要找到您当前在iOS模拟器中运行的应用程序的目录，最简单的方法是查找最近修改的应用程序目录。现在请花几分钟查找本章前面创建的两个应用程序的目录。如果您使用的是Lion，目录Library默认被隐藏。要访问它，可按住Option键，并单击Finder的Go菜单。

通常不直接读写Library/Preferences目录，而是使用NUSuperDefault API。然而，直接操纵Library/Caches、Documents和tmp目录中的文件，它们之间的差别在于其中存储的文件的生命周期。

Documents目录是应用程序数据的主要存储位置，设备与iTunes同步时，该目录将备份到计算机中，因此将这样的数据存储到该目录很重要：它们丢失时用户将很沮丧。

Library/Caches用户缓存从网络获取的数据或通过大量计算得到的数据。该目录中的数据将在应用程序关闭时得以保留，将数据缓存到该目录是一种改善应用程序性能的重要方法。如果不想存储在设备有限的易失性内存中，且不需要在应用程序关闭后得以保留的数据，可以将其存储到tmp目录中。tmp目录是Library/Caches的临时版本，可将其视为应用程序的便笺本。

26.4.2 获取文件路径

iOS设备中的每个文件都有路径，这指的是文件在文件系统中的准确位置。要让应用程序能够读写其沙箱中的文件，需要指定该文件的完整路径。Core Foundation提供了一个名为NSS earchPathForDirectoriesInDomains的C语言函数，它返回指向应用程序的目录Documents或Library/Caches的路径。该函数可返回多个目录，因此该函数调用的结果为一个NSArray对象。使用该函数来获取指向目录Documents或Library/Caches的路径时，它返回的数组将只包含一个NSString；要从数组中提取该NSString，可以使用NSArray的objectAtIndex方法，并将索引指定为0。

NSString提供了一个名为stringByAppendingPathComponent的方法，可用于将两个路径段合并起来。通过将调用NSS earchPathForDirectoriesInDomains的结果与特定文件名合并起来，获取一条完整的路径，它指向应用程序的Documents或Library/Caches目录中相应的文件。

例如，开发一个计算圆周率的前100000位的iOS应用程序，而我们希望应用程序将结果写入到一个缓存文件中以免重新计算。为了获取指向该文件的完整路径，首先需要获取指向目录Library/Caches的路径，再在它后面加上文件名：

```
NSString *cacheDir=
[NSSearchPathForDirectoriesInDomains (NSCachesDirectory,
NSUserDomainMask, YES) objectAtIndex:0];
NSString *piFile=[cacheDir stringByAppendingPathComponent:@"American.pi"];
```

要获取指向目录Documents中特定文件的路径，可以使用相同的方法，但是需要将传递给 [Ssearch Path ForDirectoriesInDomains的第一个参数设置为NSDocumentDirectory：

```
NSString *docDir=
[NSSearchPathForDirectoriesInDomains (NSDocumentDirectory,
NSUserDomainMask, YES) objectAtIndex:0];
NSString *scoreFile=[docDir stringByAppendingPathComponent:@"HighScores.txt"];
```

Core Foundation还提供了另一个名为NSTemporaryDirectory的C语言函数，它返回应用程序的tmp目录的路径。与前面一样，也可使用该函数来获取指向特定文件的路径：

```
NSString *scratchFile=
 [NSTemporaryDirectory()stringByAppendingPathComponent:@"Scratch.data"];
```

26.4.3 读写数据

首先检查指定的文件是否存在，如果不存在则需要创建它，否则应显示错误消息。要检查字符串变量myPath表示的文件是否存在，需要使用NSFileManager的方法fileExistsAtPath实现，例如：

```
fileExistsAtPath:
if([[NSFileManager defaultManager]fileExistsAtPath:myPath]){
//file exists
}
```

然后使用类NSFileHandle的方法fileHandleForWritingAtPath、fileHandleForReadingAtPath或file HandleForUpdatingAtPath获取指向该文件的引用，以便读取、写入或更新。例如，要创建一个用于写入的文件句柄，可以用下面的代码实现：

```
NSFileHandle *fileHandle=
[NSFileHandle fileHandleForWritingAtPath:myPath];
```

要将数据写入fileHandle指向的文件，可使用NSFileHandle的方法writeData。要将字符串变量stringData的内容写入文件，可使用如下代码：

```
[fileHandle writeData:[stringData dataUsingEncoding:NSUTF8StringEncoding]];
```

通过在写入文件前调用NSString的方法dataUsingEncoding，可确保数据为标准Unicode格式。写入完毕后，必须关闭文件手柄：

```
[fileHandle closeFile];
```

要将文件的内容读取到字符串变量中，必须执行类似的操作，但使用read方法，而不是write方法。首先，获取要读取的文件的句柄，再使用NSFileHandle的实例方法availableData将全部内容读入一个字符串变量，然后关闭文件句柄：

```
NSFileHandle *fileHandle=
NSString *surveyResults=NSString allocdingAtPath_myPath];
NSString *surVeyResults=[[NSString alloc]
initWithData:[fileHandle availableData]
encoding:NSUTF8StringEncoding];
 [fileHandle closeFile];
```

当需要更新文件内容时，可以使用NSFileHandle的其他方法（如seekToFileOffset或seekToEndOfFile）移到文件的特定位置。

26.4.4 读取和写入文件

例如新创建一个Empty Application应用程序，添加HomeViewController文件。其中文件HomeViewController.h的实现代码如下所示：

```
#import <UIKit/UIKit.h>
@interface HomeViewController : UIViewController
{
}
- (NSString *) documentsPath;                              //负责获取Documents文件夹的位置
- (NSString *) readFromFile:(NSString *)filepath;      //读取文件内容
- (void) writeToFile:(NSString *)text withFileName:(NSString *)filePath;
                                                           //将内容写到指定的文件
@end
```

文件HomeViewController.m的实现代码如下所示：

```
#import "HomeViewController.h"
@interface HomeViewController ()
@end
@implementation HomeViewController
//负责获取Documents文件夹的位置
- (NSString *) documentsPath{
    NSArray *paths = NSSearchPathForDirectoriesInDomains(NSDocumentDirectory, NSUser
DomainMask, YES);
    NSString *documentsdir = [paths objectAtIndex:0];
    return documentsdir;
}
//读取文件内容
- (NSString *) readFromFile:(NSString *)filepath{
    if ([[NSFileManager defaultManager] fileExistsAtPath:filepath]){
        NSArray *content = [[NSArray alloc] initWithContentsOfFile:filepath];
        NSString *data = [[NSString alloc] initWithFormat:@"%@", [content objectAt
Index:0]];
        [content release];
        return data;
    } else {
        return nil;
    }
}
//将内容写到指定的文件
```

```
- (void) writeToFile:(NSString *)text withFileName:(NSString *)filePath{
    NSMutableArray *array = [[NSMutableArray alloc] init];
    [array addObject:text];
    [array writeToFile:filePath atomically:YES];
    [array release];
}
-(NSString *)tempPath{
    return NSTemporaryDirectory();
}
- (void)viewDidLoad
{
    NSString *fileName = [[self documentsPath] stringByAppendingPathComponent:
@"content.txt"];
    //NSString *fileName = [[self tempPath] stringByAppendingPathComponent:@"content.
txt"];
    [self writeToFile:@"苹果的魅力! " withFileName:fileName];
    NSString *fileContent = [self readFromFile:fileName];
    NSLog(fileContent);
    [super viewDidLoad];
}
@end
```

此时的效果如图26-8所示。

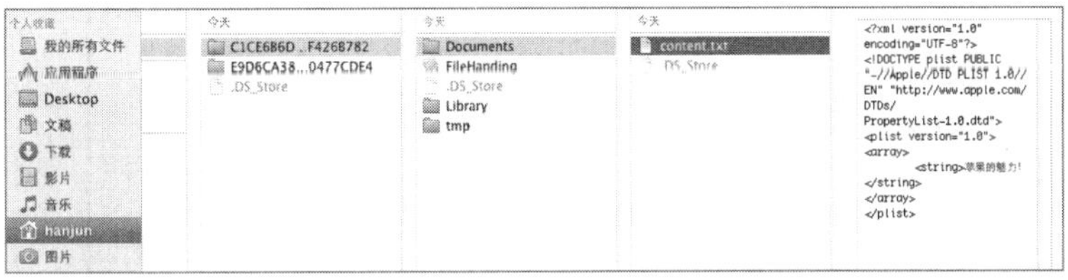

图26-8 效果图

26.4.5 通过 plist 文件存取文件

在前面的代码中，修改HomeViewController.m的viewDidLoad方法：

```
- (void)viewDidLoad
{/*
    NSString *fileName = [[self documentsPath] stringByAppendingPathComponent:@"
content.txt"];
    //NSString *fileName = [[self tempPath] stringByAppendingPathComponent:@"
content.txt"];
    [self writeToFile:@"苹果的魅力! " withFileName:fileName];
    NSString *fileContent = [self readFromFile:fileName];
    NSLog(fileContent);*/
    NSString *fileName = [[self tempPath]
                          stringByAppendingPathComponent:@"content.txt"];
    [self writeToFile:@"我爱苹果! " withFileName:fileName];
    NSString *fileContent = [self readFromFile:fileName];
   //操作plist文件，首先获取在Documents中的contacts.plist文件全路径，并且把它赋值给
   //plistFileName变量
    NSString *plistFileName = [[self documentsPath]
                               stringByAppendingPathComponent:@"contacts.plist"];
    if ([[NSFileManager defaultManager] fileExistsAtPath:plistFileName]) {
        //载入字典中
        NSDictionary *dict = [[NSDictionary alloc]
                              initWithContentsOfFile:plistFileName];
      //按照类别显示在调试控制台中
        for (NSString *category in dict) {
            NSLog(category);
            NSLog(@"*********************");
            NSArray *contacts = [dict valueForKey:category];
            for (NSString *contact in contacts) {
                NSLog(contact);
```

```
            }
        }
        [dict release];
    } else {//如果Documents文件夹中没有contacts.plist文件的话，则从项目文件中载入
            //contacts.plist文件
        NSString *plistPath = [[NSBundle mainBundle]
                               pathForResource:@"contacts" ofType:@"plist"];
        NSDictionary *dict = [[NSDictionary alloc]
                              initWithContentsOfFile:plistPath];
       //写入Documents文件夹中
        fileName = [[self documentsPath] stringByAppendingPathComponent:@"contacts.
plist"];
        [dict writeToFile:fileName atomically:YES];
        [dict release];
    }
    [super viewDidLoad];
}
```

此时的效果如图26-9所示。

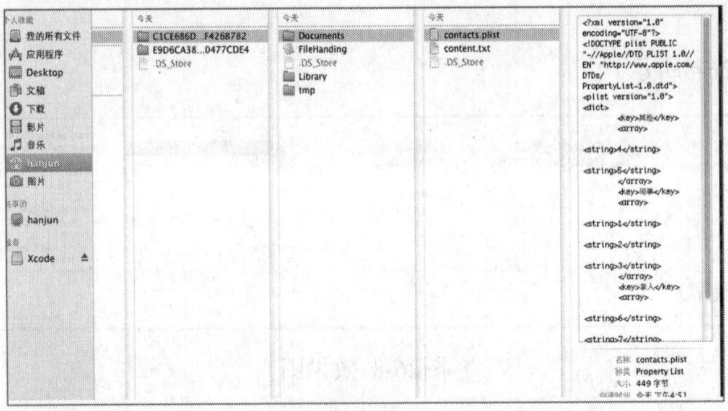

图26-9　效果图

我们有时会用到绑定资源（通常将项目中的资源叫绑定资源，它们都是只读的。如果想在应用程序运行的时候对这些资源进行读写操作，就需要将它们复制到应用程序文件夹中，如Documents和tmp文件夹）。只需在AppDelegate.m中添加一个方法即可：

```
//复制绑定资源
- (void) copyBundleFileToDocumentsFolder:(NSString *)fileName
                           withExtension:(NSString *)ext{
    NSArray *paths = NSSearchPathForDirectoriesInDomains(NSDocumentDirectory, NSUser
DomainMask, YES);
    NSString *documentsDirectory = [paths objectAtIndex:0];
    NSString *filePath = [documentsDirectory
          stringByAppendingPathComponent:[NSString stringWithString: fileName]];
    filePath = [filePath stringByAppendingString:@"."];
    filePath = [filePath stringByAppendingString:ext];
    [filePath retain];
    NSFileManager *fileManager = [NSFileManager defaultManager];
    if (![fileManager fileExistsAtPath:filePath]) {
        NSString *pathToFileInBundle = [[NSBundle mainBundle]
                                  pathForResource:fileName ofType:ext];
        NSError *error = nil;
        bool success = [fileManager copyItemAtPath:pathToFileInBundle
                                        toPath:filePath
                                         error:&error];
        if (success) {
            NSLog(@"文件已复制");
        } else {
            NSLog([error localizedDescription]);
        }
    }
}
```

上述代码的原理是：首先获取应用程序的Documents文件夹的位置，然后在Documents中搜索通过该方法参数传递进来的文件名，其中包括文件名和扩展名。如果该文件不存在，则通过NSBundle类直接获取该绑定资源并将其复制到Documents文件夹中。

26.4.6 保存和读取文件

NSString、NSData、NSArray及NSDictionary都提供了writeToFile...和initWithContentsOfFile...方法来写和读文件内容，除此之外还有writeToURL...和initWithContentsOfURL...方法。NSArray和NSDictionary实际上是属性列表，并且只有当数组或字典的所有内容是属性列表类型（NSString.NSData、NSDate、NSNumber、NSArray和NSDictionary）时才能写和读文件。

如果一个对象的类采用NSCoding协议，那么可以使用NSKeyedArchiver和NSKeyedUnarchiver方法将它转变为一个NSData或转换回去。一个NSData可以保存为一个文件（或保存到一个属性列表中）。因此，NSCoding协议提供了一种用来保存一个对象到磁盘的方法。

可以让自己的类采用NSCoding协议。例如，有一个拥有一个firstName属性和一个lastName属性的Person类，我们将声明它采用NSCoding协议。为了让该类实际符合NSCoding，必须实现encodeWithCoder（归档该对象）和initWithCoder（反归档对象）方法。在encodeWithCoder方法中，如果超类采用NSCoding协议，必须首先调用super，然后为每个要保存的实变量调用适当的encode...方法。在initWithCoder中，当超类采用NSCoding协议时，就必须调用super（使用initWithCoder方法），然后为每个之前保存的实例变量调用合适的decode...方法，最后返回self。

如果NSData对象本身是文件的全部内容（如上例），那么不需要使用archivedData WithObject和unarchiveObjectWithData方法，可以完全跳过中间的NSData对象，直接使用archiveRootObject:toFile和unarchiveObjectWithFile方法。

26.4.7 文件共享和文件类型

如果应用程序支持文件共享，那么Documents目录通过iTunes 可以被用户使用。用户可以添加文件到你的应用程序Documents目录中，并且可以将文件和文件夹从我们应用程序Documents目录保存到计算机，也可以重命名和删除其中的文件和文件夹。例如，你的应用程序的目的是显示公共文件（PDFs或JPEGs），iTunes的文件共享界面如图26-10所示。

图26-10 iTunes的文件共享界面

为了支持文件共享，设置Info.plist的key“Application supports iTunes file sharing”的属性为YES。一旦Documents目录通过这种方式完全暴露给用户，很可能就不想使用Documents目录来保存私密文件。

我们可以使用Application Support目录。

我们的应用程序可以声明它自己能够打开某一类型的文档。当另一个应用程序得到一个这种类型的文档，它可以将该文档传递给你的应用程序。例如，用户也许在Mail应用程序的一个邮件消息中接收该文档，那么需要一个从Mail到你的应用程序的一种方式。为了让系统知道你的应用程序能打开某一种类型的文档，需要在Info.plist中配置CFBundleDocumentTypes。这是一个数组，其中每个元素将是一个字典，该字典使用诸如LSItemContentTypes、CFBundleTypeName、CFBundleTypeIconFiles和LSHandler Rank等key来指明一个文档类型，例如假设声明我的应用程序能够打开PDF文档。

26.4.8 传递一个文档

假设应用程序已经得到了一个文档，它想将它传递给任何可以处理该文档的应用程序。这是通过UIDocumentInteractionController类实现的。例如，我们的应用程序有一个PDF文件（在它的Documents目录）中。假设我们有一个指向该文档的NSURL，在界面上有一个“sender”按钮，用户单击该按钮，就可以将该文档传递给其他应用程序。因为你的应用程序不知道哪个应用程序能处理该文档。如果UIDocumentInteractionController不能显示你要求的界面，则返回的BOOL值将是NO。通过UIDocument InteractionController可以获得文档类型的更多信息。

一个UIDocumentInteractionController也可以显示文档的预览。此时必须给UIDocumentInteraction Controller一个委托，该委托必须实现documentlnteractionC ontrollerViewControllerForPreview方法，该方法返回一个现存的视图控制器，该控制器将包含预览的视图控制器。

如果视图控制器返回的是一个UINavigationController，则预览视图控制器将被压入其中。委托方法允许我们跟踪由UIDocumentlnteractionController显示的界面中发生了什么。

预览实际上是由Quick Look框架提供，并且你可以完全跳过UIDocumentInteractionController，而只是通过一个QLPreviewController显示该预览视图。你需要链接到QuickLook.framework，并导入<Quick Look/QuickLook.h>。它是一个视图控制器，因此为了显示该预览，模态显示它或将它压入一个导航控制器的栈中（正如UIDocumentInteractionController所做的）。QLPreviewController的一个优点是它可以不只预览一个文档；用户可以在它们中移动（使用在预览界面底部的箭头按钮）。此外，如果一个文档可以在另一个应用程序中被打开，则该界面包含action按钮。

26.4.9 实战演练——实现一个收集用户信息的程序

在本节的演示实例中，将创建一个调查应用程序。该应用程序收集用户的姓、名和电子邮件地址，然后将其存储到iOS设备文件系统的一个CSV文件中。通过触摸另一个按钮后可以检索并显示该文件的内容。本实例的界面非常简单，它包含3个收集数据的文本框和一个存储数据的按钮，还有一个按钮用于读取累积的调查结果，并将其显示在一个可滚动的文本视图中。为了存储信息，首先生成一条路径，它指向当前应用程序的Documents目录中的一个新文件，然后创建一个指向该路径的文件句柄，并以格式化字符串的方式输出调查结果。从文件读取数据的过程与此相似，但是获取文件句柄，将文件的全部内容读取到一个字符串中，并在只读的文本视图中显示该字符串。

实例26-2	实现一个收集用户信息的程序
源码与视频路径	光盘:\daima\26\shouji

1. 创建项目

打开Xcode，使用iOS的Single-View Application模板新创建一个项目，命名为“shouji”。因为本项目需要通过代码与多个UI元素交互，所以需要确定是哪些UI元素以及如何给它们命名，规划变量和连接，如图26-11所示。

因为本项目是一个调查应用程序，用于收集信息，显然需要数据输入区域。这些数据输入区域是文本框，用于收集姓、名和电子邮件地址。我们将把它们分别命名为firstName、lastName和E-mail。为了验证将数据正确地存储到了一个CSV文件中，将读取该文件并将其输出到一个文本视图中，而我们将把这个文本视图命名为resultView。

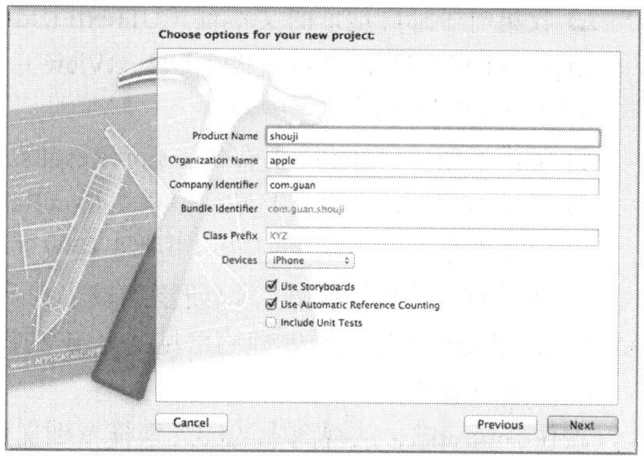

图26-11 新建的工程

本演示项目总共需要3个操作，其中的两个是显而易见的，而另一个不那么明显。首先需要存储数据，因此添加一个按钮，它触发操作storeResults。其次，需要读取并显示结果，因此还需要一个按钮，它触发操作showResults。不幸的是，还需要第3个操作:hideKeyboard，这样用户触摸视图的背景或微型键盘上的“好”按钮时，将隐藏屏幕键盘。

2. 设计界面

单击文件MainStoryboard.storyboard切换到设计模式，再打开对象库（View>Utilities Show Object Library）。拖曳3个文本框（UITextField）到视图中，并将它们放在视图顶部附近。在这些文本框旁边添加3个标签，并将其文本分别设置为“姓”、“名”、“邮箱”。

依次选择每个文本框，再使用Attributes Inspector（Option+Command+4）设置合适的Keyboard属性（例如，对于电子邮件文本框，将该属性设置为Email）、Return Key属性（例如“好”）和Capitalization属性，并根据喜好设置其他功能。这样数据输入表单就完成了。然后拖曳一个文本视图（UITextView）到视图中，将它放在输入文本框下方——用于将显示调查结果文件的内容。使用Attributes Inspector将文本视图设置成只读的，因为不能让用户使用它来编辑显示的调查结果。此时在文本视图下方添加两个按钮（UIButton），并将它们的标题分别设置为Store Results和Show Results。这些按钮将触发两个与文件交互的操作。最后，为了在用户轻按背景时隐藏键盘，添加一个覆盖整个视图的按钮（UIButton）。使用Attributes Inspector将按钮类型设置为Custom，这样它将不可见。最后，使用菜单Editor>Arrange将这个按钮放到其他UI部分的后面，您可以在文档大纲中将自定义按钮拖曳到对象列表顶部。

最终的应用程序UI界面如图26-12所示。

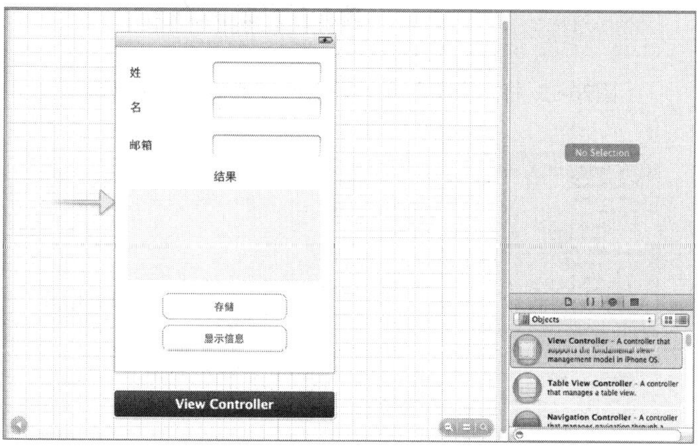

图26-12 应用程序Survey的UI

3. 创建并连接输出口和操作

在本实例中需要建立多个连接，以便与用户界面交互。其中输出口如下所示。

- ❑ 收集名字的文本框（UITextField）：firstName。
- ❑ 收集姓的文本框（UITextField）：lastName。

- ❑ 收集电子邮件地址的文本框（UITextField）：email。
- ❑ 显示调查结果的文本视图（UITextView）：resultsView。

需要的操作如下所示。

- ❑ 触摸按钮（UIButton）存储：storeResults。
- ❑ 触摸按钮（UIButton）显示信息：showResults。
- ❑ 触摸背景按钮或从任何文本框那里接收到事件Did End On Exit:hideKeyboard。

切换到助手编辑器模式，以便添加输出口和操作。确保文档大纲可见（Editor>Show Document Outline），以便能够轻松地处理不可见的自定义按钮。

（1）添加输出口

按住Control键，从视图中的UI元素拖曳到文件ViewController.h中代码行@interface下方，以添加必要的输出口。将标签First Name旁边的文本框连接到输出口firstName，如图26-13所示。对其他文本框和文本视图重复上述操作，并按前面指定的方式给输出口命名。其他对象不需要输出口。

（2）添加操作

输出口准备就绪后，就可开始添加到操作的连接了。按住Control键，从按钮“存储”拖曳到接口文件ViewController.h中属性定义的下方，并创建一个名为storeResults的操作，如图26-14所示。对按钮“显示信息”做同样的处理，新创建一个名为showResults的操作。

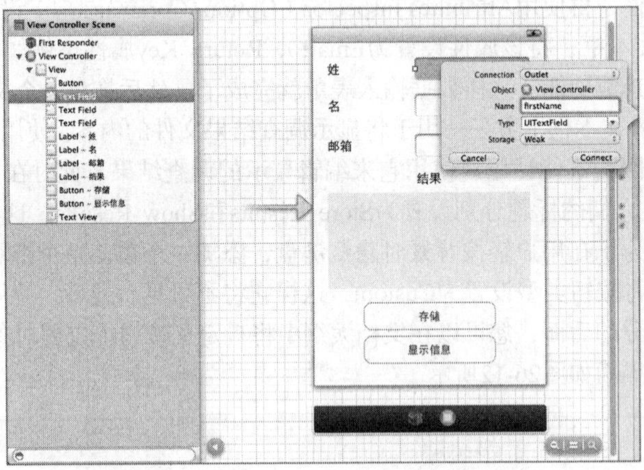

图26-13　将文本框和文本视图连接到相应的输出口

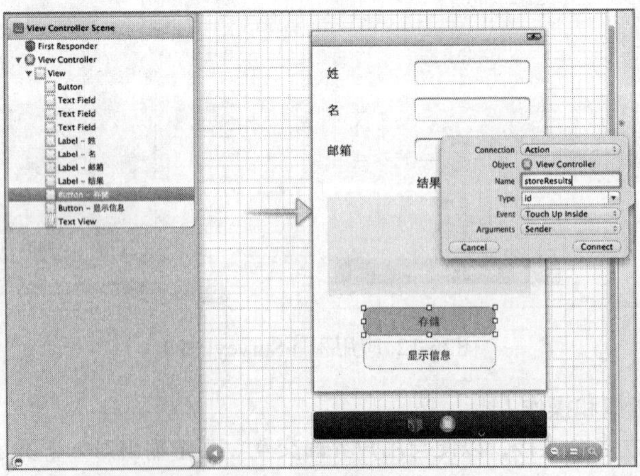

图26-14　将按钮连接到相应的操作

4. 实现应用程序逻辑

首先编写hideKeyboard的代码，然后实现storeResults和showResults。

(1) 隐藏键盘

要隐藏键盘，必须使用方法resignFirstResponder让当前对键盘有控制权的对象放弃第一响应者状态。方法hideKeyboard的实现代码如下所示：

```
- (IBAction)hideKeyboard:(id)sender {
    [self.lastName resignFirstResponder];
    [self.firstName resignFirstResponder];
    [self.email resignFirstResponder];
}
```

(2) 存储调查结果

为了存储调查结果，需要设置输入数据的格式，建立一条路径（它指向用于存储结果的文件）并在必要时新创建一个文件，然后将调查结果存储到该文件末尾，再关闭该文件并清空调查表单。方法storeResults的实现代码如下所示：

```
- (IBAction)storeResults:(id)sender {

    NSString *csvLine=[NSString stringWithFormat:@"%@,%@,%@\n",
                       self.firstName.text,
                       self.lastName.text,
                       self.email.text];

    NSString *docDir = [NSSearchPathForDirectoriesInDomains(
                                             NSDocumentDirectory,
                                             NSUserDomainMask, YES)
                        objectAtIndex: 0];
    NSString *surveyFile = [docDir
                            stringByAppendingPathComponent:
                            @"surveyresults.csv"];

    if  (![[NSFileManager defaultManager] fileExistsAtPath:surveyFile]) {
        [[NSFileManager defaultManager]
         createFileAtPath:surveyFile contents:nil attributes:nil];
    }

    NSFileHandle *fileHandle = [NSFileHandle
                                fileHandleForUpdatingAtPath:surveyFile];
    [fileHandle seekToEndOfFile];
    [fileHandle writeData:[csvLine
                           dataUsingEncoding:NSUTF8StringEncoding]];
    [fileHandle closeFile];

    self.firstName.text=@"";
    self.lastName.text=@"";
    self.email.text=@"";
}
```

(3) 显示调查结果

首先需要确保与存储调查结果时完全相同，建立一条指向文件的路径。然后检查指定的文件是否存在，如果存在便可以读取并显示结果了。如果不存在则什么都不用做，如果文件存在，则使用类NSFileHandle的方法fileHandleForReadingAtPath创建一个文件句柄，再使用方法availableData读取文件的内容。最后一步是将文本视图的内容设置为读取的数据。方法showResults的实现代码如下所示：

```
- (IBAction)showResults:(id)sender {
    NSString *docDir = [NSSearchPathForDirectoriesInDomains(
                                             NSDocumentDirectory,
                                             NSUserDomainMask, YES)
                        objectAtIndex: 0];
    NSString *surveyFile = [docDir
                            stringByAppendingPathComponent:
                            @"surveyresults.csv"];

    if  ([[NSFileManager defaultManager] fileExistsAtPath:surveyFile]) {
        NSFileHandle *fileHandle = [NSFileHandle
```

```
                                    fileHandleForReadingAtPath:surveyFile];
        NSString *surveyResults=[[NSString alloc]
                                  initWithData:[fileHandle availableData]
                                  encoding:NSUTF8StringEncoding];
        [fileHandle closeFile];
        self.resultsView.text=surveyResults;
    }
}
```

在上述代码中，第2~8行创建字符串变量surveyPath，然后第10行使用该变量来检查指定的文件是否存在。如果存在，则打开以便读取它（第11~12行），然后使用方法availableData获取该文件的全部内容，并将其存储到字符串变量surveyResults中。最后，关闭文件（第16行）并使用字符串变量surveyResults的内容更新用户界面中显示结果的文本视图。

到此为止，这个应用程序就创建好了。执行后的初始效果如图26-15所示，输入信息并存储后可以显示收集的信息，如图26-16所示。

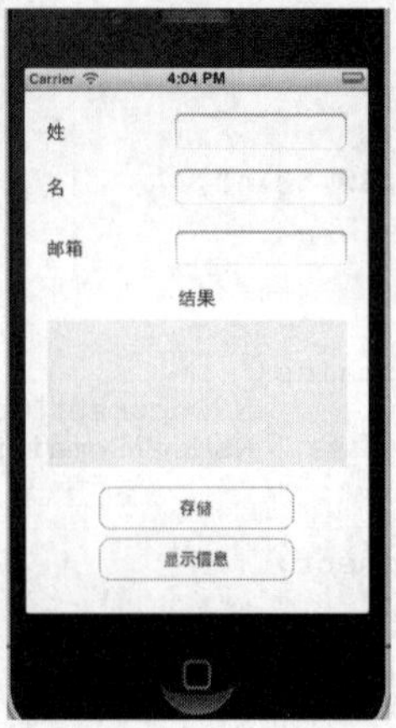

图26-15 初始效果

图26-16 显示存储收集的信息

26.5 iCloud 存储

从iOS 5.0开始，用户可以选择将程序备份到iCloud，这对沙盒内的数据存储有了新的要求。当开启iCloud备份后，程序内容可以备份到云端，这样用户数据可以在其他设备上使用。这样，开发人员在沙盒中存储数据就有讲究了。

icloud和itunes对以下3个文件夹不会备份：

```
<Application_Home>/AppName.app
<Application_Home>/Library/Caches
<Application_Home>/tmp
```

下面是iCloud数据存储的几条规则。

（1）关键数据存储在<Application_Home>/Documents中。所谓关键数据（critical data）是指不能有程序生成的如用户生成的文档或其他数据。

（2）辅助文件（support files）指程序使用中通过下载获得或者用户可以重新创建的文件，它们的存放取决于iOS版本。

- 从iOS5.1版本及以后，存储在<Application_Home>/Library/Application Support中，并设置NSURLIsExcludedFromBackupKey属性。
- iOS5以及之前的系统，存储在<Application_Home>/Library/Caches中就可以避免被备份。对于iOS5.0.1系统，也是存储在同样位置。但是，可以通过以下方式设置不备份的属性。

其中缓存数据存储在<Application_Home>/Library/Caches中。缓存数据指的是数据库文件和可以下载的文件，如杂志/新闻/地图导航类应用需要用到的数据。缓存文件在存储空间不够的情况下会被系统删除。而临时数据存储在<Application_Home>/tmp中。临时数据指一段时间内不需要保存的数据，开发人员要注意随时清空此文件夹。

下面再介绍程序下载更新后，系统如何处理沙盒数据。下载更新并安装后，系统会新创建一个文件夹安装程序，把原有程序中的用户数据复制到新地址，再删除原有程序。用户数据指的就是以下两个文件夹的内容：

```
<Application_Home>/Documents
<Application_Home>/Library
```

另外，对于备份来说需要了解下面的两个概念。

- 以上备份到远端指的是程序内的用户数据备份到iCloud云服务器上，但是，用户可以设置关闭对此应用的备份。
- 程序中使用iCloud功能，将文件存储到iCloud云服务器，这是由程序功能决定的，而不是可以由用户左右的。

26.6 使用 SQLite3 存储和读取数据

SQLite3是嵌入在iOS中的关系型数据库，对于存储大规模的数据很有效。SQLite3使得不必将每个对象都加到内存中。在iOS应用中，和 SQLite3存储相关的基本操作如下所示。

（1）打开或者创建数据库：

```
sqlite3 *database;
int result = sqlite3_open("/path/databaseFile", &database);
```

如果/path/databaseFile不存在，则创建它，否则打开它。如果result的值是SQLITE_OK，则表明操作成功。在此需要注意在上述语句中，数据库文件的地址字符串前面没有@字符，它是一个C字符串。将NSString字符串转成C字符串的方法是：

```
const char *cString = [nsString UTF8String];
```

（2）关闭数据库：

```
sqlite3_close(database);
```

（3）创建一个表格：

```
char *errorMsg;
const char *createSQL = "CREATE TABLE IF NOT EXISTS PEOPLE (ID INTEGER PRIMARY KEY
AUTOINCREMENT, FIELD_DATA TEXT)";
int result = sqlite3_exec(database, createSQL, NULL, NULL, &errorMsg);
```

执行之后，如果result的值是SQLITE_OK，则表明执行成功；否则，错误信息存储在errorMsg中。sqlite3_exec这个方法可以执行那些没有返回结果的操作，例如创建、插入、删除等。

（4）查询操作：

```
NSString *query = @"SELECT ID, FIELD_DATA FROM FIELDS ORDER BY ROW";
sqlite3_stmt *statement;
int result = sqlite3_prepare_v2(database, [query UTF8String], -1, &statement, nil);
```

如果result的值是SQLITE_OK，则表明准备好statement，接下来执行查询：

```
while (sqlite3_step(statement) == SQLITE_ROW) {
    int rowNum = sqlite3_column_int(statement, 0);
    char *rowData = (char *)sqlite3_column_text(statement, 1);
    NSString *fieldValue = [[NSString alloc] initWithUTF8String:rowData];
    // Do something with the data here
}
sqlite3_finalize(statement);
```

使用过其他数据库的话应该很好理解这段语句，这个就是依次将每行的数据存在statement中，然后根据每行的字段取出数据。

（5）使用约束变量。

实际操作时经常使用叫做约束变量的东西来构造SQL字符串，从而进行插入、查询或者删除等。例如，要执行带两个约束变量的插入操作，第一个变量是int类型，第二个是C字符串：

```
char *sql = "insert into oneTable values (?, ?);";
sqlite3_stmt *stmt;
if (sqlite3_prepare_v2(database, sql, -1, &stmt, nil) == SQLITE_OK) {
    sqlite3_bind_int(stmt, 1, 235);
    sqlite3_bind_text(stmt, 2, "valueString", -1, NULL);
}
if (sqlite3_step(stmt) != SQLITE_DONE)
    NSLog(@"Something is Wrong!");
sqlite3_finalize(stmt);
```

这里的sqlite3_bind_int(stmt, 1, 235)有如下所示的3个参数。

- 第一个是sqlite3_stmt类型的变量，在之前的sqlite3_prepare_v2中使用的。
- 第二个是所约束变量的标签index。
- 第三个参数是要加的值。

其中有一些函数多出两个变量，例如：

```
sqlite3_bind_text(stmt, 2, "valueString", -1, NULL);
```

上述代码的第4个参数代表第三个参数中需要传递的长度。对于C字符串来说，-1表示传递全部字符串。第5个参数是一个回调函数，如执行后做内存清除工作。

接下来通过一个简单示例来说明使用 SQLite3实现存储的基本方法。

（1）运行Xcode，新创建一个Single View Application，名称为SQLite3 Test，如图26-17所示。

（2）开始连接SQLite3库，按照图26-18中的红色数字的顺序找到加号。

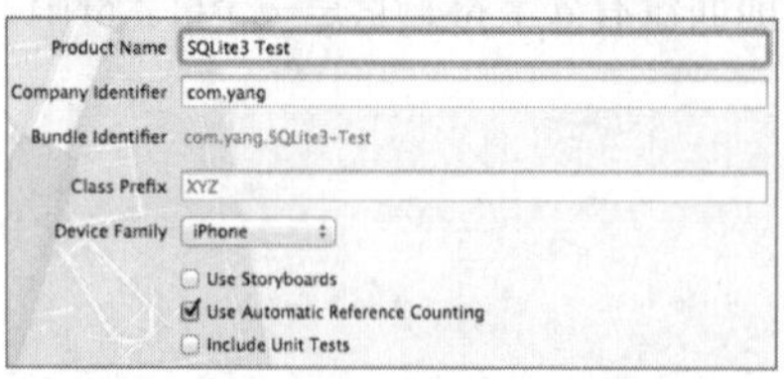

图26-17 新创建工程

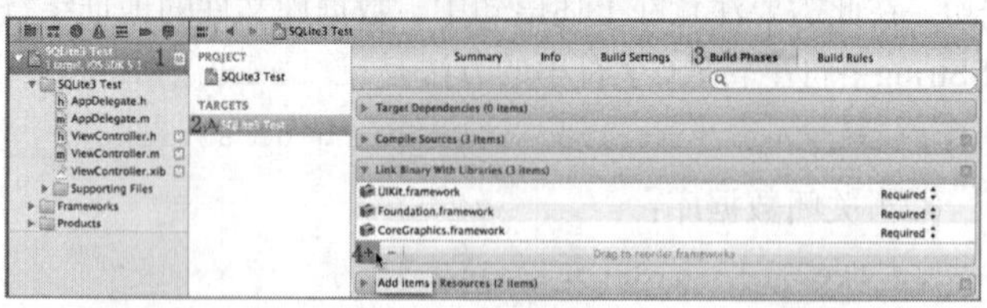

图26-18 单击“+”

单击这个加号，打开窗口，在搜索栏输入sqlite3，如图26-19所示。

选择libsqlite3.dylib，单击“Add”按钮，添加到工程。

（3）开始界面设计。打开ViewController.xib，使用Interface Builder设计界面，如图26-20所示。

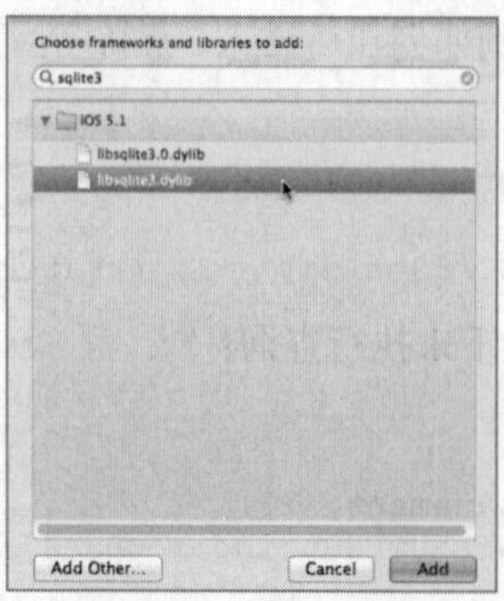

图26-19 在搜索栏输入sqlite3

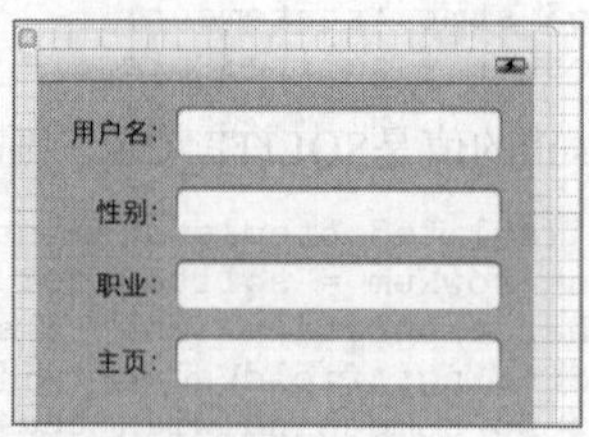

图26-20 Interface Builder设计界面

设置4个文本框的tag分别是1、2、3、4。

（4）在ViewController.h中添加属性和方法：

```
@property (copy, nonatomic) NSString *databaseFilePath;
- (void)applicationWillResignActive:(NSNotification *)notification;
```

（5）打开文件ViewController.m，向其中添加代码。首先在开头添加如下代码：

```
#import "sqlite3.h"
#define kDatabaseName @"database.sqlite3"
```

然后在@implementation之后添加如下所示的代码：

```
@synthesize databaseFilePath;
```

然后在viewDidLoad方法中添加如下所示的代码：

```
- (void)viewDidLoad
{
    [super viewDidLoad];
    // Do any additional setup after loading the view, typically from a nib.
    //获取数据库文件路径
    NSArray *paths = NSSearchPathForDirectoriesInDomains(NSDocumentDirectory, NSUser
DomainMask, YES);
    NSString *documentsDirectory = [paths objectAtIndex:0];
    self.databaseFilePath = [documentsDirectory stringByAppendingPathComponent: k
DatabaseName];
    //打开或创建数据库
    sqlite3 *database;
    if (sqlite3_open([self.databaseFilePath UTF8String] , &database) != SQLITE_OK) {
        sqlite3_close(database);
        NSAssert(0, @"打开数据库失败！");
    }
    //创建数据库表
    NSString *createSQL = @"CREATE TABLE IF NOT EXISTS FIELDS (TAG INTEGER PRIMARY KEY,
FIELD_DATA TEXT);";
    char *errorMsg;
    if (sqlite3_exec(database, [createSQL UTF8String], NULL, NULL, &errorMsg) !=
SQLITE_OK) {
        sqlite3_close(database);
        NSAssert(0, @"创建数据库表错误：%s", errorMsg);
    }
    //执行查询
    NSString *query = @"SELECT TAG, FIELD_DATA FROM FIELDS ORDER BY TAG";
    sqlite3_stmt *statement;
    if (sqlite3_prepare_v2(database, [query UTF8String], -1, &statement, nil) ==
SQLITE_OK) {
        //依次读取数据库表格FIELDS中每行的内容，并显示在对应的TextField
        while (sqlite3_step(statement) == SQLITE_ROW) {
            //获得数据
            int tag = sqlite3_column_int(statement, 0);
            char *rowData = (char *)sqlite3_column_text(statement, 1);
            //根据tag获得TextField
            UITextField *textField = (UITextField *)[self.view viewWithTag:tag];
            //设置文本
            textField.text = [[NSString alloc] initWithUTF8String:rowData];
        }
        sqlite3_finalize(statement);
    }
    //关闭数据库
    sqlite3_close(database);
    //当程序进入后台时执行写入数据库操作
    UIApplication *app = [UIApplication sharedApplication];
    [[NSNotificationCenter defaultCenter]
     addObserver:self
     selector:@selector(applicationWillResignActive:)
     name:UIApplicationWillResignActiveNotification
     object:app];
}
```

接下来在@end之前实现方法 applicationWillResignActive，具体代码如下所示：

```
//程序进入后台时的操作，实现将当前显示的数据写入数据库
- (void)applicationWillResignActive:(NSNotification *)notification {
    //打开数据库
    sqlite3 *database;
    if (sqlite3_open([self.databaseFilePath UTF8String], &database)
        != SQLITE_OK) {
        sqlite3_close(database);
        NSAssert(0, @"打开数据库失败！");
    }
    //向表格插入4行数据
    for (int i = 1; i <= 4; i++) {
        //根据tag获得TextField
        UITextField *textField = (UITextField *)[self.view viewWithTag:i];
        //使用约束变量插入数据
        char *update = "INSERT OR REPLACE INTO FIELDS (TAG, FIELD_DATA) VALUES (?, ?);";
        sqlite3_stmt *stmt;
        if (sqlite3_prepare_v2(database, update, -1, &stmt, nil) == SQLITE_OK) {
            sqlite3_bind_int(stmt, 1, i);
            sqlite3_bind_text(stmt, 2, [textField.text UTF8String], -1, NULL);
        }
        char *errorMsg = NULL;
        if (sqlite3_step(stmt) != SQLITE_DONE)
            NSAssert(0, @"更新数据库表FIELDS出错: %s", errorMsg);
        sqlite3_finalize(stmt);
    }
    //关闭数据库
    sqlite3_close(database);
}
```

（6）实现关闭键盘工作，backgroundTap方法的代码如下所示：

```
//关闭键盘
- (IBAction)backgroundTap:(id)sender {
    for (int i = 1; i <= 4; i++) {
        UITextField *textField = (UITextField *)[self.view viewWithTag:i];
        [textField resignFirstResponder];
    }
}
```

（7）运行程序。

刚开始运行时显示如图26-21所示，在各个文本框输入内容，如图26-22所示。然后按Home键，这样就执行了写入数据的操作。第一次运行程序时，在SandBox的Documents目录下出现数据库文件database.sqlite3，如图26-23所示。

此时退出程序，如果再次运行，则显示的就是上次退出时的值。

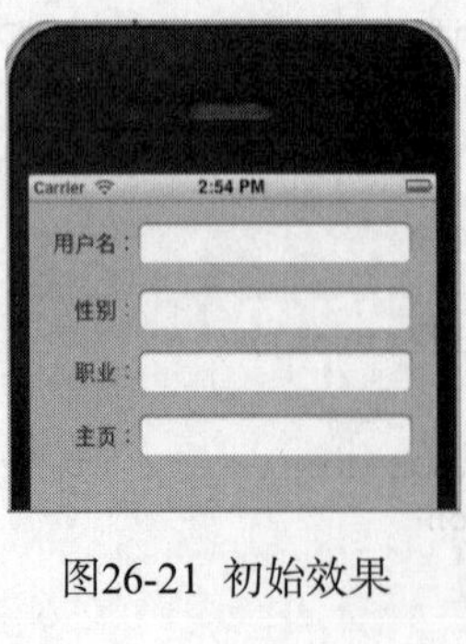

图26-21 初始效果

图26-22 在文本框输入内容

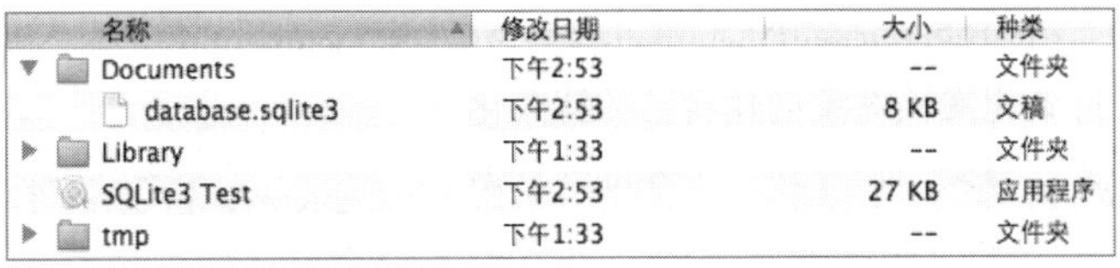

图26-23 出现数据库文件database.sqlite3

26.7 核心数据

核心数据（Core Data）框架也使用SQLite作为一种存储格式。你可以把应用程序数据放在手机的核心数据库上。然后，可以使用NSFetchedResultsController来访问核心数据库，并在表视图上显示。下面是它的常用方法。

- [fetchedResultsController objectAtIndexPathl]：返回指定位置的数据。
- [fetchedResultsController sections]：获取section数据，返回的是NSFetchedResultsSectionInfo数据。
- NSFetchedResultsSectionInfo：是一个协议，定义了下述方法。
  - numberOfSectionsInTableView：返回表视图上的section数目。
  - tableView:numbero fRowslnSection：返回一个section的行数目。
  - tableView:cellForRowAtlndexPath：返回cell信息。
  - NSEntityDescription类：用于往核心数据库上存放数据。

26.7.1 Core Data 基础

Core Data是一个Cocoa框架，用于为管理对象图提供基础实现，以及为多种文件格式的持久化提供支持。管理对象图包含的工作如撤销（undo）和重做（redo）、有效性检查以及保证对象关系的完整性等。对象的持久化意味着Core Data可以将模型对象保存到持久化存储中，并在需要的时候将它们取出。Core Data应用程序的持久化存储（也就是对象数据的最终归档形式）的范围可以从XML文件到SQL数据库。Core Data用在关系数据库的前端应用程序是很理想的，但是所有的Cocoa应用程序都可以利用它的能力。

Core Data的核心概念是托管对象。托管对象是由Core Data管理的简单模型对象，但必须是NSManagedObject类或其子类的实例。可以用一个称为托管对象模型的结构（schema）来描述Core Data应用程序的托管对象（Xcode中包含一个数据建模工具，可以帮助您创建这些结构）。托管对象模型包含一些应用程序托管对象（也称为实体）的描述。每个描述负责指定一个实体的属性、它与其他实体的关系以及像实体名称和实体表示类这样的元数据。

在一个运行着的Core Data程序中，有一个称为托管对象上下文的对象负责管理托管对象图。图中所有的托管对象都需要通过托管对象上下文来注册。该上下文对象允许在图中加入或删除对象，以及跟踪图中对象的变化，并因此可以提供撤销（undo）和重做（redo）的支持。当准备好保存对托管对象所做的修改时，托管对象上下文负责确保那些对象处于正确的状态。当Core Data应用程序希望从外部的数据存储中取出数据时，就向托管对象上下文发出一个取出请求，也就是一个指定一组条件的对象。在自动注册之后，上下文对象会从存储中返回与请求相匹配的对象。

托管对象上下文还作为访问潜在Core Data对象集合的网关，这个集合称为持久化堆栈。持久化堆栈处于应用程序对象和外部数据存储之间，由两种不同类型的对象组成，即持久化存储和持久化存储协调器对象。持久化存储位于栈的底部，负责外部存储（如XML文件）的数据和托管对象上下文的相应对象之间的映射，但是它们不直接和托管对象上下文进行交互。在栈的持久化存储上面是持久化存储协调器，这种对象为一或多个托管对象上下文提供一个访问接口，使其下层的多个持久化存储可以表现为单一一个聚合存储，图26-24所示了Core Data架构中各种对象之间的关系。

Core Data中包含一个NSPersistentDocument类，它是NSDocument的子类，用于协助Core Data和文档架构之间的集成。持久化文档对象创建自己的持久化堆栈和托管对象上下文，将文档映射到一个外部的数据存储；NSPersistentDocument对象则为NSDocument中读写文档数据的方法提供缺省的实现。

通过Core Data管理应用程序的数据模型，可以减少编写的代码数量。Core Data还具有下述特征：

- 将对象数据存储在SQLite数据库中以获得性能优化。
- 提供NSFetchedResultsController类用于管理表视图的数据。即将Core Data的持久化存储显示在表视图中，并对这些数据进行管理：增、删、改。
- 管理undo/redo操作。
- 检查托管对象的属性值是否正确。

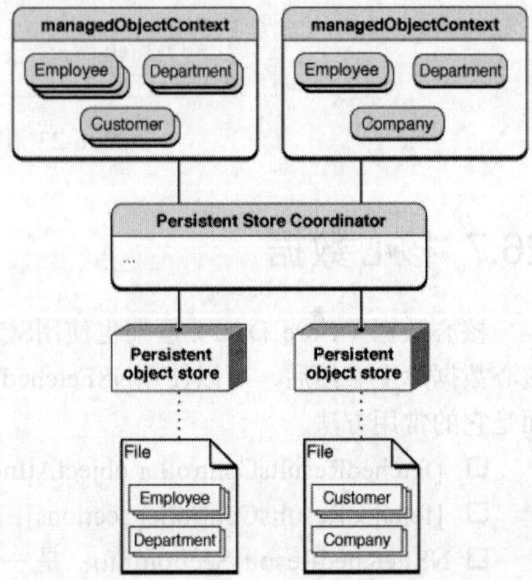

图26-24 Core Data架构中各种对象之间的关系

26.7.2 Core Data 基本架构

在大多数应用中需要打开一个文件，此文件包含一个有多个对象的归档，或者包含一个对至少一个根对象的引用。还需要能够归档所有对象到一个文件，并跟踪对象的变化。例如，在一个员工管理应用中，需要一种方法来打开一个文件，其中包含员工和部门对象的归档，并包含一个对至少一个根对象的引用——例如，含有全体员工的数组，如图26-25所示。还需要能够归档所有员工和所有部门到一个文件。

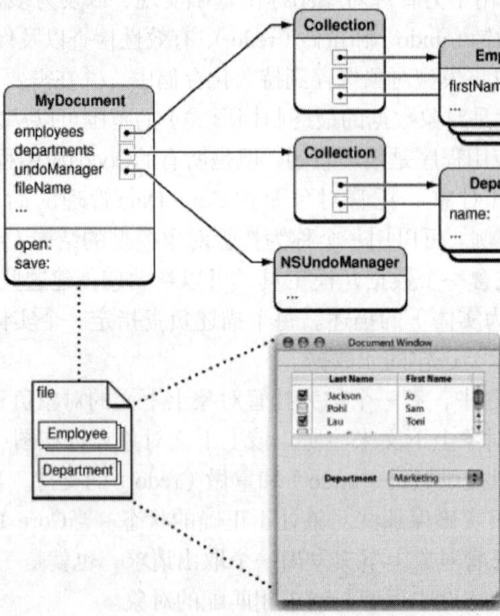

图26-25 全体员工

使用的Core Data框架，大多数功能可以自动提供，这主要通过名为托管对象上下文（managed object context，或只是“上下文”，类NSManagedObjectContext的实例）来实现。托管对象的上下文就像一个网关，通过它可以访问底层的框架对象集合——这些对象集合统称为持久化堆栈（persistence stack）——它在应用程序和外部数据存储的对象之间提供访问通道。在堆栈的底部是持久化对象存储（persistent object stores），如图26-26所示。

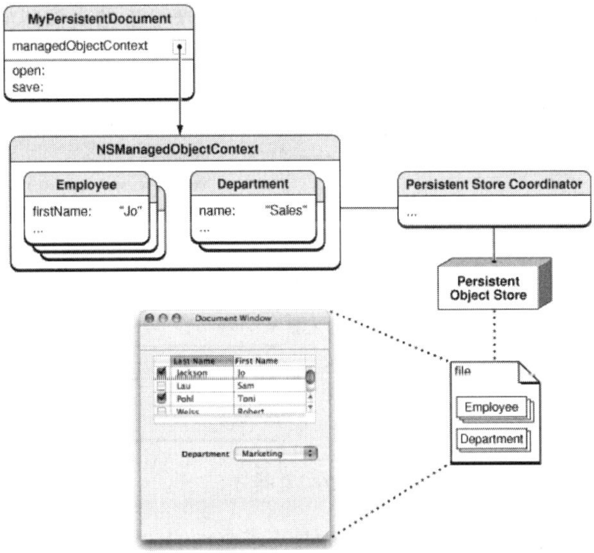

图26-26 堆栈

Core Data不局限于基于文档的应用程序，也能创建基于Core Data的无用户界面的Utility应用。当然其他应用程序也能使用Core Data。

1. 托管对象和上下文（Managed Objects and Contexts）

可以把托管对象上下文作为一个智能便笺。当从持久化存储中获取对象时，这些对象的临时副本会在便笺上形成一个对象图（或者对象图的集合。对象图即对象＋对象之间的联系），然后便可以任意修改这些对象。除非保存这些修改，否则持久化存储是不会受影响的。

Core Data框架中的模型对象（Model Objects，它是一种含有应用程序数据的对象类型，提供对数据的访问并实现逻辑来处理数据）称为托管对象。所有托管对象都必须通过托管对象上下文进行注册。该上下文对象允许在图中加入或删除对象，以及跟踪图中对象的变化，并因此可以提供撤销（undo）和重做（redo）的支持。当准备好保存对托管对象所做的修改时，托管对象上下文负责确保那些对象处于正确的状态。

如果要保存所做的更改，上下文首先要验证对象是有效的。如果对象有效，所作的更改会被写到持久化存储中，创建对象会添加新记录，删除对象则会删除记录。可以在应用程序中使用多个上下文。对于持久化存储中的每一个对象，只有唯一的一个托管对象和给定的上下文相关联。从不同的角度考虑，持久化存储中的一个给定的对象，可在多个上下文中同时被编辑。然而，每个上下文都有它自己的对应着源对象的托管对象，每个托管对象都单独编辑，这样保存时会导致数据不一致问题。Core Data提供了一些方法来处理这个问题，比如使用- (void)refreshObject:(NSManagedObject *)object mergeChanges: (BOOL)flag方法从持久化存储中获取最新的值来更新托管对象的持久化属性。

2. 获取数据请求（Fetch Requests）

使用托管对象上下文来检索数据时，会创建一个获取请求（fetch request，类NSFetchRequest的实例）的所有员工，按照工资最高到最低排序。获取请求由3部分组成。最简单的获取请求必须指定一个实体的名称，这暗示每次只能取一种实体类型。获取请求也可能包含一个谓词对象，指定对象必须符合的条件，例如“市场部的所有员工”。获取请求还包含一个排序描述方式对象的数组，指定对象应该出现的顺序，例如“按照工资最高到最低排序”，如图26-27所示。

发送获取请求给托管对象上下文，它从与持久化存储相关联的数据源中返回的匹配请求的对象（也可能没有返回）。由于所有托管对象必须在托管对象上下文中注册，从获取请求返回的对象自动注册在用来获取的上下文中。上面说到，对于持久化存储中的每一个对象，只有唯一的一个托管对象和给定的上下文相关联。如果上下文中已经包含了一个托管对象作为获取请求返回的对象，那么这个托管对象则作为获取请求结果返回。

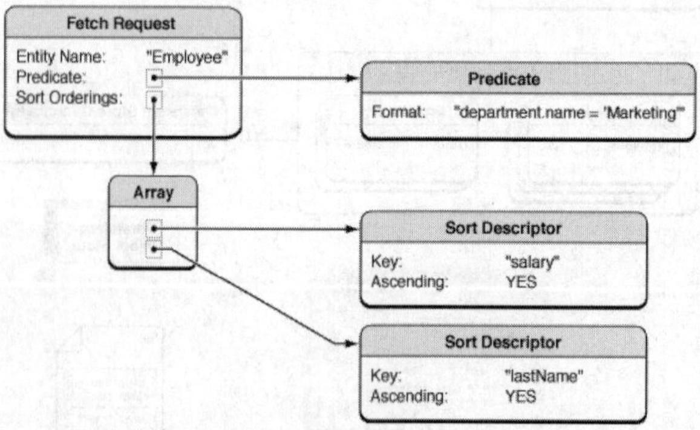

图26-27 排序

Core Data框架试图尽可能地高效。Core Data是需求驱动的，因此，它只会创建实际需要的对象，不会额外创建更多对象。对象图并不代表持久化存储中的所有对象。仅指定一个持久化存储并不会把任何数据对象注册到托管对象上下文中。当从持久化存储中获取对象的一个子集，只能得到请求的对象。如果不再需要一个对象，默认情况下它会被释放（这当然与从对象图中删除对象不一样）。

3．持久化存储协调器

如上所述，在应用程序和外部数据存储的对象之间提供访问通道的框架对象集合统称为持久化堆栈（persistence stack）。在堆栈顶部的是托管对象上下文下，在堆栈底部的是持久化对象存储（persistent object stores）。在托管对象上下文和持久化对象存储之间便是持久化存储协调器（persistent store coordinator）。应用程序通过类NSPersistentStoreCoordinator的实例访问持久化对象存储。

持久化存储协调器为一或多个托管对象上下文提供一个访问接口，使其下层的多个持久化存储可以表现为单一一个聚合存储。一个托管对象上下文可以基于持久化存储协调器下的所有数据存储来创建一个对象图。持久化存储协调器只能与一个托管对象模型相关联。如果想把不同的实体放到不同存储中，必须依据托管对象模型中定义的配置把模型实体分区（partition）。

图26-28所示了一个例子，把员工和部门存储在一个文件中，并把客户和公司存储在另一个文件中。当获取对象时，它们会自动从相应的文件中返回；当保存更改时，会自动归档到相应的文件。

4．持久化存储（Persistent Stores）

一个特定的持久化对象存储是与单个文件或其他外部数据存储相关联的，负责存储中的数据和托管对象上下文中的对象之间的映射。通常情况下，读者与持久化对象存储之间只有一个交互，就是在应用程序中为一个新的外部数据存储指定位置（例如，当用户打开或保存文档）。Core Data的大多数交互则通过托管对象上下文实现。

应用程序代码中（特别是应用程序中托管对象的相关逻辑）不应该为持久化存储中的数据存储作出任何假设（即由Core Data自行处理）。Core Data为几种文件格式提供原生支持，选择使用哪一个取决于应用程序的需求。应用程序体系架构保持不变，也应该能在应用程序的某个阶段，选择一个不同的文件格式。此外，如果应用程序经过适当的抽象，那

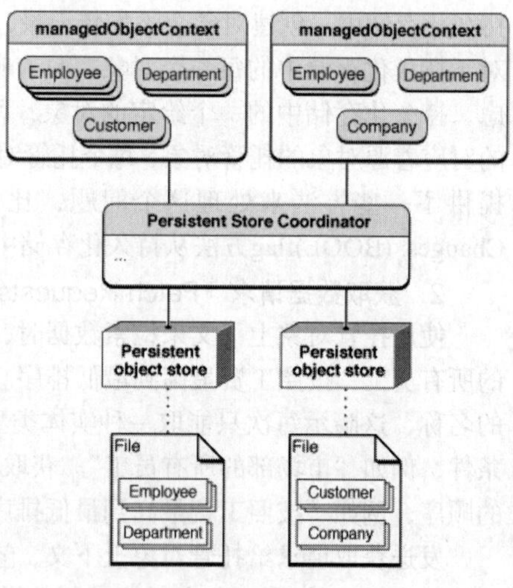

图26-28 一个例子

么不增加任何操作，就能够利用框架的后续增强功能。例如，即使在刚开始时，只能从本地文件系统获取数据，如果一个应用程序没有假设从哪里获取数据，同时后面的某个阶段又想为一种新的远程持久化存储类型添加支持，它也应该能够使用这种新类型而不用修改代码。

注意：尽管Core Data虽然支持SQLite作为其持久化存储类型之一，但Core Data也无法管理任意的SQLite数据库。要使用SQLite数据库，Core Data必须自行创建和管理数据库。

5．持久化文件（Persistent Documents）

可以通过程序创建和配置持久化堆栈。然而，在许多情况下，只是想创建一个基于文档的应用程序来读写文件。使用类NSDocument的子类NSPersistentDocument，便可轻松地利用Core Data完成此事。默认情况下，NSPersistentDocument实例便已经创建了自己的即用型持久化堆栈，包括一个托管对象上下文和单个持久化对象存储。在这种情况下，文档和外部数据存储之间便建立起一个"一对一"映射。

NSPersistentDocument类提供了方法来访问文档的托管对象上下文，并提供NSDocument方法的标准实现来读写文件，这些操作都是在Core Data框架内进行的。默认情况下，不必编写任何额外的代码来处理对象的持久化。一个持久化文档的撤销（undo）功能也被集成在托管对象上下文。

26.7.3 托管对象（Managed Objects）和托管对象模型（Managed Object Model）

为了既管理对象图，也支持对象持久化，Core Data需要对它操作的对象进行详尽的描述。托管对象模型（managed object model）是一个结构（schema），用来描述应用程序中的托管对象或实体，如图26-29所示。通常使用Xcode的数据模型设计工具来创建托管对象模型（也可以在运行时使用代码来建模），它是类NSManagedObjectModel的一个实例。

该模型由一个实体描述对象（类NSEntityDescription实例）的集合组成，每个对象提供一个实体的元数据（metadata），包括实体名、实体在应用程序中的类名（类名不必要与实体名称一样），以及实体的属性和实体之间关系。实体的属性和关系依次由属性和关系描述对象表示出来，如图26-30所示。

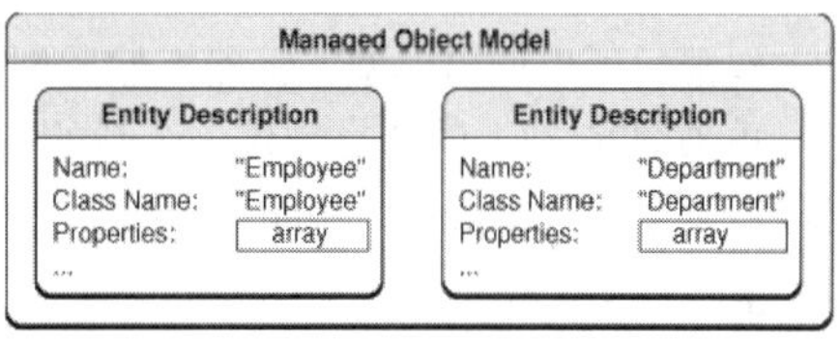

图26-29 托管对象模型

托管对象必须是NSManagedObject或者NSManagedObject子类的任一实例。NSManagedObject能够表述任何实体。它使用一个私有的内部存储，以维护其属性，并实现托管对象所需的所有基本行为。托管对象有一个指向实体描述的引用。实体描述表述了实体的元数据，包括实体的名称、实体的属性和实体之间的关系。可以创建NSManagedObject子类来实现实体的其他行为。

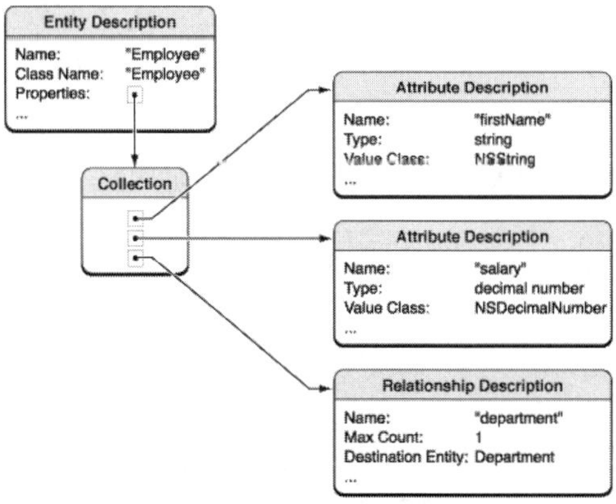

图26-30 实体的属性和关系

26.7.4 实战演练——在 iOS 中使用 CoreData

（1）创建iOS项目

为了方便，直接用Xcode工具向导创建项目，这样可以自动集成core Data的支持，如图26-31所示。

注意： 不一定要创建window-based项目，split view-based也可以，用于iPad项目，或者对于iPhone的navigation-based项目也可以。

（2）创建实体

如Java里的实例需要编写Java类和对应的mapping文件（也可能是注解）。在iOS里需要两步：图形界面的设计工具，设计实体、实体属性和实体的关系生成实体的类，也就是对应的.h和.m文件。假设创建的项目名为“aaa”，那么找到aaa.xcdatamodel，如图26-32所示。

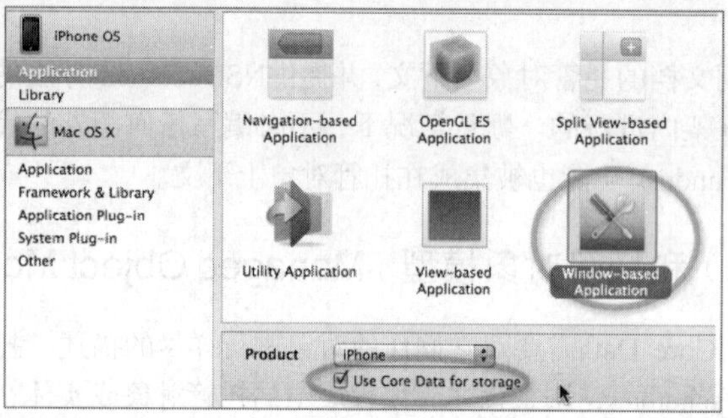

图26-31 创建iOS项目

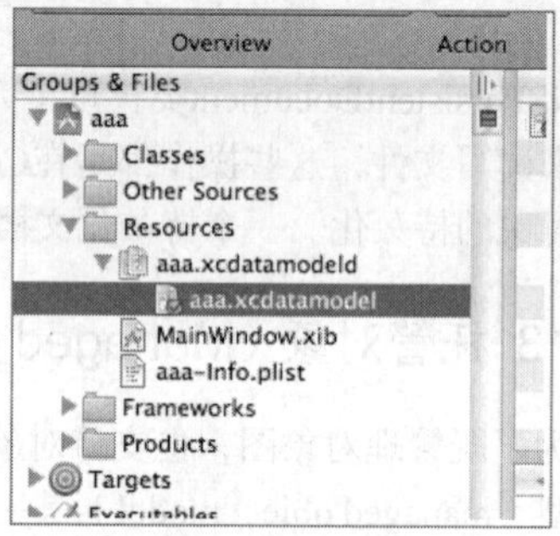

图26-32 工程目录

双击后可以调出模型编辑器，然后创建一个Person实体，如图26-33所示。

单击图26-33上的加号创建一个新的实体（Entity），然后在Entity的文本框中填写实体名称。回车就可以看到下面类似uml类图的图形名称变为Person。然后创建属性，如图26-34所示。

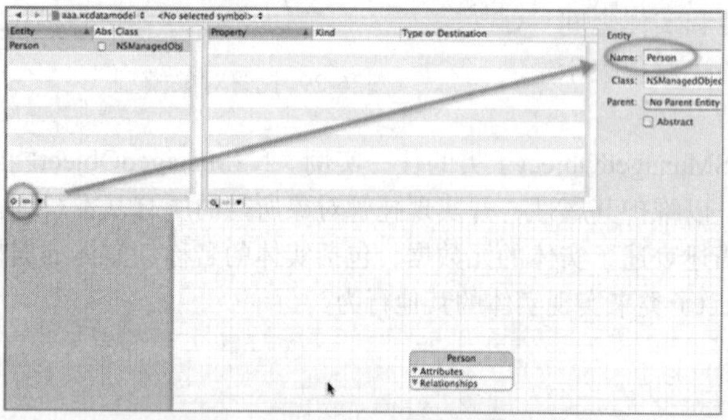

图26-33 创建一个Person实体

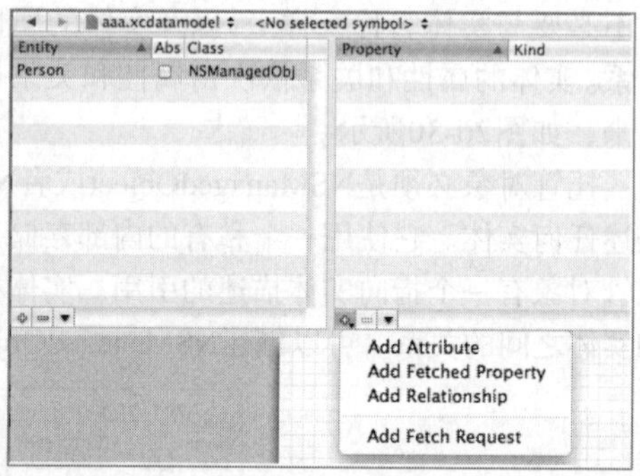

图26-34 创建属性

单击属性部分的加号，选择Add Attribute，增加一个id，如图26-35所示。

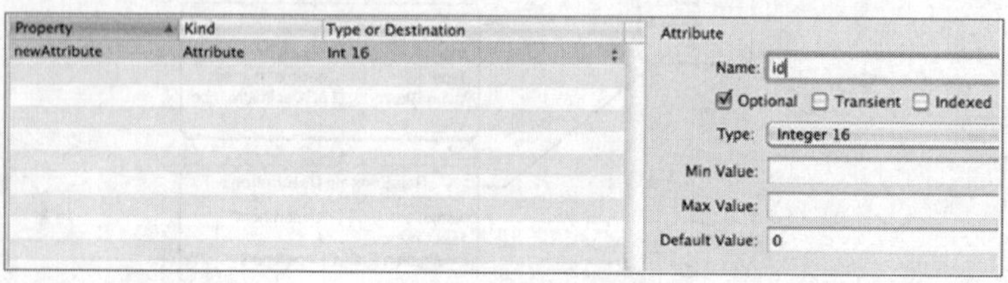

图26-35 增加一个id

然后设置为自增列，如图26-36所示。

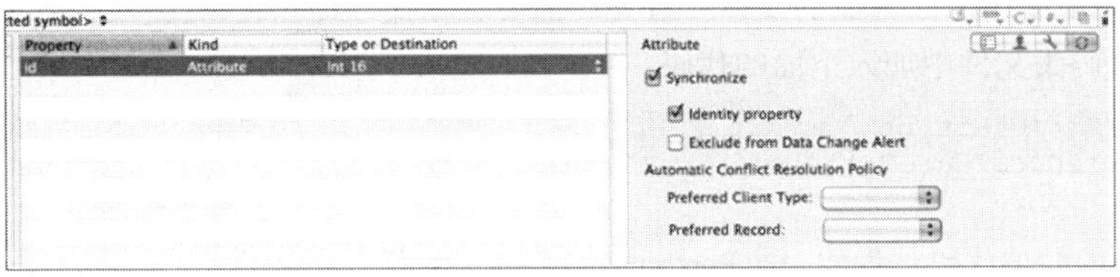

图26-36 设置为自增列

然后再设置一个name属性，如图26-37所示。

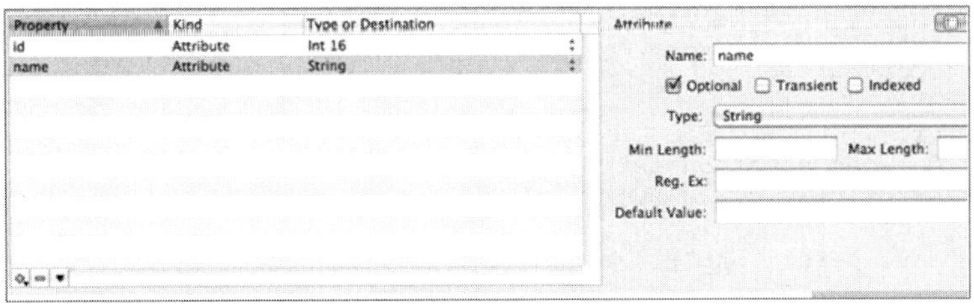

图26-37 再设置一个name属性

如果有多个实体，继续创建，或者创建它们之间的关系。然后生成实体类，供编写程序时调用。创建新文件，注意要在实体编辑器界面中进行，可以选中Person实体，这样生成的文件名就是Person，如图26-38所示。

选择Managed Object Class，如图26-39所示。

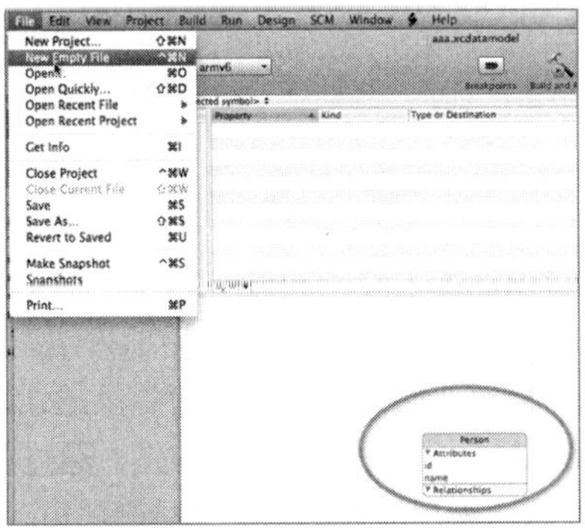

图26-38 选中Person实体

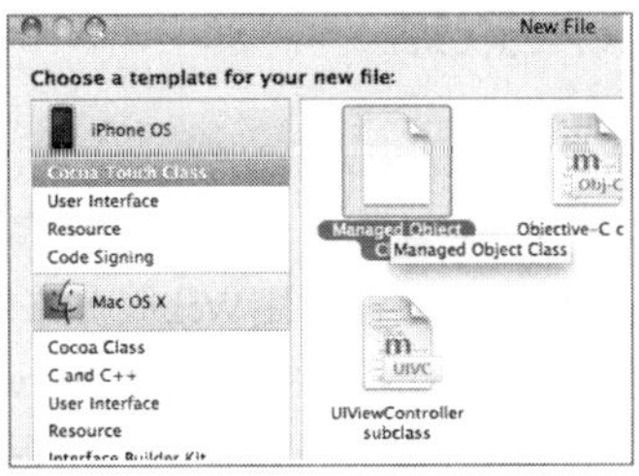

图26-39 选择Managed Object Class

在弹出的界面中选中需要的实体，单击“Finish”按钮，如图26-40所示。

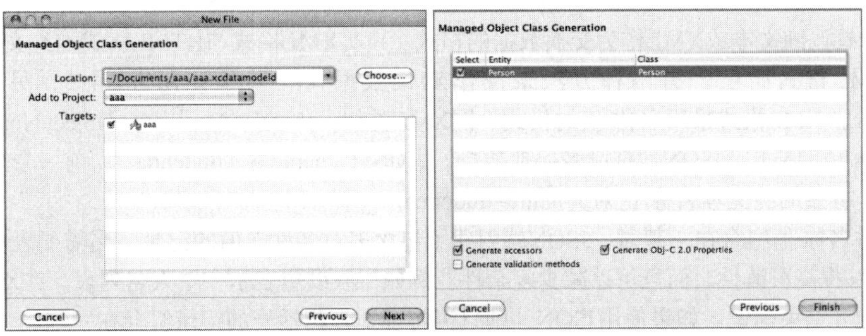

图26-40 选中需要的实体

这样便在项目中生成了实体类，如图26-41所示。

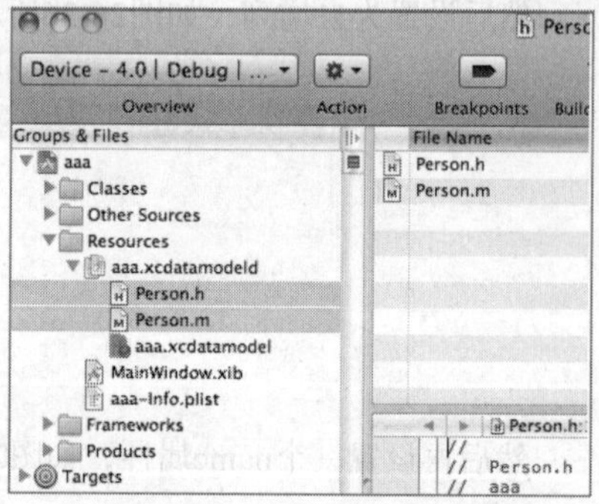

图26-41 生成了实体类

接下来在代码中使用上面生成的实体。首先，需要在使用Person实例类的代码头文件中加入下面的代码：

```
#import <UIKit/UIKit.h>
#import <CoreData/CoreData.h>
#import "Person.h"
```

使用core data的简单代码，创建一个Person实体实例，保存它，然后遍历数据，相当于select * from persons：

```
NSLog(@">>start app ");
Person *person=(Person *)[NSEntityDescription
insertNewObjectForEntityForName:@"Person"
inManagedObjectContext:[self
managedObjectContext]];
person.name=@"张三";
NSError *error;
if (![[self managedObjectContext] save:&error]) {
    NSLog(@"error!");
}else {
    NSLog(@"save person ok.");
}
NSFetchRequest *request=[[NSFetchRequest alloc] init];
NSEntityDescription *entity=[NSEntityDescription entityForName:@"Person"
inManagedObjectContext:[self managedObjectContext]];
[request setEntity:entity];
NSArray *results=[[[self managedObjectContext] executeFetchRequest:request
error:&error] copy];
for (Person *p in results) {
    NSLog(@">> p.id: %i p.name: %@",p.id,p.name);
}
```

如果需要删除也很简单，通过如下代码即可实现：

```
[managedObjectContext deleteObject:person];
```

26.8 互联网数据

“手机加云计算”是未来软件的大方向。手机作为数据的输入终端和显示终端，而云计算作为数据存储和处理的后台。云计算平台提供了众多的Web服务，这些Web服务首先为手机应用提供了很多远程数据，其次手机应用也往往调用Web服务来保存数据。云计算平台可以是谷歌所提供的地图服务，也可以是其他公司所提供的云文件服务（如www.yunwenjian.com）。另外需要注意的是，通过使用Mashup，手机应用程序可以综合多个云计算平台所提供的数据，从而为用户提供一个全新的视角。

26.8.1 XML和JSON

在手机和云计算平台之间传递的数据格式主要分为两种：XML和JSON。在程序中发送和接收信息时，你可以选择以纯文本或XML作为交换数据的格式。其实XML格式与HTML格式的纯文本数据相同，只是采用XML格式而已。有两种方法来操作XML数据，一种是使用libxml2，另一种是使用NSXMLParser。XML格式采用名称/值的格式。同XML类似，JSON（JavaScript Object Notation的缩写）也是使用名称/值的格式。JSON数据颇像字典数据。例如：{“name”：“liudehua”）。前一个是名称（键），后一个是值。等效的纯文本名称/值对为name=liudehua。

当把多对名称/值组合在一起时，JSON就创建了包含多对名称/值的记录。当需要表示一组值时，JSON不但能够提高可读性，而且可以减少复杂性。例如，假设想表示一个人名列表。在XML中，需要许多开始标记和结束标记。如果使用JSON，则只需将多个带花括号的记录组合在一起。

简单地说，JSON可以将一组数据转换为字符串，然后就可以在函数之间轻松地传递这个字符串，或者在异步应用程序中将字符串从Web服务器传递给客户端程序。JSON可以表示比名称/值对更复杂的结构。例如，可以表示数组和复杂的对象，而不仅仅是键和值的简单列表。下面总结JSON的语法格式。

- 对象：{属性：值，属性：值，属性：值}。
- 数组是有顺序的值的集合：一个数组开始于"f"，结束于"1"，值之间用","分隔。
- 可以是字符串、数字、true、false、null，也可以是对象或数组。这些结构都能嵌套。

在iPhone/iPad手机应用程序中可以直接读取JSON数据，并放入NSDictionary或NSArray中。你也可以将NSDictionary转化为JSON数据，并上载到云计算平台。json-framework提供了相关的类和方法来完成JSON数据的解析。

作为一种轻量级的数据交换格式，JSON正在逐步取代XML，成为网络数据的通用格式。从iOS5开始，Apple提供了对JSON的原生支持，但是为了兼容以前的iOS版本，仍然需要使用第三方库来解析。常用的iOS JSON库有json-framework、JSONKit、TouchJSON等，这里说的是JSONKit。

JSONKit的使用相当简单，可以从github.com下载下来，添加到自己的iOS项目中，让好在要使用JSON的地方"#import "JSONKit.h""，这样JSON相关的方法就会自动添加到NSString、NSData下，常用的方法有下面几个：

- - (id)objectFromJSONString;
- - (id)objectFromJSONStringWithParseOptions:(JKParseOptionFlags)parseOptionFlags;
- - (id)objectFromJSONData;
- - (id)objectFromJSONDataWithParseOptions:(JKParseOptionFlags)parseOptionFlags。

如果JSON是"单层"的，即value都是字符串、数字，可以使用objectFromJSONString：

```
NSString *json = @"{\"a\":123, \"b\":\"abc\"}";
NSDictionary *data = [json objectFromJSONString];
NSLog(@"json.a:%@", [data objectForKey:@"a"]);
NSLog(@"json.b:%@", [data objectForKey:@"b"]);
 [json release];
```

如果JSON有嵌套，即value里有array、object，如果再使用objectFromJSONString，程序可能会报错（我的测试结果：使用由网络得到的php/json_encode生成的JSON时报错，但使用NSString定义的JSON字符串时，解析成功），最好使用objectFromJSONStringWithParseOptions：

```
NSString *json = @"{\"a\":123, \"b\":\"abc\", \"c\":[134, \"hello\"],
        \"d\":{\"name\":\"张三\",\"age\":23}}";
NSLog(@"json:%@", json);
NSDictionary *data = [json
objectFromJSONStringWithParseOptions:JKParseOptionLooseUnicode];
NSLog(@"json.c:%@", [data objectForKey:@"c"]);
NSLog(@"json.d:%@", [[data objectForKey:@"d"]objectForKey:@"name"]);
 [json release];
```

运行后会输出如下结果：

```
2012-09-09 18:48:07.255 Ate-Goods[17113:207] json.c:(134,Hello)
2012-09-09 18:48:07.256 Ate-Goods[17113:207] json.d:张三
```

从上面的写法可以看出，JSON与Objective-C的数据对应关系如下：

Number -> NSNumber String -> NSString Array -> NSArray Object -> NSDictionary。另外：null -> NNSNull true and false -> NNSNumber。

假如存在如下所示的JSON数据：

```
{
    "result": [
                {
                "meeting": {
                "addr": "203",
                "creator": "张一",
                "member": [
```

```
                    {
                    "name": "张二",
                    "age": "20"
                    },
                    {
                    "name": "张三",
                    "age": "21"
                    },
                    {
                    "name": "张四",
                    "age": "22"
                    }
                    ]
               }
               },
               {
               "meeting": {
               "addr": "204",
               "creator": "张二",
               "member": [
                    {
                    "name": "张二",
                    "age": "20"
                    },
                    {
                    "name": "张三",
                    "age": "21"
                    },
                    {
                    "name": "张四",
                    "age": "22"
                    }
                    ]
               }
               }
               ]
}
```

则JSON的解析过程如下所示。

（1）获取JSON文件路径，根据路径来获取里面的数据：

```
NSString *path=[[NSBundle mainBundle] pathForResource:@"test" ofType:@"json"];
    NSString *_jsonContent=[[NSString alloc] initWithContentsOfFile:path
encoding:NSUTF8StringEncoding error:nil];
```

（2）然后根据得到的_jsonContent字符串对象来获取里面的键值对：

```
//不需要去定义获取的方法，只需使用系统定义好的JSONValue即可
NSMutableDictionary dict=[_jsonContent JSONValue];
```

（3）然后根据得到的键值对来进行JSON解析。根据上面JSON数据之间的逻辑关系，可以获知解析的顺序。

- 根据得到的字符串获取里面的键值对。
- 根据得到的键值对通过key来得到对应的值，也就是值里面的数组。
- 然后获取数组中的键值对。
- 然后根据得到的键值对通过key获取里面的键值对中的值。

```
   */
//json解析
  //2.
  NSArray *result=[_dict objectForKey:@"result"];
  //3.
  NSDictionary *dic=[result objectAtIndex:0];
  //4.
  NSDictionary *meeting=[dic
```

```
                              objectForKey:@"meeting"];

    //得到 addr 值
    NSString *address = [meeting objectForKey:@"addr"];
    //得到 creator 值
    NSString *creator = [meeting objectForKey:@"creator"];
    //得到 member 里面的数据,因为这个键值中有数组,所以要重复上面的2、3、4的动作
    //2.
    NSArray *members=[meeting objectForKey:@"member"];
    //3.
    //这里用了for循环语句
    for (NSDictionary * member in members) {
        //4.
        NSString *name = [member objectForKey:@"name"];
        NSString *age = [member objectForKey:@"age"];
    }
```

这样就可以实现解析JSON数据了。

26.8.2 实战演练——使用 JSON 获取网站中的照片信息

本实例的功能是，演示使用JSON获取http://www.flickr.com网站中济南照片的信息。

实例26-3	使用JSON获取网站中的照片信息
源码与视频路径	光盘:\daima\26\WebPhotoes

实例文件PhotoTableViewController.m的实现代码如下所示：

```
#import "PhotoTableViewController.h"
#import "JSON.h"
#import "FlickrAPIKey.h"

@implementation PhotoTablcVicwController
-(void) loadPhotos
{
    NSString *urlString = [NSString stringWithFormat:@"http://api.flickr.com/services/
rest/?method=flickr.photos.search&api_key=%@&tags=%@&per_page=10&format=json&nojson
callback=1", FlickrAPIKey, @"jinan"];
    NSURL *url = [NSURL URLWithString:urlString];

    // 得到的内容作为一个字符串的网址, 并解析为基础的对象
    NSString *jsonString = [NSString stringWithContentsOfURL:url encoding:NSUTF8String
Encoding error:nil];
    NSDictionary *results = [jsonString JSONValue];

    NSLog(@"%@",[results description]);

    // 需要通过挖掘得到的对象
    NSArray *photos = [[results objectForKey:@"photos"] objectForKey:@"photo"];
    for (NSDictionary *photo in photos) {
        // 得到标题的每一张照片
        NSString *title = [photo objectForKey:@"title"];
        [photoNames addObject:(title.length > 0 ? title : @"Untitled")];

        // 为每个照片构建的网址
        NSString *photoURLString = [NSString stringWithFormat:@"http://farm%@.static.
flickr.com/%@/%@_%@_s.jpg", [photo objectForKey:@"farm"], [photo objectForKey:@"server"],
[photo objectForKey:@"id"], [photo objectForKey:@"secret"]];
        [photoURLs addObject:[NSURL URLWithString:photoURLString]];
    }

}

//初始化属性
-(id) initWithStyle:(UITableViewStyle)style
{
    self = [super initWithStyle:style];
```

```
    if (self)
    {
        photoURLs = [[NSMutableArray alloc] init];
        photoNames = [[NSMutableArray alloc] init];
        [self loadPhotos];
    }
    return self;
}

#pragma mark -
#pragma mark Table view data source
//返回行数
- (NSInteger)numberOfSectionsInTableView:(UITableView *)tableView {
    return 1;
}
- (NSInteger)tableView:(UITableView *)tableView numberOfRowsInSection:(NSInteger)
section {
    return [photoNames count];
}

//  生成显示图片的单元格
- (UITableViewCell *)tableView:(UITableView *)tableView cellForRowAtIndexPath:
(NSIndexPath *)indexPath {

    static NSString *CellIdentifier = @"Cell";

    UITableViewCell *cell = [tableView dequeueReusableCellWithIdentifier:Cell
Identifier];
    if (cell == nil) {//不存在的话
       //创建一个单元格单元
        cell = [[UITableViewCell alloc] initWithStyle:UITableViewCellStyleDefault
reuseIdentifier:CellIdentifier];
    }

    // 配置单元格，表单元的文本信息就是照片名字
    cell.textLabel.text = [photoNames objectAtIndex:indexPath.row];

    NSData *imageData = [NSData dataWithContentsOfURL:[photoURLs objectAtIndex:index
Path.row]];
    cell.imageView.image = [UIImage imageWithData:imageData];

    return cell;
}
```

运行后会返回Flickr数据，具体如下所示：

```
2012-11-24 18:47:11.596 WebPhotoes[4774:c07] {
    photos =     {
        page = 1;
        pages = 1182;
        perpage = 10;
        photo =         (
                        {
                farm = 9;
                id = 8208104583;
                isfamily = 0;
                isfriend = 0;
                ispublic = 1;
                owner = "10782329@N03";
                secret = 88c0b691eb;
                server = 8346;
                title = "Baotu Spring Garden 02";
            },
                        {
                farm = 9;
                id = 8203273905;
                isfamily = 0;
                isfriend = 0;
                ispublic = 1;
```

```
        owner = "27823382@N03";
        secret = db7840cd14;
        server = 8197;
        title = "Jinan rush hour";
    },
                {
        farm = 9;
        id = 8199135645;
        isfamily = 0;
        isfriend = 0;
        ispublic = 1;
        owner = "43372673@N08";
        secret = f04ae46da7;
        server = 8487;
        title = P1020672;
    },
                {
        farm = 9;
        id = 8199141545;
        isfamily = 0;
        isfriend = 0;
        ispublic = 1;
        owner = "43372673@N08";
        secret = 048b1327d5;
        server = 8490;
        title = P1020670;
    },
                {
        farm = 9;
        id = 8200219032;
        isfamily = 0;
        isfriend = 0;
        ispublic = 1;
        owner = "43372673@N08";
        secret = 6c17d0778e;
        server = 8477;
        title = P1020675;
    },
                {
        farm = 9;
        id = 8200224534;
        isfamily = 0;
        isfriend = 0;
        ispublic = 1;
        owner = "43372673@N08";
        secret = 7e277b5e40;
        server = 8346;
        title = P1020673;
    },
                {
        farm = 9;
        id = 8200254180;
        isfamily = 0;
        isfriend = 0;
        ispublic = 1;
        owner = "43372673@N08";
        secret = 0f9c1de768;
        server = 8346;
        title = P1020676;
    },
                {
        farm = 9;
        id = 8200230700;
        isfamily = 0;
        isfriend = 0;
        ispublic = 1;
        owner = "43372673@N08";
        secret = 54ac24f7ab;
```

```
                    server = 8483;
                    title = P1020671;
                },
                        {
                    farm = 9;
                    id = 8200236282;
                    isfamily = 0;
                    isfriend = 0;
                    ispublic = 1;
                    owner = "43372673@N08";
                    secret = 1df4ed20fc;
                    server = 8065;
                    title = P1020669;
                },
                        {
                    farm = 9;
                    id = 8199130717;
                    isfamily = 0;
                    isfriend = 0;
                    ispublic = 1;
                    owner = "43372673@N08";
                    secret = c85fc492af;
                    server = 8478;
                    title = P1020674;
                }
            );
            total = 11814;
        };
        stat = ok;
    }
    2012-11-24 18:47:11.721 WebPhotoes[4774:c07] Application windows are expected to have
    a root view controller at the end of application launch
```

Part 4 第四篇

技术提高篇

本篇内容

第 27 章 触摸和手势识别

iOS系统在推出之时，吸引用户最大的便是多点触摸功能，通过对屏幕的触摸实现了良好的用户体验。通过使用多点触摸屏技术，让用户能够使用大量的自然手势来完成原本只能通过菜单、按钮和文本来完成的操作。另外，iOS系统还提供了高级手势识别功能，可以在应用程序中轻松实现它们。在本章内容中，将详细讲解iOS多点触摸和手势识别的基本知识，为读者学习本书后面知识的学习打下基础。

27.1 多点触摸和手势识别基础

iPad和iPhone无键盘的设计是为屏幕争取到更多的显示空间。用户不再是通过键盘发出指令。在触摸屏上的典型操作有：轻按（tap）某个图标来启动一个应用程序，向上或向下（也可以左右）拖移来滚动屏幕，将手指合拢或张开（pinch）来进行放大和缩小等。在邮件应用中，如果你决定删除收件箱中的某个邮件，那么只需轻扫（swipe）要删除的邮件的标题，邮件应用程序会弹出一个删除按钮，然后轻击这个删除按钮，这样就删除了邮件。UIView能够响应多种触摸操作。例如，UIScrollView就能响应手指合拢或张开来进行放大和缩小。在程序代码上，可以监听某一个具体的触摸操作，并作出响应。

为了简化编程工作，对于我们用应用程序可能实现的所有常见手势，简单来说，需要创建一个UIGestureRecognizer类的对象，或者是它的子类的对象。Apple创建了如下所示的“手势识别器”类。

- 轻按（UITapGestureRecognizer）：用一个或多个手指在屏幕上轻按。
- 按住（UILongPressGestureRecognizer）：用一个或多个手指在屏幕上按住。
- 长时间按住（UILongPressGestureRecogrlizer）：用一个或多个手指在屏幕上按住指定时间。
- 张合（UIPinchGestureRecognizer）：张合手指以缩放对象。
- 旋转（UIRotationGestureRecognizer）：沿圆形滑动两个手指。
- 轻扫（UISwipeGestureRecognizer）：用一个或多个手指沿特定方向轻扫。
- 平移（UIPanGestureRecognizer）：触摸并拖曳。
- 摇动：摇动iOS设备。

在以前的iOS版本中，开发人员必须读取并识别低级触摸事件，以判断是否发生了张合：屏幕上是否有两个触摸点？它们是否相互接近？在iOS 4和更早的版本中，可指定要使用的识别器类型，并将其加入到视图（UIView）中，然后就能自动收到触发的多点触摸事件。您甚至可获悉手势的值，如张合手势的速度和缩放比例（scale）。下面来看看如何使用代码实现这些功能。

上述的每个类都能准确地检测到某一个动作。在创建了上述的对象之后，可以使用addGestureRecognizer方法把它传递给视图。当用户在这个视图上进行相应操作时，上述对象中的某一个方法就被调用。在本章，我们阐述如何编写代码来响应上述触摸操作。

27.2 触摸处理

触摸就是用户把手指放到屏幕上。系统和硬件一起工作，知道手指什么时候触碰屏幕以及在屏幕中的触碰位置。UIView是UIResponder的子类，触摸发生在UIView上。用户看到的和触摸到的是视图（用户也许能看到图层，但图层不是一个UIResponder，它不参与触摸）。触摸是一个UITouch对象，该对象被放在一个UIEvent中，然后系统将UIEvent发送到应用程序上。最后，应用程序将UIEvent传递给一个适当的UIView。你通常不需要关心UIEvent和UITouch。大多数系统视图会处理这些低级别的触摸，并且通知高级别的代码。例如，当UIButton发送一个动作消息报告一个Touch Up Inside事件，它已经汇总了一系列复杂的触摸动作（“用户将手指放到按钮上，也许还移来移去，最后手指抬起来了”）。UITableView报告用户选择了一个表单元；当滚动UIScrollView时，它报告滚动事件。还有，有些界面视图只是自己响应触摸动作，而不通知代码。例如，当拖曳UIWebView时，它仅滚动而已。

然而，知道怎样直接响应触摸是有用的，这样可以实现自己的可触摸视图，并且充分理解Cocoa的视图在做些什么。

27.2.1 触摸事件和视图

假设在一个屏幕上用户没有触摸。现在，用户用一个或更多手指接触屏幕。从这一刻开始到屏幕上没有手指触摸为止，所有触摸以及手指移动一起组成Apple所谓的多点触控序列。在一个多点触控序列期间，系统向你的应用程序报告每个手指的改变，从而你的应用程序知道用户在做什么。每个报告是一个UIEvent。事实上，在一个多点触控序列上的报告是相同的UIEvent实例。每一次手指发生改变时，系统就发布这个报告。每一个UIEvent包含一个或更多个的UITouch对象。每个UITouch对象对应一个手指。一旦某个UITouch实例表示一个触摸屏幕的手指，那么，在一个多点触控序列上，这个UITouch实例就被一直用来表示该手指（直到该手指离开屏幕）。

在一个多点触控序列期间，系统只有在手指触摸形态改变时才需要报告。对于一个给定的UITouch对象（即一个具体的手指），只有4件事情会发生。它们被称为触摸阶段，它们通过一个UITouch实例的phase（阶段）属性来描述。

- UITouchPhaseBegan：手指首次触摸屏幕，该UITouch实例刚被构造。这通常是第一阶段，并且只有一次。
- UITouchPhaseMoved：手指在屏幕上移动。
- UITouchPhaseStationary：手指停留在屏幕上不动。为什么要报告这个？一旦一个UITouch实例被创建，它必须在每一次UIEvent中出现。因此，如果由于其他某事发生（例如，另一个手指触摸屏幕）而发出UIEvent，我们必须报告该手指在干什么，即使它没有做任何事情。
- UITouchPhaseEnded：手指离开屏幕。和UITouchPhaseBegan一样，该阶段只有一次。该UITouch实例将被销毁，并且不再出现在多点触控序列的UIEvents中。
- UITouchPhaseCancelled：系统已经摒弃了该多点触控序列，可能是由于某事打断了它。那么，什么事情可能打断一个多点触控序列？这有很多可能性。也许用户在当中单击了Home按钮或者屏幕锁按钮。在iPhone上，一个电话进来了。所以，如果你自己正在处理触摸操作，那么就不能忽略这个取消动作；当触摸序列被打断时，你可能需要完成一些操作。

当UITouch首次出现时（UITouchPhaseBegan），应用程序定位与此相关的UIView。该视图被设置为触摸的View（视图）属性值。从那一刻起，该UITouch一直与该视图关联。一个UIEvent就被分发到UITouch的所有视图上。

1. 接收触摸

作为一个UIResponder的UIView，它继承与4个UITouch阶段对应的4种方法（各个阶段需要UIEvent）。通过调用这4种方法中的一个或多个方法，一个UIEvent被发送给一个视图。

touchesBegan:withEvent：一个手指触摸屏幕，创建一个UITouch。

- touchesMoved:withEvent：手指移动了。
- touchesEnded:withEvent：手指已经离开了屏幕。
- touchesCancelled:withEvent：取消一个触摸操作。

上述方法包括如下所示的参数。

❑ 相关的触摸。

这些是事件的触摸，它们存放在一个NSSet中。如果你知道这个集合中只有一个触摸，或者在集合中的任何一个触摸都可以，那么，你可以用anyObject来获得这个触摸。

❑ 事件。

这是一个UIEvent实例，它把所有触摸放在一个NSSet中，可以通过allTouches消息来获得它们。这意味着所有的事件的触摸，包括但并不局限于在第一个参数中的那些触摸。它们可能是在不同阶段的触摸，或者用于其他视图的触摸。你可以调用touchesForView:或touchesForWindow:来获得一个指定视图或窗口所对应的触摸的集合。

UITouch中还有如下所示的有用的方法和属性。

❑ locationInView:和previousLocationlnView。

在一个给定视图的坐标系上，该触摸的当前或之前的位置。你感兴趣的视图通常是self或者self.superview，如果是nil，则得到相对于窗口的位置。仅当是UITouchPhaseMoved阶段时，你才会感兴趣之前的位置。

❑ timestamp。

最近触摸的时间。当它被创建（UITouchPhaseBegan）时，它有一个创建时间，当每次移动（UITouchPhaseMoved）时，也有一个时间。

❑ tapCount。

连续多个轻击的次数。如果在相同位置上连续两次轻击，那么，第二个被描述为第一个的重复，它们是不同的触摸对象，但第二个将被分配一个tapCount，比前一个大1。默认值为1。因此，如果一个触摸的tapCount是3，那么这是在相同位置上的第三次轻击（连续轻击3次）。

❑ View。

与该触摸相关联的视图。这有一些UIEvent属性。

❑ Type。

主要是UIEventTypeTouches。

❑ Timestamp。

事件发生的时间。

2．多点触摸

iOS多点触摸的实现代码如下：

```
-(void)touchesBegan:(NSSet *)touches withEvent:(UIEvent *)event{
    NSUInteger numTouches = [touches count];
}
```

上述方法传递一个NSSet实例与一个UIEvent实例，可以通过获取touches参数中的对象来确定当前有多少根手指触摸，touches中的每个对象都是一个UITouch事件，表示一个手指正在触摸屏幕。倘若该触摸是一系列轻击的一部分，则还可以通过询问任何UITouch对象来查询相关的属性。

同鼠标操作一样，iOS也可以有单击、双击甚至更多类似的操作，有了这些，在这个有限大小的屏幕上，可以完成更多的功能。正如上文所述，通过访问它的touches属性来查询：

```
-(void)touchesBegan:(NSSet *)touches withEvent:(UIEvent *)event{
    NSUInteger numTaps = [[touches anyObject] tapCount];
}
```

3．iOS的触摸事件处理

iPhone/iPad无键盘的设计是为屏幕争取更多的显示空间，大屏幕在观看图片、文字、视频等方面为用户带来了更好的用户体验。而触摸屏幕是iOS设备接受用户输入的主要方式，包括单击、双击、拨动以及多点触摸等，这些操作都会产生触摸事件。

在Cocoa中，代表触摸对象的类是UITouch。当用户触摸屏幕后，就会产生相应的事件，所有相关的UITouch对象都被包装在事件中，被程序交由特定的对象来处理。UITouch对象直接包括触摸的详细信息。

在UITouch类中包含如下5个属性：

（1）window：触摸产生时所处的窗口。由于窗口可能发生变化，当前所在的窗口不一定是最开始的窗口。

（2）view：触摸产生时所处的视图。由于视图可能发生变化，当前视图也不一定是最初的视图。

（3）tapCount：轻击（Tap）操作和鼠标的单击操作类似，tapCount表示短时间内轻击屏幕的次数。因此可以根据tapCount判断单击、双击或更多的轻击。

（4）timestamp：时间戳记录了触摸事件产生或变化时的时间。单位是秒。

（5）phase：触摸事件在屏幕上有一个周期，即触摸开始、触摸点移动、触摸结束，还有中途取消。而通过phase可以查看当前触摸事件在一个周期中所处的状态。phase是UITouchPhase类型的，这是一个枚举配型，包含如下5种。

- UITouchPhaseBegan：触摸开始。
- UITouchPhaseMoved：接触点移动。
- UITouchPhaseStationary：接触点无移动。
- UITouchPhaseEnded：触摸结束。
- UITouchPhaseCancelled：触摸取消。

在UITouch类中包含如下所示的成员函数。

（1）- (CGPoint)locationInView:(UIView *)view：函数返回一个CGPoint类型的值，表示触摸在view这个视图上的位置，这里返回的位置是针对view的坐标系的。调用时传入的view参数为空的话，返回的是触摸点在整个窗口的位置。

（2）- (CGPoint)previousLocationInView:(UIView *)view：该方法记录了前一个坐标值，函数返回也是一个CGPoint类型的值，表示触摸在view这个视图上的位置，这里返回的位置是针对view的坐标系的。调用时传入的view参数为空的话，返回的是触摸点在整个窗口的位置。

当手指接触到屏幕，不管是单点触摸还是多点触摸，事件都会开始，直到用户所有的手指都离开屏幕。期间所有的UITouch对象都被包含在UIEvent事件对象中，由程序分发给处理者。事件记录了这个周期中所有触摸对象状态的变化。

只要屏幕被触摸，系统就会报若干个触摸的信息封装到UIEvent对象中发送给程序，由管理程序UIApplication对象将事件分发。一般来说，事件将被发给主窗口，然后传给第一响应者对象（FirstResponder）处理。

关于响应者的概念，接下来通过以下几点进行详细说明。

（1）响应者对象（Response object）

响应者对象就是可以响应事件并对事件作出处理。在iOS中，存在UIResponder类，它定义了响应者对象的所有方法。UIApplication、UIView等类都继承了UIResponder类，UIWindow和UIKit中的控件因为继承了UIView，所以也间接继承了UIResponder类，这些类的实例都可以当作响应者。

（2）第一响应者（First responder）

当前接受触摸的响应者对象被称为第一响应者，即表示当前该对象正在与用户交互，它是响应者链的开端。

（3）响应者链（Responder chain）

响应者链表示一系列的响应者对象。事件被交由第一响应者对象处理，如果第一响应者不处理，事件被沿着响应者链向上传递，交给下一个响应者（next responder）。一般来说，第一响应者是个视图对象或者其子类对象，当其被触摸后事件被交由它处理，如果它不处理，事件就会被传递给它的视图控制器对象（如果存在），然后是它的父视图（superview）对象（如果存在），以此类推，直到顶层视图。接下来会沿着顶层视图（top view）到窗口（UIWindow对象）再到程序（UIApplication对象）。如果整个过程都没有响应这个事件，该事件就被丢弃。一般情况下，在响应者链中只要由对象处理事件，事件就停止传递。但有时候可以在视图的响应方法中根据一些条件判断来决定是否需要继续传递事件。

（4）管理事件分发

视图对触摸事件是否需要作出回应可以通过设置视图的userInteractionEnabled属性。默认状态为YES，如果设置为NO，可以阻止视图接收和分发触摸事件。除此之外，当视图被隐藏（setHidden：YES）或者透明（Alpha值为0）也不会收事件。不过这个属性只对视图有效，如果想要整个程序都步响应事件，可以调用UIApplication的beginIngnoringInteractionEvents方法来完全停止事件接收和分发。通过endIngnoringInteractionEvents方法来恢复让程序接收和分发事件。

如果要让视图接收多点触摸，需要设置它的multipleTouchEnabled属性为YES，默认状态下这个属性值为NO，即视图默认不接收多点触摸。

在接下来的内容中将学习如何处理用户的触摸事件。首先触摸的对象是视图，而视图类UIView继承了UIRespnder类，但是要对事件作出处理，还需要重写UIResponder类中定义的事件处理函数。根据不同的触摸状态，程序会调用相应的处理函数，这主要包括如下几个函数。

（1）-(void)touchesBegan:(NSSet *)touches withEvent:(UIEvent *)event。

（2）-(void)touchesMoved:(NSSet *)touches withEvent:(UIEvent *)event。

（3）-(void)touchesEnded:(NSSet *)touches withEvent:(UIEvent *)event。

（4）-(void)touchesCancelled:(NSSet *)touches withEvent:(UIEvent *)event。

当手指接触屏幕时，就会调用touchesBegan:withEvent方法；当手指在屏幕上移，动就会调用touchesMoved:withEvent方法；当手指离开屏幕时，就会调用touchesEnded:withEvent方法；当触摸被取消（比如触摸过程中被来电打断），就会调用touchesCancelled:withEvent方法。而这几个方法被调用时，正好对应了UITouch类中phase属性的4个枚举值。

对于上面的4个事件方法，在开发过程中并不要求全部实现，可以根据需要重写特定的方法。对于这4个方法，都有两个相同的参数：NSSet类型的touches和UIEvent类型的event。其中touches表示触摸产生的所有UITouch对象，而event表示特定的事件。因为UIEvent包含了整个触摸过程中所有的触摸对象，因此可以调用allTouches方法获取该事件内所有的触摸对象，也可以调用touchesForView：或者touchesForWindows：取出特定视图或者窗口上的触摸对象。在这几个事件中，都可以拿到触摸对象，然后根据其位置、状态和时间属性做逻辑处理。例如下面的代码：

```
<span style="font-size:13px;">-(void)touchesEnded:(NSSet *)touches withEvent:(UIEvent
*)event
{
    UITouch *touch =  [touches anyObject];
    if(touch.tapCount == 2)
    {
        self.view.backgroundColor = [UIColor redColor];
    }
}</span>
```

通过上述代码，说明在触摸手指离开后会根据tapCount单击的次数来设置当前视图的背景色。不管是一个手指还是多个手指，轻击操作都会使每个触摸对象的tapCount加1，由于上面的例子不需要知道具体触摸对象的位置或时间等，因此可以直接调用touches的anyObject方法来获取任意一个触摸对象，然后判断其tapCount的值即可。

检测tapCount可以放在touchesBegan中，也可以放在touchesEnded中，不过一般后者更准确，因为touchesEnded可以保证所有的手指都已经离开屏幕，这样就不会把轻击动作和按下拖动等动作混淆。

轻击操作很容易引起歧义，如当用户点了一次之后，并不知道用户是想单击还是只是双击的一部分，或者点了两次之后并不知道用户是想双击还是继续单击。为了解决这个问题，一般可以使用“延迟调用”函数。例如下面的代码：

```
<span style="font-size:13px;">-(void)touchesEnded:(NSSet *)touches withEvent:(UIEvent
*)event
{
    UITouch *touch =  [touches anyObject];
    if(touch.tapCount == 1)
    {
        [self performSelector:@selector(setBackground:) withObject:[UIColor blueColor]
afterDelay:2];
        self.view.backgroundColor = [UIColor redColor];
    }
}</span>
```

上述代码表示在第一次轻击之后，没有直接更改视图的背景属性，而是通过performSelector：withObject：afterDelay：方法设置两秒后更改：

```
<span style="font-size:13px;">-(void)touchesEnded:(NSSet *)touches withEvent:(UIEvent
*)event
{
    UITouch *touch =  [touches anyObject];
    if(touch.tapCount == 2)
    {
        [NSObject cancelPreviousPerformRequestsWithTarget:self selector:@selector
(setBackground:) object:[UIColor redColor]];
        self.view.backgroundColor = [UIColor redColor];
    }
}</span>
```

双击操作就是两次单击的组合，因此在第一次单击的时候，设置背景色的方法已经启动，在检测到双击的时候先要把先前对应的方法取消掉，可以通过调用NSObject类的cancelPreviousPerformRequestWithTarget:selector:object方法取消指定对象的方法调用，然后调用双击对应的方法设置背景色为红色。

接下来举一个例子创建可以拖动的视图，这个主要通过触摸对象的位置坐标来实现。因此调用触摸对象的locationInView：方法即可。例如下面的代码：

```
<span style="font-size:13px;">CGPoint originalLocation;
-(void)touchesBegan:(NSSet *)touches withEvent:(UIEvent *)event
{
    UITouch *touch = [touches anyObject];
    originalLocation = [touch locationInView:self.view];
}

-(void)touchesMoved:(NSSet *)touches withEvent:(UIEvent *)event
{
    UITouch *touch = [touches anyObject];
    CGPoint currentLocation = [touch locationInView:self.view];
    CGRect frame = self.view.frame;
    frame.origin.x += currentLocation.x-originalLocation.x;
    frame.origin.y += currentLocation.y-originalLocation.y;
    self.view.frame = frame;
}</span>
```

在上述代码中，先在touchesBegan中通过[touch locationInView:self.view]获取手指触摸在当前视图上的位置，用CGPoint变量记录，然后在手指移动事件touchesMoved方法中获取触摸对象当前位置，并通过与原始位置的差值计算出移动偏移量，再设置当前视图的位置。

4．触摸和响应链

一个UIView是一个响应器，并且参与到响应链中。如果一个触摸被发送给UIView（它是命中测试视图），并且该视图没有实现相关的触摸方法，那么，沿着响应链寻找那个实现了触摸方法的响应器（对象）。如果该对象被找到了，则触摸被发送给该对象。这里有一个问题：如果touchesBegan:withEvent在一个超视图上而不是子视图上实现，那么在子视图上的触摸将导致超视图的touchesBegan:withEvent被调用。它的第一个参数包含一个触摸，该触摸的View属性值是那个子视图。但是，大多数UIView触摸方法都假定第一个参数（触摸）的View属性值是self，还有，如果touchesBegan:withEvent同时在超视图和子视图上实现，那么，你在子视图上调用super，相同的参数传递给超视图的touchesBegan:withEvent，超视图的touchesBegan：withEvent第一个参数包含一个触摸，该触摸的View属性值还是子视图。

上述问题的解决方法如下。

- 如果整个响应链都是你自己的UIView子类或UIViewController子类，那么，你在一个类中实现所有的触摸方法，并且不要调用super。
- 如果创建了一个系统的UIView的子类，并且你重载它的触摸处理，那么，你不必重载每个触摸事件，但你需要调用super（触发系统的触摸处理）。
- 不要直接调用一个触摸方法（除了调用super）。

27.2.2 实战演练——触摸屏幕中的按钮

在iOS应用中，最常见的触摸操作是通过UIButton按钮实现的，这也是最简单的一种方式。iOS中包含如下所示的操作手势。

- 单击（Tap）：单击作为最常用手势，用于按下或选择一个控件或条目（类似于普通的鼠标单击）。
- 拖动（Drag）：拖动用于实现一些页面的滚动，以及对控件的移动功能。
- 滑动（Flick）：滑动用于实现页面的快速滚动和翻页的功能。
- 横扫（Swipe）：横扫手势用于激活列表项的快捷操作菜单。
- 双击（Double Tap）：双击放大并居中显示图片，或恢复原大小（如果当前已经放大）。同时，双击能够激活针对文字编辑菜单。
- 放大（Pinch open）：放大手势可以实现以下功能：打开订阅源，打开文章的详情。在照片查看的时候，放大手势也可实现放大图片的功能。
- 缩小（Pinch close）：缩小手势，可以实现与放大手势相反且对应的功能的功能：关闭订阅源退出到首页，关闭文章退出至索引页。在照片查看的时候，缩小手势也可实现缩小图片的功能。
- 长按（Touch &Hold）：如果针对文字长按，将出现放大镜辅助功能。松开后，则出现编辑菜单。针对图片长按，将出现编辑菜单。
- 摇晃（Shake）：摇晃手势，将出现撤销与重做菜单，主要是针对用户文本输入的。

在本实例中，在屏幕中央设置了一个"触摸我"按钮，当触摸此按钮时会调用buttonDidPush:(id)sender方法，在屏幕中显示一个提示框效果。

实例27-1	触摸屏幕中的按钮
源码与视频路径	光盘:\daima\27\TouchSample\

实例文件UIKitPrjButton.m的具体实现代码如下所示：

```
#import "UIKitPrjButton.h"
@implementation UIKitPrjButton
- (void)viewDidLoad {
  [super viewDidLoad];
  self.title = @"UIButton";
  self.view.backgroundColor = [UIColor whiteColor];
  // 创建按钮
  UIButton* button = [UIButton buttonWithType:UIButtonTypeRoundedRect];
  // 设置按钮标题
  [button setTitle:@"触摸我!" forState:UIControlStateNormal];
  // 根据标题长度自动决定按钮尺寸
  [button sizeToFit];
  // 将按钮布置在中心位置
  button.center = self.view.center;
  // 画面变化时按钮位置自动调整
  button.autoresizingMask = UIViewAutoresizingFlexibleWidth |
                            UIViewAutoresizingFlexibleHeight |
```

```
                              UIViewAutoresizingFlexibleLeftMargin |
                              UIViewAutoresizingFlexibleRightMargin |
                              UIViewAutoresizingFlexibleTopMargin |
                              UIViewAutoresizingFlexibleBottomMargin;

  // 设置按钮被触摸时响应方法
  [button addTarget:self
          action:@selector(buttonDidPush:)
   forControlEvents:UIControlEventTouchUpInside];
  // 将按钮追加到画面view中
  [self.view addSubview:button];
}
// 按钮被触碰时调用的方法
- (void)buttonDidPush:(id)sender {
  if ( [sender isKindOfClass:[UIButton class]] ) {
    UIButton* button = sender;
    UIAlertView* alert = [[[UIAlertView alloc] initWithTitle:nil
                                       message:button.currentTitle
                                      delegate:nil
                             cancelButtonTitle:nil

otherButtonTitles:@"OK", nil] autorelease];
    [alert show];
  }
}
@end
```

执行后首先显示一个“触摸我！”按钮，触摸此按钮后会弹出一个对话框，如图27-1所示。

图27-1 执行效果

27.2.3 实战演练——同时滑动屏幕中的两个滑块

在iOS应用中，除了UIButton按钮外，最常见的触摸操作是通过UISlider滑块控件实现的。在本实例中预先设置了两个滑块，当使用触摸方式滑动一个滑块时，另一个滑块会以同样的进度进行同步滑动。实例文件UIKitPrjSlider.m定义了两个滑块的最小值和最大值，并且指定了滑块变化时调用方法sliderDidChange，通过此方法设置两个滑块的值保持同步。

实例27-2	同时滑动屏幕中的两个滑块
源码与视频路径	光盘:\daima\27\TouchSample\

文件UIKitPrjSlider.m的具体实现代码如下所示：

```
#import "UIKitPrjSlider.h"
@implementation UIKitPrjSlider
// 对象释放方法
- (void)dealloc {
  [sliderCopy_ release];
  [super dealloc];
}
- (void)viewDidLoad {
  [super viewDidLoad];
  self.title = @"UISlider滑块";
  self.view.backgroundColor = [UIColor whiteColor];
  // 创建滑块控件
  UISlider* slider = [[[UISlider alloc] init] autorelease];
  slider.frame = CGRectMake( 0, 0, 200, 50 );
  slider.minimumValue = 0.0; //设置滑块最小值
  slider.maximumValue = 1.0; //设置滑块最大值
  slider.center = self.view.center;
  // 指定滑块变化时被调用的方法
  [slider addTarget:self
          action:@selector(sliderDidChange:)
   forControlEvents:UIControlEventValueChanged];
  // 拷贝滑块
```

```
    sliderCopy_ = [[UISlider alloc] init];
    sliderCopy_.frame = slider.frame;
    sliderCopy_.minimumValue = slider.minimumValue;
    sliderCopy_.maximumValue = slider.maximumValue;
    CGPoint point = slider.center;
    point.y += 50;
    sliderCopy_.center = point;
    // 在画面中追加两个滑块
    [self.view addSubview:slider];
    [self.view addSubview:sliderCopy_];
}
// 滑块变化时调用
- (void)sliderDidChange:(id)sender {
    if ( [sender isKindOfClass:[UISlider class]] ) {
      UISlider* slider = sender;
      // 将sliderCopy_的值保持与slider相同
      sliderCopy_.value = slider.value;
    }
}
@end
```

执行后的效果如图27-2所示。

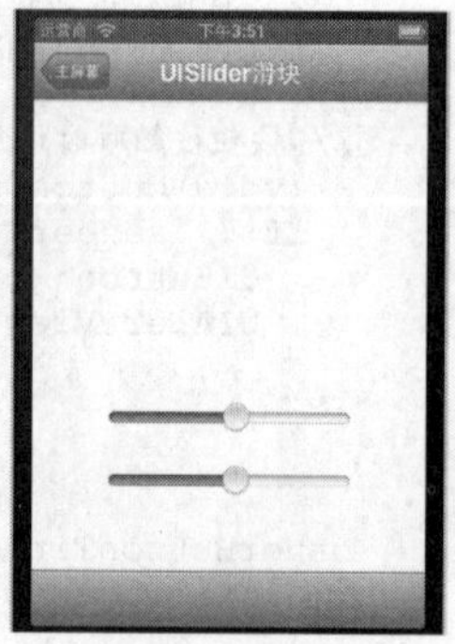

图27-2 执行效果

27.2.4 实战演练——触摸屏幕检测

在本章前面的实例中，都是通过控件来完成触摸检测功能的。在本实例中，将不使用第三方控件来实现触摸功能。本实例比较简单，只有一个UIViewController，当触摸屏幕后会调用touchesBegan:withEvent方法。

实例27-3	触摸屏幕检测
源码与视频路径	光盘:\daima\27\TouchSample\

实例文件UIKitPrjTouchesBegan.m的具体实现代码如下所示：

```
#import "UIKitPrjTouchesBegan.h"
@implementation UIKitPrjTouchesBegan
- (void)viewDidLoad {
    [super viewDidLoad];
    // 设置背景色（必须）
    // 默认状态下为透明，无法完成触摸
    self.view.backgroundColor = [UIColor whiteColor];
}
// 此方法为接受触摸事件的方法
- (void)touchesBegan:(NSSet*)touches withEvent:(UIEvent*)event {
    UIAlertView* alert = [[[UIAlertView alloc] initWithTitle:nil
                                                    message:@"这是一个
viewController!"
                                                   delegate:nil
                                          cancelButtonTitle:nil
                                          otherButtonTitles:@"OK", nil] autorelease];
    [alert show];
}
@end
```

执行后触摸屏幕会弹出一个对话框，如图27-3所示。

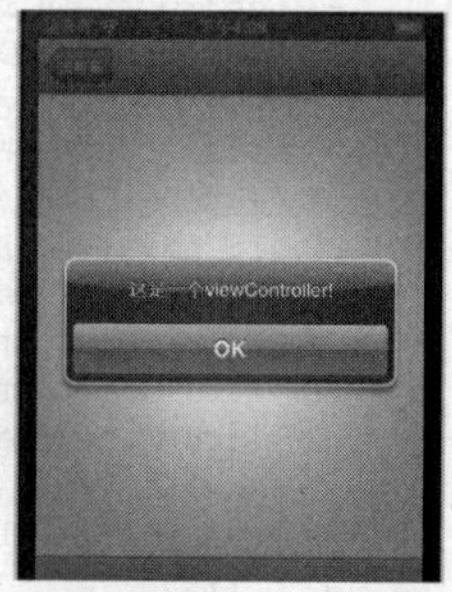

图27-3 执行效果

27.2.5 实战演练——触摸屏幕中的文字标签

在iOS应用中，除了可以触摸屏幕中的按钮和滑动块之外，还可以触摸其他的控件元素。在本实例中，在屏幕中设置了一个UILable控件，在屏幕中显示文字“触摸我吧！”。触摸这段文字后，可以弹出一个“这是一段文字”对话框。

实例27-4	触摸屏幕中的文字标签
源码与视频路径	光盘:\daima\27\TouchSample\

实例文件UIKitPrjTouchesTheLabel.m的具体实现代码如下所示：

```
#import "UIKitPrjTouchesTheLabel.h"
#pragma mark ----- TouchableLabel -----
// 定义UILabel的子类
@interface TouchableLabel : UILabel
@end
// 只追加touchesBegan:withEvent:方法
@implementation TouchableLabel
- (void)touchesBegan:(NSSet*)touches withEvent:(UIEvent*)event {
  UIAlertView* alert = [[[UIAlertView alloc] initWithTitle:nil
                                                   message:@"这是一段文字!"
                                                  delegate:nil
                                         cancelButtonTitle:nil
                                         otherButtonTitles:@"OK", nil] autorelease];
  [alert show];
}
@end
#pragma mark ----- UIKitPrjTouchesTheLabel -----
@implementation UIKitPrjTouchesTheLabel
- (void)viewDidLoad {
  [super viewDidLoad];
  self.view.backgroundColor = [UIColor whiteColor];
  // 将新创建的标签布置在画面上
  TouchableLabel* label = [[[TouchableLabel alloc] init] autorelease];
  label.frame = CGRectMake( 60, 100, 200, 50 );
  label.text = @"触摸我吧!";
  label.textAlignment = UITextAlignmentCenter;
  label.backgroundColor = [UIColor grayColor];
  // 必须将userInteractionEnabled属性设置成YES，默认为NO
  label.userInteractionEnabled = YES;
  [self.view addSubview:label];
}
- (void)touchesBegan:(NSSet*)touches withEvent:(UIEvent*)event {
  UIAlertView* alert = [[[UIAlertView alloc] initWithTitle:nil
                                                   message:@"这是一个
viewController!"
                                                  delegate:nil
                                         cancelButtonTitle:nil
                                         otherButtonTitles:@"OK", nil] autorelease];
  [alert show];
}
@end
```

执行后的效果如图27-4所示。

图27-4 执行效果

27.3 手势处理

不管你是单击、双击、轻扫或者使用更复杂的操作，你都在操作触摸屏。iPad/iPhone屏幕还可以同时检测出多个触摸，并跟踪这些触摸。例如，通过两个手指的捏合控制图片的放大和缩小。所有这些功能都拉近了用户与界面的距离，这也使我们之前的习惯随之改变。

27.3.1 手势处理基础

手势（gesture）是指从你用一个或多个手指开始触摸屏幕，直到你的手指离开屏幕为止所发生的全部事件。无论你触摸多长时间，只要仍在屏幕上，你仍然处于某个手势中。触摸（touch）是指手指放到屏幕上。手势中的触摸数量等于同时位于屏幕上的手指数量（一般情况下，2～3个手指就够用）。轻击是指用一个手指触摸屏幕，然后立即离开屏幕（不是来回移动）。系统跟踪轻击的数量，从而获得用户轻击的次数。在调整图片大小时，可以进行放大或缩小（将手指合拢或张开来进行放大和缩小）。

在Cocoa中，代表触摸对象的类是UITouch。当用户触摸屏幕，产生相应的事件。在处理触摸事件时，还需要关注触摸产生时所在的窗口和视图。UITouch类中包含有LocationInView、previousLocationInView等方法。

- LocationlnView：返回一个CGPoint类型的值，表示触摸（手指）在视图上的位置。
- previousLocationlnView：和上面方法一样，但除了当前坐标，还能记录前一个坐标值。
- CGRect：一个结构，它包含了一个矩形的位置（CGPoint）和尺寸（CGSize）。
- CGPoint：一个结构，它包含了一个点的二维坐标（CGFloatX，CGFloatY）。
- CGSize：包含长和宽（width、height）。
- CGFloat：所有浮点值的基本类型。

1．手势识别器类

一个手势识别器是UIGestureRecognizer的子类。UIView针对手势识别器有addGestureRecognizer与removeGestureRecognizer方法和一个gestureRecognizers属性。

UIGestureRecognizer不是一个响应器（UIResponder），因此，它不参与响应链。当一个新触摸发送给一个视图时，它同样被发送到视图的手势识别器和超视图的手势识别器，直到视图层次结构中的根视图。UITouch的gestureRecognizers列出了当前负责处理该触摸的手势识别器。UIEvent的touchesForGestureRecognizer列出了当前被特定的手势识别器处理的所有触摸。当触摸事件发生了，其中一个手势识别器确认了这是它自己的手势时，它发出一条（如用户轻击视图）或多条消息（如用户拖动视图）；这里的区别是一个离散的还是连续的手势。手势识别器发送什么消息，对什么对象发送，这是通过手势识别器上的一个“目标—操作”调度表来设置的。一个手势识别器在这一点上非常类似一个UIControl（不同的是一个控制可能报告几种不同的控制事件，然而每个手势识别器只报告一种手势类型，不同手势由不同的手势识别器报告）。

UIGestureRecognizer是一个抽象类，定义了所有手势的基本行为，它有如下6个子类处理具体的手势。

（1）UITapGestureRecognizer：手指任意次数的单击。

- numberOfTapsRequired：单击次数。
- numberOfTouchesRequired：手指个数。

（2）UIPinchGestureRecognizer：两个手指捏合动作。

- scale：手指捏合，大于1表示两个手指之间的距离变大，小于1表示两个手指之间的距离变小。
- velocity：手指捏合动作时的速率（加速度）。

（3）UIPanGestureRecognizer：摇动或者拖曳。

- minimumNumberOfTouches：最少手指个数。
- maximumNumberOfTouches：最多手指个数。

（4）UISwipeGestureRecognizer：手指在屏幕上滑动操作手势。

- numberOfTouchesRequired：滑动手指的个数
- direction：手指滑动的方向，取值有Up、Down、Left和Right。

（5）UIRotationGestureRecognizer：手指在屏幕上旋转操作。

- rotation：旋转方向，小于0为逆时针旋转手势，大于0为顺时针手势。
- velocity：旋转速率。

（6）UILongPressGestureRecognizer：长按手势。

- numberOfTapsRequired：需要长按时的单击次数。
- numberOfTouchesRequired：需要长按的手指的个数。
- minimumPressDuration：需要长按的时间，最小为0.5s。

- allowableMovement：手指按住允许移动的距离。

2．多手势识别器

当多手势识别器参与时，如果一个视图被触摸，那么，不仅是它自身的手势识别器参与进来，同时，任何在视图层次结构中；更高位置的视图的手势识别器也将参与进来。我倾向于把一个视图想象成被一群手势识别器围绕（它自带的以及它的超视图的等）。在现实中，一个触摸的确有一群手势识别器。那就是为什么UITouch有一个gestureRecognizers属性，该属性名以复数形式表达。

一旦一个手势识别器成功识别它的手势，任何其他的关联该触摸的手势识别器被强制设置为Failed状态。识别这个手势的第一个手势识别器从那时起便拥有了手势和那些触摸，系统通过这个方式来消除冲突。如果我们也将UITapGestureRecognizer添加给一个双击手势，这将发生什么？双击不能阻止单击发生。所以对于双击来说，单击动作和双击动作都被调用，这不是我们所希望的，我们没必要使用前面所讲的延时操作。可以构建一个手势识别器与另一个手势识别器的依赖关系，告诉第一个手势识别器暂停判断，一直到第二个已经确定这是否是它的手势。这通过向第一个手势识别器发送requireGestureRecognizerToFail:消息来实现。该消息不是“强迫该识别器识别失败”，它表示“在第二个识别器失败之前你不能成功”。

3．给手势识别器添加子类

为了创建一个手势识别器的子类，需要做如下所示的两个工作。

（1）在实现文件的开始，导入UIKiU UIGestureRecognizerSubclass.h>。该文件包含一个UIGesture Recognizer的category，从而你就能够设置手势识别器的状态。这个文件还包含你可能需要重载的方法的声明。

（2）重载触摸方法（就好像手势识别器是一个UIResponder）。调用super来执行父类的方法，从而手势识别器设置它的状态。

例如，给UIPanGestureRecognizer创建一个子类，从而水平或垂直移动一个视图。我们创建两个UIPanGestureRecognizer的子类：一个只允许水平移动，并且另两个只允许垂直移动。它们是互斥的。下面只列出水平方向拖动的手势识别器的代码（垂直识别器的代码类似）。只维护一个实例变量，该实例变量用来记录用户的初始移动是否是水平的。可以重载touchesBegan:withEvent:来设置实例变量为第一个触摸的位置。然后重载touchesMoved:withEvent:方法。

4．手势识别器委托

一个手势识别器可以有一个委托，该委托可以执行如下两种任务。

（1）阻止一个手势识别器的操作

在手势识别器发出Possible状态之前，gestureRecognizerShouldBegin被发送给委托；返回NO来强制手势识别器转变为Failed状态。在一个触摸被发送给手势识别器的touchesBegan:...方法之前，gestureRecognizer:shouldReceiveTouch被发送给委托，返回NO来阻止该触摸被发送给手势识别器。

（2）调解同时手势识别

当一个手势识别器正要宣告它识别出了它的手势时，如果该宣告将强制另一个手势识别器失败，那么，系统发送gestureRecognizer:shouldRecognizeSimultaneouslyWithGestureRecognizer:给手势识别器的委托，并且也发送给被强制设为失败的手势识别器的委托。返回YES就可以阻止失败，从而允许两个手势识别器同时操作。例如，一个视图能够同时响应两手指的按压以及两手指拖动，一个是放大或者缩小，另一个是改变视图的中心（从而拖动视图）。

5．手势识别器和视图

当一个触摸首次出现并且被发送给手势识别器，它同样被发送给它的命中测试视图，触摸方法同时被调用。如果一个视图的所有手势识别器不能识别出它们的手势，那么，视图的触摸处理就继续。然而，如果手势识别器识别出它的手势，视图就接到touchesCancelled:withEvent:消息，视图也不再接收后续的触摸。如果一个手势识别器不处理一个触摸（如使用ignoreTouch:forEvent:方法），那么，当手势识别器识别出了它的手势后，touchesCancelled:withEvent也不会发送给它的视图。

在默认情况下，手势识别器推迟发送一个触摸给视图。UIGestureRecognizer的delaysTouchesEnded属性的默认值为YES，这就意味着：当一个触摸到达UITouchPhaseEnded，并且该手势识别器的touchesEnded:withEvent被调用，如果触摸的状态还是Possible（即手势识别器允许触摸发送给视图），那么，手势识别器不立即发送触摸给视图，而是等到它识别了手势之后。如果它识别了该手势，视图就接到touchesCancelled:withEvent；如果它不能识别，则调用视图的touchesEnded:withEvent方法。我们来看一个双击的例子。当第一个轻击结束后，手势识别器无法声明失败或成功，因此，它必须推迟发送该触摸给视图（手势识别器获得更高优先权来处理触摸）。如果有第二个轻击，手势识别器应该成功识别双击手势并且发送touchesCancelled:withEvent给视图（如果视图已经被发送touchesEnded:withEvent消息，则系统就不能发送touchesCancelled:withEvent给视图）。

当触摸延迟了一会儿，然后被交付给视图，交付的是原始事件和初始时间戳。由于延时，这个时间戳也许和现在的时间不同了。Apple建议我们使用初始时间戳，而不是当前时钟的时间。

6．识别

如果多个手势识别器来识别（Recognition）一个触摸，那么，谁获得这个触摸呢？这里有一个挑选的算法：一个处在视图层次结构中的偏底层的手势识别器（更靠近命中测试视图）比较高层的手势识别器先获得，并且一个新加到视图上的手势识别器比旧的手势识别器更优先。

我们也可以修改上面的挑选算法。通过手势识别器的requireGestureRecognizerToFail方法，我们指定：只有当其他手势识别器失败了，该手势识别器才被允许识别触摸。另外，你让gestureRecognizer ShouldBegin委托方法返回NO，从而将成功识别变为失败识别。

还有一些其他途径。例如，允许同时识别（一个手势识别器成功了，但有些手势识别器并没有被强制变为失败）。canPreventGestureRecognizer或canB ePreventedByGestureRecognizer方法就可以实现类似功能。委托方法gestureRecognizer:shouldRecognizeSimultaneouslyWithGestureRecognizer返回YES来允许手势识别器在不强迫其他识别器失败的情况下还能成功。

7．添加手势识别器

要想在视图中添加手势识别器，可以采用如下两种方式之一：

- 使用代码；
- 使用Interface Builder编辑器以可视化方式添加。

虽然使用编辑器添加手势识别器更容易，但仍需了解幕后发生的情况。例如，下面的代码实现了轻按手势识别器功能：

```
UITapGestureRecognizer *tapRecognizer;
tapRecognizer=[[UITapGestureRecognizer alloc]
initWithTarget:self
action:@selector(foundTap:)];
tapRecognizer.numberOfTapsRequired=1;
tapRecognizer.numberOfTouchesRequired=1;
[self.tapView addGestureRecognizer:tapRecognizer];
```

通过上述代码实现了一个轻按手势识别器，能够监控使用一个手指在视图tapView中轻按的操作，如果检查到这样的手势，则调用方法 foundTap。

第1行声明了一个 UITapGestureRecognizer对象——tapRecognizer。在第2行给tapRecognizer分配了内存，并使用initWithTarget:action进行了初始化处理。其中参数action用于指定轻按手势发生时将调用的方法；这里使用@selector(foundTap:)告诉识别器，我们要使用方法fountTap来处理轻按手势。指定的目标（self）是foundTap所属的对象，这里是实现上述代码的对象，它可能是视图控制器。

第5～6行设置了如下两个轻按手势识别器的两个属性。

- NumberOfTapsRequired：需要轻按对象多少次才能识别出轻按手势。
- NumberOfTouchesRequired：需要有多少个手指在屏幕上才能识别出轻按手势。

最后，第7行使用UIView的方法addGestureRecognizer将tapRecognizer加入到视图tapView中。执行上述代码后，该识别器就处于活动状态，便可以使用了。因此，在视图控制器的方法viewDidLoad中实现该识别器是不错的选择。

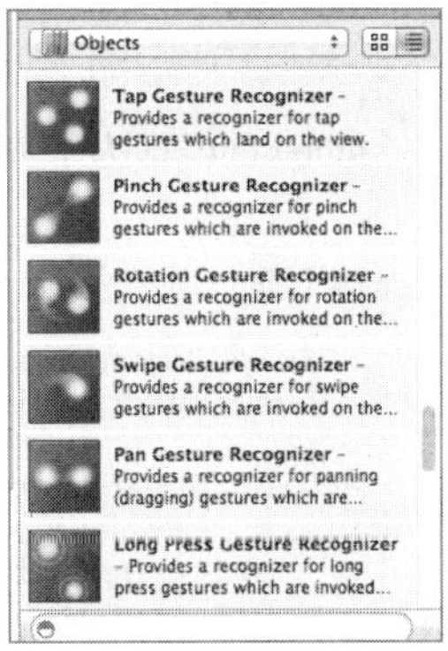

图27-5 可以使用Interface Builder添加手势识别器

响应轻按事件的方法很简单，只需实现方法foundTap即可。这个方法的存根类似于下面的代码：

```
- (void)faundTap: (UITapGestureRecognizer *)recognizer{
}
```

我们可以设置在检测到手势后的具体动作，例如，可以对手势做出简单的响应、使用提供给方法的参数获取有关手势发生位置的详细信息等。在大多数情况下，这些设置工作几乎都可以在Xcode Interface Builder中完成。从Xcode 4.2起，可以通过单击的方式来添加并配置手势识别器，图27-5中列出了和触摸有关的控件。

8．使用复杂的触摸和手势UIXXGestureRecognizer

在Apple中有各种手势识别器的Class，下面，将使用几个手势识别器实现：轻按、轻扫、张合、旋转（摇动暂不涉及）。每个手势都将有一个标签的反馈，包括3个UIView，分别响应轻按、轻扫、张合，一个UIImageView响应张合。下面是使用SingleView模板实现的ViewController.h的代码：

```
#import <UIKit/UIKit.h>
@interface ViewController : UIViewController{
    UIView *tap;
    UIView *swipe;
    UIView *pinch;
    UIView *rotateView;

    UILabel *outputLabel;
    UIImageView *imageView;
}
@property(strong,nonatomic) IBOutlet UIView *tap;               //单击视图
@property(strong,nonatomic) IBOutlet UIView *swipe;             //轻扫视图
@property(strong,nonatomic) IBOutlet UIView *pinch;             //张合视图
@property(strong,nonatomic) IBOutlet UIView *rotateView;        //旋转
@property(strong,nonatomic) IBOutlet UILabel *outputLabel;      //响应事件Label
@property(strong,nonatomic) IBOutlet UIImageView *imageView;    //图片View
@end
```

必须要在页面拖入相应控件并连线，在此不再赘述。虽然可以省略ViewController中包含对象的部分，但是还是建议写上。

（1）单击事件

```
- (void)viewDidLoad
{
    [super viewDidLoad];

    UITapGestureRecognizer *tapRecognizer;   //创建一个轻按手势识别器
tapRecognizer=[[UITapGestureRecognizer alloc]initWithTarget:self

action:@selector(foundTap:)];
                              //初始化识别器，并使用函数指针（方法指针）触发同时实现方法
    tapRecognizer.numberOfTapsRequired=1;   //轻按对象次数（1）触发此行为
    tapRecognizer.numberOfTouchesRequired=1; //要求响应的手指数
    [tap addGestureRecognizer:tapRecognizer];  //相应的对象添加控制器
}
-(void)foundTap:(UITapGestureRecognizer *)recognizer{
    outputLabel.text=@"已轻点";
}
```

仔细观察实现的方法，均是按照以下步骤：新创建一个控制器实例——实例初始化——将其添加到

类对象——实现函数指针中的方法（@selector()）。

如果想获得轻按或轻扫手势坐标，可以添加如下代码：

```
CGPoint location=[recognizer locationInView:<the view>
```

<the view>即为手势识别器的视图名，location有两个参数：*x*和*y*。

（2）轻扫

接下来，我们按照上述步骤实现轻扫：

```
UISwipeGestureRecognizer *swipeRecognizer;                    //创建一个轻扫识别器
    swipeRecognizer=[[UISwipeGestureRecognizer alloc]initWithTarget:self

action:@selector(foundSwipe:)];
                                          //对象初始化 并有函数指针
    swipeRecognizer.direction=
    UISwipeGestureRecognizerDirectionRight|UISwipeGestureRecognizerDirectionLeft;
                                                              //手势相应向左或向右滑动
    swipeRecognizer.numberOfTouchesRequired=1;                //扫动对象次数
    [swipe addGestureRecognizer:swipeRecognizer];             //向对象添加控制器
```

下面是函数指针指向的方法：

```
-(void)foundSwipe:(UITapGestureRecognizer *)recognizer{
    outputLabel.text=@"已扫动";
}
```

相应扫动方向时，有4个方向可供选择：

```
UISwipeGestureRecognizerDirectionRight/Left/Up/Down;
```

（3）张合

将实现放大缩小ImageView，首先定义几个参数，在.h 文件中#import的下方：

```
#define originWidth 330.0
#define originHeight 310.0
#define originX 40.0
#define originY 350.0
```

在ViewDidLoad中的代码如下所示：

```
UIPinchGestureRecognizer *pinchReconizer;                     //新建一个张合识别器对象
    pinchReconizer=[[UIPinchGestureRecognizer alloc]initWithTarget:self

action:@selector(foundPinch)];
                                                              //初始化对象
    [pinch addGestureRecognizer:pinchReconizer];   //添加控制器
```

下面是函数指针的方法：

```
-(void)foundPinch:(UIPinchGestureRecognizer *)recognizer{     //注意此处的类
    NSString *feedback;
    double scale;
    scale=recognizer.scale;   //识别器的scale(刻度尺、尺度)
    imageView.transform=CGAffineTransformMakeRotation(0.0);   //视图旋转角度：不旋转
    feedback=[[NSString alloc]initWithFormat:@"缩放:
Scale:%1.2f,Velocity:%1.2f",recognizer.scale,recognizer.velocity];
    outputLabel.text=feedback;
    imageView.frame=CGRectMake(originX, originY, originWidth*scale,
originHeight*scale);
                                         //图片顶点不变，图片宽*尺度=放大后的宽度
}
```

（4）旋转

首先Cocoa类使用弧度为单位，角度和弧度的转换关系是：角度=弧度*180/Pi，所以，viewDidLoad的代码如下所示：

```
UIRotationGestureRecognizer *rotationRecognizer;              //新创建旋转手势控制器对象
    rotationRecognizer=[[UIRotationGestureRecognizer alloc]initWithTarget:self
                                              action:@selector(foundRotation:)];
```

```
                                                               //初始化对象
    [rotateView addGestureRecognizer:rotationRecognizer];      //添加控制器
```

下面是函数指针指向的方法：

```
-(void)foundRotation:(UIRotationGestureRecognizer *)recognizer{
    NSString *feedback;
    double rotation;
    rotation=recognizer.rotation;                              //返回一个控制器角度
    feedback=[[NSString alloc] initWithFormat:@"旋转, Radians: %1.2f,Velocity:%1.2f",
              recognizer.rotation,recognizer.velocity];
    outputLabel.text=feedback;
    imageView.transform=CGAffineTransformMakeRotation(rotation);
                 //视图旋转角度为rotation，即手势的旋转角度
}
```

27.3.2 实战演练——实现一个手势识别器

在本节的演示实例中，将实现5种手势识别器（轻按、轻扫、张合、旋转和摇动），以及这些手势的反馈。每种手势都会更新标签，指出有关该手势的信息。在张合、旋转和摇动的基础上更进一步。当用户执行这些手势时，将缩放、旋转或重置一个图像视图。为了给手势输入提供空间，这个应用程序显示的屏幕中包含4个嵌套的视图（UIView），在故事板场景中，直接给每个嵌套视图指定了一个手势识别器。当您在视图中执行操作时，将调用视图控制器中相应的方法，在标签中显示有关手势的信息；另外，根据执行的手势，还可能更新屏幕上的一个图像视图（UIImageView）。

实例27-5	实现一个手势识别器
源码与视频路径	光盘:\daima\27\shoushi

1. 创建项目

启动Xcode，使用模板Single View Application创建一个名为“shoushi”的应用程序，如图27-6所示。

本项目需要很多输出口和操作，并且还需要通过Interface Builder直接在对象之间建立连接。

（1）添加图像资源

这个应用程序的界面包含一幅可旋转或缩放的图像，这旨在根据用户的手势提供视觉反馈。在本章的项目文件夹中，了文件夹Images包含一幅名为flower.png的图像。将文件夹Images拖放到项目的代码编组中，并选择必要时复制资源并创建编组。

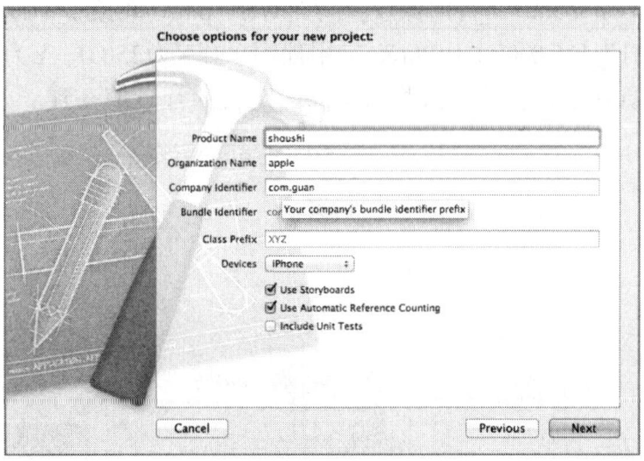

图27-6 创建工程

（2）规划变量和连接

对于我们要检测的每个触摸手势，都需要提供让其能够得以发生的视图。通常，这可使用主视图，但出于演示目的，将在主视图中添加4个UIView，每个UIView都与一个手势识别器相关联。令人惊讶的是，这些UIView都不需要输出口，因为，将在Interface Builder编辑器中直接将它们连接到手势识别器。

但是，需要两个输出口/属性：outputLabel和imageView，它们分别连接到一个UILabel和一个UIImage View。其中标签用于向用户提供文本反馈，而图像视图在用户执行张合和旋转手势时提供视觉反馈。

在这4个视图中检测到手势时，应用程序需要调用一个操作方法，以便与标签和图像交互。我们把手势识别器UI连接到方法foundTap、foundSwipe、foundPinch、foundRotantion。

（3）添加表示默认图像大小的常量

当手势识别器对UI中的图像视图调整大小或旋转时，我们希望能够恢复到默认大小和位置。为此，

我们需要在代码中记录默认大小和位置。我选择将UIImageView的大小和位置存储在4个常量中，而这些常量的值是这样确定的：将图像视图放到所需的位置，然后从Interface Builder Size Inspector读取其框架值。

对于iPhone版本，可以在文件ViewController.m的代码行#import后面输入如下代码：

```
#define kOriginWidth 125.0
#define kOriginHeight 115.0
#define kOriginX 100.0
#define kOriginY 330.0
```

如果创建的是iPad应用程序，应该按照下面的代码定义这些常量：

```
#define kOriginWidth 265.0
#define kOriginHeight 250.0
#define kOriginX 250.0
#define kOriginY 750.0
```

使用这些常量可以快速记录UIImageView的位置和大小，但这并非唯一的解决方案。其可以在应用程序启动时读取并存储图像视图的frame属性，并在以后恢复它们。然而，我们的目的是帮助理解工作原理，而不是过度考虑解决方案是否巧妙。

2．设计界面

打开文件MainStoryboard.storyboard，首先拖曳4个UIView实例到主视图中。将第一个视图调整为小型矩形，并位于屏幕的左上角，它将捕获轻按手势；将第二个视图放在第一个视图右边，它用于检测轻扫手势；将其他两个视图放在前两个视图下方，且与这两个视图等宽，它们分别用于检测张合手势和旋转手势。使用Attributes Inspector（Option+ Command+4）将每个视图的背景设置为不同的颜色。

然后在每个视图中添加一个标签，这些标签的文本应分别为Tap我、Swipe我、Pinch我和Rotate我。然后再拖放一个UILabel实例到主视图中，让其位于屏幕顶端并居中；使用Attributes Inspector将其设置为居中对齐。这个标签将用于向用户提供反馈，请将其默认文本设置为“动起来”。最后，在屏幕底部中央添加一个UIImageView。使用Attributes Inspector (Option+Command+4)和Size Inspector (Option+Command+5)将图像设置为flower. png，并按如下设置其大小和位置：X为100.0、Y为330.0、W为125.0、H为115.0（对于iPhone应用程序）或X为250.0、Y为750.0、W为265.0、H为250.0（对于iPad应用程序），如图27-7所示。这些值与前面定义的常量值一致。

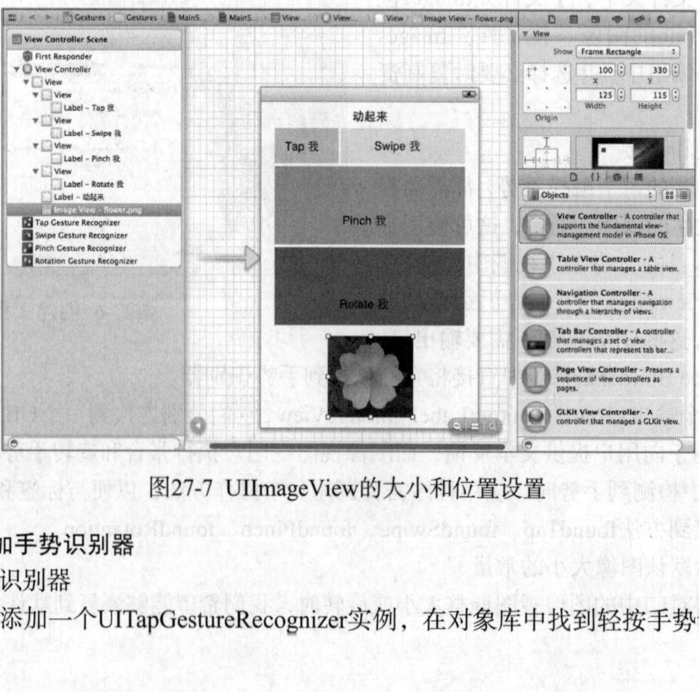

图27-7　UIImageView的大小和位置设置

3．给视图添加手势识别器

（1）轻按手势识别器

首先在项目中添加一个UITapGestureRecognizer实例，在对象库中找到轻按手势识别器，将其拖放到包含标签Tap Me!的UIView实例中，如图27-8所示。识别器将作为一个对象出现在文档大纲底部，而无论将其放在哪里。

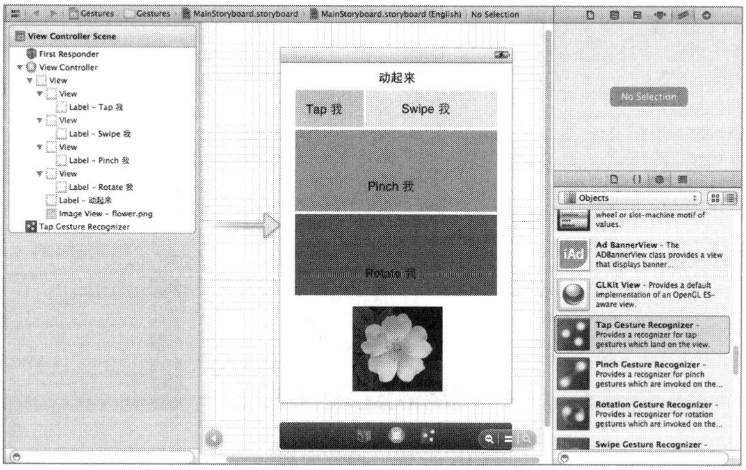

图27-8 将识别器拖放到将使用它的视图上

通过轻按手势识别器拖放到视图中，这样就创建了一个手势识别器对象，并将其关联到了该视图。接下来需要配置该识别器，让其知道要检测哪种手势。轻按手势识别器有如下两个属性。

- Taps：需要轻按对象多少次才能识别出轻按手势。
- Touches：需要有多少个手指在屏幕上才能识别出轻按手势。

在本实例中，将轻按手势定义为用一个手指轻按屏幕一次，因此，指定一次轻按和一个触点。选择轻按手势识别器，再打开Attributes Inspector(Option+ Command+4)，如图27-9所示。

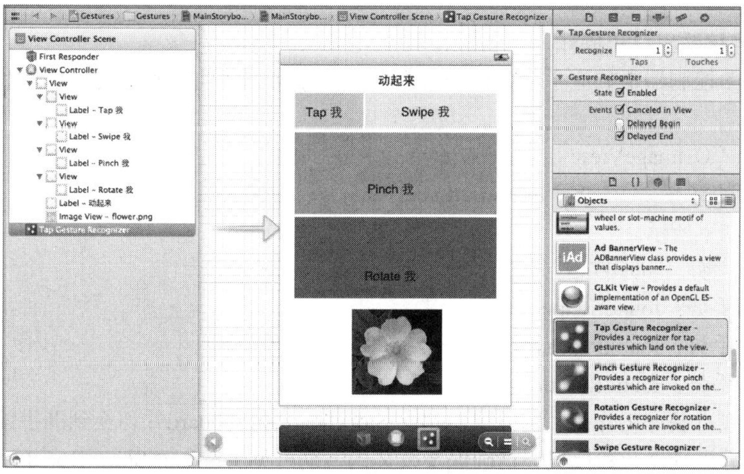

图27-9 使用Attributes Inspector配置手势识别器

将文本框Taps和Touches都设置为1，这样就在项目中添加了第一个手势识别器，并对其进行了配置。

（2）轻扫手势识别器

实现轻扫手势识别器的方式几乎与轻按手势识别器完全相同。但是，不是指定轻按次数，而是指定轻扫的方向（上、下、左、右），还需指定多少个手指触摸屏幕（触点数）时才能视为轻扫手势。同样，在对象库中找到轻扫手势识别器（UISwipeGestureRecognizer），并将其拖放到包含标签“Swipe 我”的视图上。接下来，选择该识别器，并打开Attributes Inspector以便配置它，如图27-10所示。这里对轻松手势识别器进行配置，使其监控用一个手指向右轻扫的手势。

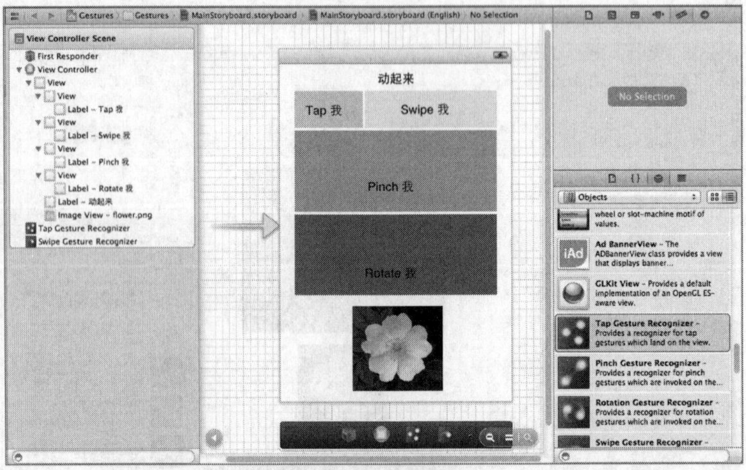

图27-10　配置轻扫方向和触点数

（3）张合手势识别器

在对象库中找到张合手势识别器（UIPinGestureRecognizer），并将其拖放到包含标签“Pinch我”的视图上。

（4）旋转手势识别器

旋转手势指的是两个手指沿圆圈移动。与张合手势识别器一样，旋转手势识别器也无需做任何配置，只需诠释结果——旋转的角度（单位为弧度）和速度。在对象库中找到旋转手势识别器（UIRotation GestureRecognizer），并将其拖放到包含标签“Rotate我”的视图上，这样就在故事板中添加了最后一个对象。

4．创建并连接输出口和操作

为了在主视图控制器中响应手势并访问反馈对象，需要创建前面确定的输出口和操作。需要的输出口如下所示。

- 图像视图（UIImageView）：imageView。
- 提供反馈的标签（UILabel）：outputLabel。

需要的操作如下所示。

- 响应轻按手势：foundTap。
- 响应轻扫手势：foundSwipe。
- 响应张合手势：foundPinch。
- 响应旋转手势：foundRotation。

为了建立连接准备好工作区，打开文件MainStoryboard.storyboard并切换到助手编辑器模式。由于将从场景中的手势识别器开始拖曳，请确保要么文档大纲可见（Editor>Show Document Outline），要么能够在视图下方的对象栏中区分不同的识别器。

（1）添加输出口

按住Control键，并从标签Do Something!拖曳到文件ViewController.h中代码行@interface下方。在Xcode提示时，创建一个名为outputLabel的输出口，如图27-11所示。对图像视图重复上述操作，并将输出口命名为imageView。

（2）添加操作

在此只需按住Control键，从文档大纲中的手势识别器拖曳到文件ViewController.h，并拖曳到前面定义的属性下方。在Xcode提示时，将连接类型指定为操作，并将名称指定为foundTap，如图27-12所示。

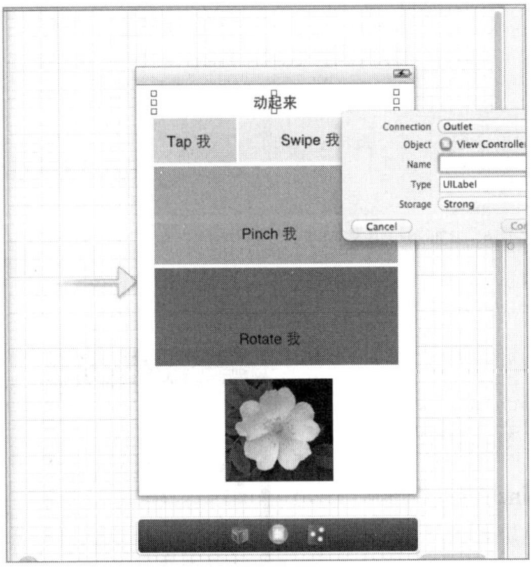

图27-11 将标签和图像视图连接到输出口

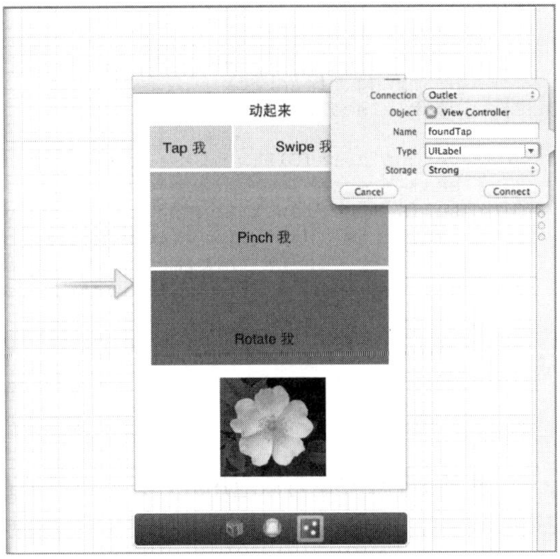

图27-12 将手势识别器连接到操作

对于其他每个手势识别器重复上述操作，将轻扫手势识别器连接到foundSwipe，将张合手势识别器连接到foundPinch，将旋转手势识别器连接到foundRotation。为了检查建立的连接，选择识别器之一（这里是轻按手势识别器），并查看Connections Inspector（Option+ Command+6），将看到Sent Actions部分指定了操作，而Referencing Outlet Collection部分引用了使用识别器的视图。

5. 实现应用程序逻辑

下面实现手势识别器逻辑，首先实现轻按手势识别器。实现一个识别器后将发现其他识别器的实现方式极其类似，唯一不同的是摇动手势，这就是将它留在最后的原因。切换到标准编辑器模式，并打开视图控制器实现文件ViewController.m。

（1）响应轻按手势识别器

要响应轻按手势识别器，只需实现方法foundTap。修改这个方法的存根，使其实现代码如下所示：

```
- (IBAction)foundTap:(id)sender {
    self.outputLabel.text=@"Tapped";
}
```

这个方法不需要处理输入，除指出自己被执行外，它什么也不做。将标签outPutLabel的属性text设置为Tapped就足够了。

（2）响应轻扫手势识别器

要想响应轻扫手势识别器，方式与响应轻按手势识别器相同. 更新输出标签，指出检测到了轻扫手势。为此按如下代码实现方法foundSwipe：

```
- (IBAction)foundSwipe:(id)sender {
    self.outputLabel.text=@"Swiped";
}
```

（3）响应张合手势识别器

轻按和轻扫都是简单手势，它们只存在发不发生的问题；而张合手势和旋转手势更加复杂一些，它们返回更多的值，让您能够更好地控制用户界面。例如，张合手势包含属性velocity（张合手势发生的速度）和scale（与手指间距离变化呈正比的小数）。例如，如果手指间距离缩小了50%，则缩放比例（scale）将为0.5。如果手指间距离为原来的两倍，则缩放比例为2。

接下来使用方法foundPinch重置UIImageView的旋转角度（以免受旋转手势带来的影响），使用张合手势识别器返回的缩放比例和速度值创建一个反馈字符串，并缩放图像视图，以便立即向用户提供可视化反馈。方法foundPinch的实现代码如下所示：

```
- (IBAction)foundPinch:(id)sender {
    UIPinchGestureRecognizer *recognizer;
    NSString *feedback;
    double scale;

    recognizer=(UIPinchGestureRecognizer *)sender;
    scale=recognizer.scale;
    self.imageView.transform = CGAffineTransformMakeRotation(0.0);
    feedback=[[NSString alloc]
              initWithFormat:@"Pinched, Scale:%1.2f, Velocity:%1.2f",
              recognizer.scale,recognizer.velocity];
    self.outputLabel.text=feedback;
    self.imageView.frame=CGRectMake(kOriginX,
                                    kOriginY,
                                    kOriginWidth*scale,
                                    kOriginHeight*scale);
}
```

如果现在生成并运行该应用程序，您将能够在pinchView视图中使用张合手势缩放图像，甚至可以将图像放大到超越屏幕边界），如图27-13所示。

图27-13　使用张合手势缩放图像

（4）响应旋转手势识别器

与张合手势一样，旋转手势也返回一些有用的信息，其中最著名的是速度和旋转角度，可以使用它们来调整屏幕对象的视觉效果。返回的旋转角度是一个弧度值，表示用户沿着顺时针或逆时针方向旋转了多少弧度。在文件ViewController.m中，foundRotation方法的实现代码如下所示：

```
- (IBAction)foundRotation:(id)sender {
    UIRotationGestureRecognizer *recognizer;
    NSString *feedback;
    double rotation;

    recognizer=(UIRotationGestureRecognizer *)sender;
    rotation=recognizer.rotation;
    feedback=[[NSString alloc]
              initWithFormat:@"Rotated, Radians:%1.2f, Velocity:%1.2f",
              recognizer.rotation,recognizer.velocity];
    self.outputLabel.text=feedback;
    self.imageView.transform = CGAffineTransformMakeRotation(rotation);
}
```

（5）实现摇动识别器

摇动的处理方式与本章介绍的其他手势稍有不同，必须拦截一个类型为UIEventTypeMotion的UIEvent。为此，视图或视图控制器必须是响应者链中的第一响应者，还必须实现方法motionEnded:withEvent。

- 成为第一响应者。

要让视图控制器成为第一响应者，必须通过方法canBecomeFirstResponder允许它成为第一响应者，这个方法除了返回YES外什么都不做；然后在视图控制器加载视图时要求它成为第一响应者。首先，在实现文件ViewController.m中添加方法canBecomeFirstResponder，具体代码如下所示：

```
- (BOOL)canBecomeFirstResponder{
    return YES;
}
```

通过上述代码，可以让视图控制器能够成为第一响应者。

接下来需要在视图控制器加载其视图后立即发送消息becomeFirstResponder，让视图控制器成为第一响应者。为此可以修改文件ViewController.m中的方法viewDidAppear，具体代码如下所示：

```
- (void)viewDidAppear:(BOOL)animated
{
    [self becomeFirstResponder];
    [super viewDidAppear:animated];
}
```

至此，视图控制器为成为第一响应者并接收摇动事件做好了准备，只需要实现motionEnded:withEvent以捕获并响应摇动手势即可。

❑ 响应摇动手势。

为了响应摇动手势，motionEnded:withEvent方法的实现代码如下所示：

```
- (void)motionEnded:(UIEventSubtype)motion withEvent:(UIEvent *)event {
    if (motion==UIEventSubtypeMotionShake) {
        self.outputLabel.text=@"Shaking things up!";
        self.imageView.transform = CGAffineTransformMakeRotation(0.0);
        self.imageView.frame=CGRectMake(kOriginX,
                                        kOriginY,
                                        kOriginWidth,
                                        kOriginHeight);
    }
}
```

此时就可以运行该应用程序并使用本章实现的所有手势了。尝试使用张合手势缩放图像；摇动设备将图像恢复到原始大小；缩放和旋转图像、轻按、轻扫——一切都按您预期的那样进行，而令人惊讶的是，需要编写的代码很少，执行后的效果如图27-14所示。

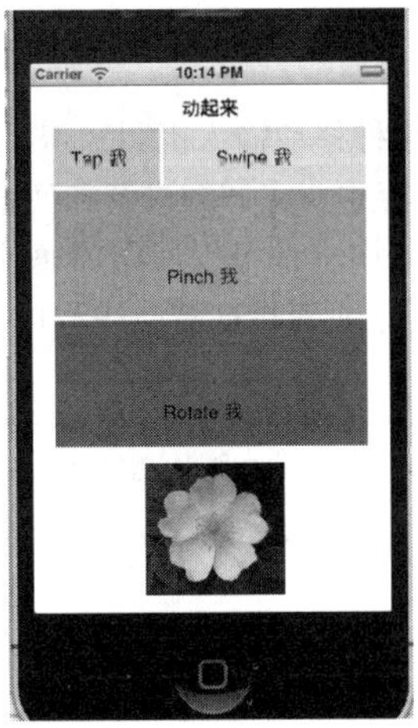

图27-14　执行效果

第28章 和硬件之间的操作

对于智能手机用户来说，早已习惯了通过手机移动来控制手机游戏，并且手机可以根据设备的朝向来自动显示屏幕中的信息，通过和硬件之间的交互来实现需要的功能。在本章内容中，将详细讲解iOS和硬件结合的基本知识，为读者步入本书后面知识的学习打下基础。

28.1 加速计和陀螺仪

在当前应用中，Nintendo Wii将运动检测作为一种有效的输入技术引入到了主流消费电子设备中，而Apple将这种技术应用到了iPhone、iPod Touch和iPad中，并获得了巨大成功。在Apple设备中装备了加速计，可用于确定设备的朝向、移动和倾斜。通过iPhone加速计，用户只需调整设备的朝向并移动它，便可以控制应用程序。另外，在iOS设备（包括iPhone 4、iPad 2和更新的产品）中，Apple还引入了陀螺仪，这样设备能够检测到不与重力方向相反的旋转。总之，如果用户移动支持陀螺仪的设备，应用程序就能够检测到移动并做出相应的反应。

在iOS中，通过框架Core Motion将这种移动输入机制暴露给了第三方应用程序。并且可以使用加速计来检测摇动手势。在本章接下来的内容中，将详细讲解如何直接从iOS中获取数据，以检测朝向、加速和旋转的知识。在当前所有的iOS设备中，都可以使用加速计检测到运动。新型号的iPhone和iPad新增的陀螺仪都补充了这种功能。为了更好地理解这对应用程序来说意味着什么，下面简要地介绍一下这些硬件可以提供哪些信息。

注意：对本书中的大多数应用程序来说，使用iOS模拟器是完全可行的，但模拟器无法模拟加速计和陀螺仪硬件。因此在本章中，可能需要一台用于开发的设备。要在该设备中运行本章的应用程序，请按第1章介绍的步骤进行。

28.1.1 加速计基础

加速计的度量单位为g，这是重力（gravity）的简称。lg是物体在地球的海平面上受到的下拉力（9.8m/s^2）。您通常不会注意到lg的重力，但当您失足坠落时，lg将带来严重的伤害。如果坐过过山车，您就一定熟悉高于和低于lg的力。在过山车底部，将您紧紧按在座椅上的力超过lg，而在过山车顶部，您感觉要飘出座椅，这是负重力在起作用。

加速计以相对于自由落体的方式度量加速度。这意味着如果将iOS设备在能够持续自由落体的地方（如帝国大厦）丢下，在下落过程中，其加速计测量到的加速度将为0g；另一方面，放在桌面上的设备的加速计测量出的加速度为lg，且方向朝上。假如设备静止时受到的地球引力为lg，这是加速计用于确定设备朝向的基础。加速计可以测量3个轴（x、y和z）上的值。

通过感知特定方向的惯性力总量，加速计可以测量出加速度和重力。iPhone内的加速计是一个三轴加速计，这意味着其能够检测到三维空间中的运动或重力引力。因此，加速计不但可以指示握持电话的方式（如自动旋转功能），而且如果电话放在桌子上，还可以指示电话的正面朝下还是朝上。加速计可以测量g引力，因此，加速计返回值为1.0时，表示在特定方向上感知到1g。如果是静止握持iPhone而没有任何运动，那么地球引力对其施加的力大约为1g。如果是纵向竖直地握持iPhone，那么iPhone会检测并报告其*y*轴上施加的力大约为1g。如果是以一定角度握持iPhone，那么1g的力会分布到不同的轴上，这取决于握持iPhone的方式。在以45° 角握持时，1g的力会均匀地分解到两个轴上。

如果检测到的加速计值远大于1g，那么，即可以判断这是突然运动。正常使用时，加速计在任一轴上都不会检测到远大于1g的值。如果摇动、坠落或投掷iPhone，那么加速计便会在一个或多个轴上检测到很大的力。iPhone加速计使用的三轴结构是：iPhone长边的左右是*x*轴（右为正），短边的上下是*y*轴（上为正），垂直于iPhone的是*z*轴（正面为正）。需要注意的是，加速计对*y*坐标轴使用了更标准的惯例，即*y*轴伸长表示向上的力，这与Quartz 2D的坐标系相反。如果加速计使用Quartz 2D作为控制机制，那么必须要转换*y*坐标轴。使用OpenGL ES时则不需要转换。

根据设备的放置方式，lg的重力将以不同的方式分布到这3个轴上。如果设备垂直放置，且其一边、屏幕或背面呈水平状态，则整个lg都分布在一条轴上。如果设备倾斜，lg将分布到多条轴上。

1. UIAccelerometer类

加速计（UIAccelerometer）是一个单例模式的类，所以，需要通过方法sharedAccelerometer获取其唯一的实例。加速计需要设置如下两点。

（1）设置其代理，用以执行获取加速计信息的方法。

（2）设置加速计获取信息的频率。最高支持每秒100次。

例如下面的代码：

```
UIAccelerometer *accelerometer = [UIAccelerometer sharedAccelerometer];
accelerometer.delegate = self;
accelerometer.updateInterval = 1.0/30.0f;
```

下面是加速计的代理方法，需要符合协议<UIAccelerometerDelegate>：

```
-(void)accelerometer:(UIAccelerometer *)accelerometer didAccelerate:(UIAcceleration
*)acceleration
{
//    NSString *str = [NSString stringWithFormat:@"x:%g\ty:%g\tz:%g",acceleration.x,
acceleration.y,acceleration.z];
//    NSLog(@"%@",str);
    // 检测摇动, 1.5为轻摇, 2.0为重摇
//    if (fabsf(acceleration.x)>1.8||
//        fabsf(acceleration.y)>1.8||
//        fabsf(acceleration.z>1.8)) {
//        NSLog(@"你摇动我了~");
//    }
    static NSInteger shakeCount = 0;
    static NSDate *shakeStart;
    NSDate *now = [[NSDate alloc]init];
    NSDate *checkDate=[[NSDate alloc]initWithTimeInterval:1.5f sinceDate:shakeStart];
    if ([now compare:checkDate] == NSOrderedDescending || shakeStart == nil) {
        shakeCount = 0;
        [shakeStart release];
        shakeStart = [[NSDate alloc]init];
    }
    [now release];
    [checkDate release];
    if (fabsf(acceleration.x)>1.7||
        fabsf(acceleration.y)>1.7||
        fabsf(acceleration.z)>1.7) {
        shakeCount ++;
        if (shakeCount >4) {
            NSLog(@"你摇动我了~");
            shakeCount = 0;
            [shakeStart release];
            shakeStart = [[NSDate alloc]init];
        }
    }
}
```

UIAccelerometer能够检测iPhone手机在x、y、z轴3个轴上的加速度，要想获得此类需要调用：

```
UIAccelerometer *accelerometer = [UIAccelerometer sharedAccelerometer];
```

同时还需要设置它的delegate：

```
UIAccelerometer *accelerometer = [UIAccelerometer sharedAccelerometer];
accelerometer.delegate = self;
accelerometer.updateInterval = 1.0/60.0;
```

在如下委托方法中：

- (void) accelerometer:(UIAccelerometer *)accelerometer didAccelerate:(UIAcceleration *)acceleration，UIAcceleration表示加速度类，包含了来自加速计UIAccelerometer的真实数据。它有3个属性的值x、y、z。iPhone的加速计支持最高以每秒100次的频率进行轮询。此时是60次。

（1）应用程序可以通过加速计来检测摇动，例如，用户可以通过摇动iPhone擦除绘图。也可以连续摇动几次iPhone，执行一些特殊的代码：

```
- (void) accelerometer:(UIAccelerometer *)accelerometer didAccelerate:(UIAcceleration
*)acceleration
{
static NSInteger shakeCount = 0;
static NSDate *shakeStart;
NSDate *now = [[NSDate alloc] init];
NSDate *checkDate = [[NSDate alloc] initWithTimeInterval:1.5f sinceDate:shakeStart];
if ([now compare:checkDate] == NSOrderedDescending || shakeStart == nil)
{
shakeCount = 0;
[shakeStart release];
shakeStart = [[NSDate alloc] init];
}
 [now release];
[checkDate release];
if (fabsf(acceleration.x) > 2.0 || fabsf(acceleration.y) > 2.0 || fabsf(acceleration.z)
> 2.0)
{
shakeCount++;
if (shakeCount > 4)
{
// -- DO Something
shakeCount = 0;
[shakeStart release];
shakeStart = [[NSDate alloc] init];
}
}
}
```

（2）加速计最常见的是用作游戏控制器，在游戏中使用加速计控制对象的移动。在简单情况下，可能只需获取一个轴的值，乘上某个数（灵敏度），然后添加到所控制对象的坐标系中。在复杂的游戏中，因为所建立的物理模型更加真实，所以，必须根据加速计返回的值调整所控制对象的速度。

在Cocos 2D中接收加速计输入input，使其平滑运动，一般不会去直接改变对象的position。看下面的代码：

```
- (void) accelerometer:(UIAccelerometer *)accelerometer didAccelerate:(UIAcceleration
*)acceleration
{
// -- controls how quickly velocity decelerates(lower = quicker to change direction)
float deceleration = 0.4;
// -- determins how sensitive the accelerometer reacts(higher = more sensitive)
float sensitivity = 6.0;
// -- how fast the velocity can be at most
float maxVelocity = 100;
// adjust velocity based on current accelerometer acceleration
playerVelocity.x = playerVelocity.x * deceleration + acceleration.x * sensitivity;
// -- we must limit the maximum velocity of the player sprite, in both directions
if (playerVelocity.x > maxVelocity)
```

```
{
playerVelocity.x = maxVelocity;
}
else if (playerVelocity.x < - maxVelocity)
{
playerVelocity.x = - maxVelocity;
}
}
```

在上述代码中，deceleration表示减速的比率，sensitivity表示灵敏度。maxVelocity表示最大速度，如果不限制则一直加大就很难停下来。

在playerVelocity.x = playerVelocity.x * deceleration + acceleration.x * sensitivity中，playervelocity是一个速度向量，是累积的：

```
- (void) update: (ccTime)delta
{
// -- keep adding up the playerVelocity to the player's position
CGPoint pos = player.position;
pos.x += playerVelocity.x;

// -- The player should also be stopped from going outside the screen
CGSize screenSize = [[CCDirector sharedDirector] winSize];
float imageWidthHalved = [player texture].contentSize.width * 0.5f;
float leftBorderLimit = imageWidthHalved;
float rightBorderLimit = screenSize.width - imageWidthHalved;

// -- preventing the player sprite from moving outside the screen
if (pos.x < leftBorderLimit)
{
pos.x = leftBorderLimit;
playerVelocity = CGPointZero;
}
else if (pos.x > rightBorderLimit)
{
pos.x = rightBorderLimit;
playerVelocity = CGPointZero;
}

// assigning the modified position back
player.position = pos;
}
```

2. 使用加速计的流程

（1）在使用加速计之前必须开启重力感应计，方法为：

```
01.self.isAccelerometerEnabled = YES; //设置layer是否支持重力计感应，打开重力感应支持，会得到
//accelerometer:didAccelerate:的回调。开启此方法以后设备才会对重力进行检测，并调用
//accelerometer: didAccelerate:方法
```

下面列举了例子：

```
- (void)accelerometer:(UIAccelerometer *)accelerometer didAccelerate:(UIAcceleration
*)acceleration
{
CGPoint sPoint = _player.position;      //获取精灵所在位置
sPoint.x += acceleration.x*10;          //设置坐标变化速度
_player.position =sPoint;               //对精灵的位置进行更新
}
```

使用加速计在模拟器上是看不出效果的，需要使用真机测试。_player.position.x实际上调用的是位置的获取方法(getter method):[_player position]。这个方法会获取当前主角精灵的临时位置信息，上述一行代码实际上是在尝试着改变这个临时CGPoint中成员变量*x*的值。不过这个临时的CGPoint 是要被丢弃的。在这种情况下，精灵位置的设置方法(setter method): [_player setPosition]根本不会被调用。你必须直接赋值给_player.position这个属性，这里使用的值是一个新的CGPoint。在使用Objective-C的时候，你必

须习惯这个规则，而唯一的办法是改变你从Java、C++或C#里带来的编程习惯。上面只是一个简单的说明，下面看更进一步的功能。

（2）首先在本类的初始化方法init里添加：

```
01.[self scheduleUpdate];        //预定信息
```

（3）然后添加如下方法：

```
- (void)accelerometer:(UIAccelerometer *)accelerometer didAccelerate:(UIAcceleration
*)acceleration
 {
float deceleration = 0.4f;          //控制减速的速率(值越低=可以更快的改变方向)
float sensitivity = 6.0f;           //加速计敏感度的值越大,主角精灵对加速计的输入就越敏感
float maxVelocity = 100;            //最大速度值
// 基于当前加速计的加速度调整速度
_playerVelocity.x = _playerVelocity.x*deceleration+acceleration.x*sensitivity;
// 我们必须在两个方向上都限制主角精灵的最大速度值
if(_playerVelocity.x > maxVelocity){
_playerVelocity.x = maxVelocity;
}else if(_playerVelocity.x < -maxVelocity){
_playerVelocity.x = -maxVelocity;
}
}
- (void)update:(ccTime)delta
CGPoint pos = _player.position;
pos.x += _playerVelocity.x;
CGSize size = [[CCDirector sharedDirector] winSize];
float imageWidthHalved = [_player texture].contentSizeInPixels.width*0.5;
float leftBorderLimit = imageWidthHalved;
float rightBorderLimit = size.width - imageWidthHalved;
// 如果主角精灵移动到了屏幕以外的话,它应该被停止
if(pos.x<leftBorderLimit){
pos.x = leftBorderLimit;
_playerVelocity = CGPointZero;
}else if(pos.x>rightBorderLimit){
pos.x = rightBorderLimit;
_playerVelocity = CGPointZero;
}
_player.position = pos;          //位置更新
}
```

边界测试可以防止主角精灵离开屏幕。需要将精灵贴图的contentSize考虑进来，因为精灵的位置在精灵贴图的中央，但是我们不想让贴图的任何一边移动到屏幕外面。所以，计算得到了imageWidthHalved值，并用它来检查当前的精灵位置是不是落在左右边界里面。上述代码可能有些啰嗦，但是这样比以前更容易理解。这就是所有与加速计处理逻辑相关的代码。

在计算imageWidthHalved时，将contentSize乘以0.5，而不是用它除以2。这是一个有意的选择，因为除法可以用乘法来代替以得到同样的计算结果。因为上述更新方法在每一帧都会被调用，所以，所有代码必须在每一帧的时间里以最快的速度运行。因为，iOS设备使用的ARM CPU不支持直接在硬件上做除法，乘法一般会快一些。虽然在我们的例子里效果并不明显，但是养成这个习惯对我们很有好处。

28.1.2 陀螺仪

很多初学者误以为：使用加速计提供的数据好像能够准确地猜测到用户在做什么，其实并非如此。加速计可以测量重力在设备上的分布情况，假设设备正面朝上放在桌子上，将可以使用加速计检测出这种情形，但如果您在玩游戏时水平旋转设备，加速计测量到的值不会发生任何变化。

当设备通过一边直立着并旋转时，情况也如此。仅当设备的朝向相对于重力的方向发生变化时，加速计才能检测到；而无论设备处于什么朝向，只要它在旋转，陀螺仪就能检测到。陀螺仪是一个利用高速回转体的动量矩敏感壳体相对惯性空间、绕正交于自转轴的一个或两个轴的角运动检测装置。另外，利用其他原理制成的角运动检测装置起同样功能的也称陀螺仪。

当我们查询设备的陀螺仪时，它将报告设备绕x、y和z轴的旋转速度，单位为弧度每秒。2弧度相当于一整圈，因此，陀螺仪返回的读数2表示设备绕相应的轴每秒转一圈。

28.1.3 实战演练——检测倾斜和旋转

假设要创建一个这样的赛车游戏，即通过让iPhone左右倾斜来表示方向盘，而前后倾斜表示油门和制动，则为让游戏做出正确的响应，知道玩家将方向盘转了多少以及将油门牙动踏板踏下了多少很有用。考虑到陀螺仪提供的测量值，应用程序现在能够知道设备是否在旋转，即使其倾斜角度没有变化。想想在玩家之间进行切换的游戏吧，玩这种游戏时，只需将iPhone或iPad放在桌面上并旋转它即可。

在本实例的应用程序中，在用户左右倾斜或加速旋转设备时，设置将纯色逐渐转换为透明色。将在视图中添加两个开关（UISwitch），用于启用/禁用加速计和陀螺仪。

实例28-1	检测倾斜和旋转
源码与视频路径	光盘:\daima\28\xuan

1．创建项目

启动Xcode，使用模板Single View Application创建一个项目，并将其命名为“xuan”，如图28-1所示。

（1）添加框架Core Motion

本项目依赖于Core Motion来访问加速计和陀螺仪，因此，首先必须将框架Core Motion添加到项目中。为此选择项目“xuan”的顶级编组，并确保编辑器区域显示的是Summary选项卡。

接下来向下滚动到Linked Frameworks and Libraries部分。单击列表下方的“+”按钮，从出现的列表中选择CoreMotion.framework，再单击“Add”按钮，如图28-2所示。

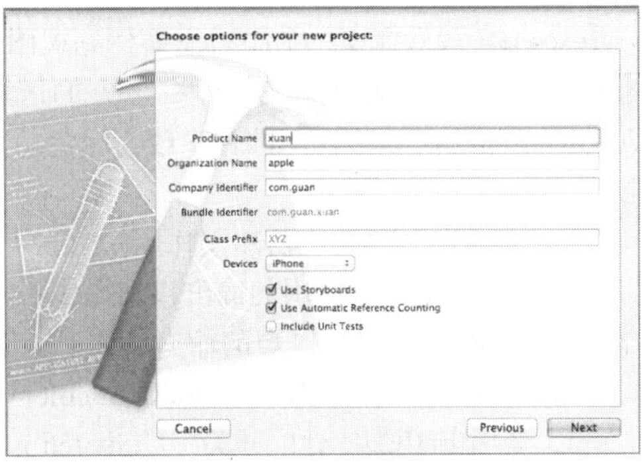

图28-1 创建的工程

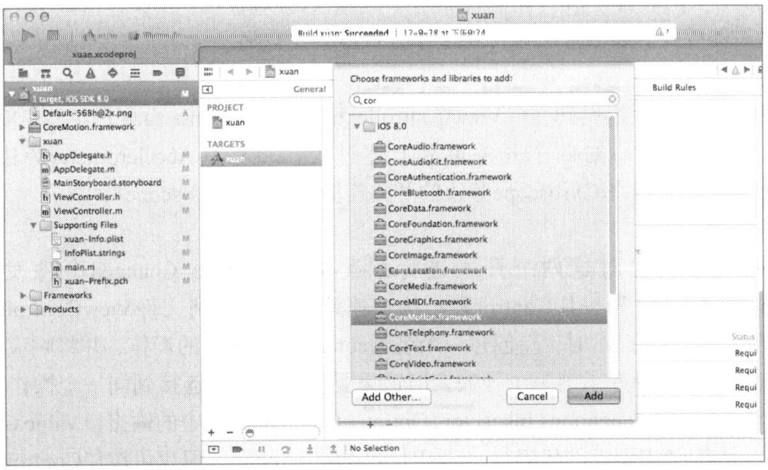

图28-2 将框架Core Motion加入到项目中

在将框架Core Motion加入到项目时，它可能不会位于现有项目编组中。出于整洁性考虑，将其拖曳到编组Frameworks中。并非必须这样做，但这让项目更整洁有序。

（2）规划变量和连接

接下来需要确定所需的变量和连接。具体地说，需要为一个改变颜色的UIView创建输出口

（colorView）：还需为两个UISwitch实例创建输出口（toggleAccelerometer和toggleGyroscope），这两个开关指出了是否要监视加速计和陀螺仪。另外，这些开关还触发操作方法controlHardware，这个方法开启/关闭硬件监控。

另外，还需要一个指向CMMotionManager对象的实例变量/属性，将其命名为motionManager。本实例“变量/属性”不直接关联到故事板中的对象，而是功能实现逻辑的一部分，我们将在控制器逻辑实现中添加它。

2．设计界面

与本章上一个实例一样，应用程序的界面非常简单，只包含几个开关和标签和一个视图。选择文件MainStoryboard.storyboard以打开界面。然后从对象库拖曳两个UISwitch实例到视图右上角，将其中一个放在另一个上方。使用Attributes Inspector（Option+Command+4）将每个开关的默认设置都设置为Off。然后在视图中添加两个标签（UILabel），将它们分别放在开关的左边，并将其文本分别设置为Accelerometer和Gyroscope。最后拖曳一个UIView实例到视图中，并调整其大小，使其适合开关和标签下方的区域。使用Attributes Inspector将视图的背景改为绿色。最终的UI视图界面如图28-3所示。

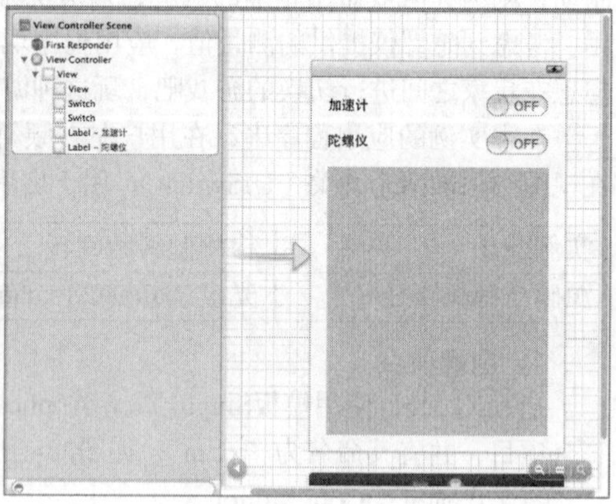

图28-3 创建包含两个开关、两个标签和一个彩色视图的界面

3．创建并连接输出口和操作

在这个项目中，使用的输出口和操作不多，但并非所有的连接都是显而易见的。下面列出要使用的输出口和操作。其中需要的输出口如下所示。

- ❑ 将改变颜色的视图（UIView）：colorView。
- ❑ 禁用/启用加速计的开关（UISwitch）：toggleAccelerometer。
- ❑ 禁用/启用陀螺仪的开关‘UISwitch：toggleGyroscope。

在此需要根据开关的设置开始/停止监视加速计/陀螺仪，并确保选择了文件MainStoryboard.storyboard，再切换到助手编辑器模式。如果有必要，在工作区腾出一些空间。

（1）添加输出口

按住Control键，从视图拖曳到文件ViewController.h中代码行@interface下方。在Xcode提示时将输出口命名为colorView，然后对两个开关重复上述过程，将标签Accelerometer旁边的开关连接到toggleAccelerometer，并将标签Gyroscope旁边的开关连接到toggleGyroscope。

（2）添加操作

为了完成连接，需要对这两个开关进行配置，使其Value Changed事件发生时调用方法controlHardware。为此，首先按住Control键，从加速计开关拖曳到文件ViewController.h中最后一个@property行下方。在Xcode提示时，新创建一个名为controlHardware的操作，并将响应的开关事件指定为value Changed。这就处理好了第一个开关，但这里要将两个开关连接到同一个操作。最准确的方式是，选择第二个开关，从Connections Inspector (Option+ Command+6)中的输出口Value Changed拖曳到您刚在文件ViewController.h中创建的代码行controlHardwareIBAction。但也可按住Control键，并从第二个开关拖曳到代码行controlHardware IBAction，这是因为，当建立从开关出发的连接时，Interface Builder编辑器将默认使用事件ValueChanged。

4．实现应用程序逻辑

要让应用程序正常运行，需要处理如下所示的工作。

- ❑ 初始化Core Motion运动管理器(CMMotionManager)并对其进行配置。

- 管理事件以启用/禁用加速计和陀螺仪（controlHardware），并在启用了这些硬件时注册一个处理程序块。
- 响应加速计/陀螺仪更新，修改背景色和透明度值。
- 放置界面旋转，旋转将干扰反馈显示。

下面来编写实现这些功能的代码。

（1）初始化Core Motion运动管理器

应用程序ColorTilt启动时，需要分配并初始化一个Core Motion运动管理器（CMMotionManager）实例。将框架Core Motion加入到了项目中，但代码还不知道它。需要在文件ViewController.h中导入Core Motion接口文件，因为，将在ViewController类中调用Core Motion方法。为此，在ViewController.h中现有的#import语句下方添加如下代码行：

```
#import.<CoreMotion/CoreMotion.h>
```

接下来需要声明运动管理器。其生命周期将与视图相同，因此，需要在视图控制器中将其声明为实例变量和相应的属性。将把它命名为colorView。为声明该实例变量/属性，在文件ViewController.h中现有属性声明的下方添加如下代码行：

```
@property (strong, nonatomic) CMMotionManager *motionManager;
```

每个属性都必须有配套的编译指令@synthesize，因此打开文件ViewController.m，并在现有的编译指令@synthesize下方添加如下代码行：

```
@synthesize motionManager;
```

处理运动管理器生命周期的最后一步是，在视图不再存在时妥善地清理它。对所有实例变量（它们通常是自动添加的）都必须进行清理，方法是在视图控制器的方法viewDidUnlooad中将它self setMotionManager:nil中的dUnload添加如下代码行：

```
[self setMOtionManager:nil];
```

接下来初始化运动管理器，并根据要以什么样的频率（单位为秒）从硬件那里获得更新来设置两个属性：accelerometerUpdateInterval和gyroUpdateInterval。希望每秒更新100次，即更新间隔为0.01秒。这将在方法viewDidLoad中进行，这样UI显示到屏幕上后将开始监控。

方法viewDidLoad的具体代码如下所示：

```
- (void)viewDidUnload
{
    [self setColorView:nil];
    [self setToggleAccelerometer:nil];
    [self setToggleGyroscope:nil];
    [self setMotionManager:nil];
    [super viewDidUnload];
    // Release any retained subviews of the main view.
    // e.g. self.myOutlet = nil;
}
```

（2）管理加速计和陀螺仪更新

方法controlHardware的实现比较简单，如果加速计开关是开的，则请求CMMotionManager实例motionManager开始监视加速计。每次更新都将由一个处理程序块进行处理，为了简化工作，该处理程序块调用方法doAcceleration。如果这个开关是关的，则停止监视加速计。陀螺仪的实现与此类似，但每次更新时陀螺仪处理程序块都将调用方法doGyroscope。方法controlHardware的具体代码如下所示：

```
- (IBAction)controlHardware:(id)sender {
    if ([self.toggleAccelerometer isOn]) {
        [self.motionManager
          startAccelerometerUpdatesToQueue:[NSOperationQueue currentQueue]
          withHandler:^(CMAccelerometerData *accelData, NSError *error) {
```

```
            [self doAcceleration:accelData.acceleration];
          }];
    } else {
        [self.motionManager stopAccelerometerUpdates];
    }

    if ([self.toggleGyroscope isOn] && self.motionManager.gyroAvailable) {
        [self.motionManager
          startGyroUpdatesToQueue:[NSOperationQueue currentQueue]
          withHandler:^(CMGyroData *gyroData, NSError *error) {
            [self doRotation:gyroData.rotationRate];
          }];
    } else {
        [self.toggleGyroscope setOn:NO animated:YES];
        [self.motionManager stopGyroUpdates];
    }
}
```

（3）响应加速计更新

这里首先实现doAccelerometer，因为它更复杂。这个方法需要完成两项任务，首先，如果用户急剧移动设备，它将修改colorView的颜色；其次，如果用户绕x轴慢慢倾斜设备，它应让当前背景色逐渐变得不透明。为了在设备倾斜时改变透明度值，这里只考虑x轴。x轴离垂直方向（读数为1.0或-1.0）越近，就将颜色设置得越不透明（Alpha值越接近1.0）；x轴的读数越接近0，就将颜色设置得越透明（Alpha值越接近0）。将使用C语言函数fabs()获取读数的绝对值，因为在本实例中，不关心设备向左还是向右倾斜。在实现文件ViewController.m中实现这个方法前，先在接口文件ViewController.h中声明它。为此，在操作声明下方添加如下代码行：

```
- (void)doAcceleration: (CMAcceleration) acceleration;
```

并非必须这样做，但让类中的其他方法（具体地说，是需要使用这个方法的controlHardware）知道这个方法存在。如果您不这样做，必须在实现文件中确保doAccelerometer在controlHardware前面。方法doAccelerometer的实现代码如下所示：

```
- (void)doAcceleration:(CMAcceleration)acceleration {
    if (acceleration.x > 1.3) {
        self.colorView.backgroundColor = [UIColor greenColor];
    } else if (acceleration.x < -1.3) {
        self.colorView.backgroundColor = [UIColor orangeColor];
    } else if (acceleration.y > 1.3) {
        self.colorView.backgroundColor = [UIColor redColor];
    } else if (acceleration.y < -1.3) {
        self.colorView.backgroundColor = [UIColor blueColor];
    } else if (acceleration.z > 1.3) {
        self.colorView.backgroundColor = [UIColor yellowColor];
    } else if (acceleration.z < -1.3) {
        self.colorView.backgroundColor = [UIColor purpleColor];
    }

    double value = fabs(acceleration.x);
    if (value > 1.0) { value = 1.0;}
    self.colorView.alpha = value;
}
```

（4）响应陀螺仪更新

响应陀螺仪更新比响应加速计更新更容易，因为用户旋转设备时不需要修改颜色，而只修改colorView的Alpha属性即可。这里不是在用户沿特定方向旋转设备时修改透明度，而检测全部3个方向的综合旋转速度。这是在一个名为doRotation的新方法中实现的。

同样，实现方法doRotation前需要先在接口文件ViewController.h中声明它，否则必须在文件ViewController.m中确保这个方法在controlHardware前面。为此在文件ViewController.h中的最后一个方法声明下方添加如下代码行：

```
-(void) doRotation: (CMRotationRate) rotation;
```

方法doRotation的代码如下所示：

```
- (void)doRotation:(CMRotationRate)rotation {
    double value = (fabs(rotation.x)+fabs(rotation.y)+fabs(rotation.z))/8.0;
    if (value > 1.0) { value = 1.0;}
    self.colorView.alpha = value;
}
```

（5）禁止界面旋转

现在可以运行这个应用程序了，但是，编写的方法可能不能提供很好的视觉反馈。这是因为当用户旋转设备时界面也将在必要时发生变化，由于界面旋转动画的干扰，让用户无法看到视图颜色快速改变。为了禁用界面旋转，在文件ViewController.m中找到方法shouldAutorotateToInterfaceOrientation，并将其修改成只包含下面一行代码：

```
return NO;
```

这样无论设备处于哪种朝向，界面都不会旋转，从而让界面变成静态的。到此为止，本实例就完成了。本实例需要真实的iOS设备来演示，模拟器不支持。在Xcode工具栏的Scheme下拉列表中选择插入的设备，再单击“Run”按钮。尝试倾斜和旋转，结果如图28-4所示。在此需要注意，请务必尝试同时启用加速计和陀螺仪，然后尝试每次启用其中的一个。

图28-4 执行效果

28.2 访问朝向和运动数据

要想访问朝向和运动信息，可使用两种不同的方法。首先，要检测朝向变化并做出反应，可以请求iOS设备在朝向发生变化时向我们编写的代码发送通知，然后将收到的消息与表示各种设备朝向的常量（包括正面朝上和正面朝下）进行比较，从而判断出用户做了什么。其次，可以利用框架Core Motion定期地直接访问加速计和陀螺仪数据。

28.2.1 两种方法

1. 通过UIDevice请求朝向通知

虽然可以直接查询加速计并使用它返回的值判断设备的朝向，但Apple为开发人员简化了这项工作。单例UIDevice表示当前设备，它包含方法beginGenelatingDeviceOrientationNotifications，该方法命令iOS将朝向通知发送到通知中心（NSNotificationCenter）。启动通知后，就可以注册一个NSNotificationCenter实例，以便设备的朝向发生变化时自动调用指定的方法。

除了获悉发生了朝向变化事件外，还需要获悉当前朝向，为此，可使用UIDevice的属性orientation。该属性的类型为UIDeviceOrientation，其可能取值为下面6个预定义值。

- UIDeviceOrientationFaceUp：设备正面朝上。
- UIDeviceOrientationFaceDown：设备正面朝下。
- UIDeviceOrientationPortrait:：设备处于“正常”朝向，主屏幕按钮位于底部。
- UIDeviceOrientationPortraitUpsideDown：设备处于纵向状态，主屏幕按钮位于项部。
- UIDeviceOrientationLandscapeLeft：设备侧立着，左边朝下。
- UIDeviceOrientationLandscapeRight：设备侧立着，右边朝下。

通过将属性orientation与上述每个值进行比较，就可判断出朝向并做出相应的反应。

2. 使用Core Motion读取加速计和陀螺仪数据

直接使用加速计和陀螺仪时，方法稍有不同。首先，需要将框架Core Motion加入到项目中。在代码中需要创建Core Motion运动管理器（CMMotionManager）的实例，应该将运动管理器视为单例——由其一个实例向整个应用程序提供加速计和陀螺仪运动服务。在本书前面的内容中曾经说过，单例是在应用程序的整个生命周期内只能实例化一次的类。向应用程序提供的iOS设备硬件服务通常是以单例方式提供的。鉴于设备中只有一个加速计和一个陀螺仪，以单例方式提供它们合乎逻辑。在应用程序中包含多个CMMotionManager对象不会带来任何额外的好处，而只会让内存和生命周期的管理更复杂，而使用单例可避免这两种情况发生。

不同于朝向通知，Core Motion运动管理器让您能够指定从加速计和陀螺仪那里接收更新的频率（单位为秒），还让您能够直接指定一个处理程序块（handle block），每当更新就绪时都将执行该处理程序块。

我们需要判断以什么样的频率接收运动更新对应用程序有好处。为此，可尝试不同的更新频率，直到获得最佳的频率。如果更新频率超过了最佳频率，可能带来一些负面影响：您的应用程序将使用更多的系统资源，这将影响应用程序其他部分的性能，当然还有电池的寿命。由于您可能需要非常频繁地接收更新以便应用程序能够平滑地响应，因此应花时间优化与CMMotionManager相关的代码。

让应用程序使用CMMotionManager很容易，这个过程包含3个步骤：分配并初始化运动管理器；设置更新频率；使用startAccelerometerUpdatesToQueue:withHandler请求开始更新并将更新发送给一个处理程序块。请看如下所示的代码段：

```
motionManager=[[CMMotionManager alloc] init];
motionManager.accelerometerUpdateInterval=  .01;
[motionManager
startAccelerometerUpdatesToQueue:  [NSOperationQueue currentQueue]
withHandler:^(CMAccelerometerData *accelData, NSError *error){
//Do something with the acceleration data here!
}];
```

在上述代码中，第1行分配并初始化运动管理器，类似的代码您见过几十次了。第2行请求加速计每隔0.01秒发送一次更新，即每秒发送100次更新。第3～7行启动加速计更新，并指定了每次更新时都将调用的处理程序块。

上述代码看起来令人迷惑，为了更好地理解其格式，建议读者阅读CMMotionManager文档。基本上，它像是在startAccelerometerUpdatesToQueue:withHandler调用中定义的一个新方法。

给这个处理程序传递了两个参数：accelData和error，其中前者是一个CMAccelerometerData对象，而后者的类型为NSError。对象accelData包含一个acceleration属性，其类型为CMAcceleration，这是我们感兴趣的信息，包含沿*x*、*y*和*z*轴的加速度。要使用这些输入数据，可以在处理程序中编写相应的代码（在该代码段中，当前只有注释）。

陀螺仪更新的工作原理几乎与此相同，但需要设置Core Motion运动管理器的 gyroUpdateInterval属性，并使用startGyroUpdatesToQueue:withHandler开始接收更新。陀螺仪的处理程序接收一个类型为CMGyroData的对象gyroData。还与加速计处理程序一样，接收一个NSError对象。我们感兴趣的是gyroData的rotation属性，其类型为CMRotationRate。这个属性提供了绕*x*、*y*和*z*轴的旋转速度。

注意：只有2010年后的设备支持陀螺仪。要检查设备是否提供了这种支持，可以使用CMMotionManager的布尔属性gyroAvailable，如果其值为YES，则表明当前设备支持陀螺仪，可使用它。

处理完加速计和陀螺仪更新后，便可停止接收这些更新，为此可分别调用CMMotion Manager的方法stopAccelerometerUpdates和stopGyroUpdates。

注意：前面没有解释包含NSOperationQueue的代码。操作队列（operation queue）是一个需要处理的操作（如加速计和陀螺仪读数）列表。需要使用的队列已经存在，可使用代码[NSOperationQueue currentQueue]。只要您这样做，就无需手工管理操作队列。

28.2.2 实战演练——检测朝向

为了介绍如何检测移动，将首先创建一个名为Orientation的应用程序。该应用程序不会让用户叫绝，它只指出设备当前处于6种可能朝向中的哪种。本实例能够检测朝向正立、倒立、左立、右立、正面朝向和正面朝下。在实例中将设计一个只包含一个标签的界面，然后编写一个方法，每当朝向发生变化时都调用这个方法。为了让这个方法被调用，必须向NSNotificationCenter注册，以便在合适的时候收到通知。本实例需改变界面，能够处理倒立和左立朝向。

实例28-2	检测朝向
源码与视频路径	光盘:\daima\28\chao

1. 创建项目

首先启动Xcode并创建一个项目，在此使用模板Single View Application，并将新项目命名为“chao”，如图28-5所示。

在这个项目中，主视图只包含一个标签，它可通过代码进行更新。该标签名为orientationLabel，将显示一个指出设备当前朝向的字符串。

2. 设计UI

该应用程序的UI很简单（也很时髦）：一个黄色文本标签漂浮在一片灰色海洋中。为了创建界面，首先选择文件MainStoryboard.storyboard，在Interface Builder编辑器中打开它。接下来打开对象库（View>Utilities>Show Object Library），拖曳一个标签到视图中，并将其文本设置为“朝向”。

使用Attributes Inspector (Option+Command+4)设置标签的颜色、增大字号并让文本居中。在配置标签的属性后，对视图做同样的处理，将其背景色设置成与标签相称。最终的视图应类似于图28-6所示。

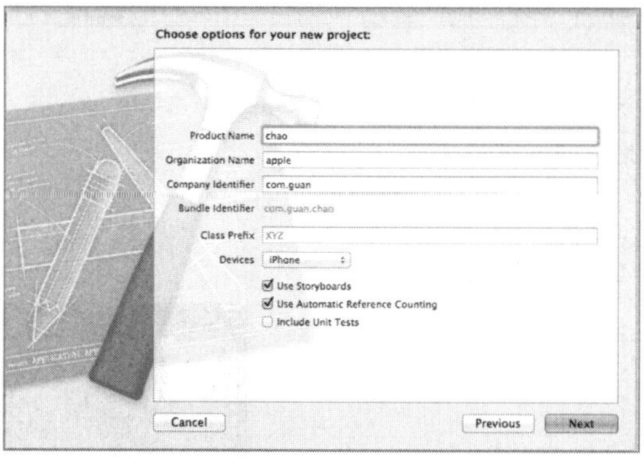

图28-5 新创建工程

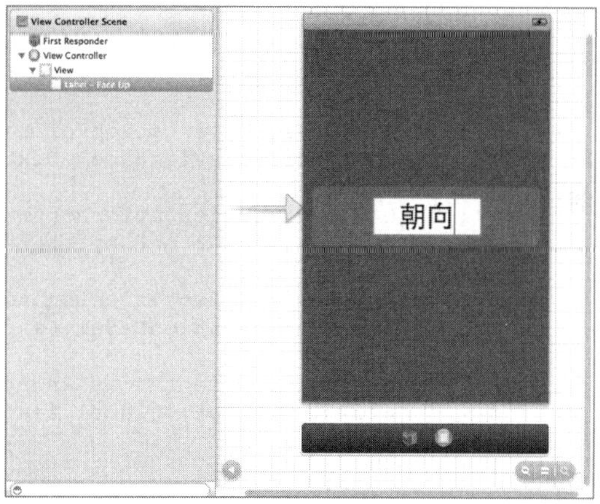

图28-6 应用程序Orientation的UI

3. 创建并连接输出口

在加速器指出设备的朝向发生变化时，该应用程序需要能够修改标签的文本。为此，需要为前面添加的标签创建连接。在界面可见的情况下，切换到助手编辑器模式。

按住Control键，从标签拖曳到文件ViewController.h中代码行@interface下方，并在Xcode提示时将输出口命名为orientationLabel。这就是到代码的桥梁：只有一个输出口，没有操作。

4. 实现应用程序逻辑

接下来需要解决如下两个问题。

- 必须告诉iOS，希望在设备朝向发生变化时得到通知。
- 必须对设备朝向发生变化做出响应。由于这是第一次接触通知中心，它可能看起来有点不同寻常，但是，请将重点放在结果上。当您能够看到结果时，处理通知的代码就不难理解。

（1）注册朝向更新

当这个应用程序的视图显示时，需要指定一个方法，将接收来自iOS的UIDeviceOrientationDidChangeNitification通知。还应该告诉设备本身应该生成这些通知，以便我们做出响应。所有这些工作都可在文件ViewController.m中的方法viewDidLoad中完成。方法viewDidLoad的实现代码如下所示：

```
- (void)viewDidLoad
{
    [[UIDevice currentDevice]beginGeneratingDeviceOrientationNotifications];

    [[NSNotificationCenter defaultCenter]
     addObserver:self selector:@selector(orientationChanged:)
     name:@"UIDeviceOrientationDidChangeNotification"
     object:nil];

    [super viewDidLoad];
}
```

（2）判断朝向

为了判断设备的朝向，需要使用UIDevice的属性orientation。属性orientation的类型为UIDeviceOrientation，这是简单常量，而不是对象，这意味着可以使用一条简单的switch语句检查每种可能的朝向，并在需要时更新界面中的标签orientationLabel。方法orientationChanged的实现代码如下所示：

```
- (void)orientationChanged:(NSNotification *)notification {

    UIDeviceOrientation orientation;
    orientation = [[UIDevice currentDevice] orientation];

    switch (orientation) {
        case UIDeviceOrientationFaceUp:
            self.orientationLabel.text=@"Face Up";
            break;
        case UIDeviceOrientationFaceDown:
            self.orientationLabel.text=@"Face Down";
            break;
        case UIDeviceOrientationPortrait:
            self.orientationLabel.text=@"Standing Up";
            break;
        case UIDeviceOrientationPortraitUpsideDown:
            self.orientationLabel.text=@"Upside Down";
            break;
        case UIDeviceOrientationLandscapeLeft:
            self.orientationLabel.text=@"Left Side";
            break;
        case UIDeviceOrientationLandscapeRight:
            self.orientationLabel.text=@"Right Side";
            break;
        default:
            self.orientationLabel.text=@"Unknown";
            break;
    }
}
```

上述实现代码的逻辑非常简单，每当收到设备朝向更新时都会调用这个方法。将通知作为参数传递给了这个方法，但没有使用它。到此为止，整个实例介绍完毕，执行后的效果如图28-7所示。

图28-7　执行效果

如果您在iOS模拟器中运行该应用程序，可以旋转虚拟硬件（从菜单Hardware中选择Rotate Left或Rotate Right），但无法切换到正面朝上和正面朝下这两种朝向。

28.3 实战演练——使用 Motion 传感器（基于 Swift 语言）

实例28-3	使用iPhone中的Motion传感器
源码与视频路径	光盘:\daima\28\Swift-Motion

（1）打开Xcode 6.1，然后新创建一个名为“Swift-Motion”的工程，工程的最终目录结构如图28-8所示。

（2）打开Main.storyboard，为本工程设计一个视图界面，在里面添加Label控件来展示Motion传感器的各个数值，如图28-9所示。

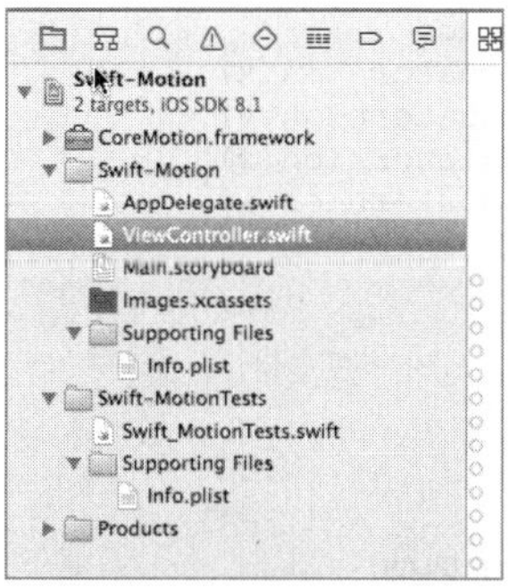

图28-8 工程的目录结构

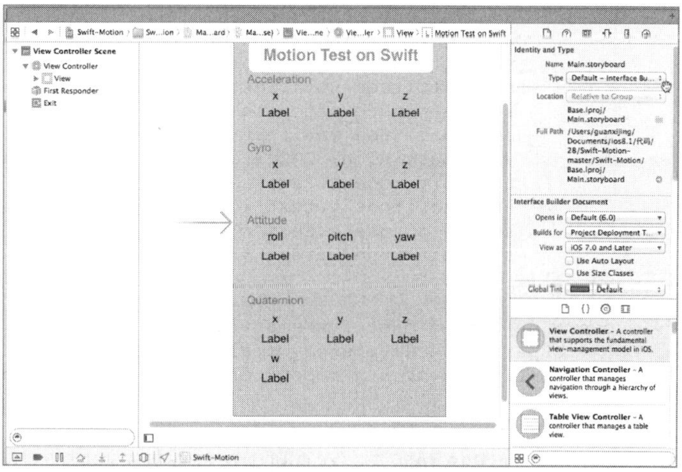

图28-9 Main.storyboard设计界面

（3）编写文件ViewController.swift，调用iOS中的Motion传感器在屏幕中分别显示如下数据。

- ❑ accel：x、y和z轴3个方向的加速值。
- ❑ gyro：x、y和z轴3个方向的陀螺值。
- ❑ attitude：姿态传感器值。
- ❑ Quaternion：旋转传感器，在Unity中由x、y、z、w表示4个值。

文件ViewController.swift的具体实现代码如下所示：

```
import UIKit
import CoreMotion

class ViewController: UIViewController {

    // Connection with interface builder
    @IBOutlet var acc_x: UILabel!
    @IBOutlet var acc_y: UILabel!
    @IBOutlet var acc_z: UILabel!
    @IBOutlet var gyro_x: UILabel!
    @IBOutlet var gyro_y: UILabel!
    @IBOutlet var gyro_z: UILabel!
    @IBOutlet var attitude_roll: UILabel!
    @IBOutlet var attitude_pitch: UILabel!
    @IBOutlet var attitude_yaw: UILabel!
    @IBOutlet var attitude_x: UILabel!
    @IBOutlet var attitude_y: UILabel!
    @IBOutlet var attitude_z: UILabel!
    @IBOutlet var attitude_w: UILabel!
    // create instance of MotionManager
    let motionManager: CMMotionManager = CMMotionManager()
    override func viewDidLoad() {
```

```
        super.viewDidLoad()
        // Initialize MotionManager
        motionManager.deviceMotionUpdateInterval = 0.05 // 20Hz

        // Start motion data acquisition
        motionManager.startDeviceMotionUpdatesToQueue( NSOperationQueue.currentQueue(),
withHandler:{
            deviceManager, error in
            var accel: CMAcceleration = deviceManager.userAcceleration
            self.acc_x.text = String(format: "%.2f", accel.x)
            self.acc_y.text = String(format: "%.2f", accel.y)
            self.acc_z.text = String(format: "%.2f", accel.z)
            var gyro: CMRotationRate = deviceManager.rotationRate
            self.gyro_x.text = String(format: "%.2f", gyro.x)
            self.gyro_y.text = String(format: "%.2f", gyro.y)
            self.gyro_z.text = String(format: "%.2f", gyro.z)
            var attitude: CMAttitude = deviceManager.attitude
            self.attitude_roll.text = String(format: "%.2f", attitude.roll)
            self.attitude_pitch.text = String(format: "%.2f", attitude.pitch)
            self.attitude_yaw.text = String(format: "%.2f", attitude.yaw)
            var quaternion: CMQuaternion = attitude.quaternion
            self.attitude_x.text = String(format: "%.2f", quaternion.x)
            self.attitude_y.text = String(format: "%.2f", quaternion.y)
            self.attitude_z.text = String(format: "%.2f", quaternion.z)
            self.attitude_w.text = String(format: "%.2f", quaternion.w)
        })
    }
    override func didReceiveMemoryWarning() {
        super.didReceiveMemoryWarning()
        // Dispose of any resources that can be recreated.
    }
}
```

执行后的效果如图28-10所示，在真机中运行会显示获取的具体的传感器值。

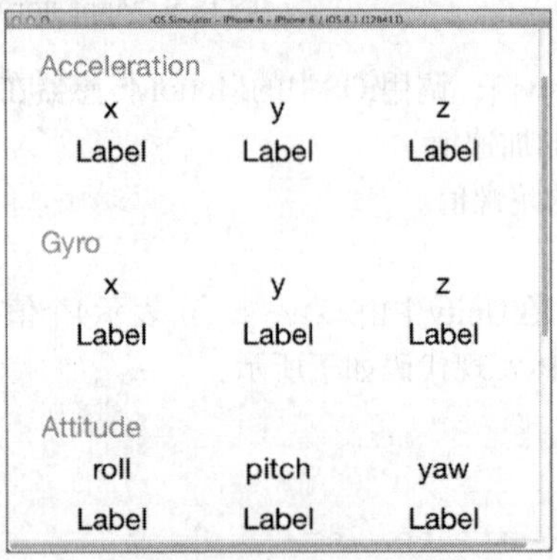

图28-10 执行效果

第29章 地址簿、邮件和Twitter

在本书前面的内容中，详细讲解了和iOS设备的硬件和软件的各个部分进行交互的知识。例如，访问音乐库和使用加速计、陀螺仪等。Apple通过iOS让开发人员能够访问这些功能。除本书前面介绍过的功能外，我们开发的iOS应用程序还可利用其他内置功能。在本章将向大家讲解如下知识。

- 使用Twitter编写推特信息（tweet）。
- 使用Mail应用程序创建并发送电子邮件。
- 访问地址簿。

29.1 地址簿

地址簿（Address Book）是一个共享的联系人信息数据库，任何iOS应用程序都可使用。通过提供共享的常用联系人信息，而不是让每个应用程序管理独立的联系人列表，可改善用户体验。在拥有共享的地址簿后，无需在不同的应用程序中添加联系人多次，在一个应用程序中更新联系人信息后，其他所有应用程序就立刻能够使用它们。iOS通过两个框架提供了全面的地址簿数据库访问功能，分别是Address Book和Address Book UI。在本节的内容中，将讲解地址簿的基本知识。

29.1.1 框架 Address Book UI

Address Book UI框架是一组用户界面类，封装了Address Book框架，并向用户提供了使用联系人信息的标准方式，如图29-1所示。

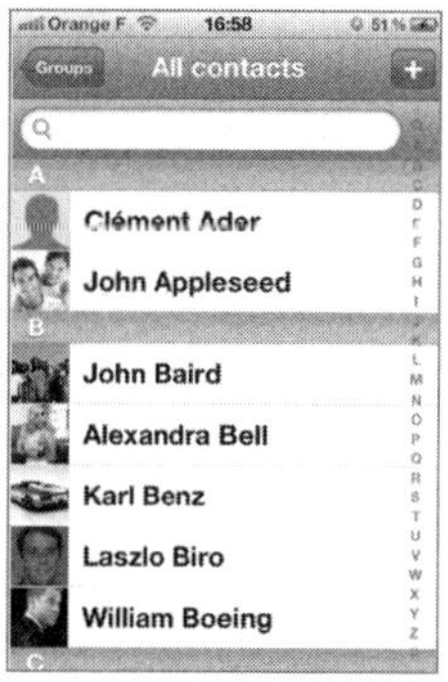

图29-1 访问地址簿

通过使用Address Book UI框架的界面，可以让用户在地址簿中浏览、搜索和选择联系人，显示并编辑选定联系人的信息，以及创建新的联系人。在iPhone中，地址簿以模态视图的方式显示在现有视图上面；而在iPad中，也可以选择这样做，还可以编写代码让地址簿显示在弹出框中。

在使用框架Address Book UI之前，需要先将其加入到项目中，并导入其接口文件：

```
#import <AddressBookUI/AddressBookUI.h>
```

要显示让用户能够从地址簿中选择联系人的UI，必须声明、分配并初始化一个ABPeoplePickerNavigationController实例。这个类提供一个显示地址簿UI的视图控制器，让用户能够选择联系人。还必须设置委托，以指定对返回的联系人进行处理的对象。最后，在应用程序的主视图控制器中，使用presentModalViewController:animated显示联系人选择器，演示代码如下所示：

```
ABPeoplePickerNavigationController *picker;
picker=[[ABPeoplePickerNavigationController alloc]  init];
picker.peoplePickerDelegate=self;
[self presentModalViewController:picker animated:YES];
```

显示联系人选择器后，就只需等待用户做出选择了。联系人选择器负责显示UI以及用户与地址簿的交互。然而，用户做出选择后，我们必须通过地址簿联系人选择器导航控制器委托（这有点拗口）

进行处理。

在此将其简称为联系人选择器委托，它定义了多个（准确地说是3个）方法，这些方法决定了用户选择地址簿中的联系人时将如何做出响应。实现这些方法的类（如应用程序的视图控制器类）必须遵守协议ABPeoplePickerNavigationControllerDelegate。

需要实现的第一个委托方法是peoplePickerNavigationControllerDidCancel。用户在联系人选择器中取消选择时将调用这个方法，所以在这个方法中，只需使用方法dismissModalViewControllerAnimated关闭联系人选择器即可，如下面的代码关闭了联系人选择器：

```
-(void) peoplePickerNavigationControllerDidCancel:
    (ABPeoplePickerNavigationController *)peoplePicker{
    [self dismissModalViewControllerAnimated:YES];
    }
```

为了在用户触摸联系人时做出响应，需要实现委托方法peoplePickerNavigationController:shouldContinueAfterSelectingPerson:，这个方法有如下两个用途。

（1）它接收一个指向用户触摸的地址簿联系人的引用，可使用框架Address Book对该联系人进行处理。

（2）如果想让用户向下挖掘，进而选择该联系人的属性，可返回YES；如果只想让用户选择联系人，可以返回NO。您很可能在应用程序中采取第二种方式，例如，下面的演示代码关闭了联系人选择器：

```
1: - (BOOL)peoplePickerNavigationContraller:
2: (ABPeoplePickerNavigationController *)peoplePicker
3:shouldContinueAfterSelectingPerson: (ABRecordRef) person{
4:
5:      //work with the"person"  address book record here
6:
7:     [self dismissModalViewControllerAnimated:YES];
8:     return NO;
9:    }
```

这样当用户触摸联系人选择器中的联系人时会调用这个方法。在这个方法中，可以通过地址簿记录引用person访问选定联系人的所有信息，并对联系人进行处理。在这个方法的最后，必须关闭联系人选择器这一模态视图（第7行）并返回NO，这表明我们不想让用户在地址簿中进一步挖掘。

除此之外，必须实现的最后一个委托协议方法是peoplePickerNavigationController:shouldContinueAilerSelectingPerson:property:identifier。如果允许用户进一步挖掘联系人的信息，将调用这个方法。它返回用户触摸的联系人的属性，还必须返回YES或NO，这取决于您是否允许用户进一步挖掘属性。但是，如果方法peoplePickerNavigationController: shouldContinueAfierSelectingPerson返回NO，就不会调用这个方法。虽然如此，还是必须实现这个方法，例如下面的代码处理了用户进一步挖掘属性：

```
-  ( BOOL) peoplePickerNavigationController:
 (ABPeoplePickerNavigationController *)peoplePicker
 shouldContinueAfterSelectingPerson: (ABRecordRef) person
 property: (ABPropertyID) property
 identifier: (ABMultiValueIdentifier) identifier{
 //We won't get to this delegate method
 return NO;
 }
```

这就是与框架Address Book UI交互的基本骨架，但没有提供对返回的数据进行处理的代码。要对返回的数据进行处理，必须使用框架Address Book。

29.1.2 框架 Address Book

通过使用Address Book框架，应用程序可以访问地址簿，从而检索和更新联系人信息以及创建新的联系人。例如，要处理联系人选择器返回的数据，就需要这个框架。Address Book是一个基于Core Foundation的老式框架，这意味着该框架的API和数据结构都是使用C语言而不是Objective-C编写的。要想使用这个框架，需要将其加入到项目中，并导入其接口文件：

```
#import <AddressBook/AddressBook.h>
```

框架Address Book中的C语言函数的语法很容易理解，例如，要实现方法peoplePickerNavigationController:shouldContinueAfterSelectingPerson。通过该方法接收的参数person(ABRecordRef)可以访问相应联系人的信息，方法是调用函数ABRecordCopy(<ABRecordRef,<requested property>)。

要想获取联系人的名字，可以编写类似于如下所示的代码：

```
firstName=(_bridge NSString *)ABRecordCopyValue(person,
kABPersonFirstNameProperty);
```

要想访问可能包含多个值的属性（其类型为ABMultiValueRef），可使用函数ABMultiValueGetCount。例如，要确定联系人有多少个电子邮件地址，可编写如下代码实现：

```
ABMultiValueRef emailAddresses;
emailAddresses=ABRecordCopyValue(person, kABPersonEmailProperty);
int  countOfAddresses=ABMultiValueGetCount (emailAddresses);
```

接下来，要获取联系人的第一个电子邮件地址，可使用函数ABMultNalueCopyValueAtIndex (<ABMultiValueRef>,<index>)实现：

```
firstEmail= (_bridge NSString *)ABMultiValueCopyValueAtIndex (emailAddresses,0);
```

有关可存储的联系人属性（包括是否是多值属性）的完整列表，请参阅iOS开发文档中的ABPerson参考。

29.2 电子邮件

在本书多媒体章节中，曾经讲解了如何显示iOS提供的一个模态视图，让用户能够使用Apple的图像选择器界面中选择照片的方法。显示系统提供的模态视图控制器是iOS常用的一种方式，Message UI框架也使用这种方式来提供用于发送电子邮件的界面。

在使用框架Message UI之前，首先必须先将其加入到项目中，并在要使用该框架的类（可能是视图控制器）中导入其接口文件：

```
#import <MessageUI/MessageUI.h>
```

要想显示邮件书写窗口，必须分配并初始化一个MFMailComposeViewController对象，它负责显示电子邮件。然后需要创建一个用作收件人的电子邮件地址数组，并使用方法setToRecipients给邮件书写视图控制器配置收件人。最后需要指定一个委托，它负责在用户发送邮件后做出响应；再使用presentModalViewController显示邮件书写视图。例如，下面的代码是这些功能的一种简单实现：

```
1: MFMailComposeViewController *mailComposer;
2: NSArray *emailAddresses;
3:
4: mailComposer=[[MFMailComposeViewController alloc]init];
5: emailAddresses=[[ NSArray  alloc]initWithObj ects:@"me@myemail.com",nil];
6:
7: mailComposer.mailComposeDelegate=self;
8:  [mailComposer setToRecipients:emailAddresses];
9:  [self presentModalViewController:mailComposer animated:YES];
```

在上述代码中，第1行和第2行分别声明了邮件书写视图控制器和电子邮件地址数组。第4行分配并初始化邮件书写视图控制器。第5行使用一个地址 me@myemail.com 来初始化邮件地址数组。第7行设置邮件书写视图控制器的委托。委托负责执行用户发送或取消邮件后需要完成的任务。第8行给邮件书写视图控制器指定收件人，而第9行显示邮件书写窗口。

与联系人选择器一样，要使用电子邮件书写视图控制器，也必须遵守一个协议：MFMailComposeViewControllerDelegate。该协议定义了一个清理方法：mailComposeController:didFinishWithResult:error,

将在用户使用完邮件书写窗口后被调用。在大多数情况下，在这个方法中都只需关闭邮件书写视图控制器的模态视图即可，例如，下面的代码在用户使用完邮件书写视图控制器后做出响应：

```
- ( void) mailComposeController: (MFMailComposeViewController *) controller
didFinishWithResult: (MFMailComposeResult) result
error: (NSError*) error{
 [self  dismissModalViewControllerAnimated:YES];
}
```

如果要获悉邮件书写视图关闭的原因，可以查看result（其类型为MFMailComposeResult)的值。其取值为下述常量之一：

```
MFMailComposeResultCancell
  MFMailComposeResultSaved
MFMailComposeResultSent
MFMailComposeResultFailede
```

29.3 使用 Twitter 发送推特信息

图29-2 在iOS中使用Twitter

使用Twitter发送推特信息的流程与准备电子邮件的流程很像。要想使用Twitter，必须包含框架Twitter，创建一个推特信息书写视图控制器，再以模态方式显示它，图29-2显示了推特信息书写对话框。

但是，不同于邮件书写视图，显示推特信息书写视图后，无需做任何清理工作，只需显示这个视图即可。下面来看看实现这项功能的代码。

首先，在项目中加入框架Twitter后，必须导入其接口文件：

```
#import <Twitter/Twitter.h>
```

然后必须声明、分配并初始化一个TWTweetComposeViewController，以提供用户界面。在发送推特信息之前，必须使用TWTweetComposeViewController类的方法canSendTweet确保用户配置了活动的Twitter账户。然后便可以使用方法setInitialText设置推特信息的默认内容，然后再显示视图。例如，下面的代码演示了准备发送推特信息的实现：

```
TWTweetComposeViewController *tweetComposer;
tweetComposer=[[TWTweetComposeViewController alloc] init];
if([TWTweetComposeViewController canSendTweet])  {
[tweetComposer setInitialText:@"Hello World."];
[self presentModalViewController:tweetComposer animated:YES];
}
```

在显示这个模态视图后就大功告成了。用户可修改推特信息的内容、将图像作为附件、取消或发送推特信息。这只是一个简单的示例，在现实中还有很多其他方法用于与多个Twitter账户相关的功能、位置等。如果要在用户使用完推特信息书写窗口时获悉这一点，可以添加一个回调函数。如果需要实现更高级的Twitter功能，请参阅Xcode文档中的Twitter Framework Reference。

29.4 实战演练——联合使用地址簿、电子邮件、Twitter 和地图

在本节的演示实例中，将让用户从地址簿中选择一位好友。用户选择好友后，应用程序将从地址簿中检索有关这位好友的信息，并将其显示在屏幕上，这包括姓名、照片和电子邮件地址。并且用户还可以在一个交互式地图中显示朋友居住的城市，以及给朋友发送电子邮件或推特信息，这些都将在一个应用程序屏幕中完成。本实例涉及的领域很多，但您无需输入大量代码。首先创建界面，然后添加地址簿、地图、电子邮件和Twitter功能。实现其中每项功能时，都必须添加框架，并在视图控制器接口文件中添加相应的#import编译指令。也就是说，如果程序不能正常运行，请确保没有遗漏添加框架和导入头文件的步骤。

实例29-1	联合使用地址簿、电子邮件、Twitter和地图
源码与视频路径	光盘:\daima\29\lianhe

29.4.1 创建项目

启动Xcode，使用模板Single View Application创建一个名为“lianhe”的项目。本实例需要添加多个框架，并且还需建立几个一开始就知道的连接。

添加框架

选择项目“lianhe ”的顶级编组，并确保选择了默认目标“lianhe”。单击编辑器中的标签Summary，在该选项卡中向下滚动到Linked Frameworks and Libraries部分。单击列表下方的“+”按钮，从出现的列表中选择AddressBook.framework，再单击“Add”按钮。重复上述操作，分别添加如下框架：

- AddressBookUl.frameworkMapKitframework；
- CoreLocation.fiamework；
- MessageUI.framework；
- Twitter.framework。

添加框架后，将它们拖放到编组Frameworks中，这样可以让项目显得更加整洁有序，最后的项目代码编组如图29-3所示。

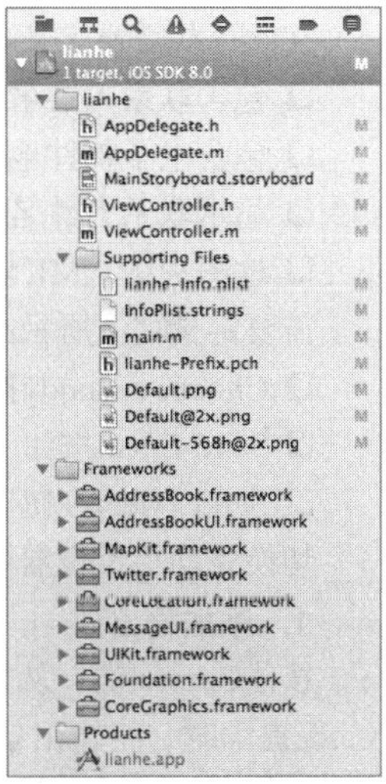

图29-3 项目代码编组

在本实例中，将让用户从地址簿中选择一个联系人，并显示该联系人的姓名、电子邮件地址和照片。对于姓名和电子邮件地址，将通过两个名为name和email的标签（UILabel）显示；而对于照片，将通过一个名为photo的UIImageView显示。最后，需要显示一个地图（MKMapView），我们将通过输出口map引用它；还需要一个类型为MKPlacemark的属性/实例变量：zipAnnotation，它表示地图上的一个点，将在这里显示特殊的标志。

本应用程序还将实现如下所示的3个操作。

- newBFF：让用户能够从地址簿选择一位朋友。
- sendEmail：让用户能够给朋友发送电子邮件。
- sendTweet：让用户能够在Twitter上发布信息。

29.4.2 设计界面

打开界面文件MainStoryboard.storyboard给应用程序设计UI，最终的UI视图界面如图29-4所示。

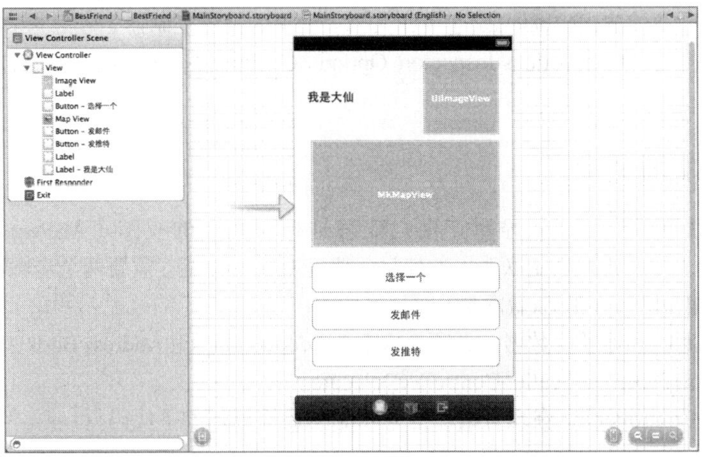

图29-4 最终的UI视图界面

在项目中添加两个标签（UILabel），其中一个较大，用于显示朋友的姓名，另一个显示朋友的电子邮件地址。在笔者设计的UI中，清除了电子邮件地址标签的内容。接下来添加一个UIImageView，用于显示地址簿中朋友的照片；使用Attributes Inspector将缩放方式设置为Aspect Fit。将一个地图视图（MKMapView）拖放到界面中，这个地图视图将显示您所处的位置以及朋友居住的城市。最后，添加3个按钮（UIButton），一个用于选择朋友，其标题为"选择一个"；另一个用于给朋友发送电子邮件，标题为"发邮件"；最后一个使用您的Twitter账户发送推特消息，其标题为"发推特"。

添加地图视图后，选择它并打开Attributes Inspector (Option+Command+4)。使用下拉列表Type（类型）指定要显示的地图类型（卫星、混合等），再激活所有的交互选项。这将让地图显示用户的当前位置，并让用户能够在地图视图中平移和缩放，就像地图应用程序一样。

29.4.3 创建并连接输出口和操作

在此总共需要定义4个输出口和3个操作，其中需要定义如下所示的输出口。

- ❑ 包含联系人姓名的标签（UILabel）：name。
- ❑ 包含电子邮件地址的标签（UILabel）：email。
- ❑ 显示联系人姓名的图像视图（UIImageView）：photo。
- ❑ 地图视图（MKMapView）：map。

需要定义如下所示的3个操作。

- ❑ Choose a Buddy按钮（UIButton）：newBFF。
- ❑ Send Email按钮（UIButton）：sendEmail。
- ❑ Send Tweet按钮（UIButton）：sendTweet。

切换到助手编辑器模式，并打开文件MainStoryboard.storyboard，以便开始建立连接。

1．添加输出口

按住Control键，从显示选定联系人姓名的标签拖曳到ViewController.h中代码行@interface下方。在Xcode提示时，将输出口命名为name。对电子邮件地址标签重复上述操作，将输出口命名为email。最后，按住Control键，从地图视图拖曳到ViewController.h，并新创建一个名为map的输出口。

2．添加操作

按住Control键，从"选择一个"按钮拖曳到刚创建的属性下方。在Xcode提示时，新创建一个名为newBFF的操作。重复上述操作，将按钮"发邮件"连接到操作sendEmail，将按钮"发推特"连接到sendTweet。在地图视图的实现中，可以包含一个委托方法（mapView:viewForAnnotation），这用于定制标注。为将地图视图的委托设置为视图控制器，可以编写代码self.map.delegate= self，也可以在Interface Builder中，将地图视图的输出口delegate连接到文档大纲中的视图控制器。

选择地图视图并打开Connections Inspector(Option+ Command+ 6)。从输出口delegate拖曳到文档大纲中的视图控制器 。

29.4.4 实现地址簿逻辑

访问地址簿由两部分组成：显示让用户能够选择联系人的视图（ABPeoplePicker Navigation Controller类的实例）以及读取选定联系人的信息。要完成这个功能，需要两个步骤和两个框架。

1．为使用框架Address Book做准备

要想显示地址簿UI和地址簿数据，必须导入框架Address Book和Address BookUI的头文件，并指出将实现协议ABPeoplePickerNavigationControllerDelegate。

打开文件ViewController.h，在现有编译指令#import后面添加如下代码行：

```
#import <AddressBook/AddressBook.h>
#import <AddressBookUI/AddressBookUI.h>
```

接下来，修改代码行@interface，在其中添加<ABPeoplePickerNavigationControllerDelegate>，功能是指出我们要遵守协议ABPeoplePickerNavigationControllerDelegate：

```
@interface ViewController:  UIViewController
<ABPeoplePickerNavigationControllerDelegate>
```

2．显示地址簿联系人选择器

当用户按“选择一个”按钮时，应用程序需显示联系人选择器这一模态视图，它向用户提供与应用程序“通讯录”类似的界面。在文件ViewController.m的方法newBFF中，分配并初始化一个联系人选择器，将其委托设置为视图控制器（self）然后再显示它。这个方法的代码如下所示：

```
- (IBAction)newBFF:(id)sender {
    ABPeoplePickerNavigationController *picker;
    picker=[[ABPeoplePickerNavigationController alloc] init];
    picker.peoplePickerDelegate = self;
    [self presentModalViewController:picker animated:YES];
}
```

在上述代码中，第2行将picker声明为一个ABPeoplePickerNavigationController实例，用于显示系统地址簿的GU对象。第3～4行分配该对象，并将其委托设置为ViewController (self)。第5行将联系人选择器作为模态视图显示在现有用户界面上面。

3．处理取消和挖掘

对本实例来说，只需知道用户选择的朋友，而不希望用户继续选择或编辑联系人属性。因此，需要将委托方法peoplePickerNavigationContoller:peoplePicker:shouldContinueAfterSelectingPerson实现为返回NO，这是这个应用程序的核心方法。还需让委托方法关闭联系人选择器模态视图，并将控制权交给ViewController。

但是还必须实现联系人选择器委托协议定义如下两个方法：

- 处理用户取消选择的情形（peoplePickerNavigationControUerDidCancel）。
- 处理用户深入挖掘联系人属性的情形（peoplePickerNavigationController:shouldContinueAfierSelectingPerson:property：identifier）。

在文件ViewController.m中，实现方法peoplePickerNavigationControllerDidCancel，此方法用于处理用户在联系人选择器中取消选择，具体代码如下所示：

```
- (void)peoplePickerNavigationControllerDidCancel:
(ABPeoplePickerNavigationController *)peoplePicker {
    [self dismissModalViewControllerAnimated:YES];
}
```

将方法peoplePickerNavigationController:shouldContinueAfterSelectingPerson:property:identifier实现为返回NO，此方法用于处理用户在联系人选择器中取消选择，具体代码如下所示：

```
- (BOOL)peoplePickerNavigationController:
(ABPeoplePickerNavigationController *)peoplePicker
      shouldContinueAfterSelectingPerson:(ABRecordRef)person
                                property:(ABPropertyID)property
                              identifier:(ABMultiValueIdentifier)identifier {
    //We won't get to this delegate method

    return NO;
}
```

4．选择、访问和显示联系人信息

如果用户没有取消选择，将调用委托方peoplePickerNavigationContoller:peoplePicker:shouldContinueAfterSelectingPerson，并通过一个ABRecordRef将选定联系人传递给该方法。ABRecordRef是在前面导入的Address Book框架中定义的。就本实例来说，将分别读取联系人的名字、照片、电子邮件地址和邮政编码共4项信息，在读取照片前需要检查联系人是否有照片。在此需要注意，返回的联系人名字和照片并非Cocoa对象（即NSString和UIImage），而是Core Foundation中的C语言数据，因此，需要使用Address

Book框架中的函数ABRecordCopyValue和UIImage的方法imageWithData进行转换。

对于电子邮件地址和邮政编码，必须处理可能返回多个值的情形。就这些数据而言，也将使用ABRecordCopyValue获取指向数据集的引用，再使用函数ABMultiValueGetCount来核实联系人至少有一个电子邮件地址（或邮政编码），然后使用ABMultiValueCopyValueAtIndex复制第一个电子邮件地址或邮政编码。

在文件ViewController.m中添加一个委托方法peoplePickerNavigationController:shouldContinueAfterSelectingPerson，此方法能够在用户选择了联系人时做出响应，具体代码如下所示：

```
- (BOOL)peoplePickerNavigationController:
(ABPeoplePickerNavigationController *)peoplePicker
      shouldContinueAfterSelectingPerson:(ABRecordRef)person {

    // Retrieve the friend's name from the address book person record
    NSString *friendName;
    NSString *friendEmail;
    NSString *friendZip;

    friendName=(__bridge NSString *)ABRecordCopyValue
                    (person, kABPersonFirstNameProperty);
    self.name.text = friendName;

    ABMultiValueRef friendAddressSet;
    NSDictionary *friendFirstAddress;
    friendAddressSet = ABRecordCopyValue
                        (person, kABPersonAddressProperty);

    if (ABMultiValueGetCount(friendAddressSet)>0) {
        friendFirstAddress = (__bridge NSDictionary *)
                ABMultiValueCopyValueAtIndex(friendAddressSet,0);
        friendZip = [friendFirstAddress objectForKey:@"ZIP"];
        [self centerMap:friendZip showAddress:friendFirstAddress];
    }
    ABMultiValueRef friendEmailAddresses;
    friendEmailAddresses = ABRecordCopyValue
                            (person, kABPersonEmailProperty);

    if (ABMultiValueGetCount(friendEmailAddresses)>0) {
        friendEmail=(__bridge NSString *)
                ABMultiValueCopyValueAtIndex(friendEmailAddresses, 0);
        self.email.text = friendEmail;
    }

    if (ABPersonHasImageData(person)) {
        self.photo.image = [UIImage imageWithData:
                    (__bridge NSData *)ABPersonCopyImageData(person)];
    }

    [self dismissModalViewControllerAnimated:YES];
    return NO;
}
```

29.4.5 实现地图逻辑

本章前面在项目中添加了两个框架：Core Loaction和Map Kit，其中前者负责定位，而后者用于显示嵌入式Google Map。要访问这些框架提供的函数，还需导入它们的接口文件。

1．为使用Map Kit和Core Location做准备

在文件ViewController.h中，在现有编译指令#import后面添加如下代码行：

```
#import <MapKit/MapKit.h>
#import <CoreLocation/CoreLocation.h>
```

现在可以使用位置并以编程方式控制地图了，但还需做一项设置工作：在地图中添加标注。我们需要创建一个实例变量 / 属性，以便能够在应用程序的任何地方访问该标注。所以，在文件ViewController.h中，在现有属性声明下方添加一个@property编译指令：

```
@property (strong, nonatamic) MKPlacemark *zipAnnotation;
```

在声明属性zipAnnotation后，还需要在文件ViewController.m中添加配套的编译指令@synthesize：

```
@synthesize zipAnnotation;
```

在方法viewDidUnload中，将该实例变量设置为nil:

```
[self setZipAnnotation:nil];
```

2. 控制地图的显示

通过使用MKMapView，无需编写任何代码就可显示地图和用户的当前位置，所以在本实例程序中，只需获取联系人的邮政编码，确定其对应的经度和纬度，再放大地图并以这个地方为中心。我们还将在这个地方添加一个图钉，这就是属性zipAnnotation的用途 。但是，Map Kit和Core Location都没有提供将地址转换为坐标的功能，但Google提供了这样的服务。通过请求http://maps.google.com/maps/geo?output=csv&q=<address>，可获取一个用逗号分隔的列表，其中的第3个和第4个值分别为纬度和经度。发送给Google的地址非常灵活，可以是城市、省、邮政编码或街道；无论您提供什么样的信息，Google都将尽力将其转换为坐标。如果提供的是邮政编码，该邮政编码标识的区域将位于地图中央，这正是我们所需要的。在知道位置后，需要指定地图的中心并放大地图。为保持应用程序的整洁，将在方法centerMap:showAddress中实现这些功能。这个方法接收两个参数：字符串参数zipCode（邮政编码）和字典参数fullAddress（从地址簿返回的地址字典）。邮政编码将用于从Google获取经度和纬度，然后调整地图对象以显示该区域；而地址字典将被标注视图用于显示注解。

首先在文件ViewController.h中，在添加的IBAction后面添加该方法的原型：

```
- (void) centerMap: (NSString*) zipCode  showAddress: (NSDictionary*)fullAddress;
```

然后打开实现文件ViewController.m，并添加方法centerMap，通过此方法添加标注，具体代码如下所示：

```
- (void)centerMap:(NSString*)zipCode
     showAddress:(NSDictionary*)fullAddress {
   NSString *queryURL;
   NSString *queryResults;
   NSArray *queryData;
   double latitude;
   double longitude;
   MKCoordinateRegion mapRegion;

   queryURL = [[NSString alloc]
               initWithFormat:
               @"http://maps.google.com/maps/geo?output=csv&q=%@",
               zipCode];

   queryResults = [[NSString alloc]
                   initWithContentsOfURL: [NSURL URLWithString:queryURL]
                   encoding: NSUTF8StringEncoding
                   error: nil];
   queryData = [queryResults componentsSeparatedByString:@","];

   if([queryData count]==4) {
       latitude=[[queryData objectAtIndex:2] doubleValue];
       longitude=[[queryData objectAtIndex:3] doubleValue];
       //     CLLocationCoordinate2D;
       mapRegion.center.latitude=latitude;
       mapRegion.center.longitude=longitude;
       mapRegion.span.latitudeDelta=0.2;
       mapRegion.span.longitudeDelta=0.2;
       [self.map setRegion:mapRegion animated:YES];
```

```
        if (zipAnnotation!=nil) {
            [self.map removeAnnotation: zipAnnotation];
        }
        zipAnnotation = [[MKPlacemark alloc]
                         initWithCoordinate:mapRegion.center
                         addressDictionary:fullAddress];
        [map addAnnotation:zipAnnotation];
    }
}
```

3．定制图钉标注视图

如果要定制标注视图，可以实现地图视图的委托方法mapView:viewForAnnotation，通过此方法定制标注视图，具体代码如下所示：

```
- (MKAnnotationView *)mapView:(MKMapView *)mapView
        viewForAnnotation:(id <MKAnnotation>)annotation {
    MKPinAnnotationView *pinDrop=[[MKPinAnnotationView alloc]
                                  initWithAnnotation:annotation
                                  reuseIdentifier:@"myspot"];
    pinDrop.animatesDrop=YES;
    pinDrop.canShowCallout=YES;
    pinDrop.pinColor=MKPinAnnotationColorPurple;
    return pinDrop;
}
```

4．在用户选择联系人后显示地图

为了实现地图功能，需要完成的最后一项工作是将地图与地址簿选择关联起来，以便用户选择有地址的联系人时，显示包含该地址所属区域的地图。

```
[self centerMap:friendZip showAddress:friendFirstAddress];
```

修改方法peoplePickerNavigationController:shouldContinueAfterSelectingPerson，在代码行friendZip= [friendFirstAddress objectForKey:@“ZIP”]后面添加如下代码：

```
friendZip= [friendFirstAddress objectForKey:@"ZIP"];
```

29.4.6 实现电子邮件逻辑

此功能需要使用Message UI框架，用户可以按“发邮件”按钮向选择的朋友发送电子邮件。将使用在地址簿中找到的电子邮件地址填充电子邮件的To（收件人）字段，然后用户可以使用MFMailCompose ViewController提供的界面编辑邮件并发送它。

1．为使用框架Message UI做准备

为了导入框架Message UI的接口文件，在文件ViewController.h中添加如下代码行：

```
#import <MessageUI/MessageUI.h>
```

使用Message UI的类（这里是ViewController）还必须遵守协议MFMailComposeViewController Delegate。该协议定义了方法mailComposeController: didFinishWithResult，将在用户发送邮件后被调用。在文件ViewController.h中，在代码行@interface中包含这个协议：

```
@interface ViewController:UIViewController
<ABPeoplePickerNavigationControllerDelegate,
MFMailComposeViewControllerDelegate>
```

2．显示邮件编写器

要让用户能够编写邮件，需要分配并初始化一个MFMailCompose VIewController实例，并使用MFMailCompose VIewController的方法setToRecipients配置收件人。这个方法会接收一个数组作为参数，因此，需要使用选定朋友的电子邮件地址创建一个只包含一个元素的数组，以便将其传递给这个方法。配置好邮件编写器后，需要使用presentModalViewController:animated显示它。

因为前面将标签email的文本设置成了所需的邮件地址，所以，只需使用self.email.text就可以获取朋友的邮件地址。方法sendEmail用于配置并显示邮件编写器，具体代码如下所示：

```
- (IBAction)sendEmail:(id)sender {
    MFMailComposeViewController *mailComposer;
    NSArray *emailAddresses;
    emailAddresses=[[NSArray alloc]initWithObjects: self.email.text,nil];

    mailComposer=[[MFMailComposeViewController alloc] init];
    mailComposer.mailComposeDelegate=self;
    [mailComposer setToRecipients:emailAddresses];
    [self presentModalViewController:mailComposer animated:YES];
}
```

3. 处理发送邮件后的善后工作

当编写并发送邮件后应该关闭模态化邮件编写窗口。为此，需要实现协议MFMailComposeViewControllerDelegate定义的方法mailComposeController:didFinishWithResult。此方法在文件ViewController.m中实现，具体代码如下所示：

```
- (void)mailComposeController:(MFMailComposeViewController*)controller
        didFinishWithResult:(MFMailComposeResult)result
                      error:(NSError*)error {
    [self dismissModalViewControllerAnimated:YES];
}
```

由此可见，只需一行代码即可关闭这个模态视图 。

29.4.7 实现 Twitter 逻辑

在本实例中，当用户按“发推特”按钮时，我们想显示推特信息编写器，其中包含默认文本“我厉害”。

1. 为使用框架Twitter做准备

在本实例的开头添加了框架Twitter，此处需要导入其接口文件。在文件ViewController.h的#import语句列表末尾添加如下代码行，以导入这个接口文件：

```
#import <Twitter/Twitter.h>
```

使用基本的Twitter功能时，不需要实现任何委托方法和协议，因此，只需添加这行代码就可以开始发送推特信息。

2. 显示推特信息编写器

要显示推特信息编写器，必须完成4项任务。首先，声明、分配并初始化一个TWTweetComposeViewController实例；然后使用TWTweetComposeViewController类的方法canSendTweet核实能否使用Twitter，调用TWTweetComposeViewController类的方法setInitialText设置推特信息的默认内容；最后使用presentModalViewController:animated显示推特信息编写器。

打开文件ViewController.m，并实现最后一个方法sendTweet，具体代码如下所示：

```
- (IBAction)sendTweet:(id)sender {
    TWTweetComposeViewController *tweetComposer;
    tweetComposer=[[TWTweetComposeViewController alloc] init];
    if ([TWTweetComposeViewController canSendTweet]) {
        [tweetComposer setInitialText:@"我厉害"];
        [self presentModalViewController:tweetComposer animated:YES];
    }
}
```

在上述代码中，第2～3行声明并初始化一个TWTweetCompose ViewController实例：tweetComposer。第4行检查能否使用Twitter，如果可以，第5行将推特信息的默认内容设置为“我厉害”，而第6行显示tweetComposer。

29.4.8 生成应用程序

单击“Run”按钮测试该应用程序，本实例项目提供了地图、电子邮件、Twitter和地址簿功能，执行效果如图29-5所示。

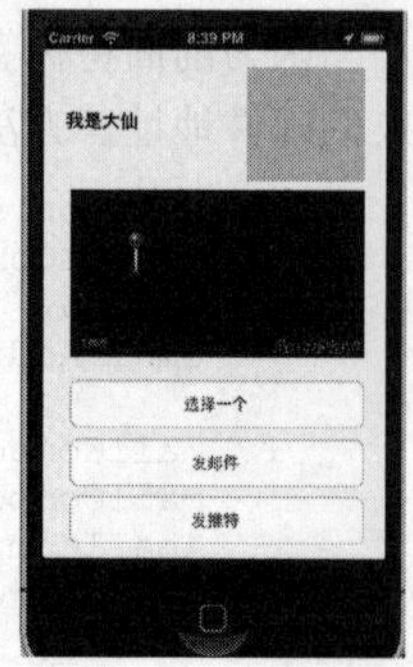

图29-5 执行效果

29.5 实战演练——开发一个Twitter客户端（基于Swift语言）

在本节的演示实例中，将使用Swift语言开发一个Twitter客户端应用程序。首先在主界面中提供一个输入官方指令的文本框，验证通过后将在下方列表显示Twitter标题信息。单击某一条推特信息后，会在新界面中显示这条Twitter的详细信息。

实例29-2	开发一个Twitter客户端
源码与视频路径	光盘:\daima\29\TwitterSwift

（1）打开Xcode 6，创建一个名为“TwitterSwift”的工程文件，最终的目录结构如图29-6所示。

（2）在Main.storyboard面板中设计项目的UI界面，在主界面中通过TableView列表显示用户的推特信息，如图29-7所示。

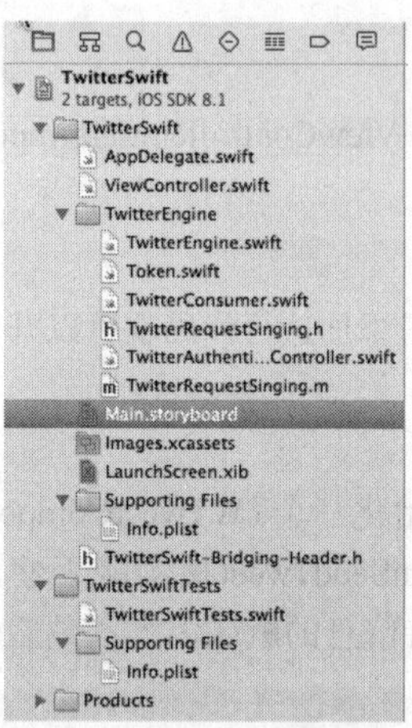

图29-6 工程目录结构

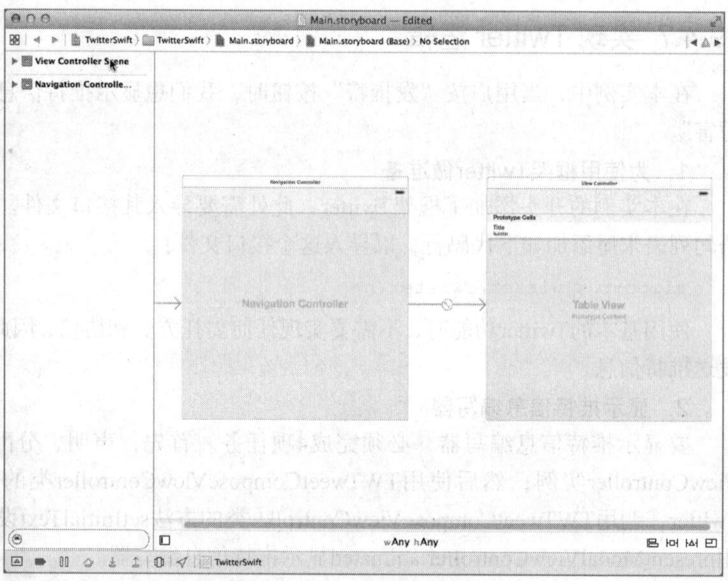

图29-7 Main.storyboard面板

（3）文件TwitterAuthenticationWebController.swift实现了推特认证控制器服务，定义了newPinJS和oldPinJS两个JS数据传输变量，通过用户的token指令获取远程推特信息。通过推特官方公布的API验证URL进行指令验证，确保只有输入的合法的指令才能将本客户端项目连接到推特服务器，并在主界面下方列表显示当前用户的推特标题信息。文件TwitterAuthenticationWebController.swift 的具体实现代码如下所示：

```
import Foundation
import UIKit

class TwitterAuthenticationWebController : UIViewController, UIWebViewDelegate {
    var webView : UIWebView?
```

```
    var requestToken : Token?
    let newPinJS = "var d = document.getElementById('oauth-pin');
    if (d == null) d = document.getElementById('oauth_pin');
    if (d) { var d2 = d.getElementsByTagName('code'); if (d2.length > 0) d2[0].innerHTML; }"
    let oldPinJS = "var d = document.getElementById('oauth-pin');
    if (d == null) d = document.getElementById('oauth_pin'); if (d) d = d.innerHTML; d;"
    required init(coder aDecoder: NSCoder) {
        super.init(coder: aDecoder)
    }
      init (requestToken : Token) {
        super.init(nibName: nil, bundle: nil)
        let screenRect = UIScreen.mainScreen().bounds
        self.webView = UIWebView (frame: screenRect)
        self.webView?.delegate = self
        self.requestToken = requestToken
    }
    override func viewDidLoad() {
        super.viewDidLoad()
        self.view.addSubview(self.webView!);
        self.navigationItem.leftBarButtonItem = UIBarButtonItem (barButtonSystemItem:
UIBarButtonSystemItem.Cancel, target: self, action: "dismiss")
        if let oauth_token = self.requestToken?.key {
            var urlString = "https://api.twitter.com/oauth/authorize?oauth_token=\
(oauth_token)"
            var request = NSMutableURLRequest (URL: NSURL(string: urlString)!)
            self.webView?.loadRequest(request)
        }
    }
    func dismiss () {
        self.dismissViewControllerAnimated(true, completion: nil)
    }
    func webView(webView: UIWebView, shouldStartLoadWithRequest request: NSURLRequest,
navigationType: UIWebViewNavigationType) -> Bool {
        return true
    }

    func webViewDidStartLoad(webView: UIWebView) {
    }
    func webViewDidFinishLoad(webView: UIWebView) {
        var pin : String? = webView.stringByEvaluatingJavaScriptFromString(self.newPin
JS)?.stringByTrimmingCharactersInSet(NSCharacterSet.whitespaceAndNewlineCharacterSet())
        if pin?.utf16Count < 7 {
            pin = webView.stringByEvaluatingJavaScriptFromString(self.oldPin
JS)?.stringByTrimmingCharactersInSet(NSCharacterSet.whitespaceAndNewlineCharacterSet())
        }
           if pin?.utf16Count > 0 {
            self.requestToken?.verifier = pin!
            TwitterEngine.sharedEngine.requestAccessToken(self.requestToken!)
            self.dismiss()
        }
    }
}
```

（4）文件Token.swift实现了指令处理功能，首先实现oauth_token认证处理，然后实现指令校验。文件Token.swift的具体实现代码如下所示：

```
import Foundation
class Token : NSObject, NSCoding {
    let key = ""
    let secret = ""
    var verifier = ""
    required init (stringToParse : String) {
        let components = stringToParse.componentsSeparatedByString("&")
        for value in components {
            let elements = value.componentsSeparatedByString("=")
            if elements[0] == "oauth_token" {
                self.key = elements[1]
            }
```

```
                if elements[0] == "oauth_token_secret" {
                    self.secret = elements[1]
                }
            }
        }
        required init(coder aDecoder: NSCoder) {
            self.key = aDecoder.decodeObjectForKey("key") as String
            self.secret = aDecoder.decodeObjectForKey("secret") as String
            self.verifier = aDecoder.decodeObjectForKey("verifier") as String
        }
        func encodeWithCoder(aCoder: NSCoder) {
            aCoder.encodeObject(self.key, forKey: "key")
            aCoder.encodeObject(self.secret, forKey: "secret")
            aCoder.encodeObject(self.verifier, forKey: "verifier")
        }
    }
    class AccessToken : Token {
        let authenticatedUID = ""
        let authenticatedScreenName = ""
        required init (stringToParse : String) {
            let components = stringToParse.componentsSeparatedByString("&")
            for value in components {
                let element = value.componentsSeparatedByString("=")
                if element[0] == "user_id" {
                    self.authenticatedUID = element[1]
                }
                if element[0] == "screen_name" {
                    self.authenticatedScreenName = element[1];
                }
            }
            super.init(stringToParse: stringToParse)
        }
        func save () -> AccessToken {
            let data = NSKeyedArchiver.archivedDataWithRootObject(self)
            NSUserDefaults.standardUserDefaults().setObject(data, forKey: "tokenKey")
            return self
        }

        class func loadAccessToken () -> AccessToken? {
            if let data = NSUserDefaults.standardUserDefaults().objectForKey("tokenKey")
    as? NSData {
                return NSKeyedUnarchiver.unarchiveObjectWithData(data) as? AccessToken
            }
            return nil
        }
        required init(coder aDecoder: NSCoder) {
            self.authenticatedUID = aDecoder.decodeObjectForKey("authenticatedUID") as
    String
            self.authenticatedScreenName = aDecoder.decodeObjectForKey("authenticated
    ScreenName") as String
            super.init(coder: aDecoder)
        }
        override func encodeWithCoder(aCoder: NSCoder) {
            aCoder.encodeObject(self.authenticatedScreenName, forKey: "authenticated
    ScreenName")
            aCoder.encodeObject(self.authenticatedUID, forKey: "authenticatedUID")
            super.encodeWithCoder(aCoder)
        }
    }
```

（5）文件ViewController.swift的功能是，当在屏幕中载入视图界面时，通过TwitterEngine获取远程推特信息，并将信息显示在TableView列表中。文件ViewController.swift的具体实现代码如下所示：

```
import UIKit
class ViewController: UITableViewController, TwitterEngineDelegate {
    lazy var theEngine = TwitterEngine.sharedEngine
     required init(coder aDecoder: NSCoder) {
        super.init(coder: aDecoder)
```

```
        theEngine.delegate = self
        theEngine.user = TwitterConsumer (key: "1ReC0vmXGc0HLyeHY7XijrT9k", secret:
        "iIon09o2AZWrB6PPGdOKxhQxcrxvGCLFTykLOmBsTR2FyfFg2N")
    }
    override func viewDidLoad() {
        super.viewDidLoad()
        self.refresh()
    }
       func tweet() {
        if self.theEngine.isAuthenticated() {
        }
        else {
         }
    }
     func login() {
       self.theEngine.authenticate {
            self.refresh()
        }
    }
      func refresh() {
        var selector = self.theEngine.isAuthenticated() ? Selector("tweet") : Selector
("login")
        self.navigationItem.rightBarButtonItem = UIBarButtonItem (barButtonSystemItem:
UIBarButtonSystemItem.Compose, target: self, action: selector)
        self.navigationItem.leftBarButtonItem = UIBarButtonItem (barButtonSystemItem:
UIBarButtonSystemItem.Refresh, target: self, action: nil)
        self.title = self.theEngine.authenticatedUserName
        self.tableView.reloadData()
    }
    func controllerToPresentAuthenticationWebView() -> UIViewController {
        return self
    }
       override func tableView(tableView: UITableView, numberOfRowsInSection section:
Int) -> Int {
        return 10
    }
      override func tableView(tableView: UITableView,
cellForRowAtIndexPath indexPath: NSIndexPath) -> UITable
ViewCell {
        var cell : UITableViewCell = tableView.dequeue
ReusableCellWithIdentifier("cellID", forIndexPath: indexPath)
as UITableViewCell
        cell.textLabel.text = "Indexpath \(indexPath.
row)"
        return cell
    }
}
```

到此为止，整个实例介绍完毕。通过指令验证后会在屏幕列表中显示推特信息，执行效果如图29-8所示。

图29-8 执行效果

第 30 章 开发通用的项目程序

在当前的众多iOS设备中，iPhone和iPod Touch和iPad都取得了无可否认的成功，让Apple产品得到了消费者的认可。但是，这些产品的屏幕大小是不一样的，这就给开发人员带来了难题：我们的程序能否在不同屏幕上成功运行呢？在本书前面的内容中，我们的开发都是针对一种平台的，其实完全可以针对两种平台。在本章将介绍如何创建在iPhone和iPad上都能运行的应用程序。

30.1 开发通用应用程序

通用应用程序包含在iPhone和iPad上运行所需的资源。虽然iPhone应用程序可以在iPad上运行，但是，有时候看起来不那么漂亮。要让应用程序向iPad用户提供独特的体验，需要使用不同的故事板和图像，甚至完全不同的类。在编写代码时，可能需要动态地判断运行应用程序的设备类型。

30.1.1 在 iOS 6 中开发通用应用程序

在开发iOS 6以前的应用程序时，Xcode中的通用模板类似于针对特定设备的模板，在Xcode中新创建项目时，可以从下拉列表Device Family中选择Universal（通用）。Apple称其为通用（universal）应用程序，如图30-1所示。

传统程序只有一个MainStoryboard.storyboard文件，而通用程序包含了如下两个针对不同设备的故事板文件：

- ❑ MainStoryboard_iPhone.storyboard；
- ❑ MainStoryboard_iPad.storyboard。

如图30-2所示。

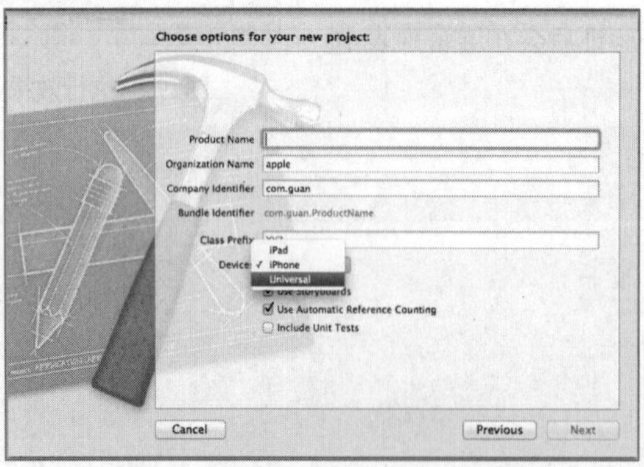

图30-1 通用（universal）应用程序

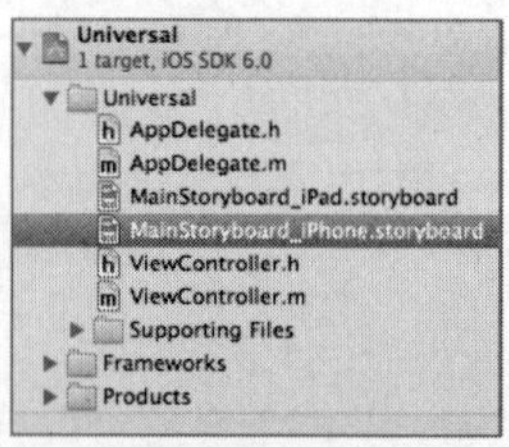

图30-2 通用程序有两个故事板

这样当在iPad上执行应用程序时，会执行MainStoryboard_iPad. storyboard故事板；当在iPhone上执行应用程序时，会执行MainStoryboard_iPhone.storyboard故事板。因为iPhone和iPad是不同的设备，用户要想获得不同的使用体验，即使应用程序的功能不变，在这两种设备上运行时，其外观和工作原理也可能不同。为了支持这两种设备，通用应用程序包含的类、方法和资源等可能翻倍，这取决于我们具体如何设计它。但是，这样的好处也是很多的，我们的应用程序既可在iPhone上运行，又可在iPad上运行，这样目标用户群就更大。

30.1.2 在 iOS 7、iOS 8 中开发通用应用程序

从iOS 7开始，开发通用应用程序的方法发生了变化。

（1）使用Xcode 6创建一个应用程序，在下拉列表Device Family中选择Universal（通用），如图30-3所示。

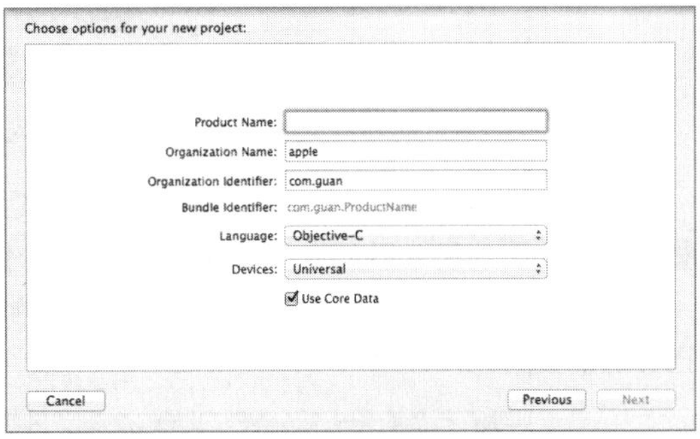

图30-3 创建Xcode工程

（2）创建工程的目录结构如图30-4所示。

由此可见，在iOS 7及其以上版本中，创建的工程文件中不会包含如下所示的故事板文件：

- ❑ MainStoryboard_iPhone.storyboard；
- ❑ MainStoryboard_iPad.storyboard。

（3）向下滚动工程目录的属性窗口，可以看到比iOS 6及以前版本增加了图标和应用程序图像设置属性，如图30-5所示。

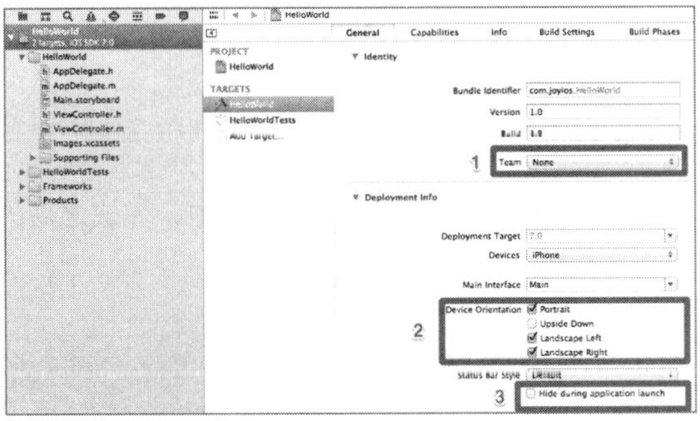

图30-4 工程的目录结构

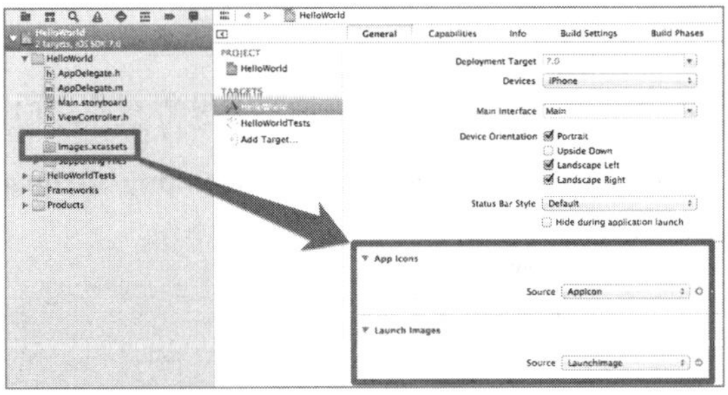

图30-5 新增了图标和应用程序图像设置属性

“Images.xcassets”是Xcode 5的一个新特性，其引入的一个主要原因是为了方便应用程序同时支持iOS 6和iOS 7。

（4）打开导航区域中的Images.xcassets，查看里面的具体内容，如图30-6所示。

（5）在图30-6中可以看到中间位置有两个虚线框，可以直接拖入图片文件资源进来。在此先准备一下资源文件，如图30-7所示。

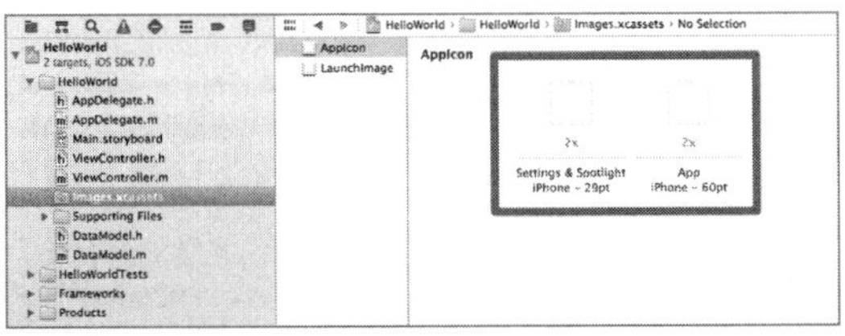

图30-6 Images.xcassets的具体内容

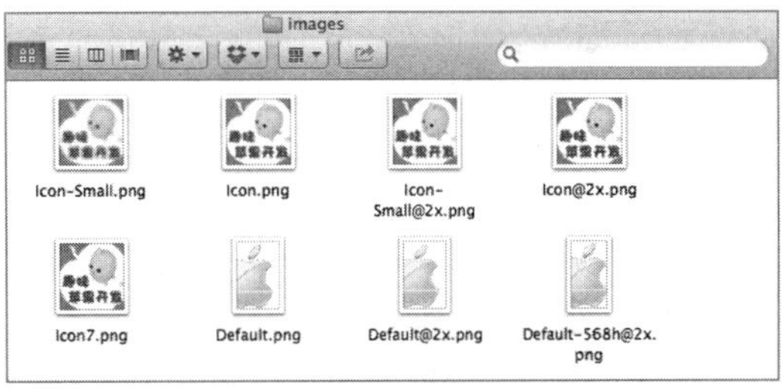

图30-7 拖入图片文件资源

注意：为方便起见，除Icon7.png之外，其他图标的文件名均沿袭了以往iOS图标的命名规则。

（6）将图片**Icon-Small@2x.png**拖曳到第一个虚线框中，将图片**Icon7.png**拖曳到第二个虚线框中，如图30-8所示。

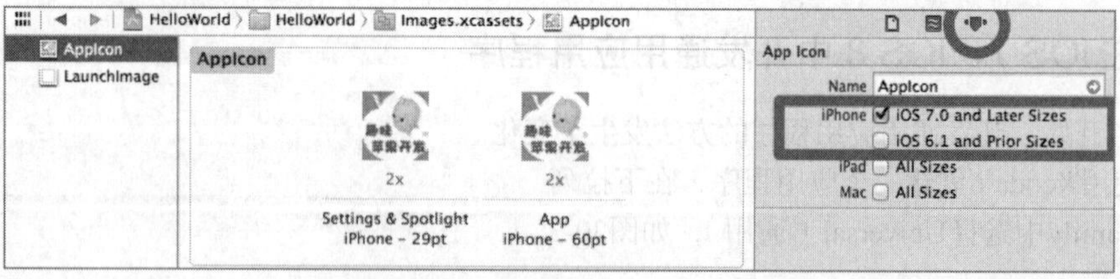

图30-8　拖入图片文件到虚线框

Icon-Small@2x.png的尺寸是58像素×58像素的，而Icon7.png的尺寸是120像素×120像素的。另外，如果拖入的图片尺寸不正确，Xcode会提示警告信息。

（7）在图30-9中单击实用工具区域的最右侧的“Show the Attributes inspector（显示属性检查器）”图标后能够看到图像集的属性，勾选“iOS 6.1 and Prior Sizes”看看会发生什么变化？如图30-9所示。

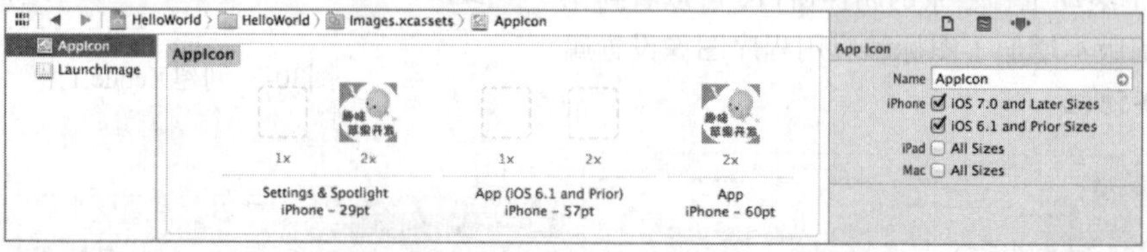

图30-9　勾选一下iOS 6.1 and Prior Sizes

（8）分别将**Icon-Small.png**、**Icon.png**和**Icon@2x.png**顺序拖曳到3个空白的虚线框中，完成之后的效果如图30-10所示。

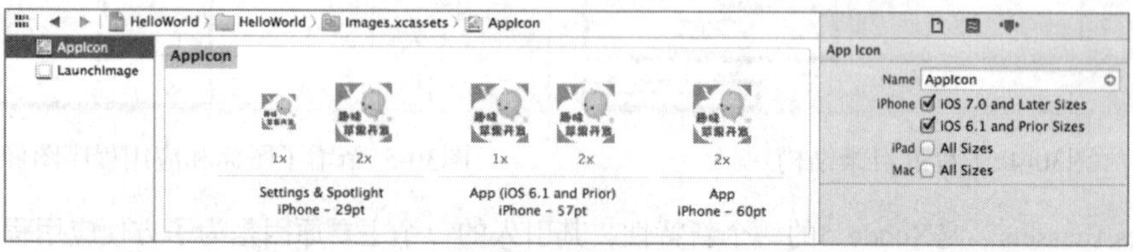

图30-10　拖曳到3个空白的虚线框

（9）右键单击左侧的**AppIcon**，在弹出的辅助菜单中选择**Show in Finder**，如图30-11所示。

此时可以查看刚才拖曳都做了哪些工作，如图30-12所示。

图30-11　选择**Show in Finder**

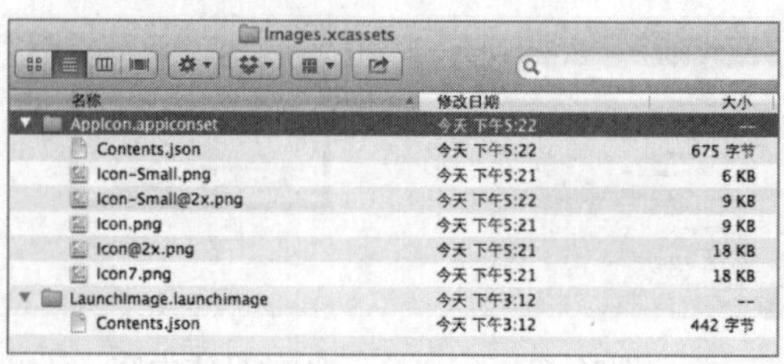

图30-12 Finder中的文件

由此可见，除了**Contents.json**是一个陌生文件外，其他文件都是刚拖曳进Xcode的，双击查看一下**Contents.json**文件内容：

```
{
 "images" : [
    {
     "size" : "29x29",
     "idiom" : "iphone",
     "filename" : "Icon-Small.png",
     "scale" : "1x"
   },
    {
     "size" : "29x29",
     "idiom" : "iphone",
     "filonamo" : "Icon-Small@2x.png",
     "scale" : "2x"
   },
    {
     "size" : "57x57",
     "idiom" : "iphone",
     "filename" : "Icon.png",
     "scale" : "1x"
   },
    {
     "size" : "57x57",
     "idiom" : "iphone",
     "filename" : "Icon@2x.png",
     "scale" : "2x"
   },
    {
     "size" : "60x60",
     "idiom" : "iphone",
     "filename" : "Icon7.png",
     "scale" : "2x"
    }
  ],
 "info" : {
   "version" : 1,
   "author" : "xcode"
  }
}
```

从上述代码可以看出，能够根据不同的iOS设备设置图片的显示大小。

（10）设置素材图标工作完成后，设置启动图片的工作就变得十分简单了，具体操作步骤差别不大，完成之后的界面如图30-13所示。

（11）再次在Finder中查看具体内容，如图30-14所示。

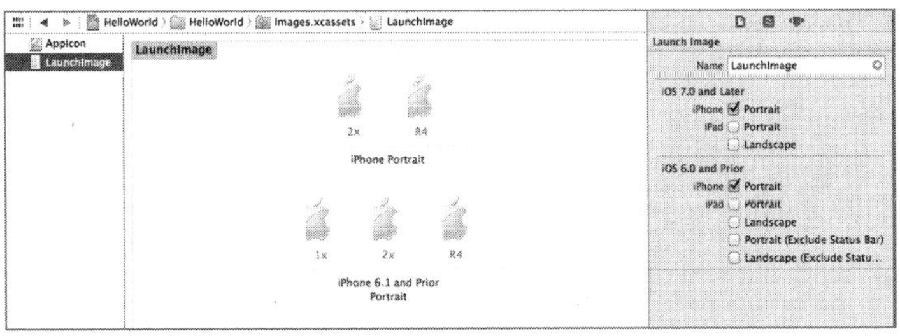

图30-13 设置启动图片

图30-14 在Finder中查看具体内容

在Finder中会发现多出了两个文件，分别是：**Default@2x-1.png**和**Default-568h@2x-1.png**，双击打开对应的**Contents.json**文件，具体内容如下所示：

```
{
 "images" : [
```

```
    {
      "orientation" : "portrait",
      "idiom" : "iphone",
      "extent" : "full-screen",
      "minimum-system-version" : "7.0",
      "filename" : "Default@2x.png",
      "scale" : "2x"
    },
    {
      "extent" : "full-screen",
      "idiom" : "iphone",
      "subtype" : "retina4",
      "filename" : "Default-568h@2x.png",
      "minimum-system-version" : "7.0",
      "orientation" : "portrait",
      "scale" : "2x"
    },
    {
      "orientation" : "portrait",
      "idiom" : "iphone",
      "extent" : "full-screen",
      "filename" : "Default.png",
      "scale" : "1x"
    },
    {
      "orientation" : "portrait",
      "idiom" : "iphone",
      "extent" : "full-screen",
      "filename" : "Default@2x-1.png",
      "scale" : "2x"
    },
    {
      "orientation" : "portrait",
      "idiom" : "iphone",
      "extent" : "full-screen",
      "filename" : "Default-568h@2x-1.png",
      "subtype" : "retina4",
      "scale" : "2x"
    }
  ],
  "info" : {
    "version" : 1,
    "author" : "xcode"
  }
}
```

（12）将其中的 **“filename”：“Default@2x-1.png”** 和 **“filename”：“Default-568h@2x-1.png”** 分别改为 **“filename”：“Default@2x.png”** 和 **“filename”：“Default-568h@2x.png”**，保存并返回到Xcode界面后的效果如图30-15所示。

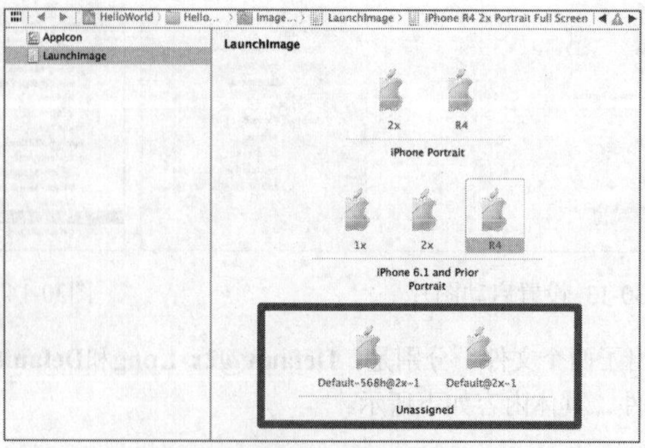

图30-15　返回到Xcode界面后的效果

修改后的Contents.json文件的内容如下所示：

```
{
 "images" : [
    {
     "orientation" : "portrait",
     "idiom" : "iphone",
     "extent" : "full-screen",
     "minimum-system-version" : "7.0",
     "filename" : "Default@2x.png",
     "scale" : "2x"
   },
    {
     "extent" : "full-screen",
     "idiom" : "iphone",
     "subtype" : "retina4",
     "filename" : "Default-568h@2x.png",
     "minimum-system-version" : "7.0",
     "orientation" : "portrait",
     "scale" : "2x"
   },
    {
     "orientation" : "portrait",
      "idiom" : "iphone",
     "extent" : "full-screen",
     "filename" : "Default.png",
     "scale" : "1x"
   },
    {
     "orientation" : "portrait",
     "idiom" : "iphone",
     "extent" : "full-screen",
     "filename" : "Default@2x.png",
      "scale" : "2x"
   },
    {
     "orientation" : "portrait",
     "idiom" : "iphone",
     "extent" : "full-screen",
     "filename" : "Default-568h@2x.png",
     "subtype" : "retina4",
     "scale" : "2x"
    }
  ],
 "info" : {
   "version" : 1,
   "author" : "xcode"
  }
}
```

（13）分别选中下方的“Default@2x-1.png"和"Default-568h@2x-1.png”，按删除键删除这两个文件，删除之后的效果如图30-16所示。

（14）创建一个图像作为素材文件，如图30-17所示。为了方便在运行时看出不同分辨率的设备使用的背景图片不同，在素材图片中增加了文字标示。

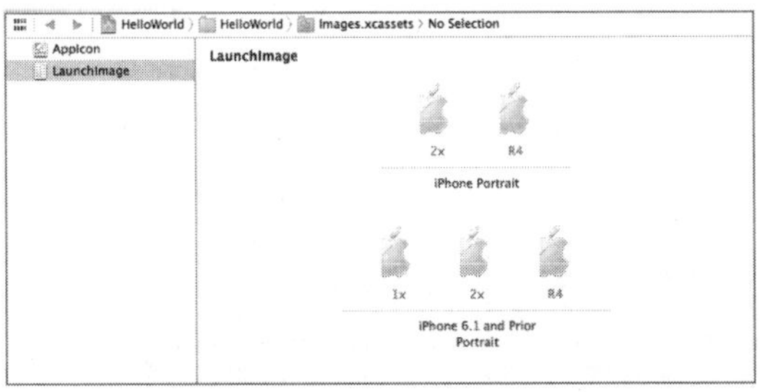

图30-16 删除文件

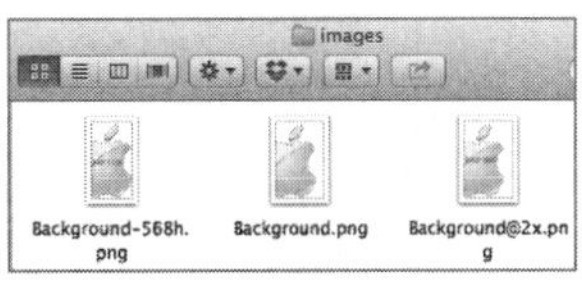

图30-17 素材文件

（15）将准备好的3个**Background**直接拖曳到Xcode中，完成之后如图30-18所示。

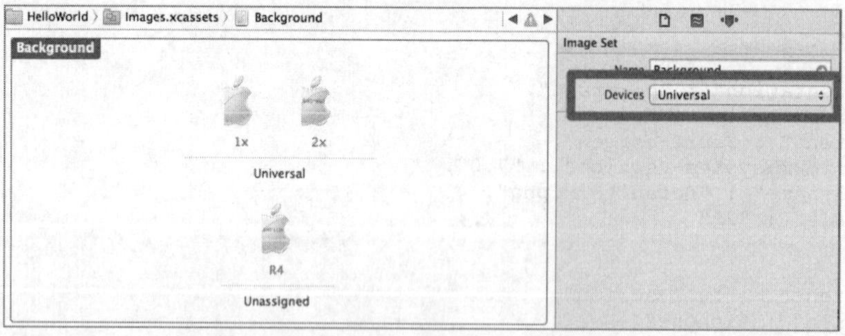

图30-18　将**Background**直接拖曳到Xcode中

（16）单击右侧Devices中的Universal，并选择Device Specific，然后在下方勾选iPhone和Retina 4-inch，同时取消勾选iPad，完成之后如图30-19所示。

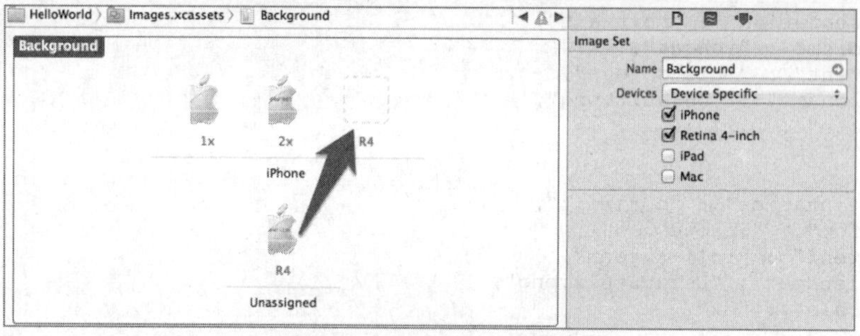

图30-19　Devices中的Universal

（17）将下方**Unassigned**中的图片直接拖曳到右上角**R4**位置，设置视网膜屏使用的背景图片，如图30-20所示。

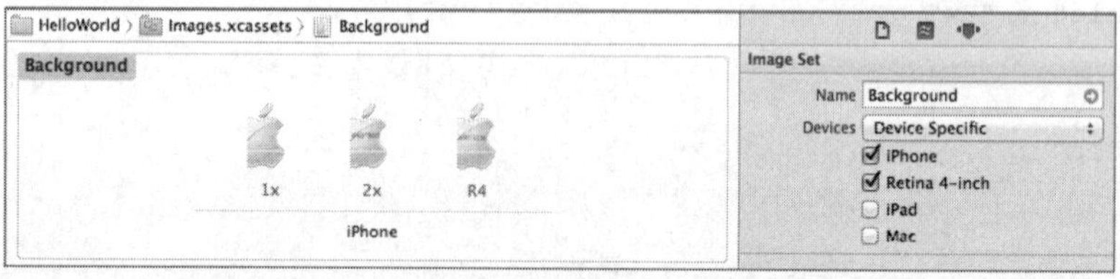

图30-20　设置视网膜屏使用的背景图片

（18）单击并打开**Main.storyboard**，选中左侧的**View Controller**，然后在右侧**File Inspector**中，取消勾选**Use Autolayout**选项，如图30-21所示。

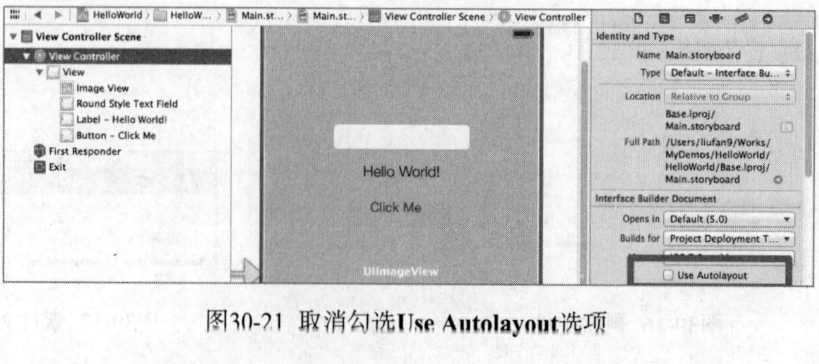

图30-21　取消勾选**Use Autolayout**选项

（19）从右侧工具栏中拖曳一个UIImageView至View Controller主视图中，处于其他控件的最底层。同时调整该UIImageView的尺寸属性，如图30-22所示。

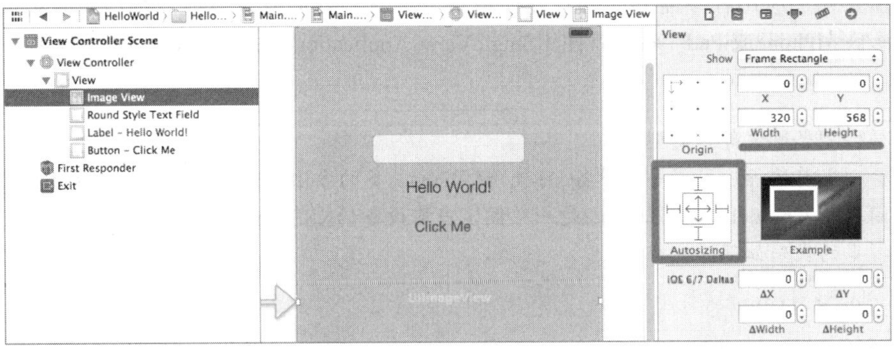

图30-22 调整UIImageView的尺寸属性

然后设置该**UIImageView**使用的图像，如图30-23所示。

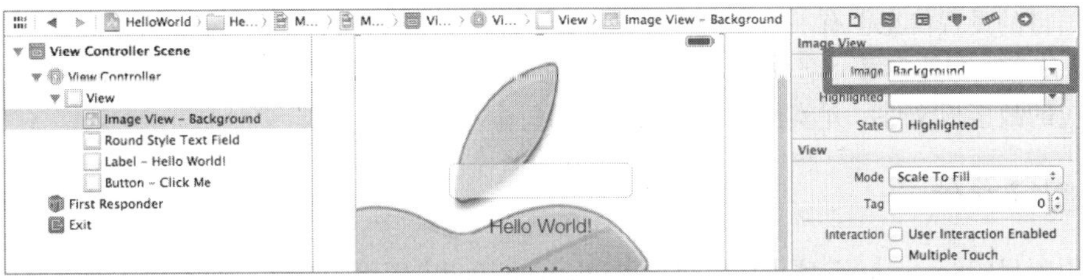

图30-23 设置该**UIImageView**使用的图像

此时在不同屏幕的模拟器上运行上面创建的应用程序，可以看到如图30-24所示的3种效果。

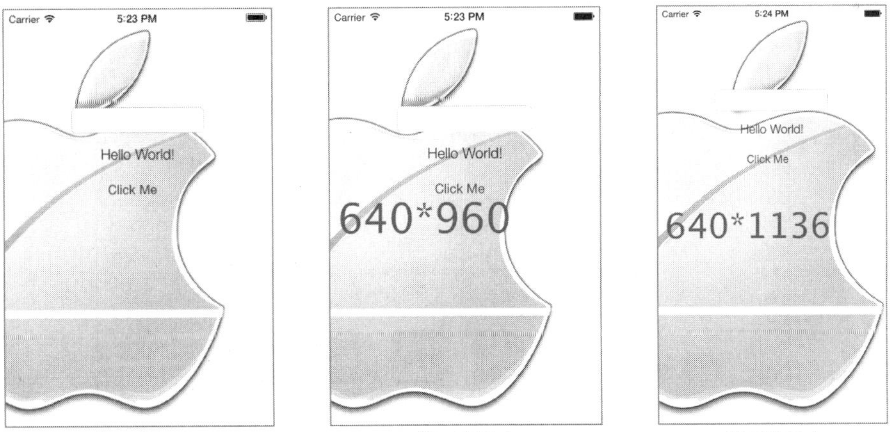

第一种尺寸　　第二种尺寸　　第三种尺寸

图30-24 执行效果

由此可见，从iOS 7开始，开发通用程序的方法更加简洁方便。

并非所有开发人员都认为开发通用应用程序是最佳的选择。很多开发人员创建应用程序的HD或XL版本，其售价比iPhone版稍高。如果您的应用程序在这两种平台上差别很大，可能应采取这种方式。即便如此，也可只开发一个项目，但生成两个不同的可执行文件，这些文件称为目标文件（target）。本章后面将介绍可用于完成这种任务的Xcode工具。

对于跨iPhone和iPad平台的项目，在如何处理它们方面没有对错之分。作为开发人员的我们来说，需要根据编写的代码、营销计划和目标用户判断什么样的处理方式是合适的。

如果预先知道应用程序需要能够在任何设备上运行，开始开发时就应将Device Family设置为Universal而不是iPhone或iPad。本章将使用SingleView Application模板来创建通用应用程序，但使用其他模板时，方法完全相同。

注意：怎样检测当前设备的类型

要想检测当前运行应用程序的设备，可使用UIDevice类的方法currentDevice获取指向当前设备的对象，再访问其属性modelo，属性model是一个描述当前设备的NSString（如iPhone、Pad Simulator等）。返回该字符串的代码如下：

```
[UIDevice currentDevice].model
```

由此可见，无需执行任何实例化和配置工作，只需检查属性model的内容即可。如果它包含iPhone，则说明当前设备为iPhone；如果是iPod，则说明当前设备为iPod Touch；如果为iPad，则说明当前设备为iPad。

通用项目的设置信息也有一些不同。如果查看通用项目的Summary选项卡，将发现其中包含iPhone和iPad部署信息，在其中每个部分都可设置相应设备的故事板文件。当启动应用程序时，将根据当前平台打开相应的故事板文件，并实例化初始场景中的每个对象。

30.1.3 图标文件

在通用项目的Summary选项卡中，可设置iPhone和iPad应用程序图标，如图30-25所示。

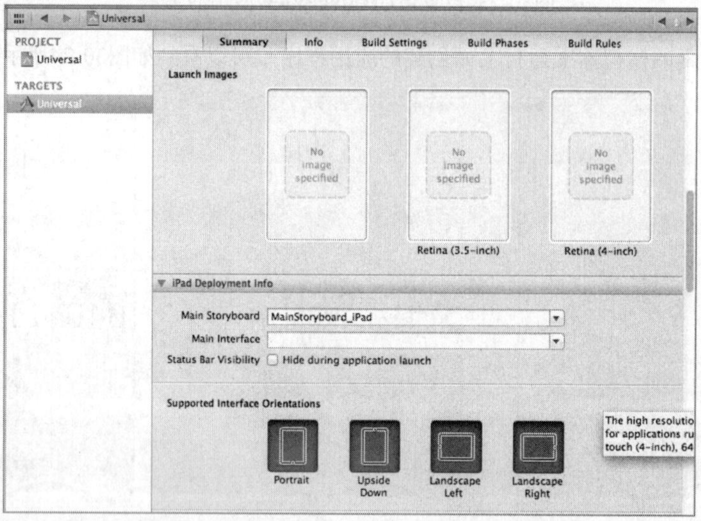

图30-25　在Summary选项卡中添加iPhone和iPad应用程序图标

iPhone应用程序图标为57像素×57像素；对于使用Retina屏幕的iPhone，为114像素×114像素。然而，iPad图标为72像素×72像素。要配置应用程序图标，可将大小合适的图标拖放到相应的图像区域。对于iPhone来说，启动图像的尺寸应为320像素 × 480像素（iPhone 4为640像素 × 960像素）。如果设备只会处于横向状态，则启动图像尺寸应为480像素 × 320像素和960像素 × 640像素。如果要让状态栏可见，应将垂直尺寸减去20像素。鉴于在任何情况下都不应隐藏iPad状态栏，因此，其启动图像的垂直尺寸应减去20像素，即768像素 × 1024像素（纵向）或1024像素 × 768像素（横向）。

注意：当将图像拖放到Xcode图像区域（如添加图标）时，该图像文件将被复制到项目文件夹中，并出现在项目导航器中。为保持整洁，应将其拖放到项目编组Supporting Files中。

30.1.4 启动图像

启动图像的目的是，在应用程序加载时显示的图像。因为iPhone和iPad的屏幕尺寸不同，所以，需要使用不同的启动图像。我们可以像指定图标一样，使用Summary选项卡中的图像区域设置每个平台的启动图像。

完成这些细微的修改后，通用应用程序模板就完成了。接下来需要充分发挥模板Single View Application的通用版本的作用，使用它创建一个应用程序，该应用程序在iPad和iPhone平台上显示不同的视图且只执行一行代码。

30.2 实战演练——使用通用程序模板创建通用应用程序

在本节的内容中，将通过一个具体实例来讲解用通用程序模板创建通用应用程序的过程。在本实例中将实例化一个视图控制器，根据当前设备加载相应的视图，然后显示一个字符串，它指出了当前设备的类型。

在本实例中使用了Apple通用模板，使用单个视图控制器管理iPhone和iPad视图。这种方法比较简单，但对于iPhone和iPad界面差别很大的大型项目，可能不可行。在实例中创建了两个（除尺寸外）完全相同的视图——每种设备一个，它包含一个内容可修改的标签。这些标签将连接到同一个视图控制器。在这个视图控制器中，我们将判断当前设备为iPhone还是iPad，并显示相应的消息。

实例30-1	使用通用程序模板创建通用应用程序
源码与视频路径	光盘:\daima\30\first

30.2.1 创建项目

打开Xcode，使用模板Single View Application新创建一个项目，将Device Family设置为Universal，并将其命名为“first”。这个应用程序的骨架与您以前看到的完全相同，但给每种设备都提供了一个故事板，如图30-26所示。

本实例只需要一个连接，即到标签（UILabel）的连接，把它命名为deviceType，在加载视图时将使用它动态地指出当前设备的类型。

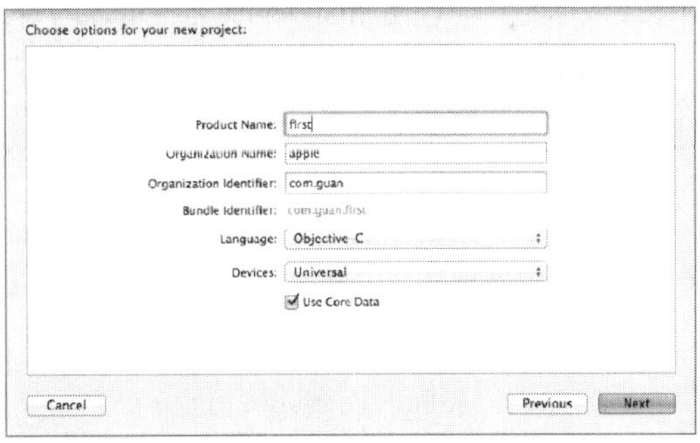

图30-26 创建工程

30.2.2 设计界面

在本实例中需要处理两个故事板：MainStoryboard_iPad.storyboard和MainStoryboard_iPhone.storyboard。依次打开每个故事板文件，添加一个静态标签，它指出应用程序的类型。也就是说在iPhone视图中，将文本设置为“这是一个iPhone程序”，在iPad视图中，将文本设置为“这是一个iPad程序”。

这样就做好了准备工作，可以在iOS模拟器中运行该应用程序，再使用菜单Hardware>Device在iPad和iPhone实现之间切换。作为iPad应用程序运行时，将看到在iPad故事板中创建的视图；当以iPhone应用程序运行时，将看到在iPhone故事板中创建的视图。但是这里显示的是静态文本，需要让一个视图控制器能够控制这两个视图。为此修改每个视图，在显示静态文本的标签下方添加一个UILabel，并将其默认文本设置为Device，此时的UI视图界面分别如图30-27和图30-28所示。

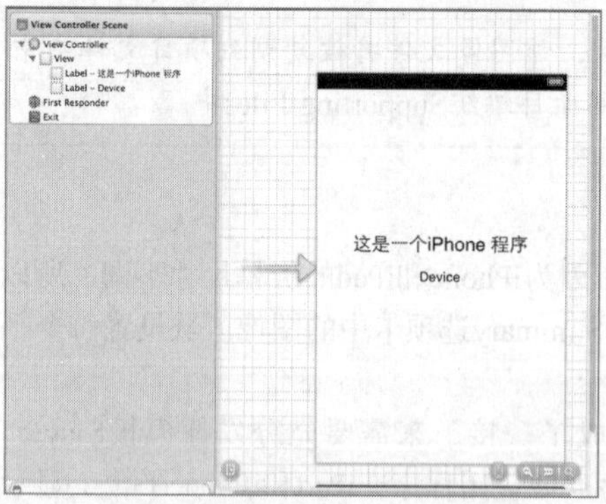

图30-27 iPhone故事板的视图

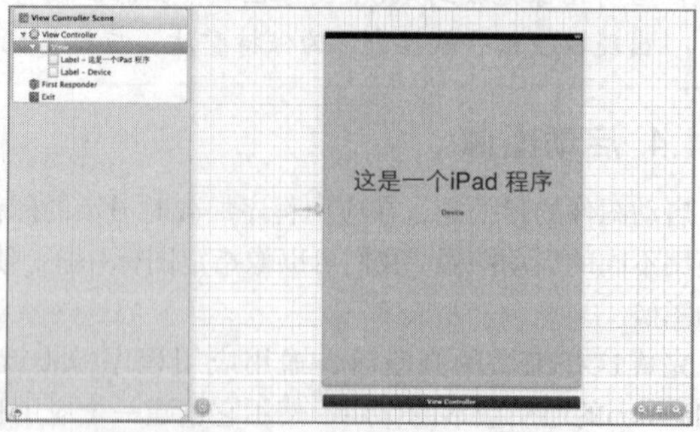

图30-28 iPad故事板的视图

30.2.3 创建并连接输出口

在我们创建的视图中包含了一个动态元素，此时需要将其连接到输出口deviceType。两个视图连接到视图控制器中的同一个输出口，它们共享一个输出口。首先切换到助手编辑器模式，如果需要更多的空间，请隐藏导航器区域和Utilities区域。在文件ViewController.h显示在右边的情况下按住Control键，并从Device标签拖曳到代码行@interface下方，在Xcode提示时将输出口命名为deviceType。然后为另一个视图创建连接，但由于输出口deviceType已创建好，因此，不需要新创建输出口。打开第二个故事板，按住Control键，并从Device标签拖曳到ViewController.h中deviceType的编译指令@property上。到此为止，就创建好了两个视图，它们由同一个视图控制器管理。

30.2.4 实现应用程序逻辑

在文件ViewController.m的方法viewDidLoad中设置标签deviceType，难点是如何根据当前的设备类型修改该标签。通过使用UIDevice类，可以同时为两个用户界面提供服务。

检测当前设备

此模块的功能是获悉并显示当前设备的名称，为此可使用下述代码返回的字符串：

```
[UIDevice currentDevice].model
```

要在视图中指出当前设备，需要将标签deviceType的属性text设置为属性model的值。所以，需要切换到标准编辑器模式，并按如下代码修改方法viewDidLoad：

```
- (void)viewDidUnload
{
    [self setDeviceType:nil];
    [super viewDidUnload];
    // Release any retained subviews of the main view.
    // e.g. self.myOutlet = nil;
}
```

此时每个视图都将显示UIDevice提供的属性model的值。通过使用该属性，可以根据当前设备有条件地执行代码，甚至修改应用程序的运行方式——如果在iOS模拟器上执行它。

到此为止，整个实例设计完毕，此时可以在iPhone或iPad上运行该应用程序，并查看结果，执行效果分别如图30-29和图30-30所示。

注意：要使用模拟器模拟不同的平台，最简单的方法是使用Xcode工具栏右边的下拉列表Schemeo，选择iPad Simulator将模拟在iPad中运行应用程序，而选择iPhone Simulator将模拟在iPhone上运行应用程序。不幸的是，通用应用程序的iPhone界面和iPad界面差别很大时，就不适合使用这种方法了。在这种情况下，使用不同的视图控制器来管理每个界面可能更合适。

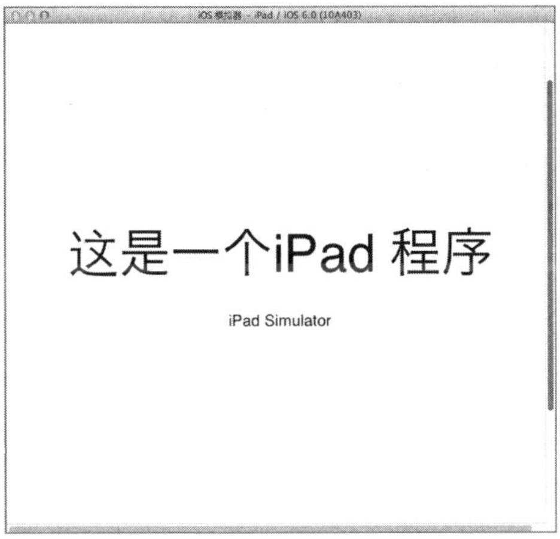

图30-29 iPad设备上的执行效果

图30-30 iPhone设备上的执行效果

30.3 实战演练——使用视图控制器

在本节的实例中，将创建一个和上一节实例功能一样的应用程序，但两者有一个重要的差别：本实例不是原封不动地使用通用应用程序模板，而是添加了一个名为iPadViewController的视图控制器，它专门负责管理iPad视图，并使用默认的ViewControler管理iPhone视图。这样整个项目将包含两个视图控制器，这让您能够根据需要实现类似或截然不同的本实例无需检查当前的设备类型，因为应用程序启动时将选择故事板，从而自动实例化用于当前设备的视图控制器。

实例30-2	使用视图控制器
源码与视频路径	光盘:\daima\30\second

30.3.1 创建项目

打开Xcode，使用模板Single Vew Application创建一个应用程序，将应用程序命名为“second”。接下来需要创建iPad视图控制器类，它将负责所有的iPad用户界面管理工作。

1. 添加iPad视图控制器

该应用程序已经包含了一个视图控制器子类（ViewController），还需要新创建UIViewController子类，首先选择菜单File>New File，然后在出现的对话框中选择类别Cocoa Touch Class，再选择图标Objective-C class，再单击“Next”按钮，如图30-31所示。

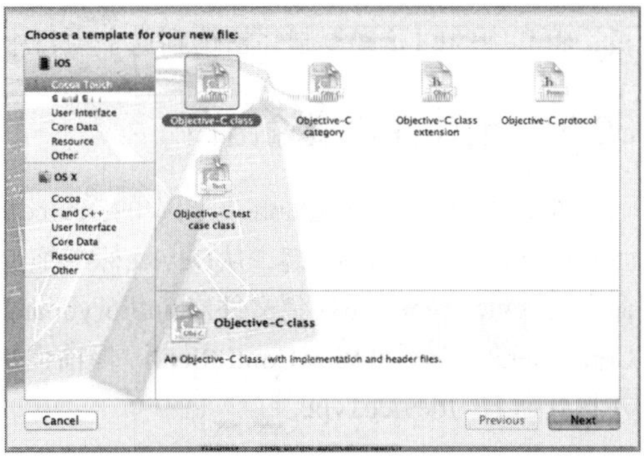

图30-31 新创建UIViewController子类

将新类命名为iPadViewController，并选中复选框Targeted for iPad，如图30-32所示。然后单击“Next”按钮，在新界面中指定要在什么地方创建类文件。

最后指定新视图控制器类文件的存储位置。请将其存储到文件ViewController.h和ViewController.m所在的位置，再单击“Create”按钮。此时在项目导航器中会看到类iPadViewController的实现文件和接口文件。为让项目组织有序，将它们拖曳到项目的代码编组中。

2. 将iPadViewController关联到iPad视图

此时在项目中有一个用于iPad的视图控制器类，但是文件Main Storyboard_iPad.storyboard中的初始视图仍由ViewController管理。为了修复这种问题，必须设置iPad故事板中初始场景的视图控制器对象的身份。为此，单击项目导航器中的文件MainStoryboard_iPad.storyboard，选择文档大纲中的视图控制器对象，再打开Identity Inspector(Option+ Command+3)。为将该视图控制器的身份设置为iPadViewController，从检查器顶部的Class下拉列表中选择iPadViewController，如图30-33所示。

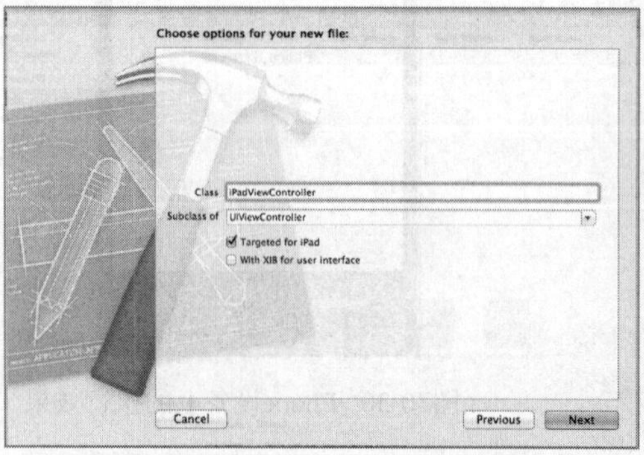

图30-32 将新类命名为iPadViewController

图30-33 设置初始视图的视图控制器类

在设置身份后，与通用应用程序相关的工作就完成了。接下来就可以继续开发应用程序，就像它是两个独立的应用程序一样：视图和视图控制器都是分开的。视图和视图控制器是分开的并不意味着不能共享代码。例如，可创建额外的工具类来实现应用程序逻辑和核心功能，并在iPad和iPhone之间共享它们。

30.3.2 设计界面

本实例也是创建了两个视图，一个在MainStoryboard_iPhone.storyboard中，另一个在MainStoryboard_iPad.storyboard中。每个视图都包含一个指出当前应用程序类型的标签，还包含一个默认文本为Device的标签，该标签的内容将在代码中动态地设置。我们甚至可以打开前一个通用应用程序示例中的故事板，将其中的UI元素复制并粘贴到这个项目中。

30.3.3 创建并连接输出口

在此需要为iPad和iPhone视图中的Device标签建立不同的连接。首先，打开MainStoryboard_iPhone.storyboard，按住Control键，从Device标签拖曳到ViewController.h中代码行@interface下方，并将输出口命名为deviceType。切换到文件MainStoryboard_iPad.storyboard，核心助手编辑器加载的是文件iPadViewController.h，而不是ViewController.h。像前面那样做，将这个视图的Device标签连接到一个新的输出口，并将其命名为deviceType。

30.3.4 实现应用程序逻辑

在本实例中，需要唯一实现的逻辑是在标签deviceType中显示当前设备的名称。可以像上一节实例中那样做，但是需要同时在文件ViewController.m和PadViewController.m中都这样做。但是文件ViewController.m将用于iPhone，而文件iPadViewController.m将用于iPad，因此，可在这些类的方法viewDidLoad中添加不同的代码行。对于iPhone，添加如下所示的代码行：

```
self .deviceType.text=@"iPhone";
```

对于iPad，添加如下所示的代码行：

```
self.deviceType.text=@"iPad";
```

当采用这种方法时，可以将iPad和iPhone版本作为独立的应用程序进行开发：在合适时共享代码，但将其他部分分开。在项目中添加新的UIViewController子类（iPadViewController）时，不要指望其内容与iOS模板中的视图控制器文件相同。就iPadViewController而言，您可能需要取消对方法viewDidLoad的注释，因为这个方法默认被禁用。

30.3.5 生成应用程序

到此为止，整个实例介绍完毕，如果此时运行应用程序“second”，执行效果与上一节应用程序完全相同，分别如图30-34和图30-35所示。

图30-34 iPad设备上的执行效果

图30-35 iPone设备上的执行效果

综上所述，在现实中有两种创建通用应用程序的方法，每种方法各自有其优点和缺点。当使用共享视图控制器方法时，编码和设置工作更少。一方面，iPad和iPhone界面类似，这使得维护工作更简单；另一方面，如果iPhone和iPad版本的UI差别很大，实现的功能也不同，也许将代码分开是更明智的选择。在现实中具体采用哪一种方法，这完全取决于开发人员自己的喜好。

30.4 实战演练——使用多个目标

在本节将讲解第三种创建通用项目的方法。虽然其结果并非单个通用应用程序，但是，可以针对iPhone或iPad平台进行编译。为此，必须在应用程序中包含多个目标（target）。目标定义了应用程序将针对哪种平台（iPhone或iPad）进行编译。在项目的Summary选项卡中，可指定应用程序启动时将加载的故事板。通过在项目中添加新目标，可以配置完全不同的设置，它指向新的故事板文件。而故事板文件可使用项目中现有的视图控制器，也可使用新的视图控制器，就像在本章的前面实例中所做的那样。

要在项目中添加目标，最简单的方法是复制现有的目标。为此，在Xcode中打开项目文件，并选择项目的顶级编组。在项目导航器右边，有一个目标列表；通常其中只有一个目标：iPhone或iPad目标。右击该目标并选择Duplicate，如图30-36所示。

30.4.1 将 iPhone 目标转换为 iPad 目标

如果您复制的是iPhone项目中的目标，Xcode将询问您是否要将其转换为iPad目标，如图30-37所示。

此时只需单击按钮Duplicate and Transition to iPad，就大功告成了。Xcode将为应用程序创建iPad资源，这些资源是与iPhone应用程序资源分开的。项目将包含两个目标：原来的iPhone目标和新建的iPad目标。虽然可共享资源和类，但生成应用程序时需要选择目标，因此，将针对这两种平台创建不同的可执行文件。

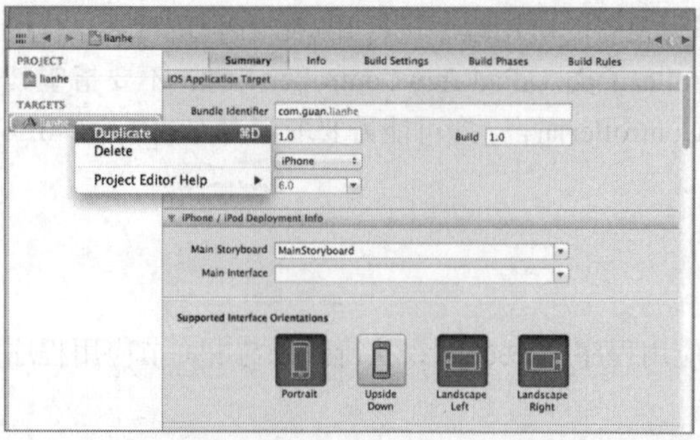

图30-36　右键单击该目标并选择Duplicate

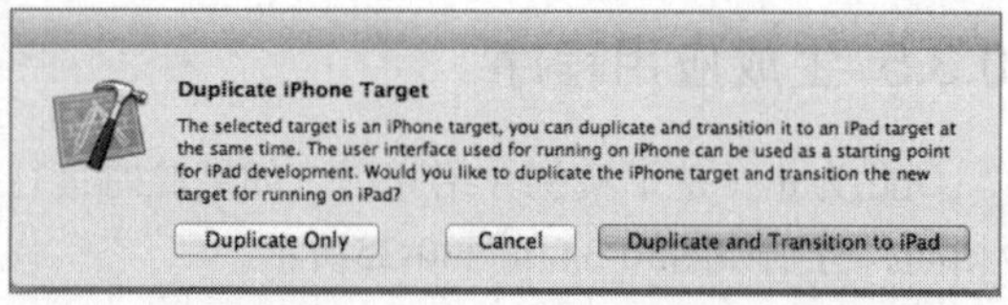

图30-37　询问是否要将其转换为iPad目标

要在运行/生成应用程序时选择目标，可单击Xcode工具栏中Scheme下拉列表的左边。这将列出所有的目标，您还可通过子菜单选择在设备还是iOS模拟器中运行应用程序。另外，需要读者注意的是，当单击按钮“Duplicate and Transition to iPad”时，将自动给新目标命名，它包含后缀iPad，但复制注释时，将在现有目标名后面添加复制要重命名的目标，此时可单击它，就像在Finder中重命名图标那样。

30.4.2 将 iPad 目标转换为 iPhone 目标

如果复制iPad项目中的目标，复制命令将静悄悄地执行，创建另一个完全相同的iPad目标。要获得Duplicate and Transition to iPad带来的效果，您必须做些工作。

首先新创建一个用于iPhone的故事板。此时可以选择菜单File>New File，再选择类别User Interface和故事板文件，然后单击“Next”按钮。在下一个对话框中，为新故事板设置Device Family（默认为iPhone），再单击“Next”按钮。最后，在File Creation对话框中，为新故事板指定一个有意义的名称，然后选择原始故事板的存储位置，再单击“Create”按钮。在项目导航器中，将新故事板拖曳到项目代码编组中。

现在选择项目的顶级编组，确保在编辑器中显示的是Summary选项卡。在项目导航器右边的那栏中，单击新创建的目标。Summary选项卡将刷新，显示选定目标的配置。从下拉列表Devices中选择iPhone，再从下拉列表Main Storyboard中选择刚创建的iPhone故事板文件。此时就可以像开发通用应用程序那样继续开发这个项目中。在需要生成应用程序时，别忘了单击下拉列表Scheme的右边，并选择合适的目标。

注意：包含多个目标的应用程序并非通用的。目标指定了可执行文件针对的平台。如果有一个用于iPhone的目标和一个用于iPad的目标，要支持这两种平台，必须创建两组可执行文件。

要想更加深入地了解通用应用程序，最佳方式是创建它们。要了解每种设备将如何显示应用程序的界面，请参阅Apple开发文档iPad Human Interface Guidelines和iPhone Human Interface Guidelines。鉴于对于一个平台可接受的东西，另一个平台可能不能接受，因此务必参阅这些文档。例如，在iPad中不能在视图中直接显示诸如UIPickerView和UIActionSheet等iPhone UI类，而需要使用弹出窗口（UIPopoverController），这样才符合Apple指导原则。事实上，这可能是这两种平台的界面开发之间最大的区别之一。将界面转换为iPad版本之前，务必阅读有关UIPopoverController的文档。

30.5 实战演练——创建基于“主—从”视图的应用程序

本实例可以同时在iPad和iPhone上都能运行。本项目将包含两个故事板，一个用于iPhone（MainStoryboard_iPhone.storyboard），另一个用于iPad（MainStoryboard_iPad.storyboard）。

实例30-3	创建基于“主—从”视图的应用程序
源码与视频路径	光盘:\daima\30\fuhe

30.5.1 创建项目

启动Xcode，使用模板Master-Detail Application创建一个项目，并将其命名为“fuhe”，在向导中选择下拉列表里的Device Family中选择“Universal”，如图30-38所示。

模板Master-Detail Application用于实现如下所示的工作任务：

- 设置场景；
- 显示表视图的视图控制器；
- 显示详细信息的视图控制器。

1．添加图像资源

与前一个示例项目一样，这里也想在表视图中显示花朵的图像。将素材文件夹Images拖曳到项目代码编组中，并在Xcode提示时选择复制文件并创建组。

2．了解分割视图控制器层次结构

新创建项目后，查看文件MainStoryboard_iPad.storyboard，会看到如图30-39所示的层次结构。

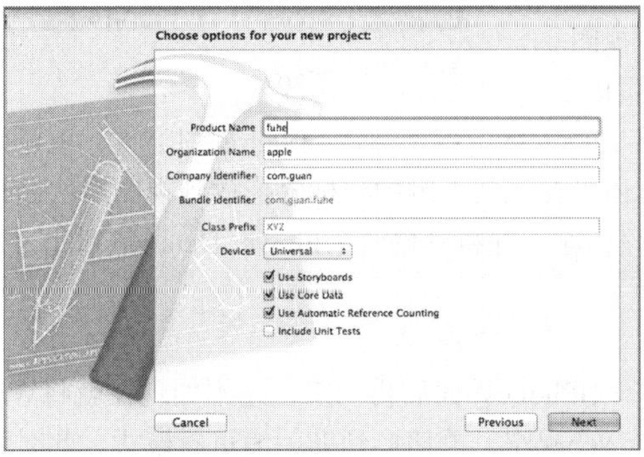

图30-38 创建工程

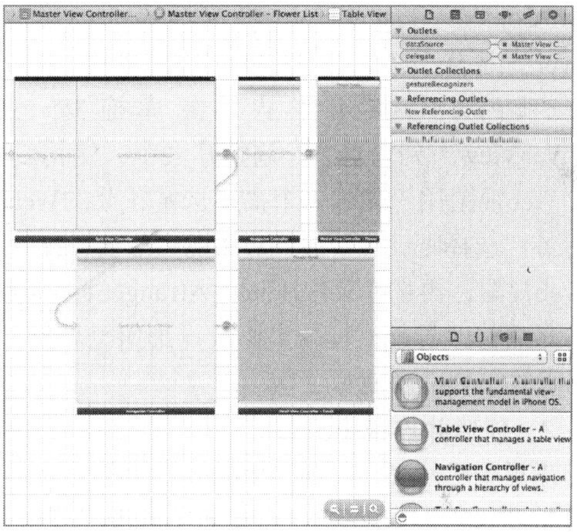

图30-39 iPad故事板包含一个分割视图控制器

分割视图控制器连接到两个导航控制器（UINaviagtionController）。主导航控制器连接到一个包含表视图（UITabView）的场景，这是主场景，由MasterViewController类处理。现在打开并查看文件Main Storyboard_iPone.storyb oard，它看起来要简单得多。其中有一个导航控制器，它连接到两个场景。第一个是主场景（MasterViewController），第二个是详细信息场景（DetailViewController）。

3．规划变量和连接

在MasterViewController类中添加两个类型为NSArray的属性：flowerData和flowerSections。其中第一个属性存储描述每种花朵的字典对象，而第二个存储我们将在表视图中创建的分区的名称。通过使用这种结构，很容易实现表视图数据源方法和委托方法。在文件DetailViewController中添加一个输出口（detailWebView），它指向我们将加入到界面中的UIWebView。该UIWebView用于显示有关选定花朵的详细信息，这是需要添加的唯一一个对象。

30.5.2 调整 iPad 界面

1．修改主场景

首先滚动到iPad故事板的右上角，在此将看到主场景的表视图，其导航栏中的标题为Master。双击该标题，并将其改为Flower Types。

接下来，在主场景层次结构中选择表视图（最好在文档大纲中选择），并打开Attributes Inspector

（Option+ Command+4）。从Content下拉列表中选择Dynamic Protypes，如果愿意将表样式改为Grouped。

现在将注意力转向单元格本身。将单元格标识符设置为flowerCell，将样式设置为Subtitle。这种样式包含标题和详细信息标签，且详细信息标签（子标题）显示在标题下方，我们将在详细信息标签中显示每种花朵的Wikipedia URL。选择添加到项目中的图像资源之一，让其显示在原型单元格预览中，也可以使用下拉列表Accessory指定一种展开箭头。在此选择不显示展开箭头，因为在模板Master-Detail Application的iPad版中，它的位置看起来不太合适。

为了完成主场景的修改，选择子标题标签，并将其字号设置为9（或更小）。再选择单元格本身，并使用手柄增大其高度，使其更有吸引力，图30-40显示了修改好的主场景。

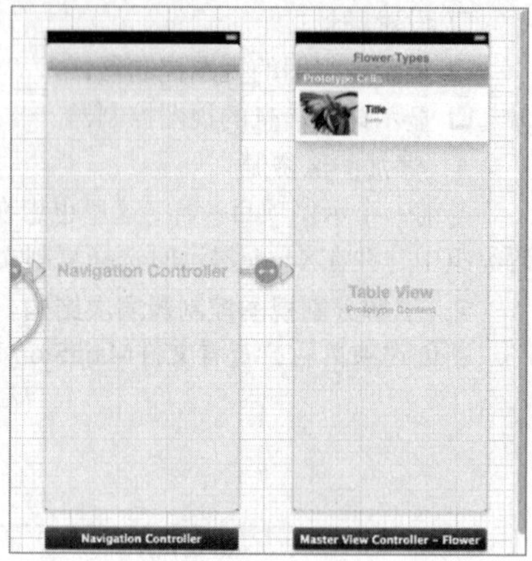

图30-40　主场景

2．修改详细信息场景

为了修改详细信息场景，从主场景向下滚动后将看到一个很大的白色场景，其中有一个标签，标签的内容为Detail View Content Goes Here。将该标签的内容改为Choose a Flower，因为，这是用户将在该应用程序的iPad版中看到的第一项内容。接下来从对象库拖曳一个Web视图（UIWebView）到场景中。调整其大小，使其覆盖整个视图。整个Web视图用于显示一个描述选定花朵的Webipedia页面。将标签“选择吧，亲”放到Web视图前面，此时可以在文档大纲中将其拖曳到Web视图上方，也可以选择Web视图，再选择菜单Editor>ArrangeSend to Back，还可在文档大纲中将标签拖放到视图层次结构顶端。最后修改导航栏标题，修改详细信息场景。双击该标题，并将其修改为Flower Detail。到此为止，iPad版的UI就准备就绪了。

3．创建并连接输出口

考虑到已经在Interface Builder编辑器中，与其在修改iPhone界面后再回来，还不如现在就将Web视图连接到代码。为此，在Interface Builder编辑器中选择Web视图，再切换到助手编辑器模式，此时将显示文件DetailViewController.h。按住Control键，从Web视图拖曳到现有属性声明下方，并创建一个名为detailWebView的输出口。接下来以类似的方式修改iPhone版界面，所以，需要返回到标准编辑器模式，再单击项目导航器中的文件Main Storyboard_iPhone.storyboard。

30.5.3 调整 iPhone 界面

1．修改主场景

首先，执行修改iPad主场景时执行的所有步骤：给场景指定新标题；配置表视图，将Content设置为Dynamic Prototypes，再修改原型单元格，使其使用样式Subtitle（并将子标题的字号设置为9点），显示一幅图像并使用标识符flowerCell。在我的设计中，唯一的差别是添加了展开箭头；其他方面都完全相同。

2．修复受损的切换

修改表视图，使其使用动态原型时，您猜会导致什么后果？破坏了应用程序。不管处于什么原因，做这样的修改都将破坏单元格到详细信息场景的切换。在进行其他修改前，先修复这种问题，方法是按住Control键，并从单元格（不是表）拖曳到详细信息场景，并在Xcode提示时选择Push。这样就一切正常了。如果不修复该切换，该应用程序的iPad版本不受影响，但iPhone版将不会显示详细信息视图。

3．修改详细信息场景

为结束对iPhone版UI的修改，在详细信息场景中添加一个Web视图，调整其大小，使其覆盖整个视图。将标签detail view content goes here放到Web视图后面。为什么是后面呢？因为在iPhone版本中，这个标签永远都看不到，因此，没有必要修改其内容，也无需担心其显示。在模板Master-Detail Application

中，引用了该标签，不能随便将它删除，因此退而求其次，将其放到Web视图后面。最后，将详细信息场景的导航栏标题改为Flower Detail，图30-41显示了最终的iPhone界面。

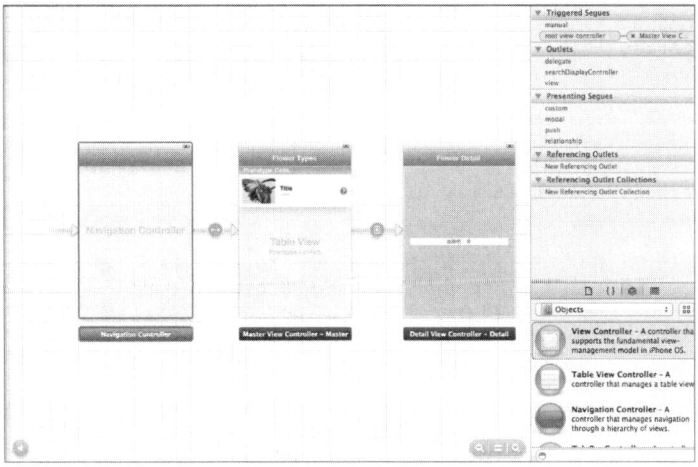

图30-41 最终的iPhone界面

4．创建并连接输出口

与iPad版一样，需要将详细信息场景中的webDetailView连接到输出口webDetailView。当在前面为iPad界面建立连接时，已经创建了输出口webDetailView，因此，只需将这个Web视图连接到该输出口即可。为此，在Interface Builder编辑器中选择该Web视图，并切换到助手编辑器模式。按住Control键，并从Web视图拖曳到输出口webDetailView。当鼠标指针指向输出口时，它将高亮显示，此时松开鼠标键即可。至此，界面和连接都准备就绪了。

30.5.4 实现应用程序数据源

在前一个表视图项目中，使用了多个数组和switch语句来区分不同的花朵分区，但是，在此需要跟踪花朵分区、名称、图像资源以及将显示的细节URL。

1．创建应用程序数据源

这个应用程序需要存储的数据较多，无法用简单数组存储。相反，这里将使用一个元素为NSDictionary的NSArray来存储每朵花的属性，并使用另一个数组来存储每个分区的名称。我们将使用当前要显示的分区／行作为索引，因此不再需要switch语句。

首先，在文件MasterViewController.h中，声明属性flowerData和flowerSections。为此在现有属性下方添加如下代码行：

```
@property (strong, nonatomic) NSArray  *flowerData;
@property (strong, nonatomic) NSArray *flowerSections;
```

在文件MasterViewController.m中，在编译指令@implementation下方添加配套的编译指令@synthesize：

```
@synthesize flowerData;
@synthesize flowerSections;
```

在文件MasterViewController.m的方法viewDidUnload中，添加如下代码行以执行清理工作：

```
[self setFlowerData:nil];
[self setFlowerSections:nil];
```

我们添加了两个NSArray: flowerData和flowerSections，它们将分别用于存储花朵信息和分区信息。我们还需声明方法createFlowerData，它将用于将数据加入到数组中。为此，在文件MasterViewController.h中在属性下方添加如下方法原型：

```
-(void)createFlowerData;
```

接下来开始加载数据，在文件MasterViewController.m中，实现方法createFlowerData的代码如下所示：

```
- (void)createFlowerData {

    NSMutableArray *redFlowers;
    NSMutableArray *blueFlowers;

    self.flowerSections=[[NSArray alloc] initWithObjects:
                         @"红花",@"B蓝花",nil];

    redFlowers=[[NSMutableArray alloc] init];
    blueFlowers=[[NSMutableArray alloc] init];

     [redFlowers addObject:[[NSDictionary alloc]
                           initWithObjectsAndKeys:@"罂粟目",@"name",
                           @"poppy.png",@"picture",
                           @"http://zh.wikipedia.org/wiki/罂粟目",@"url",nil]];
     [redFlowers addObject:[[NSDictionary alloc]
                           initWithObjectsAndKeys:@"郁金香",@"name",
                           @"tulip.png",@"picture",
                           @"http://zh.wikipedia.org/wiki/郁金香",@"url",nil]];
     [redFlowers addObject:[[NSDictionary alloc]
                           initWithObjectsAndKeys:@"非洲菊",@"name",
                           @"gerbera.png",@"picture",
                           @"http://zh.wikipedia.org/wiki/非洲菊",@"url",nil]];
    [redFlowers addObject:[[NSDictionary alloc]
                           initWithObjectsAndKeys:@"芍药属",@"name",
                           @"peony.png",@"picture",
                           @"http://zh.wikipedia.org/wiki/芍药属",@"url",nil]];
    [redFlowers addObject:[[NSDictionary alloc]
                           initWithObjectsAndKeys:@"蔷薇属",@"name",
                           @"rose.png",@"picture",
                           @"http://zh.wikipedia.org/wiki/蔷薇属",@"url",nil]];
    [redFlowers addObject:[[NSDictionary alloc]
                           initWithObjectsAndKeys:@"Hollyhock",@"name",
                           @"hollyhock.png",@"picture",
                           @"http://en.wikipedia.org/wiki/Hollyhock",
                           @"url",nil]];
    [redFlowers addObject:[[NSDictionary alloc]
                           initWithObjectsAndKeys:@"Straw Flower",@"name",
                           @"strawflower.png",@"picture",
                           @"http://en.wikipedia.org/wiki/Strawflower",
                           @"url",nil]];

     [blueFlowers addObject:[[NSDictionary alloc]
                            initWithObjectsAndKeys:@"Hyacinth",@"name",
                            @"hyacinth.png",@"picture",
                            @"http://en.m.wikipedia.org/wiki/Hyacinth_(flower)",
                            @"url",nil]];
    [blueFlowers addObject:[[NSDictionary alloc]
                            initWithObjectsAndKeys:@"Hydrangea",@"name",
                            @"hydrangea.png",@"picture",
                            @"http://en.m.wikipedia.org/wiki/Hydrangea",
                            @"url",nil]];
    [blueFlowers addObject:[[NSDictionary alloc]
                            initWithObjectsAndKeys:@"Sea Holly",@"name",
                            @"sea holly.png",@"picture",
                            @"http://en.wikipedia.org/wiki/Sea_holly",
                            @"url",nil]];
    [blueFlowers addObject:[[NSDictionary alloc]
                            initWithObjectsAndKeys:@"Grape Hyacinth",@"name",
                            @"grapehyacinth.png",@"picture",
                            @"http://en.wikipedia.org/wiki/Grape_hyacinth",
                            @"url",nil]];
    [blueFlowers addObject:[[NSDictionary alloc]
                            initWithObjectsAndKeys:@"Phlox",@"name",
                            @"phlox.png",@"picture",
                            @"http://en.wikipedia.org/wiki/Phlox",@"url",nil]];
```

```
    [blueFlowers addObject:[[NSDictionary alloc]
                            initWithObjectsAndKeys:@"Pin Cushion Flower",@"name",
                            @"pincushionflower.png",@"picture",
                            @"http://en.wikipedia.org/wiki/Scabious",
                            @"url",nil]];
    [blueFlowers addObject:[[NSDictionary alloc]
                            initWithObjectsAndKeys:@"Iris",@"name",
                            @"iris.png",@"picture",
                            @"http://en.wikipedia.org/wiki/Iris_(plant)",
                            @"url",nil]];

    self.flowerData=[[NSArray alloc] initWithObjects:
                     redFlowers,blueFlowers,nil];

}
```

在上述代码中，首先分配并初始化了数组flowerSections。将分区名加入到数组中，以便能够将分区号作为索引。例如，首先添加的是Red Flowers，因此可以使用索引（和分区号）0来访问它，接下来添加了Blue Flower，可以通过索引1访问它。需要分区的标签时，只需使用[flowerSectionsobjectAtIndex: section]即可。

在上述代码中声明了两个NSMutableArrays:redFlowers和blueFlowers，它们分别用于填充每朵花的信息，并使用表示花朵名称（name）、图像文件（picture）和Wikipedia参考资料（url）的“键/值”对来初始化它，然后将它插入到两个数组之一中。在最后的代码中，使用数组redFlowers和blueFlowers创建NSArray flowerData。对我们的应用程序来说，这意味着可以使用[flowerData objectAtIndex:0]和[flower Data objectAtIndex:l]来分别引用红花数组和蓝花数组。

2．填充数据结构

准备好方法createFlowerData后，便可以在MasterViewController的viewDidLoad方法中调用它了。在文件MasterViewController.m中，在这个方法的开头添加如下代码行：

```
[self createFlowerData];
```

30.5.5 实现主视图控制器

现在可以修改MasterViewController控制的表视图了，其实现方式几乎与常规表视图控制器相同。同样，需要遵守合适的数据源和委托协议以提供访问和处理数据的接口。

1．创建表视图数据源协议方法

与前一个示例一样，首先在文件MasterViewController.m中实现3个基本的数据源方法。这些方法（numberOfSectionsInTableView、tableView:numberOfRowsInSection和tableView:titleforHeaderInSection）必须分别返回分区数、每个分区的行数以及分区标题。

要返回分区数，只需计算数组flowerSections包含的元素数即可：

```
return[self.flowerSections count];
```

由于数组flowerData包含两个对应于分区的数组，因此，首先必须访问对应于指定分区的数组，然后返回其包含的元素数：

```
return[[self.flowerData objectAtIndex:sectionJ count];
```

最后通过方法tableView：titleforHeaderInSection给指定分区提供标题，应用程序应使用分区编号作为索引来访问数组flowerSections，并返回该索引指定位置的字符串：

```
return[self.flowerSections  obj ectAtIndex:section];
```

在文件MasterViewController.m中添加合适的方法，让它们返回这些值。正如您看到的，这些方法现在都只有一行代码，这是使用复杂的结构存储数据获得的补偿。

2．创建单元格

不同于前一个示例项目，这里需要深入挖掘数据结构以取回正确的结果。首先必须声明一个单元格对象，并使用前面给原型单元格指定的标识符flowerCell初始化：

```
UITableViewCell kcell=[tableView
dequeueReusableCellWithIdentifier:@ "flowerCell"]:
```

要设置单元格的标题、详细信息标签（子标题）和图像，需要使用类似于下面的代码：

```
Cell.textLabel.text=@"Title String";
cell.detailTextLabel.text=@"Detail String";
cell.imageView.image=[UIImage imageNamed:@"MyPicture.png"];
```

这样所有的信息都有了，只需取回即可。来快速复习一下flowerData结构的三级层次结构：

```
flowerData (NSArray)-----NSArray-----NSDictionary
```

第一级是顶层的flowerData数组，它对应于表中的分区；第二级是flowerData包含的另一个数组，它对应于分区中的行；最后，NSDictionary提供了每行的信息。

为了向下挖掘3层以获得各项数据，首先使用indexPath.section返回正确的数组，再使用indexPath.row从该数组中返回正确的字典，最后使用键从字典中返回正确的值。根据同样的逻辑，要将单元格对象的详细信息标签设置为给定分区和行中与键url对应值，可以使用如下代码实现：

```
cell.detailTextLabel.text=[[[self.flowerData  obj ectAtIndex:indexPath.section]
objectAtIndex: indexPath.row] objectForKey:@"name"]
```

同样，可以使用如下代码返回并设置图像：

```
cell.imageView.image=[UlImage imageNamed:
[[[self .flowerData  obj ectAtIndex:indexPath.section]
    objectAtIndex: indexPath.row] objectForKey:@ "picture"]];
```

最后一步是返回单元格。在文件MasterViewController.m中添加这些代码。现在，主视图能够显示一个表，但我们还需要在用户选择单元格时做出响应：相应地修改详细信息视图。

3．使用委托协议处理导航事件

为了与DetailViewController通信，将使用其属性detailItem（该属性的类型为id）。因为detailItem可指向任何对象，所以将把它设置为选定花朵的NSDictionary，这让我们能够在详细视图控制器中直接访问name、url和其他键。

在文件MasterViewController.m中，实现方法tableView:didSelectRowAtIndexPath，例如下面的代码：

```
- (void)tableView:(UITableView *)aTableView didSelectRowAtIndexPath:(NSIndexPath
*)indexPath {
    self.detailViewController.detailItem=[[flowerData
                                          objectAtIndex:indexPath.section]
                                         objectAtIndex: indexPath.row];

}
```

当用户选择花朵后，detailViewController的属性detailItem将被设置为相应的值。

30.5.6 实现细节视图控制器

当用户选择花朵后，应该让UIWebView实例（detailWebView）加载存储在属性detailItem中的Web地址。为实现这种逻辑，可以使用方法configureView实现。每当详细视图需要更新时，在本实例中都将自动调用这个方法。由于configureView和detailItem都已就绪，因此只需添加一些代码。

1．显示详细信息视图

由于detailItem存储的是对应于选定花朵的NSDictionary，因此需要使用url键来获取URL字符串，然后将其转换为NSLrRL。要完成这项任务非常简单：

```
NSURLrdetailURL;
detailURL=[[NSURL alloc] initWithString:[self.detailItem objectForKey:@ "url"]];
```

这样首先声明了一个名为detailURL的NSURL对象，然后分配它，并使用存储在字典中的URL对其进行初始化。

要在Web视图中加载网页，可以使用方法loadRequest，它将一个NSURLRequest对象作为输入参数。鉴于我们只有NSURL（detailURL），因此还需使用NSURLRequest的类方法requestWithURL返回类型合适的对象。为此，只需再添加一行代码：

```
[self.detailWebView loadRequest:[NSURLRequest requestWithURL:detailURL]];
```

前面已经将详细信息场景的导航栏标题改为了Flower Detail，接下来需要将其设置为当前显示的花朵的名称（[detailItem objectForKey:@ "name"]），此时可以通过使用navigationltem.title，可以将导航栏标题设置为任何值。可使用如下代码来设置详细视图顶部的导航栏标题：

```
self.navigationItem.title= [self.detailItem objectForKey:@ "name"];
```

最后当用户选择花朵后，应隐藏消息“选择吧，亲”。模板中包含一个指向该标签的属性-detailDescriptionLabel，将其hidden属性设置为YES就可隐藏该标签：

```
self.detailDescriptionLabel.hidden=YES;
```

在一个方法中实现这些逻辑。为此，在文件DetailViewController.m中方法configureView的实现代码如下所示：

```
- (void)configureView
{
    // Update the user interface for the detail item

    if (self.detailItem) {
        NSURL *detailURL;
        detailURL=[[NSURL alloc] initWithString:[self.detailItem objectForKey:@"url"]];
        [self.detailWebView loadRequest:[NSURLRequest requestWithURL:detailURL]];
        self.navigationItem.title = [self.detailItem objectForKey:@"name"];
        self.detailDescriptionLabel.hidden=YES;
    }
}
```

2．设置详细视图中的弹出框按钮

为让这个项目正确，还需做最后一项调整。在纵向模式下，分割视图中有一个按钮，此按钮用于显示包含详细视图的弹出框，其标题默认为Root List，可以对其进行修改。

30.5.7 生成应用程序

开始测试应用程序，执行后的效果如图30-42所示。

选择一种花后的效果如图30-43所示。

图30-42 执行效果

图30-43 选择一种花后的效果

30.6 实战演练——开发一个语音识别程序（基于 Swift）

在本节的内容中，将通过一个具体实例的实现过程，详细讲解基于Swift语言开发一个语音识别程序的过程。本实例是一个通用iOS应用程序，可以运行在iPhone和iPad设备中。本实例为了实现语音识别功能，借助了从iOS 7才有的语音识别类AVSpeechSynthesizer。

实例30-4	开发一个语音识别程序
源码与视频路径	光盘:\daima\30\SpeakSwift-master

（1）打开Xcode 6.1，然后创建一个名为“SpeakSwift”的Universal（通用设备）工程，如图30-44所示。

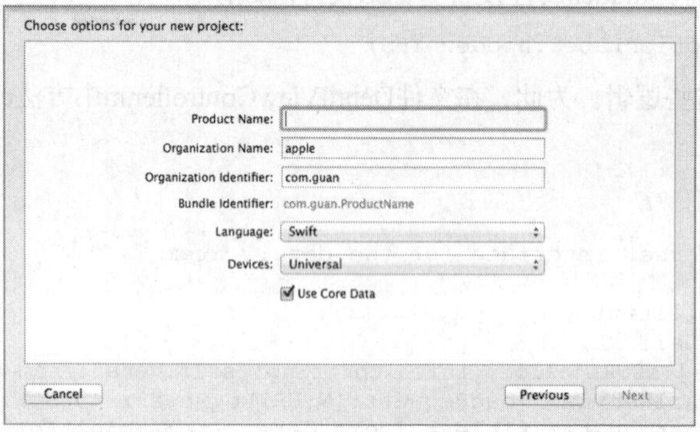

图30-44 创建Universal（通用设备）工程

（2）工程的最终目录结构如图30-45所示。

（3）在Xcode 6.1的Main.storyboard面板中设计UI界面，如图30-46所示。

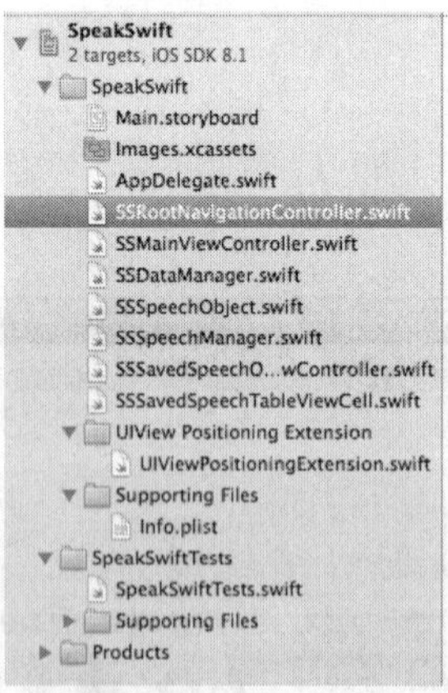

图30-45 工程的目录结构

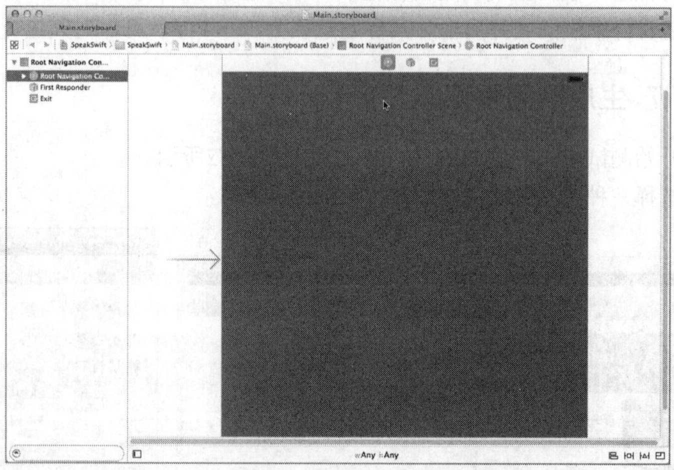

图30-46 Main.storyboard面板

（4）编写文件SSMainViewController.swift，此文件是整个项目的核心文件，功能是构建语音识别视图界面，调用类AVSpeechSynthesizer对象实现识别处理，并将结果保存到对象SSSavedSpeechObjectsTableViewController中。文件SSMainViewController.swift的具体实现代码如下所示：

```
import UIKit
import AVFoundation
class SSMainViewController: UIViewController, UIPickerViewDelegate,
UIPickerViewDataSource, UITextViewDelegate, AVSpeechSynthesizerDelegate {
```

```
    var scrollView: UIScrollView? = nil
    var speechTextView: UITextView? = nil
    var speakButton: UIButton? = nil
    var voiceRateLabel: UILabel? = nil
    var voiceRateValueLabel: UILabel? = nil
    var voiceRateSlider: UISlider? = nil
    var voicePitchSlider: UISlider? = nil
    var voicePitchLabel: UILabel? = nil
    var voicePitchValueLabel: UILabel? = nil
    var pickerView : UIPickerView? = nil
    var addToFavouritesButton: UIButton? = nil
    let introText: String = "This is the SpeakSwift app! By pressing the 'Speak!' button,
your device will speak out loud any text you've typed inside this text box!"
    var savedSpeechObjectsTableViewController: SSSavedSpeechObjectsTableView
Controller? = nil

    override init(nibName nibNameOrNil: String?, bundle nibBundleOrNil: NSBundle?) {

        super.init(nibName: nibNameOrNil, bundle: nibBundleOrNil)
        //自定义初始化
        println("SSMainViewController init(nibName:bundle:)")
    }
    required init(coder aDecoder: NSCoder) {
        super.init(coder: aDecoder)
    }
    override init() {
        super.init()
        println("SSMainViewController init()")
    }
    override func viewDidLoad() {
        super.viewDidLoad()
        //在加载视图做任何额外的设置。
        view.backgroundColor = UIColor(white: 0.15, alpha: 1.0)
        title = "SpeakSwift"
        //设置用户界面
        setUpUI()
        // 初始化语音保存对象SSSavedSpeechObjectsTableViewController
        savedSpeechObjectsTableViewController = SSSavedSpeechObjectsTableView
Controller(style: UITableViewStyle.Plain)
    }
    func setUpUI() {
        navigationItem.rightBarButtonItem = UIBarButtonItem(barButtonSystem
Item: .Organize, target: self, action: Selector("favouritesButtonTapped:"))
        let infoButton: UIButton = UIButton.buttonWithType(.InfoLight) as UIButton
        infoButton.addTarget(self, action: Selector("infoButtonTapped:"),
forControlEvents: .TouchUpInside)
        navigationItem.leftBarButtonItem = UIBarButtonItem(customView: infoButton)
        // 滚动查看浏览UIScrollView视图，以完整的浏览数据信息
        scrollView = UIScrollView(frame: view.frame)
        view.addSubview(scrollView!)
        speechTextView = UITextView(frame: CGRect(x: 0.0, y: 0.0, width: CGRectGetWidth
        (view.frame), height: 100.0))
        speechTextView!.frame = CGRectInset(speechTextView!.frame, 10.0, 10.0)
        speechTextView!.delegate = self
        speechTextView!.text = introText
        speechTextView!.backgroundColor = UIColor(white: 0.2, alpha: 1.0)
        speechTextView!.textColor = contrastingColor
        speechTextView!.font = UIFont(name: "Helvetica Neue", size: 14.0)
        speechTextView!.returnKeyType = .Done
        scrollView?.addSubview(speechTextView!)
        speakButton = UIButton(frame: CGRect(x: 0.0, y: 0.0 , width: 150.0, height: 40.0))
        speakButton?.setTitle("Speak!", forState: .Normal)
        speakButton?.setTitleColor(contrastingColor, forState: .Normal)
        speakButton?.addTarget(self, action: Selector("speakText"), forControl
Events: .TouchUpInside)
        speakButton!.backgroundColor = UIColor(white: 0.10, alpha:
1.0)//UIColor.blackColor()
```

```
        speakButton!.layer.borderWidth = 1.0
        speakButton!.layer.borderColor = contrastingColor.CGColor

        // 扩展定位
        speakButton!.positionBelowView(speechTextView!, xOffset: CGRectGetMidX(speech
TextView!.frame) - CGRectGetWidth(speakButton!.frame)/2.0 - 10.0, yOffset: 10.0)
        scrollView?.addSubview(speakButton!)
        addToFavouritesButton = UIButton.buttonWithType(.ContactAdd) as? UIButton
        addToFavouritesButton!.frame = CGRect(x: 0.0, y: 0.0, width: 40.0, height: 40.0)
        addToFavouritesButton!.tintColor = contrastingColor
        addToFavouritesButton?.addTarget(self, action: Selector("addToFavourites"),
        forControlEvents: .TouchUpInside)
        // 扩展定位
        addToFavouritesButton?.positionBelowView(speechTextView!, absoluteX: CGRect
GetWidth(view.frame) - CGRectGetWidth(addToFavouritesButton!.frame) - 5.0, yOffset: 10.0)
        scrollView?.addSubview(addToFavouritesButton!)
        voiceRateLabel = UILabel(frame: CGRect(x: 0.0, y: 0.0, width: 100.0, height: 20.0))
        voiceRateLabel!.text = "Voice rate:"
        voiceRateLabel!.font = UIFont(name: "Helvetica Neue", size: 18.0)
        voiceRateLabel!.textColor = contrastingColor
        //调用voiceRateLabel扩展方法 positionBelowView()定位UIView
        voiceRateLabel!.positionBelowView(speakButton!, absoluteX: 10.0, yOffset: 18.0)
        scrollView?.addSubview(voiceRateLabel!)
        voiceRateSlider = UISlider(frame: CGRect(x: 0.0, y: 0.0, width: CGRectGetWidth
(view.frame) - CGRectGetWidth(voiceRateLabel!.frame) - 50.0, height: 20.0))
        voiceRateSlider!.minimumValue = 0.0
        voiceRateSlider!.maximumValue = 1.0
        voiceRateSlider!.value = 0.2
        voiceRateSlider!.minimumTrackTintColor = contrastingColor
        voiceRateSlider!.maximumTrackTintColor = contrastingColor
        voiceRateSlider!.thumbTintColor = contrastingColor
        voiceRateSlider?.addTarget(self, action: Selector("voiceRateSliderValue
        Changed:"), forControlEvents: .ValueChanged)
        // 扩展定位
        voiceRateSlider?.positionRightFromView(voiceRateLabel!, xOffset: 0.0, absoluteY:
        CGRectGetMaxY(speakButton!.frame) + 20.0)
        scrollView?.addSubview(voiceRateSlider!)
        voiceRateValueLabel = UILabel(frame: CGRect(x:0.0, y: 0.0, width: 40.0, height:
20.0))
        voiceRateValueLabel!.font = UIFont(name: "Helvetica Neue", size: 12.0)
        voiceRateValueLabel!.textColor = contrastingColor
        voiceRateSliderValueChanged(voiceRateSlider)
        // 扩展定位
        voiceRateValueLabel?.positionRightFromView(voiceRateSlider!, xOffset: 5.0,
        absoluteY: CGRectGetMaxY(speakButton!.frame) + 20.0)

        scrollView?.addSubview(voiceRateValueLabel!)
        voicePitchLabel = UILabel(frame: CGRect(x: 0.0, y: 0.0, width: 100.0, height: 20.0))
        voicePitchLabel!.text = "Voice pitch:"
        voicePitchLabel!.font = UIFont(name: "Helvetica Neue", size: 18.0)
        voicePitchLabel!.textColor = contrastingColor
        // 扩展定位
        voicePitchLabel?.positionBelowView(voiceRateSlider!, absoluteX:10.0, yOffset:
28.0)
        scrollView?.addSubview(voicePitchLabel!)
        voicePitchSlider = UISlider(frame: CGRect(x: 0.0, y: 0.0, width: CGRectGetWidth
(view.frame) - CGRectGetWidth(voicePitchLabel!.frame) - 50.0, height: 20.0))
        voicePitchSlider!.minimumValue = 0.5
        voicePitchSlider!.maximumValue = 2.0
        voicePitchSlider!.value = 1.0
        voicePitchSlider!.minimumTrackTintColor = contrastingColor
        voicePitchSlider!.maximumTrackTintColor = contrastingColor
        voicePitchSlider!.thumbTintColor = contrastingColor
        voicePitchSlider?.addTarget(self, action: Selector("voicePitchSliderValue
Changed:"), forControlEvents: .ValueChanged)
        // 扩展定位
        voicePitchSlider?.positionRightFromView(voicePitchLabel!, xOffset: 0.0,
        absoluteY: CGRectGetMaxY(voiceRateSlider!.frame) + 30.0)
```

```
        scrollView?.addSubview(voicePitchSlider!)
        voicePitchValueLabel = UILabel(frame: CGRect(x: 0.0, y: 0.0, width: 40.0, height:
20.0))
        voicePitchValueLabel!.font = UIFont(name: "Helvetica Neue", size: 12.0)
        voicePitchValueLabel!.textColor = contrastingColor
        voicePitchSliderValueChanged(voicePitchSlider)
        //调用扩展方法实现定位
        voicePitchValueLabel?.positionRightFromView(voicePitchSlider!, xOffset: 5.0,
        absoluteY: CGRectGetMaxY(voiceRateSlider!.frame) + 30.0)
        scrollView?.addSubview(voicePitchValueLabel!)
        pickerView = UIPickerView(frame: CGRect(x: 0.0, y: 0.0, width: CGRectGetWidth
        (view.frame), height: 200.0))
        pickerView!.delegate = self
        // 调用pickerView扩展方positionBelowView() 定位UIView
        pickerView?.positionBelowView(voicePitchSlider!, absoluteX: 0.0, yOffset: 10.0)
        // 设置pickorViow转换为英语
        let index: Int = (SSSpeechManager.sharedManager.languageCodes as NSArray).
        indexOfObject("en-US")
        if index != NSNotFound {
            pickerView?.selectRow(index, inComponent: 0, animated: false)
        }
        scrollView?.addSubview(pickerView!)
    }
    func infoButtonTapped(sender: UIButton!) {

        let title = NSBundle.mainBundle().objectForInfoDictionaryKey("CFBundleName")
as String
        let version = NSBundle.mainBundle().objectForInfoDictionaryKey("CFBundleShort
VersionString") as String
        let build = NSBundle.mainBundle().objectForInfoDictionaryKey("CFBundleVersion")
as String
        let message = "\nVersion: \(version) (build: \(build))\n\nAppify Media\n\
        nAppifyMedia.com"
        let btnTitle = "OK"

        var alert = UIAlertView()
        alert.title = title
        alert.message = message
        alert.addButtonWithTitle(btnTitle)
        alert.show()
    }
    func updateUIControlsWithSpeechObject(speechObject : SSSpeechObject?) {

        if let speechObj = speechObject {

            speechTextView!.text = speechObj.speechString

            let pickerViewIndex = (SSSpeechManager.sharedManager.languageCodes as
            NSArray).indexOfObject(speechObj.language)
            pickerView?.selectRow(pickerViewIndex, inComponent: 0, animated: true)

            voiceRateSlider!.value = speechObj.rate
            voiceRateSliderValueChanged(voiceRateSlider!)

            voicePitchSlider!.value = speechObj.pitch
            voicePitchSliderValueChanged(voicePitchSlider!)

        }

    }
    /// 使设备能够阅读文本
    func speakText() {
        //隐藏键盘
        speechTextView!.resignFirstResponder()
        if !SSSpeechManager.sharedManager.speechSynthesizer.speaking {
            if SSSpeechManager.sharedManager.languageCodesAndDisplayNames.count > 0 {
                var speechObject: SSSpeechObject = SSSpeechObject.speechObjectWith
(speechString: speechTextView!.text!, language: SSSpeechManager.sharedManager.
```

```
languageCodes[pickerView!.selectedRowInComponent(0)], rate: voiceRateSlider!.value,
pitch: voicePitchSlider!.value, volume: 1.0)
                SSSpeechManager.sharedManager.speechSynthesizer.delegate = self
                SSSpeechManager.sharedManager.speakWithSpeechObject(speechObject)
            }
        } else {
            // 调用stopSpeakingAtBoundary终端当前语音并清除队列
SSSpeechManager.sharedManager.speechSynthesizer.stopSpeakingAtBoundary(.Immediate)
        }
    }
    ///添加语音文本到您的收藏夹
    func addToFavourites() {
        if SSSpeechManager.sharedManager.languageCodesAndDisplayNames.count > 0 {
                var speechObject: SSSpeechObject = SSSpeechObject.speechObject
With(speechString: speechTextView!.text!, language: SSSpeechManager.sharedManager.
languageCodes[pickerView!.selectedRowInComponent(0)], rate: voiceRateSlider!.value,
pitch: voicePitchSlider!.value, volume: 1.0)
            SSDataManager.sharedManager.addSpeechObject(speechObject: speechObject)
            let title = "Favourites"
            let message = "The speech text was added to your favourites."
            let btnTitle = "OK"
            var alert = UIAlertView()
            alert.title = title
            alert.message = message
            alert.addButtonWithTitle(btnTitle)
            alert.show()
        }
    }
    func voicePitchSliderValueChanged(sender: UISlider!) {
        //精确到两位小数格式
        voicePitchValueLabel!.text = String(format: "%.2f", sender!.value)
    }
    func voiceRateSliderValueChanged(sender: UISlider!) {
        // 精确到两位小数格式
        voiceRateValueLabel!.text = String(format: "%.2f", sender!.value)
    }
    func favouritesButtonTapped(sender: UIButton!) {
        speechTextView!.resignFirstResponder()
        navigationController?.pushViewController(savedSpeechObjectsTableView
Controller!, animated: true)
    }
    override func didReceiveMemoryWarning() {
        super.didReceiveMemoryWarning()
        // 处理可以重现的任何资源
    }
    override func shouldAutorotate() -> Bool {
        return true
    }
    override func supportedInterfaceOrientations() -> Int  {
        return Int(UIInterfaceOrientationMask.All.rawValue)
    }
    /*
        UIPickerView委托 & UIPickerViewDatasource方法
    */
    func numberOfComponentsInPickerView(pickerView: UIPickerView) -> Int  {
        return 1
    }
    func pickerView(pickerView: UIPickerView, numberOfRowsInComponent component: Int)
-> Int  {
        //下面是如果没有声音的处理代码,因为用iPhone模拟器不会监听到声音,所以应用程序运行后会返回1,
        //通过显示1的提示告诉用户没有监听到讲话的声音
        if SSSpeechManager.sharedManager.languageCodes.count == 0 {
            return 1
        }
        return SSSpeechManager.sharedManager.languageCodes.count
    }
    func pickerView(pickerView: UIPickerView!, attributedTitleForRow row: Int, for
Component component: Int) -> NSAttributedString! {
```

```
        if SSSpeechManager.sharedManager.languageCodes.count > 0 {
            let languageCode : String = SSSpeechManager.sharedManager.language
Codes[row]
            let languageDisplayName : String = SSSpeechManager.sharedManager.language
CodesAndDisplayNames[languageCode]!
            var attrString: NSAttributedString = NSAttributedString(string:
languageDisplayName, attributes: [NSForegroundColorAttributeName: contrastingColor])

            return attrString
        }
        return NSAttributedString(string: "Simulator: No speech voices.", attributes:
[NSForegroundColorAttributeName: contrastingColor])
    }
    /*
        UITextView委托方法
    */
    func textViewShouldBeginEditing(textView: UITextView!) -> Bool {
        //清除介绍文字
        if textView.text == introText {
            textView.text = ""
        }
        return true
    }
    func textView(textView: UITextView!, shouldChangeTextInRange range: NSRange,
    replacementText text: String!) -> Bool {
        if text == "\n" {
            textView.resignFirstResponder()
            return false
        }
        return true
    }
    // AV语音合成器委托方法
    func speechSynthesizer(synthesizer: AVSpeechSynthesizer!, didStartSpeechUtterance
utterance: AVSpeechUtterance!) {
        println("SSMainViewController speechSynthesizer: didStartSpeechUtterance:")
        speakButton!.titleLabel?.text = "Stop!"
    }
    func speechSynthesizer(synthesizer: AVSpeechSynthesizer!,
didFinishSpeechUtterance utterance: AVSpeechUtterance!) {
        println("SSMainViewController speechSynthesizer: didFinishSpeechUtterance:")
        speakButton!.titleLabel?.text = "Speak!"
    }
    func speechSynthesizer(synthesizer: AVSpeechSynthesizer!,
didCancelSpeechUtterance utterance: AVSpeechUtterance!) {
        println("SSMainViewController speechSynthesizer: didCancelSpeechUtterance:")
        speakButton!.titleLabel?.text = "Speak!"
    }
}
```

（5）编写文件SSSpeechObject.swift，功能是实现一个语音识别对象，根据获取的声音输出一个识别对象，具体实现代码如下所示：

```
import Foundation

class SSSpeechObject {

    var rate : CFloat = 1.0
    var pitch : CFloat = 1.0
    var language : String = ""
    var volume : CFloat = 1.0
    var speechString : String = ""

    init () {
        println("SSSpeechObject init()")
    }

    /// 根据传入参数返回一个SSSpeechObject对象
```

```
    class func speechObjectWith(#speechString: String, language: String, rate: CFloat,
pitch: CFloat, volume: CFloat) -> SSSpeechObject {

        var speechObject = SSSpeechObject()

        speechObject.speechString = speechString
        speechObject.language = language
        speechObject.rate = rate
        speechObject.pitch = pitch
        speechObject.volume = volume

        return speechObject
    }

    ///从词典中返回一个SSSpeechObject对象

    class func speechObjectFromDictionary(#dictionary: Dictionary<String, String>?) ->
SSSpeechObject {

        if let dict: Dictionary<String, String> = dictionary {

            let speechString : String = dict["speechString"]!
            let language : String = dict["language"]!
            let rateStr : String = dict["rate"]!
            let pitchStr : String = dict["pitch"]!
            let volumeStr : String = dict["volume"]!

            // String to CFloat conversion using bridgeToObjectiveC()
            let rate = (rateStr as NSString).floatValue
            let pitch = (pitchStr as NSString).floatValue
            let volume = (volumeStr as NSString).floatValue

            let speechObject = speechObjectWith(speechString: speechString, language:
language, rate: rate, pitch: pitch, volume: volume)
            return speechObject
        }
        return SSSpeechObject()

    }


    ///返回一个表示SSSPeechObject对象的词典

    func dictionaryRepresentation () -> Dictionary<String, String> {

        var dictionary: Dictionary<String, String> = Dictionary()
        dictionary.updateValue(speechString, forKey: "speechString")
        dictionary.updateValue(language, forKey: "language")
        dictionary.updateValue(String(format: "%.2f", rate) , forKey: "rate")
        dictionary.updateValue(String(format: "%.2f", pitch) , forKey: "pitch")
        dictionary.updateValue(String(format: "%.2f", volume) , forKey: "volume")

        return dictionary

    }

}
```

（6）编写文件SSSavedSpeechObjectsTableViewController.swift，实现了一个表示图控制器功能，主要功能是保存识别的语音对象。文件SSSavedSpeechObjectsTableViewController.swift的具体实现代码如下所示：

```
import UIKit
import AVFoundation
class SSSavedSpeechObjectsTableViewController: UITableViewController,
AVSpeechSynthesizerDelegate, SSSavedSpeechTableViewCellDelegate {
```

```
    override func viewDidLoad() {
        super.viewDidLoad()

        title = "Favourites"
        tableView.backgroundColor = UIColor(white: 0.15, alpha: 1.0)
        tableView.separatorColor = contrastingColor
    }
    override func viewWillAppear(animated: Bool) {
        super.viewWillAppear(animated)
        tableView.reloadData()
    }
    override func numberOfSectionsInTableView(tableView: UITableView) -> Int {
        return 1
    }
    override func tableView(tableView: UITableView, numberOfRowsInSection section: Int)
-> Int {
        return SSDataManager.sharedManager.speechObjects.count
    }
    override func tableView(tableView: UITableView, heightForRowAtIndexPath indexPath:
NSIndexPath) -> CGFloat {
        return SSSavedSpeechTableViewCell.cellHeight()
    }
    override func tableView(tableView: UITableView, cellForRowAtIndexPath indexPath:
NSIndexPath) -> UITableViewCell {
        let cellIdentifer = "SavedSpeechTableViewCellIdentifier"
        var cell: SSSavedSpeechTableViewCell? = nil
//tableView!.dequeueReusableCellWithIdentifier(cellIdentifer) as? SSSavedSpeechTable
ViewCell

        if SSDataManager.sharedManager.speechObjects.count > 0 {

            let speechObject : SSSpeechObject = SSDataManager.sharedManager.speech
            Objects[indexPath.row]
            cell = SSSavedSpeechTableViewCell(speechObject: speechObject, reuseIdentifier:
cellIdentifer)
        } else {
            cell = SSSavedSpeechTableViewCell(style: .Default, reuseIdentifier: cell
Identifer)
        }
        // Set the delegate to self so it responds to SSSavedSpeechTableViewCellDelegate
methods
        cell!.delegate = self
        cell!.tableView = tableView
        return cell!
    }
    /*
    override func tableView(tableView: UITableView!, didSelectRowAtIndexPath indexPath:
NSIndexPath!) {
        navigationController.popViewControllerAnimated(true)
    }
    */
    override func tableView(tableView: UITableView, commitEditingStyle editingStyle:
UITableViewCellEditingStyle, forRowAtIndexPath indexPath: NSIndexPath) {
        if editingStyle == .Delete {
            SSDataManager.sharedManager.speechObjects.removeAtIndex(indexPath.row)
            tableView.deleteRowsAtIndexPaths([indexPath], withRowAnimation: .Fade)
        }
    }
    /*
        AVSpeechSynthesizerDelegate methods
    */
    func speechSynthesizer(synthesizer: AVSpeechSynthesizer!, didStartSpeechUtterance
utterance: AVSpeechUtterance!) {
        println("SSSavedSpeechObjectsTableViewController speechSynthesizer: didStart
SpeechUtterance:")
        AppDelegate.appDelegate().mainViewController!.speakButton!.titleLabel?.text
= "Stop!"
    }
```

```
    func speechSynthesizer(synthesizer: AVSpeechSynthesizer!, didFinishSpeech
Utterance utterance: AVSpeechUtterance!) {
        println("SSSavedSpeechObjectsTableViewController speechSynthesizer: didFinish
SpeechUtterance:")
        AppDelegate.appDelegate().mainViewController!.speakButton!.titleLabel?.text
= "Speak!"
    }
    func speechSynthesizer(synthesizer: AVSpeechSynthesizer!, didCancelSpeech
Utterance utterance: AVSpeechUtterance!) {
        println("SSSavedSpeechObjectsTableViewController speechSynthesizer: did
CancelSpeechUtterance:")
        AppDelegate.appDelegate().mainViewController!.speakButton!.titleLabel?.text
= "Speak!"
    }
    /*
        SSSavedSpeechTableViewCellDelegate methods
    */
    func playButtonTappedOnSavedSpeechTableViewCell(savedSpeechTableViewCell: SSSaved
SpeechTableViewCell!, withIndexPath indexPath: NSIndexPath!) {
        println("savedSpeechTableViewCell playButtonTappedOn withIndexPath")
        if SSSpeechManager.sharedManager.languageCodesAndDisplayNames.count > 0 {
            let speechObject : SSSpeechObject = SSDataManager.sharedManager.speech
Objects[indexPath.row]
            SSSpeechManager.sharedManager.speechSynthesizer.delegate = self
            SSSpeechManager.sharedManager.speakWithSpeechObject(speechObject)
        }
    }
    func editButtonTappedOnSavedSpeechTableViewCell(savedSpeechTableViewCell: SSSaved
SpeechTableViewCell!, withIndexPath indexPath: NSIndexPath!) {
        println("editButtonTappedOn withIndexPath")
        self.navigationController?.popViewControllerAnimated(true)
        let speechObject: SSSpeechObject =
SSDataManager.sharedManager.speechObjects[indexPath.row]
        AppDelegate.appDelegate().mainViewController!.updateUIControlsWithSpeech
Object(speechObject)
    }

}
```

到此为止，本实例全部介绍完毕，在iPhone中的执行效果如图30-47所示，在iPad中的执行效果如图30-48所示。

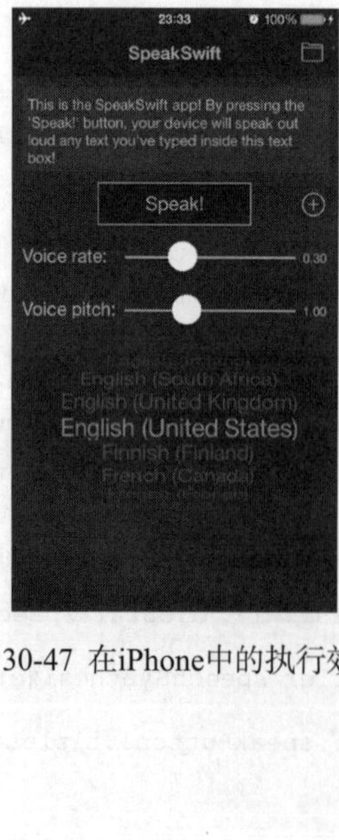

图30-47　在iPhone中的执行效果

图30-48　在iPad中的执行效果

第 31 章

推服务和多线程

在当前的众多iOS设备中，推服务为设备使用者提供了十分贴心的服务，通过自动提示推信息的方式为用户提高了好的用户体验。另外，iOS系统为了在特定硬件的基础上提供敏捷的反应速度，特意使用多线程技术进行了优化和推进处理。在本章内容中，将详细讲解在iOS系统中实现推服务和多线程开发的基本知识。

31.1 推服务

iOS推送消息是许多iOS应用都具备的功能，能够自动为我们提供信息和服务。在本节内容中，将简单介绍iOS推服务的基本知识。

31.1.1 推服务介绍

我们先看一个股票应用程序。在iPhone/iPad上，在不启动股票应用程序的情况下，当股票上涨8%时，可能希望这些应用程序能够通知你，这样可以决定是否卖出。实现通知的方式有多种，如手机振动或在应用程序的图标上出现提示信息（类似iPhone/iPad的邮件应用图标的右上角的数字）。苹果推服务（Push Notification Service）就可以实现这个功能：你的股票应用程序所访问的股票网站推信息给你的股票应用程序。在具体实现上，苹果提供了中间的推服务，从而在iPhone/iPad的应用程序和股票网站（相当于应用程序的服务器）之间提供了通知的传递。如果没有这个推服务的话，那么用户必须要启动iPhone/iPad上的应用程序，经常查看自己的股票信息，这既浪费了用户的时间，又增加了网络流量。

苹果推服务传递的是JSON数据。所以，应用服务器（如股票网站）发送JSON格式的通知，最大为256字节。JSON数据就是一些“键—值”对。苹果推服务的通知可以是如下所示的载体。

- 一个声音或者振动手机。sound（声音）键所对应的值是一个字符串。这个字符串可以是一个本地声音文件的名字，如“sound”：“ZhangLe.aiff”。
- 弹出一个提示窗口。alert（提示）键所对应的值可以是一个字符串，也可以是一个字典数据，如“alert”：“股票涨了8%”。
- 应用图标右上角的徽章（badge）。它是一个整数，如“badge”：8。

这些“键-值”对包含在aps（aps是苹果保留的关键字）下，使用苹果推服务的基本步骤如下所示。

（1）应用服务器（如股票网站）需要从苹果获得数字证书，并把数字证书放在应用服务器上。从而应用服务器和苹果推服务平台就可以通信。

（2）应用程序向苹果注册服务。

（3）从iPhone操作系统获取Token，并发送给应用服务器，如股票网站。Token就是一个标识这个特定手机的字符和数字的组合串。应用服务器使用这个Token来给这个手机发送通知。当然，应用服务器是把通知和Token发送给苹果推服务平台，然后苹果推服务到手机。

（4）使用UIApplicationDelegate的didReceiveRemoteNotification来接收远程通知并做一些处理，接收到的通知是JSON数据。

31.1.2 推服务的机制

iOS推送消息的工作机制如图31-1所示。

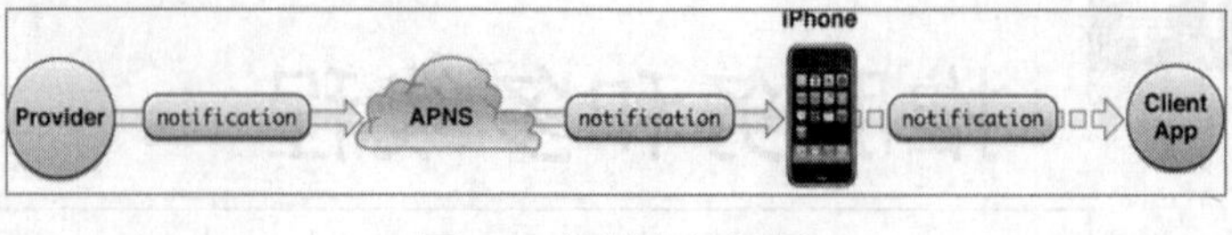

图31-1　推服务的机制

Provider是指某个iPhone软件的Push服务器，APNS是Apple Push Notification Service的缩写，是苹果的服务器。图31-1中的机制可以分为如下3个阶段。

- 第一阶段：应用程序把要发送的消息、目的iPhone的标识打包，发给APNS。
- 第二阶段：APNS在自身的已注册Push服务的iPhone列表中，查找有相应标识的iPhone，并把消息发送到iPhone。
- 第三阶段：iPhone把发来的消息传递给相应的应用程序，并且按照设定弹出Push通知。

上述阶段的具体实现过程如图31-2所示。

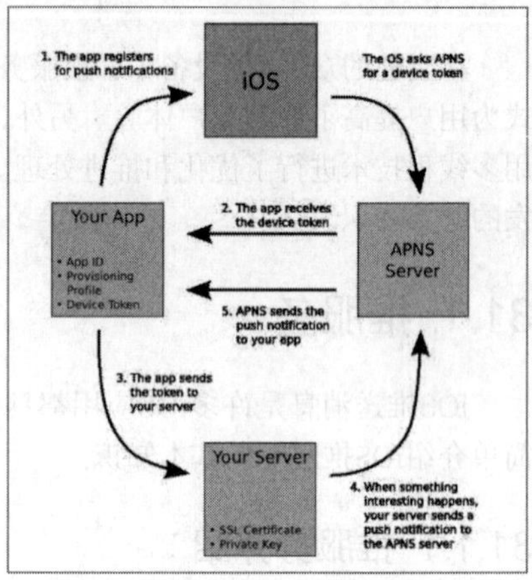

图31-2　实现过程

由图31-2所示的过程可以得出如下结论：

- 应用程序注册消息推送；
- iOS从APNS Server获取device token，应用程序接收device token；
- 应用程序将device token发送给Push服务端程序；
- 服务端程序向APNS服务发送消息；
- APNS服务将消息发送给iPhone应用程序。

无论是iPhone客户端和APNS，还是Provider和APNS，都需要通过证书进行连接。

31.2 多线程

最近几年，计算机的最大性能主要受限于它的中心微处理器的速度。然而由于个别处理器已经开始达到它的瓶颈限制，芯片制造商开始转向多核设计，让计算机具有了同时执行多个任务的能力。尽管Mac OS X利用了这些核心优势，在任何时候可以执行系统相关的任务，但自己的应用程序也可以通过多线程方法利用这些优势。

31.2.1 多线程基础

多线程是一个比较轻量级的方法来实现单个应用程序内多个代码执行路径。在系统级别内，程序并排执行，系统分配到每个程序的执行时间是基于该程序的所需时间和其他程序的所需时间来决定的。然而在每个应程序的内部，存在一个或多个执行线程，它同时或在一个几乎同时发生的方式里执行不同的任务。系统本身管理这些执行的线程，调度它们在可用的内核上运行，并在需要让其他线程执行的时候抢先打断它们。

从技术角度来看，一个线程就是一个需要管理执行代码的内核级和应用级数据结构组合。内核级结构协助调度线程事件，并抢占式调度一个线程到可用的内核之上。应用级结构包括用于存储函数调用的调用堆栈和应用程序需要管理和操作线程属性和状态的结构。

在非并发的应用程序中只有一个执行线程。该线程开始和结束于你应用程序的main循环，一个个方法和函数的分支构成了你整个应用程序的所有行为。与此相反，支持并发的应用程序开始可以在需要额外的执行路径时创建一个或多个线程。每个新的执行路径有它自己独立于应用程序main循环的定制开始循环。在应用程序中存在多个线程提供了如下两个非常重要的潜在优势。

- ❑ 多个线程可以提高应用程序的感知响应。
- ❑ 多个线程可以提高应用程序在多核系统上的实时性能。

如果你的应用程序只有单独的线程，那么该独立程序需要完成所有的事情。它必须对事件做出响应，更新您的应用程序的窗口，并执行所有实现你应用程序行为需要的计算。拥有单独线程的主要问题是在同一时间里面它只能执行一个任务。那么，当你的应用程序需要很长时间才能完成时会发生什么呢？当你的代码忙于计算你所需要的值时，你的程序就会停止响应用户事件和更新它的窗口。如果这样的情况持续足够长的时间，用户就会误认为你的程序被挂起了，并试图强制退出。如果你把你的计算任务转移到一个独立的线程里面，那么你的应用程序主线程就可以自由并及时响应用户的交互。

当然多线程并不是解决程序性能问题的灵丹妙药。多线程带来好处同时也伴随着潜在问题。应用程序内拥有多个可执行路径，会给你的代码增加更多的复杂性。每个线程需要和其他线程协调其行为，以防止它破坏应用程序的状态信息。因为应用程序内的多个线程共享内存空间，它们访问相同的数据结构。如果两个线程试图同时处理相同的数据结构，一个线程有可能覆盖另外线程的改动导致破坏该数据结构。即使有适当的保护，你仍然要注意由于编译器的优化导致给你代码产生很微妙的（和不那么微妙）的Bug。

1．线程术语

在讨论多线程和它支持的相关技术之前，我们有必要先了解一些基本的术语。如果你熟悉Carbon的多处理器服务API或者UNIX系统的话，你会发现本文档里面“任务（task）”被用于不同的定义。在Mac OS的早期版本，术语“任务（task）”是用来区分使用多处理器服务创建的线程和使用Carbon线程管理API创建的线程。在UNIX系统里面，术语“任务（task）”也在一段时间内被用于指代运行的进程。在实际应用中，多处理器服务任务是相当于抢占式的线程。

由于Carbon线程管理器和多处理器服务API是Mac OS X的传统技术，本文件采用下列术语。

- ❑ 线程：用于指代独立执行的代码段。
- ❑ 进程（process）：用于指代一个正在运行的可执行程序，它可以包含多个线程。
- ❑ 任务（task）：用于指代抽象的概念，表示需要执行工作。

2．线程支持

如果你已经有代码使用了多线程，Mac OS X和iOS提供几种技术来在你的应用程序里面创建多线程。此外，两个系统都提供了管理和同步你需要在这些线程里面处理的工作。以下几个部分描述了一些你在Mac OS X和iOS上面使用多线程时需要注意的关键技术。

（1）线程包

虽然多线程的底层实现机制是Mach的线程，你很少（即使有）使用Mach级的线程。相反，你会经常使用到更多易用的POSIX的API或者它的衍生工具。Mach的实现没有提供多线程的基本特征，但是，包括抢占式的执行模型和调度线程的能力，所以它们是相互独立的。

在应用层上，与其他平台一样所有线程的行为本质上是相同的。线程启动之后，线程就进入3个状态中的任何一个：运行（running）、就绪（ready）、阻塞（blocked）。如果一个线程当前没有运行，那么它不是处于阻塞，就是等待外部输入，或者已经准备就绪等待分配CPU。线程持续在这3个状态之间切换，直到它最终退出或者进入中断状态。

当你创建一个新的线程，你必须指定该线程的入口点函数（或Cocoa线程时候为入口点方法）。该入口点函数由你想要在该线程上面执行的代码组成。但函数返回的时候，或你显式地中断线程的时候，线程永久停止，且被系统回收。因为线程创建需要的内存和时间消耗都比较大，因此建议你的入口点函数做相当数量的工作，或建立一个运行循环允许进行经常性的工作。

（2）Run Loops（运行循环）

一个run loop是用来在线程上管理事件异步到达的基础设施。一个run loop为线程监测一个或多个事件源。当事件到达的时候，系统唤醒线程并调度事件到run loop，然后分配给指定程序。如果没有事件出现和准备处理，run loop把线程置于休眠状态。

你创建线程的时候不需要使用一个run loop，但是，如果你这么做的话可以给用户带来更好的体验。Run Loops可以让你使用最小的资源来创建长时间运行线程。因为run loop在没有任何事件处理的时候会把它的线程置于休眠状态，它消除了消耗CPU周期轮询，并防止处理器本身进入休眠状态并节省电源。

为了配置run loop，你所需要做的是启动你的线程，获取run loop的对象引用，设置你的事件处理程序，并告诉run loop运行。Cocoa和Carbon提供的基础设施会自动为你的主线程配置相应的run loop。如果你打算创建长时间运行的辅助线程，那么必须为你的线程配置相应的run loop。

（3）同步工具

线程编程的危害之一是在多个线程之间的资源争夺。如果多个线程在同一个时间试图使用或者修改同一个资源，就会出现问题。缓解该问题的方法之一是消除共享资源，并确保每个线程都有在它操作的资源上面的独特设置。因为保持完全独立的资源是不可行的，所以你可能必须使用锁、条件、原子操作和其他技术来同步资源的访问。

锁提供了一次只有一个线程可以执行代码的有效保护形式。最普遍的一种锁是互斥排他锁，也就是通常所说的“mutex”。当一个线程试图获取一个当前已经被其他线程占据的互斥锁的时候，它就会被阻塞，直到其他线程释放该互斥锁。系统的几个框架提供了对互斥锁的支持，虽然它们都是基于相同的底层技术。此外Cocoa提供了几个互斥锁的变种来支持不同的行为类型，比如递归。获取更多关于锁的种类的信息，请阅读“锁”部分内容。

除了锁，系统还提供了条件，确保在你的应用程序任务执行的适当顺序。一个条件作为一个看门人，阻塞给定的线程，直到它代表的条件变为真。当发生这种情况的时候，条件释放该线程并允许它继续执行。POSIX级别和基础框架都直接提供了条件的支持（如果你使用操作对象，你可以配置你的操作对象之间的依赖关系的顺序确定任务的执行顺序，这和条件提供的行为非常相似）。

尽管锁和条件在并发设计中使用非常普遍，原子操作也是另外一种保护和同步访问数据的方法。原子操作在以下情况的时候提供了替代锁的轻量级的方法，其中你可以执行标量数据类型的数学或逻辑运算。原子操作使用特殊的硬件设施来保证变量的改变在其他线程可以访问之前完成。

31.2.2 iOS 中的多线程

iPhone中的线程应用并不是无节制的，官方给出的资料显示iPhone OS下的主线程的堆栈大小是1MB，第二个线程开始都是512KB。并且该值不能通过编译器开关或线程API函数来更改，只有主线程有直接修改UI的能力。

在iOS系统中，主要有3种实现多线程的方法：NSThread、NSOperation和GCD。

1．NSOperation和NSOperationQueue

使用NSOperation的最简单方法就是将其放入NSOperationQueue中。一旦一个操作被加入队列，该队列就会启动并开始处理它（即调用该操作类的main方法）。一旦该操作完成队列就会释放它：

```
self.queue = [[NSOperationQueue alloc] init];
ArticleParseOperation *parser = [[ArticleParseOperation alloc] initWithData:filePath
delegate:self];
 [queue addOperation:parser];
 [parser release];
 [queue release];
```

可以给操作队列设置最多同时运行的操作数：

```
[queue setMaxConcurrentOperationCount:2];
```

不管使用任何编程语言，在实现多线程时都是一件很麻烦的事情。更糟糕的是，一旦出错，这种错误通常相当糟糕。幸运的是Apple从OS X 10.5在这方面做了很多的改进，通过引入NSThread，使得开发多线程应用程序容易多了。除此之外，还引入了两个全新的类：NSOperation和NSOperationQueue。如果读者熟悉Java或者它的别的变种语言的话，就会发现NSOperation对象很像java.lang.Runnable接口，就像java.lang.Runnable接口那样，NSOperation类也被设计为可扩展的，而且只有一个需要重写的方法。它就是-(void)main。使用NSOperation的最简单的方式是把一个NSOperation对象加入到NSOperation Queue队列中，一旦这个对象被加入到队列，队列就开始处理这个对象，直到这个对象的所有操作完成，然后它被队列释放。

为了能让初级开发工程师也能使用多线程，同时还要简化复杂性。各种编程工具提供了各自的办法。对于iOS来说，建议在尽可能的情况下避免直接操作线程，使用像NSOperationQueue这样的机制。NSOperationQueue是iOS的SDK中提供的一个非常方便的多线程机制，用它来开发多线程非常简单。可以把NSOperationQueue看作一个线程池，可以往线程池中添加操作（NSOperation）到队列中。线程池中的线程可看作消费者，从队列中取走操作，并执行它。我们可以设置线程池中只有一个线程，这样，各个操作就可以认为是近似地顺序执行了。

当把NSOperationQueue视为一个线程池，还可以调用如下方法来设置它的并行程度，默认为-1，即最大并行：

```
-(void)setMaxConcurrentOperationCount:maxConcurrentNumber
```

还可以通过NSOperation的方法来指定并行的操作之间的依赖关系：

```
[theLatterTask addDependency:theBeforeTask];
```

在一个队列之中，可以加入NSOperation来指定执行的任务，其功能如下所示。

- 可以重载NSOperation的main方法来指定操作。
- 可以使用NSInvokeOperation通过指定selector和target来指定操作。
- 可以使用NSBlockedOperation通过Block来指定操作。

这3个方法都非常方便，例如，下面是一个简单的例子：

```
_tasksQueue=[[NSOperationQueue alloc] init];

NSBlockOperation *getImageTask = [NSBlockOperation blockOperationWithBlock:^{
        UIImage * image = nil;
        NSData *imgData = [NSURLConnection sendSynchronousRequest:[NSURLRequest req-u
estWithURL:[NSURL URLWithString:imageUrl]] returningResponse:nil error:nil];
        if (imgData >> imgData.length > 0) {
            image = [UIImage imageWithData:imgData];
        }
    }];

[_tasksQueue addOperation:getImageTask];
```

例如，下面的代码中，使用一个获取网页、并对其解析的NSXMLDocument，最后，将解析得到的NSXMLDocument返回给主线程：

```
PageLoadOperation.h@interface PageLoadOperation : NSOperation {
NSURL *targetURL;}
@property(retain) NSURL *targetURL;
- (id)initWithURL:(NSURL*)url;@end
PageLoadOperation.m
#import "PageLoadOperation.h"#import "AppDelegate.h"@implementation
PageLoadOperation@synthesize targetURL;- (id)initWithURL:(NSURL*)url;{
    if (![super init]) return nil;
    [self setTargetURL:url];
    return self;}- (void)dealloc {
```

```
        [targetURL release], targetURL = nil;
        [super dealloc];
    }
    - (void)main
    {
        NSString *webpageString = [[[NSString alloc]
        initWithContentsOfURL:[self targetURL]] autorelease];
    NSError *error = nil;
     NSXMLDocument *document = [[NSXMLDocument alloc]
        initWithXMLString:webpageString
        options:NSXMLDocumentTidyHTML error:&error];
        if (!document) {
            NSLog(@"%s Error loading document (%@): %@",
            _cmd, [[self targetURL] absoluteString], error);
            return;
        }
        [[AppDelegate shared]
        performSelectorOnMainThread:@selector(pageLoaded:)
            withObject:document waitUntilDone:YES];
        [document release];
    }
    @end
```

2．NSThread

相对于另外两种技术，NSThread的优点是比其他两个轻量级，缺点是，需要自己管理线程的生命周期、线程同步。线程同步对数据的加锁会有一定的系统开销。

NSThread创建与启动线程的主要方式有如下两种：

```
- (id)init;
- (id)initWithTarget:(id)target selector:(SEL)selector object:(id)argument;
```

对参数的具体说明如下所示。

- selector：线程执行的方法，这个selector只能有一个参数，而且不能有返回值。
- target：selector消息发送的对象。
- argument：传输给target的唯一参数，也可以是nil。

其中第一种方式会直接创建线程并且开始运行线程，第二种方式是先创建线程对象，然后再运行线程操作，在运行线程操作前可以设置线程的优先级等线程信息。

还有另外一种比较特殊，就是使用convenient method，这个方法可以直接生成一个线程并启动它，而且无需为线程的清理负责。这个方法的接口是：

```
+ (void)detachNewThreadSelector:(SEL)aSelector toTarget:(id)aTarget
withObject:(id)anArgument
```

如果用的是前两种方法创建的，需要使用手机启动，启动的方法是：

```
- (void)start;
```

3．GCD

GCD（Grand Central Dispatch）是一个大的主题，可以提高代码的执行效率与多核的利用率。GCD是Grand Central Dispatch的缩写，包含了语言特性、runtime libraries，以及提供系统级、综合提高的系统增强功能。在iOS和OSX系统上，多核的硬件来支持并行执行代码。GCD会负责创建线程和调度执行你写的功能代码。系统直接提供线程管理，比应用添加线程更加高效，因此，使用GCD能够带来很多好处，例如，使用简单、而且更加高效，允许你同步或者一步执行任意的代码Block。但是，使用它也必须注意一些问题，由于其实现是基于C语言的API，因此，没有异常捕获、异常处理机制，所以，它不能捕获高层语言产生的异常。使用GCD时必须在将block提交到dispatch queue中之前捕获所有异常，并解决所有异常。

GCD就是系统帮用户管理线程，而不需要再编写线程代码。程序员只需要专心编写执行某项功能的代码，添加到block或方法（函数）中，然后可以有下面两种方式处理block或方法（函数）。

（1）直接将block加入到dispatch queues。

（2）将Dispatch source封装为一个特定类型的系统事件，当系统事件发生时提交一个特定的Block对象或函数到dispatch queue，然后，Dispatch queue 按先进先出的顺序、串行或并发地执行任务。

这里的Dispatch queue是一个基于C的执行自定义任务机制，而Dispatch source是基于C的系统事件异步处理机制，一般Dispatch source封装一个特定类型的系统事件，该事件作为某个特定的Block对象或函数提交到Dispatch queue中的前提条件。Dispatch source可以监控的系统事件类型有：

定时器、信号处理器、描述符相关的事件、进程相关的事件、Mach port事件、你触发的自定义事件。

而对于Dispatch Queues，其可以分为3种：

串行Queue、并发队列、main dispatch queue。

如果使用 dispatch queue，与执行相同功能的多线程相比，最直接的优点是简单，不用编写线程创建和管理的代码，让你集中精力编写实际工作的代码。另外，系统管理线程更加高效，并且可以动态调控所有线程。

串行Queue也称为private dispatch queue，其每次只执行一个任务，按任务添加顺序执行。当前正在执行的任务在独立的线程中运行（注意：不同任务的线程可能不同），dispatch queue 管理了这些线程。通常串行queue主要用于对特定资源的同步访问。你可以创建任意数量的串行queues，虽然每个queue 本身每次只能执行一个任务，但是，各个queue之间是并发执行的。

并行Queue也称为global dispatch queue。它可以并发执行一个或多个任务，但是，所要执行的任务仍然是以添加到queue的顺序启动。每个任务运行于独立的线程中，dispatch queue管理所有线程。同时运行的任务数量随时都会变化，而且依赖于系统条件。值得注意的是，千万不要创建并发dispatch queues，相反只能使用3个已经定义好的全局并发queues。

main Dispatch Queue其实是串行的queue，不过在应用主线程中执行任务，而且全局可用。这个queue与应用的run loop交叉执行。由于它运行在应用的主线程，main queue 通常用于应用的关键同步点。虽然不需要创建main dispatch queue，但必须确保应用适当地回收。

从上面3种Dispatch Queue可以看出，queue中的任务基本上都是按照添加到queue中的顺序来执行的，因此，Dispatch queue比线程具有更强的可预测性，这种可预测性能够有效地减少程序出错的可能性，而且有效地避免死锁出现。例如，两个线程访问共享资源，你可能无法控制哪个线程先后访问。但是，把两个任务添加到串行queue，则可以确保两个任务对共享资源的访问顺序。同时基于queue的同步也比基于锁的线程同步机制更加高效。

使用dispatch queues还需要注意的关键问题有以下几种。

（1）Dispatch queues相对其他dispatch queues并发地执行任务，串行化任务只能在同一个dispatchqueue中实现。

（2）系统决定了同时能够执行的任务数量，应用在100个不同的queues中启动100个任务，并不表示100 个任务全部都在并发地执行（除非系统拥有100或更多个核）。

（3）系统在选择执行哪个任务时，会考虑queue的优先级。

（4）Queue中的任务必须在任何时候都准备好运行，注意这点和Operation对象不同。

（5）串行 dispatch queue是引用计数的对象。因此，使用它需要retain这些queue，另外，dispatch source也可能添加到一个queue，从而增加retain的计数。因此，必须确保所有dispatch source都被取消，而且适当地调用release。使用GCD的基本流程如下所示。

（1）定义一个dispatch_get_global_queue：

```
//定义一个dispatch_get_global_queue的优先级，以及保留给未来使用的flag值，一般传入的是0
dispatch_queue_t aQueue = dispatch_get_global_queue(DISPATCH_QUEUE_PRIORITY_DEFAULT, 0);
```

（2）定义一个block，执行真正需要实现的某项功能：

```
void (^ex)() = ^ {
      NSlog(@"it's example!");
};
```

注意：这里的block是dispatch_block_t，dispatch_block_t的，要求是：The prototype of blocks submitted to dispatch queues、which take no arguments and have no return value，可以看到其为无行参数，也无返回类型的block。其基本形式为：

```
typedef void (^dispatch_block_t)(void);
```

（3）将block加入到dispatch queue：

```
dispatch_async(aQueue , ex);
```

由此可以看到，上面就是使用GCD dispatch queue的例子，代码实现非常简单。但是，不能因为它使用简单就随意使用，是否使用GCD，主要看其Block所执行的功能。设计Block需要考虑以下问题。

- 尽管Queue执行小任务比原始线程更加高效，仍然存在创建Block和在Queue中执行的开销。如果Block做的事情太少，可能直接执行比dispatch到queue更加有效。使用性能工具来确认Block的工作是否太少（设计Block和是否使用dispatch queue主要关注的点）。
- 对于使用dispatch queue的异步Block，可以在Block中安全地捕获和使用父函数或方法中的scalar变量。但是Block不应该去捕获大型结构体或其他基于指针的变量，这些变量由Block调用上下文分配和删除。在你的Block被执行时，这些指针引用的内存可能已经不存在。当然，可以自己显式地分配内存（或对象），然后让Block拥有这些内存的所有权是安全可行的。
- Dispatch queue对添加的Block会进行复制，在完成执行后自动释放。也就是不需要在添加 Block到Queue时显式地复制。
- 绝对不要针对底层线程缓存数据，然后期望在不同Block中能够访问这些数据。如果相同queue 中的任务需要共享数据，应该使用dispatch queue 的context指针来存储这些数据。
- 如果Block创建了大量Objective-C对象，考虑创建自己的autoreleasepool，来处理这些对象的内存管理。虽然GCD dispatch queue也有自己的autorelease pool，但不保证在什么时候会回收这些pool。

31.2.3 线程的同步与锁

要说明线程的同步与锁，最好的例子可能就是多个窗口同时售票的售票系统。我们知道，在Java中，使用synchronized来同步，而iPhone虽然没有提供类似Java下的synchronized关键字，但提供了NSCondition对象接口。查看NSCondition的接口说明可以看出，NSCondition是iPhone下的锁对象，所以，可以使用NSCondition实现iPhone中的线程安全。为了说明问题，请看一个例子。文件SellTicketsAppDelegate.h的实现代码如下所示：

```
//  SellTicketsAppDelegate.h
import <UIKit/UIKit.h>

@interface SellTicketsAppDelegate : NSObject <UIApplicationDelegate> {
    int tickets;
    int count;
    NSThread* ticketsThreadone;
    NSThread* ticketsThreadtwo;
    NSCondition* ticketsCondition;
    UIWindow *window;
 }
@property (nonatomic, retain) IBOutlet UIWindow *window;
@end
```

文件SellTicketsAppDelegate.m的实现代码如下所示：

```
import "SellTicketsAppDelegate.h"

@implementation SellTicketsAppDelegate
@synthesize window;

- (void)applicationDidFinishLaunching:(UIApplication *)application {
```

```
    tickets = 100;
    count = 0;
    // 锁对象
    ticketCondition = [[NSCondition alloc] init];
    ticketsThreadone = [[NSThread alloc] initWithTarget:self selector:@selector(run)
object:nil];
    [ticketsThreadone setName:@"Thread-1"];
    [ticketsThreadone start];


    ticketsThreadtwo = [[NSThread alloc] initWithTarget:self selector:@selector(run)
object:nil];
    [ticketsThreadtwo setName:@"Thread-2"];
    [ticketsThreadtwo start];
    //[NSThread detachNewThreadSelector:@selector(run) toTarget:self withObject:nil];
     // Override point for customization after application launch
    [window makeKeyAndVisible];
}

- (void)run{
    while (TRUE) {
        // 上锁
        [ticketsCondition lock];
        if(tickets > 0){
            [NSThread sleepForTimeInterval:0.5];
            count = 100 - tickets;
            NSLog(@"当前票数是:%d,售出:%d,线程名:%@",tickets,count,[[NSThread current
Thread] name]);
            tickets--;
        }else{
            break;
        }
        [ticketsCondition unlock];
    }
 }

- (void)dealloc {
    [ticketsThreadone release];
      [ticketsThreadtwo release];
      [ticketsCondition release];
      [window release];
      [super dealloc];
}
@end
```

31.2.4 线程的交互

线程在运行过程中，可能需要与其他线程进行通信，如在主线程中修改界面等，可以使用如下接口实现：

```
- (void)performSelectorOnMainThread:(SEL)aSelector withObject:(id)arg
waitUntilDone:(BOOL)wait
```

由于在本过程中，可能需要释放一些资源，则需要使用NSAutoreleasePool来进行管理，例如，下面的代码：

```
- (void)startTheBackgroundJob {
    NSAutoreleasePool *pool = [[NSAutoreleasePool alloc] init];
    // to do something in your thread job
    ...
    [self performSelectorOnMainThread:@selector(makeMyProgressBarMoving)
withObject:nil waitUntilDone:NO];
    [pool release];
}
```

如果什么都不考虑，直接在线程函数内调用autorelease，则会出现下面的错误：

```
NSAutoReleaseNoPool(): Object 0x********* of class NSConreteData autoreleased with no
pool in place ….
```

31.3 ARC机制

ARC是Automatic Reference Counting（自动内存管理技术）的缩写，是一个为Objective-C提供内存自动管理的编译器技术。作为取代使用retain和release方式来管理内存的方式，ARC让我们可以在其他代码编写方面放入更多精力。简单地说，就是在代码中自动加入了retain/release，原先需要手动添加的用来处理内存管理的引用计数的代码可以自动地由编译器完成了。

31.3.1 ARC概述

ARC可以在 iOS 5/ Mac OS X 10.7 开始导入，利用 Xcode 4.2 可以使用该机能。简单地理解ARC，就是通过指定的语法，让编译器（LLVM 3.0）在编译代码时，自动生成实例的引用计数管理部分代码。有一点，ARC并不是GC，它只是一种代码静态分析（Static Analyzer）工具。

ARC的原理是在编译器为每一个对象加入合适的代码，以期保证这些对象有合理的生命周期。从概念上来说，ARC通过增加retain、release和autorelease等函数，使得在维护内存计数器方面（相关资料Advanced Memory Management Programming Guide）达到和手动管理内存同样的效果。

为了达到产生正确代码的目的，ARC禁止一些函数的调用和toll-free bridging（相关资料）的使用。ARC也为内存计数器和属性变量引入了新的生命周期。ARC在MAC OS X 10.6,10.7（64位应用）、iOS4和iOS5中被支持，但是在MAC OS X10.6和iOS4中不支持弱引用（Weak references）。

Xcode提供一个能够自动转换工具，可以把手动管理内存的代码来转换成ARC的方式。也可以为工程中的部分文件指定使用ARC，而另一部分指定为不使用。作为不得不记着何时调用retain、release和autorelease的替代，ARC会为你的每一个对象在编译器中自动评估，然后加入合适的函数调用来做内存管理，并且编译器会自动产生合适的dealloc函数。

图31-3演示了使用和不使用ARC技术的Objective-C代码的区别。

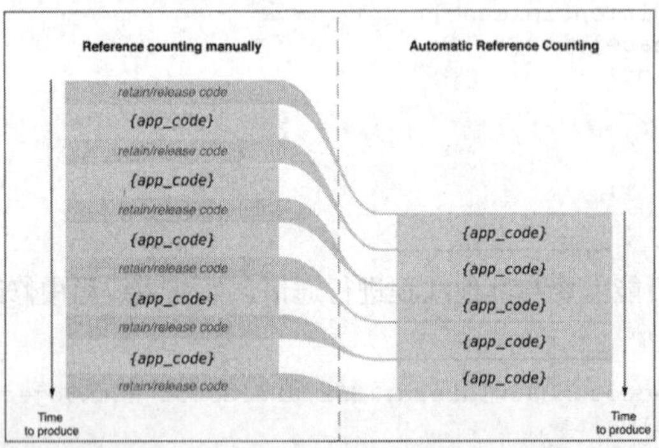

图31-3 使用和不使用ARC技术的Objective-C代码的区别

ARC使得你不需要再思考何时使用retain、release、autorelease这样的函数来管理内存，它提供了自动评估内存生存期的功能，并且在编译器中自动加入合适的管理内存的方法。编译器也会自动生成dealloc函数。一般情况下，通过ARC技术可以不顾传统方式的内存管理方式，但是，深入了解传统的内存管理是十分有必要的。

下面是一个person类的声明和实现，它使用了ARC技术：

```
@interface Person : NSObject
@property (nonatomic, strong) NSString *firstName;
@property (nonatomic, strong) NSString *lastName;
@property (nonatomic, strong) NSNumber *yearOfBirth;
```

```
@property (nonatomic, strong) Person *spouse;
@end
@implementation Person
@synthesize firstName, lastName, yearOfBirth, spouse;
@end
```

使用ARC后，可以用下面的方式实现contrived函数：

```
- (void)contrived {
    Person *aPerson = [[Person alloc] init];
    [aPerson setFirstName:@"William"];
    [aPerson setLastName:@"Dudney"];
    [aPerson:setYearOfBirth:[[NSNumber alloc] initWithInteger:2011]];
    NSLog(@"aPerson: %@", aPerson);
}
```

因为ARC能够管理内存，所以，这里不用担心aPerson和NSNumber的临时变量会造成内存泄露。我们还可以用下面的方式来实现Person类中的takeLastNameFrom方法：

```
- (void)takeLastNameFrom:(Person *)person {
    NSString *oldLastname = [self lastName];
    [self setLastName:[person lastName]];
    NSLog(@"Lastname changed from %@ to %@", oldLastname, [self lastName]);
}
```

ARC可以保证在NSLog调用的时候，oldLastname还存在于内存中。

31.3.2 ARC 中的新规则

为了使ARC能顺利工作，特意增加了一些规则，这些规则可能是为了更好地管理内存，也有可能为了更好地使用体验，也有可能是简化代码的编写，不论如何，请不要违反下面的规则，如果违反，将会得到一个编译器错误。

（1）函数dealloc、retain、release、retainCount和autorelease禁止任何形式调用和实现（dealloc可能会被实现），包括使用@selector(retain)和@selector(release)等的隐含调用。可能会实现一个和内存管理没有关系的dealloc，例如，只是为了调用[systemClassInstance setDelegate:nil]，但是不要调用[super dealloc]，因为编译器会自动处理这些事情。

（2）不可以使用NSAllocateObject或者NSDeallocateObject。

（3）当使用alloc申请一块内存后，其他的都可以交给运行器的自动管理了。

（4）不能在C语言中的结构中使用Objective-C中的类的指针。

（5）请使用类管理数据。

（6）不能使用NSAutoreleasePool。

（7）作为替代，@autoreleasepool被引入，可以使用这个效率更高的关键词。

（8）不能使用memory zones。

（9）不再需要NSZone，本来这个类已经被现代Objective-C废弃。

另外，ARC在函数和便利变量命名上也有一些新的规定，规定禁止以new开头的属性变量命名。

第32章

指纹识别技术——Touch ID详解

苹果公司在iPhone 5S手机中推出了指纹识别功能，这一功能提高了手机设备的安全性，方便了用户对设备的管理操作，提高了对个人隐私的保护。iPhone 5S的指纹识别功能是通过Touch ID实现的，从iOS 8系统开始，苹果开发一些Touch ID的API，这样开发人员可以在自己的应用程序中调用指纹识别功能。在本章内容中，将详细讲解在iOS系统中使用Touch ID技术的基本知识。

32.1 初步认识Touch ID

在iPhone 5S设备中有一项Touch ID功能，也就是指纹识别密码。要使用iPhone 5S指纹识别功能，首先第一步需要开启该功能，并且录入自己的指纹信息。Touch ID设置可以在iPhone 5S激活的时候设置，也可以在后期设置。具体设置流程如下所示。

（1）首先进入iPhone 5S手机里的iOS设置，如图32-1所示。

（2）再进入“通用”设置，如图32-2所示。

图32-1 进入“设置”

图32-2 “通用”设置

（3）此时可以看到“Touch ID和密码”设置选项，单击进入，如图32-3所示。

（4）进入Touch ID和密码设置后，首先需要输入一次密码，这个密码就是我们激活的时候，设置的一个4位数字密码（也就是解锁密码），如图32-4所示。

（5）密码输入正确后即可进入iOS指纹识别密码设置界面，之后再选择进入Touch ID设置，如图32-5所示。

（6）进入Touch ID设置之后再选择“添加指纹”，如图32-6所示。

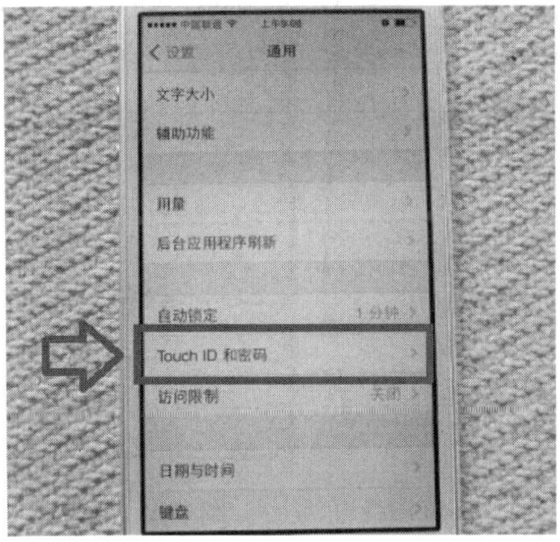

图32-3 “Touch ID和密码”设置

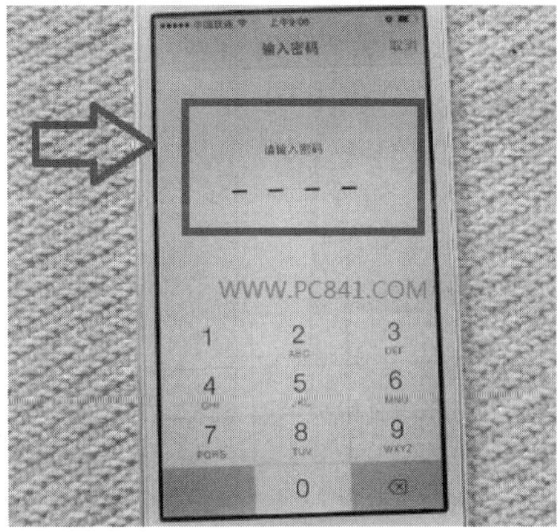

图32-4 输入密码

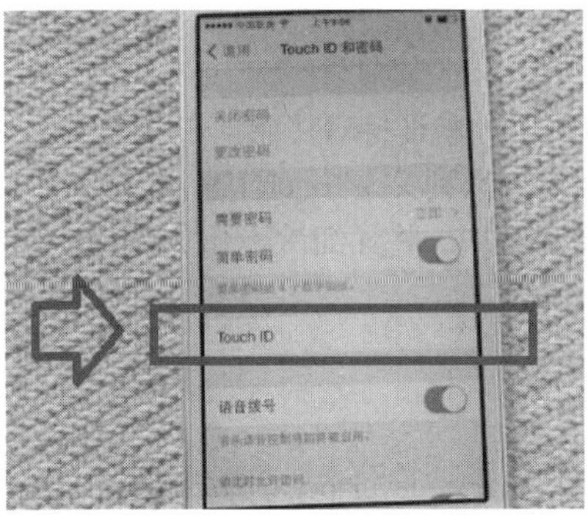

图32-5 再进入Touch ID设置

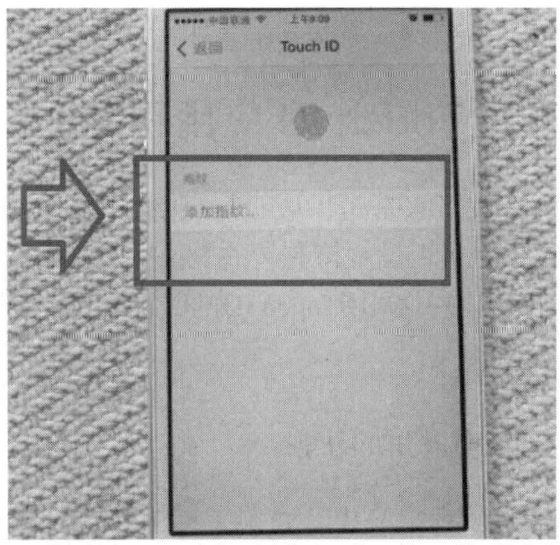

图32-6 再选择“添加指纹”

接下来只需按照提示添加指纹即可，如图32-7所示。

在此需要注意的的是，由于日常使用都是使用拇指放置在Home键上操作，所以，通常会将拇指上的指纹扫描录入到iPhone 5S中，并且一般都首先用左手的拇指。接下来以录入左手拇指指纹为例进行介绍。

（7）进入指纹录入界面后，当屏幕上显示请放置手指的时候，就将拇指轻轻放置在Home键上即可，如图32-8所示。

（8）同样，当屏幕上显示请抬起手指的时候，就将拇指移开Home键即可，如图32-9所示。

（9）如此重复操作几次，就可以成功录入指纹信息，之后单击底部的继续即可，如图32-10所示。

到此为止，就完成了一个左手拇指的指纹录入了。以后解锁iPhone 5S时就可以无需输入解锁密码，直接将大拇指放置在iPhone 5S Home键上就可以自动解锁了。如果想要多录入几个手指指纹，或者需要录入自己朋友或者亲人的指纹的话，单击下方的继续“添加指纹”即可，接下来的步骤，与上面一样，如图32-11所示。

图32-7 按照提示添加指纹

图32-8 将拇指放置在Home键

图32-9 将拇指移开Home键

图32-10 Touch ID指纹识别设置完成

图32-11 添加指纹

在此需要注意的是，iPhone 5S最多支持添加4个Touch ID指纹，也就是最多只能扫描录入4个手指的指纹。

32.2 开发 Touch ID 应用程序

令广大开发者兴奋是，从iOS 8系统开始开放了Touch ID的验证接口功能，在应用程序中可以判断输入的Touch ID是否设置持有者的Touch ID。虽然还是无法获取到关于Touch ID的任何信息，但是，毕竟可以在应用程序中调用Touch ID的验证功能了。在本节内容中，将详细讲解开发Touch ID应用程序的基本知识。

32.2.1 iOS 8 的新功能

在苹果开发者中心中，介绍了iOS 8的新功能，地址是https://developer.apple.com/library/prerelease/ios/releasenotes/General/WhatsNewIniOS/Articles/iOS8.html#//apple_ref/doc/uid/TP40014205-SW1，如图32-12所示。

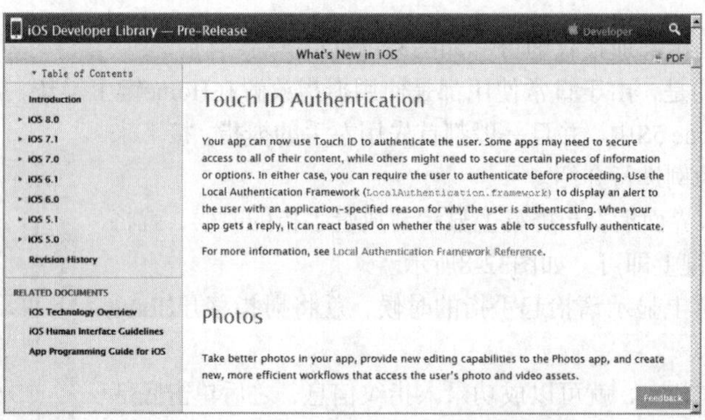

图32-12 苹果开发者中心对iOS 8新功能的介绍

单击图32-12中的"Local Authentication Framework Reference"链接后，在新界面中演示了iOS 8中Touch ID的新功能，如图32-13所示。

由此可见，通过iOS中的本地验证框架的验证接口，可以调用并使用Touch ID的认证机制。例如，可以通过如下所示的代码调用并进行Touch ID验证：

```
LAContext *myContext = [[LAContext alloc] init];
```

```
NSError *authError = nil;
NSString *myLocalizedReasonString = <#String explaining why app needs authentication#>;
if ([myContext canEvaluatePolicy:LAPolicyDeviceOwnerAuthenticationWithBiometrics
error:&authError]) {
[myContext evaluatePolicy:LAPolicyDeviceOwnerAuthenticationWithBiometrics
localizedReason:myLocalizedReasonString
reply:^(BOOL succes, NSError *error) {
if (success) {
// User authenticated successfully, take appropriate action
} else {
// User did not authenticate successfully, look at error and take appropriate action
}
}];
} else {
// Could not evaluate policy; look at authError and present an appropriate message to
user
}
```

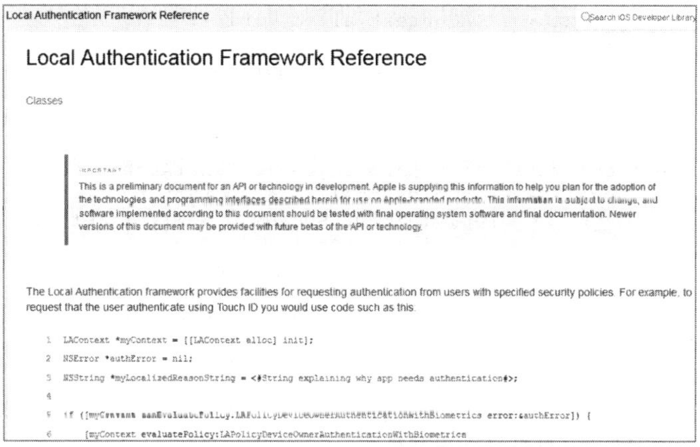

图32-13 iOS 8中Touch ID的新功能

在调用Touch ID功能之前，需要先在自己的应用程序中导入SDK库：LocalAuthentication.framework，并引入关键模块：LAContext。

由此可见，苹果并没有对Touch ID完全开放，只是开放了如下所示的两个接口。

（1）canEvaluatePolicy:error：判断是否能够认证Touch ID。

（2）evaluatePolicy:localizedReason:reply：认证Touch ID。

32.2.2 开发 Touch ID 应用程序的步骤

（1）打开Xcode 6，创建一个iOS工程项目。

（2）打开工程的“Link Frameworks and Libraries”面板，单击“+”按钮添加“LocalAuthentication.framework”框架，如图32-14所示。

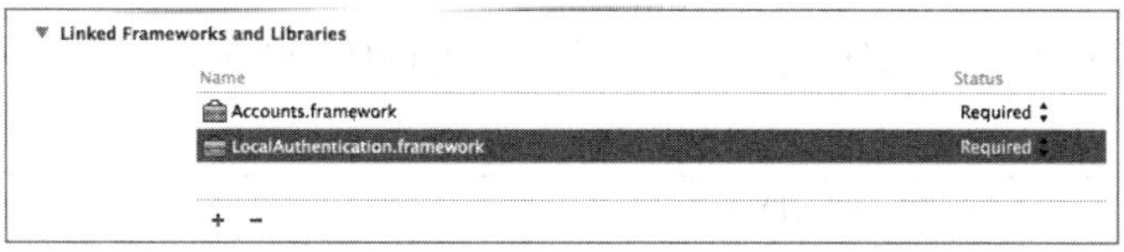

图32-14 添加“LocalAuthentication.framework”框架

（3）开始编写调用Touch ID的应用程序文件，在程序开始时需要导入“LocalAuthentication.framework”框架中的头文件：

```
#import <LocalAuthentication/LocalAuthentication.h>
```

例如，下面是一段完整演示了调用Touch ID验证的实例代码：

```
#import "ViewController.h"
#import <LocalAuthentication/LocalAuthentication.h>

@interface ViewController ()

@end

@implementation ViewController
- (void)viewDidLoad
{
    [super viewDidLoad];
}

- (IBAction)authenticationButton
{
    LAContext *myContext = [[LAContext alloc] init];
    NSError *authError = nil;
    NSString *myLocalizedReasonString = @"请继续扫描你的指纹.";

    if ([myContext canEvaluatePolicy:LAPolicyDeviceOwnerAuthenticationWithBiometrics
error:&authError]) {
        [myContext evaluatePolicy:LAPolicyDeviceOwnerAuthenticationWithBiometrics
                  localizedReason:myLocalizedReasonString
                            reply:^(BOOL success, NSError *error) {
                                if (success) {
                              //认证成功，采取适当的行动

                                    NSLog(@"authentication success");
                                    if (!success) {
                                        NSLog(@"%@", error);
                                    }
                                } else {
              //认证失败，则执行错误处理操作
                                    NSLog(@"authentication failed");
                                    if (!success) {
                                        NSLog(@"%@", error);
                                    }
                                }
                            }];
    } else {
        // 无法验证成功，可以查看错误处理提供的出错信息
        NSLog(@"发生一个错误");
        if (!success) {
            NSLog(@"%@", error);
        }
    }
}

@end
```

32.3 实战演练——使用Touch ID认证

在本节内容中，将通过一个具体实例的实现过程，详细讲解在iOS应用程序中调用Touch ID认证功能的过程。

实例32-1	使用Touch ID认证
源码与视频路径	光盘:\daima\32\TouchIDDemo-easy

（1）打开Xcode 6，然后创建一个名为“TouchIDDemo”的工程，并导入“LocalAuthentication.framework”框架，工程的最终目录结构如图32-15所示。

（2）在Xcode 6的Main.storyboard面板中设计UI界面，本实例比较简单，只是使用了基本的View视

图，如图32-16所示。

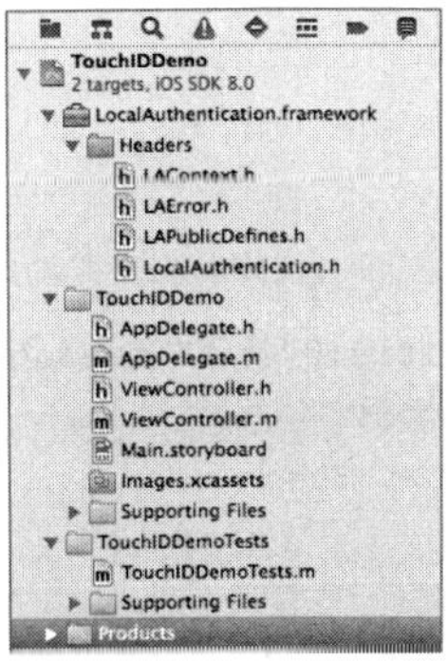

图32-15 工程的目录结构

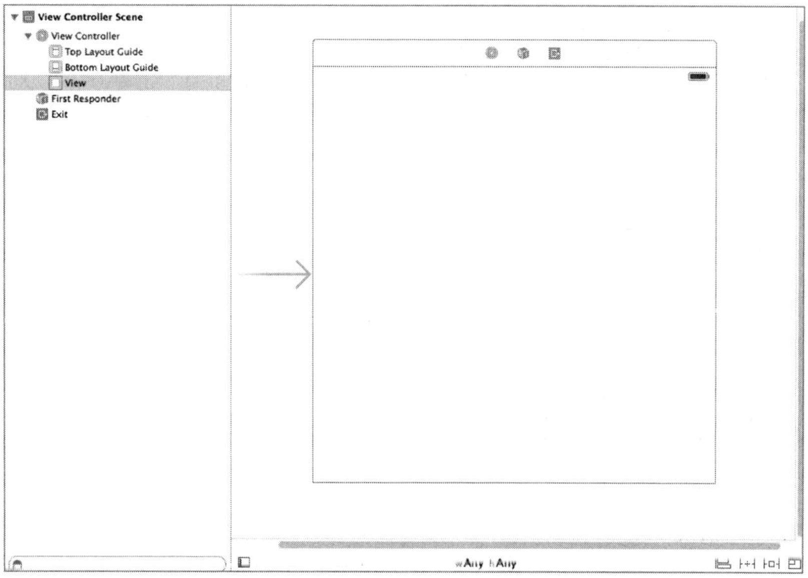

图32-16 Main.storyboard面板

（3）文件ViewController.m的功能是调用开发的Touch ID API进行验证，在窗口中显示是否验证成功的提示信息。文件ViewController.m的具体实现代码如下所示：

```
#import "ViewController.h"
#import <LocalAuthentication/LocalAuthentication.h>

@interface ViewController ()


@end

@implementation ViewController

- (void)viewDidLoad {
    [super viewDidLoad];
    // Do any additional setup after loading the view, typically from a nib.
    [self configAuthButton];
}

- (void)didReceiveMemoryWarning {
    [super didReceiveMemoryWarning];
    // Dispose of any resources that can be recreated.
}

#pragma mark - config

- (void)configAuthButton {
    UIButton *btn = [UIButton buttonWithType:UIButtonTypeCustom];
    [btn setTitle:@"test touch ID" forState:UIControlStateNormal];
    [btn setFrame:CGRectMake(60, 100, 200, 30)];
    [btn setTitleColor:[UIColor blackColor] forState:UIControlStateNormal];
    [btn addTarget:self action:@selector(authBtnTouch:) forControlEvents:UIControl
EventTouchUpInside];
    [self.view addSubview:btn];
}

#pragma mark - event

- (void)authBtnTouch:(UIButton *)sender {
```

```
    // 初始化验证上下文
    LAContext *context = [[LAContext alloc] init];

    NSError *error = nil;
    // 验证的原因，应该会显示在会话窗中
    NSString *reason = @"测试：验证touchID";

    // 判断是否能够进行验证
    if ([context canEvaluatePolicy:LAPolicyDeviceOwnerAuthenticationWithBiometrics
error:&error]) {
        [context evaluatePolicy:LAPolicyDeviceOwnerAuthenticationWithBiometrics
localizedReason:reason reply:^(BOOL succes, NSError *error)
        {
            NSString *text = nil;
            if (succes) {
                text = @"验证成功";
            } else {
                text = error.domain;
            }
            UIAlertView *alert = [[UIAlertView alloc] initWithTitle:@"提示" message:
text delegate:nil cancelButtonTitle:@"确定" otherButtonTitles: nil];
            [alert show];
        }];
    }
    else
    {
        UIAlertView *alert = [[UIAlertView alloc] initWithTitle:@"提示" message:[error
domain] delegate:nil cancelButtonTitle:@"确定" otherButtonTitles: nil];
        [alert show];
    }
}

@end
```

32.4 实战演练——使用 Touch ID 密码和指纹认证

在本节内容中，将通过一个具体实例的实现过程，详细讲解在iOS应用程序中调用Touch ID密码和指纹认证功能的过程。

实例32-1	使用Touch ID密码和指纹认证
源码与视频路径	光盘:\daima\32\TouchID-maste

（1）打开Xcode 6，然后创建一个名为“TouchID”的工程，并导入“LocalAuthentication.framework”框架，工程的最终目录结构如图32-17所示。

（2）在Xcode 6的Main.storyboard面板中设计UI界面，本实例比较简单，只是使用了基本的View视图，如图32-18所示。

（3）文件ViewController.m的功能是调用开发的Touch ID API进行验证，分别实现取消验证、删除验证和添加密码功能。文件ViewController.m的具体实现代码如下所示：

```
#import "ViewController.h"
#import <LocalAuthentication/LocalAuthentication.h>
#import <Security/Security.h>

@interface ViewController ()<NSURLSessionDelegate,UITextViewDelegate>
@property (nonatomic, retain) UIButton *dropButton;
@property (nonatomic, retain) NSURLSession *mySession;
@property (nonatomic, retain) UIButton *dropButton1;
@property (nonatomic, retain) UITextView *textView;
@property (nonatomic, retain) UIButton *dropButton2;
@property (nonatomic, retain) NSString *strBeDelete;
@end
@implementation ViewController
```

图32-17 工程的目录结构

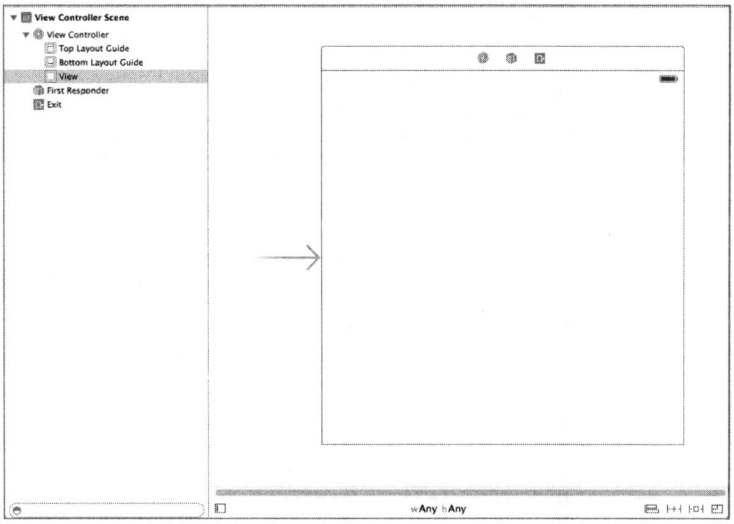

图32-18 Main.storyboard面板

```
@synthesize dropButton = _dropButton;
@synthesize dropButton1 = _dropButton1;
@synthesize textView = _textView;
@synthesize dropButton2 = _dropButton2;
@synthesize strBeDelete = _strBeDelete;

-(void)viewDidAppear:(BOOL)animated
{
//TODO:其实只需要加载一次就可以了
    CFErrorRef error = NULL;
    SecAccessControlRef sacObject;
    sacObject = SecAccessControlCreateWithFlags(kCFAllocatorDefault,
kSecAttrAccessibleWhenPasscodeSetThisDeviceOnly,
                                  kSecAccessControlUserPresence, &error);
    if(sacObject == NULL || error != NULL)
    {
        NSLog(@"can't create sacObject: %@", error);
        self.textView.text = [_textView.text stringByAppendingString:[NSString string
WithFormat:NSLocalizedString(@"SEC_ITEM_ADD_CAN_CREATE_OBJECT", nil), error]];
        return;
    }

    NSDictionary *attributes = @{
                                 (__bridge id)kSecClass: (__bridge id)kSecClass
GenericPassword,
                                 (__bridge id)kSecAttrService: @"SampleService",
                                 (__bridge id)kSecValueData: [@"SECRET_PASSWORD_
TEXT" dataUsingEncoding:NSUTF8StringEncoding],
                                 (__bridge id)kSecUseNoAuthenticationUI: @YES,
                                 (__bridge id)kSecAttrAccessControl: (__bridge id)
sacObject
                                 };

    dispatch_async(dispatch_get_global_queue( DISPATCH_QUEUE_PRIORITY_DEFAULT, 0),
^(void){
        OSStatus status =  SecItemAdd((__bridge CFDictionaryRef)attributes, nil);

        NSString *msg = [NSString stringWithFormat:NSLocalizedString (@"SEC_ITEM_ADD_
STATUS", nil), [self keychainErrorToString:status]];
        [self printResult:self.textView message:msg];
    });
}

- (void)viewDidLoad {
```

```
    [super viewDidLoad];
    // Do any additional setup after loading the view, typically from a nib.

    self.dropButton = [UIButton buttonWithType:UIButtonTypeCustom];
    self.dropButton.frame = CGRectMake(self.view.frame.size.width - 60, 100, 60, 60);
    self.dropButton.backgroundColor = [UIColor purpleColor];
    [self.dropButton setTitle:@"指纹" forState:UIControlStateNormal];
    self.dropButton.layer.borderColor = [UIColor clearColor].CGColor;
    self.dropButton.layer.borderWidth = 2.0;
    self.dropButton.layer.cornerRadius = 5.0;
    [self.dropButton setTitleColor:[UIColor whiteColor] forState:UIControlStateNormal];
    [self.dropButton.titleLabel setFont:[UIFont systemFontOfSize:14.0]];
    [self.dropButton addTarget:self action:@selector(dropDown:) forControlEvents:
UIControlEventTouchDown];
    [self.view addSubview:self.dropButton];

    self.dropButton1 = [UIButton buttonWithType:UIButtonTypeCustom];
    self.dropButton1.frame = CGRectMake(0, 100, 60, 60);
    self.dropButton1.backgroundColor = [UIColor purpleColor];
    [self.dropButton1 setTitle:@"密码" forState:UIControlStateNormal];
    self.dropButton1.layer.borderColor = [UIColor clearColor].CGColor;
    self.dropButton1.layer.borderWidth = 2.0;
    self.dropButton1.layer.cornerRadius = 5.0;
    [self.dropButton1 setTitleColor:[UIColor whiteColor]
    forState:UIControlStateNormal];
    [self.dropButton1.titleLabel setFont:[UIFont systemFontOfSize:14.0]];
    [self.dropButton1 addTarget:self action:@selector(tapkey) forControlEvents:
UIControlEventTouchDown];
    [self.view addSubview:self.dropButton1];

    self.dropButton2 = [UIButton buttonWithType:UIButtonTypeCustom];
    self.dropButton2.frame=CGRectMake(self.view.frame.size.width/2 - 30, 100, 60, 60);
    self.dropButton2.backgroundColor = [UIColor purpleColor];
    [self.dropButton2 setTitle:@"清除" forState:UIControlStateNormal];
    self.dropButton2.layer.borderColor = [UIColor clearColor].CGColor;
    self.dropButton2.layer.borderWidth = 2.0;
    self.dropButton2.layer.cornerRadius = 5.0;
    [self.dropButton2 setTitleColor:[UIColor whiteColor] forState: UIControlState
Normal];
    [self.dropButton2.titleLabel setFont:[UIFont systemFontOfSize:14.0]];
    [self.dropButton2 addTarget:self action:@selector(delete) forControlEvents:
UIControlEventTouchDown];
    [self.view addSubview:self.dropButton2];

    self.textView = [[UITextView alloc] initWithFrame:CGRectMake(0, 200, self.view.
frame.size.width, self.view.frame.size.height - 200)];
    self.textView.backgroundColor = [UIColor redColor];
    self.textView.userInteractionEnabled = NO;
    [self.view addSubview:self.textView];


}

-(void)dropDown:(id)sender
{
    LAContext *lol = [[LAContext alloc] init];

    NSError *hi = nil;
    NSString *hihihihi = @"验证XXXXXX";
//TODO:TOUCHID是否存在
    if ([lol canEvaluatePolicy:LAPolicyDeviceOwnerAuthenticationWithBiometrics error:
&hi]) {
//TODO:TOUCHID开始运作
        [lol evaluatePolicy:LAPolicyDeviceOwnerAuthenticationWithBiometrics localized
Reason:hihihihi reply:^(BOOL succes, NSError *error)
         {
             if (succes) {
                 NSLog(@"yes");
```

```
            }
            else
            {
                NSString *str = [NSString stringWithFormat:@"%@",error.
                localizedDescri ption];
                if ([str isEqualToString:@"Tapped UserFallback button."]) {
                    if ([self.strBeDelete isEqualToString:@"SEC_ITEM_DELETE_ STATUS"]) {
                        NSLog(@"密码被清空了");
                    }
                    else
                    {
                        [self tapkey];
                    }
                }
                else
                {
                    NSLog(@"你取消了验证");
                }
            }
        }];

    }
    else
    {
        NSLog(@"没有开启TOUCHID设备自行解决");
    }

}

-(void)delete
{
    NSDictionary *query = @{
                              (__bridge id)kSecClass: (__bridge id)kSecClassGeneric
Password,
                              (__bridge id)kSecAttrService: @"SampleService"
                              };

    dispatch_async(dispatch_get_global_queue(DISPATCH_QUEUE_PRIORITY_DEFAULT, 0),
^(void){
        OSStatus status = SecItemDelete((__bridge CFDictionaryRef)(query));

        NSString *msg = [NSString stringWithFormat:NSLocalizedString(@"SEC_ ITEM_
DELETE_STATUS", nil), [self keychainErrorToString:status]];
        [self printResult:self.textView message:msg];
        self.strBeDelete = [NSString stringWithFormat:@"%@",msg];
    });
}

-(void)tapkey
{
    NSDictionary *query = @{
                              (__bridge id)kSecClass: (__bridge id)kSecClassGeneric
Password,
                              (__bridge id)kSecAttrService: @"SampleService",
                              (__bridge id)kSecUseOperationPrompt:@"用你本机密码验证登录"
                              };

    NSDictionary *changes = @{
                                (__bridge id)kSecValueData: [@"UPDATED_SECRET_PASSWORD_
TEXT" dataUsingEncoding:NSUTF8StringEncoding]
                                };

    dispatch_async(dispatch_get_global_queue( DISPATCH_QUEUE_PRIORITY_DEFAULT, 0),
^(void){
        OSStatus status = SecItemUpdate((__bridge CFDictionaryRef)query, (__bridge
CFDictionaryRef)changes);
        NSString *msg = [NSString
stringWithFormat:NSLocalizedString(@"SEC_ITEM_UPDATE_STATUS", nil), [self keychain
```

```
ErrorToString:status]];
            [self printResult:self.textView message:msg];
            if (status == -26276) {
                NSLog(@"按了取消键");
            }
            else if (status == 0)
            {
                NSLog(@"验证成功之后cauozuo");
            }
            else
            {
                NSLog(@"其他操作");
            }
            NSLog(@"------（%d）",(int)status);
        });
}

- (void)didReceiveMemoryWarning {
    [super didReceiveMemoryWarning];
    // Dispose of any resources that can be recreated.
}

- (void)printResult:(UITextView*)textView message:(NSString*)msg
{
    dispatch_async(dispatch_get_main_queue(), ^{
        textView.text = [textView.text stringByAppendingString:[NSString stringWith
Format:@"%@\n",msg]];
        [textView scrollRangeToVisible:NSMakeRange([textView.text length], 0)];
    });
}

- (NSString *)keychainErrorToString: (NSInteger)error
{

    NSString *msg = [NSString stringWithFormat:@"%ld",(long)error];

    switch (error) {
        case errSecSuccess:
            msg = NSLocalizedString(@"SUCCESS", nil);
            break;
        case errSecDuplicateItem:
            msg = NSLocalizedString(@"ERROR_ITEM_ALREADY_EXISTS", nil);
            break;
        case errSecItemNotFound :
            msg = NSLocalizedString(@"ERROR_ITEM_NOT_FOUND", nil);
            break;
        case -26276:
            msg = NSLocalizedString(@"ERROR_ITEM_AUTHENTICATION_FAILED", nil);

        default:
            break;
    }

    return msg;
}
@end
```

32.5 实战演练——Touch ID认证的综合演练

在本节内容中，将通过一个具体实例的实现过程，详细讲解在iOS应用程序中调用Touch ID认证功能的过程。

实例32-1	Touch ID认证的综合演练
源码与视频路径	光盘:\daima\32\KeychainTouch

（1）打开Xcode 6，然后创建一个名为“TouchIDDemo”的工程，并导入“LocalAuthentication.framework”框架，工程的最终目录结构如图32-19所示。

（2）在Xcode 6的Main.storyboard面板中设计UI界面，在第一个界面列表显示系统的验证选项，在第二个界面中设置密钥，在第三个界面中设置指纹验证，如图32-20所示。

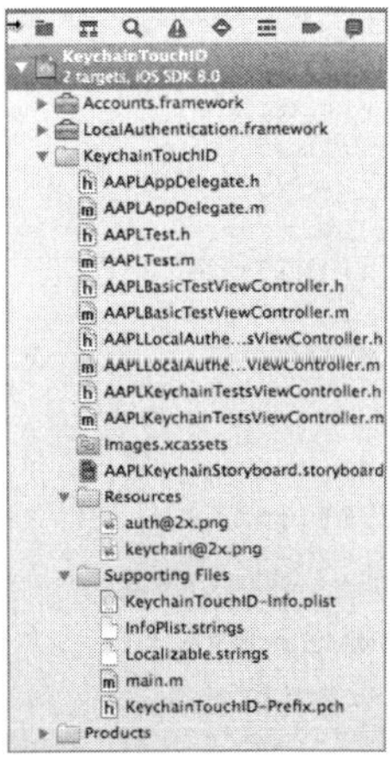

图32-19 工程的目录结构

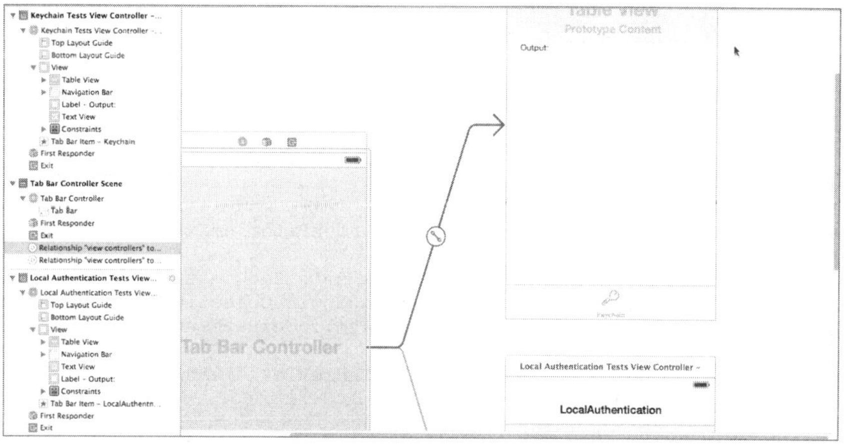

图32-20 Main.storyboard面板

（3）系统的公用文件是AAPLTest.h和AAPLTest.m，功能是定义如下所示的变量，具体实现代码如下所示：

```
@interface AAPLTest : NSObject
- (instancetype)initWithName:(NSString *)name details:(NSString *)details
selector:(SEL)method;
@property (nonatomic) NSString *name;
@property (nonatomic) NSString *details;
@property (nonatomic) SEL method;

@end
```

（4）文件AAPLBasicTestViewController.m的功能是，通过UITableViewCell控件列表显示SELECT_TEST等和Touch ID操作相关的列表项。文件AAPLBasicTestViewController.m的具体实现代码如下所示：

```
#import "AAPLBasicTestViewController.h"
#import "AAPLTest.h"
@interface AAPLBasicTestViewController ()
@end
@implementation AAPLBasicTestViewController

- (instancetype)initWithNibName:(NSString *)nibNameOrNil bundle:(NSBundle *)nibBundleOrNil
{
    self = [super initWithNibName:nibNameOrNil bundle:nibBundleOrNil];
    return self;
}
- (void)viewDidLoad
{
    [super viewDidLoad];
}
#pragma mark - UITableViewDataSource

- (NSInteger)numberOfSectionsInTableView:(UITableView *)aTableView
{
    return 1;
}
- (NSInteger)tableView:(UITableView *)tableView numberOfRowsInSection:(NSInteger)section
{
    return [self.tests count];
```

```
}
- (NSString *)tableView:(UITableView *)aTableView titleForHeaderInSection:(NSInteger)section
{
    return NSLocalizedString(@"SELECT_TEST", nil);
}
- (AAPLTest*)testForIndexPath:(NSIndexPath *)indexPath
{
    if (indexPath.section > 0 || indexPath.row >= self.tests.count) {
        return nil;
    }

    return [self.tests objectAtIndex:indexPath.row];
}
- (void)tableView:(UITableView *)tableView didSelectRowAtIndexPath:(NSIndexPath
*)indexPath
{
    AAPLTest *test = [self testForIndexPath:indexPath];

    // invoke the selector with the selected test
    [self performSelector:test.method withObject:nil afterDelay:0.0f];
    [tableView deselectRowAtIndexPath:indexPath animated:YES ];
}
- (UITableViewCell *)tableView:(UITableView *)tableView cellForRowAtIndexPath:
(NSIndexPath *)indexPath
{
    static NSString *cellIdentifier = @"TestCell";

    UITableViewCell *cell = [tableView
    dequeueReusableCellWithIdentifier:cellIdentifier];
    if (cell == nil) {
        cell = [[UITableViewCell alloc] initWithStyle:UITableViewCellStyleSubtitle
        reuseIdentifier:cellIdentifier];
    }

    AAPLTest *test = [self testForIndexPath:indexPath];
    cell.textLabel.text = test.name;
    cell.detailTextLabel.text = test.details;

    return cell;
}

- (void)printResult:(UITextView*)textView message:(NSString*)msg
{
    dispatch_async(dispatch_get_main_queue(), ^{
        //update the result in the main queue because we may be calling from asynchronous
        block
        textView.text = [textView.text stringByAppendingString:[NSString
        stringWithFormat:@"%@\n",msg]];
        [textView scrollRangeToVisible:NSMakeRange([textView.text length], 0)];
    });
}
@end
```

（5）文件AAPLKeychainTestsViewController.m的功能是实现密钥验证功能，分别提供了Touch ID功能的远程服务器的密钥验证功能、SEC密钥复制匹配状态、密钥更新、SEC密钥状态更新、删除密钥。文件AAPLKeychainTestsViewController.m的具体实现代码如下所示：

```
#import "AAPLKeychainTestsViewController.h"
@import Security;
@interface AAPLKeychainTestsViewController ()
@end
@implementation AAPLKeychainTestsViewController
- (void)viewDidLoad
{
    [super viewDidLoad];

    // prepare the actions whch ca be tested in this class
    self.tests = @[
```

```
                [[AAPLTest alloc] initWithName:NSLocalizedString(@"ADD_ITEM", nil)
details:@"Using SecItemAdd()" selector:@selector(addItemAsync)],
                [[AAPLTest alloc] initWithName:NSLocalizedString(@"QUERY_FOR_ITEM",
nil) details:@"Using SecItemCopyMatching()" selector:@selector(copyMatchingAsync)],
                [[AAPLTest alloc] initWithName:NSLocalizedString(@"UPDATE_ITEM", nil)
details:@"Using SecItemUpdate()" selector:@selector(updateItemAsync)],
                [[AAPLTest alloc] initWithName:NSLocalizedString(@"DELETE_ITEM", nil)
details:@"Using SecItemDelete()" selector:@selector(deleteItemAsync)]

                ];

}

- (void)viewWillAppear:(BOOL)animated
{
    [super viewWillAppear:animated];
    [self.textView scrollRangeToVisible:NSMakeRange([_textView.text length], 0)];
}

-(void)viewDidLayoutSubviews
{
    // 只需要设置适当大小的基于内容的外观
    CGFloat height = MIN(self.view.bounds.size.height, self.tableView.contentSize.height);
    self.dynamicViewHeight.constant = height;
    [self.view layoutIfNeeded];
}


#pragma mark - Tests

- (void)copyMatchingAsync
{
    NSDictionary *query = @{
                            (__bridge id)kSecClass: (__bridge id)kSecClassGeneric
Password,
                            (__bridge id)kSecAttrService: @"SampleService",
                            (__bridge id)kSecReturnData: @YES,
                            (__bridge id)kSecUseOperationPrompt: NSLocalizedString
(@"AUTHENTICATE_TO_ACCESS_SERVICE_PASSWORD", nil)
                            };


    dispatch_async(dispatch_get_global_queue( DISPATCH_QUEUE_PRIORITY_DEFAULT, 0),
^(void){
        CFTypeRef dataTypeRef = NULL;

        OSStatus status = SecItemCopyMatching((__bridge CFDictionaryRef)(query),
        &dataTypeRef);
        NSData *resultData = (__bridge NSData *)dataTypeRef;
        NSString * result = [[NSString alloc] initWithData:resultData
        encoding:NSUTF8StringEncoding];

        NSString *msg = [NSString stringWithFormat:NSLocalizedString(@"SEC_ITEM_
        COPY_MATCHING_STATUS", nil), [self keychainErrorToString:status]];
        if (resultData)
            msg = [msg stringByAppendingString:[NSString
            stringWithFormat:NSLocalizedString(@"RESULT", nil), result]];
        [self printResult:self.textView message:msg];
    });
}
//更新SEC密钥
- (void)updateItemAsync
{
    NSDictionary *query = @{
                            (__bridge id)kSecClass: (__bridge id)kSecClassGeneric
Password,
                            (__bridge id)kSecAttrService: @"SampleService",
                            (__bridge id)kSecUseOperationPrompt: @"更新密码进行身份验证"
                            };
```

```
    NSDictionary *changes = @{
                              (__bridge id)kSecValueData: [@"UPDATED_SECRET_PASSWORD_
TEXT" dataUsingEncoding:NSUTF8StringEncoding]
                              };

    dispatch_async(dispatch_get_global_queue( DISPATCH_QUEUE_PRIORITY_DEFAULT, 0),
^(void){
        OSStatus status = SecItemUpdate((__bridge CFDictionaryRef)query, (__bridge
CFDictionaryRef)changes);
        NSString *msg = [NSString stringWithFormat:NSLocalizedString(@"SEC_ITEM_UPDATE_
STATUS", nil), [self keychainErrorToString:status]];
        [super printResult:self.textView message:msg];
    });
}
//添加新的密钥
- (void)addItemAsync
{
    CFErrorRef error = NULL;
    SecAccessControlRef sacObject;

    // 如果不用 kSecAttrAccessibleWhenUnlocked，则删除密钥无效
    sacObject = SecAccessControlCreateWithFlags(kCFAllocatorDefault,
    kSecAttrAccessibleWhenPasscodeSet ThisDeviceOnly,
                                                kSecAccessControlUserPresence, &error);
    if(sacObject == NULL || error != NULL)
    {
        NSLog(@"can't create sacObject: %@", error);
        self.textView.text = [_textView.text stringByAppendingString:[NSString string
WithFormat:NSLocalizedString(@"SEC_ITEM_ADD_CAN_CREATE_OBJECT", nil), error]];
        return;
    }

    // 如果我们想要操作的密钥认证失败，则弹出kSecUseNoAuthenticationUI界面
    NSDictionary *attributes = @{
                                 (__bridge id)kSecClass: (__bridge id)kSecClass
GenericPassword,
                                 (__bridge id)kSecAttrService: @"SampleService",
                                 (__bridge id)kSecValueData: [@"SECRET_
PASSWORD_TEXT" dataUsingEncoding:NSUTF8StringEncoding],
                                 (__bridge id)kSecUseNoAuthenticationUI: @YES,
                                 (__bridge id)kSecAttrAccessControl: (__bridge id)sac
Object
                                 };

    dispatch_async(dispatch_get_global_queue( DISPATCH_QUEUE_PRIORITY_DEFAULT, 0),
^(void){
        OSStatus status =  SecItemAdd((__bridge CFDictionaryRef)attributes, nil);

        NSString *msg = [NSString stringWithFormat:NSLocalizedString(@"SEC_ITEM_ADD_
STATUS", nil), [self keychainErrorToString:status]];
        [self printResult:self.textView message:msg];
    });
}
//删除密钥
- (void)deleteItemAsync
{
    NSDictionary *query = @{
                            (__bridge id)kSecClass: (__bridge id)kSecClassGeneric
Password,
                            (__bridge id)kSecAttrService: @"SampleService"
                            };

    dispatch_async(dispatch_get_global_queue(DISPATCH_QUEUE_PRIORITY_DEFAULT, 0),
^(void){
        OSStatus status = SecItemDelete((__bridge CFDictionaryRef)(query));

        NSString *msg = [NSString stringWithFormat:NSLocalizedString(@"SEC_ITEM_
```

```
            DELETE_STATUS", nil), [self keychainErrorToString:status]];
            [super printResult:self.textView message:msg];
        });
}


//下面是异常处理
#pragma mark - Tools

- (NSString *)keychainErrorToString: (NSInteger)error
{

    NSString *msg = [NSString stringWithFormat:@"%ld",(long)error];

    switch (error) {
        case errSecSuccess:
            msg = NSLocalizedString(@"SUCCESS", nil);
            break;
        case errSecDuplicateItem:
            msg = NSLocalizedString(@"ERROR_ITEM_ALREADY_EXISTS", nil);
            break;
        case errSecItemNotFound :
            msg = NSLocalizedString(@"ERROR_ITEM_NOT_FOUND", nil);
            break;
        case -26276: // this error will be replaced by errSecAuthFailed
            msg = NSLocalizedString(@"ERROR_ITEM_AUTHENTICATION_FAILED", nil);

        default:
            break;
    }

    return msg;
}
@end
```

（6）文件AAPLLocalAuthenticationTestsViewController.m的功能是，在项目中展示并调用Local Authentication指纹验证功能，显示authentication UI验证界面，获取指纹成功后，将实现指纹验证功能。文件AAPLLocalAuthenticationTestsViewController.m的具体实现代码如下所示：

```
#import "AAPLLocalAuthenticationTestsViewController.h"
@import LocalAuthentication;
@interface AAPLLocalAuthenticationTestsViewController ()

@end
@implementation AAPLLocalAuthenticationTestsViewController
- (void)viewDidLoad
{
    [super viewDidLoad];

    // prepare the actions whch ca be tested in this class
    self.tests = @[
                [[AAPLTest alloc] initWithName:NSLocalizedString(@"TOUCH_ID_ PREFLIGHT",
nil) details:@"Using canEvaluatePolicy:" selector:@selector(canEvaluatePolicy)],
                [[AAPLTest alloc] initWithName:NSLocalizedString(@"TOUCH_ID", nil)
details:@"Using evaluatePolicy:" selector:@selector(evaluatePolicy)]
                ];
}

- (void)viewWillAppear:(BOOL)animated
{
    [super viewWillAppear:animated];
    [self.textView scrollRangeToVisible:NSMakeRange([_textView.text length], 0)];
}

-(void)viewDidLayoutSubviews
{
    // 只需要设置适当大小的基于内容的表观
    CGFloat height = MIN(self.view.bounds.size.height,
```

```
        self.tableView.contentSize.height);
        self.dynamicViewHeight.constant = height;
        [self.view layoutIfNeeded];
    }

#pragma mark - Tests

- (void)canEvaluatePolicy
{
    LAContext *context = [[LAContext alloc] init];
    __block  NSString *msg;
    NSError *error;
    BOOL success;

    // 演示如何使用可用和可注册的Touch ID
    success = [context canEvaluatePolicy:
    LAPolicyDeviceOwnerAuthenticationWithBiometrics error:&error];
    if (success) {
        msg =[NSString stringWithFormat:NSLocalizedString(@"TOUCH_ID_IS_AVAILABLE",
nil)];
    } else {
        msg =[NSString stringWithFormat:NSLocalizedString(@"TOUCH_ID_IS_NOT_AVAILABLE",
nil)];
    }
    [super printResult:self.textView message:msg];

}

- (void)evaluatePolicy
{
    LAContext *context = [[LAContext alloc] init];
    __block  NSString *msg;

    // 显示authentication UI验证界面
    [context evaluatePolicy:LAPolicyDeviceOwnerAuthenticationWithBiometrics localized
Reason: NSLocalizedString(@"UNLOCK_ACCESS_TO_LOCKED_FATURE", nil) reply:
     ^(BOOL success, NSError *authenticationError) {
         if (success) {
             msg =[NSString stringWithFormat:NSLocalizedString(@"EVALUATE_POLICY_
SUCCESS", nil)];
         } else {
             msg = [NSString stringWithFormat:NSLocalizedString
(@"EVALUATE_POLICY_WITH_ERROR", nil), authenticationError.
localizedDescription];
         }
         [self printResult:self.textView message:msg];
     }];

}

@end
```

到此为止，整个实例介绍完毕，执行后的效果如图32-21所示。

图32-21 执行效果

注意：要想验证调试本章中的实例代码，必须在iPhone 5S以上真机中进行测试。

第 33 章 游戏开发

根据专业统计机构的数据显示，在苹果商店提供的众多应用产品中，游戏数量排名第一。无论是iPhone还是iPad，iOS游戏为玩家提供了良好的用户体验。在本章内容中，将详细讲解使用Sprite Kit框架开发一个游戏项目的方法。希望读者仔细品味每一段代码，为自己在以后的开发应用工作打好基础。

33.1 Sprite Kit 框架基础

Sprite Kit是一个从iOS 7系统开始提供的一个2D游戏框架，在发布时被内置于iOS 7 SDK中。Sprite Kit中的对象被称为“材质精灵（简称为Sprite）”，支持很酷的特效，如视频、滤镜、遮罩等，并且内置了物理引擎库。在本节的内容中，将详细讲解Sprite Kit的基本知识。

33.1.1 Sprite Kit 的优点和缺点

在iOS平台中，通过Sprite Kit制作2D游戏的主要优点如下所示。

（1）内置于iOS，因此，不需要再额外下载类库也不会产生外部依赖。它是苹果官方编写的，所以，可以确信它会被良好支持和持续更新。

（2）为纹理贴图集和粒子提供了内置的工具。

（3）可以让你做一些用其他框架很难甚至不可能做到的事情，例如，把视频当作Sprites来使用或者实现很炫的图片效果和遮罩。

在iOS平台中，通过Sprite Kit制作2D游戏的主要缺点如下所示。

（1）如果使用了Sprite Kit，那么游戏就会被限制在iOS系统上。可能永远也不会知道自己的游戏是否会在Android平台上变成热门。

（2）因为Sprite Kit刚起步，所以，现阶段可能没有像其他框架那么多的实用特性，如Cocos2D 的某些细节功能。

（3）不能直接编写OpenGL代码。

33.1.2 Sprite Kit、Cocos2D、Cocos2D-X 和 Unity 的选择

在iOS平台中，主流的二维游戏开发框架有Sprite Kit、Cocos2D、Cocos2D-X和Unity。读者在开发游戏项目时，可以根据如下原则来选择游戏框架。

（1）如果是一个新手，或只专注于iOS平台，那么建议选择Sprite Kit。因为Sprite Kit是iOS内置框架，简单易学。

（2）如果需要编写自己的OpenGL代码，则建议使用Cocos2D或者尝试其他的引擎，因为Sprite Kit当前并不支持OpenGL。

（3）如果想要制作跨平台的游戏，请选择Cocos2D-X或者Unity。Cocos2D-X的好处是几乎面面俱到，为2D游戏而构建，几乎可以用它做任何你想做的事情。Unity的好处是可以带来更大的灵活性，例如，可以为你的游戏添加一些3D元素，尽管你在用它制作2D游戏时不得不经历一些小麻烦。

33.1.3 实战演练——开发一个 Sprite Kit 游戏程序

在接下来的内容中，将通过一个具体实例的实现过程，详细讲解开发一个Sprite Kit游戏项目的过程。在本实例中，用到了UIImageView控件、Label控件和Toolbar控件。

实例33-1	开发一个Sprite Kit游戏程序
源码与视频路径	光盘:\daima\33\SpriteKitSimpleGame

（1）打开Xcode 6，单击“Create a new Xcode Project”创建一个工程文件，如图33-1所示。

（2）在弹出的界面中，在左侧栏目中选择iOS下的“Application”选项，在右侧选择“Game”，然后单击“Next”选项，如图33-2所示。

图33-1 新创建一个工程文件

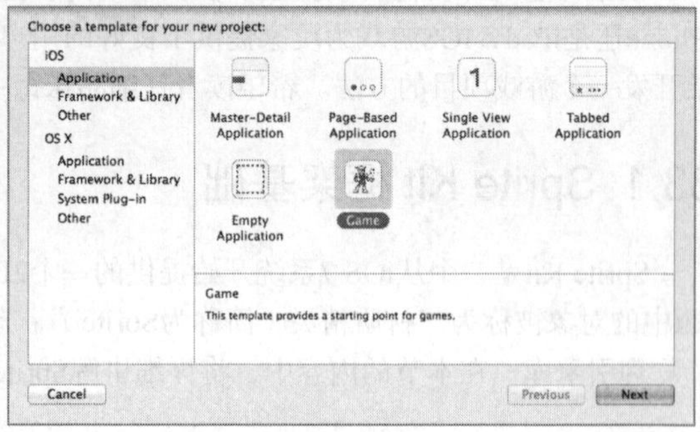

图33-2 创建一个“Game”工程

（3）在弹出的界面中设置各个选项值，在“Language”选项中设置编程语言为“Objective-C”，设置“Game Technology”选项为“SpriteKit”，然后单击“Next”按钮，如图33-3所示。

（4）在弹出的界面中设置当前工程的保存路径，如图33-4所示。

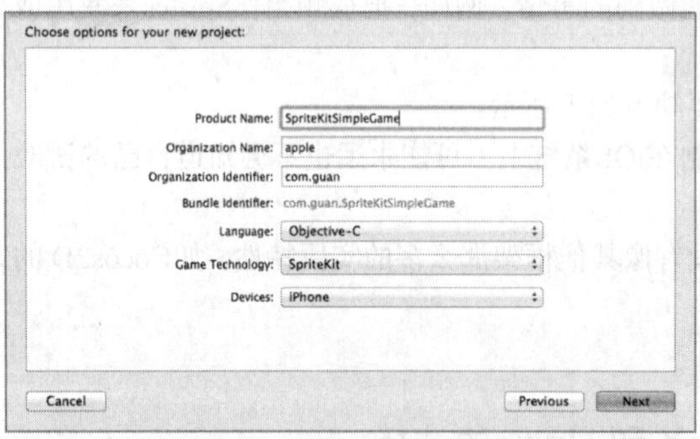

图33-3 设置编程语言为“Objective-C”

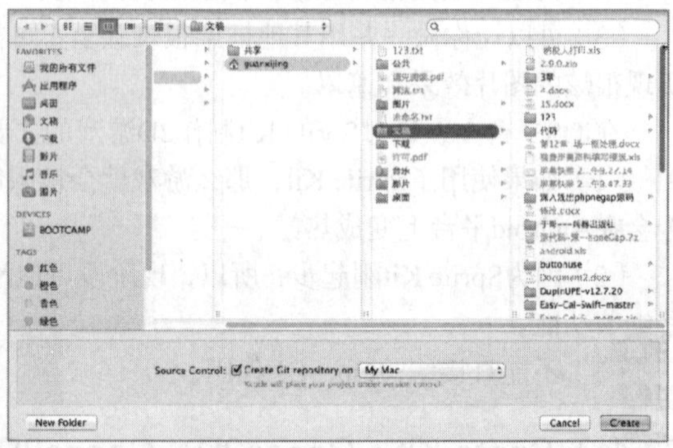

图33-4 设置保存路径

（5）单击“Create”按钮后将创建一个Sprite Kit工程，工程的目录结构如图33-5所示。

就像Cocos2D一样，Sprite Kit被组织在Scene（场景）之上。Scene是一种类似于“层级”或者“屏幕”的概念。举个例子，可以同时创建两个Scene，一个位于游戏的主显示区域，第一个可以用作游戏地图展示放在其他区域，两者是并列的关系。

在自动生成的工程目录中会发现，Sprite Kit的模板已经默认创建了一个Scene——MyScene。打开文件MyScene.m后会看到它包含了一些代码，这些代码实现了如下两个功能。

- ❑ 把一个Label放到屏幕上。
- ❑ 在屏幕上随意点按时添加旋转的飞船。

（6）在项目导航栏中单击SpriteKitSimpleGame项目，选中对应的“target”。然后在Deployment Info区域内取消Orientation中Portrait（竖屏）的勾选，这样就只有Landscape Left 和 Landscape Right 是被选中的，如图33-6所示。

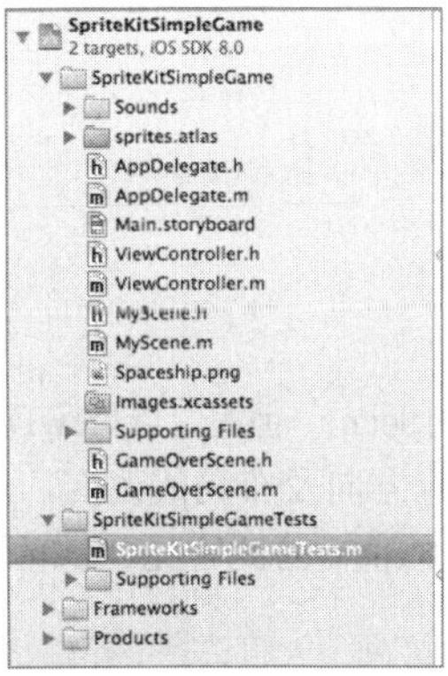

图33-5 工程的目录结构

图33-6 切换成竖屏方向运行

（7）修改文件MyScene.m的内容，修改后的代码如下所示：

```
#import "MyScene.h"
// 1
@interface MyScene ()
@property (nonatomic) SKSpriteNode * player;
@end
@implementation MyScene
-(id)initWithSize:(CGSize)size {
    if (self = [super initWithSize:size]) {

        // 2
        NSLog(@"Size: %@", NSStringFromCGSize(size));

        // 3
        self.backgroundColor = [SKColor colorWithRed:1.0 green:1.0 blue:1.0 alpha:1.0];

        // 4
        self.player = [SKSpriteNode spriteNodeWithImageNamed:@"player"];
        self.player.position = CGPointMake(100, 100);
        [self addChild:self.player];

    }
    return self;
}
@end
```

对上述代码的具体说明如下所示。

- 创建一个当前类的private（私有访问权限）声明，为player声明一个私有的变量（即忍者），这就是即将要添加到Scene上0的sprite对象。
- 在控制台输出当前Scene的大小，这样做的原因稍后会看到。
- 设置当前Scene的背景颜色，在Sprite Kit中只需要设置当前Scene的backgoundColor属性即可。这里设置成白色的。
- 添加一个Sprite到Scene上面也很简单，在此只需要调用方法spriteNodeWithImageNamed把对应图片素材的名字作为参数传入即可。然后设置这个Sprite的位置，调用方法addChild把它添加到当前Scene上。把Sprite的位置设置成(100,100)，这一位置在屏幕左下角的右上方一点。

（8）打开文件ViewController.m，原来viewDidLoad方法的代码如下所示：

```
- (void)viewDidLoad
{
    [super viewDidLoad];
    // Configure the view.
    SKView * skView = (SKView *)self.view;
    skView.showsFPS = YES;
    skView.showsNodeCount = YES;

    // Create and configure the scene.
    SKScene * scene = [MyScene sceneWithSize:skView.bounds.size];
    scene.scaleMode = SKSceneScaleModeAspectFill;

    // Present the scene.
    [skView presentScene:scene];
}
```

通过上述代码，从skView的bounds属性获取了Size，创建了相应大小的Scene。但是，当viewDidLoad方法被调用时，skView还没有被加到View的层级结构上，因而它不能响应方向及布局的改变。所以，skView的bounds属性此时还不是它横屏后的正确值，而是默认竖屏所对应的值。由此可见，此时不是初始化Scene的好时机。

所以，需要后移上述初始化方法的运行时机，通过如下所示的方法来替换viewDidLoad：

```
- (void)viewWillLayoutSubviews
{
    [super viewWillLayoutSubviews];
    // Configure the view.
    SKView * skView = (SKView *)self.view;
    if (!skView.scene) {
      skView.showsFPS = YES;
      skView.showsNodeCount = YES;

      // Create and configure the scene.
      SKScene * scene = [MyScene sceneWithSize:skView.bounds.size];
      scene.scaleMode = SKSceneScaleModeAspectFill;

      // Present the scene.
      [skView presentScene:scene];
    }
}
```

此时运行后会在屏幕中显示一个忍者，如图33-7所示。

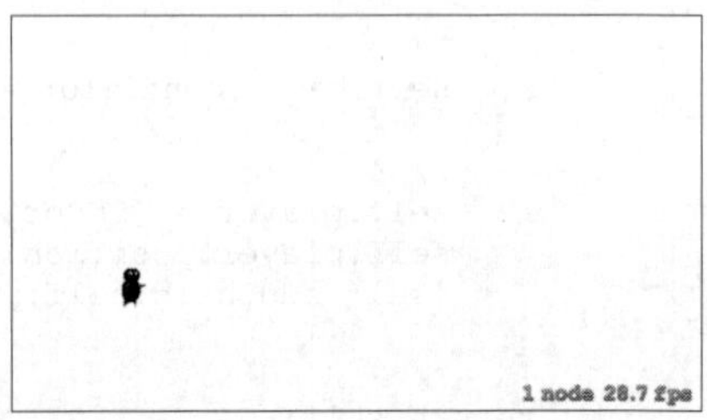

图33-7　显示一个忍者

（9）接下来需要把一些怪物添加到Scene上，与现有的忍者形成战斗场景。为了使游戏更有意思，怪兽应该是移动的，否则游戏就毫无挑战性可言了！那么，让我们在屏幕的右侧一点创建怪兽，然后为它们设置Action使它们能够向左移动。首先在文件MyScene.m中添加如下所示的方法：

```
- (void)addMonster {
    // 创建怪物Sprite
    SKSpriteNode * monster = [SKSpriteNode spriteNodeWithImageNamed:@"monster"];

    // 决定怪物在竖直方向上的出现位置
    int minY = monster.size.height / 2;
    int maxY = self.frame.size.height - monster.size.height / 2;
    int rangeY = maxY - minY;
    int actualY = (arc4random() % rangeY) + minY;

    // Create the monster slightly off-screen along the right edge,
    // and along a random position along the Y axis as calculated above
    monster.position = CGPointMake(self.frame.size.width + monster.size.width/2, actualY);
    [self addChild:monster];

    // 设置怪物的速度
```

```
    int minDuration = 2.0;
    int maxDuration = 4.0;
    int rangeDuration = maxDuration - minDuration;
    int actualDuration = (arc4random() % rangeDuration) + minDuration;

    // Create the actions
    SKAction * actionMove = [SKAction moveTo:CGPointMake(-monster.size.width/2, actualY)
duration:actualDuration];
    SKAction * actionMoveDone = [SKAction removeFromParent];
    [monster runAction:[SKAction sequence:@[actionMove, actionMoveDone]]];
}
```

在上述代码中，首先做一些简单的计算来创建怪物对象，为它们设置合适的位置，并且用和忍者Sprite（player）一样的方式把它们添加到Scene上，并在相应的位置出现。接下来添加Action，Sprite Kit提供了一些超级实用的内置Action，如移动、旋转、淡出、动画等。这里要在怪物身上添加如下所示的3种Aciton。

- ❑ moveTo:duration：这个Action用来让怪物对象从屏幕左侧直接移动到右侧。值得注意的是你可以自己定义移动持续的时间。在这里怪物的移动速度会随机分布在2到4秒之间。
- ❑ removeFromParent：Sprite Kit有一个方便的Action能让一个node从它的父母节点上移除。当怪物不再可见时，可以用这个Action来把它从Scene上移除。移除操作很重要，因为如果不这样做你会面对无穷无尽的怪物而最终它们会耗尽iOS设备的所有资源。
- ❑ Sequence：Sequence（系列）Action允许把很多Action连到一起按顺序运行，同一时间仅会执行一个Action。用这种方法，你可以先运行moveTo: 这个Action让怪物先移动，当移动结束时继续运行removeFromParent: 这个Action把怪物从Scene上移除。

然后调用addMonster方法来创建怪物，为了让游戏再有趣一点，设置让怪物们持续不断地涌现出来。Sprite Kit不能像Cocos2D一样设置一个每几秒运行一次的回调方法。它也不能传递一个增量时间参数给update方法。然而可以用一小段代码来模仿类似的定时刷新方法。首先把这些属性添加到MyScene.m的私有声明里：

```
@property (nonatomic) NSTimeInterval lastSpawnTimeInterval;
@property (nonatomic) NSTimeInterval lastUpdateTimeInterval;
```

使用属性lastSpawnTimeInterval来记录上一次生成怪物的时间，使用属性lastUpdateTimeInterval来记录上一次更新的时间。

（10）编写一个每帧都会调用的方法，这个方法的参数是上次更新后的时间增量。由于它不会被默认调用，所以，需要在下一步编写另一个方法来调用它：

```
- (void)updateWithTimeSinceLastUpdate:(CFTimeInterval)timeSinceLast {
    self.lastSpawnTimeInterval += timeSinceLast;
    if (self.lastSpawnTimeInterval &gt; 1) {
        self.lastSpawnTimeInterval = 0;
        [self addMonster];
    }
}
```

在这里只是简单地把上次更新后的时间增量加给lastSpawnTimeInterval，一旦它的值大于一秒，就要生成一个怪物然后重置时间。

（11）添加如下方法来调用上面的updateWithTimeSinceLastUpdate方法：

```
- (void)update:(NSTimeInterval)currentTime {
    // 获取时间增量
    // 如果我们运行的每秒帧数低于60，依然希望一切和每秒60帧移动的位移相同
    CFTimeInterval timeSinceLast = currentTime - self.lastUpdateTimeInterval;
    self.lastUpdateTimeInterval = currentTime;
    if (timeSinceLast &gt; 1) { // 如果上次更新后得时间增量大于1秒
        timeSinceLast = 1.0 / 60.0;
        self.lastUpdateTimeInterval = currentTime;
    }
    [self updateWithTimeSinceLastUpdate:timeSinceLast];
```

```
}
```

update: Sprite Kit会在每帧自动调用这个方法。

到此为止，所有的代码实际上源自苹果的Adventure范例。系统会传入当前的时间，我们可以据此来计算出上次更新后的时间增量。此处需要注意的是，这里做了一些必要的检查，如果出现意外致使更新的时间间隔变得超过1秒，这里会把间隔重置为1/60秒来避免发生奇怪的情况。

如果此时编译运行，会看到怪物们在屏幕上移动着，如图33-8所示。

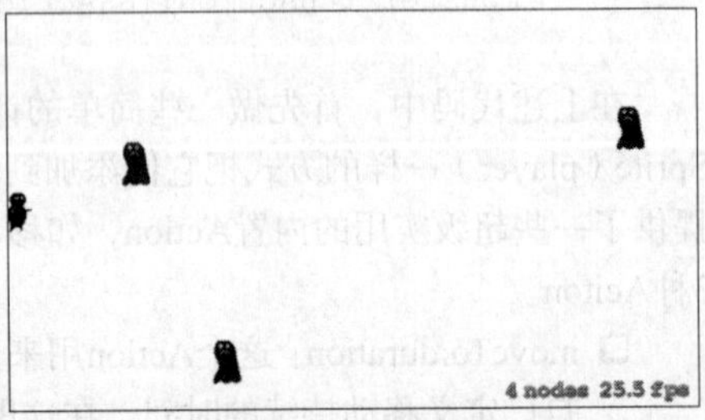

图33-8　移动的Sprite对象

（12）接下来开始为这些忍者精灵添加一些动作，如攻击动作。攻击的实现方式有很多种，但在这个游戏里攻击会在玩家单击屏幕时触发，忍者会朝着点按的方向发射一个子弹。本项目使用moveTo:action动作来实现子弹的前期运行动画，为了实现它需要一些数学运算。这是因为moveTo需要传入子弹运行轨迹的终点，由于用户点按触发的位置仅代表了子弹射出的方向，显然不能直接将其当作运行终点。这样就算子弹超过了触摸点，也应该让子弹保持移动直到子弹超出屏幕为止。

子弹向量运算方法的标准实现代码如下所示：

```
static inline CGPoint rwAdd(CGPoint a, CGPoint b) {
    return CGPointMake(a.x + b.x, a.y + b.y);
}
static inline CGPoint rwSub(CGPoint a, CGPoint b) {
    return CGPointMake(a.x - b.x, a.y - b.y);
}
static inline CGPoint rwMult(CGPoint a, float b) {
    return CGPointMake(a.x * b, a.y * b);
}
static inline float rwLength(CGPoint a) {
    return sqrtf(a.x * a.x + a.y * a.y);
}
// 让向量的长度（模）等于1
static inline CGPoint rwNormalize(CGPoint a) {
    float length = rwLength(a);
    return CGPointMake(a.x / length, a.y / length);
}
```

（13）然后添加一个如下所示的新方法：

```
-(void)touchesEnded:(NSSet *)touches withEvent:(UIEvent *)event {

    // 1 - 选择其中的一个touch对象
    UITouch * touch = [touches anyObject];
    CGPoint location = [touch locationInNode:self];

    // 2 - 初始化子弹的位置
    SKSpriteNode * projectile = [SKSpriteNode spriteNodeWithImageNamed:@"projectile"];
    projectile.position = self.player.position;

    // 3- 计算子弹移动的偏移量
    CGPoint offset = rwSub(location, projectile.position);

    // 4 - 如果子弹是向后射的，那就不做任何操作直接返回
    if (offset.x &lt;= 0) return;

    // 5 - 好了，把子弹添加上，我们已经检查了两次位置了
    [self addChild:projectile];
    // 6 - 获取子弹射出的方向
    CGPoint direction = rwNormalize(offset);

    // 7 - 让子弹射得足够远来确保它到达屏幕边缘
    CGPoint shootAmount = rwMult(direction, 1000);
```

```
    // 8 - 把子弹的位移加到它现在的位置上
    CGPoint realDest = rwAdd(shootAmount, projectile.position);

    // 9 - 创建子弹发射的动作
    float velocity = 480.0/1.0;
    float realMoveDuration = self.size.width / velocity;
    SKAction * actionMove = [SKAction moveTo:realDest duration:realMoveDuration];
    SKAction * actionMoveDone = [SKAction removeFromParent];
    [projectile runAction:[SKAction sequence:@[actionMove, actionMoveDone]]];
}
```

对上述代码的具体说明如下所示。

- Sprite Kit包括了UITouch类的一个category扩展，有两个方法locationInNode和previousLocationInNode，它们可以让你获取到一次触摸操作相对于某个SKNode对象的坐标体系的坐标。
- 然后创建一个子弹，并且把它放在忍者发射它的地方。此时还没有把它添加到Scene上，原因是还需要做一些合理性检查工作，本游戏项目不允许玩家向后发射子弹。
- 把触摸的坐标和子弹当前的位置做减法来获得相应的向量。
- 如果在x轴的偏移量小于零，则表示玩家在尝试向后发射子弹。这是游戏里不允许的，不做任何操作直接返回。
- 如果没有向后发射，那么就把子弹添加到Scene上。
- 调用rwNormalize方法把偏移量转换成一个单位的向量（即长度为1），这会使得在同一个方向上生成一个固定长度的向量更容易，因为1乘以它本身的长度还是等于它本身的长度。
- 把想要发射的方向上的单位向量乘以1000，然后赋值给shootAmount。
- 为了知道子弹从哪里飞出屏幕，需要把上一步计算好的shootAmount与当前的子弹位置做加法。
- 最后创建moveTo和removeFromParent 这两个Action。

（14）接下来把Sprite Kit的物理引擎引入到游戏中，目的是监测怪物和子弹的碰撞。在之前需要做如下所示的准备工作。

- 创建物理体系（physics world）：一个物理体系是用来进行物理计算的模拟空间，它是被默认创建在Scene上的，可以配置一些它的属性，如重力。
- 为每个Sprite创建物理上的外形：在Sprite Kit中，可以为每个Sprite关联一个物理形状来实现碰撞监测功能，并且可以直接设置相关的属性值。这个“形状”就叫做“物理外形”（physics body）。

注意： 物理外形可以不必与Sprite自身的形状（即显示图像）一致。相对于Sprite自身形状来说，通常物理外形更简单，只需要差不多就可以，并不要精确到每个像素点，而这已经足够适用大多数游戏了。

- 为碰撞的两种sprite（即子弹和怪物）分别设置对应的种类（category）。这个种类是你需要设置的物理外形的一个属性，它是一个“位掩码”（bitmask）用来区分不同的物理对象组。在这个游戏中，将会有两个种类：一个是子弹的，另一个是怪物的。当这两种Sprite的物理外形发生碰撞时，可以根据category很简单地区分出它们是子弹还是怪物，然后针对不同的Sprite来做不同的处理。
- 设置一个关联的代理：可以为物理体系设置一个与之相关联的代理，当两个物体发生碰撞时来接收通知。这里将要添加一些有关于对象种类判断的代码，用来判断到底是子弹还是怪物，然后会为它们增加碰撞的声音等效果。

开始碰撞监测和物理特性的实现，首先添加两个常量开始，将它们添加到文件MyScene.m中：

```
static const uint32_t projectileCategory = 0x1 &lt;&lt; 0;
static const uint32_t monsterCategory = 0x1 &lt;&lt; 1;
```

此处设置了两个种类，一个是子弹的，另一个是怪物的。

然后在initWithSize方法中把忍者加到Scene的代码后面，再加入如下所示的两行代码：

```
self.physicsWorld.gravity = CGVectorMake(0,0);
self.physicsWorld.contactDelegate = self;
```

这样设置了一个没有重力的物理体系，为了接收到两个物体碰撞的消息需要把当前的Scene设为它的代理。

在方法addMonster中创建完怪物后，添加如下所示的代码：

```
monster.physicsBody = [SKPhysicsBody bodyWithRectangleOfSize:monster.size]; // 1
monster.physicsBody.dynamic = YES; // 2
monster.physicsBody.categoryBitMask = monsterCategory; // 3
monster.physicsBody.contactTestBitMask = projectileCategory; // 4
monster.physicsBody.collisionBitMask = 0; // 5
```

对上述代码的具体说明如下所示。

- 为怪物Sprite创建物理外形。此处这个外形被定义成和怪物Sprite大小一致的矩形，与怪物自身大致相匹配。
- 将怪物物理外形的dynamic（动态）属性置为YES。这表示怪物的移动不会被物理引擎所控制。可以在这里不受影响而继续使用之前的代码（指之前怪物的移动Action）。
- 把怪物物理外形的种类掩码设为刚定义的 monsterCategory。
- 当发生碰撞时，当前怪物对象会通知它contactTestBitMask 这个属性所代表的category。这里应该把子弹的种类掩码projectileCategory赋给它。
- 属性collisionBitMask 表示哪些种类的对象与当前怪物对象相碰撞时，物理引擎要让其有所反应（如回弹效果）。

（15）添加一些如下所示的相似代码到touchesEnded:withEvent方法里，即在设置子弹位置的代码之后添加：

```
projectile.physicsBody=[SKPhysicsBody bodyWithCircleOfRadius:projectile.size.width/2];
projectile.physicsBody.dynamic = YES;
projectile.physicsBody.categoryBitMask = projectileCategory;
projectile.physicsBody.contactTestBitMask = monsterCategory;
projectile.physicsBody.collisionBitMask = 0;
projectile.physicsBody.usesPreciseCollisionDetection = YES;
```

（16）添加一个在子弹和怪物发生碰撞后会被调用的方法。这个方法不会被自动调用，将要在后面的步骤中调用它：

```
- (void)projectile:(SKSpriteNode *)projectile didCollideWithMonster:(SKSpriteNode
*)monster {
    NSLog(@"Hit");
    [projectile removeFromParent];
    [monster removeFromParent];
}
```

上述代码是为了在子弹和怪物发生碰撞时把它们从当前的Scene上移除。

（17）开始实现接触后代理方法，将下面的代码添加到文件中：

```
- (void)didBeginContact:(SKPhysicsContact *)contact
{
    // 1
    SKPhysicsBody *firstBody, *secondBody;

    if (contact.bodyA.categoryBitMask &lt; contact.bodyB.categoryBitMask)
    {
        firstBody = contact.bodyA;
        secondBody = contact.bodyB;
    }
    else
    {
        firstBody = contact.bodyB;
        secondBody = contact.bodyA;
    }
```

```
    // 2
    if ((firstBody.categoryBitMask &amp; projectileCategory) != 0 &amp;&amp;
        (secondBody.categoryBitMask &amp; monsterCategory) != 0)
    {
        [self projectile:(SKSpriteNode *) firstBody.node didCollideWithMonster:
        (SKSpriteNode *) secondBody.node];
    }
}
```

因为将当前的Scene设为了物理体系发生碰撞后的代理（contactDelegate），所以，上述方法会在两个物理外形发生碰撞时被调用（调用的条件还有它们的contactTestBitMasks属性也要被正确设置）。上述方法分成如下所示的两个部分。

- 方法的前一部分传给发生碰撞的两个物理外形（子弹和怪物），但是，不能保证它们会按特定的顺序传给你。所以，有一部分代码是用来把它们按各自的种类掩码进行排序的。这样你稍后才能针对对象种类做操作。这部分的代码来源于苹果官方Adventure例子。
- 方法的后一部分是用来检查这两个外形是否一个是子弹，另一个是怪物，如果是就调用刚刚写的方法（只把它们从Scene上移除的方法）。

（18）通过如下代码替换文件GameOverLayer.m中的原有代码：

```
#import "GameOverScene.h"
#import "MyScene.h"
@implementation GameOverScene
-(id)initWithSize:(CGSize)size won:(BOOL)won {
    if (self = [super initWithSize:size]) {

        // 1
        self.backgroundColor = [SKColor colorWithRed:1.0 green:1.0 blue:1.0 alpha:1.0];

        // 2
        NSString * message;
        if (won) {
            message = @"You Won!";
        } else {
            message = @"You Lose :[";
        }

        // 3
        SKLabelNode *label = [SKLabelNode labelNodeWithFontNamed:@"Chalkduster"];
        label.text = message;
        label.fontSize = 40;
        label.fontColor = [SKColor blackColor];
        label.position = CGPointMake(self.size.width/2, self.size.height/2);
        [self addChild:label];

        // 4
        [self runAction:
            [SKAction sequence:@[
                [SKAction waitForDuration:3.0],
                [SKAction runBlock:^{
                    // 5
                    SKTransition*reveal=[SKTransition flipHorizontalWithDuration:0.5];
                    SKScene * myScene = [[MyScene alloc] initWithSize:self.size];
                    [self.view presentScene:myScene transition: reveal];
                }]
            ]]
        ];

    }
    return self;
}
@end
```

对上述代码的具体说明如下所示。

- 将背景颜色设置为白色，与主要的Scene（MyScene）相同。
- 根据传入的输赢参数，设置弹出的消息字符串“You Won”或者“You Lose”。
- 演示在Sprite Kit下如何把文本标签显示到屏幕上，只需要选择字体然后设置一些参数即可。
- 创建并且运行一个系列类型动作，它包含两个子动作。第一个Action仅仅是等待3秒钟，然后会执行runBlock中的第二个Action来做一些立即会执行的操作。

上述代码实现了在Sprite Kit下实现转场（从现有场景转到新的场景）的方法。首先可以从多种转场特效动画中挑选一个自己喜欢的用来展示，这里选了一个0.5秒的翻转特效。然后创建即将要被显示的scene，使用self.view的presentScene:transition方法进行转场即可。

（19）把新的Scene引入到MyScene.m文件中，具体代码如下所示：

```
#import "GameOverScene.h"
```

然后在addMonster方法中用下面的Action替换最后一行的Action：

```
SKAction * loseAction = [SKAction runBlock:^{
    SKTransition *reveal = [SKTransition flipHorizontalWithDuration:0.5];
    SKScene * gameOverScene = [[GameOverScene alloc] initWithSize:self.size won:NO];
    [self.view presentScene:gameOverScene transition: reveal];
}];
[monster runAction:[SKAction sequence:@[actionMove, loseAction, actionMoveDone]]];
```

通过上述代码创建了一个新的“失败Action”用来展示游戏结束的场景，当怪物移动到屏幕边缘时游戏就结束运行。

到此为止，整个实例介绍完毕，执行后的效果如图33-9所示。

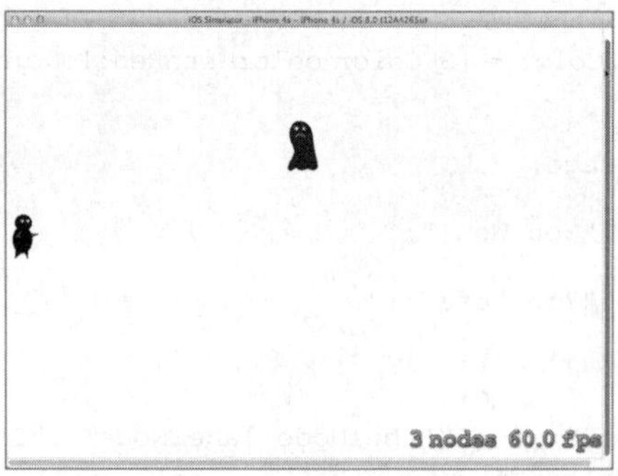

图33-9　执行效果

33.2 实战演练——开发一个四子棋游戏（基于 Swift 语言）

四子棋是一种益智的棋类游戏。黑白两方（也有其他颜色的棋子）在8×8的格子内依次落子。黑方为先手，白方为后手。落子规则为，每一列必须从最底下的一格开始。依此可向上一格落子。一方落子后另一方落子，依此轮次，直到游戏结束为止。

在本节内容中，将通过一个具体实例的实现过程，详细讲解使用Xcode 6.1+Sprite Kit开发一个四子棋游戏项目的过程，本实例是基于Swift语言实现的。

实例33-2	开发一个四子棋游戏
源码与视频路径	光盘:\daima\33\ConnectFour

（1）打开Xcode 6.1，单击“Create a new Xcode Project”新创建一个工程文件，如图33-10所示。

（2）在弹出的界面中，在左侧栏目中选择iOS下的“Application”选项，在右侧选择“Game”，然后单击“Next”选项，如图33-11所示。

图33-10 新创建一个工程文件

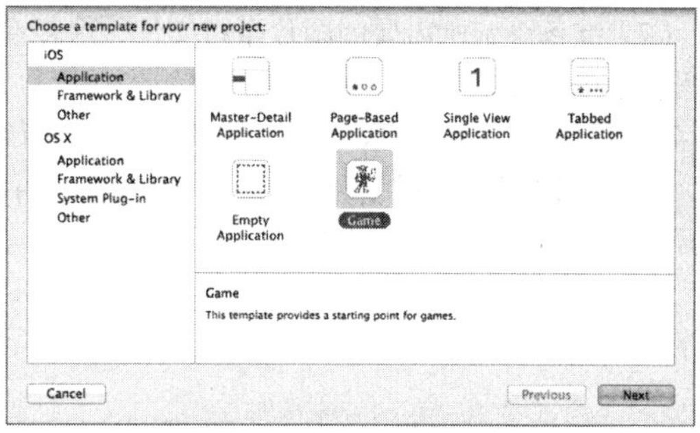

图33-11 新创建一个“Game”工程

（3）在弹出的界面中设置各个选项值，在“Language”选项中设置编程语言为“Swift”，设置“Game Technology”选项为“SpriteKit”，然后单击“Next”按钮，如图33-12所示。

（4）在弹出的界面中设置当前工程的保存路径，如图33-13所示。

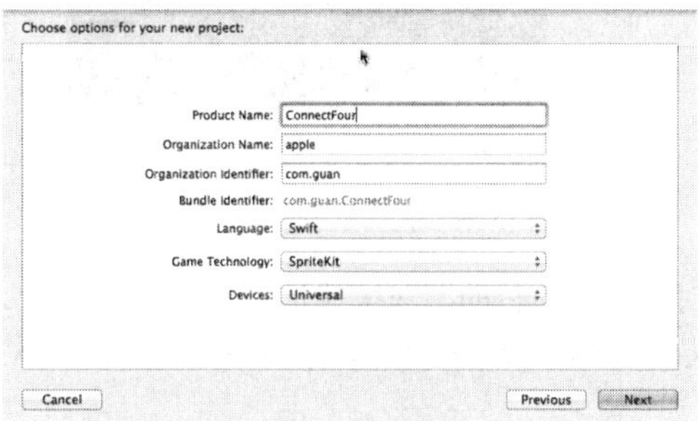

图33-12 设置编程语言为“Swift”

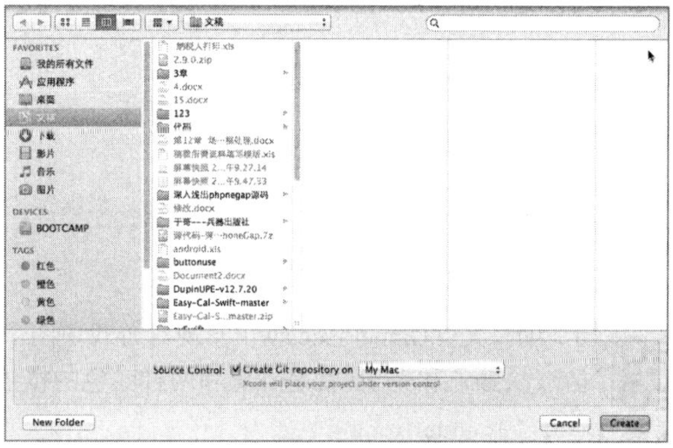

图33-13 设置保存路径

（5）单击“Create”按钮后将创建一个Sprite Kit工程，工程的目录结构如图33-14所示。

（6）在项目中加入对SpriteKit.framework框架的引用，如图33-15所示。

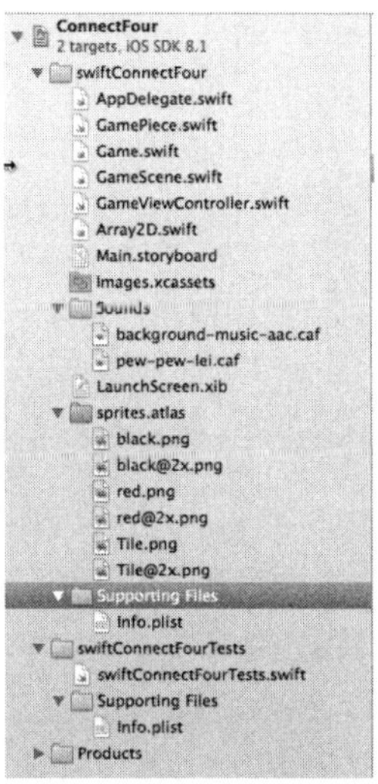

图33-14 工程的目录结构

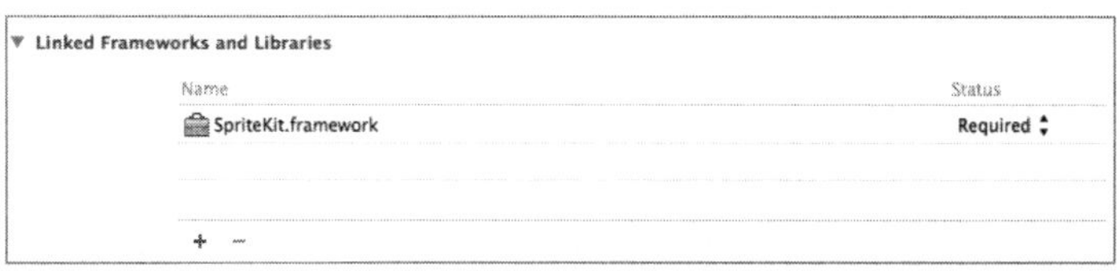

图33-15 引用SpriteKit.framework框架

（7）准备系统所需要的图片素材文件，保存在“Images.xcassets”目录下，图片素材文件在Xcode 6工程目录中的效果如图33-16所示。

图33-16 Xcode 6工程目录中的图片素材文件

（8）打开Main.storyboard，为本工程设计两个视图界面，在第一个视图中使用Navigation Controller控件作为游戏开始时的欢迎界面，如图33-17所示。

（9）第二个视图作为游戏的主界面，玩家可以在此界面完成对游戏的所有“玩”操作，如图33-18所示。

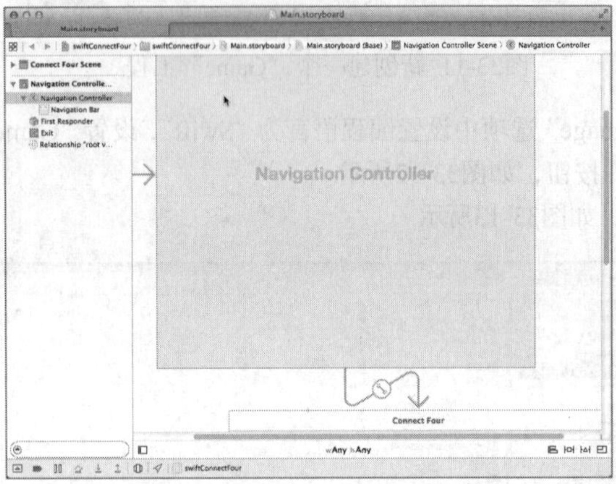

图33-17 第一个视图

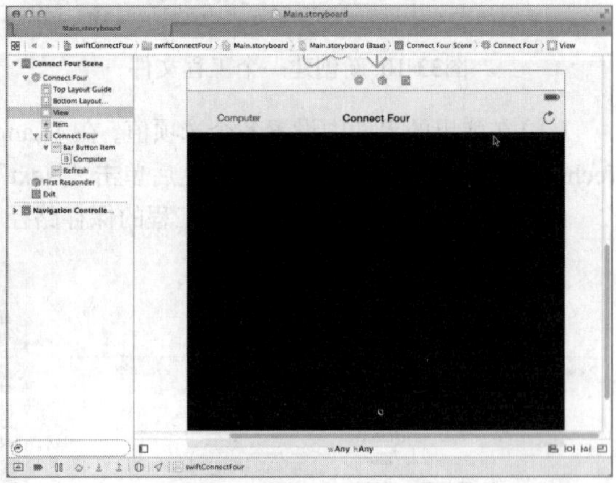

图33-18 第二个视图

（10）编写文件GamePiece.swift实现对游戏块图像的封装，本项目的游戏块就是棋子。此文件主要设置了游戏块颜色和类型，就是红黑和两种颜色的棋子。文件GamePiece.swift的具体实现代码如下所示：

```
import Foundation
import SpriteKit

enum GamePieceType: Int {
    case
    Undefined,
    Red,
    Black
    func description() -> String {
    switch self {
    case Undefined:
    return "Undefined"
    case Red:
    return "Red"
    case Black:
    return "Black"
    }
}
}

class GamePiece: Printable {
    var type: GamePieceType

    init(type: GamePieceType){

        self.type = type
    }

    var description: String {
        return "type:" + type.description()
    }

}
```

（11）编写文件Game.swift实现游戏算法，本游戏实例的规则如下所示。

- 双方必须轮流把一枚己棋投入开口，让棋子因地心引力落下在底部或其他棋子上。
- 当己方4枚棋子以纵、横、斜方向连成一线时获胜。
- 棋盘满棋时，无任何连成4子，则平手。

在本文件中通过函数findEmptyPositionInColumn寻找空白未被放旗子的方块，通过函数gamePieceTypeOnBoard设置游戏棋盘中方块的类型，通过函数checkWinCondition检查验证获胜条件，通过函数addGamePieceToBoard向棋盘中添加棋子。文件Game.swift的具体实现代码如下所示：

```
import Foundation
import UIKit

let NumColumns = 15
let NumRows = 8

var redTurn = true
var isFinished = false

class Game {

    private var gameBoard = Array2D<GamePiece>(columns: NumColumns, rows: NumRows)

    func gamePieceOnBoard(#column: Int, row: Int) -> GamePiece? {
        return gameBoard[column, row]
    }

    func findEmptyPositionInColumn(#column: Int) -> Int? {
        //check if column is full
        if(gameBoard[column, NumRows-1] != nil){
            return nil
        }

        //find the first empty row
        for var row = 0; row < NumRows; ++row{
            if (gameBoard[column, row]) == nil {
                return row
            }
        }
        return nil
    }

    func gamePieceTypeOnBoard(#column: Int, row: Int) -> GamePieceType{

        if column < 0 || row < 0 || column > NumColumns - 1 || row > NumRows - 1 {
            return GamePieceType.Undefined
        }


        if gamePieceOnBoard(column: column, row: row) == nil{
            return GamePieceType.Undefined
        }
        else{
            return gamePieceOnBoard(column: column, row: row)!.type
        }

    }

    func isLinearMatch(#column: Int, row: Int, stepX: Int, stepY: Int)->Bool{
        var startGamePieceType = gamePieceTypeOnBoard(column: column, row: row)

            for var i = 0; i < 4; ++i{
            var newX = row + i * stepY
            var newY = column + i * stepX

            if(gamePieceTypeOnBoard(column: newY, row: newX) == GamePieceType.Undefined){
                    return false
```

```
            }
        if (startGamePieceType != gamePieceTypeOnBoard(column: newY, row: newX)){
            return false
            }

        }
        return true
    }

    func checkWinCondition (column: Int, row: Int){
        let alert = UIAlertView()
        alert.title = "Four In a Row! Game Over!"
        alert.addButtonWithTitle("OK")

        for row in 0..<gameBoard.rows {
            for column in 0..<gameBoard.columns {

                //水平
                if(isLinearMatch(column: column, row: row, stepX: 1, stepY: 0)){
                    isFinished = true
                    alert.show()
                }

                //垂直
                if(isLinearMatch(column: column, row: row, stepX: 0, stepY: 1)){
                    isFinished = true
                    alert.show()
                }

                //对角线
                if(isLinearMatch(column: column, row: row, stepX: 1, stepY: 1)){
                    isFinished = true
                    alert.show()
                }

                //second diagonal
                if(isLinearMatch(column: column, row: row, stepX: 1, stepY: -1)){
                    isFinished = true
                    alert.show()
                }
            }

        }
    }

    func addGamePieceToBoard(column: Int, row: Int){
        //temporary switch
        if redTurn == true{
            redTurn = false
        }
        else{
            redTurn = true
        }

        assert(column >= 0 && column < NumColumns)
        assert(row >= 0 && row < NumRows)

        var newGamePieceType:GamePieceType!
        if redTurn{
            newGamePieceType = GamePieceType.Red
        }
        else{
            newGamePieceType = GamePieceType.Black
        }
```

```
        let newGamePiece = GamePiece(type: newGamePieceType)

        gameBoard[column, row] = newGamePiece


    }
}
```

（12）编写文件GameScene.swift实现游戏场景类，绘制了游戏棋盘和棋子的完整视图界面。文件GameScene.swift中的各个函数可以望名知意，在此不再介绍，具体实现代码如下所示：

```
import SpriteKit

class GameScene: SKScene {

    var game: Game!

    let TileWidth: CGFloat = 32.0
    let TileHeight: CGFloat = 36.0

    let boardLayer = SKNode()

    required init?(coder aDecoder: NSCoder) {
        fatalError("init(coder) is not used in this app")
    }

    override init(size: CGSize){
        super.init(size: size)
        anchorPoint = CGPoint(x: 0.5, y: 0.5)
        let background = SKSpriteNode(imageNamed: "background")
        background.yScale = 2.0
        background.xScale = 2.0
        addChild(background)

        //
        let layerPosition = CGPoint(
            x: -TileWidth * CGFloat(NumColumns) / 2,
            y: -TileHeight * CGFloat(NumRows) / 2)
        let tilesLayer = SKNode()
        boardLayer.position = layerPosition
        addChild(boardLayer)

    }

    func addTiles() {
        for row in 0..<NumRows {
            for column in 0..<NumColumns {
                    let tileNode = SKSpriteNode(imageNamed: "Tile")
                    tileNode.position = pointForColumn(column, row: row)
                    boardLayer.addChild(tileNode)
            }
        }
    }

    func addSpriteForGamePiece(#column: Int, row: Int, type: GamePieceType) {
        let addedGamePiece = GamePiece(type: type)

        var pieceNode = SKSpriteNode(imageNamed: "Red")
        if (type == GamePieceType.Black){
            pieceNode = SKSpriteNode(imageNamed: "Black")
        }

        pieceNode.position = pointForColumn(column, row:NumRows)

        boardLayer.addChild(pieceNode)
        //animation
        let actualDuration = CGFloat(2.0)
        // Create the actions
```

```
        let actionMove = SKAction.moveTo(pointForColumn(column, row: row), duration:
NSTimeInterval(actualDuration))

        pieceNode.runAction(SKAction.sequence([actionMove]))


    }

    override func touchesBegan(touches: NSSet, withEvent event: UIEvent) {
        // 1
        let touch = touches.anyObject() as UITouch
        let location = touch.locationInNode(boardLayer)
        // 2
        let (success, column, row) = convertPoint(location)
        if success {
            // 3
            if isFinished {
                return
            }
            if let emptyRow = game.findEmptyPositionInColumn(column: column){

                game.addGamePieceToBoard(column, row: emptyRow)
                if(game.gamePieceOnBoard(column: column, row: emptyRow)!.type ==
GamePieceType.Red){
                    addSpriteForGamePiece(column: column, row: emptyRow, type:
GamePieceType.Red)
                }
                else{
                    addSpriteForGamePiece(column: column, row: emptyRow, type:
GamePieceType.Black)
                }
                game.checkWinCondition(column, row: emptyRow)
            }
        }
    }

    func pointForColumn(column: Int, row: Int) -> CGPoint {
        return CGPoint(
            x: CGFloat(column)*TileWidth + TileWidth/2,
            y: CGFloat(row)*TileHeight + TileHeight/2)
    }

    func convertPoint(point: CGPoint) -> (success: Bool, column: Int, row: Int) {
        if point.x >= 0 && point.x < CGFloat(NumColumns)*TileWidth &&
            point.y >= 0 && point.y < CGFloat(NumRows)*TileHeight {
                return (true, Int(point.x / TileWidth), Int(point.y / TileHeight))
        } else {
            return (false, 0, 0)  // invalid location
        }
    }

    override func update(currentTime: CFTimeInterval) {
        /* Called before each frame is rendered */
    }
}
```

（13）文件GameViewController.swift实现游戏主界面，调用前面编写的类进入游戏入口，具体实现代码如下所示：

```
import UIKit
import SpriteKit

extension SKNode {
    class func unarchiveFromFile(file : NSString) -> SKNode? {
        if let path = NSBundle.mainBundle().pathForResource(file, ofType: "sks") {
            var sceneData = NSData(contentsOfFile: path,
options: .DataReadingMappedIfSafe, error: nil)!
```

```
            var archiver = NSKeyedUnarchiver(forReadingWithData: sceneData)

            archiver.setClass(self.classForKeyedUnarchiver(), forClassName: "SKScene")
            let scene = archiver.decodeObjectForKey(NSKeyedArchiveRootObjectKey) as
GameScene
            archiver.finishDecoding()
            return scene
        } else {
            return nil
        }
    }
}

class GameViewController: UIViewController {

    //properties
    var scene: GameScene!
    var game: Game!

    override func viewDidLoad() {
        super.viewDidLoad()
        let scene = GameScene(size: view.bounds.size)
        let skView = view as SKView
        skView.multipleTouchEnabled = true
        skView.showsFPS = false
        skView.showsNodeCount = false
        skView.ignoresSiblingOrder = true
        scene.scaleMode = .AspectFill

        game = Game()
        scene.game = game
        scene.addTiles()
        skView.presentScene(scene)

    }

    @IBAction func newGame(sender: AnyObject) {
       viewDidLoad()
        isFinished = false

    }
    override func shouldAutorotate() -> Bool {
        return true
    }

    override func supportedInterfaceOrientations() -> Int {
        if UIDevice.currentDevice().userInterfaceIdiom == .Phone {
            return Int(UIInterfaceOrientationMask.AllButUpsideDown.rawValue)
        } else {
            return Int(UIInterfaceOrientationMask.All.rawValue)
        }
    }

    override func prefersStatusBarHidden() -> Bool {
        return true
    }
}
```

（14）编写文件Array2D.swift实现棋盘方框变量的初始化设置，分别实现横线和竖线处理，绘制一个2D棋盘。文件Array2D.swift的具体实现代码如下所示：

```
import Foundation

struct Array2D<T> {
    let columns: Int
    let rows: Int
    private var array: Array<T?>
```

```
    init(columns: Int, rows: Int) {
        self.columns = columns
        self.rows = rows
        array = Array<T?>(count: rows*columns, repeatedValue: nil)
    }

    subscript(column: Int, row: Int) -> T? {
        get {
            return array[row*columns + column]
        }
        set {
            array[row*columns + column] = newValue
        }
    }
}
```

本游戏项目执行后的效果如图33-19所示。

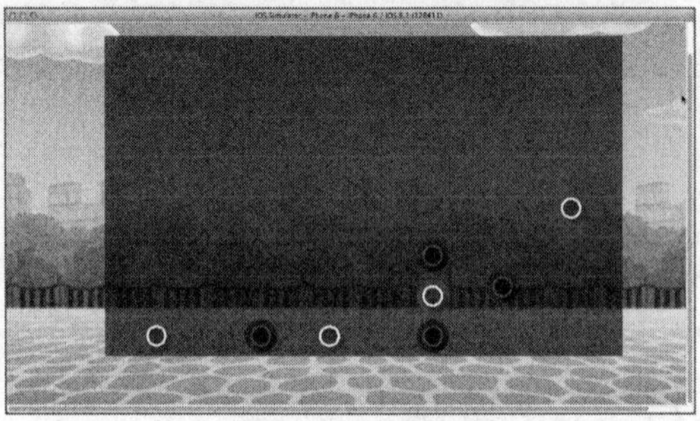

图33-19　执行效果

第 34 章

HealthKit健康应用开发

在2014年苹果年度开发者大会上发布了一款新的移动应用平台：HealthKit，可以收集和分析用户的健康数据，这是苹果计划为其计算和移动软件推出的一系列新功能的一部分。根据苹果公司介绍，HealthKit可以整合iPhone或iPad上其他健康应用收集的数据，如血压和体重等。在本章内容中，将详细讲解在iOS系统中开发HealthKit应用的基本知识，为读者步入本书后面知识的学习打下基础。

34.1 HealthKit 基础

Healthkit被内置在iOS 8系统中，在以后的一段时间内，必将成为引发产业革命的重大事件。在本节内容中，将详细讲解Healthkit的基本知识。

34.1.1 Healthkit 介绍

通过使用Healthkit，用户可以通过该平台汇总自己的健康数据。通过Healthkit这个平台，智能硬件厂商可以研发更多与之配套的产品供用户选择，这样既可以获得利润，也创建了一个全新的Healthkit生态圈。在厂商间互相竞争的环境下，用户也能够得到收获，粗制滥造的产品终将被“扼杀”，优胜劣汰的过程可以更加自然平和地让优秀产品脱颖而出。

在大多数情况下，Healthkit的功能是收集并整合用户的健康数据。但是，Healthkit并不只是为了数据而存在。众所周知，所有的健康指标都会互相影响，所以，在Healthkit收集到用户数据以后，会进行一个数据整合与数据分析。举个例子，传统的智能手环可以记录用户的日常运动与睡眠状态，而智能水杯会通过一些简单的用户设定来提醒用户喝水，并且用户只能通过自己的App来查看各自数据，这都不能进行一个宏观的分析。而当这些产品都引入到Healthkit平台后它们就会互相影响，Healthkit得到运动手环的数据后，会根据用户的运动情况来调整用户的饮水频率与饮水量。Healthkit更像一个终端，把所有智能健康产品融合到一起，让这些产品能够真正智能化起来。

34.1.2 市面中的 Healthkit 应用现状

根据国外媒体报道，MobilHealthNews分析了苹果HealthKit的一些App，一共包含137款健康应用程序。在这137款健康应用中，有些仅是从HealthKit中获取数据，而有些则是为HealthKit提供数据以供其他相关应用使用。大约20%的应用可以同时做这两项工作。

当然，本次分析列举的应用并不是一份极其详尽的名单，因为不断有新的应用加入到HealthKit当中，而苹果也在逐渐地向这个平台中加入新的数据项目。在其中发现虽然有两到3个宣称自己与HealthKit相连，但是，具体要从HealthKit中获取或者分享何种数据信息却不甚明了的应用，这些应用因而没有加入到本文的分析当中。

虽然HealthKit平台能共享各种各样的身体和健康数据，但是，大部分HealthKit平台上的健康应用都只是使用了其中的一小部分同类数据。活动卡路里和体重数据是从HealthKit中获取和上传的最常用两项数据，心跳数据则紧随其后位于第三位。

在发布的这些应用程序中，绝大多数HealthKit的健康应用都定位于健身跟踪应用。分析发现了15款与医疗服务提供者相关的应用，以及其他3款与医疗支付方和企业雇主相关的应用。例如，医生Drchrono使用HealthKit来为它的患者个人健康记录（PHR）应用提供数据，这款应用可以从HealthKit中读取体重、血压、心率等数据。此外，还有个人健康记录应用Hello Doctor。

截至2014年11月，有两家保险公司的应用加入HealthKit平台，分别是Humana公司的Humana Vitality和the Health Care Services Corporation (HCSC)的Centered，两者都是为用户设计的基础健康追踪应用。此外还有来自Virgin Pulse（以前的Virgin Healthmiles），一个用户健康信息数据的提供者。他们的应用和Max activity tracker以及HealthKit连接。

在当前公布的应用中，只有梅奥诊所是直接来自医疗服务机构的应用程序。由梅奥做后盾的Axial Exchange为许多医院和医疗系统开发应用的科技公司，宣布他们开发的应用均支持HealthKit。Axial称为患者开发的应用会从HealthKit中获取以下类别的信息：身高、步行数据（活动追踪）、体重（体重追踪）、血压（包括舒张压和收缩压）、心跳数据（有氧运动追踪）、血糖指数（血糖追踪）以及睡眠分析（睡眠跟踪），同时Axial也将会增加对于用户的体重、血压、心跳以及血糖等数据的分享。

34.1.3 接入 Healthkit 的好处

在苹果公司发布的官方文档中，介绍了健康和健身应用接入HealthKit的好处，具体说明如下所示。

（1）分离数据收集、数据处理和社交化

在现代社会中，健康和健身体验设计有许多不同的方面，如收集和分析数据，为用户提供可操作的信息和有用的可视化信息，以及允许用户参与到社区讨论中。现在由HealthKit负责实现这些方面，而你可以专注于实现你最感兴趣的方面，把其他的任务交给更专业的应用。

另外，这些责任的分离也可以让用户受益。每个用户都可以随意选择最喜爱的体重追踪应用、计步应用和健康挑战应用。这意味着用户可以选择一套应用，每个应用都能很好地满足用户的某个需求。但是，由于这些应用可以自由地交换数据，所以，这一整套应用比单个应用能提供更好的体验。例如，一些朋友决定参加一个日常的计步挑战。每个人都可以使用他偏爱的硬件设备或应用来追踪计步数据，但是他们都还可以使用相同的社交应用来挑战。

（2）减少应用间分享的障碍

HealthKit使应用间共享数据变得更容易。对于开发者来说，不再需要下载API并编写代码来和其他应用共享。当有新的HealthKit应用程序时，就通过HealthKit自动开始共享数据了。

由于不需要手动设置应用关联或者导入导出他们的数据，这对用户来说很有好处。用户仍然需要设置哪些应用可以读写HealthKit中的数据，还有每个应用可以读取到哪些数据。一旦用户允许访问，应用就可以自由无阻地读取数据了。

（3）提供更丰富的数据和更有意义的内容

应用可以读取到范围更广的数据，从而可以得到一个完整的关于用户健康和健身需求。在许多情况下，应用可以基于HealthKit中的额外信息修改它的计量单位或者提示。例如，运动员训练应用不仅可以根据用户已经消耗的热量，而且还可以参考他今天已经吃的食物种类和数量，给出一个训练后吃什么的建议。

（4）让应用参与到一个更大的生态系统中

应用通过共享它使用HealthKit收集的数据来获益。成为这个大生态系统的一部分能帮助提高应用程序的曝光度和实用性。更为重要的是，接入HealthKit可以让应用和用户已经拥有喜爱的应用一起工作。如果我们的应用程序不能和其他已经在使用的应用共享数据，那么，用户很可能就去寻找别的应用了。

34.2 HealthKit 开发基础

HealthKit作为苹果公司在将来力推的应用框架，公布的接口功能有限。在本节内容中，将详细讲解开发HealthKit应用程序的基本知识。

34.2.1 开发要求

在苹果公司发布的官方开发文档中，对开发HealthKit应用程序提出了如下所示的要求。

（1） 在使用HealthKit框架的应用程序时必须遵守其所在区域的适用法律，以及iOS Developer Program License Agreement中的3.3.28和3.39条款。

（2）将虚假或者错误的数据写入HealthKit的应用程序将会被拒绝。

（3）使用HealthKit框架在iCloud中储存用户健康信息的应用程序将会被拒绝。

（4）在iOS应用程序中，不允许将通过HealthKit API收集的用户数据用作广告宣传或者基于使用的数据挖掘日的，除了改善健康、医疗、健康管理以及医学研究日的以外。

（5）未经用户许可与第三方分享通过HealthKit API获得的用户数据的应用程序将会被拒绝。

（6）使用HealthKit框架的应用程序，必须在营销文本中说明集成了Health应用程序，同时必须在应用程序用户界面清楚阐释HealthKit功能。

（7）使用HealthKit框架的应用程序必须提供隐私政策，否则将会被拒绝。

（8）提供诊断、治疗建议或者控制硬件以诊断或者治疗疾病的应用，如果没有根据要求提供书面的监管审批，则将会被拒绝。

34.2.2 HealthKit 开发思路

在现实开发应用过程中，HealthKit是用来在应用间以一种有意义的方式共享数据。为了实现这一点，HealthKit限制只能使用预先定义好的数据类型和单位。这些限制保证了其他应用能理解这些数据的含义和如何使用，但是，开发者不能创建自定义数据类型和单位。而HealthKit会尽量提供一个应该完整的数据类型和单位。

在HealthKit框架中大量使用了子类化，在相似的类间创建层级关系，通常在这些类之间都有一些细微但是重要的差别。另外，还有一些相关的类，需要正确地区别开才能一起工作。例如，HKObject 和 HKObjectType抽象类有很多平行层级的子类，在使用Object和Object Type时必须确保使用匹配的子类。

HealthKit中所有的对象都是HKObject的子类，大部分 HKObject 对象子类都是不可变的。每个对象都有如下所示的属性。

（1）UUID：每个对象的唯一标示符。

（2）Source：数据的来源。来源可以是直接把数据存进HealthKit的设备，或者是应用。当一个对象保存进HealthKit中时，HealthKit会自动设置其来源。只有从HealthKit中获取的数据Source属性才可用。

（3）Metadata：一个包含关于该对象额外信息的字典。元数据包含预定义和自定义的键。预定义的键用来帮助在应用间共享数据。自定义的键用来扩展HealthKit对象类型，为对象添加针对应用的数据。

在iOS应用程序中，HealthKit对象主要分为两类：特征和样本。特征对象代表一些基本不变的数据。包括用户的生日、血型和生理性别。在应用中不能保存特征数据，用户必须通过健康应用来输入或者修改这些数据。

HealthKit应用中的样本对象代表某个特定时间的数据，所有的样本对象都是HKSample的子类。它们都有如下所示的属性。

（1）Type：样本类型。例如，这可能包括一个睡眠分析样本、一个身高样本或者一个计步样本。

（2）Start date：样本的开始时间。

（3）End date：样本的结束时间。如果样本代表时间中的某一刻，结束时间和开始时间相同。如果样本代表一段时间内收集的数据，结束时间应该晚于开始时间。

在HealthKit应用程序中，样本可以进一步被细分为如下4个样本类型。

（1）类别样本：这种样本代表一些可以被分为有限种类的数据。在iOS 8中，只有一种类别样本，睡眠分析。

（2）数量样本：这种样本代表一些可以存储为数值的数据。数量样本是HealthKit中最常见的数据类型。这些包括用户的身高和体重，还有一些其他数据，例如，行走的步数、用户的体温和脉搏率。

（3）Correlation：这种样本代表复合数据，包含一个或多个样本。在iOS 8中，HealthKit使用Correlation来代表食物和血压。在创建书屋或者血压数据时，应该使用Correlation。

（4）Workout：Workout代表某些物理活动，像跑步、游泳，甚至游戏。Workout通常有类型、时长、距离、消耗能量这些属性。开发者还可以为一个Workout关联许多详细的样本。不像Correlation，这些样本是不包含在Workout里面的。但是，它们可以通过Workout获取到。更多信息参见HKWorkout Class Reference。

34.3 实战演练——检测一天消耗掉的能量

本实例实现了一个基本的HealthKit演示应用程序，本实例是一个官方教程，使用Objective-C语言开发。通过本应用程序可以检测个人基本体征资料：体重、身高和年龄。可以及时了解每天饮食食物的热量状况，可以及时了解每天消耗掉的Calories能量。

实例34-1	检测一天消耗掉的能量
源码与视频路径	光盘:\daima\34\HealthKit1

本实例是苹果官方提供的一个简单的HealthKit快速入门，演示了Healthkit数据写入与Healthkit数据读取的过程。本实例使用查询来检索食物热量信息，并实现了一天的热量统计计算。实例中的基础类nslengthformatter、nsmassformatter和nsenergyformatter已经成为行业开发标杆，被世界各地的开发者广泛地应用于现实项目中。

本实例的具体实现流程如下所示。

（1）打开Xcode 6.1，新创建一个名为“Fit”工程，在工程中引入HealthKit.framework框架，工程的最终目录结构如图34-1所示。

（2）打开Main.storyboard设计面板，在里面设置整个工程需要的UI视图界面，在项目中设置3个子视图，如图34-2所示。

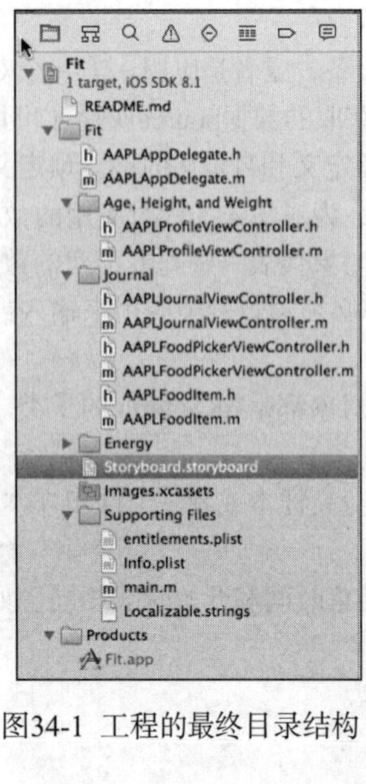

图34-1　工程的最终目录结构

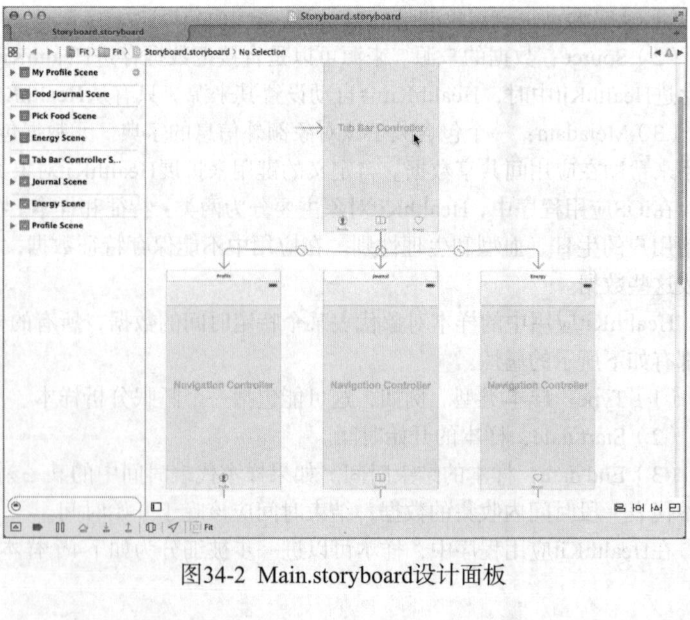

图34-2　Main.storyboard设计面板

（3）编写文件AAPLProfileViewController.m，通过aaplprofileviewcontroller对象检索Healthkit显示用户的年龄、身高、体重信息。这是一个特征数据类型实例，演示了查询hkhealthstore对象中这些特征数据的值。文件AAPLProfileViewController.m的具体实现代码如下所示：

```
#import "AAPLProfileViewController.h"
@import HealthKit;

@interface AAPLProfileViewController ()<UITextFieldDelegate>

@property (nonatomic, weak) IBOutlet UILabel *ageHeightValueLabel;

@property (nonatomic, weak) IBOutlet UITextField *heightValueTextField;
@property (nonatomic, weak) IBOutlet UILabel *heightUnitLabel;

@property (nonatomic, weak) IBOutlet UITextField *weightValueTextField;
@property (nonatomic, weak) IBOutlet UILabel *weightUnitLabel;

@end

@implementation AAPLProfileViewController

- (void)viewWillAppear:(BOOL)animated {
    [super viewWillAppear:animated];
    [self updateUsersAge];
    [self updateUsersHeight];
    [self updateUsersWeight];
}

#pragma mark - Using HealthKit API

- (void)updateUsersAge {
    NSError *error;
    NSDate *dateOfBirth = [self.healthStore dateOfBirthWithError:&error];

    if (error) {
        NSLog(@"An error occured fetching the user's age information. In your app, try
        to handle this gracefully. The error was: %@.", error);
        abort();
    }

    if (!dateOfBirth) {
        return;
    }

    // 计算用户的年龄.
    NSDate *now = [NSDate date];

    NSDateComponents *ageComponents = [[NSCalendar currentCalendar]
components:NSCalendarUnitYear fromDate:dateOfBirth toDate:now
options:NSCalendarWrapComponents];

    NSUInteger usersAge = [ageComponents year];

    NSString *ageHeightValueString = [NSNumberFormatter
localizedStringFromNumber:@(usersAge) numberStyle:NSNumberFormatterNoStyle];

    self.ageHeightValueLabel.text = [NSString stringWithFormat:NSLocalizedString(@"%@
years", nil), ageHeightValueString];
}

- (void)updateUsersHeight {
    //获取用户的默认高度，单位英寸
    NSLengthFormatter *lengthFormatter = [[NSLengthFormatter alloc] init];
    lengthFormatter.unitStyle = NSFormattingUnitStyleLong;

    NSLengthFormatterUnit heightFormatterUnit = NSLengthFormatterUnitInch;
    self.heightUnitLabel.text = [lengthFormatter unitStringFromValue:10
```

```
unit:heightFormatterUnit];

    HKQuantityType *heightType = [HKQuantityType
quantityTypeForIdentifier:HKQuantityTypeIdentifierHeight];

    //查询到用户的新高度，如果它存在的话
    [self fetchMostRecentDataOfQuantityType:heightType withCompletion:^(HKQuantity
*mostRecentQuantity, NSError *error) {
        if (error) {
            NSLog(@"An error occured fetching the user's height information. In your
app, try to handle this gracefully. The error was: %@.", error);
            abort();
        }

        //确定所需的单元高度
        double usersHeight = 0.0;

        if (mostRecentQuantity) {
            HKUnit *heightUnit = [HKUnit inchUnit];
            usersHeight = [mostRecentQuantity doubleValueForUnit:heightUnit];

            //更新UI界面
            dispatch_async(dispatch_get_main_queue(), ^{
                self.heightValueTextField.text = [NSNumberFormatter
localizedStringFromNumber:@(usersHeight) numberStyle:NSNumberFormatterNoStyle];
            });
        }
    }];
}

- (void)updateUsersWeight {
    // 获取用户体重，单位磅
    NSMassFormatter *massFormatter = [[NSMassFormatter alloc] init];
    massFormatter.unitStyle = NSFormattingUnitStyleLong;

    NSMassFormatterUnit weightFormatterUnit = NSMassFormatterUnitPound;
    self.weightUnitLabel.text = [massFormatter unitStringFromValue:10
unit:weightFormatterUnit];

    //查询到用户的新的重量，如果它存在的话.
    HKQuantityType *weightType = [HKQuantityType
quantityTypeForIdentifier:HKQuantityTypeIdentifierBodyMass];
    [self fetchMostRecentDataOfQuantityType:weightType withCompletion:^(HKQuantity
*mostRecentQuantity, NSError *error) {
        if (error) {
            NSLog(@"An error occured fetching the user's weight information. In your
app, try to handle this gracefully. The error was: %@.", error);
            abort();
        }

        // Determine the weight in the required unit.
        double usersWeight = 0.0;

        if (mostRecentQuantity) {
            HKUnit *weightUnit = [HKUnit poundUnit];
            usersWeight = [mostRecentQuantity doubleValueForUnit:weightUnit];

            dispatch_async(dispatch_get_main_queue(), ^{
                self.weightValueTextField.text = [NSNumberFormatter
localizedStringFromNumber:@(usersWeight) numberStyle:NSNumberFormatterNoStyle];
            });
        }
    }];
}

// 从苹果商店获取食品清单.
- (void)fetchMostRecentDataOfQuantityType:(HKQuantityType *)quantityType
withCompletion:(void (^)(HKQuantity *mostRecentQuantity, NSError *error))completion {
```

```
    NSSortDescriptor *timeSortDescriptor = [[NSSortDescriptor alloc]
initWithKey:HKSampleSortIdentifierEndDate ascending:NO];

    HKSampleQuery *query = [[HKSampleQuery alloc] initWithSampleType:quantityType
predicate:nil limit:1 sortDescriptors:@[timeSortDescriptor]
resultsHandler:^(HKSampleQuery *query, NSArray *results, NSError *error) {
        if (completion && error) {
            completion(nil, error);
            return;
        }

        // If quantity isn't in the database, return nil in the completion block.
        HKQuantitySample *quantitySample = results.firstObject;
        HKQuantity *quantity = quantitySample.quantity;

        if (completion) completion(quantity, error);
    }];

    [self.healthStore executeQuery:query];
}

#pragma mark - UITextFieldDelegate

- (BOOL)textFieldShouldReturn:(UITextField *)textField {
    [textField resignFirstResponder];

    if (textField == self.heightValueTextField) {
        [self saveHeightIntoHealthStore];
    } else if (textField == self.weightValueTextField) {
        [self saveWeightIntoHealthStore];
    }

    return YES;
}

- (void)saveHeightIntoHealthStore {
    NSNumberFormatter *formatter = [self numberFormatter];
    NSNumber *height = [formatter numberFromString:self.heightValueTextField.text];

    if (!height && [self.heightValueTextField.text length]) {
        NSLog(@"The height entered is not numeric. In your app, try to handle this
gracefully.");
        abort();
    }

    if (height) {
        // 保存用户身高到HealthKit
        HKQuantityType *heightType = [HKQuantityType
quantityTypeForIdentifier:HKQuantityTypeIdentifierHeight];
        HKQuantity *heightQuantity = [HKQuantity quantityWithUnit:[HKUnit inchUnit]
doubleValue:[height doubleValue]];
        HKQuantitySample *heightSample = [HKQuantitySample
quantitySampleWithType:heightType quantity:heightQuantity startDate:[NSDate date]
endDate:[NSDate date]];

        [self.healthStore saveObject:heightSample withCompletion:^(BOOL success,
NSError *error) {
            if (!success) {
                NSLog(@"An error occured saving the height sample %@. In your app, try
to handle this gracefully. The error was: %@.", heightSample, error);
                abort();
            }

        }];
    }
}

- (void)saveWeightIntoHealthStore {
```

```
    NSNumberFormatter *formatter = [self numberFormatter];
    NSNumber *weight = [formatter numberFromString:self.weightValueTextField.text];

    if (!weight && [self.weightValueTextField.text length]) {
        NSLog(@"The weight entered is not numeric. In your app, try to handle this
gracefully.");
        abort();
    }

    if (weight) {
        // 保存用户体重到HealthKit
        HKQuantityType *weightType = [HKQuantityType
quantityTypeForIdentifier:HKQuantityTypeIdentifierBodyMass];
        HKQuantity *weightQuantity = [HKQuantity quantityWithUnit:[HKUnit poundUnit]
doubleValue:[weight doubleValue]];
        HKQuantitySample *weightSample = [HKQuantitySample
quantitySampleWithType:weightType quantity:weightQuantity startDate:[NSDate date]
endDate:[NSDate date]];

        [self.healthStore saveObject:weightSample withCompletion:^(BOOL success,
NSError *error) {
            if (!success) {
                NSLog(@"An error occured saving the weight sample %@. In your app, try
to handle this gracefully. The error was: %@.", weightSample, error);
                abort();
            }

        }];
    }
}


#pragma mark - Convenience

- (NSNumberFormatter *)numberFormatter {
    static NSNumberFormatter *numberFormatter;
    static dispatch_once_t onceToken;

    dispatch_once(&onceToken, ^{
        numberFormatter = [[NSNumberFormatter alloc] init];
    });

    return numberFormatter;
}

@end
```

（4）编写文件AAPLJournalViewController.m，功能是通过aapljournalviewcontroller跟踪用户一天的食品消费明细。将用户消耗的食品保存到HealthKit中，可以定期查看食品的热量。文件AAPLJournalViewController.m的具体实现代码如下所示：

```
#import "AAPLJournalViewController.h"
#import "AAPLFoodPickerViewController.h"
#import "AAPLFoodItem.h"
@import HealthKit;

NSString *const AAPLJournalViewControllerTableViewCellReuseIdentifier = @"cell";
@interface AAPLJournalViewController()

@property (nonatomic) NSMutableArray *foodItems;

@end
@implementation AAPLJournalViewController

- (void)viewDidLoad {
    [super viewDidLoad];
    self.foodItems = [[NSMutableArray alloc] init];
```

```
    [self updateJournal];
    [[NSNotificationCenter defaultCenter] addObserver:self
selector:@selector(updateJournal) name:UIApplicationDidBecomeActiveNotification
object:nil];
}

- (void)dealloc {
    [[NSNotificationCenter defaultCenter] removeObserver:self
name:UIApplicationDidBecomeActiveNotification object:nil];
}

#pragma mark - Using HealthKit APIs

- (void)updateJournal {
    NSCalendar *calendar = [NSCalendar currentCalendar];

    NSDate *now = [NSDate date];

    NSDateComponents *components = [calendar
components:NSCalendarUnitYear|NSCalendarUnitMonth|NSCalendarUnitDay fromDate:now];

    NSDate *startDate = [calendar dateFromComponents:components];

    NSDate *endDate = [calendar dateByAddingUnit:NSCalendarUnitDay value:1
toDate:startDate options:0];

    HKSampleType *sampleType = [HKSampleType
quantityTypeForIdentifier:HKQuantityTypeIdentifierDietaryChloride];
    NSPredicate *predicate = [HKQuery predicateForSamplesWithStartDate:startDate
endDate:endDate options:HKQueryOptionNone];

    HKSampleQuery *query = [[HKSampleQuery alloc] initWithSampleType:sampleType
predicate:predicate limit:0 sortDescriptors:nil resultsHandler:^(HKSampleQuery *query,
NSArray *results, NSError *error) {
        if (error) {
            NSLog(@"An error occured fetching the user's tracked food. In your app, try
to handle this gracefully. The error was: %@.", error);
            abort();
        }

        dispatch_async(dispatch_get_main_queue(), ^{
            [self.foodItems removeAllObjects];

            for (HKQuantitySample *sample in results) {
                NSString *foodName = sample.metadata[HKMetadataKeyFoodType];
                double joules = [sample.quantity doubleValueForUnit:[HKUnit
jouleUnit]];

                AAPLFoodItem *foodItem = [AAPLFoodItem foodItemWithName:foodName
joules:joules];

                [self.foodItems addObject:foodItem];
            }

            [self.tableView reloadData];
        });
    }];

    [self.healthStore executeQuery:query];
}

- (void)addFoodItem:(AAPLFoodItem *)foodItem {
    HKQuantityType *quantityType = [HKQuantityType
quantityTypeForIdentifier:HKQuantityTypeIdentifierDietaryChloride];

    HKQuantity *quantity = [HKQuantity quantityWithUnit:[HKUnit jouleUnit] doubleValue:
foodItem.joules];

    NSDate *now = [NSDate date];
```

```
    NSDictionary *metadata = @{ HKMetadataKeyFoodType:foodItem.name };

    HKQuantitySample *calorieSample = [HKQuantitySample
quantitySampleWithType:quantityType quantity:quantity startDate:now endDate:now
metadata:metadata];

    [self.healthStore saveObject:calorieSample withCompletion:^(BOOL success, NSError
*error) {
        dispatch_async(dispatch_get_main_queue(), ^{
            if (success) {
                [self.foodItems insertObject:foodItem atIndex:0];

                NSIndexPath *indexPathForInsertedFoodItem = [NSIndexPath indexPathFor
Row:0 inSection:0];

                [self.tableView
insertRowsAtIndexPaths:@[indexPathForInsertedFoodItem] withRowAnimation:UITableView
RowAnimationAutomatic];
            }
            else {
                NSLog(@"An error occured saving the food %@. In your app, try to handle
this gracefully. The error was: %@.", foodItem.name, error);
                abort();
            }
        });
    }];
}
#pragma mark - UITableViewDelegate
- (NSInteger)tableView:(UITableView *)tableView numberOfRowsInSection:(NSInteger)
section {
    return self.foodItems.count;
}
- (UITableViewCell *)tableView:(UITableView *)tableView cellForRowAtIndexPath:
(NSIndexPath *)indexPath {
    UITableViewCell *cell = [tableView dequeueReusableCellWithIdentifier:AAPLJournal
ViewControllerTableViewCellReuseIdentifier forIndexPath:indexPath];

    AAPLFoodItem *foodItem = self.foodItems[indexPath.row];
    cell.textLabel.text = foodItem.name;
    NSEnergyFormatter *energyFormatter = [self energyFormatter];
    cell.detailTextLabel.text = [energyFormatter stringFromJoules:foodItem.joules];
    return cell;
}
#pragma mark - Segue Interaction
- (IBAction)performUnwindSegue:(UIStoryboardSegue *)segue {
    AAPLFoodPickerViewController *foodPickerViewController = [segue sourceViewController];

    AAPLFoodItem *selectedFoodItem = foodPickerViewController.selectedFoodItem;

    [self addFoodItem:selectedFoodItem];
}
#pragma mark - Convenience

- (NSEnergyFormatter *)energyFormatter {
    static NSEnergyFormatter *energyFormatter;
    static dispatch_once_t onceToken;

    dispatch_once(&onceToken, ^{
        energyFormatter = [[NSEnergyFormatter alloc] init];
        energyFormatter.unitStyle = NSFormattingUnitStyleLong;
        energyFormatter.forFoodEnergyUse = YES;
        energyFormatter.numberFormatter.maximumFractionDigits = 2;
    });

    return energyFormatter;
}

@end
```

（5）编写文件AAPLFoodPickerViewController.m，功能是列表显示了系统中的食物能量清单，具体实现代码如下所示：

```
#import "AAPLFoodPickerViewController.h"
#import "AAPLFoodItem.h"

NSString *const AAPLFoodPickerViewControllerTableViewCellIdentifier = @"cell";
NSString *const AAPLFoodPickerViewControllerUnwindSegueIdentifier =
@"AAPLFoodPickerViewControllerUnwindSegueIdentifier";
@interface AAPLFoodPickerViewController()
@property (nonatomic, strong) NSArray *foodItems;

@end
@implementation AAPLFoodPickerViewController

- (void)viewDidLoad {
    [super viewDidLoad];

    // A hard-coded list of possible food items. In your application, you can decide
    // how these should be represented / created
    self.foodItems = @[
        [AAPLFoodItem foodItemWithName:@"Wheat Bagel" joules:240000.0],
        [AAPLFoodItem foodItemWithName:@"Bran with Raisins" joules:190000.0],
        [AAPLFoodItem foodItemWithName:@"Regular Instant Coffee" joules:1000.0],
        [AAPLFoodItem foodItemWithName:@"Banana" joules:439320.0],
        [AAPLFoodItem foodItemWithName:@"Cranberry Bagel" joules:416000.0],
        [AAPLFoodItem foodItemWithName:@"Oatmeal" joules:150000.0],
        [AAPLFoodItem foodItemWithName:@"Fruits Salad" joules:60000.0],
        [AAPLFoodItem foodItemWithName:@"Fried Sea Bass" joules:200000.0],
        [AAPLFoodItem foodItemWithName:@"Chips" joules:190000.0],
        [AAPLFoodItem foodItemWithName:@"Chicken Taco" joules:170000.0]
    ];
}

#pragma mark - UITableViewDataSource

- (NSInteger)tableView:(UITableView *)tableView
numberOfRowsInSection:(NSInteger)section {
    return self.foodItems.count;
}

- (UITableViewCell *)tableView:(UITableView *)tableView
cellForRowAtIndexPath:(NSIndexPath *)indexPath {
    UITableViewCell *cell = [tableView
dequeueReusableCellWithIdentifier:AAPLFoodPickerViewControllerTableViewCellIdentifi
er forIndexPath:indexPath];

    AAPLFoodItem *foodItem = self.foodItems[indexPath.row];

    cell.textLabel.text = foodItem.name;

    NSEnergyFormatter *energyFormatter = [self energyFormatter];
    cell.detailTextLabel.text = [energyFormatter stringFromJoules:foodItem.joules];

    return cell;
}

#pragma mark - Convenience

- (void)prepareForSegue:(UIStoryboardSegue *)segue sender:(id)sender {
    if ([segue.identifier
isEqualToString:AAPLFoodPickerViewControllerUnwindSegueIdentifier]) {
        NSIndexPath *indexPathForSelectedRow =
self.tableView.indexPathForSelectedRow;

        self.selectedFoodItem = self.foodItems[indexPathForSelectedRow.row];
    }
}
```

```
- (NSEnergyFormatter *)energyFormatter {
    static NSEnergyFormatter *energyFormatter;
    static dispatch_once_t onceToken;

    dispatch_once(&onceToken, ^{
        energyFormatter = [[NSEnergyFormatter alloc] init];
        energyFormatter.unitStyle = NSFormattingUnitStyleLong;
        energyFormatter.forFoodEnergyUse = YES;
        energyFormatter.numberFormatter.maximumFractionDigits = 2;
    });

    return energyFormatter;
}

@end
```

（6）编写文件AAPLFoodItem.m，这是一个变成模式文件，构建了食物热量变成模型，具体实现代码如下所示：

```
#import "AAPLFoodItem.h"
@implementation AAPLFoodItem
+ (instancetype)foodItemWithName:(NSString *)name joules:(double)joules {
    AAPLFoodItem *foodItem = [[self alloc] init];

    foodItem.name = name;
    foodItem.joules = joules;
    return foodItem;
}
- (BOOL)isEqual:(id)object {
    if ([object isKindOfClass:[AAPLFoodItem class]]) {
        return [object joules] == self.joules && [self.name isEqualToString:[object
name]];
    }

    return NO;
}

- (NSString *)description {
    return [@{
        @"name": self.name,
        @"joules": @(self.joules)
    } description];
}
@end
```

（7）编写文件AAPLEnergyViewController.m，功能是显示使用统计实例查询，使用这个统计查询来检索所有的食品样品在aapljournalviewcontroller对象中的热量累积。文件AAPLEnergyViewController.m的具体实现代码如下所示：

```
#import "AAPLEnergyViewController.h"
@import HealthKit;

@interface AAPLEnergyViewController()

@property (nonatomic, weak) IBOutlet UILabel *simulatedBurntEnergyValueLabel;
@property (nonatomic, weak) IBOutlet UILabel *consumedEnergyValueLabel;
@property (nonatomic, weak) IBOutlet UILabel *netEnergyValueLabel;

@property (nonatomic) double simulatedBurntEnergy;
@property (nonatomic) double consumedEnergy;
@property (nonatomic) double netEnergy;

@end

@implementation AAPLEnergyViewController

- (void)viewWillAppear:(BOOL)animated {
```

```
    [super viewWillAppear:animated];

    [self.refreshControl addTarget:self action:@selector(refreshStatistics) for
ControlEvents:UIControlEventValueChanged];

    [self refreshStatistics];

    [[NSNotificationCenter defaultCenter] addObserver:self selector:@selector(refresh
Statistics) name:UIApplicationDidBecomeActiveNotification object:nil];
}

- (void)dealloc {
    [[NSNotificationCenter defaultCenter] removeObserver:self name:UIApplicationDid
BecomeActiveNotification object:nil];
}

#pragma mark - HealthKit APIs

- (void)refreshStatistics {
    [self.refreshControl beginRefreshing];

    [self fetchTotalJoulesConsumedWithCompletionHandler:^(double totalJoulesConsumed,
NSError *error) {
        dispatch_async(dispatch_get_main_queue(), ^{
            // Simulate a random burnt amount of energy provided by another device, etc.
            self.simulatedBurntEnergy = arc4random_uniform(300000);

            self.consumedEnergy = totalJoulesConsumed;

            self.netEnergy = self.consumedEnergy - self.simulatedBurntEnergy;

            [self.refreshControl endRefreshing];
        });
    }];
}

- (void)fetchTotalJoulesConsumedWithCompletionHandler:(void (^)(double, NSError *))
completionHandler {
    NSCalendar *calendar = [NSCalendar currentCalendar];

    NSDate *now = [NSDate date];

    NSDateComponents *components = [calendar
components:NSCalendarUnitYear|NSCalendarUnitMonth|NSCalendarUnitDay fromDate:now];

    NSDate *startDate = [calendar dateFromComponents:components];

    NSDate *endDate = [calendar dateByAddingUnit:NSCalendarUnitDay value:1 toDate:
startDate options:0];

    HKQuantityType *sampleType = [HKQuantityType
quantityTypeForIdentifier:HKQuantityTypeIdentifierDietaryChloride];
    NSPredicate *predicate = [HKQuery predicateForSamplesWithStartDate:startDate
endDate:endDate options:HKQueryOptionStrictStartDate];

    HKStatisticsQuery *query = [[HKStatisticsQuery alloc] initWithQuantityType:
sampleType quantitySamplePredicate:predicate options:HKStatisticsOptionCumulativeSum
completionHandler:^(HKStatisticsQuery *query, HKStatistics *result, NSError *error) {
        if (completionHandler && error) {
            completionHandler(0.0f, error);
            return;
        }

        double totalCalories = [result.sumQuantity doubleValueForUnit:[HKUnit jouleUnit]];
        if (completionHandler) {
            completionHandler(totalCalories, error);
        }
    }];
```

```
    [self.healthStore executeQuery:query];
}

#pragma mark - NSEnergyFormatter

- (NSEnergyFormatter *)energyFormatter {
    static NSEnergyFormatter *energyFormatter;
    static dispatch_once_t onceToken;

    dispatch_once(&onceToken, ^{
        energyFormatter = [[NSEnergyFormatter alloc] init];
        energyFormatter.unitStyle = NSFormattingUnitStyleLong;
        energyFormatter.forFoodEnergyUse = YES;
        energyFormatter.numberFormatter.maximumFractionDigits = 2;
    });

    return energyFormatter;
}

#pragma mark - Setter Overrides

- (void)setSimulatedBurntEnergy:(double)simulatedBurntEnergy {
    _simulatedBurntEnergy = simulatedBurntEnergy;

    NSEnergyFormatter *energyFormatter = [self energyFormatter];
    self.simulatedBurntEnergyValueLabel.text = [energyFormatter stringFromJoules:
simulatedBurntEnergy];
}

- (void)setConsumedEnergy:(double)consumedEnergy {
    _consumedEnergy = consumedEnergy;

    NSEnergyFormatter *energyFormatter = [self energyFormatter];
    self.consumedEnergyValueLabel.text = [energyFormatter
stringFromJoules:consumedEnergy];
}

- (void)setNetEnergy:(double)netEnergy {
    _netEnergy = netEnergy;

    NSEnergyFormatter *energyFormatter = [self energyFormatter];
    self.netEnergyValueLabel.text = [energyFormatter stringFromJoules:netEnergy];
}

@end
```

（8）编写文件AAPLAppDelegate.m，这是本实例的主应用程序，调用前面的开发模式文件和视图文件，实现主界面和子界面的数据交换处理。文件AAPLAppDelegate.m的具体实现代码如下所示：

```
#import "AAPLAppDelegate.h"
#import "AAPLProfileViewController.h"
#import "AAPLJournalViewController.h"
#import "AAPLEnergyViewController.h"
@import HealthKit;

@interface AAPLAppDelegate()

@property (nonatomic, readwrite) HKHealthStore *healthStore;

@end
@implementation AAPLAppDelegate

- (BOOL)application:(UIApplication *)application
didFinishLaunchingWithOptions:(NSDictionary *)launchOptions {
    // Set up an HKHealthStore, asking the user for read/write permissions.
    if ([HKHealthStore isHealthDataAvailable]) {
        self.healthStore = [[HKHealthStore alloc] init];
```

```
        NSSet *writeDataTypes = [self dataTypesToWrite];
        NSSet *readDataTypes = [self dataTypesToRead];

        [self.healthStore requestAuthorizationToShareTypes:writeDataTypes readTypes:
readDataTypes completion:^(BOOL success, NSError *error) {

            if (!success) {
                NSLog(@"You didn't allow HealthKit to access these read/write data types.
In your app, try to handle this error gracefully when a user decides not to provide access.
The error was: %@. If you're using a simulator, try it on a device.", error);
                return;
            }
            [self setupHealthStoreForTabBarControllers];
        }];
    }
    return YES;
}

// Returns the types of data that Fit wishes to write to HealthKit.
- (NSSet *)dataTypesToWrite {
    HKQuantityType *dietaryCalorieEnergyType = [HKQuantityType
quantityTypeForIdentifier:HKQuantityTypeIdentifierDietaryChloride];
    HKQuantityType *activeEnergyBurnType = [HKQuantityType
quantityTypeForIdentifier:HKQuantityTypeIdentifierActiveEnergyBurned];
    HKQuantityType *heightType = [HKQuantityType
quantityTypeForIdentifier:HKQuantityTypeIdentifierHeight];
    HKQuantityType *weightType = [HKQuantityType
quantityTypeForIdentifier:HKQuantityTypeIdentifierBodyMass];

    return [NSSet setWithObjects:dietaryCalorieEnergyType, activeEnergyBurnType,
heightType, weightType, nil];
}

//返回读取HealthKit的数据类型。
- (NSSet *)dataTypesToRead {
    HKQuantityType *dietaryCalorieEnergyType = [HKQuantityType
quantityTypeForIdentifier:HKQuantityTypeIdentifierDietaryChloride];
    HKQuantityType *activeEnergyBurnType = [HKQuantityType
quantityTypeForIdentifier:HKQuantityTypeIdentifierActiveEnergyBurned];
    HKQuantityType *heightType = [HKQuantityType
quantityTypeForIdentifier:HKQuantityTypeIdentifierHeight];
    HKQuantityType *weightType = [HKQuantityType
quantityTypeForIdentifier:HKQuantityTypeIdentifierBodyMass];
    HKCharacteristicType *birthdayType = [HKCharacteristicType
characteristicTypeForIdentifier:HKCharacteristicTypeIdentifierDateOfBirth];

    return [NSSet setWithObjects:dietaryCalorieEnergyType, activeEnergyBurnType,
heightType, weightType, birthdayType, nil];
}

#pragma mark - Convenience
- (void)setupHealthStoreForTabBarControllers {
    UITabBarController *tabBarController = (UITabBarController *)[self.window rootView
Controller];
    for (UINavigationController *navigationController in tabBarController.view
Controllers) {
        id viewController = navigationController.topViewController;

        if ([viewController isKindOfClass:[AAPLProfileViewController class]]) {
            AAPLProfileViewController *profileViewController = viewController;
            profileViewController.healthStore = self.healthStore;
        }
        else if ([viewController isKindOfClass:[AAPLJournalViewController class]]) {
            AAPLJournalViewController *journalViewController = viewController;
            journalViewController.healthStore = self.healthStore;
        }
        else if ([viewController isKindOfClass:[AAPLEnergyViewController class]]) {
            AAPLEnergyViewController *energyViewController = viewController;
```

```
            energyViewController.healthStore = self.healthStore;
        }
    }
}
@end
```

到此为止，整个实例介绍完毕。本实例需要在真机设备上运行调试，需要使用Xcode 6和iOS 8 SDK工具调试，需要iOS 8或更高版本系统进行调试。在设备上运行本项目时，需要先创建一个有效的AppID healthkit并启用，然后生成相应的配置文件。并从开发门户下载链接适合这个配置文件，这一步不要忘记更换包的标识符以匹配新的AppID Entitle。执行后的初始效果如图34-3所示。

食物列表界面效果如图34-4所示。

每天消耗能量界面效果如图34-5所示。

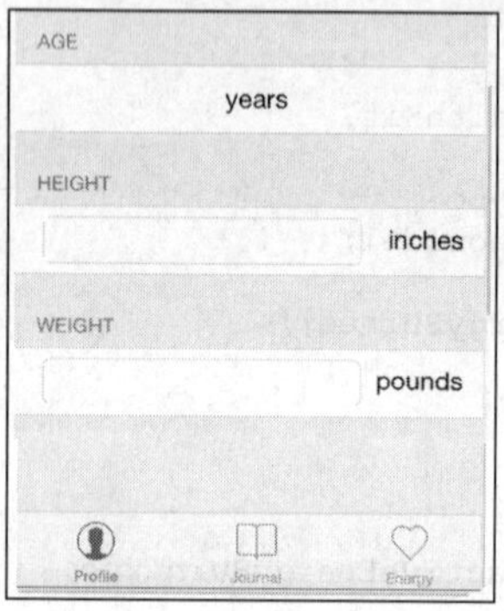

图34-3 初始执行效果

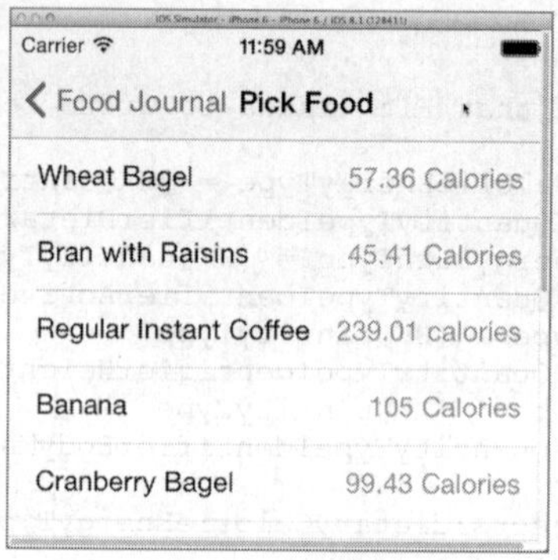

图34-4 食物列表界面效果

图34-5 每天消耗能量界面效果

34.4 实战演练——能量检测仪（基于 Swift 实现）

本实例使用Swift语言实现了一个基本的HealthKit演示应用程序，本实例和本章前面的实例34-1完全相同，是实例34-1的Swift版本。通过本应用程序可以检测用户基本体征资料：体重、身高和年龄。既可以及时了解每天食用食物的热量状况，也可以及时了解每天消耗掉的Calories能量。

实例34-2	能量检测仪
源码与视频路径	光盘:\daima\34\HealthKit2

本实例的具体实现流程如下所示。

（1）打开Xcode 6.1，新创建一个名为“HealthKit~Swift”工程，在工程中引入HealthKit.framework框架，工程的最终目录结构如图34-6所示。

（2）打开Main.storyboard设计面板，在里面设置整个工程需要的UI视图界面，在项目中设置3个子视图，如图34-7所示。

（3）编写文件HKHealthStoreExtension.swift，功能是调用mostRecentQuantitySampleOfType 函数获取HKHealth中存储的最近食物的能量值。文件HKHealthStoreExtension.swift的具体实现代码如下所示：

```
import Foundation
import HealthKit

typealias HKCompletionHandle = ((HKQuantity!, NSError!) -> Void!)

extension HKHealthStore {

    func getClassName(obj : AnyObject) -> String
    {
        let objectClass : AnyClass! = object_getClass(obj)
```

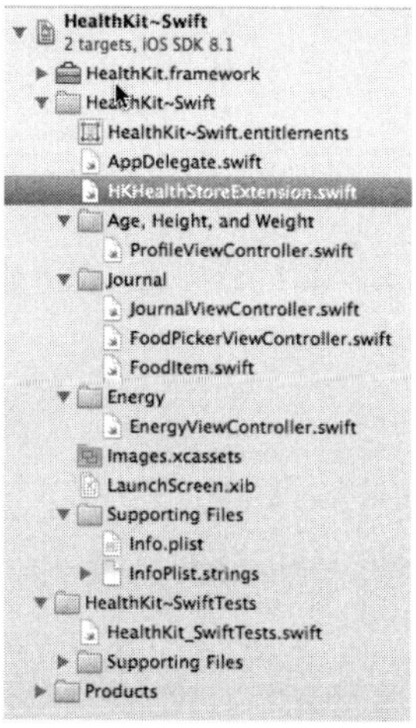

图34-6 工程的最终目录结构

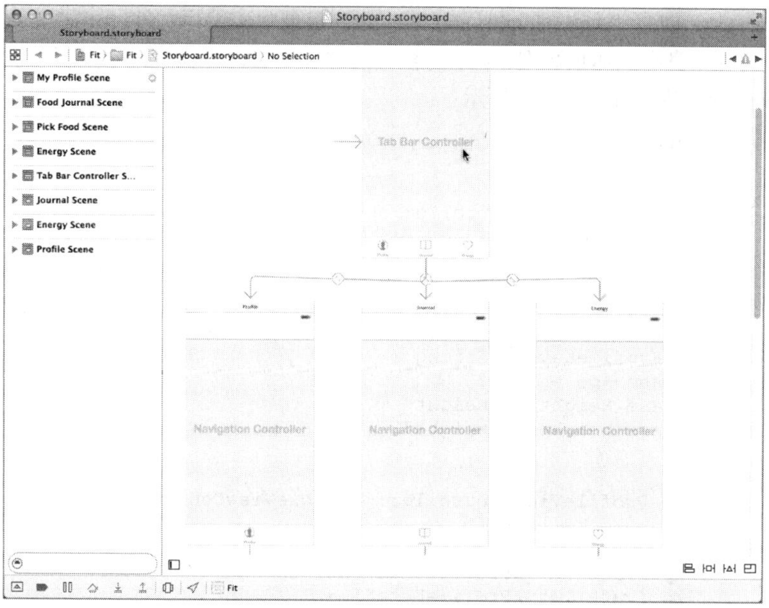

图34-7 Main.storyboard设计面板

```
        let className = objectClass.description()

        return className
    }

    func mostRecentQuantitySampleOfType(quantityType: HKQuantityType,
                                            predicate: NSPredicate!,
                                           completion: HKCompletionHandle!
                                        ) -> Void
    {
        var timeSortDescript: NSSortDescriptor = NSSortDescriptor(key: HKSampleSort
IdentifierEndDate, ascending: false)

        let query: HKSampleQuery = HKSampleQuery(sampleType: quantityType, predicate:
nil, limit: 1, sortDescriptors: [timeSortDescript]) {
            (query, results, error) -> Void in

            if results == nil {
                if completion != nil {
                    completion(nil, error)
                }

                return
            }

            if completion != nil {

                // If quantity isn't in the database, return nil in the completion block.
                var quantitySample:HKQuantitySample? = results.last as HKQuantitySample?
                var quantity: HKQuantity? = quantitySample?.quantity

                completion(quantity, error)
            }
        }

        self.executeQuery(query)
    }

}
```

（4）创建“Age, Height, and Weight”目录中，编写文件ProfileViewController.swift，功能是检测用户年龄、身高和体重数据，其中的核心内容和重点内容在代码中进行了注释。文件ProfileViewController.swift的具体实现代码如下所示：

```
import UIKit
import HealthKit

enum ProfileViewControllerTableViewIndex : Int {
    case Age = 0
    case Height
    case Weight
}

enum ProfileKeys : String {
    case Age = "age"
    case Height = "height"
    case Weight = "weight"
}

class ProfileViewController: UITableViewController
{

    private let kProfileUnit = 0
    private let kProfileDetail = 1

    var healthStore: HKHealthStore?

    private var userProfiles: [ProfileKeys: [String]]?

    override func viewDidAppear(animated: Bool)
    {
        super.viewDidAppear(animated)
        if !HKHealthStore.isHealthDataAvailable() {
            return
        }

        var writeDataTypes: NSSet = self.dataTypesToWrite()
        var readDataTypes: NSSet = self.dataTypesToRead()

        var completion: ((Bool, NSError!) -> Void)! = {
            (success, error) -> Void in

            if !success {
                println("You didn't allow HealthKit to access these read/write data
types. In your app, try to handle this error gracefully when a user decides not to provide
access. The error was: \(error). If you're using a simulator, try it on a device.")

                return
            }

            dispatch_async(dispatch_get_main_queue(), {
                () -> Void in
                self.updateUserAge()
                self.updateUsersHeight()
                self.updateUsersWeight()
            })
        }

        self.healthStore?.requestAuthorizationToShareTypes(writeDataTypes, readTypes:
readDataTypes, completion: completion)
    }

    override func viewDidLoad()
    {
        super.viewDidLoad()
        self.title = "Your Profile"
```

```
        self.userProfiles = [ProfileKeys.Age: [NSLocalizedString("Age (yrs)", comment:
""), NSLocalizedString("Not available", comment: "")],
                             ProfileKeys.Height: [NSLocalizedString("Height ()",
comment: ""), NSLocalizedString("Not available", comment: "")],
                             ProfileKeys.Weight: [NSLocalizedString("Weight ()",
comment: ""), NSLocalizedString("Not available", comment: "")]]
    }

    override func didReceiveMemoryWarning()
    {
        super.didReceiveMemoryWarning()
        // Dispose of any resources that can be recreated.
    }

//MARK: - 私有方法
    private func dataTypesToWrite() -> NSSet
    {
        var dietaryCalorieEnergyType: HKQuantityType = HKObjectType.quantityTypeFor
Identifier(HKQuantityTypeIdentifierDietaryEnergyConsumed)
        var activeEnergyBurnType: HKQuantityType =
HKObjectType.quantityTypeForIdentifier(HKQuantityTypeIdentifierActiveEnergyBurned)
        var heightType:  HKQuantityType =
HKObjectType.quantityTypeForIdentifier(HKQuantityTypeIdentifierHeight)
        var weightType: HKQuantityType =
HKObjectType.quantityTypeForIdentifier(HKQuantityTypeIdentifierBodyMass)

        var writeDataTypes: NSSet = NSSet(objects: dietaryCalorieEnergyType, active
EnergyBurnType, heightType, weightType)

        return writeDataTypes
    }

    private func dataTypesToRead() -> NSSet
    {
        var dietaryCalorieEnergyType: HKQuantityType = HKObjectType.quantityTypeFor
Identifier(HKQuantityTypeIdentifierDietaryEnergyConsumed)
        var activeEnergyBurnType: HKQuantityType =
HKObjectType.quantityTypeForIdentifier(HKQuantityTypeIdentifierActiveEnergyBurned)
        var heightType:  HKQuantityType =
HKObjectType.quantityTypeForIdentifier(HKQuantityTypeIdentifierHeight)
        var weightType: HKQuantityType =
HKObjectType.quantityTypeForIdentifier(HKQuantityTypeIdentifierBodyMass)
        var birthdayType: HKCharacteristicType =
HKObjectType.characteristicTypeForIdentifier(HKCharacteristicTypeIdentifierDateOfBi
rth)
        var biologicalSexType: HKCharacteristicType = HKObjectType.characteristicType
ForIdentifier(HKCharacteristicTypeIdentifierBiologicalSex)

        var readDataTypes: NSSet = NSSet(objects: dietaryCalorieEnergyType, active
EnergyBurnType, heightType, weightType, birthdayType, biologicalSexType)

        return readDataTypes
    }

//MARK: - 读取HealthKit数据

    private func updateUserAge() -> Void
    {
        var error: NSError?
        let dateOfBirth = self.healthStore?.dateOfBirthWithError(&error)

        if dateOfBirth == nil {
            println("Either an error occured fetching the user's age information or none
has been stored yet. In your app, try to handle this gracefully.")

            return
        }
```

```
        var now: NSDate = NSDate()

        var ageComponents: NSDateComponents =
NSCalendar.currentCalendar().components(NSCalendarUnit.YearCalendarUnit, fromDate:
dateOfBirth!, toDate: now, options: NSCalendarOptions.WrapComponents)

        var userAge: Int = ageComponents.year

        var ageValue: String = NSNumberFormatter.localizedStringFromNumber(userAge,
numberStyle: NSNumberFormatterStyle.NoStyle)

        if var userProfiles = self.userProfiles {
            var age: [String] = userProfiles[ProfileKeys.Age] as [String]!
            age[kProfileDetail] = ageValue

            userProfiles[ProfileKeys.Age] = age
            self.userProfiles = userProfiles
        }
        var indexPath: NSIndexPath = NSIndexPath(forRow: ProfileViewControllerTable
ViewIndex.Age.rawValue, inSection: 0)
        self.tableView.reloadRowsAtIndexPaths([indexPath], withRowAnimation: UITable
ViewRowAnimation.None)
    }

    private func updateUsersHeight() -> Void
    {
        let setHeightInformationHandle: ((String) -> Void) = {
            (heightValue) -> Void in

            //获取用户的默认身高，单位英寸
            let lengthFormatter: NSLengthFormatter = NSLengthFormatter()
            lengthFormatter.unitStyle = NSFormattingUnitStyle.Long

            let heightFormatterUnit: NSLengthFormatterUnit = .Inch
            let heightUniString: String = lengthFormatter.unitStringFromValue(10, unit:
heightFormatterUnit)
            let localizedHeightUnitDescriptionFormat: String = NSLocalizedString
("Height (%@)", comment: "");

            let heightUnitDescription: NSString = NSString(format: localizedHeightUnit
DescriptionFormat, heightUniString);

            if var userProfiles = self.userProfiles {
                var height: [String] = userProfiles[ProfileKeys.Height] as [String]!
                height[self.kProfileUnit] = heightUnitDescription
                height[self.kProfileDetail] = heightValue

                userProfiles[ProfileKeys.Height] = height
                self.userProfiles = userProfiles
            }
            let indexPath: NSIndexPath = NSIndexPath(forRow: ProfileViewController
TableViewIndex.Height.rawValue, inSection: 0)
            self.tableView.reloadRowsAtIndexPaths([indexPath], withRowAnimation:
UITableViewRowAnimation.None)
        }

        let heightType: HKQuantityType = HKQuantityType.quantityTypeForIdentifier
(HKQuantityTypeIdentifierHeight)

        //查询到用户的新的身高，如果它存在的话
        let completion: HKCompletionHandle = {
            (mostRecentQuantity, error) -> Void in

            if mostRecentQuantity == nil {
                println("Either an error occured fetching the user's height information
or none has been stored yet. In your app, try to handle this gracefully.")

                dispatch_async(dispatch_get_main_queue(), {
```

```
                    () -> Void in
                    let heightValue: String = NSLocalizedString("Not available",
comment: "")

                    setHeightInformationHandle(heightValue)
                })

                return
            }

            let heightUnit: HKUnit = HKUnit.inchUnit()
            let usersHeight: Double =
mostRecentQuantity.doubleValueForUnit(heightUnit)

            dispatch_async(dispatch_get_main_queue(), {
                () -> Void in
                let heightValue: String =
NSNumberFormatter.localizedStringFromNumber(NSNumber(double: usersHeight), numberStyle:
NSNumberFormatterStyle.NoStyle)

                setHeightInformationHandle(heightValue)
            })
        }

        self.healthStore!.mostRecentQuantitySampleOfType(heightType, predicate: nil,
completion: completion)
    }

    private func updateUsersWeight() -> Void
    {
        let setWeightInformationHandle: ((String) -> Void) = {
            (weightValue) -> Void in

            //查询到用户的新的身高，如果它存在的话
            let massFormatter: NSMassFormatter = NSMassFormatter()
            massFormatter.unitStyle = NSFormattingUnitStyle.Long

            let weightFormatterUnit: NSMassFormatterUnit = .Pound
            let weightUniString: String = massFormatter.unitStringFromValue(10, unit:
weightFormatterUnit)
            let localizedHeightUnitDescriptionFormat: String = NSLocalizedString
("Weight (%@)", comment: "");

            let weightUnitDescription: NSString = NSString(format: localizedHeightUnit
DescriptionFormat, weightUniString);

            if var userProfiles = self.userProfiles {
                var weight: [String] = userProfiles[ProfileKeys.Weight] as [String]!
                weight[self.kProfileUnit] = weightUnitDescription
                weight[self.kProfileDetail] = weightValue

                userProfiles[ProfileKeys.Weight] = weight
                self.userProfiles = userProfiles
            }

            // Reload table view (only height row)
            let indexPath: NSIndexPath = NSIndexPath(forRow: ProfileViewController
TableViewIndex.Weight.rawValue, inSection: 0)
            self.tableView.reloadRowsAtIndexPaths([indexPath], withRowAnimation:
UITableViewRowAnimation.None)
        }

        let weightType: HKQuantityType = HKQuantityType.quantityTypeForIdentifier
(HKQuantityTypeIdentifierBodyMass)

        //查询到用户的新的重量，如果它存在的话
        let completion: HKCompletionHandle = {
            (mostRecentQuantity, error) -> Void in
```

```
            if mostRecentQuantity == nil {
                println("Either an error occured fetching the user's weight information
or none has been stored yet. In your app, try to handle this gracefully.")

                dispatch_async(dispatch_get_main_queue(), {
                    () -> Void in
                    let weightValue: String = NSLocalizedString("Not available",
comment: "")

                    setWeightInformationHandle(weightValue)
                })

                return
            }

            let weightUnit: HKUnit = HKUnit.poundUnit()
            let usersWeight: Double =
mostRecentQuantity.doubleValueForUnit(weightUnit)

            // 更新UI视图
            dispatch_async(dispatch_get_main_queue(), {
                () -> Void in
                let weightValue: String = NSNumberFormatter.localizedStringFromNumber
(NSNumber(double: usersWeight), numberStyle: NSNumberFormatterStyle.NoStyle)

                setWeightInformationHandle(weightValue)
            })
        }

        self.healthStore!.mostRecentQuantitySampleOfType(weightType, predicate: nil,
completion: completion)
    }

    private func saveHeightIntoHealthStore(height:Double) -> Void
    {
        // 保存身高到HealthKit
        let inchUnit: HKUnit = HKUnit.inchUnit()
        let heightQuantity: HKQuantity = HKQuantity(unit: inchUnit, doubleValue:
height)

        let heightType: HKQuantityType = HKQuantityType.quantityTypeForIdentifier
(HKQuantityTypeIdentifierHeight)
        let nowDate: NSDate = NSDate()

        let heightSample: HKQuantitySample = HKQuantitySample(type: heightType,
quantity: heightQuantity, startDate: nowDate, endDate: nowDate)

        let completion: ((Bool, NSError!) -> Void) = {
            (success, error) -> Void in

            if !success {
                println("An error occured saving the height sample \(heightSample). In
your app, try to handle this gracefully. The error was: \(error).")

                abort()
            }

            self.updateUsersHeight()
        }

        self.healthStore!.saveObject(heightSample, withCompletion: completion)
    }

    private func saveWeightIntoHealthStore(weight:Double) -> Void
    {
        // 保存体重到HealthKit
        let poundUnit: HKUnit = HKUnit.poundUnit()
```

```
        let weightQuantity: HKQuantity = HKQuantity(unit: poundUnit, doubleValue:
weight)

        let weightType: HKQuantityType = HKQuantityType.quantityTypeForIdentifier
(HKQuantityTypeIdentifierBodyMass)
        let nowDate: NSDate = NSDate()

        let weightSample: HKQuantitySample = HKQuantitySample(type: weightType,
quantity: weightQuantity, startDate: nowDate, endDate: nowDate)

        let completion: ((Bool, NSError!) -> Void) = {
            (success, error) -> Void in

            if !success {
                println("An error occured saving the weight sample \(weightSample). In
your app, try to handle this gracefully. The error was: \(error).")

                abort()
            }

            self.updateUsersWeight()
        }

        self.healthStore!.saveObject(weightSample, withCompletion: completion)
    }

//MARK: - UITableView 数据函数

    override func numberOfSectionsInTableView(tableView: UITableView) -> Int
    {
        return 1
    }

    override func tableView(tableView: UITableView, numberOfRowsInSection section:Int) ->
Int
    {
        return 3
    }

    override func tableView(tableView: UITableView, cellForRowAtIndexPath indexPath:
NSIndexPath) -> UITableViewCell
    {
        let CellIdentifier: String = "CellIdentifier"

        var cell: UITableViewCell? =
tableView.dequeueReusableCellWithIdentifier(CellIdentifier) as UITableViewCell?
        if cell == nil {
            cell = UITableViewCell(style: UITableViewCellStyle.Value1,
reuseIdentifier: CellIdentifier)
        }

        var profilekey: ProfileKeys?

        switch indexPath.row {
        case 0:
            profilekey = .Age

        case 1:
            profilekey = .Height

        case 2:
            profilekey = .Weight

        default:
            break
        }

        if let profiles = self.userProfiles {
```

```
        var profile: [String] = profiles[profilekey!] as [String]!

        cell!.textLabel.text = profile.first as String!
        cell!.detailTextLabel!.text = profile.last as String!
    }

    return cell!
}

override func tableView(tableView: UITableView, didSelectRowAtIndexPath indexPath:
NSIndexPath)
    {
    let index: ProfileViewControllerTableViewIndex = ProfileViewControllerTable
ViewIndex(rawValue: indexPath.row)!
    //不允许人们改变他们的出生日期
    if index == .Age {
        tableView.deselectRowAtIndexPath(indexPath, animated: true)
        return
    }

    //建立基于用户选择的变量的行
    var title: String?
    var valueChangedHandler: (Double -> Void)?

    if index == .Height {
        title = NSLocalizedString("Your Height", comment: "")

        valueChangedHandler = {
            value -> Void in

            self.saveHeightIntoHealthStore(value)
        }
    }

    if index == .Weight {
        title = NSLocalizedString("Your Weight", comment: "")

        valueChangedHandler = {
            value -> Void in

            self.saveWeightIntoHealthStore(value)
        }
    }

    // 创建一个提醒框
    let alertController: UIAlertController = UIAlertController(title: title,
    message: nil, preferredStyle: UIAlertControllerStyle.Alert)

    //添加文本字段可以让用户输入一个数值
    alertController.addTextFieldWithConfigurationHandler { (textField) -> Void in
        // Only allow the user to enter a valid number.
        textField.keyboardType = UIKeyboardType.DecimalPad
    }

    //创建 "OK" 按钮
    let okTitle: String = NSLocalizedString("OK", comment: "")
    let okAction: UIAlertAction = UIAlertAction(title: okTitle, style: UIAlert
    ActionStyle.Default) { (action) -> Void in
        let textField: UITextField = alertController.textFields?.first as UITextField

        let text: NSString = textField.text
        let value: Double = text.doubleValue

        valueChangedHandler!(value)

        tableView.deselectRowAtIndexPath(indexPath, animated: true)
    }
```

```
        alertController.addAction(okAction)

        // 创建 "Cancel" 按钮
        let cancelTitle: String = NSLocalizedString("Cancel", comment: "")
        let cancelAction: UIAlertAction = UIAlertAction(title: cancelTitle, style:
UIAlertActionStyle.Cancel) { (action) -> Void in
            tableView.deselectRowAtIndexPath(indexPath, animated: true)
        }

        alertController.addAction(cancelAction)

        // 当前的提醒框视图
        self.presentViewController(alertController, animated: true, completion: nil)
    }
}
```

（5）在Journal目录中创建3个文件，其中文件JournalViewController.swift实现了“Journal”子界面的视图显示功能，显示系统中的记录信息。文件JournalViewController.swift的具体实现代码如下所示：

```
import UIKit
import HealthKit

class JournalViewController: UITableViewController, FoodPickerViewControllerDelegate
{

    var healthStore: HKHealthStore?

    private var foodItems: [FoodItem]?

    private var energyFormatter: NSEnergyFormatter {
        get {
            let energyFormatter: NSEnergyFormatter = NSEnergyFormatter()
            energyFormatter.unitStyle = NSFormattingUnitStyle.Long
            energyFormatter.forFoodEnergyUse = true
            energyFormatter.numberFormatter.maximumFractionDigits = 2

            return energyFormatter
        }
    }

    override func viewDidAppear(animated: Bool)
    {
        NSNotificationCenter.defaultCenter().addObserver(self, selector: "updateJournal",
        name: UIApplicationDidBecomeActiveNotification, object: nil)
    }

    override func viewDidDisappear(animated: Bool)
    {
        NSNotificationCenter.defaultCenter().removeObserver(self, name: UIApplicationDid
        BecomeActiveNotification, object: nil)
    }

    override func viewDidLoad()
    {
        super.viewDidLoad()
        self.title = "Food Journal"

        self.foodItems = []

        let addBarButton: UIBarButtonItem = UIBarButtonItem(barButtonSystemItem:
        UIBarButtonSystemItem.Add, target: self, action: "pickFood:");

        self.navigationItem.rightBarButtonItem = addBarButton

        self.updateJournal()
    }
```

```
override func didReceiveMemoryWarning()
{
    super.didReceiveMemoryWarning()
}

@IBAction func pickFood(sender: AnyObject)
{
    let pickFoodViewController = FoodPickerViewController(style: UITableViewStyle.Plain)
    pickFoodViewController.delegate = self

    self.navigationController?.pushViewController(pickFoodViewController,animated:true)
}

//MARK: - 读取HealthKit数据

// Use for someone selector, can not be private
func updateJournal()
{
    let calendar: NSCalendar = NSCalendar.currentCalendar()
    let nowDate: NSDate = NSDate()

    let componentsUnit = NSCalendarUnit.CalendarUnitYear | .CalendarUnitMonth
    | .CalendarUnitDay
    let components: NSDateComponents = calendar.components(componentsUnit,
    fromDate: nowDate)

    let stareDate: NSDate? = calendar.dateFromComponents(components)
    let endDate: NSDate? = calendar.dateByAddingUnit(NSCalendarUnit.CalendarUnit
    Day, value: 1, toDate: stareDate!, options: nil)

    let foodType: HKCorrelationType =
    HKObjectType.correlationTypeForIdentifier(HKCorrelationTypeIdentifierFood)

    let predicate: NSPredicate = HKQuery.predicateForSamplesWithStartDate
    (stareDate, endDate: endDate, options: HKQueryOptions.None)
    let limit: Int = Int(HKObjectQueryNoLimit)

    let query: HKSampleQuery = HKSampleQuery(sampleType: foodType, predicate:
    predicate, limit: limit, sortDescriptors: nil) {
        (query, results, error) -> Void in

        if results == nil {
            println("An error occured fetching the user's tracked food. In your app,
            try to handle this gracefully. The error was: \(error).")
            abort()
        }

        dispatch_async(dispatch_get_main_queue(), {
            () -> Void in

            self.foodItems!.removeAll(keepCapacity: false)

            for foodCorrelation in results {
            // Create an FoodItem instance that contains the information we care
            about that's
                // stored in the food correlation
                let foodItem: FoodItem = self.foodItemFromFoodCorrelation(food
                Correlation as HKCorrelation)

                self.foodItems!.append(foodItem)
            }

            self.tableView.reloadData()
        })
    }
```

```
        self.healthStore!.executeQuery(query)
    }

    private func foodItemFromFoodCorrelation(foodCorrelation: HKCorrelation) -> FoodItem
    {
        // Fetch the name fo the food
        let foodName = foodCorrelation.metadata[HKMetadataKeyFoodType] as NSString?

        // Fetch the total energy from the food
        let energyConsumedType: HKQuantityType = HKQuantityType.quantityTypeFor
Identifier(HKQuantityTypeIdentifierDietaryEnergyConsumed)
        let energyConsumedSamples: NSSet = foodCorrelation.objectsForType(energy
ConsumedType)

        // Note that we only have one energy consumed sample correlation (for Fit
        // specifically)
        let energyConsumedSample: HKQuantitySample = energyConsumedSamples.anyObject()
as HKQuantitySample!

        let energyQuantityConsumed: HKQuantity = energyConsumedSample.quantity

        let joules: Double = energyQuantityConsumed.doubleValueForUnit(HKUnit.
jouleUnit())

        return FoodItem.foodItem(foodName as String, joules: joules)
    }

    //MARK: - Writing HealthKit Data

    private func addFoodItem(foodItem: FoodItem)
    {
        // Create a new food correlation for the given food item
        let foodCorrelationForFoodItem: HKCorrelation = self.foodCorrelationForFood
Item(foodItem)

        let completion: (Bool, NSError!) -> Void = {
            (success, error) -> Void in

            dispatch_async(dispatch_get_main_queue(), {
                () -> Void in

                if !success {
                    println("An error occured saving the food %@. In your app, try to
handle this gracefully. The error was: \(error)")

                    return
                }

                self.foodItems!.insert(foodItem, atIndex: 0)

                let indexPathForInsertedFoodItem: NSIndexPath = NSIndexPath(forRow: 0,
inSection: 0)

                self.tableView.insertRowsAtIndexPaths([indexPathForInsertedFoodItem],
withRow Animation: UITableViewRowAnimation.None)
            })
        }

        self.healthStore!.saveObject(foodCorrelationForFoodItem, withCompletion:
completion)
    }

    private func foodCorrelationForFoodItem(foodItem: FoodItem) -> HKCorrelation
    {
        let nowDate: NSDate = NSDate()

        let energyQuantityConsumed: HKQuantity = HKQuantity(unit: HKUnit.jouleUnit(),
doubleValue: foodItem.joules)
```

```
        let energyConsumedType: HKQuantityType = HKQuantityType.quantityTypeFor
Identifier(HKQuantityTypeIdentifierDietaryEnergyConsumed)
        let energyConsumedSample: HKQuantitySample = HKQuantitySample(type: energy
ConsumedType, quantity: energyQuantityConsumed, startDate: nowDate, endDate: nowDate)
        let energyConsumedSamples: NSSet = NSSet(object: energyConsumedSample)

        let foodType: HKCorrelationType = HKCorrelationType.correlationTypeFor
Identifier(HKCorrelationTypeIdentifierFood)
        let foodCorrelationMetadata: NSDictionary = [HKMetadataKeyFoodType: foodItem.
name]

        let foodCorrelation: HKCorrelation = HKCorrelation(type: foodType, startDate:
nowDate, endDate: nowDate, objects: energyConsumedSamples, metadata: foodCorrelation
Metadata)
        return foodCorrelation
    }

    override func numberOfSectionsInTableView(tableView: UITableView) -> Int
    {
        return 1
    }

    override func tableView(tableView: UITableView, numberOfRowsInSection section: Int)
-> Int
    {
        if self.foodItems == nil {
            return 0
        }

        return self.foodItems!.count
    }

    override func tableView(tableView: UITableView, cellForRowAtIndexPath indexPath:
NSIndexPath) -> UITableViewCell
    {
        let CellIdentifier: String = "CellIdentifier"

        var cell: UITableViewCell? = tableView.dequeueReusableCellWithIdentifier
(CellIdentifier) as UITableViewCell?
        if cell == nil {
            cell = UITableViewCell(style: UITableViewCellStyle.Value1, reuseIdentifier:
CellIdentifier)
        }

        return cell!
    }

    override func tableView(tableView: UITableView, willDisplayCell cell: UITableViewCell,
forRowAtIndexPath indexPath: NSIndexPath)
    {
        if let foodItems: [FoodItem] = self.foodItems {
            let foodItem = foodItems[indexPath.row]

            cell.textLabel.text = foodItem.name

            let energyFormatter: NSEnergyFormatter = self.energyFormatter
            cell.detailTextLabel!.text = energyFormatter.stringFromJoules(foodItem.
joules)
        }
    }

    override func tableView(tableView: UITableView, didSelectRowAtIndexPath indexPath:
NSIndexPath)
    {
        tableView.deselectRowAtIndexPath(indexPath, animated: true)
    }
```

```
    func foodPicker(foodPicker: FoodPickerViewController, didSelectedFoodItem foodItem:
FoodItem)
    {
        self.navigationController?.popViewControllerAnimated(true)

        self.addFoodItem(foodItem)
    }
}
```

再看文件FoodPickerViewController.swift，功能是创建一个食物选择器视图，调用FoodItem实现一个不同食物的热量列表效果。文件FoodPickerViewController.swift的具体实现代码如下所示：

```
import UIKit

@objc protocol FoodPickerViewControllerDelegate: NSObjectProtocol
{
    optional func foodPicker(foodPicker: FoodPickerViewController, didSelectedFoodItem
foodItem: FoodItem) -> Void
}

class FoodPickerViewController: UITableViewController
{
    var delegate: FoodPickerViewControllerDelegate?

    private var foodItems: [FoodItem] {
        get {
            var foodItems: [FoodItem] = [FoodItem.foodItem("Wheat Bagel", joules:
240000.0)]
            foodItems.append(FoodItem.foodItem("Bran with Raisins", joules: 190000.0))
            foodItems.append(FoodItem.foodItem("Regular Instant Coffee", joules:
1000.0))
            foodItems.append(FoodItem.foodItem("Banana", joules: 439320.0))
            foodItems.append(FoodItem.foodItem("Cranberry Bagel", joules: 416000.0))
            foodItems.append(FoodItem.foodItem("Oatmeal", joules: 150000.0))
            foodItems.append(FoodItem.foodItem("Fruits Salad", joules: 60000.0))
            foodItems.append(FoodItem.foodItem("Fried Sea Bass", joules: 200000.0))
            foodItems.append(FoodItem.foodItem("Chips", joules: 190000.0))
            foodItems.append(FoodItem.foodItem("Chicken Taco", joules: 170000.0))

            return foodItems
        }
    }

    private var energyFormatter: NSEnergyFormatter {
        get {
            let energyFormatter: NSEnergyFormatter = NSEnergyFormatter()
            energyFormatter.unitStyle = NSFormattingUnitStyle.Long
            energyFormatter.forFoodEnergyUse = true
            energyFormatter.numberFormatter.maximumFractionDigits = 2

            return energyFormatter
        }
    }

    override func viewDidLoad()
    {
        super.viewDidLoad()
        self.title = "Pick Food"
    }

    override func didReceiveMemoryWarning()
    {
        super.didReceiveMemoryWarning()
        // Dispose of any resources that can be recreated.
    }

    override func numberOfSectionsInTableView(tableView: UITableView) -> Int
    {
```

```
        return 1
    }

    override func tableView(tableView: UITableView, numberOfRowsInSection section: Int)
-> Int
    {
        return self.foodItems.count
    }

    override func tableView(tableView: UITableView, cellForRowAtIndexPath indexPath:
NSIndexPath) -> UITableViewCell
    {
        let CellIdentifier: String = "CellIdentifier"

        var cell: UITableViewCell? =
tableView.dequeueReusableCellWithIdentifier(CellIdentifier) as UITableViewCell?
        if cell == nil {
            cell = UITableViewCell(style: UITableViewCellStyle.Value1, reuseIdentifier:
CellIdentifier)
        }

        let foodItem: FoodItem = self.foodItems[indexPath.row]
        cell!.textLabel.text = foodItem.name

        let energyFormatter: NSEnergyFormatter = self.energyFormatter
        cell!.detailTextLabel!.text = energyFormatter.stringFromJoules(foodItem.joules)

        return cell!
    }

    //MARK: - UITableView Delegate Methods

    override func tableView(tableView: UITableView, didSelectRowAtIndexPath indexPath:
NSIndexPath)
    {
        tableView.deselectRowAtIndexPath(indexPath, animated: true)
        let foodItem: FoodItem = self.foodItems[indexPath.row]

        if self.delegate? != nil {
            self.delegate?.foodPicker!(self, didSelectedFoodItem: foodItem)
        }
    }
}
```

再看文件FoodItem.swift，功能是实现一个不同食物的热量列表效果，具体实现代码如下所示：

```
import UIKit

class FoodItem: NSObject
{
    var name: String {
        get {
            return _name!
        }
    }

    private var _name: String?

    var joules: Double {
        get {
            return _joules!
        }
    }

    private var _joules: Double?

    class func foodItem(name: String, joules: Double) -> FoodItem
    {
```

```
        let item: FoodItem = FoodItem(name: name, joules: joules)

        return item
    }

    init(name: String, joules: Double) {
        super.init()

        self._name = name
        self._joules = joules
    }

    override func isEqual(object: AnyObject?) -> Bool {
        if object!.isKindOfClass(object_getClass(FoodItem)) {
            return (object!.joules == self.joules) && (object!.name == self.name)
        }

        return false
    }
}
```

（6）在Energy目录中创建文件EnergyViewController.swift，功能是显示用户一天消耗的能量，具体实现代码如下所示：

```
import UIKit
import HealthKit

class EnergyViewController: UITableViewController
{
    var healthStore: HKHealthStore?

    // Private class and variables
    private class Energy {
        var activeEnergyBurned: Double = 0.0
        var restingEnergyBurned: Double = 0.0
        var energyConsumed: Double = 0.0

        var netEnergy: Double {
            get {
                let _netEnergy = self.energyConsumed - self.activeEnergyBurned - self.
                restingEnergyBurned

                return _netEnergy
            }
        }
    }

    private let energyStore: Energy = Energy()
    private var menu: [String] {
        get {
            let _menu: [String] = ["Resting Burn", "Active Burn", "Consumed", "Net"]

            return _menu
        }
    }

    private var energyFormatter: NSEnergyFormatter {
        get {
            let energyFormatter: NSEnergyFormatter = NSEnergyFormatter()
            energyFormatter.unitStyle = NSFormattingUnitStyle.Long
            energyFormatter.forFoodEnergyUse = true
            energyFormatter.numberFormatter.maximumFractionDigits = 2

            return energyFormatter
        }
    }

    override func viewWillAppear(animated: Bool) {
```

```
        super.viewWillAppear(animated)

        self.refreshStatistics()

        NSNotificationCenter.defaultCenter().addObserver(self, selector: "refresh
Statistics", name: UIApplicationDidBecomeActiveNotification, object: nil)
    }

    override func viewWillDisappear(animated: Bool) {
        super.viewWillDisappear(animated)

        NSNotificationCenter.defaultCenter().removeObserver(self, name: UIApplication
DidBecomeActiveNotification, object: nil)
    }

    override func viewDidLoad()
    {
        super.viewDidLoad()

        // Do any additional setup after loading the view.
        self.title = self.navigationController?.title

        self.refreshControl = UIRefreshControl()
        self.refreshControl?.addTarget(self, action: "refreshStatistics", forControl
Events: UIControlEvents.ValueChanged)
    }

    override func didReceiveMemoryWarning()
    {
        super.didReceiveMemoryWarning()
        // Dispose of any resources that can be recreated
    }

    //MARK: - Reading HealthKit Data

    func refreshStatistics()
    {
        self.refreshControl!.beginRefreshing()

        let energyConsumedType: HKQuantityType = HKQuantityType.quantityTypeFor
Identifier(HKQuantityTypeIdentifierDietaryEnergyConsumed)
        let activeEnergyBurnType: HKQuantityType = HKQuantityType.quantityTypeFor
Identifier(HKQuantityTypeIdentifierActiveEnergyBurned)

        // First, fetch the sum of energy consumed samples from HealthKit. Populate this
by creating your
        // own food logging app or using the food journal view controller.
        let completeFirstTime: ((Double, NSError?) -> Void) = {
            (totalJoulesConsumed, error) -> Void in

            // Next, fetch the sum of active energy burned from HealthKit. Populate this
by creating your
            // own calorie tracking app or the Health app.
            let completeSecondTime: ((Double, NSError?) -> Void) = {
                (activeEnergyBurned, error) -> Void in

                // Last, calculate the user's basal energy burn so far today.
                var completion: ((HKQuantity?, NSError?) -> Void) = {
                    (basalEnergyBurn, error) -> Void in

                    if basalEnergyBurn == nil {
                        println("An error occurred trying to compute the basal energy
burn. In your app, handle this gracefully. Error: \(error)")
                    }

                    // Update the UI with all of the fetched values.
                    dispatch_async(dispatch_get_main_queue(), {
                        () -> Void in
```

```
                        self.energyStore.activeEnergyBurned = activeEnergyBurned

                        self.energyStore.restingEnergyBurned = basalEnergyBurn!.
doubleValueForUnit(HKUnit.jouleUnit())

                        self.energyStore.energyConsumed = totalJoulesConsumed

                        self.refreshControl!.endRefreshing()
                        self.tableView!.reloadData()
                    })

                }

                self.fetchTotalBasalBurn(completion)

            }

            self.fetchSumOfSamplesTodayForType(activeEnergyBurnType, unit: HKUnit.
            jouleUnit(), completion: completeSecondTime)
        }

        self.fetchSumOfSamplesTodayForType(energyConsumedType, unit: HKUnit.joule
        Unit(), completion: completeFirstTime)
    }

        private func fetchSumOfSamplesTodayForType(quantityType: HKQuantityType, unit:
        HKUnit, completion completionHandler: ((Double, NSError?) -> Void)?)
    {
        let predicate = self.predicateForSamplesToday()

        let query: HKStatisticsQuery = HKStatisticsQuery(quantityType: quantityType,
quantitySamplePredicate: predicate, options: HKStatisticsOptions.CumulativeSum) {
            (_query, result, error) -> Void in

            var sum: HKQuantity? = result.sumQuantity()

            if completionHandler != nil {
                let value: Double = (sum != nil) ? sum!.doubleValueForUnit(unit) : 0

                completionHandler!(value, error)
            }
        }

        self.healthStore!.executeQuery(query)
    }

    // Calculates the user's total basal (resting) energy burn based off of their height,
    // weight, age,
    // and biological sex. If there is not enough information, return an error.
    private func fetchTotalBasalBurn(completion: ((HKQuantity?, NSError?) -> Void))
    {
        let todayPredicate: NSPredicate = self.predicateForSamplesToday()

        let weightType: HKQuantityType = HKQuantityType.quantityTypeForIdentifier
(HKQuantityTypeIdentifierBodyMass)
        let heightType: HKQuantityType = HKQuantityType.quantityTypeForIdentifier
(HKQuantityTypeIdentifierHeight)

        let queryWeigth: HKCompletionHandle = {
            (weight, error) -> Void in

            if weight == nil {
                completion(nil, error)

                return;
            }
```

```
                let queryHeigth: HKCompletionHandle = {
                    (height, error) -> Void in

                    if height == nil {
                        completion(nil, error)

                        return;
                    }

                    var queryBirthDayError: NSError? = nil
                    var dateOfBirth: NSDate? = self.healthStore!.dateOfBirthWithError
                    (&queryBirthDayError)

                    if dateOfBirth == nil {
                        completion(nil, error)

                        return;
                    }

                    var queryBiologicalSexError: NSError? = nil
                    var biologicalSexObjet: HKBiologicalSexObject? = self.healthStore!.
                    biologicalSexWithError (&queryBiologicalSexError)

                    if biologicalSexObjet == nil {
                        completion(nil, error)

                        return;
                    }

                    // Once we have pulled all of the information without errors, calculate
                    // the user's total basal energy burn
                    var basalEnergyButn: HKQuantity? = self.calculateBasalBurnTodayFrom
    Weight(weight, height: height, dateOfBirth: dateOfBirth!, biologicalSex: biologicalSex
    Objet!)

                    completion(basalEnergyButn, nil)
                }

                self.healthStore!.mostRecentQuantitySampleOfType(heightType, predicate:
                todayPredicate, completion: queryHeigth)
            }

            self.healthStore!.mostRecentQuantitySampleOfType(weightType, predicate: nil,
            completion: queryWeigth)
        }

        private func calculateBasalBurnTodayFromWeight(weight: HKQuantity?, height: HKQuantity?,
        dateOfBirth: NSDate?, biologicalSex: HKBiologicalSexObject?) -> HKQuantity?
        {
        // Only calculate Basal Metabolic Rate (BMR) if we have enough information about the user
            if (weight == nil) || (height == nil) || (dateOfBirth == nil) || (biologicalSex
    == nil) {
                return nil
            }

            // Note the difference between calling +unitFromString: vs creating a unit from
    a string with
            // a given prefix. Both of these are equally valid, however one may be more
            // convenient for a given
            // use case.
            let heightInCentimeters: Double = height!.doubleValueForUnit(HKUnit(from
            String:"cm"))
            let weightInKilograms: Double = weight!.doubleValueForUnit(HKUnit.gramUnit
            WithMetricPrefix(HKMetricPrefix.Kilo))

            let nowDate: NSDate = NSDate()
            let ageComponents: NSDateComponents = NSCalendar.currentCalendar().components
```

```
(NSCalendarUnit.CalendarUnitYear, fromDate: dateOfBirth!, toDate: nowDate, options:
NSCalendarOptions.WrapComponents)
        let ageInYears: Int = ageComponents.year

        // BMR is calculated in kilocalories per day
        let BMR: Double = self.calculateBMRFromWeight(weightInKilograms, height:
heightInCentimeters, age: ageInYears, biologicalSex: biologicalSex!.biologicalSex)

        // Figure out how much of today has completed so we know how many kilocalories
        // the user has burned
        let (startOfToday: NSDate, endOfToday: NSDate) = self.datesFromToday()

        let secondsInDay: NSTimeInterval = endOfToday.timeIntervalSinceDate(start
OfToday)
        let percentOfDayComplete: Double = nowDate.timeIntervalSinceDate(startOfToday)
/ secondsInDay

        let kilocaloriesBurned: Double = BMR * percentOfDayComplete

        let basalBurn: HKQuantity = HKQuantity(unit: HKUnit.kilocalorieUnit(), doubleValue:
kilocaloriesBurned)

        return basalBurn
    }

    //MARK: - Convenience

    private func predicateForSamplesToday() -> NSPredicate
    {
        let (starDate: NSDate, endDate: NSDate) = self.datesFromToday()

        let predicate: NSPredicate = HKQuery.predicateForSamplesWithStartDate(starDate,
endDate: endDate, options: HKQueryOptions.StrictStartDate)

        return predicate
    }

    /// Returns BMR value in kilocalories per day. Note that there are different ways
of calculating the
    /// BMR. In this example we chose an arbitrary function to calculate BMR based on
weight, height, age,
    /// and biological sex
    private func calculateBMRFromWeight(weightInKilograms: Double, height heightIn
Centimeters: Double, age ageInYears: Int, biologicalSex: HKBiologicalSex) -> Double
    {
        var BMR: Double = 0

        if biologicalSex == .Male {
            BMR = 66.0 + (13.8 * weightInKilograms) + (5.0 * heightInCentimeters) - (6.8
* Double(ageInYears))

            return BMR
        }

        BMR = 655 + (9.6 * weightInKilograms) + (1.8 * heightInCentimeters) - (4.7 *
Double(ageInYears))

        return BMR
    }

    private func datesFromToday() -> (NSDate, NSDate)
    {
        let calendar: NSCalendar = NSCalendar.currentCalendar()

        let nowDate: NSDate = NSDate()

        let starDate: NSDate = calendar.startOfDayForDate(nowDate)
        let endDate: NSDate = calendar.dateByAddingUnit(NSCalendarUnit.CalendarUnitDay,
```

```
value: 1, toDate: starDate, options: NSCalendarOptions.allZeros)!

        return (starDate, endDate)
    }

    private func stringFromJoules(joules: Double) -> String
    {
        let stringOfJourle: String = self.energyFormatter.stringFromJoules(joules)
        return stringOfJourle
    }
    override func numberOfSectionsInTableView(tableView: UITableView) -> Int
    {
        return 1
    }

    override func tableView(tableView: UITableView, numberOfRowsInSection section: Int)
-> Int
    {
        return self.menu.count
    }

    override func tableView(tableView: UITableView, cellForRowAtIndexPath indexPath:
NSIndexPath) -> UITableViewCell
    {
        let CellIdentifier: String = "CellIdentifier"

        var cell: UITableViewCell? = tableView.dequeueReusableCellWithIdentifier
(CellIdentifier) as UITableViewCell?
        if cell == nil {
            cell = UITableViewCell(style: UITableViewCellStyle.Value1, reuseIdentifier:
CellIdentifier)
        }

        let title: String = self.menu[indexPath.row]
        var detailText: String? = nil

        switch indexPath.row {
            case 0:
                detailText = self.stringFromJoules(self.energyStore.restingEnergy
Burned)

            case 1:
                detailText = self.stringFromJoules(self.energyStore.activeEnergy
Burned)

            case 2:
                detailText = self.stringFromJoules(self.energyStore.energyConsumed)
            case 3:
                detailText = self.stringFromJoules(self.energyStore.netEnergy)

            default:
                break
        }

        cell!.textLabel.text = title
        cell!.detailTextLabel!.text = detailText!

        return cell!
    }
}
```

到此为止，本实例的实现过程全部介绍完毕，执行效果和本章前面的实例34-1完全一致。

第35章 WatchKit智能手表开发

2015年3月，发生了一件令科技界振奋的消息，苹果在新品发布会上发布了Apple Watch。这是苹果公司产品线中的一款全新产品。其实在Apple Watch上市之前，2014年11月，苹果公司针对开发者就推出了开发Apple Watch应用程序的平台WatchKit。在本章的内容中，将详细讲解WatchKit的基本知识。

35.1 Apple Watch 介绍

2015年3月10日，苹果公司2015年春季发布会在美国旧金山芳草地艺术中心召开。此次亮相的Apple Watch中包含3个版本。目前Apple Watch国内官方网站（http://store.apple.com/cn/buy-watch/apple-watch-edition）已经上线，分为运动款、普通款和定制款3种，采用蓝宝石屏幕，有银色、金色、红色、绿色和白色等多种颜色可以选择。在苹果公司官方页面http://www.apple.com/cn/watch/中介绍了Apple Watch的主要功能特点，如图35-1所示。

图35-1 苹果官方对Apple Watch的介绍

在Apple Watch官方网站中，通过Timekeeping、New Ways to Connect和Health&Fitness 3个独立的功能页面，分别对Apple Watch所有界面模式命名、新交互方式和健康及健身等方面的细节进行详细介绍。此外，Apple的市场营销团队还添加了新的动画，来展示Apple Watch将如何在屏幕之间自由切换，以及Apple Watch上的应用都是如何工作的。

（1）Timekeeping（计时）

进入Timekeeping页面后，可以了解到Apple Watch拥有着各种风格的所有时间显示界面信息，用户可以对界面颜色、样式及其他元素进行完全自定义。另外，Apple Watch还具备常见手表所不具备的功能，除了闹钟、计时器、日历、世界时间之外，用户还可以获取月光照度、股票、天气、日出/日落时间、日常活动等信息。

（2）New Ways to Connect（全新的交互方式）

New Ways to Connect详细地展示了Apple Watch简单有趣的“腕对腕”互动交流新方式。使用Apple Watch，并不仅仅只是更简捷地收发信息、电话和邮件，用户可以用更个性化、更少文字的表达方式来与人交流，如图35-2所示。

其主打的3个功能：Sketch允许用户直接在表盘上快速绘制简单的图形动画并发送，Tap（基于触觉反馈的无声交互）触碰功能能让对方感受到含蓄的心意，而Heartbeat（心率传感器）红艳艳的心跳真是让单身人感受到苹果公司带来的浓浓的“爱意”了。

（3）Health&Fitness（健康&健身）

健康和健身一直是Apple Watch主打的功能项，不同于普通的智能腕带设备，Apple Watch能够详细记录用户的所有运动量，从跑步、骑车、健身，到遛狗、爬楼梯、抱孩子等皆涵盖在内，并以Move（消耗卡路里）、Exercise（运动）、Stand（站立）3个彩色圆环进行直观显示，如图35-3所示。

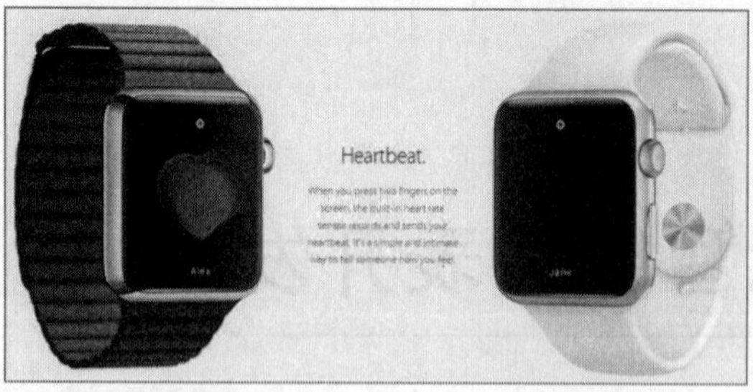

图35-2 全新的交互方式

图35-3 健康&健身

Apple Watch会针对用户的运动习惯为其制定出合理的健身目标，并用加速计来计算运动量和卡路里燃烧量，心率感应器来测量运动心率，Wi-Fi和GPS来测量户外运动时的距离和速度。除此之外，Apple Watch内置的Workout应用能实时追踪包括时间、距离、卡路里燃烧量、速度、步行和骑行在内的运动状态，而Fitness应用则可以记录用户每天的运动量，并将所有数据共享到Health，实现将健身和健康数据相整合，帮助用户更好地进行健身锻炼。

35.2 WatchKit 开发详解

从苹果公司官方提供的开发文档中可以看出，Apple Watch最终通过安装在iPhone上的WatchKit扩展包，以及安装在Apple Watch上的UI界面来实现两者的互联，如图35-4所示。

图35-4 Apple WatchKit向开发者发布

除了为Apple Watch提供单独的App之外，开发者还可以借助与iPhone的互联，单独在Apple Watch上使用Glances。顾名思义，WatchKit像许多已经诞生的智能手表一样，可以让用户通过滑动屏幕浏览卡片式信息及数据；此外还可以单独在Apple Watch上实现可操作的弹出式通知，如当用户离开家时、智能家庭组件可以弹出消息询问是否关闭室内的灯光，在手腕上即可实现关闭操作。苹果公司官方展示了WatchKit的几大核心功能，如图35-5所示。

35.2.1 搭建 WatchKit 开发环境

WatchKit开发包最早随Xcode 6.2 Beta以及iOS 8.2的SDK一起发放，也就是说从iOS 8.2便开始对Apple Watch提供支持。在接下来的内容中，我们将以Xcode 6.3 Beta为例，详细讲解搭建WatchKit开发环境的基本流程。

图35-5 WatchKit核心功能展示

（1）首先确保当前的系统是OS X10.10或以上版本，否则不能使用Xcode 6.3。

（2）登录苹果官方网站，来到https://developer.apple.com/xcode/downloads/界面下载Xcode 6.3，如图35-6所示。

（3）单击图35-6中的“Download Xcode 6.3 beta 2”链接开始下载Xcode 6.3，下载界面如图35-7所示。

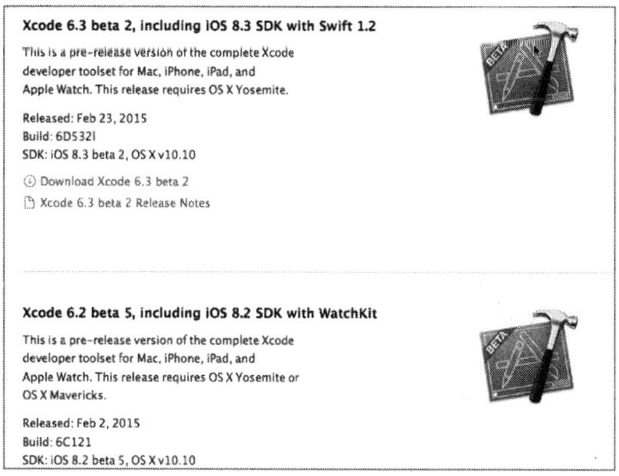

图35-6 官方站点中的Xcode 6.3

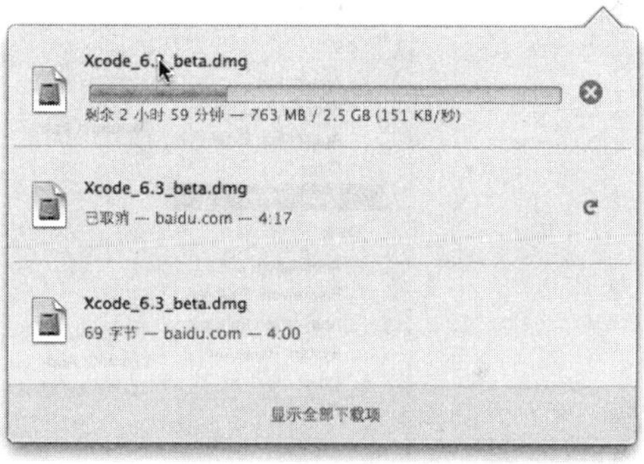

图35-7 下载Xcode 6.3

（4）下载完成后双击“.dmg”文件进行安装，如图35-8所示。具体安装过程和本书前面第1章中安装Xcode 6.1的方法一样，在此不再进行详细介绍。

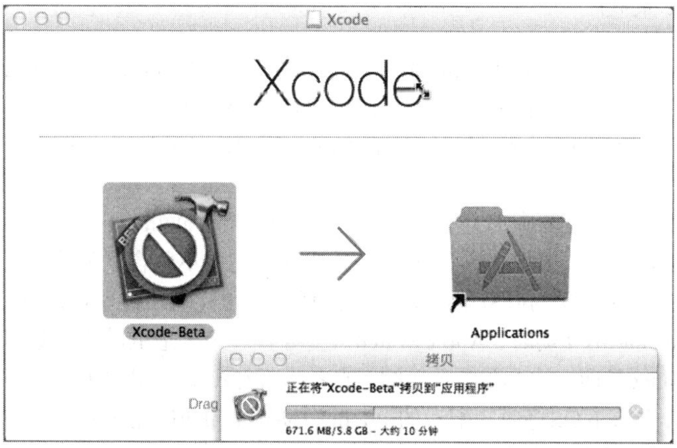

图35-8 开始安装Xcode 6.3

（5）安装成功后，打开Xcode 6.3后的界面效果如图35-9所示。

图35-9 打开Xcode 6.3后的界面效果

（6）和以往版本相比，可以使用Xcode 6.3在当前的iOS项目中添加Watch应用对象，方法是打开现有的iOS应用项目，然后依次选择File→New→Target项，然后选中Apple Watch即可，如图35-10所示。

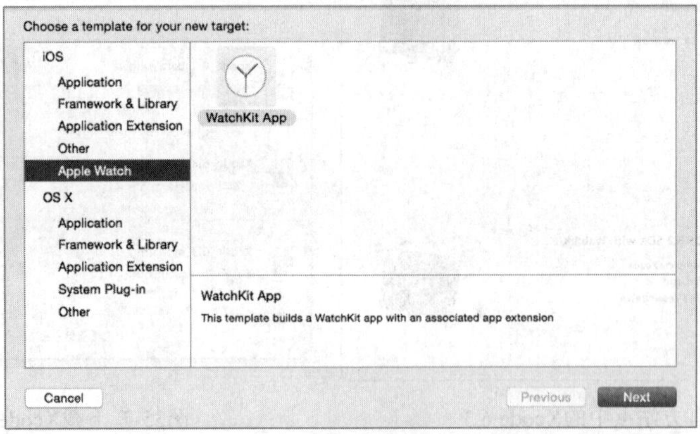

图35-10 添加Watch应用对象

35.2.2 WatchKit架构

通过使用WatchKit，可以为Watch App创建一个全新的交互界面，而且可以通过iOS App Extension去控制它们。所以，我们能做的并不只是一个简单的iOS Apple Watch Extension，而是有很多新的功能需要我们去挖掘。目前提供的有，特定的UI控制方式、Glance、可自定义的Notification、和Handoff的深度结合、图片缓存等。

Apple Watch应用程序包含两个部分，分别是Watch应用和WatchKit应用扩展。Watch应用驻留在用户的Apple Watch中，只含有故事板和资源文件，要注意，它并不包含任何代码。而WatchKit应用扩展驻留在用户的iPhone上（在关联的iOS应用当中），含有相应的代码和管理Watch应用界面的资源文件。

当用户开始与Watch应用互动时，Apple Watch将会寻找一个合适的故事板场景来显示。它根据用户是否在查看应用的Glance界面、是否在查看通知，或者是否在浏览应用的主界面等行为来选择相应的场景。当选择完场景后，Watch OS将通知配对的iPhone启动WatchKit应用扩展，并加载相应对象的运行界面，所有的消息交流工作都在后台中进行。

Watch应用和WatchKit应用扩展之间的信息交流过程如图35-11所示。

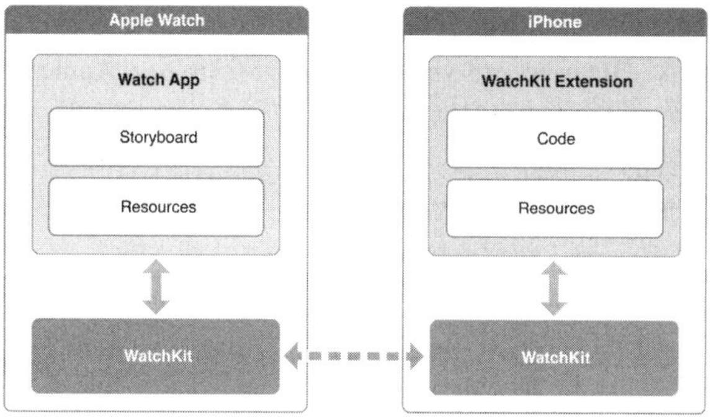

图35-11 信息交流过程

Watch应用的构建基础是界面控制器，这部分是由WKInterfaceController类的实例实现的。WatchKit中的界面控制器用来模拟iOS中的视图控制器，功能是显示和管理屏幕上的内容，并且响应用户的交互工作。

如果用户直接启动应用程序，系统将从主故事板文件中加载初始界面控制器。根据用户的交互动作，可以显示其他界面控制器以让用户得到需要的信息。究竟如何显示额外的界面控制器，这取决于应用程序所使用的界面样式。WatchKit支持基于页面的风格以及基于层次的风格。

注意： 在图35-11所示的信息交流过程中，Glance和通知只会显示一个界面控制器，其中包含了相关的信息。与界面控制器的互动操作会直接进入到应用程序的主界面中。

通过上面的描述可知，在运行Watch App时是由两部分相互结合进行具体工作的，如图35-12所示。

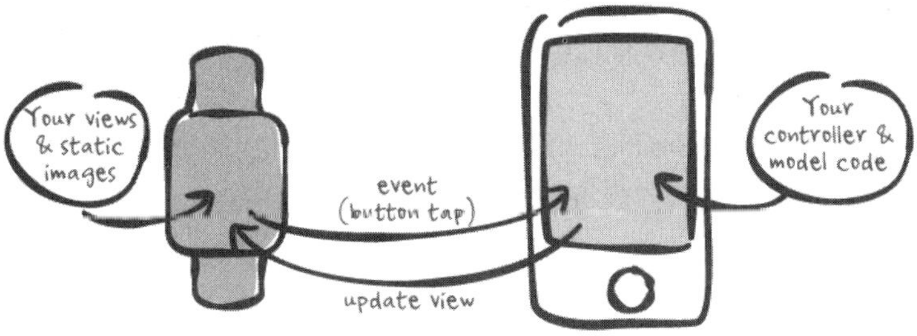

图35-12 Watch App运行组成部分

Watch App运行组成部分的具体说明如下所示。

（1）Apple Watch主要包含用户界面元素文件（Storyboard文件和静态的图片文件）和处理用户的输入行为。这部分代码不会真正在Apple Watch中运行，也就是说，Apple Watch仅是一个“视图”容器。

（2）在iPhone中包含的所有逻辑代码，用于响应用户在Apple Watch上产生的行为，如应用启动、单击按钮、滑动滑杆等。也就是说，iPhone包含了控制器和模型。

上述Apple Watch和iPhone的这种交互操作是在幕后自动完成的，开发者要做的工作只是在Storyboard中设置好UI的Outlet，其他的事都交给WatchKit SDK在幕后通过蓝牙技术自动进行交互即可。即使iPhone和Apple Watch是两个独立的设备，也只需要关注本地的代码以及Outlet的连接情况即可。

综上所述，在Watch App架构模式中，要想针对Apple Watch进行开发，首先需要建立一个传统的iOS App，然后在其中添加Watch App的target对象。添加后会在项目中发现多出了如下两个target：

- 一个是WatchKit的扩展；
- 一个是Watch App。

此时在项目中相应的group下可以看到，WatchKit Extension中含有InterfaceController.h/m之类的代码，而在Watch App中只包含了Interface.storyboard，如图35-13所示。Apple并没有像对iPhone Extension那样明确要求针对Watch开发的App必须还是以iOS App为核心。也就是说，将iOS App空壳化而专注提供Watch的UI和体验是被允许的。

在安装应用程序时，负责逻辑部分的WatchKit Extension将随iOS App的主target被一同安装到iPhone中，而负责界面部分的WatchKit App将会在安装主程序后，由iPhone检测有没有配对的Apple Watch，并提示安装到Apple Watch中。所以在实际使用时，所有的运算、逻辑以及控制实际上都是在iPhone中完成的。当需要界面执行刷新操作时，由iPhone向Watch发送指令并在手表盘面上显示。反过来，用户触摸手表进行交互时的信息也由手表传回给iPhone并进行处理。而这个过程WatchKit会在幕后完成，并不需要开发者操心。我们需要知道的就是，原则上来说，应该将界面相关的内容放在Watch App的target中，而将所有代码逻辑等放到Extension里。

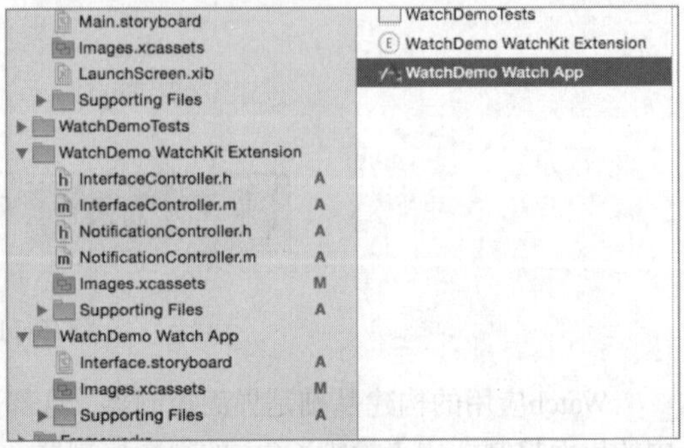

图35-13 项目工程目录

由此可见，在整个Watch App中，当在手表上单击App图标运行Watch App时，手表将会负责唤醒手机上的WatchKit Extension。而WatchKit Extension和iOS App之间的数据交互需求则由App Groups来完成，这和Today Widget以及其他一些Extension是一样的。

35.2.3 WatchKit 布局

Watch App的UI布局方式不是用AutoLayout实现的，取而代之的是一种新的布局方式Group。在这种方式中，需要将按钮和Label之类的界面元素添加到Group中，然后Group会自动为添加的界面元素在其内部进行布局。

在Watch App中，可以将一个Group嵌入到另一个Group中，用于实现较为复杂一点的界面布局，并且可以在Group中设置背景色、边距、圆角半径等属性。

35.2.4 Glances 和 Notifications

在Apple Watch应用中，最有用的功能之一就是能让用户很方便地（如一抬手）就能看到自己感兴趣的事物的提醒通知。

Glances和Notifications的具体作用是什么呢？具体说明如下所示。

- Glances能让用户在应用中快速预览信息，这一点有点像iOS 8中的Today Extension。
- Notifications能让用户在Apple Watch中接收到各类通知。Apple Watch中的通知分为两种级别。第一种是提示，只显示应用图标和简单的文本信息。当抬起手腕或者单击屏幕时就会进入到第二种级别，此时就可以看到该通知包含的更多详细的信息，甚至有交互按钮。

在Glance和Notification这两种情形下，用户都可以单击屏幕进入到对应的Watch App中，并且使用Handoff。用户甚至可以将特定的View Controller作为Glance或Notification的内容发送给用户。

35.2.5 Watch App 的生命周期

当用户在Apple Watch上运行应用程序时，用户的iPhone会自行启动相应的WatchKit应用扩展。通过一系列的握手协议，Watch应用和Watch应用扩展将互相连接，消息能够在二者之间流通，直到用户停止与应用进行交互为止。此时，iOS将暂停应用扩展的运行。

随着启动队列的运行，WatchKit将会自行为当前界面创建相应的界面控制器。如果用户正在查看Glance，则WatchKit创建出来的界面控制器会与Glance相连接。如果用户直接启动应用程序，则WatchKit将从应用程序的主故事板文件中加载初始界面控制器。无论是哪一种情况，WatchKit应用扩展都会提供一个名为WKInterfaceController的子类来管理相应的界面。

当初始化界面控制器对象后，就应该为其准备显示相应的界面。当启动应用程序时，WatchKit框架会自行创建相应的WKInterfaceController对象，并调用initWithContext方法来初始化界面控制器，然后加载所需的数据，最后设置所有界面对象的值。对主界面控制器来说，初始化方法紧接着willActivate方法运行，以让用户知道界面已显示在屏幕上。

启动Watch应用程序的过程如图35-14所示。

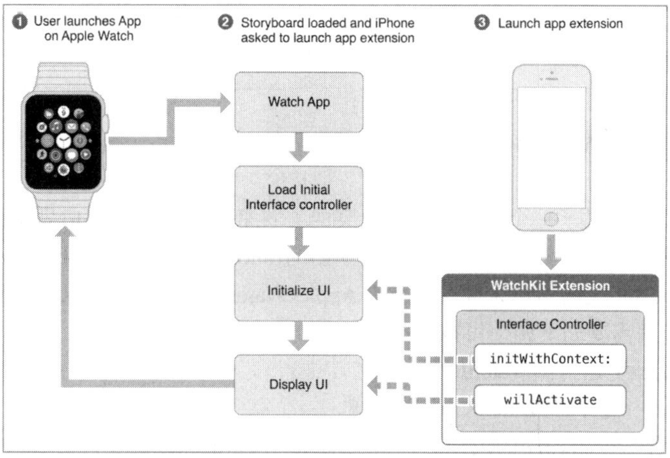

图35-14 启动Watch应用程序的过程

当用户在Apple Watch上与应用程序进行交互时，WatchKit应用扩展将保持运行。如果用户明确退出应用或者停止与Apple Watch进行交互，那么iOS将停用当前界面控制器，并暂停应用扩展的运行，如图35-15所示。因为与Apple Watch的互动操作是非常短暂的，所以，这几个步骤都有可能在数秒之间发生。所以，界面控制器应当尽可能简单，并且不要运行长时任务。重点应当放在读取和显示用户想要的信息。

界面控制器的生命周期如图35-15所示。

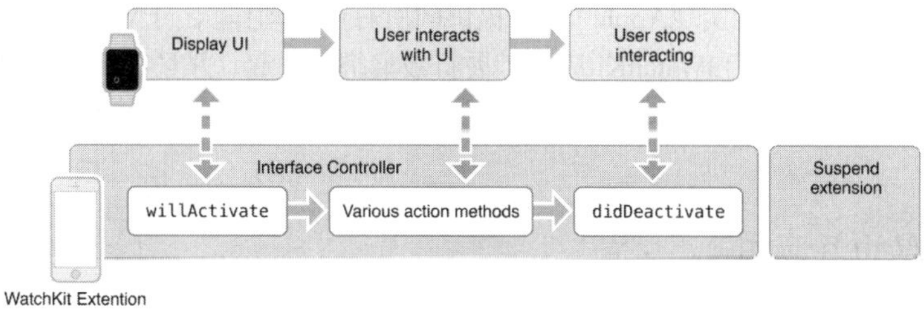

图35-15 界面控制器的生命周期

在应用生命周期的不同阶段，iOS将会调用WKInterfaceController对象的相关方法来让您做出相应的操作。在表35-1中列出了大部分应当在界面控制器中声明的主要方法。

除了在表35-1中列出的方法，WatchKit同样也调用了界面控制器的自定义动作方法来响应用户操作。可以基于用户界面来定义这些动作方法，例如，可能会使用动作方法来响应单击按钮、跟踪开关或滑块值的变化，或者响应表视图中单元格的选择。对于表视图来说，同样也可以用table:didSelectRowAtIndex:，而不是动作方法来跟踪单元格的选择。用这些动作方法来执行任务，并更新Watch应用的用户界面。

表35-1 WKInterfaceController的主要方法

方 法	要执行的任务
initWithContext:	这个方法用来准备显示界面，借助它来加载数据，以及更新标签、图像和其他在故事板场景上的界面对象
willActivate	这个方法可以让您知道该界面是否对用户可视，借助它来更新界面对象，以及完成相应的任务，完成任务只能在界面可视时使用
didDeactivate	使用didDeactivate方法来执行所有的清理任务。例如，使用此方法来停止计时器、停止动画或者停止视频流内容的传输。但是不能在这个方法中设置界面控制器对象的值，在本方法被调用之后到willActivate方法再次被调用之前，任何更改界面对象的企图都是被忽略的

注意：Glance不支持动作方法，单击应用Glance始终会直接启动应用。

35.3 开发Apple Watch应用程序

Apple Watch为用户提供了一个私人的且不唐突的方式来访问信息，用户只需看一眼Apple Watch就可以获得许多重要的消息，而不用从口袋中掏出他们的iPhone。Apple Watch专用应用程序应尽可能地以最直接的方式提供最相关的信息来简化交互。Apple Watch的正常运行需要iPhone运行相关的第三方应用，创建第三方应用需要如下两个可执行文件：

（1）在Apple Watch上运行的Watch应用；

（2）在用户iPhone上运行的WatchKit应用扩展。

Watch应用只包含与应用程序的用户界面有关的storyboards和资源文件。WatchKit应用扩展则包含了用于管理、监听应用程序的用户界面以及响应用户交互的代码。借助这两种可执行程序，可以在Apple Watch上运行如下不同类型的用户界面。

- Watch应用拥有iOS应用的完整用户界面。用户从主界面启动手表应用，来查看或处理数据。
- 使用Glance界面以便在Watch应用上显示即时、相关的信息，该界面是可选的只读界面。并不是所有的Watch应用都需要使用Glance界面，但是如果使用了它，就可以让用户方便地访问iOS应用的数据。
- 自定义通知界面可以让您修改默认的本地或远程通知界面，并可以添加自定义图形、内容以及设置格式。自定义通知界面是可选的。

Watch应用程序需要尽可能实现Apple Watch提供的所有交互动作。由于Watch应用目的在于扩展iOS应用的功能，因此，Watch应用和WatchKit应用扩展将被捆绑在一起，并且都会被打包进iOS应用包。如果用户有与iOS设备配对的Apple Watch，那么随着iOS应用程序的安装，系统将会提示用户安装相应的Watch应用。

35.3.1 创建Watch应用

Watch应用程序是在Apple Watch上进行交互的主体，Watch应用程序通常从Apple Watch的主屏幕上访问，并且能够提供一部分关联iOS应用的功能。Watch应用的目的是让用户快速浏览相关数据。Watch应用程序与在用户iPhone上运行的WatchKit应用扩展协同工作，不会包含任何自定义代码，仅仅只是存储了故事板以及和用户界面相关联的资源文件。WatchKit应用扩展是实现这些操作的核心所在，它包含了页面逻辑以及用来管理内容的代码，实现用户操作响应并刷新用户界面。由于应用扩展是在用户的iPhone上运行的，因此，它能轻易地和iOS应用协同工作，例如，收集坐标位置或者执行其他长期运行任务。

35.3.2 创建 Glance 界面

Glance是一个展示即时重要信息的密集界面，Glance中的内容应当言简意赅。Glance不支持滚动功能，因此，整个Glance界面只能在单个界面上显示，开发者需要保证它拥有合适的大小。Glance只允许只读，因此，不能包含按钮、开关或其他交互动作。单击Glance会直接启动Watch应用。

开发者需要在WatchKit应用扩展中添加管理Glance的代码，用来管理Glance界面的类与Watch应用的类相同。虽然如此，Glance更容易实现，因为其无需响应用户交互动作。

35.3.3 自定义通知界面

Apple Watch能够和与之配对的iPhone协同工作，来显示本地或者远程通知。Apple Watch首先使用一个小窗口来显示进来的通知，当用户移动手腕希望看到更多的信息时，这个小窗口会显示出更详细的通知内容。应用程序可以提供详情界面的自定义版本，并且可以添加自定义图像或者改变系统默认的通知信息。

Apple Watch支持从iOS 8开始引入的交互式通知。在这种交互式通知应用中，通过在通知上添加按钮的方式来让用户立即做出回应。比如说，一个日历时间通知可能会包含了接收或拒绝某个会议邀请的按钮。只要你的iOS应用支持交互式通知，那么，Apple Watch便会自行向自定义或默认通知界面上添加合适的按钮。开发者所需要做的只是在WatchKit应用扩展中处理这些事件而已。

35.3.4 配置 Xcode 项目

通过使用Xcode，可以将Watch应用和WatchKit应用扩展打包，然后放进现有的iOS应用包中。Xcode提供了一个搭建Watch应用的模板，其中包含了创建应用、Glance，以及自定义通知界面所需的所有资源。该模板在现有的iOS应用中创建一个额外的Watch应用对象。

1．向iOS应用中添加Watch应用

要向现有项目中添加Watch应用对象，需要执行如下所示的步骤。

（1）打开现有的iOS应用项目。

（2）选择File→New→Target项，然后选中Apple Watch。

（3）选择Watch App，然后单击Next按钮，如图35-16所示。

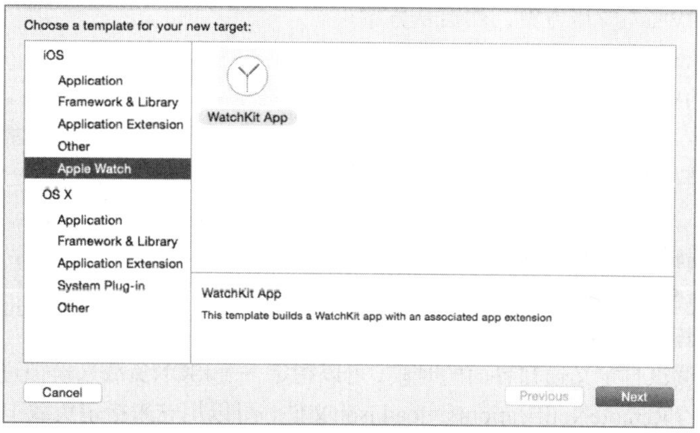

图35-16 添加Watch应用对象

（4）如果想要使用Glance或者自定义通知界面，请选择相应的选项。在此建议激活应用通知选项。选中之后就会创建一个新的文件来调试该通知界面。如果没有选择这个选项，那么之后只能手动创建这个文件。

（5）单击Finish按钮。

完成上述操作之后，Xcode将WatchKit应用扩展所需的文件以及Watch应用添加到项目当中，并自动配置相应的对象。Xcode将基于iOS应用的bundle ID来为两个新对象设置它们的bundle ID。例如，iOS应用的bundle ID为“com.example.MyApp”，那么Watch应用的bundle ID将被设置为“com.example.MyApp.watchapp”，WatchKit应用扩展的bundle ID被设置为“com.example.MyApp.watchkitextension”。这3个可执行对象的基本ID（即“com.example.MyApp”）必须相匹配，如果您更改了iOS应用的bundle ID，那么您就必须相应地更改另外两个对象的bundle ID。

2．应用对象的结构

通过Xcode中的WatchKit应用扩展模板，为iOS应用程序创建了两个新的可执行程序。Xcode同时也配置了项目的编译依赖，从而让Xcode在编译iOS应用的同时也编译这两个可执行对象。在下面的图35-17中说明了它们的依赖关系，并解释了Xcode是如何将它们打包在一起的。WatchKit依赖于iOS应用，其同时又被Watch应用依赖。编译iOS应用将会将这3个对象同时编译并打包。

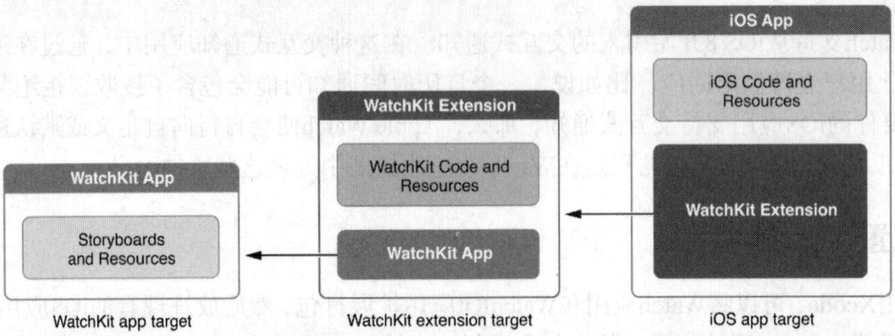

图35-17 Watch应用对象的结构

3．编译、运行以及调试程序

当创建完Watch应用对象后，Xcode将自行配置用于运行和调试应用的编译方案。使用该配置在iOS模拟器或真机上启动并运行应用。对于包含Glance或者自定义通知的应用来说，Xcode会分别为其配置不同的编译方案。使用Glance配置以在模拟器中调试Glance界面，使用通知配置以测试静态和动态界面。

为Glance和通知配置自定义编译方案的步骤如下所示。

（1）选择现有的Watch应用方案，然后从方案菜单中选择Edit Scheme，如图35-18所示。

（2）复制现有的Watch应用方案，然后给新方案取一个合适的名字。比如说，命名为“Glance - My Watch app”，表示该方案是专门用来运行和调试Glance的。

（3）选择方案编辑器左侧栏的Run选项，然后在信息选项卡中选择合适的可执行对象。

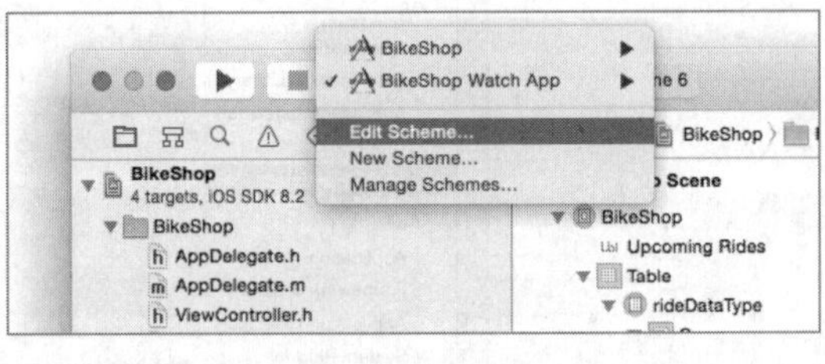

图35-18 选择Edit Scheme

（4）关闭方案编辑器以保存更改。

当在iOS模拟器调试自定义通知界面的时候，可以指定一个JSON负载来模拟进来的通知。通知界面的Xcode模板包含一个RemoteNotificationPayload.json文件，可以用它来指定负载中的数据。这个文件位于WatchKit应用扩展的Supporting Files文件夹。只有当在创建Watch应用时勾选了通知场景选项，这个文件才会被创建。如果这个文件不存在，可以用一个新的空文件手动创建它。

在模拟器中运行Watch应用程序的基本步骤如下所示。

（1）和运行正常iOS应用程序一样，在iPhone模拟器中的执行效果如图35-19所示。

（2）单击模拟器中的“Apple Watch”，会在列表中显示当前iPhone设备中的手表应用程序列表，如图35-20所示。

图35-19 iPhone模拟器

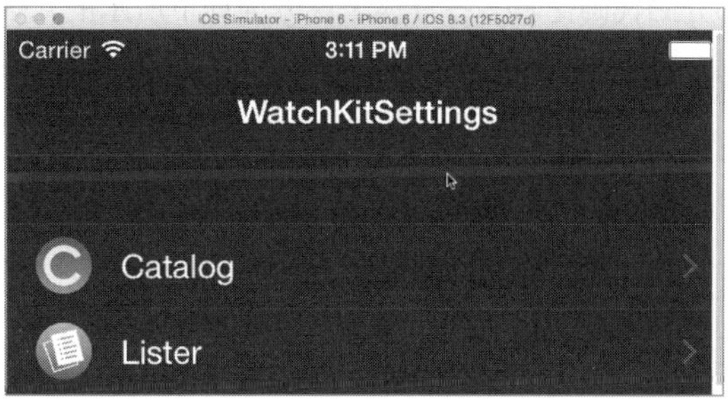

图35-20 手表应用程序列表

（3）单击列表中的某个应用程序后可以来到开关界面，例如，打开Lister后的效果如图35-21所示。

（4）通过图35-21所示，开关可以控制Apple Watch和iPhone实现互联，在模拟器中的执行效果如图35-22所示。

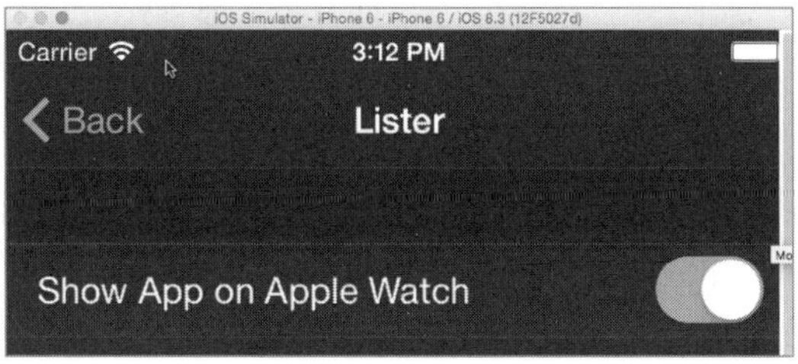

图35-21 开关界面

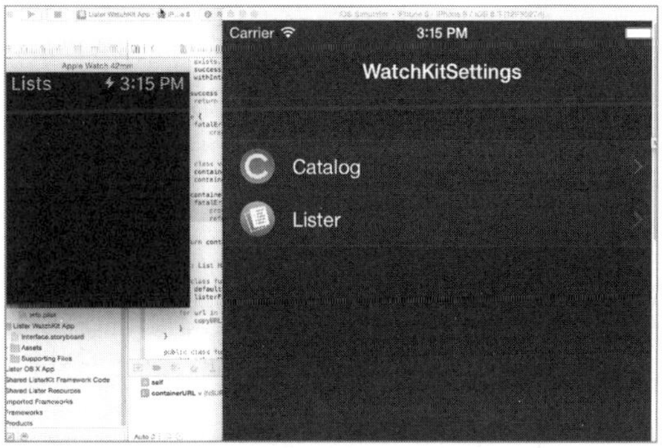

图35-22 Apple Watch模拟器和iPhone模拟器实现互联

35.4 实战演练——AppleWatch界面布局

本实例实现了一个基本的WatchKit演示应用程序，本实例是一个官方教程，使用Objective-C语言开发的。通过本应用程序演示了WatchKit界面元素的使用和布局方法。

实例35-1	AppleWatch界面布局
源码与视频路径	光盘:\daima\35\WatchKitInterfaceElements

本实例演示了在Watchkit框架中使用UI元素的方法，讲解了如何使用并配置每个UI元素的方法和相互之间的作用。该项目还展示了如何使用wkinterfacegroup对象创建复杂界面布局的方法，如何在iPhone中加载显示图像的过程，以及如何从Glance或Notification中传递数据到WatchKit的方法。本实例的具体实现流程如下所示。

（1）打开Xcode 6.3，新创建一个名为“WatchKitInterface Elements”工程，在工程中加入WatchKit扩展，工程的最终目录结构如图35-23所示。

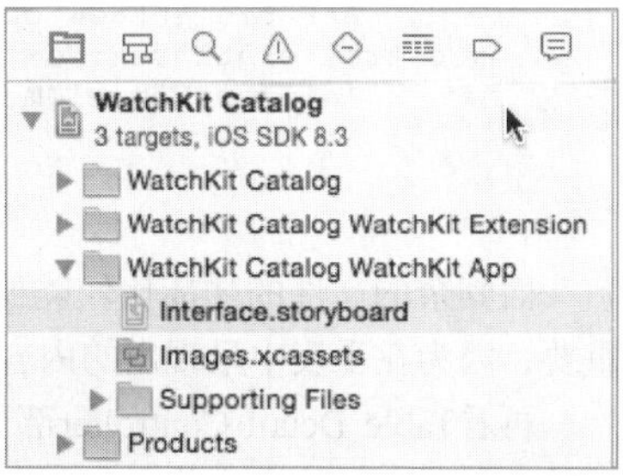

图35-23 工程的最终目录结构

（2）实现WatchKit Extension部分，部分位于用户的iPhone安装的对应App上，这里包括我们需要实现的代码逻辑和其他资源文件。这两个部分之间就是通过WatchKit进行连接通信。WatchKit Extension部分的代码比较多，具体来说分为如下所示的几个部分。

- Initial Interface Controller：界面初始化控制器。
- Table Detail Controller：单元格详情控制器。
- Notifications：通知处理。
- Glance：界面控制器。

首先看Initial Interface Controller部分的具体实现，其中文件AAPLInterfaceController.m用于实现界面的整体配置，设置执行后界面的初始化显示内容。文件AAPLInterfaceController.m的具体实现代码如下所示：

```
#import "AAPLInterfaceController.h"
#import "AAPLElementRowController.h"
@interface AAPLInterfaceController()
@property (weak, nonatomic) IBOutlet WKInterfaceTable *interfaceTable;
@property (strong, nonatomic) NSArray *elementsList;
@end
@implementation AAPLInterfaceController
- (instancetype)init {
    self = [super init];
    if (self) {
        self.elementsList = [NSArray arrayWithContentsOfFile:[[NSBundle mainBundle]
        pathForResource:@"AppData" ofType:@"plist"]];

        [self loadTableRows];
    }
    return self;
}
- (void)willActivate {
    // This method is called when the controller is about to be visible to the wearer.
    NSLog(@"%@ will activate", self);
}
- (void)didDeactivate {
    NSLog(@"%@ did deactivate", self);
}
- (void)handleUserActivity:(NSDictionary *)userInfo {
    [self pushControllerWithName:userInfo[@"controllerName"] context:userInfo
[@"detailInfo"]];
}
- (void)table:(WKInterfaceTable *)table didSelectRowAtIndex:(NSInteger)rowIndex {
    NSDictionary *rowData = self.elementsList[rowIndex];
    [self pushControllerWithName:rowData[@"controllerIdentifier"] context:nil];
}
- (void)loadTableRows {
    [self.interfaceTable setNumberOfRows:self.elementsList.count withRowType:
@"default"];
    [self.elementsList enumerateObjectsUsingBlock:^(NSDictionary *rowData, NSUInteger
idx, BOOL *stop) {
        AAPLElementRowController *elementRow = [self.interfaceTable
rowControllerAtIndex:idx];
        [elementRow.elementLabel setText:rowData[@"label"]];
    }];
}
@end
```

而其余的文件的功能比较类似，都是实现界面中各个控件界面布局处理。这些界面布局文件十分重要，因为在手表中呈现出的内容便是这部分推送过去的数据。

再看Table Detail Controller部分的具体实现，其中文件AAPLDeviceDetailController.m用于实现设备详情控制器，具体实现代码如下所示：

```
#import "AAPLDeviceDetailController.h"
@interface AAPLDeviceDetailController()
```

```
@property (weak, nonatomic) IBOutlet WKInterfaceLabel *boundsLabel;
@property (weak, nonatomic) IBOutlet WKInterfaceLabel *scaleLabel;
@property (weak, nonatomic) IBOutlet WKInterfaceLabel *preferredContentSizeLabel;
@end
@implementation AAPLDeviceDetailController
- (instancetype)init {
    self = [super init];
    if (self) {
        CGRect bounds = [[WKInterfaceDevice currentDevice] screenBounds];
        CGFloat scale = [[WKInterfaceDevice currentDevice] screenScale];
        [self.boundsLabel setText:NSStringFromCGRect(bounds)];
        [self.scaleLabel setText:[NSString stringWithFormat:@"%f",scale]];
        [self.preferredContentSizeLabel setText:[[WKInterfaceDevice currentDevice]
        preferredContentSizeCategory]];
    }
    return self;
}
- (void)willActivate {
    NSLog(@"%@ will activate", self);
}
- (void)didDeactivate {
    // This method is called when the controller is no longer visible.
    NSLog(@"%@ did deactivate", self);
}
@end
```

再看Notifications部分的具体实现，其中控制器文件AAPLNotificationController.m用于处理显示一个自定义的或静态的通知，具体实现代码如下所示：

```
#import "AAPLNotificationController.h"
@implementation AAPLNotificationController
- (instancetype)init {
    self = [super init];
    if (self) {
    }
    return self;
}
- (void)willActivate {
    NSLog(@"%@ will activate", self);
}
- (void)didDeactivate {
    NSLog(@"%@ did deactivate", self);
}
- (void)didReceiveRemoteNotification:(NSDictionary *)remoteNotification
withCompletion:(void (^)(WKUserNotificationInterfaceType))completionHandler {
    completionHandler(WKUserNotificationInterfaceTypeCustom);
}
@end
```

再看Glance部分的具体实现，其中AAPLGlanceController.m控制器展示了Glance的内容，实现了信息传递功能，通过Handoff切换到WatchKit佩戴者的应用程序路径，单击浏览将发送出WatchKit App应用数据。文件AAPLGlanceController.m的具体实现代码如下所示：

```
#import "AAPLGlanceController.h"
@interface AAPLGlanceController()
@property (weak, nonatomic) IBOutlet WKInterfaceImage *glanceImage;
@end
@implementation AAPLGlanceController
- (void)awakeWithContext:(id)context {
    [self.glanceImage setImage:[UIImage imageNamed:@"Walkway"]];
}
- (void)willActivate {
    NSLog(@"%@ will activate", self);
    [self updateUserActivity:@"com.example.apple-samplecode.WatchKit-Catalog"
userInfo:@{@"controllerName": @"imageDetailController", @"detailInfo": @"This is some
more detailed information to pass."} webpageURL:nil];
}
- (void)didDeactivate {
```

```
    NSLog(@"%@ did deactivate", self);
}
@end
```

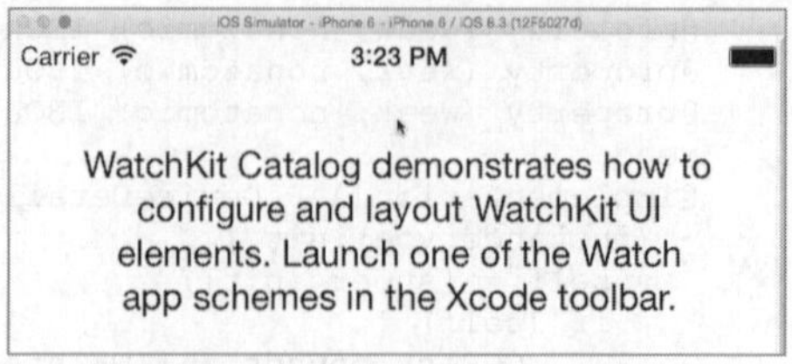

图35-24 iPhone端的执行效果

iPhone端的执行效果如图35-24所示。

（3）再看WatchKit App部分，此部分位于用户的Apple Watch上，目前只允许包含Storyboard文件和Resources文件。在我们的项目里，这一部分不包括任何代码。故事板文件Interface.storyboard的设计效果如图35-25所示。

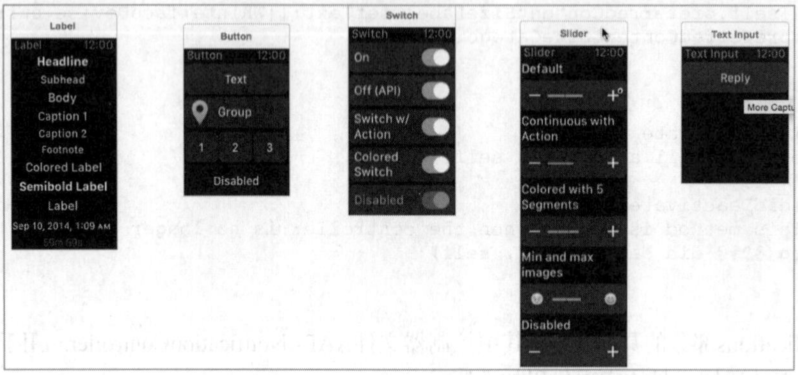

图35-25 故事板设计效果

手表端的界面执行效果如图35-26所示，单击列表中的某个选项可以来到详情界面，例如，单击Button后的效果如图35-27所示。

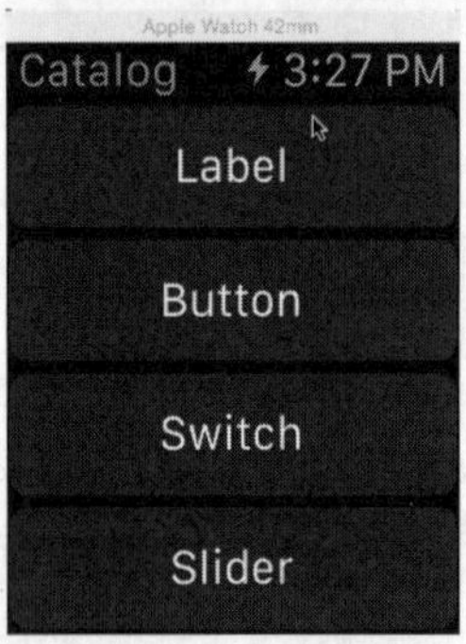

图35-26 手表端的界面执行效果

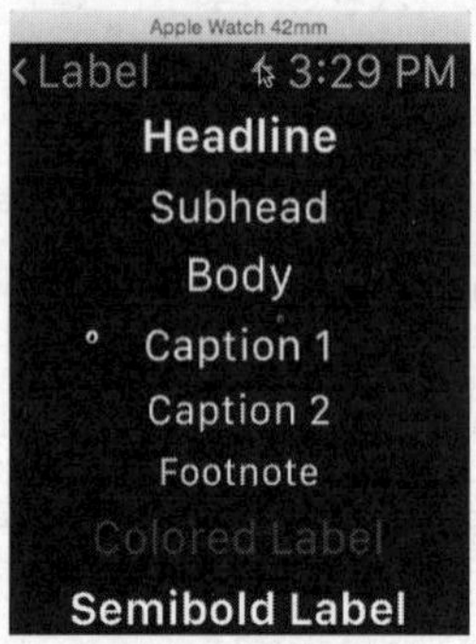

图35-27 详情界面

35.5 实战演练——共享Apple Watch和iPhone的内容（基于Swift实现）

这是一个苹果手表的集成应用程序，使用iCloud共享了多个目标和平台之间的内容。使用应用程序共享了一个单一设备的应用程序和扩展之间的局部内容。在本实例中创建了组件和应用程序供用户扩展，并定义了一个框架，可以在多个目标之间共同分享代码。

实例35-2	共享Apple Watch和iPhone的内容
源码与视频路径	光盘:\daima\35\ListerforAppleWatchiOSandOSX

本实例的具体实现流程如下所示。

（1）打开Xcode 6.3，新创建一个名为“ListerforAppleWatchiOSandOSX”工程，在工程中加入WatchKit扩展，工程的最终目录结构如图35-28所示。

（2）先实现iOS App部分的功能，其中Main App部分实现了界面布局，故事板文件Main.storyboard的设计效果如图35-29所示。

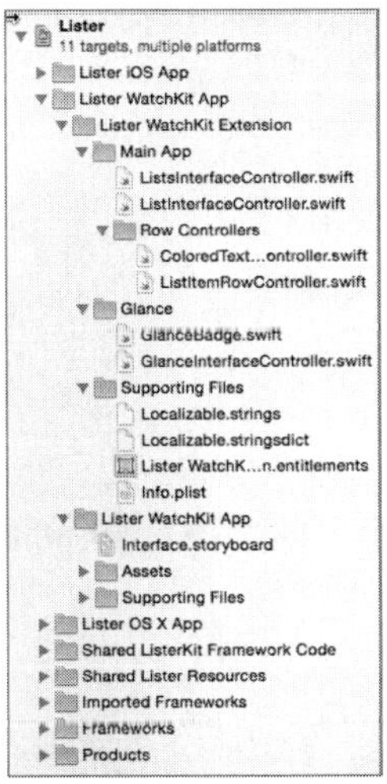

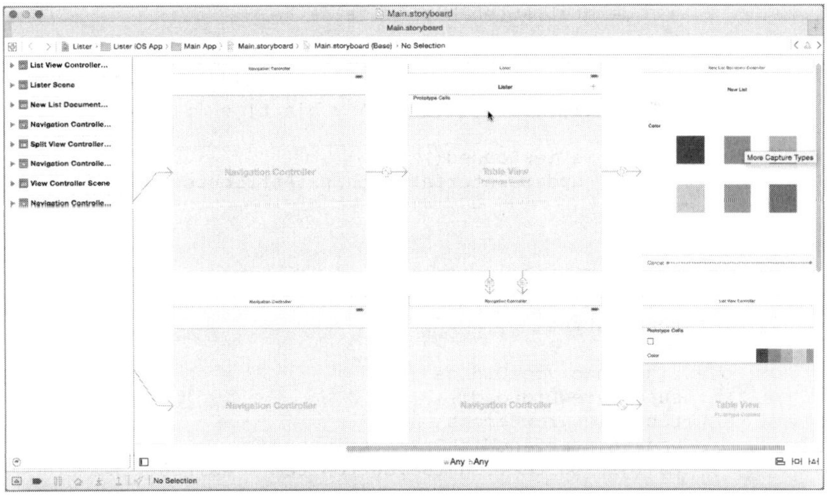

图35-28 工程的最终目录结构　　　　图35-29 故事板设计界面

View Controllers部分实现了视图控制器功能，例如，文件ListViewController.swift实现了列表视图控制器，功能是显示列表文件的内容。并且还允许用户创建、更新和删除列表项目，并且可以更改列表的颜色，或删除某一个列表。文件ListViewController.swift的主要实现代码如下所示：

```
class ListViewController: UITableViewController, UITextFieldDelegate,
ListColorCellDelegate, ListDocumentDelegate, ListPresenterDelegate {
    // MARK: Types
    struct MainStoryboard {
        struct TableViewCellIdentifiers {
            static let listItemCell = "listItemCell"
            static let listColorCell = "listColorCell"
        }
    }
    // MARK: Properties
    var listsController: ListsController!
    weak var activeTextField: UITextField?
    var listInfo: ListInfo?
    var document: ListDocument! {
        didSet {
            if document == nil { return }
            document.delegate = self
            listPresenter.undoManager = document.undoManager
            listPresenter.delegate = self
        }
    }
    override var undoManager: NSUndoManager? {
        return document?.undoManager
    }
    var listPresenter: AllListItemsPresenter! {
        return document.listPresenter as? AllListItemsPresenter
    }
    var documentURL: NSURL {
        return document.fileURL
    }
    var listToolbarItems: [UIBarButtonItem] {
        let flexibleSpace = UIBarButtonItem(barButtonSystemItem: .FlexibleSpace,
        target: nil, action: nil)
```

```
        let title = NSLocalizedString("Delete List", comment: "The title of the button
        to delete the current list.")
        let deleteList = UIBarButtonItem(title: title, style: .Plain, target: self,
        action: "deleteList:")
        deleteList.tintColor = UIColor.redColor()
        if documentURL.lastPathComponent == AppConfiguration.
        localizedTodayDocumentNameAndExtension {
            deleteList.enabled = false
        }
        return [flexibleSpace, deleteList, flexibleSpace]
    }
    var textAttributes: [String: AnyObject] = [:] {
        didSet {
            if isViewLoaded() {
                updateInterfaceWithTextAttributes()
            }
        }
    }
    // MARK: View Life Cycle
    override func canBecomeFirstResponder() -> Bool {
        return true
    }
    override func viewDidLoad() {
        super.viewDidLoad()
        tableView.rowHeight = 44.0
        updateInterfaceWithTextAttributes()
        navigationItem.rightBarButtonItem = editButtonItem()
    }
    override func viewWillAppear(animated: Bool) {
        super.viewWillAppear(animated)
        UIApplication.sharedApplication().networkActivityIndicatorVisible = true
        document.openWithCompletionHandler { success in
            if !success {
                println("Couldn't open document: \(self.documentURL).")
                abort()
            }
            self.textAttributes = [
                NSFontAttributeName:
UIFont.preferredFontForTextStyle(UIFontTextStyleHeadline),
                NSForegroundColorAttributeName: self.listPresenter.color.colorValue
            ]
            if let userActivity = self.document.userActivity {
                self.document.updateUserActivityState(userActivity)
            }
            UIApplication.sharedApplication().networkActivityIndicatorVisible = false
        }
        NSNotificationCenter.defaultCenter().addObserver(self, selector:
"handleDocumentStateChangedNotification:", name: UIDocumentStateChangedNotification,
object: document)
    }
```

文件NewListDocumentController.swift的功能是，供用户创建一个指定名字和颜色的列表选项，主要实现代码如下所示：

```
class NewListDocumentController: UIViewController, UITextFieldDelegate {
    // MARK: Properties
    @IBOutlet weak var grayButton: UIButton!
    @IBOutlet weak var blueButton: UIButton!
    @IBOutlet weak var greenButton: UIButton!
    @IBOutlet weak var yellowButton: UIButton!
    @IBOutlet weak var orangeButton: UIButton!
    @IBOutlet weak var redButton: UIButton!
    @IBOutlet weak var saveButton: UIBarButtonItem!
    @IBOutlet weak var toolbar: UIToolbar!
    @IBOutlet weak var titleLabel: UILabel!
    @IBOutlet weak var nameField: UITextField!
    weak var selectedButton: UIButton?
    var selectedColor = List.Color.Gray
```

```
    var selectedTitle: String?
    var listsController: ListsController!
    // MARK: IBActions
    @IBAction func pickColor(sender: UIButton) {
        if nameField.isFirstResponder() {
            nameField.resignFirstResponder()
        }
        selectedColor = List.Color(rawValue: sender.tag)!
        if let oldButton = selectedButton {
            oldButton.layer.borderWidth = 0.0
        }
        sender.layer.borderWidth = 5.0
        sender.layer.borderColor = UIColor.lightGrayColor().CGColor
        selectedButton = sender
        titleLabel.textColor = selectedColor.colorValue
        toolbar.tintColor = selectedColor.colorValue
    }
    @IBAction func save(sender: AnyObject) {
        let list = List()
        list.color = selectedColor
        listsController.createListInfoForList(list, withName: selectedTitle!)
        dismissViewControllerAnimated(true, completion: nil)
    }
    @IBAction func cancel(sender: AnyObject) {
        dismissViewControllerAnimated(true, completion: nil)
    }
    // MARK: Touch Handling
    override func touchesBegan(touches: Set<NSObject>, withEvent event: UIEvent) {
        super.touchesBegan(touches, withEvent: event)

        let possibleTouch = touches.first as? UITouch

        if let touch = possibleTouch {
            if nameField.isFirstResponder() && touch.view != nameField {
                nameField.resignFirstResponder()
            }
        }
    }
    func textField(textField: UITextField, shouldChangeCharactersInRange range:
NSRange, replacementString string: String) -> Bool {
        let updatedText = (textField.text as NSString).
stringByReplacingCharactersInRange(range, withString: string)
        updateForProposedListName(updatedText)

        return true
    }
    func textFieldDidEndEditing(textField: UITextField) {
        updateForProposedListName(textField.text)
    }
    func textFieldShouldReturn(textField: UITextField) -> Bool {
        textField.resignFirstResponder()
        return true
    }
```

文件ListDocumentsViewController.swift的功能是，用于向用户显示对应的列表文件，主要实现代码如下所示：

```
class ListDocumentsViewController: UITableViewController, ListsControllerDelegate,
UIDocumentMenuDelegate, UIDocumentPickerDelegate {
    // MARK: Types
    struct MainStoryboard {
        struct ViewControllerIdentifiers {
            static let listViewController = "listViewController"
            static let listViewNavigationController = "listViewNavigationController"
        }
        struct TableViewCellIdentifiers {
            static let listDocumentCell = "listDocumentCell"
        }
```

```
        struct SegueIdentifiers {
            static let newListDocument = "newListDocument"
            static let showListDocument = "showListDocument"
            static let showListDocumentFromUserActivity = "showListDocumentFromUser
Activity"
        }
    }
    // MARK: Properties
    var listsController: ListsController! {
        didSet {
            listsController.delegate = self
        }
    }
    private var pendingLaunchContext: AppLaunchContext?
```

此时在iPhone端执行后，信息列表界面的执行效果如图35-30所示。

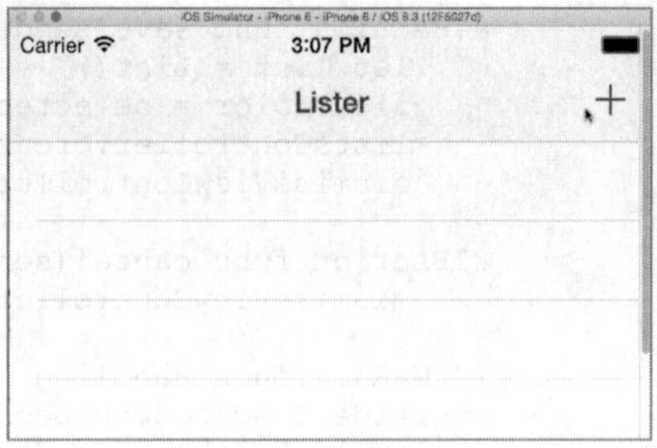

图35-30 在iPhone端执行效果

（3）再看WatchKit Extension部分的具体实现，其中Main App部分用于实现主应用程序，其中文件ListsInterfaceController.swift实现接口控制器，显示一个由“listpresentertype”实例构成的列表，主要实现代码如下所示：

```
class ListsInterfaceController:
WKInterfaceController, ListsControllerDelegate {
    // MARK: Types
    struct Storyboard {
        struct RowTypes {
            static let list =
"ListsInterfaceControllerListRowType"
            static let noLists =
"ListsInterfaceControllerNoListsRowType"
        }
        struct Segues {
            static let listSelection = "ListsInterfaceControllerListSelectionSegue"
        }
    }
    // MARK: Properties
    @IBOutlet weak var interfaceTable: WKInterfaceTable!
    var listsController: ListsController!
    // MARK: Initializers
    override init() {
        super.init()
        listsController = AppConfiguration.sharedConfiguration.listsControllerFor
CurrentConfigurationWithPathExtension(AppConfiguration.listerFileExtension)
        let noListsIndexSet = NSIndexSet(index: 0)
        interfaceTable.insertRowsAtIndexes(noListsIndexSet, withRowType: Storyboard.
RowTypes.noLists)
        if AppConfiguration.sharedConfiguration.isFirstLaunch {
            println("Lister does not currently support configuring a storage option
before the iOS app is launched. Please launch the iOS app first. See the Release Notes
section in README.md for more information.")
        }
    }
    // MARK: ListsControllerDelegate
    func listsController(listsController: ListsController, didInsertListInfo listInfo:
ListInfo, atIndex index: Int) {
        let indexSet = NSIndexSet(index: index)
        if index == 0 && listsController.count == 1 {
            interfaceTable.removeRowsAtIndexes(indexSet)
        }
        interfaceTable.insertRowsAtIndexes(indexSet,withRowType:Storyboard.RowTypes.
list)
        configureRowControllerAtIndex(index)
    }
    func listsController(listsController: ListsController, didRemoveListInfo listInfo:
ListInfo, atIndex index: Int) {
        let indexSet = NSIndexSet(index: index)
        if index == 0 && listsController.count == 0 {
```

```
            interfaceTable.insertRowsAtIndexes(indexSet, withRowType: Storyboard.
RowTypes.noLists)
        }
        interfaceTable.removeRowsAtIndexes(indexSet)
    }
    func listsController(listsController: ListsController, didUpdateListInfo listInfo:
ListInfo, atIndex index: Int) {
        configureRowControllerAtIndex(index)
    }
    // MARK: Segues
    override func contextForSegueWithIdentifier(segueIdentifier: String, inTable table:
WKInterfaceTable, rowIndex: Int) -> AnyObject? {
        if segueIdentifier == Storyboard.Segues.listSelection {
            let listInfo = listsController[rowIndex]
            return listInfo
        }
        return nil
    }
    // MARK: Convenience
    func configureRowControllerAtIndex(index: Int) {
        let ListRowController = interfaceTable.rowControllerAtIndex(index) as!
ColoredTextRowController

        let listInfo = listsController[index]

        ListRowController.setText(listInfo.name)

        listInfo.fetchInfoWithCompletionHandler() {
            /*
                The fetchInfoWithCompletionHandler(_:) method calls its completion
                handler on a background
                queue, dispatch back to the main queue to make UI updates.
            */
            dispatch_async(dispatch_get_main_queue()) {
                let ListRowController = self.interfaceTable.rowControllerAtIndex
                (index) as! ColoredTextRowController

                ListRowController.setColor(listInfo.color!.colorValue)
            }
        }
    }
```

Row Controllers部分用于具体实现行视图控制器，例如，文件ListItemRowController.swift通过“listinterfacecontroller”类实现一个行控制器，主要实现代码如下所示：

```
class ListItemRowController: NSObject {
    @IBOutlet weak var textLabel: WKInterfaceLabel!
    @IBOutlet weak var checkBox: WKInterfaceImage!
    func setText(text: String) {
        textLabel.setText(text)
    }
    func setTextColor(color: UIColor) {
        textLabel.setTextColor(color)
    }
    func setCheckBoxImageNamed(imageName: String) {
        checkBox.setImageNamed(imageName)
    }
}
```

在Glance部分中，文件GlanceInterfaceController.swift用于实现Glance接口视图控制器，功能是在界面中统计显示今天的名单信息，主要实现代码如下所示：

```
  class GlanceInterfaceController: WKInterfaceController, ListsControllerDelegate,
ListPresenterDelegate {
    @IBOutlet weak var glanceBadgeImage: WKInterfaceImage!
    @IBOutlet weak var glanceBadgeGroup: WKInterfaceGroup!
    @IBOutlet weak var remainingItemsLabel: WKInterfaceLabel!
    var listsController: ListsController?
```

```
    var listDocument: ListDocument?
    var listPresenter: AllListItemsPresenter! {
       return listDocument?.listPresenter as? AllListItemsPresenter
    }
    var previousPresentedBadgeCounts: (totalListItemCount: Int, completeListItemCount: Int)?
    override init() {
        super.init()
        if AppConfiguration.sharedConfiguration.isFirstLaunch {
           println("Lister does not currently support configuring a storage option before the iOS app is launched. Please launch the iOS app first. See the Release Notes section in README.md for more information.")
        }
    }
    // MARK: Setup
    func setupInterface() {
        if previousPresentedBadgeCounts == nil {
            glanceBadgeGroup.setBackgroundImage(nil)
            glanceBadgeImage.setImage(nil)
            remainingItemsLabel.setHidden(true)
        }
        initializeListsController()
    }
    func initializeListsController() {
        listsController =
AppConfiguration.sharedConfiguration.listsControllerForCurrentConfigurationWithLastPathComponent(AppConfiguration.localizedTodayDocumentNameAndExtension)
        listsController!.delegate = self
        listsController!.startSearching()
    }
    // MARK: ListsControllerDelegate
    func listsController(_: ListsController, didInsertListInfo listInfo: ListInfo, atIndex index: Int) {
        processListInfoAsTodayDocument(listInfo)
    }
    // MARK: ListPresenterDelegate
    func listPresenterDidRefreshCompleteLayout(_: ListPresenterType) {
        presentGlanceBadge()
    }
```

（4）再看WatchKit App部分的具体实现，其中故事板文件Interface.storyboard的设计效果如图35-31所示。

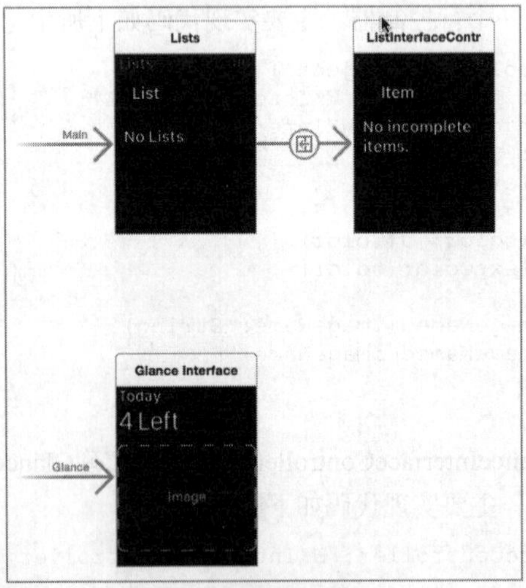

图35-31　故事板设计效果

本实例在手表端模拟器的执行效果如图35-32所示。

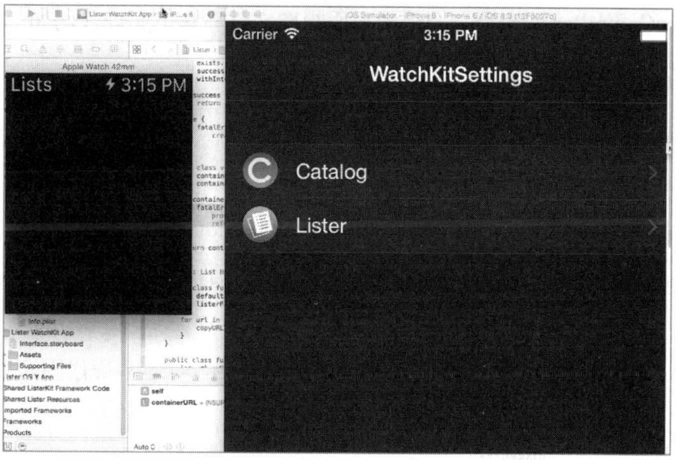

图35-32 手表端的执行效果

35.6 实战演练——Apple Watch 显示地图、网页和单元格（基于 Swift 实现）

这是一个苹果手表集成应用程序，功能是在Apple Watch中显示地图、网页和单元格等元素。

实例35-3	在Apple Watch中显示地图、网页和单元格等元素
源码与视频路径	光盘:\daima\35\hello-watchkit

本实例的具体实现流程如下所示。

（1）打开Xcode 6.3，新创建一个名为“hello-watchkit”工程，在工程中加入WatchKit扩展，工程的最终目录结构如图35-33所示。

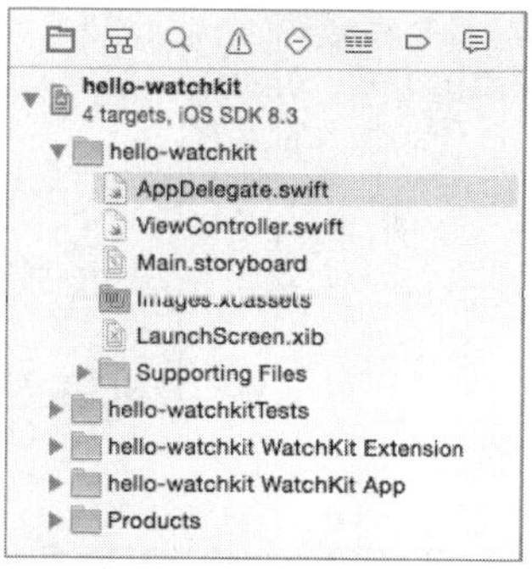

图35-33 工程的最终目录结构

（2）开始实现WatchKit Extension逻辑部分，其中文件Interface Controller.swift是一个视图控制文件，具体实现代码如下所示：

```
import WatchKit
import Foundation
class InterfaceController: WKInterfaceController {
  let features = ["Glances", "Notifications", "Apps"]
  @IBAction func browseButtonTapped() {
    let controllers = [String](count: features.count,
repeatedValue: "FeatureInterfaceController")
    presentControllerWithNames(controllers, contexts:
features)
  }
  override func contextsForSegueWithIdentifier(segueIdentifier: String) -> [AnyObject]?
{
    return features
  }
    override func awakeWithContext(context: AnyObject?) {
        super.awakeWithContext(context)
        NSLog("%@ awakeWithContext", self)
    }
    override func willActivate() {
        super.willActivate()
        NSLog("%@ will activate", self)
    }
    override func didDeactivate() {
        NSLog("%@ did deactivate", self)
        super.didDeactivate()
    }
}
```

文件MapInterfaceController.swift是一个地图界面视图文件，具体实现代码如下所示：

```
import Foundation
import WatchKit
class MapInterfaceController: WKInterfaceController {
  @IBOutlet weak var mapView: WKInterfaceMap!

  override func awakeWithContext(context: AnyObject!) {
    let location = CLLocationCoordinate2D(latitude: 37, longitude: -122)
    let coordinateSpan = MKCoordinateSpan(latitudeDelta: 10, longitudeDelta: 10)
    mapView.addAnnotation(location, withPinColor: .Purple)
    mapView.setRegion(MKCoordinateRegion(center: location, span: coordinateSpan))
  }
}
```

文件MinionRowController.swift实现了Minion行视图控制器，具体实现代码如下所示：

```
import Foundation
import WatchKit
class MinionRowController: NSObject {
  @IBOutlet weak var minionNameLabel: WKInterfaceLabel!
  @IBOutlet weak var image: WKInterfaceImage!
}
```

（3）开始看WatchKit App部分的具体实现，故事板Interface.storyboard文件的设计效果如图35-34所示。

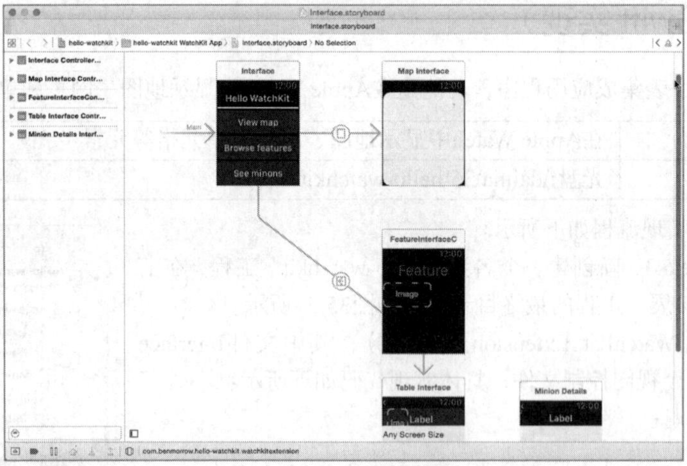

图35-34 故事板设计效果

手表端的初始执行效果如图35-35所示，单击某列表项后会显示详情界面，例如，单击“View map”项后会显示一个地图界面，如图35-36所示。

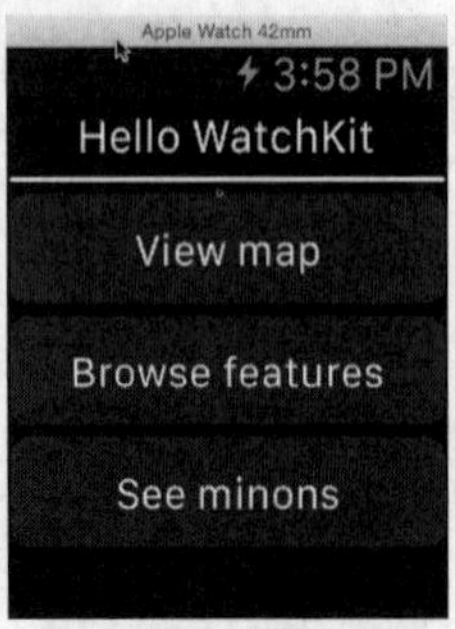

图35-35 初始列表界面

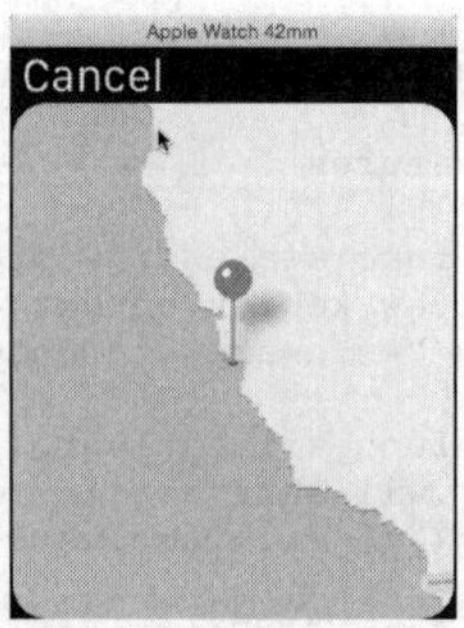

图35-36 地图详情界面

Part 5 第五篇

综合实战篇

本篇内容

第 36 章

公交路线查询系统

本章将通过一个公交线路查询系统的实现过程，详细讲解了使用Xcode集成开发环境、并使用Objective-C语言开发项目的基本流程。本章首先讲解了开发此项目所需要的基本知识，然后统一规划了整个项目需要的类，最后，进行了具体编程。希望读者仔细品味每一段代码，为自己在以后的开发应用工作打好基础。

36.1 公交路线查询系统介绍

在具体编程之前，大家需要先了解本实例项目的基本功能，了解各个模块的具体结构，为后期的编程工作打好基础。本章的项目功能强大，具备如下所示的功能。

（1）线路查询

为了方便用户迅速找到自己需要的线路，提供了线路查询功能。只需输入某个公交的线路名，就可以快速查询到这条线路。

（2）站站查询

为了满足系统的完整性要求，特意提供了站站查询功能。只需输入自己的起始站和目的站的名称，就可以快速查询到符合要求的公交线路。

（3）收藏历史

为了方便用户，特意提供了收藏历史功能，用户可以将经常用到的信息收藏起来，便于以后查询。主要包括如下3类收藏信息：

收藏线路、收藏站点、收藏站到站信息。

（4）地图信息

通过此功能，可以在地图中查看某条公交线路的信息，这样更具有直观性，方便了用户的浏览。本系统可以分为如下3种样式显示地图：

Standard、Statellite、Hybird。

（5）系统设置

为了方便用户对本系统的管理，特意提供了本模块供用户对系统进行管理。主要包括如下所示的功能：

主题设置、当前城市、数据下载、软件信息。

36.2 公交路线查询系统主界面

本章实例的源代码保存在“光盘:\daima\36\Bus”，默认的系统主界面是线路查询视图，在线路查询视图文件CBus_LineView.xib中，在顶部设置了一个查询表单，在下方列表显示系统内的公交线路。UI视图文件如图36-1所示。

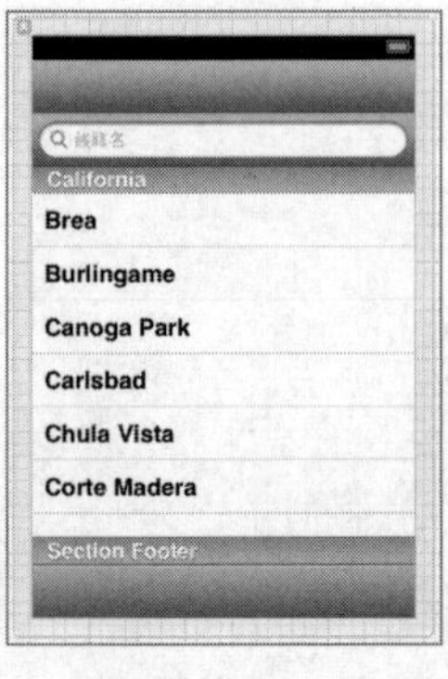

图36-1 主视图

36.2.1 线路查询视图

线路查询视图的UI界面如图36-1所示，实现文件CBus_LineView Controller.h的代码如下所示：

```
#import <UIKit/UIKit.h>
@interface CBus_LineViewController : UIViewController
<UITableViewDelegate,UITableViewDataSource,UISearchDisplayDe-legate,
UISearchBarDelegate>{
    UITableView *busLineTableView;
    NSMutableArray *filteredListContent;
}
@property(nonatomic, retain) IBOutlet UITableView *busLineTableView;
@property(nonatomic, retain) NSMutableArray *filteredListContent;
@end
```

文件CBus_LineViewController.m是文件CBus_LineViewController.h的实现，功能是载入设置的视图界面，显示一个搜索表单，并在表单下方列表显示30条公交线路信息，并且可以根据用户输入的搜索关键字来显示搜索结果。文件CBus_LineViewController.m的具体实现代码如下所示：

```
#import "CBus_LineViewController.h"
#import "CBus_LineDetailViewController.h"
#import "CDataContainer.h"

@implementation CBus_LineViewController

@synthesize busLineTableView,filteredListContent;

// 通过viewdidload的额外设置后加载视图
- (void)viewDidLoad {
    [super viewDidLoad];
    self.filteredListContent = [NSMutableArray arrayWithCapacity:[[CDataContainer
Instance].lineNameArray count]];
}
#pragma mark -
#pragma mark View lifecycle
- (void)viewWillAppear:(BOOL)animated {
    [super viewWillAppear:animated];
    [self.busLineTableView reloadData];
    NSLog(@"-----Nav------%@",self.navigationController.viewControllers);
    NSUserDefaults *userDefault = [NSUserDefaults standardUserDefaults];
    NSInteger styleNum = [userDefault integerForKey:@"styleType"];
    switch (styleNum) {
        case 0:{
            [UIApplication sharedApplication].statusBarStyle = UIStatusBarStyle
            Default;
            self.navigationController.navigationBar.barStyle = UIBarStyleDefault;
            self.searchDisplayController.searchBar.barStyle = UIBarStyleDefault;
            break;
        }
        case 1:{
            [UIApplication sharedApplication].statusBarStyle = UIStatusBarStyleBlack
            Opaque;
            self.navigationController.navigationBar.barStyle = UIBarStyleBlack
            Opaque;
            self.searchDisplayController.searchBar.barStyle = UIBarStyleBlackOpaque;
            break;
        }
    }
    [self.busLineTableView reloadData];
}

- (void)viewDidAppear:(BOOL)animated {
[super viewDidAppear:animated];
}
#pragma mark -
#pragma mark Table view data source
- (NSString *)tableView:(UITableView *)tableView titleForHeaderInSection:(NSInteger)
```

```
section{
    return @"公交线路";
}
- (CGFloat)tableView:(UITableView *)tableView heightForHeaderInSection:(NSInteger)
section{
    return 30;
}
- (NSInteger)numberOfSectionsInTableView:(UITableView *)tableView {
    // Return the number of sections.
    return 1;
}

- (NSInteger)tableView:(UITableView *)tableView numberOfRowsInSection:(NSInteger)
section {
    // 返回行数
    if(tableView == self.searchDisplayController.searchResultsTableView){
        return [filteredListContent count];
    }
    else {
        return [[CDataContainer Instance].lineNameArray count];
    }
}
// 自定义表格单元的外观
- (UITableViewCell *)tableView:(UITableView *)tableView cellForRowAtIndexPath:
(NSIndexPath *)indexPath {
static NSString *CellIdentifier = @"Cell";
    UITableViewCell *cell = [tableView dequeueReusableCellWithIdentifier:
CellIdentifier];
    if (cell == nil) {
        cell = [[[UITableViewCell alloc] initWithStyle:UITableViewCellStyleSubtitle
reuseIdentifier:CellIdentifier] autorelease];
    }
    cell.selectionStyle = UITableViewCellSelectionStyleGray;
    // 配置单元…

    if (tableView == self.searchDisplayController.searchResultsTableView){
        [[CDataContainer Instance] GetLineStationFromTableSequence:
         [[CDataContainer Instance].lineNameArray indexOfObject:[filteredListContent
         objectAtIndex:indexPath.row]]];
        NSString *beginStr = [[CDataContainer Instance].stationNameArray objectAtIndex:
                             [[CDataContainer Instance] GetBusLineSequenceByIndex:0]-1];
        NSString *endStr = [[CDataContainer Instance].stationNameArray objectAtIndex:
                           [[CDataContainer Instance] GetBusLineSequenceByIndex:
[[CDataContainer Instance].sequenceNumArray count]-1]-1];
        NSString*detailStr=[[NSString alloc]initWithFormat:@"%@-->%@",beginStr,endStr];
        cell.detailTextLabel.font = [UIFont systemFontOfSize:12];
        cell.detailTextLabel.text = detailStr;
        [detailStr release];
        cell.textLabel.text = [filteredListContent objectAtIndex:indexPath.row];
    }
    else{
        [[CDataContainer Instance] GetLineStationFromTableSequence:indexPath.row];
        NSString *beginStr = [[CDataContainer Instance].stationNameArray objectAtIndex:
                    [[CDataContainer Instance]GetBusLineSequenceByIndex:0]-1];
        NSString *endStr = [[CDataContainer Instance].stationNameArray objectAtIndex:
GetBusLineSequenceByIndex:[[CDataContainer Instance].sequenceNumArray count]-1]-1];
        NSString *detailStr=[[NSString alloc]initWithFormat:@"%@-->%@",beginStr,endStr];
        cell.detailTextLabel.font = [UIFont systemFontOfSize:12];
        cell.detailTextLabel.text = detailStr;
        [detailStr release];

        cell.textLabel.text = [[CDataContainer Instance].lineNameArray objectAtIndex:
indexPath.row];
    }

    cell.accessoryType = UITableViewCellAccessoryDisclosureIndicator;
    cell.imageView.image = [UIImage imageNamed:@"bus_table_line.png"];
```

```
    return cell;
}
#pragma mark -
#pragma mark Table view delegate
- (void)tableView:(UITableView *)tableView didSelectRowAtIndexPath:(NSIndexPath
*)indexPath{
    // 创造和推动另一个视图控制器
    CBus_LineDetailViewController *detailViewController = [[CBus_LineDetail View
Controller alloc] initWithNibName:@"CBus_LineDetailView" bundle:nil];
    // 选定的对象到新视图控制器
    if (tableView == self.searchDisplayController.searchResultsTableView){
        detailViewController.currentLineName = [filteredListContent objectAtIndex:
indexPath.row];
        detailViewController.currentLineIndex = [[CDataContainer Instance].
lineNameArray indexOfObject:[filteredListContent objectAtIndex:indexPath.row]];
    }
    else{
        detailViewController.currentLineName = [[CDataContainer Instance].
lineNameArray objectAtIndex:indexPath.row];
        detailViewController.currentLineIndex = indexPath.row;
    }
    [self.navigationController pushViewController:detailViewController animated:
    YES];
    [detailViewController release];
}
#pragma mark -
#pragma mark Content Filtering
- (void)filterContentForSearchText:(NSString*)searchText scope:(NSString*)scope{
    /*
     基于搜索文本和范围更新过滤阵列
     */
    // 清除过滤数组
    [self.filteredListContent removeAllObjects];

    /*
     主要的搜索列表类型为相匹配的范围（如果选择），其名字是要查找的文字；添加项目匹配的滤波阵列
     */
    for (int i = 0; i < [[CDataContainer Instance].lineNameArray count]; i++){
        NSString * searchInfo = [[CDataContainer Instance].lineNameArray
        objectAtIndex:i];
        NSComparisonResult result = [searchInfo compare:searchText
        options:(NSCaseInsensitiveSearch|NSDiacriticInsensitiveSearch)
          range:NSMakeRange(0, [searchText length])];
        if (result == NSOrderedSame){
            [self.filteredListContent addObject:searchInfo];
        }
    }
}
#pragma mark -
#pragma mark UISearchDisplayController Delegate Methods
- (BOOL)searchDisplayController:(UISearchDisplayController *)controller
shouldReloadTableForSearchString:(NSString *)searchString{
    [self filterContentForSearchText:searchString scope:
     [[self.searchDisplayController.searchBar scopeButtonTitles] objectAtIndex:
     [self.searchDisplayController.searchBar selectedScopeButtonIndex]]];
// 重新加载返回的搜索结果
    return YES;
}
- (BOOL)searchDisplayController:(UISearchDisplayController *)controller
shouldReloadTableForSearchScope:(NSInteger)searchOption{
    [self filterContentForSearchText:[self.searchDisplayController.searchBar text]
scope:
     [[self.searchDisplayController.searchBar scopeButtonTitles] objectAtIndex:
     searchOption]];

    // Return YES to cause the search result table view to be reloaded.
    return YES;
}
```

```
// Override to allow orientations other than the default portrait orientation.
- (BOOL)shouldAutorotateToInterfaceOrientation:(UIInterfaceOrientation)
interfaceOrientation{
    // Return YES for supported orientations.
    return (interfaceOrientation == UIInterfaceOrientationPortrait);
}
- (void)didReceiveMemoryWarning {
    // Releases the view if it doesn't have a superview.
    [super didReceiveMemoryWarning];
    self.busLineTableView = nil;
}
- (void)viewDidUnload {
    [super viewDidUnload];
    // Release any retained subviews of the main view.
    // e.g. self.myOutlet = nil;
}
- (void)dealloc {
    [busLineTableView release];
    [filteredListContent release];
    [super dealloc];
}
@end
```

执行效果如图36-2所示。

图36-2 线路查询

36.2.2 线路详情模块

本模块的功能是显示某一条线路的详细信息，在上方显示线路名、票价、首班时间和末班时间，在下方列表显示各个站点。线路详情视图CBus_LineDetailView.xib的UI界面如图36-3所示。

图36-3 线路详情视图

实现文件 CBus_LineDetailViewController.h的代码如下所示：

```
#import <UIKit/UIKit.h>
enum ERunType{
    EUpLineType,
    EDownLineType,
    ENoneLineType
};
@interface CBus_LineDetailViewController : UIViewController
<UITableViewDelegate,UITableViewDataSource>{
    UITableView         *busLineDetailTableView;
    //当前查询的线路的index
    NSInteger          currentLineIndex;
    NSString          *currentLineName;
    NSInteger          runType;
    NSMutableArray      *upLineArray;
    NSMutableArray      *downLineArray;

}
@property(nonatomic, retain) IBOutlet UITableView *busLineDetailTableView;
@property(nonatomic, retain) NSString *currentLineName;
@property(nonatomic) NSInteger currentLineIndex;
-(void)AddLineToFavorite;
@end
```

文件CBus_LineDetailViewController.m是CBus_LineDetailViewController.h的实现，功能是显示某条线路的详细信息，不但列表显示了此线路中的各个站点，而且实现了收藏功能。文件CBus_LineDetailViewController.m的具体实现代码如下所示：

```
#import "CBus_LineDetailViewController.h"
#import "CBus_StationDetailViewController.h"
#import "CBus_LineDetailLineViewController.h"
#import "CDataContainer.h"
@implementation CBus_LineDetailViewController
@synthesize busLineDetailTableView,currentLineName;
```

```
@synthesize currentLineIndex;
// 载入界面
- (void)viewDidLoad {
    [super viewDidLoad];
    self.navigationItem.rightBarButtonItem = [[UIBarButtonItem alloc]
initWithBarButtonSystemItem:UIBarButtonSystemItemAdd

        target:self
    action:@selector(AddLineToFavorite)];
    [[CDataContainer Instance] GetLineStationFromTableSequence:currentLineIndex];
}
#pragma mark -
#pragma mark View lifecycle
- (void)viewWillAppear:(BOOL)animated{
    [super viewWillAppear:animated];
    [self.busLineDetailTableView reloadData];

    NSUserDefaults *userDefault = [NSUserDefaults standardUserDefaults];
    NSInteger styleNum = [userDefault integerForKey:@"styleType"];

    switch (styleNum) {
        case 0:{
            [UIApplication sharedApplication].statusBarStyle = UIStatusBarStyle
            Default;
            self.navigationController.navigationBar.barStyle = UIBarStyleDefault;
            self.searchDisplayController.searchBar.barStyle = UIBarStyleDefault;
            break;
        }
        case 1:{
            [UIApplication sharedApplication].statusBarStyle = UIStatusBarStyleBlack
            Opaque;
            self.navigationController.navigationBar.barStyle = UIBarStyleBlack
            Opaque;
            self.searchDisplayController.searchBar.barStyle = UIBarStyleBlackOpaque;
            break;
        }
    }
    [[CDataContainer Instance] GetLineStationFromTableSequence:currentLineIndex];
    [self.busLineDetailTableView reloadData];
    NSLog(@"-----Nav----%@",self.navigationController.viewControllers);
 }
- (void)viewDidDisappear:(BOOL)animated {
    [super viewDidDisappear:animated];
}
-(void)AddLineToFavorite
{

NSLog(@"-------addLineToFavorite---------%@---%d",currentLineName,currentLineIndex)
;

    for(NSString *lineName in [CDataContainer Instance].favoriteLineNameArray){
        if ([lineName isEqualToString:currentLineName]) {
            UIAlertView *alert = [[UIAlertView alloc] initWithTitle:@"收藏"
            message:[NSString stringWithFormat:@"%@ 已收藏",currentLineName]
                    delegate:self
cancelButtonTitle:@"确定"
otherButtonTitles:nil];
            [alert show];
            [alert release];

            return;
        }
    }
    [[CDataContainer Instance] InsertFavoriteInfoToDatabase:0
                                                  AddName:currentLineName
                AddIndex:currentLineIndex
    AddNameEnd:nil
    AddIndexEnd:0];
```

```
    UIAlertView *alert = [[UIAlertView alloc] initWithTitle:@"收藏"
            message:[NSString stringWithFormat:@"收藏 %@ 成功",currentLineName]
       delegate:self cancelButtonTitle:@"确定"otherButtonTitles:nil];
    [alert show];
    [alert release];
}

#pragma mark -
#pragma mark Table view data source
- (NSString *)tableView:(UITableView *)tableView titleForHeaderInSection:
(NSInteger)section{
    return currentLineName;
}
- (CGFloat)tableView:(UITableView *)tableView heightForHeaderInSection:
(NSInteger)section{
    return 30;
}
- (NSInteger)numberOfSectionsInTableView:(UITableView *)tableView {
    // Return the number of sections.
    return 1;
}
- (NSInteger)tableView:(UITableView *)tableView
numberOfRowsInSection:(NSInteger)section{
    // 返回行数
    return [[CDataContainer Instance].sequenceNumArray count];
}
//自定义表格单元的外观视图
- (UITableViewCell *)tableView:(UITableView *)tableView cellForRowAtIndexPath: (NS
IndexPath *)indexPath{
static NSString *CellIdentifier = @"Cell";
    UITableViewCell *cell = [tableView dequeueReusableCellWithIdentifier: CellIdentifier];
    if (cell == nil) {
        cell = [[[UITableViewCell alloc] initWithStyle:UITableViewCellStyleSubtitle
reuseIdentifier:CellIdentifier] autorelease];
    }
    cell.selectionStyle = UITableViewCellSelectionStyleGray;
    cell.accessoryType = UITableViewCellAccessoryDisclosureIndicator;
    // 配置单元
    cell.textLabel.text = [[CDataContainer Instance].stationNameArray objectAtIndex:
[[CDataContainer Instance] GetBusLineSequenceByIndex:indexPath.row]-1];
    cell.imageView.image = [UIImage imageNamed:@"bus_table_stat.png"];
    return cell;
}
#pragma mark -
#pragma mark Table view delegate
- (void)tableView:(UITableView *)tableView didSelectRowAtIndexPath:(NSIndexPath
*)indexPath {
    // 创造和推动另一个视图控制器
    CBus_LineDetailLineViewController *detailViewController = [[CBus_LineDetailLine
ViewController alloc] initWithNibName:@"CBus_LineDetailLineView" bundle:nil];
    detailViewController.currentStationName = [[CDataContainer Instance].
stationNameArray objectAtIndex:[[CDataContainer Instance] GetBusLineSequenceByIndex:
indexPath.row]-1];
    detailViewController.currentStationIndex = [[CDataContainer Instance].stationName
    Array indexOfObject:detailViewController.currentStationName]+1;

    [self.navigationController pushViewController:detailViewController
animated:YES];
    [detailViewController release];
}
-(void)tableView:(UITableView *)tableView accessoryButtonTappedForRowWithIndexPath:
(NSIndexPath *)indexPath{
}
// 显示默认线路的图片
- (BOOL)shouldAutorotateToInterfaceOrientation:(UIInterfaceOrientation)
interfaceOrientation {
    // Return YES for supported orientations.
    return (interfaceOrientation == UIInterfaceOrientationPortrait);
```

```
}
- (void)didReceiveMemoryWarning {
    //如果没有视图则释放它
    [super didReceiveMemoryWarning];
    self.busLineDetailTableView = nil;
}
- (void)viewDidUnload {
    [super viewDidUnload];
    // 释放任何保留的主视图
    // e.g. self.myOutlet = nil;
}
- (void)dealloc {
    [busLineDetailTableView release];
    [super dealloc];
}
@end
```

执行效果如图36-4所示。

36.2.3 线路中某站详情

本模块的功能是显示某一条线路中某个站的详细信息，显示通过这个站的所有线路。此模块的视图CBus_LineDetailLineView.xib的UI界面如图36-5所示。

图36-4 执行效果

图36-5 UI视图

实现文件 CBus_LineDetailLineViewController.h的代码如下所示：

```
#import <UIKit/UIKit.h>
@interface CBus_LineDetailLineViewController : UIViewController
<UITableViewDelegate,UITableViewDataSource>{
    UITableView         *busStationDetailView;
    NSInteger          currentStationIndex;
    NSString          *currentStationName;
    NSInteger          beginStationIndex;
    NSString          *beginStationName;
    NSInteger          endStationIndex;
    NSString          *endStationName;
    BOOL              isStatToStat;
    NSMutableArray      *beginStationLineArray;
    NSMutableArray      *endStationLineArray;
    NSMutableArray      *StatToStatLineArray;
}
@property(nonatomic, retain) IBOutlet    UITableView    *busStationDetailView;
@property(nonatomic, retain)     NSString         *currentStationName;
@property(nonatomic)            NSInteger         currentStationIndex;
@property(nonatomic, retain)     NSString         *beginStationName;
@property(nonatomic)            NSInteger         beginStationIndex;
@property(nonatomic, retain)     NSString         *endStationName;
```

```
@property(nonatomic)              NSInteger         endStationIndex;
@property(nonatomic)              BOOL              isStatToStat;
@property(nonatomic, retain)      NSMutableArray    *beginStationLineArray;
@property(nonatomic, retain)      NSMutableArray    *endStationLineArray;
@property(nonatomic, retain)      NSMutableArray    *StatToStatLineArray;
- (BOOL)findTwoStationInOneLine;
- (BOOL)findTwoStationInTwoLine;
@end
```

文件CBus_LineDetailLineViewController.m是文件CBus_LineDetailLineViewController.h的实现，具体代码如下所示（实现效果如图36-6所示）：

```
#import "CBus_LineDetailLineViewController.h"
#import "CBus_LineDetailViewController.h"
#import "CDataContainer.h"
@implementation CBus_LineDetailLineViewController
@synthesize busStationDetailView;
@synthesize currentStationName,currentStationIndex;
@synthesize beginStationName,beginStationIndex,endStationName,endStationIndex;
@synthesize isStatToStat;
@synthesize beginStationLineArray, endStationLineArray, StatToStatLineArray;
// 初始化视图
- (void)viewDidLoad{
    [super viewDidLoad];
    self.navigationItem.rightBarButtonItem = [[UIBarButtonItem alloc] initWithBarButton
    SystemItem:UIBarButtonSystemItemAdd
    target:self
    action:@selector(AddStationToFavorite)];
    if (isStatToStat){
        NSLog(@"---------isStatToStat-------");
        [[CDataContainer Instance] GetStationLineFromTableSequence: beginStationIndex];
        beginStationLineArray = [NSMutableArray arrayWithArray:[CDataContainer Instance].
        stationLineArray];
        NSLog(@"---------beginStationLineArray-------%@",beginStationLineArray);
        [[CDataContainer Instance] GetStationLineFromTableSequence:endStationIndex];
        endStationLineArray = [NSMutableArray arrayWithArray:[CDataContainer Instance].
        stationLineArray];
        NSLog(@"---------endStationLineArray-------%@",endStationLineArray);
        if ([self findTwoStationInOneLine]){
            return;
        }
        else if([self findTwoStationInTwoLine]){
            return;
        }
    }
    else {
        NSLog(@"---------isStat-------");
        [[CDataContainer Instance] GetStationLineFromTableSequence:currentStation
        Index];
    }
}
- (BOOL)findTwoStationInOneLine{
    NSLog(@"-------findTwoStationInOneLine------");
    if (StatToStatLineArray == nil){
        StatToStatLineArray = [[NSMutableArray alloc] init];
    }
    for (NSString *beginStationStr in beginStationLineArray){
        for(NSString *endStationStr in endStationLineArray){
            if ([beginStationStr isEqualToString:endStationStr]){
                [StatToStatLineArray addObject:beginStationStr];
NSLog(@"----------StatToStatLineArray--------%@",StatToStatLineArray);
            }
        }
    }

    if (StatToStatLineArray){
        return YES;
```

```
    }
    return NO;
}
- (BOOL)findTwoStationInTwoLine{
    return NO;
}

#pragma mark -
#pragma mark View lifecycle

- (void)viewWillAppear:(BOOL)animated {
    [super viewWillAppear:animated];
    [self.busStationDetailView reloadData];
    NSLog(@"-----Nav----%@",self.navigationController.viewControllers);
    NSUserDefaults *userDefault = [NSUserDefaults standardUserDefaults];
    NSInteger styleNum = [userDefault integerForKey:@"styleType"];
    switch (styleNum){
        case 0:{
            [UIApplication sharedApplication].statusBarStyle =
            UIStatusBarStyleDefault;
            self.navigationController.navigationBar.barStyle = UIBarStyleDefault;
            self.searchDisplayController.searchBar.barStyle = UIBarStyleDefault;
            break;
        }
        case 1:{
            [UIApplication sharedApplication].statusBarStyle =
            UIStatusBarStyleBlackOpaque;
            self.navigationController.navigationBar.barStyle =
            UIBarStyleBlackOpaque;
            self.searchDisplayController.searchBar.barStyle = UIBarStyleBlackOpaque;
            break;
        }
    }
}
- (void)viewDidDisappear:(BOOL)animated {
    [super viewDidDisappear:animated];
}

-(void)AddStationToFavorite{
    NSLog(@"-----AddStationToFavorite-----%@----%d",currentStationName,
currentStationIndex);
    for(NSString *lineName in [CDataContainer Instance].favoriteStationNameArray){
        if ([lineName isEqualToString:currentStationName]){
    UIAlertView *alert = [[UIAlertView alloc] initWithTitle:@"收藏"
message:[NSString stringWithFormat:@"%@ 已收藏",currentStationName]
          delegate:self
          cancelButtonTitle:@"确定"
          otherButtonTitles:nil];
            [alert show];
            [alert release];
            return;
        }
    }
    [[CDataContainer Instance] InsertFavoriteInfoToDatabase:1 AddName:
currentStationName AddIndex:currentStationIndex AddNameEnd:nil AddIndexEnd:0];
    UIAlertView *alert = [[UIAlertView alloc] initWithTitle:@"收藏"
                message:[NSString stringWithFormat:@"收藏 %@ 成功
",currentStationName]
       delegate:self cancelButtonTitle:@"确定"
                          otherButtonTitles:nil];
    [alert show];
    [alert release];
}
#pragma mark -
#pragma mark Table view data source
- (NSString *)tableView:(UITableView *)tableView titleForHeaderInSection:(NSInteger)
section{
    if (isStatToStat){
```

```
        return [[NSString alloc] initWithFormat:@"%@—>%@",beginStationName,
endStationName];
    }
    else{
        return currentStationName;
    }
    return nil;
}
- (CGFloat)tableView:(UITableView *)tableView heightForHeaderInSection:(NSInteger)
section{
    return 30;
}
- (NSInteger)numberOfSectionsInTableView:(UITableView *)tableView {
    // Return the number of sections.
    return 1;
}

- (NSInteger)tableView:(UITableView *)tableView numberOfRowsInSection:(NSInteger)
section{
    // Return the number of rows in the section.
    if (isStatToStat){
        return [StatToStatLineArray count];
    }
    else{
        return [[CDataContainer Instance].stationLineArray count];
    }
    return 0;
}
- (UITableViewCell *)tableView:(UITableView *)tableView cellForRowAtIndexPath:
(NSIndexPath *)indexPath{
static NSString *CellIdentifier = @"Cell";

    UITableViewCell *cell = [tableView dequeueReusableCellWithIdentifier:
CellIdentifier];
if (cell == nil){
        cell = [[[UITableViewCell alloc] initWithStyle:UITableViewCellStyleSubtitle
reuseIdentifier:CellIdentifier] autorelease];
    }
    cell.selectionStyle = UITableViewCellSelectionStyleGray;
    cell.accessoryType = UITableViewCellAccessoryDisclosureIndicator;

    if (isStatToStat){
        cell.textLabel.text = [[CDataContainer Instance].lineNameArray objectAtIndex:
                                [[StatToStatLineArray objectAtIndex:indexPath.row]
                                intValue]/2-1];
    }
    else{
        [[CDataContainer Instance] GetLineStationFromTableSequence:
            [[CDataContainer Instance].lineNameArray indexOfObject:[[CDataContainer
Instance].lineNameArray objectAtIndex:
                [[CDataContainer Instance]GetBusStationLineByIndex:indexPath.row]-1]]];
        NSString *beginStr = [[CDataContainer Instance].stationNameArray
        objectAtIndex:
                                [[CDataContainer Instance]
GetBusLineSequenceByIndex:0]-1];
        NSString *endStr = [[CDataContainer Instance].stationNameArray objectAtIndex:
                                [[CDataContainer Instance]
GetBusLineSequenceByIndex:[[CDataContainer Instance].sequenceNumArray count]-1]-1];
        NSString *detailStr = [[NSString alloc]
initWithFormat:@"%@-->%@",beginStr,endStr];
        cell.detailTextLabel.font = [UIFont systemFontOfSize:12];
        cell.detailTextLabel.text = detailStr;
        [detailStr release];
        cell.textLabel.text = [[CDataContainer Instance].lineNameArray objectAtIndex:
                                [[CDataContainer Instance]
GetBusStationLineByIndex:indexPath.row]-1];
    }
    cell.imageView.image = [UIImage imageNamed:@"bus_table_line.png"];
```

```
    return cell;
}
#pragma mark -
#pragma mark Table view delegate
- (void)tableView:(UITableView *)tableView didSelectRowAtIndexPath:(NSIndexPath
*)indexPath {
    // Navigation logic may go here. Create and push another view controller.
CBus_LineDetailViewController *lineDetailViewController = [self.navigationController.
viewControllers objectAtIndex:1];
    lineDetailViewController.currentLineName = [[CDataContainer Instance].
lineNameArray objectAtIndex:
 [[CDataContainer Instance] GetBusStationLineByIndex:indexPath.row]-1];
    lineDetailViewController.currentLineIndex = [[CDataContainer
Instance].lineNameArray indexOfObject:lineDetailViewController.currentLineName];
[self.navigationController popViewControllerAnimated:YES];
}

 // Override to allow orientations other than the default portrait orientation.
 - (BOOL)shouldAutorotateToInterfaceOrientation:(UIInterfaceOrientation)
interfaceOrientation {
 // Return YES for supported orientations.
     return (interfaceOrientation == UIInterfaceOrientationPortrait);
 }

- (void)didReceiveMemoryWarning {
    // Releases the view if it doesn't have a superview.
    [super didReceiveMemoryWarning];

    // Release any cached data, images, etc. that aren't in use.
}
- (void)viewDidUnload {
    [super viewDidUnload];
    // Release any retained subviews of the main view.
    // e.g. self.myOutlet = nil;
}
- (void)dealloc {
    [busStationDetailView release];
    [super dealloc];
}
@end
```

36.3 站站查询

本模块的功能是提供站站查询功能，只需输入自己的起始站和目的站的名称，就可以快速查询到符合要求的公交线路。在本节的内容中，将详细讲解站站查询模块的具体实现流程。

图36-6 运行的效果

36.3.1 站站查询主视图

站站查询主视图 CBus_StatToStatView.xib的UI界面如图36-6所示，在上方显示搜索表单，在下方列表显示了30条线路。

实现文件 CBus_StatToStatViewController.h的代码如下所示：

```
#import <UIKit/UIKit.h>
#define kBeginStationComponent 0
#define kEndStationComponent 1
enum EStationType{
    EBeginStationType,
    EEndStationType,
    ENoneStationType
};
@interface CBus_StatToStatViewController : UIViewController
<UITableViewDelegate,UITableViewDataSource,
```

```
                    UISearchDisplayDelegate, UISearchBarDelegate,
UIPickerViewDelegate, UIPickerViewDataSource>{
    UITableView         *busStatToStatTableView;
    UISearchBar         *currentSearchBar;
    UISearchBar         *beginSearchBar;
    UISearchBar         *endSearchBar;
    UIPickerView      *stationPickView;
    NSInteger          currentBeginIndex;
    NSInteger          currentEndIndex;
    NSInteger          stationType;
    NSMutableArray     *beginFilteredListContent;
    NSMutableArray     *endFilteredListContent;
    NSString         *ifSelectedPickerString;
    NSString         *ifSelectedPickEndString;
    BOOL              isSearchBegin;
    BOOL              isSearchEndBegin;
    BOOL              isJumpToStat;
    UIBarButtonItem     *returnKeyBordBtn;
}
@property (nonatomic, retain) IBOutlet UITableView        *busStatToStatTableView;
@property (nonatomic, retain) IBOutlet UISearchBar        *beginSearchBar;
@property (nonatomic, retain) IBOutlet UISearchBar        *endSearchBar;
@property (nonatomic, retain) IBOutlet UIPickerView        *stationPickView;
@property(nonatomic, retain)            NSMutableArray     *beginFilteredListContent;
@property(nonatomic, retain)            NSMutableArray     *endFilteredListContent;
@property(nonatomic)  BOOL       isJumpToStat;
- (void)filterContentForSearchText:(NSString*)searchText;
@end
```

文件CBus_StatToStatViewController.m是文件CBus_StatToStatViewController.h的实现，功能是显示搜索表单，并根据用户输入的起始站点和终点站信息，列表显示符合搜索条件的线路：

```
#import "CBus_StatToStatViewController.h"
#import "CBus_LineDetailViewController.h"
#import "CBus_StationDetailViewController.h"
#import "CDataContainer.h"
@implementation CBus_StatToStatViewController
@synthesize busStatToStatTableView,beginFilteredListContent,endFilteredListContent;
@synthesize beginSearchBar, endSearchBar, stationPickView;
@synthesize isJumpToStat;
// 界面初始化
- (void)viewDidLoad {
    [super viewDidLoad];

    returnKeyBordBtn = [[UIBarButtonItem alloc] initWithTitle:@"收起键盘"
    style:UIBarButtonItemStylePlain
                                                                          target:self

action:@selector(HideKeyBoard:)];

    self.navigationItem.rightBarButtonItem = nil;// 输入键盘

    self.beginFilteredListContent = [NSMutableArray arrayWithArray:[CDataContainer
    Instance].stationNameArray];
    self.endFilteredListContent = [NSMutableArray arrayWithArray:[CDataContainer
    Instance].stationNameArray];

    isSearchBegin = NO;
    isSearchEndBegin = NO;
    isJumpToStat = NO;

    ifSelectedPickerString = [[NSString alloc] init];
    ifSelectedPickEndString = [[NSString alloc] init];
}
#pragma mark -
#pragma mark View lifecycle
//根据设置的样式显示
- (void)viewWillAppear:(BOOL)animated{
```

```
    [super viewWillAppear:animated];
    [self.busStatToStatTableView reloadData];

    NSUserDefaults *userDefault = [NSUserDefaults standardUserDefaults];
    NSInteger styleNum = [userDefault integerForKey:@"styleType"];

    switch (styleNum){
        case 0:{
            [UIApplication sharedApplication].statusBarStyle =
            UIStatusBarStyleDefault;
            self.navigationController.navigationBar.barStyle = UIBarStyleDefault;
            self.beginSearchBar.barStyle = UIBarStyleDefault;
            self.endSearchBar.barStyle = UIBarStyleDefault;
            break;
        }
        case 1:{
            [UIApplication sharedApplication].statusBarStyle =
            UIStatusBarStyleBlackOpaque;
            self.navigationController.navigationBar.barStyle =
            UIBarStyleBlackOpaque;
            self.beginSearchBar.barStyle = UIBarStyleBlackOpaque;
            self.endSearchBar.barStyle = UIBarStyleBlackOpaque;
            break;
        }
    }

    self.navigationItem.rightBarButtonItem = nil;

    stationType = ENoneStationType;

    [stationPickView reloadAllComponents];

    if(isJumpToStat){
        CBus_StationDetailViewController *detailViewController =
[[CBus_StationDetailViewController alloc] initWithNibName:@"CBus_StationDetailView"
bundle:nil];
        detailViewController.currentStationName = [[CDataContainer
        Instance].stationNameArray objectAtIndex:currentBeginIndex];
        detailViewController.currentStationIndex = currentBeginIndex+1;
        [self.navigationController pushViewController:detailViewController
        animated:YES];
        [detailViewController release];
        isJumpToStat = NO;
    }
}
- (void)viewDidAppear:(BOOL)animated{
    [super viewDidAppear:animated];
}
- (void)viewWillDisappear:(BOOL)animated{
    [super viewWillDisappear:animated];
}
- (void)viewDidDisappear:(BOOL)animated{
    [super viewDidDisappear:animated];

    beginSearchBar.text = @"";
    endSearchBar.text = @"";
}
 // 默认的图片
- (BOOL)shouldAutorotateToInterfaceOrientation:(UIInterfaceOrientation)
interfaceOrientation{
 // Return YES for supported orientations.
    return (interfaceOrientation == UIInterfaceOrientationPortrait);
}

-(IBAction)HideKeyBoard:(id)sender{
    NSLog(@"------HideKeyBoard------");
    self.navigationItem.rightBarButtonItem = nil;
```

```
    beginSearchBar.text = @"";
    endSearchBar.text = @"";

    stationPickView.hidden = YES;
    [currentSearchBar resignFirstResponder];
}
#pragma mark -
#pragma mark Table view data source
- (NSString *)tableView:(UITableView *)tableView
titleForHeaderInSection:(NSInteger)section{
    return @"站站查询";
}
- (CGFloat)tableView:(UITableView *)tableView
heightForHeaderInSection:(NSInteger)section{
    return 30;
}
- (NSInteger)numberOfSectionsInTableView:(UITableView *)tableView{
    return 1;
}
- (NSInteger)tableView:(UITableView *)tableView
numberOfRowsInSection:(NSInteger)section{
    return [[CDataContainer Instance].stationNameArray count];
}
- (UITableViewCell *)tableView:(UITableView *)tableView
cellForRowAtIndexPath:(NSIndexPath *)indexPath {
    static NSString *CellIdentifier = @"Cell";
UITableViewCell *cell = [tableView dequeueReusableCellWithIdentifier:CellIdentifier];
if (cell == nil) {
        cell = [[[UITableViewCell alloc] initWithStyle:UITableViewCellStyleDefault
reuseIdentifier:CellIdentifier] autorelease];
    }
    cell.accessoryType = UITableViewCellAccessoryDisclosureIndicator;
    cell.selectionStyle = UITableViewCellSelectionStyleGray;
    // Configure the cell...
    cell.textLabel.text = [[CDataContainer Instance].stationNameArray
objectAtIndex:indexPath.row];
    cell.imageView.image = [UIImage imageNamed:@"bus_table_stat.png"];
    return cell;
}
#pragma mark -
#pragma mark Table view delegate

- (void)tableView:(UITableView *)tableView didSelectRowAtIndexPath:(NSIndexPath
*)indexPath {
    // 创造和推动另一个视图控制器

    CBus_StationDetailViewController *detailViewController = [[CBus_StationDetail
ViewController alloc] initWithNibName:@"CBus_StationDetailView" bundle:nil];
    detailViewController.currentStationName = [[CDataContainer
Instance].stationNameArray objectAtIndex:indexPath.row];
    detailViewController.currentStationIndex = indexPath.row+1;
    [self.navigationController pushViewController:detailViewController
animated:YES];
    [detailViewController release];
}
-(void)tableView:(UITableView *)tableView accessoryButtonTappedForRowWithIndexPath:
(NSIndexPath *)indexPath
{
}
#pragma mark -
#pragma mark Picker view data source
- (NSInteger)numberOfComponentsInPickerView:(UIPickerView *)pickerView{
    return 2;
}
- (NSInteger)pickerView:(UIPickerView *)pickerView numberOfRowsInComponent:(NSInteger)
component{
    if (component == kBeginStationComponent){
        if ([beginSearchBar.text isEqualToString:@""]){
```

```
            return [[CDataContainer Instance].stationNameArray count];
        }
        if (stationType == EBeginStationType){
            return[beginFilteredListContent count];
        }
        else{
            return [[CDataContainer Instance].stationNameArray count];
        }
    }
    else if(component == kEndStationComponent){
        if ([endSearchBar.text isEqualToString:@""]){
            return [[CDataContainer Instance].stationNameArray count];
        }
        if (stationType == EEndStationType){
            return[endFilteredListContent count];
        }
        else {
            return [[CDataContainer Instance].stationNameArray count];
        }
    }
    return 0;
}
- (NSString *)pickerView:(UIPickerView *)pickerView titleForRow:(NSInteger)row
forComponent:(NSInteger)component{
    if (component == kBeginStationComponent){
        if ([beginSearchBar.text isEqualToString:@""]){
            return [[CDataContainer Instance].stationNameArray objectAtIndex:row];
        }
        if (stationType == EBeginStationType){
            return[beginFilteredListContent objectAtIndex:row];
        }
        else {
            return [[CDataContainer Instance].stationNameArray objectAtIndex:row];
        }
    }
    else if(component == kEndStationComponent){
        if ([endSearchBar.text isEqualToString:@""]){
            return [[CDataContainer Instance].stationNameArray objectAtIndex:row];
        }
        if (stationType == EEndStationType){
            return[endFilteredListContent objectAtIndex:row];
        }
        else {
            return [[CDataContainer Instance].stationNameArray objectAtIndex:row];
        }
    }

    return nil;
}
- (void)pickerView:(UIPickerView *)pickerView didSelectRow:(NSInteger)row inComponent:
(NSInteger)component{
    if (component == kBeginStationComponent){
        currentBeginIndex = row;

        if ([beginSearchBar.text isEqualToString:@""]){
            isSearchBegin = NO;
            ifSelectedPickerString = [[CDataContainer Instance].stationNameArray
            objectAtIndex:row];
            beginSearchBar.text = [[CDataContainer Instance].stationNameArray
            objectAtIndex:row];
        }
        else if (stationType == EBeginStationType){
            ifSelectedPickerString = [beginFilteredListContent objectAtIndex:row];
            beginSearchBar.text = [beginFilteredListContent objectAtIndex:row];
        }
        else {
            ifSelectedPickerString = [[CDataContainer Instance].stationNameArray
            objectAtIndex:row];
```

```
            beginSearchBar.text = [[CDataContainer Instance].stationNameArray
            objectAtIndex:row];
        }
    }
    else if(component == kEndStationComponent){
        currentEndIndex = row;

        if ([endSearchBar.text isEqualToString:@""]){
            isSearchEndBegin = NO;
            ifSelectedPickEndString = [[CDataContainer Instance].stationNameArray
            objectAtIndex:row];
            endSearchBar.text = [[CDataContainer Instance].stationNameArray
            objectAtIndex:row];
        }
        else if (stationType == EEndStationType){
            ifSelectedPickEndString = [endFilteredListContent objectAtIndex:row];
            endSearchBar.text = [endFilteredListContent objectAtIndex:row];
        }
        else{
            ifSelectedPickEndString = [[CDataContainer Instance].stationNameArray
            objectAtIndex:row];
            endSearchBar.text = [[CDataContainer Instance].stationNameArray
            objectAtIndex:row];
        }
    }
}
#pragma mark -
#pragma mark SearchBarText delegate
- (void)searchBarTextDidBeginEditing:(UISearchBar *)searchBar{
    NSLog(@"------searchBarTextDidBeginEditing---");
    stationPickView.hidden = NO;
    self.navigationItem.rightBarButtonItem = returnKeyBordBtn;
    currentSearchBar = searchBar;

    if (currentSearchBar == beginSearchBar){
        NSLog(@"---------Type------EBeginStationType");
        stationType = EBeginStationType;
    }
    else{
        NSLog(@"---------Type------EEndStationType");
        stationType = EEndStationType;
    }
}
- (void)searchBarTextDidEndEditing:(UISearchBar *)searchBar{
    NSLog(@"------searchBarTextDidEndEditing---");
}
- (void)searchBar:(UISearchBar *)searchBar textDidChange:(NSString *)searchText{
    NSLog(@"--------SearchBar_text Changed--------");
    if(searchBar == beginSearchBar)
    {
        if ([ifSelectedPickerString isEqualToString:searchText]){
            return;
        }
        if (stationType == EBeginStationType){
            isSearchBegin = YES;
            [self filterContentForSearchText:searchText];
            [stationPickView reloadAllComponents];
        }
    }
    else if(searchBar == endSearchBar){
        if ([ifSelectedPickEndString isEqualToString:searchText]){
            return;
        }
        if (stationType == EEndStationType){
            isSearchEndBegin = YES;
            [self filterContentForSearchText:searchText];
            [stationPickView reloadAllComponents];
        }
```

```
    }
}
- (void)searchBarSearchButtonClicked:(UISearchBar *)searchBar{
    NSLog(@"------searchBarSearchButtonClicked---");
    CBus_StationDetailViewController *detailViewController =
[[CBus_StationDetailViewController alloc] initWithNibName:@"CBus_StationDetailView"
bundle:nil];

    if ((![beginSearchBar.text isEqualToString:@""])&&(![endSearchBar.text
isEqualToString:@""])){
        NSLog(@"------站站查询------");
        if (isSearchBegin){
            detailViewController.beginStationName = [beginFilteredListContent
            objectAtIndex:currentBeginIndex];
            detailViewController.beginStationIndex = [[CDataContainer
Instance].stationNameArray indexOfObject:[beginFilteredListContent
objectAtIndex:currentBeginIndex]]+1;
        }
        else {
            detailViewController.beginStationName = [[CDataContainer Instance].
            stationNameArray objectAtIndex:currentBeginIndex];
            detailViewController.beginStationIndex = currentBeginIndex+1;
        }
        if (isSearchEndBegin){
            detailViewController.endStationName = [endFilteredListContent
            objectAtIndex:currentEndIndex];
            detailViewController.endStationIndex = [[CDataContainer Instance].
stationNameArray indexOfObject:[endFilteredListContent objectAtIndex:
currentEndIndex]]+1;
        }
        else {
            detailViewController.endStationName = [[CDataContainer
            Instance].stationNameArray objectAtIndex:currentEndIndex];
            detailViewController.endStationIndex = currentEndIndex+1;
        }
        detailViewController.isStatToStat = YES;
    }
    else if (stationType == EBeginStationType){
        NSLog(@"------始站查询------");

        if (isSearchBegin){
            detailViewController.currentStationName = [beginFilteredListContent
            objectAtIndex:currentBeginIndex];
            detailViewController.currentStationIndex = [[CDataContainer Instance].
stationNameArray indexOfObject:[beginFilteredListContent objectAtIndex:
currentBeginIndex]]+1;
        }
        else {
            detailViewController.currentStationName = [[CDataContainer
            Instance].stationNameArray objectAtIndex:currentBeginIndex];
            detailViewController.currentStationIndex = currentBeginIndex+1;
        }
        detailViewController.isStatToStat = NO;
    }
    else if(stationType == EEndStationType){
        NSLog(@"------尾站查询------");
        if (isSearchEndBegin){
            detailViewController.currentStationName = [endFilteredListContent
            objectAtIndex:currentEndIndex];
            detailViewController.currentStationIndex = [[CDataContainer
Instance].stationNameArray indexOfObject:[endFilteredListContent
objectAtIndex:currentEndIndex]]+1;
        }
        else{
            detailViewController.currentStationName = [[CDataContainer
            Instance].stationNameArray objectAtIndex:currentEndIndex];
            detailViewController.currentStationIndex = currentEndIndex+1;
        }
```

```
        detailViewController.isStatToStat = NO;
    }
    [currentSearchBar resignFirstResponder];
     stationPickView.hidden = YES;
    // 通过选定的对象到新视图控制器
    [self.navigationController pushViewController:detailViewController animated:YES];
    [detailViewController release];
}
#pragma mark -
#pragma mark Search Methods

- (void)filterContentForSearchText:(NSString*)searchText;{
    //基于搜索文本和范围更新过滤阵列
    //首先清除过滤数组
    if (stationType == EBeginStationType){
        [self.beginFilteredListContent removeAllObjects];

        for (int i = 0; i < [[CDataContainer Instance].stationNameArray count]; i++){
            NSString *searchNameInfo = [[CDataContainer Instance].stationNameArray
            objectAtIndex:i];
            NSString *searchPYInfo = [[CDataContainer Instance].stationPYArray
            objectAtIndex:i];
            NSComparisonResult result = [searchNameInfo compare:searchText
options:(NSCaseInsensitiveSearch|NSDiacriticInsensitiveSearch) range:NSMakeRange(0,
[searchText length])];
            NSComparisonResult resultPY = [searchPYInfo compare:searchText
options:(NSCaseInsensitiveSearch|NSDiacriticInsensitiveSearch) range:NSMakeRange(0,
[searchText length])];
            if (result == NSOrderedSame || resultPY == NSOrderedSame){
                [self.beginFilteredListContent addObject:searchNameInfo];
            }
        }
    }
    else if(stationType == EEndStationType){
        [self.endFilteredListContent removeAllObjects];

        for (int i = 0; i < [[CDataContainer Instance].stationNameArray count]; i++){
            NSString *searchNameInfo = [[CDataContainer Instance].stationNameArray
            objectAtIndex:i];
            NSString *searchPYInfo = [[CDataContainer Instance].stationPYArray
            objectAtIndex:i];

            NSComparisonResult result = [searchNameInfo compare:searchText
options:(NSCaseInsensitiveSearch|NSDiacriticInsensitiveSearch) range:NSMakeRange(0,
[searchText length])];
            NSComparisonResult resultPY = [searchPYInfo compare:searchText
options:(NSCaseInsensitiveSearch|NSDiacriticInsensitiveSearch) range:NSMakeRange(0,
[searchText length])];

            if (result == NSOrderedSame || resultPY == NSOrderedSame){
                [self.endFilteredListContent addObject:searchNameInfo];
            }
        }
    }
}
- (void)dealloc {
    [busStatToStatTableView release];
    [beginSearchBar release];
    [endSearchBar release];
    [currentSearchBar release];
    [stationPickView release];
    [beginFilteredListContent release];
    [endFilteredListContent release];
    [returnKeyBordBtn release];
    [super dealloc];
}
@end
```

执行效果如图36-7所示。

36.3.2 站站查询详情视图

站站查询详情视图CBus_StatDetailStatView.xib的UI界面如图36-8所示，在上方显示票价、首发站、始发站、首班车时间和末班车时间，在下方列表显示了30条线路。

图36-7　执行效果

图36-8　站站查询主视图

本模块起始部分和上一节中的线路详情模块类似，实现文件CBus_StatDetailStatViewController.m的主要代码如下所示：

```
#import "CBus_StatDetailStatViewController.h"
#import "CBus_StationDetailViewController.h"
#import "CBus_LineDetailLineViewController.h"
#import "CDataContainer.h"
@implementation CBus_StatDetailStatViewController
@synthesize busLineDetailTableView,currentLineName;
@synthesize currentLineIndex;
@synthesize isStatToStat;
// 视图初始化
- (void)viewDidLoad{
    [super viewDidLoad];
    self.navigationItem.rightBarButtonItem = [[UIBarButtonItem alloc]
initWithBarButtonSystemItem:UIBarButtonSystemItemAdd
            target:self                action:@selector(AddLineToFavorite)];
    [[CDataContainer Instance] GetLineStationFromTableSequence:currentLineIndex];
}
#pragma mark -
#pragma mark View lifecycle
- (void)viewWillAppear:(BOOL)animated {
    [super viewWillAppear:animated];
    [self.busLineDetailTableView reloadData];
    NSLog(@"-----Nav----%@",self.navigationController.viewControllers);
    NSUserDefaults *userDefault = [NSUserDefaults standardUserDefaults];
    NSInteger styleNum = [userDefault integerForKey:@"styleType"];
    switch (styleNum) {
        case 0:{
            [UIApplication sharedApplication].statusBarStyle =
            UIStatusBarStyleDefault;
            self.navigationController.navigationBar.barStyle = UIBarStyleDefault;
            self.searchDisplayController.searchBar.barStyle = UIBarStyleDefault;
            break;
        }
        case 1:{
            [UIApplication sharedApplication].statusBarStyle =
UIStatusBarStyleBlackOpaque;
            self.navigationController.navigationBar.barStyle =
UIBarStyleBlackOpaque;
            self.searchDisplayController.searchBar.barStyle = UIBarStyleBlackOpaque;
```

```
                break;
            }
        }
    }
    - (void)viewDidDisappear:(BOOL)animated {
        [super viewDidDisappear:animated];
        isStatToStat = NO;
    }
    -(void)AddLineToFavorite{

    NSLog(@"-------addLineToFavorite---------%@---%d",currentLineName,currentLineIndex)
    ;

        for(NSString *lineName in [CDataContainer Instance].favoriteLineNameArray){
            if ([lineName isEqualToString:currentLineName]) {
                UIAlertView *alert = [[UIAlertView alloc] initWithTitle:@"收藏"
                    message:[NSString stringWithFormat:@"%@ 已收藏",currentLineName]
                  delegate:self
      cancelButtonTitle:@"确定"
      otherButtonTitles:nil];
                [alert show];
                [alert release];
                return;
            }
        }

        [[CDataContainer Instance] InsertFavoriteInfoToDatabase:0 AddName:currentLineName
    AddIndex:currentLineIndex AddNameEnd:nil AddIndexEnd:0];
        UIAlertView *alert = [[UIAlertView alloc] initWithTitle:@"收藏"
        message:[NSString stringWithFormat:@"收藏 %@ 成功",currentLineName]
        delegate:self
    cancelButtonTitle:@"确定"
    otherButtonTitles:nil];
        [alert show];
        [alert release];
    }
    #pragma mark -
    #pragma mark Table view data source
    - (NSString *)tableView:(UITableView *)tableView titleForHeaderInSection:(NSInteger)
    section{
        return currentLineName;
    }
    - (CGFloat)tableView:(UITableView *)tableView heightForHeaderInSection:(NSInteger)
    section{
        return 30;
    }
    - (NSInteger)numberOfSectionsInTableView:(UITableView *)tableView {
        // Return the number of sections.
        return 1;
    }
    - (NSInteger)tableView:(UITableView *)tableView numberOfRowsInSection:
    (NSInteger)section {
        // Return the number of rows in the section.
        return [[CDataContainer Instance].sequenceNumArray count];
    }
    // Customize the appearance of table view cells.
    - (UITableViewCell *)tableView:(UITableView *)tableView cellForRowAtIndexPath:
    (NSIndexPath *)indexPath {
    static NSString *CellIdentifier = @"Cell";
        UITableViewCell *cell = [tableView dequeueReusableCellWithIdentifier:
    CellIdentifier];
        if (cell == nil){
            cell = [[[UITableViewCell alloc] initWithStyle:UITableViewCellStyleSubtitle
    reuseIdentifier:CellIdentifier] autorelease];
        }
        cell.selectionStyle = UITableViewCellSelectionStyleGray;
        cell.accessoryType = UITableViewCellAccessoryDisclosureIndicator;
    // Configure the cell...
```

```
    cell.textLabel.text = [[CDataContainer Instance].stationNameArray objectAtIndex:
[[CDataContainer Instance] GetBusLineSequenceByIndex:indexPath.row]-1];
    cell.imageView.image = [UIImage imageNamed:@"bus_table_stat.png"];

    return cell;
}
#pragma mark -
#pragma mark Table view delegate
- (void)tableView:(UITableView *)tableView didSelectRowAtIndexPath:(NSIndexPath
*)indexPath{
    // Navigation logic may go here. Create and push another view controller.
    if (isStatToStat) {
        return;
    }
    CBus_StationDetailViewController *statDetailViewController =
[self.navigationController.viewControllers objectAtIndex:1];
    statDetailViewController.currentStationName = [[CDataContainer
Instance].stationNameArray objectAtIndex:[[CDataContainer Instance]
GetBusLineSequenceByIndex:indexPath.row]-1];
    statDetailViewController.currentStationIndex = [[CDataContainer Instance].
stationNameArray indexOfObject:statDetailViewController.currentStationName]+1;
    [self.navigationController popViewControllerAnimated:YES];
}
```

36.4 线路收藏本站历史

图36-9 站站查询主视图

为了方便用户，特意提供了收藏历史功能，用户可以将经常用到的信息收藏起来，便于以后查询。主要包括如下3类收藏信息：

收藏线路、收藏站点、收藏站到站的信息。

CFavoriteView.xib的UI界面如图36-9所示，在上方显示3个选项卡，在下方列表显示了具体的收藏信息。

文件 CFavoriteViewController.h的实现代码如下所示：

```
#import <UIKit/UIKit.h>
enum ESegCtrlIndex
{
    EFavorite_Line,
    EFavorite_Stat,
    EFavorite_StatToStat
}segCtrlIndex;
@interface CFavoriteViewController : UIViewController <UITableViewDelegate,
UITableViewDataSource>{

    UITableView *favoriteTableView;

    UINavigationBar *favNavigationBar;
    UISegmentedControl *favoriteSegCtrl;

    NSInteger ESegType;
}
@property (nonatomic, retain) IBOutlet UITableView *favoriteTableView;
@property (nonatomic, retain) IBOutlet UISegmentedControl *favoriteSegCtrl;
@property (nonatomic, retain) IBOutlet UINavigationBar *favNavigationBar;
-(IBAction)OnSegmentIndexChanged:(id)sender;
@end
```

文件 CFavoriteViewController.m是文件 CFavoriteViewController.h的实现，分别实现了收藏线路、收藏站点和收藏站到站的功能，并且还可以删除不需要的收藏信息。具体实现代码如下所示：

```
#import "CFavoriteViewController.h"
#import "CDataContainer.h"
#import "CBus_LineDetailViewController.h"
#import "CBus_StationDetailViewController.h"
@implementation CFavoriteViewController
```

```
@synthesize favoriteTableView,favoriteSegCtrl,favNavigationBar;
// 视图初始化
- (void)viewDidLoad {
    [super viewDidLoad];
    ESegType = EFavorite_Line;
    UIBarButtonItem *editButton = [[UIBarButtonItem alloc]
                                    initWithTitle:@"Delete"
                                    style:UIBarButtonItemStyleBordered
                                    target:self
                                    action:@selector(toggleEdit:)];
self.navigationItem.rightBarButtonItem = editButton;
    [editButton release];
}
-(IBAction)toggleEdit:(id)sender{
     [self.favoriteTableView setEditing:!self.favoriteTableView.editing
animated:YES];

    if (self.favoriteTableView.editing){
        [self.navigationItem.rightBarButtonItem setTitle:@"Done"];
    }
    else{
        [self.navigationItem.rightBarButtonItem setTitle:@"Delete"];
    }
}
#pragma mark -
#pragma mark View lifecycle
- (void)viewWillAppear:(BOOL)animated{
 [super viewWillAppear:animated];
     [favoriteTableView reloadData];
    NSUserDefaults *userDefault = [NSUserDefaults standardUserDefaults];
    NSInteger styleNum = [userDefault integerForKey:@"styleType"];
    switch (styleNum) {
        case 0:{
            [UIApplication sharedApplication].statusBarStyle = UIStatusBarStyleDefault;
            self.navigationController.navigationBar.barStyle = UIBarStyleDefault;
            self.favoriteSegCtrl.tintColor = [UIColor colorWithRed:0.48  green:0.56
            blue:0.66 alpha:1.0];
            self.favNavigationBar.barStyle = UIBarStyleDefault;
            break;
        }
        case 1:{
            [UIApplication sharedApplication].statusBarStyle =
            UIStatusBarStyleBlackOpaque;
            self.navigationController.navigationBar.barStyle =
            UIBarStyleBlackOpaque;
            self.favoriteSegCtrl.tintColor = [UIColor darkGrayColor];
            self.favNavigationBar.barStyle = UIBarStyleBlackOpaque;
            break;
        }
    }
    [favoriteTableView reloadData];
}
#pragma mark -
#pragma mark Table view data source
- (NSString *)tableView:(UITableView *)tableView titleForHeaderInSection:(NSInteger)
section
{
    if (ESegType == EFavorite_Line){
        return @"收藏线路";
    }
    else if(ESegType == EFavorite_Stat){
        return @"收藏站点";
    }
    else if(ESegType == EFavorite_StatToStat){
        return @"收藏站到站";
    }

    return nil;
```

```
}
- (CGFloat)tableView:(UITableView *)tableView heightForHeaderInSection:(NSInteger)
section{
    return 30;
}
- (NSInteger)numberOfSectionsInTableView:(UITableView *)tableView {
    // Return the number of sections.
    return 1;
}
- (NSInteger)tableView:(UITableView *)tableView numberOfRowsInSection:(NSInteger)
section {
    // Return the number of rows in the section.
    if (ESegType == EFavorite_Line){
        return [[CDataContainer Instance].favoriteLineNameArray count];
    }
    else if(ESegType == EFavorite_Stat){
        return [[CDataContainer Instance].favoriteStationNameArray count];
    }
    else if(ESegType == EFavorite_StatToStat){
        return [[CDataContainer Instance].favoriteStatToStatBeginNameArray count];
    }
    return 0;
}
// 自定义单元格的外观
- (UITableViewCell *)tableView:(UITableView *)tableView
cellForRowAtIndexPath:(NSIndexPath *)indexPath {
    static NSString *CellIdentifier = @"Cell";
UITableViewCell *cell = [tableView dequeueReusableCellWithIdentifier:CellIdentifier];
    if (cell == nil) {
        cell = [[[UITableViewCell alloc] initWithStyle:UITableViewCellStyleSubtitle
        reuseIdentifier:CellIdentifier] autorelease];
    }
    cell.selectionStyle = UITableViewCellSelectionStyleGray;
    cell.accessoryType = UITableViewCellAccessoryDisclosureIndicator;
    // 配置单元格...
    if (ESegType == EFavorite_Line){
        [[CDataContainer Instance] GetLineStationFromTableSequence:
         [[[CDataContainer Instance].favoriteLineIndexArray objectAtIndex:indexPath.
         row] intValue]];
        NSString *beginStr = [[CDataContainer Instance].stationNameArray
objectAtIndex:
GetBusLineSequenceByIndex:0]-1];
        NSString *endStr = [[CDataContainer Instance].stationNameArray objectAtIndex:
                                [[CDataContainer Instance]
GetBusLineSequenceByIndex:[[CDataContainer Instance].sequenceNumArray count]-1]-1];
        NSString *detailStr = [[NSString alloc] initWithFormat:@"%@->%@",beginStr,
        endStr];
        cell.detailTextLabel.font = [UIFont systemFontOfSize:12];
        cell.detailTextLabel.text = detailStr;
        [detailStr release];
        cell.imageView.image = [UIImage imageNamed:@"bus_table_line.png"];
        cell.textLabel.text = [[CDataContainer Instance].favoriteLineNameArray
        objectAtIndex:indexPath.row];
    }
    else if(ESegType == EFavorite_Stat){
        cell.detailTextLabel.text = @"";
        cell.imageView.image = [UIImage imageNamed:@"bus_table_stat.png"];
        cell.textLabel.text = [[CDataContainer Instance].favoriteStationNameArray
        objectAtIndex:indexPath.row];
    }
    else if(ESegType == EFavorite_StatToStat){
        cell.detailTextLabel.text = @"";
        cell.imageView.image = [UIImage imageNamed:@"bus_statTostat.png"];

        NSString *beginStr = [[CDataContainer Instance].favoriteStatToStat
        BeginNameArray objectAtIndex:indexPath.row];
        NSString *endStr  = [[CDataContainer Instance].favoriteStatToStatEndNameArray
        objectAtIndex:indexPath.row];
```

```
        NSString *detailStr= [[NSString alloc]
        initWithFormat:@"%@->%@",beginStr,endStr];
        cell.textLabel.text = detailStr;
        [detailStr release];
    }

    return cell;
}
// Override to support conditional editing of the table view.
- (BOOL)tableView:(UITableView *)tableView canEditRowAtIndexPath:(NSIndexPath
*)indexPath{
    return YES;
}
// 优先支持编辑表视图
- (void)tableView:(UITableView *)tableView commitEditingStyle:(UITableViewCellEditingStyle)
editingStyle forRowAtIndexPath:(NSIndexPath *)indexPath{
    if (editingStyle == UITableViewCellEditingStyleDelete)
    {
    // 从数据源中删除行

        if (ESegType == EFavorite_Line) {
            [[CDataContainer Instance] DeleteFavoriteInfoToDatabase:0
                                                     DeleteName:[[CDataContainer
Instance].favoriteLineNameArray objectAtIndex:indexPath.row]
                                                   DeteleNameEnd:nil];

            [[CDataContainer Instance].favoriteLineNameArray
            removeObjectAtIndex:indexPath.row];
            [[CDataContainer Instance].favoriteLineIndexArray
            removeObjectAtIndex:indexPath.row];
        }
        else if(ESegType == EFavorite_Stat){
            [[CDataContainer Instance] DeleteFavoriteInfoToDatabase:1
                                                     DeleteName:[[CDataContainer
Instance].favoriteStationNameArray objectAtIndex:indexPath.row]
                                                   DeteleNameEnd:nil];
            [[CDataContainer Instance].favoriteStationNameArray
            removeObjectAtIndex:indexPath.row];
            [[CDataContainer Instance].favoriteStationIndexArray
            removeObjectAtIndex:indexPath.row];
        }
        else if(ESegType == EFavorite_StatToStat){
            [[CDataContainer Instance] DeleteFavoriteInfoToDatabase:2
                                                     DeleteName:[[CDataContainer
Instance].favoriteStatToStatBeginNameArray objectAtIndex:indexPath.row]
                                                   DeteleNameEnd:[[CDataContainer
Instance].favoriteStatToStatEndNameArray objectAtIndex:indexPath.row]];

            [[CDataContainer Instance].favoriteStatToStatBeginNameArray
removeObjectAtIndex:indexPath.row];
            [[CDataContainer Instance].favoriteStatToStatBeginIndexArray
removeObjectAtIndex:indexPath.row];
            [[CDataContainer Instance].favoriteStatToStatEndNameArray
removeObjectAtIndex:indexPath.row];
            [[CDataContainer Instance].favoriteStatToStatEndIndexArray
removeObjectAtIndex:indexPath.row];
        }

        [tableView deleteRowsAtIndexPaths:[NSArray arrayWithObject:indexPath]
withRowAnimation:UITableViewRowAnimationFade];
    }
    else if (editingStyle == UITableViewCellEditingStyleInsert) {
    // 创建一个新实例的适当的类，它插入到数组中，并添加一个新行
    }
}
#pragma mark -
#pragma mark Table view delegate
- (void)tableView:(UITableView *)tableView didSelectRowAtIndexPath:(NSIndexPath
```

```
*)indexPath {
    // 导航逻辑创造和推动另一个视图控制器
    if (ESegType == EFavorite_Line){
        CBus_LineDetailViewController *detailViewController = [[CBus_LineDetailView
Controller alloc] initWithNibName:@"CBus_LineDetailView" bundle:nil];

        detailViewController.currentLineIndex = [[[CDataContainer
Instance].favoriteLineIndexArray objectAtIndex:indexPath.row] intValue];
        detailViewController.currentLineName = [[CDataContainer
Instance].favoriteLineNameArray objectAtIndex:indexPath.row];

        [self.navigationController pushViewController:detailViewController
        animated:YES];
        [detailViewController release];
    }
    else if(ESegType == EFavorite_Stat){
        CBus_StationDetailViewController *detailViewController = [[CBus_StationDetail
ViewController alloc] initWithNibName:@"CBus_StationDetailView" bundle:nil];

        detailViewController.currentStationIndex = [[[CDataContainer
Instance].favoriteStationIndexArray objectAtIndex:indexPath.row] intValue];
        detailViewController.currentStationName = [[CDataContainer
Instance].favoriteStationNameArray objectAtIndex:indexPath.row];

        [self.navigationController pushViewController:detailViewController
animated:YES];
        [detailViewController release];
    }
    else if(ESegType ==EFavorite_StatToStat){
        CBus_StationDetailViewController *detailViewController = [[CBus_StationDetail
ViewController alloc] initWithNibName:@"CBus_StationDetailView" bundle:nil];

        detailViewController.beginStationName = [[CDataContainer
Instance].favoriteStatToStatBeginNameArray objectAtIndex:indexPath.row];
        detailViewController.beginStationIndex = [[[CDataContainer
Instance].favoriteStatToStatBeginIndexArray objectAtIndex:indexPath.row] intValue];

        detailViewController.endStationName = [[CDataContainer
Instance].favoriteStatToStatEndNameArray objectAtIndex:indexPath.row];
        detailViewController.endStationIndex = [[[CDataContainer
Instance].favoriteStatToStatEndIndexArray objectAtIndex:indexPath.row] intValue];

        detailViewController.isStatToStat = YES;

        [self.navigationController pushViewController:detailViewController animated:
        YES];
        [detailViewController release];
    }
}
(BOOL)shouldAutorotateToInterfaceOrientation:(UIInterfaceOrientation)interfaceOrien-
tation {
    // Return YES for supported orientations.
    return (interfaceOrientation == UIInterfaceOrientationPortrait);
}
-(IBAction)OnSegmentIndexChanged:(id)sender{
    if ([sender selectedSegmentIndex] == 0){
        ESegType = EFavorite_Line;
    }
    else if([sender selectedSegmentIndex] == 1){
        ESegType = EFavorite_Stat;
    }
    else if([sender selectedSegmentIndex] == 2){
        ESegType = EFavorite_StatToStat;
    }

    [favoriteTableView reloadData];
}
```

```
- (void)didReceiveMemoryWarning {
    [super didReceiveMemoryWarning];
}

- (void)viewDidUnload {
    [super viewDidUnload];
    // Release any retained subviews of the main view.
    // e.g. self.myOutlet = nil;
    self.favoriteTableView = nil;

}
- (void)dealloc {
    [favoriteTableView release];
    [favoriteSegCtrl release];
    [favNavigationBar release];
    [super dealloc];
}
@end
```

执行效果如图36-10所示。

图36-10 执行效果

36.5 地图信息

通过此功能，可以在地图中查看某条公交线路的信息，这样更具有直观性，方便了用户的浏览。本系统可以分为如下3种样式显示地图：

Standard、Statellite、Hybird。

除此之外，还提供了网页地图功能。

36.5.1 地图主视图

地图主视图 CBus_MapView.xib的UI界面效果如图36-11所示。在上方显示3个选项卡，在下方显示了地图信息。

图36-11 站站查询主视图

实现文件 CBus_MapViewController.m的主要代码如下所示：

```
#import "CBus_MapViewController.h"
#import "CBus_WebMapViewController.h"
#import "CDataContainer.h"
@implementation CBus_MapViewController
@synthesize cityMapView,mapStyleSegCtr,mapNavigationBar;
@synthesize webMapViewController;
- (void)dealloc{
    [super dealloc];
    [cityMapView release];
    [mapStyleSegCtr release];
    [mapNavigationBar release];
    [webMapViewController release];
}
- (void)didReceiveMemoryWarning{
    // 释放视图
    [super didReceiveMemoryWarning];

}
#pragma mark - View lifecycle
- (void)viewDidLoad{
    [super viewDidLoad];
    UIBarButtonItem *webMapButton = [[UIBarButtonItem alloc]
                                     initWithTitle:@"WebMap"
                                     style:UIBarButtonItemStyleBordered
                                     target:self
                                     action:@selector(goToWebMap:)];

    self.navigationItem.rightBarButtonItem = webMapButton;
```

```
    [webMapButton release];
    CLLocationManager *locationMananger = [[CLLocationManager alloc] init];
    locationMananger.delegate = self;
    locationMananger.desiredAccuracy = kCLLocationAccuracyBest;
    locationMananger.distanceFilter = 1000.0;
    [locationMananger startUpdatingHeading];
    MKCoordinateSpan theSpan;
    theSpan.latitudeDelta = 0.05;
    theSpan.longitudeDelta = 0.05;
    MKCoordinateRegion theRegion;
    theRegion.center = [[locationMananger location]coordinate];
    theRegion.span = theSpan;
    [cityMapView setRegion:theRegion];
    [locationMananger release];
}
- (IBAction) OnSegmentIndexChanged:(id)sender{
    if ([sender selectedSegmentIndex] == 0){
        NSLog(@"--------------OnSegmentIndexChanged1-------");
        cityMapView.mapType = MKMapTypeStandard;
    }
    else if([sender selectedSegmentIndex] == 1){
        NSLog(@"--------------OnSegmentIndexChanged2-------");
        cityMapView.mapType = MKMapTypeSatellite;
    }
    else if([sender selectedSegmentIndex] == 2){
        NSLog(@"--------------OnSegmentIndexChanged3-------");

        cityMapView.mapType = MKMapTypeHybrid;
    }
}
- (void)viewWillAppear:(BOOL)animated{
    [super viewWillAppear:animated];
    NSUserDefaults *userDefault = [NSUserDefaults standardUserDefaults];
    NSInteger styleNum = [userDefault integerForKey:@"styleType"];
    switch (styleNum) {
        case 0:{
            [UIApplication sharedApplication].statusBarStyle =
            UIStatusBarStyleDefault;
            self.navigationController.navigationBar.barStyle = UIBarStyleDefault;
            self.mapStyleSegCtr.tintColor = [UIColor colorWithRed:0.48 green:0.56
            blue:0.66 alpha:1.0];
            self.mapNavigationBar.barStyle = UIBarStyleDefault;
            break;
        }
        case 1:{
            [UIApplication sharedApplication].statusBarStyle =
            UIStatusBarStyleBlackOpaque;
            self.navigationController.navigationBar.barStyle =
            UIBarStyleBlackOpaque;
            self.mapStyleSegCtr.tintColor = [UIColor darkGrayColor];
            self.mapNavigationBar.barStyle = UIBarStyleBlackOpaque;
            break;
        }
    }
}
- (IBAction)goToWebMap:(id)sender
{
    CBus_WebMapViewController *theController = [[CBus_WebMapViewController alloc]
initWithNibName:@"CBus_WebMapView" bundle:nil];
    self.webMapViewController = theController;

    [UIView beginAnimations:@"View Flip" context:nil];
    [UIView setAnimationDuration:1.0];
    [UIView setAnimationCurve:UIViewAnimationCurveEaseInOut];
    [UIView setAnimationTransition:UIViewAnimationTransitionFlipFromRight
    forView:self.navigationController.view cache:NO];
    [self.navigationController pushViewController:webMapViewController
    animated:YES];
```

```
    [UIView commitAnimations];
    [theController release];
}
- (void)viewDidUnload{
    [super viewDidUnload];
  }
- (BOOL)shouldAutorotateToInterfaceOrientation:(UIInterfaceOrientation)
interfaceOrientation{
    // Return YES for supported orientations
    return (interfaceOrientation == UIInterfaceOrientationPortrait);
}
@end
```

执行效果如图36-12所示。

36.5.2 Web地图视图

为了便于用户浏览详细公交路线，本项目还提供了Web地图功能，CBus_WebMapView.xib的UI界面效果如图36-13所示。

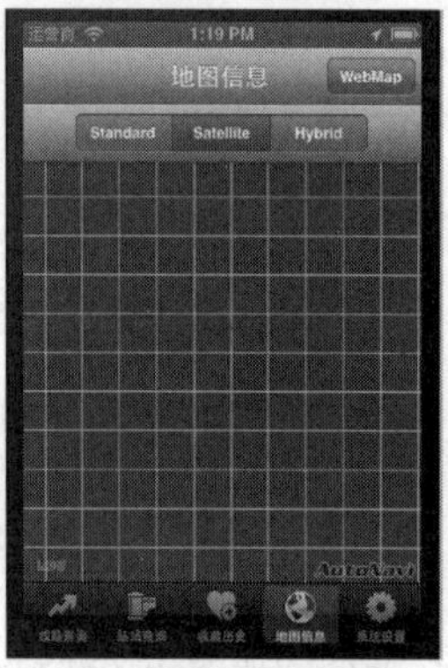

图36-12 执行效果

图36-13 站站查询主视图

实现文件CBus_WebMapViewController.m的主要代码如下所示：

```
#import "CBus_WebMapViewController.h"
@implementation CBus_WebMapViewController
@synthesize myWenView;
// 视图初始化
- (void)viewDidLoad {
    [super viewDidLoad];
    self.navigationItem.hidesBackButton = YES;
    UIBarButtonItem *mapButton = [[UIBarButtonItem alloc]
        initWithTitle:@"Map"
                                          style:UIBarButtonItemStyleBordered
            target:self
action:@selector(goToMap:)];
    self.navigationItem.rightBarButtonItem = mapButton;
    NSMutableString *googleSearch = [NSMutableString stringWithFormat:
@"http://ditu.google.cn/maps?f=d&source=s_d&saddr='西安市火车站'&daddr='西安市钟楼'
&hl=zh&t=m&dirflg=h"];
    [myWenView loadRequest:[NSURLRequest requestWithURL:[NSURL URLWithString:
[googleSearch stringByAddingPercentEscapesUsingEncoding:NSUTF8StringEncoding]]]];

    [mapButton release];
}
- (IBAction) goToMap:(id)sender
{
    [UIView beginAnimations:@"View Flip" context:nil];
    [UIView setAnimationDuration:1.0];
```

```
    [UIView setAnimationCurve:UIViewAnimationCurveEaseInOut];
    [UIView setAnimationTransition:UIViewAnimationTransitionFlipFromLeft
forView:self.navigationController.view cache:NO];
    [self.navigationController popViewControllerAnimated:NO];
    [UIView commitAnimations];
}
- (void)viewWillAppear:(BOOL)animated{
    [super viewWillAppear:animated];
    NSUserDefaults *userDefault = [NSUserDefaults standardUserDefaults];
    NSInteger styleNum = [userDefault integerForKey:@"styleType"];
    switch (styleNum) {
        case 0:{
            [UIApplication sharedApplication].statusBarStyle =
UIStatusBarStyleDefault;
            self.navigationController.navigationBar.barStyle = UIBarStyleDefault;
            break;
        }
        case 1:{
            [UIApplication sharedApplication].statusBarStyle =
UIStatusBarStyleBlackOpaque;
            self.navigationController.navigationBar.barStyle =
UIBarStyleBlackOpaque;
            break;
        }
    }
}
- (void)didReceiveMemoryWarning {
    // 释放视图
    [super didReceiveMemoryWarning];
}
- (void)viewDidUnload {
    [super viewDidUnload];
    self.myWenView=nil;
}
- (void)dealloc {
    [super dealloc];
    [self.myWenView release];
}
@end
```

执行效果如图36-14所示。

图36-14 执行的效果

36.6 系统设置

为了方便用户对本系统的管理，特意提供了本模块供用户对系统进行管理。主要包括如下所示的功能：

主题设置、当前城市、数据下载、软件信息。

在本节的内容中，将详细讲解本项目系统设置模块的实现过程。

36.6.1 主视图

系统设置主视图 CSettingView.xib的UI界面效果如图36-15所示，分别列出了主题设置、当前城市、数据下载和软件信息共4个选项。

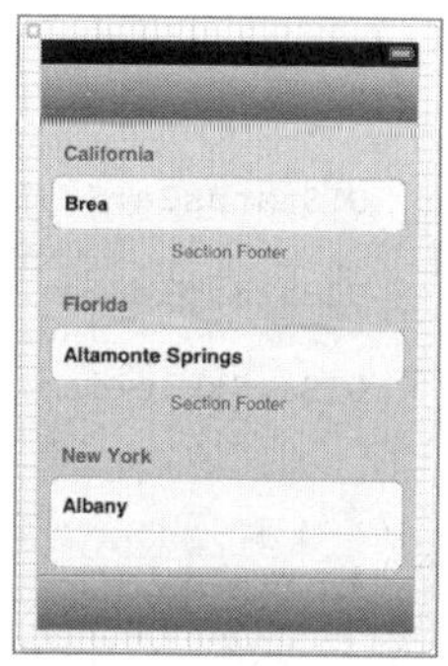

图36-15 系统设置主视图

实现文件 CSettingViewController.m 的主要代码如下所示：

```
@implementation CSettingViewController
@synthesize settingTableView;
@synthesize cityNumLab;
@synthesize currentCityLab;
- (void)viewDidLoad {
    [super viewDidLoad];

    UIBarButtonItem *returnInfoBtn = [[UIBarButtonItem alloc] initWithTitle:@"反馈"
```

```
style:UIBarButtonItemStylePlain
target:self action:@selector(SendEmail:)];

    self.navigationItem.rightBarButtonItem = returnInfoBtn;// returnKeyBord;

    UILabel *label = [[UILabel alloc] initWithFrame:CGRectMake(170, 16, 100, 20)];
    label.font = [UIFont systemFontOfSize:13];
    label.textColor = [UIColor darkGrayColor];
    label.backgroundColor = [UIColor clearColor];
    label.textAlignment = UITextAlignmentRight;
    self.cityNumLab = label;
    [label release];

    label = [[UILabel alloc] initWithFrame:CGRectMake(130, 16, 140, 20)];
    label.font = [UIFont systemFontOfSize:13];
    label.textColor = [UIColor darkGrayColor];
    label.backgroundColor = [UIColor clearColor];
    label.textAlignment = UITextAlignmentRight;
    self.currentCityLab = label;
    [label release];

    NSString *path = [[NSBundle mainBundle] pathForResource:@"URLDatabase"
    ofType:@"plist"];

    if (path){
        NSDictionary *dict = [[NSDictionary alloc] initWithContentsOfFile:path];
        cityNum = [dict count];
    }

}


#pragma mark -
#pragma mark View lifecycle

- (void)viewWillAppear:(BOOL)animated {
    [super viewWillAppear:animated];
    [self.settingTableView reloadData];

    NSUserDefaults *userDefault = [NSUserDefaults standardUserDefaults];
    NSInteger styleNum = [userDefault integerForKey:@"styleType"];

    switch (styleNum) {
        case 0:{
            [UIApplication sharedApplication].statusBarStyle = UIStatusBarStyle
            Default;
            self.navigationController.navigationBar.barStyle = UIBarStyleDefault;
            self.searchDisplayController.searchBar.barStyle = UIBarStyleDefault;
            break;
        }
        case 1:{
            [UIApplication sharedApplication].statusBarStyle =
UIStatusBarStyleBlackOpaque;
            self.navigationController.navigationBar.barStyle =
UIBarStyleBlackOpaque;
            self.searchDisplayController.searchBar.barStyle =
UIBarStyleBlackOpaque;
            break;
        }
    }
}

- (IBAction) SendEmail:(id)sender{
    NSLog(@"--------sendEmail---");

    MFMailComposeViewController *mailCompose = [[MFMailComposeViewController alloc]
init];
```

```
    if(mailCompose){
        [mailCompose setMailComposeDelegate:self];

        NSArray *toAddress = [NSArray arrayWithObject:@"haichao.xx@163.com"];
        NSArray *ccAddress = [NSArray arrayWithObject:@"125379283@qq.com"];

        [mailCompose setToRecipients:toAddress];
        [mailCompose setCcRecipients:ccAddress];

        [mailCompose setSubject:@"City_Bus"];

        [self presentModalViewController:mailCompose animated:YES];
    }

    [mailCompose release];
}


- (void)mailComposeController:(MFMailComposeViewController*)controller
didFinishWithResult:(MFMailComposeResult)result error:(NSError*)error{
    // Notifies users about errors associated with the interface
    switch (result){
        case MFMailComposeResultCancelled:{
            UIAlertView *alert=[[UIAlertView alloc] initWithTitle:@"Send e-mail Cancel"
                                                           message:@""
                                                          delegate:self
                                                 cancelButtonTitle:@"OK"
                                                 otherButtonTitles:nil];
            [alert show];
            [alert release];
        }
            break;
        case MFMailComposeResultSaved:{
            UIAlertView *alert=[[UIAlertView alloc] initWithTitle:@"E-mail have been saved"
                                                           message:@""
                                                          delegate:self
                                                 cancelButtonTitle:@"OK"
                                                 otherButtonTitles:nil];
            [alert show];
            [alert release];
        }
            break;
        case MFMailComposeResultSent:{
            UIAlertView *alert=[[UIAlertView alloc]initWithTitle:@"E-mail has been sent"
                                                           message:@""
                                                          delegate:self
                                                 cancelButtonTitle:@"OK"
                                                 otherButtonTitles:nil];
            [alert show];
            [alert release];
        }
            break;
        case MFMailComposeResultFailed:{
            UIAlertView *alert=[[UIAlertView alloc] initWithTitle:@"E-mail Fail to send"
                                                           message:@""
                                                          delegate:self
                                                 cancelButtonTitle:@"OK"
                                                 otherButtonTitles:nil];
            [alert show];
            [alert release];
        }
            break;
        default:{
            UIAlertView *alert = [[UIAlertView alloc] initWithTitle:@"E-mail Not Sent"
                                                           message:@""
                                                          delegate:self
                                                 cancelButtonTitle:@"OK"
                                                 otherButtonTitles:nil];
```

```
            [alert show];
            [alert release];
        }
            break;
    }

    [self dismissModalViewControllerAnimated:YES];
}

#pragma mark -
#pragma mark Table view data source

- (NSString *)tableView:(UITableView *)tableView titleForHeaderInSection:(NSInteger)
section{
    if (section == 0) {
        return @"系统设置";
    }
    else if (section == 1) {
        return @"数据设置";
    }
    else if (section == 2) {
        return @"软件信息";
    }
    return nil;
}

- (CGFloat)tableView:(UITableView *)tableView heightForHeaderInSection:(NSInteger)
section{
    return 30;
}

- (NSInteger)numberOfSectionsInTableView:(UITableView *)tableView {
    // Return the number of sections.
    return 3;
}

- (NSInteger)tableView:(UITableView *)tableView numberOfRowsInSection:(NSInteger)
section {
     // Return the number of rows in the section.
     if (section == 1){
         return 2;
     }

    return 1;
}

// 自定义单元格的外观
- (UITableViewCell *)tableView:(UITableView *)tableView cellForRowAtIndexPath:
(NSIndexPath *)indexPath {

    static NSString *CellIdentifier = @"Cell";

    UITableViewCell *cell = [tableView dequeueReusableCellWithIdentifier:
CellIdentifier];

    if (cell == nil){
        cell = [[[UITableViewCell alloc] initWithStyle:UITableViewCellStyleSubtitle
reuseIdentifier:CellIdentifier] autorelease];
    }

    cell.selectionStyle = UITableViewCellSelectionStyleGray;
    cell.accessoryType = UITableViewCellAccessoryDisclosureIndicator;

    // 配置单元格
```

```
    if (indexPath.section == 0){
        cell.textLabel.text = @"主题设置";
    }
    else if(indexPath.section == 1){
        if (indexPath.row == 0) {
            currentCityLab.text = [[NSString alloc] initWithFormat:@"当前城市:%@",
            [CDataContainer Instance].currentCityName];
            [cell.contentView addSubview:currentCityLab];
            cell.textLabel.text = @"当前城市";
        }
        else if(indexPath.row == 1){
            cityNumLab.text = [[NSString alloc] initWithFormat:@"城市数量:%d",cityNum];
            [cell.contentView addSubview:cityNumLab];
            cell.textLabel.text = @"数据下载";
        }
    }
    else if(indexPath.section == 2){
        cell.textLabel.text = @"软件信息";
    }

    return cell;
}

#pragma mark -
#pragma mark Table view delegate

- (void)tableView:(UITableView *)tableView didSelectRowAtIndexPath:(NSIndexPath
*)indexPath {
    // 导航逻辑创造和推动另一个视图控制器
    if(indexPath.section == 0 && indexPath.row == 0){
        UIActionSheet *actionSheet = [[UIActionSheet alloc]initWithTitle:@"选择主题"
                                                                delegate:self
                                                       cancelButtonTitle:@"Cancle"
                                                  destructiveButtonTitle:@"默认主题"
                                                       otherButtonTitles:@"黑色主题
",nil];

        actionSheet.actionSheetStyle = self.navigationController.navigationBar.
barStyle;
        [actionSheet showFromTabBar:self.tabBarController.tabBar];

        [actionSheet release];
    }
    else if (indexPath.section == 1 && indexPath.row == 0) {

        CBus_CurrentCityViewController *detailViewController = [[CBus_CurrentCityView
Controller alloc] initWithNibName:@"CBus_CurrentCityView" bundle:nil];
        [self.navigationController pushViewController:detailViewController
        animated:YES];
        [detailViewController release];
    }
    else if (indexPath.section == 1 && indexPath.row == 1) {
        CBus_CityDataViewController *detailViewController = [[CBus_CityDataView
        Controller alloc] initWithNibName:@"CBus_CityDataView" bundle:nil];
        // ...
        [self.navigationController pushViewController:detailViewController
        animated:YES];
        [detailViewController release];
    }
    else if(indexPath.section == 2 && indexPath.row == 0){
        CBus_InfoViewController *detailViewController = [[CBus_InfoViewController
        alloc] initWithNibName:@"CBus_InfoView" bundle:nil];
        // ...
        [self.navigationController pushViewController:detailViewController
        animated:YES];
        [detailViewController release];
    }
}
```

```
- (void)actionSheet:(UIActionSheet *)actionSheet clickedButtonAtIndex:(NSInteger)
buttonIndex{
    NSLog(@"------%d-------",buttonIndex);

    NSUserDefaults        *userDefault = [NSUserDefaults standardUserDefaults];

    switch (buttonIndex) {
        case 0:{
                [UIApplication sharedApplication].statusBarStyle =
                UIStatusBarStyleDefault;
                self.navigationController.navigationBar.barStyle =
                UIBarStyleDefault;
                [userDefault setInteger:EDefaultType forKey:@"styleType"];
                break;
            }
        case 1:{
                [UIApplication sharedApplication].statusBarStyle =
                UIStatusBarStyleBlackOpaque;
                self.navigationController.navigationBar.barStyle =
                UIBarStyleBlackOpaque;
                [userDefault setInteger:EBlackType forKey:@"styleType"];
                break;
            }
        }
    [userDefault synchronize];
}
- (void)dealloc {
    [settingTableView release];
    [cityNumLab release];
    [currentCityLab release];
    [super dealloc];
}
@end
```

执行效果如图36-16所示。

36.6.2 当前城市视图

系统当前城市视图 CBus_CurrentCityView.xib的UI界面效果如图36-17所示，在此界面显示了可以查看哪一座城市的公交信息。

图36-16 系统设置主界面效果

图36-17 当前城市视图

实现文件 CBus_CurrentCityViewController.m的主要代码如下所示：

```
@implementation CBus_CurrentCityViewController
@synthesize lastIndexPath;
@synthesize selectCityName;
#pragma mark -
#pragma mark View lifecycle
```

```
- (void)viewDidLoad {
    [super viewDidLoad];
    self.title = [CDataContainer Instance].currentCityName;
    self.navigationItem.prompt = @"单击设置当前城市:";
}
- (void)viewWillDisappear:(BOOL)animated {
    [super viewWillDisappear:animated];

    NSUserDefaults    *userDefault = [NSUserDefaults standardUserDefaults];

    if ([self.selectCityName isEqualToString:[CDataContainer
Instance].currentCityName] || self.selectCityName == nil) {
        return;
    }
    else {
        [CDataContainer Instance].currentCityName = self.selectCityName;
        [userDefault setObject:[CDataContainer Instance].currentCityName
        forKey:@"currentCityName"];
        [userDefault synchronize];
        {
            [[CDataContainer Instance] CloseDatabase];
            [[CDataContainer Instance] clearData];
            [CDataContainer releaseInstance];
            [[CDataContainer Instance] viewDidLoad];
        }
        for (UINavigationController *controller in self.tabBarController.
        viewControllers) {
            [controller popToRootViewControllerAnimated:NO];
        }
    }
}
- (BOOL)shouldAutorotateToInterfaceOrientation:(UIInterfaceOrientation)
interfaceOrientation {
    // Return YES for supported orientations.
    return (interfaceOrientation == UIInterfaceOrientationPortrait);
}
#pragma mark -
#pragma mark Table view data source
- (NSInteger)numberOfSectionsInTableView:(UITableView *)tableView {
    // Return the number of sections.
    return 1;
}
- (NSInteger)tableView:(UITableView *)tableView numberOfRowsInSection:(NSInteger)
section {
    // Return the number of rows in the section.
    return [[CDataContainer Instance].downloadCitysArray count];
}
// Customize the appearance of table view cells.
- (UITableViewCell *)tableView:(UITableView *)tableView cellForRowAtIndexPath:
(NSIndexPath *)indexPath {
    static NSString *CellIdentifier = @"Cell";
UITableViewCell *cell = [tableView dequeueReusableCellWithIdentifier:CellIdentifier];
    if (cell == nil) {
        cell = [[[UITableViewCell alloc] initWithStyle:UITableViewCellStyleSubtitle
        reuseIdentifier:CellIdentifier] autorelease];
    }
    NSUInteger row = [indexPath row];
    NSUInteger oldRow = [lastIndexPath row];
    cell.textLabel.text = [[CDataContainer Instance].downloadCitysArray
    objectAtIndex:indexPath.row];
    cell.imageView.image = [UIImage imageNamed:@"bus_city_select.png"];
    cell.accessoryType = (row == oldRow && lastIndexPath != nil) ?
    UITableViewCellAccessoryCheckmark : UITableViewCellAccessoryNone;

    // Configure the cell...
    return cell;
}
```

```
- (BOOL)tableView:(UITableView *)tableView canEditRowAtIndexPath:(NSIndexPath
*)indexPath {
    // Return NO if you do not want the specified item to be editable.
    return NO;
}
- (void)tableView:(UITableView *)tableView commitEditingStyle:(UITableView
CellEditingStyle)editingStyle forRowAtIndexPath:(NSIndexPath *)indexPath {
    if (editingStyle == UITableViewCellEditingStyleDelete) {
        // Delete the row from the data source.
        [tableView deleteRowsAtIndexPaths:[NSArray arrayWithObject:indexPath]
withRowAnimation:UITableViewRowAnimationFade];
    }
    else if (editingStyle == UITableViewCellEditingStyleInsert) {
        // Create a new instance of the appropriate class, insert it into the array,
        // and add a new row to the table view
    }
}
#pragma mark -
#pragma mark Table view delegate
- (void)tableView:(UITableView *)tableView didSelectRowAtIndexPath:(NSIndexPath
*)indexPath {
    int newRow = [indexPath row];
    int oldRow = (lastIndexPath != nil) ? [lastIndexPath row] : -1;
    if (newRow != oldRow){
        UITableViewCell *newCell = [tableView cellForRowAtIndexPath:indexPath];
        newCell.accessoryType = UITableViewCellAccessoryCheckmark;
        UITableViewCell *oldCell = [tableView cellForRowAtIndexPath:lastIndexPath];
        oldCell.accessoryType = UITableViewCellAccessoryNone;
        lastIndexPath = indexPath;
    }
    [tableView deselectRowAtIndexPath:indexPath animated:YES];
    NSString *selectName = [[CDataContainer Instance].downloadCitysArray
    objectAtIndex:indexPath.row];
    BOOL success;
    NSFileManager *fileManager = [NSFileManager defaultManager];
    NSArray *paths = NSSearchPathForDirectoriesInDomains(NSDocumentDirectory,
    NSUserDomainMask, YES);
    NSString *currentCity = [[NSString alloc]
    initWithFormat:@"%@%@",selectName,@".db"];
    NSString *writableDBPath = [[paths objectAtIndex:0]
    stringByAppendingPathComponent:currentCity];
    NSLog(@"writableDBPath-----%@",writableDBPath);
    success = [fileManager fileExistsAtPath:writableDBPath];
    if (success){
        self.selectCityName = selectName;
        NSLog(@"-----数据库存在-----");
    }
    else {
        NSLog(@"-----数据库不存在-----");
        UIAlertView *alert = [[UIAlertView alloc] initWithTitle:@"警告"
        message:@"所选择的城市数据库不存在"
        delegate:self cancelButtonTitle:@"确定"otherButtonTitles:nil];
        [alert show];
        [alert release];
        [[CDataContainer Instance].downloadCitysArray removeObject:selectName];
        NSUserDefaults    *userDefault = [NSUserDefaults standardUserDefaults];
        [userDefault setObject:[CDataContainer Instance].downloadCitysArray
        forKey:@"downloadCitys"];
        [userDefault synchronize];
        [self.tableView reloadData];
    }
    NSLog(@"currentCity-----%@-----",[CDataContainer Instance].currentCityName);
}
#pragma mark -
#pragma mark Memory management
- (void)didReceiveMemoryWarning {
    [super didReceiveMemoryWarning];
}
```

```
- (void)viewDidUnload {
}

- (void)dealloc {
    [super dealloc];
    [lastIndexPath release];
    [selectCityName release];
}
@end
```

执行效果如图36-18所示。

36.6.3 数据下载视图

数据下载视图 CBus_CityDataView.xib的UI界面效果如图36-19所示，在此界面可以选择下载一座城市的公交信息数据。

图36-18 当前城市

图36-19 数据下载视图

实现文件 CBus_CityDataViewController.m的主要代码如下所示：

```
@implementation CBus_CityDataViewController
@synthesize cityDataTableView;
@synthesize progressView;
@synthesize urlArray;
- (void)viewDidLoad {
    [super viewDidLoad];
    self.navigationItem.prompt = @"选择城市名称进行数据下载:";
    progressView = [[UIProgressView alloc] initWithProgressViewStyle:
    UIProgressViewStyleDefault];
    progressView.frame = CGRectMake(100, 20, 200, 10);
    progressView.progress = 0.0;
    NSString *path = [[NSBundle mainBundle] pathForResource:@"URLDatabase"
    ofType:@"plist"];
    if (path){
        NSDictionary *dict = [[NSDictionary alloc] initWithContentsOfFile:path];
        [CDataContainer Instance].allCityArray = [NSMutableArray arrayWithArray:[dict
        allKeys]];
        if (urlArray == nil) {
            urlArray = [[NSMutableArray alloc] init];
        }
        self.urlArray  = [NSMutableArray  arrayWithArray:[dict allValues]];
        NSLog(@"urlArray-----%@",urlArray);
    }
}
#pragma mark -
#pragma mark View lifecycle
- (void)viewDidAppear:(BOOL)animated {
    [super viewDidAppear:animated];
     self.title = @"城市信息下载";
    [[HttpRequest sharedRequest] setRequestDelegate:self];
```

```
}
- (void)viewWillDisappear:(BOOL)animated
{
    [super viewWillDisappear:animated];
    [[HttpRequest sharedRequest] setRequestDelegate:nil];
}
- (BOOL)shouldAutorotateToInterfaceOrientation:(UIInterfaceOrientation)
interfaceOrientation {
    // Return YES for supported orientations.
     return (interfaceOrientation == UIInterfaceOrientationPortrait);
}
#pragma mark -
#pragma mark Table view data source
- (NSString *)tableView:(UITableView *)tableView titleForHeaderInSection:(NSInteger)
section{
    return nil;
}
- (NSInteger)numberOfSectionsInTableView:(UITableView *)tableView {
    // Return the number of sections.
    return 1;
}
- (NSInteger)tableView:(UITableView *)tableView numberOfRowsInSection:(NSInteger)
section {
    // Return the number of rows in the section.
    return [[CDataContainer Instance].allCityArray count];
}
// Customize the appearance of table view cells.
- (UITableViewCell *)tableView:(UITableView *)tableView cellForRowAtIndexPath:
(NSIndexPath *)indexPath {
    static NSString *CellIdentifier = @"Cell";
UITableViewCell *cell = [tableView dequeueReusableCellWithIdentifier:CellIdentifier];
    if (cell == nil) {
        cell = [[[UITableViewCell alloc] initWithStyle:UITableViewCellStyleSubtitle
reuseIdentifier:CellIdentifier] autorelease];
    }
    cell.selectionStyle = UITableViewCellSelectionStyleGray;
    // Configure the cell...

    cell.textLabel.text = [[CDataContainer Instance].allCityArray
objectAtIndex:indexPath.row];
    cell.imageView.image = [UIImage imageNamed:@"bus_download.png"];
    return cell;
}
#pragma mark -
#pragma mark Table view delegate
- (void)tableView:(UITableView *)tableView didSelectRowAtIndexPath:(NSIndexPath *)
indexPath {
    self.cityDataTableView.userInteractionEnabled = NO;
    downloadCityName = [NSString stringWithString:[[CDataContainer
Instance].allCityArray objectAtIndex:indexPath.row]];
    NSArray *paths = NSSearchPathForDirectoriesInDomains(NSDocumentDirectory,
NSUserDomainMask, YES);
    NSString *tempPath = [[paths objectAtIndex:0]stringByAppendingPathComponent:
[urlArray objectAtIndex:indexPath.row]];
    progressView.hidden = NO;
    progressView.progress = 0.0;
    [[tableView cellForRowAtIndexPath:indexPath].contentView
addSubview:progressView];
    [[HttpRequest sharedRequest] sendDownloadDatabaseRequest:[urlArray
objectAtIndex:indexPath.row] desPath:tempPath];
}
// 开始发送请求,通知外部程序
- (void)connectionStart:(HttpRequest *)request
{
    NSLog(@"开始发送请求,通知外部程序");
}
// 连接错误,通知外部程序
```

```
- (void)connectionFailed:(HttpRequest *)request error:(NSError *)error
{
    NSLog(@"连接错误,通知外部程序");
    self.cityDataTableView.userInteractionEnabled = YES;
    UIAlertView *alert = [[UIAlertView alloc] initWithTitle:@"提示"
        message:@"连接错误"
       delegate:self
cancelButtonTitle:@"确定"
otherButtonTitles:nil];
    [alert show];
    [alert release];
}
// 开始下载, 通知外部程序
- (void)connectionDownloadStart:(HttpRequest *)request
{
    NSLog(@"开始下载, 通知外部程序");
}
// 下载结束, 通知外部程序
- (void)connectionDownloadFinished:(HttpRequest *)request
{
    NSLog(@"下载结束, 通知外部程序");
    self.progressView.hidden = YES;
    self.cityDataTableView.userInteractionEnabled = YES;
    NSUserDefaults    *userDefault = [NSUserDefaults standardUserDefaults];
    BOOL    isNotAlready = YES;
    for(NSString *name in [CDataContainer Instance].downloadCitysArray){
        if ([name isEqualToString:downloadCityName]) {
            isNotAlready = NO;
        }
    }
    if (isNotAlready) {
        [[CDataContainer Instance].downloadCitysArray addObject:downloadCityName];
        [userDefault setObject:[CDataContainer Instance].downloadCitysArray
forKey:@"downloadCitys"];
        [userDefault synchronize];
    }
    UIAlertView *alert = [[UIAlertView alloc] initWithTitle:@"提示"
        message:@"下载完成"
delegate:self
cancelButtonTitle:@"确定"
otherButtonTitles:nil];
    [alert show];
    [alert release];
}
// 更新下载进度, 通知外部程序
- (void)connectionDownloadUpdateProcess:(HttpRequest *)request
process:(CGFloat)process
{
    NSLog(@"Process = %f", process);
    progressView.progress = process;
}
- (void)didReceiveMemoryWarning {
    [super didReceiveMemoryWarning];
}
- (void)viewDidUnload {
    [super viewDidUnload];
}


- (void)dealloc {
    [super dealloc];
    [cityDataTableView release];
    [progressView release];
    [urlArray release];
}
@end
```

执行效果如图36-20所示。

图36-20 执行效果